Organikum

有机合成实验室手册

（原著第22版）

[德] 克劳泽·施韦特利克　等编著
Klaus Schwetlick

万均 温永红 陈玉 赵亮 等译

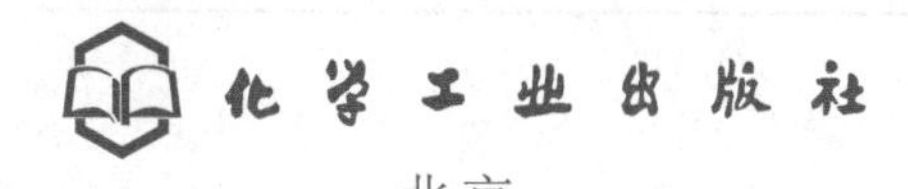

化学工业出版社
·北京·

图书在版编目（CIP）数据

有机合成实验室手册/[德] 施韦特利克（Schwetlick，k.）等编著；万均等译．—北京：化学工业出版社，2010.5（2022.5 重印）
书名原文：Organikum
ISBN 978-7-122-07843-8

Ⅰ．有…　Ⅱ．①施…　②万…　Ⅲ．有机合成-实验-技术手册　Ⅳ．O621.3-33

中国版本图书馆 CIP 数据核字（2010）第 033129 号

责任编辑：李晓红　梁　虹　　　　文字编辑：陈　雨
责任校对：郑　捷　　　　装帧设计：张　辉

出版发行：化学工业出版社（北京市东城区青年湖南街 13 号　邮政编码 100011）
印　　装：北京虎彩文化传播有限公司
710mm×1000mm　1/16　印张 38¼　字数 889 千字　2022 年 5 月北京第 1 版第 7 次印刷

购书咨询：010-64518888　　　　售后服务：010-64518899
网　　址：http://www.cip.com.cn
凡购买本书，如有缺损质量问题，本社销售中心负责调换。

定　　价：198.00 元　　　

有机合成实验室手册

（Organikum）

原著编著者：

Heinz G. O. Becker
Werner Berger
Günter Domschke
Egon Fanghänel
Jürgen Faust
Mechthild Fischer
Frithjof Gentz
Karl Gewald
Reiner Gluch
Roland Mayer
Klaus Müller
Dietrich Pavel
Hermann Schmidt
Karl Schollberg
Klaus Schwetlick
Erika Seiler
Günter Zeppenfeld

原著第 22 版修订者：

Rainer Beckert
Egon Fanghänel
Wolf D. Habicher
Peter Metz
Dietrich Pavel
Klaus Schwetlick

译　序

《有机合成实验室手册》是一部信息量非常大的实用工具书。全书共9部分（A～G），主要内容包括有机化学的基本原理，有机合成实验技术，有机化合物的合成及鉴定，有机化学文献，实验报告的写作方法，常用试剂、溶剂及辅助试剂的性质、纯化和制备，重要化学品的毒性等。本书主要内容及翻译工作具体分工如下：

A 实验技术简介，由刘永军、詹天荣译。本部分主要介绍了有机化学实验操作的手段和方法，分离方法，有机化合物物理性质的测定，化学药品的储存，危险废品的销毁。

B 有机化学文献及实验报告的写作方法，由温永红译。本部分概括了有机化学中常见的图书文献、期刊文献、专利文献、手册、表格、教科书等，并简要介绍了有机化学实验报告的写作方法。

C 基本原理，由万均译。本部分首先介绍了有机化学反应的分类及酸碱概念，在此基础上详细介绍了有机化学反应中的时间因素和取代基对有机分子反应性能的影响。

D 有机制备，其中，D.1、D.3、D.5、D.7和D.9由陈玉和赵亮译，张福丽协助录入图表；其余内容由袁冰、于凤丽、温会玲、张晓译。本部分为全书重点，内容包括自由基取代反应，饱和碳原子上的亲核取代反应，消除反应，重排反应，非活化C-C多重键的加成反应，芳烃的亲电取代和亲核取代反应，氧化与脱氢，羰基化合物的反应及其它杂原子羰基化合物的反应。

E 有机化合物的鉴别，由陈玉和赵亮译，张福丽协助录入图表。

F 主要试剂、溶剂及辅助试剂的性质、纯化和制备，由李风华译。

G 重要化学品的毒性，由李风华译。

附录，由温永红译。

索引，由温会玲译。

全书由万均统稿。

译者在翻译过程中力图忠实于原著。本书取材新颖，数据翔实，内容丰富，适合有机化学、生物有机化学、金属有机化学、高分子化学及材料化学等领域的学生和研究人员使用。

由于译者水平所限，译文中可能还有欠缺，不妥之处在所难免，敬请同行和读者们批评指正。

译者
2010年1月

德文第 22 版前言

修订的第 21 版发行以来，再次得到了学生以及广大学术界和工业界人士的高度评价和支持，使得四年后又亟需重新修订。本次修订将一些印刷错误予以清除，参考文献引用到最新文献，危险物品附录也按当前的法规进行了对应。

《有机合成实验室手册》第 1 版发行至今已有 42 年了，希望新修订的第 22 版能得到读者一如既往的支持，欢迎批评指正，以及对补充新的重要有机合成制备方面指出有益的建议。通过与专业院所以及学生的这种联系，可使得本手册能继续更新以便于使用，并且不必放弃那些必须遵守和保留的方法上的基本原理。

作者感谢所有为本书付出努力的人们，特别感谢 Ulrich Haug 博士为危险物品相关数据更新所做的工作。

最后，衷心感谢出版社工作人员，正因为他们的辛勤劳动以及对我们编撰本手册愿望和设想的理解，才使得本手册能够顺利出版。

作者
2004 年 1 月
于德累斯顿

目　录

A 实验技术简介

A.1 有机实验操作的手段和方法

A.1.1 玻璃及玻璃接头的类型

玻璃是化学实验室最常用的仪器和设备材料。

钠玻璃价廉，可塑性强且操作简单，但对化学试剂耐腐蚀能力相对较差。由于线性膨胀系数较大（约为 7.5×10^{-6} cm/K，而熔融石英为 0.57×10^{-6} cm/K），对温度变化的耐受力很低，此类玻璃不宜用作蒸馏瓶或冷凝器等热应力仪器的制作材料。

硼硅酸盐玻璃具有良好的耐水、耐酸碱特点，线性膨胀系数小，抗变温能力强。因此可用来制作蒸馏瓶、冷凝器或色谱柱等热应力仪器。由于使用寿命较长，弥补了成本较高的不足。

Pyrex、Phoenix 和 Fermasil 等硼硅酸盐玻璃的线性膨胀系数约为 3.2×10^{-6} cm/K，可承受 250 ℃瞬间温差。这类玻璃由于软化点较高，只能用氧气焰加工。Monax 硼硅酸盐玻璃线性膨胀系数为 4.4×10^{-6} cm/K，可承受 190 ℃瞬间温差，由于软化点低于 Pyrex 等，可使用空气焰加工。

Supremax 玻璃热应力很高，专门制作高温裂解管等仪器，使用温度可高达 680 ℃。不过，由于 Supremax 玻璃比较脆，常用耐压的 Durobax 玻璃制作 Carius 管。

石英玻璃或透明石英常用来制作热应力仪器。透明石英即乳石英玻璃，比无色石英玻璃便宜。由于软化点高达 1400 ℃，且线性膨胀系数极低（5.8×10^{-7} cm/K），石英玻璃具有极高的耐高温和温度变化能力。

不过，石英玻璃加工困难，因此价格较高。由于普通玻璃不能透过紫外线，故需要透过紫外线的仪器必须使用石英部件。

如果玻璃仪器等所用玻璃类型未标明，可通过其破碎表面的色差或其软化点来判断。

玻璃器件可以通过烧融连接，但烧融连接后制成的较大型玻璃仪器使用范围受限，故而只在特殊情况下比如极高真空操作时用烧融法连接玻璃器件。在一般的有机制备操作中，常使用磨砂玻璃接头连接，部分最常用连接器件见图 A.1。

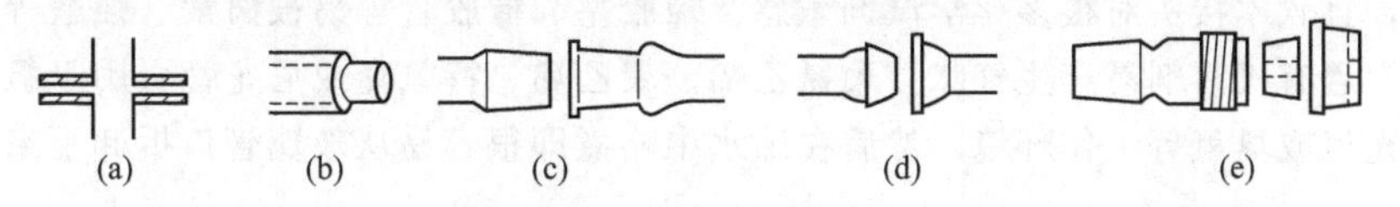

图 A.1 玻璃接头类型

(a) 平口接口，如在脱水器上连接的接口；(b) 圆柱形接口，如 KPG-搅拌密封（比较图 A.6）；(c) 圆锥形接口（NS 29）；(d) 带螺旋密封的球形接口；(e) 连接 schraubdichtung 的锥形口多数实验仪器使用的是经标准化处理的（圆）锥形接头（标准接头），可相互交换使用。一套锥形接头由内接头和外接头组成。按照英国的标准，按磨口的长度区分共有A、B、C、D四个系列的锥形标准接头，其内接头较宽一端的内径用数字/字母以毫米为单位注明。其中，B系列使用最普遍。美国标准的接头分三个系列：长接头、中长接头和短接头。每个接头由两个数字表示，分别代表内接头较宽一端的内径和磨口的长度，单位为毫米。比如19/22，表示接头的最大直径为19 mm左右（实际尺寸18.8 mm），磨口长度为22 mm，属于中长标准一类，大概相当于英国标准的B系列（英国标准中B系列的19接头最大直径也为18.8 mm，但磨口长度为26 mm）。

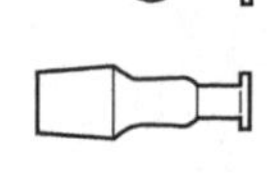

图 A.2　转接头

不同宽度的接头可由转接头或异径管连接，见图A.2。这样，借助标准磨口接头，按照“由下向上”的原则可以迅速搭建相对复杂的实验装置。

使用锥形磨口接头连接实验装置需注意以下几点：

① 通常内、外接头应使用同种类型玻璃（在英国一般采用Pyrex玻璃）。必要时可使内接头的线性膨胀系数大于外接头。

② 使用时应轻微旋转使内、外锥形接头连接紧密。

③ 接头磨口处应尽可能远离易形成树脂、聚合物或强碱的物质。

球形接头比较特殊，一般用于较大的仪器连接。接头处变动灵活、易于拆卸。虽然使用锥形接头的所谓“接头链”也可实现，但价格昂贵。球形接头在有轻微内压时很难保持气密性，但在真空操作中很有优势。一般来说，球形接头比锥形接头价格高些。

无论什么接头，在真空操作中都必须涂脂润滑。润滑剂的使用应尽可能少，以防污染反应产物或馏分。使用润滑剂时最好只在锥形接头的中部涂抹一圈，然后旋转内接头使之分布均匀。涂抹润滑剂后，接头处应呈透明状态。

润滑剂主要包括：凡士林和动物油脂，用于旋塞、平面接头（干燥器）、常压锥形接头；Ramsay油脂——橡胶的凡士林黏性溶胶，用于真空球形接头或真空锥形接头；Kapsenberg水溶性接头润滑剂，制备方便，适用于中等温度（－40～200 ℃）下有机溶剂对油脂溶解力强的实验环境。各种润滑剂的制备参见试剂目录。在高真空操作中，可使用蒸气压非常低的Apiezon真空脂或硅脂。

如果玻璃接头被牢牢卡住无法拆开，一般不可强行拧动分离。可采取如下方法：两手拇指紧靠，分别握住内外接头处，其它手指协助，就像要折断木棍一样向各个方向扳动；或者用本生灯略微加热内接头至70 ℃，并尽可能使外接头保持冷态，用木块轻击使接头松动（如玻璃塞卡在瓶子上）。

软木接头或橡胶接头重要性次于玻璃接头。软木接头气密性差，因此不宜用于真空操作中，且软木接头对很多化学试剂敏感。橡胶塞、橡胶管等易被卤素、强酸等化学试剂腐蚀，遇有机溶剂易产生气味。聚氯乙烯、聚乙烯、特氟隆或尼龙管可用于氯气、溴化氢、光气或臭氧等工作环境，然后在沸水中略煮即很容易从玻璃管口拆卸下来。

A.1.2　容器类型

通常，有机化学实验室使用的容器与无机化学实验容器相同。比如，试管（15 mm×60～80 mm）、烧杯、Erlenmeyer烧瓶、平底烧瓶等。短、宽试管适用于半微量操作。烧杯一般不宜盛储低沸点易燃有机溶剂，因为挥发速度太快。Erlenmeyer 烧瓶（应带有标准磨口内接头）最适于用作容器。

平底容器切勿进行真空操作，有爆裂的危险。

圆底烧瓶、梨形瓶和锥底瓶常用作蒸馏瓶和接受瓶。锥底瓶特别适用于半微量蒸馏操作，因半微量蒸馏残留物很少，参见图 A.59。两口烧瓶、三口烧瓶和四口烧瓶则用于较复杂的反应，见图 A.4。

通常可用铅笔在容器蚀刻面板上记录空玻璃容器的重量。

A.1.3 冷凝管类型

有机化学反应中，反应组分一般需要加热，且常常使用溶剂。为使挥发性物质不从容器中逸出，需用冷凝装置使蒸气在装置表面冷凝后流回反应体系（回流冷凝管）。蒸馏操作中，则需将冷凝物导出来（产物冷凝管）。最常用的冷凝管类型见图 A.3。

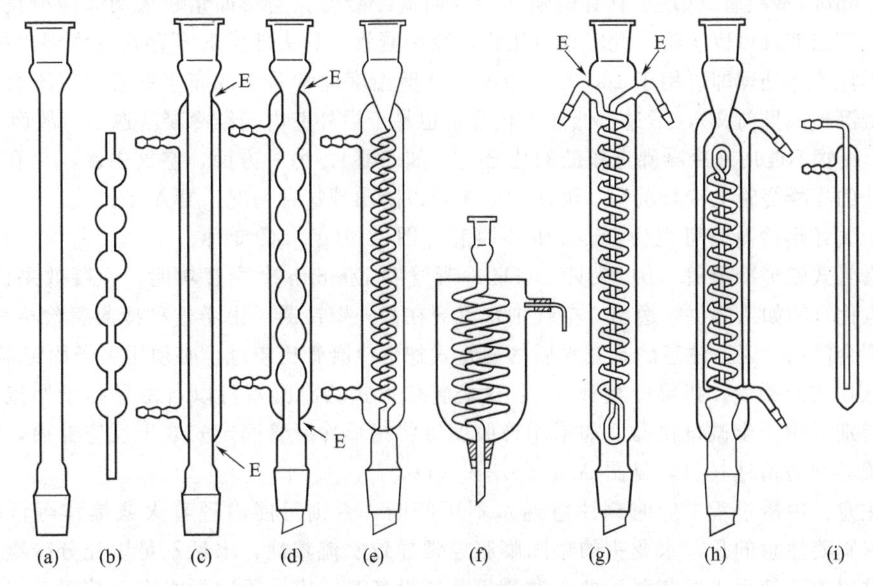

图 A.3 常用的冷凝管

(a)，(b) 空气冷凝管；(c) Liebig 冷凝管；(d) 球形冷凝管；(e) 蛇形冷凝管；(f) Städeler 冷凝管；(g) Dimroth 冷凝管；(h)(强度冷却) 套管式蛇形冷凝管；(i) 悬挂式冷凝管，指形冷凝管

最简单的是空气冷凝管 (a)。空气冷凝管冷凝效率低，只用于冷凝沸点在 150 ℃以上的高沸点物质。有时空气冷凝管也用于回流操作，采取“垂直管”的形式。不过冷凝效果并不好，由于回流以层流为主，很容易逸出。如果改进为 (b) 型，则较适于回流操作，在半微量制备中比较实用。半微量制备需要冷凝的液体量少，即使液体沸点较低，空气冷凝效果也可以满足；必要时可用润湿的滤纸或湿布包裹冷凝管外部。在蒸馏速率不是很快时，空气冷凝管 (a) 也可冷凝 150 ℃以上的高沸点产物。

如图 A.57 所示的空气冷凝管同时具有接受瓶的功能，作为烧瓶的附带组件比较实用。

Liebig 冷凝管 (c) 主要用作产物冷凝，最高使用温度大约为 160 ℃。冷凝介质如果是流动水，冷凝温度最高为 120 ℃，静止水则为 120～160 ℃。由于 Liebig 冷凝管冷凝表面积小且为层流，故其回流冷凝效果较差，只能用作沸点在 100 ℃以上的液体回流。回流操作时，空气中的水汽会在冷凝管外表面冷凝流下并经毛细作用由接头渗入烧瓶，因此接头必须涂抹油脂，或在接头上端使用干燥滤纸包裹。钠玻璃制作的Liebig冷凝管不能用以冷凝高沸点液体，因热应力会导致图A.3中E处的玻璃封头破裂。

球形冷凝管（d）只能用于回流操作。由于其冷凝以湍流为主，冷凝效果大大优于Liebig冷凝管。由于空气中的水汽会在其外表面冷凝，封头处也有破裂的可能。

蛇形冷凝管（e）切勿用于回流冷凝操作，这是由于冷凝液不能从细窄的蛇管中充分回流，而常常从顶端喷出导致发生事故。采取垂直安置的蛇管冷凝管进行产物冷凝的效果非常优越，特别适用于冷凝低沸点物质，但倾斜安置时则不可进行产物冷凝（为什么?）。

Städeler冷凝管（f）的冷凝系统内可以加入冰盐混合物或干冰丙酮混合物等冷凝剂，因此可以冷凝沸点很低的化合物；还可以将绕管直接接受馏分，使之同时具有冷凝管和低温接收器的功能。

Dimroth冷凝管（g）是具有增强功能的回流冷凝管。当蒸馏量较大时，冷凝绕管上沾附的蒸馏液量可以忽略，此时也可用作产物冷凝管。封头部位E不存在较大温度梯度，因此不需特殊处理即可用于160 ℃。冷凝管外壁温度通常等于或高于室温，就不会有水汽冷凝沉积（见前文），不过，低沸点化合物也易于沿外壁内侧经冷凝区逸出，故而Dimroth冷凝管不能用来冷凝沸点较低的化合物（如乙醚）。另一方面，空气中水汽会在末端敞口处的冷凝绕管上冷凝沉积，可使用干燥管以防出现这种情况［图A.4(a)］。

金属蛇形冷凝管可视为Dimroth冷凝管［图A.3(g)］的变种。

套管式蛇形冷凝管（h）兼具Liebig冷凝管和Dimroth冷凝管功能，冷凝效果极佳，低沸点化合物如乙醚也难逸出。空气中水汽会在其外壁冷凝。由于这种冷凝管价格昂贵，轻易不会使用。还要注意的是充水后的套管式蛇形冷凝管比较重，必须用夹子固定牢固。

悬挂式冷凝管，指形冷凝管（i）：这类特殊形式的冷凝器可以自由悬挂于回流系统内，特别适用于半微量仪器。如果用橡胶塞等将指形冷凝管固定安装于反应器内，则反应系统必须另留通气口，见图A.4（e）和（f）。

注意：冷凝过程中应时刻注意通水不可间断，否则可能出现着火或爆炸等危险事故。特别要注意的是，水龙头的垫圈膨胀经常导致水流减慢，水量不足以充分冷凝。当冷凝过程中还使用水银装置和油扩散泵等重要设备时，应采用冷凝水安全装置与加热装置结合以保证冷凝水量。这类装置可商业购得。

A.1.4 有机化学反应标准装置

使用标准接头可搭建的一些最重要反应装置如图A.4所示。

装置（a）多用于反应物可预先混合的反应和重结晶操作中（参见A.2.2.2）。如果操作要求无水条件，必须外接干燥管。干燥管使用前应先通过吹气检查透气性。切勿忘记加入沸石（参见A.1.7.2）。

两口烧瓶和三口烧瓶是有机化学制备中的标准反应容器，常用于几种操作同时进行的实验过程。比如通入气体与回流冷凝同时进行（b），滴液、搅拌[1]和冷凝同时进行（c）等。借助Anschütz多口转接头，三口烧瓶可转换为四口烧瓶，可同时进行搅拌、

[1] 此处为精密磨光搅拌器。其它类型搅拌密封和搅拌器参见A.1.5.1。

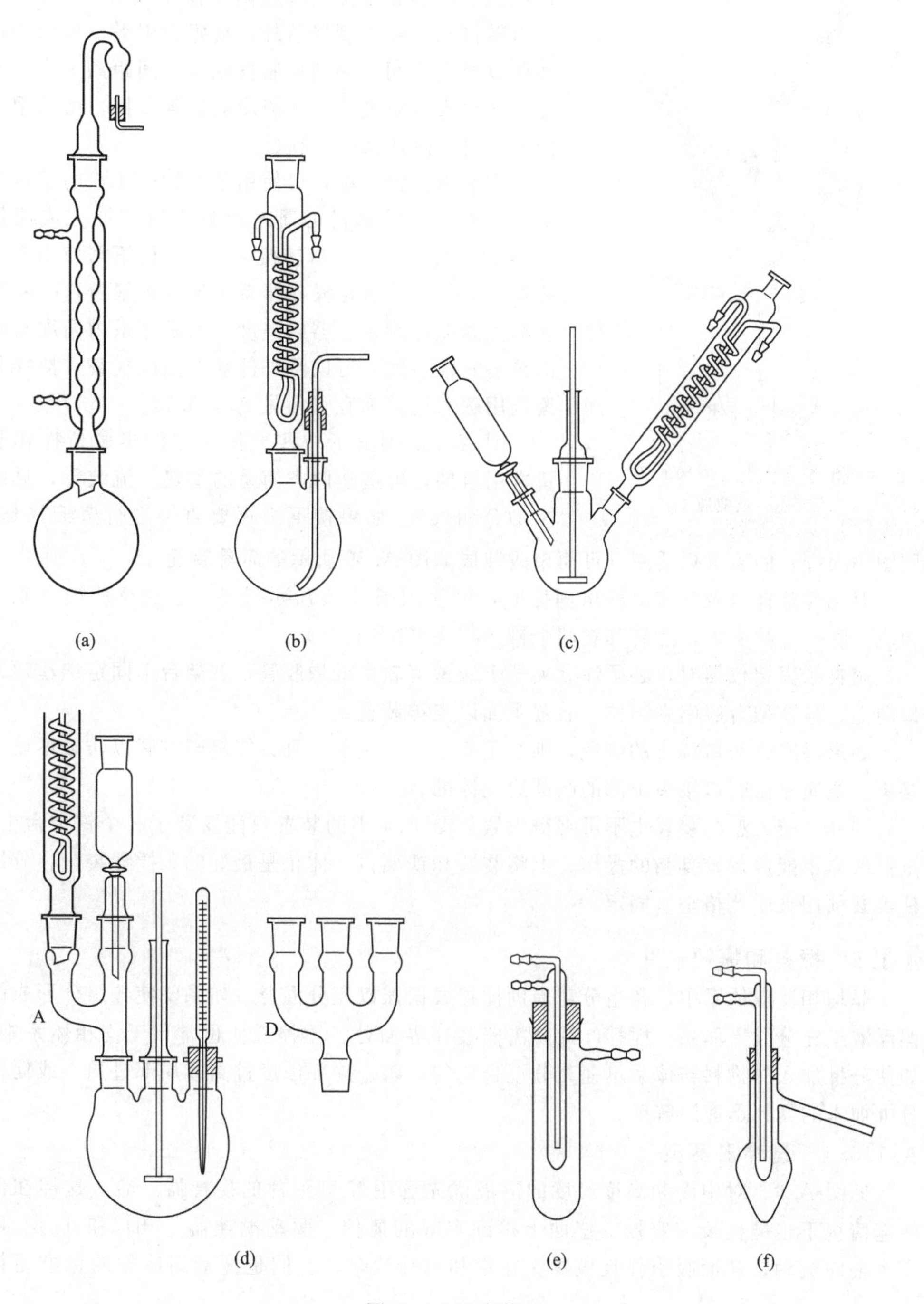

图 A.4　反应装置

A—Anschütz 接头；D—三重接头

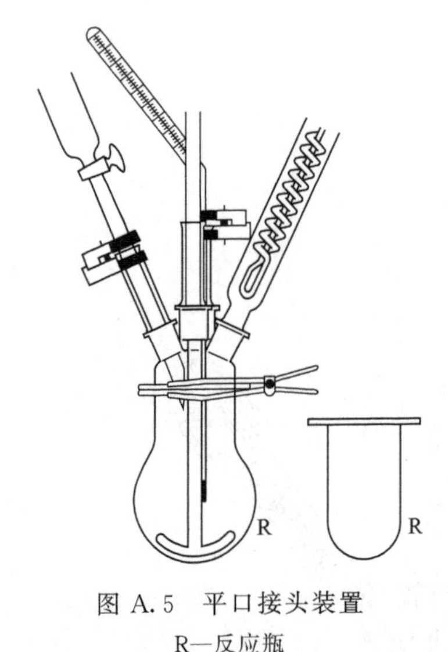

图 A.5 平口接头装置
R—反应瓶

回流、加料和测量体系温度四个操作（d）[1]。（e）是三口转接头。除小型烧瓶外，最好选用平行口的多口烧瓶以节省空间。小型烧瓶各瓶口之间距离太小，不足以同时安置温度计、回流冷凝管等仪器，可选用如图中（c）所示的斜口烧瓶。

在半微量操作中，可使用带有 NS 14.5 的磨口接头。通常，如果原料可通过冷凝管顶部加入或使用 Anschütz 转接头和三口转接头（e），可不需使用多口烧瓶。另外，半微量操作体系热量变化很少，一般不必插入温度计测量容器内温度，通常体系内温度与外部热浴非常一致，可以测外部热浴温度代替。搅拌装置选用磁力搅拌为宜（参见 A.1.5.1）。

图 A.145 列出了一些经济实用的半微量操作装置常用组件，可搭建两类简易的加热回流装置，见图 A.4(f)和(g)。如果接下来还要直接进行蒸馏操作，则图 A.4(g) 的装置更适用（可简单改装成如图 A.59 所示的简易装置）。

对黏性流体以及反应沉淀出固体时，可使用图 A.5 所示设备。它由反应瓶及瓶头构成。除平口接头外，还有其它四个锥形接头（NS 14.5）。

用夹子固定仪器时，必须注意夹子上应覆有软木或橡胶管，铁架台上固定螺丝须开口向上，且铁架台底座必须位于装置下面以支撑装置。

如果固定带磨口接头的烧瓶，则必须使用圆形夹子，且只能轻轻拧紧以防破坏玻璃接头。烧瓶是由磨口接头顶部的凸圆边支撑的。

同样，较大型的装置也不可夹得太紧。图 A.4 中的装置只能安装于一个铁架台上。虽然这样不能进行较复杂的操作，但将装置和铁架台一体化是最好的。搅拌装置、分馏柱等必须用夹子严格垂直固定。

A.1.5 搅拌和振摇

非均相反应体系中，各组分需借助搅拌或振摇以充分混合。如果要使各组分形成的漂浮液层充分混入体系，搅拌叶片就需安装在界面处。搅拌操作也常用于均相体系中，如使分批加入的物料与体系迅速充分混合均匀，防止局部浓度过高或局部过热，或促使分批加入的物料迅速溶解等。

A.1.5.1 搅拌器类型

见图 A.6，对中度和高度黏度的溶液优先选用带 U 形片的搅拌器（a），这样在低转速情况下也能使反应容器的壁面上得到有效的搅拌。驱动搅拌器［(b) 和 (e)］可产生轴向流动，从而吸引住反应物。在中和高转数时，它们是搅动固体物的标准搅拌

---

[1] 如图所示，可将无磨口接头的温度计插入橡胶塞、软木塞或 PVC 塞，或者使用长颈的柱形温度计。不过为了尽可能避免污染反应体系，最好将温度计放在有标准外接头的玻璃导热套管中，里面盛有液体石蜡或水银向温度计球传热。

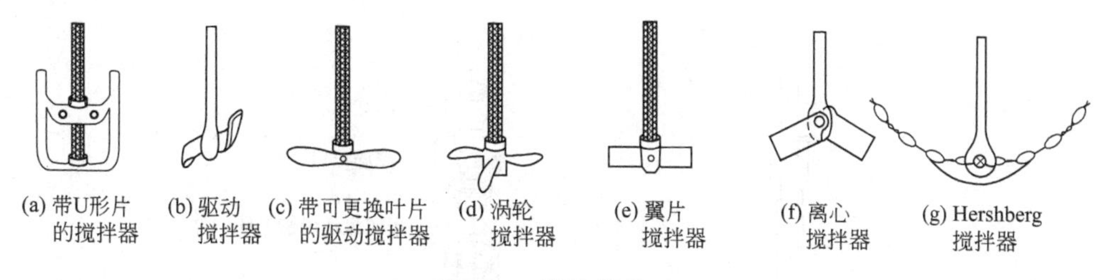

图 A.6 搅拌器类型

器。稍做变动，可使用叶片型搅拌器（c），它尤其适合广口容器。涡轮搅拌器（d）在中和高转数时使用。窄口容器用小的驱动搅拌器［（b）和（e）］，不过离心搅拌器（f）更好些，它们的翼片能在高转速时伸展开。由不锈钢等不被物料腐蚀的材料制成的 Hershberg 搅拌器特别适用于搅碎熔融钠，但使用大的装置时用高效的分散设备更好。

磁力搅拌器（图 A.7）可以在完全密封的装置中进行搅拌，主要由磁铁和小铁棒组成，电机使磁铁旋转，从而带动反应容器内的小铁棒旋转起到搅拌的作用，小铁棒外层覆有玻璃或聚四氟乙烯。磁力搅拌器适用于加氢反应或真空操作中。当反应物量较少时，这种搅拌器可代替大部分其它类型的搅拌器。不过，搅拌棒（搅拌磁子）必须贴紧容器底部，因此一般只适用于底部平坦的容器，如 Erlenmeyer 烧瓶、烧杯等。

另外，向容器内通入惰性气体也可起到搅拌的作用。

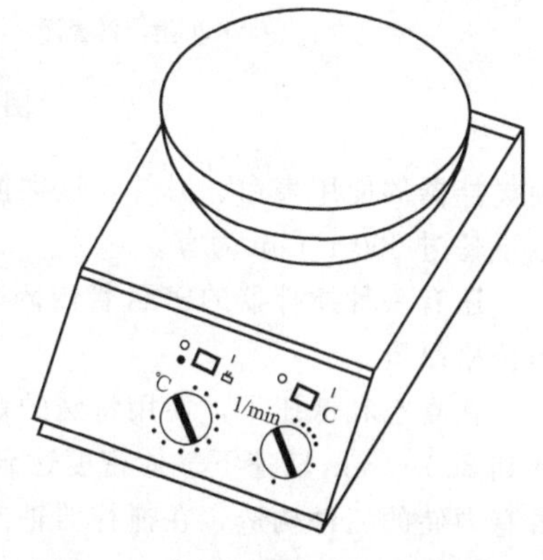

图 A.7 带磁力搅拌器的加热装置

A.1.5.2 搅拌套管和密封类型

图 A.8(a) 是一种简单的搅拌套管，由玻璃管安装橡胶塞或软木塞制成。如果回流装置需要安装搅拌，需仔细调试搅拌器，特别是用小段橡胶管密封搅拌棒和套管连接处后，可用于回流沸点不太低的化合物。密封处可用甘油或蓖麻油润滑，蓖麻油效果较好。

使用甘油或水银等液体密封的气密性较好，但只能用于常压操作。其中水银密封很适合于回流操作，因为水银既不会被冷凝液稀释，也不易从密封处冲出。使用水银密封的搅拌体系允许存在轻微内压。

最完整也是最简单的搅拌密封装置是精密磨光搅拌器。这种搅拌器由一个套管和一个精密适配的搅拌棒组成（公差± 0.01 mm），价格昂贵。常用蓖麻油或石蜡油作为润滑剂，如果体系中溶剂是脂溶性的，可选用 Kapsenberg 润滑剂❶。需要说明的是，不宜只使用甘油来润滑精密磨光搅拌器，因甘油黏度太低，使玻璃之间的磨损较大，从而缩

❶ 见试剂附录。

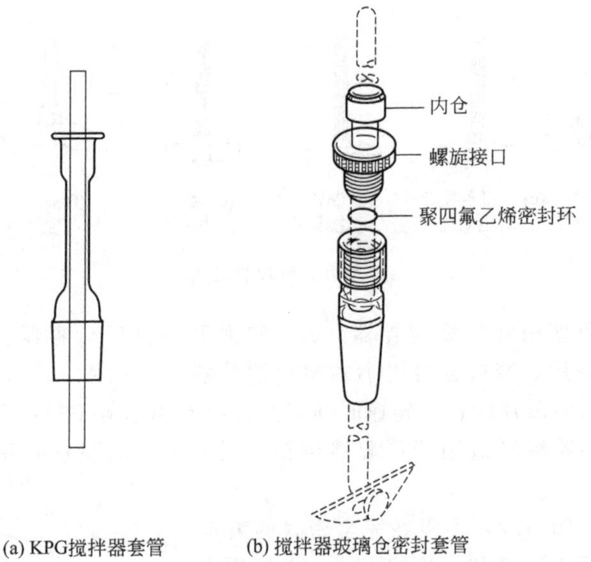

(a) KPG搅拌器套管　(b) 搅拌器玻璃仓密封套管

图 A.8　搅拌密封类型

短搅拌器的使用寿命。另外，这类搅拌器在高速搅拌时会产生大量热量，因此其转速应以不超过 600 r/min 为宜。

还有一种搅拌器的密封管内附带球轴承，外带标准外接头（金属或聚四氟乙烯），但价格昂贵。

在真空和低压下，使用特殊的螺旋搅拌器，它的密封用聚四氟乙烯。这样密封可以达到 800 r/min 转速下气体密度达到 10^{-2} mbar（1 bar＝10^5 Pa）。图 A.8(b) 显示的是带有内储的三件构造，在搅拌器轴向转动时也随之转动，可以避免搅拌器缠绕不动。

A.1.5.3　电动机的使用

搅拌器一般由电动机带动，电动机的转速可通过一个可控调压器控制。搅拌开始前，应先手动检查搅拌是否能顺利转动，搅拌棒是否与容器壁或温度计摩擦碰撞。所有夹子只能起到固定装置的作用，不应产生其它张力。使用精密磨光搅拌器时，搅拌器的底部必须再另加一个特殊夹子固定，防止由于搅拌棒摩擦力使搅拌器脱离正常位置。

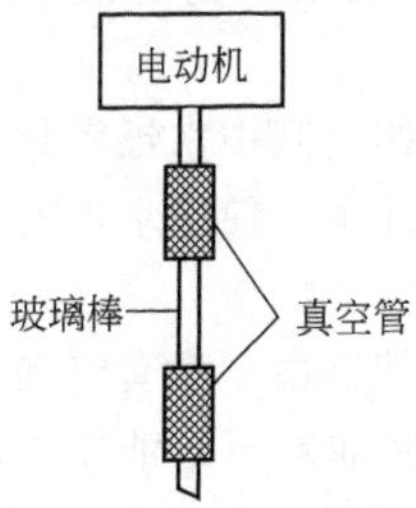

必须指出，一般实验操作中使用的都不是防爆电机。当工作环境高度易燃时（如氢气、二硫化碳等），应使用水轮机或空气发动机。

电动机的转轴与搅拌棒的轴线必须保持一条直线，通过两段真空管彼此相连，保证其不与搅拌套管摩擦（图 A.9）。

电动机
玻璃棒
真空管

图 A.9　橡胶连接的设备

A.1.5.4　振摇

振摇在常规实验技术中的重要性要低于搅拌。振摇宜于用在带压操作中（如高压釜，见 A.1.8.2）、用于充分分散重固体颗粒如锌粉或钠汞齐到上层液相中，或用于试管实验等半微量操作中。在半微量操作中，如果反应混合液已经沸腾，则不需再额外进行机械搅拌。

如果需要较长时间的振摇，可以使用机械振摇，但不一定可同时进行加热和冷凝操作。操作前应将烧瓶小心安装稳固。

A.1.6　气体的计量和导入

气体计量可通过测量其体积和重量来进行。直接测量气体体积有两种方法，可以用校准的容器（量筒、气量计）收集测量，也可以借助计量泵或气体流量表测量。通常使用所谓的湿球气体流量计，注满水后气体流转动流量计内的滚筒，滚筒与显示表盘相连以计量。

间接测量气体量可用流量计或转子流量计（柱状浮标流量计）。如图 A.10(a) 所示，流量计上的气体通道中间一段收缩为毛细管，气体通过时使平行连接的 U 形压力计产生压差，压差的大小与气体流量成正比。将压力计用已知流量的相同气体校准后，可画出每单位时间气体流量与压差 Δp 的关系曲线。该关系曲线每次实验只能用于同种气体的测量。

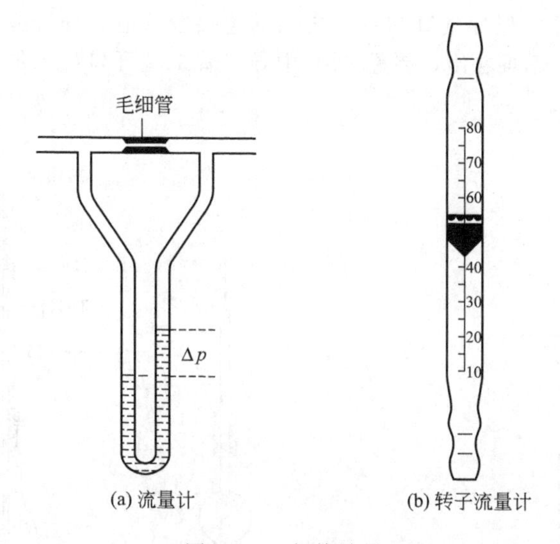

图 A.10　气体计量

转子流量计如图 A.10(b) 所示，属工业产品。因刻度管向下逐渐变窄，可以有多个量程。转子上升的高度与气体的流量有关。

此外，当气体量较大时，还可以通过测量反应容器或量筒重量的变化来计量。

对易冷凝的气体（如环氧乙烷）可以先测量其液态时的体积或重量，然后再按照一定流速蒸发使用。

当把气体通入液体中时，气体导管的末端通常应浸入液面以下。不过，这样也存在液体倒吸的危险，特别是在体系对气体吸收非常剧烈的情况下。

因此通入气体时必须在反应装置之前连接空容器作为缓冲瓶（如洗瓶），缓冲瓶的体积以足够盛下全部反应液为准。同样，气体生成装置也必须经缓冲瓶导出气体。

标准装置参见图 A.11。

当气体吸收非常剧烈时，可将导气管末端置于反应液面以上，以防发生液体倒吸。

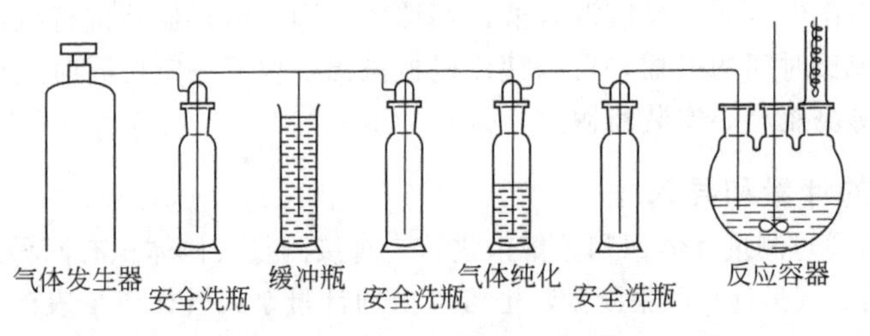

图 A.11　气体导入装置的搭建

这样的气体吸收率也是很高的，剧烈搅拌时气体吸收率会更高些。

反之，有些操作需要气体充分分散，比如为了充分洗涤气体或提高气体的吸收率，可以使用烧结板装置，见图 A.12。

如果在导入气体时有固体析出，例如导入的气流使导管附近的溶剂蒸发，从而慢慢阻塞导气管。如果有这种情况可以将导气管末端开口加宽来缓解。通常，在导气管末端接一段直管就足够了，但导气管和直管之间的连接胶管应合理选择，不可被反应液腐蚀，见图 A.13(a)。不难看出，装置（b）中导气管末端开口虽未加宽，但也容易除下阻塞物。

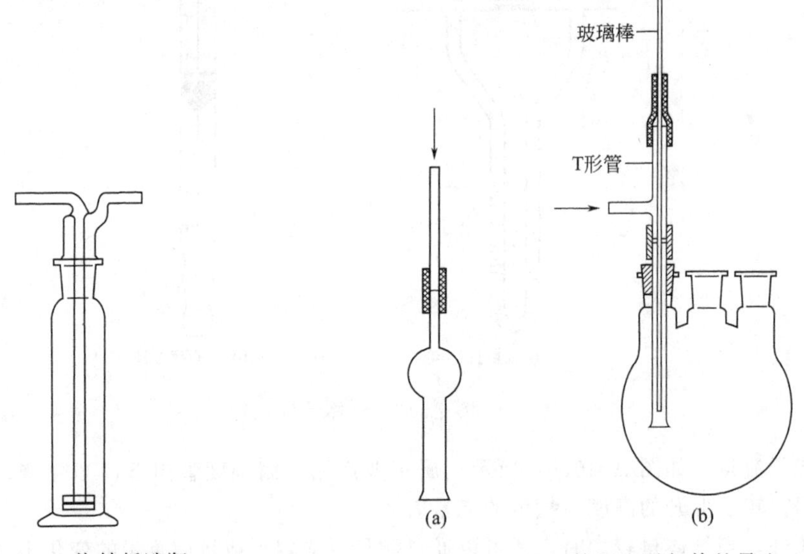

图 A.12　烧结板洗瓶

图 A.13　有固体析出时气体的导入

很多时候需要在气流过程使用气体安全阀，特别是气体流经毛细管时，比如惰性气体保护下减压蒸馏，必须使用气体安全阀。最简单的气体安全阀是本生阀，即带有 1～2 cm 纵向剃刀割缝的一段胶管。

图 A.11 的汲取管就是一个安全阀，如果有气体逸出很容易观察到。通过调整安全阀液面（水，硫酸或水银）高度，可以精确控制密闭系统的内压。

任何气体导入装置都应能方便地测量气体流速。除了使用储有洗液的洗瓶外，还可以使用流量计或转子流量计等，也可使用计泡器（图 A.14）。

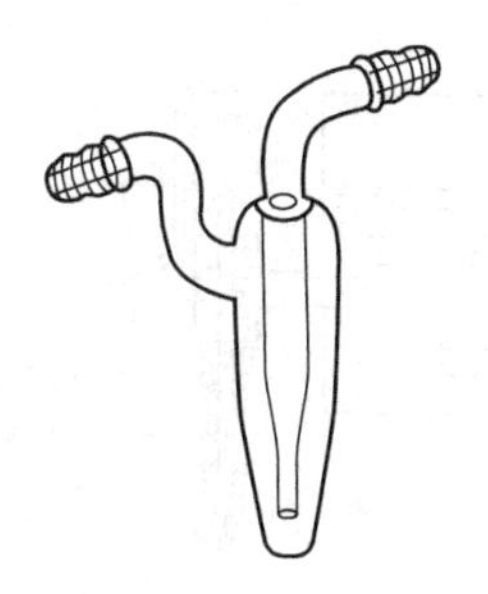
图 A.14　计泡器

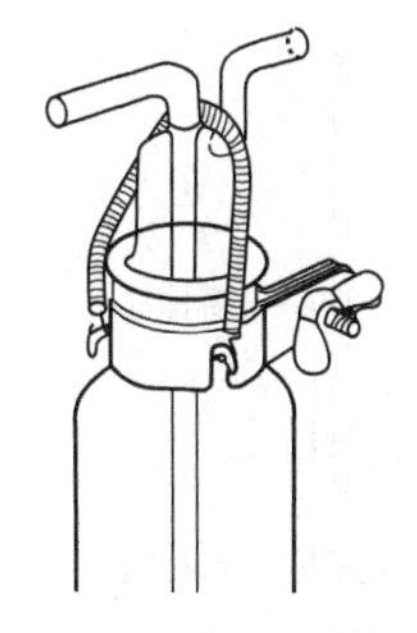
图 A.15　丝簧

气体导入装置在使用前必须仔细检验。特别是洗瓶要正确安装，防止气体通过时瓶内洗液（如浓硫酸）冲出。酸性容器和碱性容器之间必须接有空安全瓶。所有洗瓶必须固定夹好，并用丝簧缚紧各接头，见图 A.15。

另外还必须注意，反应容器必须能充分与大气相通。氯化钙管必须检查透气性。

A.1.7　加热和降温

A.1.7.1　热源、传热和热浴

加热反应容器可以有燃气加热、蒸汽加热和电加热。热源的选择决定于所需的加热温度和加热速率，同时也应考虑安全要求。

用本生灯火焰或 Teclu 炉直接加热可迅速达到较高温度。

电炉不宜直接加热圆底烧瓶。加热圆底烧瓶可使用红外线辐射器或电热套——玻璃纤维与电热丝交织成的半圆形加热套，如果织成缎带形状，可用于加热试管。

直接使用燃气或电加热会导致局部过热，加热温度无法保持恒定，难以自动控制。实验安全规则也禁止直接用明火加热易燃溶剂[1]。

热浴也存在很多不足，目前正在努力克服。适于用作传热介质的有如下几种：气体，水，熔盐，金属。

在明火和烧瓶之间隔一层石棉布即可进行简单的空气浴。不过，使用明火加热 Babo 漏斗进行空气浴的传热效果远好于石棉布。

更好的热浴方法是耐热玻璃空气浴，见图 A.16。方法简便，加热速度也不慢，但不适于大量传热。在蒸馏操作时，可以从各个角度充分观察沸腾过程。空气浴装置的上端必须使用石棉布覆盖。

砂浴非常慢且控温困难，一般来说可用其它热浴方法代替。

使用液体作为传热介质的热浴方式最适宜温和均匀加热。

水浴在 100 ℃以下的热浴方式中应用非常普遍。由于水的热惯性高，可以精确地实现自动控温。水面控制器（图 A.17）必须与水管随时保持连接状态。

实验操作中使用了钠、钾等金属时切勿使用水浴加热。

油浴或石蜡浴温度可达 250 ℃左右，但会有烟生成，必须在通风橱中操作。两种热浴方式都比较慢。必须注意热浴装置中切勿进水，否则会有泡沫生成或使导热油爆裂飞溅。

---

[1] 从安全角度考虑，白炽状态的电热丝如电炉必须看作是明火。

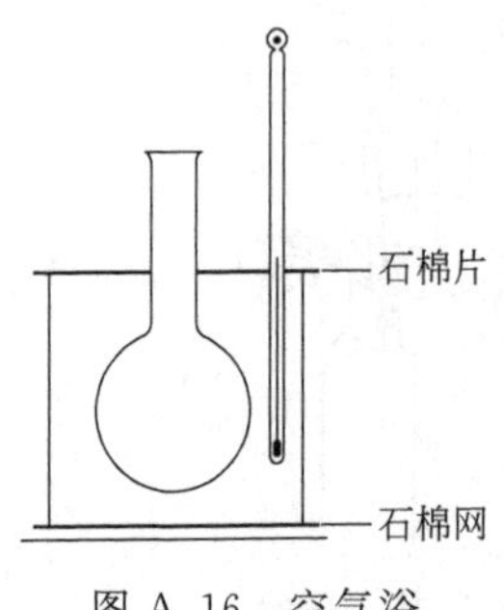

图 A.16 空气浴

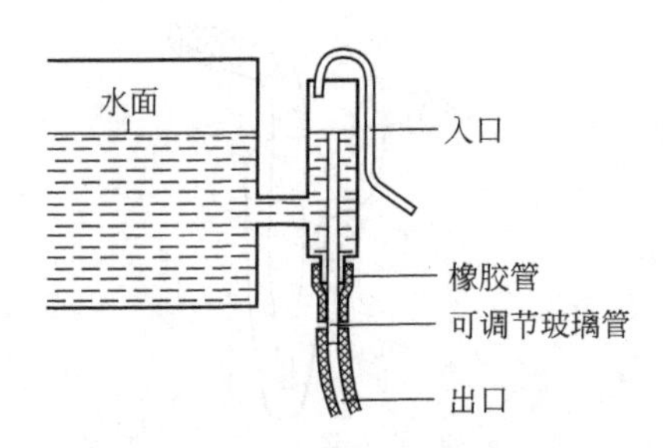

图 A.17 水浴装置的水面控制器

因此回流操作时必须用滤纸包裹冷凝管的底端。加热结束后，应立即撤离热浴装置。

通常甘油（三甘醇、二甘醇和乙二醇）更适于热浴操作，即便有水进入也不会有危险，而且烧瓶壁上沾的甘油很容易用水洗掉。甘油的使用温度为 150～200 ℃，更高温度时会产生浓烟，必须在通风橱中使用。

100 ℃以上的加热都可以使用金属浴，使用金属合金作为传热介质（Wood 合金熔点为 71 ℃，Rose 合金熔点为 94 ℃）。由于金属导热性好，可以迅速且均衡传热。不足之处是成本太高，当需要大量金属浴时也太重。

热浴必须可以随时放低位置撤离。大量热浴时应将其安装于三脚架上。

燃气炉或电炉可用于加热液体浴。浸入式加热器热惯性低，效果更好。

如果实验室有蒸汽管，且蒸汽温度能满足试验需要，也可将常规蒸汽或过热蒸汽作为热浴介质。某些低沸点易燃物质只能用蒸汽加热。

不过，由于二硫化碳与空气的混合物即使在蒸汽管道上也可能点燃，因此应避免大量的二硫化碳。通常蒸汽浴是实验室的固定装置，如果没有，可使用便携式蒸汽浴，见图 A.13。也可将蒸汽直接通入水中加热水浴。

实验室里可以用圆底烧瓶加热水获得水蒸气。烧瓶引出蒸汽导管，并安装垂直安全管。使用铜制的水蒸气发生器更好。不过，这样制备的水蒸气不能用于加热高度易燃液体，而是主要用于水蒸气蒸馏。

温度的控制。热浴中必须放置温度计以便随时观察温度，但在金属浴和石蜡浴时，必须在熔融态固化前取出温度计。一种可靠的控温方法可以通过每单位时间提供一定的热量来实现。比如，控制燃气火焰或用调压器调节电加热设备。此方法难以长时间控制温度恒定，必须时刻检查温度和供热情况。使用控温设备可以克服此方法的不足，当达到所需温度时控温设备自动关掉热源。实验室常使用双接点控温器，由接触式温度计和继电器组成。接触式温度计中的接触线头可由旋转磁铁带动，移至所需的温度。其温度调节可以由接触线头极为精确地实现。当温度达到设定温度，继电器被触发，中止供电或供燃气；当温度低于设定温度时，继电器再次被触发，又开始加热。自动调温器也是采用同样原理控制恒温，控温可精确到 1 ℃以下。

A.1.7.2 易燃液体的加热

按照实验室安全规则，能引起燃烧的热源不允许加热沸点 100 ℃以下的易燃液体。在确保不会引发燃烧的情况下，沸点高于 100 ℃的易燃液体可以在密闭体系中使用明火借助热浴加热。这些规则不适用于 50 mL 以下的液体。

250 mL 以下的易燃液体可以在密封罩里直接挥发，但现场不能有火源，也不可有爆炸性混合气体生成。即使很少量的易燃液体也不可在烘箱中挥发。

实验操作如果有乙醚、二硫化碳或类似的高易燃性低沸点液体，需采取专门的安全措施。如果量很大，为防止引起实验室爆炸，必须在特殊的防爆实验室进行操作，要求室内不能有可能产生明火的热源，必须配备防爆电力设施和搅拌电机等。

液体在超过沸点的温度下可能不沸腾，即形成过热液体，发生暴沸时也会有爆炸性危险。一般加入沸石（小碎片）可避免出现这种情况，但切勿向沸腾液体中直接加入。用过的沸石冷却后被液体浸透失活，因此沸石只能使用一次。减压蒸馏时则使用沸腾毛细管。

A. 1. 7. 3　制冷剂使用

制冷剂的选择主要取决于需要达到的冷却温度和吸收的热量。实验装置上的烧瓶可以放在大漏斗上，然后通入自来水降温。

冰块应用磨冰机制成碎冰。可以加入少量水做成冰浆，降温效果更好。冰和食盐制成的冰盐混合物可降温至－20 ℃，冰和粗盐的重量比为 3∶1。

固态二氧化碳（干冰）与甲醇、丙酮等适当溶剂可获得－78 ℃低温，因有大量气泡生成，配制时要小心。因其制冷容量不大，最好加入过量干冰以使制冷剂可长时间保持足够的低温。为尽可能避免吸收外界热量，可以在杜瓦瓶（图 A. 18）内配制。

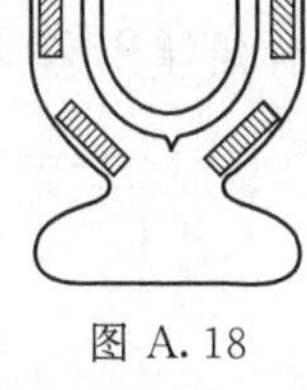

图 A. 18
杜瓦瓶

干冰必须用铁研钵充分粉碎，不可用瓷研钵，操作时必须佩戴防护镜。为防杜瓦瓶向内破裂，必须用石棉绳等缠裹，或用铁丝筐或木盒罩住，特别是其顶端。

如果干冰还不能达到所需的低温，可使用液氮（降温至－196 ℃）。杜瓦瓶在液氮注入前必须充分干燥。液态空气静置一段时间后氧气含量会升高，一般不用于有机物降温，以防发生火灾。

如果化合物需要长时间保持低温，可以使用冰箱。但化合物必须严格密闭，否则可能被水汽冷凝进入，或放出腐蚀性气体侵蚀冰箱，有机溶剂甚至可能发生爆炸。试剂瓶上需仔细贴好标签。

A. 1. 8　带压操作

有时反应体系的温度要求高于反应组分沸点，或需要高浓度的气体（如氢化反应，参见 D. 4 部分），反应就需要在密闭体系中带压操作。如果压力要求不高，化合物的量也不多，可以使用密闭管，而大批量的高压操作需在金属压力器（高压釜）中进行。高压釜能随时测量体系压力，还能压入气体❶。

A. 1. 8. 1　Carius 管

Jena Durobax-Glas 密闭管一般可用于 20～30 atm❷，最高温度 400 ℃。

可用长颈漏斗将反应混合物加入到密闭管中，需留有 3/4 气体空间。然后用氧气喷灯烧熔其厚壁顶端密闭（最好有玻璃工）。小心地慢慢冷却后置于铁套中，并加入适量

---

❶ 常规容器不能带压操作。如果实验结束时体系压力恢复常压，有时可用玻璃压力瓶。

❷ 1 atm＝101325 Pa，余同。

细砂使上端留出 1～2 cm 长度。然后将铁套置入管状炉中并将铁套开口一端略微抬高，靠住墙上的碎片捕捉器。装置需能自动控温。用保护栅格将装置与外界分隔，防止仪器受损。反应结束后，待装置充分冷却后，将铁套从炉中取出（切勿将开口处对人!），然后用吹管焰适当烧灼顶端的凸头。如果密闭管内有压力，玻璃软化后会被冲开，气体随之逸出。将密闭管顶端折断的工作最好由玻璃工来完成。

如果要实时观察拟订的实验路线，则密闭管操作只能在室内进行。密闭状态的 Carius 管切勿从铁套中取出，也不能带出柱状炉室。所用溶剂的蒸气压必须预先从表中查出，必须把反应可能释放的气体考虑在内来确定可能的工作压力。

A. 1. 8. 2　高压釜的使用

如图 A. 19(a) 所示的振摇式高压釜是有机化学实验室经常用到的一种高压釜：容量 1 L，最大表压 350 atm，最高工作温度 350 ℃，制作材料为不锈钢，自阻式梯度加热。釜体可以从加热装置上移下，釜上的盖子和法兰也可以拆下。釜头由螺丝和法兰与釜体相连，试验证明，釜盖和釜体之间采取的锥形密封方式非常合适。图 A. 19(a) 还画出了温度计和压力计管。压力计管连有一个阀门，在一个专门的钻孔里还有一个阀门（图上未画出）。高压釜里的物料可用搅拌器混合，磁力搅拌器最好。磁力搅拌器通过外部电机强力的电磁作用带动釜内的搅拌磁子进行搅拌。用填料填充的搅拌需要仔细维护，而且在实验工作中搅拌效果并不很理想。

必须首先确定反应预期的压力条件。如果反应有气体参与（如氢化反应），可通过气体定律❶计算压力的理论下降值（参见 D. 4 部分，催化氢化）。

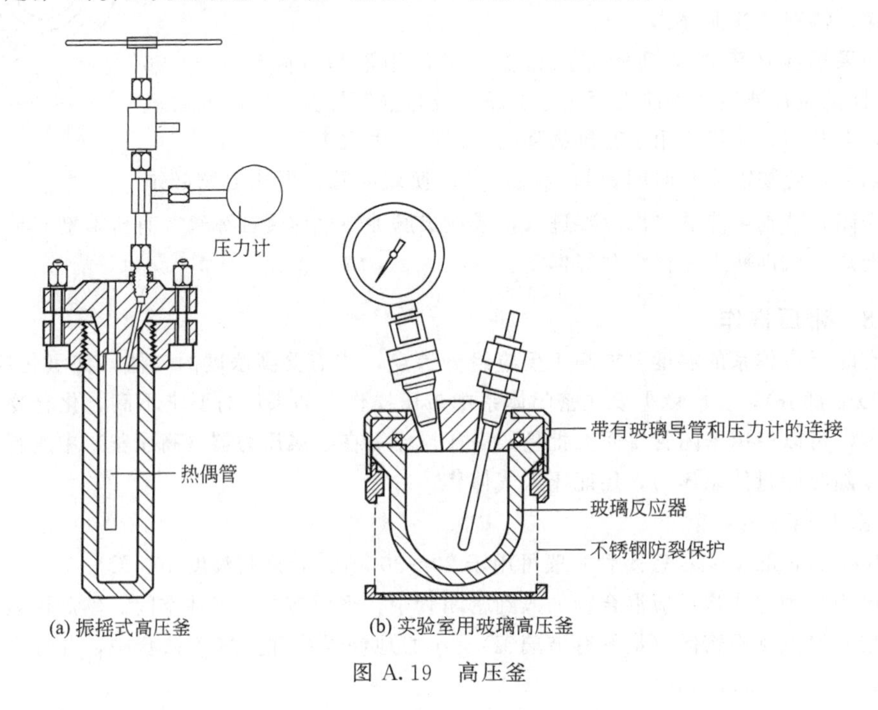

(a) 振摇式高压釜　　(b) 实验室用玻璃高压釜

图 A. 19　高压釜

❶ 英国文献的压力值一般用 1 lb/in^2 表示。换算系数 1 lb/in^2 = 0.07 atm。

釜体应储满物料（如有气体参与反应，则至少要留出 1/3 的空间），锥形密封处要仔细清洁干净，釜盖应小心放置、螺紧（分别按对角用螺母彼此逐渐拧紧），然后将高压釜置于加热装置上。使用压缩反应气体时，应先通入反应气体一到两次，将釜体内的气体排出，然后将反应气体压入至所需压力，高压釜开始振摇、加热。压缩气体可通过钢瓶或压缩机由毛细钢管压入釜内。

反应必须在高压釜专用室内进行，操作过程中必须随时进行安全检查，切勿超过规定压力和温度。反应结束充分冷却后，必须先打开阀门将釜内反应气体放出，然后才可打开高压釜。热高压釜切勿使用水冷却。加热过程必须严格调节，防止任何过热情况发生。实验开始前必须保证反应物料不腐蚀釜体。普通不锈钢不具有耐热酸如盐酸、甲酸或乙酸等的能力，也不具有耐氧化剂的能力❶。

较低压力和少量样品实验时使用玻璃高压釜［图 A. 19(b)］更有利。大约 100 mL 体积的这类玻璃反应釜特别适合水相或有机相中进行的化学反应，最高可达 10 bar/100 ℃或 6 bar/150 ℃。高压釜中的内容物可以方便地使用磁力搅拌器混合。

A. 1. 8. 3 压力钢瓶

常用气体以钢瓶储存，市场有售。气体钢瓶可通过钢瓶颜色和瓶口螺丝区分，其种类和区分特征见表 A. 20。

表 A. 20 气体钢瓶的特征（英国标准）

气体名称	钢瓶颜色	镶纹颜色	瓶口螺丝
氢气	红		左旋
一氧化碳	红	黄	左旋
胺(甲胺,二甲胺等)	灰、红	黄	左旋
烃类	灰、红		左旋
氧气	黑		右旋
氮气	灰	黑	右旋
氯气	黄		右旋
二氧化硫	绿	黄	右旋
光气	黑	蓝、黄	右旋
二氧化碳	黑		右旋
氨气	黑	红、黄	右旋
乙炔	栗色		特制

注：钢瓶必须隔热保护，装配牢固并用绳索缚紧，也可水平放置。气体必须经减压阀放出。

图 A. 21a 表明了锥形阀的原理。锥形阀可用作除乙炔外所有气体的减压阀。图 A. 21b 中的减压阀则用来调节使气体保持恒速。旋转调节螺丝让阀锥上升即打开阀门，同时输出阀（图右上）关闭，低压表显示轻微压力。小心打开输出阀即可控制气流速度。

氧气钢瓶的螺丝切勿用油脂润滑，否则可能引起爆炸。

---

❶ 要了解更详细的内容，请查阅 Ullmann's Encyklopädie der Technischen Chemie，Urban U. Schwarzenberg，Berlin-Vienna；1929，Vol. 4，pp. 180.

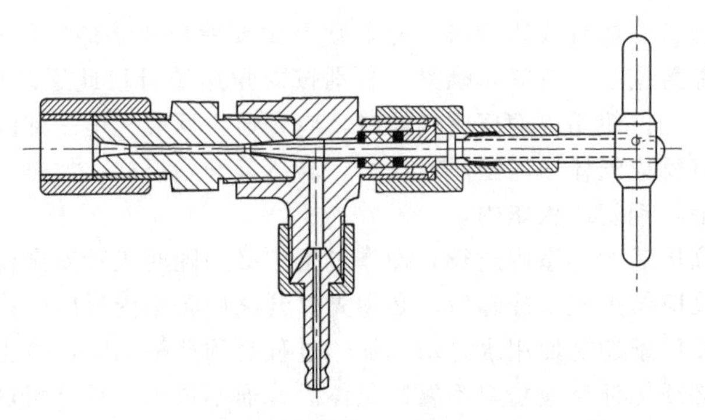

图 A.21a　锥形阀

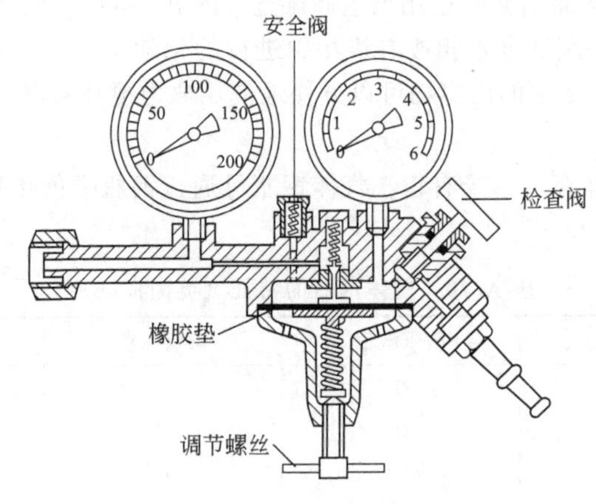

图 A.21b　减压阀

A.1.9　真空操作

实验室中的很多操作都需要在真空下进行，其中最重要的有：减压蒸馏、减压升华、干燥、过滤和保温等。杜瓦瓶壁薄、内部镀银、高真空（$< 10^{-5}$ mmHg[1]），常用作储存冷冻液、干冰、液态空气等，见图 A.18。由于这类高真空容器导热性极低，故保温能力远优于其它设备。此原理也用于蒸馏柱的夹套（内部镀银真空夹套）。

减压蒸馏（A.2.3.2.2）和减压升华（A.2.4）、真空干燥（A.1.10.3）以及减压抽滤（A.2.1）等操作在相应章节均有介绍。

A.1.9.1　获得真空

根据实际操作需要，可选用以下不同程度的压力范围：低真空 0.1～100 kPa（1～760 Torr）；精密真空 10^{-4}～10^{-1} kPa（0.001～1 Torr）；高真空 $< 10^{-4}$ kPa（$< 10^{-3}$ Torr）。

实验室中，常用喷水式泵、膜泵、旋转滑阀油泵和扩散泵来得到低压。

喷水式真空泵耗水量较大（每升水可带走 0.6 L 气体）。可达到的真空值受限于水的蒸气压。水的蒸气压与水温有关，如果水的蒸气压足够低，真空值最高可达 1～2 kPa（8～15Torr）。

出于节省的目的，喷水式真空泵越来越多地被**膜泵**所代替。它的驱动不需要油，不

[1] 1 mmHg＝133.322 Pa，余同。

消耗水，因此不产生任何废水。通过它的抗腐蚀材料，膜泵还对强烈的化学品和冷凝物不敏感。泵出的溶剂收集在一体化的分离器中，可以接着去除它或循环再用。商业上有抽吸能力为 2～11 m^3/h 的型号，可获得的真空在 80～2 mbar 范围（约 60～2 Torr）。

旋转滑阀油泵是按气体压缩的原理在一个分支泵空间工作，其中配有不同圆心的发动机将吸入的气体压缩接着排出。大多数情况下油密封的转轴泵对有害的和可冷凝的介质是敏感的。通过气球负载阀以及一个在实验装置和泵之间开启的干冰/乙醇或液氮制冷的冷阱（图 A.26b）可以将这种影响降到最低。

对于带有腐蚀性物质和可以发生冷凝的气体，最好应用“混合泵”，由一个具有防抗化学物质的膜泵将旋转滑阀油泵的油密封部分抽出。旋转滑阀油泵可以实现的真空可达 10^{-4} mbar（约 10^{-4} Torr）。

为实现高真空（$< 10^{-4}$ kPa，$< 10^{-3}$ Torr），用油扩散泵或水银扩散泵。关于这些泵的构造和使用以及测量高真空的方法请参见专门的文献。

为得到和控制那些不是恰好对应于泵的最终效果的低压，如在蒸馏和真空旋转蒸发时，可使用真空恒压器，它有不同的型号。较方便的是商业上通常使用的电子控制设备，上面装有一体化的通风阀。用通风阀可以既简单又省时地获得和调节合理的工作真空度。工作范围在 0.1～100 kPa（约 1～750 Torr）。

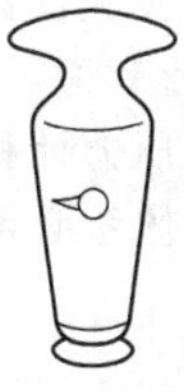

实现 1～100 kPa（约 10～760 Torr）恒定真空的方式很简单，不用恒压器而用旋塞控制让少量空气进入 Woulfe 瓶（见图 A.25）以调节真空，可以满足很多实验需要。若旋塞塞孔处开有凹槽（图 A.22），可以更好地控制流入空气的流速。如果使用可调管夹并在管子里插一根细金属线，调节管夹即可控制管子孔隙的大小，可以达到微调真空的目的。

图 A.22　连在孔上的塞子

A.1.9.2　真空度的测量

如图 A.23 所示的 Bennert 短水银压力计可用于测量 0.1～25 kPa（约 1～200 Torr）量级的真空度，其测量值可精确到±70 Pa（约 0.5 Torr），但如果使用时空气或蒸气渗入密闭的压力计，就会出现很大的误差。因此，一般只在读取真空值时才打开旋塞。用油泵将真空抽至<30 Pa（约 0.2 Torr）以下即可方便地测试出压力计是否进入空气或挥发性成分。如果压力计正常，两侧的水银柱高度必须在同一水平线，否则会显“负压”状态。

压缩真空计用于测量 10^{-1}～10^{-4} kPa（约 1～10^{-3} Torr）量级的真空度，最著名的是

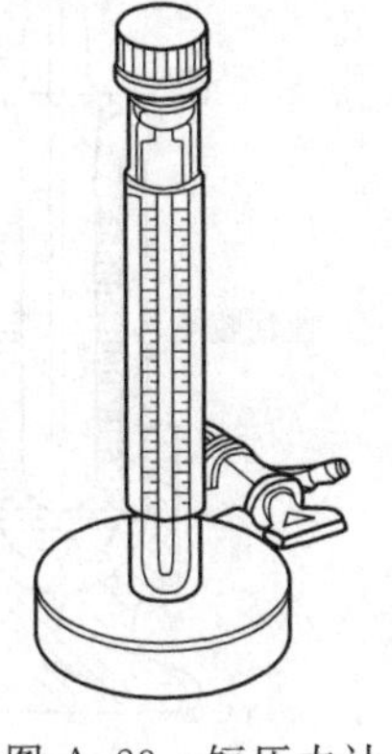

图 A.23　短压力计

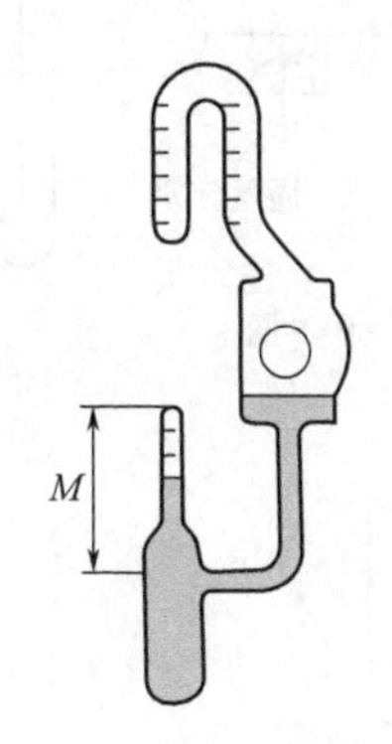

图 A.24　Gaede 型真空计

Mcleod 型的。可以用 Gaede 缩短型压缩真空计来说明其工作原理（图 A. 24），Gaede 型可满足大部分试验需要。

将 Gaede 压缩真空计水平放置，测量室 M 处的压力与反应体系压力一致，然后将压力计旋转 90°变成如图所示的位置，精确重量的水银把测量室 M 内的气体压缩成较小体积。读取刻度上的体积数（已预先转换成压力单位）即得到初始压力。当 Gaede 压缩真空计处于测量位置时，切勿对反应体系进行放空操作。只有在没有室温下可凝结的蒸气存在时，压缩真空计才能显示正确压力值。

水银必须不定期净化，处理过程必须遵守水银的操作规程，见试剂目录。

A. 1. 9. 3　真空操作

反应体系要想获得高真空，则体系内的压力梯度必须很小且泵排气口充分利用。这就要求尽可能避免使用窄径管，比如细长真空管、窄孔旋塞、窄转接头、紧密填充柱等。另外，因平底烧瓶可能发生爆裂，所以真空蒸馏或升华时必须使用圆底烧瓶。

使用喷水泵时，为防止发生水倒吸进入压力计或反应体系（如水压忽然下降），水泵和实验仪器之间必须接有安全瓶（Woulfe 瓶）。此外，反应体系也可以安装止回阀(商业有售，或玻璃工制作)。

压力计和 Woulfe 瓶最好平行安装，如图 A. 25 所示。任何情况下，关闭水泵之前实验体系必须已放空，放空可通过 Woulfe 瓶或压力表上的旋塞实现。

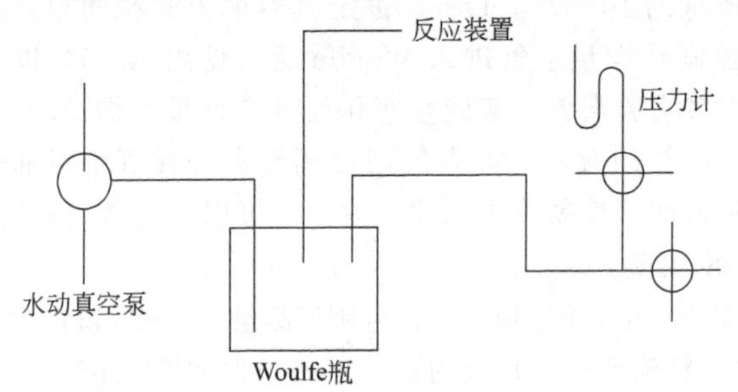

图 A. 25　设备连接在水动泵上

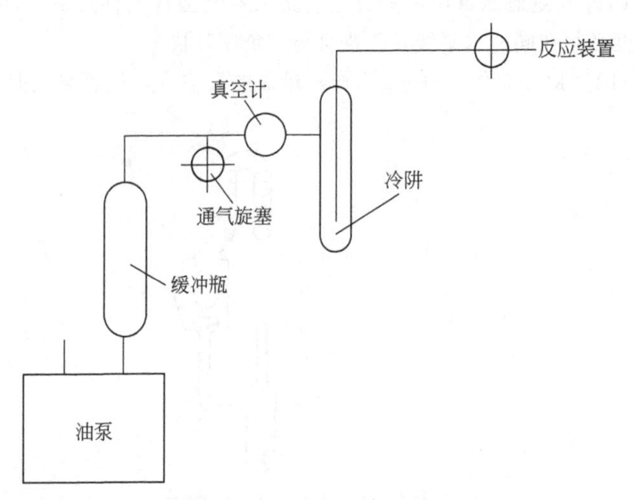

图 A. 26a　良好真空系统平面图

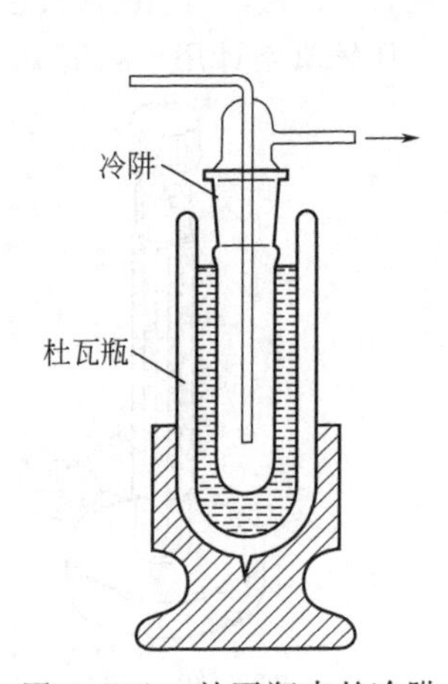

图 A. 26b　杜瓦瓶中的冷阱

图 A.26 是获取良好真空度的简单单元示意图。如果实验体系需要剧烈加热烧瓶，比如减压蒸馏操作，则在烧瓶冷却之前，不允许有空气进入。瞬间进入热状态仪器的空气遇到易燃蒸气可能发生爆炸。

再次强调，在所有减压操作中，包括蒸馏、升华、干燥（真空干燥器）、抽滤以及杜瓦瓶和真空柱的使用，必须佩戴护目镜。

A.1.10　干燥

一种有效干燥剂，不仅要有高的干燥强度，还要有高的干燥能力。

干燥剂最大干燥强度可通过测定干燥剂的水蒸气压来获取（参见表 A.27）。随着干燥剂吸水量增加形成水合物，其干燥能力降低（见表 A.27 中高氯酸镁）。在干燥强度足够的情况下，干燥剂吸水量越大，其干燥能力就越强。五氧化二磷、硫酸、氯化钙、硫酸镁和硫酸钠等化合物干燥强度和能力都不错，故而常用作干燥剂。硫酸钙干燥强度比较大，但干燥能力很弱。

表 A.27　20℃下常见干燥剂的水蒸气压

干燥剂	水蒸气压	
	kPa	Torr
P_4O_{10}	3×10^{-6}	2×10^{-5}
$Mg(ClO_4)_2$(无水)	7×10^{5}	5×10^{-4}
$Mg(ClO_4)_2\cdot3H_2O$	3×10^{-4}	2×10^{-3}
KOH(熔融)	3×10^{-4}	2×10^{-3}
Al_2O_3	4×10^{-4}	3×10^{-3}
$CaSO_4$(干燥的石膏,无水)	5×10^{-4}	4×10^{-3}
H_2SO_4(浓)	7×10^{-4}	5×10^{-3}
硅胶	8×10^{-4}	6×10^{-3}
NaOH(熔融)	2×10^{-2}	0.15
CaO	3×10^{-2}	0.2
$CaCl_2$	3×10^{-2}	0.2
$CuSO_4$	0.2	1.3

A.1.10.1　气体的干燥

固体干燥剂干燥气体通常在干燥塔中进行［图 A.28(a)］。为防止干燥剂在干燥过

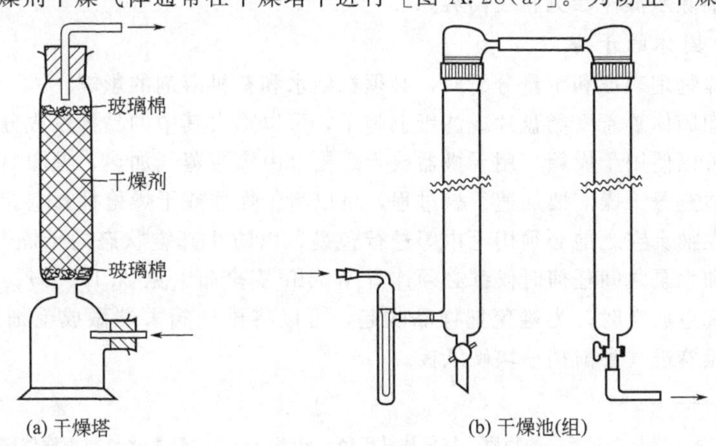

图 A.28　干燥装置

程中结块，不能保持形态的干燥剂（如五氧化二磷）常混于某些负载材料上（石棉绒，玻璃丝，浮石等）。有效并且节省空间的是干燥池（组）[见图 A. 28(b)]。通过一个气泡计数器，气体经过一个或多个玻璃管，其中填充固体干燥剂，也可应用不同种类的干燥剂。

惰性化学气体常用浓硫酸在洗瓶中干燥。干燥时洗瓶前必须连有安全瓶（图 A. 11），必须使用洗瓶安全管（图 A. 15）。简单洗瓶以烧结板洗瓶为佳（图 A. 12）。

低沸点气体可通过冷冻除水，其它易冷凝杂质可用冷阱除去（图 A. 26b）。冷阱的干燥效果非常高（表 A. 29），冷冻剂常用干冰/甲醇或液态空气（见 A. 1. 7. 3）。

表 A. 29　气体中水分在不同温度下的蒸气压

温度/℃	水蒸气压	
	kPa	Torr
+20	2. 3	17. 5
0	0. 6	4. 6
−20	0. 1	0. 77
−70	3×10^{-4}	2×10^{-3}
−100	1×10^{-6}	1×10^{-5}

敞口的仪器需配有填充氯化钙、碱石灰或其它干燥剂的干燥管以除去空气中的水汽[图 A. 4(a)]。

A. 1. 10. 2　液体的干燥

把液体和干燥剂粉末混合并不时振摇，可以干燥液体。如果液体中含水量较大，则需分级干燥，通过倾析法，不断加入新干燥剂替换旧干燥剂，直到观察不到水分吸收(氯化钙保持粒状、硫酸铜无色、五氧化二磷不黏结等)。

干燥剂的选用和分类参见表 A. 31。常用溶剂的干燥和提纯参见试剂目录。

干燥未知溶液时，应选用化学惰性的干燥剂，如硫酸镁、硫酸钠等。金属钠[1]常用压钠机（图 A. 30a）压成钠丝来干燥相应液体。所使用的钠不可结块，操作中必须佩戴护目镜。操作结束后必须认真清洁压钠机，先用醇洗再用水洗。

共沸蒸馏除水操作参见相关内容。

A. 1. 10. 3　固体的干燥

在对固体物理表征和定量分析时，必须杜绝水和有机溶剂的影响。

将不吸潮固体置于陶类盘片或滤纸上晾干，可以除去其中的易挥发成分，如果固体对热稳定，可以使用干燥箱。用干燥器或干燥枪（由沸液蒸气加热，见图 A. 30b）可以平缓地对固体充分干燥。要加速干燥过程，可以将干燥器或干燥枪抽真空。

干燥器在抽真空之前必须用毛巾等进行包裹，以防止真空状态的干燥器发生爆裂。硫酸干燥器和水泵之间任何时候都必须连有 Woulfe 安全瓶（见 A. 1. 9. 3）。

干燥器真空放空时，为避免把样品吹起，可以将排气阀末端做成毛细管并向上弯起，或在干燥器进气管前挡一块硬纸板。

---

[1] 金属钠不能干燥与之起反应的物质，特别是氯代烃（见表 A. 31）。醚类化合物等液体中常含有较多水分，应先用普通干燥剂充分处理后，再用钠干燥。

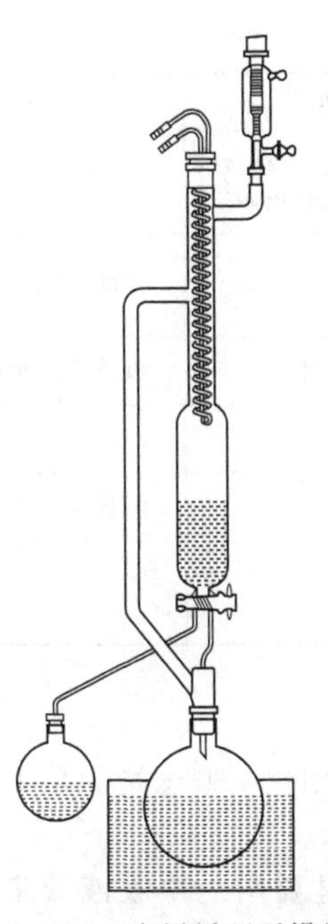

图 A.30a　溶剂循环干燥器

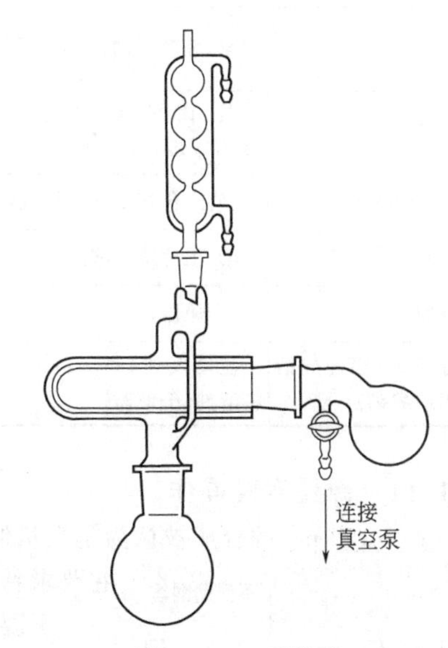

图 A.30b　干燥枪

干燥剂可选用五氧化二磷或硫酸，不仅可除去水分，还能除去醇、丙酮等常用溶剂。干燥枪中加入固体石蜡片可以除去痕量的烃类化合物（己烷、苯、石油醚等）。硅胶也能吸附残留溶剂，很适于用作干燥器填料。

干燥器中如果使用硫酸作为干燥剂，应在干燥器下半部加装填充料（玻璃圈、Raschig 环或玻璃丝），以防硫酸飞溅。常在干燥器内放置一小碟氢氧化钾以除酸气。硫酸不适于高真空和高温下的干燥。

A.1.10.4　常用干燥剂

一些常用干燥剂见表 A.31。

表 A.31　最常用干燥剂的适用范围

干燥剂	适用范围	不适用范围	备　注
P_4O_{10}	中性或酸性气体，乙炔，二硫化碳，卤代烃，酸溶液（干燥器，干燥枪）	碱性物质，醇，醚，HCl，HF	易吸潮；干燥气体时需与负载材料混合（参见 A.1.10.1）
CaH_2	（惰性气体），烃，酮，醚，四氯化碳，二甲亚砜，乙腈，酯	酸性物质，醇，胺，硝基化合物	
H_2SO_4	中性或酸性气体（干燥器，洗瓶）	不饱和化合物，醇，酮，碱性物质，H_2S，HI	不适于高温下真空干燥
碱石灰，CaO，BaO	中性或碱性气体，胺，醇，醚	醛，酮，酸性物质	特别适于干燥气体
NaOH，KOH	氨，胺，醚，烃（干燥器）	醛，酮，酸性物质	易吸潮
K_2CO_3	丙酮，胺	酸性物质	易吸潮

续表

干燥剂	适用范围	不适用范围	备　注
钠	醚，烃类，叔胺	氯代烃（危险！易爆），醇及与钠反应的其它物质	
$CaCl_2$	烃，丙酮，醚，中性气体，HCl（干燥器）	醇，氨，胺	价廉，含有碱性杂质
$Mg(ClO_4)_2$	气体，包括氨气（干燥器）	易氧化有机液体	极适于分析目的
Na_2SO_4，$MgSO_4$	酯，敏感试剂溶液		
硅胶	（干燥器）	HF	可吸收残留溶剂
分子筛（铝硅酸钠或铝硅酸钙）	流动气体（<100 ℃），有机溶剂（干燥器）	不饱和烃，极性	

A.1.11　微量实验操作

15～150 mg 的合成被认为是微量制备，有机实验中这一概念指的是 150～500 mg。它要求特殊的设备和技术。

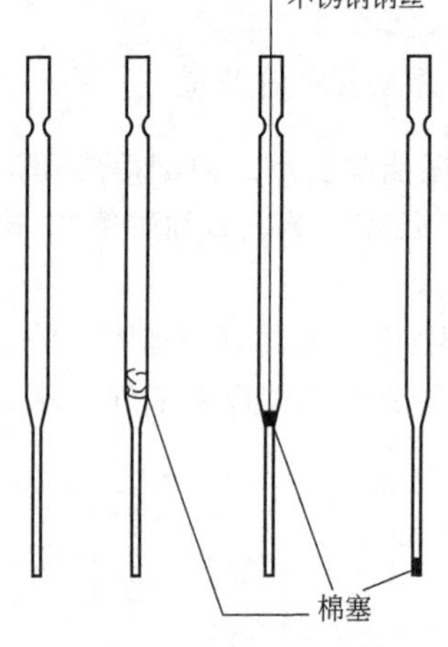

图 A.32　Pasteur 型玻璃吸液管和过滤吸液管

不要喷射液体，而是要用一个吸液管来移液。简单的是用带橡胶帽的玻璃吸液管（Pasteur 吸液管，图 A.32），可以自己加工。由 Pasteur 吸液管可以做成过滤吸液管，吸液管的广口处放一小团棉花，用玻璃棒推到窄处。接着用一段钢丝将棉塞碰到毛细管尾端。注意，棉塞仅填充毛细管下部的 2～3 mm，但不要挤压太紧。棉塞如可能从吸液管溶解则应该压得紧些❶或事先用乙醇或干净的己烷提取棉垫并使其干燥。

当试剂剂量必须准确测量时，可使用自动吸液管进行快速、安全及可重复液体剂量的操作。

处理固体样品时，需要微型铲，就是类似于牙医诊所的那种铲子。

除 5～10 mL 圆形小杯外，尤其可以用尖杯（3～5 mL 含量）来保障微量制备的进行。与大多数通常用于微量化学实验采用的容器一样，外部有尖部位额外加装了外螺纹（图 A.33a）。这样，就可以使用螺旋接口。通常，在连接帽处的开口用密封（隔膜），如硅胶封接。小杯子用塞子封住。在密封处放置零形环，简单旋转固定螺旋处。没有外部尖端口的用特殊的夹也可达到相同的目的（图 A.33b）。它们更便宜，且有效。

Liebig 型和空气冷凝管以及双颈管对应于以缩微形式进行的一般操作。气体导管和干燥管也是如此（比较图 A.34a）。

简单蒸馏时，可以应用带有磁力搅拌的小尖杯以及带有侧口和装有回流冷凝管（空

❶ 棉的压紧可以阻止吸收液体。

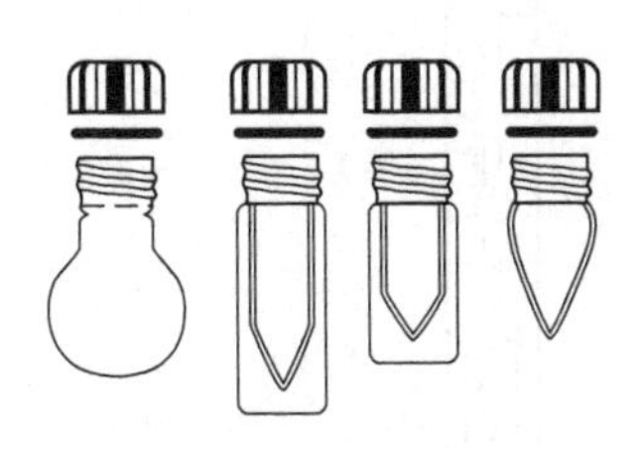

图 A. 33a 微型小杯（3～5 mL）带有开口和密封以及零环的杯盖

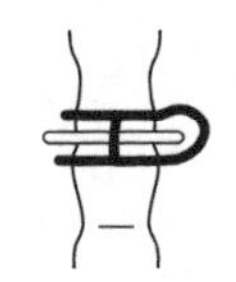

图 A. 33b 用夹连接

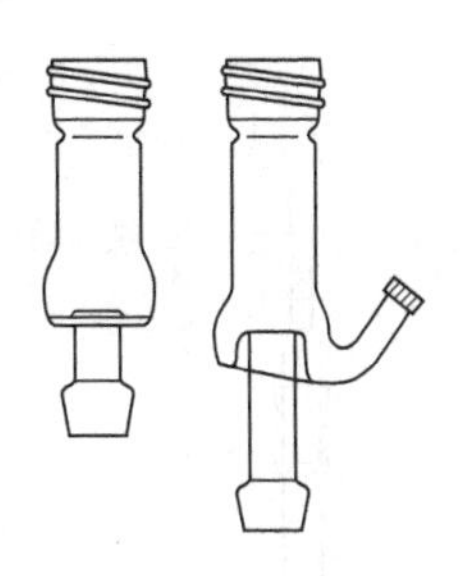

图 A. 33c Hinkman 型和 Hickman-Hinkel 型分支管

气和 Liebig 型冷凝管）的分支管。如此可以进行简单的蒸馏（按 Hinkman 型）或按 Hickman-Hinkel 型在侧面进行（图 A. 33c），这对多数情况是适用的。温度计装在上部，温度计的球体置于侧管边的稍下部（图 A. 34b）。

搅拌时应用磁力搅拌。当前馏分和主要馏分熔点仅有微小区别时，使用螺旋转动（图 A. 34b）。在图 A. 34c 中所示的设备，可以通过转动来控制蒸馏的速度。

少量固体可以通过在 Craig 小管中加入聚四氟乙烯使其从溶剂中析出（图 A. 35a，2～3 mL 量）。

反应中仅生成 100 μL 以下的液体时，就不能再蒸馏了。可以应用制备色谱纯化，纯化后的产物可以由气相色谱管导入相应的小瓶中离心（图 A. 35b）。小管和小瓶用棉花在离心玻璃管中固定。

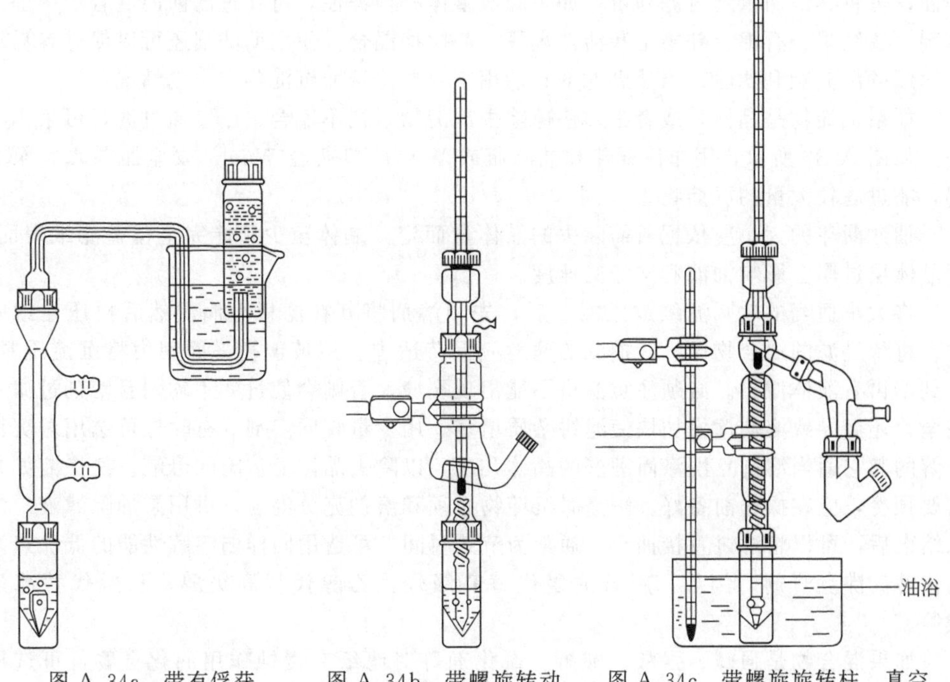

图 A. 34a 带有俘获气体的回流装置

图 A. 34b 带螺旋转动和侧管的蒸馏装置

图 A. 34c 带螺旋旋转柱、真空套和辅助装置的蒸馏装置

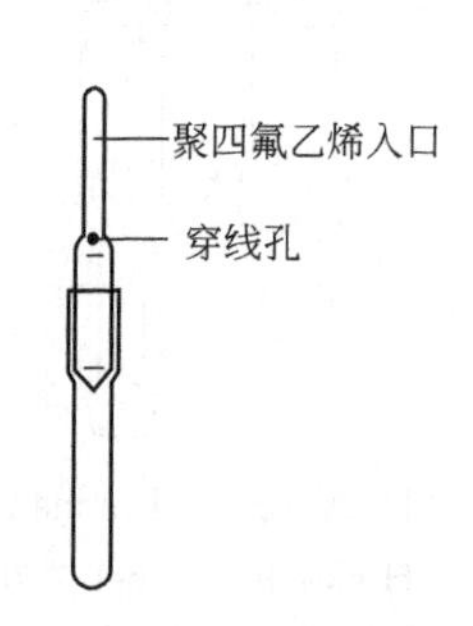

图 A.35a 用于重结晶的 Craig 管

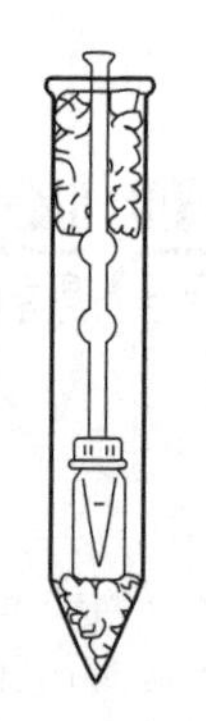

图 A.35b 带有小杯的 GC 管置于离心玻璃管中

A.2 分离方法

A.2.1 过滤和离心分离

将固体颗粒从液体中分离最简单的方法是将液体倒出（倾析法），但这种方法不能分离完全，特别是对所得固体纯度要求比较高时，就必须进行过滤或离心分离。

使用带有软滤纸（槽纹滤纸）的漏斗进行过滤是最简单的过滤方法。根据沉淀物属性的不同，来选择相应的滤纸。粗孔滤纸过滤速度最快，但不适于过滤细分散沉淀物（浑浊液）。如果滤纸和沉淀物之间发生某些特定的结合，那么只有最初滤过的滤液呈现浑浊，可将其倒回重新过滤即可。如果滤液整体呈现浑浊，可在过滤前向混合液中加助滤剂（滤纸浆、石棉、硅藻土和活性炭等）并搅拌混合。使用助滤剂还可以促进容易堵塞滤纸的沉淀顺利滤除。当然助滤剂只适用于只要滤液而沉淀物弃去的情况。

如果沉淀物是晶体，或者必须快速除去沉淀物，则不适合采用普通过滤，可采用抽滤。如图 A.36 所示，用布氏漏斗和抽滤瓶或 Witt 广口瓶经 Woulfe 安全瓶与真空泵相连，能过滤较大量的沉淀物。

抽滤漏斗的大小应依据所需除去的晶体量而定：晶体至少须能完全覆盖滤纸表面，但晶体层过厚会影响抽滤和洗涤的速度。

将大小适当的软圆滤纸放入漏斗后，先用溶剂将其在滤板上润湿然后再压住或吸住。将待过滤的混合物倒入，抽滤的速度应保持适中。用玻璃塞平面用力将沉淀压紧，直到不再有液体滤出。必须注意滤饼不能出现裂缝，否则会使过滤不均匀且溶剂过滤不完全，还会导致溶剂挥发加快使滤饼杂质增多。用少量相同溶剂（有时也可选用对沉淀微溶的其它适当溶剂）洗涤尚潮湿的晶体几次，以除去晶体上沾附的母液。洗涤液如果需要预冷，应在操作前备好。洗涤时沉淀物必须和溶剂充分混合，再用泵抽除滤液。洗涤结束后，可以将滤饼直接抽干。通常为节约时间，可选用同样弱溶解性能的低沸点溶剂代替高沸点溶剂，例如：用石油醚代替高级烃，乙醇代替高级醇，乙醚代替冰醋酸等。

如果混合物是强碱、强酸、酸酐、氧化剂等对滤纸有侵蚀作用的化合物，可选用 G2 或 G3 尺寸滤孔的烧结玻璃漏斗进行过滤。这种漏斗也可以代替滤纸用于一般过滤操作中（图 A.37），但价格较贵，过滤后清洗困难。

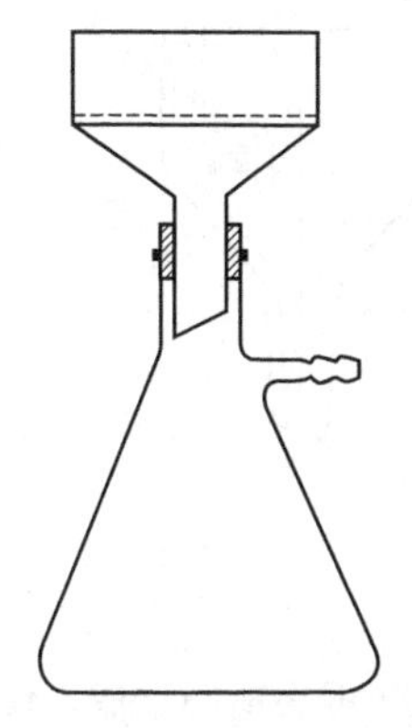

图 A.36 连有布氏漏斗的抽滤瓶

图 A.37 玻璃抽滤漏斗

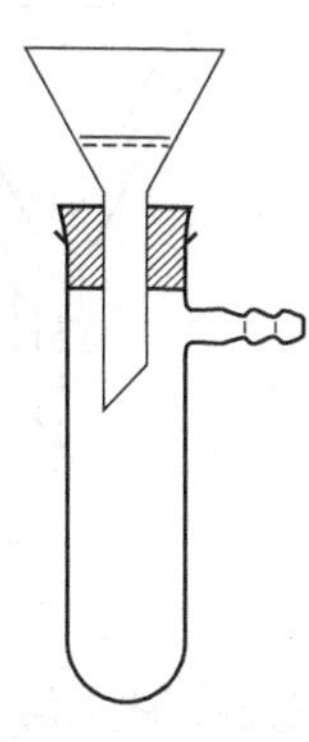

图 A.38 带 Hirsch 漏斗的抽滤

如果过滤的固体量比较少，可选用图 A.38 所示的 Hirsch 漏斗抽滤，或者选用图 A.39 中的玻璃钉漏斗，特别是过滤量非常少时。玻璃钉是用一段玻璃棒烧软一端后压平做成的。滤纸必须严密盖住漏斗底部，滤纸边缘不能有明显上倾。抽滤管中放置一试管以接受滤液。

当晶体熔点很低或室温时在滤液中溶解度太大时，可采用低温过滤。若待过滤沉淀物量较少，用冰箱预冷漏斗和待过滤溶液就可以了。当过滤量较大时，最简单的方法是将一烧瓶底打掉并用锉刀或烧熔修圆，然后如图 A.40 放入漏斗，并加入冰或冷冻剂（见 A.1.7.3）。

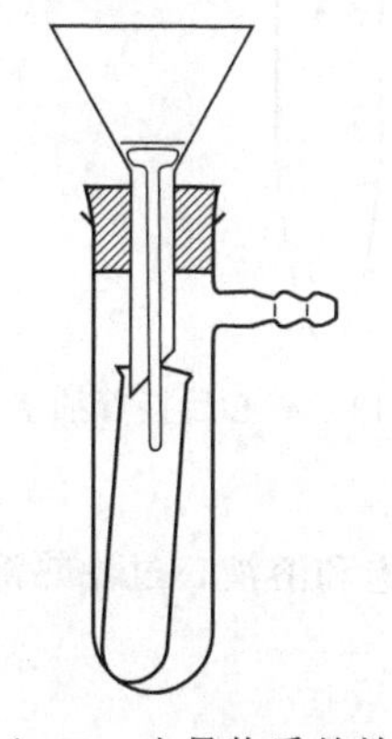

图 A.39 少量物质的抽滤

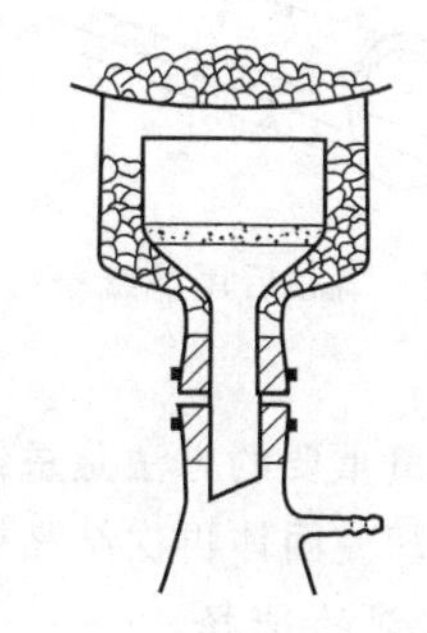

图 A.40 在冷却下抽滤

通常重结晶过程中需要热过滤，过滤装置如图 A.41 所示，可采用（a）所示的热水漏斗，易燃液体过滤前必须将明火熄灭；也可采用（b）中蒸汽管盘绕漏斗；或用蒸汽加热的布氏漏斗如（c）所示。电加热的烧结玻璃漏斗商业有售。漏斗颈尽可能宽和短，否则会被析出的结晶阻塞。

热抽滤通常很难实现，因会有太多溶剂蒸气被真空抽走，并使得溶液浓度升高把滤纸和漏斗底盘孔隙堵塞。必要的时候可以略微使用真空。

实验室中离心过滤要优于常规过滤，特别是在过滤少量固体时要求尽可能做到无损失，或者是待过滤产物易将滤纸孔堵塞的情况下。实验室制备中常用的离心过滤是沉淀式离心过滤机，转速为 2000～3000 r/min。通常机型容积最大不超过 4×150 mL。将悬浮液加入离心管（不是试管），调节液体量使重量相同，然后插入离心机。离心过滤结束后，沉淀物牢

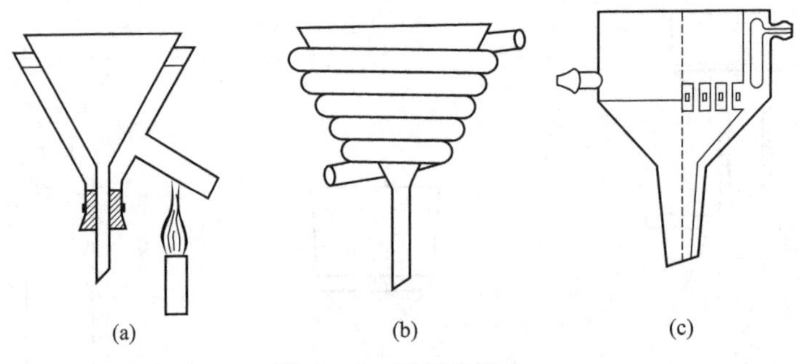

图 A.41　可加热漏斗

牢附着在管底，将上层液体倾出，然后加入少量洗涤液调成浆状再次离心过滤。使用小型离心分离机过滤时，不必精确调整重量平衡。离心结束后，用滤纸条将管内液体吸出（图 A.42）。然后如图 A.43 所示用真空小心地慢慢抽去残余溶剂，必要时可用热浴温热。

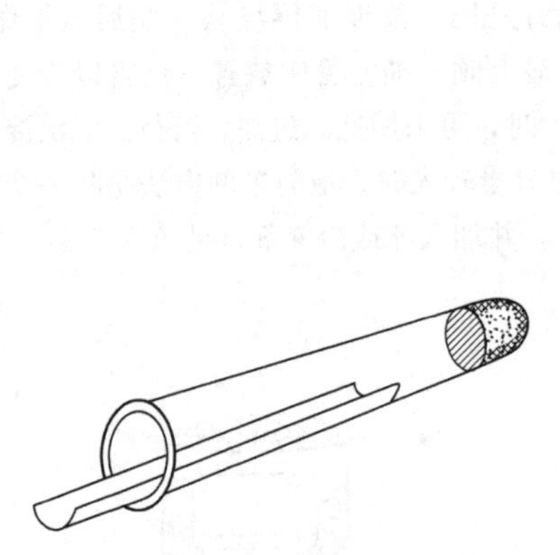

图 A.42　离心后用滤纸条将液体吸出

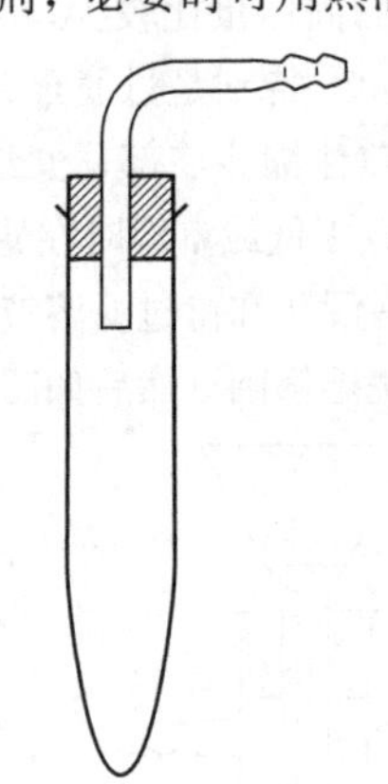

图 A.43　离心后接着抽空

A.2.2　结晶

提纯固体最重要的方法是重结晶：粗品用溶剂制成热饱和溶液，过滤热溶液除去不溶性成分，冷却使固体再次结晶析出，产物通常很纯。

A.2.2.1　溶剂的选择

待提纯物应微溶于冷溶剂而易溶于热溶剂，而杂质应该有尽可能高的溶解度[1]。如果溶剂的类型和用量尚不确定，应该先用试管进行预备实验。首先应根据经验性规则来确定溶剂的选择方向，即相似相溶原理。当然，溶剂不能改变物质的化学性质。参照下列汇总内容：

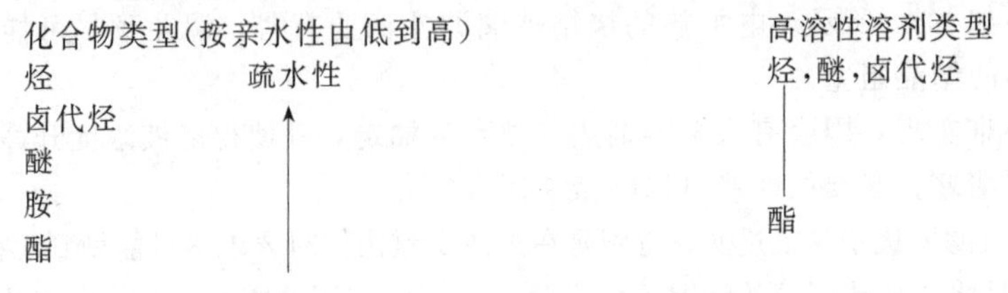

化合物类型(按亲水性由低到高)		高溶性溶剂类型
烃	疏水性	烃,醚,卤代烃
卤代烃	↑	|
醚	|	|
胺	|	|
酯	|	酯

[1] 如果选用的溶剂对杂质溶解度较小使杂质先结晶析出，或者杂质完全不溶，也是可行的方法。通常这时只能通过再次重结晶获得足够纯的产物。

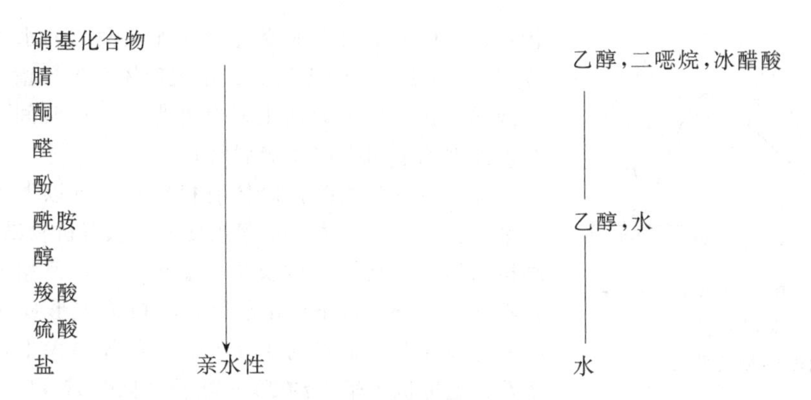

混合溶剂也会得到非常令人满意的效果（如水-乙醇，水-二噁烷，氯仿-石油醚等）。混合溶剂的最佳组成必须由预备实验来确定。

A. 2. 2. 2　重结晶步骤

首先在待提纯物中加入适量溶剂（不足以全部溶解待提纯物），并遵循安全规则（见 A. 1. 7. 2）加热。由于通常溶解度曲线在接近溶剂沸点时会陡然升高，故重结晶操作中应将溶剂加热至沸。然后从冷凝管顶部向沸腾液中小心地补加溶剂，直到所有固体全部溶解。如果是易燃性溶剂，则在此过程中应熄灭周围所有明火。当溶液温度降至沸点以下（如在补加溶剂的过程中），沸石将不再起作用（见 A. 1. 7. 2）。如果在预备实验中有不溶性无关物质残留，切勿为获得澄清溶液而加入过多溶剂。

为保证随时能对实验过程量化评估以及实验的可重复性，应按惯例称重固体样品并测出溶剂用量。

如果使用联合溶剂，最好是先用适量溶解力强的溶剂将样品溶解，加热后再将弱溶解力溶剂缓慢分批加入，直到有沉淀形成并迅速重新溶于溶液中。如果溶剂总量太少，可以再加入少量溶解力强的溶剂，然后重复上述步骤。不过，新手操作时常常会加入过多溶剂。有时采取反加步骤（向样品的弱溶剂悬浮液中慢慢加入溶解力强的溶剂）效果更好。

如果必要的话，待样品溶解后可加入粉末状活性炭或氧化铝进行脱色（见 A. 2. 6. 1），用量与样品质量比为 1∶20 到 1∶15。也可加入滤纸浆或硅藻土净化。注意，加入这类物质之前溶液应略微冷却，因这类物质会自动引发延时沸腾，剧烈沸腾可能导致暴沸。活性炭内含大量空气，加入热溶液中会产生大量泡沫。

然后将混合物再次加热，稍微沸腾一段时间后进行热过滤（见 A. 2. 1）。滤液瓶密封后冷却。为使沉淀充分析出，可放入冰箱内，或用冰或冷冻剂降温。

有机物经常会形成过饱和溶液，可加入同一物质或同晶型的晶种避免过饱和溶液形成。用玻璃棒摩擦容器壁也能形成晶核使晶体结晶析出。

结晶速率常常很慢，因此冷溶液常常要经过几个小时才能完成结晶过程。有时候几周甚至几个月后晶体仍有析出，因此母液切勿过早弃掉。

A. 2. 2. 3　熔化物的结晶

有机物不仅会形成过饱和溶液，还很容易形成过冷液体。比如低熔点物质特别是从溶液中经常分离出的油状物，即使在熔点以下也不结晶[1]。在这种情况下，溶液应略加

[1] 溶解时不能加热至物质的熔点以上，至少应低于熔点 10 ℃。

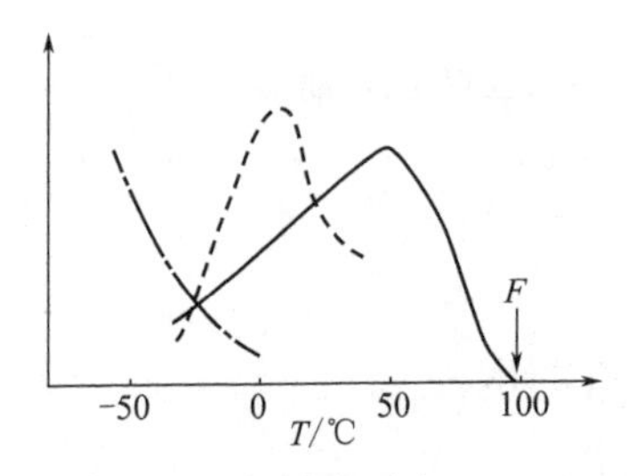

图 A.44 晶核形成速率（----）、黏度（-·-·-）和结晶速率（——）的温度相关曲线

稀释，然后非常缓慢地降温（比如在预热的水浴中冷却）。促使结晶的方法有：用玻璃棒摩擦器壁，将一滴样品在毛玻璃表面上研开并保持一段时间，或在表面玻璃上用强挥发溶剂研开。

即便将溶剂蒸除，固体有机物在熔点以下也常常呈油状物。许多情况下很难促使油状有机物结晶。晶核的形成和晶体的生长均与温度相关，但相关方式不同。按照 Tammann 定律，晶核最大形成速率的发生温度低于熔点约 100 ℃，而晶体最大生长速率发生温度低于熔点约 20～50 ℃（见图 A.44）。

要获得最佳结晶温度，可先保持低于熔点约 100 ℃的温度几小时，然后再将温度上升 50 ℃左右。

均质杂质常会阻碍晶核的形成。另外应特别注意的是，玻璃接头处的润滑油脂溶入结晶液会抑制结晶，因此如果提纯操作的难度很大，接头处应尽可能不使用或少使用润滑油脂。

当结晶不能发生时，通常必须采取其它提纯方法，如分馏、升华、色谱法等。如果对杂质的性质比较了解，在一定条件下用特定试剂对油状物反复进行洗涤会有较好效果。比如，碳酸钠溶液可以洗去酸，酸可以除去胺，亚硫酸氢盐可以除去醛等。

A.2.3 蒸馏和精馏

蒸馏是分离提纯液体物质最重要的方法。最简单的蒸馏操作是将液体加热沸腾，产生的蒸气经冷凝管冷凝得到馏分。操作过程中只有蒸气的单相运动，因此称为直接蒸馏。而另一方面，如果有部分蒸气冷凝回流，逆着上升蒸气流回烧瓶沸液中，则称之为逆流蒸馏或精馏，需通过分馏柱实现。

A.2.3.1 压力与沸点的关系

液体的蒸气压随温度升高显著增大，当蒸气压增大到与外压一致时，液体开始沸腾。Clausius-Clapeyron 方程给出了温度和蒸气压的关系：

$$\mathrm{d}\ln p/\mathrm{d}T=\Delta_{\mathrm{V}}H/(RT^2) \tag{A.45}$$

式中，p 代表蒸气压；$\Delta_{\mathrm{V}}H$ 表示蒸发过程的摩尔汽化热；T 表示热力学温度；R 是气体常数。整合后可得：

$$\ln p=-\Delta_{\mathrm{V}}H/(RT)+C \tag{A.46}$$

（此处假设 $\Delta_{\mathrm{V}}H$ 与温度无关）

用蒸气压对数 $\ln p$ 对热力学温度倒数 $1/T$ 作图，可近似得到一条直线，见图 A.47。因此，如果已知两个不同温度下的液体蒸气压或两个不同蒸气压下的沸点，则可得到该物质 $\ln p-1/T$ 图，从连接两点形成的直线上计算出任意第三点的有关数据。直线的斜率即物质的摩尔汽化热。具有近似沸点的化学性质相似化合物得到的关系图相差也不大。

因此，要近似确定物质在一定外压下的沸点，只需了解其它特定压力下该物质的沸点就足够了。

如果只是粗略估算，可以使用下述经验规则：外压下降一半通常沸点下降 15 ℃左右。因此，如果某化合物常压（约 100 kPa，760 Torr）下沸点为 180 ℃，则在约 50 kPa（380 Torr）时沸点为 165 ℃，在约 25 kPa（190 Torr）时沸点为 150 ℃，以此类推。

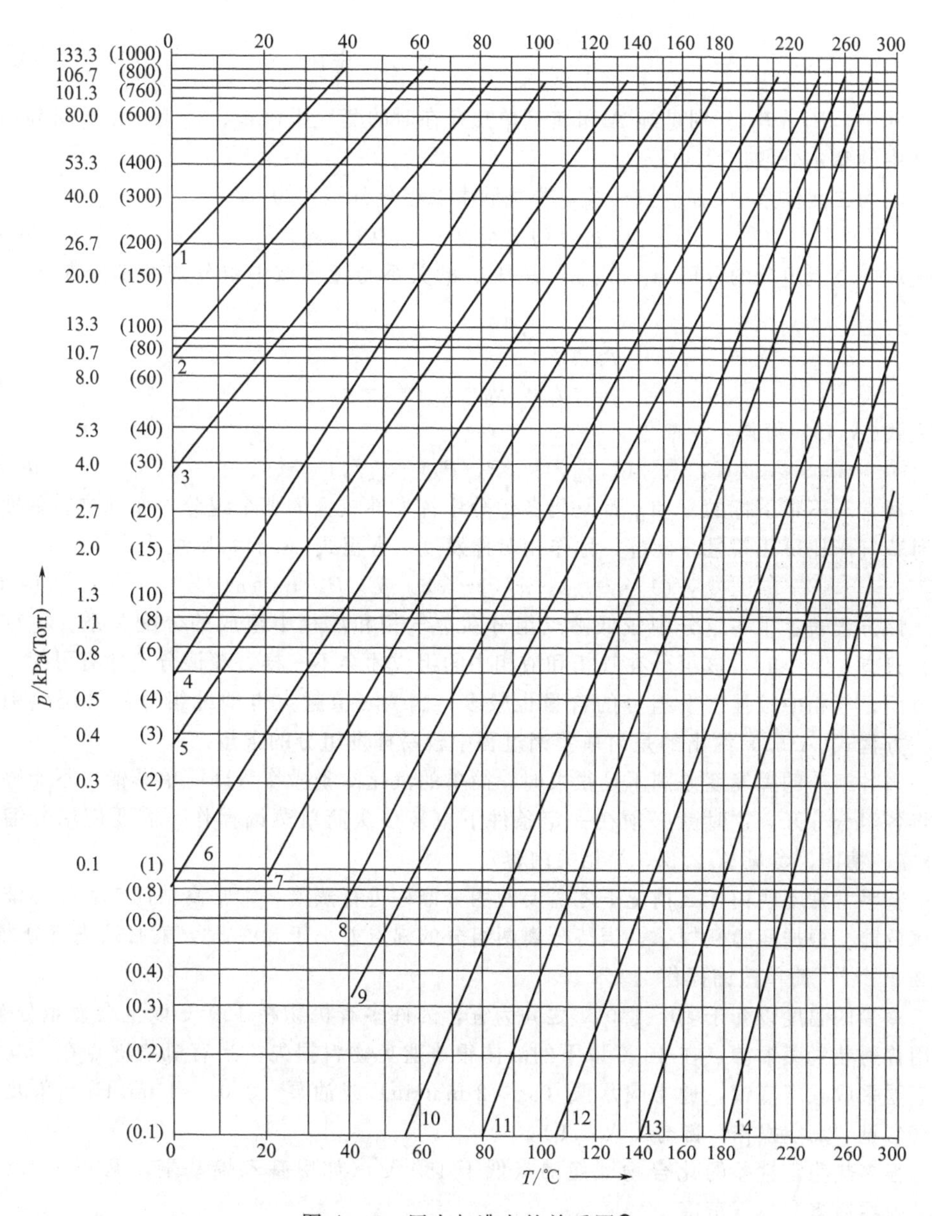

图 A.47 压力与沸点的关系图❶

1—乙醚；2—丙酮；3—苯；4—水；5—氯仿；6—溴苯；7—苯胺；8—硝基苯；9—喹啉；10—十二烷醇；11—三甘醇；12—邻苯二甲酸二丁酯；13—二十四烷；14—二十八烷

A.2.3.2 简单蒸馏

A.2.3.2.1 分离过程的物理原理

二元混合液蒸馏时，蒸气域中两组分的分压 p_A、p_B 如下（假设理想状况❷）：

---

❶ 为使用方便，图中直接使用压力 p 和温度 T，并非 $\ln p-1/T$ 曲线，因此温度和压力单位为不均匀刻度。

❷ 该假设基本适用于相似化合物，尤其是同系物。

$$p_A = P_A x_A \qquad \text{Raoult 定律} \tag{A. 48}$$
$$p_B = P_B x_B$$

式中，P_A、P_B 分别是纯 A 和纯 B 单独存在时的蒸气压；x_A、x_B 是 A、B 组分在混合液中的摩尔分数。

因为二元体系中，$x_A = 1 - x_B$，蒸气域中二组分分压比为：

$$p_A / p_B = (P_A / P_B) \cdot x_A / (1 - x_A) \tag{A. 49}$$

蒸气域中二元组分的分压 p_A 和 p_B 与总压 p 的关系与蒸气域中组分的摩尔分数 y_A、y_B 有关：

$$p_A = p \cdot y_A$$
$$p_B = p \cdot y_B = p \cdot (1 - y_A) \tag{A. 50}$$

代入式(A. 49) 可得：

$$y_A / (1 - y_A) = (P_A / P_B) \cdot x_A / (1 - x_A) \tag{A. 51}$$

通常，不带下标的 x 和 y 都是指各组分中挥发性较强的那个组分，而纯物质单独存在时蒸气压比可用符号 α 代替，称作相对挥发度。方程式(A. 51) 则变为：

$$y / (1 - y) = \alpha \cdot x / (1 - x) \quad \text{或} \quad P_A / P_B = \alpha \tag{A. 52}$$

该方程表示了各组分中较低沸点组分在蒸气相和液相中组成的分配关系。不难看出，只有 $\alpha > 1$ 时，该组分在气相和液相中的组成才会不一样，蒸馏分离才有可能。另一方面，气相中较强挥发组分的含量也较多，因为 α 值越大也即纯组分蒸气压差别越大。方程式(A. 52) 给出的是简单蒸馏过程中较易挥发组分的含量。

当各组分的挥发度差别不是很大时，简单的汽化冷凝操作（即简单蒸馏）不能够充分将各组分分开。这时就必须在一定条件下重复多次简单蒸馏操作，需要使用分馏柱（分馏、精馏，参见 A. 2. 3. 3 等相关内容）。

新手常常不明白什么情况下才需要使用分馏柱进行蒸馏，常常高估简单直接蒸馏的分离效能。根据经验性规律，当待分离两组分的沸点差小于 80℃时，就必须进行分馏。

A. 2. 3. 2. 2　简单蒸馏操作

蒸馏的温度以介于 40～150 ℃之间为宜，因许多有机物在 150 ℃以上会发生分解，而用普通装置蒸馏沸点在 40 ℃以下的液体很难避免物料损失。当有机物沸点在 150 ℃以上需采取减压蒸馏，通常喷水泵（8～12 mmHg）或油泵（0. 01～1 mmHg）就足够了（参见“真空操作”部分，A. 1. 9）。

很多热稳定性差的化合物即使沸点低于 150 ℃（如甲基乙烯基酮，见 D. 3. 1. 6），也必须在适当真空下蒸馏。

图 A. 53 是用常见组件搭建的简单真空蒸馏装置，也可用于常压蒸馏（去掉毛细管）。

实验室中圆底烧瓶是最常用的蒸馏瓶，常压蒸馏时烧瓶大小应以蒸馏液体积不超过烧瓶体积 1/2 或 2/3 为宜。而过大的烧瓶会使剩余的残留液过多。

烧瓶用热浴[1]加热（见 A. 1. 7. 1）。为防止局部过热，应禁止用金属网或明火加热。冷凝管的选择取决于蒸馏液的沸点，蒸气的含热量以及蒸馏速率，具体参见冷凝管部分

---

[1] 或配有内电加热装置的特殊容器。

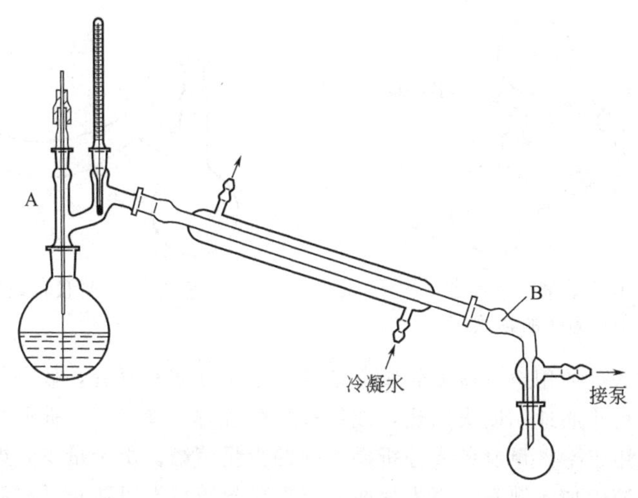

图 A.53　真空蒸馏装置

A—Claisen 蒸馏头；B—蒸馏接引管

等相关内容。

蒸馏瓶和冷凝管之间用蒸馏头连接，减压蒸馏时应使用 Claisen 蒸馏头（见图 A.53 中的 A），Claisen 蒸馏头也可用于常压蒸馏。图 A.54 是简单蒸馏头。

温度计水银球必须能被蒸气完全浸润，即水银球位置应在支管偏下一点。若温度计本身不带磨口接头，必须准确读取温度（见 A.3.1.1）。

接引管末端（见图 A.53 中的 B）管径切勿过窄（内径 5～6 mm）。Anschütz-Thiele 接引管可用于真空下接受不同馏分（图 A.55），使用方法简单。这种真空接引管使用时要求旋塞内磨口必须非常严密。图 A.56 所示的多头接引管价格较便宜，也比较坚固耐用。使用时多个接液头同时处于真空中，变换馏分时可以不停止操作来完成，能收集馏分数受限于接引头数量。在图 A.57 中，用接有烧瓶的真空转接头代替两口烧瓶也能起到同样的作用。

即使在常压蒸馏时，最好也使用圆底烧瓶。实验时须备有足够多的烧瓶，每个烧瓶都需称重，并用玻璃笔或铅笔记在其蚀刻辨识面上。

室温下固化的馏分可用带长臂的烧瓶蒸馏接收（图 A.58），这种烧瓶的不足之处是

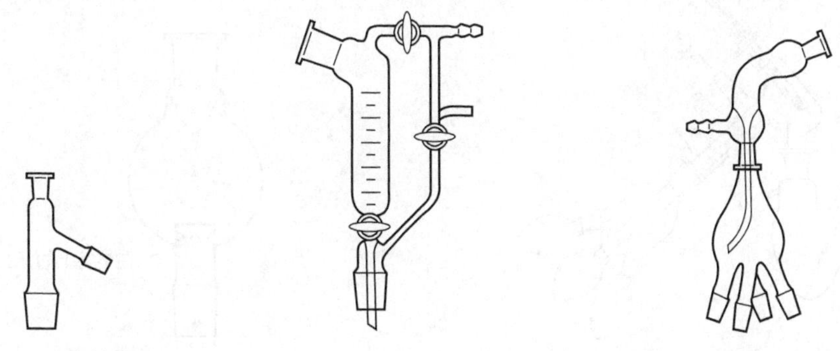

图 A.54　简单蒸馏头　图 A.55　Anschütz-Thiele 接引管　图 A.56　“蜘蛛”多头接引管

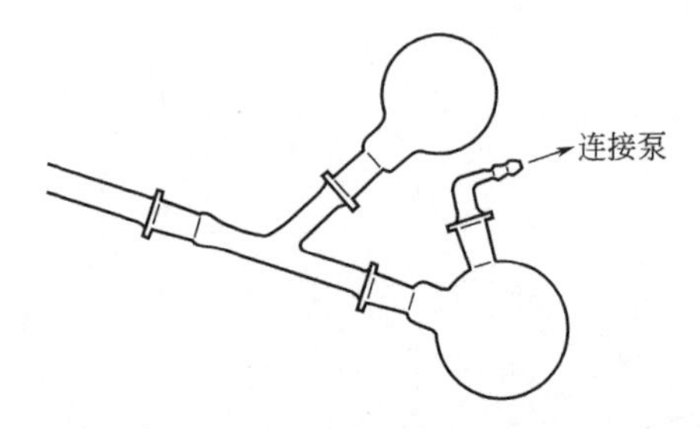

图 A.57 真空蒸馏前接收器
（也适用于易固化的物质）

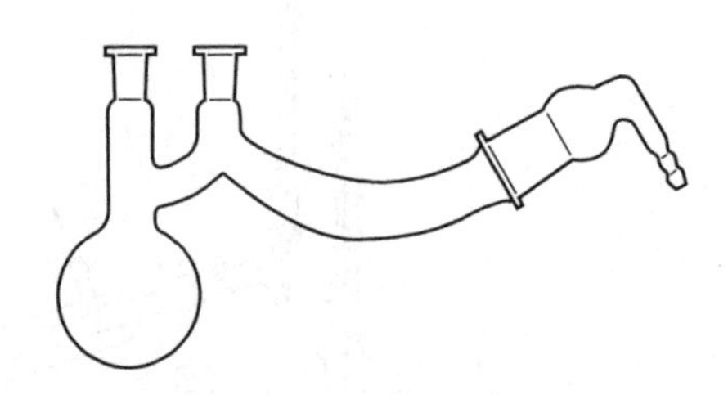

图 A.58 带长臂蒸馏头的烧瓶

只能接收一种馏分。使用空气冷凝管装置仪器，不用旋塞和窄管，效果好一些。固化于冷凝管内的馏分可小心地用明火加热，或用红外灯加热。图 A.59 所示的装置需使用标准组件搭建，适用于半微量制备或分析操作中的少量蒸馏。由于量少，即使是真空操作时，只需在蒸馏液中加入沸石、小木片或一点玻璃丝填料即可防止延时沸腾。

进行蒸馏操作时，先将加入蒸馏瓶的待蒸馏液体称重，以便蒸馏结束后对馏分、残留液和加料量进行物料衡算。真空蒸馏时，应先抽真空后加热（蒸馏结束后则应先停止加热然后再小心放空）。为防延时沸腾，需向冷蒸馏液中加入 2～3 粒沸石。如果蒸馏过程出现中断，在继续蒸馏之前必须重新加入沸石。真空蒸馏时则用毛细管防止延时沸腾，制作毛细管应选用厚壁的细钠玻璃管，在明火上拉伸后再用喷灯拉到必要的细度（将毛细管末端浸入乙醚鼓气，以缓慢产生个别小气泡为准）。

将毛细管用磨口套管（或橡胶塞）从 Claisen 蒸馏头或多口烧瓶的一口内装入（参见图 A.73），并用橡胶管密封固定（图 A.53）。可从毛细管通入惰性气体（通常为氮气）代替空气，方法见 A.1.6。如果常压蒸馏时需要惰性气体保护，可用进气管代替毛细管，缓慢通入惰性气体。

很多液体在蒸馏时会剧烈产生泡沫。水溶液可用一滴辛醇或硅油抑制泡沫形成。对于顽固性泡沫，可将 Claisen 蒸馏头支管处的温度计也换成毛细管，空气流能充分消除泡沫；也可以在烧瓶和蒸馏头之间加装一去泡装置（图 A.60）。

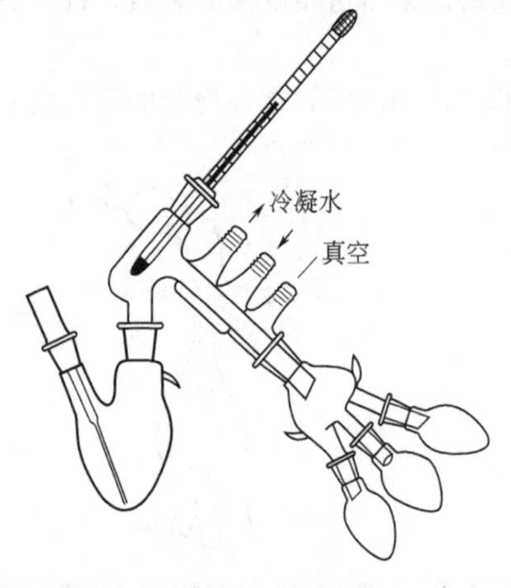

图 A.59 少量蒸馏时使用设备

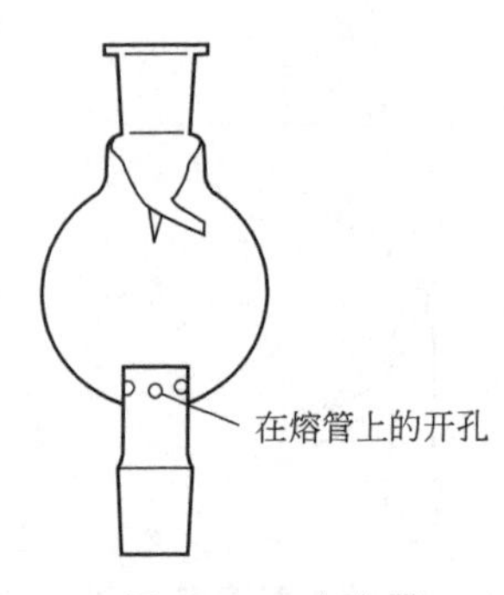

图 A.60 去泡器

蒸馏速度一般控制不超过每秒 1～2 滴。

即便是简单蒸馏，也应绘制其沸腾曲线，即画出沸腾温度相对蒸馏量（mL）的变化图，因此需使用刻度容器，比如量筒或 Anschütz-Thiele 接引管。测量点约取 20 个左右。

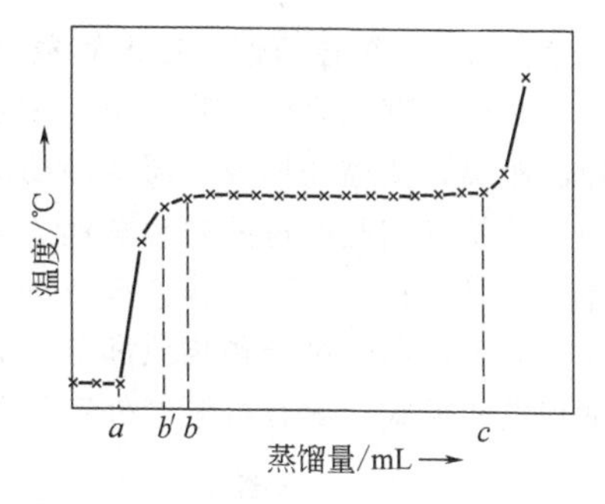

图 A.61　沸腾曲线

如果蒸馏产物之前先要蒸除较大量溶剂，那么沸腾曲线应该从沸腾温度开始上升时开始（图 A.61 中 a 点），并于此点更换接受瓶。经中间馏分（a—b），预期产物馏分（b—c）随后蒸出。中间馏分取得越大，沸点温度就越接近待分离物❶。

当待分离组分是纯净物时，则主馏分（b—c）蒸馏过程温度几乎恒定。蒸馏将结束时，温度一般会略有上升（1～2 ℃），因此时会有稍过热蒸气产生。如果蒸馏的温度区间变化较大，就必须使用分馏柱辅助蒸馏。

通常，当一个馏分向另一个馏分过渡时，接受瓶里会观察到斑纹。不过，在蒸馏过程中常常很难明显判断新馏分开始馏出，因此为确保无误，可以将馏分数量增加（如 a—b'，b'—b），随后再根据沸腾曲线将馏分合并。这也体现了沸腾曲线的价值。然后，根据实验目的测定其它有关常数，如折射率、密度、熔点等。

A.2.3.2.3　蒸除溶剂

很多有机制备得到的预期产物都是以低沸点溶剂的溶液形式存在，要分离出产物必须先蒸除溶剂。这时加热方式应该采用水浴或蒸汽浴，这一方面是因为大多数有机物易燃（见 A.1.7.2，易燃液体的加热），另一方面也防止产物受热分解。溶剂将要蒸完时，蒸馏温度会显著上升［Raoult 定律，见方程式(A.48)］，因此水浴蒸馏时即使是低沸点溶剂，如乙醇、苯和乙醚，也难以完全从高沸点残留物中蒸除。这时可适当使用真空，真空度随溶液中溶剂量的减少逐步升高，以维持适当的蒸馏速率。如果化合物对温度敏感，则蒸馏开始时就要使用真空。当减压蒸馏较大量低沸点溶剂时，须使用高效冷凝管，接受瓶也应用冰或冰盐浴（参见 A.1.7.3）冷却。

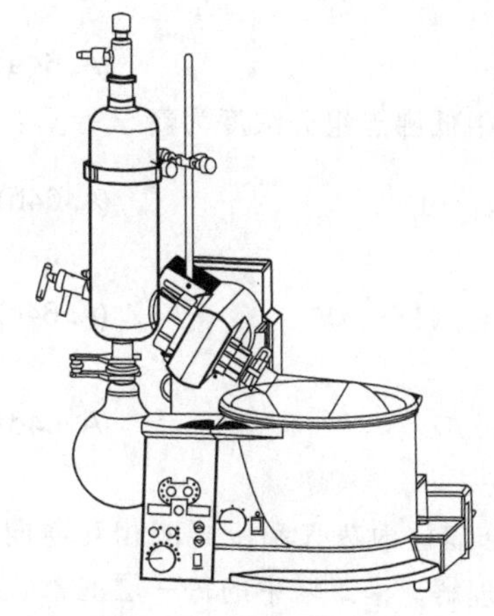
图 A.62　旋转蒸发装置

溶剂蒸馏完全后，如果残留产物也要蒸馏，应先将其转移到小烧瓶中，并用少量溶剂洗涤第一个烧瓶，溶液合并至小烧瓶。

也可以将整个蒸馏过程全部用小烧瓶完成，在 Claisen 蒸馏头上安装滴液漏斗，随着溶剂的蒸出逐渐加入蒸馏溶液。少量溶剂可以用图 A.62 中的装置快速除去。调节螺旋夹，必须保证液面在空气流作用下处于运动状态。旋转蒸发也常用于蒸除溶剂和浓缩溶液。

❶ 其它影响中间馏分大小的因素参见 A.2.3.3。

A. 2. 3. 2. 4　短径蒸馏，锥形管蒸馏

对于敏感和高沸点物质可应用短径蒸馏方法。装置中，在气化器和冷凝器间只有很短的距离，蒸馏物形成一层薄薄的液体膜。通常在真空中进行。

球管蒸馏是改进的短径蒸馏方法，见图 A. 63。蒸馏物和冷凝物处于旋转的玻璃球体中，可以在真空下工作。该方法用于液体和聚合物伴生产物及焦化不纯物的低熔点固体的分离，用于可升华物质和分离非常坚硬的固化熔剂。商业上可购得用于半微量和小试规模的模式，配有可调红外空气浴，可以保证快速和均匀传热。

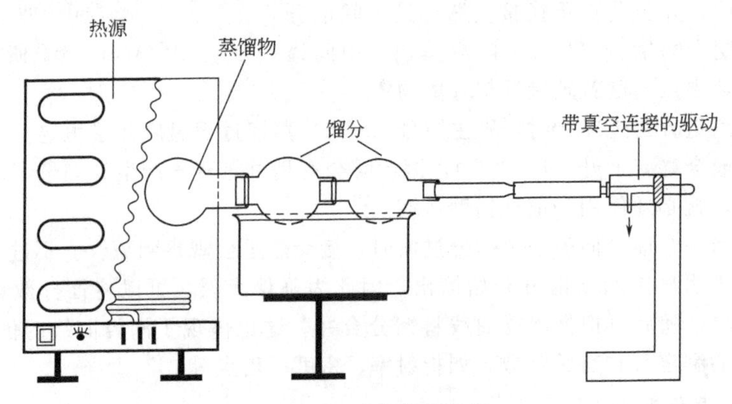

图 A. 63　球管蒸馏装置

A. 2. 3. 3　精馏

精馏可以理解为借助分馏柱分馏，用于分离简单蒸馏不能充分分开的混合液，通常在组分沸点差异小于 80 ℃时采用（参见 A. 2. 3. 2. 1）。

A. 2. 3. 3. 1　物理原理

在二元混合液蒸馏过程中，低沸点组分的浓度为 $x_1$❶，则按照方程式(A. 52)，气相中其蒸气浓度 y_1 大于 x_1：

$$y_1/(1-y_1)=\alpha \cdot x_1/(1-x_1) \tag{A. 64a}$$

若将其蒸气充分冷凝，由于浓度保持不变，可知新液相中低沸点组分浓度为新 $x_2=y_1$：

$$y_1/(1-y_1)\xrightarrow{\text{冷凝}}x_2/(1-x_2)=\alpha \cdot x_1/(1-x_1) \tag{A. 64b}$$

如果将新冷凝液再次蒸馏，那么 y_2 在蒸气中的组成为：

$$y_2/(1-y_2)=\alpha \cdot x_2/(1-x_2)=\alpha^2 \cdot x_1/(1-x_1) \tag{A. 64c}$$

经 n 次蒸发/冷凝操作后，最后得到

$$y_n/(1-y_n)=\alpha^n \cdot x_1/(1-x_1) \tag{A. 64d}$$

从而实现高效分离。

这个反复多次加热/冷凝的操作称为精馏，可通过分馏柱内蒸气和冷凝液相互逆向流动来实现。其原理很简单，借助泡罩塔的原理很容易理解。泡罩塔中的每一层泡罩板在某种意义上相当于新一次蒸馏的蒸馏瓶，见图 A. 65。

---

❶ 低沸点组分在液相中的摩尔分数。

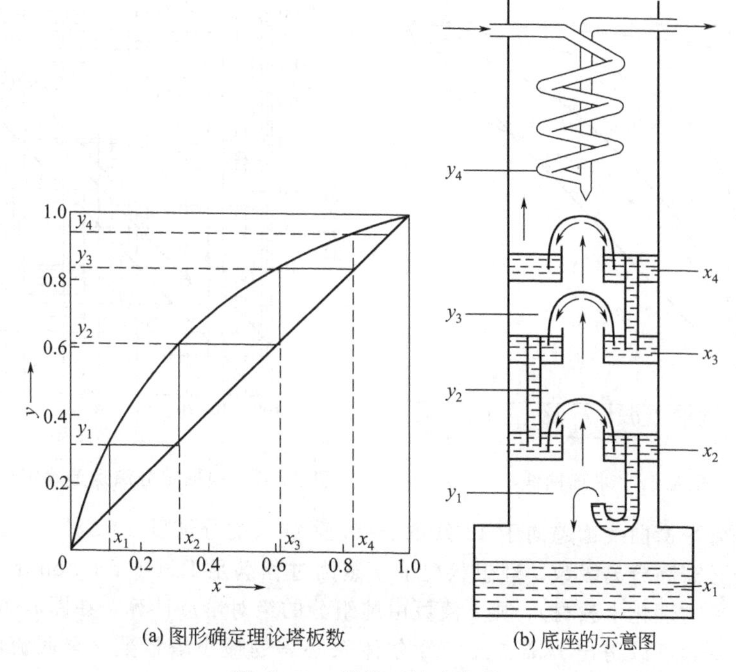

图 A.65　精馏时浓度变化

假设将一层理论塔板（理论分离级）看作是分馏柱中的一层分离单元，根据液相和气相之间的热力学平衡，混合液中易挥发组分经过这一级分离后在气相中的浓度进一步富集［图 A.65(a)］❶。

在给定二元混合液和预期馏分的组成时，计算出式(A.64d) 中方程的指数 n，即给出了分离中所必需的理论塔板数。

当 $\alpha=1$ 时，图 A.66 中方程变成一条斜率为 1 的直线 $y=x$，体系的组成始终与初始组成相同。当 $\alpha>1$ 时，方程随 α 值的增大逐渐变成曲线（平衡曲线）。图 A.66 中有三条这种曲线和一条 S 形曲线。S 形曲线与 45°线相交，交点处 $\alpha=1$，不再具有分离作用，即共沸混合物曲线。方程式(A.52) 前提条件是理想状况，因此无法处理 S 形曲线。有关共沸蒸馏参见 A.2.3.5 等有关内容。

方程式(A.64a)～式(A.64d) 相对应的精馏过程中，浓度变化情况可由 x-y 平衡曲线图来确定［图 A.65(a)］。具体如下：当初始浓度为 x_1 的二元混合液进行蒸馏时，蒸气浓度为 y_1，蒸气冷凝得到与 y_1 相同的 x_2 溶液。

x_2 溶液继续蒸馏气化得到组成为 y_2 的蒸气，蒸气经进一步冷凝形成 x_3 溶液。这样就得到介于 45°线和平衡曲线之间的阶梯式曲线❷，直至达到预期馏分组成。阶梯曲线的级数即必需的理论塔板数。由此可见，必需的级数越少平衡曲线的曲率就越大，即 α 值越大。

---

❶ 通常实际塔板达不到理论塔板的分离效能。

❷ 因为 $y_n=x_n+1$。

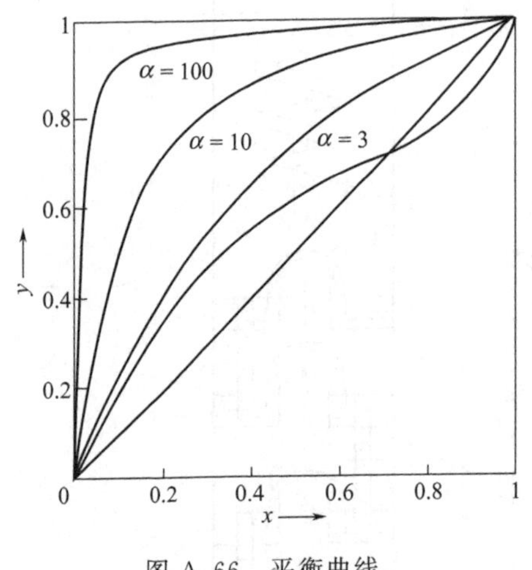

图 A. 66　平衡曲线

图 A. 67　根据组分沸点差确定理论塔板数

由于每条平衡曲线都趋向于 45°线的 $x=1$ 区域（馏分纯度 100%），因此要获得高纯度的馏分必需高分离级数。理想状况下，蒸馏过程满足 Pictet-Trouton 定律（蒸馏过程熵不变，见物理化学教材），则 α 值可由纯组分的绝对熔点计算。在图 A. 67 中，根据组分沸点的差异可以得出分离二元等摩尔体系必需的最小塔板数（全回流状态，见下文），图中给出了三个等级的馏分纯度。可见要获得高纯度馏分时，需要极大增加分馏柱的长度。

上述讨论仅适用于全回流状态，即精馏过程中所有冷凝液经分馏柱全部流回，无馏分减少。

但在实际操作中，由于部分冷凝液中的馏分被移出，平衡不断受到破坏，柱内只有部分回流冷凝液逆蒸气流回。因此，精馏装置中的物料平衡如下：

$$蒸馏液总量(G)=回流冷凝液(R)+馏分(D) \tag{A. 68}$$

欲从蒸馏液总量中获取独立低沸点组分，必须引入浓度相关系数：

$$G\,y=R\,x+D\,x_D \tag{A. 69}$$

式中，y 是柱内任何给定一点的蒸气浓度；x 是柱内任何给定一点的液相浓度；x_D 是馏分浓度。

结合式(A. 68)，可得：

$$y=R\,x/(R+D)+D\,x_D/(R+D) \tag{A. 70a}$$

将上式分子和分母同乘以 $1/D$，并引入回流比 $\nu=R/D$，得到：

$$y=\nu\,x/(1+\nu)+D\,x_D/(1+\nu) \tag{A. 70b}$$

这是一个直线方程，斜率 $\nu/(1+\nu)$，纵轴截距 $x_D/(1+\nu)$。

在图形法计算理论塔板数时，需用这条直线代替图 A. 65 中的 45°线，分离级数曲线现在必须介于这条工作线和平衡曲线之间。具体如图 A. 71 所示。

图中给出了预期馏分的纯度——组分浓度 x_D。工作线与 45°线在 x_D 处相交，其斜率取决于回流比。图 A. 71 共列举了三种情况。

纵轴截距为 A_1 的直线与平衡曲线在横坐标 x_B处相交。当塔板数为无穷多时，此时

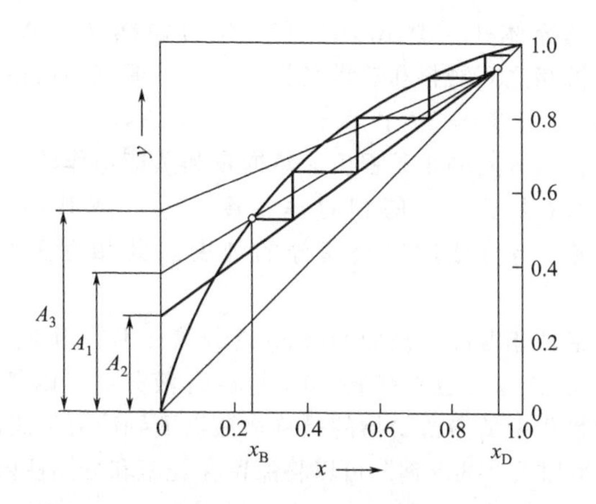

图 A.71　馏分蒸出时图形确定理论塔板数

对应的回流比称为最小回流比。

纵轴截距为 A_3 的直线无法得到 x_D 浓度的组分。另一方面，截距为 A_2 的工作线实际操作中可以实现（图示阶梯式曲线）。

可见，当分离级数较少时，就需要较大的回流比进行分离，即，纵坐标截距要比较小。全回流状态时工作线与 45°线重合，对应的分离塔板数称为最小塔板数。实际塔板数介于最小塔板数和最小回流比之间，增大回流比则塔板数减少，反之亦然。

根据上述理论描述，图 A.72 对甲苯和苯混合液（沸点差为 30 ℃）的蒸馏进行分离。a 表示无分馏柱时的简单蒸馏沸点曲线，其分离效果相当于一层理论塔板。由曲线 a 可看出，并没有分离出纯组分。曲线 b 是使用分馏柱后的分离效果，理论分离级数约为 12，回流比为 1∶10。曲线 c 使用相同分馏柱，但到达柱顶的蒸气全部作为馏分移出。比较 b 和 c 可以明显看出回流比对分离效果的影响。

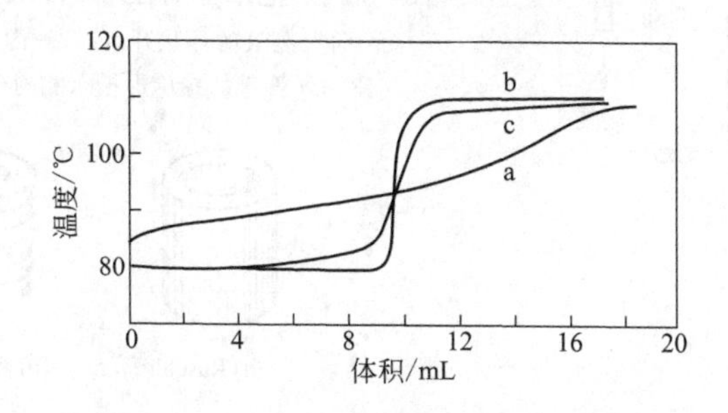

图 A.72　苯、甲苯混合物的沸腾曲线

A.2.3.3.2　精馏操作

精馏装置由以下部分组成（图 A.73）：使液体汽化（蒸馏）的烧瓶（蒸发器）；分馏柱；分馏头，安装温度计、冷凝系统，冷凝液的回流和移出；接受瓶，减压蒸馏时需安装馏分真空转接头（Anschütz-Thiele 接引管）。

除前述塔板分馏柱外[图 A. 65(b)]，还可以使用 Vigreux 柱（图 A. 73）、空管分馏柱系列（图 A. 74）、填充体柱（图 A. 75）和螺旋分馏柱（图 A. 34b，图 A. 34c）等。精馏过程中蒸气相和液相之间物料和热量交换越大，分馏柱的活性越高，两相间的界面就越大。

分馏柱的选择应根据分离的难易程度、蒸馏量和蒸馏操作压力范围而定。

分离的难易程度取决于组分的相对挥发度（α）（或其第一近似值：沸点差，见图 A. 67），混合液中组分浓度以及馏分的纯度。其相互关系可借助图 A. 66 来理解。

蒸馏量必须与分馏柱相匹配。截面 50 mm 的分馏柱不能用于蒸馏 10 mL 混合液。

有时直径 10 mm 的分馏柱也不能将 10 mL 混合液分离，因柱内滞留了太多液体，即滞留量过大。蒸馏操作中的滞留量指的是从烧瓶液面到冷凝管之间的物料量，包括蒸气和液体。向蒸馏瓶中加入“共沸剂”可以将滞留在烧瓶和分馏柱内的低沸点组分驱出，

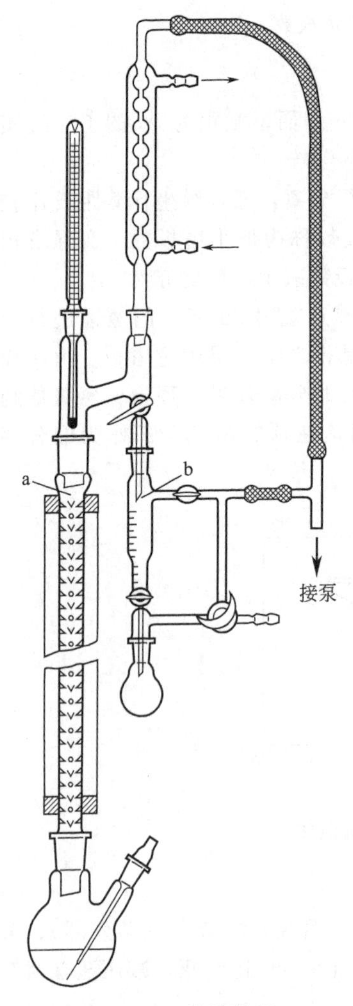

图 A. 73　精馏装置

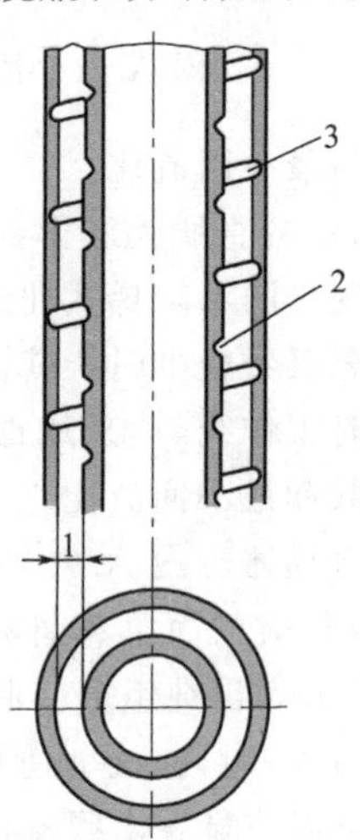

图 A. 74　泡罩分馏柱或 Fisher 分馏柱竖/横截面

1—向上蒸气的环状开口；2—内管道的螺旋形槽；3—外管道的螺旋形槽（相对于内管的轮廓）

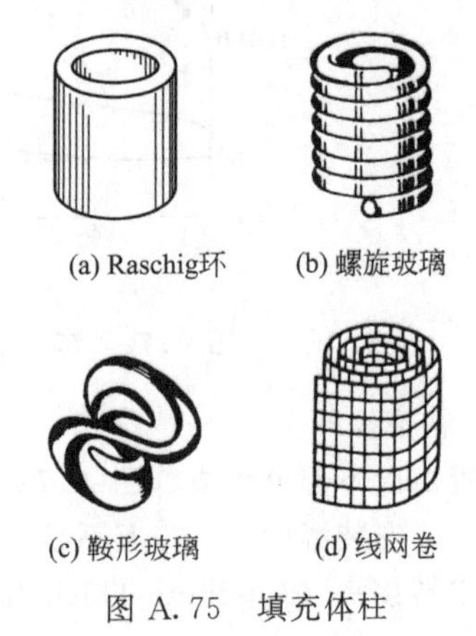

图 A. 75　填充体柱

共沸剂是沸点远高于组分沸点且不与组分形成共沸物的化合物。

分馏柱的滞留量对分离效果也有显著影响。因此，分馏规则要求蒸馏液中待分离的任一纯组分量至少是分馏柱滞留量的 10 倍。因此，少量蒸馏或分析蒸馏时，应尽可能选择填充物少的分馏柱，如空管分馏柱、Vigreux 分馏柱（图 A. 73）、旋带分馏柱等，参见表 A. 76。

表 A. 76　分馏柱类型

分馏柱类型	直径/mm	柱负载量/(mL/h)	分离级高度/cm	备　注
空管分馏柱	24 6 6	400 115 10	15 15 1.7	低填料,低真空梯度,适用于真空蒸馏和半微量蒸馏。低效。负载量极低,故分离效率低,且分离效率随直径增大而下降(为什么?)
Vigreux 分馏柱 (图 A. 73)	24 12 12	510 294 54	11.5 7.7 5.4	与空管分馏柱类似,但因表面积略大,分离效果略好,填料稍多,真空梯度略大。适用于真空和半微量蒸馏
空管分馏柱 (图 A. 74)		700 300 200	1.7 0.8 0.6	
有网塞插入的柱子	15～30	500	1.2～3	高效、高弹性
螺旋分馏柱 (图 A. 34c)	5～10	50～200	1.9～2.7	
填料分馏柱 玻璃珠 3 mm×3 mm	24	100～800	6.0	常压下高负载。分离效果主要依赖于负载量。高填料。不适于真空和半微量蒸馏
填料分馏柱 鞍形玻璃或鞍形瓷 [图 A. 75(c)] 4 mm×4 mm 6 mm×6 mm	30 30	400 400	5.3 8.2	比其它填料分馏柱更适于低真空蒸馏(流动阻力较小)。高负载,高填料
填料分馏柱 Raschig 环[图 A. 75(a)] 4.5 mm×4.5 mm	24 24 24	600 500 400	8.2 7.6 7.0	在所有填料分馏柱中效率最低。不适于真空蒸馏。高填料
填料分馏柱 螺旋玻璃 [图 A. 75(b)] 2 mm×2 mm 4 mm × 4 mm	24 24	500 500	1.95 2.86	高活性,中等负载量,高真空梯度,高填料
托盘气泡柱 [图 A. 65(b)]	18～25	500	2～3	高填料。用于常压蒸馏大量液体(超过 1 L)。不适于真空蒸馏

真空蒸馏时，柱内压力梯度应尽可能小，因蒸馏瓶内的压力不会小于压力梯度值。例如，如果分馏头压力为 1 mmHg，柱压力梯度为 10 mmHg，则烧瓶内压力至少为 11 mmHg。此时，热稳定性差的化合物可能发生分解。

表 A.76 列出了实际操作中一些重要的分馏柱类型。分离效能用“分离级高度”表示，单位 cm，相当于一层理论塔板。对于给定分馏柱而言，分离级高度依赖于柱负载量[1]：对大多数类型柱子来说，分离级高度随着柱负载量增加而增加。在一定柱负载量时，柱内回流液在上升蒸气推动下不能流回蒸馏瓶从而“悬浮”于柱内，即发生“液泛”，此时将无法进行精馏操作。

真空下所有分馏柱的负载量都比常压下小，因为一定量物质蒸气的体积和蒸气流速与压力成反比。从而发生液泛的柱负载量也比常压小。

此外，真空精馏时，必须使蒸馏过程中真空保持稳定，可以使用恒压器（见 A.1.9.1）。

绝热条件下分馏柱分离效能最佳，因此通过对流、传导和辐射损失的热量必须控制在最小。当对沸点低于 80℃液体蒸馏时，通常用石棉绳、玻璃丝或渣棉等包裹分馏柱或加一层简单空气套管保温就足够了（参见图 A.73）。使用水银真空套管或电热夹套保温效果更好，但只能补偿散失热量，切勿升高柱温。因此，电热夹套的温度应比柱内温度略低。

分离过程必要的回流比可由 A.2.3.3.1 图形法确定。实验中的最佳回流比约等于分离所必需的理论塔板数。如果分馏柱的理论塔板数超过分离所必需的理论塔板数，那么回流比也可相应减小。回流比可通过分馏头来控制。如果没有分馏头，通常只能处理一些简单的分馏问题，比如馏分纯度要求＜ 95%且分馏液沸点差＞ 30 ℃。最常见是如图 A.73 所示的全冷凝分馏头，馏分可通过旋塞简单分离成馏分或回流液，适用范围广。根据 a 点和 b 点（图 A.73）液体滴下的数量可以很精确地得到回流比，调节旋塞上凹口即可控制。

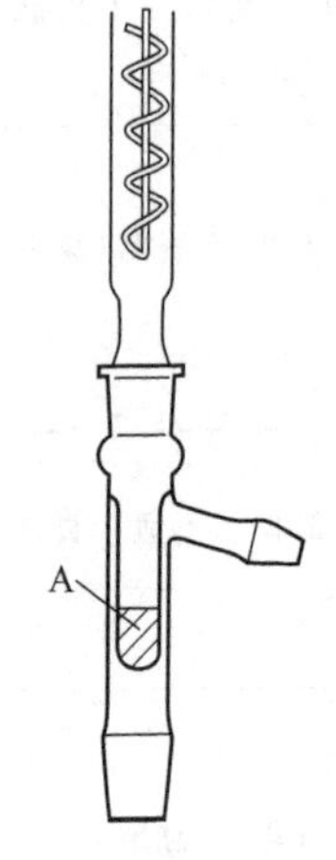

图 A.77 Hahn 分馏头

工业上常用分凝器代替分馏头，充当冷凝器对蒸气部分冷凝，蒸气甚至还未到达柱顶即被冷凝，未被分凝器冷凝的蒸气进入产物冷凝器。因为分凝器部分冷凝了高沸点组分，所以也起到了一定的分离效果，相当于部分理论分离级数。很难通过调节分凝器得到指定的回流比，因此并不常用于实验室。不过对某些特定的实验操作，比如从反应混合物中蒸出低沸点液体，可优先选用 Hahn 分馏头（图 A.77）。Hahn 分馏头原理与分凝器相同，在容器 A 中加入沸点与待蒸出组分相似的液体，或直接使用组分自身。

A.2.3.4 水蒸气蒸馏

两种互溶液体溶液产生的蒸气压组成和组分的关系遵循 Raoult 定律［方程式(A.48)］。除共沸物外，溶液的蒸气压大小介于各组分单独存在时蒸气压之间，因此沸点也介于两组分各自沸点之间。而另一

[1] 柱负载量或流量表示为单位时间汽化蒸馏瓶内液体量，等于馏分和回流液的总和。

方面，如果两组分相互不溶，其蒸气压并不相互影响：

$$p_A = P_A ❶$$
$$p = P_A + P_B \quad (A.78)$$
$$p_B = P_B$$

不互溶体系的总压（p）等于各组分蒸气压的简单加和，因此大于任一组分单独存在时的蒸气压，混合物沸点也低于沸点最低组分。

馏分组成比例与沸腾时两组分蒸气压比值一致，而与混合液中各组分的含量无关。

$$n_A / n_B = P_A / P_B \quad (A.79)$$

不过方程式(A.79)只在大多数情况下近似有效，因为实际操作中两种组分并不能充分满足绝对不溶这个必要条件。实际应用中最重要的两相蒸馏是水蒸气蒸馏：将难溶于水的物质和水混合，然后蒸馏混合物，或把水蒸气通入混合物中。因此，即使难溶物质的沸点高于100 ℃，也可以在适当条件下将其蒸出。

将图A.53中的毛细管用进气管替换即可用作水蒸气蒸馏装置。蒸馏瓶中加入不溶物，进气管须插至靠近蒸馏瓶底部，然后快速通入水蒸气。混合液最好预先加热至接近沸腾。即使水蒸气通入后，蒸馏过程也需要加热辅助，特别是实验时间比较长的时候，以防蒸馏瓶内液体量过多。

水的热容量很大，因此必须使用高效冷凝管。待蒸出液不再分成两相时停止蒸馏，然后先断开水蒸气管和进气嘴之间的连接再停止输送水蒸气。如果没有水蒸气总管，可采用图A.80所示的水蒸气发生装置——带有垂直玻璃管的圆底烧瓶或铜罐。

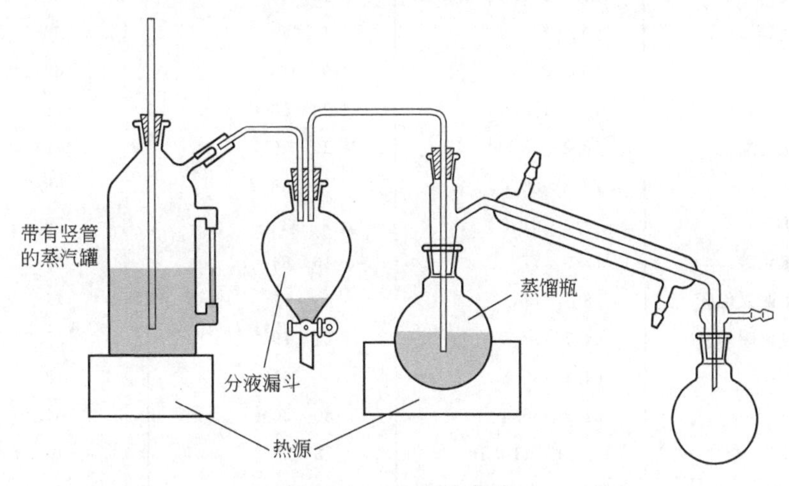

图A.80　水蒸气蒸馏

少量蒸馏时可采用如图A.81所示的装置。一般不必要吹入水蒸气，将水和难溶物混合液加热沸腾就足够了。

有时难溶物的蒸气压在100 ℃太低，以至于蒸出的量非常少。这种化合物常使用过热蒸汽蒸馏，在蒸汽管和烧瓶之间连接过热器然后调至所需温度。将蒸馏瓶用热浴加

❶ 符号含义见方程式(A.48)。

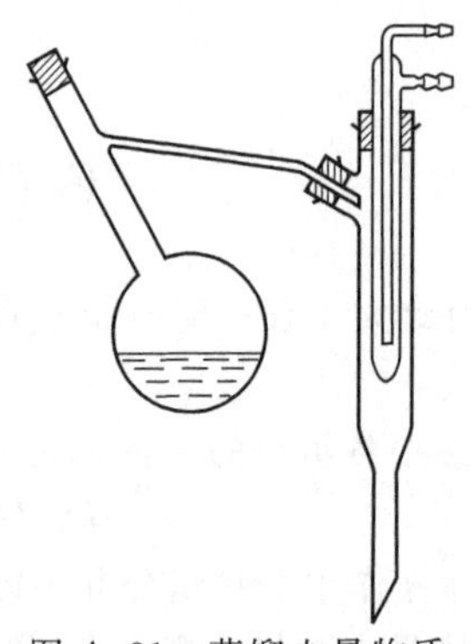

图 A.81 蒸馏少量物质时的水蒸气蒸馏

热，热浴温度比蒸汽温度高 10 ℃左右。

A.2.3.5 共沸蒸馏

许多物质相互间能形成共沸物（表 A.82），即在一定比例混合时具有最大或最小沸点。共沸混合物不能用蒸馏分离开，因为液相和气相组成相同（参见 A.2.3.3 和图 A.66）。恒沸氢溴酸（b.p.126 ℃，最大沸点），96 %乙醇水溶液（b.p.78.15 ℃，最小沸点）等是众所周知的共沸物。

利用共沸物的形成，可以将一种物质从混合物中提取出来。共沸除水是其重要的应用：某物质可与水形成共沸物且冷却后尽可能不互溶。比如将苯加入到待除水物质中，然后在图 A.83(a) 所示装置中加热至沸。水被苯共沸带出（b.p.69 ℃）。蒸汽冷凝后水滴析出，落到带有刻度管的分水器底部（Deana 和 Stark 疏水器）。

表 A.82 常见共沸混合物

共沸混合物	各组分沸点/℃	共沸物组成（质量分数）/%	共沸点/℃
水-乙醇	100 78.3	5 95	78.15
水-乙酸乙酯	100 78	9 91	70
水-甲酸	100 100.7	23 77	107.3
水-二噁烷	100 101.3	20 80	87
水-四氯化碳	100 77	4 96	66
水-苯	100 80.6	9 91	69.2
水-甲苯	100 110.6	20 80	84.1
乙醇-乙酸乙酯	78.3 78	30 70	72
乙醇-苯	78.3 80.6	32 68	68.2
乙醇-氯仿	78.3 61.2	7 93	59.4
乙醇-四氯化碳	78.3 77	16 84	64.9
乙酸乙酯-四氯化碳	78 77	43 57	75
甲醇-四氯化碳	64.7 77	21 79	55.7
甲醇-苯	64.7 80.6	39 61	48.3
氯仿-丙酮	61.2 56.4	80 20	64.7
甲苯-乙酸	110.6 118.5	72 28	105.4
乙醇-苯-水	78.3 80.6 100	19 74 7	64.9

这样，既容易观察分水终点也可以测出分出的水量。因此，在有水生成的化学反应中，可方便地观察反应进程；而且由于不断把生成的水蒸出，使反应平衡向所期望的方向移动。少量操作时可以使用 Thielepape 头作为分水器。

常用的“水提取剂”有苯、甲苯、二甲苯、氯仿和四氯化碳等。由于后两种化合物比水重，必须使用如图 A.83(b) 所示的分水器类型。加热前刻度管必须注满相应的水提取剂。如果要蒸出的水量较大，图 A.83(c) 所示的分水器更为适用，因其可将蒸出的水不断排出。分水器只有垂直安装并注满馏分时才能有比较满意的除水效果。

如果实验要求不是很严格，前面所提到的溶剂本身也可以通过简单蒸馏的方式除水干燥，将首先生成的浑浊液弃去。

A. 2. 4 升华

固体的蒸气压也会随温度升高而增大。许多固体不需熔解即可气化，这称为升华，其蒸气也直接凝结为固体。

升华点指的是固体蒸气压与外部压力相等时的温度。在升华点时，固体甚至从内部爆炸性气化，有时会污染升华物。因此升华操作一般在升华点以下进行，以使其蒸气压低于外部压力。通常低蒸气压固体的分离效果不高。

在瓷皿上扣一个漏斗即构成简单的升华装置［图A. 84(a)］。漏斗直径应略小于瓷皿，漏斗颈用脱脂棉松散地堵住。瓷皿用扎有许多小孔的圆滤纸盖住，以免升华物落回。

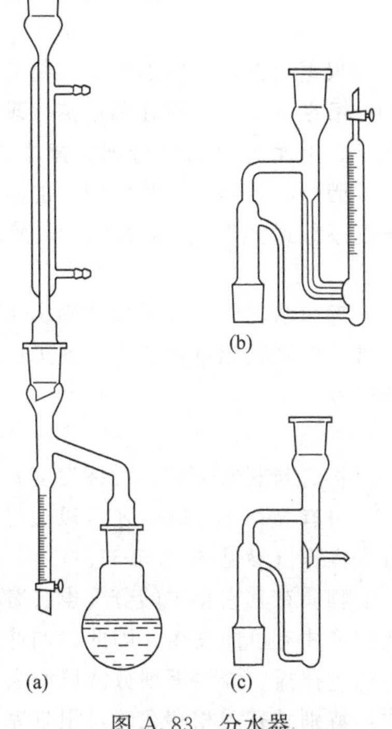

图 A. 83 分水器

常压下不升华或升华很慢的固体常在真空下进行升华，可采用图 A. 84(b) 和图 A. 84(c) 所示的装置。要注意的是升华结束打开装置时切勿摇动，可温热磨口接头部位，以防升华物从冷凝壁掉下。

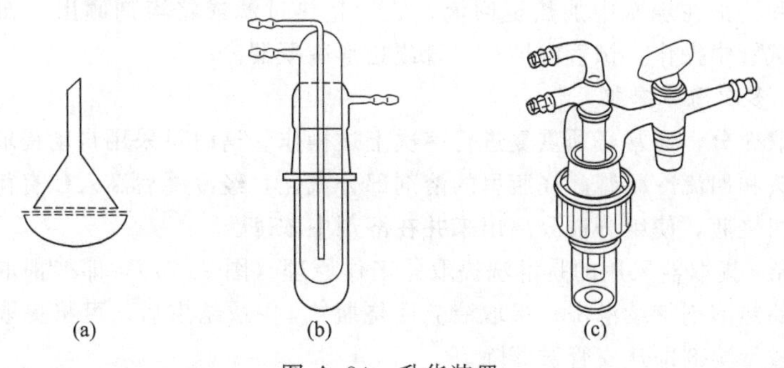

图 A. 84 升华装置

升华物冷凝表面和升华皿之间的距离必须尽可能小，以便获得较高的升华速度。由于升华是在物质表面发生，故升华前物质应充分粉碎。高的升华温度能加快升华速度，但也容易形成微晶且升华物纯度较差。

与结晶相比，升华常有很多优点：产物通常很纯净，即使微量物质也能方便地进行升华，等。

A. 2. 5 萃取和分液

萃取可以理解为，将某物质从溶液相或分散相中转移到另一液相。由于物质在两相之间存在一定的分配比例，因此这种转移是可以实现的。

溶液中物质在两液相之间的分配关系可由 Nernst 定律来确定：

$$c_A / c_B = K \quad (A.85)$$

根据上式，一定温度下，物质在不互溶两液相中分配浓度 c 达到平衡比值为常数，即分配系数 K。只有在稀溶液（理想状况）且溶液中物质在两相中的缔合状态相同的情况下，上面的 Nernst 分配定律才适用。

因此，当物质在萃取剂中的溶解性比在其它相中都大得多时，就很容易萃取，此时分配系数远大于 1。在 $K < 100$[1] 时，简单萃取效果不是很好，需用新溶剂重复多萃取几次。

理想状况时分配系数分别为 K_1 和 K_2 的两物质在两液相之间的分配互不影响。若二者分配系数相差足够大，就可以通过简单萃取分离之。分离的难易程度取决于其分配因子 β。

$$\beta = K_1 / K_2 \quad (A.86)$$

可以将之与蒸馏中的相对挥发度 α 做一对照。

只有 $\beta > 100$ 时，才可以通过简单萃取将二者分离。当 $\beta < 100$ 时，必须采用倍增分配操作（参见 A.2.5.3）。

物质在其它相中的分配也会有类似情况。在所有分配过程中，只有在两相界面处物质交换才有可能发生。因此为加速建立分配平衡，相界面接触面积必须尽可能大。液体可通过振摇、烧结板细分散以增大接触面积，固体则应充分研磨粉碎。不过在实际操作中，特别是有固相存在时，很难完全达到分配平衡。

A.2.5.1 固体的提取

A.2.5.1.1 单次简单提取

将物质和溶剂在烧瓶中加热至回流，然后趁热过滤或将溶剂倾出。如果物质量较少，可以在试管中操作，试管内插一立管或指形冷凝器。

A.2.5.1.2 多次简单提取

为使提取充分，通常必须重复进行多次上述操作。这时可采用自动提取装置，包括烧瓶、提取头和回流冷凝管。烧瓶里的溶剂部分汽化，经冷凝后滴入装有待提取物的套管中然后流回烧瓶，使组分被分离出来并在溶剂中浓缩。

Thielepape 提取器采用的是淋洗提取器工作原理（图 A.87），即待提取物由冷凝管中冷凝下来的热溶剂持续淋洗，提取液流回烧瓶[2]。提取结束后，可将提取头上关闭的旋塞打开，过量溶剂即从支管被蒸除。

Thielepape 提取器内可以安装多种插件以适于其它实验要求，比如用轻溶剂或重溶剂连续液-液提取，或用于共沸蒸馏中测定水量。

Soxhlet（索氏）提取器（图 A.88）与 Thielepape 提取器不同，它只在提取器内液面达到虹吸管顶端时才通过侧面的虹吸管将提取液转移至烧瓶内。提取时要求待提取物必须比溶剂密度大方可。

半微量提取或高沸点溶剂提取时，需使用烧结玻璃板作为提取管（图 A.89）。提取

---

[1] K 值按照方程式(A.86) 计算，c_A 表示在萃取剂中的浓度。

[2] 从这个意义上来说，Soxhlet 提取器不属于连续提取器。

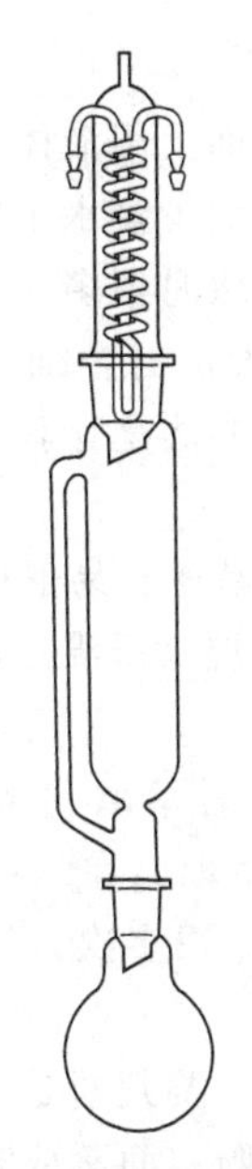

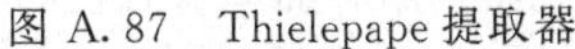

图 A.87　Thielepape 提取器

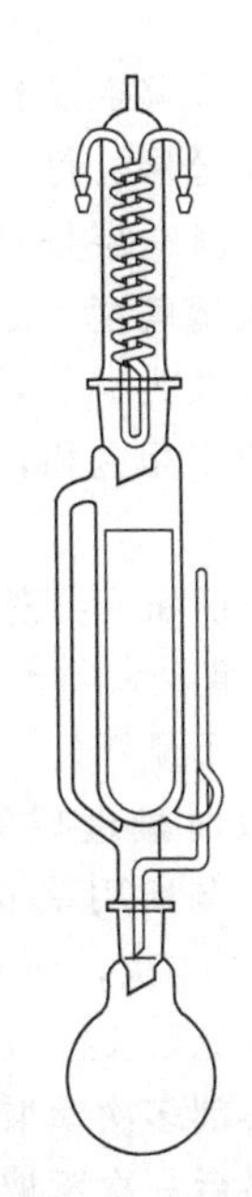

图 A.88　Soxhlet 提取器

管安装在回流冷凝管上，悬于烧瓶中溶剂蒸气之中同时被冷凝下来的溶剂淋洗。半微量提取也可以使用前面介绍的提取装置，但须选用小尺寸的仪器。

A.2.5.2　液体的萃取

从溶液（一般是水溶液）中萃取物质是非常重要的有机化学实验操作。非连续萃取也叫“振摇萃取”，连续萃取也叫“渗滤萃取”。

A.2.5.2.1　溶液或悬浮液的萃取

水溶液（或悬浮液，很少见）的萃取需使用分液漏斗（图 A.90），萃取溶剂的体积以 1/5～1/3 溶液量为宜。如果溶剂易燃，所有附近明火必须熄灭。分液漏斗内液体量不应超过其体积的 2/3。萃取时先关上旋塞并用手抵住瓶塞和旋塞小心摇动，然后将放液管朝上，小心打开旋塞释放漏斗内的压力。振摇和放空须反复操作，直到漏斗内空间充满溶剂的饱和蒸气且压力不再发生变化为止。然后方可剧烈振摇 1～2 min。

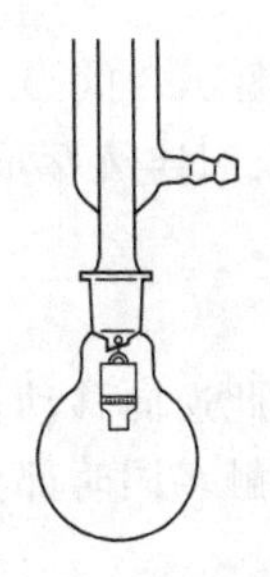

图 A.89　半微量提取

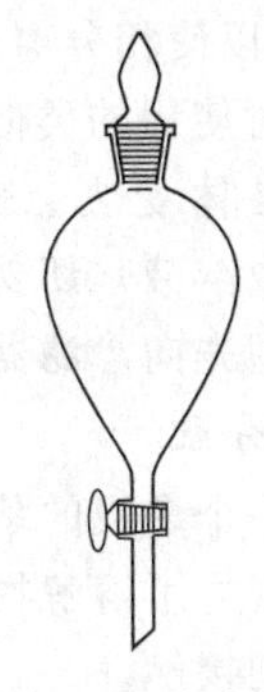

图 A.90　分液漏斗

当操作强酸、强碱和腐蚀性物质时，必须佩戴护目镜。

静置，使液相分层。打开分液漏斗旋塞将下层液体放出，而上层液体要从上端瓶口放出。当无法确定哪一层是水相时，可以分别取一滴液体加入到少量水中判断。如果萃取物在水中有较大溶解度，需将水层用硫酸铵或食盐饱和。萃取时很多体系易形成乳浊液，这时可将振摇改为涡旋混合液。如果形成乳浊液，处理方法有：加入消泡剂或戊醇，或加入食盐使水相饱和，或将全部溶液过滤等。最可靠的办法是让乳浊液充分静置一段时间。

最常用的萃取剂如下：密度小于水的有乙醚（低沸点、高易燃、易形成爆炸性过氧化物，在水中溶解度8%），苯（易燃）；密度大于水的有二氯甲烷（低沸点，b. p. 41 ℃），氯仿，四氯化碳（不易燃）。

单次简单萃取时最理想的情况是分配平衡充分建立，这时萃取出的物质量遵循Nernst分配定律，与所用萃取剂的量有关。因此一般需重复萃取。在水中溶解度不大的物质需要萃取3～4次，而易溶于水的物质有时需要重复操作很多次，这时采用连续萃取法（渗滤法，见下文）效果较好。

另外，少量溶剂多次萃取比用全部溶剂萃取一次效果更好。要判断是否已经萃取完全时，可取少量最后一次萃取溶液在表面玻璃上蒸干来观察判断，而萃取有色物质时则常常根据最后一次萃取溶液是否无色来判断。

通常萃取时须避免引入其它杂质，常见杂质是酸和碱。因此需要洗涤萃取液，用稀碱水溶液（一般为碳酸钠或碳酸氢钠）或稀酸水溶液洗涤后，再用水洗涤几次。最后，用适当试剂干燥萃取液（参见A. 1. 10. 2）。

洗涤过程须注意的是，当使用碱金属碳酸盐溶液洗涤时，生成的二氧化碳会大大增加分液漏斗中的压力，因此必须小心放空几次。

A. 2. 5. 2. 2　渗滤法连续萃取

通过渗滤器（图A. 91和图A. 92），可以用很少量的萃取剂对液体连续萃取。具体过程是，烧瓶里的溶剂不断气化并经冷凝管冷凝后以细流的形式通过待提取溶液，最后经溢流管回到蒸馏瓶。这种操作法甚至可以萃取分配系数<1.5的物质。

较好混合时的微量测量可以使用配有磁力搅拌装置的旋转渗滤器[A. 93(a)]，这适合比水轻的溶剂。溶剂以蒸气的形式从出口1进入冷却部件，进入旋转的高度可调的渗滤器管中（3），在离心力作用下从磁铁（4）下的孔（5）离开。可移动的打有孔的聚四氟乙烯环（2）可以使相分离进行得更好，充满的状态稍许降低些。图A. 93(b)是当用于比水重的溶剂时使用的类似渗滤器。

须注意的是液体受热会膨胀。因此当使用轻萃取剂时[图A. 91(a)和图A. 92]，下层液体（冷萃取溶液）切勿加高至溢流管处；而使用重萃取剂连续萃取时[图A. 91(b)]，萃取前必须先向渗滤器中加入适量下层液体（为什么?）。

A. 2. 5. 3　多效分配

多效分配是一个多级的萃取过程，在此过程中，两液相彼此逆向移动，呈现连续平衡状态。即部分富集了溶解物质的浓缩液与新鲜的初始溶液接触，同时部分萃取过的溶液与新鲜的提取剂接触。

这种方法对分离系数稍大于1的混合物质的分离非常实用。

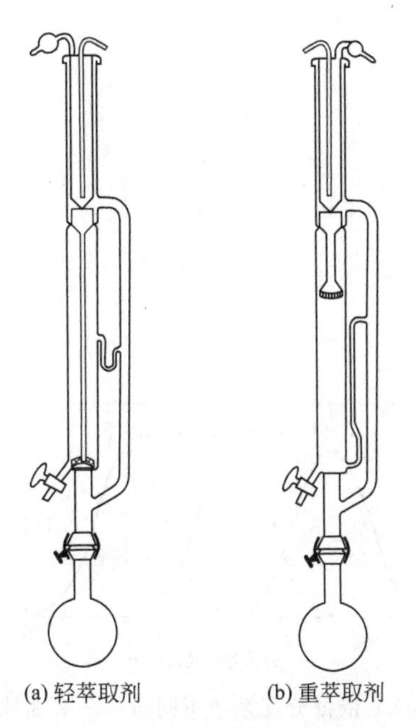

图 A. 91 渗滤器

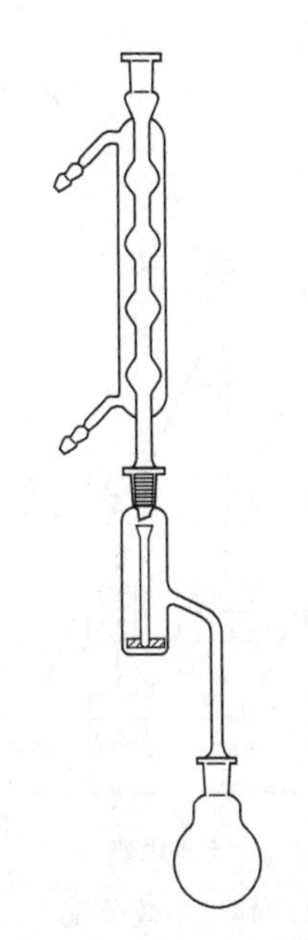

图 A. 92 Kutscher-Steudel 半微量渗滤器

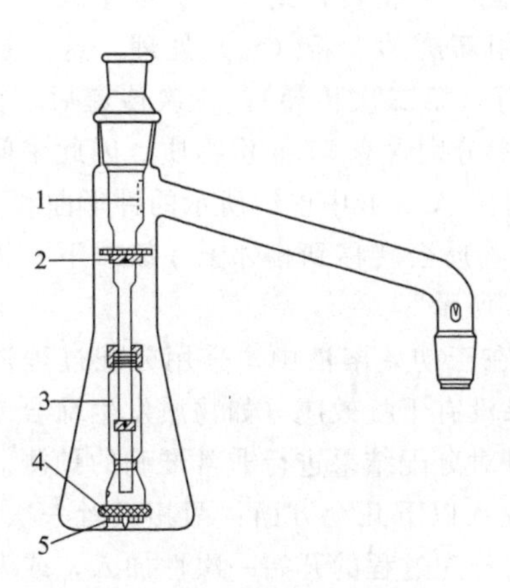

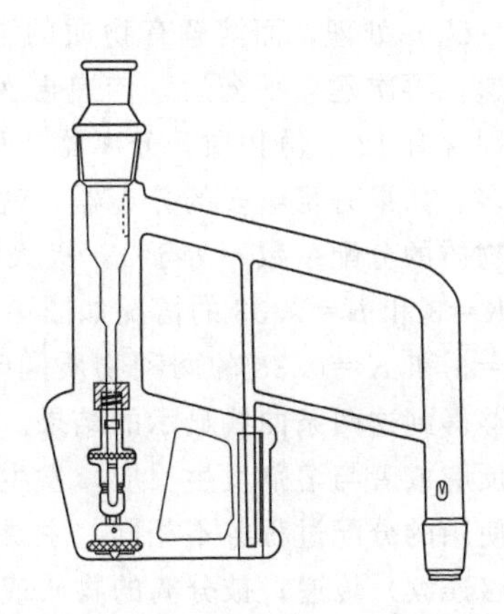

图 A. 93 渗滤器

多效分配与萃取之间的关系就像精馏与简单蒸馏之间的关系。分离级的概念也有类似的重要性。

在多效分配条件下物质的行为遵循图 A. 94a 所示的原理。在第一个分离器中（比如一个分液漏斗），100 份物质溶解在下相中，溶液用同体积的提取剂处理（上相，S_0[1]）。然后摇晃（用双向箭头表示）混合液，直到达到平衡。在分配系数 $K=1$ 的情况

---

[1] 两相必须始终保持彼此相互饱和。

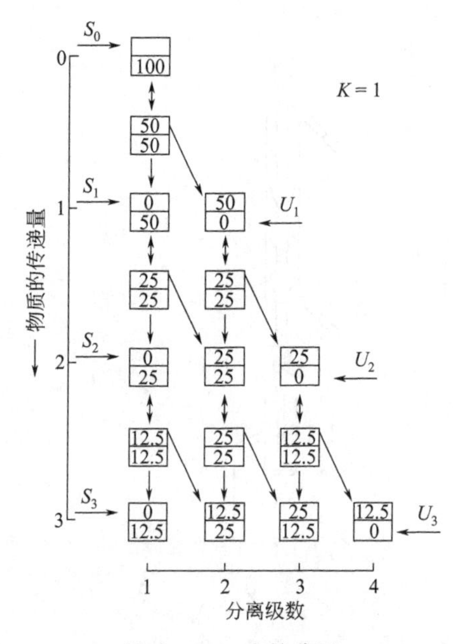

图 A. 94a　多效分配

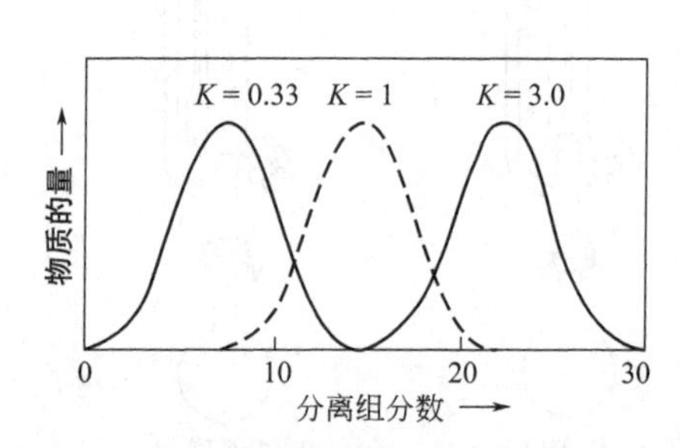

图 A. 94b　依据分配系数不同所得分离曲线

下，两相中各有 50 份物质，这就是第一次分配。上相转移到下一分配单元，接着用新鲜的下相（U_1）处理，而溶解有物质的下相用新鲜的上相（S_1）处理。这一过程叫做第一次传递。再次建立平衡后，传递再次进行（第二次传递）。三次传递后，分离器 1 和 4 中分别含有 12.5 份物质，分离器 2 和 3 中分别含有 37.5 份物质。因此中间分离器中物质最多。如果有足够多的分离器，就可得图 A. 94b 中虚线所示的钟形曲线。

如果物质的分配系数不等于 1，极大量的物质会转移到相邻上一级或下一级的分配单元中。$K=3$ 和 $K=0.33$ 的情况如图 A. 94b 所示。

当 $K=3$ 和 $K=0.33$ 的两种物质同时存在于初始溶液中，采用分配过程进行分离时，也能够得到这两条曲线显示的结果。如果没有干扰效应（如物质发生缔合或者物质之间发生反应或者与溶剂发生反应）发生，可对分配结果进行非常准确的预测。

实际使用的分配过程各不相同，主要体现在以下几个方面：两相或者一次性传递，或者均匀（连续）传递；被分离的物质或者在分配过程的开始一次性加入，或者在每次分配步骤中逐步加入；物质或者在分离器的头部加入，或者在中部加入。上面描绘的分批分配过程能使每一步完全建立平衡，因此可以达到分析精度（Craig 分配）。然而，当在每一分配步骤中将被分离的物质由分离器的中部以小部分分批加入时，可以达到最好的分离效果（O'Keeffe 分配）。工业上已经开发了具有数百个分配单元（步骤）的自动分离仪器。更多的信息可查阅相关文献。

A. 2. 6　吸附

吸附可以理解为物质在固体物质表面的富集[1]。

---

[1] 吸附的物理原理见物理化学教科书。

有机实验中，利用不同固体物质对有机化合物的亲和力差别来分离混合物质。

吸附固体称为吸附剂，被吸附的物质称为吸附物。非极性吸附剂和极性吸附剂之间的区别如下。

非极性吸附剂：活性炭，某些有机树脂（如沃法泰特 E，多孔阴离子交换树脂，S-30，S-35）。

极性吸附剂：氧化铁（Fe_2O_3），氧化铝，硅胶，碳水化合物（淀粉、糖、纤维素等）。它们的活性依次下降。

极性吸附剂特别重要。不难理解，吸附剂对吸附物的吸附能力随其极性的增加而增加。因此，水被特别稳固地吸附之后，相应吸附剂的活性表面就不容易吸附其它物质；极性大的物质越少，吸附剂被水分子填充越多。对最常用的吸附剂氧化铝来说，可以通过检测染料的方法确定五个常规的活性梯度标准。这些梯度的含水量[1]如下：Ⅰ级（活性最强）0%、Ⅱ级 3%、Ⅲ级 4.5%～6%、Ⅳ级 9.5%、Ⅴ级 13%。氧化铝也有中性、酸性和碱性三种形式。

有机化合物的吸附能力不仅由其极性所决定，而且也与其分子大小和极化度有关。

不同种类的物质对极性吸附剂的亲和力大致以下面的顺序依次增加：卤代烃＜醚＜叔胺、硝基化合物＜酯＜酮、醛＜伯胺＜酰胺＜醇＜羧酸。

另外，也要考虑使用的溶剂。由此可知，吸附剂在非极性溶剂中吸附有机化合物的能力比在极性溶剂中强。相反，如果溶剂对吸附剂有很强的亲和力，被吸附的物质可被溶剂洗脱。根据从吸附剂中洗脱被吸附物质的能力，溶剂洗脱能力的大小次序排列如表 A.95 所示。

表 A.95　Trappe 洗脱顺序

戊烷＜己烷＜石油醚＜环己烷＜二硫化碳＜四氯化碳＜苯＜乙醚＜氯仿＜二氯甲烷＜四氢呋喃＜丁酮＜丙酮＜乙酸乙酯＜乙腈＜吡啶＜丁醇＜乙醇＜甲醇＜乙酸＜水

活性炭是一种非极性吸附剂，洗脱液对活性炭上的吸附物的洗脱能力与上述顺序相反。

必须牢记，分子的极化度也与吸附能力有关，它将增加物质对光、空气、湿气和氧化剂的敏感度。

A.2.6.1　*溶液脱色*

在溶液的脱色过程中，有颜色的副产物（一般是高分子量的化合物）通常会阻碍反应主产物的结晶，因此需要除去。如果这些杂质与主产物相比，有明显的物理和化学方面的差别，可以加入合适的吸附剂而选择性地除去。被吸附的杂质同吸附剂一起丢弃。

为了避免主产物损失，应使用最小量的吸附剂。极性溶剂形成的溶液用活性炭脱色，非极性溶剂（己烷到氯仿，参见洗脱序）形成的溶液，用氧化铝脱色。沃法泰特 E 等吸附剂仅适用于水溶液。

在搅拌过程中（主要是使用活性炭时），将要脱色的冷溶液用活性炭处理，然后搅拌加热一段时间。

---

[1] 标准化和检测程序参看：Hesse G. et al. Angew Chem，1952，64：103. 干燥氧化铝为Ⅰ级活性的说明参见：Brochmann H. and Schodder H.. Ber Dtsch Chem Ges，1941，74：7.

注意：向热溶液中加入活性炭时必须小心。过热溶液沸腾、吸附空气的挥发会导致暴沸。

吸附剂可由过滤除去。必要时可加入助滤剂（如硅藻土），或采用离心。特殊情况时，可重复脱色。用活性炭脱色时，必须牢记敏感的物质容易被吸附的氧气氧化，特别是在热溶液中。

过滤主要适用于沃法泰特 E 等和氧化铝吸附剂，拟脱色的溶液通过装有一层吸附剂的短粗柱子或布氏漏斗或玻璃漏斗进行过滤。对于无色的吸附剂，可由色深来识别它们是否失效。

A. 2. 7 色谱

色谱方法是通过在固定相和流动相间分配的不同而将物质分离开。待分离混合物各组分在固相上的吸附强度不同，与流动相一起移动的速度也不同，因此被分离开。

流动相可以是液相或气相，为此人们命名为液相色谱（LC）和气相色谱（GC）。流动相可以是固体或固定在固态载体上的流体，它们可以是柱子中的精细颗粒（柱液相色谱），或者是在惰性薄膜或盘子上的薄层（薄层色谱），也可以是特殊的滤纸作为固定相（纸色谱）。

对于色谱分离来说，主要是发生了两个物理化学过程，组分在两相之间溶解性的区别产生的多重分配（A. 2. 5. 3），以及在固定相上基于组分不同的吸附、脱附而产生的分离（A. 2. 6）。按何种过程为主要过程分别称为分配色谱或吸附色谱。

两个过程经常没有严格的区分。

其它色谱分离基于离子交换、凝胶渗透（按分子大小分离）和生物亲和性（酶蛋白质的选择性吸附）。

作为吸附色谱的固定相通常是硅胶或氧化铝（中性、酸性或碱性），其活性取决于含水量的多少。吸附色谱特别适用于分离少量的物质，比如通过蒸馏和结晶的方法不能实现分离的混合物。另外，吸附色谱还可适用于分离沸点高或热稳定性高而难蒸发或者根本不能蒸发的化合物。

对于分配色谱来说，硅胶作为载体。它与液体作为固定相被负载。

特别值得一提的是反相，它们是非极性的疏水的固相，如硅胶，其表面连有疏水的烷基。

如此的调整可以通过将硅胶表面的硅醇用烷基氯硅烷来取代而实现：

$$\equiv Si-OH + Cl-Si(CH_3)_2-R \longrightarrow \equiv Si-O-Si(CH_3)_2-R + HCl \qquad (A.96)$$

A. 2. 7. 1 薄层色谱

薄层色谱是一种与吸附色谱相关的色谱。它是在一块涂有一薄层吸附剂的玻璃板上进行操作的。薄层色谱是一种微量方法，所需时间短，所用物质的量少。

吸附层载体是玻璃板（50 mm×200 mm、200 mm×200 mm），吸附剂主要是混有石膏（黏合剂）的硅胶或氧化铝，以水膏的形式被涂在玻璃板上。为了得到均匀的薄层（250～500 μm），通常使用摊铺装置[1]。摊铺的湿薄层在空气中干燥后，在高温（105～

[1] 摊铺装置由德国 VBE Glaswerke Ilmenau 和 C. Desaga GmbH Heidelberg 公司生产。英国 The Shandon Scientific Co.，London 公司和美国 Research Specialities Co.，Richmond，California 公司有售。

150 ℃）下活化。其活性随含水量的减少而增加。活化后的薄层板应放在干燥器中待用。

被分离的物质溶解在极性尽可能低的溶剂中，配成大约1%的溶液。被分离物质的量最好在预实验中确定下来。浓度太高会导致分离效果降低，形成拖尾。被分离物质的量，随吸附剂的厚度和活性的增加而增加。

溶剂的选择可参考A.2.6和A.2.7所述的内容而决定。对于未知的混合物，首先使用苯或氯仿，根据所得结果，再改变使用极性稍大或稍小的溶剂。薄层色谱也可通过上行法、下行法和水平辐射的方法展开。

薄层色谱可用于鉴定物质、检测反应产物的纯度（同质性）和定性监测反应。因此，它的应用范围与纸色谱一致。但是与纸色谱相比，薄层色谱有以下优点：耗时短；移动距离短，分离效果好；可以检测有刺激性（甚至炭化）的试剂；由于检出限降低到原来的1/10以下，因而消耗的样品量更少。

薄层色谱也适合于进行柱色谱工作前的预备实验。但是，必须牢记用封闭的柱子得到的分离灵敏度比用开放的柱子要高。同样，薄层色谱也可用于混合物的制备分离。

【例】 上行法的实验步骤

（1）铺5块板（200 mm×200 mm） 将25 g吸附剂加入到盛有50 mL蒸馏水的锥形瓶中，剧烈振荡40 s。所得悬浮液立即装入铺板仪中，在装好的玻璃板上铺一薄层悬浮液。直至薄层变得不透明时（约15 min），薄层板放入烘箱中以垂直方向活化。

如果没有合适的设备，则可以这样进行：将含黏合剂的吸附剂加入氯仿中，形成的悬浮液倒在玻璃板上，使之尽可能均匀地分布。挥发干溶剂后（必要时可放在烘箱中），薄层板就可以使用了。当使用玻璃棒铺匀无黏合剂的吸附剂时，可能会使薄层板的两端产生薄层带（层必须摊开，而不是摇晃开）。

这种简便的方法优点是耗时少，但其缺点是R_F值可重复性差。

（2）点样 用毛细管将物质溶液点在薄层板上，位置为距底部1.5～2 cm处，距侧边边缘的距离不小于距底部的距离，点与点的间距为1～2 cm。起始点必须点得尽可能小（直径为2～3 mm）。用无黏合剂的薄层板分离时，溶液是滴上去的。

在溶剂前沿上升的高度处（约10 cm）做一标记。为了核对工作条件，E. Stahl将三种染料❶（甲基黄、苏丹红G、靛酚）的混合物点在侧边边缘上，然后记录了三种染料的比移值（或移动的距离）。

（3）展开 展开需要在一个密闭的容器［见图A.106(c)］中进行，容器内的空气被溶剂的蒸气饱和。饱和时，容器内放一条滤纸，在有溶剂的容器内保持30 min。薄层板浸入液体的高度必须达到5～7 mm。若使用无黏合剂的薄层板，应使用浅的容器（因为薄层板不稳定，放置时需要有一定的倾斜角度）。

（4）点的检测和评价 展开后的薄层板在空气中干燥。无色物质在紫外灯❷下可观察，或者用碘或溴蒸气处理，或者喷洒合适的试剂❸（浓硫酸、铬酸、高锰酸钾/硫酸

---

❶ Stahl E., Dünnschichtdhromagtographic, Springer-Verlag, Berlin, Göttingen, Heidelberg, 1962.

❷ 如果吸附剂与荧光指示剂混合在一起，在紫外灯下观察时，由于它们对荧光有猝灭作用，所有在紫外光处有吸收的物质在荧光层都出现一个暗斑。

❸ 所有用于纸色谱的喷洒试剂都可以使用。

等)，或者通过炭化来检测（加热薄层板到 300～400 ℃)。

对于没有黏合剂的薄层板来说，因为在干燥状态喷洒时可能损坏薄层板，所以最好在薄层板湿润的时候喷洒。

表 A. 97 列出了适用于薄层色谱的展开剂。使用溴蒸气或喷洒合适的试剂如高锰酸钾等的时候，可以使用如图 A. 98 所示的喷雾器。

为了评价薄层色谱，在展开后（图 A. 99）需要评估斑点的情况，测定比移值 R_F。对于给定的溶剂，比移值的重现性主要取决于吸附剂活性的稳定性、展开槽的饱和度、薄层的厚度和温度。

表 A. 97 用于薄层色谱的展开剂

验证化合物种类	试 剂	备 注
醛	2,4-二硝基苯肼/硫酸	加 1g 2,4-二硝基苯肼于 25 mL 乙醇、8 mL 水和 5 mL 浓硫酸的混合液中
高级醇	香草醛/硫酸	加 0.5g 香草醛于 80mL 硫酸和 20mL 乙醇的混合液中，120 ℃加热
胺	4-二甲氨基苯甲醛/盐酸茚三酮	加 1 g 4-二甲氨基苯甲醛于 25 mL 浓盐酸和 75 mL 甲醇的混合液中 0.3 g 茚三酮加入 100 mL 丁醇和 3 mL 冰醋酸中
芳香胺	重氮化的磺胺酸	重氮化,用 1%溶液展开,然后再用 1%碳酸钠溶液展开
氨基酸 羧酸酯,羧酸氨基化合物,羧酸酐,内酯	茚三酮 羟胺/铁(Ⅲ)氯化物	参见胺 溶液Ⅰ:2 g 羟胺氢氯化物溶于 5 mL 水中,用 15 mL 乙醇稀释 溶液Ⅱ:2 g 钾的氢氧化物溶于少量水中,加乙醇扩容至 50 mL 展开剂Ⅰ:溶液Ⅰ和Ⅱ混合,过滤 展开剂Ⅱ:1g 铁(Ⅲ)氯化物溶于 2 mL 浓盐酸和 20 mL 酯中 用展开剂Ⅰ展开,干燥(室温)；用展开剂Ⅱ展开
酮	邻氨基苯甲醚 2,4-二硝基苯肼	4,4′-二氨-3,3′-二甲氧基二苯基(邻氨基苯甲醚)在冰醋酸中的饱和溶液参见醛
甲基酮,活性亚甲基化合物,烃	钠的硝普盐/苛性钠,浓硫酸,硫酸/甲醛	1 g 钠的硝普盐溶于 50 mL 乙醇和 50 mL 的 2mol/L 苛性钠溶液中,150℃加热； 0.2 mL 福尔马林(37%)加入到 10 mL 浓硫酸中
酚	重氮化的磺胺酸 铁(Ⅲ)氯化物 香草醛/硫酸	参见胺 于 0.5 mol/L 盐酸中的 1%～5%溶液 参见醇
有机含氮化合物	Dragendorff 试剂	溶液Ⅰ:0.085 g 碱性硝酸铋加于 1 mL 冰醋酸和 4 mL 水中 溶液Ⅱ:2 g 碘化钾加于 5 mL 水中 展开剂:1 mL 溶液Ⅰ和 1 mL 溶液Ⅱ加于 4 mL 冰醋酸和 20 mL 水的混合物中
不饱和化合物,还原性化合物	高锰酸钾 钼磷酸	于 1 mol/L 苛性钠的 0.5%溶液或水中的 0.5%溶液 甲醇中 10%溶液,120℃加热至得到优良的斑点形成
糖	对甲氧基苯甲醛/硫酸 高锰酸钾	0.5 mL 对甲氧基苯甲醛溶于 50 mL 冰醋酸和 1 mL 浓硫酸中,板在 100℃加热 参见不饱和化合物

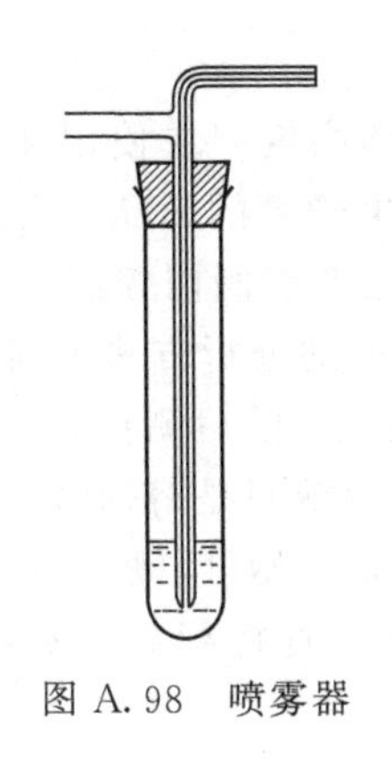
图 A. 98　喷雾器

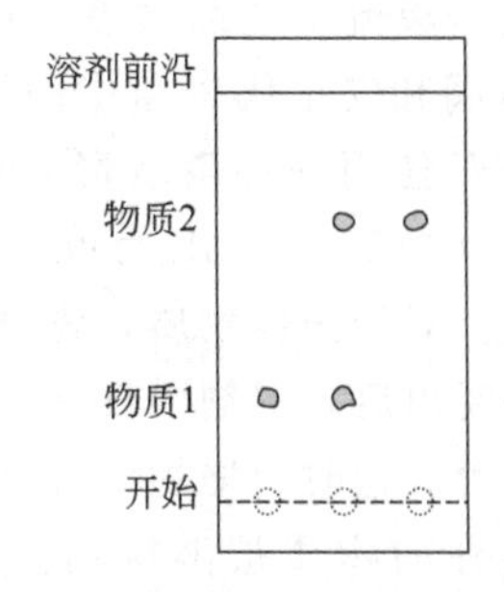

图 A. 99　薄层色谱图形示意

$$R_F=\frac{\text{起始点到物质中心点的距离}}{\text{起始点到溶剂边沿的距离}} \tag{A. 100}$$

A. 2. 7. 2　吸附柱液相色谱

吸附色谱可在一根“分离柱”即一根垂直的玻璃管中进行，管中装上适当粉末吸附剂作为固定相。待分离或纯化物质的溶液（流动相）在重力作用下流经吸附剂时，不同物质对溶剂和吸附剂的亲和力不同，因而被吸附的程度不同（以不同速率流动）。在理想状况下，每一种物质的吸附带都很窄。如果物质有色，或吸附带在某种方式下有色，如在紫外灯下产生荧光，小心地挤压出柱子中的填充物，在适当的位置截断，再单独提取各组分。这种机械的处理方法现在不是很常见。现在常用的方法是用较多的溶剂把每个组分从柱子中分别淋洗（洗脱）出来。在这种“液相色谱”中，越容易被吸附的物质（相比那些不容易被吸附的物质）越不容易被淋洗出来。

图 A. 101 所示的玻璃管就是常用的分离柱。根据被分离物质的量，常用柱子的尺寸有 15 cm×1 cm、25 cm×2 cm、40 cm×3 cm、60 cm×4 cm 等规格。粗柱子的底端需用脱脂棉松散地堵上，或以玻璃绒做成的瓷盘堵上。溶剂用滴液漏斗加入。

在现代实验室操作中，洗出液以少量多次收集。此过程可由馏分收集器自动完成，滴入收集器中的洗脱液可以数控（光电池）计算，也可以以馏分的体积来控制。

目前常用的吸附剂有氧化铝和硅胶。十分均匀的装柱对成功分离物质非常重要。固定相中不能有气泡、填充必须均匀、不能有细小裂缝，这对分离都是绝对重要的。如果需要，应事先干燥吸附剂，随后将其与溶剂和成糊状，边敲击柱体，边将悬浮液慢慢地倒入到已经盛有少量溶剂的柱子中。最后在吸附剂的顶端覆盖少量的粗砂或脱脂棉。必须小心：绝不能让柱子中的溶剂流干，否则就会有裂缝出现。

被分离的混合物用洗脱强度低的溶剂配成尽可能浓的溶液后加入其中。被吸附物与吸附剂的比率约为 1∶100。当溶液浸透吸附剂后，再加入更多相同的洗脱剂。洗脱剂的流速不能太快，这样能够建立一个适度

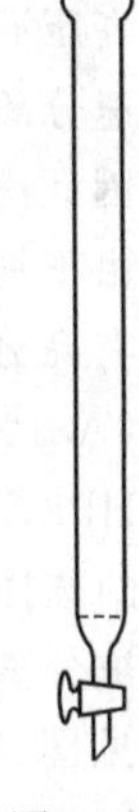
图 A. 101 色谱柱

的吸收平衡（40cm 的柱子流速大约为 3～4 mL/min）。

如果洗出液流出速度太慢，可通过增加柱中液体高度，或使用加压设备，或使用带有减压阀和安全阀钢瓶中的压缩气体，都会产生轻微的超压。另外一种办法就是在柱子底部使用一种微型真空装置。压力可以使用针式阀门控制（图 A. 102）。

洗出液以 0.5～10 mL 为单位流分收集，采用合适的分析方法可判断是否淋洗出被分离物质。对于固体物质，将每一流分在真空下蒸发，然后测定其熔点。如果在一种物质被洗脱出后，溶剂中没有淋洗出其它物质即流出液只是溶剂时，则必须增强溶剂的洗脱能力。这时应增加洗脱能力较大的溶剂的量，开始可以加入 1%～2%，再观察是否有另外的物质被淋洗出。实际上，这一过程一直持续到所有物质都被淋洗出来。

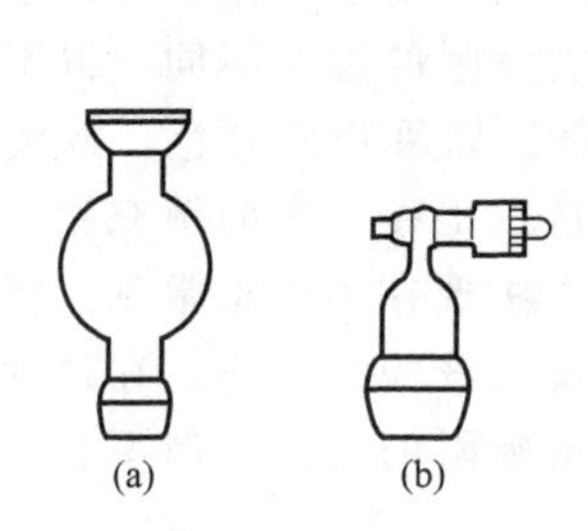

图 A. 102 （a）用于 Flash 色谱仪的溶剂库；（b）流量控制器

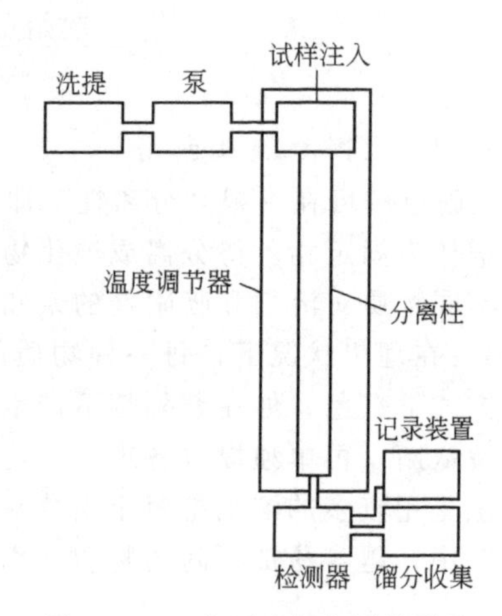

图 A. 103 高压液相色谱的图示

A. 2. 7. 3 高压液相色谱

高压液相色谱，又称高效液相色谱，简称 HPLC，是一种能在分析和制备尺度上高效快速分离混合物的柱液相色谱。其固定相的颗粒很小（3～10 μm），颗粒大小分布紧密，因此洗提剂被高压（50～500 bar）压迫。可商购设备构造如图 A. 103 所示。柱子通常由不锈钢制成，在应用分析目的时的直径为 2～5 mm。所用载体造成既密又规则的具有高分离效果的柱填充，这样 5～25 cm 长的短柱就足够了。分离等级数［见方程式(A. 105)］为 1000～100000。

HPLC 既可以作为吸附色谱又可以作为分配色谱进行，大多用于反相。固定相和提取剂的选择见 A. 2. 7。

被分离物质在色谱图上是以峰（山，带）和峰的大小的形式出现在特定条件下，见图 A. 104。保留时间 t_R 是从试样的射入到峰最大值出现所需的时间，t_R' 为净保留时间，即保留时间减去流过时间：$t_R = t_R' + t_0$，流过时间是流动相留过固定相所需时间。

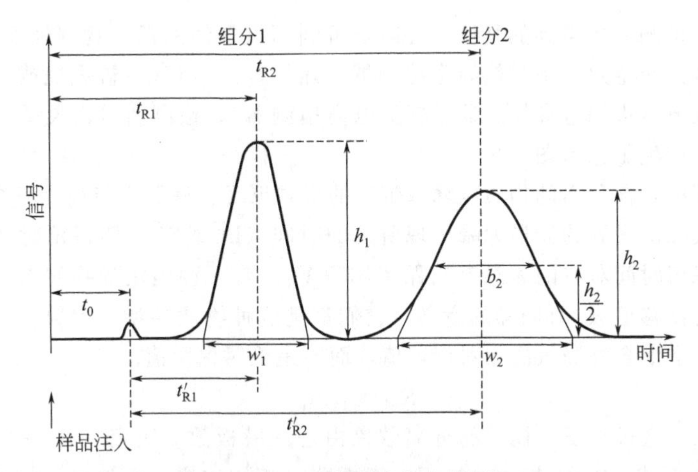

图 A.104　高压液相色谱图

由保留时间可以计算出分离程度 n，它是分离效果的标尺。在固定试验条件下有：

$$n=16(t_R/w)^2 \qquad w\text{ 是峰的基部宽度} \tag{A.105}$$

峰面积是与分离物质的量成比例的，因此用于定量分析。

A.2.7.4　气相色谱

气相色谱是一种现代、高效的分离技术。在此过程中，混合物质分布在固定液相和惰性气体之间，物质在气相中实现传递（气液分配色谱）。此法要求被分离的物质蒸发时不分解，或者在气相中分解为确定的物质。气相色谱的操作模型如图 A.106 所示。

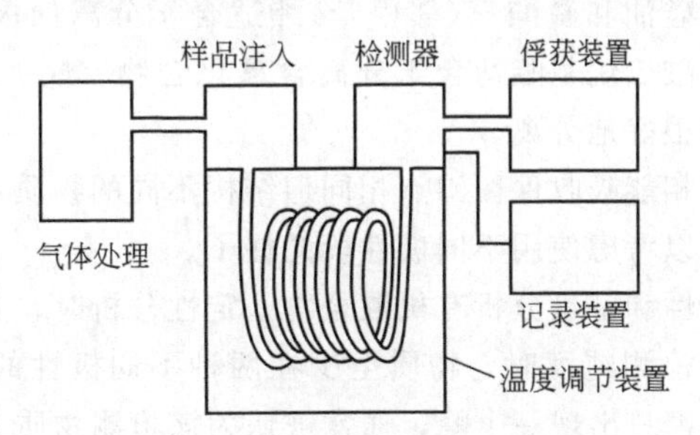

图 A.106　气相色谱操作示意图

分离柱（直径为 4～6 mm）装有附着在载体上的固定相。也可使用非常细的柱子，即所谓的毛细管柱（直径为 0.25 mm）。固定相以液膜的形式湿涂在柱的内壁上。气体（氢气、氦气、氮气、氩气、二氧化碳）以恒定的压力梯度流经柱子，沿着气流的方向，混合物质从柱子的顶部加入。气流运载被分离物流经柱子时，因分配系数不同，物质在气相和液相之间进行分配。分离出的物质由检测系统在柱子末端检测并记录下来。气相色谱的工作温度（0～400 ℃）由实际分离情况来决定，温度由自动调温器调节恒温。

固定相由低蒸气压（在工作温度时<1 mmHg）的有机液体［如石蜡油、硅油、磷酸三(邻甲苯)酯、磷酸二烷基酯、聚乙二醇、聚酯等］组成，低吸附性和具有大表面积的物质尤其适合作为载体（硅藻土、黏土）。这些物质能使分离的液体以大表面积的形式分布，而不会破坏由吸附力形成的液相和气相之间的分配平衡。

原则上，检测分离得到的气体组分时，可利用该气体的任一物理性质。实验发现，最适合的方法是测定热导率（热导率检测器、热导计），当气体被燃烧或辐射时，可以测量其电离电流（火焰电离检测器、辐射电离检测器）。检测信号由灵敏的补偿式记录器记录，这就产生了色谱图。

在色谱图中，被分离的物质以峰（带）的形式出现。峰面积与被分离物质的含量成正比。从空气峰出现到物质最大峰出现所用的时间（$\overline{BC}$或$\overline{BD}$）叫保留时间 t_R。若以恒定的流速，保留时间对应的体积就叫保留体积 V_R。对一种确定的物质来说，保留时间和保留体积与比移值 R_F 有同样的意义，它们都是这种物质的特征参数。实际上，气相色谱使用了标准混合物测得的相对保留值，而不是绝对保留值。

$$R_{rel}=t_{R2}/t_{R1} \tag{A. 107}$$

以此类推，通过校正，柱子的分离效果由理论塔板数 n 决定（见 A. 2. 3. 3. 1），类似于 HPLC 的形式［方程式(A. 105)］。塔板数 n 随柱的增长而增大。另外，塔板数 n 还取决于固定相的类型和用量，柱温、流速、载气的性质和压力等参数。

装有 2 m 长柱子的商用气相色谱仪，可以得到理论塔板数为 2000 的分离效果。若使用 30 m 长的毛细管柱时，分离效果可提高 10～20 倍。使用精密仪器，分离效果可提高到理论塔板数为 500000 的水平。

固定相的选择对柱子的分离效果也有影响。选择时须遵循以下几个要素：非极性混合物在非极性分离液体固定相上按其沸点顺序被分离；极性混合物在非极性固定相上比非极性混合物移动更快。随着固定相极性的增加，极性组分比沸点相同的非极性物质更难被洗脱。

因此，固体石蜡、硅油和磷酸三(邻甲苯)酯适合于分离低极性的烃和烃的衍生物（卤代烃），而邻苯二甲酸二烷基酯适合于分离含氧化合物（醚、酯、酮、醛等）。含水混合物用聚乙二醇能够很好地分离。

如果分离液体固定相能吸收保留沸点相同但结构不同的物质，选择不同的固定相不能达到分离效果时，可以考虑使用不同极性段的柱子。

气相色谱可用于定性和定量分析有机混合物。定性分析时，其最重要的用途是物质的鉴定和纯度的检测。检测纯度时，物质至少在两种不同极性的固定相上进行色谱实验。如果在每种情况下都只出现一个峰，通常被认为该检测物质为单一的物质。

利用气相色谱鉴定物质时，首先测定其相对保留时间。正戊烷和其它正烷烃是满意的标准物质。与已知相对保留时间做比较，就能够推断出组分的结构。通过另外一种不同极性的固定相进行分离鉴定，以便得到准确的结果。同样，通过分析混合的模拟样品，也有助于对被分析物质更加准确的鉴定。

使用气相色谱进行定量分析时，先使用峰面积的比率粗略估计。定量分析也可通过定量准确加入标准物质，比较其峰面积的比率来实现。对于一些商用仪器，色谱图上各组分含量的比率由内置的积分器显示。

在满足以下前提条件下：

① 试样数对应于分开峰的个数；

② 检测器在一个大的浓度范围下是线性的；

③ 处理的是化学相关的物质。

那么，面积（F_i）与组分的质量分数（m_i）的关系就存在：

$$m_i = 100F_i / \sum F_i \tag{A. 108}$$

混合物的质量分数有下列关系式存在：

$$m_i = M_i / (M_i + M_{St}) \times 100F_i / F_{St} \quad M_{St}\text{是标准物质的量} \tag{A. 109}$$

气相色谱法分离效果好，目前越来越多地用于混合物质的制备分离。分离出的物质在柱子的末端用冷阱冻干后，可用于进一步的研究（元素分析、光谱、生物活性测试等）。

与其它分离方法相比，气相色谱的优点有：分离效果好，分离速度快，使用样品量少，工作量较小。另外，定量分析和定性分析可同时进行。

A. 3 有机化合物物理性质的测定

通过元素组成和分子量通常并不能充分地表征有机化合物。因此，必须借助其它性质，特别是物理性质来鉴定。最重要的物理性质有熔点、沸点、密度、折射率，有时也可用比旋光度和吸收光谱（紫外、红外、核磁共振）。

所有以上性质都可作为物质纯度的标准。当特定的性质在连续两次重复的纯化过程中都保持不变，则认为该物质为纯净物。

A. 3. 1 熔点

物质的熔点是指固体与熔融态平衡时的温度。纯物质有一个尖锐的熔点，但是只有做出它的熔化曲线时，才能得到其准确的熔点（精确到约 0. 01 ℃）。

采用下面描述的常用的简单测定方法，观察到的熔点范围在 0. 1～1 ℃之间。含有少量杂质会使熔点降低[1]，另外，有时观测到的熔程比较大（>1 ℃）。这一事实也可用来鉴定具有相同熔点的两种物质。为了达到这一目的，将两种物质等量均匀地混合，如果混合物的熔点（混合熔点）没有发生变化，两种物质是相同的；如果熔点降低了，则说明两种物质不同。对于同形化合物，即使物质的化学性质不同，熔点也不会降低。

许多有机化合物熔化时即分解，通常其外在表现为变色和气化。一般来说，这种分解点不是很敏锐，而且还取决于加热的速度（快速加热会产生较高的分解点）。因此，不能准确地重复出来。许多物质无论如何都没有特定转化点，加热过度就会炭化。

物质的熔点和其分子结构有关。可以粗略地认为具有对称结构的物质比对称性差的物质的熔点要高。例如，普通的链烷烃比同碳原子数的异烷烃的熔点高。对于立体异构化合物来说，通常反式结构化合物的熔点比顺式的要高（如顺式马来酸 m. p. 130 ℃，反式富马酸 m. p. 287 ℃）。

熔点随着化合物的缔合度升高而升高。因此，由于酯不能形成氢键，所以酯的熔点大大低于羧酸。

A. 3. 1. 1 毛细管法测熔点

干燥的粉末状样品装入一端封闭、直径为 1 mm 的熔点管中，样品层高度为 2～4 mm。

---

[1] 即使杂质的熔点高于被测物质，通常熔点也会降低。混合物质熔点的测定方法可以在物理化学教科书中找到。

装样方法为：将熔点管开口端插入样品中，粉末样品通常会粘在管壁上，可用锉刀或硬币将粉末刮到熔点管底端，或者在硬的表面（如桌面）上蹾几下，或者使熔点管由一根垂直的长玻璃管中落到硬的表面，重复几次，使样品填装紧密。

能升华的物质必须在两端封闭的毛细管中测定熔点❶。

最简单的一种方法（图 A.110）是，用橡皮筋❷将熔点管捆在温度计（可能的话应当校正）上，被测样品必须与温度计的水银球在同一水平线上。

以硫酸（可达到 250 ℃）、石蜡油或硅油作为传热介质，通过软木塞将温度计固定在长颈圆底烧瓶上，软木塞要留一缺口以便观察温度计的刻度。慢慢地升高油浴的温度（4～6 ℃/min，在最后的 15～20 ℃时，应为 1～2 ℃/min），直到升至熔点。如果油浴是之前使用过的，在熔点管浸入油浴之前，必须将其冷却到待测物质熔点以下至少 20 ℃。

Thiele 管（图 A.111）比上面的装置更好，因为它能更加均匀地传递热量（油浴能更好地混合）。使用这种改进的装置，使熔点的测定更加方便。

在熔点测定过程中，必须始终佩戴保护手套。

当被测物质熔化成透明液体时所读的温度即是熔点。测得的熔点值最多精确到 ±0.5 ℃。对于不纯的物质，熔点的范围是从开始熔化到完全熔化的温度范围。高熔点化合物（>250 ℃）的熔点在金属块（铜、铝）上进行测量。

毛细管法测熔点在 −50 ℃条件下也可以进行。在足够大的装有干冰和冷冻甲醇混合物的烧杯中操作起来非常简单（图 A.110）。首先冷却到毛细管中的物质凝固，然后开始搅拌加热混合物。

由于温度计不能完全浸在液体浴中，所以必须对温度计进行校正。如果 ϑ_a^0 是读出

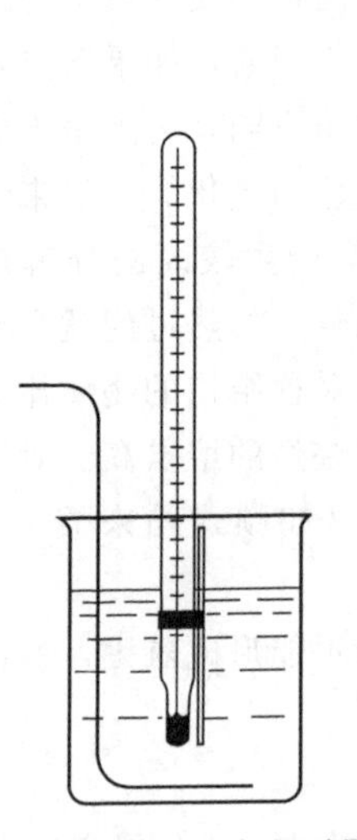

图 A.110　最简单的熔点测量装置

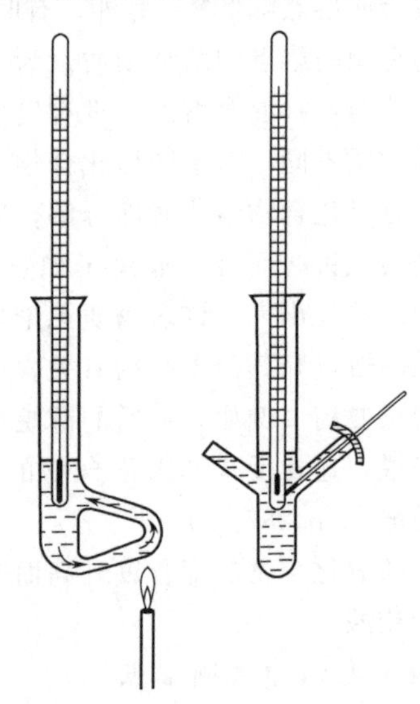

图 A.111　提勒（Thiele）熔点仪

❶ 封闭的毛细管必须完全浸在加热浴中。

❷ 从合适的橡皮管剪下即可。

的温度，真实的温度可通过下式计算得到：

$$T_w^0 = T_a^0 + n \cdot \gamma(T_a^0 - T_f^0) \tag{A.112}$$

式中，T_f^0是液面线处的温度；γ是取决于温度计类型的一个常数；n是液面线以上水银柱代表的温度。硼硅酸盐水银温度计的$\gamma=0.00016$。

由于γ很小，只有在非常精确的测定时才进行校正。通常在文献中，熔点记录为“校正”或“未校正”。

A.3.1.2 显微熔点仪测定熔点

与毛细管测熔点法相比，用显微镜观察时，熔化过程放大50～100倍，故具有许多优点：所用物质量非常小，可在微量（mg）或半微量（μg）规模下进行。在显微镜（图A.113）下，加热时物质的变化（水合物失水，多态化合物的转变，分解和升华过程）清晰可见。因此，Kofler和Boëtius设计出了用于显微镜观察的电子加热镜台，升温速度可通过可调节电阻调节。加热台的侧边有一个可插温度计的孔，温度计可通过标准物质进行校正。因此，测得的数值是校正过的熔点，不需进行校正。

熔点可以用两种方法测定。在“连续的”操作中，加热台的温度连续升高，直到物质完全熔化（在熔点附近，升温速率为2～4℃/min）。晶体的尖端和边缘变圆时的温度就是熔化的起始温度。所有晶体消失时的温度就是熔程的结束温度。“平衡法”测定熔点时，通过调整加热速度使固相和液相之间达到平衡，这时的温度就是所测的熔点。这种方法测得的熔点更加准确。操作细节可查阅仪器说明书。

升华物质的熔点在扁平封闭的槽（Fischer槽）中测定。

为了测定混合物质的熔点，取少量每种物质的晶体，紧密地放在显微镜载玻片上，

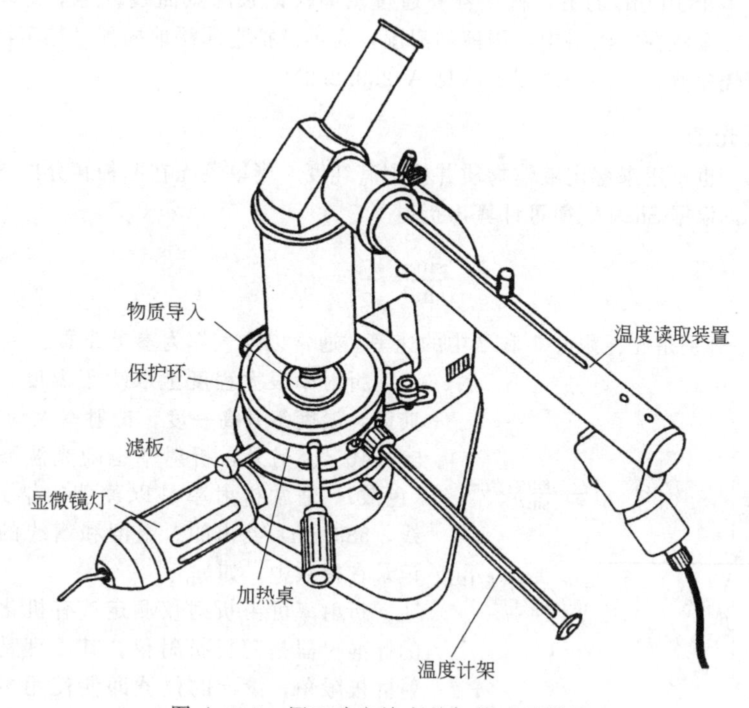

图A.113 用于确定熔点的加热式显微镜

施加压力使其充分接触，最后盖上盖玻片。

A.3.2 沸点

与熔点不同，沸点的大小明显地取决于压力［比较方程式(A.45)］。

通常，物质在蒸馏时沸腾的温度范围就是其沸点。在这一过程中，过热的蒸气和仪器不准确的计数（如温度计放置不合适，见 A.2.3.2.2）会造成测量值与真实值有偏差。但是，当不考虑温度计校正，或不能正确测量压力（如真空下压力计指示器不能正确显示）时，将会有其它误差。因此，文献中同一种物质有不同的沸点。

杂质对物质沸点的影响主要取决于杂质的性质，挥发性溶剂杂质对物质的沸点影响很大。另外，加入同一沸点的物质对沸点没有影响［见拉乌尔定律和方程式(A.48)］。通常，少量的杂质对沸点的影响要比对熔点的影响小。

因此，沸点不像熔点可表征物质的纯度那么重要。

沸点主要取决于分子的大小和分子间的作用。因此，通常 C_4～C_{12} 的烷烃，每增加一个碳原子沸点增加 20～30 ℃。支链化合物的沸点通常要低于相应的直链化合物。在同碳的醚、醛、醇系列中，醇因为分子间（缔合）作用增加（醇分子中的氢键），因而它的沸点最高。

沸点可由沸点计准确测定。原则上，液体加热到回流沸腾所测得的温度就是该液体的沸点。采用合适的装置可以避免热量损失和过热的蒸气。但是，测定沸点需要的物质相对要多（至少 1 mL）。

如果有多于 10 mL 的量，就很容易通过蒸馏仪记录沸点曲线。这里要保证让温度计的水银球完全浸在蒸汽浴中，用液体浸湿，而不是把它深深地插到过热蒸汽中。温度计要与蒸馏烧瓶侧管在同一高度上（见 A.2.3.2.2）。

A.3.3 折光法

折射率 n 也可用来鉴定液体物质并检测其纯度。当单色光在两种媒介的界面反射时（图 A.114），根据 Snell 定律可计算出折射率：

$$\frac{\sin\alpha}{\sin\beta}=\frac{c_1}{c_2}=n$$

其中 c_1 和 c_2 分别是光在媒介 1 和 2 中的速率。通常以空气作为参考介质。

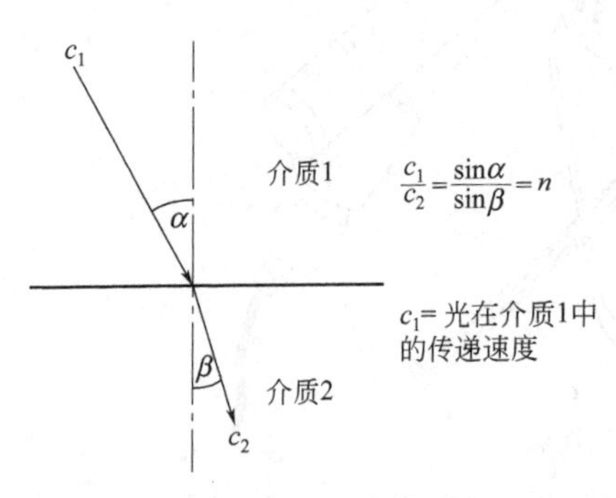

图 A.114 Snell 定律的图示

折射率很大程度上取决于温度。对于有机液体，温度每升高一度，折射率大约升高 $(4\sim5)\times10^{-4}$。另外，折射率也随光波波长而改变（色散）。通常折射率是以黄色的钠光谱线（D 线，589 nm）给出的。温度和谱线的波长也要记录在指数中，如 n_D^{25}。

折射率可由折射仪测定。有机化学实验室的标准仪器是阿贝折射仪。其原理是测定全反射的极限角，设计的仪器即便使用多色光（日光）时，也可得到 D 线的折射率。这种仪器只需要几滴液体，其精确度就能达到±0.0001❶。为了达到这样的精确度，测定过程中应借助自动恒温调节器保持温度恒定（±0.2 ℃）。测定的温度最好在 20 ℃或 25 ℃，对于低熔点的固体，测定温度只要高于熔点即可。

折射率取决于浓度。因此，折射仪也可用来测定溶液的浓度、检测纯度、监测分离过程，例如分析蒸馏。如果二元混合物混合时没有发生体积的改变，则它们的折射率与组分的浓度（体积百分比）成线性关系。在其它情况下，会发生直线偏离，为了得到准确的测定浓度，必须做校正曲线。

由物质的折射率和密度，通过 Lorentz-Lorenz 方程式可以计算与温度无关的常数——摩尔折射率 M_R：

$$M_R=\frac{n^2-1}{n^2+2}\cdot\frac{M}{D}=\frac{3}{4}\pi N\alpha \tag{A. 115}$$

式中，M 指摩尔质量；D 指密度；N 指 Loschmidt 常数。

摩尔折射率能给出分子组成的信息。与此有关的详细内容可从教科书中得到。而且，它与电子极化率 α 成正比［公式(A. 115)］。

A. 3. 4 旋光测定

某些化学物质具有“光学活性”，当线性偏振光通过时，能使偏振光振动方向偏转一定角度 α。当化合物的分子具有不对称结构❷时，就会有光学活性出现。光学异构的原理可从教科书中查到。

平面偏振光可以发生右旋（+）(对观察者来说是顺时针方向）和左旋（−）。旋转角度 α 取决于浓度 c（g/100 mL 的溶液）、光通过物质层的厚度 l(dm)、温度 T 和波长 λ❸。对一定的波长和温度，下边的关系式成立：

$$\alpha=[\alpha]_\lambda^T\frac{cl}{100} \tag{A. 116}$$

$[\alpha]_\lambda^T$ 叫比旋光度，通常用钠的 D 线光在 20 ℃或 25 ℃测定，结果以 $[\alpha]_D^{20}$ 的形式给出。

旋转角度 α 借助旋光仪测定。可视的旋光仪（图 A. 117）原则上由单色光源（a）、能被 Nicol 棱镜（b)(极化镜）极化的光和光通过的样品溶液池（c）组成。极化了的平面偏振光发生旋转时可借助固定在刻度尺上的第二个可旋转的 Nicol 棱镜（d)(分析器)

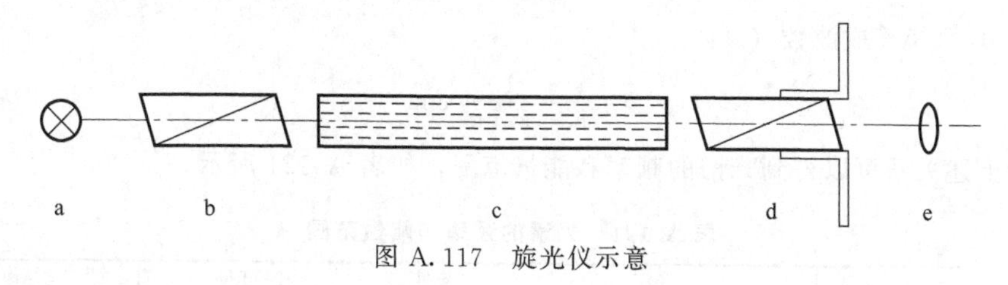

图 A. 117 旋光仪示意

❶ 应采用测定已知折射率液体（比如蒸馏水，$n_D^{20}=1.3330$）的方法随时检查折射仪，如果需要可进行调节。

❷ 有些晶体物质的光学活性是由于晶体结构的不对称性造成的。在此情况下，当聚集体状态发生改变时，就会失去光学活性。

❸ 波长对平面偏振光旋转的影响叫做旋光色散。

测定。在此过程中，通过目镜（e）看到的视野应具有均匀的亮度，目镜通常有两个或三个不同亮度的扇区。因此必须旋转分析器以便读出数值。为了核查仪器的零点，在同样的条件下，测定无管或仅装有溶剂样品管的旋光度。

以这种方式读出的角度 $+\alpha$ 可能是右旋角度 α（或 $\alpha+180°$），也可能是左旋角度 $180°-\alpha$（或 $360°-\alpha$）。因此，旋转方向必须用半厚度或半浓度的样品进行二次测定。如果得到 $\alpha/2$（或 $\alpha/2+90°$）的旋转角度，就是右旋；如果旋转角度为 $90°-\alpha/2$（或 $180°-\alpha/2$）则说明是左旋。由于比旋光度受温度的影响不是很大，通常没必要用恒温调节器维持仪器温度。但准确测量时则需要维持仪器恒温。

因为待测物质与溶剂的反应，比如溶剂缔合和电离等现象的影响，加上其它不能解释的因素，在某种环境下比旋光度明显地取决于溶剂和浓度。因此必须给出溶剂和温度，例如，在水中，$[\alpha]_D^{25}=27.3°(c=0.130\ g/mL)$。

偏振测量方法不仅可用于表征纯光学活性化合物，而且也可用于溶液中的定量测定。如糖溶液的浓度可用偏振法测定（糖量测定法）。

A.3.5 光谱

当电磁波穿过化学物质时，物质可与辐射相互作用，其中一部分光谱可被物质不同程度地吸收。如果以通过的辐射能量对频率（ν）、波数（$\bar{\nu}$）或波长（λ）作图，可以得到（吸收）光谱。

物质吸收的辐射能量能影响原子或分子中的激发电子或原子振动和旋转。

在这一过程中，电子、原子的振动和旋转可从能量为 E 的基态进入能量为 E' 或 E'' 等的激发态。激发态和基态之间能量的差值与辐射吸收能量相一致。

$$E'-E=\Delta E=h\cdot\nu=\frac{h\cdot c}{\lambda} \tag{A.118}$$

式中，h 为 Planck 常量；c 是光速；ν 是频率；λ 是波长。

从 Einstein-Bohr 方程可以知道，频率（ν）和波长（λ）是激发态和基态之间能量差的特征量，它们与原子或分子的内部结构有非常密切的关系。

用 Avogadro 常数可换算成每摩尔在某波长下对应接收的辐射能：

$$\Delta E=\frac{119.6\times10^3}{\lambda/\text{nm}}\ \text{kJ/mol} \tag{A.119}$$

频率（ν）可换算成波数（$\bar{\nu}$）：

$$\bar{\nu}=\frac{\nu}{c}=\frac{10^7}{\lambda/\text{nm}}\ \text{cm}^{-1} \tag{A.120}$$

用上述关系可以得到光谱的频率和能量范围，如表 A.121 所示。

表 A.121 光谱的频率和能量范围

项　　目	真空紫外①(VUV)	紫外(UV)	可见(VIS)	红外(IR)
$\bar{\nu}/10^3\ \text{cm}^{-1}$	>55	55～28	28～13	<13
λ/nm	<180	180～360	360～750	>750
ΔE/(kJ/mol)	>665	665～335	335～160	<160

① 真空紫外在日常有机化学实验中没有价值。

辐射吸收遵循 Lambert-Beer 定律：

$$E=\lg \frac{I_0}{I}=\varepsilon \cdot c \cdot d \tag{A. 122}$$

吸光度 E（光密度）与浓度（c）、吸收物质层的厚度（d）和常数（ε）成正比。ε 是摩尔吸光系数；它取决于波长，是特定物质的特征参数。

原子或分子激发的本质取决于辐射光的频率。按照吸收频率在电磁辐射波段中的位置，有 X 射线、电子、红外或微波光谱。现在电子和红外光谱已变成了化学家、特别是有机化学家工作领域中最重要的物理工具之一。

A. 3. 5. 1　紫外和可见光谱

大多数具有双键和/或自由电子对的有机物 180nm 以上都会有吸收。有光吸收的基团也称发色团或载色体。

在光的激发下，分子由基态到一个激发态，某种程度上说明新分子的结构发生了变化（键长，键角及电子分布）。它的能量较高，通常的寿命在纳秒范围。激发态也可以发生化学反应（光化学）。

由激发同时产生的分子振动（主要是由于和溶剂的相互作用）大多不能消失，而是可以观察到吸收带，它们在非极性溶剂中有时与精细结构发生重叠，这些精细结构代表着分子的振动，参见图 A. 123。

根据简单的定性量子化学模型，光的激发是与电子由基态的占据分子轨道进入到反

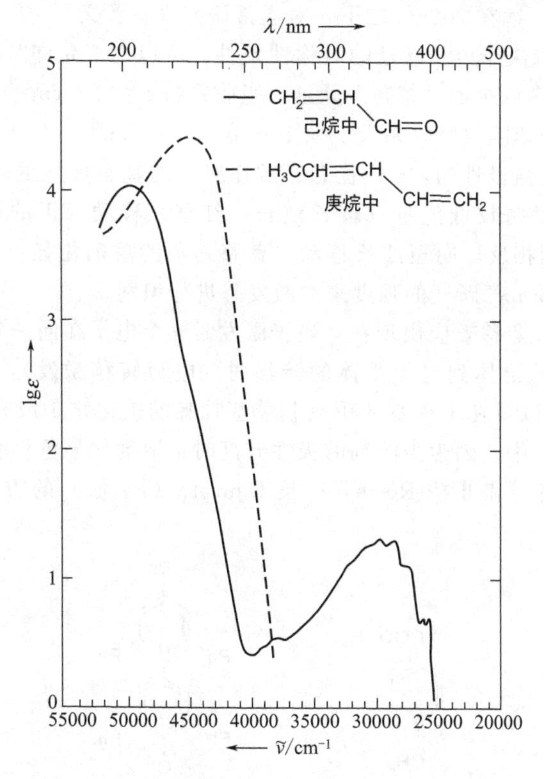

图 A. 123　丙烯醛和 1,3-戊二烯的 UV 谱图

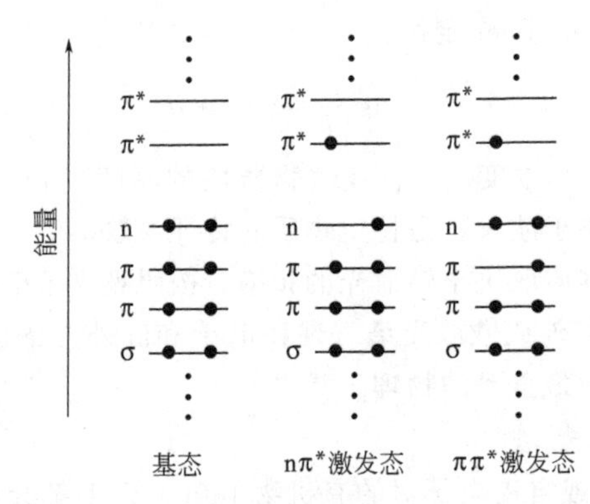

图 A.124　以分子轨道模型表示的丙烯醛的基态和最低的激发态

键分子轨道相联系在一起的，见图 A.124。反键分子轨道常用 * 来表示。将跃迁和激发态用下列类型予以区分：

$\pi\pi^*$ 跃迁　在大多数情况下，$\varepsilon > 10^4\ cm^2/mol$，参见图 A.123。

$n\pi^*$ 跃迁　$\varepsilon < 1000\ cm^2/mol$，如羰基化合物。

$n\sigma^*$ 跃迁　$\varepsilon < 1000\ cm^2/mol$，如饱和醇和胺等。

$\sigma\sigma^*$ 跃迁　$\varepsilon > 104\ cm^2/mol$，饱和化合物。

σ^* 跃迁　远在 200nm 之下，对通常研究没有意义。

吸收带的强度取决于电子跃迁的对称性条件。可以用“允许”跃迁（吸收系数 $\varepsilon > 10^4\ cm^2/mol$）和或多或少的“禁阻”跃迁（吸收系数 $\varepsilon < 10^4\ cm^2/mol$）。羰基化合物的 $n\pi^*$ 跃迁为相对强的禁阻（吸收系数 $\varepsilon \approx 10 \sim 1000\ cm^2/mol$）。

$\pi\pi^*$ 状态通常是强极性的，$n\pi^*$ 状态通常比对应的基态极性更弱。带有 $\pi\pi^*$ 特征的吸收带在极性升高时向较低能量（较长波长，红移）移动（正的溶剂化显色）；带有 $n\pi^*$ 特征的吸收带则相反，向短波长移动（蓝移，负的溶剂化显色）。这可以根据允许的 $\pi\pi^*$ 跃迁和禁阻的 $n\pi^*$ 跃迁的强度来对激发态进行识别。

特别高的红移和蓝移效应出现在，当光激发时一个电子在同一分子（盐中也可以是分子间）内部由电子给体到电子受体的转移时（电荷转移激发），如在对硝基苯胺中（正的溶剂化显色）以及在1-甲基-4 甲氧基羰基吡啶的碘化物Ⅰ或在吡啶的酚盐Ⅱ（强的负的溶剂化显色）中。因为当溶剂的极性升高时，溶剂化显色移动也增加，所以Ⅰ可以按 Kosower（Z 值）和Ⅱ按 Reichardt 及 Dimroth（E_T 值）的方法进行溶剂极性的表征。

COOCH₃　N⊕　CH₃　Ⅰ　　Ph　Ph　N　Ph　Ph　Ph　O⊖　Ⅱ　　(A. 124a)

尽管紫外可见光谱对于结构分析不是十分适合，这里还是给出一些关于紫外可见光谱和结构分析之间关系的一般陈述：

$\pi\pi^*$ 跃迁可以在整个紫外可见光范围内存在，非共轭双键或三键在 200 nm 以下吸收。它们的吸收可以通过与其它双键（如 C═C、C≡C、C═O、C═N、N═N）的共轭发生红移。原因可以通过图 A. 125 清楚地表明，其中 π 电子体系通过共轭将两个孤立的双键联系在一起。一些不饱和双键化合物的例子列于表 A. 126 中。可以发现，在共轭多烯中额外双键产生红移的影响永远是变小的。β-胡萝卜素（11 个共轭双键）在 494 nm（150000 cm^2/mol）处有长波最大吸收，无限共轭的收敛边界估计是在大约 600 nm 处。吸收系数随双键上数目（浓度）的增加而增大。助色团如 OH、OR、SR、NR_2，在当其孤对电子可能与双键共轭时，与额外双键的情形类似。在很多染料中含有这类基团，它们对体现染料特征是非常重要的。两种该类染料类型（聚次甲基染料）青蓝（Ⅱ）和 Oxonole 产品（Ⅲ）在表 A. 126 中列出。在聚次甲基染料中，额外的 C═C 基团的影响保持为常数，由此得到在远红外（在 1200 nm 之外）吸收的染料。

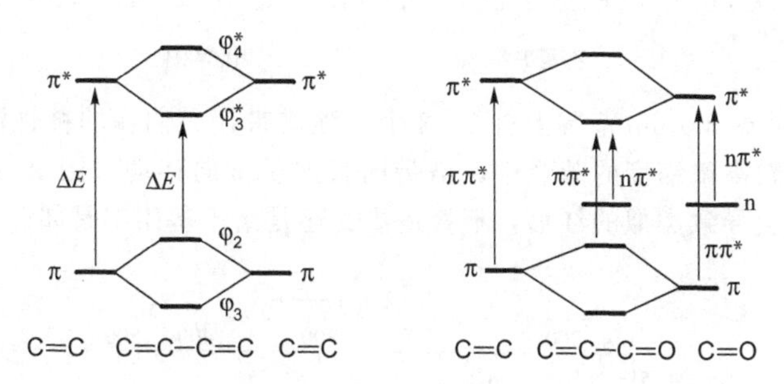

图 A. 125　额外的共轭对烯烃和羰基化合物中光吸收的影响

表 A. 126　多烯（Ⅰ）、氰（Ⅱ）和含氧的化合物中增加的共轭产生的影响

n	Ⅰ在已烷中	Ⅱ在 CH_2Cl_2 中	Ⅲ在 DMF 中
0		224(4.16)	190
1	174(4.38)	312(4.81)	268(4.43)
2	227(4.38)		
3	275(4.4.8)	416(5.08)	362(4.75)
4	310(4.88)	519(5.32)	455(4.88)
5	342(5.09)	625(5.47)	548(4.80)
6	380(5.17)	734(5.55)	644

醛和酮中隔离的 C═C 基团在 280～300 nm 很窄的范围内体现出 $n\pi^*$ 吸收的状态。尽管跃迁禁阻并且吸收带弱，UV 光谱此刻还是能够对基团分析做出有价值的贡献。对其它基团也是如此见表 A. 127。

表 A.127　含 $n\pi^*$ 带吸收的情况（在脂肪烃溶剂中）

原子基团	λ_{max}/nm	lgε	原子基团	λ_{max}/nm	lgε
>C=O	280	1.3	—N=N—	350	1.1
>C=S	500	1.0	—N=O	660	1.3
>C=N—	240	2.2	$—NO_2$	270	1.3

在 C=N—发色基团范围上，半卡巴腙和硫代半卡巴腙也有吸收（此外在约 280 nm，ε ≈ 20000 cm^2/mol 也有吸收）。它们对应于比 α,β-不饱和化合物吸收向长波方向移动约 20 nm。

由图 A.125 和图 A.123 突出表明的是，α,β-不饱和化合物的 $n\pi^*$ 吸收产生红移（大多在约 20～50 nm）。在 C=O 基团上直接相连的带孤对电子的杂原子可以使 C=O 的 $n\pi^*$ 吸收减弱（λ_{max} 约为 200～220 nm）。

λ_{max}=277 nm，lgε=0.7　　λ_{max}=208 nm，lgε=1.5　　λ_{max}=205 nm，lgε=2.21　　(A.128)

水中　　乙醇中　　甲醇中

芳香烃在 200～400 nm 范围上有 2～3 个中强谱带，它们在非极性溶剂中经常显示出精细结构。在较高浓缩度的芳烃中，谱带向长波长方向移动（图 A.129）。具有共轭能力的取代基也会导致类似的红移，不管是接受还是给予基团都是如此（图 A.130）。

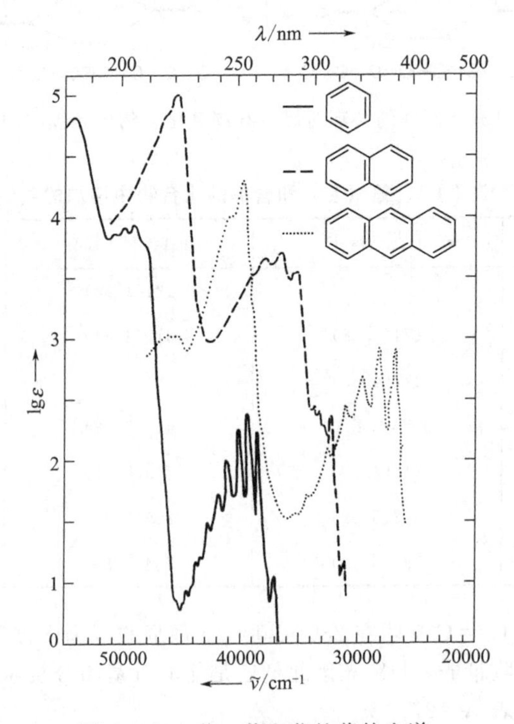

图 A.129　苯、萘和蒽的紫外光谱

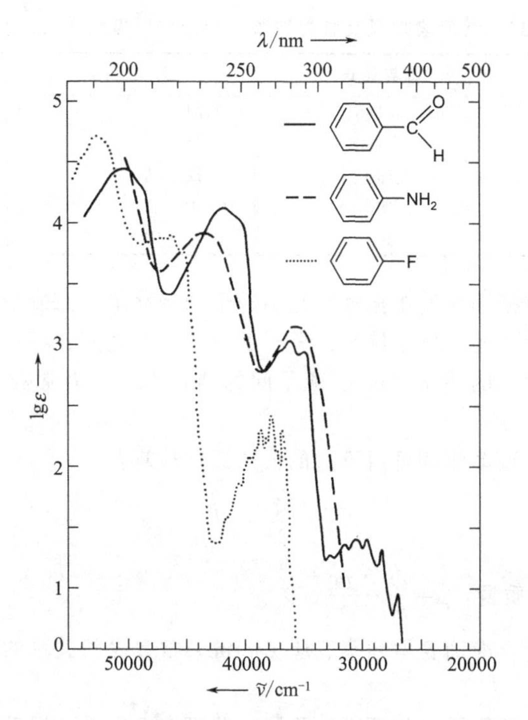

图 A. 130　苯甲醛、苯胺和氟代苯的紫外光谱

芳香杂环的吸收经常类似于芳烃，如：

(A. 131)

苯	吡啶 (N)
λ_{max}＝254 nm，lgε ＝2. 31	λ_{max}＝257 nm，lgε ＝3. 48
λ_{max}＝203. 5 nm，lgε ＝3. 87	λ_{max}＝195 nm，lgε ＝3. 73
水中（＋2%甲醇）	

有机化合物的紫外可见光谱可以对物质的溶液常规进行测定。为使强的和弱的吸收都采集到，必须对不同浓度的溶液进行测量。实验测定的吸光度被换算成吸收系数，表示成对应于 λ 及 ν 的以十为底的对数形式。应用的溶剂应是高纯的（光谱纯）而且与所溶物质尽可能没有相互作用。出于这个缘故，在己烷和环己烷中可以获得最佳信息，特别是精细结构。自然的，溶剂在预料吸收区域不能自身有吸收。由此，不能用商业通常纯度的乙醇，因为它们（因恒沸蒸馏缘故）常含痕量苯。有机染料最好不在水中而是在乙腈或乙醇中进行，水有利于生成二聚体。在 180～200 nm 范围上，已经吸收氧气，因此光谱仪的整个光学部分必须用氩气或氮气冲洗。一些经常使用的溶剂列于表 A. 132。

A. 3. 5. 2　红外光谱

因为每个原子的运动自由度为 3，所以由 n 个原子组成的分子总运动自由度为 $3n$。对于自由度为 $3n$ 的分子，分子重心的平移运动需要 3 个自由度，分子绕其重心的转动又用去 3 个自由度（线型分子是 2 个自由度）。因此，分子的振动自由度为 $3n-6$（对于线型分子是 $3n-5$）。

表 A.132 常用溶剂及其临界波长（溶液层厚度为 1 cm 时的情况）

溶 剂	临界波长	溶 剂	临界波长
己烷	<180	乙醇	204
环己烷	<180	乙醚	215
水	190	二氯甲基	220
氰化甲烷	190	氯仿	237
甲醇	203	四氯化碳	257

分子振动（固有振动或简正振动）是由原子的运动组合而成的，这种运动既没有改变分子的重心，也没有使之发生旋转。分子的不同振动之间并不相互影响。振动频率 ν_s 实际上取决于振动原子的质量（m）、原子间的结合力（键力常数 K）和它们在分子中的空间排列。

对双原子分子，振动频率可由下边的公式近似计算：

$$\nu_s=\frac{1}{2\pi}\cdot\sqrt{\frac{K}{\mu}} \tag{A. 133}$$

其中，μ 为折合质量，$\mu=\dfrac{m_1\cdot m_2}{m_1+m_2}$。

对于多原子分子，准确表示频率、质量和键力常数之间关系的公式非常复杂，这里不再进一步讨论。

如果有质量较大的原子参与振动，除了一些频率特别低的振动外，在正常条件（室温）下分子的固有振动实际上不会受到热激发，分子处于振动基态（振动量子数 $\nu=0$）。但是，当提供合适的激发能时，分子可能会从这一能级跃迁到更高的振动能级（$n=1$，2，…）。

如果分子处于电磁场中，当辐射频率与分子固有振动频率一致时（共振），分子就会从电磁场中吸收能量。红外辐射吸收和分子跃迁到高振动能级的先决条件是分子电偶极矩发生改变。只有这样的跃迁才是“允许”跃迁。

根据统计规律，最可能的跃迁是从振动基态（$n=0$）进入第一激发态（$n=1$），这些基态振动的激发能大约为 1～10 kcal/mol（1 cal＝4.1840 J），这种跃迁对应 400～4000 cm^{-1} 区域的光谱（红外区，热辐射）。

除了基态振动，也可能观察到泛频，这对应于第二、第三或更高振动能级的激发。基态振动和泛频的总和与差值也可以导致红外辐射的吸收（组合振动）。这种跃迁的概率及其吸收强度（像泛频一样），要小于基态振动。这里再次重申，振动激发的先决条件是跃迁不被禁阻。在这种情况下，分子的几何特性（对称性）起重要的作用。

我们应当牢记，每一振动跃迁都与分子旋转状态的改变有关。因此，在红外光谱中得到的不是单纯振动光谱，而是旋转-振动光谱。由于分子在固态和液态时旋转被禁阻，所以旋转光谱仅以宽吸收带出现。

在分子振动中，原子可以沿键轴方向运动（伸缩振动），也可以在原子间距离不变而只改变键角（变形）的情况下运动。由于变形时的激发能远小于键轴方向上振动的激发能，可将分子内原子振动细分为伸缩振动和变形振动。图 A.134 给出了水分子自由简正振动的情况。

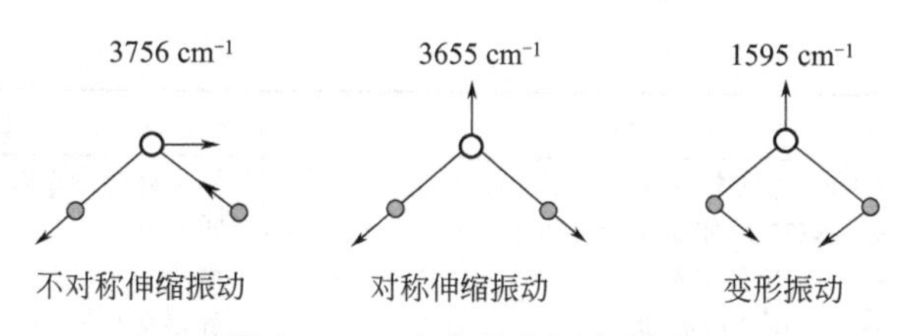

图 A.134　水分子的固有振动

经验表明，红外光谱中的特定吸收带对应着分子中特定的原子基团，因此可利用红外光谱推断化合物的结构组成。从所有原子都参与的分子简正振动的定义来看，这是令人惊讶的。但是，如果知道在分子的简正振动中，并不是所有的原子均被等同地激发，而是某些基团的原子被更强地激发，则这一原理就变得容易理解了。简正振动的频率实质上取决于基团中原子的键合力（K）和振动原子的质量。只有当振动基团和分子中其它原子间发生较强的振动偶合时，简正振动的频率受分子中其它部分的影响才较大。

但是，实际上对所有含氢基团（—OH、—NH、—SH、—CH 等）或所有含多键基团（C═C、C═O、C═N、C≡C、C≡N 等）的有机分子，情况并非如此。

如果比较足够多的含有某一结构的化合物的红外光谱，就会发现相同类型的键总是在光谱的相同区域有吸收，因此，这一区域就是这种基团的特征吸收（表 A.135 列出了一些特征基团的吸收频率和其它信息❶）。

表 A.135　红外区的特征基团和骨架频率

波数/cm^{-1}①	振动类型	化合物
3700～3600 m(尖)	游离 O—H 伸缩振动	醇、酚、酸、羰基醇、羟基酯
3600～3200 s(宽)	结合 O—H 伸缩振动	
3550～3350 m	游离 N—H 伸缩振动	伯胺(2 个带)、仲胺、氨基化合物
3500～3100 m	结合 N—H 伸缩振动	
3300～3250 w	≡C—H 伸缩振动	单取代烷烃
3350～3150 m-s,b	—NH_3^+ 伸缩振动	氨基酸盐酸盐，胺盐酸盐
3200～2400 m-s,b	结合的 O—H 伸缩振动	碳酸，螯合物
3100～3000	═CH 伸缩振动	芳香族、烯烃
3000～2700	—CH 伸缩振动	烷烃、环烷烃、甲基和亚甲基
2960,2870 s-m	—CH_3 伸缩振动	饱和烃和烃基
2925,2850 w	—CH_2 伸缩振动	饱和烃和烃基
2900～2400 m	O—D 伸缩振动 N—D 伸缩振动	胺，醇
2830～2815 m	O—CH_3 伸缩振动	甲基酯
2820～2760 m	N—CH_3 伸缩振动	*N*—甲基胺
2820～2720 m	C(O)—H 伸缩振动	醛
2600～2550	—S—H 伸缩振动	硫醇、硫酚
2300～2100	—C≡X 伸缩振动(X=C,N,O)	烷烃、腈、一氧化碳
2270～2000 s	—Y═C═X(Y═N,C; X═O,S)伸缩振动 —N_3 伸缩振动	酮，异氰酸盐，异硫氰酸盐，叠氮化物

❶ 结合分子振动归属的经验，有时可以把简单分子吸收频率的计算结果应用于更复杂的有机分子，来归属其红外频率。至今，计算并准确归属多原子分子的红外频率仍存在相当的困难。

续表

波数/cm^{-1}①	振动类型	化合物
2260～2190 w	$—C \equiv C$ 伸缩振动	1,2-双取代乙炔
2260 m	$—^{+}N \equiv N$ 伸缩振动	重氮盐
2260～2210 m	$—C \equiv N$ 伸缩振动	腈
2185～2120 m	$—N═C$ 伸缩振动	异氰化物
2140～2100 m	$—C \equiv C$ 伸缩振动	单取代乙炔
1850～1600 s	—C═O 伸缩振动	羰基化合物
1785～1700 s	—C═O 伸缩振动	羰基卤代物
1840～1780 s	—C═O 伸缩振动	羧酸酐
1780～1750 s	—C═O 伸缩振动	羧酸苯基及乙烯酯饱和羧酸
1720～1690 s	—C═O 伸缩振动	α,β-不饱和酸,芳香羧酸
1750～1730 s	—C═O 伸缩振动	饱和羧酸烷基酯
1730～1710 s	—C═O 伸缩振动	饱和醛和酮,α,β-不饱和酸,芳香羧酸
1745 s	—C═O 伸缩振动	环戊酮
1715 s	—C═O 伸缩振动	环己酮
1705 s	—C═O 伸缩振动	环庚酮
1715～1680 s	—C═O 伸缩振动	α,β-不饱和酸,芳香羧酸
1690～1630 s	—C═O 伸缩振动	甲亚胺,肟
1690～1660 s	—C═O 伸缩振动	α,β-不饱和酮及芳香酮
1690～1650 s	—C═O 伸缩振动	伯,仲,叔羧酸胺
1680～1500	—C═C 伸缩振动	芳烃、烯烃
1650～1620 m	$—NH_2$ 变形振动	一级羧酸胺
1650～1550 s	—NH 变形振动	一级和二级羧酸胺
1630～1615 m	H—O—H 变形振动	水合物的结晶水
1610～1590 m	环振动	芳香烃
1610～1560 ss	—C═O 伸缩振动(COO^- 中)	羧酸盐
1600～1775 1500	$—NH_3^+$ 变形振动	铵盐(两个带)
1570～1510 m	—NH 变形振动	二级羧酸胺(胺带Ⅱ)
1518	$—NO_2$ 伸缩振动	芳香硝基化合物
1500～1480 m	环振动	芳香烃
1470～1400	$—CH_3$ 和 $—CH_2$ 变形振动	饱和烃和烃基
1420～1330 s	$—SO_2$ 伸缩振动	有机硫酰化合物
1400～1300 s,b	—C═O 伸缩振动(COO^- 中)	羧酸盐
1390～1370 s	$—CH_3$ 变形振动	饱和烃和烃基
1360～1030	—C—N 伸缩振动	酰胺、胺
1350～1240 s	$—NO_2$ 伸缩振动	脂肪和芳香硝基化合物
1200～1145 s	$—SO_2$ 伸缩振动	有机硫酰化合物
1300～1020 m-s	—C—O—C 振动	醚、酯、酐、乙缩醛
1300～1050	—C—O—C 振动	饱和酯、乙缩醛(两个带)
1275～1200 ss 1075～1020 s	—C—O—C 振动	芳香酯和乙烯酯(两个带)
1150～1020 ss	—C—O—C 振动	脂肪醚
1260～1200 s	—C—O 伸缩振动	酚
1200～1150 s	—C—O 伸缩振动	叔醇
1150～1100 m	—C—O 伸缩振动	仲醇

续表

波数/cm^{-1}①	振动类型	化合物
1050～1010 s	—C—O 伸缩振动	伯醇
1070～1030 s	—SO_2 伸缩振动	有机硫化合物
970～960s	═C—H 变形振动	1,2-二取代乙烯(反式)
995～985 s 915～905 s	═C—H 变形振动	单取代乙烯(两个带)
920b	O—H…O 变形振动	羧酸(二聚体)
810～750 s 710～690 s	═C—H 变形振动	1,2-二取代苯(两个带)
890 s	═C—H 变形振动	1,1-二取代乙烯
840～810 s	═C—H 变形振动	1,4-二取代苯
800～500 m-w	—C—Hal 伸缩振动	芳香族和脂肪族卤代化合物
770～735 s	═C—H 变形振动	1,2-二取代苯
770～730 s 710～690 s	═C—H 变形振动	单取代苯(两个带)
780～720 m	—CH_2 变形振动	有多于 4 个 CH_2 基团的 *n*-石蜡油
800～600 m-w	—C—S 伸缩振动	有机硫化合物(硫醇、硫醚、二硫化物等)
730～680 m	═C—H 变形振动	1,2-二取代乙烯(顺式)
670 s	═C—H 变形振动	苯

① ss=非常强，s=强，m=中等，w=弱，b=宽，sb=非常宽。

如果未知物质的红外光谱中出现了某特征基团频率，就可推断分子中存在相应基团。一定范围内出现的基团频率，可以提供发生振动的原子基团的环境信息（如相邻基团效应、共轭、氢键）。例如对 OH 和 NH 基团来说，没有参与氢键的“游离”基团和参与氢键的“结合”基团的伸缩振动是截然不同的。参与氢键的 OH 和 NH 伸缩振动通常宽而弱（见图 A. 132，Ⅰ和Ⅱ），且相对于其“游离”振动，向短波方向移动。

如果振动吸收峰在红外光谱中非常弱或根本不出现，则它们常在相应化合物的拉曼光谱中出现强吸收峰。因此，阐明化合物结构问题时，拉曼光谱是红外光谱重要的补充。

在 1400～700 cm^{-1} 区域，许多有机分子的红外光谱非常复杂，以至于即使有大量的实验数据，也很难归属所有基团的吸收带。但恰恰是这一区域，对科学准确地判断未知化合物的组成非常重要。实验表明，当两种物质的红外光谱在这一区域完全一致时，则这两种物质（例如天然物质和合成的类似物）的组成是相同的。因此，这一区域也叫“指纹”区。

以 2-氯乙醇合成的丙烯酸酯为例来说明红外光谱的应用，其中每步推断过程都有光谱数据。

$$\underset{\text{I}}{HO-CH_2-CH_2-Cl} \longrightarrow \underset{\text{II}}{HO-CH_2-CH_2-C\equiv N} \longrightarrow \underset{\text{III}}{CH_2=CH-C\equiv N} \longrightarrow \underset{\text{IV}}{CH_2=CH-C(=O)OC_2H_5} \quad (A.136)$$

2-氯乙醇（氯乙醇）的红外光谱［图 A.137(a)］表明，除了 C—H 振动和骨架振动外，还有羟基（3360 cm^{-1}，“结合” O—H 伸缩振动；1080 cm^{-1}，C—O 伸缩振动；1393 cm^{-1}，O—H 变形振动）和 C—Cl 键（663 cm^{-1}，C—Cl 伸缩振动）的典型吸收带。

2-氯乙醇与氰化钾反应生成 β-羟基丙腈（Ⅱ），β-羟基丙腈的红外光谱中羟基的所用特征峰仍然存在，但 C—Cl 伸缩振动峰消失。2252 cm^{-1} 处有新的吸收带，为 C≡N 键的伸缩振动。β-羟基丙腈脱水生成丙烯腈（Ⅲ），丙烯腈的红外光谱发生了很大的变化，

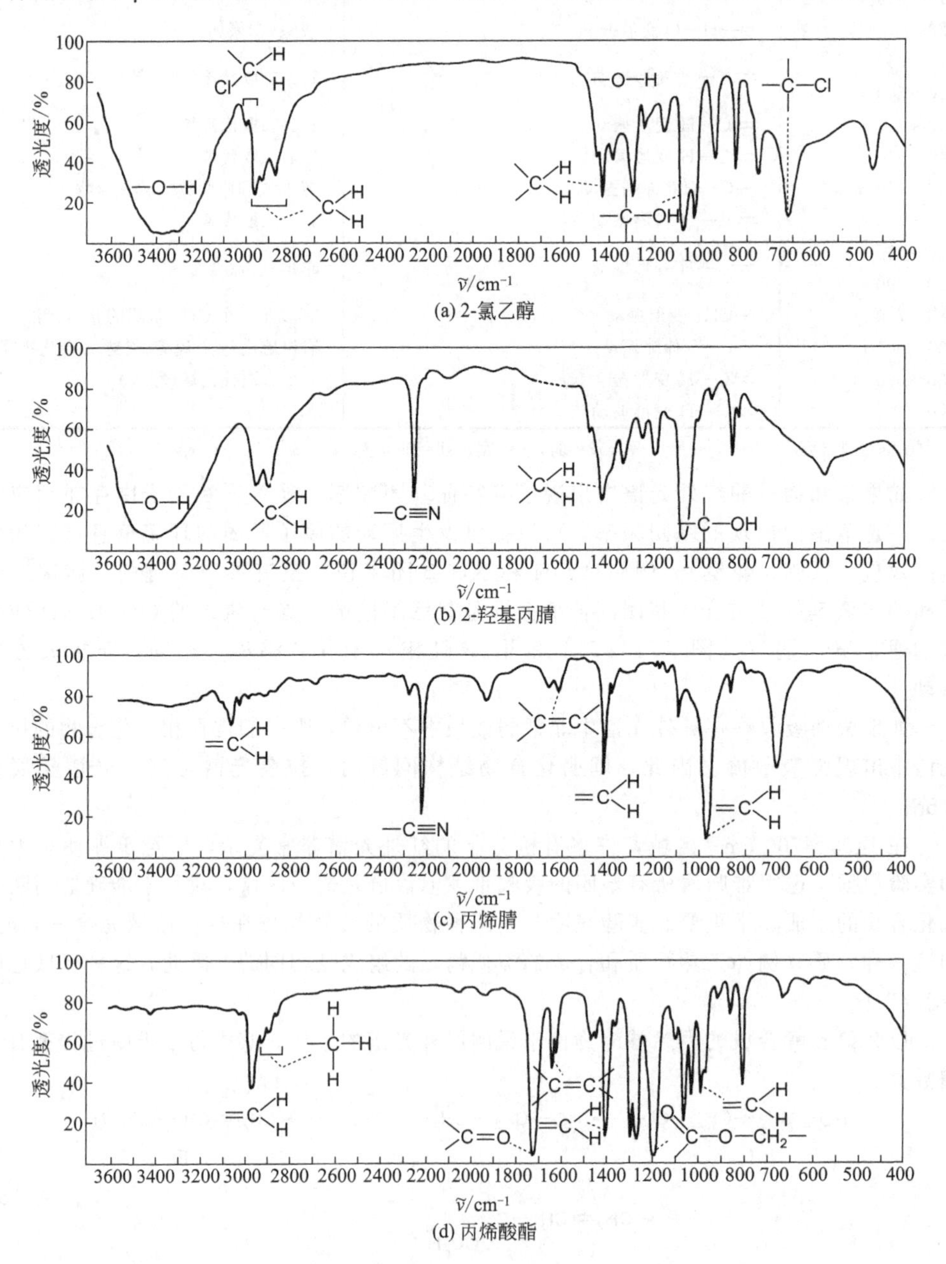

(a) 2-氯乙醇

(b) 2-羟基丙腈

(c) 丙烯腈

(d) 丙烯酸酯

图 A.137　红外光谱

羟基典型的吸收带消失，而出现了 CH_2 ═CH—结构的典型吸收带：1620 cm^{-1}（C═C 伸缩振动），3038 cm^{-1} 和 3070 cm^{-1}（不饱和化合物中 C—H 伸缩振动），1420 cm^{-1} 和 980 cm^{-1}（含乙烯基的烯烃 C—H 变形振动）。C≡N 键的伸缩振动频率受 C═C 双键共轭的影响而蓝移至 2230 cm^{-1} 处。

丙烯腈醇解得到丙烯酸酯，其红外光谱在 1735 cm^{-1}（C═O 变形振动）和 1205 cm^{-1}（C—O 变形振动）处出现了特征吸收带，说明有酯基存在。C≡N 键的吸收带消失，而烯基的典型吸收仍然保留。

Lambert-Beer 定律通常也适用于红外光谱。如果光谱中典型吸收带彼此相隔足够远，红外光谱也可用来定量测定混合物的组分。因此，即使化合物化学结构非常接近（如六氯环己烷的异构体），也可以用红外光谱进行定量测定。

A. 3. 6　核磁共振波谱

核磁共振波谱（NMR）是一种特殊的吸收光谱。共振谱是由处在静态外加磁场中的磁性原子核吸收电磁辐射而产生的。质子数或中子数为奇数的原子核具有磁矩（见表 A. 138）。

表 A. 138　一些原子核的磁性

核	质　子	中　子	自旋 I	磁矩 μ_I	丰　度
^{1}H	1	0	1/2	2.79267	99.985
$^{2}H(D)$	1	1	1	0.85739	0.015
^{13}C	6	7	1/2	0.70216	1.11
^{14}N	7	7	1	0.40357	99.63
^{19}F	9	10	1/2	2.6275	100
^{31}P	15	16	1/2	1.1306	100

如果一个磁性核处在静态磁场中，核磁矩具有不同的取向，取向由磁核的自旋量子数 m_I 决定（m_I 可假定是从 $+I$，$I-1$，…，到 $-I$ 的所有值）。磁向量与静态磁场垂直的另一交变电磁场使核磁矩重新取向，这一过程需要从高频磁场吸收能量（核共振）(见图 A. 139)。吸收的能量（ΔE）和相应的吸收辐射频率取决于原子核的磁性（μ_I＝核磁矩；I＝核自旋），且与外加磁场的强度 H_0 成正比：

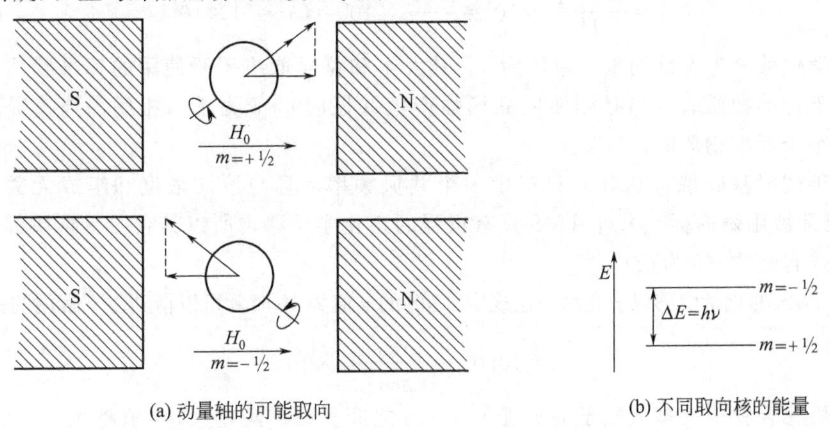

(a) 动量轴的可能取向　　(b) 不同取向核的能量

图 A. 139　静态磁场中的磁性原子核

$$\Delta E = h \cdot \nu = \frac{\mu_I \cdot H_0}{I} \tag{A. 140}$$

测定核磁共振波谱时，将待测物质样品（液体或溶液）置于磁场强度为 H_0 的静态磁场中，放在能产生频率为 μ 的高频交变磁场的感应圈中。在发生共振之前磁场强度 H_0 是可变的（见下文）。样品从交变电磁场中吸收能量，吸收的能量以用来产生交变磁场的电流变化量来表示，这样就会产生核磁共振波谱。

依据公式（A. 140），可利用常数 H_0 和可变频率测定核磁共振。在强度为 10^4 G（1 G=10^{-4}T）的外磁场作用下，共振吸收辐射的频率可达到 1～50 MHz（无线电波区）。有效仪器光谱的最大分辨率约为 1 Hz，检出下限为 10^{18} 质子。

关于无电子壳影响的原子共振理论非常多，但如果原子核被电子壳屏蔽，与核相邻的磁场就会因为电子壳屏蔽而变弱（反磁屏蔽）。

$$H_{eff} = H_0 - \sigma H_0 \tag{A. 141}$$

其中 σ 是磁屏蔽。

因此，与无屏蔽核相比，屏蔽时的共振信号仅在较高强度的外磁场中出现。因这一效果取决于核的化学环境，所以称其为化学位移。

有机化学中重要元素的磁性见表 A. 138。有机化学中经常出现 ^{12}C、^{16}O 和 ^{32}S 没有磁矩（$\mu_I=0$），因此它们不能用于核磁共振测量。另一方面，μ_I/I 和 E 值相对大的元素特别适合核磁共振波谱，例如氟和氢。此外，氢与相邻基团的反磁屏蔽作用要强于多电子元素本身主要的电子壳屏蔽。因为几乎所有有机化合物中都含有氢，所以测量氢的化学位移对有机化合物结构鉴定尤其重要（质子共振）。

实际上，化学位移是以加入溶液中的标准物质 s（内标）为参考的共振信号。这样化学位移可简单地表达为：待测物质与标准物质共振场强或共振频率的差值 $H-H_s$ 或 $\nu-\nu_s$。对于目前常用的发射频率，如 100 MHz，质子频率的差值可达到 2000 Hz［见方程式(A. 143)］。它们明显与外磁场或发射频率成正比。

为了消除所用磁场强度或发射频率对化学位移的影响，场强或频率差值分别除以 H_s 或 ν_s，可以表示如下：

$$\delta = \frac{H-H_s}{H_s} \times 10^6 = \frac{\nu-\nu_s}{\nu_s} \times 10^6 = (\sigma-\sigma_s) \times 10^6 \tag{A. 142}$$

化学位移 δ 为无量纲量，单位为 1。其大小和符号取决于所使用的标准物质。当磁屏蔽大于标准物质时（当必须使用高场强产生共振时），δ 为正。相反，当核屏蔽和共振场强小于标准物质时，δ 为负。

由于四甲基硅烷（TMS）只产生一个共振频率，且与溶液浓度和组成无关，因此 TMS 通常被用做内标。另外 TMS 具有很强的正化学位移，所以其它所有物质都在相对小的场强有吸收（δ 为负）。

当 TMS 的化学位移以 τ 表示，且规定 TMS 的 τ 值为 10 时，可以得到以下常用的关系式：

$$\tau = 10.0 + \frac{\nu - \nu_{Si(CH_3)_4}}{\nu_{Si(CH_3)_4}} \times 10^6$$

有机化合物中大多数质子的 τ 值在 0～10 之间。磁屏蔽越大，τ 值越大。

可以将用 1 为单位给出的 δ 值和发射频率（以 MHz 为单位表示）换算成用 Hz 表

示的化学位移：

$$\Delta/\mathrm{Hz}=\delta \cdot \nu/\mathrm{MHz} \tag{A. 143}$$

通常给出以 Hz 为单位表示的偶合常数（见下文）。

A. 3. 6. 1 ^{1}H NMR

表 A. 144 列出了一些结构单元的特征^{1}H NMR 化学位移。

表 A. 144 ^{1}H NMR 化学位移（标准物为 TMS）

基团	化学位移	基团	化学位移
$(CH_3)_4Si$	0	$>C-CH_2-Cl$	3.3～3.7
$H_3C-C<$ ①	0.8～1.3	$>C-CH_2-NO_2$	4.3～4.6
$H_3C-C\equiv C-$	1.8～2.1	$Ar-CH_2-O-$	4.3～5.3
$H_3C-C=C<$	1.6～2.1	$>CH-$ ①	1.3～2.1
$H_3C-C=O$	1.9～2.7	$>CH-OH$	4.0
H_3C-S-	2.0～2.6	$-CHBr_2$	5.9
H_3C-Ar	2.1～2.7	$-C\equiv CH$	2.4
$H_3C-N<$	2.1～3.1	$R(H_{(b)})C=CH_2\,(a)$	a：4.7～5.0 b：5.6～5.8
H_3C-O-	2.3～4.0		
$H_3C-O-C=O$	3.6	$R-CH=CH-$	5.5
H_3C-I	2.2	$=C-C=CH_2$ (*cis/trans*)	5.1～5.7
H_3C-Br	2.7	$Ar-SH$	2.8～3.6④
H_3C-Cl	3.05	C_6H_5-OH	4.5②④
H_3C-F	4.3	$R-OH$	0.7～5.5③④
H_3C-NO_2	4.3	$Ar-H$	6～9
$-CH_2-$ ①	0.9～1.6	C_6H_6	7.27
$>C-CH_2-C=$	1.1～2.4	$R-C(=O)-H$	9.7～10.1
$>C-CH_2-S-$	2.4～3.0	$R-C(=O)-OH$	9.7～13.0④
$>C-CH_2-N<$	2.3～3.6	$>C=N-OH$	8.8～10.2④
$>C-CH_2-Ar$	2.6～3.3	$>C=C-OH$	15～16④
$>C-CH_2-O-$	3.3～4.5		

① 在饱和烃中；② 不偶合时；③ 信号很大程度上取决于偶合程度；④ 将样品在 D_2O 中振摇时信号消失。

图 A. 145 为二甲苯的^{1}H NMR 谱，其中有两个共振信号：一个是等价的两个 CH_3—上的 H 核，另一个来自芳香环上的 H。信号强度反映了基团中的质子数，在该例子中则是 3∶2。

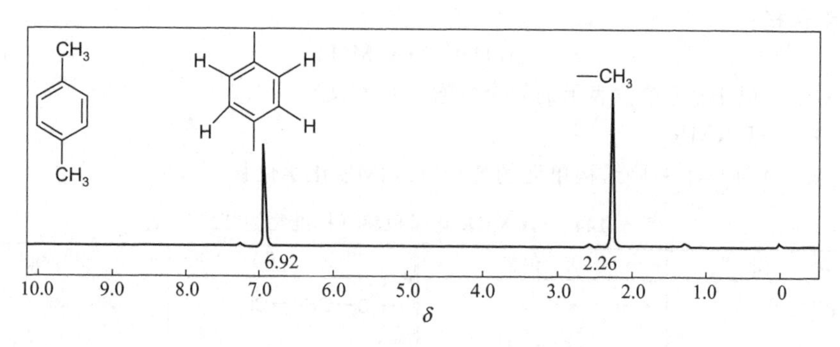

图 A.145 二甲苯的[1]H NMR 谱

可以看出，化学位移明显地取决于质子周围的电子密度。吸电子取代基降低磁屏蔽，而供电子基则使磁屏蔽升高。因此，化学位移常常与电负性和 Hammett 常数 σ 成线性关系。

另一方面，除了电子密度外，其它因素毫无疑问对化学位移有影响。这一点从与 π 键相邻的氢核上更能体现。例如，乙炔中质子的 τ 值比烯分子中质子的 τ 值大很多，而苯分子中质子的 τ 值比烯分子中质子的 τ 值小很多。然而，依据这些体系的电子密度，上面的情况恰恰相反。苯质子的 τ 值低是因为在芳香环的 π 电子体系有环磁电流（图 A.146）产生。这一环磁电流增加了苯核周围和平面的有效磁场强度。

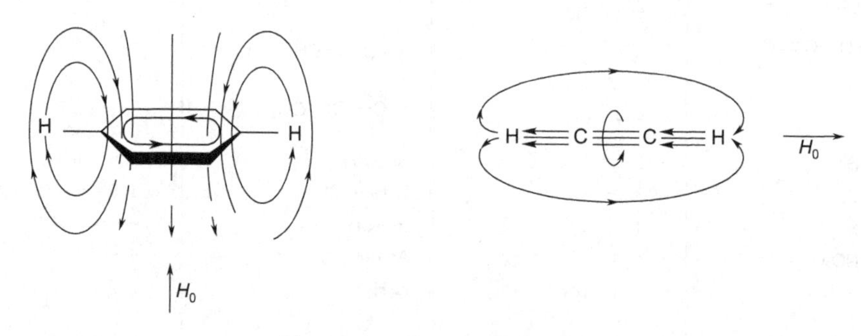

图 A.146 苯和乙炔中的环流

高分辨核磁共振波谱因环境不同而更复杂，但是它又更容易解析。实际上，在不同场强出现的与反磁屏蔽（化学位移）一致的共振信号常常进一步裂分成二重峰、三重峰等。这样的裂分是由于相关质子不仅受外电磁场的影响，而且还受相邻质子核自旋的电磁场的影响。因此，自旋-自旋相互作用在一定程度上导致了额外的微弱核磁共振。对应于这种微弱的共振，频率裂分仅能达到几个赫兹（Hz），它们取决于两个质子的空间格局和化学环境。相同化学环境的质子（等价核）彼此之间不受影响。

自旋-自旋相互作用的度量标准是自旋偶合常数 J，J 表示裂分谱线间的间隔（Hz），与外磁场无关。光谱的发射频率越高，两种影响效果就越容易分辨。表 A.147 列出了一些结构单元的自旋偶合常数。

表 A.147　与 C 相连的一些质子的自旋偶合常数 J③

结构单元	J/Hz	结构单元	J/Hz
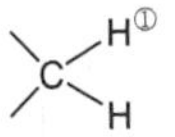 $>C(H)H$ ①	10～20 (参见图 E.50)	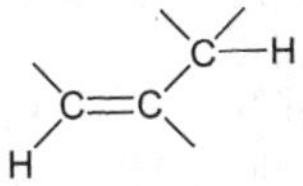 $H-C=C-C-H$	0.5～2 (参见图 E.38)
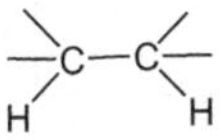 $H-C-C-H$	2～9 (参见图 E.5,图 E.50)	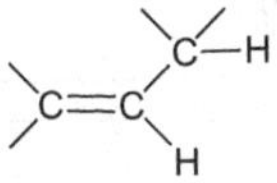 $>C=C(H)-C-H$	4～10 (参见图 E.38)
H_3C-CH_2-	6.7～7.2 (参见图 E.7,图 E.42)	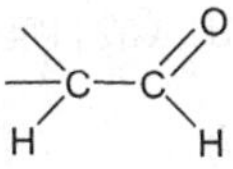 $H-C-C(=O)H$	1～3
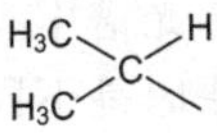 $(H_3C)_2C-H$	5.7～6.8 (参见图 E.53,图 E.63)	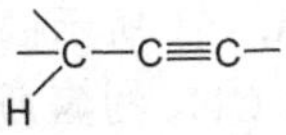 $H-C-C\equiv C-$	2～3
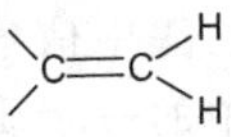 $>C=CH_2$	0～3.5	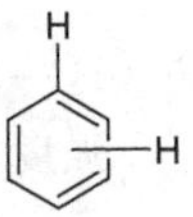 $C_6H_4(H)H$ (苯环)	邻位 7～10 (参见图 E.7,图 E.10, 图 E.22,图 E.23)间位 2～3 (参见图 E.10,图 E.11)对位 1
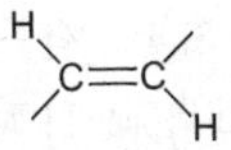 $H-C=C-H$ (反式)	11～18 (参见图 E.38,图 E.42)	环己烷 $a-a$ ② $a-e$ $e-e$	 8～10 2～3 2～3
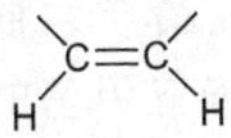 $H-C=C-H$ (顺式)	6～14		

① 两个质子非等价；② 间隔三个键的偶合常数 ^3J，a 轴向，e 水平，参见图 C.84；③ 在章节 A 和 E 的图中 1 个单位对应于 90 Hz。

质子（数目为 n）能导致连接在相邻原子上的质子的共振频率（多重态 M）发生分裂，M 取决于 n_1，n_2，…以及磁性非等价核的核自旋动量 I：

$$M=(2n_1I+1)(2n_2I+1) \tag{A.148}$$

当核相同时：

$$M=2nI+1 \tag{A.149}$$

对 H($I=1/2$) 而言，M 和 n 二者关系为：

$$M=n+1 \tag{A.150}$$

因此，CH 基团将相邻的等价质子分裂为二重峰，CH_2 基团将相邻质子分裂为三重峰，CH_3 基团将相邻质子分裂为四重峰。

自旋-自旋分裂的强度（吸收带的面积）比例为二项式系数之比，这里我们不再详

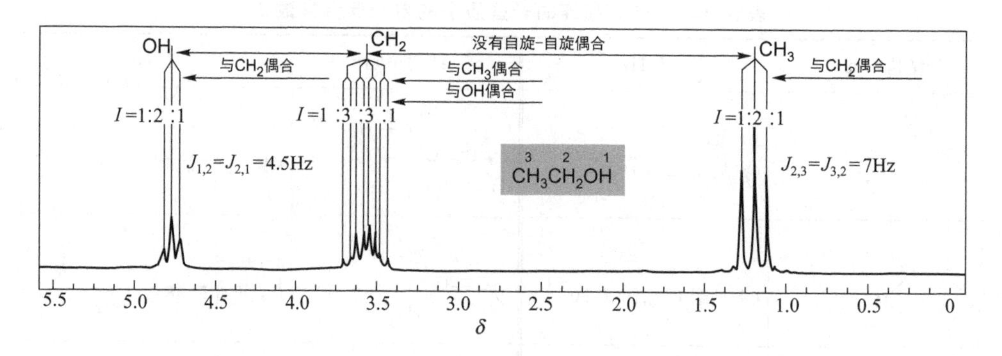

图 A.151 无水乙醇的[1]H NMR（酸和痕量水存在下将观察不到 CH_2—OH 偶合）

细推论。二重峰为 1∶1，三重峰为 1∶2∶1，四重峰为：1∶3∶3∶1。这也能辨认自旋-自旋分裂。

上述内容可进一步参考图 A.151 所示的乙醇的[1]H NMR 进行说明。乙醇光谱中有三组信号，分别为 OH、CH_2 和 CH_3 的氢质子。信号出现在不同位置，其原因是不同基团中的质子所处的化学环境不同。甲基的质子屏蔽最强，羟基的质子屏蔽最弱。

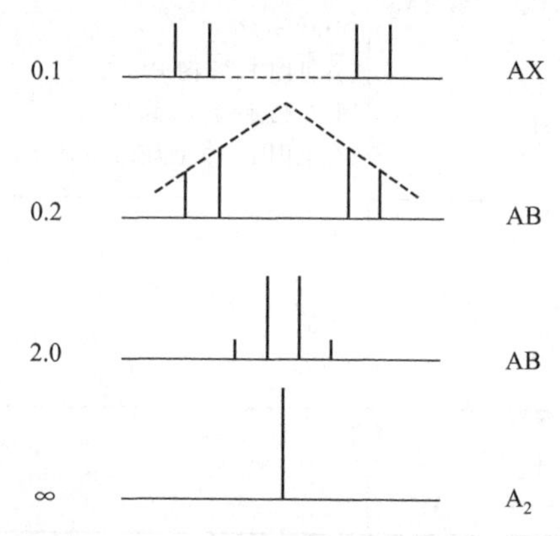

图 A.152 两个质子偶合与 Δ/J 的关系

信号强度（面积）与基团中质子数成正比，这一原理对归属很重要。因此，在乙醇中信号强度比为 1∶2∶3，分别对应 OH 中的一个质子，CH_2 中的两个质子和 CH_3 中的三个质子。

首先在高场（$\tau \approx 8.8$）有一个 CH_3 的三重峰（由于 CH_2 的分裂），低场（$\tau \approx 6.4$）有一个 CH_2 的八重峰。这由两个相邻基团自旋-自旋偶合引起：甲基将亚甲基分裂成四重峰，它又被羟基质子再一次作用形成八重峰。最后在低场（$\tau \approx 4.8$）有 OH 的三重峰（由于亚甲基的分裂）。

按照化学位移 Δ 与偶合常数 J 大小的比例可以划分不同类型的谱图。图 A.152 给出两个质子偶合与 Δ/J 的关系。

在 E 部分给出的谱图强调了下列重要基团的[1]H NMR 谱：

$H_3C—CH_2—$　　$—CH_2—CH_2—$　　$H_3C—CH—$　　$H_3C—CH_2—CH_2—$

$(H_3C)_2CH—$　　$HC=CH$（顺式）　　$H_2C=C<$　　Y—C₆H₂(H)(H)—X　　(A. 152a)

A. 3. 6. 2 ^{13}C NMR

除了[1]H NMR 外，对有机分子的结构表征特别重要的是[13]C NMR，因为它反映了化合物骨架 C 以及各自 C 核所处环境的情况。

特征化学位移在表 A.153 中给出。

表 A.153 ^{13}C NMR 化学位移（以 TMS 为基准）

基团	化学位移	基团	化学位移
$H_3C—C$	0～35	$C_3C—C$	30～75
$H_3C—S$	10～45	$C_3C—S$	45～70
$H_3C—N$	25～55	$C_3C—N$	50～80
$H_3C—O$	40～55	$C_3C—O$	50～90
$H_3C—F$	75.2	$C_3C—Hal$	35～110
$H_3C—Cl$	24.9	>C=C<	90～155
$H_3C—Br$	10.0	—C≡C—	70～110
$H_3C—I$	−20.7	C Ar	95～165
$C—CH_2—C$	15～45	C Heteroar.	100～175
$C—CH_2—S$	20～60	>C=N—	145～170
$C—CH_2—N$	35～70	—C≡N	105～130
$C—CH_2—O$	45～85	O—C=O	165～185
$C—CH_2—Hal$	0～85	—N—C=	165～185
$C_2CH—C$	20～70		
$C_2CH—S$	45～70	Cl—C=O	165～180
$C_2CH—N$	45～80	H—C=O	180～205
$C_2CH—O$	50～90		
$C_2CH—Hal$	35～100	>C=O	185～225

脂肪烃的化学位移容易借助于 Lindemann-Adams 规则得到：

$$\delta_i = A_n + \sum_{m=0}^{2} N_m^{\alpha}\alpha_{nm} + N^{\gamma}\gamma_n + N^{\delta}\delta_n \tag{A. 154}$$

借助表 A. 155 给出的值可以计算出正戊烷的^{13}C NMR 化学位移并与测得值（δ 值：C^1=13.5，C^2=22.4，C^3=34.3）进行比较。

表 A. 155 按 Lindemann-Adams 规则得到的增量

n	A_n	m	α_{nm}	γ_n	δ_n
3	6.81	2	9.56	−2.99	0.49
		1	17.83		
		0	25.48		
2	15.34	2	9.75	−2.69	0.25
		1	16.70		
		0	21.43		
1	23.46	2	6.60	−2.07	0
		1	11.14		
		0	14.70		
0	23.77	2	2.26	+0.86	0
		1	3.96		
		0	7.35		

有取代基时，脂肪烃 C 原子上连的元素的电负性越大产生的屏蔽越小（参见表 A.156）。

表 A.156　正烷烃在 1-位上有取代基时化学位移的变化与取代中心原子电负性 E 的关系

取代基 X	E_x	$\delta_{RCH_2X}-\delta_{RCH_3}=\Delta$
H	2.1	0
CH_3	2.5	+9
SH	2.5	+11
NH_2	3.0	+29
Cl	3.0	+31
OH	3.5	+48
F	4.0	+68

可以比较：

$$\overset{\delta+}{H_2C}{=}CH{-}CH{=}\overset{\delta-}{O}\quad(\delta=136.0)\qquad H_2C{=}CH_2\quad(123.3)\qquad H_2\overset{\delta-}{C}{=}CH{-}\overset{\delta+}{O}CH_3\quad(84.4)\tag{A. 157}$$

请借助于表 A.158 讨论苯酚、苯胺及硝基苯的^{13}C NMR 化学位移。

表 A.158　用于估计取代苯^{13}C NMR 化学位移的增量，按照 $\delta_i=128.5+I_{1,i}+I_{2,i}+\cdots$①

取代基	取代位置	o	m	p
H	—	—	—	—
$—CH_3$	9.3	0.6	0.0	−3.1
$—C_2H_5$	15.7	−0.6	−0.1	−2.8
$—HC(CH_3)_2$	20.1	−2.0	0.0	−2.5
$—CH_2Cl$	9.1	0.0	0.2	−0.2
$—CH_2OR$	13.0	−1.5	0.0	−1.0
$—CF_3$	2.6	−2.6	−0.3	−3.2
$—CH{=}CH_2$	7.5	−1.8	−1.8	−3.5
$—C_6H_5$	13.0	−1.1	0.5	−1.0
$—CH{=}O$	7.5	0.7	−0.5	5.4
$—CO—CH_3$	9.3	0.2	0.2	4.2
—COOH	2.4	1.6	−0.1	4.8
—COOR	2.0	1.0	0.0	4.5
—COCl	4.6	2.9	0.6	7.0
$—CONR_2$	5.5	−0.5	−1.0	5.0
$—C{\equiv}N$	−16.0	3.5	0.7	4.3
—OH	26.9	−12.6	1.6	−7.6
$—OCH_3$	31.3	−15.0	0.9	−8.1
$—OC_6H_5$	29.1	−9.5	0.3	−5.3
—O—COR	23.0	−6.0	1.0	−2.0
$—NH_2$	19.2	−12.4	1.3	−9.5
$—NR_2$	21.0	−16.0	0.7	−12.0
—NHCOR	11.1	−9.9	0.2	−5.6
$—N{=}N—C_6H_5$	24.0	−5.8	0.3	2.2
$—NO_2$	19.6	−5.3	0.8	6.0

续表

取代基	取代位置	*o*	*m*	*p*
—N═C═O	5.7	−3.6	1.2	−2.8
—SH	2.2	0.7	0.4	−3.1
—SR	8.0	0.0	0.0	−2.0
$—SO_3H$	15.0	−2.2	1.3	3.8
—F	35.1	−14.3	0.9	−4.4
—Cl	6.4	0.2	1.0	−2.0
—Br	−5.4	3.3	2.2	−1.0
—I	−32.3	9.9	2.6	0.4

① 更广泛的关于取代苯^{13}C NMR化学位移增量的罗列参见：D. F. Ewing. Org. Magn. Reson. 1979，12：499。

杂化时 s 成分越多，取代基的电负性越强，则偶合常数的贡献就越大。比较表 A.159 列出的乙烷、乙烯和乙炔及氯代甲烷的数值。

表 A.159　$^{13}C\,^{1}H$ 偶合常数　　Hz

化合物	$^1J_{CH}$	化合物	$^1J_{CH}$
$H_3C—CH_3$	125	H(C₆H₅)C═C(C₆H₅)H（顺式二苯乙烯）	155
$H_2C═CH_2$	156		
HC≡CH	248	O═C(H)CH₃	172
N≡C—CH_3	136		
HOOC—CH_3	130	O═C(H)OH	222
CH_4	145	苯（C—H）	159
Cl—CH_3	150		
Cl_2CH_2	178	苯（H_o、H_m、H_p）	$H_o\,^2J_{CH}$:1.0
$Cl_3C—H$	209		$H_m\,^3J_{CH}$:7.4 $H_p\,^4J_{CH}$:−1.1

含有杂核 X 时的偶合常数的绝对值列于表 A.160。

表 A.160　部分代表性化合物中^{13}C—X 偶合常数　　Hz，绝对值

化合物	$\lvert ^1J_{CX}\rvert$	$\lvert ^2J_{CX}\rvert$	$\lvert ^3J_{CX}\rvert$	$\lvert ^4J_{CX}\rvert$
$H_3C—F$	162			
$H_5C_6—F$	245	21	8	3
$H_5C_6—CF_3$	272	32	4	1
$H_5C_6—^{15}NH_2$	11.4	2.7	1.3	<1
$H_5C_6—PPh_3$	13	20	7	0.3
$H_5C_6—P(O)Ph_2$	104	10	12	2
$(EtO)_2P(O)O—C_2H_5$		6	7	
$H_5C_6—^6Li$	8.0			
$H_5C_6—Si(CH_3)_3$	66.5			
$H_5C_6—BPh_4^{\ominus}Na^{\oplus}$	49.4	1.5	2.7	0.5

A.3.7 质谱

质谱（MS）是一种分析方法，用该法可以预言分子量、元素组成以及有机化合物的结构。质谱所需待测物质量极其少，因此可以作为气相（GC）和液相色谱（LC）的检测器（GC/MS 和 LC/MS 联用）。

图 A.161 是质谱仪的图形表示。物质首先在高真空中气化，在离子源处离子化。离子化的分子和额外形成的离子碎片在电场中加速，形成一束。在磁场作用下，偏离圆形轨道。接着，它们被仪器定量指认，即按质量和频度登录。

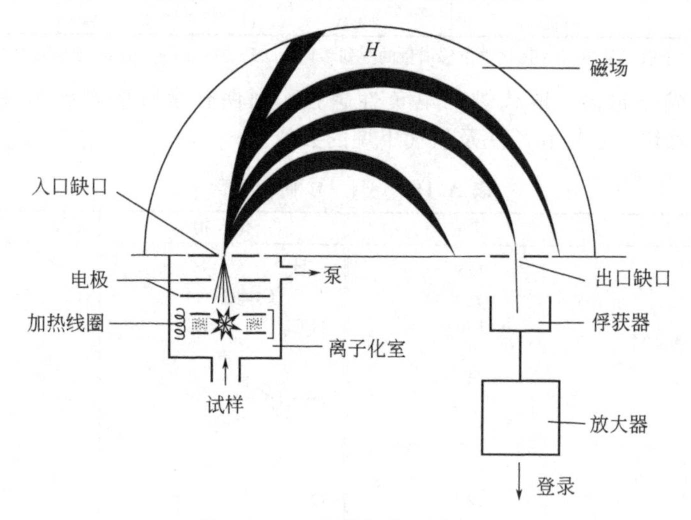

图 A.161 质谱仪的图形表示

分子的离子化通常经由电子轰击（EI），由此形成分子离子：

$$M + e^{\ominus} \longrightarrow M^{\oplus}_{\cdot} + 2e^{\ominus} \tag{A.162}$$

因为轰击电子的能量通常选得比离子化所需能量更高（大多 70eV）（有机化合物的离子化能一般在 8～15 eV）所以，形成的分子裂解成带电的和不带电的碎片（碎片化）：

$$M^{\oplus}_{\cdot} \longrightarrow A^{\oplus} + B\cdot \tag{A.163}$$

$$M^{\oplus}_{\cdot} \longrightarrow C^{\oplus}_{\cdot} + D \tag{A.164}$$

除了电子轰击外，还有其它一些离子化方法。重要的是化学离子化（CI），首先在过量添加的反应性气体（如 CH_4、H_2、稀有气体）中离子化，然后通过碰撞将电荷传递到所研究的分子上。其它方法还有快原子轰击（FAB）等。

借助于表 A.165 可以清楚地理解相关的解析过程。

表 A.165 基于天然同位素丰度可以得到的一些元素最强峰的强度 *I*

元　素	m/z	I/%				
		M	(M+1)	(M+2)	(M+3)	(M+4)
B	10	24.4	100			
Si	28	100	5.1	3.4		
Si_2	56	100	10.2	7.0	0.3	0.1
S	32	100	0.8	4.4		0.01

续表

元　素	m/z	$I/\%$				
		M	(M+1)	(M+2)	(M+3)	(M+4)
S_2	64	100	1.6	8.9	0.1	0.2
Cl	35	100		32.4		
Cl_2	70	100		64.8		10.5
Br	79	100		98.1		
Br_2	158	51.1		100		48.9

在高碳数时，(M+1) 峰同样强，因此在研究同位素峰时必须顾及到这一点。分子中只含有 C、H、N 和 O 时，可以排除 (M+H) 的情形。近似有：

$$碳数=M 的(M+1)峰的强度(\%)/1.1 \tag{A. 166}$$

重要的碎片化反应如下：

(a) 烷烃与长链烷基碎片化按下式：

(A. 167)

(b) 烷基卤代物、醚、醇和硫化物等中的 X 裂解下来：

(A. 168)

(c) 烷基碎片化伴随烯烃的生成：

(A. 169)

(d) 具有至少四个 C 的烯烃增强了烯丙基裂解：

(A. 170)

(e) 苯甲基化合物一般导致强的苯甲基峰：

$$C_6H_5-CH_2-R \longrightarrow C_6H_5-\overset{\oplus}{C}H_2 + R\cdot \tag{A. 171}$$

仅一部分转换成鎓离子：

(A. 172)

(f) C 原子上连有带孤对电子的杂原子时有利于临近 C—C 键的断裂：

(A. 173)

(g) 带一个电子对的杂原子成对出现时，或形成 C—C 键或者是 C—X 键：

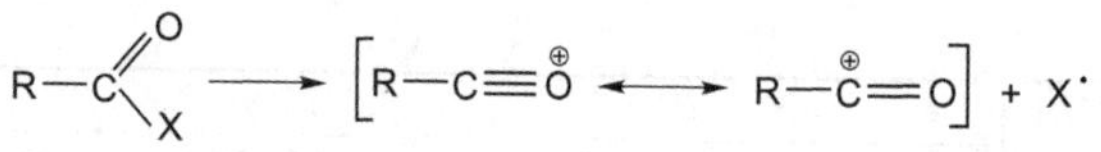

$$R-C(=O)X \longrightarrow \left[R-C\equiv\overset{\oplus}{O} \longleftrightarrow R-\overset{\oplus}{C}=O\right] + X^{\cdot} \qquad (A.174)$$

(h) 对形成 Diels-Alder 加合物的体系，可以发生反向 Diels-Alder 反应：

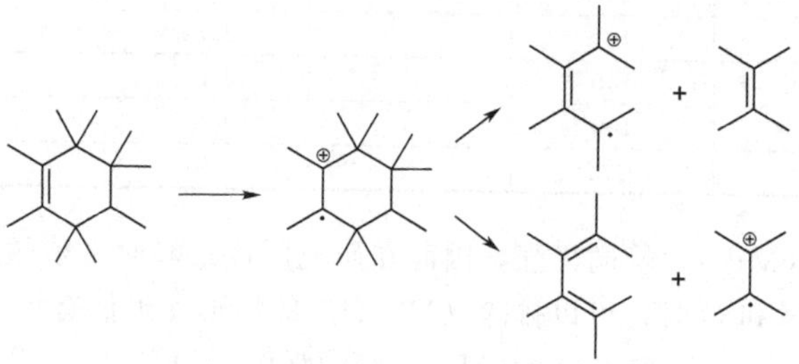

(A. 175)

(i) H 转移的一个重要碎片化是按发现人命名的 McLafferty 转换：

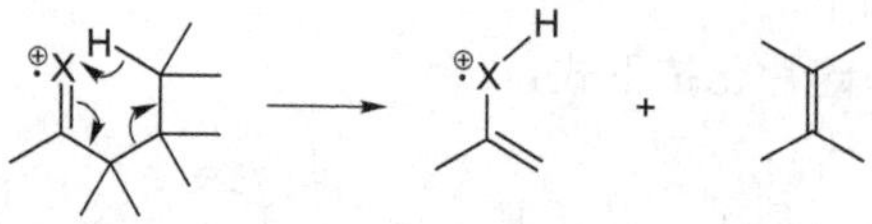

(A. 176)

及

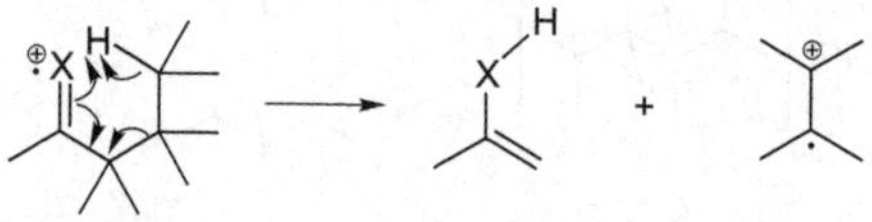

(A. 177)

图 A. 178 是邻苯二亚甲基酸二辛醚采用 CI 法得到的质谱。

其中的基峰来自于同时或连续进行的鎓离子分裂和 McLafferty 转换：

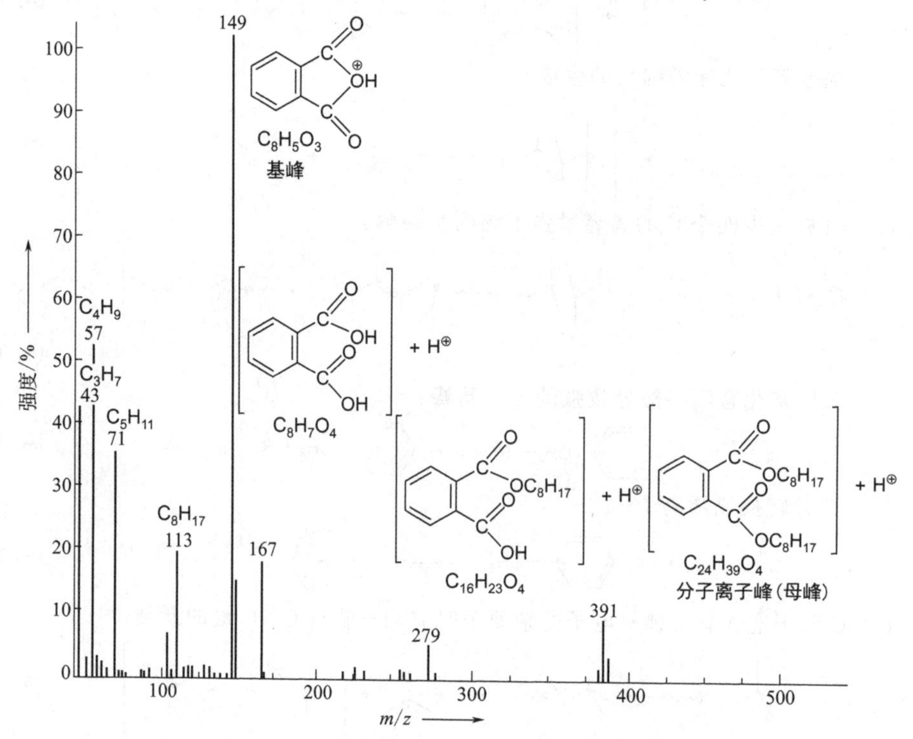

图 A. 178 邻苯二亚甲基酸二辛醚的质谱图（CI 法）

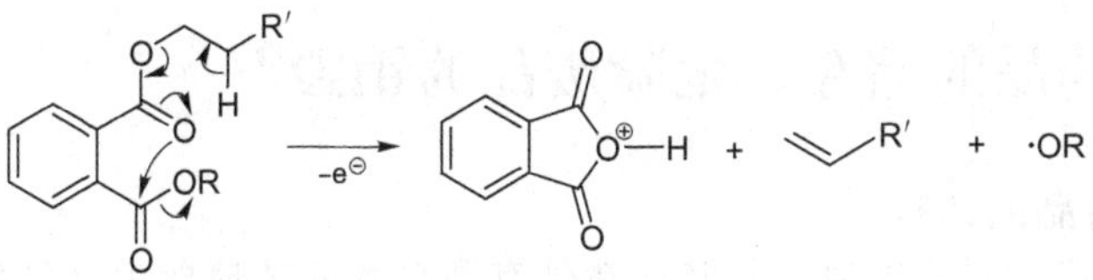

(A. 179)

简单的 McLafferty 转换和质子化导致 M/Z 149，双重 McLafferty 转换得到 M/Z 167。

A. 3. 8 借助光谱法进行结构表征的注意事项

与用化学方法相比而言，光谱法进行有机化合物的结构表征需要时间极少。不过，用一种方法有时通常没有其它额外信息不能做出可靠的预言。相反，将几种方法组合起来并相互验证可以得到化合物结构的基本信息。

A. 3. 9 伦琴射线法进行结构分析

对具有少量 H 和很多连接相类似的 C 原子以及对金属化合物常有问题出现。由于金属原子的顺磁性，预言能力很强的 NMR 也会出错，或仅能预言小部分结构，而伦琴射线法进行结构分析可以克服这一困难。用单晶，通过伦琴射线在化合物中原子的外层电子处的衍射来确定单胞中的原子坐标和晶体中分子的排布。

电磁射线具有波的特征，在伦琴射线的作用下发生电子衍射。按照 Bragg 方程，射线干涉的条件是：

$$n\lambda = 2d\ \sin\Theta \qquad \text{(A. 180)}$$

式中，d 是晶面间距；Θ 是伦琴射线入射角。衍射仪的图示见图 A.181。

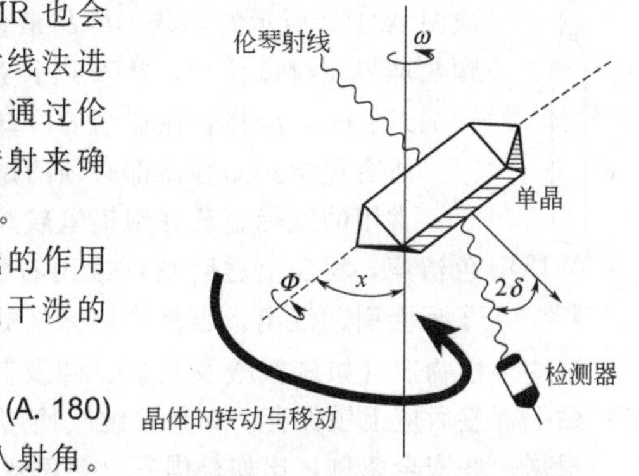

图 A.181 四元衍射仪的图示

形成的结构图形表示有多种可能性，其中常见的是 ORTEP 表示，见图 A.182。原子的状况用非常特征的椭圆体表示，它描述电子密度由于晶体与理想的完美周期晶格有所偏离而产生的（变污）拖尾情形。

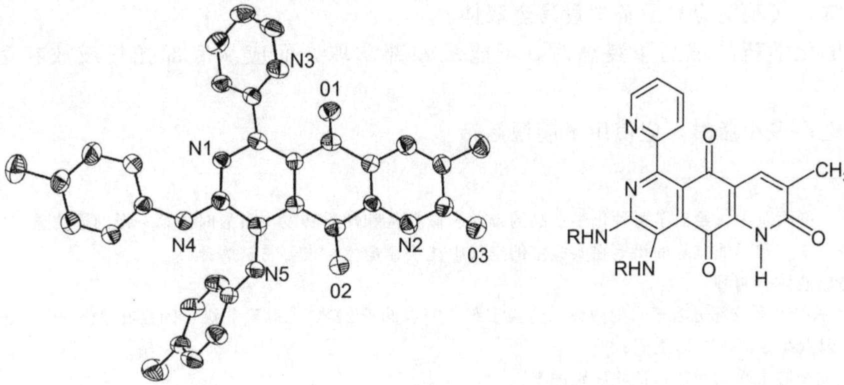

图 A.182 杂环醌的 ORTEP 表示

A.4　化学药品的储存、危险废品的销毁[1]

A.4.1　化学药品的储存

通常，实验室使用的化学药品储存在带有磨口塞的玻璃瓶中（最好是标准接头）。装固体物质或高黏性物质的试剂瓶应当是广口的。细口瓶主要适合装液体。氢氧化钠或氢氧化钾溶液保存在带有橡皮塞的试剂瓶中。对其它能与玻璃反应的物质（如氢氟酸），要使用塑料、古塔胶或金属容器保存，必要的话也可在玻璃瓶的内部涂上石蜡。碱金属储存在煤油中，黄磷储存在水中。

光敏感物质，包括醚在内，特别是在光照下会形成过氧化物（见 D.1.5）的物质应储存在深色瓶中。

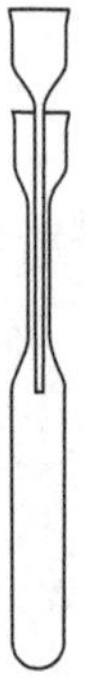

释放毒气或腐蚀性蒸气的物质必须放在通风橱的特殊架子上。

化学药品绝不允许放在装食品或饮料的容器内。

少量物质和敏感物质通常封存在管中。因此，在吹管焰下将试管抽拉成图 A.183 所示的形状。样品最多只能装容器体积的一半。为了防止物质颗粒堆积在封口位置，需要用长颈漏斗来装。低沸点的物质，在用指定吹管焰封管时，应将管在适当的冷却装置中冷却。

所有化学药品容器都必须清楚且永久性地贴上标签。

常用的纸标签最好用铅笔或黑墨水[2]记录，为了保持更久，应当涂上无色清漆，覆盖上透明黏纸或用石蜡打磨。不要覆盖旧标签，因为覆盖层掉了后会引起混淆。容易破坏标签的腐蚀性物质，通常可采用商用蚀刻标签。

图 A.183　封装

某些毒性物质（如氢氰酸及其盐、砷及其化合物、白磷、许多碱金属和某些磷酸酯）贴上标签后应上锁保存。如果要继续使用，在工作期间可以在实验室少量存放。

根据一些安全条例，比如德国安全条例规定，危险类 A1 和 B1[3] 易燃液体，可以存放在工作区域，但储存容器中所装液体不能超过 1/2 L。储存容器的体积需大于 1 L，且必须放置在工作区域 2.5 m 以外。在任何工作区域，危险类 A1 和 B1 易燃液体，手头放置量不应超过 5 L。此标准同样适用于洗涤场所的洗液存放量。

实验室存放的易燃液体和其它容易引起燃烧的物质，发生意外时应能迅速安全处理。通常，实验室应只配备少量易燃液体。

大的化学药品试剂瓶装满时，不能从颈部拿取，而应从底部托住或放在运输架子上。

运送许多小瓶时，应使用木制搬运箱。

---

[1] 在试剂附录中，给出了每种化学药品的毒性、储存特殊性质和发生事故时的第一帮助等信息。

[2] 普通墨水和不能拭除的铅笔在实验室的空气中能快速褪色，也容易被磨掉。

[3] 易燃液体分两种。

(A) 不溶于水或部分溶于水的液体：危险Ⅰ级，闪点低于 21 ℃；危险Ⅱ级，闪点在 21～55 ℃之间；危险Ⅲ级，闪点在 55～100 ℃之间；

(B) 完全溶于水的液体，危险级别同上。

根据分级标准，二硫化碳、醚、苯和轻石油醚属于危险级别 A1，而醇、丙酮等属于危险级别 B1。

A.4.2 废弃物及其销毁

在实验室中作为剩余物和残留物出现的化学品，原则上都是危险品，不应放进垃圾箱或倒进排水系统中，而是应该进行处理。一般，废弃物的量应通过尝试处理和规划、通过减少用量和继续循环使用而使其尽可能少些。应该始终检验，是否能通过预处理（如蒸馏，化学转换）使剩余物和残留物继续使用。尽管符合上述规则后，出现的废弃物的量非常少，也要按照对应的有效法律来收集和无害化处理。对无害化处理和去除以及排放要由有资质的企业予以验证。

在对实验室废弃物进行专业排放时，要按照它们的化学特性收集在合适的容器中。应该有以下容器用于盛放：

- 无卤素有机试剂和无卤素物质的溶液；
- 含卤素有机试剂和含卤素物质的溶液；
- 盐溶液，酸和碱，pH 值 6～8；
- 固体有机实验化学品；
- 固体无机材料；
- 有毒无机材料以及重金属盐和其溶液；
- 汞和无机汞化合物；
- 有毒可燃化合物；
- 非铁金属和贵金属化合物，按金属种类分开；
- 含碘化合物；
- 过滤器和吸尘物，色谱盘片和色谱柱的填充物；
- 玻璃废物。

少量有毒、可燃、有刺激性、自燃或具爆炸性物质废弃物应由实验人员自己通过化学反应转换成无害物资。

酸和碱应在水溶液中小心用碳酸氢钠或氢氧化钠及稀释的盐酸或硫酸处理成中性（将 pH 值控制到 6～8）。

酸卤代物或酸酐通过滴加过量甲醇转换成甲基酯。

无机酸卤代物和对水敏感的试剂小心地在搅拌和冰冷却的条件下滴加 10 %苛性钠（pH 6～8）。

氟化物用氢氧化钙转换成氟化钙。

有机过氧化物用亚硫酸盐或其水溶液还原。

无机过氧化物、溴和碘可以用滴加转换成酸性钠的硫代硫酸盐溶液。

腈和硫醇可以在用过量的最高浓度为 15 %的次氯酸钠数小时搅拌下氧化。过量的次氯酸钠用硫代硫酸钠分解。

溶于水的醛可以用浓的硫酸氢钠水溶液转换成二亚硫酸盐加合物。

重氮烷烃利用其与冰醋酸的反应转换成酯。

水解敏感的有机元素化合物（如碱金属和 Grignard 化合物），它们通常是在有机溶液中，可以在通风橱中小心搅拌情况下，滴入到正丁醇中。生成的可燃气体直接用管导到通风管道中。在气体不再形成后，再搅拌 1 h，然后加入过量水。

危险化学品的去活性见试剂附录。

A.5 基本仪器

实验室常用仪器：

李比希冷凝管 1 个	2×B14（U. S 14/20）	400 mm
空气冷凝管 1 个	2×B14	400 mm
迪姆罗特冷凝管 1 个	2×B29（U. S 14/00）	
克莱森接头 1 个	B29 和 3×B14	
温度计 1 个	B14	360°
温度计 1 个		360°
真空接头 1 个	2×B14	
接头 1 个	锥形 B29	
	套接型 B14	
圆底瓶或梨形瓶 1 个	B 14	10 mL
圆底烧瓶各 2 个	B14	25 mL、50 mL、100 mL
圆底烧瓶各 2 个	B29	100 mL、250 mL
圆底烧瓶 1 个	B29	500 mL、100 mL
双颈烧瓶 1 个	B29	250 mL
有斜口	B14	
三颈烧瓶 1 个	3×B29	1000 mL
韦氏分馏柱 1 个	2×B29	20 cm（有效长度）
韦氏分馏柱 1 个	2×B14	10 cm（有效长度）
塞子 2 个	B29	
塞子 2 个	B14	
分液漏斗 1 个		500 mL
滴液漏斗 1 个	B 14 或 B 29	50 mL 或 100 mL
吸滤瓶或 Witt 广口瓶 1 个		500 mL
布氏漏斗 1 个		8 cm 直径
赫氏漏斗 1 个		10 mm 多孔板
玻璃漏斗 1 个		约 8 cm 直径
玻璃漏斗 1 个		约 4 cm 直径
烧杯各 2 个		10 mL、25 mL、50 mL、250 mL、600 mL
烧杯 1 个		1000 mL
锥形瓶各 2 个		25 mL、50 mL、100 mL、300 mL、500 mL
锥形瓶 1 个		500 mL
试管 20 个		130 mm×15 mm
试管 20 个		70 mm×50 mm
试管 20 个		70 mm×7 mm
燃烧管 10 个		
熔点管 100 个		

表面皿 3 个

显微镜盖玻片 5 个

氯化钙管 1 个　　可能为 B29

量筒各 1 个　　10 mL、100 mL

空气浴（玻璃）1 个　　约 16 cm 直径

石棉片 2 个

试剂瓶（细颈）

试剂瓶（宽颈）　　30 mL、50 mL、100 mL、250 mL、500 mL

玻璃管

玻璃塞

小量物质的操作，需要使用玻璃仪器：

反应器（吸管）(a) 2 个；

指形冷凝器（b）1 个；

蒸馏管（c）1 个；

带支管梨形烧瓶（d）1 个。

另外，还需要下面的仪器：

试管架、试管夹、钳子、金属刮刀、气、水、真空管、软木塞、橡皮塞、石棉网、环状折叠滤纸。

可能的话，还应当购买下列器皿：

三口烧瓶 1 个　　B14；B29；B14　　500 mL

两口烧瓶 1 个　　B29；B14　　100 mL

接头 1 个　　套接型 B29；锥形 B14

磨口套管搅拌器或金属密封垫搅拌器 1 个　　B29

其它仪器，如大烧瓶和大烧杯、干燥器、高效柱、柱头、搅拌电机等应由学院或研究所分发。

A.6 参考文献

本章所涉及处理方法的详细说明的文献：

Ausgewählte Physikalische Methoden der Organischen Chemie [Selected Physical Methods of Organic Chemistry], 2 vols, ed. Geiseler G., Akademie-Verlag, Berlin, 1963.

Houben-Weyl, Methoden der Organischen Chemie [Methods of Organic Chemistry], Vol. 3, 4th ed., ed. Müller E., Georg Thieme Verlag, Stuttgart.

Technique of Organic Chemistry, 11 vols, ed. Weissberger A., Interscience Publishers, New York.

B. Keil, Laboratoriumstecnik der Organischen Chemie [Laboratory Technique of Organic Chemistry], Akademie-Verlag, Berlin, 1961.

Ullmann's Encyklopädie der Technischen Chemie [Encyclopaedia of Technical Chemistry], 3rd ed., Urban u. Schwarzenberg, München-Berlin; Vol. 2/1, Anwendung physicalischer und physicalisch-chemischer Methoden im Laboratorium [The Use of Physical and Physicochemical Methods in the Laboratory]

(1961).

另外，特殊信息可从下列资源中得到：

化学药品的处理；安全知识

Sax N. I. ,Dangerous Properties of Industrial Materials,Reinhold,New York,3rd ed. ,1965.

British Pharmacopoeia,1968,Pharmaceutical Press,London,1968.

United States Pharmacopoeia,U. S. Pharmacological Convention,New York,1965.

British Acts of Parliament:

Dangerous Drugs Acts,1965,1967.

Pharmacy and Poisons Acts,1953; Amendment,1954.

Pharmacy and Medicines Acts,1941.

Pharmacy Act,1954.

Therapeutic Substances Act,1956.

小量物质的操作

Lieb H. and Schöniger W. ,Anleitung zur Darstellung organicsher Präparate mit kleinen Substanzmengen [Introduction to the Preparation of Organic Materials with Small Amouts of Substance],Springer-Verlag,Vienna,1961.

蒸馏和精馏

Krell E. ,Handbook of Laboratory Distillation,Elseriver Publishing Company,Amsterdam-London-New York. 1963.

Rosengart M. J. ,Die Technik der Destillation and Reklifikation im Laboratorium [The Technique of Distillation and Rectification in the Laboratory]. VEB Verlag Technik,Berlin,1954.

Stage H. ,Die Komonnen Zur Laboratoriumsdestillation [Columns for laboratory distillation], Angew. Chem. ,1947,B19,175-183,215-221,247-251.

分离

Hecker E. ,Verteilungsverfahren im Laboratiorium [Partition Processes in the laboratory],Verlag Chemie,Weinheim/Bergstr. ,1955.

Metzsch F. A. V. ,Anwendungsbeispiele multiplicativer Berteilungen [Examples of the use of mulitiplicative partitions],Angew. Chem. ,1956,68,323-334.

色谱

Fuks N. A. in Raktsii i methody issledovaniya organicheskikh soyedinenii [Reactions and Methods of Investigation of Organic Compounds],Vol. 1,1951,179-306.

E. Lederer and M. Lederer,Chromatography,Elsevier Publishing Co. ,Amsterdam,1957.

纸色谱

Cramer F. ,Papierchromatographie,Verlag Chemie,Weinheim/Bergstr. ,1958.

Hais I. M. and Macek K. , Paper Chromatography. A Comprehensive Treatise. Publishing House of the Czechoslovak Academy of Sciences,Prague/Academic Press,New York,3rd ed. ,1963.

Lederer E. and Lederer M. ,Chromatography,Elsevier Publishing Co. ,Amsterdam,1957.

薄层色谱

Stahl E. , Dünnschichtchromatographie, Springer-Verlag, Berlin-Göttingen-Heidelberg, 1962 (English translation:Thin-Layer Chromatography:A Laboratory Handbook,Allen and Unwin,London,2nd ed. ,1969).

Randerath K. ,Dünnschichtchromatographie,Verlag Chemie,Weinheim/Bergstr. ,1962.

HPLC

Aced G. ,Möckel H. J. ,Liquidchromatographie,-VCH Verlagsgesellschaft,Weinheim,1991.

Ardrey R. E. , Liquild Chromatography-Mass Spectrometry,-Wiley-VCH, Weinheim, New York,2003.

气相色谱

Kaiser R. ,Gas-Chromatographie,Akademische Verlagsgsesellschaft Geest u. Portig,Leipzig,1962.

Keulemans A. J. M. ,Gas Chromatography,Reinhold Publishing Corp. ,New York/Chapman & Hall,Ltd. ,London,2nd ed. ,1959.

Schay G. , Theoretische Grundlagen der Gaschromatographic [Theoretical Principles of Gas Chromatography],VEB Deutscher Verlag der Wissenschaften,Berlin,1961.

Bayer E. ,Gas-Chromatographice,Springer-Verlag,Berlin-Göttingen-Heidlber,1962(English translation:Gas Chromatography,Elsevier,Amsterdam,etc. ,1961).

可见和紫外光谱

Lang L. ,Absorptionsspektren im Ultravioletten und im sichtbaren Bereich,4vols. ,Verlag der Ungarischen Akademie der Wissenschaften,Budapest,1959-63(English version:Absorption spectra in the Ultraviolet and Visible Region,Publishing House of the Hungarian Academy of Sciences,Budapest,1959-1963).

Pestemer M. ,Anleitung zum Messen von Albsorptionsspektren im Ultraviolett und Sichtbaren [Introduction to the Measurement of Absorption Spectra in the Ultraviolet and Visible],Georg Thieme Berlag,Stuttgart,1964.

Jaffe H. H. and Orchin M. ,Theory and Applications of Ultraviolet Spectroscopy,John Wiley & Sons,Inc. ,New York-London,1962.

Organic Electronic Spectral Data, Vols. 1-4, Interscience Publishers, Inc. , New York-London, 1960-1963.

Rao C. N. R. ,Ultra-violet and Visible Spectroscopy,Butterworths,London,1961.

红外光谱

Bellamy L. J. ,The Infrared Spectra of Complex Molecules,Methuen & Co. Ltd. ,London/John Wiley & Sons,Inc. ,New York,2nd ed. 1958.

Nakanishi K. ,Infrared Absorption Spectroscopy,Holden-Day,Inc. ,San Francisco and Nankodo Co. Ltd. ,Tokyo,1964.

Brügel W. ,Einführung in die Ultrarotspektroskopie [Introduction to Infrared Spectroscopy], Verlag,Dr. Dietrich Steinkopff,Darmstadt,1962.

核磁共振谱

Strehlow H. ,Magnetische Kernresonanz und chemische Struktur [Magnetic Nuclear Resonance and Chemical Structure],Verlag Dr. Dietrich Steinkopff,Darmstadt,1962.

Roberts J. D. , Magnetic Nuclear Resonance, McGraw Hilll Book Co. , New York, 1961. Angew. Chem. 1963,75,20-27.

Jackman J. M. ,Applications of Nuclear Magnetic Resonance Spectroscopy in Organic Chemistry,Pergamon Press,London,1959.

质谱

McLafferty F. M. ,Interpretation of Mass Spectra,-W. A. Benjamin,New York,1973.

光学转动发散

Djerassi C. ,Optical Rotatory Dispersion:Application to Organic Chemistry,-McGraw Hill Book Comp. ,New York,1960.

伦琴结构分析

Clegg W. ,Crystal Structure Determination,-Oxford University Press,Oxford,New York,Yokyo,1998.

B 有机化学文献及实验报告的写作方法

在进行有机合成实验时，学生必须学会使用化学文献。首先应该查阅有关化合物的物理常数等数据，阅读各章罗列的原始文献，了解化合物的性质。因此，在合成工作之前，学生应尽可能查阅所有文献，并写出要合成的化合物的具体合成过程。

由于查阅文献能使合成实验达到事半功倍的效果，因此学生必须养成认真查阅文献的良好习惯。

B.1 原始文献

B.1.1 期刊文献

以下是一些常用的杂志，括号内为期刊缩写。

Acta Chemica Scandinavica（Acta Chem. Scand.）

Angewandte Chemie（Angew. Chem.）

Bulletin of the Chemical Society of Japan（Bull. Chem. Soc. Japan）

Bulletin de la Société Chimique de France（Bull. Soc. Chim. France）

Canadian Journal of Chemistry（Can. J. Chem.）

Chemische Berichte（Chem. Ber.）

Chemical Communications（Chem. Commun.）

Chemistry A European Journal（Chem. Eur. J.）

Chemistry Letters（Chem. Lett.）

Collection of Czechoslovak Chemical Communications（Collect. Czechoslov. Chem. Commun.）

European Journal of Organic Chemistry（Cur. J. Org. Chem.）

Helvetica Chimica Acta（Helv. Chim. Acta）

Heterocycles（Hetercycles）

Journal of the American Chemical Society（J. Am. Chem. Soc.）

Journal of the Chemical Society，Perkin Transactions 1 and 2（J. Chem. Soc.，Perkin Trans. 1，2）

Journal of Hetercyclic Chemistry（J. Hetercycl. Chem.）

Journal of Organic Chemistry（J. Org. Chemistry）

Journal für Praktische Chemie（J. Prakt. Chem.）

Liebigs Annalen der Chemie（Liebigs Ann. Chem.）

Monatschefte für Chemie（Monatsh. Chem.）

Orgaometallics（Orgaometallics）

Organic Letters（Org. Lett.）
Synlett（Synlett）
Synthetic Communcations（Synth. Commun.）
Synthesis（Synthesis）
Tetrahedron（Tetrahedron）
Tetrahedron：Asymmetry
Tetrahedron Letters（Tetrahedron Lett.）
Zhurnal Obshchei Khimii（Zh. Obshch. Khim.）
Zhurnal Organicheskoi Khimii（Zh. Org. Khim.）

B.1.2 专利文献

专利中的化学信息被收录在文摘文献之中。

1938年以前的德国专利可查阅（P. Friedländer，Fortschritte der Teerfarbenfabrikation und verwandter Gebiete）（煤焦油染料及相关领域制备进展），（Springer-Verlag，Berlin）。其它专利可从图书馆或直接从相关国家专利局获得。

B.2 评述文献

文献可以使人快速进入到被评述和引用的原始文献中，但不能保证涉及主题的文献来源的完整性。例如，除原创工作外发表较大范围领域的评述的期刊有：

Account of Chemical Research（Acc. Chem. Res.）
Angewandte Chemie（Angew. Chem.）
Chemical Reviews（Chem. Rev.）
Chemical Society Reviews（Chem. Soc. Rev.）
Synthesis（Synthesis）
Tetrahedron（Tetrahedron）
Uspekhi Khimii（Usp. Khim.）
Advances in Hetercyclic Chemistry（Adv. Hetercycl. Chem.）
Adcances in Organic Chemistry（Adv. Org. Chem.）
Advances in Physical Organic Chemistry（Adv. Phys. Org. Chem.）
Advances in Organometallic Chemistry（Adv. Organomet. Chem.）
Annual Reports in Organic Synthesis（Ann. Rep. Org. Synth.）
Contemporary Organic Synthesis（Contemp. Org. Synth.）
Organic Reactions（Org. React.）
Organic Synthesis Highlights
Progress in Organic Chemistry（Prog. Org. Chem.）
Progress in Physical Organic Chemistry（Prog. Phys. Org. Chem.）
Synthetic Reagents
Topic in Current Chemistry—Fortschritte der Chemischen Forschung（Top. Curr.

Chem. -Fortschr. Chem. Forsch.）

在许多情况下，不仅需要查阅某一特定化合物的合成方法，而且需要查阅某一类物质的合成方法，例如，醛的制备方法、甲基的氧化方法、芳烃分子中引入卤素的方法等。此时，应查阅手册、实验方法及过程报告。

该领域最全面的多卷丛书是 Houben-Weyl，Methoden der Organischen Chemie（有机化学实验方法），4th edition，edited by Eugen Müller，Verlag Georg Thieme，Stuttgart（Houben-Weyl），至今仍在出版发行。除常用化学方法外，该丛书还收集分析方法、实验室技术及物理方法。

Theilheimer W，Synthetische Methoden der Organischen Chemie（有机化学合成方法），Verlag S. Karger，Basel，New York 是一份年报，按实验方法分类收集了有机化合物的制备方法，该年报从第五卷起用英文出版。

有机化学最重要的合成方法概要参见：Weygand-Hilgetag，Organisch-chemische Experimentierkunst（有机化学实验技术）J. A. Barth，Verlag，Leipzig，1964 及 Wagner R. B. and Zook H. D.，Synthetic Organic Chemistry（有机合成化学），John Wiley & Sons，New York，1953。

Organic Syntheses（有机合成），John Wiley & Sons，New York（Org. Synth.）收集了成熟的合成方法。该书被 Beilstein 和 Zentralblatt 收录，已出版的前四十卷已被编辑为四卷合订卷（Coll. Vols. Ⅰ～Ⅳ），其中第一合订卷已由德国 Asmus 出版社出版发行。

另外还有一些重要的图书可供参考，如：

March J，Advanced Organic Chemistry. John Wiley & Sons，New York，1992.

Norman R. O. C.，Coxon J. M.，Principles of Organic Synthesis，Blackie，London，1993.

Nicolaou K. C.，Sorensen E. J.，Classics in Total Synthesis，VCH，Weinheim，1996.

Comprehensive Organic Functional Group Transformations，Elsevier Science，Oxford，1995.

The Chemistry of Hetercyclic Compounds，Interscience Publisher，New York，London.

B.3 参考文献

B.3.1 Beilstein 有机化学手册

在查找化合物性质时，首先应该查阅《Beilstein 有机化学手册》[Beilstein's Handbuch der Organischen Chemie，4th edition，Springer-Verlag，Berlin-Göttingen-Heidelberg（Beilstein）[1]]。该手册收录了有机化学的所有文献，正本收录了 1909 年之前的文献，第一次增补本收录 1910～1919 年的文献，第二次增补本收录了 1920～1929 年的文献，第三次增补本收录了 1930～1949 年的文献，第三及第四次增补本收录了 1930～1959 年的文献，第五次增补本收录了 1930～1979 年的文献。增补本各卷中化合物的排列顺序与正本中排列顺序相同；《Beilstein》中有关化合物的分类及化合物编号等信息

[1] 括号中为（按照化学期刊的）标准索引或本书所用索引。

请查阅《有机化合物系统——Beilsten 有机化学手册指南》(System der organischen Verbindungen，ein Leitfaden für die Benutzung von Beilstein's Handbuch der Organischen Chemie [System of Organic Compounds，a Guide for the Use of Beilstein's Handbuch der Organischen Chemie]，Springer-Verlag，Berlin，1929)。

基本上可以按照下列的文献时间段分成 6 个系列：

系　列	缩　写	完整收集的文献
主卷	H	1909 年前
Ⅰ. 增补卷	EⅠ	1910～1919
Ⅱ. 增补卷	EⅡ	1920～1929
Ⅲ. 增补卷	EⅢ	1930～1949
Ⅲ/Ⅳ. 增补卷	EⅢ/Ⅳ(17～27 卷)	1930～1959
Ⅳ. 增补卷	EⅣ	1930～1959
Ⅴ. 增补卷	EⅤ	1930～1979

《Beilstein》各卷均有索引；另外，各卷均有普通物质索引和普通分子式索引。正本和第一次增补本中分子式索引按碳原子数增加的顺序列出各组化合物的经验式。第一组为除碳外还含有一种元素的化合物，如烃；第二组为除碳外还含有两种元素的化合物，如醇等。各组中元素均按 C、H、O、N、卤素、S、P、…顺序排列（M. M. Richter 系统）。例如，噻吩-α-甲酰胺的经验式为 C_5H_5NOS，排列在第四组中。

从第二次增补本开始，使用 Hill 系统❶，分子式索引也按碳原子增加的顺序排列，碳之后为氢，但是氢后其它元素按字母顺序排列。因此，噻吩-α-甲酰胺列在 C_5 组的 C_5H_5NOS 之下。

《Beilstein》中杂志名缩写与德国使用的标准缩写不同，更不用说英国和美国标准。

《Beilstein》的 Chemisches Zentrablatt（C）中收录了 1930 年以前的文献（第三次增补本收录了 1950 年以前的文献）。1930～1934 年和 1935～1939 年❷的普通索引包括主题索引、分子式索引、作者索引和专利索引。要查阅此后的文献则必须逐次查阅各年索引。并不是所有的化合物都按主题索引收录，因此若有确定的分子式，最好查阅分子式索引，1955 年之前按 Richter 系统排列，之后按 Hill 系统排列。要了解分子式索引的编排原则，请查阅 1950 年和 1956 年分子式索引的前言部分（例如甲酯和乙酯列在羧酸经验式下面）。

Zentralblatt 中的文摘按特定的系统排列❸，这有利于在最新出版的 Beilstein 手册中查找（尽管没有索引）。另外，也可以在各卷作者索引❹中查找特定作者的研究工作。

---

❶ J. Am. Chem. Soc.，1900，22：478。

❷ 1935～1939 年普遍索引只收录了部分主题索引，另外作者索引只收录至 1944 年。

❸ Chemisches Zentralblatt. Das System. Akademie-Verlag，Berlin，Verlag Chemie，Weinheim/Bergstr.，1959。

❹ 作者索引也是各卷第一次年度索引。

Zentralblatt 中收录的所有杂志可查阅：Periodica Chimica，edited by Pflücke M，Akademie-Verlag，Berlin，Verlag Chemie，Weinheim/Bergstraβe，其中所有杂志均有标准缩写，且要求在所有化学文献中使用这些标准缩写。

Beilstein 增补本补收了战争期间没有收录的文献，但是仍然没有完整的索引。要查阅完整的索引必须使用另一文摘期刊。

B. 3. 2 索引源

美国化学会出版发行《化学文摘》（C. A.）与 Zentralblatt 一样，《化学文摘》包括作者索引、专利索引、主题索引和分子式索引。C. A. 的主题索引非常全面且比分子式索引更好用。所有的化合物都收录在基本物质名称之下，如要查找 1-(*p*-acetamidophenacyl)-4-ethylpyridinium bromide，则应先查找 Pyridinium compounds，在其名称下再查找 1-(*p*-acetamidophenacy1)-4-ethyl bromide。所以，使用这种主题索引很容易查到同类化合物[1]。1956 年卷刊登了所有被收录杂志的名称，其后增收的杂志也在相应卷期公布。

The Abstracts of the Chemical Society（英国化学会文摘）起初与 J. Chem. Soc.（英国化学会志）一起发行，后来单独出版发行，《英国化学会文摘》收录了 1878～1953 年的文献。

1953 年，俄文杂志 Реферативньгй ЖурЦал（Химия）［文摘杂志（化学）］出版发行，该杂志收录自 1953 年 1 月起的化学文献，由前苏联科学院科学信息研究所主办，其编排格式与其它文摘杂志基本相同。除收录定期出版的各种杂志文献外，Реферативньгй ЖурЦал（Химия）还收录新书评、专著、手册、评论、学位论文、专利等非定期出版物的简单介绍。

目前，该杂志的主题索引和分子式索引出版至 1956 年。

1955 年，伦敦化学会出版发行月刊 Current Chemical Papers。1961 年，美国化学会出版发行双月刊 Chemical Titles。这两种杂志均收录原始论文的题目，按学科顺序编排，收录速度很快。

1961 年，费拉德尔菲亚科学信息研究所出版发行双月刊杂志 Index Chemicus，该杂志专门收录新合成的化合物，其中化合物按经验式和结构式顺序编排。

B. 3. 3 快速索引服务

1970 年起由 Verlag Chemie（Weinheim/Bergstrasse）出版的 Chemische Informationsdienst（ChemInform）。

由 Institute for Scientific Information（Philadelphia）出版的 Current Contents。

B. 4 表格

以下几部表格形式的手册非常重要：

Landolt-Börnstein，Zahlenwerte und Funktionen aus Physik，Chemie，Astronomie，

---

[1] 有关主题索引的编排方式及命名原则请参阅 CA，1945，39：5867-5975。

Geophysik und Technik（物理、化学、天文学、地球物理学及工业数值和函数），6th edition，Springer-Verlag，Berlin-Göttingen-Heidelberg. 该书全面收集了以上各领域的数据、函数等资料。

Perelman W. I.，Taschenbuch der Chemie（化学手册），VEB Deutscher Verlag der Wissenschaften，Berlin，1960. 该手册中含有很全面的化学品表格和物理数据表格。

D'Ans-Lax，Taschenbuch für Chemiker und Physiker（化学家和物理学家手册），Springer-Verlag，Berlin，Heidelberg，1/1991，2/1983，3/1970.

Chemiker Kalender（化学家手册），ed. Synowitz C.，Schafer K.，Springer-Verlag，Berlin，Heidelberg，1984.

West R. C.（Ed.），Handbook of Chemistry and Physics（化学物理手册），Cleveland，CRC Press.

B.5 命名方法

化学命名法随时间的迁移变化也很大。首先应掌握俗名，这些俗名很多在今天也仍在用。第一个尝试用系统命名的是 Genfer 命名法，但面对当前的要求也已经不够用了。

目前有效的规则是由 IUPAC（International Union of Pure and Applied Chemistry）确定的。

按照 IUPAC 命名，一般选取代表碳骨架的化合物主链命名，给出取代基的数目及连接位置。对不同取代基按前缀的字母顺序，对特征官能团（如—OH，$—NH_2$，—Cl 等）按优先度排序。排序最高的取代基作为主要基团命名（表 B.1）。

举例如下：

$Cl—\overset{2}{C}H_2—\overset{1}{C}H_2—OH$

化合物骨架：乙烷
特征官能团：Cl，OH
主要基团：OH；醇
命名：2-氯乙醇

$HO—\overset{4}{C}H_2—\overset{3}{C}H_2—\overset{2}{C}(=O)—\overset{1}{C}H_3$

化合物骨架：丁烷
特征官能团：OH，=O
主要基团：=O；酮
命名：4-羟基-2-丁酮

而在衍生命名法中，是检查是否存在着代表一类化合物的特征基团：

$Cl—CH_2—CH_2—OH$

特征官能团：Cl，OH
类名：醇
剩余基团名：乙基
命名：2-氯代乙基醇

$HO—CH_2—CH_2—C(O)—CH_3$

特征官能团：OH，C=O
类名：酮
剩余基团名：乙基，甲基
命名：(2-羟基乙基)甲基酮

表 B.1 IUPAC 命名中按优先度下降排序的特征官能团①

特征官能团	前 缀	后缀	
		取代基命名	衍生命名
阴离子，如—O^-	-ato-		
阳离子，如—NR_3^+	-onia-	-(on)ium 络合阳离子	
—COOH	酰	-羧酸	
—(C)OOH		-酸	
—C(═S)OH	硫酰基	硫代羧酸	
—SO_3H	磺代	-磺酸	
—COOR	烷氧酰基	羧酸烷基酯	
—SO_3R	烷氧硫酰基	-磺酸烷基酯	
—COX	卤代甲酰基	-羧酸卤代物	
—(C)OX		-酸卤代物	
—SO_2X	卤代磺酰基	-磺酸卤代物	
—$CONH_2$	酰胺基	-羧酸胺	
—SO_2NH_2	磺酰胺基	-磺酸胺	
—C≡N	氰基	碳腈	氰化物
—(C)≡N		腈	
—C(═O)H	甲酰基	碳甲醛	
—(C)(═O)H	氧代	含氧化合物	
—C═O			酮
—(C)═O	氧代		
—C═S			巯酮
—(C)═S	硫代	巯酮	
—OH	羟基	醇	乙醇
—SH	巯基	硫醇	
—OOH	氢过氧基		氢过氧化物
—NH_2	氨基	胺	胺化合物
—NH	亚氨基	亚胺	
—PH_2	亚膦基		亚膦化合物
—OR	烷氧基		烷基醚
—SR	烷巯基		烷基硫化物
—X	卤基		卤化物
—NO	亚硝基		
—NO_2	硝基		

① 括号中出现的 C 原子不在前缀和后缀里表达出来，如 CH_3CH_2COOH：丙酸或乙基羧酸。

B.6 检索过程

该处描述一些常见的情况。

B.6.1 对限定化合物的检索

B.6.1.1 完整的文献检索

由对已知结构导出分子式以及（或）由 Beinstein 命名规则进行罗列开始，查找一般分子式以及一般物质登录。

如要查找的物质不在1929年以前的一般登录上，则必须借助Beinstein的EⅢ、EⅢ/Ⅴ、EⅣ和EⅤ来查找。

通过印刷版的Beinstein可以容易地找到1949～1959年的文献，以后的查询可以在CA中进行。

B.6.1.2　检索便利制备方法

如在本书中无法找到的特定化合物的便利制备方法，可以先查询Fiester L. M.，Reagents for organic Syntheses，如还是缺乏则再查阅Houben-Weyl。

B.6.2　化合物分类的检索

如化合物的合成在文献中还没有描述，可以先了解属于同类型的物质的制备方法。在本书中无法找到的话，可以在下列文献源中获得：Weigand-Hilgetag，Houben-Weyl，Theilheimer。

B.6.3　计算机辅助检索

计算机辅助检索文献是非常有效的方法。其前提条件是计算机，它通过通讯网络与数据库相连。另外，还需要授权（用户登录名ID，口令）。

B.6.3.1　化合物和合成方法检索

借助CAS-Register和Beinstein可以在线检索已知准确结构的某一化合物，采用化学命名或结构式做搜索项。

B.6.3.2　结构检索

当查找的化合物具有通常的结构单元但是有不同的取代基时，查询就变得很困难或者是不可能的。这样的查询使用CAS-Register和Beinstein是可以在线实现的。离线时可以使用Beinstein CrossFire。在几秒到几分钟时间内就可以搜遍数百万存储的化合物。

B.6.3.3　反应检索

除Beinstein检索外，特别适合的是反应数据库CASREACT（引用了1985年以来的反应）和CHEMINFORMRX。

B.7　实验报告写作方法

在实验过程中，所有数据及现象，如反应物加入量、系统误差或偶然误差、颜色变化、温度升高、产率等，必须如实记录在实验记录本上。实验记录本必须有连续的页码并注明日期。如果按文献进行实验，则必须将整个实验过程预先写在实验记录本上。

实验完成后，必须按具体的实验过程和实验记录本记录的数据和现象进行整理，写出实验报告。实验报告的内容应包括：所制备化合物的名称（系统命名，有时也可以是俗名），熔点、沸点、密度、折射率等各种常数的文献值及测量值，化学反应方程式，反应物及生成物的数量（用g或mol为单位），所用仪器的名称及型号，实验的具体过程，若产物使用蒸馏法分离，还需画出蒸馏装置图。写出蒸馏平衡温度、产率及产率的计算方法等。

产率应以反应物的用量根据反应方程式计算，以百分数（%）表示。对于有反应物过量的化学反应，产率应以不足量反应物计算，若产率有文献值，应将实验值与文献值进行比较，并对产率提高或降低的原因进行解释。

当按文献进行合成实验时，通常文献中有许多不同的合成方法，因此需对这些方法进行分析总结，从中选出最好的方法。可以使用这样的方法进行总结：画出要合成的物质的结构式，将文献中的各种合成方法写在该结构式的周围，每个步骤均用结构式表示。

给每个步骤进行编号，并列出相应的参考文献。各个步骤都应标明压力、温度、产率等重要数据，当然最好是标注在箭头上。

实验报告必须写出所有已知的细节（包括参考文献），必须对所选的实验方法进行简单的评价，必须对实验记录本中记录的实验现象进行全面的描述。报告中必须计算出各步反应的产率，最后一步计算出总产率（以第一步反应物为基准）。最后，要对所选用的实验方法进行讨论，并对所得结果与文献结果进行比较分析。

对于物质分析（有机化合物的鉴定）的实验报告，必须对得到的物质进行准确的表征，并对所使用的分析方法进行简单的描述。

B.8 参考文献

化学文献

Nowak A. ,Fachliteratur des Chemikers(有机化学重要文献),VER Deutscher Verlag der Wissenschaften,Berlin,1962.

Maizell R. E. ,How to find chemical information,Wiley & Sons,NewYork,1998.

数据库的描写

Using CAS Online-Chemical Abstract Service,Columbus,Ohio,1985.

REGISTRY-STN International,Fachinformationszentrum Karlsruhe,1988.

Focus on CASREACT-STN International Chemical Abstract Service,Columbus,Ohio,1992.

命名

IUPAC,Organic Chemistry Division,Commission on Nomenclature of Organic Chemistry,Nomenclature of Organic Chemistry,Pergamon Press,Oxford,1979.

C 基本原理

C.1 有机化学反应的分类

有机化学反应的分类方法很多，可以根据反应路线、化学键重排的特征及决速步中涉及的分子数目等方法进行分类。

（1）一般的方法是按电子重排来分类。按电子重排可以进行如下分类：

① 电子转移反应，如：

$$R_3N\!: + M^{3\oplus} \rightleftharpoons R_3\dot{N}^{\oplus} + M^{2\oplus} \tag{C.1}$$

许多氧化还原反应属于该类（见 D.4），除单电子转移外还可以进行双电子转移。

② 化学键断裂重排反应

· 均裂（自由基）反应

键“对称”地断开的同时伴随着自由基的形成或由自由基形成键。

分子均裂及键形成时自由基进行组合，例如：

$$Cl—Cl \rightleftharpoons Cl\cdot + Cl\cdot \tag{C.2}$$

均裂式（自由基）交换，例如：

$$Cl\cdot + H—R \longrightarrow Cl—H + R\cdot \tag{C.3}$$

· 异裂（极性，离子化）反应

在得到电子对的情况下，键非对称断裂或形成。

分子均裂及亲电试剂和亲核试剂进行组合：

$$R—Cl \rightleftharpoons R^{\oplus} + Cl^{\ominus} \tag{C.4}$$

均裂（离子式）交换：

$$I^{\ominus} + R—Cl \rightleftharpoons I—R + Cl^{\ominus} \tag{C.5}$$

$$B + H—A \rightleftharpoons \overset{\oplus}{B}—H + A^{\ominus}\ (\text{B 指碱，HA 指酸}) \tag{C.6}$$

· 周环反应

多个键通过一个环状过渡态同时形成或断裂，既不是离子的又不是自由基方式的。属于该类的有 Diels-Alder 反应和 Cope 重排如：

$$\text{丁二烯} + \text{乙烯} \rightleftharpoons [\text{环状过渡态}]^{\ddagger} \longrightarrow \text{环己烯} \tag{C.7}$$

（2）按反应基质发生的结构变化分类如下。

① 取代反应（用 S 表示），例如：

$$Ar—H + HNO_3 \longrightarrow Ar—NO_2 + H_2O \tag{C.8}$$

② 加成反应（用 A 表示），例如：

$$H_2C{=}CH_2 + Br_2 \longrightarrow BrCH_2—CH_2Br \tag{C.9}$$

③ 消除反应（用 E 表示），例如：

$$H_3C—CH_2OH \longrightarrow H_2C{=}CH_2 + H_2O \tag{C. 10}$$

④ 异构化反应，例如：

$$=\text{N—OH} \longrightarrow \text{O, N—H} \tag{C. 11}$$

(3) 按分子动力学的观点分类。按反应决速步中涉及的分子数目可分类为：单分子反应，双分子反应和多分子反应。

C. 2　化学反应中的能量变化

化学反应始终与能量的分布联系在一起：参加反应的物质能量发生变化，就存在着与环境交换能量。

在一级反应（基元反应）进行时，沿从反应物到产物能量最有利的反应途径的能量变化可以用图 C. 12 表示。

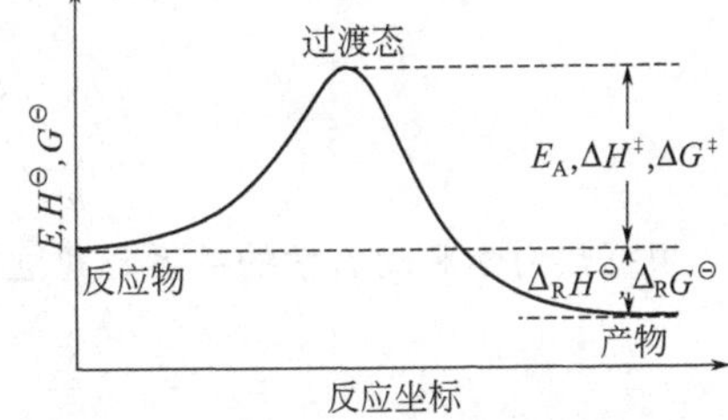

图 C. 12　化学基元反应中的能量变化

反应物和产物的内能、焓和 Gibbs 能量（又称自由能）与反应途径无关，它们是状态量，在化学热力学中研究这些与状态有关的量。

反应物（R）和产物（P）的摩尔标准 Gibbs 键能的差别（$\Delta_B G^{\ominus}$）就是摩尔标准 Gibbs 反应能 $\Delta_R G^{\ominus}$：

$$\Delta_R G^{\ominus} = \Delta_B G_E^{\ominus} - \Delta_B G_A^{\ominus} \tag{C. 13}$$

它直接与热力学平衡常数相联系：

$$K = e^{-\frac{\Delta_R G^{\ominus}}{RT}} \tag{C. 14}$$

$\Delta_R G^{\ominus}$越小，K 越大：

$$\Delta_R G^{\ominus} < 0,\quad K > 1 \tag{C. 15}$$

$$\Delta_R G^{\ominus} > 0,\quad K < 1 \tag{C. 16}$$

反应物（R）和产物（P）的摩尔标准生成焓的差别（$\Delta_B H^{\ominus}$）就是摩尔标准反应焓 $\Delta_R H^{\ominus}$：

$$\Delta_R H^{\ominus} = \Delta_B \mathrm{H}_E^{\ominus} - \Delta_B H_A^{\ominus} \tag{C. 17}$$

它给出反应热，按 van't-Hoff 反应等压方程确定平衡常数的温度依赖：

$$\Delta_R H^{\ominus} < 0\text{，放热反应(图 C. 12)，}K\text{ 随温度的升高而下降} \tag{C. 18}$$

$$\Delta_R H^{\ominus} > 0\text{，吸热反应，}K\text{ 随温度的升高而升高} \tag{C. 19}$$

标准生成焓可以查阅手册获得，因此可以对一个反应的热效应进行预测，相应进行实验研究。

按照 Hess 热定律，$\Delta_R H^{\ominus}$为反应中断裂和生成的键的解离焓的差值：

$$\Delta_R H^\ominus = \sum_{解离键} \Delta_D H^\ominus - \sum_{生成键} \Delta_D H^\ominus \tag{C.20}$$

$\Delta_R G^\ominus$和$\Delta_R H^\ominus$可以通过 Gibbs-Helmholtz 方程联系在一起：

$$\Delta_R G^\ominus = \Delta_R H^\ominus - T\Delta_R S^\ominus \tag{C.21}$$

$\Delta_R S^\ominus$是反应物和产物的摩尔标准熵的差值，熵衡量的是“混乱”程度。

$\Delta_R S^\ominus > 0$：反应物到产物的过程中“混乱度”增加，如环状化合物⟶开链化合物。 (C.22)

$\Delta_R S^\ominus < 0$：“有序度”增加，如上述相反过程。 (C.23)

方程式(C.21) 的应用可以用加氢和脱氢来解释：

$$\rangle C{=}C\langle + H_2 \underset{催化剂}{\overset{催化剂}{\rightleftharpoons}} H{-}\rangle C{-}C\langle{-}H \tag{C.24}$$

在由反应物到产物的过程中，热力学可能发生的反应必须要克服一个能垒。反应物与经历的过渡态之间能量上的差别为活化能 E_A（Gibbs 活化能 $\Delta G^{\neq}$）。它可以确定反应的速率常数 k。按照化学动力学定律有：

$$k = Ae^{-\frac{E_A}{RT}} \tag{C.25}$$

$$k = \frac{k_B T}{h} e^{-\frac{\Delta G^{\neq}}{RT}} = \frac{k_B T}{h} e^{\frac{\Delta S^{\neq}}{T}} e^{-\frac{\Delta H^{\neq}}{RT}} \tag{C.26}$$

根据热力学和动力学的关系，建立正逆反应的关系：

$$K = \frac{k_{正}}{k_{逆}} \tag{C.27}$$

反应活化能原则上不比反应焓小。不过，经常是反应放热越多活化能越小，即反应物能量越高则产物能量越低（图 C.28）。

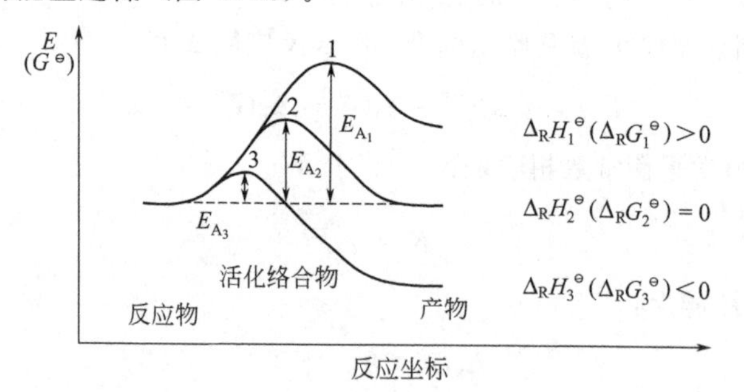

图 C.28 反应能量变化途径

按 Evans 和 Polanyi 的观点，存在线性关系：

$$E_A = \alpha \Delta H^{\neq} + \beta \tag{C.29}$$

类似的有下列线性关系存在：

$$\Delta G^{\neq} = a\Delta_R G^\ominus + b \tag{C.30}$$

C.3 有机化学反应中的时间因素

对于如下所示化学反应，

$$A + B \longrightarrow C \tag{C.31}$$

其速率 v 取决于反应参与者的种类和浓度，简单情况下可以用公式表示为：

$$v=k[A]^a[B]^b \tag{C. 32}$$

其中，k 是反应速率常数；[A] 和 [B] 是 A 和 B 的浓度。

按照经验规则，反应温度每升高 10℃，有机化学反应速率增大 2～3 倍。

浓度 [A] 和 [B] 的指数之和 ($a+b$) 是反应级数。哪些反应参与者出现在反应速率方程中是由反应机理确定的，通过实验确定的反应速率方程则可以反过来推测反应机理。

最简单的就是一步进行的基元反应，这时所有反应物浓度都体现在反应速率方程中，反应级数由分子数确定，即参与反应的分子数与反应级数此时是一致的。在这种情况下，反应速率取决于所有反应物的浓度，当浓度升高时反应速率增大。

C. 3. 1 连续反应

大多有机化学反应不是一步实现的，而是通过多步基元反应完成的。因此，反应机理是由基元反应的类型和数量、它们的时间顺序和所出现的中间产物来确定。

例如，按计量方程 (C. 31) 发生的反应可以经中间体 Z 以两步的形式完成：

机理：

$$A \underset{k_{-1}}{\overset{k_1}{\rightleftharpoons}} Z \tag{C. 33}$$

$$Z + B \xrightarrow{k_2} C \tag{C. 34}$$

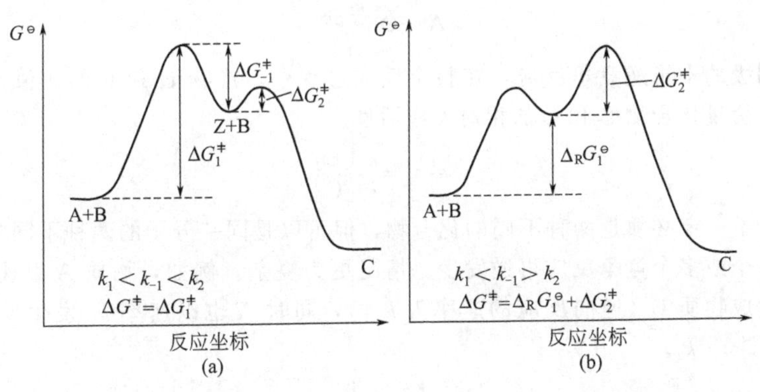

图 C. 35 两步反应 [式(C. 33)，式(C. 34)] 能量曲线

如图 C. 35 所示，中间体 Z 通常有较高的能量，例如离子或自由基，因此反应性很强($\Delta G^{\ddagger}_{-1}$，$\Delta G^{\ddagger}_{2} \ll G^{\ddagger}_{1}$；$k_{-1}$，$k_2 \gg k_1$)。它的存在时间极短，马上就被消耗掉，只以极微量的浓度存在 (Bodenstein 稳定态原则)。对总反应，反应速率方程变成：

$$v=\frac{k_1 k_2[A][B]}{k_{-1}+k_2[B]} \tag{C. 36}$$

实际上，该复杂的方程在以下两种特殊极限情况下可以写成更简单的形式：

(1) $k_{-1} \ll k_2$ [B] 时 [图 C. 35(a)]，由式(C. 36) 得到

$$v=k_1[A] \tag{C. 37}$$

为一级速率方程，它是与由第一个反应步骤 (C. 33) 所得到的方程一致的。中间产物的形成是反应 (C. 31) 的决速步骤。在这种情况下，反应速率方程中只有反应物

A，而没有反应物B，反应物B浓度的升高并不使得反应速率提高。

(2) 当 $k_{-1} \gg k_2$ [B] 时 [图C.35(b)]，在这种情况下，式(C.36)中分母项 k_2 [B] 可以被忽略，得到二级速率方程：

$$v=\frac{k_1}{k_{-1}}k_2[A][B]=K_1k_2[A][B]=k[A][B] \quad (C.38)$$

可以看出，产物C的形成速率不仅取决于Z的反应活性（由 k_2 衡量），而且取决于Z的浓度（由 K_1 决定，$[Z] \sim K_1$）。通常情况下，活性高的中间体浓度低，活性差的中间体浓度高。当中间体有适中的反应活性时反应速率最大。

例如，第(2)种情况[式(C.38)]对应于许多酸（碱）催化的反应，其中出现反应性中间体（Z），它们在处于酸碱平衡的基质（A）上通过质子化（及去质子化）形成。

C.3.2 竞争反应

与大多数无机反应相比，有机反应过程中常伴随有副反应（平行反应或竞争反应或同步反应）发生。例如，化合物A同时与两种物质B和C反应生成两种产物D和E：

$$\begin{aligned} A + B &\xrightarrow{k_1} D \\ A + C &\xrightarrow{k_2} E \end{aligned} \quad (C.39)$$

对于同级的不可逆竞争反应，在整个反应过程中，产物D和E的比值是常数，因此，可用于衡量化合物B和C的相对反应活性。

$$\frac{[D]}{[E]}=\frac{k_1[B]}{k_2[C]} \quad (C.40)$$

B和C不一定必须是两种不同的化合物，但可以是同一分子的两种不同状态。

如果一个或多个竞争反应可逆发生，情况更为复杂。例如，物质A以速率 k_1 发生可逆反应生成物质B（逆向反应的速率为 k_{-1}），同时A也以速率 k_2 发生反应生成C，且 $k_1 > k_{-1} >> k_2$。

$$C \xleftarrow{k_2} A \underset{k_{-1}}{\overset{k_1}{\rightleftharpoons}} B \quad (C.41)$$

在竞争反应的产物中，如果C在热力学上更稳定，由于 k_1 较大，有利于反应平衡 $A \rightleftharpoons B(K=k_1/k_{-1})$ 向右移动，所以，在反应开始很短的时间内，即有大量的B生成，同时由于 k_2 值较小，仅有很少的C生成。如果在此时停止反应，则B为主产物，这种情况称为动力学控制反应。但是，如果反应继续进行，则由于竞争反应(k_2)的发生使物质A的量减少。因此，为维持反应平衡，更多的B必须转变成A，A进一步反应生成C，最终所有的B都转变成热力学更稳定的C。若反应进行足够长的时间，则C为主产物，这种情况就是"热力学控制反应"。

化学家希望抑制多个竞争反应中不需要的反应，以提高目标产物的产率和纯度。

温度对化学反应有很大的影响。通常温度的改变对竞争反应有不同的影响：根据公式(C.20)，温度的改变对不同活化能的反应速率影响不同。另外，温度的变化对竞争反应平衡位置的影响也不同。

控制一个反应的最重要的方法是使用催化剂来加速所需要的竞争反应，其模型是生物催化剂（酶、酶体系），但目前还未实际应用。当然，化学家已经开发出了有选择性的生物催化剂。最重要的例子是一氧化碳的定向催化氢化反应生成烃（Fisher-Tropsch 合成）或甲醇及更高级的醇。如果一种催化剂加速正反应和逆反应的能力相同，则不影响平衡位置。

选择一种合适的溶剂也可能会加速一种所需要的反应。所以化学反应的研究趋势是将反应物、催化剂和/或溶剂作为一个独立的体系来处理。

C. 3. 3 溶剂对反应性的影响

因为溶剂化是基于库仑力、色散力和极性/偶极力及特殊化学相互作用（如氢键，电子授受作用）等，所以其类型和强度不仅取决于被溶的粒子，也与溶剂有关。

溶剂可以分为以下几种：

① 非极性和弱极性溶剂 烃类（介电常数 $\varepsilon=2$）和醚，如环氧乙烷（$\varepsilon=2.2$）、二乙醚（$\varepsilon=4.2$）和四氢呋喃（$\varepsilon=7.4$）。醚具有亲核性。

② 极性质子化溶剂 这一类包括重要的溶剂如水（$\varepsilon=78$）、醇、碳酸、氨和甲酰胺（$\varepsilon=109$）等。由于它们的较高的介电常数，对离子对和盐起解离性的作用。此外，通过它们具有的自由电子对与具有缺少电子中心的物质（如阳离子）发生亲核溶剂化导致稳定，通过酸性的氢原子对电子富裕中心发生亲电溶剂化得以稳定。

形成氢桥键的趋势随溶剂的酸性增强而增大，因此，乙酸在这方面表现得最为明显。

③ 极性非质子化溶剂 亲核溶剂属于这一类，如丙酮（$\varepsilon=20$）、乙腈（$\varepsilon=37$）、硝基甲烷（$\varepsilon=37$）、二甲基亚砜（$\varepsilon=47$）、四氢噻吩-1,1-二氧化物（如环丁砜 $\varepsilon=44$）、二甲基甲酰胺（$\varepsilon=37$）、六甲基磷酸三酰胺（$\varepsilon=30$）、四甲基脲（$\varepsilon=23$）、N,N'-二甲基丙烯脲（DMPU）、乙烯和丙烯碳酸盐（$\varepsilon=65$）、乙烯葡萄糖的二醚等。

由于这类化合物没有足够的氢原子，阴离子不能通过氢桥键，而是通过很弱的色散力发生溶剂化。

C. 3. 4 催化剂

许多反应通过加入催化剂而加速进行，催化剂与反应物作用形成反应性中间体，中间体反过来在催化剂的作用下得到产物。由此，开辟了一个到达产物的新的反应途径，它比没有催化的反应需要的活化能要低。

反应物和产物之间的能量关系并没有改变，即催化剂对平衡没有影响，它只是同时加速了正向和逆向的反应。

我们可以通过 H^+ 催化的甲基酮的醇化反应来进行考察：

$$H_3C-C(=O)R + H^{\oplus} \underset{k_{-1}}{\overset{k_1}{\rightleftharpoons}} H_3C-\overset{\oplus}{C}(OH)R \xrightarrow{k_2} H_2C=C(OH)R + H^{\oplus} \tag{C.42}$$

借助于 Bodenstein 定律可以得到速率方程：

$$v=\frac{k_1k_2[\text{酮}][\text{H}^{\oplus}]}{k_{-1}+k_2}=k[\text{H}^{\oplus}][\text{酮}]=k'[\text{酮}] \tag{C. 43}$$

(a)　　　　(b)　　(c)

由于催化剂 H^+ 在反应过程中不被消耗，其浓度保持常量，通过实验测定可以得到速率方程（C. 43c），其中的 $k'=k[H^+]$。当浓度 $[H^+]$ 升高时 k' 及反应速率也升高。将 k' 除以浓度 $[H^+]$ 即得到速率定律的 k（式 b）。

C. 4　酸碱反应

酸碱反应是典型的平衡反应。根据 Brönsted 的定义，能给出质子的化合物是酸（质子给体），而接受质子的化合物是碱（质子受体）：

$$\underset{\text{酸}}{AH} \rightleftharpoons \underset{\text{碱}}{A^{\ominus}} + \underset{\text{质子}}{H^{\oplus}} \tag{C. 44a}$$

Brönsted 酸和碱的反应存在着酸上的质子转移到碱：

$$\underset{\text{酸 1}}{A—H} + \underset{\text{碱 2}}{B} \rightleftharpoons \underset{\text{碱 1}}{A^{\ominus}} + \underset{\text{酸 2}}{H—B^{\oplus}} \tag{C. 44b}$$

质子化的碱也被称为这种碱的共轭酸。

在酸的水溶液中，水作为碱：

$$A—H + H_2O \rightleftharpoons A^{\ominus} + H_3O^{\oplus} \tag{C. 44c}$$

与水浓度相乘的反应速率常数即通常的酸常数 K_A：

$$K_A = [H^{\oplus}][A^{\ominus}]/[AH] \tag{C. 45}$$

它是水溶液中 Brönsted 酸的度量方式，它的负对数 pK_A 类似于 pH 值被称为离解指数：

$$-\lg K_A = pK_A \tag{C. 46}$$

A—H 化合物的酸性越强，该值越小。

在碱 B 的水溶液中，水作为碱：

$$B + H_2O \rightleftharpoons HB^{\oplus} + OH^{\ominus} \tag{C. 47}$$

类似的有 pK_B：

$$HB^{\oplus} + H_2O \rightleftharpoons B + H_3O^{\oplus} \tag{C. 48}$$

由于在水溶液中，对应的酸碱对的酸性和碱性是与水的离子产物（25 ℃时 $K_w=10^{-14}\ L^2 \cdot mol^{-2}$）联系在一起的，因此有：

$$pK_B + pK_{HB^{\oplus}} = 14 \text{ 或 } pK_{HA} + pK_{A^{\ominus}} = 14 \tag{C. 49}$$

pK_A 的值见表 C. 50。由表可以看出，取代基对酸性和碱性有影响。

表 C. 50 pK_A 值（水和二甲亚砜，25 ℃）

酸	水	DMSO	酸	水	DMSO
$H_3C—H$	≈50	56	$H_2N—H$	35	41
$CH_3CH_2—H$	≈50		$CH_3NH—H$	35	
$C_6H_5CH_2—H$	≈40	43	$C_6H_5NH—H$	25	30.6
$H_2C{=}CHCH_2—H$	≈40	44	$CH_3CONH—H$	17	25.5
$H_2C{=}CH—H$	≈40		$C_2H_5\overset{\oplus}{N}H_2—H$	10.6	11.0
$C_6H_5—H$	≈40		$(C_2H_5)_3\overset{\oplus}{N}—H$	9.76	9.0
$HC{\equiv}C—H$	≈25		$H_3\overset{\oplus}{N}—H$	9.24	10.5
$N{\equiv}CCH_2—H$	≈25	31.3	$C_6H_5\overset{\oplus}{N}H_2—H$	4.6	3.6
$CH_3COCH_2—H$	20	26.5	$CH_3C\overset{\oplus}{O}NH_2—H$	−1	
$N{\equiv}C—H$	9.2	12.9	$CH_3C{\equiv}\overset{\oplus}{N}—H$	−10	
$HO—H$	15.74	31.2	$HS—H$	7.00	
$CH_3O—H$	16	29.0	$C_2H_5S—H$	10.6	
$C_6H_5O—H$	10.0	18.0	$C_6H_5S—H$	6.5	10.3
$CH_3COO—H$	4.76	12.3	$(CH_3)_2\overset{\oplus}{S}—H$	−5	
$C_6H_5COO—H$	4.21	11.1	$CH_3\overset{\oplus}{S}H—H$	−7	
$H_2\overset{\oplus}{O}—H$	−1.74				
$CH_3\overset{\oplus}{O}—H$	−2.2		$F—H$	3.2	15
$(CH_3)_2\overset{\oplus}{O}—H$	−3.8		$Cl—H$	−7	1.8
$CH_3C(O—H)_2^{\oplus}$	−6		$Br—H$	−9	0.9
$(CH_3)_2C{=}\overset{\oplus}{O}—H$	−7		$I—H$	−10	

对于许多有机反应来说非常重要的是，两性化合物如 HO—H，RO—H，RCOO—H 依反应同伴的不同可以作为酸也可作为碱反应，可以有两个 pK_A 值：

$$CH_3CH_2\overset{\oplus}{O}H_2 + H_2O \rightleftharpoons CH_3CH_2OH + H_3O^{\oplus} \quad pK_{HB^{\oplus}} = 2.2 \tag{C. 51}$$

$$CH_3CH_2OH + H_2O \rightleftharpoons CH_3CH_2O^{\ominus} + H_3O^{\oplus} \quad pK_{HA} = 18 \tag{C. 52}$$

按照 Lewis 的定义，外电子层没有完全占据的是电子对的接受体，是 Lewis 酸；Lewis 碱是带有 n 电子或 π 电子的，是电子对的给体，如：

Lewis 酸：$H^{\oplus}$，$R_3C^{\oplus}$，BF_3，$AlCl_3$，R_2C（卡宾），R—X，$R_2C{=}O$（在 C═上） (C. 53)

Lewis 碱：阴离子，NR_3，R—O—R，$R_2C{=}CR_2$，芳香烃，$R_2C{=}O$（在═O 上） (C. 54)

来自 Brönsted 和 Lewis 关于酸碱的定义不彼此覆盖，由式(C. 53）和式(C. 54）就可以清楚看出。

在无机酸催化的成醚反应、与无机酸的酯化反应以及酸催化的成烯反应等反应中，醇的质子化是非常重要的。在与醇的酯化反应中，羧酸的质子化是非常重要的。羧基的质子化得到非常强的酸，同样，醛和酮的质子化也得到非常强的酸。

有机化合物中的取代基对其酸碱性的影响非常大，这可以通过 Hammett 公式在芳香系列化合物中定量表示出来。

C.5 取代基对电子密度分布和有机分子反应性能的影响

C.5.1 取代基的极性效应

极性取代基由于其电子给予和接受能力的不同可以改变有机分子的电子密度分布，因此而影响反应的方式。

电子受体取代基（X）与 X＝H 相比降低化合物反应中心（Z）上的电子密度，它使得亲核试剂（Nu）的进攻更有利，封锁亲电同伴（E）：

$$X—R—Z + Nu \quad\quad X—R—Z + E \tag{C.55}$$

升高的反应性　　降低的反应性

电子给体取代基（Y）则相反，与 Y＝H 相比提高了反应中心的电子密度，相对于亲核试剂而言降低了反应物的反应性，相对于亲核试剂提高了反应性：

$$Y—R—Z + Nu \quad\quad Y—R—Z + E \tag{C.56}$$

降低的反应性　　升高的反应性

C.5.1.1 诱导效应

诱导（或场）效应主要基于取代基和分子其余部分碱的静电吸引和排斥，服从库仑定律，因此在取代基距离较近时（超过 3 个 C 原子时）就不起作用了。

可以将诱导效应分成两类，当取代基在 C 原子上比 H 原子更强地吸引成键电子时为正诱导效应（$+I$），反之为负诱导效应（$-I$）。

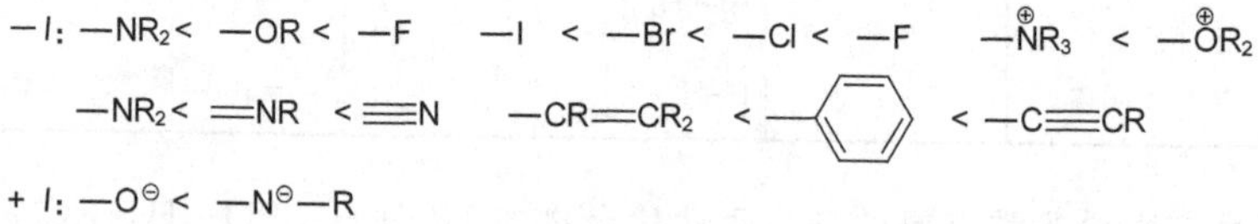

$-I$: $—NR_2 < —OR < —F$ 　 $—I < —Br < —Cl < —F$ 　 $—\overset{\oplus}{N}R_3 < —\overset{\oplus}{O}R_2$

$—NR_2 < =NR < \equiv N$ 　 $—CR=CR_2 < —C_6H_5$（苯基） $< —C\equiv CR$

$+I$: $—O^{\ominus} < —N^{\ominus}—R$ 　　(C.57)

长久以来，烷基也被认为具有正诱导效应，但这种效应非常小，近似为零。不过，基于它们的可极化性有能力稳定相邻的正或负电荷。可极化性效应随基团的大小按下列顺序升高：

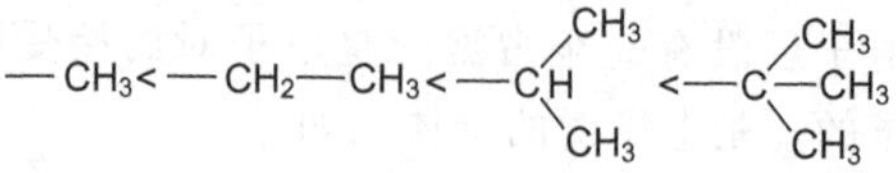

$$—CH_3 < —CH_2—CH_3 < —CH(CH_3)_2 < —C(CH_3)_3 \tag{C.58}$$

烷基引起的正诱导效应（$+I$）差别很小。当溶剂的影响很大时，可能出现相反的结果。

取代基诱导效应的大小可用表 C.74 中的 σ_I 值表示。

C.5.1.2 中介效应

除了诱导效应外，取代基如果是一个不饱和体系或连接一个孤对电子的原子的话，还具有中介效应，产生共轭效应。

按照量子化学模型共轭观点，将这种双键和取代基的单占据或未占据的 p 轨道的重叠处理成相邻 π 分子轨道。分子的极化通常伴随着共振现象，可以用与经典结构式有密切联系的多个极限形式来描述实际状态，如：

$$H_3C—CH═CH—CH═O \rightleftharpoons H_3C—\overset{\oplus}{C}H—CH═CH—\overset{\ominus}{O} \equiv H_3C—\overset{\delta^+}{C}H\text{┄}CH\text{┄}CH\text{┄}\overset{\delta^-}{O} \quad (C.59)$$

$$H_2N—CH═O \rightleftharpoons H_2\overset{\oplus}{N}═CH—\overset{\ominus}{O} \equiv H_2\overset{\delta^+}{N}\text{┄}CH\text{┄}\overset{\delta^-}{O} \quad (C.60)$$

$$CH_2═CH—Cl \rightleftharpoons H_2\overset{\ominus}{C}—CH═\overset{\oplus}{Cl} \equiv \overset{\delta^+}{C}H_2\text{┄}CH\text{┄}\overset{\delta^-}{Cl} \quad (C.61)$$

在丙烯醛中，由于中介效应引起的极化作用与氧的负诱导效应（$-I$）具有相同的方向，然而在氯乙烯中，极化作用与氯产生的负诱导效应（$-I$）的方向恰好相反。

取代基与相邻的双键之间电子相互转移的能力被定义为中介效应（M），它的符号决定于中介现象和取代基的极化作用。能使电子向双键方向转移的取代基叫做电子供体，具有正中介效应（$+M$）。能接受双键 π 电子的取代基叫做电子受体，具有负中介效应（$-M$）。

下面列出了一些取代基中介效应的大小顺序[1]。

+M：　—OR < —$O^{\ominus}$

　　　—F < —OR < —NR_2

　　　—I < —Br < —Cl < —F　　(C.62)

−M：　═NR < ═$N^{\oplus}R_2$

　　　═CR_2 < ═NR < ═O

　　　≡CR < ≡N　　(C.63)

表 C.74 中的 σ_R 值可用来衡量取代基中介效应的大小和方向。

我们不止一次的强调，中介现象表示电子在分子中的位置而不是电子的运动。分子中电子的（静态）位置决定着分子基态（能量最低的状态）的能量。在化学反应中，电子必须按一定的方式重排（移动），然而中介现象不能提供有关电子运动的信息。另一方面，电子的极化率[2]是一个体系电子移动性的量度。它属于动力学控制范畴。要评估一个体系的反应性能，静态和动态的性质都必须考虑。

还可以举出其它的例子，如式(C.64) 中所示的化合物中的氨基基团就不具备胺的特征，4-氨基乙酰基苯也是同样如此，后者的情形属于类似的联苯规则的一个例子：

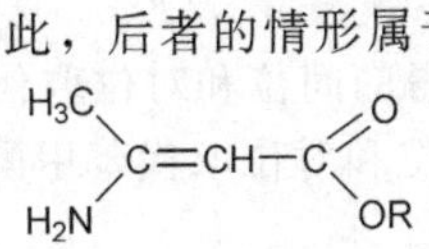

$$(H_3C)(H_2N)C═CH—C(═O)OR \quad (C.64)$$

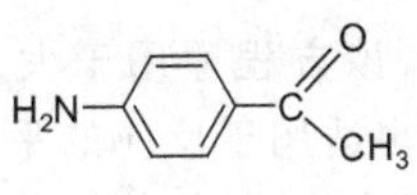

$$H_2N—C_6H_4—C(═O)CH_3 \quad (C.65)$$

---

[1] 乍一看这些顺序没有规律，这是因为碳原子和氟原子参与中介效应的是 2p 轨道（或相应的杂化轨道）的电子。而氯、溴和碘原子参与中介效应的分别是 3p、4p 和 5p 轨道的电子，使得碳键在空间处于不太有利的位置。

[2] 常用电子极化率这个词表达电子的极化能力。它可以通过 Lorentz-Lorenz 方程从折射率计算出。

可以借助乙烯规则来讨论烯胺中的电荷分配：

$$R_2N-CH=C\begin{matrix}H\\Ar\end{matrix} \tag{C.66}$$

并据此来说明巴豆酸中属于羰基基团的插烯质子的^1H NMR化学位移。

C. 5. 2 极性取代基对有机化合物反应性能的影响，Hammett 方程

极化反应的速率，取决于反应中心的电子密度：电子密度高有利于亲电进攻，电子密度低有利于亲核进攻。在间位和对位取代的苯衍生物中，取代基对反应的影响可以通过一个简单的关系定量地表示。例如，以各种取代苯甲酸乙酯皂化反应的速率常数 k 的对数与相应的取代苯甲酸的离解常数的对数（$-pK_A$）作图，得到一条直线（见图 C. 68）。

这种线性关系的方程可以表示为：

$$\lg k=\rho \lg K_A+b \tag{C.67}$$

式中，ρ 是直线的斜率；b 是纵坐标上的截距。

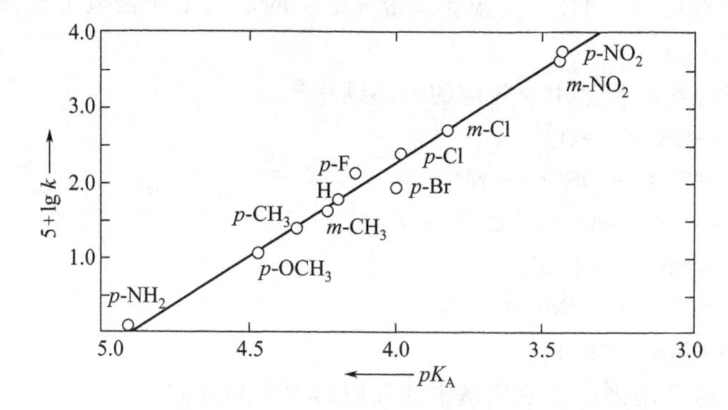

图 C. 68 间位和对位取代苯甲酸乙酯皂化反应的反应速率与相应取代苯甲酸酸性的关系

对于没有被取代的化合物（即 X＝H：$k=k_0$，$K=K_0$），则可得到

$$\lg \frac{k}{k_0}=\rho \sigma \qquad \text{Hammett 方程} \tag{C.69}$$

和

$$\sigma \equiv \lg \frac{K}{K_0} \tag{C.70}$$

式中，K 为在 25 ℃时水中测得的间位和对位取代苯甲酸衍生物的离解常数；K_0 为苯甲酸的离解常数；k 为相应的间位和对位取代苯甲酸衍生物的反应速率常数；k_0 为未取代苯甲酸衍生物的反应速率常数。

这就是著名的 Hammett 方程。该方程适用于大多数间位和对位取代的苯衍生物，并且不仅适用于反应的速率常数，也适用于反应的平衡常数❶。它说明反应速率常数的对数或平衡位置（X＝H 的标准化合物）与取代常数 σ 和反应常数 ρ 成比例。

---

❶ 由方程 $\Delta G=-RT\ \ln K$ 可知，反应平衡常数的对数与反应的自由能变化（ΔG）成正比；速率常数的对数与活化自由能（$\Delta G^{\neq}$）成正比，因此可得到：$\Delta G^{\neq}=\Delta H^{\neq}-T\Delta S^{\neq}$，所以 Hammett 方程与自由焓成线性关系（“线性自由能关系”）。

当取代基使反应中心带正电荷时，σ 为正；当取代基使反应中心带负电荷时，σ 为负。另一方面，对于反应速率很快或能进行完全的反应，反应中心正电荷较多，反应的 ρ 值为正；反应负电荷较多，反应的 ρ 值为负。因此，

亲核反应：ρ 值为正，电子受体加速反应。

亲电反应：ρ 值为负，电子供体加速反应。

ρ 值的大小可以说明一个反应对取代基影响的敏感程度。

取代参数 σ 是间位和对位取代基电子效应的量度，是诱导效应和中介效应作用的总和，一些 σ 数据见表 C.59。

与 σ 值的定义（X＝H，$\sigma=0$）相同，规定在 25 ℃水溶液中间位取代和对位取代苯甲酸离解反应的反应常数 $\rho=+1.00$。

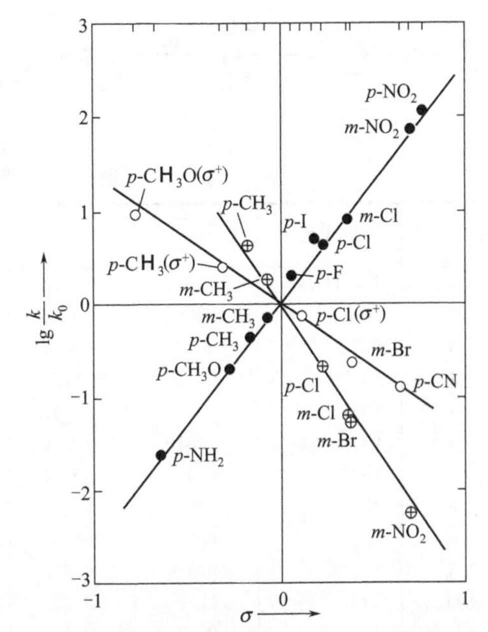

图 C.71　反应速率与 Hammett σ 值的关系

●—● 苯甲酸乙酯的碱性水解反应，25 ℃，$\rho=+2.54$；

⊕—⊕ 取代苯胺与苯甲酰氯的反应，25℃，$\rho=-2.78$；

○—○ 取代甲苯的溴化反应，80 ℃，$\rho=-1.39$（σ^+）

Hammett 关系是一个直线方程，可通过取代基的 σ 值为横坐标，lg（k/k_0）的实验值为纵坐标绘图计算（见图 C.71)。直线的斜率就是反应常数 ρ，由其符号的正负可以得到反应机理的有关信息。

除取代基的电子效应以外，还有其它效应如空间位阻效应等存在时，Hammett 方程是不能适用的，例如邻位取代苯的衍生物和脂肪族化合物的反应。

当取代基 X 和反应中心 Y 之间有直接的共轭效应（中介效应）时，Hammett 方程会出现偏差。因此，对位的$-M$取代基（p-NO_2，p-CN 等）比相应的 σ 常数更能增加苯酚或苯胺鎓离子的酸度，因为共轭作用使酚氧离子或苯胺离子更稳定。

(C.72)

因此有必要使用特定的取代常数 σ^-。

相反，对位的供电子取代基（$+M$ 基团）比相应的正常 σ 常数更能促进阳离子反应中心（碳正离子）的反应。因此，在这种情况下必须使用 σ^+ 常数。σ^+ 常数使阳离子反应中心更稳定，有利于阳离子中心的反应发生。例如在取代的 α,α-二甲基苄基卤的 S_N1 反应过程中，阳离子为反应中间体。

σ^+ 常数非常重要，因为它可以应用于芳烃亲电取代反应（见 D.2.1)。一些常见数据见表 C.74。因为间位没有共轭电子效应（中介效应），正如所预期的一样，间位取代

$$H_3CO-C_6H_4-C(CH_3)_2Cl \xrightarrow{-Cl^{\ominus}} H_3CO-C_6H_4-\overset{\oplus}{C}(CH_3)_2 \rightleftharpoons H_3C\overset{\oplus}{O}=C_6H_4=C(CH_3)_2 \tag{C. 73}$$

表 C. 74　取代基常数

序　号	取代基	σ_m	σ_p	σ_p^+	σ_I	σ_R	$\sigma_m-\sigma_p$ ($\approx \pm M$)
1	$N(CH_3)_2$	−0.21	−0.83	−1.7	0.10	—	0.62
2	NH_2	−0.16	−0.66	−1.3	0.10	−0.76	0.50
3	OH	0.12	−0.37	−0.92	0.25	−0.61	0.49
4	OCH_3	0.12	−0.27	−0.78	0.25	−0.50	0.39
5	CH_3	−0.07	−0.17	−0.31	−0.05	−0.13	0.10
6	$C(CH_3)_3$	−0.10	−0.20	−0.26	−0.07	−0.13	0.10
7	C_6H_5	0.06	−0.01	−0.18	0.10	−0.09	0.07
8	H	0	0	0	0	0	0
9	F	0.34	0.06	−0.07	0.52	−0.44	0.28
10	Cl	0.37	0.23	0.11	0.47	−0.24	0.14
11	Br	0.39	0.23	0.15	0.45	−0.22	0.16
12	I	0.35	0.18	0.14	0.39	−0.10	0.17
13	$COOC_2H_5$	0.37	0.45	0.48	0.30	0.20	−0.08
14	$COCH_3$	0.38	0.50		0.28	0.25	−0.12
15	CN	0.56	0.66	0.66	0.58	0.07	−0.10
16	SO_2CH_3	0.60	0.72		0.59	0.14	−0.12
17	NO_2	0.71	0.78	0.79	0.63	0.15	−0.07
18	$N(CH_3)_3^{\oplus}$	0.88	0.82	0.41	0.86	0.00	+0.06

基的 σ、σ^- 和 σ^+ 常数完全相同。因此 σ_m 是诱导效应的量度。由于 σ_p 是诱导效应和中介效应的总和，所以，$\sigma_p-\sigma_m$ 之差值可用于衡量取代基的中介效应。尽管如此，这种判断还不是很令人满意，因为间位取代基还能通过共轭效应间接影响反应中心。如果定义 σ_I 为诱导效应的 σ 常数，σ_R 为中介效应的 σ 常数，则有：

$$\sigma_p=\sigma_I+\sigma_R \tag{C. 75}$$

$$\sigma_m=\sigma_I+1/3\sigma_R \tag{C. 76}$$

σ_I 和 σ_R 常数也列于表 C. 74 中。由表可见，这些常数能准确地说明前面讨论的取代基的诱导效应和中介效应。

C. 5. 3　立体效应

除了电子（极化）效应外，反应性也受到取代基的立体效应的影响。

当体积大的取代基接近反应同伴变得困难（立体阻碍）时，需要高的活化能以克服这种影响。此外，在立体受阻时活化熵是负值。另外，构象效应也影响反应性。

C. 6　化学反应的微扰理论处理

化学反应性方面的问题可以借助微扰理论来处理。

为了反应性的微扰理论研究，必须进行分子轨道（MO）的能量 E 以及各轨道的贡献 c 和正负号的计算，如图 C.77 所示的 C═O π 键。

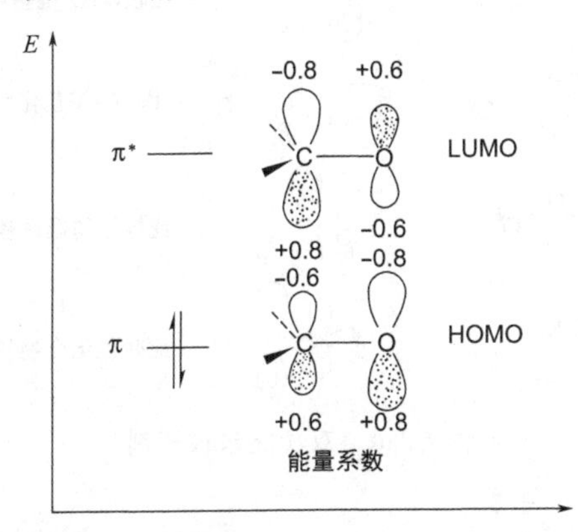

图 C.77　C═O π 键的 HOMO 和 LUMO 的能量和系数

其中，HOMO 能量表征的是亲核性，它作为电子给体在共价键中带来电子对。亲电性则是类似由 LUMO 能量描述。

获得能量可以由下式计算：

$$\Delta E=-\underbrace{\frac{Q_{n}Q_{e}}{\varepsilon R}}_{\text{库仑项}}+\underbrace{\frac{2(c_{n}c_{e}\beta)^{2}}{E_{\mathrm{HOMO(n)}}-E_{\mathrm{LUMO(e)}}}}_{\text{边界轨道项}} \tag{C. 78}$$

式中，Q 分别是亲核（n）和亲电（e）部分的总电荷；ε 是双电子常数；R 是亲核和亲电中心的距离，相互间存在相互作用；c 是亲核和亲电部分 HOMO 及 LUMO 的轨道系数；β 为共振积分（亲核和亲电部分两者原子轨道的交换作用能）；E 为 HOMO 及 LUMO 的能量。

HOMO-LUMO 之间的相互作用在能量消耗较低时更有利（见图 C.79），这也对应着反应同伴作为亲核和亲电（试剂）能力的排序。

图 C.80 给出双功能亲核试剂的实例。对于与亲电试剂的相互作用来说，氰离子只有两个相对能量区别较小的轨道：最高占据的 π MO 以及 σ MO。

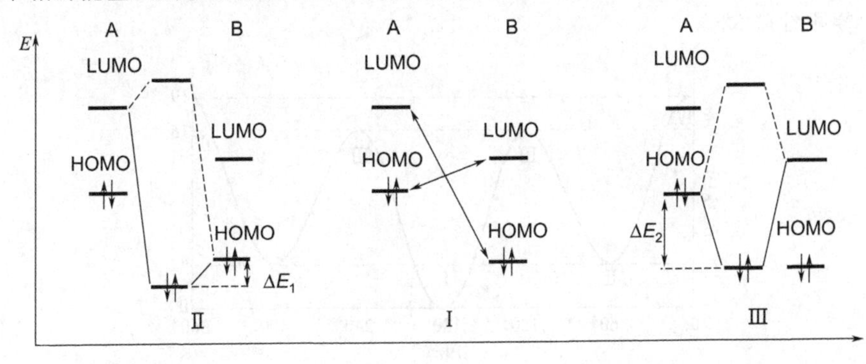

图 C.79　两个反应物 A 和 B 的 HOMO（LUMO）相对于 LUMO（HOMO）的能量差别

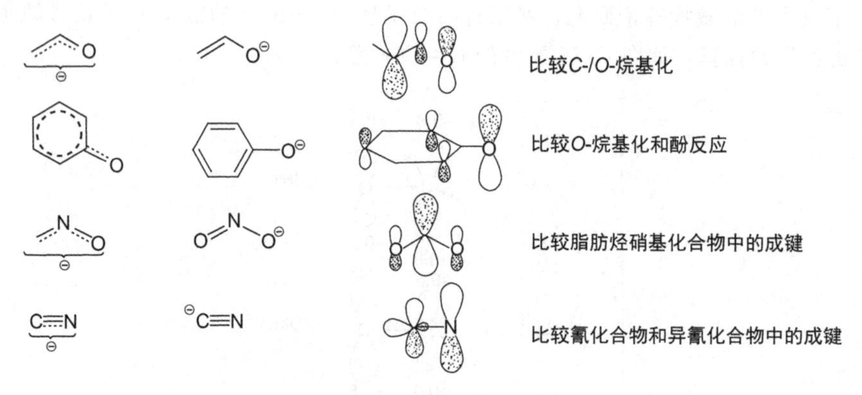

图 C.80　双功能亲核试剂

C.7　立体异构体

立体异构体是指构成（拓扑结构和连接上）相同，只是在原子的空间排布上有所区别的化合物。它们可以具有不同的物理和化学性质。

C.7.1　构象

通过绕单键的旋转得到的立体异构体构象，它对应于分子的原子空间排布构象。

绕 C—C 键如丁烷中 C—C 键的旋转构象可以用 C.81 表示。

(C.81)

Ⅰ	Ⅱ	Ⅲ	Ⅳ
反，交叉	斜交叉，相邻	重叠	完全重叠，同面
(*anti, trans*)	(*gauch, skew*)		(*syn, cis*)

C 原子上取代基绕 C—C 键旋转的角度不同产生的影响也不同，各自构象的能量也不同，参见图 C.82。

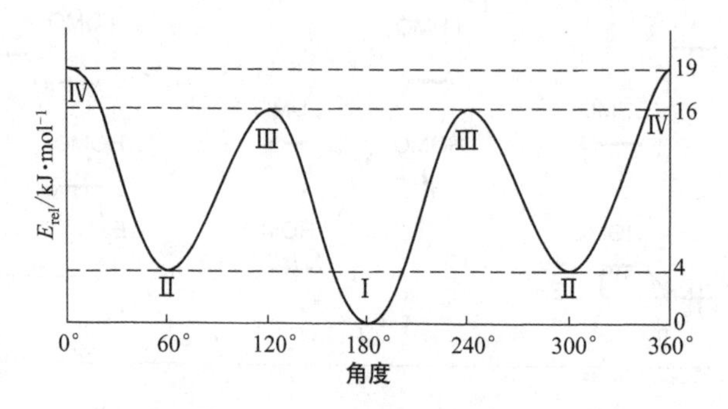

图 C.82　丁烷中绕 C—C 键旋转的角度与能量的关系

当相邻 C 原子上取代基很大以至于绕 C—C 键的自由旋转不再可能时，只能分离出一种构象，如 1,1,2,2-四异丁烷或邻位取代的双苯基。在阻转异构体中，两个苯环成 90°夹角。

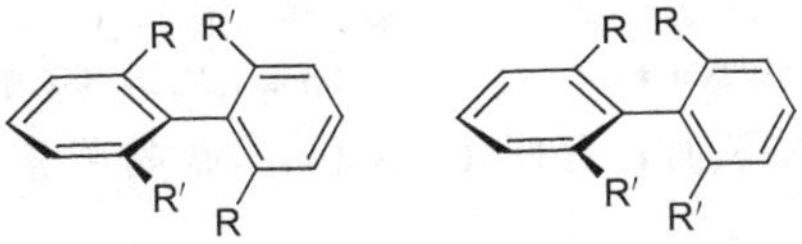

(C. 83)

环己烷存在两个构象，即椅式和船式，其中 C—C 夹角为四面体式，因此没有环张力。

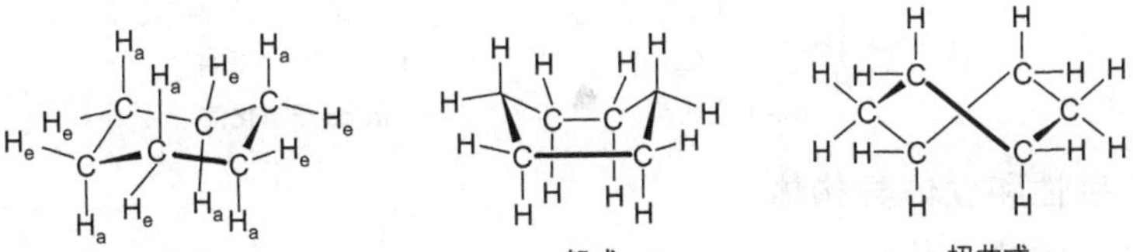

(a:轴向;e:水平向)　椅式　　　船式　　　扭曲式　　(C. 84)

椅式可以通过绕 C—C 键的旋转和环的“翻转”经扭曲式转换成船式构象，对应的活化能为 45 kJ/mol，速率为 $10^4 \sim 10^5 s^{-1}$（25℃时）。

椅式构象中，轴向和水平可以因彼此很容易地转化而处于平衡。取代基越大，平衡就越可能朝能量低的水平式方向移动。

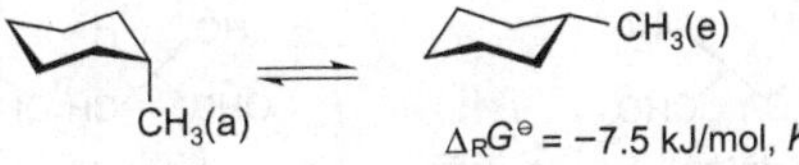

$CH_3(a)$ ⇌ $CH_3(e)$　　$\Delta_R G^\ominus = -7.5$ kJ/mol, $K=21$　　(C. 85)

C. 7. 2　顺反异构体

原子上有两个取代基，而且绕化学键的旋转不可能时，就有顺反异构体（早期称之为几何异构体），在双键化合物和环状化合物中就是这种情况。

在取代的烯烃中，取代基位于双键的同侧时为顺式异构体（*cis*），反之则为反式异构体（*trans*）：

cis-乙烯-1,2-二羧酸　　*tans*-乙烯-1,2-二羧酸　　(C. 86)

当有多于两个不同取代基时，用 *cis* 和 *trans* 方式就无法明确说明。这时，多采用 *E*/*Z* 标记说明。按 Cahn，Ingold 和 Prelog 的序列规则，最高优先的两个取代基在双键的同侧时为 *Z* 式，不同侧时为 *E* 式。

(*Z*)　　(*E*)　　(C. 87)

E/Z 表示方法也可以用于其它双键体系上，如 C═N 和 N═N 化合物。

Z-苯肟　　*E*-苯肟　　(C. 88)

双取代的环状化合物也可借助 *cis* 和 *trans* 符号来命名。两个取代基位于环的同侧

为 *cis* 式，*trans* 式是不同侧。

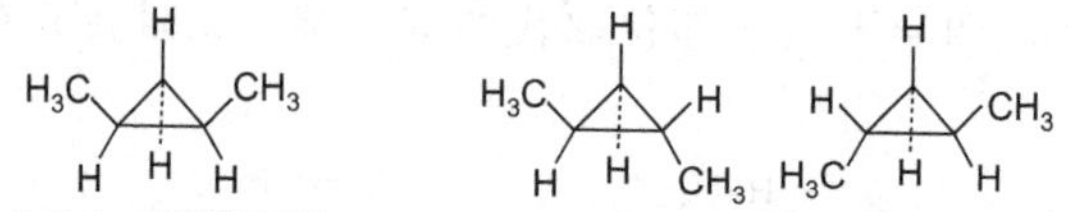

cis-1,2-二甲基环丙烷　　*trans*-1,2-二甲基环丙烷　　(C.89)

多元环并不是处于一个平面，也使用 *cis* 和 *trans* 符号来命名，从而体现出环是固定连接的，如：

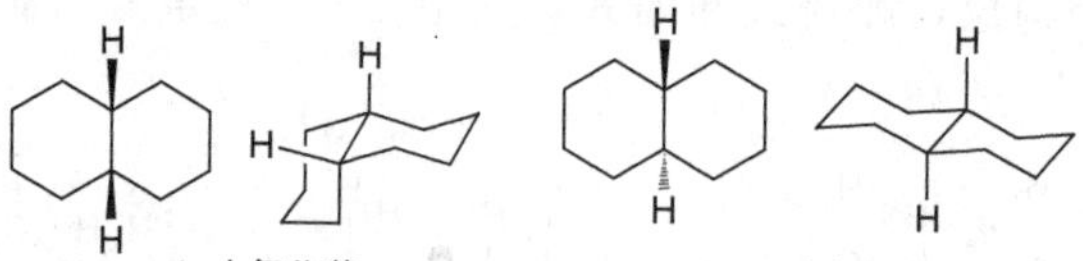

cis-十氢化萘　　*trans*-十氢化萘　　(C.90)

C.7.3　手性和立体异构体

C.7.3.1　对映异构体

对含一个 C 原子的化合物来说，该 C 上连有四个不同的取代基且为四面体时，如甘油醛 [式(C.91)]，就有互为镜像的两个立体异构体，两者间不能重合。这样的不能与自身的镜像完全重合的物质被叫做呈手性（来自希腊语 *cheir*，手），两者叫做对映异构体（早先也称光学异构体）。

(+)-甘油醛　　镜面　　(-)-甘油醛　　(C.91)

中心 C 原子为非对称的，C 上取代基的排布被称为构型❶。非对称的 C 原子是立体中心或手性中心❷。

按照早先 Emil Fischer 的做法，可以将四面体投影于画的平面，两个取代基以垂直方向在纸面的前面，另两个分别立于纸面后面的上下方。最长的 C 链通常放在垂直方向，最高程度被氧化的基团在上方，见 C.92。由于（+）对映体中 HO—基团是位于非对称 C 原子的右侧（拉丁语 *dexter*），而（−）对映体中是左侧（*laevus*），构型被称为 D 或 L。

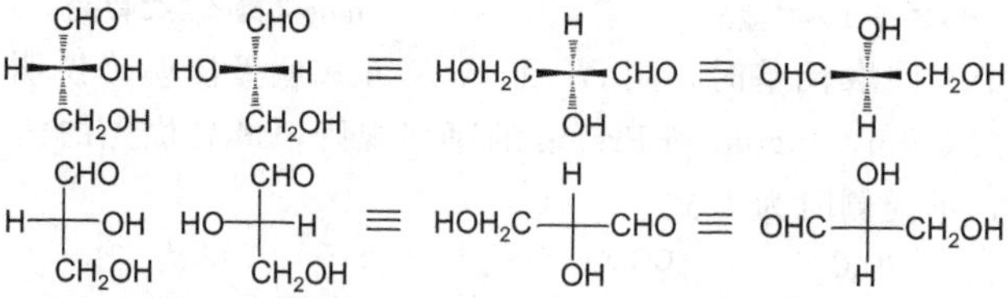

D-(+)-甘油醛　　L-(-)-甘油醛　　(C.92)

由于 D-,L-方式的命名常常有问题，可按照 Cahn，Ingold 和 Prelog 的方式描述毫无疑义的唯一体系，按作者名缩写成 CIP 体系命名。

优先度的确定按照下列顺序：

---

❶ 其它非对称原子如 B，Si，N，P 也可以产生手性。

❷ 除手性中心外也可以通过手性轴或手性平面如环烯产生手性。

$$I>Br>Cl>SO_3H>SR>F>OR>OH>NR_2>NHR>NH_3>COOR>$$
$$COOH>CHO>CH_2OH>CR_3>CHR_2>CH_2R>CH_3>H$$

C. 7. 3. 2　非对映异构体

当有两个（一般性的有 n 个）非对称 C 原子时，就有四个（2^n 个）光学活性形式，如最简单的具有 $HOCH_2—CHOH—CHOH—CHO$ 结构的糖［式(C. 93)］。这些不是镜像的异构体叫做非对映异构体。它们与对映异构体的物理和化学性质不同。

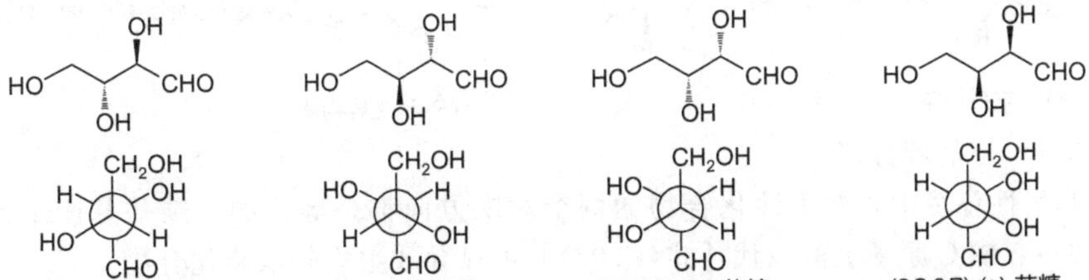

(*R*,*R*)-(−)-赤藓糖　(*S*,*S*)-(+)-赤藓糖　(2*S*,3*R*)-(−)-苏糖　(2*S*,3*R*)-(+)-苏糖　(C. 93)

按照 D-、L-命名，采用 Fischer 投影式可以得到式(C. 94) 给出的表示：

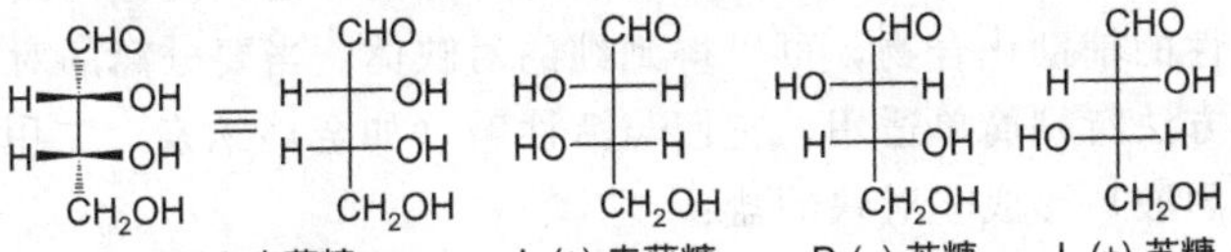

D-(−)-赤藓糖　L-(+)-赤藓糖　D-(−)-苏糖　L-(+)-苏糖　(C. 94)

当化合物中具有带有相同取代基的两个非对称 C 原子时，只有三种立体异构体形式，如酒酸中：

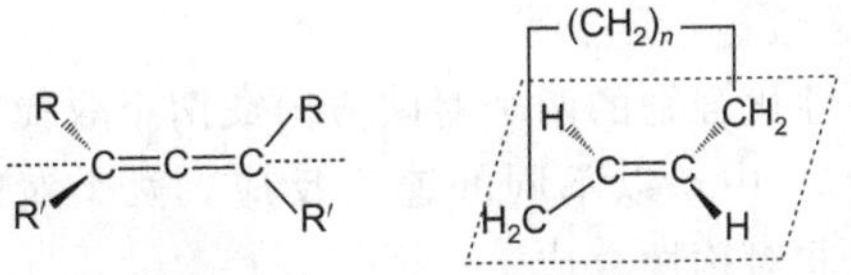

累计烯烃　环状烯烃

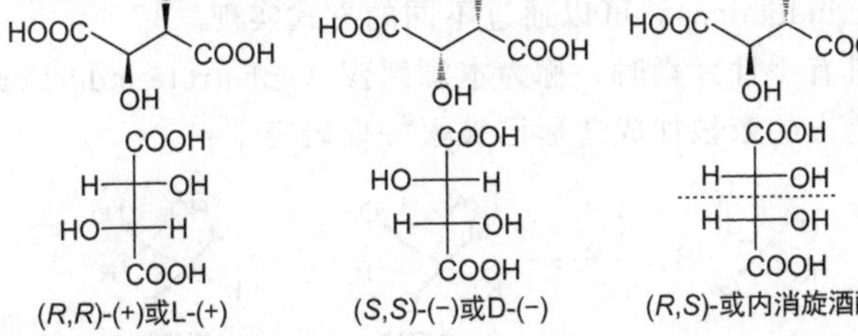

(*R*,*R*)-(+)或L-(+)　(*S*,*S*)-(−)或D-(−)　(*R*,*S*)-或内消旋酒酸　(C. 95)

C. 7. 3. 3　手性化合物的合成

由非手性物合成手性化合物的前提是采用有前手性的初始物质。当引入新的非手性取代基团时，一个原是非手性的分子或分子的一部分将变成手性的，它就称为前手性的。前手性的是那些分子中 C 原子带有三个不同取代基的物质。它可以是带有两个不同取代基和一个双键，如式(C. 96) 所示。也可以是带有四个取代基的四面体 C 化合物，其中两个取代基是相同的，如式(C. 97) 所示。当双键上发生加成引入另一个取代基时［对应于式(C. 96)］或两个相同的基团被一个取代基取代时［对应于式(C. 97)］，C 原子就成为非对称的，产物就成为手性的。

OX, R^1, R　⟵ $+R^3X$ ⟵　O, C, R^1, R^2　⟶ $+R^3X$ ⟶　R^1, OX, R^2, R^3　优先级别：$OX>R^3>R^2>R^1$　(C. 96)

(S)-手性异构体　　(R)-手性异构体

R^1, R, R^3, R^2　⟵ $+R^3$, $-R$ ⟵　R^1, R, R, R^2　⟶ $+R^3$, $-R$ ⟶　R, R^1, R^2, R^3　优先级别：$R^3>R^2>R^1>R$　(C. 97)

(S)-手性异构体　　(R)-手性异构体

C. 7. 3. 3. 1　外消旋分离

在非手性环境中，前手性化合物的两个对映方向都是等价的。羰基基团上的加成［式(C. 96)］或C原子上的取代［式(C. 97)］可以导致生成外消旋化合物。

外消旋化合物可以用手性化合物进行转换，生成非对映体。它们与对映体有着不同的物理性质，如溶解度，因此可以分离结晶或进行色谱分离。由分离出的非对映体可以重新得到光学活性的辅助化合物，可以得到纯的对映体。当要分离的对映体有酸性或碱性基团时，这一方法特别简单适用，它们与活性碱（如金鸡纳素，二甲马钱子碱，α-苯乙胺）及酸（如酒酸）形成非对映的盐：

$$\begin{aligned}(R)\text{-B} + (S)\text{-HA} &\longrightarrow (R)\text{-BH}^{\oplus}(S)\text{-A}^{\ominus}\\ (S)\text{-B} + (S)\text{-HA} &\longrightarrow (S)\text{-BH}^{\oplus}(S)\text{-A}^{\ominus}\end{aligned} \qquad (C.98)$$

外消旋　　　　非对映体

C. 7. 3. 3. 2　立体选择性合成

在手性环境中，前手性化合物的两个对映方向或两个取代部分都不再是等价的。在转换式(C. 96) 和式(C. 97) 中，以不同的速度反应，两个对映体中的一个优先生成，这就是立体选择性合成或非对称性合成。

影响反应中心上的差别的对于立体选择性必需的手性信息被称为非对称感应或非对称诱导（asymmetric induction)，可以通过不同的方式实现。

当初始物已经具有手性元素时，称为本源感应（substrate induction)。

手性羰基化合物上的亲核加成情形已被很好地研究了：

M, K, G, O, R　⟶ 1. $Nu^{\ominus}$　2. $H^{\oplus}$ ⟶　Nu, OH, M, K, G, R　+　HO, Nu, M, K, G, R　(C. 99)

主产物　　副产物

K：较小；M：中等；G：较大的；$Nu^{\ominus}$：氢化物或C亲核的

当C原子上相连的基团区别大时（K<M<G)，可以认为在过渡态时最大的G是垂直于羰基基团的，试剂Nu^-是在其对面以一定的角度出现，角度大致对应于产物的Nu—C—O角度（Felkin-Anh-模型)，参见式(C. 100)。

O, K, G, R, M, $Nu^{\ominus}$　　$Nu^{\ominus}$, O, M, G, K, R　⟶　OH, M, G, Nu, R, K　(C. 100)

Ⅰ　Ⅱ　Ⅲ

辅助感应（auxiliary induction）指的是，一个前手性的化合物通过一个手性的辅助物转换成手性的中间产物，接着进行立体选择合成。

手性物质与手性试剂反应，将出现双重非对映差别化。两个手性反应同伴的不同相互作用可以用两种情况来区分。两者的感应是正面的则是匹配对（matched pair），否则是非匹配对（unmatched pair）。

可以用下面的例子来解释。

t-BuOOH, Ti(Oi-Pr)$_4$ (C. 101)

无酒石酸酯	2.3	1
(+)-酒石酸二乙酯	1	2
(-)-酒石酸二乙酯	90	1

当不加入酒石酸酯时，可以得到两种非对映体的比例为 2.3∶1。在加入两种手性反应同伴中的一种（两种对映的酒石酸酯的一种，它参与到起催化作用的复合物中）时，导致非对映体比例的变化。

在对映选择合成中，一种对映体的优势生成度量大多用对映体过量（enantiomeric excess）的百分数来表示：

$$ee\%=\frac{E_+ - E_-}{E_+ + E_-}\cdot 100 \qquad \text{(C. 102)}$$

式中，E_+是过量形成的对映体；E_-是形成较少的对映体。

由式(C. 26) 可以知道，过渡态连接的两个对映体的 Gibbs 能量区别越大，温度越低时，则立体选择性就越高：

$$\ln\frac{E_+}{E_-}=\frac{\Delta\Delta G^{\neq}}{RT} \qquad \text{(C. 103)}$$

例如，能量差别为 10 kJ/mol，25℃时 E_+/E_- 为 56.5∶1，对应于过量 95%对映体。−78℃时 E_+/E_- 为 475，ee=99.6%。

C. 8 合成规划

无论是在实验室还是在工业生产上，有机合成的目标是合成具有特定结构和特殊性质的物质，如药物、植物保护剂、香料、颜料。通常不能成功地由可供支配的初始原料经少数几步反应就合成出目标产物，而是一步一步分阶段地进行构造，由此会有不同的反应结果。人们自然会借助于目前的可能性，努力采用最经济的步数得到最高的产率。经济学和生态学的观点在作为选择标准上也起作用。

C. 8. 1 反向（逆向）合成

计划合理的合成路线，通过反向合成（disconnection approach）而变得比较容易。

检查由部分结构通过已知和有效的反应构建目标分子的可能方式。为此，将适合的成键（在纸上）拆解为数块，即合成子（synthon）。将它们对应于真实的试剂，试剂的转换可导致再次得到目标分子。得到的目标分子的前身现在可以作为新的目标分子，继续进行拆解。重复该程序，直到得到可以商购或简单合成可得的，作为初始原料为止。目标分子逆向逐步分解成中间产物，由它们可以再次合成出目标。

各自的逆向合成步骤通常用特殊的箭头表示。

许多情况下，合成中应用的试剂引入的官能团不是对应于目标分子的，必须要再次进行转换。这种转换被称为官能团转换 FGI（functional group interconversion）。

简单的逆向合成可以用 3-苯甲酰基-*N*,*N*-二乙基丙酰胺作为例子予以说明（图 C. 104）。马上就可以看出，将分子中的键进行拆解可以有多种可能性。由此得到不同的合成子，为此有不同的试剂和合成路线。

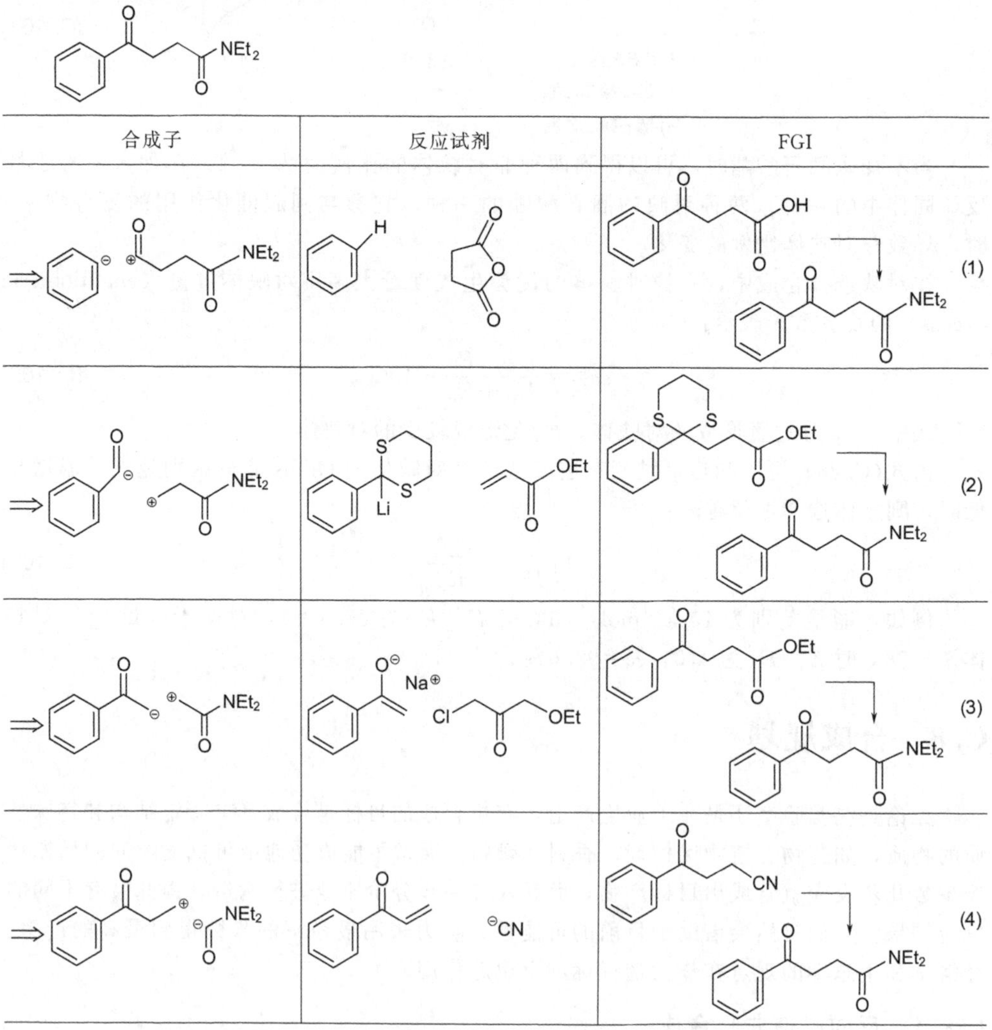

O, NEt_2, O

合成子	反应试剂	FGI	
⇒ ⊖ ⊕ O, NEt_2, O	H; O, O, O	O, OH, O → O, NEt_2, O	(1)
⇒ O ⊖, ⊕ NEt_2, O	S, S, Li; OEt, O	S, S, OEt, O → O, NEt_2, O	(2)
⇒ O ⊖, ⊕ NEt_2, O	O⊖ Na⊕; Cl, O, OEt	O, OEt, O → O, NEt_2, O	(3)
⇒ O ⊕, ⊖ NEt_2, O	O; ⊖CN	O, CN → O, NEt_2, O	(4)

图 C. 104　3-苯甲酰基-*N*,*N*-二乙基丙酰胺的逆向合成

C. 8. 2　保护基团

在许多合成中，要求将已有的官能团去活性，以阻止其参与反应。对此，可采用保护基团，它们被引入到官能团，在反应后脱离。后续章节提及的保护基团在表 C. 105 中给出。

表 C.105 保护基团

待保护基团	保护基团 所保护的基团	通过下列试剂转换引入	通过下列方法分解
羟基 HO—	异烷基(醚) R_3CO—	异丁烯,三苯甲基氯	酸性水解
	苯甲基-(苯甲基醚) $PhCH_2O$—	苯甲基氯化物等	氢解,Lewis 酸
	三烷基硅基(硅醚) R_3SiO—	羰基化合物,乙烯醚或烷氧基氯化物	酸性水解
	乙缩醛 ROCHO—		酸性水解,Lewis 酸
氨基 H_2N—	异丁氧基羰基 *t*-BuOCONH—	二异丁基二羧酸盐	三氟乙酸,对甲苯磺酸
	苯甲氧基羰基 $PhCH_2OCONH$—	氯代羧酸苯甲基醚	用 H_2,Pd/C 氢解
	邻苯二甲酰亚胺	邻苯二甲酰亚胺	肼解
	苯甲基 $(PhCH_2O)_2N$—	苯甲基溴代物	氢解
	三烷基硅基 $(R_3Si)_2N$—	三烷基硅基氯代物	水解
羰基 —CO—	*O*,*O*-,*S*,*S*-和 *O*,*S*-乙酰胺	乙二醇,乙二硫醇,2-巯基乙醇	酸性水解
羧基 —COOH	烷基(烷基酯) —COOR	酯化	碱性水解
	苯甲基(苯甲基酯) $—COOCH_2Ph$	苯甲基溴化物	氢解
	1,3-唑啉	2-氨基乙醇或氮丙啶	酸性水解

C.9 参考文献

本节的理论有机化学或理论物理化学教科书对理解本章内容有很大帮助。具体的文献按类别给出:

有机化学化合物的热力学

Barin, I.: Thermochemical Data of Pure Substances. VCH Verlagsgesellschaft, Weinheim, 1993.

Benson, S. W.: Thermochemical Kinetics. John Wiley & Sons, New York, 1968.

Benson, S. W.; Cruickshank, F. R.; Golden, D. M.; Haugen, G. R.; O' Neal, H. E.; Rodgers, A. S.; Shaw, R.; Walsh, R., Chem. Rev. 1969, 69: 279-324.

Cox, J. D.; Pilcher, G.: Thermochemistry of Organic and Organometallic Compounds. Academic Press, London, 1970.

Stull, D. R.; Westrum, E. F.; Sinke, G. C.; The Chemical Thermodynamics of Organic Compounds. John Wiley & Sons, New York, 1969.

动力学

Frost, A. A. , Pearson, R. G. : Kinetik and Mechanismen homogener chemiscner Reaktionen. Verlag Chemie, Weinheim, 1964.

Homann, K. H. : Reaktionskinetik. Dr. Dietrich Steinkopff Verlag, Darmstadt, 1975.

Huisgen, R. , in: Houben-Weyl. Bd. 1955, 3/1, S: 99-162.

Laidler, K. J. : Reaktionskinetik. Bibliographisches Institut, Mannheim, 1970.

Logan, S. R. : Grundlagen der chemischen Kinetik. VCH Verlagsgesellschaft, Weinheim, 1997.

Schwetlick, K. : Kinetische Methoden zur Untersuchung von Reaktionsmechanismen. Deutscher Verlag der Wissenschaften, Berlin, 1971.

Techniques of Chemistry, Hrsg. : A. Weissberger. Bd. 6/1-2. John Wiley & Sons, New York, 1974.

溶剂效应

Parker, A. J. ; Chem. Rev. 1969, 69: 1-32.

Reichardt, C. , Angew. Chem. 1979, 91: 119.

Reichardt, C. : Solvents and Solvent Effects in Organic Chemistry. Wiley-VCH, Weinheim, 2002.

Waddington, T. C. ; Nicht-wäßrige Lösungsmittel. Hüthig-Verlag, Heidelberg, 1972.

酸和碱

Bell, K. P. : The Proton in Chemistry. Chapman and Hall, London, 1973.

Bordwell, F. G. , Acc. Chem. Res. 1988, 21: 456-463.

Chalbna, Ju. L. , Usp. Khim. 1980, 49: 1174.

Djumaev, K. M. ; Korolev, B. A. , Usp. Khim. 1980, 49: 2065-2085.

Ebel, H. F. : Die Acidität der CH-Säuren. Georg Thieme Verlag, Stuttgart, 1969.

Izutzu, K. : Acid Base Dissociation Constants in Dipolar Aprotic Solvents. Blackwell Scientific Publications, Oxford, 1990.

Jensen, W. B. , Chem. Rev. 1978, 78: 1-22.

Jensen, W. B. : The Lewis Acid-Base Concepts. John Wiley & Sons, New York, 1980.

Jones, J. R. : The Ionisation of Carbon Acids. Academic Press, London, 1973.

Perrin, D. D. : Dissociation Constants of Organic Bases in Aqueous Solution. Butterworths, London, 1965.

Reutov, O. A. ; Beletskaya, I. P. ; Butin, K. P. : CH-Acids. Pergamon Press, New York, 1979.

Serjeant, E. P. ; Dempsey, B. : Ionisation Constants of Organic Acids in Aqueous Solution. Pergamon Press, New York, 1979.

Hammett 关系式

Correlation Analysis in Chemistry. Hrsg. : N. B. Chapman. J. Shorter. Plenum Press, New York, London, 1978.

Jaffe, H. H. , Chem. Rev. 1953, 53: 191.

Johnson, C. D. : The Hammett Equation. Cambridge University Press, Cambridge, 1973.

Palm, V. A. : Grundlagen der quantitativen Theorie organischer Reaktionen. Akademie-Verlag, Berlin, 1971.

Ritchie, C. D. ; Sager, W. F. , Progr. Phys. Org. Chem. 1964, 2: 323.

Shorter, J. , Quart. Rev. 1970, 24: 433.

Wells, P. R. : Chem. Rev. 1963, 63: 171.

有机反应微扰理论

Chemical Reactivity and Reaction Paths. Hrsg. :G. Klopman. John Wiley & Sons, New York, 1974.

Fleming, I. : Grenzorbitale und Reaktionen organischer Verbindungen. Verlag Chemie, Weinheim, 1979.

Hudson, R. F. , Angew. Chem. 1973, 85:63-84.

立体异构化

IUPAC. Rules for the Nomenclature of Organic Chemistry. Section E: Stereochemistry. Pure Appl. Chem. 1976, 54:13-30.

Bähr, W. ; Theobald, H. : Organische Stereochemie-Begriffe und Definitionen. Springer-Verlag, Berlin, Heidelberg, New York, 1973.

Eliel, E. L. ; Wilen, S. H. ; Doyle, M. P. : Basic Organic Stereochemistry. Wiley-VCH, Weinheim, New York, 2001.

Ellel, E. L. ; Wilen, S. H. : Organische Stereochemie. Wiley-VCH, Weinheim, 1998.

立体选择性合成

Comprehensive Asymmetric Catalysis Ⅰ-Ⅲ. Hrsg. : E. N. Jacobsen, A. Pfaltz, H. Yamamoto. Springer-Verlag. Berlin, Heidelberg, New York. 1999.

Chiral Reagents for Asymmetric Synthesis. Hrsg. : L. H. Paquette. Wiley-VCH, Weinheim, 2003.

Stereoselective Synthesis. Hrsg. : G. Helmchen, R. W. Hofmann, J. Mulzer, E. Schaumann: Houben-Weyl, Vol. E 21. Georg Thieme Verlag, Stuttgart, New York, 1995.

Asymmetric Synthesis. Hrsg. :J. D. Morrison. -Academic Press. New York, 1983-1985.

Ager, D. J. ; East, M. B. : Asymmetric Synthetic Methodology. CRC Press, Boca Raton, 1996.

Aitken, R. A. ; Kilenyi, S. N. : Asymmetric Synthesis. Blackie Academic & Professional, 1994.

Atkinson, R. S. : Stereoselective Synthesis. John Wiley & Sons, New York, 1995.

Cerwinka, O. : Enantioselective Reactions in Organic Chemistry. Harwood, London, 1994.

Gawley, R. E. ; Aube, J. : Principles of Asymmetric Synthesis. Pergamon, Oxford, 1996.

Hellwig, K. -H. : Stereochmie. Grundbegriffe. Springer-Verlag Berlin, Heidelberg, New York, 2002.

Izumi, Y. ; Tai, A. : Stereo differentiating Reactions. John Wiley & Sons, New York, 1995.

Lin, G. -Q. ; Li, Y. -M, ; Chan, A. S. C. : Principles and Application of Asymmetric Synthesis. -Wiley-Interscience, New York, 2001.

Mander, L. N. : Stereoselektive Synthese. Wiley-VCH, Weinheim, 1998.

Nogradi, M. : Stereoselective Synthesis. VCH Verlagsgesellschaft, Weinheim, New York, 1995.

Otto, E. ; Schöllkopf, K. ; Schulz, B. -G. : Stereoselective Synthesis. Springer-Verlag. Berlin. Heidelberg, New York, 1993.

Rahman, A. -U. ; Sha, Z. : Stereoselective Synthesis in Organic Chemistry. Springer-Verlag. New York, 1993.

Stephenson, G. R. : Advanced Asymmetric Synthesis. Blackie Academic & Professional, 1996.

Winterfeld, E. : Prinzipien und Methoden der stereoselektiven Synthese. Vieweg Verlag, Braunschweig, Wiesbaden, 1988.

Catalytic Asymmetric Synthesis. Hrsg. : I. Ohma. VCH Publishers, New York, 1993.

Brunner, H. ; Zettlmeyer, W. : Handbook of Enantioselective Catalysis. VCH Verlagsgesellschaft, Weinheim, 1993.

Noyori, R. : Asymmetric Catalysis in Organic Synthesis. John Wiley & Sons, New York, 1994.

合成策略

Willis, C. L. ; Wills, M. : Syntheseplanung in der Organischen Chemie. VCH, Weinheim, 1997.

Warren, S. : Organische Retrosynthese. B. G. Teubner, Stuttgart, 1997.

Warren, S. : The Disconnection Approach. John Wiley & Sons, Chichester, 1982.

Corey, E. J. ; Cheng, X. -M. : The Logic of Chemical Synthesis. John Wiley & Sons, New York, 1999.

Fuhrhop, J. ; Li, G. : Organic Synthesis-Concepts and Methods. Wiley-VCH, Weinheim, 2003.

Larock, R. C. : Comprehensive Organic Transformations. VCH, Weinheim, 1989.

Seebach, D. : Methoden der Reaktivitätsumpolung. Angew. Chem. 1979, 91: 259-278.

Umpoled Synthons. A Survey of Sources and Uses in Synthesis. Hrsg. : T. P. Hase. John Wiley & Sons, New York, 1987.

Tse-Lok Ho: Tandem Organic Reactions. John Wiley & Sons, New York, 1992.

Tietze, L. F. ; Beifuss, U. : Sequentielle Tranformationen in der Organischen Chemie-eine Synthesestrategie mit Zukunft. Angew. Chem. 1993, 105: 137-170.

Tietze, L. F. : Domino Reactions in Organic Synthesis. Chem. Rev. 1996, 96: 115-136.

保护基团

Greene, T. W. ; Wuts, P. G. M. : Protecting Groups in Organic Synthesis. John Wiley & Sons, New York, 1999.

Kocienski, P. J. : Protecting Groups. Georg Thieme Verlag, Stuttgart, 1994.

Schelhaas, M. ; Waldmann, H. , Angew. Chem. 1996, 108: 2192-2219.

D　有机制备

关于实验方法和表格的用法

通常在一般实验方法中介绍的个别化合物的合成可以作为相应合成方法的标准操作规程，而其应用范围不仅限于表中的例子。但是，在应用到其它化合物或化合物类型的合成时，必须考虑到它们的化学特殊性，尤其是反应产物的变化。一般实验方法以获得最佳产率为重点，并不适用于每一个个例。因此，必须按照有机化学的要求，仔细遵从特定的反应条件。

在实验前，可通过试剂附录（F 部分）和危险品附录（G 部分）以及这些附录中给出的相关文献，了解所用化学品的危险性。

实验方法里出现的最重要的物质列于表 G.1，并按照危险品法规给出危险符号，特别的危险性和安全建议的提示也予以标记。不过，表 G.1 中给出的化学品的危险性在 67/548/EWG 规定的附录Ⅰ以及 TRGS900 和 TRGS905 中已经列出。对于那些没有列入表 G.1 的化学品，其注意事项可在化学品供应商的物资安全数据说明书和实验操作方法中获得。表 G.1 未列出的信息可在化学品供应商的化学品目录和在 K 部分中危险物品的参考资料中查找。

为防止出现意外，对于没有任何危险性说明的化学品，也应作为危险品处置，至少应按照安全建议的第 22、23、24 和 25 条处理。

在开始实验研究之前，了解所使用化学品的危险性是十分必要的，并应在每个实验方法中予以标记。

危险性说明和安全建议都是实验方法的组成部分。

安全建议包括：实验方案所涉及的操作注意事项（危险品规定的条款 § 22），包括试剂、反应和产物的潜在危险，保护措施，危险情况下的行为规范，急救措施以及适当的处置细节等。

如无特殊说明，实验方法对大量、半微量和微量制备都适用。

“大量加入”指的是 0.1～1 mol 的量，“半微量加入”则是 1～10 mmol（约 0.1～2 g），“微量加入”指的是 15～150 mg 的加入量。关于操作技术上的区别可查看 A 部分。

有几个规程是特别为分析目的而设立的，与合成操作规程有区别。分析规程不是以获得高产率为重点，而是尽可能宽泛适用。对这些操作规程以分析方法进行了标记。

熔点（m. p.）和沸点（b. p.）为文献值或测量值。蒸馏时，实验器皿适用的沸点范围应按照 A. 2. 3. 2. 2 的内容确定。

沸点时的压力一般用 kPa（括号中则是用 Torr）表示。根据压力值来选择相应的操作条件，即蒸馏是在常压下还是在抽水真空或超真空条件下进行的。

熔点后面括号中列出的溶剂是物质的重结晶适用溶剂。

实验方法中多处还用文献引用列出了其它可能的制备方法，该处多是用英、俄和法文

引用的，以便于学生阅读参考。文献引用涉及制备，或者是描述前面的一般实验方法，或者是所处理物质不同的表征方法。有些文献说明中产物的表征对于表中列出的制备是必需的。

一些重要的缩略语汇总如下：

Ac	乙酰基
Ac_2O	乙酸酐
AcOH	醋酸（冰醋酸）
Bu	丁基
BuOH	丁醇
i-BuOH	异丁醇
t-BuOH	叔丁醇
DMF	二甲基甲酰胺
Et	乙基
EtOH	乙醇
Et_2O	乙醚
HMPT	六甲基磷酸三酰胺
Me	甲基
MeOH	甲醇
Me_2CO	丙酮
Ph	苯基
PhH	苯
PhMe	甲苯
Pr	丙基
PrOH	丙醇
i-PrOH	异丙醇
THF	四氢呋喃
W	水
$[\alpha]_D^{20}$	（比）旋光度（采用钠光，测定温度20℃）
ρ_4^{20}	密度（温度为20℃，如基于水的则为4℃）
ε	介电常数
m. p.	熔点
korr.	校正后的
b. p.	常压下沸点
b. p. $_{x(y)}$	真空压力为 x kPa 或 y Torr 下的沸点
n_D^{20}	折射率（采用钠光，测定温度20℃）

D.1 自由基取代反应

在取代反应中，反应底物（RX）上的一个基团（X）被另一个基团（Y）所取代：

$$R—X + Y—Z \longrightarrow R—Y + X—Z \tag{D.1.1}$$

这类反应的发生可以有不同的反应机理（参见D.2，D.5和D.7.1.4）。在饱和的碳原子上，取代反应完全有可能按自由基（均裂）机理进行。

重要的自由基取代反应列于表D.1.2中。

前面提到的自由基取代反应（D.1.1）是按链式机理完成的（见D.1.2），在这一机理中“游离的”自由基（R· 和Y·）是半衰期很短的中间产物。

自由基是带一个或多个未成对电子的原子或分子，因此是键不饱和的，大多数自由基十分不稳定，具有很高的反应性。

表 D.1.2 自由基取代反应

R—H + Y—Y → R—Y + H—Y Y= F,Cl,Br	与卤素分子进行的卤代反应
R—H + Cl—Z → R—Cl + H—Z Z= —NR'$_2$,—SO_2Cl,—PCl_4,—COCl, —OC(CH_3)$_3$,—CCl_3	与 *N*-氯胺,*N*-氯代丁二酰亚胺,硫酰氯,五氯化磷,碳酰氯(光气),次氯酸叔丁酯,四氯化碳进行的氯代反应
R—H + Br—Z → R—Br + H—Z Z= —N(丁二酰亚胺基),—OC(CH_3)$_3$,—CCl_3	与 *N*-溴代丁二酰亚胺,次溴酸叔丁酯,溴代三氯甲烷进行的溴代反应
R—H + O_2 ⟶ R—O—O—H	过氧化反应
R—H+ SO_2+ Cl_2 ⟶ R—SO_2 Cl + H—Cl	氯磺化反应
2 R—H + 2SO_2+ O_2 ⟶ 2R—SO_3H	磺化氧化反应
R—H + Z= —OH—NO_2 ⟶ R—NO_2+ H—Z	硝化反应
R—Z + H—MR'$_3$ ⟶ R—H + Z—MR'$_3$ Z= —X,—OSO_2R',—OCS_2R';M= Sn,Si	卤代物,磺酸酯和二硫代碳酸酯与三烷基锡烷,三烷基硅烷发生的还原反应

为引发或者说"启动"自由基取代反应，必须在由初始物 RX 或 YZ 的"启动"反应中形成两个自由基 R· 或 Y· 中的一个。

D.1.1 自由基的生成和稳定性

生成自由基的最重要方式是通过共价键中成键电子对解离而发生的被称为均裂的"对称性"断裂。

$$\mathrm{Y{-}Z \longrightarrow Y\cdot + \cdot Z}$$
$$\mathrm{Cl{-}Cl \longrightarrow Cl\cdot + \cdot Cl} \qquad (D.1.3)$$

对这种均裂而言，必须为分子提供键离解能（见表 D.1.4）。由于获得能量的方式不同，自由基的生成有下列多种形式：

表 D.1.4 标准键解离能（$\Delta_D H^{\ominus}$，25℃） kJ/mol

化学键	$\Delta_D H^{\ominus}$	化学键	$\Delta_D H^{\ominus}$
H—H	432	H—F	566
F—F	155	H—Cl	428
Cl—Cl	239	H—Br	363
Br—Br	190	H—I	295
I—I	149	HO—H	499
H_3C—CH_3	370	HOO—H	375
H_2N—NH_2	253	(CH_3)$_3$CO—H	435
HO—OH	214	(CH_3)$_3$CO—OC(CH_3)$_3$	157
H_3C—H	435	C_6H_5COO—OCOC_6H_5	126
CH_3CH_2—H	411	CH_3—N=N—CH_3	210
(CH_3)$_2$CH—H	396	N≡C(CH_3)$_2$C—N=N—C(CH_3)$_2$C≡N	131
(CH_3)$_3$C—H	385	(CH_3)$_3$Sn—H	293
C_6H_5—H	458	(CH_3)$_3$Sn—CH_3	295
CH_2=CHCH_2—H	371	CH_3Hg—CH_3	218
$C_6H_5CH_2$—H	356		

(1) 通过热能导致键断裂（热解）

对具有低离解能的键来说，离解平衡在较低的温度下就明显处于离解产物一侧。如3-三苯甲基-6-二苯基亚甲基-1,4-环己二烯（C—C 键标准离解能 46 kJ/mol）在 0.1 mol 苯溶液中即使在室温下也能有 2%离解成三苯甲基自由基。

$$\mathrm{Ph_2C{=}C_6H_4(H)\text{-}CPh_3} \rightleftharpoons 2\ \mathrm{Ph_3C\cdot} \quad \text{(D. 1. 5)}$$

而具有 120～170 kJ/mol 离解能的键，如过氧化物和脂肪族偶氮化合物那样，在较高温度下（70～150 ℃）才能断裂。因此这些化合物适合于作为自由基引发剂，用于引发链反应（见下面说明）。

在温度超过 800 ℃时，即使是稳定的烃也能分解。因此，大多数有机化学反应在这么高温度下按自由基历程进行（高温热裂、裂化过程）。

(2) 通过辐射能发生键离解（光解❶，辐射离解❷）

根据普朗克公式，一光子的能量为：$E=h\lambda$ 。因此，波长 λ 为 300 nm 的紫外光能量为 400kJ/mol。与表 D. 1. 4 比较就会清楚知道，大多数键在短波（紫外）光的照射下发生断裂。

试计算一下黄光（$\lambda=600$ nm）和紫光（$\lambda=400$ nm）的能量，并考虑一下红光（$\lambda=700$ nm）是否能使氯分子断裂。

仅那些被吸收的辐射才发生光化学作用。辐射的吸收并不一定必须通过反应物进行，有时使用一种不直接参与反应的感光物质将光吸收，然后它再将获取的能量传递给反应同伴。有机颜料、酮和其它物质可作为感光物质使用。

(3) 通过氧化还原过程（化学能）的自由基形成

许多氧化还原过程都与伴随着自由基形成的单电子转移联系在一起。如：

$$\mathrm{R{-}O{-}O{-}H + Fe^{2\oplus} \longrightarrow R{-}O^{\cdot} + {}^{\ominus}OH + Fe^{3\oplus}} \quad \text{(D. 1. 6)}$$

对此，可比较（D. 1. 5）。通过羧酸盐的电解而进行的烃的 Kolbe 合成也包含这一过程：

$$\mathrm{R{-}C(=O)O^{\ominus}} \xrightarrow{-e^{\ominus}} \mathrm{R{-}C(=O)O^{\cdot}} \xrightarrow{-CO_2} \mathrm{R^{\cdot}} \xrightarrow{R^{\cdot}} \mathrm{R{-}} \quad \text{(D. 1. 7)}$$

(4) 通过机械能的自由基形成

物质通过超声、快速搅动或研磨可导致键断裂（机械化学）。

由表 D. 1. 4 可知，个别键具有差别很大的离解能。即使是某一特定键（如 C—H 键）的离解能的值也高度取决于通常（所处）分子的结构。一般来说，键的离解能越低，由离解生成的自由基的能量也就越低（越稳定）。自由基的热力学稳定性取决于游离的自由基电子在分子中的离域程度。共轭取代基如苯基和烯丙基基团有助于离域发生：

❶ 光解：由可见或紫外光作用导致的键离解。

❷ 辐射离解：具较高能量的辐射导致的键离解。

$$H_2C\cdots CH\cdots CH_2 \equiv H_2\dot{C}-CH=CH_2 \rightleftharpoons H_2C=CH-\dot{C}H_2$$

$$C_6H_5-CH_2 \equiv C_6H_5-\dot{C}H_2 \leftrightarrow \cdots \quad (D.\ 1.\ 8)$$

苯甲基—H键（烯丙基—H键）的离解能与其它C—H键相比具有356 kJ/mol的较低值。

同理，裂解成三苯甲基所需的离解能特别低［如按式(D. 1. 5)］!

立体取代效应同样对一个键的离解能有很大影响。因为烷基是（彼此间）等价的，在C—X键均裂时碳原子由四面体构型转换成三角平面。碳原子上的取代基彼此远离，所以彼此间具有较小的立体阻碍。随着取代基体积的增加，键的离解能减小。这些立体效应是从一级经二级到三级C—H键的键离解能下降的原因（比较甲烷、乙烷、丙烷、异丁烷中的C—H键）。

D. 1. 2　自由基的反应及寿命，自由基链式反应

自由基可以进行如下反应：

① 自由基特性消失的反应

a. 通过两个自由基的结合[1]，如：

$$2\ C_6H_5\dot{C}H_2 \longrightarrow C_6H_5-CH_2-CH_2-C_6H_5 \quad (D.\ 1.\ 9)$$

b. 通过自由基的歧化，如：

$$2\ H_3C-\dot{C}(CH_3)_2 \longrightarrow H_2C=C(CH_3)_2 + H_3C-CH(CH_3)_2 \quad (D.\ 1.\ 10)$$

② 自由基特性转移的反应

a. 通过自由基的分解或异构化，例如：

$$C_6H_5-C(=O)O\cdot \longrightarrow C_6H_5\cdot + CO_2 \quad (D.\ 1.\ 11)$$

b. 通过自由基在多重键上的加成，例如：

$$Br\cdot + H_2C=CH_2 \longrightarrow Br-CH_2-\dot{C}H_2 \quad (D.\ 1.\ 12)$$

这一反应类型将在D. 4. 3叙述。

c. 多个原子或基团通过自由基的分裂，如：

$$R-H + Cl\cdot \longrightarrow R\cdot + H-Cl \quad (D.\ 1.\ 13)$$

这一类型的反应是自由基取代的重要分步（见下面）。

所列举的反应也可同时或先后发生。

大多数自由基具有非常高的反应性［见式(D. 1. 3)］。因此它们仅以低浓度存在并具有非常短的寿命（$< 10^{-3}$ s）。如果存有溶剂等合适反应物时，自由基与之快速发生

[1] 两个自由基结合时，新生成键的离解能被释放出来。多原子分子能够接受这一能量。不过，在多原子的化合反应中这一能量必须通过与第三者（分子，器壁）的碰撞予以释放。

加成［式(D.1.12)］以及取代［式(D.1.13)］反应，而它们的自组合反应［式(D.1.9)］以及歧化反应［式(D.1.10)］相对较次要，不过这些反应却扮演了自由基反应系列如链反应（见下）中终止反应的角色。

在没有足够的反应对象时，以及对于那些低反应性的仅能缓慢进攻所提供的基质或溶剂的自由基来说，自组合反应以及歧化反应就常常是唯一的反应可能性。此外，该情况下较高自由基浓度有利于这些反应过程。

极限条件下，自由基的反应性如此之低以至于它不再能完全聚合。这些自由基能在无氧条件下以高浓度存在并具有长的寿命［如 $Ph_3C\cdot$，式(D.1.5)］。

人们将具有低反应性及寿命在数秒至数年的自由基称之为持久的（长寿命的）。这些自由基持久性如此之高和反应性如此之低，以至于它们能以物质的形式被分离出来并进行操作，人们称之为稳定自由基（如二苯基苦基苯肼，即 DPPH；2,2,6,6-四甲基哌啶-1-氧，TEMPO）。

DPPH　　TEMPO　　(D.1.14)

自由基的反应性和寿命受到取代基立体效应的强烈影响。自由基电子附近大的取代基（苯基，叔丁基）阻碍其接近反应物，从而降低自由基的反应性，如三苯甲基或 DPPH 的情形。即使热力学不稳定的自由基也可因此而持久存在，例如：TEMPO 或二叔丁基亚甲基 $(t\text{-Bu})_2CH\cdot$，在无氧溶液 25 ℃时可平均存在 1 min。

自由基链反应

自由基特性传递给其它分子可在特定周期中多次重复，从而进行自由基链式反应。例如有机化合物的自由基卤代反应，反应中 C—H 键的 H 被卤素原子所取代，就是这样的链式反应（Y 为卤素）：

$$\mathrm{Y{-}Y} \longrightarrow 2\,\mathrm{Y}\cdot \qquad \text{（链引发）} \qquad \text{(D.1.15a)}$$

$$\mathrm{Y}\cdot + \mathrm{R{-}H} \longrightarrow \mathrm{R}\cdot + \mathrm{H{-}Y} \qquad \text{（链传递）} \qquad \text{(D.1.15b)}$$

$$\mathrm{R}\cdot + \mathrm{Y{-}Y} \longrightarrow \mathrm{R{-}Y} + \mathrm{Y}\cdot \qquad \text{（其它反应）} \qquad \text{(D.1.15c)}$$

循环重复直至链反应终止。最重要的链反应是“链载体”（R·，Y·）的结合和歧化反应：

$$\begin{aligned} \mathrm{Y}\cdot + \mathrm{Y}\cdot &\longrightarrow \mathrm{Y{-}Y} \\ \mathrm{R}\cdot + \mathrm{Y}\cdot &\longrightarrow \mathrm{R{-}Y} \qquad \text{（链终止）} \qquad \text{(D.1.15d)} \\ \mathrm{R}\cdot + \mathrm{R}\cdot &\longrightarrow \mathrm{R{-}R} \end{aligned}$$

链反应终止也可通过链载体与溶剂分子或加入的被称为阻止剂的物质的反应来进行。阻止剂自身为自由基［式(D.1.42)，氮氧化物，稳定自由基］，它们与链载体发生组合反应。阻止剂也可以是化合物（芳胺，苯酚，醌），它们通过与链载体的反应产生自由基，而这些自由基能量太低，难于使链反应延续［例见式(D.1.19)］。

链引发反应中形成了具有反应性的链载体。所有在 D.1.1 中列出的自由基生成反应都能进行链引发。例如，氯分子光解产生两个氯原子，它们在自由基氯化中就是链载体［比较式(D. 1. 15)］。人们常常通过加入引发剂来启动链反应，即加入化合物，这些化合物获得较低能量就分解成自由基（过氧化物，偶氮化物，比照表 D. 1. 4)，生成的自由基在后续反应中产生链载体。如：

$$(H_3C)_3CO{-}OC(CH_3)_3 \longrightarrow 2\ (H_3C)_3CO\cdot$$

$$(H_3C)_3CO\cdot + R{-}H \longrightarrow (H_3C)_3CO{-}H + R\cdot \qquad (D.1.16)$$

写出溴在甲苯上发生溴化反应过程，该过程是以偶氮二异丁腈及过氧化苯酚作为引发剂导致的链反应！

从起始自由基计算得到的链式反应的反应循环次数被称为链长。光化学引发时，每吸收一个光量子导致的反应循环数叫做量子产率。

D. 1. 3 自由基取代的反应性及其选择性

一般来说，当转化时放出能量，即反应放热进行❶，则这些自由基取代反应可以进行。对于这些链反应而言，反应循环的所有分步的反应焓的总和必须为负值，尽管个别步骤是吸热的。

反应的摩尔标准焓 $\Delta_R H^\ominus$ 可以按照图 C. 20 由反应中裂解的和生成的化学键的离解能计算出来。裂解的键越弱以及生成的键越强，它就越小（较强放热)。例如，乙烷的氯化反应的第一个链增长反应［式(D. 1. 15b)］就是如此：

$$Cl\cdot + H{-}CH_2CH_3 \longrightarrow Cl{-}H + \cdot CH_2CH_3$$

$$\Delta_R H^\ominus_{298} = \Delta_D H^\ominus_{CH_3CH_2-H} - \Delta_D H^\ominus_{H-Cl} = (411-428)\ kJ/mol = -17\ kJ/mol \qquad (D.1.17)$$

氯原子容易进攻乙烷中的稳定 C—H 键，因为由此生成了更稳定的 H—Cl 键。由于乙烷氯化的第二个链增长步骤［式(D. 1. 15c)］是放热的，当氯分子均裂产生氯原子一次性引发时总转换反应就以链式反应进行。

相反，碘原子不能与乙烷反应，因此通常情况下不能实现碳氢化合物的直接碘化。再者，断裂碘分子需要的能量要比断裂氯分子需要的少，但 H—I 键的形成仅放出 295 kJ/mol 能量❷，碘原子与乙烷的反应是吸热的：

$$I\cdot + H{-}CH_2CH_3 \longrightarrow I{-}H + \cdot CH_2CH_3$$

$$\Delta_R H^\ominus_{298} = \Delta_D H^\ominus_{CH_3CH_2-H} - \Delta_D H^\ominus_{I-H} = (411-295)\ kJ/mol = 116\ kJ/mol \qquad (D.1.18)$$

反过来碘则可作为自由基反应的阻止剂，过程中它虽然形成了自由基，但不能重新传递给基质：

$$R\cdot + I{-}I \longrightarrow R{-}I + I\cdot$$

$$I\cdot + R{-}H \longrightarrow H{-}I + R\cdot \qquad (D.1.19)$$

尽管热力学仅能确定自由基反应是否可能发生而不能说明反应速率［见式(C. 2)］，但事实上较强放热的要比较少放热的自由基反应快（比较图 C. 28)。因此，根据热力学考察也可以估计自由基和化学键的反应性。

新键形成时放出的能量越高即这一成键的离解能越高，则自由基对所给定基质的反

---

❶ 这一论断不是普遍适用于化学反应［比较式(C. 21)］。不过大量实验数据表明，它对于自由基反应普遍有效。

❷ 通常，进攻化学键的能力与自由基的稳定性或其形成的容易程度没有必然联系。

应性越强。

在某给定自由基与不同的C—H键反应时，这些C—H键的离解能越低则放热越剧烈。因此，三级C—H键（3°）的反应性要大于二级（2°）和一级（1°）[1]。特别容易被进攻的是苯甲基和烯丙基（例如在丙烯和甲苯中）上的α-C—H键。

自由基的反应性可以根据它与所给定反应物的反应速率常数来确定。为确定不同自由基的相对反应性（比较C.3.2），可将它们用相同的基质（如甲苯）来转换，将所得到的反应速率常数与某一自由基的反应性关联起来。根据这样的研究发现如下反应性序列：

$$F\cdot > HO\cdot > Cl\cdot > \cdot CH_3 > Br\cdot > ROO\cdot \tag{D.1.20}$$

另一方面，为确定某些1°、2°和3° C—H键的相对反应性，将试剂保持不变，用相同的自由基来做转换。例如，对1° C—H键来说此时甚至是相同的分子（的不同位置）。该类测定结果见表D.1.21。不过，在表中仅每一列中的数值具有可比性。可以知道，对表中列出的所有三个卤素自由基来说，3° C—H键的反应性最强；2° C—H键较容易受到进攻，而一级C—H键最难。

表D.1.21 丁烷及异丁烷中的C—H键针对卤原子的相对反应性（气相，27℃）

游离基	1° C—H键	2° C—H键	3° C—H键
F·	1	1.2	1.4
Cl·	1	3.9	5.1
Br·（127℃）	1	32	1600

其它重要结果也可从表D.1.21得到，即三种C—H键的相对反应性不是对所有反应都是不变的。例如，对氟化反应来说彼此只有微小区别，而溴化反应则有很大程度上的不同。

这可以借助于Hammond假定（见C.2）予以解释：具反应性的F原子与R—H键以放热的形式反应，其过渡态是反应物类似的（图C.28曲线3）。反应性弱的Br原子相反，（大多数）反应是吸热的，活化络合物是产物类似的（图C.28曲线1），因此在过渡态R…H…F中R—H键伸长较小；而在R…H…Br中R—H键离开得很远。不同强度的R—H键和反应性高的F·的反应差别很小，选择性很差。R—H键与反应性弱的Br·反应时反应速率的区别巨大（高选择性）。

通常，高反应性造成弱选择性，反之亦然。与此一致的是，随温度升高自由基反应的选择性降低，这是因为随温度升高自由基的反应性也提高了。不过，这一影响不大。例如，对于流动相中氯原子来说，饱和烃中C—H键的相对反应性（1°，2°，3°）在−50 ℃时是1∶7.2∶11.8，而在+50 ℃时是1∶2.9∶4.5。

实际上，这些自由基反应（热裂，裂解，卤代，氧化）应用范围很广，因为这些异构体的混合物就能满足使用要求了。

自由基反应过程还要考虑到极性对自由基反应性以及所进攻的C—H键的相对反应性的影响。

---

[1] 通常使用简记1°、2°和3°C—H键来表示一级、二级和三级C—H键。

表 D.1.22　C—H 键氯代反应时的相对反应性和异构体的分布

异构体分布/%	31　64　5	31　69　0	21　47　22　9
结构式	$H_3C—CH_2—CH_2—COOH$①	$H_3C—CH_2—CH_2—CN$	$H_3C—CH_2—CH_2—CH_2—Cl$
相对反应性	1　3.1　0.24	1　3.3　0	1　3.4　1.6　0.7

① 羰基化合物的氯代反应在有卤素传递时也可能按极性机理进行，最可能导致 α-取代产物，参照 D.7.4.2.2。

对应于周期表中处的位置，自由基具有不同的电负性。例如，卤原子和含氧自由基（HO·，HOO·，RO·，ROO·）的亲电特征突出。因此，它们倾向于进攻电子云密度高的位置。因此，$+I$ 和 $+M$ 基团提高了邻近 C—H 键对这些自由基的反应性，而 $-I$ 和 $-M$ 则使之降低。表 D.1.22 中的几个例子可以说明这一点。

由反应性来计算反应产物的异构体分布时，必须考虑所涉及 C—H 键的数量。如在考虑丁腈氯代反应时，它有三个反应性为 1 的 1° C—H 键和两个反应性为 3.3 的 β-C—H 键，由此得到的异构体分布为(3×1)∶(2×3.3)＝31%∶69%。可以用表 D.1.21 计算正丁烷和异丁烷的气相氯代反应时异构体分布。

用微扰理论可以很好理解自由基的极性特征（见 C.6）。自由基 R˙ 最外层轨道被单占据，用 SOMO 即单占据分子轨道表示。它可以与另一反应物 S 的 LUMO，也可以与 HOMO 发生相互作用。两种情况下都有能量（降低）优势。这从图 D.1.23(b) 可以直接知道；而图 D.1.23(a) 中获得的能量降低是 $2\Delta E_2-\Delta E_1$，因为能量低的轨道被两个电子占据，能量高的轨道仅被一个电子占据。

具有能量较低 SOMO 的自由基如氯原子（ε_{SOMO}＝13 eV），它们的自由基电子处于电负性大的原子核上，被称为亲电的。这种自由基优先与 S 的 HOMO 作用［图 D.1.23(a)］。如果 SOMO 反而较高如叔丁基自由基（ε_{SOMO}＝－6.9 eV），这时则优先与 S 的 LUMO 作用，自由基倾向是亲核的［图 D.1.23(b)］。与此相一致的是，氯自由基及甲基自由基获取丙酸中 α 和 β 位置上的 H 是以下列方式进行的：

C—H 的 σ 轨道一般有较低能量。通过诱导效应，—COOH 基团降低 α-C—H 轨道能量的程度比 β-C—H 的要高。按照图 D.1.23(a) 所示，β-C—H 键中能量较高占据的

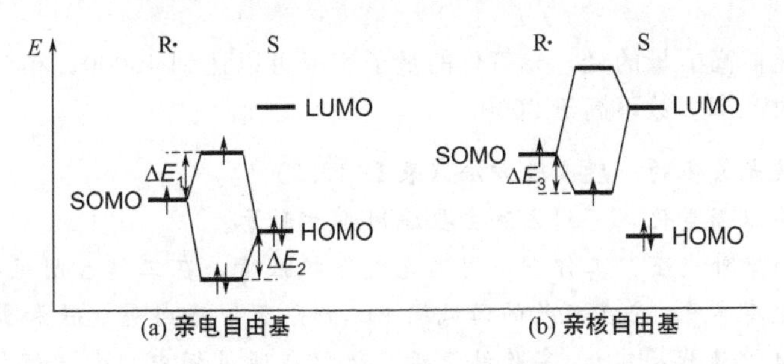

图 D.1.23　自由基反应中 HOMO-SOMO 以及 LUMO-SOMO 相互作用

Cl·：50（β-H），1（α-H）　　·CH_3：1（β-H），5（α-H）

H_2C—CH—COOH（β α）　　　(D.1.24)

HOMO 相对于 SOMO 的能量差小于 α-C—H 键的对应值，因此有相对高的活性。而在与甲基自由基的反应中，SOMO-LUMO 相互作用起决定作用。C—H 键轨道中的 LUMO 轨道（σ^*）能量一般较高。通过吸电子的—COOH，与 β-C—H 键相比 α-C—H 键的 LUMO 轨道能量更大幅度降低。这一方式的结果是：α-C—H 键的 LUMO 轨道更靠近甲基自由基的 SOMO，更利于发生夺取 α-H 的反应。

D. 1. 4 自由基卤代反应

H 被卤素取代[1]是制备上重要的自由基取代反应，它是一个典型的链式反应。前已述及［见式(D. 1. 15)］链反应的个别步骤。

卤素彼此在反应性上差别很大（D. 1. 3）。当 F 元素作用于有机物时，多数情况下以爆炸方式转换成高氟代化合物（由碳形成的化合物，四氟化碳），分子发生部分裂解。如要获得特定的氟代化合物，必须间接进行（即绕道）(见 D. 2. 6. 7 和 D. 8. 3. 1)。

相对应的是，碘没有能力进行 C—H 键的自由基取代反应（D. 1. 3），而是通常发生逆向反应。例如，烷基碘化物易由对应的醇得到（D. 2. 5. 1），它能被碘化氢还原成烃：

$$RI + HI \longrightarrow RH + I_2 \qquad (D. 1. 25)$$

因此，仅有氯代和溴代反应具有实际意义。

D. 1. 4. 1 氯代反应

氯元素发生的氯代反应进行得平稳，它们的选择性也低。因此，反应有制备意义的主要是在芳烃侧链上的氯化，因为 α-C—H 键的反应性远大于苯基上的 C—H 键。因此，α-C—H 键的相对反应性区别很大。如甲苯、氯甲苯和二氯甲基苯中，及时中断反应可以得到所有三种可能的氯化产物。

二氯甲基苯和三氯甲基苯由于可以水解得到醛和羧酸，所以比较重要（D. 2. 6. 1）。

在氯化过程中必须注意：不能有傅-克（Friedel-Crafts）催化剂（路易斯酸）存在（D. 5. 1. 5，D. 5. 1. 7），它们会加速芳核上的离子性取代。因此，也不能在例如铁质的容器中进行。

为引发氯化需高能量的光，光氯化的量子产率可以达到 40000。相对应的是，微量氧作为引发剂时产率多数不高于 2000。

【例】 芳烃侧链光氯化的一般实验方法（表 D. 1. 27）

由于氯气难以剂量化，下列方法主要适用于大剂量。

注意！在强紫外光下，工作中使用遮光镜保护眼睛，在工作台附近也应注意安全。氯有毒且对健康有害[2]，应在有效的通风橱中工作。苯甲基卤对皮肤和黏膜有强烈刺激性（参见 D. 1. 4. 2 溴代反应）。实验结束后，仍然在通风橱中用含甲醇的 KOH 来清洗所有设备，戴橡皮手套！

氯化反应最好在带有石英灯、气体导管和高效回流冷凝管的三颈瓶中进行（图 D. 1. 26）。如无石英灯，可以用 500 W 的日光灯从外部光照或直接日光照射下使之发生

---

[1] C—H 键中的 H 被卤素取代对应着氧化反应，见 D. 6. 1。

[2] 见试剂附录。

氯化反应。不过反应进行得稍慢些，产率多数时较低。氯气由压力气瓶中导出，用装有浓硫酸的洗瓶干燥。在洗瓶的两端，每端都连接一个空的洗瓶作为安全容器❶。

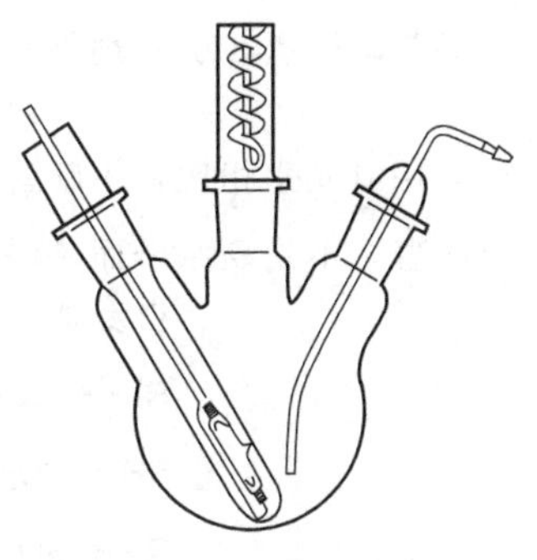
图 D. 1. 26 光反应装置

烃用相应热浴的实验方法在上述反应装置中加热到沸点，持续导入氯气流。较高沸点的烃在 180 ℃氯化。冷凝管不可有氯气出现（观看颜色!)。氯化至计算出的质量增加量，或者在有持续沸腾的瓶中内含物达到了由经验确定的温度（表 D. 1. 27)。

固体化的氯代反应产物可以在冷却下用抽真空和重结晶来提纯。可以加入少量（一勺尖）的碳酸氢钠用 20 cm 韦氏(Vigreux) 分馏柱在真空下分馏液体。如果对得到的氯代反应产物继续处理得到醇、醛或羧酸，10 ℃的馏程足够了。为合成纯物质，对主要馏出物再进行精馏，按更严格的界限值接收馏出物。蒸馏达到平衡，个别馏出物可以通过物理常数予以表征（参见 A. 2. 3. 3. 2)。

表 D. 1. 27 烷基芳香化合物的光氯化

产　物	初始物	终温/℃①	沸点(熔点)/℃	n_D^{20}	产率/%
苯甲基氯	甲苯	157	$69_{2.0(15)}$	1.5390	80
二氯甲基	甲苯	187	$86_{1.9(14)}$	1.5509	80
三氯甲基苯	甲苯		$111_{3.1(23)}$	1.5581	90
邻甲基苄基氯	邻二甲苯	175	$91_{2.4(18)}$	1.5427	70
1-苯基乙基氯②	乙苯		$77_{2.0(15)}$	1.5273	60
邻氯苄基氯	邻氯甲苯	205	$92_{1.6(12)}$	1.5621	85
邻氯苯亚甲基二氯	邻氯甲苯		$100_{1.3(10)}$	1.5633	75
对氯苯甲基氯	对氯甲苯		$92_{1.3(10)}$，(熔点 28)	1.5651③	85
对氯苯亚甲基二氯	对氯甲苯	$129_{2.9(22)}$			85
对硝基苯亚甲基二氯	对硝基甲苯		(熔点 46)(乙醇/正己烷)		80

① 氯化至达到所给内部温度，这仅是在外部光照时如此。应用潜水加热炉时要确定质量增加量!
② 除此之外还有 15%～20%的 2-苯基乙基氯生成。
③ n_D^{25} 过冷熔融。
注：此处和下列表中的物理常数（沸点，熔点，n_D）如果不加说明都是对产物而言。列出的下角标是各自沸点时的压力，单位 kPa (Torr)。

芳香醛和它们的 *N*-衍生物（肟、腙和吖嗪，见 D. 7. 1）也可以轻度或选择性氯化，并生成酰氯（及它们的 *N*-衍生物）[参见式（D. 1. 32)]。

$$\mathrm{R-C(=X)H} + \mathrm{Cl_2} \longrightarrow \mathrm{R-C(=X)Cl} + \mathrm{HCl} \qquad \text{(D. 1. 28)}$$

$$\mathrm{X = O, N-OH, N-NR'_2}, \text{等}$$

由苯甲醛得到邻氯苯甲酰氯：Clarke, H. T.；Taylor, E. R.：Org. Synth., Coll. Vol. I, 1956, 155.

除了氯元素外，其它氯化物也可用于氯化反应的试剂，如 CCl_4、$COCl_2$、NCS[见式(D. 1. 32)]、PCl_5 $(CH_3)_3COCl$ 或 SO_2Cl_2，参见表 D. 1. 2。它们也按照类似于卤元素的自由基链反应机理反应，一般需要由过氧化物［见式(D. 1. 6)］或紫外光使链反应启动。

❶ 同时参见 A. 1. 6 和 A. 1. 10. 1。

烃与磺酰氯在引发剂下的氯化是一个制备上比较重要的方法：

$$RH + SO_2Cl_2 \longrightarrow RCl + SO_2 + HCl \qquad (D.1.29)$$

与用氯元素相比，用磺酰氯氯化更具有选择性，不能由甲苯氯化得到三氯甲基苯。这意味着，不是氯原子而是弱反应性的 $\dot{S}O_2Cl$ 自由基才是链的载体：

$$\begin{array}{llll} \text{引发剂} & \longrightarrow 2\ R' \cdot & & \\ R' \cdot + SO_2Cl_2 & \longrightarrow R'Cl + \dot{S}O_2Cl & \text{（链引发）} & \\ RH + \dot{S}O_2Cl & \longrightarrow R \cdot + HCl + SO_2 & \text{（链传递）} & (D.1.30) \\ R \cdot + SO_2Cl_2 & \longrightarrow RCl + \dot{S}O_2Cl & & \end{array}$$

对于溴在芳核上的烷基芳烃，存在着芳核上卤元素以及侧链上氢的交换，因此无单一反应产物生成。

由于磺酰氯很容易剂量化，反应很适于半微量制备。还可以用分子氯实现氯化。

【例】 用烃和磺酰氯进行氯化的实验方法（表 D.1.31）

注意！按已有的一般实验方法进行实验保护！反应时产生二氧化硫和氯化氢。在通风橱中操作！由于反应过程中锥形接头容易粘住，在核心部位和外壳套之间用聚四氟乙烯（PTFE）薄膜密封。也可以将螺旋封口用 PTFE 密封住及使用 PTFE 涂层的接头。

为合成单氯化物，选择烃和磺酰氯的摩尔比为 1.2∶1，而对于二氯甲基苯则摩尔比为 1∶2。

烃和磺酰氯在加入 2 mmol 过氧化苯甲酰或最好是偶氮二异丁腈（对 1 mol 磺酰氯而言）后，在配有高效回流冷凝管（为什么?）和氯化钙管的圆底烧瓶中加热至沸点。每隔 1 h 再加入同剂量链引发剂。当观察到无气体产生时（8～10 h），反应结束。冷却下来后，用水洗❶，用硫酸镁干燥并用 20 cm 韦氏（Vigreux）柱分馏。在表 D.1.31 中给出相对磺酰氯的产率。

表 D.1.31 烃和磺酰氯的氯化反应

产 物	初始物	沸点(熔点)/℃	n_D^{20}	产率/%
氯代环己烷	环己烷	$67_{8.3(62)}$	1.4626	60
苯甲基氯	甲苯	$61_{1.3(10)}$	1.5390	80
邻氯苯甲基氯	邻氯甲苯	$92_{1.6(12)}$	1.5621	75
对氯苯甲基氯	对氯甲苯	$92_{1.3(10)}$，(熔点 28)	1.5651①	70
1-苯基乙基氯	乙苯	$77_{2.0(15)}$	1.5278	85②
二氯甲基苯	甲苯	$86_{1.9(14)}$	1.5503	75

① n_D^{25}（过冷熔融）。

② 不是完全纯的，包含一些 1-氯-2-苯基乙烷。

对于制备少量特定的芳香异羟肟酸氯化物而言［它是用做氧化腈的先导物的，见式(D.4.91)］，芳醛肟和 NCS 的氯化反应很适合：

$$Ar{-}CH{=}NOH + Cl{-}N(\text{琥珀酰亚胺}) \longrightarrow Ar{-}C(Cl){=}NOH + H{-}N(\text{琥珀酰亚胺}) \qquad (D.1.32)$$

❶ 见 A.2.5.2.1。

【例】 用取代的苯甲醛肟和*N*-氯代丁二酰亚胺进行氯化的一般实验方法（表 D.1.33）

注意！苯异羟肟氯化物对皮肤和黏膜有刺激性。在通风橱中操作！戴保护手套！

在 500 mL 三颈瓶中，配有搅拌器和温度计，将 0.3 mol 取代的苯甲醛肟❶溶解于 250 mL 的三甲基甲酰胺中，加热到 25～30 ℃并在搅拌下加入 1/10～1/5 的 0.3 mol 的 *N*-氯代丁二酰亚胺（NCS）。在 10 min 内必然至少会有 3 ℃的温度上升。如反应不能自发进行，导入大约 20 mL 的 HCl 气体。一旦反应开始，保持温度 35 ℃，在此期间逐份加入剩余的 NCS，有时要用冰/盐冷却。在反应衰减后，用一滴溶液通过润湿的 KI 淀粉试纸检查弱反应或副反应是否到达终点。然后搅入四倍体积的冰水中，每次用醚 250 mL萃取两次。醚萃取物用水洗三次，用 Na_2SO_4 干燥，将醚在 30～40 ℃时真空蒸馏去除。得到的产物可以按熔点控制，以用于腈氧化物的反应。

表 D.1.33 由苯甲醛肟和 NCS 氯化得到苯异羟肟氯化物

取代的苯异羟肟氯化物(产物)	取代的苯甲醛肟①(初始物)	熔点/℃	粗产率/%
3-氯-	3-氯-	58～61	86
4-氯-	4-氯-	87～89	89
2-甲氧基-	2-甲氧基-	105～108	85
4-三氟甲基-	4-三氟甲基-	89～91	80
2,4,6-三甲基-	2,4,6-三甲基-	62～69	80

① 制备见 D.7.1.1。

在金属盐或光辐射时，*N*-氯胺和硫酸的氯化具有不寻常的选择性：

$$RH + R'_2NCl \longrightarrow RCl + R'_2NH \quad (D.1.34)$$

反应按链式机理进行，铵正离子自由基作为链载体，它是通过单电子转移形成的，参与的反应如下：

$$\begin{aligned}
R'_2NCl + H^{\oplus} &\rightleftharpoons R'_2\overset{\oplus}{N}HCl \\
Fe^{2\oplus} + R'_2\overset{\oplus}{N}HCl &\longrightarrow Fe^{3\oplus} + R'_2\overset{\oplus\cdot}{N}H + Cl^{\ominus} \\
R'_2\overset{\oplus\cdot}{N}H + RH &\longrightarrow R'_2\overset{\oplus}{N}H_2 + R\cdot \\
R\cdot + R'_2\overset{\oplus\cdot}{N}HCl &\longrightarrow RCl + R'_2\overset{\oplus\cdot}{N}H
\end{aligned} \quad (D.1.35)$$

卤代烷、醇、脂肪酸和相应的酯在此时优先在（ω-1）位上氯化，如：

$$CH_3(CH_2)_5OH \longrightarrow CH_3CHCl(CH_2)_4OH \quad (D.1.36)$$

技术上，甲烷、乙烷、戊烷、高级石蜡、丙烯和甲苯与氯元素的氯化可以大规模进行，表 D.1.37 给出由生成产物对应的应用的概览表。

D.1.4.2 溴代反应

对于制备实验而言，由元素溴进行溴代反应，卤化试剂容易剂量化并具有较高的选择性，因此相对于氯代反应被经常使用，但实际应用中价格太贵。

❶ 方法见 Kou-Chang Liu，Shelton，B. R.，Howe，R. K.；J. Org. Chem. 1980，45：3916.

表 D.1.37 技术上重要的氯代烃

氯代产物	应　用
氯甲烷	冷却剂
	→硅树脂
	→纤维素
二氯甲烷	用于油、脂肪、塑料(乙酰基纤维素,PVC)和油漆的溶剂和提取剂
氯仿	用于脂肪、油、树脂、青霉素(盘尼西林)等的溶剂
	→CHF_2Cl→C_2F_4→聚四氟乙烯(PTFE)
四氯化碳	用于油、脂肪、树脂和油漆的溶剂
	织物和金属的清洗剂
氯乙烷	→乙基纤维素
	冷却剂
	麻醉剂、麻药
	溶剂和提取剂
单氯戊烷(氯戊烷)	→戊醇→戊酯(溶剂和稀释剂)
多氯代环戊烷	→六氯环戊二烯→除害(虫)剂
高级石蜡	→烷基苯磺酸盐(清洗剂)
	→烷基萘(润滑油添加剂)
烯丙基氯	→烯丙基醇→烯丙酯(稀释剂)→聚合物 →烯丙基醇→丙烯醛 →烯丙基醇→丙三醇
	→表氯醇(1-氯-2,3-环氧丙烷)→环氧化物树脂
	→烯丙胺
苯甲基氯	→苯甲基纤维素
	→苯甲基醇
	→苯甲基氰化物等
(二氯甲基)苯	→苯甲醛
(三氯甲基)苯	→苯甲酰氯
	→(三氟甲基)苯(植物保护剂)→药物,染料

与氯代反应类似，溴代反应制备上主要是用于苯甲基和（二溴甲基）苯合成。芳核取代的烷基芳烃与未取代的同样极其平稳。反应中，第二个溴原子在侧链取代［形成(二溴甲基)苯］的速率多数情况下明显低于对应的苯甲基溴化物生成的速率。(三溴甲基)苯不会生成。

游离基溴代反应的链长小，因为反应仅弱放热。这样得到的环己烷溴代反应的量子产率在室温时约为2。可见光能较好地引发反应。

【例】 烷基芳烃侧链光溴代反应的一般实验方法（表 D.1.38）

注意！苯甲基溴和类似的溴代烷基芳烃对皮肤和泪腺有强烈刺激性。反应需始终在通风橱中进行，振摇等情况下须戴橡皮手套和保护眼镜（也参见 D.1.4.1）。在皮肤受到侵蚀时，首先用酒精清洗，千万不要用水洗！只要所触及位置上的所有（化学）物质没有被除去，不能使用药膏，因为它只是促进再吸收。在眼睛受到侵蚀时，用弱碱性的水来冲洗（高度稀释的碳酸氢钠溶液）。

将 0.2 mL 烷基芳烃溶解在 5 倍量干燥的四氯化碳（见试剂附录）中，置于配有回

表 D.1.38　烷基芳香物的溴化

产　　物	初始物	沸点(熔点)/℃	产率/%
苯甲基溴	甲苯	$78_{2.0(15)}$	70
邻甲基苯甲基溴	邻二甲苯	$104_{1.9(14)}$,(熔点 21)	80
邻氯苯甲基溴	邻氯甲苯	$104_{1.6(12)}$	80
间氯苯甲基溴	间氯甲苯	$109_{1.3(10)}$,(熔点 17.5)	60
对氯苯甲基溴	对氯甲苯	$124_{2.7(20)}$,(熔点 50)(EtOH 或石油醚)	70
邻溴苯甲基溴	邻溴甲苯	$130_{1.6(12)}$,(熔点 31)(EtOH 或轻石油)	80
间溴苯甲基溴	间溴甲苯	$126_{1.6(12)}$,(熔点 41)(EtOH)	75
对溴苯甲基溴	对溴甲苯	(熔点 61)(EtOH)	65
对硝基苯甲基溴	对硝基甲苯	(熔点 99)(EtOH)	70
苯亚甲基二溴	甲苯	$120_{2.0(15)}$	80
对氯苯亚甲基二溴	对氯甲苯	$145_{1.6(12)}$	50
乙酸 3-二溴甲基苯酯	乙酸 3-甲基苯酯	$167_{1.5(11)}$	70
对硝基苯亚甲基二溴	对硝基甲苯	(熔点 78)(EtOH)	75
2,4-二氯苯亚甲基二溴	2,4-二氯甲苯	$90_{0.1(0.8)}$	65
1,2-二(二溴甲基)苯	邻二甲苯	(熔点 116)(氯仿)	50
1,3-二(二溴甲基)苯	间二甲苯	(熔点 107)(氯仿)	50
1,4-二(二溴甲基)苯	对二甲苯	(熔点 170)(氯仿)	80

流冷凝管和固定稳妥的滴液漏斗❶的两颈瓶中。滴液漏斗的流出管应浸入液体中，以减少溴的损失量。加热到沸点，滴入事先振摇的浓硫酸干燥的溴（Br_2）0.205 mL。若要 2～4 H 原子被取代，应用 2～4 倍量的溴。在滴加时，用 500 W 的灯光照射。控制溴的添加量，保持使回流冷凝管滴出的四氯化碳始终近于无色。对单溴化物大约 30 min～2 h，二溴化物则需 2～10 h。

逸出的溴化氢用回流冷凝管导出，它配有一个带有玻璃管的直管连接器和橡胶软管（PVC 软管更好），置于一个半充满水的爱伦美氏（Erlenmeyer）烧瓶中。导入管不浸入而是停放于水表面上方约 1 cm 高处（为什么?）。生成的稀的氢溴酸通过一个短柱蒸馏得到，收集含 48%氢溴酸的 126 ℃共沸物（用于酯化和醚分离，见 D.2.5.2）。

反应结束后停止光照。如期望得到固体产物，把热溶液马上注入一 Erlenmeyer 烧瓶中（小心！通风橱中，橡皮手套，保护眼镜），让其结晶（如必要可在冰箱中）和用重结晶纯化。

对于那些不能用反应液结晶或结晶出的量不足的固体产物或液体，将冷却好的溶液快速用冰水冲洗，然后用冰冷的碳酸氢钠溶液，之后再用冰水洗，用硫酸镁干燥，低真空时于水浴上蒸发除去四氯化碳。残留物重结晶或在真空下加入一匀尖碳氢酸钠并用热浴蒸馏。

为得到最佳产率，应用纯起始物和对原滤液（母液）处理。在水浴上真空蒸发并且对残留物结晶处理。

苯甲基溴在 150 ℃以上分解，溴存在时带红色，最好马上继续处理。它们的抗水解性低。

---

❶ 溴的密度为 3.14 g·cm^{-3}！滴液漏斗和两颈瓶在各自三脚架上夹好！

通过自由基溴化反应生成的甲基溴广泛应用于地面消毒剂，而高溴化的烃用于电设备和机动车的灭火剂。

除元素溴外其它溴化物也可以用于自由基溴化反应，例如，$BrCCl_3$、$BrOC(CH_3)_3$ 或 NBS，见表 D.1.2。

用得较多的溴化试剂是 NBS。它的最大意义在于，可以将烯丙基 α 位取代溴化同时还保留双键：

$$\gt C{=}C\lt_{CH_2-} + Br-N(COCH_2)_2 \longrightarrow \gt C{=}C\lt_{CH-Br} + H-N(COCH_2)_2 \qquad (D.1.39)$$

反应过程是自由基链反应，由 NBS 生成的微量分子溴作为溴化试剂起作用。

芳香核相连的 C—H 键与烯丙基 C—H 键类似，α-溴烷基芳烃也可以通过 NBS 获得。

对作为反应媒介的四氯化碳来说，NBS 是不溶的。反应试剂在极性溶剂中的溶解导致其它反应如溴加成和芳核取代反应发生，如同极性物质（盐，酸）甚至在微量时就有利于副反应一样。

【例】 烯丙基 α-C 用 NBS 溴化的一般实验方法（表 D.1.40）

注意！苯甲基溴和类似物对皮肤和泪腺有强烈刺激性（如前述）。

0.1 mol 的卤代物溶解于用 P_2O_5 干燥过的 100 mL 四氯化碳中。用 0.1 mol 干燥过没有重结晶的 NBS 和 0.2 g 的偶氮二异丁腈进行取代反应。将混合物在回流下于圆底烧瓶中小心加热直至反应启动，此时反应液剧烈沸腾。紧急情况下必须稍微冷却，但注意不要使得反应停止。

反应结束可以观察到，密度较大的 NBS 溶解并转变为丁二酰亚胺，后者浮在表面。为安全起见，保持沸腾 10 min。与烯烃的反应在约 1 h 内结束，烷基芳烃要求时间稍长些。冷却下来后提取，将丁二酰亚胺❶用些四氯化碳清洗，把合并起来的四氯化碳滤出液在低真空条件下于水浴上蒸馏。如期望的是固态产物，将残留物在冰箱或在冷却混合物中结晶，提取出来并用重结晶提纯。液态产物应用热浴真空蒸馏。

这一方法适合半微量制备。

表 D.1.40 用 NBS 进行溴代反应

产 物	初始物	沸点(熔点)/℃	产率/%
3-溴环己烷	环己烷①	$75_{2.0(1.5)}$，n_D^{20} 1.5285	40
1-(溴甲基)萘	1-甲基萘	$175_{1.3(10)}$，(熔点 53)(EtOH)	60
2-(溴甲基)萘	2-甲基萘	150～$170_{2.1(16)}$，(熔点 56)(EtOH)	60
2-氯苯甲基溴化物	2-氯甲苯	$104_{1.6(12)}$	80

① 加 P_4O_{10} 煮 1 h 并蒸馏。

D.1.5 生成过氧化物

氧分子是一个双自由基 ·O—O·。因此，它可以和某些有机物经自由基机理反应，

❶ 将回收的丁二酰亚胺收集起来，可再次用于 NBS 的合成（见试剂附录）。

首先生成氢过氧化物：

$$R{-}H + O_2 \longrightarrow R{-}O{-}O{-}H \tag{D. 1. 41}$$

这些反应在温和条件如室温下经常进行得很慢。人们称之为自氧化。

它具有下列分步反应的链反应：

$$\begin{aligned} &R{-}H + \cdot O{-}O\cdot \longrightarrow R\cdot + HOO\cdot && (链引发)\\ &R\cdot + \cdot O{-}O\cdot \longrightarrow R{-}O{-}O\cdot && (链增长)\\ &R{-}O{-}O\cdot + H{-}R \longrightarrow R{-}O{-}O{-}H + R\cdot && \end{aligned} \tag{D. 1. 42}$$

链的终止优先通过链的载体 ROO· 相互间反应实现。

氧化通过自由基的生成物（过氧化物、偶氮化物）、光照和痕量重金属来加速。由于过氧化物在反应过程中生成，它是自催化的。重金属离子的催化作用是基于由过氧化物生成自由基，如［参见式(D. 1. 6)］：

$$ROOH + M^{2\oplus} \longrightarrow ROO\cdot + H^{\oplus} + M^{\oplus} \tag{D. 1. 43}$$

$$ROOH + M^{\oplus} \longrightarrow RO\cdot + OH^{\ominus} + M^{2\oplus} \tag{D. 1. 44}$$

$$RO\cdot + H{-}R \longrightarrow ROH + R\cdot \tag{D. 1. 45}$$

过氧自由基稍具反应性（$\Delta_D H^{\ominus}_{HOO-H}=375$ kJ/mol)，因此有高选择性。它优先进攻高反应性的C—H键（芳核邻近位置，烯丙基位置，叔C—H键，如醛醚中的氧邻近的C—H键)。

异丁烷氧化成叔丁基过氧化氢以及异丙苯氧化成异丙基苯过氧化氢具有实际意义（描述链反应的步骤!)。叔丁基过氧化氢在由丙烯生成丙烯氧化物的过程中作为氧化剂（比较 D. 4. 1. 6)。在对异丙基苯过氧化氢进行酸处理时有苯酚和丙酮生成（比较 D. 9. 1. 3)。两种过氧化物还可作为聚合反应引发剂和聚合偶联试剂。

温度高于 100 ℃在有过氧化物和重金属盐存在下，2° C—H 键也可能被进攻。这方面实际应用中重要的是石蜡的氧化反应（比较 D. 6. 5)。

在重金属盐（“干燥剂”）存在下，某些高度不饱和油（如亚麻子油）被称为干燥的树胶，分解过程是自氧化过程，它首先在具有反应性的烯丙基α-位进行。脂肪和油的变腐以及天然橡胶和其它聚合物的老化机理与之类似，这种情况通常并不希望发生。具有实际应用价值的是醛的氧化，它先是对应于上面描述过的自由基链式反应生成过氧羧酸，然后在酸催化的极性后续反应中与其它醛反应转化成羧酸：

$$R{-}C(=O)H + O_2 \longrightarrow R{-}C(=O)OOH \xrightarrow{R-CHO(H^{\oplus})} [HO(R)C(H){-}O{-}O{-}C(=O){-}R] \longrightarrow 2\ R{-}C(=O)OH \tag{D. 1. 46}$$

这个反应实际上应用于由醛合成羧酸。另外，在保存醛时，特别是在痕量金属盐存在和光照下，则不希望发生该反应。芳香胺和酚（如对苯二酚）能阻碍链反应（比较 D. 1. 2)，因而被称为“抗氧化剂”。

大多数过氧化物能量较高，因此倾向于发生爆炸分解。特别是醚过氧化物，它可由如二乙醚、二异丙醚、四氢呋喃和二氧杂环己烷在空气中和光照下轻易形成[1]。与醚相比，它们的挥发性差。因此，在溶剂蒸馏过程中富集于蒸馏残液中。

---

[1] 不饱和烃、1,2,3,4-四氢化萘和酮也倾向于生成过氧化物。

在蒸馏或使用醚时必须检验过氧化物。用硫酸钛（Ⅳ）的硫酸溶液或乙酸碘化钾溶液振摇，出现黄色表明有过氧化物。

作为酸性化合物，过氧化物与碱反应生成盐，盐在醚中是不溶的。利用这点，可用氢氧化钙来保存所给出的溶剂，在棕色瓶中避光保存。

【例】 由烃制备氢过氧化物的一般实验方法（表 D.1.47）

（1）烃的清洗　用于氧化的烃必须不含烯烃。取 1/10（体积）用浓硫酸振摇（小心！可能会发热!）。重复这一程序，直到硫酸不再是棕色或黄色为止。接着水洗两次，用固体 KOH 干燥，加钠蒸馏。

（2）进行氧化　在装有高效回流冷凝管、气体导管和安全洗瓶的烧瓶中（见 A.1.6），加入 0.2 mol 纯化后的烃和 0.1 g 偶氮二异丁腈，在水浴或乙二醇热浴上对烧瓶加热到给定温度，慢慢向烃中导入氧气 8～10 h。

（3）氢过氧化物含量的测定　0.2～0.5 g 反应液在带接头的 200 mL Erlenmeyer 烧瓶中准确称量。加入 1 g KI 和 10 mL 乙酸酐（分析纯），振摇多次，直到碘化物溶解为止，10 min 后用 50 mL 水置换。然后强烈振摇 0.5 min，析出来的碘用 0.05 $mol \cdot L^{-1}$ 的硫代硫酸钠和淀粉作为指示剂滴定。

$$\text{氢过氧化物含量}(\%)=\frac{Na_2S_2O_3\text{消耗量}(mL)\times\text{过氧化物摩尔质量}}{\text{样品初始量}(g)\times 200}$$

氢过氧化物含量的确定每两小时重复一次。

表 D.1.47　由烃生成氢过氧化物

产　　物	初始物	反应温度/℃	溶液的氢过氧化物含量/%
α,α-二甲基苯甲基过氧化氢（异丙苯基过氧化氢）	异丙基苯(枯烯)	80	20
α-乙基-α-甲基苯甲基过氧化氢	*sec*-丁基苯	120	12①
1,2,3,4-四氢化萘-1-过氧化氢	1,2,3,4-四氢化萘(萘满)	80	20
十氢化萘-9-过氧化氢	十氢化萘	80	20
1-甲基环己基过氧化氢	甲基环己烷	80	3.5

① 20 h 后为 20%。

D.1.6　其它自由基取代反应

氯和二氧化硫共同对高级石蜡（C_{12}～C_{18}）的氯磺化具有实际应用价值。反应也是一个通过自由基进行的链式反应：

$$\begin{aligned} &Cl_2 \xrightarrow{\text{光}} 2\,Cl\cdot \\ &R\text{—}H + Cl\cdot \longrightarrow R\cdot + HCl \\ &R\cdot + SO_2 \longrightarrow R\text{—}\dot{S}O_2 \\ &R\text{—}\dot{S}O_2 + Cl_2 \longrightarrow R\text{—}SO_2Cl + Cl\cdot \end{aligned} \qquad (D.1.48)$$

由烷基磺酰氯化合物的皂化生成的烷基磺酸盐是好的洗涤原料：

$$RSO_2Cl + 2\,NaOH \longrightarrow RSO_3Na + NaCl + H_2O \tag{D. 1. 49}$$

烷基磺酰氯本身可作为制革材料。

石蜡和氧在二氧化硫存在下发生氧化反应（“硫氧化”），反应与上类似，以链式反应进行，首先得到过氧磺酸：

$$R—H + SO_2 + O_2 \longrightarrow R—SO_2—O—O—H \tag{D. 1. 50}$$

与 H_2O 和 SO_2 的后续反应在烷基磺酸和 H_2SO_4 中进行。

在适宜的反应条件下，也可以发生脂肪烃的硝化反应。低级（气相）烃在大约 450 ℃时用硝酸蒸气进行硝化。对高级烃来说这一方法不合适，因为化合物发生进一步的裂解。对它们的硝化在例如 170～180 ℃的液相中进行，或许要在一定压力下，用硝酸以及四氧化二氮进行硝化。广泛用于丙烷硝化，产物中含有硝基甲烷、硝基乙烷和硝基丙烷，后者是重要的溶剂和中间产物。生成的硝基环己烷可以作为合成 ε-己内酰胺的原料。由环己烷硝化得到的硝基环己烷可以催化氢化生成环己酮，由它再得到 ε-己内酰胺（D. 9. 1. 2. 4）。

脂肪烃和芳香烃的自由基亚硝化可在高温下用一氧化氮或在高能量辐射下发生；也可以用 NO/Cl_2 混合物及用亚硝酰氯（NOCl）在紫外光照射下实现，此时 HCl 作为副产物生成。在其影响下，首先生成的一级和二级亚硝基化合物转变为肟。以该方式，环己酮（ε-己内酰胺的前期产物，见前述）通过光照下环己烷的亚硝化得以生成。写出相应的反应方程式！

到目前为止所提到的自由基取代反应关注的只是 H 被不同的官能团取代。反过来也是如此，有机物中的官能团也可被 H 取代。这些自由基还原反应可以用某些金属氢化物如锡烷（R_3SnH）、锗烷（R_3GeH）和硅烷（R_3SiH）来完成，例如：

$$R—X + Bu_3Sn—H \longrightarrow R—H + Bu_3Sn—Cl \tag{D. 1. 51}$$

反应按自由基链反应机理进行，用通常的引发剂（偶氮化合物，过氧化物，紫外线照射）可引发：

$$\begin{aligned} &\text{引发剂} \longrightarrow 2\,R'\cdot && \text{（链引发）} \\ &R'\cdot + Bu_3SnH \longrightarrow R'H + Bu_3Sn\cdot && \text{（链增长）} \\ &RX + Bu_3Sn\cdot \longrightarrow R\cdot + Bu_3SnX && \\ &R\cdot + Bu_3SnH \longrightarrow RH + Bu_3Sn\cdot && \end{aligned} \tag{D. 1. 52}$$

借助于最常用的三正丁基锡氢，用这种方式可以将硝基化合物（RNO_2）、卤代烃（RCl，RBr，RI）和其它无机/有机酸的酯如对苯甲基磺酸烷基酯（$ROSO_2C_6H_4CH_3$）和二硫代碳酸酯（$R—OCS_2CH_3$）还原成对应的烃 [1]。最后所述两个反应也常用于从醇到烃的转换：

$$R—OH \longrightarrow R—X \longrightarrow R—H \tag{D. 1. 53}$$

如同 D. 3. 2 和 D. 8. 5 所述，由醇首先生成酯然后将其用三丁基锡氢还原。

在所有情况下，反应性随 R 的不同按如下顺序依次下降（为什么?）：

烯丙基，苯甲基 > 叔烷基 > 二级烷基 > 一级烷基 ≫ 芳基 (D. 1. 54)

---

[1] 其它金属氢化物，如 $LiAlH_4$ 或 $NaBH_4$（见 D. 7. 3. 1. 1）也有能力将锗烷化合物还原。不过，它们是按离子反应机理（亲核取代），因此具有其它选择性。

立体受阻的化合物RX，按离子反应机理是难以反应或不反应的，因此易被还原。此外，与乙烯基—X以及在特定环境下也可以和芳基—X反应。

由1,1-二氯-2-甲基-2-苯基环丙烷得到1-氯-2-甲基-2-苯基环丙烷：McKinney, M. A. Nagarajan, S. C. :J. Org. Chem. 1979, 44:2233.

由7,7-二氯双环［4.1.0］庚烷得到7-氯双环［4.1.0］庚烷：Seyferth, D. Ymazaki, H.；Alleston, D. L. J. Org. Chem. 1963, 28:703.

由异丙基呋喃葡萄糖得到3-脱氧-1,2：5,6-双-*O*-异丙基-α-D-呋喃葡萄糖：Iacono, S.；Rasmussen, J. R. :Org. Synth. 1986, 64:57.

D.1.7 参考文献

关于自由基反应的一般文献

Radicals in Organic Synthesis. Vol. 1: Basic Principles；Vol. 2: Applications. Ed. : P. Renaud, M. P. Sibi. Wiley-VCH Weinheim, 2001.

C-Radikale(碳自由基). Ed. :M. Regitz, B. Giese, in: Houben-Weyl. 1989, Vol. E19a: p. 1-1567

Curran, D. P. , Synthesis, 1988:417-439；489-513

Curran, D. P.；Porter, N. A.；Giese, B. :Stereochemistry of Radical Reactions. VCH Verlagsgesellschaft, Weinheim, 1996.

Davies, D. I.；Parrott, M. J. :Free Radicals in Organic Synthesis. Springer-Verlag, Berlin, Heidelberg, 1978.

Fossey, J.；Lefort, D.；Sorba, J. :Free Radicals in Organic Chemistry. John Wiley & Sons, New York, 1995.

Free Radicals. Ed. :J. K. Kochi. Vol. 1-2. John Wiley & Sons, New York, 1973.

Linker, T.；Schmittel, M. :Radikale und Radikalionen in der Organischen Synthese(有机合成中的自由基和自由基离子). Wiley-VCH, Weinheim, 1998.

Motherwell, W. B.；Crich, D. : Free Radical Chain Reactions in Organic Synthesis. Academic Press, London, 1992.

Nonhebel, D. C.；Tedder, J. M.；Walton, J. C. : Radicals. Cambridge University Press, Cambridge, 1979.

Perkins, M. J. :Radical Chemistry. Ellis Horwood, New York, 1994.

Pryor, W. A. : Einführung in die Radikalchemie（自由基化学导论）. Verlag Chemie, Weinheim, 1974.

Ramaiah, M.；Tetrahedron, 1987, 43:3541-3646.

Rüchardt, Ch. : Steric Effects in Free Radical Chemistry. In: Topics in Current Chemistry. Vol. 88. Springer-Verlag, Berlin, Heidelberg, New York, 1980: p. 1-32.

Tedder, J. M. , Angew. Chem. 1982, 94:433-442.

与*N*-卤胺的卤代反应(以及其它均裂取代)

Deno, N. C. , Methods Free Radical Chem. 1972, 3:135-154.

Minisci, F. , Synthesis, 1973:1-36.

Sosnovsky, G.；Rawlinson, D. J. , Adv. Free-Radical Chem. 1972, 4:203-284 [1].

[1] 德文原文误作703-284。——译者注。

氯代反应

Poutsma, M. L., Methods Free Radical Chem. 1969, 19: 79.

Stroh, R., in: Houben-Weyl. 1962, Vol. 5/3: p. 511-528; 564-650; 735-748.

溴代反应

Roedig, A., in: Houben-Weyl. 1960, Vol. 5/4: p. 153-162; 331-347.

Thaler, W. A., Methods Free Radical Chem. 1969, 2: 121.

借助于 *N*-溴代丁二酰亚胺的溴代反应

Horner, L.; Winckelmann, E. H., in: Neuere Methoden（新方法）. 1961, Vol. 3: p. 98-135; Angew. Chem. 1959, 71: 349-365.

用三丁基锡氢还原

Kuivila, H. G., Synthesis, 1970: 499-509.

Neumann, W. P., Synthesis, 1987: 665-683.

用分子氧氧化（参见 D. 6. 7）

Criegee, R., in: Houben-Weyl. 1952, Vol. 8: p. 9-27.

Emanuel, N. M.: Teoriya i praktika zhidkofaznogo okisleniya. Izd. Nauka, Moskva, 1974.

Emanuel, N. M.; Denisov, E. T.; Majzus, E. K.: Cepnie reakcii okisleniya uglevodorodov v zhidko faze. Izd. Nauka, Moskva, 1965.

Hiatt, R., in: Organic Peroxides, Vol. 2. Ed.: D. Swern. Wiley-Interscience, New York, 1971.

Kropf, H.; Müller, W.; Weickmann, A., in: Houben-Weyl, 1981, Vol. 4/1a: p. 77-87.

Kropf, H.; Munke, S., in: Houben-Weyl, 1988, Vol. E13/1: p. 59-126.

Pritzkow, W. et al.: Autoxidation von Kohlenwasserstoffen（烃的自氧化）. Deutscher Verlag für Grundstoffindustrie, Leipzig, 1981.

D. 2 饱和碳原子上的亲核取代反应

D. 2. 1 一般过程和反应机理

饱和碳原子上发生亲核取代反应时，亲核试剂 Y 取代与碳原子相连的原子或原子团 X 及其两个电子：

$$Y + R{-}X \longrightarrow Y{-}R + X \qquad (D.\ 2.\ 1)$$

亲核试剂 Y 为带有自由电子对的中性物质或阴离子[1]，如：

$$\begin{array}{c} Y = Cl^{\ominus},\ Br^{\ominus},\ I^{\ominus},\ HO^{\ominus},\ RO^{\ominus},\ HS^{\ominus},\ RS^{\ominus},\ N{\equiv}C^{\ominus}, \\ H{-}O{-}H,\ R{-}O{-}H,\ NH_3,\ NH_2R,\ NHR_2 \end{array} \qquad (D.\ 2.\ 2)$$

被取代的基团 X 通常为吸电子基团，通过其诱导效应，使 C—X 键预先发生极

[1] 不饱和烃和芳香族化合物也可以作为亲核试剂，如在 Friedel-Crafts 烷基化反应中，参见表 D. 2. 4。此类反应将在 D. 5 中作为芳香化合物的亲电取代反应讲解。

化❶，如：

$$X = -Cl,\ -Br,\ -I,\ -O-\overset{O}{\underset{O}{\overset{\|}{\underset{\|}{S}}}}-OH,\ -O-\overset{O}{\underset{O}{\overset{\|}{\underset{\|}{S}}}}-OR,\ -O-\overset{O}{\underset{O}{\overset{\|}{\underset{\|}{S}}}}-C_6H_4-CH_3,$$

$$-\overset{\oplus}{O}H_2,\ -\overset{\oplus}{O}(R)H,\ -\overset{\oplus}{N}R_3,\ -\overset{\oplus}{N}\equiv N \text{ 等} \qquad (D.2.3)$$

表 D. 2. 4　饱和碳原子上的亲核取代反应

$R-OH + HX \rightleftharpoons R-X + H_2O$ $\quad + R'OH \rightleftharpoons R-OR' + H_2O$	醇与氢卤酸及其它无机酸的酯化反应；卤代烷、烷基硫酸酯的皂化反应等 酸醚化；醚分解
$R-X^{①} + OH^{\ominus} \longrightarrow R-OH + X^{\ominus}$	碱性水解
$+ OR'^{\ominus} \longrightarrow R-OR' + X^{\ominus}$	Williamson 醚合成
$+ R'COO^{\ominus} \longrightarrow ROCOR' + X^{\ominus}$	合成羧酸酯
$+ SH^{\ominus} \longrightarrow R-SH + X^{\ominus}$	合成硫醇
$+ SR'^{\ominus} \longrightarrow R-SR' + X^{\ominus}$	合成硫醚
$+ SR'_2 \longrightarrow R-\overset{\oplus}{S}R'_2 + X^{\ominus}$	合成锍化合物
$+ NHR'_2 \longrightarrow R-NR'_2 + HX$	胺的烷基化
$+ NR'_3 \longrightarrow R-\overset{\oplus}{N}R'_3 + X^{\ominus}$	胺的季铵化
$+ CN^{\ominus} \longrightarrow R-CN + X^{\ominus}$ $(+ R-NC)$	Kolbe 腈合成 （异腈）
$+ NO_2^{\ominus} \longrightarrow R-NO_2 + X^{\ominus}$ $(+ R-O-NO)$	合成硝基烷烃 （亚硝酸酯）
$+ X'^{\ominus} \longrightarrow R-X' + X^{\ominus}$	Finkelstein 反应
$R-X + {}^{\ominus}CH(COR')_2 \longrightarrow R-CH(COR')_2 + X^{\ominus}$	β-二羰基化合物的烷基化
$+ H-Ar \xrightarrow{AlCl_3} R-Ar + HX$	Friedel-Crafts 烷基化反应
$\rangle Si-X + NHR_2 \longrightarrow \rangle Si-NHR_2 + HX$	合成三烷基硅胺
$+ CN^{\ominus} \longrightarrow \rangle Si-CN + X^{\ominus}$	合成三烷基硅氰
$+ N_3^{\ominus} \longrightarrow \rangle Si-N_3 + X^{\ominus}$	合成三烷基硅叠氮

① X = —Cl，—Br，—I，$-O-SO_2OH$（硫酸单烷基酯），$-O-SO_2-OR$（硫酸二烷基酯），$-O-SO_3-C_6H_4-CH_3$（对甲苯磺酸酯）。

从表 D. 2. 4 可以看出，亲核取代是一种最常见的反应，尤其是在脂肪族化学领域。

亲核取代包括两个过程，亲核试剂 Nu 进攻 RX 形成 Nu—C 键，取代基 X 俘获亲核部分断开 C—X 键：

$$Nu \curvearrowright \rangle C-X \qquad (D.2.5)$$

❶ 从热力学上讲，OH、OR 或 NH_2 基团及其它类似的强碱性阴离子通常不能被直接取代。只有当水、醇或胺作为低能量的分解产物产生时，先被质子化或季铵化之后才能发生。$-\overset{\oplus}{N}R_3$ 基团对于消除反应来说特别重要。参见季铵盐的 S_N 反应实例。

按照反应机理，根据参与反应速率决定步骤的分子数目，可将饱和碳原子上的亲核取代反应分为两种极端情况：(a) 单分子亲核取代反应（记作 S_N1）；(b) 双分子亲核取代反应（记作 S_N2）。在考察其重要的实际应用之前，先简要介绍一下这两种反应的特征。

D. 2. 1. 1 单分子亲核取代反应（S_N1）

单分子亲核取代反应时，在速率决定步骤中仅底物分子改变键合状态。反应过程中，由于亲电基团 X 具有吸电子作用，加之在溶剂或催化剂的促进下，RX 分子分解（溶剂化）成离子，然后与其它反应物结合生成最终产物。

虽然第一步反应较慢，但第二步则像大多数离子反应一样十分迅速，且对反应的总速率没有影响[1]：

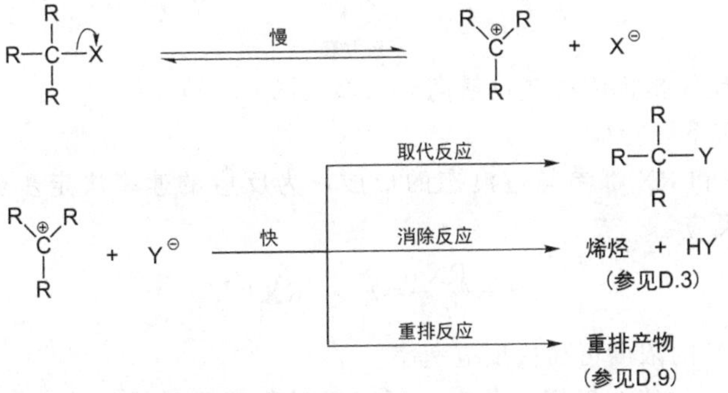

(D. 2. 6)

通常，S_N1 反应具有以下特征：

① 理想状态下，S_N1 反应遵从一级速率定律。反应的速率符合式(D. 2. 1)，因此可得：

$$-\frac{d[RX]}{dt}=k_1\cdot[RX] \quad (D. 2. 7)$$

由于反应物 Y 不参与反应的速率决定步骤，故提高其浓度不能加快反应速率。然而，动力学仅能对反应进行宏观描述；另一方面，反应的立体化学过程与键的断裂和键的形成直接相关，因此成为反应机理的决定性判据。

② 对于单分子反应，在速率决定步骤中，底物 RX 的中心碳原子从四键合的四面体形式转变为三键合形式，后者形成一个以碳原子为中心，其它三个取代基为顶点的近似三角形。由于在速度较快的第二步中，反应物 Y 从两侧接近中间态的概率几乎相等，故可生成两个结构相似但互为镜像的新四面体，见式(D. 2. 8)。因此，S_N1 反应发生后，具有光学活性的反应物生成外消旋产物。

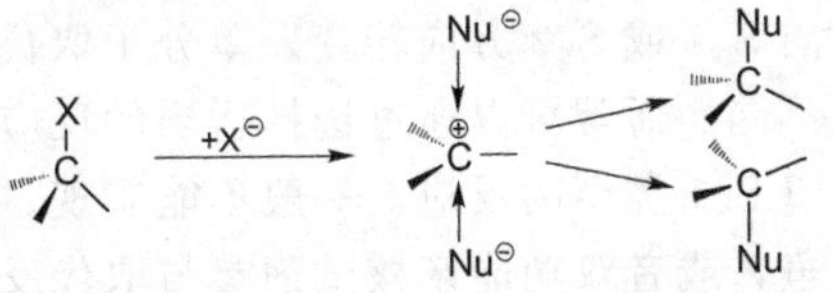

(D. 2. 8)

③ 在 S_N1 反应中，烯烃或重排化合物通常会作为副产物出现。事实上，烯烃成为

---

[1] 图中实曲线箭头指反应过程中电子置换。

反应产物的主要成分也并不罕见（关于消除与取代反应产物的比例，见 D.3）。

④ 由于在 S_N1 反应中离子必须被溶剂化，所以溶剂的溶剂化能力对反应速率有很大的影响。

⑤ 由于中间体碳正离子容易形成，S_N1 反应的活化熵通常接近于 0。

D.2.1.2 双分子亲核取代反应（S_N2）

此类反应中，键的断裂和形成同时并连续发生；反应物 Y 从取代基 X 的背面接近极化分子 R—X，并在某一距离开始与 RX 相互作用。同时 R 基团与 X 基团之间的键距变大。这时出现一个 Y 基团还没有稳固键合而 X 基团也没有完全从底物基团上离去的过渡态，见式(D.2.9)。

$$Y + \text{C–X} \longrightarrow Y\cdots\text{C}\cdots X \longrightarrow Y\text{–C} + X \tag{D.2.9}$$

过渡态

此过渡态是反应坐标中的能量最高点（参见图 C.12）。

S_N2 反应具有下列特征：

① 反应物 Y 和 RX 都参与过渡态的形成，为反应的速率决定步骤。理想状态下，S_N2 反应为二级反应：

$$-\frac{d[RX]}{dt}=k_2\cdot[RX][Y] \tag{D.2.10}$$

因此，增加 Y 的浓度可加快反应速率。

② 中心碳原子始终为四键合状态，所以不对称碳原子保持旋光性，得到与起始化合物互为镜像的分子（构型转化，“反转”）。这个过程与雨伞由里向外的翻转相似，该反应称为“瓦尔登转换”。

③ 与 S_N1 反应相比，S_N2 反应可通过选择适当的反应条件，避免烯烃和重排产物的生成。

④ 过渡态的形成有较高的空间需求，且为高度有序结构，因此，S_N2 反应的活化熵通常为很高的负值。

D.2.2 亲核取代反应的影响因素

纯粹的 S_N1 和 S_N2 反应为理想状态，和理想的离子键与共价键的关系一样，实际上很少出现。大多数亲核取代反应处于中间态（“边界情况”），两种极端情况的过程和分子数都不适用。尽管不见得完全确切，但可认为是纯 S_N1 和 S_N2 的“混合物”。

通过介绍的影响因素，可大致判断是 S_N1 还是 S_N2 反应为主导反应类型。在实际操作中，反应的类型决定了产物的性质，故可通过选择适当的反应条件（特别是溶剂和催化剂）使某个特定的反应向 S_N1 或 S_N2 方向转变。单分子取代反应中发生消除反应的程度往往与双分子取代反应不同。通常可以通过选择适当的反应条件来避免 S_N2 反应中生成消除和重排产物，但对于 S_N1 类型的反应，一般不能实现。

若有不同试剂进行竞争，或者双功能亲核试剂参与取代反应，也会生成不同类型的产物。这一点将在后面 D.2.3 深入讨论。

D.2.2.1 底物 RX 的反应性

离子可通过内部作用稳定化。就下列化合物的亲核取代而言：

$$CH_3—X < CH_3—CH_2—X < (CH_3)_2CH—X \ll CH_3—C(CH_3)_2—X \quad (D.2.11)$$

从甲基氯到叔丁基氯，甲基增加，其诱导作用更倾向于将卤素离子从分子中排斥出去。同样，S_N1 反应中形成的碳正离子可以通过甲基的诱导作用稳定化。

因此，发生 S_N1 反应的倾向从甲基到叔丁基体系依次提高。下列为普遍适用的规律：三烷基化合物通常发生单分子取代反应，单烷基化合物发生双分子反应，二烷基化合物则在边界状态[1]。可通过选择强溶剂化作用的溶剂（如水、甲酸）使反应向 S_N1 方向进行。

表 D. 2. 12 以溴代烷的溶剂解[2]为例，给出了取代基对反应类型影响的一些数据。

表 D. 2. 12　烷基对反应类型的影响（5 ℃时溴代烷在 80%乙醇中的溶剂解）

底物	S_N1 $10^5k_1/s^{-1}$	S_N2 $10^5k_2/(L/mol·s)$	k_2/k_1
CH_3Br	0.35	2040	5840
CH_3CH_2Br	0.14	171	1230
$(CH_3)_2CHBr$	0.24	4.99	21
$(CH_3)_3CBr$	1010	很小	0

与上述情况类似，按苄基卤、二苯甲基卤、三苯甲基卤，苄基卤、2-甲氧基苄基卤、2,4-二甲氧基苄基卤的顺序，发生 S_N1 反应的倾向也依次递增。这是由于中心碳原子（$+M$）上的中介效应使卤素原子易离解成阴离子，得到的阳离子更稳定。这一点同样适用于上述其它化合物。

由于$-I$ 和$-M$ 取代基没有对 S_N1 反应的阳离子有这种稳定化作用，故不能促进此类反应。

中介效应也可以稳定 S_N2 的过渡态，因此，苯甲基和烯丙基体系中反应比对应的烷基化合物快 100～200 倍，同样按照 S_N2 方式。这一稳定化源于 π 轨道与 S_N2 反应过渡态得到的准 p 轨道的重叠，如下式所示：

$$Nu^{\ominus} + \text{>C=C<–C<X} \longrightarrow [\text{Nu}\cdots\text{C}\cdots\text{X}]^{\ominus} \longrightarrow \text{Nu–C<–C=C<} + X^{\ominus} \quad (D.2.13)$$

这类化合物以该方式可具有高的反应速率，例如，丙酮中 60 ℃用 KI 进行转换：

	$H_3C—CH_2—CH_2—Cl$	$H_2C=CH—CH_2—Cl$	$PhCH_2Cl$	$EtOOC—CH_2—Cl$
k_{rel}	1	90	250	1600

$NC—CH_2—Cl$	$Ph—CO—CH_2—Cl$
2800	32000（75 ℃）

(D. 2. 14)

除了直接共轭外，取代基可以从立体有利的位置通过分子内相互作用影响反应中心：

---

❶ 在离子消除时也会发生同样的情况。

❷ 溶剂解：溶剂同时也是亲核试剂。

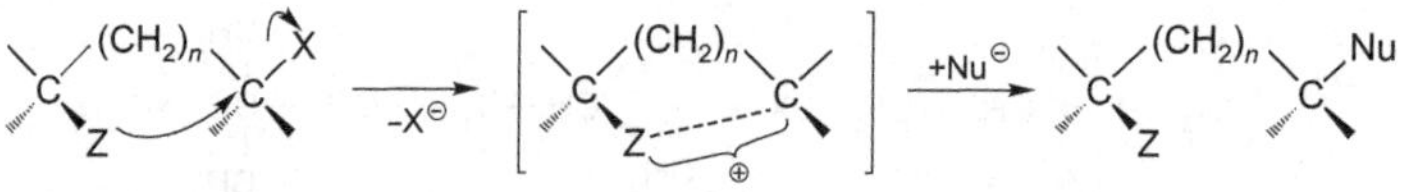

$$\text{(D. 2. 15)}$$

乙烯基和芳基卤化物中卤素的亲核取代反应，仅能发生在比卤代烷的反应条件高得多的时候，且以不同的反应机理发生。

除电子效应之外，底物中烷基的空间结构也影响反应过程。如上所述，亲核试剂从取代基的背面接近中心碳原子，形成 S_N2 反应的过渡态。体积较大的取代基将屏蔽碳原子❶，使过渡态难以形成。因此若按 S_N2 机理，反应只能缓慢发生，或者根本不发生。

这说明，S_N2 反应的倾向性应按叔、仲、伯烷基化合物的顺序依次提高。因此，表 D. 2. 12 给出的 S_N2 反应的速率既包含了电子因素（见上文），又包含了空间位阻因素。

而 S_N1 反应的决速步（碳正离子形成）并没有空间方面的要求。相反，具有空间位阻的体系，其“空间应力”下降：初始化合物从四面体结构转变成平面三角形结构的碳正离子。在这个过程中，碳原子的键角从 110°增大到 120°，进而取代基完成置换。因此，S_N1 反应尤其适用于空间位阻体系，如叔丁基溴。

表 D. 2. 16　气相中异裂的键离解能①　　kJ/mol

Me—NH$_2$	Me—OH	Me—OCH$_3$	Me—F	Me—Cl	Me—Br	Me—I
1240	1150	1150	1070	950	920	890

① 在溶液中时，由于溶剂效应这些值将大幅降低。

表 D. 2. 16 列出异裂的键离解能。与此相一致，R—X（在二甲基甲酰胺中）的反应性按下列顺序升高：

$$\text{R—NH}_2 \ll \text{R—OH} \ll \text{R—F} \ll \text{R—Cl} < \text{R—Br} < \text{R—I} \quad \text{(D. 2. 17)}$$

当 25 ℃在甲醇中面对不同的亲核试剂 Nu^- 时，对甲苯磺酸甲酯（MeOTs）和碘甲烷的相对活性为：

$Nu^{\ominus}$	$N_3^{\ominus}$	$CH_3O^{\ominus}$	$Cl^{\ominus}$	$Br^{\ominus}$	$SCN^{\ominus}$	$I^{\ominus}$
k_{MeOTs}/k_{MeI}	6. 6	4. 6	2. 8	0. 72	0. 28	0. 13

(D. 2. 18)

质子性溶剂中的 S_N1 反应，通常烷基磺酸酯要比烷基碘化物的反应性强。

质子性溶剂中的氢桥键降低试剂的亲核性。因此，溶剂的酸性越强则反应的过渡态越朝 S_N1 的方向移动。溶剂对 S_N1 反应的影响有多大可以从异丁基氯化物的溶剂分解的相对速率看出：

溶剂	EtOH	MeOH	HCOOH	水
$k_{相对}$(25 ℃)	1	9	12200	33500

(D. 2. 19)

亲核取代反应为极性反应，或多或少都会受到溶剂的影响。在化学反应中，通常溶剂化之后才能形成离子。可通过溶剂的介电常数判断溶剂分子间的特定相互作用，并粗略地衡量其溶剂化性质。

根据这种相互作用，大体上可将溶剂分为三种类型：①同时具有亲核和亲电性的溶

❶ 空间位阻很大时，活化熵为很高的负值［$\Delta S^{\neq} \approx -30 \sim -50$ cal/(K·mol)，1 cal=4.1840J］。

剂（极性质子溶剂）；②亲核性溶剂；③亲电性溶剂。

第一类包括水、醇、羧酸、氨及胺等重要溶剂。其自由电子对可与具有亲核性的缺电子物质作用，同样也可通过氢键与带过剩电子的物质作用。即使这类溶剂同时使用，也具有这样的性质。这类溶剂在亲核取代反应中对阴、阳离子都有溶剂化作用，因此，有利于 S_N1 反应历程。

溶剂酸强度的提高有利于氢键的形成，甲酸即是一个典型的例子。因此，许多在溶剂化作用较弱的溶剂（如乙醇）中为双分子或临界情况的反应，在用甲酸为溶剂时，能够向 S_N1 反应方向进行。

亲核溶剂中的强极性化合物，即所谓非质子偶极溶剂十分重要，如：丙酮、乙腈、硝基甲烷、二甲基甲酰胺、二甲基乙酰胺、四甲基脲、二甲亚砜、四氢噻吩-1,1-二氧化物（环丁砜）、乙二醇二醚等。这些溶剂不能形成氢键，从而不能使分解产生的阴离子显著溶剂化。因此，尽管这些溶剂有时介电常数很高，也不能促进 S_N1 反应。而 S_N2 反应的速率决定步骤（过渡态的形成）中不出现阴离子，因此很容易在这些溶剂中发生。

第三类包括所有的 Lewis 酸，如硼、铝、锌、锑、汞、铜和银的卤化物及银离子。它们具有稳定阴离子的特殊能力。但通常不用作溶剂，而是作为催化剂，尤其是 S_N1 反应的催化剂使用❶。

S_N1 反应中，取代基 X 连同两个电子从底物 RX 上离去。残基（通常是溶剂化的离子）的能量越低，反应中键的断裂就越容易。阴离子的稳定性按 F^-、Cl^-、Br^-、I^- 的顺序提高，这是因为按此顺序，电子壳层愈加容易极化，也即阴离子的电荷在更大的体积内❷分布。同理，由于负电荷在整个磺酰体系的离域，硫酸或磺酸的硫酰阴离子能量也较低。

OH^-，OR^-，NH_2^- 和 NHR^- 等离子的能量很高❶，所以它们通常不能被取代。例如，醇与碘离子在碱性溶液中不能反应生成碘代烷。而在酸性溶液中，可通过羟基质子化，消去低能量的水而发生亲电取代反应。

离去基团对反应速率的影响对 S_N1 和 S_N2 反应都适用。

碘代烷的活性较高，比溴化物和氯化物更适合用于制备腈和硝基烷烃等化合物。硫酸和磺酸酯则是非常活泼的烷基化试剂。

离去基团能量较低的取代反应，不仅反应速率高，并且键的断裂必定优先于键的形成，也就是说，反应总是更接近于 S_N1 类型。重氮基团具有很高的分裂倾向。

D. 2. 2. 2　试剂的亲核性

亲核取代中，亲核试剂 Nu 和亲电试剂 RX 间存在一个新的 C—Nu 键。具体实例如下：

$$Nu^{\ominus} + R—X \longrightarrow [\overset{\delta^-}{Nu}\cdots R\cdots \overset{\delta^-}{X}]^{\ddagger} \longrightarrow Nu—R + X^{\ominus} \qquad (D.2.20)$$

$$Nu + R—X \longrightarrow [\overset{\delta^+}{Nu}\cdots R\cdots \overset{\delta^-}{X}]^{\ddagger} \longrightarrow \overset{\oplus}{Nu}—R + X^{\ominus} \qquad (D.2.21)$$

亲核取代反应中，亲核试剂与底物成键的两个电子皆为亲核试剂提供。随着亲核试

❶ 这种情况下，阳离子的稳定性可以通过与反应物预期的相互作用或通过与溶剂反应实现。

❷ 十分相似的是，将被消除的阴离子的碱性越低，其稳定性越高。I^- 的碱性要比 Cl^- 弱（氢碘酸的酸性比盐酸强）。OH^-，OR^- 等的碱性要大大强于卤素离子，通常，在取代反应中并不出现。

剂的给电子能力（亲核能力，亲核性）[1]的提高，取代反应更容易发生。亲核试剂的亲核能力取决于碱度和极化度中的一个因素。

试剂的亲核性越大，则其（Brönsted）碱性越高，亲核原子也同样如此：

$$RO^{\ominus} > PhO^{\ominus} > RCOO^{\ominus} > ROH > PhOH > RCOOH \quad (D.2.22)$$

碱度在很大程度上取决于溶剂，相应的，亲核性也与溶剂的性质有关。而极化度受溶剂的影响较小。因此，易极化而碱性较弱的离子型试剂，如硫醇盐（硫醇盐、苯硫氧化物、硫代硫酸盐、硫氰酸盐）离子、碘离子及苦味酸根离子，在质子型极性溶剂和偶极非质子溶剂中都有较高的亲核能力。而具有高碱度弱极性离子（氟、氯、溴、叠氮离子）从极性质子溶剂中转移到偶极非质子溶剂中时，其亲核能力显著提高。

$$RSe^{\ominus} > RS^{\ominus} > RO^{\ominus} \quad (D.2.23)$$

[1]

这是由于在偶极非质子溶剂中，这些离子的溶剂化作用较弱，因此处于相对“裸露”的状态，与底物相比总能表现出碱性。而在极性质子型溶剂中（如水或醇），亲核试剂作为受体形成氢键。其亲核性降低，不能与底物作用。

表 D.2.24 给出了甲基氯化物在不同亲核试剂中发生 S_N2 反应的速率常数。

表 D.2.24　甲基氯化物在不同亲核试剂中发生 S_N2 反应的速率常数

$Nu^{\ominus}$	$k/L \cdot mol^{-1} \cdot s^{-1}$		$\frac{k_{MeOH}}{k_{DMF}}$
	DMF 中	MeOH 中	
$CN^{\ominus}$	30	3.3×10^{-5}	1×10^{-6}
$CH_3COO^{\ominus}$	2.0	4.5×10^{-8}	2×10^{-8}
$4\text{-}NO_2C_6H_4S^{\ominus}$	1.36	5.7×10^{-3}	4×10^{-3}
$N_3^{\ominus}$	0.31	3.0×10^{-6}	1×10^{-5}
$F^{\ominus}$	0.1	6.3×10^{-8}	6×10^{-7}
$Cl^{\ominus}$	0.24	1.0×10^{-7}	4×10^{-7}
$Br^{\ominus}$	0.12	1.8×10^{-6}	1×10^{-5}
$I^{\ominus}$		1.6×10^{-4}	
$SeCN^{\ominus}$	9.2×10^{-2}	4.0×10^{-4}	4×10^{-3}
$SCN^{\ominus}$	6.9×10^{-3}	3.0×10^{-5}	4×10^{-3}
$4\text{-}NO_2C_6H_4O^{\ominus}$	1.4×10^{-3}	9.6×10^{-8}	7×10^{-5}

实验中确定出，甲基氯化物在不同亲核试剂中 S_N2 反应亲核性按如下顺序递增：

$$SCN^{\ominus} > I^{\ominus} > Br^{\ominus} > Cl^{\ominus} > F^{\ominus} > N_3^{\ominus} > CH_3COO^{\ominus} > CN^{\ominus} \quad (D.2.25)$$

作为受体形成氢键的能力随着离子的电荷密度的增加而提高，如从碘离子到氟离子，从硫醇盐离子到醇盐离子。在极性质子溶剂中，试剂的亲核能力有如下顺序：

$$CH_3COO^{\ominus} \approx F^{\ominus} < Cl^{\ominus} < OH^{\ominus} < Br^{\ominus} \approx I^{\ominus} < CN^{\ominus} < SCN^{\ominus} \ll S_2O_3^{2\ominus} \quad (D.2.26)$$

离子亲核试剂（以盐的形式参加反应）仅以自由离子的形式呈现时才表现出亲核性，而离子对（如 Li^+Br^-）实际上并不反应。因此观察到的 S_N2 反应的总速率也包括盐在溶剂中的解离常数。然而，这种解离随着阴离子和阳离子的极化度（与其大小非常接近）的提高而加强。所以 LiI 的解离程度大大高于 LiCl，而 KI 高于 LiI。

[1] 除此之外，空间影响也很重要，见下文。

$$LiCl < NaCl < KCl \quad 以及 \quad LiF < LiCl < LiBr < LiI \tag{D. 2. 27}$$

至于离子对的解离及盐的反应性，可以通过高极性和能较好地发生阳离子溶剂化的溶剂得以提高：

$$Et_2O < THF < MeOCH_2CH_2OMe \ll DMF < DMSO \tag{D. 2. 28}$$

其它的实例如下：

$$R—OSO_2Ar + K^{\oplus}F^{\ominus} \xrightarrow{DMF或 穴醚/乙腈} R—F + ArSO_3^{\ominus}K^{\oplus} \tag{D. 2. 29}$$

$$R—X + CH_3COO^{\ominus}Na^{\oplus} \xrightarrow{穴醚/乙腈} CH_3COOR + X^{\ominus}Na^{\oplus} \tag{D. 2. 30}$$

如果亲核试剂包含两个对溶剂化作用相反的活性中心（如碳和氧、碳和氮等），在适当溶剂中，反应可以定向生成两个可能产物中的一个。

双分子亲核取代反应的最终产物由过渡态决定。如果有几种亲核试剂参与竞争，可通过其浓度及实验测定的相对亲核能力来判断产物混合物的组成。当亲核试剂的浓度相等时，可认为主产物来自于亲核能力较高的试剂。

而单分子亲核取代反应的中间体碳正离子的活性很高，与活性高和活性低的反应物都能很好地反应。故 S_N1 反应的选择性通常要比 S_N2 反应低。即便如此，也可以预测 S_N1 反应中某一产物的选择性。这是由于 S_N1 反应的第二步为纯粹的离子过程，且静电效应十分明显，碳正离子易与高电子密度的反应物（高电负性）发生反应。

总的来说，可认为：S_N2 反应中，亲核性高的反应物优先反应，而 S_N1 反应中，高电子密度（高电负性）的反应物优先反应（N. Kornblum）。

D. 2. 3 双功能亲核试剂的立体选择性

一些亲核试剂不只有一个反应中心，而是有两个或多个反应位置。因此，它们被称为双功能的。例如：

$$\underset{亚硝酸醚}{X^{\ominus} + R—O—N{=}O} \longleftarrow O{=}N—O^{\ominus} + R—X \longrightarrow \underset{硝基化合物}{R—\overset{\oplus}{N}(O^{\ominus}){=}O + X^{\ominus}} \tag{D. 2. 31}$$

$$\underset{异氰化物}{X^{\ominus} + R—\overset{\oplus}{N}{\equiv}\overset{\ominus}{C}} \longleftarrow \overset{\ominus}{C}{\equiv}N + R—X \longrightarrow \underset{氰化物}{R—C{\equiv}N + X^{\ominus}} \tag{D. 2. 32}$$

$$\underset{异硫氰化物}{X^{\ominus} + R—N{=}C{=}S} \longleftarrow N{\equiv}C—S^{\ominus} + R—X \longrightarrow \underset{硫氰化物}{R—S—C{\equiv}N + X^{\ominus}} \tag{D. 2. 33}$$

$$\underset{O\text{-}烷基产物}{X^{\ominus} + \gt C{=}C\lt^{OR}} \longleftarrow \gt C{=}C\lt^{O^{\ominus}} + R—X \longrightarrow \underset{C\text{-}烷基产物}{R—\gt C—C({=}O)\lt + X^{\ominus}} \tag{D. 2. 34}$$

也可以用软硬中心的概念予以解释：

$$\gt C{=}C\lt^{O^{\ominus}}\ (C:软,\ O:硬) \longleftrightarrow \gt \overset{\ominus}{C}—C({=}O)\lt\ (C:软,\ O:硬)$$

$$+\ R—CH_2—OTs\ (CH_2:硬) \longrightarrow \gt C{=}C\lt^{O—CH_2—R} \qquad +\ R—CH_2—I\ (CH_2:软) \longrightarrow R—CH_2—\gt C—C({=}O)\lt \tag{D. 2. 35}$$

D. 2. 4 阴离子亲核试剂发生亲核取代反应的条件

D. 2. 4. 1 反应进行的可能性

对反应条件进行选择，使亲核取代以足够的速度进行，在不带电荷的亲核试剂的转换中这一般是没有问题的。但以碱性盐引入的阴离子亲核试剂形式存在时，由于它们水溶性好，而在大多有机溶剂中溶解不好或不溶，这时就存在问题。

实验上，有一系列方法可使反应同相进行。

如钾盐与环醚的复合，它是以下列形式发生的：

$$[K^{\oplus}\subset \text{18-冠-6}]\ Nu^{\ominus} \qquad (D.2.36)$$

一些阴离子在季铵盐中也具有良好的溶解性。可以参考的是，通过氯仿由水中提取四丁基铵盐的可能性按下列顺序下降：

$$CH_3COO^- < Cl^- < C_6H_5COO^- < Br^- < NO_3^- < I^- \qquad (D.2.37)$$

D. 2. 4. 2 相转移催化剂

相转移催化剂可以加速两相中进行的反应。叠氮离子与烷基卤代物的反应在相转移催化剂下进行，可以用式(D. 2. 38) 表示。

水相：$Na^{\oplus}, N_3^{\ominus}, Q^{\oplus}, X^{\ominus}$ → $Na^{\oplus}, X^{\ominus}$ → $Na^{\oplus}, X^{\ominus}$

有机相：$R{-}X$ → $R{-}X + [Q^{\oplus} N_3^{\ominus}]$ → $R{-}N_3, [Q^{\oplus} X^{\ominus}]$ (D. 2. 38)

氯仿的去质子化可以按下式进行：

水相：$K^{\oplus}, OH^{\ominus}$ → H_2O, $K^{\oplus}$ → $K^{\oplus}, Cl^{\ominus}, H_2O$

有机相：$Cl_3C{-}H$, $[Q^{\oplus} Cl^{\ominus}]$ → $^{\ominus}CCl_3$ $\begin{bmatrix}Cl^{\ominus}\\ Q^{\oplus}\end{bmatrix}$ → $[Q^{\oplus} CCl_3^{\ominus}] \longrightarrow :CCl_2 + [Q^{\oplus} Cl^{\ominus}]$ (D. 2. 39)

D. 2. 5 醇和醚的亲核取代反应

如前所述，羟基或烷氧基的亲核取代反应只有在预先质子化后才能发生[1]。所以，醇和醚的亲核取代反应皆为酸催化反应。

最重要的醇的取代反应为与无机酸的酯化反应[2]。

$$R{-}OH + \overset{\oplus}{H} \rightleftharpoons R{-}\overset{\oplus}{O}H_2$$

$$R{-}\overset{\oplus}{O}H_2 + \overset{\ominus}{X} \rightleftharpoons R{-}X + H_2O\ (S_N1 \text{ 或 } S_N2) \qquad (D.2.40)$$

(HX = 氢卤酸、硫酸、硝酸、硼酸)

该反应的逆反应：卤代烷、硫酸盐等的酸性水解，将在后面讲述。该反应的主要副

---

[1] 鎓盐也可以在 Lewis 酸（$ZnCl_2$，BF_3）作用下形成，如：

$$R_2O + BF_3 \longrightarrow R_2\overset{\oplus}{O}{-}\overset{\ominus}{B}F_3$$

[2] 亚硝酸酯的制备详见 D. 8。

产物为烯烃（消除而得）和醚。醚的生成是因为反应混合物中的醇也能充当亲核试剂：

$$R-\overset{\oplus}{O}H_2 + R'OH \xrightarrow{-H_2O} R-\overset{\oplus}{O}(R')(H) \xrightarrow{-H^{\oplus}} R-OR' \quad (D.2.41)$$

提高反应温度有利于生成醚，同时有利于消除反应。醇过量促进醚的生成，而酸过量有利于酯化反应。醚化的程度还取决于醇的结构，由于空间因素，叔醇形成对称醚的可能性最小。

醚化反应是可逆的，且不活泼的醚能在强酸作用下分解。在这个过程中，醚首先被质子化，再被酸根离子亲核取代。

$$R-O-R + H^{\oplus} \rightleftharpoons R-\overset{\oplus}{O}(H)-R$$

$$R-\overset{\oplus}{O}(H)-R + H^{\ominus} \rightleftharpoons R-X + ROH \ (S_N1或S_N2) \quad (D.2.42)$$

此反应和醇与无机酸的醚化反应十分相似。

D. 2. 5. 1　无机酸根作用下醇羟基的取代反应

醇与氢卤酸反应是制备卤代烷的最简单方法：

$$ROH + HX \xrightarrow{H^{\oplus}} RX + H_2O \quad (D.2.43)$$

氢卤酸的反应活性按 HI＞HBr＞HCl＞HF 的顺序递减（酸强度降低，阴离子的亲核性降低）。

大多数情况下，氢碘酸和氢溴酸比较容易反应，而盐酸的反应性差，只有较活泼的醇（叔醇、苯甲醇）才能被盐酸水溶液酯化。此外，须用氯化氢气体饱和醇来使氯化氢的浓度尽量高，如有必要，反应须在高温密封管中进行。无水氯化锌可提高醇和盐酸的反应活性。

醇的反应活性随着碳链的增长而降低。酯化反应的速度从伯醇到叔醇依次提高。伯醇与氢卤酸反应生成卤代烷为双分子反应机理，叔醇为单分子反应机理，仲醇则为临界反应机理。

醇与无机酸的酯化反应为典型的可逆反应，可通过质量作用定律来提高产率：①提高一种或两种反应物的浓度；②移去反应产物。

酯化反应中生成的水可从反应混合物中移去，或采用除水剂（如浓硫酸），或使用“带水剂”以形成共沸混合物的方式蒸馏出去（参见 A. 2. 3. 5）。

仲醇和叔醇易生成烯烃，不宜用硫酸作为除水剂。同理，这些醇的酯化反应温度应尽可能低。

低碳卤代烷反应生成的酯沸点低于其相应的醇（为什么?），所以常常也能被蒸馏出去。有时也可采用萃取的方法将酯从反应平衡中除去（萃取的酯化反应，参见相关例子）。

碘化氢能将生成的碘代烷还原成烃。反应物为叔醇时，尤其易发生还原，所以最好用醇、碘和红磷反应，或通过 Finkelstein 置换反应来制备叔碘代烷。

叔醇的反应完全按 S_N1 机理进行，除了生成烯烃外，重排也将作为副反应发生。仲醇的酯化反应也会出现重排现象，烷基-2-醇将形成 3-卤代物。对于 α-位上有支链的伯醇和仲醇来说，骨架重排有时成为主反应，生成叔卤代烷，如：

$$CH_3-\underset{CH_3}{\overset{CH_3}{C}}-CH_2OH \xrightleftharpoons{+H^{\oplus}} CH_3-\underset{CH_3}{\overset{CH_3}{C}}-CH_2-\overset{\oplus}{O}H_2 \xrightleftharpoons{-H_2O} CH_3-\underset{CH_3}{\overset{CH_3}{C}}-\overset{\oplus}{C}H_2$$

$$\longrightarrow CH_3-\underset{CH_3}{\overset{\oplus}{C}}-CH_2-OH_3 \xrightleftharpoons{+Br^{\ominus}} CH_3-\underset{CH_3}{\overset{Br}{C}}-CH_2-CH_3 \qquad (D.2.44)$$

这种情况下，最好用 PX_3/吡啶或通过相应的甲苯磺酸盐制备卤化物。

【例】 醇与氢溴酸酯化反应的通用实验方法（表 D.2.45）

在冷却条件下，向 1 mol 适当的伯醇中加入 0.5 mol 的浓硫酸，再加入 1.25 mol 溴化氢（48%恒沸酸的形式），将混合物加热至沸。仲醇和叔醇的酯化反应不加硫酸以防烯烃生成。

A. 易挥发的溴代烷直接从混合物中蒸出（20 cm 韦氏分馏柱，直形冷凝管，蒸馏速度为 2～3 滴/s）。

B. 制备挥发性差的溴代烷，反应混合物需在回流温度下加热 6 h。然后经水蒸气蒸馏，在分液漏斗中分离出溴代烷。

粗产品 A 或 B 的提纯：粗产物置于分液漏斗中，加入 1/5 体积的冷浓硫酸或等体积的浓盐酸，小心震荡（防止形成乳状液）两次以溶解副产物醚。粗溴化物用水洗涤；如溴代烷的沸点高于 100 ℃，则用 75 mL 40%的甲醇水溶液洗涤两次。用碳酸氢钠溶液除去酸，再用水洗，氯化钙干燥，并用 20 cm 韦氏分馏柱分馏。

注意：萃取过程中应特别注意判断哪一层中含有溴代烷（参见 A.2.5.2.1）。

此法也适用于半微量制备反应。

表 D.2.45 醇与溴化氢的酯化反应

产品	沸点/℃	n_D^{20}	D_4^{20}	收率/%	方法	备注
1-溴乙烷	38	1.4239	1.4586	90	A	用冰水冷却接收器
1-溴丙烷	71	1.4341	1.3539	80	A	
2-溴丙烷	59	1.4251	1.425	80	A	不用硫酸
烯丙基溴	70	1.4689	1.432	80	A	不用硫酸
1-溴丁烷	100	1.4398	1.2829	80	B	
仲丁基溴	91	1.435	1.2556	80	A	不用硫酸
异丁基溴	92	1.437	1.256	80	A	
叔丁基溴	73	1.4283	1.2220	60	A	不用硫酸
1-溴戊烷	129	1.4446	1.219	80	B	
1-溴己烷	154	1.4478	1.175	80	B	
溴代环己烷	164	1.4956		65	B	不用硫酸
1-溴庚烷	$59_{1.3/10}$	1.4506	1.140	80	B	
1-溴辛烷	$93_{2.9/22}$	1.4526	1.112	80	B	
1-溴癸烷	$118_{2.1/16}$	1.4559	1.0683	90	B	
1-溴十二烷	$148_{2.1/16}$	1.4581	1.0382	90	B	
2-苯基溴乙烷	$98_{1.9/14}$	1.556	1.359	70	B	
1,3-二溴丙烷	167	1.5233	1.9822	80	B	
1,4-二溴丁烷	$98_{1.6/12}$	1.5175	1.8080	80	B	

氯代烷基本上可以通过同样的方式制备，1 mol 醇使用 2 mol 浓盐酸和 2 mol 无水氯化锌：Vogel I. J. ,J. Chem. Soc. ,1943:636.

叔丁基氯的制备：Norris J. F. and Olmsted A. W. , Org. Syntheses Ⅰ(Asmus), 1937:137.

工业上通过甲醇及乙醇与氯化氢的酯化反应生产氯甲烷及氯乙烷。另一个重要的制备方法及产品的应用已在 D. 1 中有所介绍。

卤代烷也可通过醇和无机酸的卤化物，如三氯化磷、五氯化磷和二氯亚砜等制备：

$$3ROH + PX_3 \longrightarrow 3RX + H_3PO_3 \qquad (D.\ 2.\ 46)$$

$$ROH + PX_5 \longrightarrow RX + HX + POX_3 \qquad (D.\ 2.\ 47)$$

$$ROH + SOCl_2 \longrightarrow RCl + HCl + SO_2 \qquad (D.\ 2.\ 48)$$

虽然这些反应的确切机理还不明确，但酯（如Ⅲ）总是作为中间体出现，且仅在第二步与卤离子反应，如：

$$\underset{\text{I}}{R{-}OH} + \underset{\text{II}}{PCl_3} \xrightarrow{-HCl} \underset{\text{III}}{R{-}O{-}PCl_2} \quad [\text{或}(RO)_2PCl,\ (RO)_3P] \qquad (D.\ 2.\ 49)$$

$$Cl^{\ominus} + {-}\overset{|}{\underset{|}{C}}{-}O{-}PCl_2 \longrightarrow \underset{\text{IV}}{Cl{-}C\lessgtr} + \underset{\text{V}}{{}^{\ominus}O{-}PCl_2} \quad \text{等} \qquad (D.\ 2.\ 50)$$

在这个过程中，卤素从“背面”进攻醇，因此会发生构型翻转（瓦尔登转换）。五氯化磷的反应类似。

二氯亚砜的反应两种不同的机理皆有可能，两种情况皆生成酯［(D. 2. 51)，Ⅳ］。有吡啶存在时，酯被氯离子进攻，发生构型翻转［与式(D. 2. 49) 和式(D. 2. 50) 相似］；无吡啶存在时则发生“内部亲核取代”(S_N1)，得到构型保持的产物（Ⅳ→Ⅴ）：

$$\underset{\text{I}}{R{-}O{-}H} + \underset{\text{II}}{Cl{-}S(Cl){=}O} \longrightarrow \underset{\text{III}}{H{-}Cl} + \underset{\text{IV}}{R{-}O{-}S(Cl){=}O}$$

$$\gtrless C{-}O{-}S(Cl){=}O \longrightarrow \underset{\text{V}}{\gtrless C{-}Cl} + O{=}S{=}O \qquad (D.\ 2.\ 51)$$

反应中总会有卤化氢产生（即使是三氯化磷），因此上述试剂通常需要过量。但是必须保证其能从反应产物中分离出来（通过蒸馏）。一般而言，三氯氧磷仅能生成相应的磷酸酯，不是很合适的试剂。同样，五氯化磷中至多只有一个氯原子被利用。

对于高支化度的伯醇、仲醇和叔醇来说，通过上述无机酰氯制备卤代烷的方法要优于使用氢卤酸进行直接酯化。特别是在反应中有亲酸物质（吡啶），且在低温下进行时，仅有少量的烯烃和重排副产物生成。另外，还可避免能还原碘代烷的碘化氢的生成。

三溴化磷和三碘化磷可由红磷和相应的卤素原位获得。这种方法也适合于制备碘化物。

【例】 由醇、碘和红磷制备碘代烷的通用实验方法（表 D. 2. 52）

反应器为装有 Thielepape 提取器和回流冷凝管的圆底烧瓶。Thielepape 提取器带有一个烧结的内置管，内装0.5 mol碘。圆底烧瓶中加入1 mol适当的醇（须无水）[1] 和0.33 mol红磷，加热至沸。醇从冷凝管中回流，溶解碘。适当调节Thielepape提取器的阀门，可调节碘溶液的流速以控制反应。有时反应放出的热量足以使醇蒸馏。

反应结束后按下述方法进行处理：

A. 100 ℃以下沸腾的反应产物将被直接蒸馏到Thielepape提取器内，从其侧臂中移除。用少量水洗涤，硫酸镁干燥后，再次蒸馏。

B. 如为高级碘代烷，用水稀释冷的反应溶液，分出有机相，用醚萃取水相。合并有机相和醚萃取物，用硫酸钠干燥，蒸除醚，分馏得到产品。

C. 通常建议使用水蒸气蒸馏的方法提纯反应产物。馏出物用醚萃取，萃取液干燥后分馏。

半微量制备无需Thielepape提取器，反应物置于带有回流冷凝管的圆底烧瓶即可。

表 D. 2. 52　由醇、碘和红磷制备碘代烷

产品	沸点/℃	n_D^{20}	产率/%	后处理
碘甲烷	42.5	1.5320	80	A
碘乙烷	72	1.5140	80	C或A
1-碘丙烷	102	1.5050	80	C
2-碘丙烷	89	1.4496	80	A
1-碘丁烷	130	1.5006	80	C或B
1-碘己烷	$60_{1.7(13)}$	1.4926	80	B或C
碘代环己烷	$82_{2.7(20)}$	1.5475	80	C或B
2-碘辛烷	$92_{1.6(12)}$	1.4888	90	B或C

实验室中常用其它无机酸进行直接酯化。硫酸酯和硝酸酯具有十分重要的工业意义。高级伯烷基硫酸酯（常被错误地称为“脂肪醇磺酸酯”）的钠盐为重要的清洗剂。

$$R—OH + HO—SO_2—OH \longrightarrow RO—SO_2—OH + H_2O \qquad (D. 2. 53)$$

乙醚或乙烯可以通过调节反应条件，由乙醇和硫酸氢乙酯反应制得（参见D. 2. 5. 2和D. 3. 1. 4）。

重要的甲基化试剂硫酸二甲酯可由硫酸氢甲酯加热制备：

$$2\ CH_3OSO_2OH \longrightarrow (CH_3O)_2SO_2 + H_2SO_4 \qquad (D. 2. 54)$$

可以采用二甲醚和三氧化硫反应制备：

$$CH_3OCH_3 + SO_3 \longrightarrow (CH_3O)_2SO_2 \qquad (D. 2. 55)$$

多羟基化合物的硝酸酯为重要的炸药：甘油三硝酸酯（硝化甘油）、乙二醇二硝酸酯（硝化甘醇）、二甘醇二硝酸酯、纤维素二硝酸酯（胶棉）及纤维素三硝酸酯（火棉）。

此外，纤维素二硝酸酯也用作塑料（赛璐珞）及喷漆（硝基漆）的原料。

[1] 醇的干燥见试剂附录。

硼酸酯也可由硼酸或三氧化硼的直接酯化法制备。由于硼酸酯为 Lewis 酸，可与另一个醇分子形成络合物，从而形成的一元酸溶液的电子作用强于硼酸本身。可由此判断环状 1,2-二醇（如糖类）的两个羟基是否互为顺反式，因为从立体的角度看，只有顺式的情况才可能形成酯：

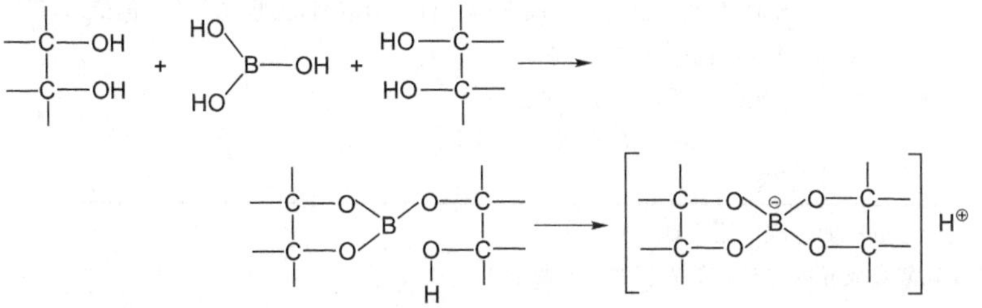

(D. 2. 56)

另一个转换醇的方法如下例（Mitsunobu 反应）：

$$ROH + HX \xrightarrow[-\,EtOOC-NHNH-COOEt,\ -\,Ph_3P{=}O]{+\,EtOOC-N{=}N-COOEt,\ +\,Ph_3P} RX \qquad (D.\ 2.\ 57)$$

其机理是：

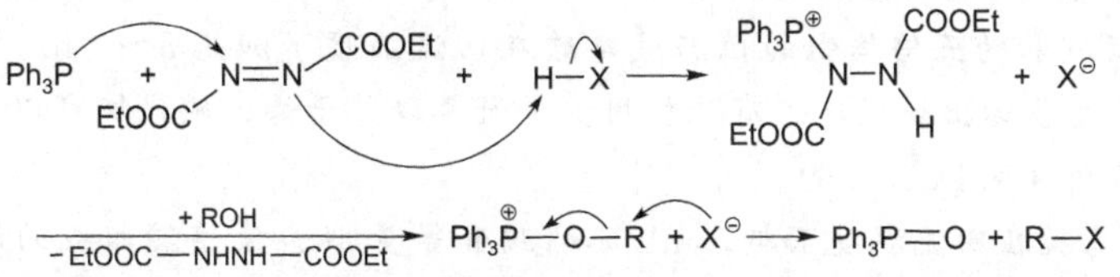

$$Ph_3P + EtOOC-N{=}N-COOEt + H-X \longrightarrow Ph_3P^{\oplus}-N(COOEt)-NH(COOEt) + X^{\ominus} \qquad (D.\ 2.\ 58)$$

$$\xrightarrow[-\,EtOOC-NHNH-COOEt]{+\,ROH} Ph_3\overset{\oplus}{P}-O-R + X^{\ominus} \longrightarrow Ph_3P{=}O + R-X$$

与 Mitsunobu 反应相关的例子是按照 Mukaiyama 机理进行的：

$$Ph_3P + Y-X \longrightarrow Ph_3\overset{\oplus}{P}-Y + X^{\ominus} \xrightarrow[-\,ROH]{+\,ROH} Ph_3\overset{\oplus}{P}-OR + X^{\ominus} \longrightarrow Ph_3PO + RX \qquad (D.\ 2.\ 59)$$

D. 2. 5. 2　醇的醚化和醚的分解

强酸作用下由醇制备醚在实验室中意义不大，通常为不希望发生的副反应。而工业上大规模应用这种方法，特别是由乙醇制备二乙醚、由 1,4-丁二醇制备四氢呋喃及由乙二醇制备二氧六环。

不同之处在于，这是在脱水催化剂（氧化铝、硫酸铝）上进行的气相醚化过程。

醇的酸式醚化也分两步进行，首先醇和硫酸反应得到硫酸单烷基酯，然后在更高温度下进一步与醇发生反应得到醚：

$$ROH + HO-SO_2OH \longrightarrow RO-SO_2-OH + H_2O$$
$$RO-SO_2-OH + HOR \longrightarrow ROR + H_2SO_4 \qquad (D.\ 2.\ 60)$$

在烯烃中加入硫酸也可制取烷基硫酸，因此也可由烯烃和硫酸制备醚。

同样，酸催化下水与烯烃的反应中，也有副产物醚生成。表 D. 2. 61 中给出了一些具有重要工业意义的醚。

与醚的生成相反，在强酸存在下醚分解的性质可用于分析实验中。

恒沸的氢碘酸作用下，脂肪醚容易发生分解反应（碘化氢的活性高，低级碘代烷比溴代烷容易分离，而碘代烷的反应活性高于溴代烷）。芳香-脂肪醚也能在氢碘酸下分解，但容易发生副反应（如芳环的碘化）。二芳基醚在氢碘酸作用下基本不分解，可通过芳环上的取代反应来鉴别（氯磺化）。

表 D. 2. 61　工业上重要的醚及其应用

醚	应用
二甲醚[①]	甲基化试剂 →硫酸二甲酯
二乙醚	溶剂，如与醇混合作为胶棉(赛璐珞)的溶剂，实验室中常用的溶剂，吸入麻醉剂
二异丙基醚[②]	良好的抗爆燃料，溶剂
四氢呋喃	溶剂→聚丁烯二醇→聚氨酯 →1,4-二氯丁烷[见式(D. 2. 62)]
二氧六环	溶剂

① 一氧化碳合成甲醇过程的副产物。

② 丙烯和硫酸合成异丙醇过程的副产物，参见表 D. 4. 20。

氢碘酸的价格比较昂贵，因此醚的分解也可在 1∶1 的 48%氢溴酸和冰醋酸中进行。但由于低碳溴代烷易挥发，当无需检测脂肪族残基时，此改动仅适用于高级醚和带有低碳烷基的苯基醚。

【例】 醚的分解（定性分析的通用实验方法）

A. 对称[❶]脂肪醚和约五倍体积的恒沸氢碘酸在回流温度下加热 3～4 h。然后加入四倍量的水，水蒸气蒸馏出碘代烷。有机相用少量醚萃取并干燥，碘代烷可以通过形成烷基异硫脲盐来鉴别（见 D. 2. 6. 6）。

B. 0. 5 g 的苯基醚在回流温度下与 5 mL 冰醋酸和等量 48%氢溴酸组成的混合物加热 1 h。然后倾入 20 mL 水中，加苛性钠使之呈微碱性，未反应的苯酚醚和所有残留溴代烷用醚萃取。用稀硫酸酸化之后，酚用醚萃取，并通过适当的衍生物鉴定（参见 E. 2. 5. 3）。

醚分解的制备应用实例

由四氢呋喃制备 1,4-二氯丁烷：Fried S. and Kleene R. D. ,J. Am. Chem. Soc. ,1941, 63,2691. W. Reppe,Liebigs Ann. Chem. ,1955,596:90,118.

由四氢呋喃制备 1,4-二溴丁烷：Fried S. and Kleene R. D. ,J. Am. Chem. Soc. ,1940, 62:3258.

醚的分解常用于检测甲氧基的定量分析中；在氢碘酸的作用下生成的碘甲烷可蒸馏出来，再通过滴定分析。

工业上醚的分解常用作由四氢呋喃和氯化氢制备 1,4-二氯丁烷等，1,4-二氯丁烷是生产尼龙的起始原料。

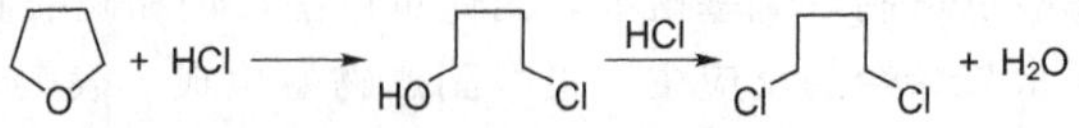

$$\text{THF} + HCl \longrightarrow HO(CH_2)_4Cl \xrightarrow{HCl} Cl(CH_2)_4Cl + H_2O \qquad (D.\,2.\,62)$$

D. 2. 6　卤代烷、硫酸酯和烷基磺酸酯的亲核取代反应

D. 2. 6. 1　水解反应

与其制备反应相反，卤代烷可与水反应生成醇和氢卤酸。

❶ 如果生成的卤代烷混合物能通过蒸馏分离，则不对称醚也能用类似的方法鉴定。

$$RX + HOH \longrightarrow ROH + HX \quad (D.2.63)$$

由于水的亲核性较差，只有非常活泼的卤代烷才能顺利发生水解反应（参见三苯甲醇的制备）。

可通过加入 Lewis 酸，如三氯化铁，来提高卤素的吸电子能力，从而补偿水的缺电子性。

$$H_2O + R\text{—}X + FeCl_3 \longrightarrow H_2\overset{\oplus}{O}\text{—}R + X\text{—}FeCl_3 \longrightarrow HOR + HX + FeCl_3 \quad (D.2.64)$$

由于氢氧根离子的亲核性和碱性要比水的大得多，故碱可促进卤代烷的水解。此外，在碱性介质中不能发生逆反应，因此平衡的位置也会向水解产物的方向移动。

卤代烷不溶于水，因此其水解反应仅能在相界面发生。为使反应均相化，常常用醇作为溶剂。

水解生成的醇和作为溶剂的醇都会引起副反应的发生。醇与氢氧根离子一起参与平衡，会有少量的醇盐生成，并与卤代烷反应，得到醚（此反应也可作为主反应：Williamson 合成，参见 D. 2. 6. 2）。

$$R\text{—}O\text{—}H + {}^{\ominus}OH \rightleftharpoons R\text{—}O^{\ominus} + H_2O \quad (D.2.65a)$$

$$R\text{—}O^{\ominus} + R\text{—}X \longrightarrow R\text{—}O\text{—}R + X^{\ominus} \quad (D.2.65b)$$

试解释在卤代烷、硫酸酯等的酸式水解反应中生成醚的原因。

除了生成副产物醚，强碱也常会引起脱卤化氢，生成烯烃和炔烃（参见 D. 3）。

在湿氧化银（“氢氧化银”）的存在下，水解反应发生在固体氧化物的表面，可避免上述副反应的发生。

【例】 三苯基甲醇（三苯甲醇）的制备

三苯基氯甲烷在水溶液中加热回流 10 min。冷却后，将三苯基甲醇滤出并重结晶。收率：95%，m. p. 162 ℃（四氯化碳或乙醇）。

偕二卤代烷和三卤代烷在酸或者碱性介质中也能发生水解。1,1-二卤化物（可以看成是水合醛的氢卤酸酯）的水解将生成醛：

$$R\text{—}CHCl_2 + H_2O \longrightarrow R\text{—}CH(Cl)(OH) \longrightarrow R\text{—}CH{=}O + HCl \quad (D.2.66)$$

三卤化物的水解产物是羧酸。对于三氯甲基芳环化合物，反应也可能在酰氯的阶段停止。

$$R\text{—}CCl_3 \longrightarrow R\text{—}C(OH)Cl_2 \longrightarrow R\text{—}C(=O)Cl \quad (D.2.67)$$

由于生成的醛对碱金属敏感，因此偕二卤代烷的水解一定不能使用强碱，而一般在碳酸钙、乙酸钠、甲酸钠或草酸钾的存在下进行，参考文献见下文。一般在浓硫酸作用下，亚苄基二氯和亚苄基二溴易水解生成相应的安息香醛。环上的给电子基团（如羟基）促进水解反应，而吸电子基团则抑制水解反应（为什么?），须提高反应温度。但生成的醛在 90 ℃以上易被硫酸氧化，故 130 ℃为上限温度。

【例】 **浓硫酸中亚苄基二卤水解的通用实验方法**（表 D.2.68）

在装有搅拌器、回流冷凝管和一个作为进气管的粗毛细管的三颈瓶中，将一定量的亚苄基二氯或亚苄基二溴与8倍质量的浓硫酸一起搅拌。从毛细管通入氮气，同时用水泵从回流冷凝管上端抽真空。反应活性较高的亚苄基二卤甚至在0℃就会剧烈地放出卤化氢；而活性稍差的亚苄基二卤须在水浴或乙二醇浴中加热到表 D.2.43 中给出的温度。所有的情况下反应混合物皆呈深红棕色。

0.75～2 h后，氯化氢停止放出时，将混合物倾注到冰中，生成的醛用醚萃取三次。醚萃取液用碳酸氢钠溶液中和，然后用水洗涤，硫酸镁干燥。醚蒸发后，底物减压蒸馏，或者如果醛的熔点较高，则采用重结晶的方法纯化。同时生成的酸可通过酯化从碳酸氢盐溶液中回收。这部分酸通常来自于未精制的亚苄基二卤中的杂质——三卤甲基苯，或者浓硫酸及空气引起的醛的氧化。

半微量反应可在锥形烧瓶中常压进行。由于反应混合物在气流下已得到充分搅拌，因此无需搅拌器。

间苯二醛和邻苯二醛。在草酸钾的存在下，由二(二溴甲基)苯在醇/水中水解获得：Thiele J. and Gunther O.，Liebigs Ann.. Chem. 1906，347：106.

间羟基苯甲醛。在甲酸钠存在下，由间乙酰亚苄基二溴在醇/水中的水解获得：Eliel E. L. and Nelson K. W.，J. Chem. Soc.，1955，1628.

表 D.2.68 由亚苄基二卤与浓硫酸水解制备醛

醛	亚苄基二卤	回流温度/℃	沸点(熔点)	n_D^{20}	收率/%
安息香醛	亚苄基二氯 亚苄基二溴	0	$64_{1.7(12)}$	1.5446	65
对氯安息香醛	对氯亚苄基二氯 对氯亚苄基二溴	20	$111_{2.7(20)}$(熔点 48)(轻石油)		70
邻氯安息香醛	邻氯亚苄基二氯	20	$84_{1.3(10)}$	1.5670	70
2,4-二氯安息香醛	2,4-二氯亚苄基二氯 2,4-二氯亚苄基二溴	90①	(熔点 71)(轻石油)		80
对硝基安息香醛	对硝基亚苄基二溴	90①	(熔点 196)(乙醚/石油醚)②		85
对苯二甲醛	1,4-二(二溴甲基)苯	90①	(熔点 115)(水：甲醇＝90：10)②		80

① 反应也可在110℃下进行，几分钟内即可完成。

② 也可经水蒸气蒸馏提纯。

在许多情况下，下列方法有利于卤代烷的水解（参见 D.2.6.3）：

$$R—X + {}^{\ominus}O—\overset{\overset{O}{\|}}{C}—R' \longrightarrow R—O—\overset{\overset{O}{\|}}{C}—R' + X^{\ominus} \quad \text{(D.2.69)}$$

$$R'COOR + H_2O \longrightarrow R'COOH + ROH$$

虽然酸根离子具有高的亲核性（相对于卤代烷中碳的反应活性），但其碱性相对较低（相对于质子的反应活性），故卤代烷与酸根离子的反应通常没有烯烃生成。

其它无机酸的酯可以相似的方式水解成卤代烷。

氯代烷和硫酸酯的水解是工业上合成醇的重要方法。氯代烷可由烷烃的氯化制备

（参见 D. 1），也可由烯烃与氯或次氯酸反应制备（参见 D. 4）。硫酸氢酯则由烯烃和硫酸反应制备（参见 D. 4）。工业上使用这种方法大规模生产戊醇、烯丙醇（参见表 D. 1. 37）、乙二醇、丙三醇（参见表 D. 4. 26）、乙醇、异丙醇和丁醇（参见表 D. 4. 20）。

D. 2. 6. 2 由醇盐或酚盐合成醚

卤代烷、硫酸二烷基酯、甲苯磺酸酯等与醇或酚的碱金属盐反应生成醚：

$$R—O^{\ominus} + R'—X \longrightarrow R—O—R' + X^{\ominus} \quad (D.2.70)$$

该反应作为醇作用下的卤代烷碱性水解的副反应已经介绍过了。

酚的酸性相对较强，其酚盐可在苛性钠水溶液中制备，而同样的条件下，醇盐难以形成，而以游离醇形式存在［见方程式(D. 2. 65)］（为什么酚的酸性比醇强?）。

硫酸烷基酯和甲苯磺酸酯是十分活泼的烷基化试剂（为什么?）。

在通常的反应条件（水溶液，低反应温度）下，硫酸烷基酯中仅有一个烷基参与烷基化反应，如：

$$C_6H_5—O^{\ominus} + R—O—SO_2—O—R \longrightarrow C_6H_5—O—R + {}^{\ominus}O—SO_2—OR \quad (D.2.71)$$

硫酸二甲酯的活性高，价格低廉，十分适用于甲基化反应。如果必要，硫酸二甲酯可用于比碘甲烷试剂更高的反应温度，且无需贵重仪器（为什么?）。

同样，也可用硫酸二乙酯制备乙醚。但此试剂相对稀缺且价格昂贵。因此，常用乙醇的其它酯（溴乙烷、碘乙烷、甲基磺酸乙酯）。溴代烷和碘代烷也可作为制备高级醚的试剂。高级硫酸二烷基酯则非常昂贵。

【例】 酚和硫酸二甲酯的醚化反应通用实验方法（表 D. 2. 72）

注意：硫酸二甲酯毒性很强。见试剂附录。需在通风橱中操作。

适当的酚与 1.25 mol（每个酸性基团）10%的苛性碱在装有回流冷凝管、搅拌器、温度计和滴液漏斗的三颈瓶中迅速搅拌。多酚易被空气中的氧氧化，烧瓶内立刻呈现深色，可用本生阀[1]密封仪器以隔绝空气中的氧。在剧烈搅拌下加入 1 mol（每个酚羟基[2]）硫酸二甲酯，并保持温度低于 40 ℃（水冷）。混合物随后在沸水浴中加热 30 min 使反应进行完全并消耗未反应的硫酸二甲酯。冷却后，液相产物分离出有机层，水层用醚萃取。合并的有机相先用稀苛性钠溶液洗涤，再用水洗涤，用氯化钙干燥后分馏。固体产物过滤分离，用水洗涤，然后重结晶。未反应的酚可以通过酸化反应水溶液和洗涤用水，再用醚萃取来回收。

当部分醚化的酚生成或作为副产物出现时（什么时候会出现这种情况?），使溶液呈碱性，先将中性的酚醚萃取出来。再用浓盐酸将溶液酸化，使部分醚化的酚沉淀出来，再用上述方法处理。这里醚萃取物不用苛性钠洗涤（为什么?）。

作为部分醚化的酚，苯醚羧酸可用同样的方法分离。

---

[1] 回流冷凝管上端用插有玻璃管的塞子塞住，玻璃管上连有一小段橡胶管。用刀片在橡胶管上割一个竖缝，并将另一端用塞子塞住。

[2] 羧基的亲核性较弱，其反应性比酚羟基差。可通过此反应制备芳香烷氧基羧酸。

表 D.2.72 以硫酸二甲酯为甲基化试剂制备苯基醚

产物醚	起始原料	沸点(熔点)/℃	n_D^{20}	收率/%
苯基甲基醚	苯酚	154	1.5173	85
邻甲苯基甲基醚	邻甲酚	$64_{1.9(14)}$	1.5179	80
间甲苯基甲基醚	间甲酚	$65_{1.9(14)}$	1.5130	80
对甲苯基甲基醚	对甲酚	$65_{1.9(14)}$	1.512	80
β-萘基甲基醚(橙花醚)	β-萘酚	(熔点 72)(苯)		73
对苯二酚单甲醚①	对苯二酚	$128_{1.6(12)}$,(熔点 56)(石油醚)		60
对苯二酚二甲醚②	对苯二酚	$109_{2.7(20)}$,(熔点 56)(醇)		95
间苯二酚单甲醚	间苯二酚	$144_{3.3(25)}$		50
间苯二酚二甲醚	间苯二酚	$110_{2.7(20)}$	1.5223	85
对甲氧基苯甲酸(茴香酸)	对羟基苯甲酸	(熔点 184)(水/乙醇)		75
3,4,5-三甲氧基苯甲酸(没食子酸三甲基酯)	3,4,5-三羟基苯甲酸(没食子酸)	(熔点 170)(乙醇/水)		70
3,4-二甲氧基安息香醛(藜芦醛)③	3-甲氧基-4-羟基安息香醛(香草醛)	$153_{1.0(8)}$,(熔点 46)(石油醚)		70
邻硝基苯甲醚	邻硝基苯酚	$133_{1.5(11)}$	1.5620	50

① 蒸气非挥发性；用二甲醚。

② 蒸气挥发性。

③ 为长久保持溶液中香草醛的钠盐，反应在沸水浴中进行。

注：香草醛和藜芦醛对碱稳定。藜芦醛在空气中不稳定，必须保存在密封良好的试剂瓶中。

半微量制备反应中，反应物在具塞圆底烧瓶中振荡，然后混合物在水浴中加热回流，再按上述方法处理。反应混合物温度的检测可以忽略。

【例】 用卤代烷、甲苯磺酸酯或硫酸二甲酯对醇和酚进行醚化的通用实验方法（Williamson 合成）(表 D.2.73)

注意：硫酸二甲酯剧毒。参看试剂附录。在通风橱中操作。

脂肪醚的制备：将 0.25 mol 钠和 1.2 mol 无水醇❶于带有搅拌器和回流冷凝管的三颈瓶中混合，制备醇钠溶液。向此溶液中加入 0.2 mol 的碘代烷、溴代烷或对甲苯磺酸酯，或者 0.14 mol 的硫酸二甲酯❷（对于活性较差的溴代烷，还需加入少量的无水碘化钾)，混合物在搅拌和隔绝湿气的状态下回流 5 h❸。

苯基醚的制备：将 0.25 mol 的钠溶解于 300 mL 的无水乙醇❶中，随后，将溶解于少量无水乙醇的酚加入上述混合物中。加入烷基化试剂后开始反应❸。酚盐的亲核性很强，与烷基化试剂的反应要比醇容易得多。

后处理

方法 A：冷却后，将反应混合物倾入五倍量的水中，并将醚蒸出。残余物用水洗涤，用氯化钙干燥后蒸馏。

方法 B：在搅拌下用 20 cm 的韦氏分馏柱将醇从混合物中完全蒸出，残余物冷却后

---

❶ 制备见试剂附录。对于低分子量醇（C_1～C_3），可用三倍的量，以使反应混合物容易搅拌。

❷ 此反应条件下，硫酸二甲酯的两个甲基都被消耗掉了。

❸ 烷基化试剂易挥发时，应该用高效的回流冷凝管。

表 D. 2. 73　由 Williamson 合成制备醚

醚	沸点(熔点)/℃ n_D^{20}	原料醇	沸点/℃ n_D^{20}	烷基化试剂	方法	收率/%
正丁基甲基醚	71	正丁醇	117	CH_3—I,—OTs①	C	80
	1.3736		1.3993	硫酸二甲酯		
		甲醇		n-C_4H_9—Br,—OTs	A	80
正丁基乙基醚	92	正丁醇	117	C_2H_5—Br,—OTs	C	80
	1.3828		1.3993			
		乙醇		n-C_4H_9—Br,—OTs	A	80
正戊基甲基醚②	99	正戊醇	138	CH_3—I,—OTs,	C	80
	1.3873		1.4099	硫酸二甲酯		
正己基甲基醚②	126	正己醇	156	CH_3—I,—OTs,	C	80
	1.3972		1.4179	硫酸二甲酯		
正己基乙基醚②	142	正己醇	156	C_2H_5—Br,—OTs	C	80
	1.4008		1.4179			
乙氧基苯(苯乙醚)	$57_{1.6(12)}$	苯酚		C_2H_5—Br,I,—OTs	B	80
	1.5080					
正丙氧基苯	$81_{1.6(12)}$	苯酚		n-C_3H_7—Br,I,—OTs	B	80
	1.5014					
正丁氧基苯	$87_{1.2(9)}$	苯酚		n-C_4H_9—Br,—OTs	B	80
	1.5049					
苯基苄基醚	(熔点 40)(乙醇)	苯酚		苄基氯	B	80
对硝基乙醚	(熔点 60)(乙醇/水)	对硝基苯酚		C_2H_5—Br,I,—OTs	B	60

① R—OTs：对甲苯磺酸烷基酯。

② 也可由方法 A 的逆过程获得。

倒入 100 mL 5%的苛性钠溶液中；有机相用乙醚萃取，并用水洗涤，用氯化钙干燥；将溶剂蒸出，残余物进行分馏或重结晶。

方法 C：反应产物在搅拌下直接蒸出，但蒸馏温度不能达到原料醇的沸点。含有醚及原料醇的馏出物用 30 cm 韦氏分馏柱分馏成较窄的馏分。收集几个馏分，分别测定其折射率。将含有目标醚的馏分合并，在 5%钠存在下反复蒸馏，直至达到给定的折射率。

可用方法 A 或 B 进行处理的产物同样也可半微量制备。搅拌器可以省略。反应结束后，混合物通过 10 cm 分馏柱分馏。

文献 Allen C. R. H. and Gates J. W. ,Org. Synth. ,Coll. Vol. Ⅲ,1955,140. 制备出了一系列邻硝基酚的烷基醚，并给出了几种酚无需生成酚钠（在碳酸钾的丙酮溶液中反应）发生 Williamson 醚化反应的例子。

烯丙基苯基醚：D. S. Org. React. ,1944,2:26.

醚化反应可以用来“保护”羟基。例如，如果一种化合物需要保留羟基不被氧化，则可以在反应前进行醚化，氧化反应进行完毕后，再将醚键断开。三苯基甲基氯容易在吡啶溶液中与伯醇反应，因此特别适用于保护伯羟基。三苯基甲基醚在低温下即可发生酸式水解。此反应又叫三苯甲基化反应，常用于糖化学。

硫酸二甲酯及氯乙酸作为试剂的醚化反应在酚类的鉴定中十分重要：

$$C_6H_5{-}OH + Cl{-}CH_2{-}COOH + 2\,NaOH \longrightarrow C_6H_5{-}O{-}CH_2{-}COONa + NaCl + 2\,H_2O \quad (D.2.74)$$

可通过此法由相应的氯酚合成2,4-二氯和2,4,5-三氯苯氧基乙酸（皆为植物生长调节剂和除草剂）。

大规模工业生产中，可通过碱性纤维素和氯代烷或氯乙酸的 Williamson 反应生产纤维素醚。甲基纤维素和羧甲基纤维素是水溶性的，在胶黏剂、涂料、纺织助剂和清洁剂的生产中具有十分重要的意义。水溶性乙基纤维素和苯基纤维素也是生产涂料、油漆、胶黏剂和塑料的重要原料。

D. 2. 6. 3　羧酸酯的合成

卤代烷和硫酸、磺酸酯除了与醇或酚的阴离子反应外，同样也能与羧酸的阴离子发生反应。这也是个形成醚键的过程，只不过由于这个醚键邻近于羰基基团，即生成羧酸酯。此机理与羧酸与醇的常规的（酸催化）酯化完全不同（参见 D. 7. 1. 4. 1）[1]。

$$Br{-}C_6H_4{-}C(=O){-}CH_2Br + {}^{\ominus}O{-}C(=O){-}R \longrightarrow Br{-}C_6H_4{-}C(=O){-}CH_2{-}O{-}C(=O){-}R + Br^{\ominus} \quad (D.2.75)$$

这种醚化反应主要用于羧酸的分析鉴定。对位取代的苯甲酰甲基溴和对硝基苄基溴为常用的试剂，因为这些化合物中的卤素十分活泼，且生成的酯结晶性好。

这些卤化物极易在碱性条件下水解，因此反应应在弱酸性水溶液或丙酮-三乙胺溶液中进行。三乙胺能够在不使卤化物水解的情况下，吸收生成的卤化氢。

【例】 苯甲酸酯的制备实验（相转移催化）（见表 D. 2. 76）

将 0.2 mol 苯甲酸钠、0.2 mol 溴代烷、0.01 mol Aliquat 336（参见 D. 2. 4. 2）和 100 mL 蒸馏水倒入装有回流冷凝管和搅拌器的 500 mL 圆底烧瓶中，在回流条件下剧烈搅拌 4 h，停止反应。反应液用 60 mL 乙醚萃取，有机相用 20 mL 蒸馏水洗涤，$MgSO_4$ 干燥，蒸馏。

表 D. 2. 76　通过相转移催化得到苯甲酸酯

产物	初始化合物	沸点/℃	产率/%
苯甲酸丁酯	丁基溴化物	250，$110_{1.3(10)}$	70
苯甲酸烯丙基酯	烯丙基溴化物	230，$106_{1.6(12)}$	60
苯甲酸己酯	已基溴化物	138～$140_{1.1(8)}$	80
苯甲酸苄基酯	苄基溴化物（+2 g NaI）	172～$173_{1.1(10)}$	70

【例】 苯乙酮酯和对硝基苄基酯的制备（定性分析的通用实验方法）

方法 A. 纯酸

将溶于 2 mL 干燥[2]丙酮的 1 mmol 三乙胺用适当的酸中和，再将 0.5 mmol 溶于 3 mL 干燥丙酮中的苯甲酰甲基溴（苯甲酰甲基溴、对溴苯甲酰甲基溴、对苯基苯甲酰甲基溴）加入。随后，析出三乙基溴化铵沉淀。混合物在室温下放置 3 h，之后用 10 mL

[1] 此反应中，酯的醚氧原子来自于羧酸阴离子。

[2] 见试剂附录。

水稀释；沉淀的酯经水泵抽滤，先用5%的碳酸氢钠溶液洗涤，再用水充分洗涤，然后用稀释的醇重结晶。

对硝基苄基酯可通过同样的方法制备。但由于对硝基苄基氯的活性较低，故需加入10 mg碘化钠，且混合物须回流加热2 h。此反应中可用醇替代丙酮作为溶剂使用。

方法B. 水溶液中的酸

将2 mL含有0.2 g苯甲酰甲基溴的醇溶液，加入2 mL含有0.1 g羧酸的用盐酸制成的弱酸溶液，混合物在回流状态下加热（一元羧酸为1 h，二元羧酸为2 h，三元羧酸3 h）。如果在沸腾过程中有晶体析出，添加少量醇将其再溶解。反应完成后，将混合物冷却，产物滤出并重结晶。

D.2.6.4 氨及胺的烷基化反应

卤代烷、硫酸酯等与氨的反应如下：

$$R{-}X + NH_3 \longrightarrow R{-}\overset{\oplus}{N}H_3 + X^{\ominus} \rightleftharpoons R{-}NH_2 + HX$$
$$R{-}NH_2 + R{-}X \longrightarrow R_2\overset{\oplus}{N}H_2 + X^{\ominus} \rightleftharpoons R_2NH + HX \qquad (D.2.77)$$

先生成的伯胺是一种强碱，将与氨竞争和卤代烷反应。所以反应不仅生成伯胺，也生成仲胺、叔胺及季铵盐。

写出这些反应的化学方程式。

可采用氨大大过量，或添加碳酸铵、氯化铵等方法来提高伯胺的收率。

为避免深度烷基化，常采用间接路线制备纯伯胺和仲胺。将仅有一个自由氢原子的胺制成可逆衍生物，与卤代烷发生烷基化反应后，再除去保护基团。邻苯二甲酰亚胺为最适宜的可逆保护试剂（Gabriel合成）❶。

$$C_6H_4(CO)_2N^{\ominus}K^{\oplus} + RX \xrightarrow{-KX} C_6H_4(CO)_2NR + KX \qquad (D.2.78)$$

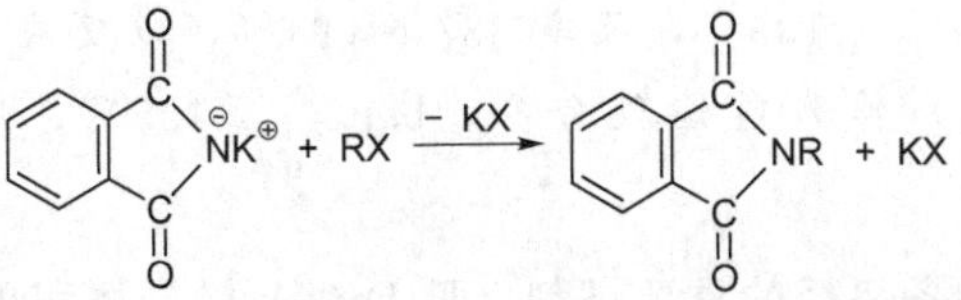

生成的*N*-烷基邻苯二甲酰亚胺能水解成邻苯二甲酸和纯伯胺：

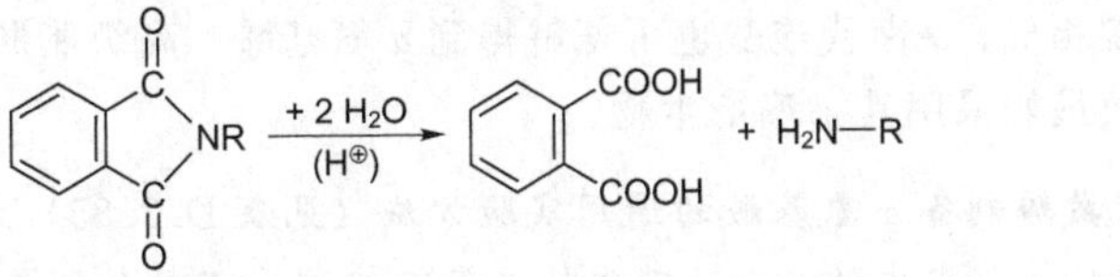

$$C_6H_4(CO)_2NR \xrightarrow[(H^{\oplus})]{+2\,H_2O} C_6H_4(COOH)_2 + H_2N{-}R \qquad (D.2.79)$$

水解反应通常需要加压和较高的温度，因此肼解反应更为理想：

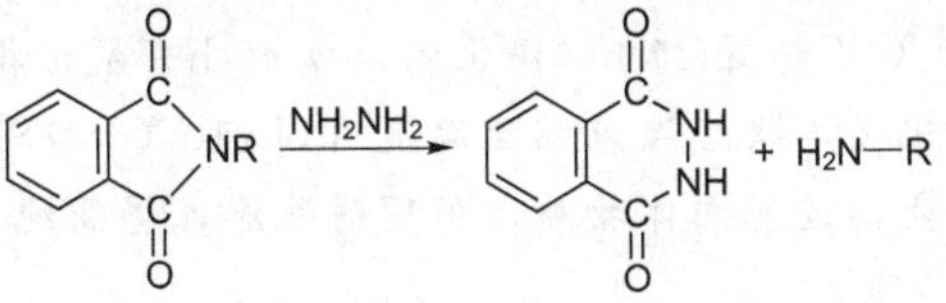

$$C_6H_4(CO)_2NR \xrightarrow{NH_2NH_2} C_6H_4(CO)_2(NH)_2 + H_2N{-}R \qquad (D.2.80)$$

---

❶ 因为两个羰基或硫酰基的电子引力，邻苯二甲酰亚胺或磺酰胺的氮基不再有足够的碱性与卤代烷发生反应。相反，此氨基具有酸性，因此能与碱金属氢氧化物形成盐，这些盐需用于此反应中。

不同烷基的仲胺可用伯胺形成的磺胺和卤代烷反应制备，如：

$$C_6H_5-SO_2-\overset{\ominus}{N}(K^{\oplus})-CH_3 + C_2H_5I \xrightarrow{-KI} C_6H_5-SO_2-N(CH_3)(C_2H_5) \xrightarrow[(H^{\oplus})]{-H_2O} C_6H_5-SO_3H + HN(CH_3)(C_2H_5) \quad (D.2.81)$$

也可采用亚甲胺[1]：

$$C_6H_5-CH{=}NR' + RX \longrightarrow \left[C_6H_5-CH{=}\overset{\oplus}{N}(R')(R)\right]X^{\ominus} \xrightarrow[-HX]{H_2O} RR'NH + C_6H_5-CHO \quad (D.2.82)$$

乌洛托品[1]与卤代烷反应也生成季铵盐，此季铵盐在稀酸作用下水解成伯胺（Delepine 反应）。

$$RX + (CH_2)_6N_4 \longrightarrow N_3(CH_2)_6\overset{\oplus}{N}R\ X^{\ominus} \xrightarrow{H_3O^{\oplus}} RNH_2 \quad (D.2.83)$$

在反应中，可以保护氨基基团避免其发生不必要的反应：

$$R-CH(NH_2)-COOH + 3\,PhCH_2Br \xrightarrow[-3\,HBr]{} R-CH(N(CH_2Ph)_2)-COOCH_2Ph$$

$$R-CH(N(CH_2Ph)_2)-COOCH_2Ph \xrightarrow{LiAlH_4} R-CH(N(CH_2Ph)_2)-CH_2OH \xrightarrow[-2\,PhCH_3]{+2\,H_2} R-CH(NH_2)-CH_2OH \quad (D.2.84)$$

【例】 二环己基乙胺的制备

在带有回流冷凝管、搅拌器和滴液漏斗的隔绝水汽的 1 L 三颈瓶中，加入 2 mol 二环己基胺和 2 mol 硫酸二乙酯，沸水浴中加热 2 h。在此温度下继续搅拌 15 h。随后边搅拌边将 2～5 mol 的 50％氢氧化钾加入到冷却的混合物中，分离出胺，水相用醚萃取四次。将胺与醚萃取物合并，用苛性碱干燥过夜，将醚蒸出，胺通过 30 cm 韦氏分馏柱减压分馏。b. p. $_{1.9(14)}$ 138℃，收率 337 g（94％，以反应的胺计算）。未反应的二环己基胺（约 15％）作为前馏段舍弃，b. p. $_{2.1(16)}$ 125℃。用气相色谱检测产品纯度[2]。

二环己基乙胺是制备烯烃的重要试剂（见 D. 3. 1. 5），体积庞大的环己基基团对氮原子有明显的屏蔽作用。

与卤代烷相似，α-卤代羧酸也可氨解得到 α-氨基酸。高级脂肪酸的氯化物需很长的反应时间，故最好采用其 α-溴衍生物。

【例】 α-卤代羧酸制备 α-氨基酸的通用实验方法（见表 D. 2. 85）

将溶于 140 mL 水中的 8 mol 碳酸铵在带有回流冷凝管的圆底烧瓶中加热到 55 ℃，振荡冷却，至 40 ℃时加入 6 mol 浓氨水。静置 30 min 后分批加入 1 mol 适当的 α-卤代羧酸，混合物在 40～50 ℃下静置 24 h（溴化物）或 40 h（氯化物）。产物于瓷皿中火焰加热，放出氨气和二氧化碳，将溶液浓缩至温度达到 110 ℃，冷却至 60 ℃后，加入 3 L 甲醇。在冰箱中存放过夜，过滤固体物质，用甲醇洗涤，得高纯度的氨基酸。

---

[1] 亚甲胺和乌洛托品的制备和水解能力见 D. 7. 1. 1 节。

[2] 二环己胺和二环己基乙胺的分离条件：柱长 1 m；固定相为甘露醇六氰乙基醚（10％）；载体为硅藻土；温度为 195 ℃；载气为 4 L/h 氢气。

表 D. 2. 85　α-氨基酸的制备

产物	起始原料	熔点/℃	收率/%
α-氨基乙酸(甘氨酸)	$ClCH_2COOH$	232	70
α-氨基丙酸(丙氨酸)	$CH_3CHBrCOOH$	295	60
α-氨基丁酸	$CH_3CH_2CHBrCOOH$	分解	60
α-氨基戊酸(缬氨酸)	$CH_3(CH_2)_2CHBrCOOH$	303(密封管)	60
α-氨基异己酸(亮氨酸)	$(CH_3)_2CHCH_2CHBrCOOH$	292(密封管)	50
α-氨基己酸(正亮氨酸)	$CH_3(CH_2)_3CHBrCOOH$	275(密封管)	65

可用烷基化试剂将叔胺转变成季铵盐，来鉴别叔胺。

【例】 叔胺的季铵化反应（定性分析的通用实验方法）

将 0.5 g 叔胺和 1 g 季铵化试剂（碘甲烷、对甲苯磺酸甲酯等）分别溶解在两倍体积的硝基甲烷、乙腈或醇中（这些溶剂有利于季铵化，且其有利性按顺序减弱）。合并溶液，静置 1 h 后在水浴中加热 30 min。若季铵盐未直接分出，则将混合物减压浓缩，再用干燥的乙酸乙酯/醇重结晶。

长碳链（$C_{12}\sim C_{18}$）的季铵盐具有表面活性和杀菌性，常用于纺织助剂、浮选剂和杀菌剂。

D. 2. 6. 5　含磷化合物的烷基化

D. 2. 6. 5. 1　叔膦化合物的烷基化

同样，如叔膦一样可以将相应的磷化物用烷基化试剂季鏻化：

$$R—X + PR'_3 \longrightarrow [R—\overset{\oplus}{P}R'_3]\ X^{\ominus} \tag{D. 2. 86}$$

【例】 制备烷基三苯基鏻盐的一般方法（见表 D. 2. 87）

0.1 mol 的三苯基膦，与 0.1 mol 的烷基卤加入到 150 mL 绝对纯的甲苯中形成的溶液充分冷却后进行转换。在高压釜中 130 ℃加热 20 h。抽提浓缩物，用热甲苯充分洗涤。

用量少时，可应用弹式管；经过 80 ℃下沸腾的烷基卤可以在甲苯溶液中与磷化氢加热回流 48 h。

表 D. 2. 87　烷基三苯基鏻卤化物

产物	烷基卤代物	熔点/℃	产率/%
甲基三苯基鏻的溴化物	甲基溴化物	228	90
甲基三苯基鏻的碘化物	甲基碘化物	185	90
乙基三苯基鏻的溴化物	乙基溴化物	209	90
异丙基三苯基鏻的溴化物	异丙基溴化物	238	80
丁基三苯基鏻的溴化物	丁基溴化物	243	80
苄基三苯基鏻的溴化物	苄基溴化物	280	80

D. 2. 6. 5. 2　Michaelis-Arbuzov 反应

在 Michaelis-Arbuzov 反应中，磷原子烷基化酸酯的反应如下：

$$R—X + \underset{\text{I}}{P(Y)(Z)—OR'} \longrightarrow \underset{\text{II}}{R—\overset{\oplus}{P}(Y)(Z)—OR'} + X^{\ominus} \longrightarrow \underset{\text{III}}{R—P(Y)(Z)=O} + R'—X \tag{D. 2. 88}$$

【例】 合成烷基膦酸二乙酯的一般方法（Michaelis-Arbuzov 反应）（见表 D. 2. 89）

0.5 mol的亚磷酸三乙酯与0.55 mol的烷基卤化物一同在150～155 ℃（约160 ℃热浴）加热，然后分别（对于反应性的烷基卤化物）保持1.5～2 h和（对于非反应性的烷基卤化物）保持3～5 h温度。对于烷基氯化物，用带回流冷却的烧瓶；对于烷基溴化物和碘化物，用装有长的Vigreux柱的蒸馏设备，将生成的乙基卤化物连续蒸馏，后续反应即刻发生。接着进行蒸馏处理。

表D.2.89　通过Michaelis-Arbuzov反应合成得到烷基膦酸二乙酯

产物	初始物	沸点/℃	产率/%	反应时间/h
氰甲基膦酸二乙酯	氯代乙腈①	$148\sim150_{1.3(10)}$	80	1.5
苄基膦酸二乙酯	苄基氯	$169\sim171_{3.3(25)}$	90	5
	苄基溴			
1-萘甲基膦酸二乙酯	1-氯甲基萘	$105\sim206_{0.7(5)}$	80	4
(2-溴代乙基)膦酸二乙酯	1,2-二溴乙烷	$86\sim87_{0.3(2)}$②	65	3
丁基膦酸二乙酯	溴丁烷③	$74_{0.1(1)}$	85	2
乙基膦酸二乙酯	0.5 g NaI④	$80\sim83_{1.5(11)}$	90	3

① 150 ℃滴加。

② 不超过这个温度。

③ 110 ℃开始，温度升高保持只有C_2H_5Br生成。

④ 源于亚磷酸三乙酯，得到中间体乙基碘化物。

苄基膦酸二乙酯，由亚磷酸二乙酯和苄基溴反应：J. Org. Chem.,1978,43:4682.

甲基膦酸二异丙酯，由亚磷酸三异丙酯和碘甲烷反应：J. Org. Synth., Coll. Vol. IV,1963:325.

乙基膦酸二乙酯，由亚磷酸三乙酯和碘乙烷反应：Org. React.,1951,6:286.

3-溴丙基膦酸，由亚磷酸三乙酯和1,3-二溴丙烷反应：Org. React.,1951,6:287.

D.2.6.6　含硫化合物的烷基化反应

与碱式水解反应类似，卤代烷、硫酸酯等皆能与硫氢化钠反应生成硫醇：

$$R—X + \overset{\ominus}{S}—H \longrightarrow R—S—H + X^{\ominus} \quad (D.2.90)$$

硫醇在碱性溶液中形成的硫醇盐离子也会与卤代烷反应，生成对称硫醚副产物：

$$R—X + \overset{\ominus}{S}—R \longrightarrow R—S—R + X^{\ominus} \quad (D.2.91)$$

如以1 mol硫化钠和2 mol卤代烷反应，该反应成为主反应：

$$2\,R—X + Na_2S \longrightarrow R—S—R + 2\,NaX \quad (D.2.92)$$

与Williamson合成类似，硫醇盐也能与卤代烷反应，得到不对称硫醚。

【例】　制备对称硫醚的通用实验方法（表D.2.93）

注意：很多硫醇和硫醚具有十分难闻的气味，即使浓度很低。在通风橱中操作。

在带有回流冷凝管（高效冷凝管）、滴液漏斗和搅拌器的三颈瓶中，将1.5 mol硫化钠（$Na_2S \cdot 9H_2O$）溶于250 mL水和50 mL甲醇的混合液。加入2 mol适当的溴代烷，混合物在剧烈搅拌下回流5 h。冷却后分出醚层，水溶液用醚萃取几次，合并有机相，先用10%苛性钠洗涤，再用水洗涤。用氯化钙干燥后进行蒸馏。过滤分出固态产物，用水洗涤后重结晶。

半微量反应可省去搅拌器，在带回流冷凝管的圆底烧瓶中进行。

表 D.2.93 二烷基硫化物制备

产物硫醚	烷基化试剂	沸点/℃	n_D^{20}	收率/%
二乙基硫醚	溴乙烷	91	1.4423	65
二正丙基硫醚	正溴丙烷	142	1.4473	70
二正丁基硫醚	正溴丁烷	$75_{1.3(10)}$	1.4529	70
二苄基硫醚	苄基氯	(熔点 49)(甲醇)		85

由 2-氯乙醇制备 2,2′-二羟基二乙基硫醚（硫代二甘醇）：Faber E. M. and Miller G. E.,Org. Synth.,Coll. Vol. Ⅱ,1943:576.

由一级和二级烷基卤代物及烷基硫氰酸盐容易得到烷基硫氰化物：

$$R—X + {}^{\ominus}S—C≡N \longrightarrow R—S—C≡N + X^{\ominus} \quad (D.2.94)$$

烷基硫氰酸盐的反应性取决于 S—CN 键在碱作用下断裂的难易程度：

$$RS—CN + {}^{\ominus}OH + H_2O \longrightarrow RS^{\ominus} + NH_3 + CO_2 \quad (D.2.95)$$

$$RS—CN + {}^{\ominus}C≡C—R' \longrightarrow RS—C≡C—R' + CN^{\ominus} \quad (D.2.96)$$

【例】 经在硅胶上活化的硫氰酸钙制备烷基硫氰酸盐（参见表 D.2.97）

注意！烷基甲基卤化物对皮肤和黏膜有强烈的刺激性。通风橱中操作！戴手套！

将 7.5 g(0.075 mL) 的硫氰酸钙溶于盛有 25 mL 的蒸馏水的圆底烧瓶中，边振摇边加入 7.5 g 硅胶 60，在 20 mbar 真空度下及浴温 50 ℃下旋转蒸发蒸除水，将硅胶在这一条件下继续干燥 4 h。冷却下来的反应试剂加入 0.025 mol 的烷基卤化物。如在室温时为固态，将在水中的混合物在比烷基卤化物熔点温度稍高些的热浴温度下加热，封闭烧瓶，摇动多次。在重复摇动下，室温下放置 48 h。然后，加硅胶于搪瓷玻璃壶中，反应产物在设置为弱真空情况下用 5 份每份 20 mL 亚甲基氯化物提取。分馏溶剂后，产物通过真空蒸馏或产物为固体时由乙醇重结晶获得。

文献 Kodomari M.,Synthesis,1983:141.

表 D.2.97 烷基硫氰酸盐的制备

产　　物	烷基卤代物	沸点(熔点)/℃	产率/%
丁基硫氰酸酯	丁基碘化物	$64_{1.6(12)}$	85
己基硫氰酸酯	己基碘化物	$93_{1.3(10)}$	87
苄基硫氰酸酯	苄基氯化物	39(EtOH)	95
4-甲基苄基硫氰酸酯	4-甲基苄基氯化物	$151_{2.7(20)}$	93
	4-甲基苄基溴化物		
2-甲基苄基硫氰酸酯	2-甲基苄基氯化物	18(EtOH)	90
	2-甲基苄基溴化物		
1,4-二(硫氰甲基)苯	1,4-二(溴甲基)苯	33(EtOH)	92
4-甲氧基苄基硫氰酸酯	4-甲氧基苄基氯化物	$134_{0.1(1)}$	90
2-溴苄基硫氰酸酯	2-溴苄基溴化物	$113_{0.01(0.13)}$	96
1-硫氰甲基萘烷	1-氯甲基萘烷	19(EtOH)	98
2-硫氰甲基萘烷	2-溴甲基萘烷	101(EtOH)	95

与叔胺和膦类似，硫醚及膦与卤代烷反应得到叔锍盐：

$$R—X + R_2S' \longrightarrow \left[R—\overset{\oplus}{S}R_2'\right] X^{\ominus} \quad (D.2.98)$$

由于两个碱性氮原子提高了硫原子的电子密度，硫脲中的硫也具有较高的亲核性，因此，硫脲与卤代烷的反应易生成叔盐——类硫脲盐：

$$R—X + S{=}C(NH_2)_2 \longrightarrow$$

$$\left[R—\overset{\oplus}{S}{=}C(NH_2)_2 \longleftrightarrow R—S—\overset{\oplus}{C}(NH_2)_2 \longleftrightarrow R—S—C(NH_2){=}\overset{\oplus}{N}H_2 \longleftrightarrow R—S—C(NH_2){=}\overset{\oplus}{N}H_2\right]X^{\ominus}$$

$$\equiv \left[R—S{\cdots}C(NH_2)_2\right]^{\oplus} X^{\ominus} \qquad (D. 2. 99)$$

这些盐可用来鉴定卤代烷。通常选用制备结晶好且典型的苦味酸盐。

【例】 *S*-烷基硫脲苦味酸盐的制备（定性分析的通用实验方法）

将0.2 g卤代烷加到溶有0.2 g硫脲的0.6 mL水和0.4 mL乙醇组成的溶液中。混合物在水浴中加热回流至卤代烷层消失，再回流15 min。趁热将溶液倒入40 mL沸腾的1%苦味酸水溶液中。冷却后，减压滤出结晶，用水洗涤，并用醇的水溶液重结晶。

烷基硫脲苦味酸盐物质的量的测定[1] 准确称出0.3～0.35 g烷基硫脲苦味酸盐，溶于25～50 mL冰醋酸，用0.1 mol/L高氯酸的冰醋酸溶液[2]滴定至结晶紫变色。

计算：

$$物质的量(苦味酸)=\frac{样品量(g)\times 1000}{HClO_4\ 体积(mL)\times 标准浓度(mol/L)}$$

$$物质的量(乙醇)=苦味酸的物质的量-288.2$$

氯化*S*-苄基类硫脲能与磺酸及许多羧酸反应，生成这些酸的*S*-苄基类硫脲盐。这些盐溶解性适当，结晶好，适合于鉴定目的。

S-苄基类硫脲盐易发生碱式水解生成硫醇：

$$\left[R—S{\cdots}C(NH_2)_2\right]^{\oplus} + OH^{\ominus} + H_2O \longrightarrow R—S—H + CO_2 + 2\,NH_3 \qquad (D. 2. 100)$$

【例】 由烷基类硫脲盐制备硫醇[3]的通用实验方法（见表D. 2. 101）

注意：烷基硫醇的气味极其难闻，须在专用的通风良好的房间，在吸力非常好的通风橱中进行操作；操作和清洗仪器时需佩戴橡胶手套。用过的容器应用浓硝酸或高锰酸钾溶液清洗。硫醇氧化后气味变小。

在圆底烧瓶中加入1 mol溴代烷（氯代烷）或1/2 mol硫酸二烷基酯，以及1.1 mol硫脲和50 mL 95%乙醇，混合物回流6 h。如制备烷基二硫醇，则需使用二倍量的硫脲和醇。冷却后烷基类硫脲盐结晶析出[4]。过滤后无需进一步提纯。在双口烧瓶中将1 mol类硫脲盐（硫酸的类硫脲盐仅需1/2 mol）加入300 mL 5 mol/L的苛性钠水溶液，

---

[1] *S*-烷基硫脲盐也可称为*S*-烷基硫脲、烷基异硫脲，或烷基异硫脲盐。

[2] 见试剂附录。

[3] 制备高级硫醇时，不可避免要生成二硫化物，它们会残留在蒸馏底物中。

[4] 如果不析出结晶，则将反应混合物直接水解。

混合物在氮气流下回流 2 h。为减少难闻气味，将含硫醇的氮气通入高锰酸溶液。冷却后混合物用 2 mol/L 盐酸酸化；分出硫醇层，用硫酸镁干燥，如产品沸点较高（b. p. > 130 ℃），用醚洗去干燥剂，产品经韦氏分馏柱分馏。减压蒸馏在氮气氛下进行。半微量实验的方法同上。

表 D. 2. 101　由 *S*-烷基类硫脲盐制备硫醇

产物硫醇	沸点/℃	n_D	收率/%
1-丁基硫醇	98	1.4401(25)	90
2-甲基-1-丙基硫醇	88	1.4358(25)	55
2-丁基硫醇	85	1.4338(25)	60
1-己基硫醇	151	1.4473(25)	70
1-十二烷基硫醇	$154_{2.7(20)}$	1.4575(20)	70
ω-甲苯硫醇	$73_{1.3(10)}$	1.5730(20)	70
2-苯基-1-乙基硫醇	$105_{3.1(23)}$	1.5642(18)	70
1,3-丙基二硫醇	$57_{2.0(15)}$	1.5403(20)	70
1,6-己基二硫醇	$119_{2.0(15)}$		60

注：有些硫醇化合物在工业上十分重要，可作为硫化促进剂、抗老化剂等。

由氯乙酸的钠盐与二硫化钠或硫代硫酸钠制备的巯基乙酸是现代冷烫剂的活性组分。

十二烷基硫醇（由二硫化钠和十二氯代烷制备）为丁二烯聚合的调节剂。

由 1,2-二溴乙烷和硫脲制备二硫代乙二醇：Speziale A. J. ,Org. Synth. ,Coll. Vol. Ⅳ,1963:401.

D. 2. 6. 7　由 Finkelstein 反应合成卤代烷

卤代烷中的卤素原子可以被其它卤素所取代（Finkelstein 反应）：

$$R—X + Y^{\ominus} \longrightarrow R—Y + X^{\ominus} \qquad (D. 2. 102)$$

该反应一般为双分子反应（丙酮为溶剂）。低亲核性的卤素易被高亲核性的取代。

伯碘代烷一般不能通过醇和碘化氢反应制备（为什么?），故常用 Finkelstein 反应由相应的氯化物或溴化物制备伯碘代烷。而仲、叔卤化物不能发生此反应。试解释这种现象。

如反应在偶极非质子溶剂中进行，也可以通过这种方法引入含氟离子。最好采用活性碘化物或甲苯磺酸酯。即使加入 Lewis 酸后反应转向 S_N1 类型，卤代烷中的卤素也能被氟取代。

用溴（溶于丙酮的溴化锂或溶于醇的溴化钙）或碘（溶于丙酮的碘化钾）置换甲苯磺酸残基是制备易在酸性条件下发生重排的卤代烷的重要方法。由于连二碘化合物不稳定，易分解成烯，故连二氯或二溴化合物与碱金属碘化物 Finkelstein 反应生成烯烃。

【例】　从对甲苯磺酸烷基酯制备氟代烷的通用实验方法（表 D. 2. 103）

注意：氟代烷剧毒[1]。在通风橱中操作。

将 1. 5 mol 干燥氟化钾细粉末在 50 ℃下溶解于 8～10 倍重量的二甘醇，置于蒸馏装置中（烧瓶带有一个倾斜侧臂，见图 A. 4），温度计插入液面之下。随后加入 1 mol 适当的对甲苯磺酸，将混合物加热，在 110～120 ℃反应 1 h。低氟代烷（不超过 C_5）

[1] 参见 Pattison F. L. M. and Norman J. J. ,J. Am,Chem. Soc. ,Soc. ,1959,79:2311.

将部分蒸出。余下的部分在烧瓶温度达到 200 ℃时蒸出，如果氟代烷的链长超过 C_7，则在最后阶段需要稍微减压。

馏出物用水洗涤，硫酸钠干燥，然后用 20 cm 韦氏分馏柱分馏。

表 D. 2. 103 由烷基对甲苯磺酸酯制备烷基氟化物

产物	沸点/℃	n_D^{20}	产率/%
氟代正丁烷	33	1.3398	50
氟代正戊烷	64	1.3600	50
氟代正己烷	93	1.3750	50
氟代正庚烷	120	1.3872	60
氟代正辛烷	142	1.3960	60

迄今为止工业上最重要的氟代烷烃——氟氯烷烃——是由多氯烷烃和无水氟化氢在 Lewis 酸（通常是五氯化锑）的存在下制备的。催化剂促使反应向 S_N1 方向进行：

$$R{-}Cl + SbCl_5 \longrightarrow R^{\oplus} + SbCl_6^{\ominus}$$
$$H{-}F + R^{\oplus} \longrightarrow R{-}F + H^{\oplus} \qquad (D.\,2.\,104)$$

工业上重要的氟氯烷烃有 CF_2Cl_2，$CFCl_3$，$CFCl_2{-}CF_2Cl$ 等，主要用于冷冻剂、气雾剂推进剂。

D. 2. 6. 8 亲核取代反应制备硝基烷[1]

碘代烷和溴代烷与金属亚硝酸盐反应，可得到硝基烷烃和亚硝酸酯（异硝基烷）的混合物，参见式(D. 2. 20)。

反应基本按 S_N2 机理进行，故伯卤代烷主要生成硝基烷。当反应在非极性溶剂（醚）中进行时，即使用亚硝酸银，生成的烷基亚硝酸酯的量也不大。显然在这样的反应条件下，银离子的亲电活性不足以使伯卤代烷的反应向 S_N1 的方向进行。

而仲碘代烷和仲溴代烷形成碳正离子的能力更强，在醚中与亚硝酸银的反应基本为 S_N1 类型，仅得到 15%的硝基化合物。叔卤化物几乎不生成硝基烷，而主要发生消除反应生成烯烃。

如采用二甲基甲酰胺[2]为溶剂，伯卤代烷乃至仲卤代烷与亚硝酸钠的反应为 S_N2 类型[3]，且仲卤代烷的主产物也为硝基烷。但叔卤代烷在这样的反应条件下也不能发生 S_N2 反应，而主要生成烯烃。

使用亚硝酸银合成伯硝基烷的收率很高（由于其活性高，且可生成不溶性卤化银）。亚硝酸钠的价格便宜但收率稍低。仲卤代烷在二甲基甲酰胺中的反应首选亚硝酸钠。

【例】 制备硝基烷烃的一般方法（表 D. 2. 105）

将 0. 3 mol 适当的卤代烷迅速加入到含有 0. 5 mol 亚硝酸钠及 0. 5 mol 尿素[4]的 600 mL 干燥二甲酰胺[5]中，混合物在室温下机械搅拌 1～6 h（时间长短取决于卤代烷的活

---

[1] 脂肪烃直接硝化反应制备硝基烷见 D. 1. 6。

[2] 二甲基甲酰胺对反应物的溶解性能好，且对阴离子的溶剂化能力较低，所以为非常合适的溶剂。

[3] 具有旋光性的卤代烷会出现瓦尔登转换。

[4] 为提高亚硝酸酯在二甲基甲酰胺中的溶解度。

[5] 参见试剂附录。

性)。随后将混合物倾入1.5 L冰水中，用醚萃取几次，醚萃取物用氯化钙干燥，再用30 cm韦氏分馏柱分馏。可从前馏分中分出副产物烷基亚硝酸酯。

表 D.2.105 由卤代烷制备硝基烷烃和亚硝酸酯

硝基烷烃	起始原料	时间/h	沸点/℃	n_D^{20}	收率/%	烷基亚硝酸酯沸点/℃	n_D^{20}	收率/%
2-硝基丙烷	2-碘丙烷①	4	120	1.3971	26	48③		
1-硝基己烷	1-溴己烷	4	$82_{2.0(15)}$	1.4236	52	$32_{2.0(15)}$	1.3990	23
	1-碘己烷	1						
1-硝基辛烷	1-溴辛烷	4	$111_{2.0(15)}$	1.4323	55	$85_{2.0(15)}$	1.4301	27
2-硝基辛烷	2-碘辛烷	8	$98_{1.9(14)}$	1.4279	50	$60_{1.9(14)}$	1.4082	28
苯基硝基甲烷	苄基溴	5②	$93_{0.4(3)}$	1.5323	52	$66_{9.4(3)}$	1.5010	25

① 必须事先除去2-碘丙烷中痕量的碘化氢。将2-碘丙烷在用冰冷却的碳酸钠溶液中振荡，用冰水洗涤，再用硫酸镁逐步干燥，无需蒸馏。

② 于−20～−15 ℃反应。

③ 用醚萃取。

由溴代烷或碘代烷与亚硝酸银在醚中反应制备伯硝基烷：Kornblum N., Taub B., and Ungnade H. E., J. Am. Chem. Soc. 1954, 76: 3209; Org. Syntheses, 1958, 38: 75.

实验室中硝基甲烷最好通过氯乙酸的钠盐与亚硝酸钠在水溶液中反应制备（为什么不用游离的氯乙酸，而必须先中和?）。产生的硝基乙酸加热后可脱去羧基。请写出此反应的化学方程式。可能生成的异硝基化合物在反应溶液中会发生水解，故不能分离出来。

【例】 硝基甲烷的制备[1]

在大烧杯中将1.05 mol氯乙酸溶解于200 mL水，用碳酸钠中和，再加入含1 mol亚硝酸盐的120 mL水溶液。取100 mL此溶液置于蒸馏装置中（500 mL烧瓶），于石棉网上加热。随着二氧化碳的出现，生成的硝基甲烷与水一起蒸出。用滴液漏斗将其余的反应溶液滴加到蒸馏瓶中，以控制反应进程。当馏出物中不再出现油滴时，更换接收器，再蒸出100 mL水。从第一馏分中分离出硝基甲烷，再将两份水溶液合并，用食盐饱和，并取1/4进行再蒸馏，以提高硝基甲烷的产量。产品用氯化钙干燥后再蒸馏。b. p. 101 ℃，n_D^{20} 1.3827；收率约为20～24 g（33%～39%）。

硫酸二甲酯与亚硝酸钠反应也可得相似收率的硝基甲烷：Decombe M. J., Bull. Soc. Chim. France, 1953: 1038.

可利用卤代烷生成硝基烷的反应来分离伯、仲和叔卤代烷（或对应的醇）。伯、仲硝基烷可与亚硝酸作用生成易分离的产物（见D.8.2.3），而叔硝基烷根本不反应（见前面内容）。

D.2.6.9 烷基氰化物的制备（Kolbe腈合成）

卤代烷与金属氰化物的反应和其与腈的反应一样，氰离子有两种进攻方式，通常生成腈和异腈的混合物：

[1] Steinkopf W. and Kirchhoff G., Ber. Dtsch. Chem. Ges., 1909, 42: 3438.

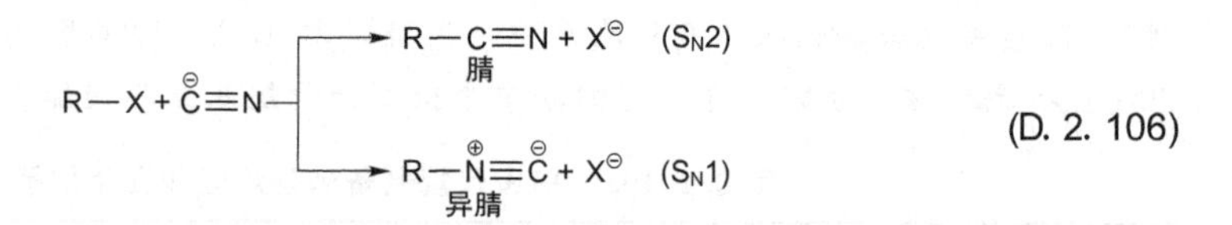

腈和异腈的比例取决于反应的类型（参见 C. 6 和 D. 2. 3）。

即使在具有良好的溶剂化作用的溶剂中（如醇、醇与水的混合物），伯卤代烷或苄基卤与碱金属氰化物的反应也按 S_N2 机理进行，而很少生成具有难闻气味的异腈副产物❶。而对于倾向于 S_N1 反应机理的取代苄基卤——如带有 $+I$ 和 $+M$ 取代基（烷基和烷氧基，见 D. 2. 2. 1），可采用在非质子溶液中反应的方法，尽可能地以 S_N2 机理反应；这样也会阻止活性苄基卤溶剂解生成苯甲醇或苄基烷基醚。

仲溴代烷和仲氯代烷也能发生反应，但收率较低，而叔卤代烷不会按预期的方向反应。

含卤醇、卤醚和卤羧酸（羧基中和之后）的反应比较容易。常用相应的硫酸盐或磺酸盐代替卤代烷。

在极性溶剂乙醚中，氰化银主要生成异腈。

【例】 制备腈的通用实验方法（表 D. 2. 107）

注意：碱金属氰化物剧毒。其酸化后释放的氢氰酸危险性更强。需通风绝对良好的通风橱。在销毁反应残渣时要格外小心。详见试剂附录。

方法 A. 活性卤化物的处理

在带有回流冷凝管和搅拌器的 2 L 双口烧瓶中加入 1 mol 适当的卤化物、1.5 mol 105 ℃干燥的氰化钠细粉末、0.05 mol 碘化钠和 500 mL 干燥丙酮❷，在隔绝水汽的条件下回流 20 h。将混合物冷却，用水泵抽滤除盐，并用 200 mL 丙酮洗涤盐。漏斗上的残渣按必要的安全规则❷销毁（其中仍含有氰化钠）。合并滤液，蒸除丙酮，底物进行减压分馏。半微量反应在圆底烧瓶中进行，可省略搅拌器。

方法 B. 采用惰性卤化物

方法 B. 1：用 90% 乙醇替代方法 A 中的丙酮。溶剂挥发时，会有盐析出，需在产品蒸馏前将其滤除。

方法 B. 2：在配有搅拌器、回流冷凝管和内置温度计的 1 L 三口烧瓶中加入 250 mL 三甘醇、1.25 mol 干燥好的氰化钠和 1 mol 溴代烷或氯代烷，剧烈搅拌下小心加热。低级卤代烷的反应为高放热反应，可通过溶液沸腾开始来判断反应是否开始。将温度缓慢提高到 140 ℃（苄基卤的反应温度仅能提高到 100 ℃），继续搅拌 30 min。

后处理方法取决于腈的沸点及其在水中的溶解度：

B. 2. 1. 低分子量，水溶性好，易挥发的腈（烷基链小于 C_5）可直接从反应混合物中蒸出，必要时可稍微减压。用饱和氯化钠溶液洗涤，氯化钙干燥，用 30 cm 韦氏分馏柱再蒸馏。

---

❶ 参见异腈（异氰化物）反应。

❷ 参见试剂附录。

B. 2. 2. 如为高级腈，将反应混合物倾入水（约 1 L）中，用 150 mL 氯仿萃取四次。合并萃取液，用水洗涤并用氯化钙干燥，再经蒸馏提纯腈。

将产品与等体积的 50%硫酸一起振荡（必要时微微加热），可水解除去生成的少量异腈（腈的水解需在更苛刻的条件下进行）。

半微量反应在没有搅拌和内置温度计的条件下即可进行，通过热浴来控制温度。

表 D. 2. 107　由卤代烷制备的烷基腈

腈	起始原料	方法	沸点(熔点)/℃	n_D^{25}	收率/%
苯乙腈	苄基氯	A	$109_{1.7(13)}$	1. 5211	80
4-甲氧基苯乙腈	4-甲氧基苄基氯	A	$94_{0.03(0.3)}$	1. 5288	80
3,4-二甲氧基苯乙腈	3,4-二甲氧基苄基氯	A	$150_{0.2(1.5)}$,(熔点 68)(乙醇)		80
2,5-二甲氧基苯乙腈	2,5-二甲氧基苄基氯	A	$162_{1.6(12)}$,(熔点 55)(乙醇)		70
2,4-二甲基苯乙腈	2,4-二甲基苄基氯	A	$138_{1.5(11)}$		70
2,5-二甲基苯乙腈	2,5-二甲基苄基氯	A	$102_{0.1(1)}$,(熔点 28)(乙醇)		70
2,4,6-三甲基苯乙腈	2,4,6-三甲基苄基氯	A	$163_{2.9(22)}$,(熔点 80)(石油醚)		90
邻氯苯乙腈	邻氯苄基氯	B. 2. 2	$120_{1.5(11)}$		80
	邻氯苄基溴	B. 2. 2	(熔点 24)		80
间氯苯乙腈	间氯苄基溴	B. 2. 2	$136_{2.1(16)}$		80
对氯苯乙腈	对氯苄基氯	B. 2. 2	$139_{1.6(12)}$,(熔点 32)		80
	对氯苄基溴				
邻溴苯乙腈	邻溴苄基溴	B. 2. 2	$146_{1.7(13)}$		80
间溴苯乙腈	间溴苄基溴	B. 2. 2	$147_{1.3(10)}$		80
对溴苯乙腈	对溴苄基溴	B. 2. 2	$156_{1.6(12)}$		80
α-萘基乙腈	α-萘基甲基氯	A	$176_{1.5(11)}$	1. 6173	80
乙腈	硫酸二甲酯①	B. 2. 1	81	1. 3418	75
丙腈	硫酸二乙酯①	B. 2. 1	97	1. 3656	90
正丁腈	1-溴丙烷	B. 2. 1	118	1. 3815	60
正戊腈	1-溴丁烷	B. 2. 1	139	1. 3939	80
	1-氯丁烷				
正己腈	1-溴戊烷	B. 2. 2	$80_{6.6(50)}$	1. 4050	80
	1-氯戊烷	B. 1			
正庚腈	1-溴己烷	B. 2. 2	$96_{6.6(50)}$	1. 4125	80
	1-氯己烷	B. 1			
正壬腈	1-溴辛烷	B. 2. 2	$98_{1.3(10)}$	1. 4235	75
十一碳烷基腈	1-溴癸烷	B. 2. 2	$131_{1.6(12)}$	1. 4312	80
十二碳烷基腈	1-溴十一烷	B. 2. 2	$142_{1.6(12)}$	1. 4341	90
十三碳烷基腈	1-溴十二烷	B. 2. 2	$160_{2.4(18)}$	1. 4389	80
	1-氯十二烷	B. 1			
琥珀腈	1,2-二溴乙烷	B. 1	$114_{0.3(2)}$,(熔点 53)		50
戊二腈	1,3-二溴丙烷	B. 1	$101_{0.2(1.5)}$	1. 4339	60
	1,3-二氯丙烷				
己二腈	1,4-二溴丁烷	B. 1	$115_{0.1(1)}$	1. 4369	60
	1,4-二氯丁烷				

① 硫酸酯沸点较高，在此反应条件下，两个烷基都参与反应。最终产物无需用氯化钠溶液洗涤。

也可用二甲亚砜作为溶剂获得高收率的脂肪族腈：Smiley R. A. and Arnold C.，J. Org. Chem. 1960，25：257；Friedman L. and Shechter H.，J. Org. Chem. 1960，25：877（还有很多例子）。

从制备观点看，腈为非常有价值的化合物，可以容易地实现很多反应。两个最重要的反应如下（参见 D. 7. 1）：

$$R-C\equiv N + H_2O \longrightarrow R-C(=O)NH_2 \xrightarrow{+H_2O} NH_3 + R-C(=O)OH \quad (D. 2. 108)$$

$$R-C\equiv N + 2H_2 \longrightarrow R-CH_2-NH_2 \quad (D. 2. 109)$$

同样，碱金属氰化物与卤化物的反应也常用于工业目的，如：

$$Ph-CH_2-Cl \longrightarrow \underset{\text{苯乙腈}}{Ph-CH_2-CN} \begin{cases} \longrightarrow \underset{\text{苯乙酸}}{Ph-CH_2-COOH} \quad (\longrightarrow \text{酯;香料,药物}) \\ \longrightarrow \underset{\beta\text{-苯乙胺}}{Ph-CH_2-CH_2-NH_2} \end{cases} \quad (D. 2. 110)$$

$$Cl-CH_2-COOH \longrightarrow \underset{\text{氰基乙酸}}{NC-CH_2-COOH} \longrightarrow \underset{\text{丙二酸}}{HOOC-CH_2-COOH} \quad (\longrightarrow \text{药物}) \quad (D. 2. 111)$$

$$i\text{-Bu}-C_6H_4-CH_2-Cl \longrightarrow \underset{\text{4-异丁基苯乙腈}}{i\text{-Bu}-C_6H_4-CH_2-CN} \xrightarrow{NaH,CH_3I}$$

$$i\text{-Bu}-C_6H_4-CH(CH_3)-CN \longrightarrow i\text{-Bu}-C_6H_4-CH(CH_3)-COOH \quad (D. 2. 112)$$

D. 2. 7 取代硅烷的亲核取代

一些有机硅化物可以进行类似于碳的化合物的反应。如：

$$(H_3C)_3Si-Cl + 2HNR_2 \longrightarrow (H_3C)_3Si-NR_2 + R_2\overset{\oplus}{N}H_2Cl^{\ominus} \quad (D. 2. 113)$$

许多三甲基硅化合物不能用氯代三甲基硅烷直接生成，而是通过与先合成出的硅烷化的二级亚胺的交换实现：

$$Me_3Si-NEt_2 + H_2N-R \xrightarrow[-HNEt_2]{} Me_3Si-NH-R \quad (D. 2. 114)$$

【例】 由氨基和羟基化合物进行三甲基硅烷化的一般实验方法（表 D. 2. 115）

表 D. 2. 115 由氨基和羟基化合物进行三甲基硅烷化

产物	初始物	沸点/℃	n_D^{20}	产率/%
N-三甲基硅-二乙胺	二乙胺①	126	1.4112	75
		$40_{2.7(20)}$		
N-三甲基硅-哌啶	哌啶	161	1.4423	60
		$66_{3.3(25)}$		
N-三甲基硅-乙酰胺②	乙酰胺	$84_{1.7(13)}$	1.4179	65
		$78_{1.1(8)}$		
N-甲基硅-N-三甲基硅甲酰胺	N-甲基甲酰胺	$64_{1.6(12)}$	1.4408	70
丁氧基三甲基硅烷	丁醇	123～124	1.3930	50
环己氧基三甲基硅烷	环己醇	169～170	1.4315	65
		$53_{1.3(10)}$		
(间溴苯氧基)三甲基硅烷	间溴苯酚	$113_{1.9(14)}$	1.5145	55

① 加 0.4 mL，停加三乙胺。

② m. p. 29～33 ℃，如产物在冷却器中凝固，移走冷水，加热水罩。

在装配有搅拌器、滴液漏斗和回流冷凝管（接 $CaCl_2$ 干燥管）的 250 mL 三颈烧瓶里，依次加入100 mL干燥的乙醚、0.2 mol反应物、0.2 mol三乙胺（对于羟基化合物为0.2 mol吡啶）。对氨基化合物的转换应采用100 mL甲苯作溶剂。将0.2mol新蒸馏的三甲基氯硅烷用50 mL溶剂稀释，在20～30 min内缓慢滴加入反应混合物中；然后水浴加热回流2 h。反应混合物密封静置12 h。然后过滤，用30 mL溶剂洗涤，滤液在真空下蒸馏。

氯代三甲基硅烷可以用于屏蔽一些我们熟知的亲核试剂：

$$Me_3Si{-}CN \xleftarrow[-KCl]{KCN} Me_3Si{-}Cl \xrightarrow[-NaCl]{NaN_3} Me_3Si{-}N{=}\overset{\oplus}{N}{=}\overset{\ominus}{N} \qquad (D.2.116)$$

D.2.8 参考文献

有关亲核性的概念

Gompper R.，Angew. Chem. 1964，76：412-424.

Parker A. J.，Quart. Rev. 1962，16：163-187，Uspekhi Khimii，1963，32：1270-1295.

经自由基阴离子的亲核取代

Chanon N.，Tobe M. L.，Angew. Chem.，1982，94：27.

在相转移催化下进行的亲核取代

Dehmlow E. V.，Angew. Chem. 1977，89：521；1974，86：187.

从醇中分离卤代烷

Stroh R.，in Houben-Weyl，Vol. 5/3，1962：830-838；862-870.

Roedig A.，in Houben-Weyl，Vol. 5/4，1960：361-411；610-628.

Mitsunobu反应

Mitsunobu O.，Synthesis，1981：1-28.

偕二卤化物的水解制醛

Bayer O.，in Houben-Weyl，Vol. 7/1，1954：211-220.

醚的制备

Meerwein H.，in Houben-Weyl，Vol. Ⅵ/3，1965：10-40.

醚的分解

Roth H. and Meerwein H.，in Houben-Weyl，Vol. Ⅱ，1953：423-425.

Burwell R. L.，Jr.，Chem. Rev.，1954，54：615-685.

Meerwein H.，in Houben-Weyl，Vol. 6/3，1965：143-171.

硫醇和硫醚的制备

Schoberl A. and Wagner A.，in Houben-Weyl，Vol. 9，1955，(7-19)：97-113.

羧酸盐烷基化制备羧酸酯

Henecka H.，in Houben-Weyl，Vol. 8，1952：541-543.

Finkelstein反应

Roeding A.，in Houben-Weyl，Vol. Ⅴ/4，1960：595-605.

氟化物的制备

Forche W. E.，in Houben-Weyl，Vol. 5/3，1962：1-397.

Henne A. L.，Org. Reactions 2，1944：49-93.

Bockemuller W.，in “Neuere Methoden”，Vol. 1，1944：217-236.

脂肪族硝基化合物的制备

Kornblum N.，Org. Reactions 1962，12：101-156.

从卤代烷，硫酸盐等制备腈

Kurtz P.，in Houben-Weyl，Vol. Ⅷ，1952：290-311.

Mowry D. T.，Chem. Reviews 1948，42：189-284.

用含卤化合物制备胺

Spielberger G. ,in Houben-Weyl,Vol. Ⅺ/1,1957:24-108.

季铵化合物的制备

Goerdeler J. ,in Houben-Weyl,Vol. Ⅺ/2,1958:591-630.

季磷化合物的制备

Sasse K. ,Houben-Weyl. ,1963,12/1:79-104.

Michaelis-Arbuzov 反应

Bhattacharva A. K. ,Thyagarajan G. ,Chem. Rev. ,1981,81:415-430.

Sasse K. ,Houben-Weyl. ,1963,12/1:150-152;251-257;433-446.

卤代三甲基硅烷的亲核取代

Burkhofer L. ,Stuhl O. ,in:topics in Current Chemistry,Vol 88,Springer-Verlag,Berlin,Heidelberg,New York,1980:33-88.

Klebe J. F. ,in:Advances in organic Chemistry,Vol. 8,Wiley-Interscience,New York,London,1972:97-178.

D.3 形成C—C不饱和键的消除反应

消除反应中，一对原子或原子团（如 Y 和 X）从分子中被消除。这两个被消除的原子或原子团在分子上的相对位置，既决定了反应产物的结构又可决定所经历的消除反应的类型。最重要的两种反应类型是：

（1）α,β-（即 1,2-）消除，生成不饱和键：

$$\mathrm{Y{-}\overset{|}{\underset{|}{C}}{-}\overset{|}{\underset{|}{C}}{-}X} \longrightarrow \mathrm{{>}C{=}C{<}} \tag{D. 3. 1}$$

（2）α,α-（即 1,1-）消除，形成带电子六隅体的体系，例如卡宾：

$$\mathrm{Y{-}\overset{|}{\underset{|}{C}}{-}X} \longrightarrow \mathrm{:C{<}} \tag{D. 3. 2}$$

消除反应的机理可以是离子型或自由基型，也可以按周环反应进行。

D.3.1 离子型 α,β-消除反应

表 D.3.3 列出了最重要的离子型 α,β-消除反应。

表 D.3.3 重要的离子型消除反应

反应	名称
$\mathrm{H{-}\overset{\diagup}{\underset{\diagdown}{C}}{-}\overset{\diagup}{\underset{\diagdown}{C}}{-}OH} \longrightarrow \mathrm{{>}C{=}C{<} + H{-}OH}$	脱水（α,β-氢，羟基消除[①]）
$\mathrm{H{-}C{-}C{-}OR} \longrightarrow \mathrm{{>}C{=}C{<} + H{-}OR}$	α,β-氢，烷氧消除[①]
$\mathrm{H{-}C{-}C{-}X} \longrightarrow \mathrm{{>}C{=}C{<} + H{-}X}$	α,β-脱氢卤（α,β-氢，卤消除[①]）
$\mathrm{H(C{=}C)X} \longrightarrow \mathrm{{-}C{\equiv}C{-} + H{-}X}$	成炔
$\mathrm{H{-}C{-}C({=}O)Cl} \longrightarrow \mathrm{{>}C{=}C{=}O + H{-}Cl}$	烯酮化
$\mathrm{H{-}C{-}C{-}\overset{\oplus}{N}R_3\ OH^{\ominus}} \longrightarrow \mathrm{{>}C{=}C{<} + H{-}\overset{\oplus}{N}R_3\ OH^{\ominus} \rightleftharpoons NR_3 + H_2O}$	季铵盐的霍夫曼消除（α,β-氢，三烷基胺消除[①]）

① IUPAC命名法。

通过 α,β-消除反应不仅可以制备烯烃和炔烃，还可以制得含杂原子的不饱和化合物（如 $>C{=}N-$ ，$-C{\equiv}N$ ）。

D. 3. 1. 1 取代和消除作为竞争反应，离子型消除反应的机理

亲核取代（D. 2）和离子消除是按照彼此有关联的反应机理转换的。这两种情况都是路易斯碱 B 与反应物 RX 的反应，反应中 RX 上的离核基团 X 被取代。所不同的是，亲核取代反应时 B 作为亲核试剂与 R 结合生成 R—B；而在消除反应中，B 作为碱参加反应并从烃基 R 的 β-碳原子上夺取一个质子使其形成烯烃：

$$B^{\ominus} \quad H-\overset{|}{\underset{|}{C}}-\overset{|}{\underset{|}{C}}-X \rightleftharpoons HB^{\oplus} \; >C{=}C< \; + X^{\ominus}\text{[1]} \qquad (D.\,3.\,4)$$

除质子外，也可以从合适的反应物上分解下另一个带正电的分子碎片，例如：

$$H_2\overset{\oplus}{O}-\overset{|}{\underset{|}{C}}-\overset{|}{\underset{|}{C}}-\overset{|}{\underset{|}{C}}-OH \longrightarrow H_2O + >C{=}C< + >\overset{\oplus}{C}{=}OH \xrightarrow{-H^{\oplus}} >C{=}O$$

$$HO-\overset{|}{\underset{|}{C}}-\overset{|}{\underset{|}{C}}-\overset{|}{\underset{|}{C}}-OH \xrightarrow{H^{\oplus}} H_2\overset{\oplus}{O}-\overset{|}{\underset{|}{C}}-\overset{|}{\underset{|}{C}}-\overset{|}{\underset{|}{C}}-OH \qquad (D.\,3.\,5)$$

这类反应被称为碎片反应[2]。从形式上，碎片反应可作为消除反应的特殊情况来解释。

根据 C—X 键和 C—H 键的断裂速度，离子型 α,β-消除反应又可分成下列几种极端类型：

（1）单分子消除 E1　C—X 键先于 C—H 键发生断裂。像在 S_N1 反应中一样，首先生成一个碳正离子。然后，第二步反应中离子的 C—H 键发生断裂，生成烯烃，氢以正离子 H^+ 的形式离去。

$$H-\!\!>C-C<\!\!-X \longrightarrow H-\!\!>C-C<^{\oplus}$$

$$B^{\ominus} + H-\!\!>C-C<^{\oplus} \longrightarrow HB + >C{=}C< \qquad (D.\,3.\,6)$$

这类反应的决速步骤是反应的第一步（即 C—X 键断裂形成碳正离子）。因此 E1 反应的反应速率只与反应物 RX 的浓度有关，与碱 B 的浓度没有关系。

以氘取代反应物分子中 β-碳上的氢，发现二级动力学同位素效应 k_H/k_D 在 1.1～1.2 之间。预计当 α-碳原子上存在给电子取代基时，这一消除反应的速度会提高，对于反应物而言相对应的哈默特（Hammett）公式中的反应常数会小于零（C. 5. 2）。

（2）双分子消除 E2　键的重组（键的断裂和键的形成）在一个反应步骤中协同发生，经历一个过渡态，碱性试剂与反应物共同参与：

$$B^{\ominus} + H-\overset{|}{\underset{|}{C}}-\overset{|}{\underset{|}{C}}-X \longrightarrow \left[\overset{\delta^-}{B}\text{---}H\text{---}\overset{|}{\underset{|}{C}}{=}{=}\overset{|}{\underset{|}{C}}\text{---}\overset{\delta^-}{X}\right]^{\ddagger} \longrightarrow HB + >C{=}C< + X^{\ominus} \qquad (D.\,3.\,7)$$

其速率方程中既有反应物项又有碱性试剂项。用同位素在 β-碳原子上做标记，发现动力

---

[1] 碱基以及脱下的基团也可是不带电荷的。

[2] 比较 Grob, C. A.; Schiess, P. W., Angew. Chem. 1967, 79: 1; Grob, C. A., Angew. Chem. 1969, 81: 543.

学一级同位素效应比较大（$k_H/k_D=3\sim7$）。相应反应物消除反应的哈默特反应常数大于零，并介于2和3之间。

（3）单分子消除 E1cB　C—H 键先于 C—X 键发生断裂。反应物在碱性试剂的进攻下先生成碳负离子，即反应物的共轭碱（"cB"）。单分子反应的第二步是碳负离子上的 X 以负离子的形式离去：

$$B^{\ominus} + H-\overset{|}{\underset{|}{C}}-\overset{|}{\underset{|}{C}}-X \rightleftharpoons HB + \overset{\ominus}{\underset{|}{C}}-\overset{|}{\underset{|}{C}}-X$$
$$\overset{\ominus}{\underset{|}{C}}-\overset{|}{\underset{|}{C}}-X \longrightarrow \rangle C=C\langle + X^{\ominus} \quad (D.3.8)$$

对β-碳原子上同位素标记的化合物，没有发现动力学同位素效应。该类型反应的反应常数大于零而且数值很高[1]。

大多数实际观测到的机理介于这些极限情况之间，也就是说原则上 X 和 H 的离去是协同而非同步进行的。

消除和取代反应发生的比例受下列因素影响：①反应物和试剂的电子和空间效应，溶剂效应；②温度，一般情况下提高温度有利于消除反应。

$$C_2H_5OH \xrightarrow{H_2SO_4,180℃} H_2C=CH_2 + H_2O \quad (消除) \quad (D.3.9)$$

$$2\,C_2H_5OH \xrightarrow{H_2SO_4,130℃} C_2H_5-O-C_2H_5 + H_2O \quad (取代) \quad (D.3.10)$$

D.3.1.1.1　单分子消除

从制备的角度看，E1 反应一般是不受欢迎的，因为作为中间体出现的阳离子接下来不仅可以经消除历程完成反应，还可以转而进行取代和重排反应。除此之外，E1 反应常常是可逆的（参见 D.4.1，亲电加成）。如果与其竞争的 S_N1 反应是不可逆的，那么在热力学控制的反应中平衡有利于取代产物的生成（参见 C.3.2）。

在动力学控制的反应中，上文提到的（影响）因素以下列方式影响取代反应和消除反应的比例：

（1）反应物和试剂的电子和空间效应的影响　如同在 S_N1 反应中一样，带有 $+I$ 效应或/和 $+M$ 效应的取代基会使中间体碳正离子稳定，使得反应物倾向于发生 E1 反应。决定烯烃形成难易程度的是反应物中烷基部分的结构。因此在酸催化醇脱水的反应中，烯烃对取代反应产物（醚）的比例按：一级醇＜二级醇＜三级醇的顺序提高。二级醇和三级醇的酸催化脱水反应有利于碳正离子的形成和 E1 机理，例如：

$$(H_3C)_3C-OH + H^{\oplus} \xrightarrow{快} \underset{\text{I}}{(H_3C)_3C-\overset{\oplus}{O}H_2} \xrightarrow{慢} \underset{\text{II}}{H_3C-\overset{\oplus}{C}(CH_3)_2} + H_2O \longrightarrow H_2C=C(CH_3)_2 + H_3O^{\oplus} \quad (D.3.11)$$

在决速反应步骤之前，快速的质子化反应先形成了氧鎓离子Ⅰ，Ⅰ接着分解成碳正离子Ⅱ和一个低能量的水分子。

正如 D.2.2 中所述，形成碳正离子中间体和产物烯烃会使庞大取代基的空间压力减小，因此，碳正离子上支链越多越有利于消除机理。溶剂分解作用时，叔戊基氯生成

[1] 只有当生成的碳负离子中间体非常稳定时，这类 E1cB 反应才能发生。

烯烃 34%，4-氯-2,2,4-三甲基戊烷生成烯烃 65%，而 4-氯-2,2,4,6,6-五甲基庚烷生成烯烃的比例是 100%（请写出反应式!）。

对纯粹的单分子反应过程来说，离去基团的性质只影响碳正离子的形成，对于取代反应相对消除反应的比例没有影响。

不过，如果取代基 X 是离去倾向很强的基团（$F \ll Cl < Br < I < N_2^+$），则对消除反应有利。此外，典型的离去基团 X 还有酸催化醇脱水反应中的 H_2O，还有用硫酸酯或者磺酸酯制备烯烃时的 $ROSO_3$—或者 RSO_3—。

脱质子发生在高能量的阳离子上，所以这一过程大多进行得很快。因此，一般不能确定出试剂 B 碱性的影响。

(2) 反应介质的影响　有强溶剂化作用的极性质子性溶剂（如 H_2O，一级醇，HCOOH）能稳定阴离子和碳正离子，因此对单分子反应有利。例如；按 E1 机理进行的仲卤烷和叔卤烷溶剂化脱卤化氢：

$$C_6H_5-CH(Cl)-CH_3 \xrightarrow[\text{煮沸}]{HCOOH} C_6H_5-\overset{\oplus}{C}H-CH_3 \xrightarrow{-H^{\oplus}} C_6H_5-CH{=}CH_2 \qquad (D.3.12)$$

以及硫酸酯或者磺酸酯的溶剂分解作用：

$$C_6H_{11}-O-SO_2-Ph \xrightarrow[\text{煮沸}]{EtOH} C_6H_{11}^{\oplus} \xrightarrow{-H^{\oplus}} \text{环己烯} \qquad (D.3.13)$$

式(D.3.13) 反应的副产物会是什么呢?

D.3.1.1.2　双分子消除

E2 机理和 S_N2 机理的区别要远大于 E1 机理和 S_N1 机理的区别。在 E2 反应中，试剂 B 进攻反应物 β-碳上的一个氢原子，也就是说进攻分子的外围；而在 S_N2 反应中它进攻的是 α-碳。因此，双分子反应历程中取代和消除的比例很容易受到影响。针对这一点，人们充分利用电子、空间和溶剂效应对反应历程施加影响。因为 E2 历程不会出现重排副反应，所以在制备上很受欢迎。尤其是仲烷基化合物的消除反应，其反应历程在通常情况下介于 E1 和 E2 之间，利用不同因素的影响可以将反应推向有利于制备的 E2 机理。甚至对叔烷基化合物也可以达到这一点，不然的话叔烷基化合物会优先形成碳正离子而经历 E1 消除。

(1) 电子效应的影响　当 α-碳原子是一个弱的亲电中心时，碱试剂优先进攻反应物 β-碳原子上的氢，也就是说通过离去基团 X 不致形成太强的正极性。同时离去基团 X 的离去倾向弱有利于消除反应中三步反应的协同进行。取代基为—NR_3^+，—PR_3^+ 和—SR_2^+ 的反应物尤其倾向于双分子消除（氢氧化铵，氢氧化鏻和氢氧化锍的霍夫曼消除）。

在 E2 反应中试剂 B 是质子的反应对象，所以 B 的反应性由其碱性大小决定（参见 C.4）。正是这个原因，人们发现 OH^- 和醇氧负离子的反应性按照 $HO^- < MeO^- < EtO^- < i\text{-}PrO^- < t\text{-}BuO^-$ 的顺序逐渐增大。除了氢氧化物和醇氧负离子外，其它合适的碱如 R_3N，NH_2^- 以及 $RCOO^-$ 也常常被用作试剂。然而重要的是，试剂的碱性不要被质子性溶剂削弱。

通过使用尽可能强和高浓度的碱（B 的浓度体现在 E2 反应速率的表达式中，因此与 E2 反应速率有关!）常常可以控制消除反应使其向 E2 或者 E1cB 历程移动。同样，使用强碱，其它上面没列出的离核基团也可以双分子消除。例如，卤代烃脱卤化氢反应中的Cl—，Br—，I—和从硫酸酯或者磺酸酯制备烯烃时的—OSO_2R或—OSO_2OR。（自己列出几个反应式！）

（2）空间效应的影响　支链化程度较高的烷基对反应物α-碳原子的屏蔽作用使亲核取代变得困难，从而有利于消除反应，因为消除反应中B进攻的是分子的外围。

碱的体积大小对反应取向也有影响，大体积的碱不易接近α-碳，只能夺取β-碳上的氢，因此有利于消除而不利于取代。

所以大体积强碱作用于叔卤烷时，分解下来的将只是卤化氢，不会发生α-碳上的取代。这类反应物只有在溶剂解下才发生取代反应。

被作为大空间位阻考虑的碱，如碱性叔丁酸盐和二环己基乙基胺以及像1,5-二氮杂双环[4.3.0]壬烷基-5-烯（DBN）和1,8-二氮杂双环［5.4.0］十一烷基-7-烯（DBU）等脒化合物。

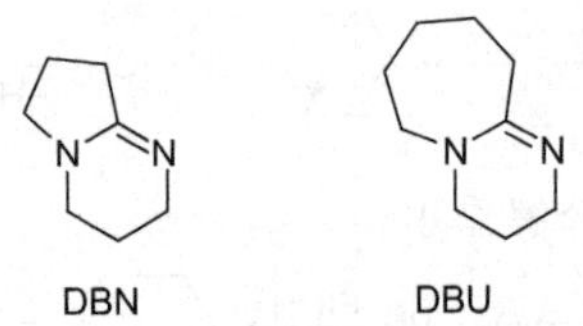

DBN　　DBU　　(D. 3. 14)

比如说溴代辛烷在二环己基乙基胺作用下发生消除，得到99%的1-辛烯，取代反应（季铵化反应）实际上没发生。上面提到的脒化合物[1]还可以使消除反应在较低的温度下进行，例如敏感反应物的脱卤化氢。

（3）反应介质的影响　非质子性溶剂，如二甲基甲酰胺和二甲基亚砜，只能使阴离子稍微稳定，因此不能支持X从RX上的解离。这类溶剂也不会因产生氢桥而削弱试剂B的碱性，所以它们是双分子消除的理想反应介质。

为了使消除反应向对制备有利的E2历程移动，人们常选取离去倾向较低的离去基团X，应用高浓度大体积的强碱并选择极性非质子溶剂作为反应介质。

D.3.1.2　分子数和空间效应对消除取向的影响

对二级和三级反应物来说，消除可以有两种取向，所生成烯烃的双键处于不同的位置：

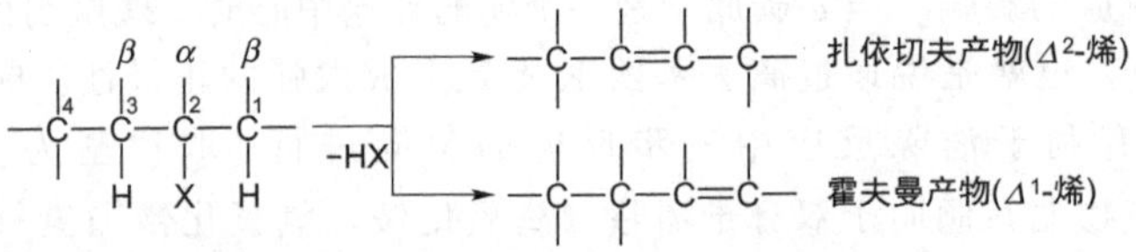

$$-\overset{|}{\underset{|}{C}}{}^{4}-\overset{\beta}{\underset{H}{C}}{}^{3}-\overset{\alpha}{\underset{X}{C}}{}^{2}-\overset{\beta}{\underset{H}{C}}{}^{1}- \xrightarrow{-HX} \begin{cases} -C-C=C-C- & \text{扎依切夫产物}(\Delta^{2}\text{-烯}) \\ -C-C-C=C- & \text{霍夫曼产物}(\Delta^{1}\text{-烯}) \end{cases} \qquad (D.\ 3.\ 15)$$

生成双键上较多烷基取代的烯烃时叫扎依切夫消除或者扎依切夫规则，这时被消除的是较多烷基取代的β-碳原子上的质子。如果提供质子的是烷基取代较少的β-碳原子，所发生的消除则叫做霍夫曼消除或者霍夫曼规则。霍夫曼消除所生成的烯烃双键上的取代基最少。一般来说，扎依切夫产物在热力学上要比霍夫曼产物稳定。

单分子消除反应大多生成扎依切夫产物，如苯磺酸酯水解，仲卤烷、叔卤烷的溶剂

---

[1] 这类脒很容易制得，见D.7.1.5。关于消除反应的应用见Oediger H.，Möller F.，Eiter K. Synthesis，1972：591.

化脱卤化氢以及二级和三级醇的脱水反应：

$$H_3C-CH_2-\underset{OH}{\overset{CH_3}{C}}-CH_3 \xrightarrow[-H_2O]{15\%\ H_2SO_4} \begin{cases} H_3C-CH=\overset{CH_3}{C}-CH_3 & 87.5\%\ 扎依切夫产物 \\ H_3C-CH_2-\overset{CH_3}{C}=CH_2 & 12.5\%\ 霍夫曼产物 \end{cases} \quad (D.3.16)$$

值得注意的是，还有一个统计学因子影响。式(D.3.16）所给出的结果：生成霍夫曼（Δ^1-）烯时有6个氢原子可以发生消除，而扎依切夫消除却只有2个。单纯从统计学的角度讲，生成霍夫曼产物的可能性是生成Δ^2-烯的3倍。在判断其它反应的消除取向时要注意到这一统计学上的影响！

双分子消除反应常常不是优先生成热力学上稳定的烯烃，而是：

① 离核基团的离去倾向减小有利于生成霍夫曼产物

$$N_2^{\oplus} > I^{\ominus} > Br^{\ominus} > Cl^{\ominus} > OTs^{\ominus} > R_2S^{\oplus} > F^{\ominus} > R_3N^{\oplus} \quad (D.3.17)$$

表D.3.18证实了这一一般规律。从表中可以看出，容易离去的消除基团倾向于遵循扎依切夫规则。如果底物分子中有带正电荷的基团，如三烷基铵，正常情况下主要生成霍夫曼产物。三烷基铵碱的热分解在狭义上被称为霍夫曼消除反应。

表D.3.18 消除取向与被消除基团的离去倾向之间的依赖关系

$$H_3C-CH_2-CH_2-\underset{X}{CH}-CH_3 \xrightarrow[C_2H_5OH]{KOC_2H_5} \begin{cases} H_3C-CH_2-CH=CH-CH_3 & 扎依切夫 \\ H_3C-CH_2-CH_2-CH=CH_2 & 霍夫曼 \end{cases}$$

X	F	Cl	Br	I
扎依切夫产物/%	17	64	75	80
霍夫曼产物/%	83	36	25	20

② 碱试剂的体积增大碱性增强，底物的空间阻碍增大均有利于生成霍夫曼产物。

表D.3.19列出了几个碱试剂影响反应取向的例子。不难看出，采用空间阻碍小的醇化钾时还是主要生成扎依切夫产物，随着醇化钾空间阻碍的增大，霍夫曼消除逐渐占主导地位。可以这么说，空间影响使夺取质子的碱越难到达扎依切夫规则所要消除的

表D.3.19 2-甲基-2-溴丁烷脱溴化氢的反应中霍夫曼规则对碱试剂（醇化钾）分子体积大小的依赖性

$$H_3C-CH_2-\underset{Br}{\overset{CH_3}{C}}-CH_3 \xrightarrow[-ROH,\ -KBr]{+ROK} \begin{cases} H_3C-CH=\overset{CH_3}{C}-CH_3 & \Delta^2\text{-烯(扎依切夫)} \\ H_3C-CH_2-\overset{CH_3}{C}=CH_2 & \Delta^1\text{-烯(霍夫曼)} \end{cases}$$

碱试剂	H_3CCH_2OK	$(CH_3)_3C-OK$	$(CH_3)_2(C_2H_5)C-OK$	$(C_2H_5)_3C-OK$
Δ^1-烯/%	38	73	78	89
Δ^2-烯/%	62	27	22	11

“里边”的氢原子，反应就越有利于霍夫曼规则。这一空间影响可以是来自试剂的，也可以是来自底物的。人们发现，2,4,4-三甲基-2-戊醇脱水时主要生成霍夫曼产物（途径 A)：

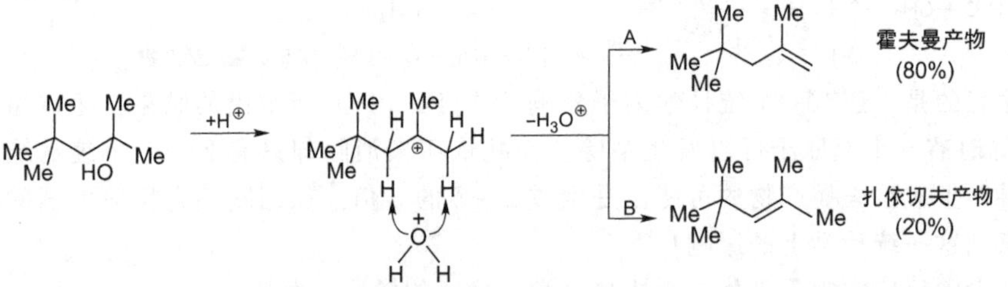

霍夫曼产物 (80%)

(D. 3. 20)

扎依切夫产物 (20%)

原因是，由于几个甲基的屏障作用，消除质子所需要的碱（这里是水）很难到达 3 位碳上的氢原子（途径 B)。这里出现了相对罕见的情况之一，即 E1 消除主要生成了霍夫曼产物，否则夺质子的碱会没有阻碍地到达“里边”的氢原子。

D. 3. 1. 3　立体电子效应和消除取向，消除反应的立体化学

消除反应过程中在 α-和 β-C 原子上形成的两个 p 轨道最好处于彼此平行的位置，这样它们的重叠才可以直接形成 π 键。因此对消除反应的影响，除了要考虑前述的一般空间效应外，还必须考虑立体电子效应。

这种情况遵守英戈尔德 (Ingold) 规则，即两个将要离去的基团彼此处于交叉反式构象时［见式(C. 81)，Ⅰ］，双分子消除过程可顺利进行。于是反应涉及到的 4 个中心 X,C,C,Y［见式(D. 3. 1)］就处于同一平面，因此也称为反式消除。当然 4 个中心共平面也可以取重叠顺式［见式(C. 81)，Ⅳ］构象，在特殊情况下顺式构象也有可能发生 E2 消除（顺式消除）。因为重叠构象在能量上不是最佳（见 C. 7. 1)，一般来说 E2 反应都是立体特异的反式消除（表 D. 3. 21)。

表 D. 3. 21　双分子消除 HX 的立体过程

优先	可能	很难
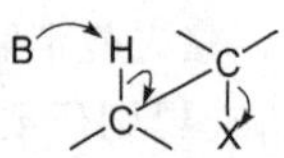 B, H, C, C, X	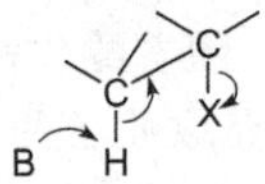 C, C, X, B, H	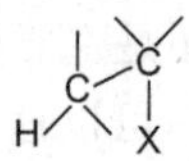 C, C, H, X

对脂肪族化合物来说，只有当生成的烯烃有可能是 Z，E-异构体❶时，双分子消除的立体电子过程才有意义。这一点可以从赤式 1-氘-1,2-二苯基-2-溴乙烷消除 HBr 或 DBr 的例子上看出。在醇盐的作用下生成了 E-1,2-二苯乙烯，此时分子失去了 91% 的氘。

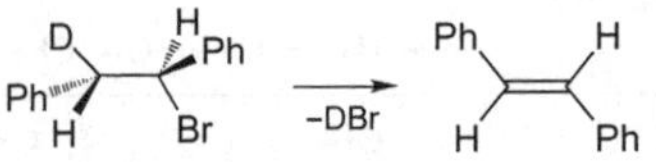

(D. 3. 22)

这一消除是由反式共平面构象实现的，如式(D. 3. 23)，Ⅳ所示。反式共平面构象为能量最优构象，因为两个大体积的苯基不会互相排挤：

❶ 按照 E/Z 体系命名顺/反异构体的方法见 C. 7. 2。

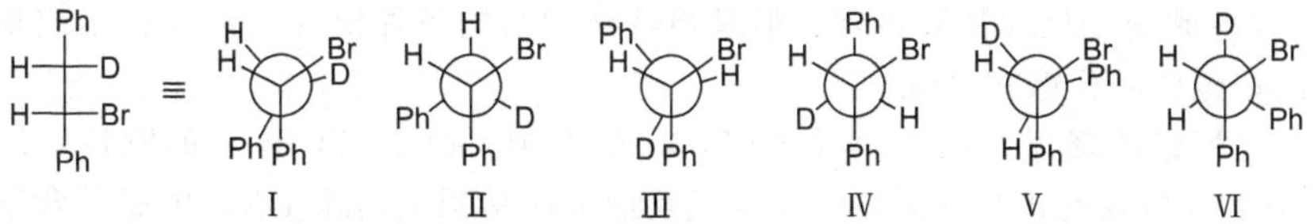

(D. 3. 23)

构象Ⅱ和Ⅴ既不可能是顺式也不可能是反式共平面消除。从Ⅰ和Ⅲ有可能进行顺式消除，从Ⅳ和Ⅵ则有可能进行反式消除。自己讨论一下，在各种情况下 HBr 或 DBr 是否被消除掉，是生成 *E*-烯还是 *Z*-烯。

对脂环族化合物来说构象的影响尤为重要，因为这时取代基的相对位置因成环而被固定了。以环己烷体系为例：在环己烷体系中由于环的张力碳原子的排列不可能呈一平面，而是整个分子呈所谓的椅式或者船式构象（参见 C. 7. 1）。

前面提到的 Ingold 规则在这类脂环体系上的应用使 Barton 得出如下结论：只有当两个离去基团取轴向（反式）位置（全交叉型构象）时，环己烷上的双分子消除才能顺利进行。从双水平（反式）构象双分子消除两个取代基一般是不可能的。分子中两个相邻取代基彼此呈轴向/水平排列（顺式）的化合物很难或者根本不能反应。

当然，按照上面的讨论离去基团的 e,e-构象很容易转换成双分子消除所必需的 a,a-构象［见式(D. 3. 24)］。反过来不难理解，取代基的 e,a -构象或者 a,e -构象永远不可能通过环的旋转转换成 e,e-构象或者 a,a-构象！

这一双分子消除结果的规律性，在实践中的一贯性可以从下面的例子得到很好的解释，对甲苯磺酸酯在醇盐作用下消除对甲苯磺酸：

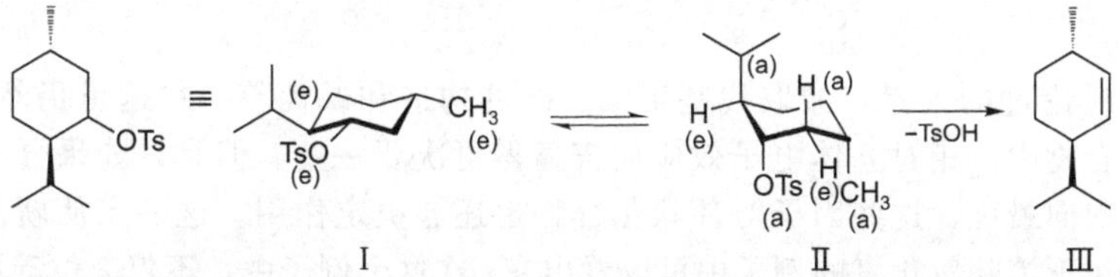

(D. 3. 24)

在对甲苯磺酸酯Ⅰ中甲苯磺酰基处于水平构象，所以它要先经过环的旋转（Ⅰ→Ⅱ）才能被双分子消除掉。在这种构象中只有一个轴向的氢原子可供消除，并且生成的产物只有 *p*-薄荷-2-烯（Ⅲ）[1]。类似情况也存在于脂环族化合物的其它双分子消除中，如用碘化钾在丙酮中将 1,2-二溴化物转变成烯的反应，两个溴原子处于双轴向（反式）位置也同样是先决条件：

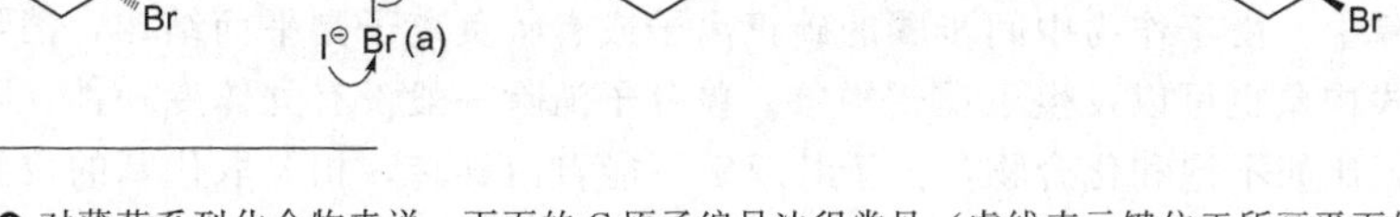

(D. 3. 25)

---

[1] 对薄荷系列化合物来说，下面的 C 原子编号法很常见（虚线表示键位于所画平面的后面）。

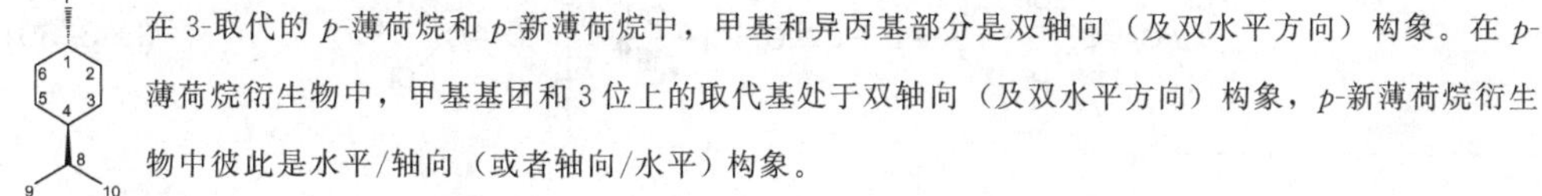

在 3-取代的 *p*-薄荷烷和 *p*-新薄荷烷中，甲基和异丙基部分是双轴向（及双水平方向）构象。在 *p*-薄荷烷衍生物中，甲基基团和 3 位上的取代基处于双轴向（及双水平方向）构象，*p*-新薄荷烷衍生物中彼此是水平/轴向（或者轴向/水平）构象。

虽然 E2 反应倾向于反式消除机理，但是当特殊的结构条件使反式消除很难或根本不可能发生时，也会发生顺式消除。

例如，在氘标记的降冰片衍生物［式(D. 3. 26)］中，由于双环体系的刚性，X 部分和 β-H 原子不可能取反式共平面位置。这里反应大多是顺式消除 DX，生成不含氘的降冰片烯。

反式 −HX（不发生）；顺式 −DX　　X = Br, OTs, $\overset{\oplus}{N}Me_3$　　(D. 3. 26)

还有其它环状体系与环己烷相反，在这些体系中不可能通过环的扭转来使消除基团达到反式构象。在这种情况下优先取顺式消除，正如在表 D. 3. 27 中以脂环族不同环大小为例所显示的那样。

表 D. 3. 27　氢氧化氘代环烷基三甲基铵的 E2 反应中的顺式消除比例

环大小	顺式消除/%	环大小	顺式消除/%
环丁基	90	环戊基	4
环己基	46	环庚基	37

四烷基铵一般有利于生成顺式产物。这可能是因为碱与底物形成一个环状复合物，这个环状复合物将离去基团的顺式构象固定住了：

$-H_2O,\ -NR_3$　　(D. 3. 28)

其它之前已讨论过的因素，如取代基影响、碱的构造和碱性等，在这里仍然有效。只不过在环状化合物中，相对立体电子效应而言显得更次要一些。但是，如果分子构象不使某一种消除取向最优，这些因子对环状化合物也还起决定作用。这一点从新薄荷基氯在甲醇钠的作用下消除氯化氢的例子中可以看出来。在这个例子中，不仅 2 位碳原子而且 4 位碳原子也提供与氯原子反向（轴向）可供消除的氢原子。所以生成了相当于热力学比例的混合物，75% 的 p-薄荷-3-烯和 25%的 p-薄荷-2-烯（扎依切夫产物的最优结构）：

E2, −HCl　　75%　　25%　　(D. 3. 29)

在单分子消除中，由于作为中间步骤的碳正离子或者碳负离子是平面结构，消除不仅可以发生于顺式构象也可以发生于反式构象。单分子消除一般没有立体专一性，除非是在特殊情况下，比如不饱和化合物，由于其双键不能自由旋转，相关取代基的位置都被固定了：

$OH^{\ominus}$ 快 → H—C≡C—Cl ← $OH^{\ominus}$ 慢❶　　(D. 3. 30)

❶ 或许只是经中间体的重排后从 E-化合物到 Z-化合物。

D.3.1.4 醇失水（脱水）及醚失醇

在强酸存在下醇在液相中常常很容易失去水。失水的容易程度从一级醇到三级醇逐级增大，因为经历的基本上都是 E1 历程，得到的是扎依切夫产物（列出式子!）。

为了使取代（醇的酯化，成醚）与消除的比例最大限度地向消除方向移动，对一级醇需采用高温（见 D.3.1.1）(180～200 ℃) 以及达足够反应速率所需的高浓度强酸（硫酸，磷酸）。这样强烈的反应条件使副产物的生成量也很大（见下文），所以一级醇的酸催化脱水常不如氧化铝催化脱水常见。

相比之下，二级醇在磷酸存在下在大约 140 ℃ 就可以很顺利地发生反应。而对三级醇，草酸或者磷酸在大约 100 ℃ 就可以引起所希望的脱水反应。催化量的对甲苯磺酸也适于反应。

非常容易反应的还有 β-羟基羰基化合物（丁间醇醛加合物，比较表 D.7.123），因为从这类化合物上脱去水分子会生成能量低的 α,β-不饱和羰基化合物。前面提到的对三级醇适宜的反应条件在这里也可以应用。特别有利的是，这类情况下的脱水在 1% 的碘存在下就可以达到，在这里也许是所生成的碘化氢实际上起到了催化的作用。

由于反应的 E1 特性，中间体碳正离子如果有可能转变成能量较低的形式，当然会发生重排［见式(D.2.44) 和式(D.4.17)］，那么产物就是双键异构体烯烃❶的混合物。所以在这种情况下不可能通过酸催化醇脱水获得唯一的烯烃。

$$H_3C-CH_2-CH_2-CH_2-OH \xrightarrow[-H_2O]{+H^{\oplus}} H_3C-CH_2-CH_2-\overset{\oplus}{C}H_2 \xrightarrow{-H^{\oplus}} H_3C-CH_2-CH=CH_2$$

低能量离子的形成 ↓

$$H_3C-CH_2-\overset{\oplus}{C}H-CH_3 \xrightarrow{-H^{\oplus}} H_3C-CH=CH-CH_3 \qquad (D.3.31)$$

但是：

$$H_3C-CH_2-CH(OH)-CH_3 \xrightarrow[-H_2O]{+H^{\oplus}} H_3C-CH_2-\overset{\oplus}{C}H-CH_3 \begin{cases} \not\rightarrow H_3C-CH_2-CH_2-\overset{\oplus}{C}H_2 \text{（能量高）} \\ \xrightarrow{-H^{\oplus}} H_3C-CH=CH-CH_3 \end{cases} \qquad (D.3.32)$$

而在另外一些情况下（见 D.9.1.2，瓦格纳-梅耳外因重排）脱水反应中优先生成碳骨架重排了的产物。正是由于这个原因，3,3-二甲基-2-丁醇脱水时生成 2,3-二甲基-2-丁烯，而不是 3,3-二甲基-1-丁烯：

$$H_3C-C(CH_3)_2-CH(OH)-CH_3 \xrightarrow[-H_2O]{H^{\oplus}} (H_3C)_2C=C(CH_3)_2 \qquad (D.3.33)$$

烯烃的聚合是酸存在下醇脱水反应中另一种很容易发生的副反应（参见 D.4.1.9）。

为了使脱水反应平衡向希望的方向移动，在可能的情况下人们往往将生成的烯烃从体系中随时蒸馏出来（同时也防止了如异构化、聚合之类的后续反应发生）或者在生成高沸点烯时与甲苯或其它试剂共沸将水蒸出。

醇脱水反应在 300～400 ℃ 高温下于气相中在氧化铝、磷酸铝、氧化钍和氧化钛等

---

❶ 众所周知，在酸作用下烯烃可以异构化。因此可以对生成的烯烃事后进行异构化，如同式(D.4.17)预期的那样。

的表面同样可以顺利进行。这种条件下生成的副产物很少，即使是一级醇也一样。使用氧化铝时，如果用哌啶或其它碱使催化剂的酸性中心部分中毒，几乎可以完全避免重排反应。

【例】 酸存在下，二级醇、三级醇和丁间醇醛加合物脱水的一般实验方法（表D. 3. 34）

取相当于二级醇质量的50%浓度为85%的磷酸与二级醇混合；三级醇与相当于醇的20%的无水草酸或者醇的5%浓度为85%的磷酸混合；β-羟基酮或者β-羟基醛则与1%的碘混合。

将这些混合体系于蒸馏设备中金属浴或油浴加热至120～160 ℃，这样就可以将生成的烯烃随时蒸馏出来。这里要留意，确保被蒸馏出来的只是烯烃。对于低沸点的烯烃，必须用一根20 cm长的Vigreux柱，而且接收器还要用冰水冷却。

用分液漏斗将蒸馏物与水相分开，用硫酸钠干燥后再蒸馏。对于敏感化合物（二烯，α,β-不饱和羰基化合物），人们往往加入适宜的阻聚剂（如氢醌）并且在尽可能低的温度下蒸馏。

上述方法适合半微量制备。

表 D. 3. 34 醇的酸催化脱水

产物	起始反应物	沸点/℃	n_D^{20}	收率/%
2-戊烯①	2-戊醇	37	1.3830	70
2-甲基-2-丁烯②	2-甲基-2-丁醇	38	1.3859	80
1,1-二苯乙烯	1,1-二苯基乙醇	$134_{1.3(10)}$	1.6085	70
2,3-二甲基-2-丁烯	2,3-二甲基-2-丁醇	73③	1.4115	80
环己烯	环己醇	83	1.4464	80
环戊烯	环戊醇	45	1.4223	80
3-甲基-3-丁烯-2-酮④	4-羟基-3-甲基-2-丁酮	$36_{13.3(100)}$	1.4432	85
4-甲基-3-戊烯-2-酮(莱基化氧)	4-羟基-4-甲基-2-戊酮(乙酰丙酮醇)	131	1.4425	90
3-甲基-3-戊烯-2-酮④	4-羟基-3-甲基-2-戊酮	$63_{6.65(50)}$	1.4489	80⑥
2-丁烯醛⑤(巴豆醛)	3-羟基丁醛(丁间醇醛)	102	1.4366	80

① 通过测定并分析红外光谱的相应谱段确定是否在2-戊烯附近出现1-戊烯，2-戊烯是否存在反式或顺式。1-戊烯：912，994，1642，3083(cm^{-1})；顺-2-戊烯：964，1670，3027(cm^{-1})；反-2-戊烯：933，964，1406，1658，3018(cm^{-1})。

② 用气相色谱法分析异构体混合物（2-甲基-1-丁烯，2-甲基-2-丁烯和3-甲基-1-丁烯）并估算生成各个异构体的比例！下列条件适于分离：柱长为1m；担体为硅藻土；固定相为石蜡油；温度为20 ℃；载气为氢气5 L/h。相对滞留时间：（相对乙醚）2-甲基-1-丁烯1.0；2-甲基-2-丁烯1.45；3-甲基-1-丁烯0.55。

③ 作为初馏物得到少量2,3-二甲基-1-丁烯，b. p. 55 ℃。

④ 真空复蒸馏时用各为0.5%的乙酸和氢醌稳定。

⑤ 复蒸馏时用各为0.5%的乙酸和氢醌稳定。

⑥ 含10%的Δ^1-异构体。

由（α-羟乙基)苯脱水制备苯乙烯：Over-Berger, C. G.; Saunders, J. H., Org. Synth., Coll. Vol. Ⅲ, 1955: 204.

由丙酮合氰化氢制备甲基丙烯酰胺：Wiley R. H.; Waddey, W. E., Org. Synth.,

Coll. Vol. Ⅲ，1955：560.

与从醇上脱掉水分子类似，原则上从醚上也可以消除醇。与脱水相比，这一方法在多数情况下没有什么优势。但是，从缩醛可以制备烯醇醚：

$$R—CH_2—CH(OR')_2 \xrightarrow[-R'OH]{H^{\oplus}} R—CH=CH—OR' \qquad (D.3.35)$$

大约0.5%的磷酸就能催化这一反应，因为作为中间产物生成了一个能量低的碳正离子（为什么?）。人们把脱掉的醇从反应混合物中蒸馏出来。可是，当被消除掉的醇和生成的烯醇具有相近的沸点时（为同系列的低级成员）就遇到困难了。在这种情况下，必须用高效柱子来处理。

这里需要注明一下，缩醛也可以于气相中在氧化铝表面裂解成醇和烯醇醚。

【例】 从缩醛的醇消除来制备烯醇醚的一般实验方法（表 D.3.36）

在一个装有 Hahn 分馏头（见图 A.77）和冷凝管（冷凝管要向下倾斜）的圆底烧瓶中将缩醛、相当于缩醛质量0.5%的浓度为85%的磷酸及1.2%的嘧啶混合，加热至沸腾。用形成缩醛的醇作为冷却剂。反应中慢慢生成的醇蒸馏出来被收集到一个量筒中，这样可以很容易地了解反应的进行程度。

醇分裂完成后，蒸馏烧瓶内容物。

表 D.3.36 从缩醛制备的烯醇醚

产物	起始反应物	熔点/℃	n_D^{20}	收率/%
2-乙氧基-1-己烯	丁甲酮二乙缩醛	135	1.4180	90
α-乙氧基苯乙烯	乙酰苯酮二乙缩醛	$89_{1.5(11)}$	1.5292	95
β-甲氧基苯乙烯	苯基甲醛二甲缩醛	$99_{1.7(13)}$	1.5620	90
1-乙氧基环己烯	环己酮二乙缩醛	160	1.4580	95

同样，2-乙氧基-1,3-丁二烯 可以从甲乙烯酮（1,3,3-三乙氧基丁烷）制得（写出反应式!）：Dykstra, H. B., J. Am. Chem. Soc. 1935, 57：2255.

其它例子：Nazarov, I. N.; Markin, S. M.; Kruptsov, B. K., Zh. Obshch. Khim. 1959, 29：3692.

烯烃和乙烯衍生物是塑料和人造纤维的重要中间产品和单体。羟基化合物的脱水反应对烯烃和乙烯衍生物的生产有工业意义（表 D.3.37）。然而工业上重要的烯烃主要是通过脱氢和裂解从石油烃制备的（见 D.6.6）。

表 D.3.37 通过脱水制备的工业上重要的不饱和化合物及其用途

反应物	产物	用途
丁间醇醛 （见 D.7.2.1.3）	巴豆醛	→巴豆酸→共聚物 →山梨糖酸（防腐剂） →3-甲氧基丁醇（液压液体）→3-甲氧基乙酸丁酯（漆的溶剂）
丙酮合氰化氢	甲基丙烯酸甲酯	→聚甲基丙烯酸甲酯（树脂玻璃）
乙酸酐	烯酮	→乙酰化试剂

酸催化脱水反应在分析化学中的一个应用例子是定量分析由一、二、三级醇组成的混合物中三级醇的含量。这里，使用分水器将待测混合物与二甲苯一起在少量氯化锌或

碘存在下回流。在这一实验条件下只有三级醇脱水，从生成的水量可以计算出三级醇的含量。

D. 3. 1. 5　卤代烃脱卤化氢

虽然从醇制备烯烃最简单的方法是直接脱水，但是人们常常绕道选择相应的烷基卤代烃脱卤化氢或者对甲苯磺酸酯脱甲苯磺酰等方法。其主要原因是，失水时因为反应的E1特点会导致烯烃混合物或重排产物的生成。也就是说，通过使用高浓度的强碱几乎总可以控制上述反应按双分子历程进行。

常用的碱有：溶于醇或者非质子性溶剂中的碱金属氢氧化物；溶于相应的醇或二甲亚砜中的碱金属的醇盐；溶于惰性溶剂中的碱金属的铵盐；嘧啶、喹啉、二甲苯胺、二环己基乙胺之类的三元有机碱以及脒 DBN 和 DBU [见式(D. 3. 14)]。

碱和溶剂的类型以及温度要按底物和想要得到的烯烃来选择。例如，一级卤代烃倾向于发生取代反应，在用碱金属氢氧化物-醇或者碱金属醇化物处理时主要生成相应的醚（参见 D. 2. 6. 2）。因此，在这种情况下为了得到烯烃要选择像二环己基乙胺那样大体积的或者像叔丁醇钾那样具有高 pK_B 值的碱，并且提高反应温度、利用合适的溶剂。二级和三级卤代烃要求的反应条件不是很高。

用 NaOH 也可以在两相体系中利用相转移催化剂实现脱卤化氢（参见 D. 2. 4. 2 和 D. 3. 1. 6 前的制备）。

离去 H 原子邻位有接受电子的基团会使消除加速，因为它提高了 C—H 键的酸性从而使质子容易离去。与之竞争的亲核取代变得次要了。β-氯丙酸与稀释的苛性钠就能反应生成丙烯酸，由 β-氯乙基甲基酮和 N,N-二乙基苯胺可以得到甲基乙烯基酮（还可参见 D. 3. 1. 6）。写出这些转化的反应式！

在通常情况下，不适合离去的基团。如果处在一个电子受体的 β-位置时也可以发生消除反应。作为这类情况的一个实例，请写出 1-苯基-3-哌啶基-1-丙酮在碱催化下分解成苯基乙烯酮和哌啶的反应式！邻位上有 C—H 键的酰氯在 0 ℃以下就能与三乙胺反应，生成烯酮：

$$\underset{H}{\overset{R}{>}}CH-C\overset{O}{\underset{Cl}{<}} \xrightarrow[-HCl]{Et_3N} \underset{H}{\overset{R}{>}}C=C=O \qquad (D. 3. 38)$$

在反应条件下多数烯酮是不稳定的，因为体系中的胺催化使它们发生二聚化反应。不过，还是可以在副反应中捕获它们的 [参见式(D. 7. 314)]。利用三乙胺可以从二苯基乙酰氯获得稳定的二苯基烯酮（写出反应式！）。

类似的情况还有脂肪族的氯磺酸生成不易捕获自由形式的磺酰烯（$R_2C=SO_2$）。

脱卤化氢的反应在工业上主要用来制备卤代烯烃：

1,2-二氯乙烷→氯乙烯（→聚氯乙烯）

1,1,2,2-四氯乙烷→三氯乙烯（溶剂）→氯乙酸

2,4-二氯-2-甲基丁烷→异戊二烯（橡胶基质）(→聚合物)

氯化环戊烷→六氯环戊二烯（→杀虫剂）

六氯环己烷→1,2,4-三氯苯（→2,4-二氯苯酚→2,4-二氯苯氧基乙酸，参见 D. 2. 6. 2)

原则上与生成烯烃一样，1,1-或者1,2-二卤代烃脱卤化氢可以生成炔烃：

$$\left.\begin{array}{c} -\underset{X}{\overset{H}{C}}-\underset{X}{\overset{H}{C}}- \\ -\underset{H}{\overset{H}{C}}-\underset{X}{\overset{X}{C}}- \end{array}\right] \xrightarrow[-2\,HB,\,-2X^{\ominus}]{+2\,B^{\ominus}} -C\equiv C- \quad (D.3.39)$$

一般而言，脱去两个卤化氢分子需要剧烈的反应条件；最常用的悬浮液有：非极性溶剂中或者液氨中的碱金属铵溶液以及苛性钾或碱金属醇盐的醇溶液。

由于在强碱和高温的影响下，C≡C键容易发生分子内位移或者重组成 >C=C=C< 而发生异构化，因此，制备末端炔烃最好在液氨中用氨基钠（要求反应温度低于−30 ℃）或者在像轻石油这样的非极性溶剂中。在这类介质中末端炔烃的钠盐是不可溶的，因此可以避免继续反应❶。制备上比较简单的是利用苛性钾/"三甘醇"❷，当然这一试剂不能用于那些带有对碱敏感基团的化合物。此外，在这一条件下键异构化的可能性很小，因为生成的炔烃马上从反应混合物中蒸出来。

【例】 二环己基乙胺❸催化卤代烃脱卤化氢的一般实验方法（表D.3.40）

取一只250 mL的三颈瓶，安上蒸馏头和冷凝管，冷凝管要向下倾斜（方法A）；或者装入温度计、搅拌器，安上带氯化钙管的回流冷凝器（方法B）。向烧瓶中加入0.1 mol的卤代烃和0.15 mol的二环己基乙胺，快速搅拌加热至180 ℃，对于低沸点的卤代烃加热至高出卤代烃沸点20 ℃。由于较高沸点的缘故，溴代烃较氯代烃更适宜（为什么高沸点更好?）。

沸点在130 ℃以下的烯烃可以直接从反应体系中蒸馏出来（方法A）。最后，当只剩下少量烯烃时，将体系的温度提高到230 ℃。反应结束后（持续大约15～20 h），将产物烯烃经过氯化钙干燥并精馏。

对于沸点在130 ℃以上的烯烃（方法B），在回流条件下搅拌加热20 h后，放凉，用分离出的二环己基乙基铵盐提取过滤。滤渣用石油醚洗。从总的滤出液中首先将石油醚蒸出，剩余物通过一根20 cm长的Vigreux柱真空分馏。

二环己基乙胺在两种情况下都可以回收利用：方法B中，精馏烯烃的蒸馏剩余物主要成分是胺，向这一蒸馏剩余物中加稀盐酸至酸性，为了去除没转化的溴和剩余的烯烃，用醚萃取含水溶液，与提取的溴化二环己基乙基铵盐合在一起，加入过量的50%的苛性钾将胺释放出来。其它处理方法见D.2.6.4。

对于方法A，可以用类似的方法处理烧瓶里的剩余液体：用盐酸溶解（检查酸性!），用醚萃取，用苛性钾使其碱性化，将胺分离，等。

---

❶ 反过来，对于非末端炔烃，氨基钠会使其异构化成末端炔烃。

❷ HO—CH_2CH_2—O—CH_2CH_2—O—CH_2CH_2—OH，α-氢-ω-羟基三（氧乙烯）；但俗名更常见。因此，尽管在命名规则中没有规定，本书中用俗名。

❸ 也可以用二环己基甲胺、DBN或者DBU［参见式(D.3.14)］。

表 D.3.40 溴代烃在二环己基乙胺作用下脱卤化氢

产物	反应起始物及(沸点)/℃	方法	沸点/℃	n_D^{20}	收率/%
1-己烯	己基溴(156)	A	63	1.3877	80
1-庚烯	庚基溴(178)	A	93	1.3998	90
1-辛烯	辛基溴(200)	A	122	1.4091	95
1-癸烯	癸基溴	B	$52_{1.5(11)}$	1.4215	80
1-十二烯	癸基溴	B	$96_{2.0(15)}$	1.4308	90

【例】 利用苛性钾/三甘醇脱卤化氢(去甲苯磺酰)的一般实验方法(表 D.3.41)

取一只双颈瓶❶,安上搅拌器、蒸馏头和冷凝管,冷凝管要向下倾斜。每 0.1 mol 要脱掉的卤化氢,需要 0.25 mol 的苛性钾溶于 60 mL 三甘醇,在金属浴中缓慢加热到 100 ℃(棕色)。将溶液稍稍冷却,向其中加入相应的卤代烷或者烷基甲苯磺酸酯,然后将浴温缓慢加热到 200 ℃,这样消除产物可以馏出。烧瓶内不使用温度计,因为热的苛性钾溶液会严重侵蚀温度计的玻璃!反应会突然间发生并产生泡沫,所以加热时必须小心。反应大多在约 30 min 后结束。

将反应产物与水(来自溶剂和副反应)分离,水相用醚萃取;把各有机相合并在一起再用硫酸钠干燥。馏出醚后再将消除产物精馏。

这些制备方法在半微量标准下也是可行的。不过半微量制备时,不使用搅拌器,而是在一个简单的蒸馏设备中完成。

表 D.3.41 利用苛性钾/三甘醇脱卤化氢(去甲苯磺酰)

产物	起始反应物	沸点/℃	n_D^{20}	收率/%
1-己炔	1,2-二溴己烷	71	1.3960	60
1-辛炔	1,2-二溴辛烷	127	1.4134	60
1-癸炔	1,2-二溴癸烷	$69_{1.3(10)}$	1.4242	80
1-十二炔	1,2-二溴十二烷	$95_{2.0(15)}$	1.4351	80
苯基乙酰烯	1,2-二溴乙基苯	143	1.5460	90
环己烯①	溴代环己烷	83	1.4438	90
1,3-环己二烯②	1,2-二溴环己烷②	80	1.4730	65
(+)*p*-薄荷-2-烯③	(−)甲苯磺酸 *p*-薄荷-3-酯	$56_{2.0(15)}$	1.4506	85

① 不要用醚萃取!分离有机相,干燥,蒸馏。

② 首先仅将起始反应物的 1/4 加入到反应混合物中,然后加热至反应开始再将其余的二溴化物滴加进去。产物中含 15%~20%的 1,4-环己二烯。

③ 通过钠重蒸馏。可以用旋光法获得 *p*-薄荷-2-烯的含量(参见 A.3.4):*p*-薄荷-2-烯 $[\alpha]_D^{20}=+132°$,*p*-薄荷-3-烯 $[\alpha]_D^{20}=+110°$(从纯物质测得的数据)。

【例】 双烯酮的制备

注意!双烯酮有毒并且刺激呼吸器官以及皮肤!在通风橱中操作!

戴防护手套!仪器用稀释的碱清洗!

将 1 mol 乙酰氯溶解于 400 mL 二乙基醚,然后在充分搅拌下将这一溶液滴加 1 mol

❶ 烧瓶的容积应该至少是反应混合物的 2 倍。

三乙胺和400 mL醚的混合物。注意调整滴加的速度，以使反应不至于过分剧烈。如图D. 3. 42所示，在反应烧瓶中插入一根多孔玻璃管，以便随后将醚溶液从生成的三乙胺盐酸盐中吸走。紧接着通过一根20 cm长的Vigreux柱进行低真空蒸馏。沸点 $72_{13.3(100)}$ ℃；产率55%。

对双烯酮的其它制备方法，一般不需要对产物进行蒸馏。因为分离二乙基醚相对比较困难，所以应该在所得的醚溶液中直接进行后续反应。

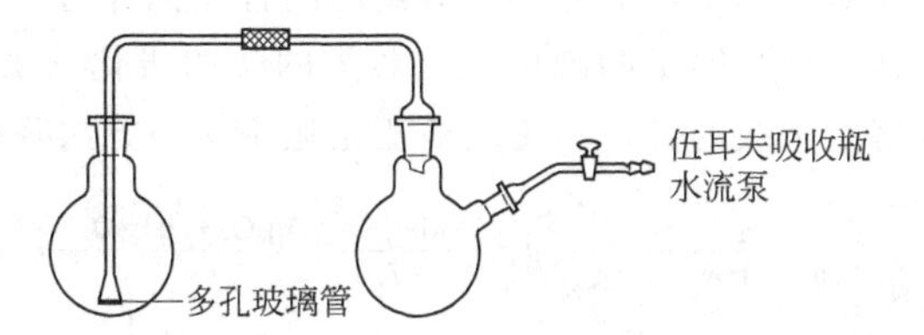

图 D. 3. 42　反相过滤装置

用溴代乙醛二乙缩醛制备烯酮二乙缩醛：McElvain, S. M. ; Kundiger, D. , Org. Synth. ,Coll. Vol. Ⅲ,1955:506.

用β-氯丙醛缩醛制备烯丙醛二乙缩醛：Witzemann, E. J. ; Hass, H. ; Schroeder, E. F. ,Org. Synth. ,Coll. Vol. Ⅱ,1943:17.

用2-(1-氯乙基)噻吩制备2-乙烯基噻吩：Emerson, W. S. ; Patrick, T. M. , Org. Synth. ,Coll. Vol. Ⅳ,1963:980.

用二苯基乙酰氯制备二苯基烯酮：Taylor, E. C. ; McKillop, A. ; Hawks, G. H. , Org. Synth. 1972,52:36.

苛性钾/三甘醇催化脱溴化氢制备炔属化合物的例子：

meso-二溴琥珀酸制备乙炔二碳酸：Abbott, T. W. ; Arnold, R. T. ; Thompson, R. B. , Org. Synth. ,Coll. Vol. Ⅱ,1943:10.

α,β-二溴肉桂酸乙酯制备苯基丙酸：Abbott, T. W. , Org. Synth. , Coll. Vol. Ⅱ, 1943:515.

1,2-二溴均二苯乙烯制备二苯乙炔：Smith, L. J. ; Falkoff, M. M. , Org. Synth. , Coll. Vol. Ⅲ,1955:350.

在相转移催化剂催化下脱溴化氢：2,3-二溴丙醛二乙缩醛制备3,4-二氯丙酰替苯胺二乙缩醛和其它例子：Le Coq, A. ; Gorgues, A. , Org. Synth. 1979,59:10.

D. 3. 1. 6　季铵碱消除三烷基胺（霍夫曼消除）[1]

用过量的烷基化试剂（常用的是碘甲烷和硫酸二甲酯）将胺烷基化可以得到季铵盐。季铵盐与氢氧化银作用或者经过离子交换很容易转化成季铵碱。季铵碱的水溶液在加热或者蒸发条件下发生分解生成烯烃、三级胺和水：

$$H-\overset{|}{\underset{|}{C}}-\overset{|}{\underset{|}{C}}-\overset{\oplus}{N}(CH_3)_3 + \overset{\ominus}{O}H \longrightarrow \;>C=C<\; + N(CH_3)_3 + H_2O \quad (D.3.43)$$

分子中有多个β-氢原子存在的情况下，这一双分子消除反应大多遵循霍夫曼规则，例如：

[1] 不要与酰胺（参见D. 9）的霍夫曼降解相混淆！

$$H_3C-\underset{\oplus N(CH_3)_3}{CH}-CH_2-CH_3 + \overset{\ominus}{O}H \xrightarrow{\triangle} \begin{cases} H_2C{=}CH-CH_2-CH_3 & 95\% \\ H_3C-CH{=}CH-CH_3 & 5\% \end{cases} \tag{D. 3. 44}$$

如果因为没有β-位的氢原子而不可能发生消除反应，就会发生取代反应，例如：

$$CH_3\overset{\oplus}{N}(CH_3)_3 + \overset{\ominus}{O}H \longrightarrow CH_3OH + N(CH_3)_3 \tag{D. 3. 45}$$

过去，霍夫曼消除对于测定从天然物中分离出的含氮化合物（生物碱）的结构特别重要。其工作原理包括：用足够量的碘甲烷将相关的胺四级化（“彻底甲基化反应”），然后测定四级胺热分解所生成的烯烃。霍夫曼正是运用这一方法确定了哌啶的结构：

$$\text{哌啶} \xrightarrow[-2\,AgI]{+2\,MeI,\,Ag_2O} \text{N,N-二甲基哌啶鎓}\ \overset{\ominus}{O}H \xrightarrow[-H_2O]{\triangle} \xrightarrow[-AgI]{+MeI,\,+\frac{1}{2}Ag_2O,\,+\frac{1}{2}H_2O} \overset{\oplus}{N}Me_3\ \overset{\ominus}{O}H \xrightarrow[-H_2O,\,-NMe_3]{\triangle} [\ \ ] \longrightarrow \text{间戊二烯(1,3-戊二烯)} \tag{D. 3. 46}$$

自己阅读一下教材中有关 R. Willstätter 的经典工作（假石榴碱降解生成环辛四烯）的部分。

如今，在实验室里当需要在温和条件下制备某些特定烯烃（例如末端烯）时，间或还会利用霍夫曼消除反应。有些情况并不需要将季铵盐转化成季铵碱。结构为：

$$\left[R-CO-CH_2-CH_2-\overset{\oplus}{N}(R)(R)H\right]X^{\ominus} \tag{D. 3. 47}$$

的 Mannich（曼尼奇）碱对应的盐（参见 D. 7. 2. 1. 5），可以顺利消除生成相应的乙烯基酮，这里须将体系加热到 100～150 ℃。也可以通过水蒸气蒸馏来实现这一分解。容易消除的原因是能够形成一个低能量的共轭电子体系。自己写出下面实例的转化式！

【例】 甲基乙烯基酮的制备

注意！甲基乙烯基酮有剧毒、腐蚀皮肤并且刺激呼吸器官！在通风橱中操作！戴防护手套！仪器用高锰酸溶液清洗！

将 1 mol 4-二甲氨基-2-丁酮盐酸盐或者 4-二乙氨基-2-丁酮盐酸盐[1]溶于刚好够量的水中，并向其中加入 1 g 氢醌和 1 mL 冰醋酸。将上述溶液在 1～2 h 内搅拌下滴加到 250 mL 邻苯二甲酸二乙酯（作为“内部的”热量传导使用）中，邻苯二甲酸二乙酯装在一个 1 L 的带 KPG 搅拌器、滴液漏斗、内置温度计和向下倾斜冷凝蒸馏头的三颈瓶中，然后加热到 160 ℃。生成的甲基乙烯基酮和水一起被蒸馏出来。接收器通过一个真空适配器与冷凝器连接，再置于冰水中冷却，另外为了稳定甲基乙烯基酮再加 0.5 g 氢醌和 0.5 mL 冰醋酸。

反应结束后，用碳酸钾中和馏出液，将甲基乙烯基酮分离出来，用硫酸钠干燥再在高真空下蒸馏[2]。蒸馏瓶和接收器中都要加 0.5 g 氢醌和 0.5 mL 冰醋酸。接收器必须在

[1] Mannich 反应分离出的氯化氢不用净化可以直接使用。如果使用剩余的蒸馏过的 Mannich 碱，要用等物质的量的浓盐酸在冰浴条件下中和。

[2] 必须在最可能低的沸点蒸馏。在大约 2 kPa(15 Torr) 时其沸点就已经低于室温了。

冰-食盐混合物中冷却。b. p. $33_{13.3(100)}$ ℃；产率 80%。

通过霍夫曼消除从己胺制备 1-己烯：Cope, A. C.; Trumbull, E. R., Org. React. 1960, 11:381.

应用离子交换法生产季铵碱，通过霍夫曼消除制备烯烃：Kaiser, C.; Weinstock, J., Org. Synth. 1976, 55:3.

D. 3. 2 热顺式消除

解释这一消除原理的最经典的例子是 Chugaev（楚加耶夫）反应：醇化钾首先与二硫化碳作用生成相应的 *O*-烷基二硫代碳酸钾（黄原酸钾）[见式(D. 3. 48a)]。再将黄原酸钾通过烷基化反应（多数情况下用碘甲烷）处理成二硫代碳酸-*O*,*S*-二烷基酯（黄原酸烷基酯）[见式(D. 3. 48b)]，黄原酸烷基酯在干燥加热条件下发生分解生成烯烃、烷基硫醇和硫氧化碳 [见式(D. 3. 48c)]：

$$\mathrm{H-\overset{|}{\underset{|}{C}}-\overset{|}{\underset{|}{C}}-OK + CS_2 \longrightarrow H-\overset{|}{\underset{|}{C}}-\overset{|}{\underset{|}{C}}-O-C(=S)S^{\ominus}\ K^{\oplus}} \qquad \text{(D. 3. 48a)}$$

$$\mathrm{H-\overset{|}{\underset{|}{C}}-\overset{|}{\underset{|}{C}}-O-C(=S)S^{\ominus} \xrightarrow[-I^{\ominus}]{+RI} H-\overset{|}{\underset{|}{C}}-\overset{|}{\underset{|}{C}}-O-C(=S)SR} \qquad \text{(D. 3. 48b)}$$

$$\mathrm{H-\overset{|}{\underset{|}{C}}-\overset{|}{\underset{|}{C}}-O-C(=S)SR \xrightarrow{200℃} {>}C{=}C{<} + RSH + COS} \qquad \text{(D. 3. 48c)}$$

黄原酸酯热分解是单分子反应。可是与 E1 反应相反，它不是经过自由离子历程，而是经过一个环状过渡态。在这个环状过渡态中，键的断裂和形成大约同时完成。通过过渡态的环状结构，立体过程就按顺式消除被固定了：

$$\text{环状过渡态（C—O—C(=S)SR，S 夺取 β-H）} \longrightarrow {>}C{=}C{<} + \mathrm{HS-C(=O)-SR}\ (\longrightarrow \mathrm{COS + R-SH}) \qquad \text{(D. 3. 49)}$$

在（—）-薄荷醇的 Chugaev 消除反应中生成了 66%的 *p*-薄荷-3-烯（和 34%的 *p*-薄荷-2-烯），其反应机理与黄原酸酯热分解的反应机理相似，是顺式消除，因为在 4 位碳原子上没有与羟基基团处于反位的氢：

$$\text{(D. 3. 50)}\quad \mathrm{-X = -OC(=S)SMe}$$

请将这一结果与一个双分子消除反应的结果，例如甲苯磺酸甲酯（D. 3. 1. 3），做一下比较！其它类型的酯，如氨基甲酸酯、碳酸和羧酸酯、氧化硒、氧化硫以及氧化胺（Cope 消除），也可以类似机理发生热解反应，它们的热解反应性按下列顺序递减：

$$\mathrm{C-N^{\oplus}R_2-O^{\ominus}} > \mathrm{C-O-C(=S)SR} > \mathrm{C-O-C(=O)OR} > \mathrm{C-O-C(=O)Ph} > \mathrm{C-O-C(=O)CH_3} \qquad \text{(D. 3. 51)}$$

这就是为什么各物质热解需要的温度条件不一样，例如，乙酸酯在温度达到 400～500 ℃时才发生热分解，而将二硫代碳酸-*O*,*S*-二烷基酯（黄原酸烷基酯）加热到 120～

200 ℃即发生热分解，氧化胺在 80～160 ℃就可以被转化，氧化硫在大约 80 ℃温度下发生热消除，氧化硒甚至在合成过程中于室温下就开始分解了。

请逐个写出上面所列反应的反应式!

这类热消除反应的消除取向规律大多是不一致的。开链化合物，因为立体（构象）效应和热力学效应比较均衡，统计结果基本上是确定的（参见 D. 3. 1. 2）。例如，乙酸-2-丁酯热解生成 51%的 1-丁烯和 49%的 2-丁烯。

对环状化合物，也可以根据构象决定。如果构象中有两种可能的消除取向，那么生成热力学稳定产物的取向占主导地位。例如，乙酸-1-甲基环己酯热解生成 75%的 1-甲基-1-环己烯和 25%的亚甲基环己烷。

虽然乙酸酯转化成烯烃需要很苛刻的热解条件，但是还是常常被用作裂解原料，因为它是容易生产的酯，而且它的热解反应尽管须高温却很少有副反应，或者说，双键的位置很少发生转移。所以从乙酸烷基酯可以制备相当纯的 Δ^1-烯。甚至是 2,2-二甲基-3-戊醇的乙酸酯在生成 77%正常消除产物（4,4-二甲基-2-戊烯）的同时只产生大约 7%的重排烯烃，而在醇的酸催化脱水反应中却发生大规模的碳骨架异构化［也可参见(D. 3. 33)］。氰基、甲氧基、硝基或者其它酯基一般不干扰热裂反应，所以用 α-或者 β-乙酰氧化合物制备 α,β-不饱和腈、硝基化合物和酯类是可能的。共轭二烯也很容易获得。在实践中二级醇和三级醇的乙酸酯在 400～500 ℃的高温下反应得比较彻底，而在同样温度条件下一级醇的乙酸酯却有相当数量不发生转化。

用乙酸酯热解的方法制备不饱和化合物：Organikum(有机化学实验)，第 20 版，Wiley-VCH，Weinheim，1999：p. 274.

丙烯腈，丙烯酸酯：Burns，H.；Jones，D. T.；Rorchie，P. D.，J. Chem. Soc，1935：400.

1,3-丁二烯-1-腈：Gudgeon，H.；Hill，R.；Isaacs，E.，J. Chem. Soc，1951：1926.

用乙酸（2-氧烷基）酯类化合物制备 α,β-不饱和酮：Colonge，J.；Dubin，J. -C.，Bull. Soc. Chim. France，1960：1180.

3,3-二甲基-2-丁醇 类多支链二级醇的 Chugaev 消除反应实例：Nace，H. R.，Org. React，1962，12：57.

通过 Cope 消除反应制备亚甲基环己烷：Cope，A. C.；Ciganek，E.，Org. Synth，1959，39：40.

还有其它一些反应，其反应机理与前面描述的酯热解反应机理类似，也是经过一个环状过渡态。这些反应中，丙二酸和 β-氧代羧酸脱羧反应的转化式列在下面。同时也是有关热裂解成烯烃的原理，只是在这里是很快转化成能量较低的烯醇。此外，像樟脑酸那样，烯醇双键形成的 Bredt 规则❶不成立而无法形成烯醇时，β-氧代羧酸类化合物就会很稳定：

加热 $-CO_2$ (D. 3. 52)

取代丙二酸　　取代乙酸

❶ Bredt 规则：在桥双环上，当排列导致非常大的张力时将使得桥头上可以形成双键的趋向受到抑制。双环[x,y,z]端烯只有在 $x+y+z\geq 7$ 时稳定。

$$\beta\text{-氧代羧酸} \xrightarrow{-CO_2} \text{烯醇} \longrightarrow \text{酮} \qquad (D.\ 3.\ 53)$$

β-氧代羧酸　　　　酮

$$\text{(D. 3. 54)}$$

因为在脱羧反应中脱掉的二氧化碳的能量很低，所以这类消除反应在较低的温度下（丙二酸 140～160 ℃，β-氧代羧酸低于 100 ℃）就能实现。有关这类反应在制备上的应用，请参考 D. 7. 1. 4. 3。

乙酸酐热裂成乙烯酮的反应机理也类似：

$$H_3C{-}CO{-}O{-}CO{-}CH_3 \xrightarrow{700℃} H_2C{=}C{=}O + CH_3COOH \qquad (D.\ 3.\ 55)$$

乙烯酮还可以通过丙酮热裂来获得：

$$H_3C{-}CO{-}CH_3 \longrightarrow H_2C{=}C{=}O + CH_4 \qquad (D.\ 3.\ 56)$$

这两种方法在技术上也是可行的。关于乙烯酮的一些化学反应，请参见 D. 7. 1. 6 和 D. 7. 4. 2. 3。

D. 3. 3　α,α-消除反应

位于同一碳原子上的两个取代基 α,α-消除可以产生卡宾 R_2C:。卡宾在大多数情况下都是寿命很短、反应性很强的中间体。二卤甲烷和三卤甲烷脱卤化氢以及二卤代乙酸和三卤代乙酸脱羧都可以产生短寿命的卤代卡宾 X(H)C 或者 X_2C:

$$H{-}CCl_3 \xrightarrow{OH^{\ominus}} CCl_2 + H^{\oplus} + Cl^{\ominus} \qquad (D.\ 3.\ 57)$$

$$Cl_3C{-}COO^{\ominus} \longrightarrow CCl_2 + CO_2 + Cl^{\ominus} \qquad (D.\ 3.\ 58)$$

相比之下，通过脂肪族重氮化合物（参见 D. 8. 4）的热分解，经紫外线辐射或催化剂催化，则生成亚甲基 R_2C（R＝烷基，芳基或氢），也可以参考 α-重氮酮的分解（D. 9. 22）。

与重氮烷形成卡宾相似，叠氮化物热解或者光解过程中生成寿命很短的中间体氮宾，例如：

$$R-\overset{\ominus}{N}-\overset{\oplus}{N}\equiv N \longrightarrow R-N + N_2 \qquad (D.3.59)$$

氮宾的化学反应与卡宾的（见下文）类似，此外它们很容易二聚化成含氮化合物（阅读教科书中的相关部分）。

由于卡宾碳原子周围只有六个电子，通常作为亲电试剂参加反应。卡宾碳原子上的两个自由电子可以是自旋反平行的，因此以电子对的形式存在。卡宾的这种状态被称为单线态。如果那两个电子不成对（双自由基）则称为三线态。许多卡宾生成时是单线态，然后转化成能量较低的三线态，其反应经历的是自由基的中间阶段。卡宾的自旋状态强烈地影响反应机理，从而也影响反应的立体过程。相关信息请参考本章后面所列的参考文献。

卡宾的重要反应如下：

① 插入共价键的反应，例如插入 C—H 键（插入反应）。这就是为什么当重氮甲烷在二乙醚中光解时，人们除了分离出少量乙烯外还得到了由乙丙醚和乙基异丙基醚组成的混合物：

$$C_2H_5-O-CH_2-CH_3 \xrightarrow{+CH_2} \begin{cases} C_2H_5-O-CH_2-CH_2-CH_3 \\ C_2H_5-O-CH(CH_3)-CH_3 \end{cases} \qquad (D.3.60)$$

烷基卡宾通过分子内 C—H 插入很容易形成环丙烷（写出转化式!）。比如说长期以来为人们所知的在苛性钠存在下由氯仿制备二氯卡宾的插入反应是成胩反应和邻羟基苯甲醛的合成反应，其中成胩反应既被用来制备异氰化物又被用来分析鉴别一级胺（参见 E. 1. 2. 8. 1）。请自己了解一下 Reimer-Tiemann 合成反应！

② 卡宾与不饱和键的亲电加成反应，参见 D. 4. 4. 1。

③ 分子内和分子间脱氢以及形成的自由基的后续反应：

$$R-\ddot{C}H + H-R' \longrightarrow R-\dot{C}H_2 + \dot{R}' \qquad (D.3.61)$$

这样，通过自由基组合可以形成插入产物。

与上面描述的寿命很短的卡宾的高反应性相反，由合适的含氮或硫、氮杂环的盐通过脱质子反应可以形成稳定的、可分离和鉴定出来的卡宾。这些卡宾的稳定性源于碳原子上的电子对和相邻杂原子之间的共振作用，例如：

$$\text{(R-}N^{\oplus}\text{=CH-N-R 环)} \xrightarrow[-HB]{+B^{\ominus}} \text{(R-}N^{\oplus}\text{=C}^{\ominus}\text{-N-R 环)} \rightleftharpoons \text{(R-N-}\ddot{C}\text{-N-R 环)} \qquad (D.3.62)$$

自己从本章末所给出的参考文献中了解稳定的卡宾！

D. 3. 4 参考文献

关于消除反应机理

Aleskerov, M. A.; Jufit, S. S.; Kucherov, V. F., Usp. Khim. 1978, 47: 233-259.

Banthorpe, D. V.: Elimination Reactions. -Elsevier, Amsterdam, London, New York, 1963.

Bunnet, J. F., Angew. Chem. 1962, 74: 731-741.

Cockerill, A. F.; Harrison, R. G., in: The Chemistry of Doublebonded Functional Groups. Ed.: S. PATAI. -John Wiley & Sons, London, 1977.

Ingold, C., Proc. Chem. Soc. 1962: 265-274.

Saunders, Jr., W. H.; in: The Chemistry of Alkenes. Ed.: S. PATAI. -Interscience Publishers, London, New York, Sydney, 1964.

Saunders, W. H.; Cockerill, A. F.: Mechanisms of Elimination Reactions. -John Wiley & Sons, New York, 1973.

Sicher, J., Angew. Chem. 1972, 84: 177-191.

烯烃的合成

Houben-Weyl. Bd. 5/1b. -Georg Thieme Verlag, Stuttgart, 1972.

Hubert, A. J.; Reimlinger, H., Synthesis, 1969: 97; 1970: 405-430.

Knözinger, H., Angew. Chem. 1968, 80: 778-792.

Levina, R. JA.; Skvarchenko, V. R., Usp. Khim. 1949, 18: 515-545.

Hofmman 消除和 Cope 消除

Cope, A. C.; Trumbull, E. R., Org. React. 1960, 11: 317-493.

Chugaev 消除

Nace, H. R., Org. React. 1962, 12: 57-100.

乙炔的合成

Craig, J. C.; Bergenthal, M. D.; Fleming, I.; Harley-Mason, H., Angew. Chem. 1969, 81: 437-446.

Franke, W., et al, Angew. Chem. 1960, 72: 391-400;

"Neuere Methoden", 1961, Vol. 3: pp 261-279.

Jacobs, T. L., Org. React. 1949, 5: 1-78.

Köbrich, G., Angew. Chem. 1965, 77: 75-94.

Levina, R. JA.; Viktorova, E. A., Reakts. Metody Issled. Org. Soedin. 1951, 7: 7-98.

烯酮的制备

Hanford, W. E.; Sauer, J. C., Org. React. 1946, 3: 108-140.

Schaumann, E.; Scheiblich, S., in HOUBEN-WEYL. 1993, Vol. E15/2: pp 2353-2530.

Tidwell, T. T.: Ketenes. -John Wiley & Sons, New York, 1994.

卡宾(亚甲基),氮宾

Burke, ST. D.; Grieco, P. A., Org. React. 1979, 26: 341-475.

Carbene(Carbenoide), Ed.: M. Regitz, in: Houben-Weyl. 1989, Vol. E19b: p. 1-2214.

Chinoporos, E., Chem. Rev. 1963, 63: 235-255.

Dave, V.; Warnhoff, E. W., Org. React. 1970, 18: 217-401.

Gilchrist, T. L.; Rees, C. W.: Carbenes, Nitrenes, Arynes. -Th. Nelson & Sons, London, 1969.

Jones, M., JR.; Moss, R. A.: Carbenes. Vol. 1-2. -John Wiley & Sons, New York, 1973-1975.

Kirmse, W., Angew. Chem. 1959, 71: 537-541; 1961, 73: 161-166; 1965, 77: 1-10; Prog. Org. Chem. 1964, 6: 164-216;

Carbene Chemistry. -Academic Press, New York, 1964;

Carbene, Carbenoide und Carbenanalyse. -Verlag Chemie, Weinheim/Bergstr, 1969.

Lwowski, L., Angew. Chem. 1967, 79: 922-931.

Rozancev, G. G.; Fajnzil'berg, A. A.; Novikov, S. S., Usp. Khim. 1965, 34: 177-218.

Wentrup, C., in: Topics in Current Chemistry. Vol. 62. -Springer-Verlag, Berlin. Heidelberg, New York, 1976: p. 173-251.

相转移反应产生二卤代卡宾

Weber, W. P.; Gokel, G. W., in: Phase Transfer Catalysis in Organic Synthesis. -Springer-Verlag, Berlin, Heidelberg, New York, 1977: p. 18-72.

由杂环化盐产生稳定卡宾

Arduengo, A. J.; Krafcyk, R., Chem. unserer Zeit, 1998, 32: 6-XX.

Herrman, W. A.; Köcher, C., Angew. Chem. 1997, 109: 2256-2282.

D.4 非活化 C—C 多重键的加成反应

C═C 双键和 C≡C 三键比 C—C 单键具有更高的能量，因此具有更高的反应活性。由于 π 键的可极化性较大，C═C 和 C≡C 很容易与亲电试剂反应，因此具有亲核性（碱性）。另一方面，C═C 和 C≡C 可以对周围的环境产生诱导的吸电子效应，因此也可以被亲核试剂所进攻。

典型的反应形式是：

$$>C=C< + X-Y \rightleftharpoons X-\overset{|}{\underset{|}{C}}-\overset{|}{\underset{|}{C}}-Y \qquad (D.4.1a)$$

$$-C\equiv C- + X-Y \rightleftharpoons \overset{X}{>}C=C\underset{Y}{<} \qquad (D.4.1b)$$

重要的亲电加成反应总结在表 D.4.2 中。

表 D.4.2　重要的 C═C 双键的亲电加成反应

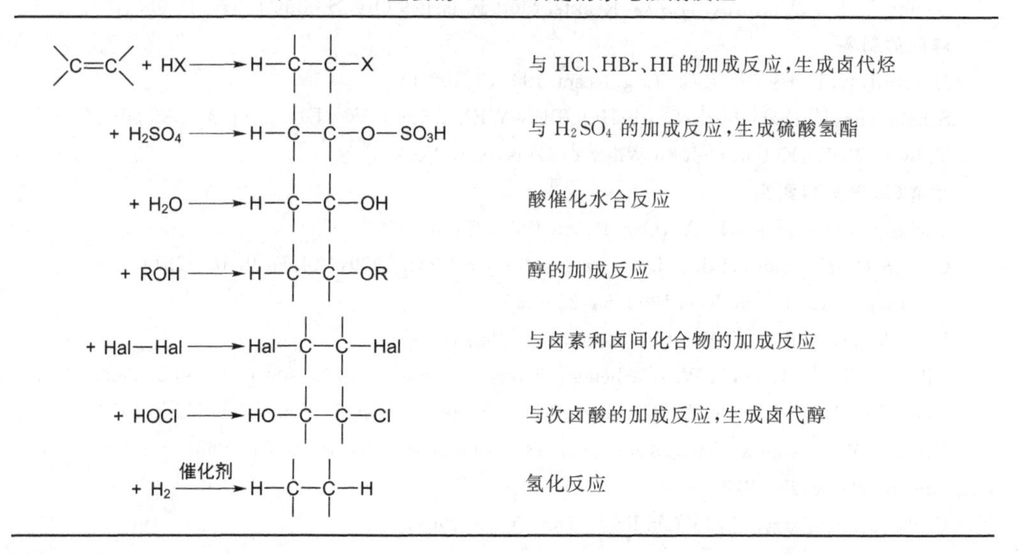

C=C + HX → H—C—C—X
与 HCl、HBr、HI 的加成反应，生成卤代烃
+ H2SO4 → H—C—C—O—SO3H
与 H2SO4 的加成反应，生成硫酸氢酯
+ H2O → H—C—C—OH
酸催化水合反应
+ ROH → H—C—C—OR
醇的加成反应
+ Hal—Hal → Hal—C—C—Hal
与卤素和卤间化合物的加成反应
+ HOCl → HO—C—C—Cl
与次卤酸的加成反应，生成卤代醇
+ H2 催化剂 → H—C—C—H
氢化反应

续表

$>C=C< + CO + H_2 \xrightarrow{\text{催化剂}} H-\overset{\mid}{\underset{\mid}{C}}-\overset{\mid}{\underset{\mid}{C}}-C\langle^{O}_{H} \xrightarrow{H_2} H-\overset{\mid}{\underset{\mid}{C}}-\overset{\mid}{\underset{\mid}{C}}-CH_2OH$	生成醛、醇
$+ R-C\langle^{O}_{OOH} \xrightarrow[-RC\langle^{O}_{OH}]{} -\overset{\mid}{C}-\overset{\mid}{C}-$（环氧，O 桥连）$\xrightarrow{H_2O} HO-\overset{\mid}{\underset{\mid}{C}}-\overset{\mid}{\underset{\mid}{C}}-OH$	羟基化反应
$+ \frac{1}{2}O_2 \longrightarrow -\overset{\mid}{C}-\overset{\mid}{C}-$（环氧，O 桥连）	环氧化反应
$+ O_3 \longrightarrow >C\langle^{O-O}_{O}\rangle C<$ 臭氧化物	臭氧化反应
+ 二烯 $\longrightarrow$ 环己烯	环加成生成环己烯(Diels-Alder 反应)
$n >C=C< \xrightarrow{H^+} -\!\!\left(\overset{\mid}{\underset{\mid}{C}}-\overset{\mid}{\underset{\mid}{C}}\right)_{n-1}\!\!-\overset{\mid}{C}=C-$	低聚、环合、聚合反应

一般情况下，非共轭的烯键更易受亲电试剂进攻，而炔更易与亲核试剂反应。当然，在特定的条件下，一些不易进行的反应也可以进行。

双键和三键都可以参与自由基反应。

以上提到的反应都是加成反应，可分为：亲电加成反应（A_E），亲核加成反应（A_N），自由基加成反应（A_R）。

共轭吸电子的取代基如羰基、氰基、硝基会降低C═C的电子云密度，从而使C═C的极性增加，此时亲电加成不再是这种“活化了”的双键的典型反应。该反应属于“烯基羰基化合物”的反应，将在后面进行介绍。

D.4.1 烯烃和炔烃的亲电加成反应

D.4.1.1 亲电加成反应机理

烯烃的亲电加成可以看作是一种酸碱反应，烯烃为碱，亲电试剂为酸。因此，质子酸和路易斯酸都可以与烯烃发生加成反应，例如氢卤酸、硫酸、氢氰酸、H_3O^+、卤素、卤间化合物[1]、次卤酸等。

自由的卤素是一种潜在的路易斯酸，因为它们可以被亲电的溶剂或催化剂所极化[见式(D.4.4)]。但在气态条件下，卤素不能与烯烃发生加成反应。

根据酸和碱的定义，亲电试剂的酸性（亲电性）越强、烯的碱性（亲核性）越强，亲电加成反应越易进行。共轭供电子和诱导供电子的取代基使双键的电子密度增加，因此烯的反应活性增加。另一方面，共轭吸电子和诱导吸电子的取代基使双键的碱性降低，因此烯的反应活性下降。由实验可得下列烯的碱性逐渐增加：

---

[1] 卤间化合物如 ICl、BrCl 等。

$$Cl—CH{=}CH_2 \approx HOOC—CH{=}CH_2 < H_2C{=}CH_2 < Alk—CH{=}CH_2 < (Alk)_2C{=}CH_2 < Alk—CH{=}CH—Alk < (Alk)_2C{=}C(Alk)_2 \quad (D.4.3)$$

试剂的反应活性随着它们的酸性或亲电性的增加而增加。例如，氢卤酸的反应活性为 HF≪HCl＜HBr＜HI，卤素的反应活性为 $I_2 < Br_2 < Cl_2$。另外，亲电性的催化剂如 $AlCl_3$、$ZnCl_2$ 和 BF_3 可以增加试剂的反应活性［见式(D. 4. 4)］。

芳香化合物的亲电取代与烯烃的亲电加成之间具有密切的关系。亲电反应很可能是通过酸与整个 π 体系首先形成碳正离子［式(D. 4. 4)，Ⅰ］而发生的，接着反应体系中亲核部分很快与碳正离子结合，形成终产物（Ⅱ）。烯烃与氯的加成机理如式(D. 4. 4)所示，E 表示可以使氯分子发生极化的亲核性溶剂或催化剂如 $AlCl_3$、BF_3 等。

$$>C{=}C< + Cl—Cl + E \rightleftharpoons >\overset{\oplus}{C}—C(<)—Cl + Cl^{\ominus}\text{---}E \quad (\text{I})$$

$$Cl—C—C^{\oplus} + Cl^{\ominus} \rightleftharpoons Cl—C—C—Cl \quad (\text{II}) \quad (D.4.4)$$

芳香化合物的亲电氯代反应的机理与此类似，也可以形成类似Ⅱ的碳正离子。酸碱的概念同样适用于芳香化合物的亲电取代反应。

亲电加成反应的机理包括两个步骤，在第二步中体系中存在的其它亲核基团会竞争地与阳离子结合。例如，在溴化钠、水和醇存在的条件下烯烃与氯的反应存在着下列的竞争反应：

$$Cl—C—\overset{\oplus}{C}< \xrightarrow{+Cl^{\ominus}} Cl—C—C—Cl \quad (D.4.5a)$$

$$Cl—C—\overset{\oplus}{C}< \xrightarrow{+Br^{\ominus}} Cl—C—C—Br \quad (D.4.5b)$$

$$Cl—C—\overset{\oplus}{C}< \xrightarrow{+H_2O} Cl—C—C—\overset{\oplus}{O}H_2 \xrightarrow{-H^{\oplus}} Cl—C—C—OH \quad (D.4.5c)❶$$

$$Cl—C—\overset{\oplus}{C}< \xrightarrow{+ROH} Cl—C—C—\overset{\oplus}{O}(R)H \xrightarrow{-H^{\oplus}} Cl—C—C—OR \quad (D.4.5d)$$

亲电试剂与共轭二烯的反应，第一步形成的碳正离子，电荷是离域的，在第二步中亲核部分可以加成到 2 位 C 上也可以加成到 4 位 C 上，如下所示：

$$H_2C{=}CH—CH{=}CH_2 + Cl—Cl \longrightarrow \left[Cl—CH_2—\overset{\oplus}{C}H—CH{=}CH_2 \longleftrightarrow Cl—CH_2—CH{=}CH—\overset{\oplus}{C}H_2 \right] + Cl^{\ominus} \quad (D.4.6a)$$

$$Cl—CH_2—\overbrace{CH{\cdots}CH{\cdots}CH_2}^{\oplus} + Cl^{\ominus} \longrightarrow \begin{cases} Cl—CH_2—CH{=}CH—CH_2—Cl & (1,4\text{-加成}) \\ Cl—CH_2—CH(Cl)—CH{=}CH_2 & (1,2\text{-加成}) \end{cases} \quad (D.4.6b)$$

通常会得到 1,2-加成产物和 1,4-加成产物的混合物，但热力学更稳定的 1,4-加成产物为主产物。

---

❶ 相当于与次氯酸的加成反应。

竞争反应发生的程度受亲核基团自身反应活性和浓度的影响，同时也受反应条件的影响。

D.4.1.2 亲电加成反应的立体因素

在式(D.4.4）中加成到烯烃上的第一步中，大多亲电反应同伴可以作为分子内“亲核”出现在与碳正离子的相互作用中，并且偶尔使其稳定。

这里给出的是几种极限形式：

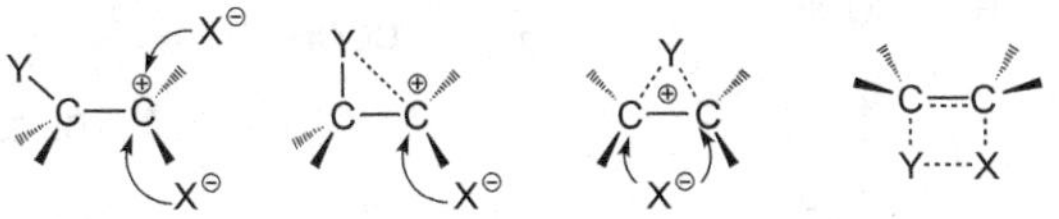

I　II　III　IV　(D.4.7)

不对称试剂如 HCl、H_2O 与不对称的取代烯烃发生加成反应，可以得到两种产物，如式(D.4.8）所示：

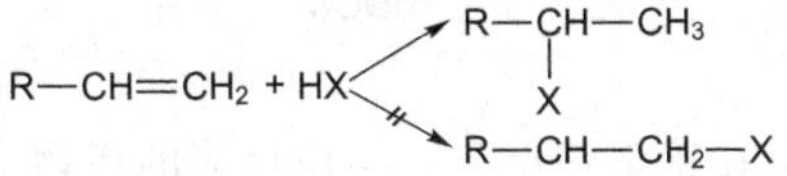

$$R{-}CH{=}CH_2 + HX \longrightarrow R{-}CH(X){-}CH_3 \quad (\text{不生成}: R{-}CH{-}CH_2{-}X) \qquad (D.4.8)$$

例如，氯化氢与丙烯的加成反应中，第一步首先形成碳正离子中间体，接着可能发生的竞争反应如式(D.4.9）所示：

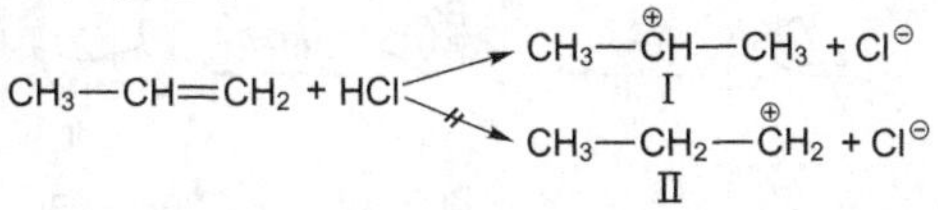

$$CH_3{-}CH{=}CH_2 + HCl \longrightarrow CH_3{-}\overset{\oplus}{C}H{-}CH_3 + Cl^{\ominus}\ (\text{I}) \quad (\text{不生成}: CH_3{-}CH_2{-}\overset{\oplus}{C}H_2 + Cl^{\ominus}\ (\text{II})) \qquad (D.4.9)$$

由于两个甲基的诱导供电子效应，阳离子Ⅰ比阳离子Ⅱ要稳定，因此阳离子Ⅰ更容易形成，所以最终产物为异丙基氯。结论可总结为：质子酸与不对称的取代烯烃发生亲电加成反应，氢原子加成到含氢较多的烯碳原子上（马氏规则）。

马氏规则同样适用于次卤酸和卤间化合物［式(D.4.10)］，但是也可能发生目前还不能进行满意解释的意外反应。马氏规则不适用于亲核加成或自由基加成反应。

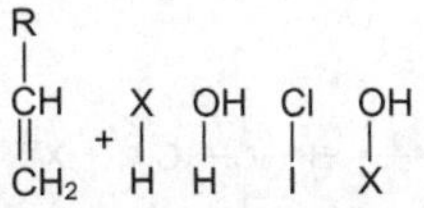

$$R{-}CH{=}CH_2 + X{-}H \quad OH{-}H \quad Cl{-}I \quad OH{-}X \qquad (D.4.10)$$

参照亲核取代反应历程，由于亲电加成反应的中间体为碳正离子，因此反应不应受空间因素所控制。但是，在大多数情况下，亲电加成反应却以反式加成为主[1]。

由于受第一步已加成到烯烃上的亲电试剂亲电部分的影响，碳正离子在向平面三角形的构型转变中受到了空间阻碍，反应受过渡态的立体控制，因此会保留最初的构型［式(D.4.11)］。这种构型保持会随着反应试剂极性的增加而增加，如 H≪Cl<Br<I。阴离子会或多或少地从背面竞争加成，类似于 S_N2 反应。

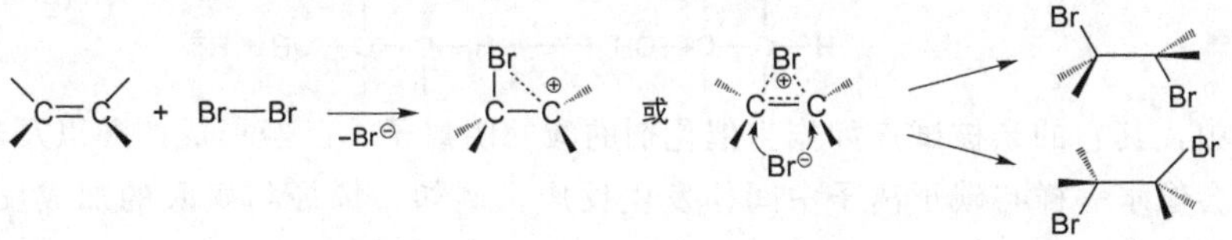

$$>C{=}C< + Br{-}Br \xrightarrow{-Br^{\ominus}} \text{(溴代碳正离子) 或 (溴鎓离子)} + Br^{\ominus} \longrightarrow \text{反式二溴化物} \qquad (D.4.11)$$

[1] 当加成反应发生在两个不对称的 C 原子上或是加成到 C—C 单键不能自由旋转的环状化合物上时，这种立体因素对于产物的形成是很重要的。另外，也存在一些以顺式加成为主的反应。

马来酸（顺丁烯二酸）[1] 与溴的加成产物为80%的外消旋二溴琥珀酸，而富马酸（反丁烯二酸）[1]与溴的加成产物为内消旋二溴琥珀酸，如下所示。

(D. 4. 12a)

DL-二溴琥珀酸

(D. 4. 12b)

meso-二溴琥珀酸

环己烯具有两种反式构型，在正常情况下，与溴反应的产物中两个溴原子均处在直立键上［参见式(D. 3. 25)］，如下所示。

(D. 4. 13)

D. 4. 1. 3　质子酸及水与烯烃、炔烃的加成反应

氢卤酸、硫酸等强酸与烯烃的加成反应机理遵循 D. 4. 1. 1 所示的两步历程。第一步质子加成到烯烃上，形成碳正离子；第二步阴离子加成到碳正离子上，形成产物。如下所示：

$$\mathrm{>C{=}C<} + \mathrm{H{-}X} \longrightarrow \mathrm{H{-}\overset{|}{\underset{|}{C}}{-}C^{\oplus}} + \mathrm{X^{\ominus}} \longrightarrow \mathrm{H{-}\overset{|}{\underset{|}{C}}{-}\overset{|}{\underset{|}{C}}{-}X} \quad (D. 4. 14)$$

氢卤酸与烯烃的加成产物为卤代烃，而硫酸与烯烃的加成产物为硫酸单烷基酯。

水由于酸性（H_3O^+ 的浓度）太低，不能直接与烯烃发生加成反应，但是在硫酸、硝酸等强酸存在下，加成反应可以很容易地进行，且这是一个直接的加成过程并不经过酸的酯化阶段。如下所示：

$$\mathrm{>C{=}C<} + \mathrm{H_3O^{\oplus}} \longrightarrow \mathrm{H{-}\overset{|}{\underset{|}{C}}{-}C^{\oplus}} + \mathrm{H_2O} \longrightarrow \mathrm{H{-}\overset{|}{\underset{|}{C}}{-}\overset{|}{\underset{|}{C}}{-}\overset{\oplus}{O}H_2} \longrightarrow \mathrm{H{-}\overset{|}{\underset{|}{C}}{-}\overset{|}{\underset{|}{C}}{-}OH} + \mathrm{H^{\oplus}} \quad (D. 4. 15)$$

在反应混合物中，其它的亲核试剂如作为催化剂的酸的阴离子、已经形成的醇以及未转化的烯烃，都会像水一样与碳正离子中间体发生反应。例如，烯烃与硫酸的加成反应，同时存在如下的竞争反应：

[1] 这两种酸为含有活化双键的化合物，但在该反应中，仍表现为一般双键所具有的反应。

$$H-\overset{|}{\underset{|}{C}}-\overset{\oplus}{C}\Big< \xrightarrow{+HO-SO_3-O^{\ominus}} H-\overset{|}{\underset{|}{C}}-\overset{|}{\underset{|}{C}}-OSO_2OH \quad \text{(D. 4. 16a)}$$

硫酸单烷基酯

$$\xrightarrow{+H-\overset{|}{\underset{|}{C}}-\overset{|}{\underset{|}{C}}-OSO_2O^{\ominus}} H-\overset{|}{\underset{|}{C}}-\overset{|}{\underset{|}{C}}-O-SO_2-O-\overset{|}{\underset{|}{C}}-\overset{|}{\underset{|}{C}}-H \quad \text{(D. 4. 16b)}$$

硫酸二烷基酯

$$\xrightarrow{+H_2O} H-\overset{|}{\underset{|}{C}}-\overset{|}{\underset{|}{C}}-\overset{\oplus}{O}H_2 \xrightarrow{-H^{\oplus}} H-\overset{|}{\underset{|}{C}}-\overset{|}{\underset{|}{C}}-OH \quad \text{(D. 4. 16c)}$$

醇

$$\xrightarrow{+H-\overset{|}{\underset{|}{C}}-\overset{|}{\underset{|}{C}}-OH} H-\overset{|}{\underset{|}{C}}-\overset{|}{\underset{|}{C}}-\underset{H}{\overset{\oplus}{O}}-\overset{|}{\underset{|}{C}}-\overset{|}{\underset{|}{C}}-H \xrightarrow{-H^{\oplus}} H-\overset{|}{\underset{|}{C}}-\overset{|}{\underset{|}{C}}-O-\overset{|}{\underset{|}{C}}-\overset{|}{\underset{|}{C}}-H \quad \text{(D. 4. 16d)}$$

醚

$$\xrightarrow{+\;>C=C<} H-\overset{|}{\underset{|}{C}}-\overset{|}{\underset{|}{C}}-\overset{|}{\underset{|}{C}}-\overset{\oplus}{C}\Big< \xrightarrow{-H^{\oplus}} H-\overset{|}{\underset{|}{C}}-\overset{|}{\underset{|}{C}}-\overset{|}{C}=C\Big< \text{ 等} \quad \text{(D. 4. 16e)}$$

二聚物，聚合物

无水酸或高浓度的酸与烯烃的反应实际上只能得到酯和聚合物，大量的酸有利于酯的形成，而烯烃的碱性越强，聚合反应越易发生。酸的浓度越低，直接的水合作用越强，在这种条件下，酯也作为一种副产物存在。

关于烯烃与酸的反应活性在前面已做介绍。对于越不活泼的烯烃，发生亲电加成反应，越需要较强的或者浓度越高的酸。例如，乙烯不与浓的氢氯酸反应，但却能与氢溴酸和氢碘酸反应。异丁烯与氢氯酸的反应很容易进行，在酸催化剂如氯化铝的存在下，乙烯也可以与氢氯酸反应。异丁烯和其它的四取代烯烃与硫酸的反应，即使在0℃的低温下也很容易进行，硫酸的浓度以65%最佳。而丙烯和正丁烯的反应，则需要85%的硫酸。乙烯仅在加热的条件下，与98%的硫酸可以快速的进行反应。因此，可以利用60%～65%的硫酸很容易地除去原油裂解气 C_4 中的异丁烯。

使用高浓度硫酸的方法已用于工业生产中，反应主要生成硫酸单酯（及其水合物）。另外，在反应混合物中还存在硫酸二酯，这主要是通过酸的水解或醇解生成了醇或醚而产生的。

酸和水与烯烃的加成反应，并不只生成马氏产物，而是混合物。如式(D.4.17) 所示，由氢质子加成到烯烃（Ⅰ）上所形成的碳正离子（Ⅱ）可以重排成低能量的碳正离子（Ⅲ），碳正离子（Ⅲ）中氢质子离去形成烯烃（Ⅳ）。对于这一点，也可以参考反应式(D.3.24)。

$$\underset{\text{I}}{H_3C-CH_2-CH_2-CH=CH_2} \underset{-H^{\oplus}}{\overset{H^{\oplus}}{\rightleftharpoons}} \underset{\text{II}}{CH_3-CH_2-CH_2-\overset{\oplus}{C}H-CH_3}$$

$$\underset{\text{IV}}{H_3C-CH_2-CH=CH-CH_3} \underset{-H^{\oplus}}{\overset{+H^{\oplus}}{\rightleftharpoons}} \underset{\text{III}}{H_3C-CH_2-\overset{\oplus}{C}H-CH_2-CH_3} \quad \text{(D. 4. 17)}$$

（Ⅱ → Ⅲ；Ⅱ $\xrightarrow{-H^{\oplus}}$ Ⅳ）

例如，在－10℃下，浓硫酸与1-十二烯发生加成反应，得到十二烷基硫酸酯异构体的混合物。同样，烯烃的双键在酸性条件下也很容易发生迁移，因此在反应时间足够的条件下，多种可能的烯烃根据它们的热稳定性以一定的比例共存。

水、醇和酸与炔烃的亲电加成反应仅在特定的催化剂（汞盐和铜盐）存在下才可以发生，这是因为炔烃对于亲电试剂的进攻响应较低，至于机理目前还没有详细的阐述。

水与炔烃加成首先形成烯醇中间体，然后烯醇重排成羰基化合物。如下所示：

$$-C\equiv C- + H_2O \xrightarrow[HgSO_4]{H_2SO_4} \underset{H}{>}C=C\overset{OH}{<} \longrightarrow -\overset{H}{\underset{H}{C}}-C\overset{O}{<} \quad (D.4.18)$$

乙炔与水发生加成反应生成乙醛，而其它的炔生成酮。利用该反应可以由相应的炔来制备 α,β-不饱和酮以及 α-羟基酮。一般来讲，在炔烃的水合反应条件下，烯键并不发生反应。

【例】 炔烃衍生物的水合反应实验步骤（表 D.4.19）

向配有搅拌器、回流冷凝器及滴液漏斗的 500 mL 三颈瓶中依次加入 8 mL 浓硫酸、5 g 硫酸汞以及 200 mL 水，加热至 60 ℃，然后强烈搅拌下 1 h 内滴加 0.5 mol 相应的炔。滴加完毕，继续保持 60 ℃，搅拌 3 h。冰浴冷却，反应混合物用 40 mL 的乙醚萃取 5 次。合并萃取液，用饱和食盐水洗至中性，无水硫酸钠干燥。除去乙醚，蒸馏得到相应的酮。对于质量较大的酮，反应温度需要提高到 80 ℃。

半微量反应可以按以下操作进行。

催化剂的制备：由 100 mg 红色氧化汞，10 mg 三氯乙酸，0.25 mL 甲醇以及 0.15 mL 三氟化硼-乙醚络合物的混合物在试管中 50～60 ℃加热 1 min 即得。

将 1 g 炔溶解在 3 mL 甲醇中，加入上述催化剂溶液，在 50～60 ℃下加热 30 min，然后加入 2 mol 乙醇，产生缩酮，以灰色沉淀的形式存在。加入 2～3 mL 水，缩酮水解为酮，10%的碳酸钾溶液为缚酸剂。混合物用乙醚萃取，接下来的操作同上。

表 D.4.19 炔烃的水合反应

产物	炔烃	沸点/℃	n_D^{25}	产率/%
2-己酮	1-己炔	126	1.3985	78
2-庚酮	1-庚炔	148	1.4066	85
2-辛酮	1-辛炔	168	1.4134	90
1-乙酰基环己醇	1-乙炔基环己醇	$93_{2.0(15)}$	1.4670	65
1-乙酰基环戊醇	1-乙炔基环戊醇	$77_{1.3(10)}$	1.4619	65
3-甲基-3-羟基-2-戊酮	甲基乙基乙炔基甲醇	$72_{6.7(50)}$	1.4200	60

该实验可用于炔的定性分析，产生的酮可以通过适当的衍生物来表征。

其它炔烃衍生物的水合反应见：Kupin B. S. and Petrov A. A.，Zhurnal Obshchei Khimii(J. Gen. Chem.)，1961，31：2963.

乙炔基甲醇的水合反应，在离子交换剂的存在下，叔醇立即脱水生成 α,β-不饱和酮，见 Newman M. S.，J. Am. Chem. Soc.，1953，75：4740.

无机酸、水与烯烃的加成反应在合成上的重要性并不是很大。一些简单的卤化物可以通过其它的方法获得，例如由醇来制备，而醇也经常被用来制备烯烃。

另一方面，氯化氢、硫酸和水与烯烃的加成反应以及水、氯化氢、氢氰酸和乙酸与乙炔的加成反应在工业上应用的规模较大[1]。最重要的一些产品列于表 D. 4. 20。

水与烯烃的加成反应不仅可以通过前面所描述的在硫酸溶液中间接进行，而且可以通过其它的途径进行。在高温、高压（约 300 ℃，70 atm）下，烯烃以蒸气的形式直接流经酸性催化剂（例如担载在硅藻土上的磷酸），从而发生加成反应。

表 D. 4. 20　无机酸、水与烯烃和乙炔的加成反应产品及其重要应用

产品	应用
氯乙烷(见表 D. 1. 37)	→乙基纤维素(见 D. 2. 6. 2)
乙醇	溶剂
	→乙醛→乙酸
	→二乙醚(见表 D. 2. 61)
	→酯(溶剂)
	→三氯乙醛→DDT(见 D. 5. 1. 8. 5)
异丙醇	溶剂
	→酯(溶剂)
异丁醇	→甲基乙基酮(溶剂)
叔丁醇	烷基化试剂(→叔丁基苯酚等)
硫酸单烷基酯(C_{12}～C_{16})	清洁剂(阴离子去垢剂)
叔丁基甲基醚(MTBE)	提高汽油辛烷值的添加剂
氯乙烯	→聚氯乙烯(见表 D. 3. 37)
乙酸乙烯基酯	→聚乙酸乙烯基酯(聚乙烯醇)
	→共聚物(如与氯乙烯共聚)
乙醛	→乙酸，乙酸酐
	→乙酸酯(Claisen-Tischtschenko 反应，见 D. 7. 3. 1. 3)
	→3-羟基丁醛→丁二烯
	→三氯乙醛→DDT(见 D. 5. 1. 8. 5)
	→吡啶和烷基吡啶
2-氯-1,3-丁二烯	→氯丁橡胶

D. 4. 1. 4　卤素和次卤酸的加成反应

氯、溴的加成是C═C双键的特征反应，反应很容易进行，并且在很多条件下定量进行。个别的烯烃由于C═C双键上电子云密度的不足或受空间因素的影响，与溴的加成很难进行甚至不反应（例如四氰乙烯、四苯乙烯、α,β-不饱和酸和酮）。

碘的反应活性太低，一般不发生加成反应，只有和活泼的烯烃如苯乙烯、烯丙醇等才可以发生加成反应。另一方面，氟与C═C双键的加成反应非常剧烈，以至于一般情况下烯烃会分裂成小碳原子数的碎片。

C═C双键上有烷基取代的烯烃如异丁烯和三甲基乙烯与氯发生反应，在双键保留的情况下被氯取代，如式(D. 4. 21) 所示。

$$(H_3C)_2C{=}CH_2 + Cl_2 \longrightarrow H_2C{=}C(CH_3){-}CH_2{-}Cl + HCl \quad (D.\,4.\,21)$$

在该反应中，氯正离子也加成到烯烃上，然而，产生的碳正离子消除了一个质子，

[1] 其它乙烯化产品的重要应用见 D. 4. 2. 2。

因此生成了卤代烯烃。

在高温下（400～500 ℃，热氯化），甚至直链的烯烃也可以在烯丙基位发生氯代反应，但为自由基机理，如式(D. 4. 22）所示。

$$H_2C{=}CH{-}CH_3 + Cl_2 \xrightarrow{500℃} \underset{\text{烯丙基氯}}{H_2C{=}CH{-}CH_2Cl} + HCl \qquad (D.\ 4.\ 22)$$

C≡C三键与C═C双键相比，与卤素反应的活性较低，这可以由下面的反应来证明：

$$H_2C{=}CH{-}CH_2{-}C{\equiv}CH \xrightarrow{+Br_2} H_2\underset{|\atop Br}{C}{-}\underset{|\atop Br}{C}H{-}CH_2{-}C{\equiv}CH \qquad (D.\ 4.\ 23)$$

卤素与烯烃的加成反应如果在水溶液中进行，会得到卤代醇［见式(D. 4. 5)］。这是因为氯阴离子的浓度太低，降低了卤素的加成。生成卤代醇的反应转化率很低，通常为一副反应。因此，如果要制备卤代醇，则利用次卤酸与烯烃的直接加成可以获得满意的结果。

卤素的加成反应是制备邻二卤化合物最重要的方法，而邻二卤化合物又可用于制备炔烃和二烯。溴的加成反应甚至可以用于烯烃的纯化，因为在锌粉或碘化钾的丙酮溶液中又能够很容易地从二溴化合物中除去卤素。

【例】 溴与烯烃的加成反应实验步骤（表 D. 4. 24）

注意：在使用溴的过程中，必须十分小心（见试剂附录）。

向配有搅拌器、滴液漏斗及内置温度计的三颈瓶中，加入烯烃和2～3倍量的四氯化碳或氯仿，冷却至0 ℃。强烈搅拌下开始滴加溶解在2倍体积的相同溶剂中的等物质的量的溴，搅拌温度保持在0～5 ℃，且确保无太多未反应的溴存在（可通过颜色观察）。加成产物从溶液中沉淀出来，抽滤，或先蒸除溶剂，剩余物通过蒸馏或重结晶进行纯化。

半微量反应也可以获得满意的结果，在实验操作中，搅拌器和内置温度计可以省去，但在滴加溴的过程中必须剧烈摇晃。

表 D. 4. 24 溴与烯烃的加成反应

产物	起始原料	沸点/℃	n_D^{20}	产率/%
1,2-二溴己烷	1-己烯	90	1.5010	90
1,2-二溴庚烷	1-庚烯	103	1.5015	90
1,2-二溴辛烷	1-辛烯	117	1.4956	90
1,2-二溴癸烷	1-癸烯	160	1.5010	90
1,2-二溴十二烷	1-十二碳烯	174	1.4896	90
trans-1,2-二溴环己烷①	环己烯	96	1.5540	95
1,2-二溴乙基苯②	苯乙烯	133,(熔点 74)		95
meso-二溴丁二酸③	反丁烯二酸	(熔点 256)		80
1,2,3-三溴丙烷	烯丙基溴	$100_{2.4(18)}$	1.5868	90
trans-1,2-二溴二苯乙烯	二苯乙炔	(熔点 211)(EtOH)		60
1,2-二溴苯乙烯④	苯乙炔	$133_{2.0(15)}$,(熔点 74)(EtOH)		78

① 溴缺少10%，否则会发生取代反应，降低产率。一般情况下，如果加成反应不纯，1,2-二溴环己烷会呈黑色。1,2-二溴环己烷的纯化：原产物与它1/3体积的含20%氢氧化钾的醇溶液混合，摇晃5 min，等体积的水稀释混合物，产物从碱溶液中析出，无水硫酸钠干燥，蒸馏。产物的纯化会产生10%的损失。

② 使用新鲜蒸馏的苯乙烯，产品对皮肤有腐蚀作用，需要佩戴橡胶手套。

③ 溴滴加到溶有2倍于反丁烯二酸体积的沸水中，加成产物在－10 ℃下从溶液中沉淀出来，水洗除去未反应的溴。

④ 反应在乙醚溶液中进行，乙醚可以很好地溶解同时生成β-二溴化二苯乙炔，m. p. 64 ℃。

【例】 利用溴的加成定性检测C═C双键

将溴的氯仿或四氯化碳溶液缓慢滴加到溶有烯烃的相同溶剂中，如果溴的颜色立即消失，则可能存在双键。如果溴的颜色消去很慢或者立即产生溴化氢，则试验提供的信息很少。因为一些饱和的化合物如许多醇、酮、胺和芳香化合物也会消耗溴（取代反应、氧化反应）。另外，像前面所提到的，许多烯烃也可能不与溴反应或者反应进行得非常缓慢。

卤素的加成反应也适用于C═C双键的定量检测，然而所谓碘值的测定是一种传统的检测方法，它经常包括空白值，关于这一点我们应该清楚。

氯与烯烃和炔烃的加成反应以及氯代醇的制备在工业上都有大规模的应用。重要的产品列于表D.4.26。

通过二硫化二氯化合物在C═C双键上的加成，用冷硫化胶结（cold vulcanize）方法可以将不饱和聚合物的链用S—S桥连接起来：

$$2\ \rangle C{=}C\langle\ + S_2Cl_2 \longrightarrow Cl-\overset{|}{\underset{|}{C}}-\overset{|}{\underset{|}{C}}-S-S-\overset{|}{\underset{|}{C}}-\overset{|}{\underset{|}{C}}-Cl \qquad (D.4.25)$$

表 D.4.26 卤素和次卤酸的加成产品及其重要应用

产品	起始原料	应用
乙烯基氯(1,2-二氯乙烷)	乙烯	四乙基铅的添加剂;溶剂 →氯乙烯(见表D.4.20和D.3.1.5) →三氯乙烷→亚乙烯基氯 →四氯乙烷→三氯乙烯 →乙二胺
2,3-二氯-1-丁烯	丁二烯	→2-氯-1,3-丁二烯→丙二烯
1,4-二氯-2-丁烯	丁二烯	→2-丁烯-1,4-二腈→己二腈 →六亚甲基二胺→聚酰胺,聚氨酯
1,1,2,2-四氯乙烷	乙炔	→三氯乙烯(溶剂) →氯乙酸
2,3-二氯-1-丙醇	烯丙基氯	→表氯醇→环氧树脂 →丙三醇(参见表D.4.34)
3-氯-1,2-丙二醇	烯丙基醇	→丙三醇(参见D.4.1.6)

D.4.1.5 汞化

汞（Ⅱ）离子的高亲电性使其容易在烯烃上发生加成反应：

$$R-CH{=}CH_2 \underset{}{\overset{\overset{\oplus}{Hg}OAc}{\rightleftharpoons}} R-\overset{\oplus}{C}H-CH_2\cdots HgOAc\ (\mathrm{I}) \underset{-H^{\oplus}}{\overset{+H_2O}{\rightleftharpoons}}$$

$$R-\underset{OH}{CH}-CH_2-HgOAc\ (\mathrm{II}) \xrightarrow[-Hg,\ -HOAc]{NaBH_4,\ OH^{\ominus}} R-\underset{OH}{CH}-CH_3\ (\mathrm{III}) \qquad (D.4.27)$$

【例】 通过汞化处理得到醇的一般方法（见表D.4.28）

注意！汞的乙酸盐有毒！反应中生成的汞不应倾入下水道中，而要收集起来处理！

在250 mL的Erlenmeyer烧瓶中，装有磁力搅拌，50 mL水中加入0.05 mL的汞

（Ⅱ）的乙酸盐。先后加入 50 mL 的无过氧化物的四氢呋喃和 0.05 mL 的烯烃。内部温度不要超过 30 ℃。一直搅拌，直到在反应混合物中加苛性钠试样不再有汞的氧化物出现为止，然后再加入 50 mL 的 3 mol/L 苛性钠，滴加由 0.025 mol 的硼氢化钠和 50 mL 的 3 mol/L 苛性钠配成的溶液。接着，再搅拌 60 min。将得到的汞用分离筛分离，水溶液用食用盐饱和及用每次 50 mL 醚提取两次。用硫酸钠干燥，分馏溶剂，通过重结晶或真空蒸馏提纯。

表 D.4.28 汞化处理得到醇

产物	初始物	沸点(熔点)/℃	n_D^{20}	产率/%
2-辛醇	1-辛烯	$87_{2.7(20)}$	1.4260	85
2-癸醇	1-癸烯	$105\sim106_{1.7(1.3)}$	1.4306	90
1-苄基乙醇	苯乙烯	$94_{1.6(12)}$，(熔点 20)	1.5275	95
2-降莰内醇	降莰烯	(熔点 140～150)		90

D.4.1.6　环氧化和羟基化反应

氧与烯烃的加成反应生成环氧化合物。亲电试剂可以是氧分子也可以是化学键中的氧原子如过氧酸（例如过氧苯甲酸、过氧甲酸、过氧乙酸、邻羧基过氧苯甲酸和过氧单宁酸）和过氧化氢中的氧原子，如式(D.4.29) 所示。

$$>C{=}C< + RC(=O)OOH \longrightarrow [\text{过渡态}] \longrightarrow >C{-}C<(\text{环氧}) + HO{-}C(=O){-}R \qquad (D.4.29)$$

中性媒介下，在非常温和的条件下可以发生烯烃和双环氧乙烷、环过氧化物的环氧化：

$$>C{=}C< + \text{O-O}{>}C(R)(R') \longrightarrow >C{-}C<(\text{环氧}) + R{-}C(=O){-}R' \qquad (D.4.29a)$$

多数情况下，在惰性溶剂中进行反应，环氧化合物可以被单独分离出来，如过氧酸作用下在乙醚或氯仿中进行反应（Prileschajew 反应）。其它情况下，环氧化合物会在反应溶液中发生水解或与溶剂作用产生相应的醇或酯。在稀酸或稀碱[1]条件下，环氧化合物的开环反应为 S_N2 反应，因此产生反式醇，如式(D.4.30) 所示。

$$H_2O + >C{-}C<(\text{环氧}) + H^{\oplus} \longrightarrow H_2\overset{\oplus}{O}{-}C{-}C{-}OH \rightleftharpoons H^{\oplus} + HO{-}C{-}C{-}OH \qquad (D.4.30)$$

如果环氧化反应在甲酸或乙酸中用过氧化氢来作用，首先产生过氧甲酸或过氧乙酸中间体，然后再转变成反式的醇（或相应的甲酸酯或乙酸酯）。

在惰性介质中发生的环氧化反应以及在酸性介质中发生的羟基化反应，所用的烯烃（烷基或芳基取代的乙烯）都需要具有相对较高的碱性，因此 α，β-不饱和酮或醛不能发生相应的反应，但是在弱碱性的介质中可以使它们在过氧化氢的作用下发生环氧化反应。

---

[1] 环氧化合物的碱性水解可以用公式来表示。

【例】 **烯烃的环氧化反应实验步骤（表 D. 4. 31）**

注意：环氧化和羟基化反应剧烈，必须在防护罩下进行。未知情况下，实验一定少量进行。反应产品的蒸馏只允许在无过氧酸存在的条件下进行，见下。

0 ℃下，小心地将 0. 29 mol 的烯烃加入到溶有 0. 30 mol 过氧苯甲酸的 500 mL 乙醚溶液中，保持不断振摇 24 h，温度仍保持在 0 ℃。在整个反应过程中，可以不断地从反应混合物中移取 2 mL 的反应液加入到混有 15 mL 氯仿、10 mL 冰醋酸和 2 mL 饱和碘化钾溶液的混合液中，5 min 后，向混合溶液中加入 75 mL 水，用 0. 1 mol/L 硫代硫酸盐滴定释放的碘，判断反应进行的程度。当检测到环氧化反应结束后，用 10% 的苛性钠溶液洗涤反应液，然后水洗，无水硫酸镁干燥，进行分馏。

表 D. 4. 31 由烯烃得到的环氧化物

产物环氧化物	起始原料	沸点/℃	n_D^{20}	产率/%
1,2-环氧环己烷	环己烯	132	1. 4519	80
1,2-环氧环戊烷	环戊烯	100	1. 4341	30
1,2-环氧乙基苯	苯乙烯	$77_{1.5(11)}$	1. 5361	70

【例】 **反-1,2-环己二醇的制备（甲酸-过氧化氢条件下的反羟基化反应）**

将 0. 1 mol 的环己烯滴加到配有搅拌器、回流冷凝管及滴液漏斗并盛有 100 mL 98% 的甲酸[❶]和 0. 12 mol 30% 的过氧化氢混合液的 250 mL 三颈瓶中，滴加时间至少 5 min。滴加完毕，反应液的温度升高到 65～70 ℃并且变成均相溶液[❷]。水浴保持该温度 2 h，直到取出的反应液样品加入碘化钾溶液中不再释放出碘，否则，需要继续保持该温度。减压蒸出大部分的甲酸和水，残留物蒸汽浴加热 45 min 以形成水解产物。冷却反应物，稀盐酸中和，减压水浴蒸出溶剂。残留物用温热的乙酸乙酯萃取，产品从溶剂中分离出来，重结晶或蒸馏。b. $p_{1.9(14)}$ 123 ℃；m. p. 103 ℃（乙醇）；产率 70%。

在半微量反应的条件下，反应混合液振摇至均相，然后像前面所描述的进行后续处理。

苯乙二醇可以类似的由苯乙烯获得。m. p. 67 ℃（轻石油）；产率 40%。

【例】 **由烯丙醇制备丙三醇（过氧单宁酸-过氧化氢条件下的羟基化反应）**

在配有搅拌器、回流冷凝管及滴液漏斗的三颈瓶中，9% 的烯丙醇水溶液被加热到 70 ℃，强烈搅拌下，滴加溶有 3% 三氧化钨（以烯丙醇定量）的双氧水溶液（过量 10%）。反应混合物保持 70 ℃直到用酸化的碘化钾溶液对过氧化物的检测为负（大约需要 3 h）。减压蒸馏即得产品。b. $p_{1.7(13)}$ 180 ℃；产率 90%。

以上是丙三醇（甘油）的现代化工业生产过程，对于其它的操作过程，可参见表 D. 1. 37 和表 D. 4. 26。甘油是一种主要的化工产品，它被大批量地用在烷基树脂（含邻

---

❶ 也可以使用 88% 的甲酸。

❷ 如果反应用量高于给定的量，反应温度有可能超过这个范围，反应也有可能失去控制，因此需要不同的实验程序，参见 Roebuck A. and Adkins H. ,Org. Syntheses,1948,28:35.

苯二甲酸酐）和硝化甘油的生产制备中（见表 D. 4. 34），还可作为烟草的增湿剂、玻璃纸的可塑剂以及具有另外其它的多种用途。

除了已描述的环氧化反应，烯烃在银催化下利用空气的直接氧化也可以生成环氧化物。例如利用该反应，乙烯的环氧化产物已进行工业化生产。另外一种制备环氧化物的方法是用碱来处理氯醇，这种方法也已用于工业生产乙烯的环氧化产物以及用来生产表氯醇（参见表 D. 4. 24）。

环氧化物为高反应性的化合物，它不仅和水或酸加成，而且在酸或碱催化剂的存在下和其它的亲核试剂如醇、硫醇、胺、格氏试剂加成。环氧乙烷的加成反应具有工业应用，形成的加成化合物可以和环氧乙烷再次发生加成反应，所以环氧乙烷和水的加成反应可以得到单乙二醇、乙二醇二聚物和乙二醇高聚物，和醇的加成反应可以得到单醇醚和聚醇醚，和胺的加成反应可以得到单乙醇胺、二乙醇胺和三乙醇胺，如式(D. 4. 32)所示。

$$\begin{aligned} & H_2C\text{—}CH_2\ (\text{O}) \xrightarrow{+H_2O} HO\text{—}CH_2\text{—}CH_2\text{—}OH \longrightarrow HO\text{—}CH_2\text{—}CH_2\text{—}O\text{—}CH_2\text{—}CH_2\text{—}OH,\text{等} \\ & H_2C\text{—}CH_2\ (\text{O}) \xrightarrow{+ROH} HO\text{—}CH_2\text{—}CH_2\text{—}OR \longrightarrow HO\text{—}CH_2\text{—}CH_2\text{—}O\text{—}CH_2\text{—}CH_2\text{—}OR,\text{等} \\ & H_2C\text{—}CH_2\ (\text{O}) \xrightarrow{+NH_3} HO\text{—}CH_2\text{—}CH_2\text{—}NH_2 \longrightarrow (HO\text{—}CH_2\text{—}CH_2)_2NH \longrightarrow (HO\text{—}CH_2\text{—}CH_2)_3N \end{aligned} \quad (D.\ 4.\ 32)$$

在环氧乙烷大量过量的情况下，遵循大量反应的规则，产物主要为高聚物。

氢氰酸与环氧乙烷的加成反应生成氰乙醇，格氏试剂（见 D. 7. 3. 1. 5）与环氧乙烷的加成反应生成醇，同时格氏试剂的残留烷基可以增长两个碳原子，见式(D. 4. 33)。

$$R\text{—}MgX + H_2C\text{—}CH_2\ (\text{O}) \longrightarrow R\text{—}CH_2\text{—}CH_2\text{—}OMgX \xrightarrow[-\,HOMgX]{+H_2O} R\text{—}CH_2\text{—}CH_2\text{—}OH \quad (D.\ 4.\ 33)$$

由环氧乙烷生产的工业产品及其应用列于表 D. 4. 34。

表 D. 4. 34　环氧乙烷生产的工业产品及其应用

产品	应用
由乙烯氧化物（环氧乙烷，氧杂环丙烷）得到：	
乙二醇	抗冻剂（防冻剂） 玻璃纸增塑剂 →聚酯，与对苯二酸反应合成（聚酯纤维） →二硝酸酯（易爆物）
二甘醇	玻璃纸柔和剂
三甘醇	水力体系中液体，制动液 →与马来酸的聚酯（可硬化的聚酯树脂） →二硝酸酯（易爆物）
聚乙二醇	→聚亚氨酯（与聚二异氰酸盐） →聚酯树脂（醇组分）
乙二醇单低碳烷基醚（$C_1 \sim C_4$）	漆溶剂等（纤维素溶剂）
聚丙二醇烷基和单芳基醚对应于高级醇（$C_{12} \sim C_{18}$）和烷基酚（烷基 $C_9 \sim C_{12}$）	非离子性的、高硬度的、生物可降解的表面活性剂，织物助剂，乳化剂（分散）
乙醇胺	清洗气体的吸收剂（H_2S，CO_2） →脂肪酸衍生物，用于矿油的乳化剂

续表

产品	应用
由乙烯氧化物(环氧乙烷,氧杂环丙烷)得到:	
乙烯-丙烯氧化物-聚合物	泡沫少的、非离子性的表面活性剂
表氯醇	→丙三醇
1-氯-2,3-环氧丙烷	→用双酚 A 转换成环氧化树脂(Epilox)
2,3-环氧丙醇	→用邻苯二甲酸有时也用多碱酸来得到烷基树脂(甘酞树脂)
	→丙三醇,增湿试剂用于烟草、化妆品、霜冻保护剂软化剂(玻璃纸)
	→用乙烯和丙烯氧化物缩合成丙三醇聚酯
	→表面活性剂
	→聚亚氨酯及烷基树脂(醇组分)
	→三硝酸酯(炸药)

在自然界中，过氧化用于如低等生物中固态芳香烃的降解。肝中酵素细胞 P45 形成双环氧化物：

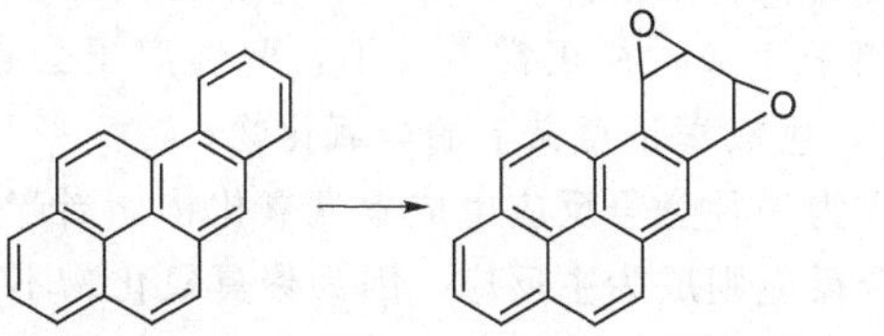

(D. 4. 35)

在路易斯酸如三氟化硼的作用下，环氧化合物重排成醛或酮。该反应可用于鉴别烯烃。

环氧化反应也可用于C═C双键的定量检测，所用试剂为无水溶剂下的过氧苯甲酸或邻羧基过氧苯甲酸的溶液，不饱和体系中双键的个数由碘量法滴定未反应的过氧酸来确定。

烯烃的羟基化反应与环氧化反应类似，产生反式二醇，而在高锰酸钾或四氧化锇的作用下，羟基化反应得到的是顺式二醇，如式(D. 4. 36) 所示。

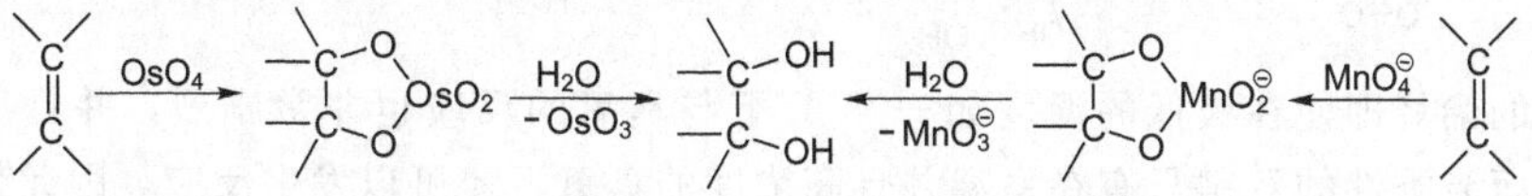

$$>C=C< \xrightarrow{OsO_4} \text{环状锇酸酯}(OsO_2) \xrightarrow[-OsO_3]{H_2O} -C(OH)-C(OH)- \xleftarrow[-MnO_3^{\ominus}]{H_2O} \text{环状锰酸酯}(MnO_2^{\ominus}) \xleftarrow{MnO_4^{\ominus}} >C=C< \qquad (D. 4. 36)$$

中间体环醚的水解发生在金属原子上，因此得到顺式醇。

四氧化锇氧化烯烃的反应产率高而且产物均一，但是四氧化锇价格昂贵，因此限制了它的广泛应用。高锰酸钾作用下的羟基化反应容易导致 C—C 的断裂。

【例】 顺式-1,2-环己二醇的制备

用冰和食用盐冷却的 750 mL 的三颈瓶中，配有内部温度计、滴液漏斗和搅拌器。加入的 0.1 mol 的环己烯溶于 200 mL 的乙醇中，在强力搅拌下加入由 0.09 mol 高锰酸钾和 10 g 的硫酸镁溶于 250 mL 的水中所得到的溶液，控制滴加使得内部温度保持在 0～5 ℃。继续搅拌 2 h，吸出沉淀出来的褐石。干淤渣分三次每次用 50 mL 丙酮洗涤。合并后的滤液在水柱真空下浓缩成约 120 mL，用食用盐饱和剩余液，4～5 次每次用 50 mL的氯仿提取。在用硫酸钠干燥后，分馏掉氯仿，剩余液用苯重结晶。

由环己烯和 N-甲基吗啡-N-氧化物在 OsO_4 催化剂作用下制备顺式 1,2-环己二醇：Van Rheenen V. ,Cha D. Y. ,Hartley W. H. Org. Synth. 1978,58:43.

常压下由异丁烯制备 2-甲基-1,2-丙二醇（四氧化锇为催化剂）：Milas N. A. and Sussman S. ,J. Am. Chem. Soc. 1936,58:1302.

由二苯乙烯通过不对称二羟基化反应制备（R,R）-1,2-二苯基-1,2-乙二醇：McKee B. H. ,Gilheany D. G. ,Sharpless K. B. . Org. Synth. 1992,70:47-53.

D. 4. 1. 7　臭氧分解反应

臭氧是一种亲电试剂，可以和烯烃按下面的机理发生反应：

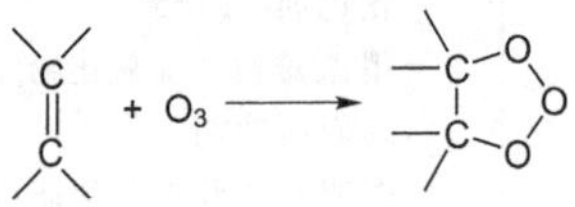

$+ O_3 \longrightarrow$ (D. 4. 37)

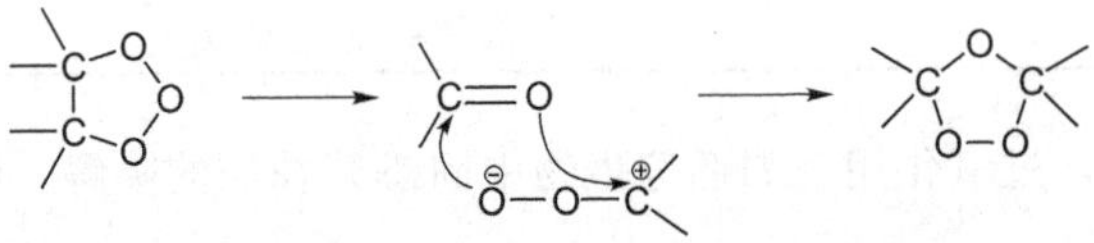

(D. 4. 38)

中间体不稳定。但是在一定条件下，也可以单独分离出最初形成的臭氧化物。所有相关的产物都由两性离子生成，在正常条件下，两性离子会进一步和羰基化合物反应[如式(D. 4. 38) 所示]，生成真正意义上的臭氧化物。

两性离子的聚合作为一种竞争反应生成聚臭氧化物。当产生的羰基化合物如丙酮不参与反应时，这种聚合反应则成为主反应。因为聚臭氧化物不发生水解或很难水解，所以它的生成会降低产率。另外，聚臭氧化物也很容易发生爆炸。通过使用惰性溶剂如己烷、四氯化碳和乙酸酯等，以及使用可以立即捕获两性离子的溶剂如甲醇和乙酸，可以在很大程度上减少聚臭氧化物的生成。

臭氧化物在还原裂解条件下（如乙酸-锌粉还原，钯-碳酸钙催化氢化还原[1]，亚硫酸氢钠还原等）还原生成醛或酮，如下所示。

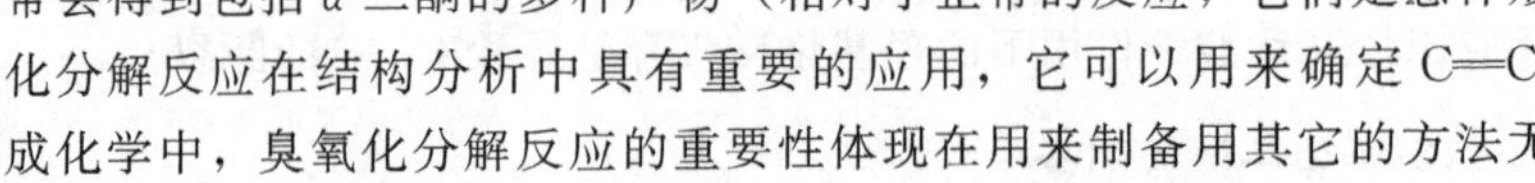

$\xrightarrow{H_2} \quad \xrightarrow{H_2O} 2 \quad \longrightarrow 2 \;\; C{=}O + 2\,H_2O$ (D. 4. 39)

简单的烯烃即使在极低的温度如 −78 ℃下与臭氧的反应也非常剧烈，并且反应定量进行，而芳香性的双键只有在室温并且高浓度的臭氧下才可以发生反应，因此带有不饱和侧链的芳香化合物可以很容易地发生选择性的臭氧化反应。C≡C 三键的臭氧化分解反应通常会得到包括 α-二酮的多种产物（相对于正常的反应，它们是怎样形成的?）。

臭氧化分解反应在结构分析中具有重要的应用，它可以用来确定 C═C 双键的位置。在合成化学中，臭氧化分解反应的重要性体现在用来制备用其它的方法无法从环烯或二烯得到的二醛，如从 1,5-己二烯制备丁二醛和从环己烯制备己二醛。异丁子香酚的臭氧化分解反应可以得到香兰素，利用该反应可以工业化生产香兰素。

D. 4. 1. 8　硼氢化反应

硼化氢在不活跃的 C═C 双键上容易发生定量的顺式加成反应得到烷基硼烷。烯烃

[1] 在钯催化下的氢化反应中，酮羰基不反应。

一端按马氏规则进行，硼原子起着亲电的作用，经过四面体的过渡态。

硼氢化一般是以二硼烷的形式进行，通常在线产生，例如通过 $NaBH_4$ 和 BF_3 在二甘醇二甲醚中的醚化物得到，或在酸性溶液中由 $NaBH_4$ 得到。在与烯烃的反应中，通过二硼烷的所有 H 被取代得到对应的三烷基硼烷：

$$\rangle C{=}C\langle \;+\; H{-}B\langle \;\rightleftharpoons\; \left[\begin{array}{c} -\overset{\delta^+}{C}\cdots\overset{\delta^-}{C}- \\ \vdots \quad\quad \vdots \\ {}^{\delta^-}H\cdots B^{\delta^+} \end{array}\right]^{\ddagger} \longrightarrow H{-}C{-}C{-}B\langle \tag{D. 4. 40}$$

$$3\,RCH{=}CH_2 + BH_3 \longrightarrow (RCH_2CH_2)_3B$$

作为多面性的合成手段，硼氢化是制备有机化学中的重要手段。有机硼烷大多不需分离可直接用于后续实验。式(D. 4. 41) 列出最重要的结果产物：

$$(RCH_2CH_2)_3B \begin{cases} \xrightarrow{H_2O_2,\,OH^{\ominus}} 3\,RCH_2CH_2OH \\ \xrightarrow{H_2NOSO_3H} 3\,RCH_2CH_2NH_2 \\ \xrightarrow{Br_2,\,OH^{\ominus}} 3\,RCH_2CH_2Br \\ \xrightarrow{R'{-}COOH} 3\,RCH_2CH_3 \\ \xrightarrow{R'{-}COOD} 3\,RCH_2CH_2D \\ \xrightarrow{AgNO_3,\,OH^{\ominus}} \tfrac{3}{2}\,RCH_2CH_2CH_2CH_2R \\ \xrightarrow{CO} (RCH_2CH_2)_3C{-}B{=}O \xrightarrow{H_2O_2,\,OH^{\ominus}} (RCH_2CH_2)_3C{-}OH \end{cases} \tag{D. 4. 41}$$

【例】 由硼氢化制备醇的一般方法（参见表 D. 4. 42）

注意！反应中生成的气态的二硼烷具有强烈毒性。在功能非常好的通风橱中进行实验。设备在用完后在苛性钠或氨水中放置几个小时。

不要保管含硼烷的溶液，因为它们倾向于爆炸分解。

表 D. 4. 42 硼氢化制备醇

产物	初始物	沸点(熔点)/℃	n_D^{20}	产率/%
1-辛醇	1-辛烯	$100_{2.7(20)}$	1.4925	80
1-癸醇	1-癸烯	$111\sim113_{1.5(11)}$	1.4368	80
2-苄基乙醇①	苯乙烯	$98\sim110_{1.6(12)}$	1.5240	70
(±)2-降莰烷外醇②	降莰烯	(熔点 128)(石油醚)		70
(−)-异桃金娘烷醇③ [(1*S*,2*R*)-蒎-10-醇]	(−)-*β*-蒎烯	$118_{2.0(15)}$	1.4910	70
(−)-异杨松樟脑烯醇 [(1*S*,2*R*,3*R*)-蒎-3-醇]	(−)-*α*-蒎烯	$72_{0.4(3)}$,(熔点 56)	$[\alpha]_D^{20}-32.8$ ℃ (在甲苯中 10%)	75

① 反应产物中得到 20% 1-苄基乙醇，b. p. $94_{1.6(12)}$ ℃。

② HO-降莰烷 真空（约 2 kPa）重结晶后升华。

③ $[\alpha]_D^{20}-20.9$ ℃（在氯仿中 4%）；在二甘醇二甲醚中处理，加入双氧水之前 140 ℃加热反应溶液时，可以形成（−）-桃金娘烷醇［（1*S*,2*S*)-蒎-10-醇]，$[\alpha]_D^{20}-28.5$ ℃（在氯仿中 4%）。

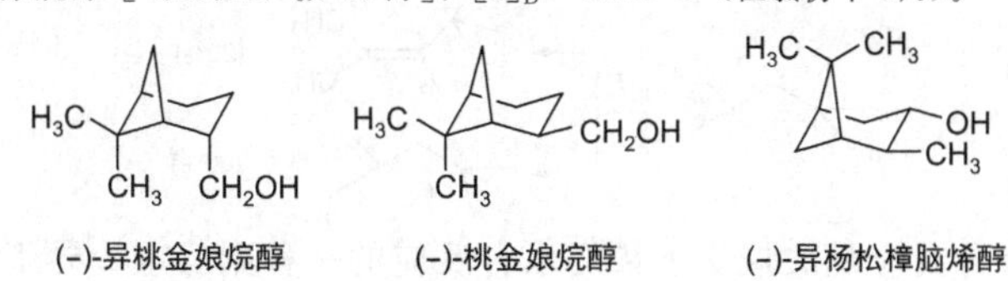

(−)-异桃金娘烷醇 (−)-桃金娘烷醇 (−)-异杨松樟脑烯醇

在一个干燥的500 mL三颈瓶中，配有滴液漏斗、内部温度计、N_2导管和回流冷却（回流冷却上带有氯化钙小管），以及磁力搅拌。将0.1 mL的烯烃（无水，用4Å分子筛干燥）和0.037 mol的硼氢化钠溶于250 mL的无水四氢呋喃中。在冰冷下，慢慢小心滴加0.037 mol无水乙酸于50 mL无水的四氢呋喃中，保持室温于10～20 ℃。在滴加结束后，继续搅拌2 h。然后，小心滴加4 g苛性钠于20 mL水中形成的溶液，然后再滴加14 mL 30%的过氧化氢。继续搅拌2 h后，形成的有机相就分离开来。将水相分三次每次用10 mL醚提取，合并的提取液用硫酸镁干燥。蒸馏掉溶剂，剩余液真空蒸馏或重结晶。

表D.4.43显示出，C—B成键优先发生在立体受阻较小的C原子2位。

表D.4.43　不同硼氢化试剂加成的取向

初始物	产物	硼氢化试剂	
		B_2H_6	BMB
Z-4-甲基-2-戊烯	4-甲基-2-戊醇	57	97
	2-甲基-3-戊醇	43	3

(−)-*α*-蒎烯的硼氢化导致生成（+）-二异杨松樟脑硼烷（+）-$(Ipc)_2BH$，它能被用于手性硼氢化试剂。这样，原手性的*Z*-烯烃与（+）-$(Ipc)_2BH$的硼氢化经下一氧化过程，就得到具有较高对映异构过量的醇：

$$\text{降冰片烯} \longrightarrow \text{HO-降冰片烷} \qquad (D.4.44)$$

降冰片烯

D.4.1.9　阳离子聚合反应

在酸催化下烯烃可以发生聚合反应：氢质子与烯烃发生加成形成的碳正离子作为一种路易斯酸，与氢质子、氯正离子一样可以作为亲电试剂与另一分子的烯烃发生加成反应。然后消除氢质子，即得二聚体。重复这样的加成反应，就可以得到烯烃的聚合物[见式(D.4.45)]。以异丁烯为例，反应机理可描述如下：

$$CH_2{=}C(CH_3)_2 \xrightarrow{H^{\oplus}} CH_3{-}C^{\oplus}(CH_3)_2$$
$$CH_2{=}C(CH_3)_2 \xrightarrow{(CH_3)_3C^{\oplus}} CH_3{-}C(CH_3)_2{-}CH_2{-}C^{\oplus}(CH_3)_2 \qquad (D.4.45)$$

加成的方向仍然遵循马氏规则。

消除质子形成1-烯和2-烯的混合物，反应终止。

$$(CH_3)_3C{-}CH_2{-}C^{\oplus}(CH_3)_2 \xrightarrow{-H^{\oplus}} (CH_3)_3C{-}CH{=}C(CH_3)_2\ (20\%) + (CH_3)_3C{-}CH_2{-}C(CH_3){=}CH_2\ (80\%) \qquad (D.4.46)$$

如前所述，聚合反应是酸催化下烯烃水合反应的一种副反应。异丁烯类型的烯烃可以很容易地进行阳离子聚合，这是因为一方面产生的叔正离子中间体具有能量上的优势，另一方面是因为异丁烯的碱性较强，可以很快地与阳离子反应。聚合的程度取决于催化剂和温度：链的长度随着温度的下降和所用烯烃纯度的增加而增加，平均相对分子质量可高达 10^5。

【例】 异辛烯［如式(D.4.46)所示异构体的混合物］的制备

170 g 冷的 60％的硫酸与 50 g 叔丁醇相混合，混合物水浴加热 20 h。在加热过程中，反应产生的二聚物形成油层而从混合物中分离出来。接着水洗，碳酸钠洗，硫酸镁干燥，然后在金属钠中加热回流 5 h。最后在有效分馏柱中进行分馏（为什么?)，得到 25 g 异丁烯二聚体异构体的混合物，b.p.100～128 ℃，再次蒸馏，b.p.100～105 ℃。

【例】 苯乙烯的阳离子聚合

制备催化剂：100 mL 的三颈瓶，置于水浴中，配有回流冷却、搅拌和滴液漏斗。加入无水氯化铝 20 g 与 30 g 的甲苯在大约 100 ℃下加热，再慢慢滴加 0.6 mL 的水。在剧烈反应（形成 HCl）中形成红褐色的催化剂。在水加入后，90 ℃下再搅拌 5 min。

聚合：在大约 15 ℃的冷却的水浴中，于 250 mL 的硫化烧瓶中，烧瓶装配有搅拌、温度计、回流冷却和滴液漏斗，加入 20 g 苯乙烯和 80 mL 甲苯。在冷却和强烈搅拌下，滴加上述制备的 0.5 mL 的催化剂溶液。在此期间，内部温度不允许超过 25 ℃。在滴加结束后，再搅拌 15 min，另再放置 30 min。澄清分离聚合溶液，用 4 mL 水洗，再用 4 mL 的 15％苛性钠洗涤，用硫酸盐干燥。聚合物溶液的颜色在洗涤时由红棕色变成黄色。经真空蒸馏，溶剂和低级聚合物被分离掉，剩余液由聚苯乙烯树脂组成。

产率约为 80％～85％，弱黄色，变软点约为 50～100 ℃，摩尔质量约为 500～1000 g/mol。

阳离子聚合反应在工业上主要用来制备短链烯烃的聚合物，见表 D.4.47。

表 D.4.47 阳离子二聚和烯烃聚合的工业应用

烯烃	应用
C_3/C_4-烯烃	烷基化汽油 →异辛烯→异辛烷(OZ=100)
异丁烯	$\xrightarrow{BF_3}$聚异丁烯 $\xrightarrow{AlCl_3}$丁基橡胶(含 2％异戊二烯的共聚)
丙烯	→“四聚丙烯”(→烷基苯磺酸酯)
乙烯	→合成的润滑油
苯乙烯/茚及甲基同类体	烃树脂(茚-氧茚-树脂)，用于胶带，漆，印刷颜料和隔离物

D.4.2 亲核加成反应

D.4.2.1 烯烃的阴离子聚合反应

烯烃本身具有碱性，因此正常情况下，它不具备与亲核试剂进行加成的能力[1]。然而一些金属有机化合物的亲核能力很强，以致可以发生亲核加成反应。该类型的反应最

[1] 另一方面，对于活化的双键，可以进行亲核加成反应。

重要的例子为单烯烃和共轭二烯的阴离子聚合反应。

二烯烃与单烯烃相比，电子云更容易离开原位，双键的可极化性更高，因此更活泼。二烯烃与钠加成的能力比单烯烃强，形成的金属有机化合物与二烯烃可以发生亲核加成反应，继而可以发生聚合反应。与烯烃的自由基聚合反应相比，这里发生的是1,2-加成。

有关的反应步骤如下：

引发　$Ph^{\ominus}Li^{\oplus}$ + $CH_2{=}CHPh$ ⟶ $PhCH_2CH^{\ominus}Ph$ $Li^{\oplus}$

链的增长　$PhCH_2CH^{\ominus}Ph$ $Li^{\oplus}$ + $CH_2{=}CHPh$ ⟶ $PhCH_2CH(Ph)CH_2CH^{\ominus}Ph$ $Li^{\oplus}$ + $CH_2{=}CHPh$ ⟶ $PhCH_2CH(Ph)CH_2CH(Ph)CH_2CH^{\ominus}Ph$ $Li^{\oplus}$，等　(D.4.48)

单烯烃的活性较低，加成反应需要路易斯酸作为催化剂。工业上重要的乙烯和丙烯的低压聚合通常采用低价态的烷基铝-四氯化钛催化剂体系。详细的反应机理仍然是有争议的。催化聚合反应具有立体选择性（如在聚丙烯中每隔一个碳原子为手性碳）。

另外，我们应该了解其它的相关知识，如不规则聚合、间规聚合、全规聚合以及聚合物性能的实际应用等。

【例】　聚乙烯的制备

大气压下，在实验室里进行乙烯的聚合反应更适宜采用戊基氯锂作为催化剂，而不是采用三烷基铝-四氯化钛催化剂。因为三烷基铝-四氯化钛催化剂会发生自燃，因此难于制备和处理。实验只有在完全隔绝水和氧气的条件下才会成功。

400 mL石油醚（b.p.60～80 ℃）经氢氧化钾干燥后，通入氮气，加热回流以排除空气。冷却，氮气保护下取50 mL加入到配有搅拌器、回流冷凝管、进气管和滴液漏斗的250 mL三颈瓶中。所有的操作都在无氧氮气的保护下进行（通入缓慢的氮气流）[1]。向烧瓶内加入3 g细锂丝，强烈搅拌下，滴加2 mL由18 g氯戊烷溶于25 mL排除空气的石油醚形成的溶液。反应开始形成氯化锂，通过观察氯化锂的形成判断反应开始后，在强烈搅拌且冰盐浴冷却下，于20 min左右的时间内滴加剩下的氯戊烷溶液。继续搅拌反应2.5 h，停止反应。氯化锂完全静止后，用干燥的安全吸液管将浮在表面的30 mL溶液吸出[2]，吸液管要预先用氮气冲洗。在配有搅拌器、回流冷凝器和进气管的500 mL三颈瓶中，用剩下的排除空气的石油醚稀释吸出的溶液。加入2 mL氯化钛，混合物搅拌20 min以使催化剂形成。停止氮气，开始通入无氧乙烯[3]。因生成的聚乙烯会沉积，因此当搅拌变得困难时，停止反应。加入30 mL丁醇以降解催化剂。过滤，用1∶1的浓盐酸-甲醇洗涤，直到聚乙烯变成白色。接下来水洗，干燥箱内80 ℃干燥。产品的纯化方法：使产品溶解在热的1,2,3,4-四氢化萘或十氢化萘中，冷却重新产生沉淀。m.p.120～130 ℃。

D.4.2.2　炔烃的亲核加成反应

炔烃发生亲核加成反应的趋势很大，高碱性的醇阴离子很容易与三键发生加成

[1] 见试剂附录。

[2] 少量的氯化锂对反应没有干扰。反应的残留液和未反应的锂可用乙醇除去。

[3] 乙烯的除氧方法同氮气，见试剂附录。

反应：

$$—C\equiv C— + R—O^{\ominus} \longrightarrow {}^{\ominus}C=C(OR) \text{ (I)} \xrightarrow{+ROH} H—C=C(OR) \text{ (II)} + RO^{\ominus} \quad (D.4.49)$$

首先形成高碱性的碳负离子Ⅰ，它进攻醇分子中的质子，形成烯醚Ⅱ。因为重新生成了烷氧离子，因此只需催化量的烷氧离子。在氢氧化钠存在的条件下，醇的加成也以烷氧离子为活性剂［见式(D.2.65)］。

同样，羧酸、酚、硫醇、一些酰胺、仲胺等也可以与乙炔发生亲核加成反应。在这些反应中，一些乙烯化反应[1]也可以在重金属盐的存在下以亲电加成反应的机理进行。

乙烯基醚很容易制备，并且反应产率很高。然而，在一般情况下，需要对反应加压，才可以使反应在适宜的反应温度和速率下进行。在这种情况下，必须严格遵守安全措施（见下）。

【例】 醇的乙烯化反应实验步骤（表 D.4.50）

注意：反应使用的高压釜所能承受的压力必须至少为正常反应所需压力的 10 倍（测试压力为 350atm）。乙炔能够形成易爆炸的银或铜的化合物，因此与乙炔相接触的高压釜和它的附属部件（如压力表）的任何一部分都不能是银质或铜质的。高压釜必须完全密封，以防止乙炔的混合物与空气反应。在高压釜进行冲洗和泄压时，乙炔必须释放到户外。

因为在压力下处理乙炔存在着不可预见的危险，因此建议只有在安全措施完全有保障的条件下才能进行此实验。见 Reppe W.，Neue Entwicklungen anf dem Gebiet der Chemic des Acetylens und Kohlenoxides［New Developments in the Field of the Chemistry of Acetylene and Carbon Monoxide］，Springer-Verlag，1949，and Reppe W.，Chemie und Technik der Acetylen-Druck-Reaktion［Chemistry and Technology of the Reactions of Acetylene under Pressure］，Verlag Chemie，Wein heim/Bergstrasse，1951.

1 mol 醇或酚以及 10%（质量）的细粉末状苛性碱加入到振动或搅拌的高压釜中，高压釜的容积至少为反应溶液体积的 5 倍（最好为 10 倍）。对于酚的乙烯化反应（15～17 mL/mol 的酚），需要加入少量的水以减少树脂的形成。关闭高压釜，用乙炔或氮气置换空气，通入 8～16 atm 的乙炔，缓慢加热酚底物至 180 ℃左右，醇底物缓慢加热至 140 ℃左右（见表 D.4.50）。当乙炔不再被消耗、压力恒定不变时，冷却高压釜，再通乙炔至 8～16 atm，加热至上面给定的温度。重复以上操作，直到乙炔的消耗量达到计算值[2]，即观察到反应不再进一步进行为止。脂肪醇与乙炔的加成反应进行得很快，温度升高至反应温度后，要立即冷却，以补充反应所需要的乙炔。乙烯化反应结束后，冷却高压釜，卸压。

酚的乙烯基醚利用水蒸气蒸馏从反应混合物中蒸出，而醇的乙烯基醚可以直接从反

[1] —OH、—SH 和—NH 型酸性化合物与乙炔的亲核加成反应，一般称为乙烯化反应。

[2] 乙炔的用量可以通过气态方程和压力的下降来计算。在任何情况下，要排除液态试剂蒸气压的影响，压力的读数必须在高压釜冷却后进行。对于醇的乙烯化反应，反应完成所需要的乙炔用量，要比计算值大（副反应、乙炔在乙烯醚中的溶解等）。

应溶液中利用 20 cm 的韦氏分馏柱蒸出（有时需减压蒸馏）。

乙烯基醚用碳酸钾干燥后，重新蒸馏。在这个过程中，加入少量碳酸钾，可以防止乙烯基醚发生酸催化的进一步反应。

表 D. 4. 50　醇和酚的乙烯化反应

产物	起始原料	沸点/℃	n_D^{25}	产率/%
乙基乙烯基醚	乙醇	36	1.3790	80
正丙基乙烯基醚	正丙醇	65	1.3913	90
正丁基乙烯基醚	正丁醇	94	1.4017	75
异丁基乙烯基醚	异丁醇	83	1.3981	80
环己基乙烯基醚	环己醇	$53_{3.1(23)}$	1.4547	68
苯甲基乙烯基醚	苯甲醇	$47_{2.0(15)}$	1.5185	63
苯基乙烯基醚①	苯酚	156	1.5224	70
邻甲氧苯氧基乙烯基醚①	邻苯二酚单甲醚	$112_{4.0(30)}$	1.5356	60
乙二醇二乙烯基醚②	乙二醇	127	1.4338	60
乙烯缩乙醛③	乙二醇	82	1.3972	68

① 加入 1 mol 水。

② 通入乙炔至饱和，同时生成 14%的缩醛。

③ 通入乙炔至饱和，同时生成 8%的二乙烯醚。

常压下正丁醇的乙烯化反应在大量苛性碱的存在下进行（使反应温度可在 140 ℃左右），见 Duhamel A. ,Bull. Soc. Chem. France,1965:156.

乙烯基醚具有活泼的双键，可以参与多种反应，因此在合成上具有重要的应用，如在双烯合成中的亲二烯体。

在酸性的溶液中，乙烯基醚很容易和水发生加成反应生成半缩醛，半缩醛会接着分解成醛和醇（见 D. 4. 4）。

$$H_2C{=}CH{-}OR \xrightarrow{H_2O,H^{\oplus}} CH_3{-}CH(OR){-}OH \rightleftharpoons H_3C{-}CHO + ROH \qquad (D.\ 4.\ 51)$$

醇与炔的加成反应是合成乙醛和环状乙缩醛最重要的技术。

乙烯基化合物在聚合反应中具有重要的应用。除了乙烯化产品和乙烯基醚（黏合剂、涂料的原材料等）外，还有 *N*-乙烯基吡咯烷酮（血浆的成分）和 *N*-乙烯基咔唑，后两者的制备路线可以明确地表达出来。

在取代的炔烃上可以容易地进行胺的加成。例如：

$$R''NH_2 + R{-}C{\equiv}C{-}COOR' \longrightarrow R''{-}NH{-}C(R){=}CH{-}C({=}O){-}OR' \qquad (D.\ 4.\ 52)$$

（产物中 N—H 与 C=O 间形成氢键 H---O）

【例】　二羧酸二烷基酯上胺的加成一般方法（参见表 D. 4. 53）

注意！丁炔二酸酯对泪腺有刺激性。在通风橱中操作！

在一个 250 mL 三颈瓶上配有搅拌器、带有氯化钙管的回流冷却器、内部温度计和滴液漏斗。强搅拌下，在 0.11 mol 的无水胺（用苛性钾干燥）于 100 mL 的无水醚中形成的溶液中，滴加由 0.1 mol 的丁炔二酸酯加入到 50 mL 的无水醚中得到的溶液，控制滴加使内部温度不超过 15～20 ℃（紧急情况下，用冰水从外部冷却）。气体形式的胺干燥后在冷却（15～20 ℃内部温度）条件下慢慢导入到醚的酯溶液中，一直到达到少量过量为止。在室温下再放置 5 h，在醚蒸发后真空蒸馏。

表 D.4.53 胺加成产物

产物	初始原料①	沸点(熔点)/℃	n_D^{20}	产率/%
氨基富马酸二甲酯②	氨,M	$62_{0.09(0.07)}$,(熔点 30)	1.5106	80
氨基富马酸二乙酯	氨,E	$136_{2.1(16)}$	1.4928	75
N-甲基氨基富马酸二乙酯	胺,E	$140_{2.4(18)}$	1.5130	90
N-苄基氨基富马酸二乙酯	苯甲胺,E	$154_{0.09(0.7)}$	1.5568	80
苯胺基富马酸二乙酯	胺,M	$132_{0.03(0.2)}$	1.5820	90
N-叔丁基氨基富马酸二乙酯	叔丁胺,M	$85_{0.04(0.3)}$	1.4880	85
N,*N*-二甲基氨基富马酸二乙酯③	二甲胺,M	(熔点 83)(MeOH)		70

① M：丁炔二酸二甲酯；E：丁炔基二酸二乙酯。

② 首先生成氨基马来酸二甲酯（E 形式）：m.p. 92 ℃(EtOEt)，在蒸馏时转换成 *Z* 形式。

③ 醚分馏母液重结晶。

D.4.3 自由基加成反应

C═C 双键和 C≡C 三键可以进行自由基加成反应。在 D.1 提到的形成自由基的条件下，适当的化合物首先形成最初的自由基，然后 π 键和一个自由基形成一个碳自由基。因为 π 键的稳定性很差，因此它可以和相对低能量的自由基反应。

热解产生的自由基首先与加成物反应：

$$R'\cdot + Y{-}X \longrightarrow R{-}Y + X\cdot \tag{D.4.54}$$

形成的 X 自由基再与烯烃加成：

$$X\cdot + >C{=}C< \longrightarrow X{-}\overset{|}{C}{-}C\cdot \tag{D.4.55a}$$

$$X{-}C{-}C\cdot + Y{-}X \longrightarrow X{-}C{-}C{-}Y + X\cdot \tag{D.4.55b}$$

可以将上述式用 Br_2 表示出来。

自由基具有饱和性，因此一个碳自由基和一个溴分子反应后形成一个新的溴自由基。

$$Br\cdot + H_2C{=}CH_2 \longrightarrow Br{-}CH_2{-}\dot{C}H_2 \qquad \Delta_R H^{\ominus} = -21\,kJ\cdot mol^{-1} \tag{D.4.56a}$$

$$Br{-}CH_2{-}\dot{C}H_2 + Br_2 \longrightarrow Br{-}CH_2{-}CH_2{-}Br + Br\cdot \qquad \Delta_R H^{\ominus} = -60\,kJ\cdot mol^{-1} \tag{D.4.56b}$$

以上两步反应为放热反应，因此反应可以自发进行，并且可以进行链的增长。

氯自由基比溴自由基容易发生加成反应（为什么?)，而碘自由基在正常情况下没有足够的活性可以加成到 π 键上，因此，碘与乙烯不能发生自由基加成反应。

溴化氢、醛、醇、酯、多卤代烷烃（卤仿、四氯化碳）、硫化氢、硫醇、硫羟酸、亚硫酸氢盐以及许多其它化合物等都可以与烯烃发生自由基加成反应。

$$
R{-}CH{=}CH_2 \begin{cases} \xrightarrow{+\ HBr} R{-}CH_2{-}CH_2{-}Br \\ \xrightarrow{R'CH_2{-}CHO} R{-}CH_2{-}CH_2{-}CO{-}CH_2{-}R' \\ \xrightarrow{+\ CCl_4} R{-}CHCl{-}CH_2{-}CCl_3 \\ \xrightarrow{+\ CHBr_3} R{-}CHBr{-}CH_2{-}CHBr_2 \\ \xrightarrow{+\ CHCl_3} R{-}CH_2{-}CH_2{-}CCl_3 \end{cases} \qquad (D.4.57)
$$

与溴化氢不同，氯化氢和碘化氢不能和烯烃发生自由基加成反应。这是因为碘化氢与烯烃发生自由基加成反应时，碘自由基的活性太差而使链反应的第一步（碘自由基+烯烃）不可能发生；而氯化氢与烯烃发生自由基加成反应时，H—Cl 键的均裂需要很高的能量，链反应的第二步为吸热反应，因此氯化氢与烯烃的自由基加成反应也不能发生。

极性对反应的影响很大。含有吸电子取代基的碳自由基（如多卤代甲烷产生的自由基）可以很容易地与高碱性的烯烃（如乙烯基醚）或一般的烯烃反应，但是不能与乙烯二羧酸酯反应。

同样，脂肪醛和醇可以与全氟烯烃和 α,β-不饱和羰基化合物发生加成反应，尤其是和马来酸乙酯，这些反应有时可以获得很好的产率。

只有在很少的情况下，α 位含有支链的醛才会得到预期的酮，因为这时酰基自由基主要发生了脱羰反应（怎样来解释?）：

$$
R_3C{-}CHO \longrightarrow R_3C{-}\dot{C}O \longrightarrow R_3\dot{C} + CO \qquad (D.4.58)
$$

在能形成自由基的条件下，氯甚至可以与苯发生加成反应，生成六氯环己烷立体异构体的混合物[❶]。混合物中包含 γ-异构体，它是一种非常重要的杀虫剂，工业生产的产率大约为 15%。

根据最近的研究，氯与炔烃的加成反应可能是自由基机理。由于前面所提到的原因，氯与炔烃不利于发生亲电加成反应。

应该指出这里的自由基加成反应符合反马氏规则，原因并不难理解，在链反应的第一步可能形成的两个自由基中，如式(D. 4. 59）所示，根据 D. 1 给出的解释，自由基Ⅰ要比自由基Ⅱ的能量低。

$$
R{-}CH{=}CH_2 + Br\cdot \begin{cases} \longrightarrow R{-}\dot{C}H{-}CH_2{-}Br \ (\text{I}) \\ \longrightarrow R{-}CH(Br){-}\dot{C}H_2 \ (\text{II}) \end{cases} \qquad (D.4.59)
$$

因此，在过氧化物存在的条件下，溴化氢以自由基机理与烯烃发生加成反应，加成方向符合反马氏规则（过氧化物效应）。

当一种试剂既可以进行离子加成反应，又可以进行自由基加成反应时，反应条件决定主反应。在 Lewis 酸如溴化铝存在的条件下，溴化氢的过氧化物效应不再是主反应，而符合马氏规则的离子加成反应成为主反应。

【例】 烯烃的自由基加成反应实验步骤（表 D. 4. 60）

为了减少调聚物的生成［见式(D. 4. 72)］，烯烃的用量要相对少一些，产率按转化率来计算。

---

❶ 在怎样的情况下，能制止竞争反应即苯的氯代反应的发生?

表 D.4.60 烯烃的自由基加成反应

产物	原料	方法	沸点/℃	n_D^{20}	产率/%
1,1,1,3-四氯辛烷	四氯化碳,1-正庚烯	A	$130_{2.5}$	1.4772	50
1,1,1,3-四氯壬烷	四氯化碳,1-正辛烯	A	78	1.4770	40
正丁酰基琥珀酸二乙酯	正丁醛,马来酸二乙酯	B	112	1.4376	75
正庚酰基琥珀酸二乙酯	正庚醛,马来酸二乙酯	B	沸点$_{0.5}$ 133	1.4392(n_D^{25})	55
β-苯乙基苄硫醚	苄硫醇,苯乙烯	B	沸点$_3$ 156	1.5894	80
β-苯乙基苯硫醚	苯硫酚,苯乙烯	C	沸点$_{15}$ 188	1.6042	70
β-苯硫基丙腈	苯硫酚,丙烯腈	C	沸点$_8$ 154	1.5735	80
α-六氯环己烷	氯①,苯②	D	(熔点 158)(苯)		70
1,3-二溴丙烷	溴化氢,烯丙基溴	D	167	1.5232	95
1-溴-3-氯丙烷	溴化氢,烯丙基氯	D	142	1.4950	95

① 干氯。②无噻吩的干燥苯。

反应在配有导气管、高效冷凝器和内置温度计的三颈瓶中进行。如果是光化学引发的反应，则照射光源需要浸没在冷汞里❶。如果反应需要加入非气态的化合物，那么整个反应过程都要在缓慢通入氮气和无氧氮气❷的条件下进行。

要想获得高产率，必须严格控制反应温度，这就需要一个可以保持温差很小的具有调节装置的金属浴（见 A 1.7.1）或者一个自动调温器来保持温度的恒定。

用 40 cm 的韦氏分馏柱，真空蒸馏反应溶液。收集不同的馏分，包括未反应的起始物（回收）、产物以及其它物质。高聚物和调聚物通常为蒸馏的残余物［见式(D.4.72)］。

如果分馏时加成产物的沸程较大，则换用 60 cm 的韦氏分馏柱。如果反应产物在整个过程中呈固态，抽滤后，放在冰箱内过夜，最后重结晶。

A. 四氯化碳的加成反应　1 mol 烯烃、4 mol 四氯化碳和 0.06 mol 过氧苯甲酸的混合物加热回流 5 h。

B. 醛的加成反应　1 mol 烯烃、4 mol 醛和 0.06 mol 过氧苯甲酸的混合物在一定的温度下加热 24 h，其中一半的过氧苯甲酸在加热 8 h 后加入。

C. 硫醇的加成反应　1 mol 烯烃和 1 mol 硫醇在室温下辐射 5 h。

D. 气态化合物的加成反应　辐射下，通入气体，直到气体不再被吸收或终产品开始结晶出来。在这种情况下，可能有管道堵塞的危险，因此需要使用如图 A.11 所示的具有宽出口的进气管。

制备方法不适用于半微量反应。

丙二酸二甲基酯与乙酸乙烯酯的加成反应：Gritter R.,Org. Reactions,1963,13:119.

自由基在烯烃上加成的两个部分 X 和 Y 可以源于两个产物。

这种类型的合成中重要的加成反应是，在金属氢化物存在下，烯烃与烷基卤代物 RX 的反应，如三丁基锡的氢化物 $(C_4H_9)_3Sn—H$：

---

❶ 即使反应时间增加一倍，来自外部的紫外辐射也会使产率降低，除非使用石英或透紫玻璃反应瓶。对于氯的加成反应，可以把 200 W 的灯管或红外辐射器放在反应瓶的附近。

❷ 见反应附录。

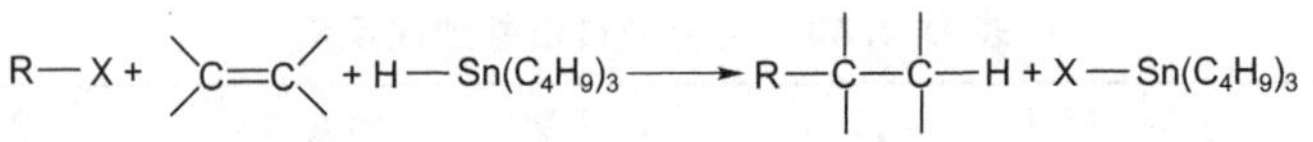

$$R-X + \rangle C=C\langle + H-Sn(C_4H_9)_3 \longrightarrow R-\overset{|}{\underset{|}{C}}-\overset{|}{\underset{|}{C}}-H + X-Sn(C_4H_9)_3 \quad (D.4.61)$$

烷基链反应在引发后：

$$\begin{aligned} R'-N{=}N-R' &\longrightarrow ZR'\cdot + N_2 \\ R'\cdot + H-SnBu_3 &\longrightarrow R'-H + \cdot SnBu_3 \end{aligned} \quad (D.4.62)$$

进行链的三个延续步骤：

$$\begin{aligned} \cdot R-X + \cdot SnBu_3 &\longrightarrow R\cdot + X-SnBu_3 \\ R\cdot + H_2C{=}CH-Z &\longrightarrow R-CH_2-\dot{C}H-Z \\ R-CH_2-\dot{C}H-Z + H-SnBu_3 &\longrightarrow R-CH_2CH_2-Z + \cdot SnBu_3 \end{aligned} \quad (D.4.63)$$

类似的加成通过有机汞的氢化物实现：

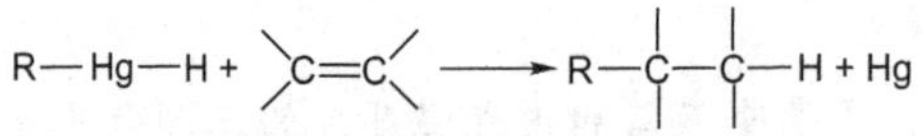

$$R-Hg-H + \rangle C=C\langle \longrightarrow R-\overset{|}{\underset{|}{C}}-\overset{|}{\underset{|}{C}}-H + Hg \quad (D.4.64)$$

有机汞的氢化物可以由有机汞和金属氢化物在线生成，由于 R—Hg 键非常弱，它同时也自发引发反应：

$$RHgX \xrightarrow{NaBH_4} RHgH \xrightarrow{\text{自发的}} R\cdot \quad (D.4.65)$$

自由基与烯烃按下列自由基链式反应机理进行：

$$\begin{aligned} R\cdot + H_2C{=}CH-Z &\longrightarrow R-CH_2-\dot{C}H-Z \\ R-CH_2-\dot{C}H-Z + H-HgR &\longrightarrow R-CH_2CH_2-Z + \cdot HgR \\ R-Hg\cdot &\longrightarrow R\cdot + Hg \end{aligned} \quad (D.4.66)$$

汞化合物 RHgX 可以来自于 RX 经格林纳（Grignard）化合物和汞的卤代物作用得到：

$$RX \xrightarrow{Mg} RMgX \xrightarrow[-\ MgX_2]{+\ HgX_2} RHgX \quad (D.4.67)$$

或者，由烯烃经有机硼烷和汞酸盐得到：

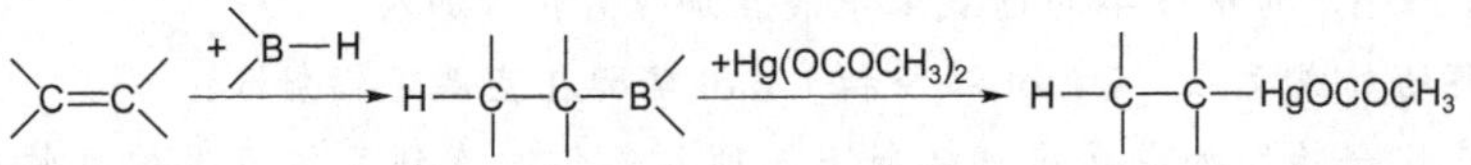

$$\rangle C=C\langle \xrightarrow{+\ \rangle B-H} H-\overset{|}{\underset{|}{C}}-\overset{|}{\underset{|}{C}}-B\langle \xrightarrow{+Hg(OCOCH_3)_2} H-\overset{|}{\underset{|}{C}}-\overset{|}{\underset{|}{C}}-HgOCOCH_3 \quad (D.4.68)$$

相关反应也可以用于分子内加成，形成环状物：

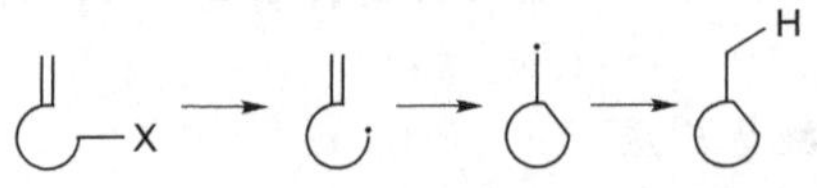

(D.4.69)

自由基聚合反应

在自由基加成反应中，第一步形成的碳自由基［式(D.4.70a)］也可以和另一分子的烯烃发生加成反应。反应连续进行（增长反应），就形成了长碳链的大分子化合物。

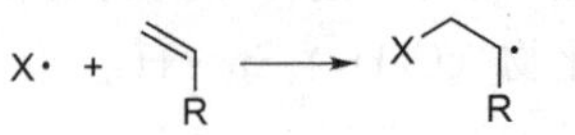

(D.4.70a)

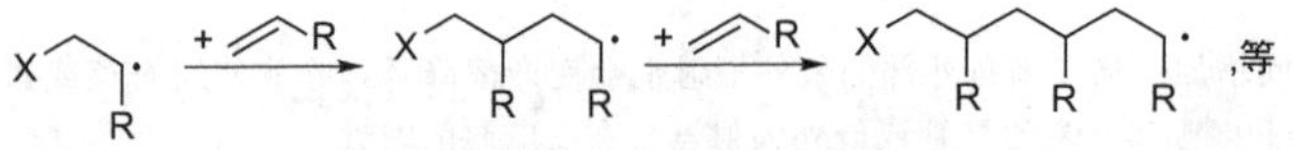

(D.4.70b)

大分子化合物的大小随着温度的下降、初始自由基浓度的下降以及单体浓度的增加而增加，平均相对分子质量可高达 10^7。

并不是所有的烯烃都具有相等地进行自由基聚合的能力，最适用的烯烃是含有在链增长反应中可以使自由基稳定的取代基的烯烃。乙烯基、芳基和羰基可以稳定自由基。通过大分子自由基的歧化或二聚实现链的终止，如式(D.4.71) 所示，自由基链完全被破坏掉。增长反应也可以通过链的转移来终止，在这个过程中，增长着的聚合物通过从溶剂或从加入的可以形成自由基的物质中夺取一个自由基，而变成一个不再增长的“死”聚合物（如调聚中的四氯化碳溶剂）。转移生成的自由基又开始了一个新的链增长过程。

$$2\ \text{X}\!-\!\text{CH}_2\text{CHR}\!-\!\text{CH}_2\text{CHR}\!-\!\text{CH}_2\dot{\text{C}}\text{HR} \longrightarrow \text{X}\!-\!\text{CH}_2\text{CHR}\!-\!\text{CH}_2\text{CHR}\!-\!\text{CH}{=}\text{CHR} + \text{X}\!-\!\text{CH}_2\text{CHR}\!-\!\text{CH}_2\text{CHR}\!-\!\text{CH}_2\text{CH}_2\text{R} \qquad \text{(D. 4. 71a)}$$

$$2\ \text{X}\!-\!\text{CH}_2\text{CHR}\!-\!\text{CH}_2\text{CHR}\!-\!\text{CH}_2\dot{\text{C}}\text{HR} \longrightarrow \text{X}\!-\!\text{CH}_2\text{CHR}\!-\!\text{CH}_2\text{CHR}\!-\!\text{CH}_2\text{CHR}\!-\!\text{CHR}\text{CH}_2\!-\!\text{CHR}\text{CH}_2\!-\!\text{CHR}\text{CH}_2\!-\!\text{X} \qquad \text{(D. 4. 71b)}$$

所谓的调聚反应（定向聚合），既是加成反应又是聚合反应，它产生的是低密度聚合物。通过选择合适的反应条件，可以获得具有所希望链长和末端基团的调聚物。与高聚物相比，由于密度小，调聚物末端基团对产品的性能影响更大。四氯化碳、氯仿等是常用的产生末端基团的试剂，通过采用合适浓度（相对高的浓度）的这些试剂，可以获得适合密度的调聚物，例如：

$$\begin{array}{ll}
\text{开始反应} & \text{R}'\text{OOR}' \longrightarrow 2\,\text{R}'\text{O}\cdot \\
\text{增长} & \text{R}'\text{O} + \text{H}_2\text{C}{=}\text{CHR} \longrightarrow \text{R}'\text{OCH}_2\dot{\text{C}}\text{HR} \\
 & \text{R}'\text{OCH}_2\dot{\text{C}}\text{HR} + n\,\text{H}_2\text{C}{=}\text{CHR} \longrightarrow \text{R}'\text{OCH}_2\text{CH(R)}(\text{CH}_2\text{CH(R)})_{n-1}\text{CH}_2\dot{\text{C}}\text{HR} \\
\text{链的传递} & \text{R}'\text{OCH}_2\text{CH(R)CH}_2\dot{\text{C}}\text{HR} + \text{CCl}_4 \longrightarrow \text{R}'\text{OCH}_2\text{CH(R)CH}_2\text{CHRCl} + \cdot\text{CCl}_3 \\
\text{增长} & \text{Cl}_3\text{C}\cdot + \text{H}_2\text{C}{=}\text{CHR} \longrightarrow \text{Cl}_3\text{CCH}_2\dot{\text{C}}\text{HR}
\end{array} \qquad \text{(D. 4. 72)}$$

【例】 聚苯乙烯的制备（溶液聚合）

在带有指形冷冻器的测试管中，2 g 新蒸馏（蒸馏时加入少量硫黄）的苯乙烯溶解在 10 mL 二甲苯中，加入 50 mg 过氧苯甲酸，混合物在 80 ℃下水浴加热 2 h。然后，反应液在搅拌下倒入含有 100 mL 甲醇的研钵中，除去未反应的单体和溶剂，产生很好的沉淀。2 h 后，过滤，甲醇洗涤，真空干燥器干燥。

苯乙烯的悬浮聚合和苯乙烯与异戊二烯的乳液共聚：Sorenson W. R.，J. Chem. Educn.，1965，42：8。

乙烯类化合物的自由基聚合是生产塑料、合成纤维和合成橡胶最重要的方法。由于塑料具有机械和电学上的优异性能及高的化学稳定性，因此它们的生产需求日益增加，已成为大规模化工生产中一个重要的分支。

嵌段共聚、乳液聚合和溶液聚合是有差别的。目前，人们感兴趣的是，在悬浊液中制备粒状的聚合物。过氧化物如过氧苯甲酸、过硫酸钾和过氧化氢异丙苯常用做反应的引发剂。

重要的聚合物和应用见表 D.4.73。

表 D. 4. 73　重要的聚合物及应用

单体	聚合物的应用
乙烯	高压聚乙烯：薄膜，包装材料，容器，管，分离材料
氯乙烯(VC)	聚氯乙烯(PVC)：薄膜，抗酸导管，容器，盘，缆密封
苯乙烯(S)	聚苯乙烯：电子工业，薄膜，泡沫聚苯乙烯(包装材料)
四氟乙烯	聚四氟乙烯(PTFE)：高抗化学性，设备外套，管，密封
丙烯腈(AN)	聚丙烯腈：纤维
丁二烯(B)	聚丁二烯(S)：人造橡胶
乙酸乙烯酯(VA)	聚乙酸乙烯酯：Latex(PVAc)，泡泡糖
甲基丙烯酸酯	聚甲基丙烯酸甲酯：有机玻璃
B+S	丁钠橡胶 S，弹性抗冲击苯乙烯
B+S+AN	ABS 共聚物：碎裂敏感的聚合物
B+AN	丁钠橡胶 N(丁苯橡胶)
S+AN	抗击聚苯乙烯
乙烯+VA	EVA 共聚物：热弹性软材料
	低聚体：柴油添加物，流动改良剂
VC+亚乙烯基二氯化物	纤维，爆裂
S+不饱和聚乙酯	玻璃纤维聚酯树脂，碾压

调聚物在合成上也日益引起人们的兴趣。例如，用氨水处理 α,α,α-三氯-ω-氯代石蜡，接着进行皂化，可以制备 ω-氨基羧酸，ω-氨基羧酸的内酰胺发生聚合可以产生聚酰胺。

D. 4. 4　环加成

烯烃加成得到环状反应产物，被称为环加成。按照两个参与反应的同伴的类型和参与原子数，可以将 C 环或杂环的生成分成以下类型：

[1+2]环加成

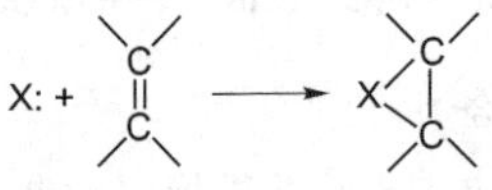

(D. 4. 74)

[2+2]环加成

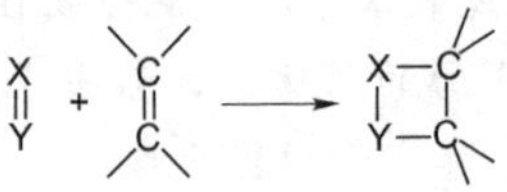

(D. 4. 75)

[3+2]环加成(1,3-偶极加成)

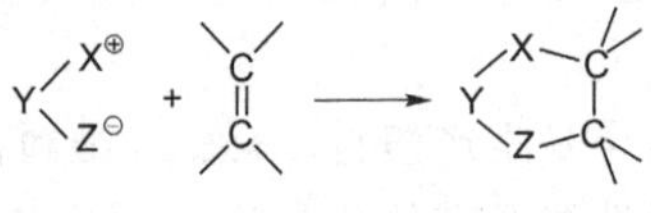

(D. 4. 76)

[4+2]环加成(Diels-Alder 反应)

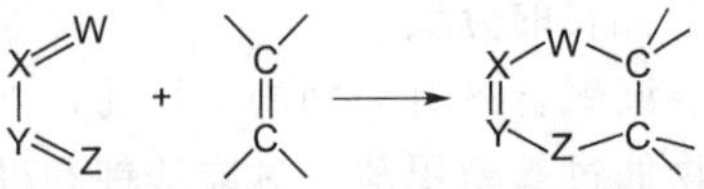

(D. 4. 77)

环加成也可以作为周环反应一步进行。周环环加成的立体协同进行，以及预言相关的反应热效应或光化学上是否容许，都可以借助于前线轨道导出。详见图 D. 4. 78。

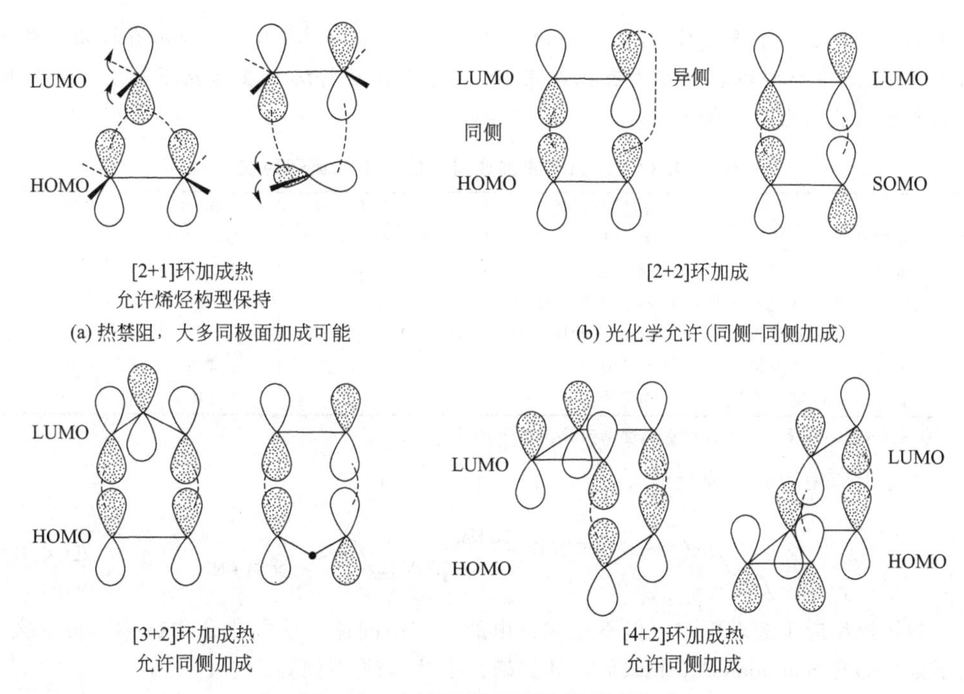

图 4.78 用前线轨道理论解释环加成

D. 4. 4. 1 [1＋2]环加成

卡宾在烯烃上加成形成环丙烷。具有立体选择性的协同加成仅是单线态卡宾可以实现（D. 4. 79），在溶液中通常存在的三线态卡宾不能进行协同反应，因此不能发生立体选择性反应（D. 4. 80）：

(D. 4. 79)

(D. 4. 80)

芳香烃与卡宾发生加成，首先生成双环[4. 1. 0]庚二烯：

$+ :CH_2$ (D. 4. 81)

【例】 二氯卡宾在烯烃上的加成步骤（参见表 D. 4. 82）

0. 1 mol 的烯烃和 1 mmol 的苯基三乙胺氯化物于 0. 4 mol 的氯仿中在添加 1 mL 乙醇的情况下溶解。在加入 0. 4 mol 冰冷的新鲜制备的 50％的苛性钠条件下，室温强烈搅拌 1 h，然后 50 ℃下再搅拌 5 h。冷却的混合物注入 500 mL 的水中，分离有机相，水层用 100 mL 的氯仿提取。合并的有机相用 Na_2SO_4 干燥后将溶剂在真空下蒸发，剩余物蒸馏或重结晶固态的产物部分。

表 D.4.82 二氯卡宾加成得到的 1,1-二氯环丙烷

产物	初始化合物	沸点(熔点)/℃	n_D^{20}	产率/%
7,7-二氯双环[4.1.0]庚烷	环己烷	$78\sim79_{2.0(15)}$	1.5028	78
1,1-二氯-2-苯基环丙烷	苯乙烯	$114_{1.7(13)}$	1.5515	84
1,1-二氯-2-甲基-2-苯基环丙烷	α-甲基苯乙烯	$66_{0.08(0.6)}$	1.5410	75
1,1-二氯-2,2-二苯基环丙烷	1,1-二苯基乙烯	(熔点 114)(Et_2O)		70
1,1-二氯-2-二己基环丙烷	1-辛烯	$50\sim52_{0.07(0.5)}$	1.4555	60
1,1-二氯-2,2-二甲基环丙烷	异丁烯①	118～120	1.4499	60

① 先在－10 ℃导入，然后在室温逐渐升高温度下搅拌。

工业上应用到的合成反应：

+ $N_2CHCOOEt$ —Cu-Kat.→ COOEt + N_2 (D.4.83)

与烯烃反应生成环丙烷，但不生成自由的卡宾中间体，这类化合物被称为类卡宾。属于该类的有 Simmons-Smith 试剂，如二碘代甲烷和锌-铜偶等。

$$2ICH_2ZnI \rightleftharpoons (ICH_2)_2Zn + ZnI_2 \quad (D.4.84)$$

C=C + $H_2C(ZnI)(I)$ ⟶ [C⋯CH_2⋯ZnI⋯I] ⟶ C–CH_2–C + ZnI_2 (D.4.85)

D.4.4.2 ［2＋2］环加成

如反应式(D.4.75) 所示，生成 C 环或杂环的反应，作为周环过程是光化学允许的，热学上是不允许的。但当有另一垂直于 p-π 轨道的具有 sp 杂化的 C 原子上的 p 轨道可以用于加成的话，这个限制也就不存在了

LUMO 烯酮

HOMO 乙烯 (D.4.86)

通过［2＋2］环加成光化学方法，也可以将烯烃转换成环丁烷：

降冰片二烯 —hν→ Quadricyclan (四环烷) (D.4.87)

合成上特别有用的是分子内的烯酮-烯烃环加成，其中的烯酮可以在线得到。

O, Cl —Et_3N→ H, O (D.4.88)

在没有反应同伴时，很多烯酮可以发生环二聚，自身就可以生成双烯酮。

$$2\,H_2C{=}C{=}O \longrightarrow \text{(4-methylene-oxetan-2-one)} \tag{D. 4. 89}$$

D. 4. 4. 3 [3+2]环加成（1,3-偶极加成）

基于1,3-偶极的多样性，通过[3+2]环加成可以得到C环特别是五元杂环，它们具有非常不同的结构。举例如下：

$$\left[H_2C^{\ominus}{-}N^{\oplus}{\equiv}N \rightleftharpoons H_2C^{\ominus}{-}N{=}N^{\oplus}\right] + H_2C{=}CH{-}CN \longrightarrow \text{(pyrazoline)-CN} \tag{D. 4. 90}$$

除了物质中存在的1,3-偶极，其它的如臭氧等，常常还可以使用反应混合物如通过HCl分解来实现这一目的：

$$\underset{\text{I}}{Ph{-}C(Cl){=}NOH} \xrightarrow{-HCl} \underset{\text{II}}{\left[Ph{-}\overset{\oplus}{C}{=}N{-}O^{\ominus} \leftrightarrow Ph{-}C{\equiv}\overset{\oplus}{N}{-}O^{\ominus}\right]} \begin{cases} \xrightarrow{+\ >C{=}C<} \text{III} \\ \xrightarrow{+\ {-}C{\equiv}C{-}} \text{IV} \end{cases} \tag{D. 4. 91}$$

【例】 通过1,3-偶极加成制备合成3-(4-氯苯基)-Δ^2-1,2-唑啉和3-(4-氯苯基)-1,2-唑的一般方法（参见表D. 4. 92）。

250 mL的三颈瓶，装配有搅拌器和滴液漏斗，加入由0.02 mL的4-氯苯氧肟的氯化物于50 mL的二氯甲烷中得到的溶液，添加0.06 mol的烯烃进行转换。在45 min内向溶液中滴入0.023 mol的三乙胺于30 mL的二氯甲烷中得到的溶液。在加入过程结束后，再搅拌1 h，然后通过添加10 mL的水将析出的三乙胺氯化物溶解。分离有机相，再用些水洗涤两次，硫酸钠干燥。在真空分馏溶剂后将剩余物用绝对纯乙醇重结晶。

表 D. 4. 92 1,3-偶极加成实例

产物	初始物	熔点/℃	产率/%
3-(4-氯苯基)-5-苯基-Δ^2-1,2-唑啉	苯乙烯	132～133	80
3-(4-氯苯基)-Δ^2-1,2-唑啉碳腈	丙烯腈	122～123	65
乙酸[3-(4-氯苯基)-Δ^2-1,2-唑啉-5-]酯	乙烯酸盐	81～83	87
3-(4-氯苯基)-5-苯基-1,2-唑	苯乙炔	177～179	72

D. 4. 4. 4 [4+2]环加成（Diels-Alder反应）

重要的[4+2]反应是Diels-Alder反应。在这种双烯合成反应中，不饱和化合物（亲双烯体）与共轭双键（双烯体）发生1,4-加成形成六元环体系（环己烯的衍生物），例如：

$$\text{butadiene} + \text{1,4-benzoquinone} \longrightarrow \text{4a,5,8,8a-tetrahydro-1,4-naphthoquinone} \tag{D. 4. 93}$$

双烯合成反应受立体因素控制，一般会发生顺式加成，在加成产物上亲双烯体取代基的位置保持不变。

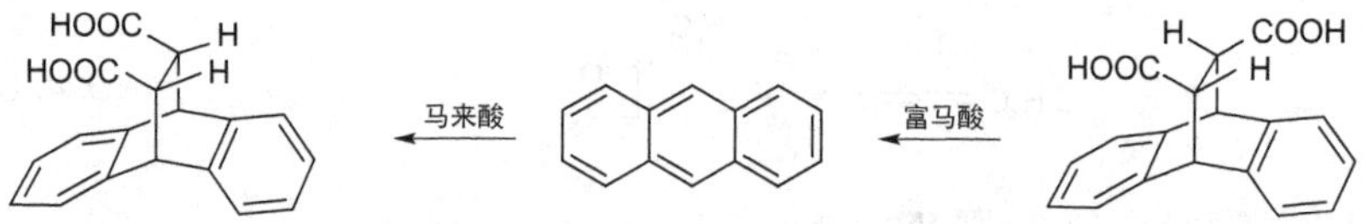

马来酸　　富马酸　　(D. 4. 94)

二烯可以在 Diels-Alder 反应中作为二烯亲和物反应，如在环戊二烯的二聚就是如此。在保管单体时就会发生二聚，不过加合物如同 Diels-Alder 反应的产物一样，例如在简单蒸馏的热的作用下就会可逆分解。

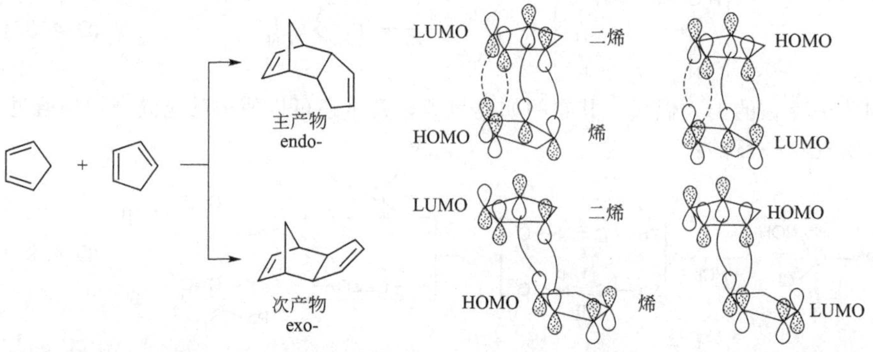

主产物 endo-　　次产物 exo-　　LUMO 二烯 HOMO　HOMO 烯 LUMO　　(D. 4. 95)

适用的双烯体有脂肪族二烯（如 1,3-丁二烯）、脂环二烯（如环戊二烯）、芳香性二烯（如蒽、苯乙烯）和杂环二烯（如呋喃）。

适用的亲双烯体为C═C 双键或 C≡C 三键上含有氯、羰基、硝基、氰基、烷氧基或其它强吸电性基团的化合物。马来酸酐尤其具有高的反应活性。α,β-不饱和羰基化合物如丙烯醛、甲基乙烯酮等作为亲双烯体，同时又可以视为类氧的二烯化合物，因此它们可以发生自身的双烯合成反应。

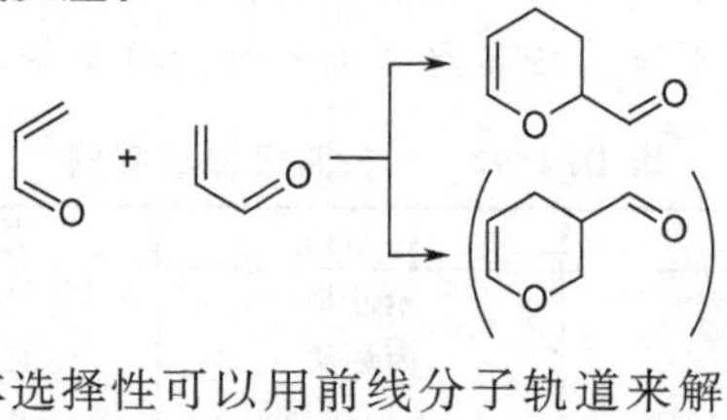

(D. 4. 96)

Diels-Alder 反应的立体选择性可以用前线分子轨道来解释。为此，需要 HOMO 和 LUMO 轨道的各自贡献及系数和系数的符号。

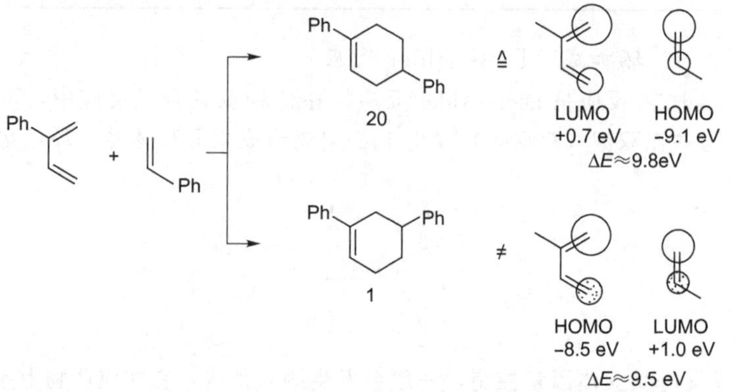

20　≙　LUMO +0.7 eV　HOMO −9.1 eV　$\Delta E\approx 9.8\text{eV}$　　(D. 4. 97a)

1　≠　HOMO −8.5 eV　LUMO +1.0 eV　$\Delta E\approx 9.5$ eV　　(D. 4. 97b)

在这种情况下，反应遵循所谓的“最高氧密度原则”，如下所示：

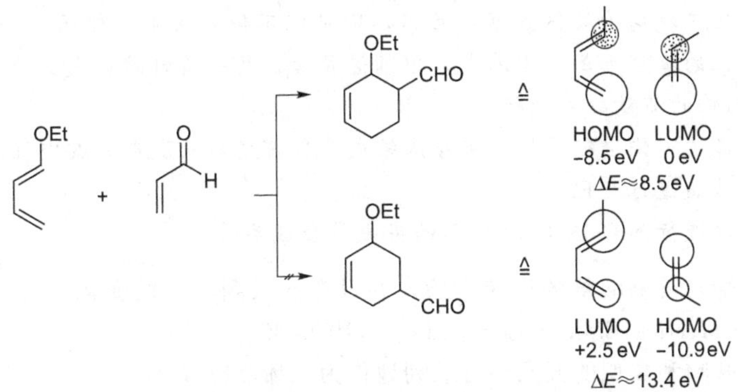

(D. 4. 98a)

(D. 4. 98b)

从分析的角度来讲，双烯合成反应中可以有共轭双键存在，如马来酸酐的反应。双烯合成反应也被用来合成多种杀虫剂，如氯化茚、氯甲桥萘和氧桥氯甲桥萘。

【例】 Diels-Alder 反应实验步骤（表 D. 4. 99）

Diels-Alder 反应在高温下是可逆的，因此反应要在尽可能低的温度下进行。三氯乙酸或氯化铝可以促进反应的进行，但是一般并没有必要加入这些催化剂。在相对较高的温度下，如果反应物为易聚合的化合物，则需要加入阻聚剂（如氢醌）。

表 D. 4. 99 Diels-Alder 反应

产物①	二烯：亲双烯体（摩尔比）	溶剂	条件	沸点(熔点)/℃	产率/%
Δ^4-四氢化邻苯二甲酸酐	丁二烯：马来酸酐，1∶1	苯	5 h，100 ℃密封管或高压釜	(熔点 103)(轻石油)	90
Δ^3-四氢化苯甲醛	丁二烯：丙烯醛，1∶1	无	1 h，100 ℃密封管	$51_{1.7(13)}$	90
双环[2.2.2]-5,6-二甲酸酐-2-辛烯	环己二烯①：马来酸酐，1∶1	苯	30 min，回流	(熔点 147)(轻石油)	90
双环[2.2.2]-2,3;5,6-二苯基-7,8-二甲酸酐-2,5-辛二烯	蒽：马来酸酐，1∶1	二甲苯	10 min，回流	(熔点 262)(二甲苯)	90
Δ^2-5-羧甲基降冰片烯	环戊二烯：丙烯酸，1∶2	乙醚(1体积)	6 h，回流	132	80
双(内乙烯基)八氢蒽醌	环己二烯①：*p*-苯醌，4∶1	无	24 h，回流	(熔点 196)(乙醇)	80
2-乙氧基-2,3-二氢吡喃	丙烯醛②：乙基乙烯基醚，4∶5	无	2 h，185 ℃高压釜	$109_{13(100)}$，n_D^{20} 1.4420	86

① 在少量钠存在下进行新鲜蒸馏。

② 加入少量对苯二酚进行新鲜蒸馏，同时在接收器内也加入 1%的对苯二酚，这样可以抑制在双烯反应中发生聚合反应。

注：双烯合成反应产生的双环体系的命名：前缀“双环”两字后面的方括号内的数字表示每个桥上除去桥头碳之外的其它碳原子数，然后写出以所有环上碳原子数命名的母体的名称。编号的原则为从桥头碳开始编号，先编长桥，再编次长桥，最后编短桥。

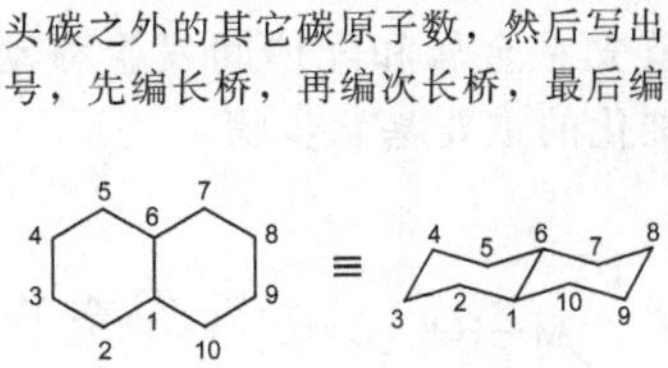

双环[4.4.0]癸烷 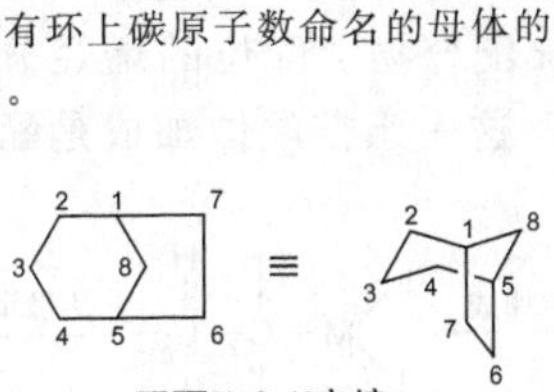　　双环[3.2.1]辛烷 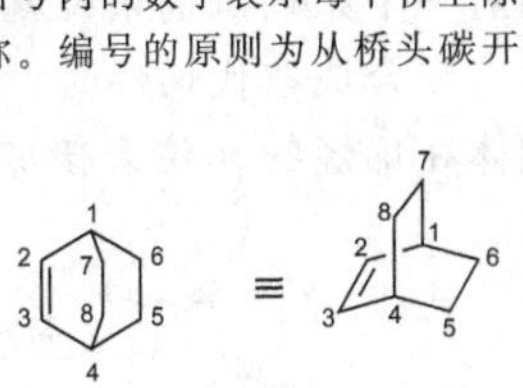　　双环[2.2.2]-2-辛烯

如果两种反应物均为液体且可以互溶，则可以不使用溶剂。然而，如果反应剧烈，则需要使用惰性的溶剂如苯、甲苯或二甲苯等稀释。马来酸酐的加成反应通常在苯溶剂（大约一倍或两倍的质量）中进行。

液态产物通过蒸馏进行纯化，直接浓缩或溶剂挥发后从反应溶液中沉淀出来的固体产物需通过重结晶进行纯化。

该反应可以进行如表 D. 4. 99 所示的半微量合成实验。

对于丁二烯与马来酸酐的反应实验，并没有涉及到压力的变化对反应的影响，见 Cope A. C. and Herrick E. C. , Org. Syntheses, 1950, 30: 93.

如前述，呋喃和类似的五元环可顺利地作为二烯反应。

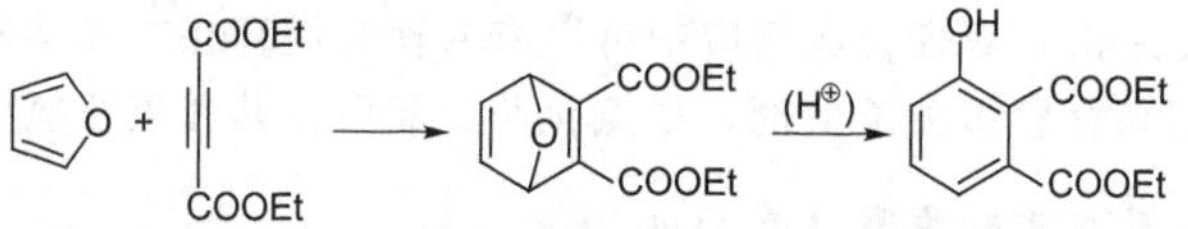

(D. 4. 100)

技术上合成维生素 B_6 可以用到相关的反应：

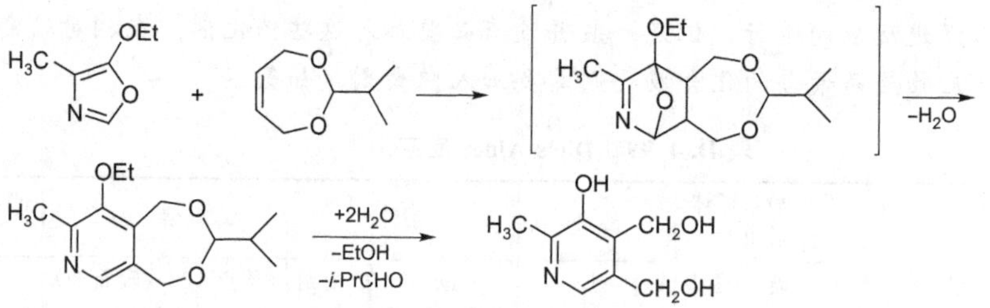

(D. 4. 101)

D. 4. 5 金属和金属复合物催化的烯烃的反应

D. 4. 5. 1 烯烃和乙炔发生的同相催化反应

在金属复合物作为催化剂存在时，烯烃和炔烃可以发生 C—C 和 C—H 键上的连接反应。

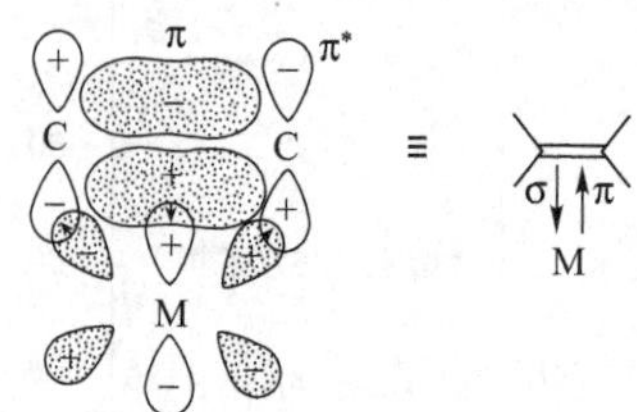

图 D. 4. 102 过渡金属烯烃配合物成键状态

催化的前提条件是：不饱和基质通过过渡金属配合物的中心原子上的配位成键，生成 π 配合物。烯烃可以和许多过渡金属的盐及其配合物形成这样的 π 配合物。

按照 LCAO-MO 模型，这种配位由 π 接受体部分和 π 给体部分组成，π 接受体部分是在一个未占的金属原子轨道 AO 和烯烃的占据 πHOMO 之间，π 给体部分是中心原子的 AO 和烯烃的 LUMO（π^* 轨道），见图 D. 4. 102。如果成键的 π 接受体部分占优势，那么烯烃相对一个亲核试剂来说就使得进攻自由烯烃成为不可能。

在合成取代烯烃时，在 π 配合物上配位的烯烃分子首先在金属和配体间发生移动，配体在烯烃的 β-位亲核加成。这一亲核配体加成是配位催化的重要基元步骤：

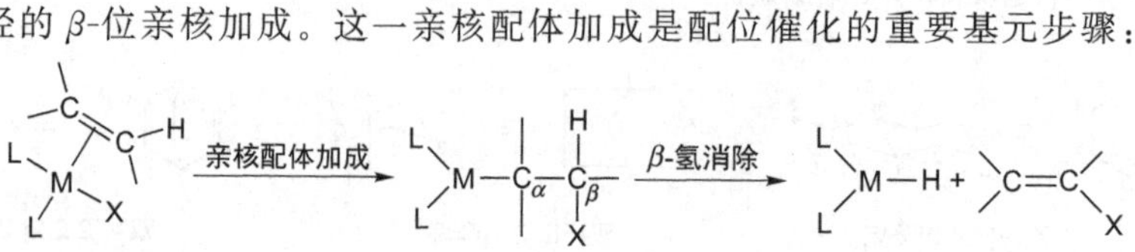

(D. 4. 103)

Wacker 氧化就是按这一方式进行的。它是在催化剂量的氯化钯和氯化铜存在下，一种工业上由烯烃和氧制备乙醛的重要方法：

$$
\begin{array}{l}
(H_2C{=}CH_2)PdCl_2 \xrightarrow[-\,HCl]{+\,H_2O} HOCH_2CH_2{-}PdCl \\
\uparrow +\,H_2C{=}CH_2 \qquad\qquad \downarrow -\,H_2C{=}CH{-}OH \longrightarrow H_3C{-}CH{=}O \\
PdCl_2 \xleftarrow[-\,2\,CuCl]{+\,2\,CuCl_2} Pd(0) \xleftarrow[-\,HCl]{} H{-}PdCl
\end{array}
\quad (D.\,4.\,104)
$$

Pd(0) 通过 $CuCl_2$ 再氧化成 Pd(Ⅱ)，形成的 Cu(Ⅰ) 通过 O_2 再转化成 Cu(Ⅱ)：

$$2\,CuCl + \frac{1}{2}O_2 + 2\,HCl \longrightarrow 2\,CuCl_2 + H_2O \quad (D.\,4.\,105)$$

【例】 端烯 Wacker 氧化的一般实验方法（见表 D.4.106）

在配有带压力平衡功能的滴液漏斗的 250 mL 的三颈瓶中，加入 10 mmol $PdCl_2$、0.1 mol CuCl 和 80 mL 的二甲基甲酰胺-水混合物（DMF：H_2O=7：1）。DMF 使用前要进行蒸馏。滴液漏斗灌入对应的烯烃 0.1 mL。在第二个瓶颈上固定一个充满氧气的气球（所有的连接和接合处必须安全可靠!）。混合物搅拌 1 h 以获取氧气。然后，缓慢（约 20 min）在强烈搅拌下经分液漏斗加入相应的烯烃。在 15 min 内，出现颜色，颜色由绿变黑，再逐渐变绿。24 h 后将反应混合物倒入冷的 3 mol/L 的 HCl(300 mL) 中，用每次 100 mL 醚提取 5 次。合并的有机相小心用 150 mL 饱和的 $NaHCO_3$ 溶液和 150 mL 饱和的 NaCl 溶液洗涤，接着用 $MgSO_4$ 干燥。在过滤及在旋转蒸发器上除去溶剂后，剩余物经 Vigreux 柱精馏。

表 D.4.106 端烯 Wacker 氧化反应制备甲基酮①

产物	初始物	沸点(熔点)/℃	n_D^{25}	产率/%
2-癸酮	1-癸烯②	$43\sim50_{0.13(1)}$	1.4253	65
2-十二酮	1-十二烯	$105\sim108_{0.66(5)}$，(熔点 17～20)	1.4348	60
2-辛酮	1-辛烯	168	1.4134	60

① CuCl 选择性地作为 $CuCl_2$ 反应（它可以氯化产物）。

② 使用前新鲜蒸馏。

一个重要的例子，Ziegler-Natta 发现的乙烯和其它烯烃的低压聚合。有关反应式如下：

$$TiCl_3 \xrightarrow[-\,R_2AlCl]{+\,R_3Al} RTiCl_2 \xrightarrow{+\,H_2C{=}CH_2} RTi(H_2C{=}CH_2)Cl_2 \quad (D.\,4.\,107)$$

$$RTi(H_2C{=}CH_2)Cl_2 \longrightarrow R{-}CH_2{-}CH_2{-}TiCl_2 \xrightarrow{+\,H_2C{=}CH_2} RCH_2CH_2{-}Ti(H_2C{=}CH_2)Cl_2 \longrightarrow 等 \quad (D.\,4.\,108)$$

这类聚合是立体选择进行的（如在聚丙烯中，每两个 C 原子是非对称的）：

$$-\overset{*}{C}H(CH_3)-CH_2-\overset{*}{C}H(CH_3)-CH_2-\overset{*}{C}H(CH_3)- \quad (D.\,4.\,109)$$

如有 d 电子富裕的中心原子如 Ni，则有利于 β-氢化物消除。这个反应实现有目标的烯烃二聚：

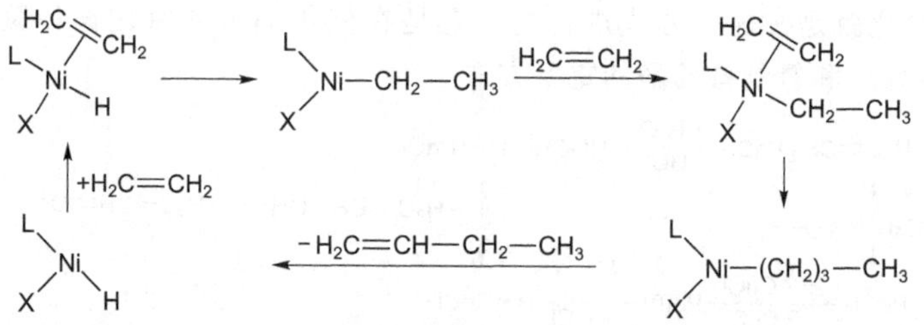

(D. 4. 110)

【例】 聚乙烯的制备

大气压下，在实验室里进行乙烯的聚合反应更适宜采用戊基氯锂作为催化剂，而不是采用三烷基铝-四氯化钛催化剂。因为三烷基铝-四氯化钛催化剂会发生自燃，因此难于制备和处理。实验只有在完全隔绝水和氧气的条件下才会成功。

400 mL 石油醚（b. p. 60～80 ℃）经氢氧化钾干燥后，通入氮气，加热回流以排除空气。冷却，氮气保护下取 50 mL 加入到配有搅拌器、回流冷凝管、进气管和滴液漏斗的 250 mL 三颈瓶中。所有的操作都在无氧氮气的保护下进行（通入缓慢的氮气流）[1]。向烧瓶内加入 3 g 细锂丝，剧烈搅拌下，滴加 2 mL 由 18 g 氯戊烷溶于 25 mL 排除空气的石油醚形成的溶液。反应开始形成氯化锂，通过观察氯化锂的形成判断反应开始后，在强烈搅拌且冰盐浴冷却下，于 20 min 左右的时间内滴加剩下的氯戊烷溶液。继续搅拌反应 2.5 h，停止反应。氯化锂完全静止后，用干燥的安全吸液管将浮在表面的 30 mL 溶液吸出[2]，吸液管要预先用氮气冲洗。在配有搅拌器、回流冷凝器和进气管的 500 mL 三颈瓶中，用剩下的排除空气的石油醚稀释吸出的溶液。加入 2 mL 氯化钛，混合物搅拌 20 min 以使催化剂形成。停止氮气，开始通入无氧乙烯[3]。因形成的聚乙烯会沉积，因此当搅拌变得困难时，停止反应。加入 30 mL 丁醇以降解催化剂。过滤，用 1∶1 的浓盐酸-甲醇洗涤，直到聚乙烯变成白色。接下来水洗，干燥箱内 80 ℃干燥。产品的纯化方法：使产品溶解在热的 1,2,3,4-四氢化萘或十氢化萘中，冷却重新产生沉淀。m. p. 120～130 ℃。

复合物催化的烯烃加成反应一般按下列基元反应进行：

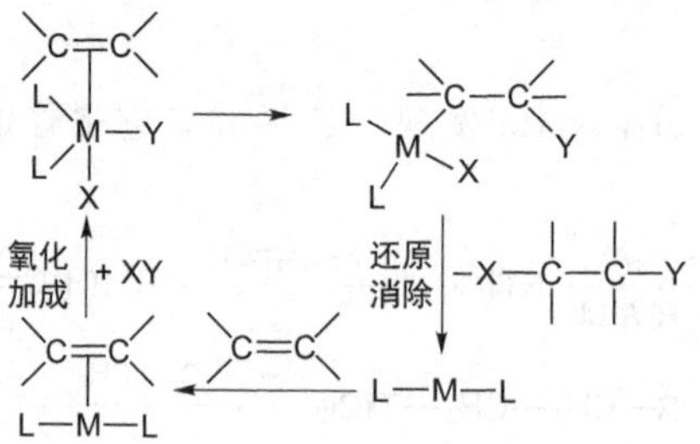

氧化加成 + XY　还原消除 $-X-C-C-Y$

(D. 4. 111)

在与同样配位结合的基质反应后，终产物接着由复合物还原消除。如同相催化氢化：

---

[1] 见试剂附录。

[2] 少量的氯化锂对反应没有干扰。反应的残留液和未反应的锂可用乙醇除去。

[3] 乙烯的除氧方法同氮气，见试剂附录。

$$\rangle C=C\langle + H_2 \xrightarrow{\text{催化剂}} -\overset{|}{\underset{H}{C}}-\overset{|}{\underset{H}{C}}- \quad (D.4.112)$$

作为中间体将会出现氢化物复合物（X＝Y＝H），它们通过 H_2 的氧化加成，在如铑和铱的复合物上生成。在式(D.4.113) 生成的 Wilkinson 催化剂无论是在科学研究还是在实际生产中都具有重要意义：

$$Rh(PPh_3)_3Cl \underset{+PPh_3}{\overset{-PPh_3}{\rightleftharpoons}} Rh(PPh_3)_2(S)Cl \underset{-H_2}{\overset{+H_2}{\rightleftharpoons}} RhH_2(PPh_3)_2(S)Cl \quad (S=溶剂) \quad (D.4.113)$$

羰基化反应也同样具有重要意义：

$$R-CH=CH_2 + CO + H_2 \rightarrow \begin{cases} R-CH_2-CH_2-CHO \xrightarrow{+H_2} R-CH_2-CH_2-CH_2OH \\ R-CH(CH_3)-CHO \xrightarrow{+H_2} R-CH(CH_3)-CH_2OH \end{cases} \quad (D.4.114)$$

在 H_2 的氧化加成后，发生醛的还原消除反应重新得到催化剂：

$$Co_2(CO)_8 + H_2 \rightleftharpoons 2\,HCo(CO)_4 \rightleftharpoons 2\,HCo(CO)_3 + 2\,CO$$
$$RHC=CH_2 + HCo(CO)_3 \rightleftharpoons HCo(RCH=CH_2)(CO)_3 \rightleftharpoons RCH_2-CH_2-Co(CO)_3$$
$$RCH_2-CH_2-Co(CO)_3 + CO \rightleftharpoons RCH_2-CH_2-Co(CO)_4 \rightleftharpoons RCH_2-CH_2-CO-Co(CO)_3 \quad (D.4.115)$$
$$RCH_2-CH_2-CO-Co(CO)_3 + H_2 \longrightarrow RCH_2-CH_2-CHO + HCo(CO)_3$$

丁烯在 Ni^0 复合物上的氧化加成在 C—C 结合下得到双-π-烯丙基镍体系：

$$2\,C_4H_6 \xrightarrow{+NiL} \text{I (NiL)} \xrightarrow{-NiL} \text{(环辛二烯)} \quad (D.4.116)$$

I

I 可以继续和丁烯分子反应：

$$\text{I (NiL)} \xrightarrow{-NiL} \text{(环十二碳三烯)} \quad (D.4.117)$$

乙烯可以在镍催化剂作用下发生四聚：

$$4\,HC\equiv CH \xrightarrow{NiX_2} \text{(环辛四烯)} \quad (D.4.118)$$

【例】 制备反,反,顺-环十二碳三烯

注意！加入的化学品必须远离潮气。在有干燥的保护气体下进行反应。

用 1 L 的四颈瓶，装有温度计、搅拌器、气体导管和回流冷凝管，上部带有用石蜡油填充的计泡器，在 400 mL 的无水氯苯中将 160 mmol 的氢化钙和 40 mmol 无水氯化铝很好地进行悬浮化。在保护气存在下及室温时，3 h 强力搅拌，接着加入 20 mmol 的四氯化钛。在继续强烈搅拌 0.5 h 后，将内部温度调节到 40 ℃。现在导入干燥的丁二烯，这一气流大小应恰好是不再有气体通过计泡器泄漏出去，并且通过高强度外部冷却（冰盐浴）使内部温度保持在 40 ℃。40 min 后关掉气流，将混合物继续搅拌 1 h 以使反应进行完全。接着，加入 50 mL 丙酮，将析出的聚丁二烯抽滤。

滤出液在真空下蒸馏。然后在 2.7 kPa（20 Torr）下分馏，取 110～120 ℃范围的主要产物。

用气相色谱检验纯度，如果必要的话，再经 20 cm 的韦氏分馏柱。b. p.$_{2.7(29)}$ 115 ℃；n_D^{20} 1.5078；产率 80%～85%。

【例】 由乙炔制备环辛四烯

注意！遵守乙炔压力反应的注意事项。只有当遵守了所要求的安全预防措施后，才允许进行该反应。特别在高压釜和钢瓶之间必须有缓冲安全阀门！

在 2 L 的高压振摇釜或磁力搅拌反应釜中，加入混合物，组成为 20 g 的镍的乙酰乙酸盐和 60 g 的研细的碳化钙，用无水四氢呋喃进行转换。冲入纯氮气排出空气中的氧，然后在初始压力约为 0.5 MPa（5 atm）下将氮气加热到内部温度 70 ℃。达到该操作温度后，用 1.5～2.5 MPa（15～25 atm）的乙炔予以干预。随压力下降不时重复该过程，直至气体显著减少为止。30～60 h 反应时间之后，冷却，排放（将气体吹到室外!），过滤及在 8 kPa(60 Torr) 下用一个 20 cm 的韦氏分馏柱分馏。在蒸馏溶剂和微量的苯之后，环辛四烯以金黄色液体在 64～65 ℃出现，重复真空分馏。b. p.$_{8(60)}$ 64～65 ℃，b. p.$_{2.3(17)}$ 42～42.5 ℃，n_D^{20} 1.5390，产率 200 g。

通过烯烃与过渡金属的复合物形成，也可以进行工业上重要的烯烃交换反应，例如两个丙烯分子在 W 和 Mo 催化剂的催化下生成乙烯和 2-丁烯：

$$2\,H_3C{-}CH{=}CH_2 \rightleftharpoons H_3C{-}CH{=}CH{-}CH_3 + H_2C{=}CH_2 \qquad (D.4.119)$$

作为中间产物，金属卡宾化合物 $L_xM{=}CH{-}R$ 参与在其中：

$$R{-}CH{=}ML_x + R'CH{=}CHR' \rightleftharpoons \text{[metallacyclobutane: R, } ML_x\text{, R', R']} \rightleftharpoons RCH{=}CHR' + ML_x{=}CHR' \qquad (D.4.120)$$

催化关环交换反应可以得到环形化合物：

$$\text{diene} \xrightarrow{(=ML_X)} \text{cycloalkene} + \| \qquad (D.4.121)$$

D.4.5.2 异类催化氢化反应

氢与 C—C 多重键的加成反应很容易进行，并且该反应具有广泛的应用。适用于活化的 C═C 双键的还原剂，如锌的盐酸溶液、钠汞齐、钠的醇溶液等，并不适用于普通的非活化的 C—C 多重键的还原。另一方面，活化的和非活化的双键和三键都可以用氢气进行催化氢化还原，催化剂可以是过渡金属及其氧化物和硫化物。实验室最常用的是金属催化剂。

催化剂必须呈很好的分散状态，可以用下面的方法来制备：

① 黑催化剂。金属通过还原反应从它的盐溶液中沉淀出来。这些催化剂使用时必须新鲜制备。

② 亚当斯催化剂。还原铂和钯的氧化物得到分散均匀的金属，铂和钯的氧化物在反应容器中不会被氢气所老化。亚当斯催化剂通常指二氧化铂。

③ 骨架（Raney）催化剂。用酸或碱溶出二元合金中的一种，形成棉状的金属活性催化剂。二元合金的残留物通常具有增效作用。

④ 负载催化剂。因为黑催化剂通常处在载体的表面，所以有可能使用更少量的贵金属催化剂，而因此发展的负载催化剂在工业上得到了主要的应用。负载物本身并没有催化活性，但通常具有增效作用（负载物或载体通常为炭、硅、铝以及碱土金属的硫化物和碳酸盐）。

⑤ 氧化物和硫化物催化剂。这些催化剂毒性小、价格便宜，因此主要应用在工业生产中（例如铬酸铜、铬酸锌、硫化锰、硫化钨等）。

催化氢化反应的机理仍在讨论中，但在任何情况下，氢气和底物在催化剂上的化学吸附对于反应都是很重要的。利用贵金属进行的催化氢化反应，反应速率在酸性介质中比在碱性介质中快，在极性溶剂中比在非极性溶剂中快，这个事实说明了反应有可能是离子机理（亲核加成机理）。

另一方面，多种实验的结果更倾向于说明反应是自由基机理（氢气分子均裂成两个氢原子）。

在金属催化剂的表面，氢和烯烃通过形成氢化物和烯烃复合物被吸附（化学吸附）。烯烃挤入 M—H 键，烷基-M 复合物还原分解得到饱和烃：

$$\text{(H)M—M(C=C)—M(H)} \rightleftharpoons \text{(H)M—M(C—C—H)—M} \rightleftharpoons \text{(H—C—C—H)M—M—M} \qquad \text{(D. 4. 122)}$$

不同烯烃的反应活性差别并不是很明显。三键比双键更容易发生氢化反应，如果在吸收了计算量的氢气后停止反应，可以得到选择性氢化生成的相应的烯烃。在工业上，通常采用重金属盐或者再加上喹啉形成“部分中毒”的钯催化剂，来进行选择性氢化反应。因为芳香态的高稳定性，芳香和杂环体系的氢化反应比一般的烯烃需要更多的能量。多环的芳香化合物在某种程度上更容易发生氢化反应，反应首先发生在一个环上，而其它环的氢化反应则需要较苛刻的条件。含有不饱和侧链的芳香化合物，发生氢化反应时不饱和侧链更容易转变成饱和的侧链。

其它不饱和体系的氢化反应（亚硝基、硝基、羰基化合物、甲亚胺和腈）及其重要性见 D. 7 和 D. 8。

羰基存在下 C═C 双键的氢化反应，见表 D. 4. 124。

一般来说，在中性或酸性溶液中，催化氢化反应为顺式加成。例如，水杨酸（或它的酯）在铂或镍合金的催化下主要得到顺式六氢水杨酸（或它的酯）。

催化氢化反应的过程

(1) 催化剂　目前实验室最常用的 C—C 多重键的氢化反应的催化剂有铂[1]、钯和镍合金。在这些催化剂中，活性最大的是铂，它甚至可以在不施加压力的条件下，室温下催化稳定的芳香性双键发生氢化反应。镍合金和钯（以氧化钯的形式存在或担载在活性炭、钡、硫酸锶或碳酸钙上）的催化活性比铂小，它们只能催化非芳香性的 C—C 多重键在室温下发生氢化反应。因此，可以进行选择性氢化反应，例如由苯乙烯制备乙苯。在低活性催化剂如镍合金的催化下，芳香化合物的氢化反应需要在高温（大于 150 ℃）

---

[1] 以氧化铂的形式存在（亚当斯催化剂）。

高压（150～300 atm）下才能进行。

催化剂的活性受限于它的制备条件。另外，催化剂的选择还要考虑到底物的稳定性、反应条件（热稳定性、酸性或碱性介质中的稳定性）、可使用的设备以及价格等。

金属催化剂很容易中毒，特别是对含有卤素和硫的物质敏感❶。因此，要尽量使用纯物质和纯溶剂❷。

(2) 溶剂　氢化反应最常用的溶剂有：水、乙醇、甲醇、乙酸酯、二氧六环❸、冰醋酸以及这些物质的混合物。对于液态物质的氢化反应可以不使用溶剂。二氧化铂催化的氢化反应最好在酸性介质或中性介质中进行，而镍合金一般在中性或碱性的介质中进行。

(3) 设备　在常压下进行的氢化反应，底物、溶剂和催化剂混在一起摇动或搅拌，并使催化剂与氢气充分接触。所用的氢化设备不能填充太满，一般在摇动器或高压釜中进行。

摇动设备始终与氢气储存罐（气量计）相连，氢气的压力需要稍微高一些，以便及时补充消耗的氢气（图 D. 4. 123）。在合理的结构下，设备可以在 0. 1～0. 2 MPa(1～2 atm) 下进行加热或冷却。

氢化反应器最好配有一个磁力搅拌器［图 D. 4. 123(b)］。反应器为 300 mL NS 29 磨口的圆底锥形烧瓶，在这样一个反应瓶中，可以安全地进行充气和放气（10 kPa, 100 Torr），并允许装有 200 mL 的反应溶液（30～50 g 的底物）。

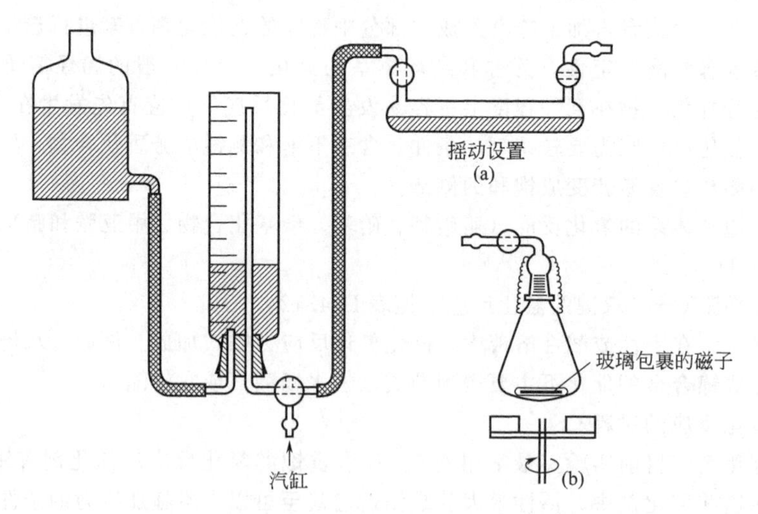

图 D. 4. 123　催化氢化反应的设备

---

❶ 有目的的（部分）毒化的例子，例如 Rosenmund 还原和前面提到的乙炔的部分氢化反应。

❷ 在氢化反应之前，加热含有 Raney 镍的底物和溶剂至沸腾，可以使少量催化剂毒物变成无害的，但对氢化反应本身，还是必须使用新鲜的催化剂。

❸ 反应温度不能高于 150℃，否则具有爆炸的危险。

在高压釜中进行的氢化反应，具有大批量反应的优点。工作压力增大，反应速率也增大。在没有超压的条件下，使用少量的催化剂可以获得相同的反应速率。另外，一般不使用升高反应温度的方法来增加反应速率，因为在一定的条件下，有可能会得到其它的氢化产物，比如芳香化合物母核的氢化反应。

【例】 催化氢化反应的实验步骤（表 D.4.124）

必须严格遵守安全规则（见 A.1.8.2）。在加热之前，要估计可能达到的最高压力（Trouton 规则，气体定律）。氢气不能直接释放在实验室，而必须通过导气管通向户外。金属催化剂有可能引燃氢气和空气的混合物，在空气没有完全排出氢化反应器之前，催化剂必须完全被液体覆盖。因此，在加入催化剂时，必须把催化剂加入到液体的表面以下。

Raney 镍会发生自燃，所以催化剂的残留物绝对不能扔在废纸篓内。

催化剂的制备，见试剂附录。

发生氢化反应的底物或底物的溶液加入到氢化反应器中，接着加入催化剂。0.5%～1%的二氧化铂催化剂是足量的，或者使用较为便宜的5%～10%的 Raney 镍催化剂❶和 5%的钯黑催化剂（根据底物计算的质量分数）。组装好氢化反应设备以后，氢化反应器进行排空三次、氢气填充三次，或者用惰性气体（氮气）冲洗一段时间（10 min），以置换氧气。如果使用高压釜，压入氢气，释放压力，重复两次。

开启搅拌或摇动，立即记录体积（摇动反应器）或压力（高压釜反应器）随时间的变化。通常，氢气立即被吸收，反应溶液变成氢气的饱和溶液。若使用二氧化铂，则需要一定的时间首先形成催化剂，但是时间不能超过 5～10 min，否则二氧化铂催化剂的质量会下降。记录不同时间吸收的氢气量，绘制曲线。氢化反应一旦完成（吸收曲线与时间平行时），立即停止摇动或搅拌。如果没有获得饱和曲线，有可能是设备漏气或分子的其它部位发生了氢化反应。

如果进行部分氢化反应，可以根据氢化曲线表明的中断时间立即停止氢化过程。

在氢化反应进行之前，通常根据气态方程计算出预期的压力或体积的下降❷。

氢化反应完成后，再次排空摇动设备，或用惰性气体冲洗。如果使用高压釜，则应放出高压釜内残留的气体。用烧结的玻璃漏斗或滤纸把催化剂过滤出来。这里要记住，分散的干性金属是可以引起燃烧的，因此催化剂必须保持湿的状态。有时回收的催化剂在同一个反应中可以重复使用好几次，但是在任何情况下，为防止贵金属催化剂的爆炸，在回收时要认真进行量的分析。

溶剂蒸发后，残留物蒸馏或重结晶。

在表 D.4.124 中，除非指出，氢化反应在常温常压下进行。对于大量反应，最好在高压釜内加压进行。

---

❶ Raney 镍和其它的催化剂应该保存在溶剂中。因为这些催化剂在使用时必须保持新鲜制备的状态，因此在使用前只需处理所需量的催化剂（例如计算取用已知镍含量的铝-镍合金）。

❷ 氢气偏离理想状态的图表见 Houben-Weyl, Vol. Ⅳ/2, p260。在一定的条件下（挥发性物质，相对高的温度），反应混合物的蒸气压是不能被忽略的。

表 D.4.124 C—C 多重键的催化氢化反应

产物	起始原料	催化剂	溶剂 /(mL/mol)	沸点(熔点)/℃ n_D^{20}	产率 /%	备注,压力,温度
乙苯	苯乙烯	Ni	无	136 1.4959	80	
β-苯丙酸	肉桂酸	PtO_2	甲醇,800	(熔点 47)(HCl 稀释)	90	同时生成一些甲基酯
β-苯丙酸	肉桂酸钠	Ni	水,300	(熔点 47)(HCl 稀释)	90	肉桂酸溶解在等物质的量的苛性钠溶液中。过滤,除去催化剂,盐酸酸化,减压抽滤
琥珀酸	马来酸	PtO_2	乙醇,1500	(熔点 185)(水)	95	
1,4-丁二醇	丁炔-1,4-二醇	Pt/C Ni	甲醇,400	$129_{3.1(23)}$	92	
苄基丙酮	亚苄基丙酮	PtO_2 Ni Pt/C	乙醇,150	$115_{1.6(12)}$ 1.5124	95	用 0.1%的乙酸使中性 Raney 镍催化剂失活以抑制羰基被还原[①]
二苄基丙酮	二亚苄基丙酮	PtO_2 Ni Pt/C	乙醇,2500 (悬浊液)	$209_{1.3(10)}$,(熔点 13) 1.5586	80	
苄基苯乙酮	亚苄基苯乙酮	PtO_2 Ni Pt/C	乙酸乙酯, 1500	(熔点 73)(乙醇)	90	
甲基异丁基酮	异亚丙基丙酮	PtO_2 Ni Pt/C	无	115 1.3959	95	
2-甲基环己醇[②]	邻甲酚	Ni	无	$68_{1.6(12)}$ 1.4636	90	
二氢化间苯二酚	间苯二酚单钠盐	Ni	水,200	(熔点 104)(苯)	95	间苯二酚溶解在苛性钠的水溶液中(每摩尔间苯二酚需要 1.2 mol 的 NaOH)。确定反应彻底进行,否则终产物为油状。反应在室温、100~200 atm 下进行。过滤除去催化剂后,进行盐酸酸化,减压抽滤
cis-六氢水杨酸甲酯[⑤]	水杨酸甲酯	Ni	甲醇,600	$97_{1.1(8)}$ 1.4665	80	使用中性 Raney 镍,135 ℃/200 atm
cis-十氢化-2-萘酚[③]	β-萘酚	Ni	乙醇	$115\sim128_{1.9(14)}$ 1.512	50	90 ℃/60 atm
哌啶[④]	吡啶	Ni	无	106 1.4530	80	150 ℃/200 atm。分馏前(30 cm 韦氏分馏柱)多次用 KOH 干燥

① 制备见试剂附录——镍以 Raney 镍的形式存在。

② 异构体的混合物中含有大约 70%的 DL-*trans*-化合物。

③ *cis*-表示连接的方式。异构体的混合物包括 *cis*,*cis*-和 *trans*,*cis*-化合物。

④ 通过折射率来判断吡啶的含量 (b.p.115 ℃,n_D^{20} 1.5100)。

⑤ 去除吡啶,见试剂附录。

钯催化下胆固醇的氢化反应生成胆甾烷醇：Bruce W. F. and Ralls J. O.，Org. Syntheses，Coll. Vol. Ⅱ，1943：191.

半微量实验可以在图 D. 4. 123(b) 仪器中进行，并可获得满意的结果。

催化氢化反应也是一种非常重要的进行多重键定量分析的方法。图 D. 4. 125 为该反应在多数应用中所采用的实验装置图。

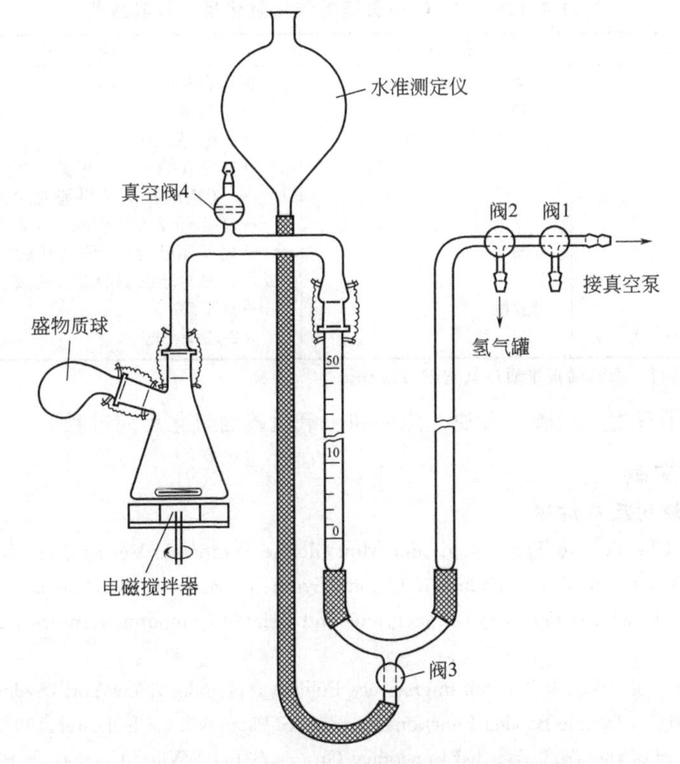

图 D. 4. 125　氢化反应定量分析的实验装置

【例】 定量氢化

15 mL 纯的冰醋酸、约 0.1 g 的二氧化铂或者 2 mL 溶有 Raney 镍的醇的悬浊液，加入到容积约为 70 mL 的厚壁反应瓶中。在盛物质的球管内，加入精确称量的未知物（大约 20 mg），并用 3～5 mL 的冰醋酸或乙醇溶解。打开阀 3，降低水准测定仪，使量管和竖管无水（阀 1，⊕；阀 2，⊖）。关闭阀 3，重新升高水准测定仪。磨口必须绝对干净和透明（使用拉姆齐油脂或相同黏性的油脂）。通向氢气罐的管道系统装有一个本生阀。排空设备，冲入氢气，重复三次（排空：阀 1，⊖；阀 2，⊖。充氢气：打开氢气罐，氢气流经本生阀。此时，阀 1，⊕；阀 2，缓慢打开，⊕）。打开阀 3，让竖管中的水位升高一些；然后关闭阀 2（⊕），缓慢打开阀 4，直到量管中下降的液体又上升到弯月面与水准测定仪的高度在同一水平线上。开启磁力搅拌，催化氢化反应首先在水柱的压力下进行，直到在一段时间内氢气不再吸收（为安全起见，需要 10 min 的时间）。接下来，把球管翻转 180°，待分析的溶液全部加入到催化剂的悬浊液中，保证不要有残留物黏附在球管中，以免产生误差。氢化反应继续进行，直到体积不再发生变化，读出量管的示数。所有的读数都应该在相同的温度和压力下进行。一般来讲，在整个测试时间内，如果室温保持不变，则可以得到满意的测定结果。计算所吸收的氢气时，应该从压力计上扣除水在相关温度下的饱和蒸气压。

C—C多重键的催化氢化反应在工业上具有重要的应用。为使反应连续进行，一般在气相中进行反应。一些重要的例子列于表D.4.126。

表D.4.126　C—C多重键的催化氢化反应及其应用

产　　品	起始原料	应　　用
脂肪	蔬菜油(油脂的硬化)	食用脂肪(人造黄油)
乙烯[①]	乙炔	→丁二烯
1,4-丁二醇	丁-2-烯-1,4-二醇	→聚酯,聚氨酯 →四氢呋喃→聚亚甲基二醇 →γ-丁内酰胺→*N*-甲基-吡咯烷酮 →*N*-乙烯基吡咯烷酮→聚乙烯基吡咯烷酮
环己醇	苯酚	→硝基环己烷(→环己酮肟)的氧化反应生
环己烷	苯	成环己醇与环己酮的混合物或己二酸
正丁醛	巴豆醛	→正丁醇 →2-乙基己醇

① 乙炔价廉易得，而乙烯很难通过其它的方法获得。

读者应该了解相关的碳、石油、焦油和一氧化碳的氢化反应过程。

D.4.6　参考文献

烯烃和炔烃的反应综述

Asinger F. ,Chemie und Technologie der Monoolefine,Akademie-Verlag,Berlin,1957.

Raphael R. A. ,Acetylenic Compounds in Organic Syntheses,Butterworths,London,1955.

Bergmann E. D. ,The Chemistry of Acetylene and Related Compounds,Interscience Publishers,New York,1948.

The Chemistry of Alkenes. S. Patal. Interscience Publishers,London,New York,Sydney,1964.

The Chemistry of Double-Bonded Functional Groups. S. Patal-Wiley,Chichester,1997.

The Chemistry of the Triple-Bonded Functional Groups. S. Patal-Wiley,Chichester,1994.

The Chemistry of the Carbon-Carbon Triple Bond. S. Patal-Wiley,Chichester,1978.

加成和环加成的理论处理

Dewar M. J. S. ,Angew. Chem. 1971,83:859-875.

Epiotis N. D. ,Angew. Chem. 1974,86:825-855.

Fleming,I. :Grenzorbitale und Reaktionen organischer Verbindungen. Verlag Chemie,Weinheim Bergstr. ,New York,1979.

Gilchrist,T. L. ; Storr,R. C. : Organic Reactions and Orbital Symmetry. Cambridge University Press,Cambridge,1979.

Halevi,E. A. ,Angew. Chem. 1976,88:664-679.

Herndon,W. C. ,Chem. Rev. 1972,72:157-179.

Houk,K. N. ,in: Topics in Current Chemistry. Vol. 79. Springer-Verlag, Berlin, Heidelberg, New York,1979:S. 1-40.

Trong Anh,N:Die Woodward-Hoffmann-Regeln und ihre Anwendung. Verlag Chemie,Weinheim,1972.

Woodward,R. B. ; Hoffmann,R. : Die Erhaltung der Orbitalsymmetrie. Akadem. Verlagsges. Geest & Partig,Leipzig,1970;Angew. Chem. 1969,81:797-869.

亲电加成

Dela Mare, P. B. D.; Bolton, R.: Electrophilic Additions to Unsaturated Systems. -Elsevier, Amsterdam, 1982.

水和质子酸与烯烃和炔烃的加成反应

Stroh R., in Houben-Weyl, 1962, Vol. 5/3: 813-825.

Roedig A., in Houben-Weyl, 1960, Vol. 5/4: 102-132, 535-539.

Gilbert E. E., Sulfonation and Related Reactions. Interscience, New York, 1965.

氢氰酸与烯烃和炔烃的加成反应

Kurtz P., in Houben-Weyl, 1952, Vol. Ⅷ: 265-274.

卤素、次卤酸及其酯与烯烃和炔烃的加成反应

Dela Mare P. B. D., Electrophilic Halogenation. Cambridge University Press, London, 1976.

Stroh R., in Houben-Weyl, 1962, Vol. 5/3: 529-556, 768-780.

Roedig A., in Houben-Weyl, 1960, Vol. 5/4: 38-100, 133-151, 530-535, 540-547.

Vyunov K. A., Ginak. A. I. Usp. Khim. 1981, 50: 273-295.

环氧化、二羟基化反应

Dittus, G., in: Houben-Weyl. Vol. 1965, 6/3: S. 371-487.

Gunstone, F. D., Adv. Org. Chem. 1960, 1: 103-147.

Parker, E. E.; Isaacs, N. S., Chem. Rev. 1959, 59: 737-799.

Schroeder, M., Chem. Rev. 1980, 80: 187-213.

Swern, D., Org. React. 1953, 7: 378-433.

Cha, J. K.; Kim, N. -S., Chem. Rev. 1995, 95: 1761-1795(二羟基化).

Sharpless-Katsuki-Epoxidierung

Irgensen, K. A., Chem. Rev. 1989, 89: 431-458.

Pfenininger, A., Synthesis, 1986: 89-116.

Johnson, R. A.; Sharpless, K. B., in Catalytic Asymmetric Synthesis. Hrsg.: I. Ojima-VCH, New York, 1993: 103-158.

Katsuki, T.; Martin, V. S., Org. React. 1996, 48: 1-299.

Sharpless-Dihydroxylierung

Becker. H.; Soler, M. A.; Sharpless, K. B., Tetrahedron. 1995, 51: 1345-1376.

Kolb, H. C.; VanNieuwenhze, M. S.; Sharpless, K. B., Chem. Rev. 1994, 94: 2483-2547.

Kolb, H. C.; Sharpless, K. B., in: Transition Met. Org. Synth. Hrsg.: M. Beller, C. Bolm. Vol. 2. Wiley-VCH, Weinheim, 1998: S. 219-242.

臭氧分解反应

Bailey P. S., Chem. Reviews, 1958, 58: 925-1010.

Bayer O., in Houben-Weyl, 1954, Vol. Ⅶ/1: 333-345.

Bailey, P. S.: Ozonation in Organic Chemistry. Vol. 1-2. Academic Press, New York, 1978-1982.

Menyailo, A. T.; Pospelov, M. V., Usp. Khim. 1967, 36: 662-685.

Criegee, R., Angew. Chem. 1975, 87: 765-771.

Odinokov, V. N.; Tolstikov, G. A., Usp. Khim. 1981, 50: 1207-1251.

Razumovskii, S. D., Zaikov, G. E.: Ozone and its Reactions with Organic Compounds. Elsevier Science Publ., Amsterdam, New York, 1984.

Zvilichovsky, G.; Zvilichovsky, B., in: The Chemistry of Hydroxyl, Ether Peroxide Groups. Hrsg.: S. Patai. Wiley, Chichester, 1993: 687-784.

硼氢化

Brown, H. C. : Organic Synthesis via Boranes. John Wiley & Sons. New York, 1975.

Brown, H. C., Angew. Chem. 1980, 92: 675-683.

Cragg, G. M. L. : Organoboranes in Organic Synthesis. -Marcel Dekker, New York, 1973.

Kropf, H. ; Schröder, R., in: Houben-Weyl. Vol. 6/1a, 1979, Teil 1: S. 494-554.

Onak, T. : Organoborane Chemistry. -Academic Press, New York, 1975.

Schenker, E., in: Neuere Methoden. Bd. 4, 1966: S. 173-293.

Zzuzuki, A., Dhillon. A., in Topics in Current Chemistry, Vol. 130, Springer-Verlag, Berlin, Heidelberg, New York, 1985.

Zweifel, G. ; Brown, H. C., Org. React. 1963, 13: 1-54.

Pelter, A. ; Smith, K. ; Brown, H. C. ; Borane Reagents. -Academic Press, San Diego, 1988.

Greene, A. E. ; Luche, M. -J. ; Serra, A. A., J. Org. Chem. 1985, 50: 3957-3962.

乙烯化反应

Favorskii. A. E. ; Shostakovskii, M. F., Zh. Obshch. Khim. 1943, 13: 1-20; C. A. 1944, 38: 330.

Reppe, W., u. a., Liebigs Ann. Chem. 1956, 601: 81-138.

Shostakovskii, M. F., Usp. Khim. 1964, 33: 129-150.

C═C 双键的自由基加成反应

Stacey, F. W. ; Harris, J. F., Org. React. 1963, 13: 150-376.

Vogel, H. H., Synthesis, 1970: 99-140.

Walling, C. ; Huyser, E. S., Org. React. 1963, 13: 91-149.

辐射加成 C—C 键

Curran, D. P., Synthesis, 1988: 417-439; 489-513.

Giese, B. : Radicals in Organic Synthesis: Formation of Carbon-Carbon Bonds. Pergamon Press, Oxford, 1986.

Ramaiah, M., Tetrahedron 1987, 43: 3541-3676.

Jasperse, C. P. ; Curran, D. P. ; Fevig, T. L. ; Chem. Rev. 1991, 91: 1237-1286.

不饱和化合物的聚合

Elias, H. G. : Makromoleküle. Dr. Alfred Hüthig Verlag, Heidelberg, 1971.

Freidlina, R. K. ; Chukovskaya, E. C., Synthesis, 1974: 477-488 (Telomerisation).

Henrici-Olivé, G. ; Olivé, S. : Polymerisation. Katalyse, Kinetik, Mechanismen. Verlag Chemie, Weinheim, 1976.

Houben-Weyl. Hrsg. : H. Bartl, J. Falbe. Vol. E 20/1-2, 1987.

Houwink, R. : Chemie und Technologie der Kunststoffe. Vol. 1-2. Akadem. Verlagsges. Geest & Portig, Leipzig 1962/63.

Kennedy, J. P. : Cationic Polymerization of Olefins. Interscience, New York, 1975.

Kern, W. ; Schulz, R. C., u. a. in: Houben-Weyl. Vol. 14, 1961: S. 24-1182.

Polymer Syntheses. Hrsg. : S. R. Dandler, W. Karo, Vol. 1-3. 1974-1980.

Rempp, P. ; Merrill, E. W. : Polymer Synthesis. Hüthig & Wepf Verlag, Basel, Heidelberg, New York, 1986.

Vollmert, B. : Grundrißder Makromolekularen Chemie. Vol. 1-5. E. Vollmert Verlag, Karlsruhe, 1982.

环加成

Cycloaddition Reactions in Organic Synthesis. Hrsg. : S. Kobayashi, K. A. Jorgensen. Wiley-VCH, Weinheim, 2001.

Oppolzer, W., Angew. Chem. 1977, 89: 10-24.

Ulrich, H. : Organic Chemistry. Vol. 9. Academic Press, New York, 1967(杂原子参与的环加成).

Carruthers, W. : Cycloaddition Reactions in Organic Synthesis. Pergamon Press, Oxford, 1990.

[1+2]环加成

Parham, W. E. ; Schweizer, E. E. , Org. React. 1963, 13: 55-90.

Brookhart, M. ; Studabaker, W. B. , Chem. Rev. 1987, 87: 411-432(金属卡宾作用下的环丙烷化).

Charette, A. B. , in: Organozinc Reagents. Hrsg. P. Knochel, P. Jones. Oxford University Press, Oxford, 1999: 263-285(有机锌参与的环丙烷化).

[2+2]环加成

Bach, T. , Synthesis, 1998: 683-703(Stereoselektive intermolekulare[2+2]Photocycloadditionen und ihre Anwendung in der Synthese).

Braun, M. , in: Organic Synthesis Highlights. Hrsg. J. Mulzer. -VCH, Weinheim, 1991: 105-10 (Anwendungen der Paterno-Büchi-Reaktion).

Jones, G. , II, Org. Photochem. 1981, 5: 1-122(Paterno-Büchi-Reaktion).

Oppolzer, W. , Acc. , Chem. Res. 1982, 15: 135-141(Intermolekulare[2+2]Photocycloadditionen id der organischen Synthese).

Bauslaugh, P. G. , Synthesis, 1970: 287-300(Synthetische Anwendungen photochemischer Cycloadditionen von Enonen mit Alkenen).

[3+2]环加成

Black, D. S. C. ; Crozier, R. F; Davis, V. CH. , Synthesis, 1975: 205-221(Addition an Nitrone).

1, 3-Dipolar Cycloaddition Chemistry. Vol. 1-2. Hrsg. : A. Padwa. John. Wiley & Sons, New York, 1984.

Huisgen, R. , Angew. Chem. 1963, 75: 604-637, 742-754; Helv. Chim. Acta 1967, 50: 2421-2439.

Padwa, A. , Angew. Chem. 1976, 88: 131-144(分子内加成).

Stuckwisch, C. G. , Synthesis, 1973: 469-483.

Tsuge, O. ; Hatta, T. ; Hisano, T. , in: The Chemistry of Double-Bonded Functional Groups. Hrsg. : S. Patal, Wiley, Chichester, 1989: 345-475.

[4+2]环加成(Diels-Alder 反应)

Arbuzov, Yu. A. , Usp. Khim. 1964, 33: 913-950.

Brieger, G. ; Bennett, J. N. , Chem. Rev. 1980, 80: 63-97.

Ciganek, E. , Org. React. 1984, 32: 1-374.

Holmes, H. L. , Org. React. 1948, 4: 60-173.

Kloetzel, M. C. , Org. React. 1948, 4: 1-59.

Sauer, J. , Angew. Chem. 1966, 78: 233; 1967, 79: 76.

Sauer, J. ; Sustmann, R. , Angew. Chem. 1980, 92: 773-801.

Taber, D. F. : Intramolecular Diels-Alder and Alder Ene Reactions. Springer-Verlag, Berlin, Heidelberg, New York, 1984.

Tatacchi, A. ; Fringuelli, F. : Diels-Alder-Reaction. Wiley-VCH, Weinheim, 2002.

Corey, E. J. , Angew. Chem. 2002, 114: 1724-1741(催化不对称 Diels-Alder 反应).

Craig, D. , Chem. Soc. Rev. 1987, 16: 187-238(分子内 Diels-Alder 反应).

Fallis, A. G. , Acc. Chem. Res. 1999, 32: 464-474(分子内 Diels-Alder 反应).

Titov, Yu. A. , Usp. Khim. 1962, 31: 529-558.

Wagner-Jauregg, T. , Synthesis. 1980, 3: 165-214; 1980, 10: 769-798.

Wollweber, H. , in: Houben-Weyl. Vol. 5/1c, 1970: S. 977-1139.

Wollweber, H. : Diels-Alder-Reaktionen. Georg Thieme Verlag, Stuttgart, 1972.

金属复合物催化(及交换)和同类氢化

Applied Homogeneous Catalysis with Organometallic Compounds. Hrsg. : B. Cornils, W. A. Herrmann Vol. 1-3. Wiley-VCH, Weinheim, 2002.

Aspects of Homogeneous Catalysis. Hrsg. : R. Ugo. Vol. 1-4. D. Reidel Publ. Comp. , Dordrecht, Boston London, 1970-1981.

Birch, A. J. ; Williamson, D. H. , Org. React. 1976, 24: 1-186(homogene Hydrierung).

Bird, C. W. : Transition Metal Intermediates in Organic Synthesis. Academic Press New York, 1967.

Cassar, L. ; Chiusoli, G. P. ; Guerrieri. F. , Synthesis, 1973: 509-523(Carbonylierung von Olefinen und Acetylenen).

Handbook of Metathesis. Hrsg. : R. H. Grubbs. Vol. 1-3. Wiley-VCH, Weinheim, 2002.

Heimbach, P. ; Schenkluhn; in: Topics in Current Chemistry. Vol. 92. Springer-Verlag, Berlin, Heidelberg, New York, 1980: S. 45-108.

Henrici-Olivé, G. ; Olivé, S. , in: Topics in Current Chemistry. Vol. 67. Springer-Verlag, Berlin, Heidelberg, New York, 1976: S. 107-127.

Houben-Weyl. Hrsg. : E. Falbe. Vol. E 18/1-2, 1986.

James, B. R. : Homogeneous Hydrogenation. John Wiley & Sons, New York, London, 1973.

Nakamura, A. ; Tsutsui, M. : Principles and Applications of Homogeneous Catalysis. John Wiley & Sons, New York, London, 1980.

Pracejus, H. : Koordinationschemische Katalyse organischer Reaktionen. Verlag Theodor Steinkopff, Dresden, 1977.

Schuster, M. ; Blechert, S. , Angew. Chem. 1997, 109: 2124-2144(Katalytische Ringschlußmetathese).

Semmelhack, M. F. , Org. React. 1972, 19: 115-198.

Takaya, H. ; Ohta, T. ; Noyori, R. , in Catalytic Asymmetric Synthesis. Hrsg. : I. Ojima-VCH, New York, 1993: 1-39(Enantioselektive homogene Hydrierung).

Taube, R. : Homogene Katalyse. Akademie-Verlag, Berlin, 1988.

Transition Metals in Homogeneous Catalysis. Hrsg. : G. N. Schrauzer. Marcel Dekker, New York, 1971.

Transition Metals for Organic Synthesis. Hrsg. : M. Beller, C. Bolm. Vol. 1-2. Wiley-VCH, Weinheim, 1998.

Tsuji, J. , Fortschr. Chem. Forsch. 1972, 28: 41-84; Adv. Org. Chem. 1969, 6: 109-255.

烯烃、炔烃和芳烃的氢化反应、催化剂及设备

Bogoslowski, B. M. ; Kasakowa, S. S. : Skelettkatalysatoren in der organischen Chemie. Deutscher Verlag der Wissenschaften, Berlin, 1960.

Caine, D. , Org. React. 1976, 23: 1-258(Reduktion der C=C-Bindung in α,β-ungesättigten Carbonylverbindungen).

Grundmann, C. , in: Neuere Methoden. Vol. 1. 1944: S. 117-136.

Komarewsky, V. I. ; Riesz. C. H. ; Morritz, F. L. , in: Technique of Organic Chemistry. Hrsg. : A. Weissberger. Interscience, New York, 1965: Vol. 2. S. 1-164.

Rylander, P. N. : Catalytic Hydrogenation over Platinum Metals. Academic Press, New York, 1967.

Rylander, P. N. : Hydrogenation Methods. Academic Press, London, 1985.

Schiller, G. , in: Houben-Weyl. Vol. 4/2, 1955: S. 248-303.

Schröter, R. , in: Neuere Methoden. Vol. 1, 1944: S. 75-116.

Wimmer, K., in: Houben-Weyl. Vol. 4/2, 1955: S. 143-152; 163-192.

D.5 芳香族化合物的取代反应

芳香族化合物，例如苯或萘，都含有一个平面的或几乎呈平面的、双键共轭的环状体系，具有类似烯烃亲核性（参见 D.4.1.1）。因此芳香族化合物像烯烃一样，易与亲电试剂发生反应，与烯烃不同的是，芳香族化合物发生亲电取代反应后，芳香结构在最终产物中保持不变。

如果带很强 $-I$ 和 $-M$ 效应的基团能使芳环电子云密度下降，那么取代基的亲核取代反应也有可能发生，只不过这类反应的应用不是很普遍。

当取代基是卤素，尤其是碘，以及其它容易离去的基团，如重氮基时，很容易发生过渡金属催化的取代反应。

过去人们把芳香烃上的取代反应作为芳香性的一个重要标准。然而事实证明，确实存在稳定的环状共轭化合物（其中也不乏离子结构的），对于这些化合物来说，取代反应不再占主导地位或者根本不发生（对此可参见图 D.5.1 以及蒽的 9,10-位上的加成反应）。由此人们又引入其它标准，特别是一些物理特性来描述芳香性，如可从热化学数据推导出的稳定能、共轭体系中各键长的均衡性以及通过核磁共振谱可以确定的环电流（参见 A.3.5.3）。

特别是对单环化合物，简单的量子化学计算显示，其芳香性与环状离域体系上的 π 电子数有关，π 电子数符合 $4n+2(n=0,1,2,\cdots)$ 的具有芳香性［休克尔（Hückel）规则］。而且只有当化合物的结构为平面时，这种离域才最佳。根据这个规则，环丙基阳离子（图 D.5.1 Ⅰ）、环戊二烯阴离子Ⅱ和环庚三烯阳离子（草鎓离子，Ⅳ）都具有芳香性。

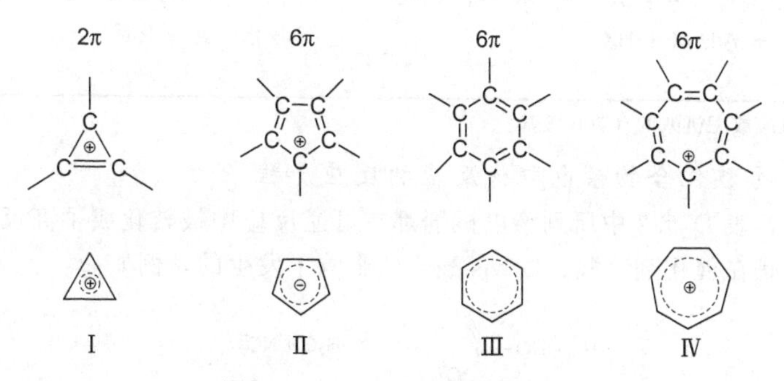

图 D.5.1 具有芳香性的碳环

具有六个 π 电子的不带电荷的苯被认为是芳香族化合物的代表类型。许多双环体系和带杂原子（O,N,S 等）的环状体系也同样显示出典型的“芳香”特性。下面这些实例可以很清楚地说明这一点：呋喃、噻吩、吡咯、咪唑、嘧啶、吡喃鎓阳离子以及它们的苯并衍生物、萘和甘菊环烃。

D.5.1 芳香族化合物的亲电取代反应

一般来说，芳香族化合物上的亲电取代反应就是芳环上所连的一个氢原子被亲电试剂所取代。表 D.5.2 列出了该类中最重要的反应。

表 D.5.2 芳香族化合物上的亲电取代反应

反应	名称
$ArH + HNO_3 \longrightarrow ArNO_2 + H_2O$	硝化反应
$ArH + H_2SO_4 \rightleftharpoons ArSO_3H + H_2O$	磺化反应
$ArH + Cl_2 \longrightarrow ArCl + HCl$	卤代反应（氯代反应）
$ArH + (SCN)_2 \longrightarrow ArSCN + HSCN$	硫氰化反应
$ArH + RCl \overset{AlCl_3}{\rightleftharpoons} ArR + HCl$	傅-克烷基化反应
$ArH + RCOCl \xrightarrow{AlCl_3} ArCOR + HCl$	傅-克酰基化反应
$ArH + CO \xrightarrow[HCl]{AlCl_3,\ CuCl} ArCH{=}O$	Gattermann（盖特曼）-Koch（考赫）合成
$ArH + HCN + HCl \xrightarrow{AlCl_3} ArCH{=}\overset{\oplus}{N}H_2Cl \xrightarrow{水解} ArCH{=}O$	Gattermann（盖特曼）合成
$ArH + RCN + HCl \xrightarrow{AlCl_3} (Ar)(R)C{=}\overset{\oplus}{N}H_2Cl \xrightarrow{水解} ArCOR$	Houben-Hoesch 合成
$ArH + Ph(Me)N{-}CH{=}O \xrightarrow{POCl_3} ArCH{=}O + PhNHMe$	Vilsmeier（维尔斯梅尔）合成
$ArH + H_2C{=}O \longrightarrow ArCH_2OH$	羟甲基化反应
$ArH + H_2C{=}O + HNR_2 \longrightarrow ArCH_2NR_2 + H_2O$	氨基甲基化反应（参见 Mannich 反应，D.7.2.1.5）
$ArH + H_2C{=}O + HCl \longrightarrow ArCH_2Cl + H_2O$	氯甲基化反应[Blanc（布兰克）反应]
$ArH + RCH{=}O \longrightarrow (Ar)(R)CH{-}OH$	与醛或酮反应
$ArH + CO_2 \longrightarrow ArCOOH$	Kolbe-Schmitt（柯尔伯-施密特）合成
$ArH + HNO_2 \longrightarrow ArNO + H_2O$	亚硝化反应
$ArH + Ar'{-}\overset{\oplus}{N}{\equiv}N\ \overset{\ominus}{Cl} \longrightarrow Ar{-}N{=}N{-}Ar' + HCl$	重氮偶合（参见 D.8.3.3）
$ArH + HgX_2 \longrightarrow ArHgX + HX$	金属化反应（汞化反应）

注：X＝有机酸或无机酸的（羧）酸基。

D.5.1.1 芳香族化合物亲电取代反应的反应历程

一般来说，表 D.5.2 中所列亲电试剂都在可逆反应中被转化成了高反应性的形式，这些转化大多是在催化剂（酸、Lewis 酸）的影响下发生的，例如：

$$H^{\oplus} + HO{-}\overset{\oplus}{N}(=O){-}O^{\ominus} \rightleftharpoons H_2O + NO_2^{\oplus}$$
$$Cl{-}Cl + AlCl_3 \rightleftharpoons \overset{\delta^+}{Cl}\cdots Cl\cdots \overset{\delta^-}{AlCl_3} \qquad (D.5.3)$$

芳香族化合物的亲电取代反应机理为：

$$C_6H_6 + Y^{\oplus} \rightleftharpoons [C_6H_6Y]^{\oplus} \rightleftharpoons [C_6H_6Y]^{\oplus} \equiv [C_6H_6Y]^{\oplus} \qquad (D.5.4a)$$

σ配合物

$$[C_6H_6Y]^{\oplus} + B \longrightarrow C_6H_5Y + HB^{\oplus} \qquad (D.5.4b)$$

苯环与亲电试剂结合，亲电试剂在这里用 Y^+ 表示，通过酸碱反应生成 σ 配合物❶（苯鎓），σ 配合物在一些情况下可通过红外光谱，尤其是通过核磁共振谱予以证明。

因此，反应坐标上的势能曲线符合图 C. 35 所示类型。σ 配合物位于能量谷处，相当于烯烃亲电加成反应时的碳正离子，只不过不像亲电加成那样通过碱的加成而稳定，在这里 σ 配合物被碱夺去一个质子而恢复稳定的芳香结构。在（D. 5. 4b）中生成 Y^+ 时所形成的带相反电荷的离子、芳香烃或者溶剂起到了碱的作用。

（D. 5. 4）所列的反应机理中哪一步决定反应速率，取决于具体的反应体系。对大多数亲电芳香取代反应来说，动力学分析得出的结果是 σ 配合物的形成是反应决速步骤；反应为二级反应，反应速率只与芳香烃和试剂的浓度有关。这里存在图 C. 35(a) 所描述的情况，过渡态 X_1 的能量高于 X_2 的。质子离去的一步决定整个反应的速度的情况很少见，尤其是对反应活性很高的体系。因此，氘代芳香烃必定会出现一级动力学同位素效应（k_H/k_D）。在这种情况下，过渡态 X_2 的能量高于 X_1 的［见图 C. 35(b)］，并且碱的浓度影响反应速率。

D. 5. 1. 2　取代基对芳香烃反应活性的影响和定位作用

芳烃的碱性和亲电试剂的酸性越强，亲核芳核和亲电试剂之间的反应就越容易（参见 D. 4. 1. 1）。通过诱导和共轭效应使芳核电子云密度增大的取代基能提高芳环的碱性，也就是说下列取代基能提高芳烃的碱性：

$$
\begin{array}{ll}
-R & +I \\
-OH < -NH_2 < -NHR < -NR_2 & +M > -I \\
-O^{\ominus} & +M;\ +I
\end{array}
\qquad (D.5.5)
$$

而下面这些基团使芳环的反应性降低：

$$
\begin{array}{ll}
-COR,\ -COOH,\ -COOR,\ -CN,\ -NO_2 & -M;\ -I \\
-X & +M < -I \\
-NR_3^{\oplus} & -I
\end{array}
\qquad (D.5.6)
$$

通过亲电取代反应向不同的萘衍生物上导入第二个取代基的例子清楚地展示了取代基对芳核反应性的这种影响。例如，1-硝基萘的取代反应很容易发生在没有取代基的环上，而 1-甲基萘则发生在已经有取代的环上。

在像噻吩和吡咯这样富 π 电子的杂环上，杂原子起活化作用。相反，在像嘧啶这样贫 π 电子的杂环上，杂原子起钝化作用。

一个试剂的亲电能力对不同碱性的芳香烃表现不尽相同（底物选择性），这种选择性在某种程度上是很可观的。了解这一反应性的差异对实际实施芳香族化合物的取代反应至关重要。

如果要通过亲电取代反应向已经有一个取代基的苯环上导入第二个取代基，原则上应该有三种可能的二取代产物❷：

---

❶ 在生成 σ 配合物时的过渡态是与此类似的，因为它在反应坐标后部出现，比较 Hammond 假定即 C. 2 部分。

❷ 新导入的取代基也可以进攻芳环上原取代基所在的位置（“本位取代反应”）。这类反应的例子是制备苦味酸、马休黄和萘酚黄 S 时 SO_3H 基团被 NO_2 取代（参见 D. 5. 1. 4）。

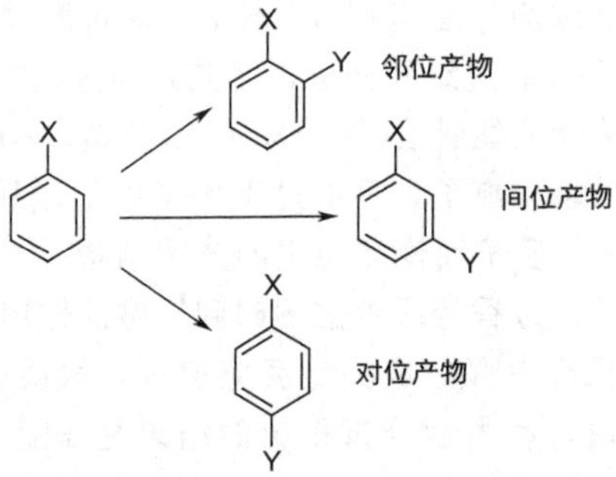

$$\text{X-C}_6\text{H}_5 \longrightarrow \text{邻位产物} + \text{间位产物} + \text{对位产物} \qquad (D.5.7)$$

然而，已有取代基一般会对取代反应有一定影响，从而使三种异构体中的某一个成为主要产物（立体选择性即定位效应）。苯环上已有取代基对新导入取代基的位置的影响符合下列以经验为依据的规则：

① 第一类"定位基"使新导入的取代基主要进入苯环的邻、对位。属于此类的是使苯环反应活性提高的取代基［见式(D.5.5)］和卤素。

② 第二类"定位基"使新导入的取代基主要进入苯环的间位。属于此类的是使苯环反应活性降低的取代基［见式(D.5.6)，除卤素之外］。

已有取代基对芳烃反应性的提高或者降低（对取代反应难易程度的影响）本身并不能预言其定位效果。定位规则的解释在单取代芳香烃共振极限结构的基础上，将已有取代基不仅要影响基态下苯环的整体碱性，而且还要引起苯环上各碳原子上不同的电子密度定为先决条件。

特别是在强供电子取代基取代（OH，OR，NH_2，NHR，NR_2）的情况下，Qardrate系数显示，邻位和对位碳原子上的电子密度在基态时就已经增加了，这一点已经通过^{13}C核磁共振谱测定证实。也就是说，对于强供电子基取代的芳香族化合物原则上有可能从共振结构的极限式预言已有取代基对第二个取代基的定位效应。对于吸电子取代基取代的芳香烃（卤素、NO_2、CN等）^{13}C核磁共振谱测定的结果与共振效应的极化作用不是在所有情况下都一致。就是说，单凭芳香烃基态的电子密度不能确定第二个取代基的位置。一个统一的、既适用于供电子取代基又适用于吸电子取代基的定位效应的解释，只能从σ配合物的能量状况推断得出。

因为已有取代基对三种可能的过渡态能量的影响不同（见下文），所以在形成σ配合物时决定将要导入的新取代基进入哪个位置（邻位、对位或者间位）。根据阿仑尼乌斯（Arrhenius）方程［公式(C.25)］，不同的活化能也会引起彼此竞争的反应步骤之间不同的反应速率。由于不知道形成三种可能的σ配合物的过渡态的能量，人们就考虑σ配合物的能量。其先决条件是，与其相关的不确定性不是很大。人们要清楚邻、对位或者间位取代时σ配合物的能量状况和形成这些σ配合物的过渡态（参见图C.35）。

σ配合物可以用下列方式描述：

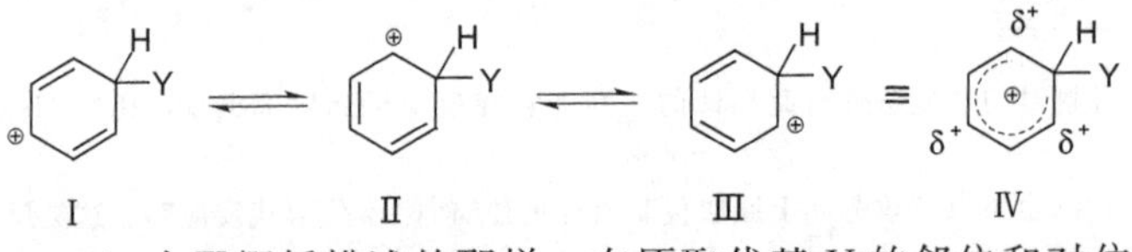

$$\text{I} \rightleftharpoons \text{II} \rightleftharpoons \text{III} \equiv \text{IV} \qquad (D.5.8)$$

然后，就像（D.5.8）中Ⅳ概括描述的那样，在原取代基Y的邻位和对位出现了部分正电荷。由于带有正电荷，σ配合物的分子能量较高。电荷在共振体系内离域范围越大分子越稳定，即能量越低。为了评价内能就要研究原取代基究竟能将σ配合物上的电荷分散到什么程度。一个给电子的$+I$取代基X能高度抵偿σ配合物的正电荷，X距离带部分正电荷的碳原子越近抵偿越强，就是说X在邻位和对位比在间位对正电荷的抵偿要强：

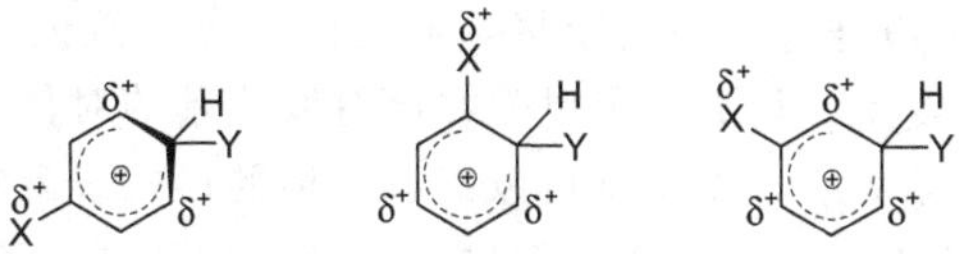

(D. 5. 9)

$+M$取代基也有同样的效应，例如：

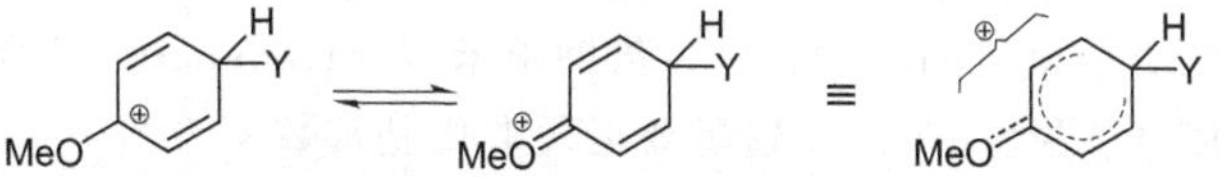

(D. 5. 10)

所以对$+I$取代基和$+M$取代基而言，邻位/对位取代时形成σ配合物的活化能低于间位取代时的活化能，邻位和对位产物很快生成（邻位/对位定位基）。

与此相反，$-I$取代基和$-M$取代基离带部分正电荷的碳原子越近使正电荷增强越多，就是说在邻位和对位对正电荷的增强比在间位多：

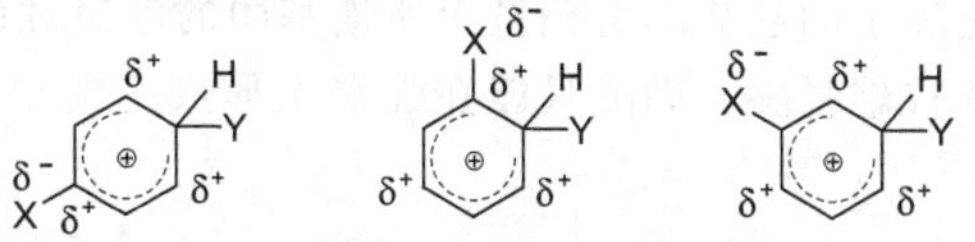

(D. 5. 11)

因此间位反应的活化能最低，反应最快（间位定位基）。

具有$-I$和$+M$效应的取代基在带有正电荷的强亲电σ配合物上总是$+M$效应起主导作用，即以自由电子对为基础的供电子作用占主导地位。也就是说这类取代基使生成邻位和对位取代产物的活化能降低。卤素尽管属于使取代反应难于进行的取代基类［因为在基态$+M<-I$，所以使芳香烃的整体碱性降低，参见式(D. 5. 6)］，但也是邻、对位取代基。

这些规律对动力学控制的反应是成立的（见C. 3. 2）。当反应条件允许热力学有利的产物形成时，就要考虑异构化作用。异构化作用能引起邻、间、对位取代产物比例的显著变化（反应实例参见磺化反应和傅-克烷基化反应）。

苯环上第二个亲电取代反应的例子：硝基苯主要在间位发生亲电取代；反应比在苯上难进行。对于苯胺和苯酚，亲电取代主要发生在邻位和对位，反应比在苯上容易进行。对于氯苯也同样是邻位和对位取代占主导地位，然而反应与苯相比要难进行。

苯酚和苯胺的成盐作用对第二个亲电取代反应的难易程度和取代位置有什么影响？

没有取代基的萘主要在α-位发生亲电取代；见式(D. 5. 21)！

自己学习了解杂环芳香烃上，如噻吩、吡咯（类似于苯酚）、吲哚、嘧啶（类似于硝基苯！）和氧化N-嘧啶等，亲电取代反应的难易程度和取代位置。

除了已考虑到的电子效应外，立体效应对第二个取代基的导入位置也有影响。不难理解，体积庞大的取代基特别妨碍邻位上的取代反应。所以，生成的邻位取代产物与对位取代产物的比例通常小于统计学上邻/对位的比例（2∶1）。随着已有取代基和新导入取代基体积的增大，邻位取代产物所占的比例会进一步下降。例如用分子氯在乙酸中卤化甲苯，得到邻/对位取代产物的比例是1.5，叔丁基苯卤化邻/对位产物比例的0.28。而叔丁基苯的异丙基化则不生成邻位取代产物。

相比之下对邻位取代比较有利的情况是：亲电试剂在取代邻位之前能先与原有碱性取代基（—OH，—OR）相互作用（参见水杨酸合成反应，D.5.1.8.6，以及本章后面列出的参考文献）。也可以通过可逆反应将苯环上的某个位置先保护起来，从而迫使取代反应在指定的位置上发生。例如：可以先在已有取代基的对位导入一个叔丁基，待亲电取代反应完全在邻位完成后，叔丁基可以以异丁烯的形式或者转移到其它苯环上的方式(烷基交换作用）被除去。还有卤素溴和碘在有些情况下也适合做保护基团，它们可以再还原离开。在这种条件下，氯通常都做环上的取代基。

芳环上取代反应会生成的产物，可以借助哈米特（Hammett）方程预先估算，估算值非常接近实验值（参见C.5.2)，这里要运用取代基常数σ^+。

D.5.1.3　*硝化反应*

硝化反应中的亲电试剂是硝酰正离子（也叫硝基正离子）NO_2^+。NO_2^+潜在或直接存在于许多化合物中，例如：

$$HO—NO_2,\ O_2N—O—NO_2,\ R—CO—O—NO_2\text{[1]},\ NO_2^{\oplus}BF_4^{\ominus}\ \text{等} \qquad (D.5.12)$$

这些化合物释放硝酰正离子的趋势随着硝基上所连基团的电负性的增加而增大。

因为硝酸上的羟基较难脱除，硝酸只能在强酸中形成硝酰正离子［参见式(D.2.3)的脚注］：

$$H^{\oplus} + HO—\overset{\oplus}{N}(=O)—O^{\ominus} \rightleftharpoons H_2\overset{\oplus}{O}—\overset{\oplus}{N}(=O)—O^{\ominus} \rightleftharpoons H_2O + O=\overset{\oplus}{N}=O \qquad (D.5.13)$$

最简单的情况下，硝酸能将自身质子化（“质子自递作用”）：

$$HONO_2 + HONO_2 \rightleftharpoons H_2\overset{\oplus}{O}—NO_2 + \overset{\ominus}{O}—NO_2 \qquad (D.5.14)$$

然而这一平衡严重偏向左侧，所以单纯硝酸只能顺利硝化碱性芳香烃。通过加入浓硫酸能大大提高硝基正离子NO_2^+的浓度：

$$HNO_3 + 2\,H_2SO_4 \rightleftharpoons NO_2^{\oplus} + H_3O^{\oplus} + 2\,HSO_4^{\ominus} \qquad (D.5.15)$$

因此这种硝酸-硫酸混合物（“混酸”）的硝化作用比单纯硝酸的硝化功能强很多。使用发烟硝酸和发烟硫酸可以使反应性进一步提高。其它硝化试剂没有如此普遍的重要性。

自己列出一个硝化反应的全过程！

在实践中，硝化试剂的活性必须与苯环的反应性相匹配。例如：用稀硝酸就可以将苯酚和苯酚醚硝化，而苯甲醛、苯甲酸、硝基苯等的硝化则需要由发烟硝酸和发烟硫酸配成的混酸实现（为什么?)。间二硝基苯即使用发烟硝酸/硫酸也较难硝化（110℃反

---

[1] 硝酸乙酰：该化合物如此具有爆炸性，以至于分离前必须尽快予以警示。替代方法也可得到相同的产物。将物质溶于冰醋酸-乙酸酐，在很好搅拌和加以温度控制的条件下缓慢加入100%的硝酸。在此生成了硝酸乙酰。不过，这一混合物无论是在进行硝化（注意控制温度!）还是在处理时都必须特别小心。对较少用到的苯甲酰硝酸酯同样要特别小心。无论何时都要使用保护屏蔽！

应5天，收率45%)。

相比之下，于氟磺酸中以$NO_2^+BF_4^-$硝化间二硝基苯，30 h反应时间后得到61%的1,3,5-三硝基苯。硝化反应中最常见的副反应是氧化。过高的反应温度对氧化副反应有利，通过鉴别是否有二氧化氮产生可以判断氧化副反应是否发生。例如胺极易被氧化，胺的硝化是用它的酰化产物或者在强硫酸溶液中进行。后一情形主要得到间位取代产物(为什么?)。还有醛、烷基芳基酮和少数烷基芳香烃有时也容易被氧化。同理，苯酚只有在稀硝酸中可以被硝化，生成一硝基取代产物。直接硝化成多硝基苯酚是不可能的。想要得到多硝基苯酚，就得采取迂回的方法：先磺化，再用硝基取代磺酰基[反应实例如苦味酸和2,4-二硝基萘-1-酚-7-磺酸（萘酚黄S）的制备；参见D.5.1.4]。

由于硝基大大降低了苯环亲电取代反应的反应性，所以只有反应性很强的苯环才能发生二次硝化反应。

制备中最困难的部分常常是异构体的分离，特别是邻位和对位异构体的分离，这两种异构体的生成量几乎一样。应用较多的分离方法有：冻析、重结晶、分馏、水蒸气蒸馏（例如邻硝基苯酚就是如此，它可以随水蒸气蒸发从而与对硝基苯酚分离）。经常将这些方法结合起来使用。

在实验方法部分只选择了那些大量生成主要产物的例子，或者是异构的取代产物相对容易分离的例子。

【例】 芳香烃硝化的一般实验方法（表D.5.16）

注意！小心使用硝酸和硫酸，戴防护眼镜，在通风橱中操作。不允许蒸馏二硝基化合物和多硝基化合物，否则有爆炸危险。

制备混酸：先取硝酸，在冰水冷却和搅拌的条件下向其中慢慢地加入硫酸。

混酸的组成取决于将要被硝化的芳香烃的活性。对于0.1 mol的芳香烃反应物，取：

方法A：对于被钝化了的芳香烃。10 mL(0.23 mol)100%的硝酸（$D=1.5$），14 mL浓硫酸。

方法B：对于中等反应性的芳香烃。10 mL(0.15 mol) 浓硝酸（68%，$D=1.41$），12 mL浓硫酸。

方法C：对于反应性较强的芳香烃。33 mL(0.3 mol)40%的稀硝酸。

取一个250 mL的带搅拌器、滴液漏斗和内置温度计的三口烧瓶（要与外界通气!），加入0.1 mol的芳香烃。然后在充分搅拌和冷却下，从滴液漏斗慢慢滴入预先冷却到10 ℃以下的混酸，整个过程中反应体系的温度要保证在5～10 ℃之间（冰浴）。滴加完成后，继续在室温下搅拌一定时间：反应活性的芳香烃（方法C）再搅拌30 min；其它情况（方法A和B）再搅拌2～3 h。

然后小心地将反应混合物倒入300 mL的冰水中并且充分搅拌均匀。吸滤分离出固体硝化产物，用水彻底清洗并进一步纯化（大多用重结晶法）。液体的硝基化合物用分液漏斗分离，水相溶液用醚萃取，将所有有机相合并水洗，至中性时用碳酸氢钠溶液洗，然后再用水洗，经氯化钙干燥和蒸馏处理。

这一方法用于半微量制备比较好，这时可以不用搅拌器、滴液漏斗和内部温度控制。晃动着慢慢加入混酸，充分冷却。

表 D.5.16 芳香烃的硝化

产物	起始反应物	方法	沸点(熔点)/℃ n_D^{20}	收率/%	备注
间二硝基苯	硝基苯	A	(熔点 90)(乙醇)	80	
2,4-二硝基甲苯	对硝基甲苯	A	(熔点 71)(甲醇)	80	60 ℃时滴加混酸,80 ℃保持 30 min
间硝基苯甲酸甲酯	苯甲酸甲酯	A	(熔点 78)(甲醇)	80	①
间硝基苯甲醛	苯甲醛	A	(熔点 58)(乙醇/水)	40	将苯甲醛滴加到混酸中
对溴硝基甲苯	溴代甲苯	A	(熔点 126)(乙醇)	80	
对硝基苄基腈	苄基腈	A	(熔点 117)(80%乙醇)	60	反应温度－5 ℃
硝基苯	苯	B	$99_{2.7(20)}$ 1.5532	80	
1-硝基萘	萘	B	(熔点 57)(乙醇)	60	②
邻硝基甲苯	甲苯	B	$94_{1.3(10)}$ 1.5472	40	③
对硝基甲苯			$101_{1.3(10)}$ (熔点 55)(乙醇)	20	③
4-硝基邻二甲氧基苯	邻二甲氧基苯	C	(熔点 98)(乙醇)	70	④
邻硝基苯酚	苯酚	C	(熔点 46)(乙醇)	30	⑤
对硝基苯酚			(熔点 114)(水)	10	⑤

① 获得间硝基苯甲酸的实用方法是间硝基苯甲酸甲酯的皂化（有关这一反应，可以参考 KAMM,O.；SEGUR,J. B.,Org. Synth.,1956,Coll. Vol. Ⅰ:391)，因为直接硝化苯甲酸会生成很难分离的异构体混合物。

② 先取混酸，在 45～50 ℃的条件下向其中加入研成细粉的萘，在 60 ℃下搅拌 45 min；粗产物先用水蒸气蒸馏，以除去未反应完的萘。

③ 对位异构体用冰-食盐混合物冰析后，迅速分离取出，用稍凉的石油醚洗；邻位异构体的滤液过 30 cm 韦氏分馏柱，用电热煲真空蒸馏出来，蒸馏剩余物中所含的对位异构体再用冰析法分离出来。

④ 如果有必要，邻二甲氧基苯先用 10%的苛性钠和水洗，随后马上蒸馏，以除去其中的邻甲氧基苯酚杂质；重结晶时添加活性炭。

⑤ 先取硝酸，苯酚中加入适量的水以增大流动性，将流动性增大了的苯酚滴加到硝酸中；形成半固体的硝基苯酚混合物后将酸倒出，半固体混合物用水洗两次；用水蒸气蒸馏法将邻硝基苯酚蒸馏分离出来；将蒸馏剩余物冷却后分出对硝基苯酚，用 3%的盐酸加活性炭将其重结晶。

3-硝基乙酰苯酮：Carson,B. B.;Hazen,R. K.,Org. Synth.,1943,Coll. Vol. Ⅱ:434.

3-硝基邻苯二甲酸：Moser,C. M.;Gompf,Th.,J. Org. Chem. 1950,15:583.

4-硝基吡啶-*N*-氧化物，4-硝基喹啉-*N*-氧化物，4-硝基吡啶：Ochia,E.,J. Org. Chem. 1953,18:534.

3,5-二硝基苯甲酸：Brewster, R. Q.; Williams, B., Org. Synth., 1955, Coll. Vol. Ⅲ:337.

胺硝化的例子：

N-(1-硝基萘-2-基)乙酰胺：Hartmann, W. M.; Smith, L. A., Org. Synth., 1943, Coll. Vol. Ⅱ:438.

4-甲氧基-2-硝基苯胺（通过相应的乙酰苯胺)：Fanta, P. E.; Tarbeli, D. S., Org. Synth.,1955,Coll. Vol. Ⅲ:661.

N,*N*-二甲基-3-硝基苯胺（在强硫酸溶液中硝化)：Fitch,H. M.,Org. Synth.,1955, Coll. Vol. Ⅲ:658.

在实验室中，芳香性硝基化合物常常被作为原料来制备胺、羟基胺和其它还原性产物（参见 D. 8. 1）。

硝化反应在工业上是一个重要的基础反应。许多硝基化合物（2,4,6-三硝基甲苯、1,3,5-三硝基苯、硝基苯与 N_2O_4 混合成 Panclastit）是炸药。最有意义的还是还原成作为染料和药品中间体的胺（参见 D. 8. 1）。从 2,4-二硝基甲苯或者 2,4-二硝基甲苯和 2,6-二硝基甲苯的混合物和其它二硝基芳烃可以制得合成氨基甲酸酯聚合物所需的二异氰酸酯。从间二硝基苯制得的间苯二胺是具有很高分解温度的聚酰胺纤维的缩合组分。同样，通过相应硝基化合物的还原可以得到对亚苯基二胺、二苯基胺和氨基苯酚衍生物，这些化合物都是很好的抗氧化剂和衰老抑制剂。

下面这两个硝基化合物和从它们导出的产物展示了氮化芳香烃作为中间体的意义；自己列出转化式！

—对硝基甲苯：对甲苯胺，2-氯-4-硝基甲苯，对硝基苯甲酸，2,4-二硝基甲苯。

—对氯硝基苯：对硝基苯酚，对氯苯胺，对硝基二苯基胺，对硝基苯甲醚，对硝基苯甲醚，对亚苯基二胺，对硝基苯胺，1,2-二氯-4-硝基苯。

硝化反应也可以被用来识别芳香烃。所得到的化合物还原成胺后可以继续进行衍生反应（参见 E. 2. 6）。

有些硝基化合物，像苦味酸、收敛酸，1,3,5-三硝基苯，2,4-二硝基苯肼，3,5-二硝基苯甲酸等，是鉴别有机化合物的重要试剂（参见 E. 2. 1. 1. 3，E. 2. 2. 7. 2 和 E. 2. 5）。

D. 5. 1. 4 磺化反应

最常用的磺化试剂是 70%～100% 的硫酸和含不同浓度 SO_3 的发烟硫酸。

不仅自由的三氧化硫，而且 HSO_3^+ 正离子也被认为是实际上的磺化试剂：

$$C_6H_6 + SO_3 \rightleftharpoons [C_6H_6\text{–}SO_3^-]^{\oplus} \rightleftharpoons C_6H_5SO_3H \quad \text{(D. 5. 17)}$$

或者是

$$H_2SO_4 + SO_3 \rightleftharpoons H_2S_2O_7 \underset{-H^{\oplus}}{\overset{+H^{\oplus}}{\rightleftharpoons}} H_2SO_4 + HO\text{–}\overset{\oplus}{S}O_2$$

$$C_6H_6 + O{=}\overset{\oplus}{S}(=O)\text{–}OH \underset{+H^{\oplus}}{\overset{-H^{\oplus}}{\rightleftharpoons}} C_6H_5SO_3H \quad \text{(D. 5. 18)}$$

磺化反应与硝化反应和其它大多数苯环上的亲电取代反应相反，它是一个可逆反应：

$$ArH + H_2SO_4 \rightleftharpoons ArSO_3H + H_2O \quad \text{(D. 5. 19)}$$

根据其稳定性，磺酸在水中或者不同浓度的硫酸中就可以水解，尤其是在较高的温度下。

此外，还可以通过浓硝酸来取代磺酸基（本位进攻），从而生成硝基化合物。当芳环对硝酸不稳定时，这一方法就非常有意义。这就是为什么苦味酸（2,4,6-三硝基苯酚）要通过对氧化剂稳定的 4-羟基苯-1,3-二磺酸来制备的原因：

$$\text{C}_6\text{H}_5\text{OH} \xrightarrow[-2H_2O]{+2H_2SO_4} \text{(OH, }SO_3H\text{, }SO_3H\text{)} \xrightarrow[-2H_2SO_4,\ -H_2O]{+3HNO_3} \text{(OH, }O_2N\text{, }NO_2\text{, }NO_2\text{)} \quad (D.5.20)$$

制备2,4-二硝基萘-1-酚（马汀氏黄）和2,4-二硝基萘-1-酚-7-磺酸（萘酚黄S）的方法原则上也是同样的。由于磺化反应的可逆性，磺基进入苯环上的位置可以受反应条件的影响。所以，萘的磺化反应在反应温度较低时（＜80 ℃，动力学控制，参见C.3.2）主要生成α-萘磺酸。然而当反应温度较高时（180 ℃，热力学控制）平衡［式(D.5.21)］大幅度向反应物方向移动，因此α-酸又被分解掉了，从而使磺化反应最终生成β-萘磺酸[1]，因为β-萘磺酸的形成在这一反应条件下是不可逆的：

$$\text{(}SO_3H\text{)} \underset{<80℃}{\overset{180℃}{\rightleftharpoons}} \text{(H, }SO_3^{\ominus}\text{, }\oplus\text{)} \rightleftharpoons \text{萘} + SO_3 \xrightarrow{180℃} \quad (D.5.21)$$

$$\text{(H, }SO_3^{\ominus}\text{, }\oplus\text{)} \longrightarrow \text{(}SO_3H\text{)}$$

磺化反应的可逆性可以被用来对苯环上能够发生反应的位置进行占位。

在磺化反应中，磺化试剂的反应性必须与苯环的反应能力相匹配。硫酸，作为常用磺化试剂中反应性最弱的一个，只能用来磺化反应能力强的芳香烃。在这一反应体系中，随着反应的进行，硫酸逐渐被反应中生成的水所稀释，因此反应速率也逐渐降低，直到最后完全停止。为了使磺化反应平衡尽可能向右侧移动，或者采用过量的硫酸（可是这一方法使磺酸的分离变得困难），或者更有利的方法——在反应的过程中不断地将生成的水蒸出。这一点最简单的是通过共沸蒸馏来实现（见A.2.3.5）。共沸物中作为水的“携带者”的可以是溶剂（氯仿，石油醚）或者是过量的待磺化的化合物。芳胺可通过干热其硫酸氢盐（或者通过长时间与硫酸一起加热）的方法磺化（烘焙磺化法）：

$$C_6H_5-NH_3^{\oplus}HSO_4^{\ominus} \longrightarrow HO_3S-C_6H_4-NH_2 + H_2O \quad (D.5.22)$$

为了将反应性较弱的芳香烃磺化，最常用的磺化试剂是发烟硫酸。发烟硫酸的浓度大多从5%到30%，具体多少要根据待磺化的化合物的反应性和在反应温度下想要达到的磺化程度来决定。所以苯被10%的发烟硫酸，在室温下转化成一磺酸，在200～250 ℃转化成间二磺酸。

为了实现温和磺化，可以用硫酸或三氧化硫在溶剂（氯仿，液态二氧化硫）中反应。

SO_3与三元碱（例如吡啶）或者环状醚（例如二氧杂环己烷）的加成化合物是有选择性的，尤其是对于适合富π电子芳香烃的磺化试剂。它（们）的反应性随着溶剂亲核性的增大而减小。讨论SO_3在硝基苯、氯仿和液态SO_2中不同的反应性。

用三氧化硫-空气混合物进行磺化在工艺上的意义越来越大。

---

[1] 不是α-酸重排成β-酸。

磺化反应中最主要的副反应是形成砜，就是说已经生成的磺酸再作为磺化试剂继续反应（写出转化式）。可通过加入大大过量的硫酸（或者发烟硫酸、氯代磺酸）来抑制砜的形成。高温对这一转化有利。

硫酸和发烟硫酸，在高温下常常对有机物主要起氧化（生成 SO_2）和炭化作用。

除氨基磺酸（分子内成盐）外，磺酸很容易溶于水，是强酸。由于磺酸大多也溶于过量的磺化试剂，所以它们的分离常常很困难。在许多情况下，可以用氯化钠或者硫酸钠将磺酸碱金属盐从水溶液中“盐析”出来：

$$ArSO_3H + NaCl \rightleftharpoons ArSO_3Na + HCl \qquad (D.5.23)$$

（析出的）钠盐大多可以直接用于接下来的反应。

与碱土金属的硫酸盐相反，磺酸钡和磺酸钙一般是溶于水的。因此过量的硫酸也可以以碱土金属硫酸盐的形式沉淀出来。然后再通过例如离子交换等方法将磺酸从碱金属的磺酸盐中释放出来。

用氯磺酸进行磺化反应也可以避免分离难的问题，产物是磺酰氯。磺酰氯在水中的溶解度很低，而且明显地比大多数羧酸氯分解得慢：

$$\begin{aligned} ArH + ClSO_3H &\longrightarrow ArSO_3H + HCl \\ ArSO_3H + ClSO_3H &\longrightarrow ArSO_2Cl + H_2SO_4 \end{aligned} \qquad (D.5.24)$$

磺酰氯水解可以释放出自由的磺酸。对于许多反应，磺酰氯都比磺酸或磺酸盐更适合。因此在实验室里人们常常优先采用氯磺化。正如式(D.5.24)所表示的那样，每摩尔芳香烃至少需要 2 mol 的氯磺酸。对于反应性较弱的芳香烃，常常使用大大过量的氯磺酸来抑制砜的形成。

收率有时严重依赖于氯磺酸的纯度（参见试剂附录）。与多数磺酸相反，许多磺酰氯是可蒸馏的。

【例】 芳香烃氯磺化的一般实验方法（表 D.5.25）

注意！使用氯磺酸要小心，在通风橱里操作，戴防护眼镜、防护手套！

若要磺化 0.5 mol 的芳香烃，需要一个 1 L 的三颈瓶。三颈瓶上装搅拌器，带排气管的回流冷凝器，内置温度计，如有必要还要装一个滴液漏斗。

A. 活性低的芳香烃　将三倍于芳香烃的物质的量（mol）的氯磺酸一次加到芳香烃中，在缓慢搅拌下加热到 110 ℃，最高至 120 ℃，使得氯化氢能顺利脱离。在反应快结束时将反应温度再提高 10 ℃。当不再有氯化氢生成时，反应就结束了。处理见下文。

B. 反应性中度的芳香烃　取氯代磺酸（每摩尔芳香烃需 3 mol 氯代磺酸）于烧瓶中，在不停搅拌和很好的冷却到 0～5 ℃的条件下缓慢地加入芳香烃。随后在室温下继续搅拌，直到不再有氯化氢生成为止。

C. 反应性较强的芳香烃（单氯磺化）　将芳香烃用干燥氯仿（每份芳香烃 250 mL）溶解，在不停搅拌和很好冷却的条件下，在大约 −10 ℃向其中滴加两倍于芳香烃量的氯代磺酸。只要持续生成氯化氢，就一直在这一温度下搅拌。然后使其在室温下升温，并且继续搅拌直到氯化氢的生成结束为止。

后处理　很小心地、不停地搅拌着将反应混合物倒到碎冰中（在通风橱里!），析出的磺酰氯要么过滤出来（固体产品），要么用氯仿或者甲苯萃取出来（液体产品）。小心

地洗涤产品：固体用冰水，萃取出的液体用水、碳酸氢钠溶液和水。最后将事先在空气中晾干了的产品重结晶或者蒸馏。❶

反应可用于半微量实验。这对芳香族化合物的定性分析很有意义。

表 D. 5. 25 芳香烃的氯磺化

产物	起始反应物	方法	沸点(熔点)/℃ n_D^{20}	收率/%	备注
间硝基苯磺酰氯	硝基苯	A	(熔点 62)(乙醚)	75	
苯磺酰氯	苯	B	$114_{1.3(10)}$,(熔点 14.5) 1.5521	75	①
对甲苯磺酰氯	甲苯	B	(熔点 69)(石油醚)	30②	反应始终在 5 ℃下进行;蒸出氯仿后用冰析法将对位异构体分离出来(参见图 A. 40)
间甲苯磺酰氯			$126_{1.3(10)}$ 1.5565	25②	滤液中的间位异构体通过韦氏分馏柱分馏
对乙基苯磺酰氯	乙基苯	B	$168_{2.0(15)}$ 1.5469	60	
对丙基苯磺酰氯	丙基苯	B	$170_{2.0(15)}$	60	
对异丙基苯磺酰氯	异丙基苯	B	$142_{1.6(12)}$	60	
对丁基苯磺酰氯	丁基苯	B	$182_{2.0(15)}$	60	
对乙酰氨基苯磺酰氯	乙酰苯胺	B	(熔点 149)(二甲酮)	80	③
对氯苯磺酰氯	氯苯	B	$147_{2.0(15)}$,(熔点 53)(二乙醚)	80	氯代磺酸溶于氯仿(每摩尔氯代磺酸 250 mL);在 25 ℃下向其中滴加芳香烃,然后在 25 ℃搅拌 1 h
对甲氧基苯磺酰氯	苯甲醚	C	$105_{0.04(0.3)}$,(熔点 42)(石油醚)	55	

① 蒸馏剩余物是二苯砜；b. p. $225_{1.3(10)}$ ℃；m. p. 128（甲醇）。

② 若先取甲苯就只得到对甲苯磺酰氯（收率 65%）。

③ 15 ℃时加入乙酰苯胺，反应在 60 ℃时结束；纯化：35 ℃时将粗产物溶于丙酮，冷却到－10 ℃，分离结晶，所得晶体用冰冷的甲苯洗涤。

通过β-萘酚的氯磺酸磺化制备萘-2-酚磺酸以及其它转化生成 2-氨基萘-1-磺酸（Tobias 酸）的方法：Fierz-David, H. E., Blangey, L., Grundlegende Operationen der Farbenchenchemie, 8 ed, Springer-Verlag, Wien, 1952: p. 189.

【例】 氯磺化（定性分析的一般方法）

对于反应性较强的化合物，于试管中将 0.5 g 芳香烃溶于 3 mL 氯仿，在冰浴下滴加 3 mL 氯磺酸。置于室温 20 min 后，小心地将其浇到大约 30 g 的碎冰上，将氯仿层分出并用水洗。蒸出氯仿，粗产物重结晶或者转移到磺胺中（参见 D. 8. 5）。

对于中等和较弱反应性的芳香烃，要根据氯磺化的一般实验条件适当调整所用的分析方法。

❶ 在蒸馏溶剂时，尚存的水被共沸蒸出。

【例】 吡啶-3-磺酸的制备[1]

使用发烟硫酸要小心。在通风橱里操作，戴防护眼镜、戴防护手套！

在 500 mL 的烧瓶中放 400 g 20%～22%的发烟硫酸，在不停搅拌和冰水冷却下小心地、慢慢地向其中滴加 1 mol 吡啶。加完 2.4 g 硫酸汞（0.8 摩尔分数）之后，在烧瓶上装上克氏（Claisen）减压蒸馏头，蒸馏头上连接空气冷却器和通过真空阀连接一个装有一定浓硫酸的接收器。将反应混合物在金属浴中加热 20 h，温度保持在 220～230 ℃。紧接着真空蒸出 230～240 g 硫酸（$b.p._{0.3(2)}$≈ 180 ℃）。

暗棕色油状的剩余物在冷却状态下加入 200 mL 无水乙醇，将这一溶液置于 0 ℃若干小时以使吡啶-3-磺酸结晶。将粗产物酸吸滤分离出来后，再用 500 mL 水溶解，并向其中倒入硫化氢以除去残余的汞；将这一悬浮液加热到 80 ℃后吸滤分离出硫化汞。将滤液浓缩，直到结晶开始，然后加入 150 mL 乙醇，待冷却后将磺酸吸滤分离出来。m. p. 352～356 ℃；收率 40%。

【例】 对甲苯磺酸的制备

在一个带水分离器［见图 A. 83(a)］和搅拌器的、500 mL 的三颈瓶中，加入 2 mol 纯甲苯和 0.5 mol 浓硫酸，在不停回流下在金属浴中蒸馏，直到不再有水脱出为止（大约需要 5 h）。由于所用试剂中含水，所以脱出的水量或多或少大于理论值。

反应混合物冷却之后，向其中加 0.5 mol 水，这样对磺酸就以水合物的形式结晶出来。反应剩余的甲苯和同时生成的邻甲基苯磺酸，用多孔玻璃漏斗抽滤分离后立即转移到瓷质样品盘中。为了洗涤产品，将所得到的对甲基苯磺酸水合物晶体溶于少量的热水，之后与少量活性炭一起煮沸，趁热过滤并将冷却了的溶液用氯化氢饱和。产生的晶体迅速倒到多孔玻璃漏斗上进行分离并且用冰冷的浓盐酸冲洗。将上述洗涤方法再重复两次，最后在脱水器中通过氢氧化钾和浓硫酸干燥磺酸水合物（见 A. 1. 10. 3），直到不再有氯化氢为止。这样就获得无色、棱柱状的晶体。m. p. 105 ℃；收率 40%。这一产物极易潮解。

对甲基苯磺酸水合物也可以从氯仿或者二氯乙烷中重结晶。

关于这一点，可以参考 PERRON, R. , Bull. Soc. Chim. France, 1952:966.

【例】 苦味酸的制备[2]

注意！准备过程中会产生氧化氮。在通风橱里操作！使用浓酸要小心！戴防护眼镜！

苦味酸是一种炸药。较大量的苦味酸应该始终在潮湿状态下（大约 10%的水分）保存。

在 500 mL 的 Erlenmeyer 锥形烧瓶中加入 0.5 mol 的苯酚，再加 1.5 mol 的浓硫酸，在沸水浴中加热 1 h，这时生成了二磺酸。将反应体系在冰-盐水浴中冷却到 0 ℃，并在这一温度下边搅拌边缓慢地滴入 50%的混酸，混酸由 2 mol 硝酸（D=1.5）和相同质量的浓硫酸组成。让这一混合体系在室温下过夜。然后，先在 30 ℃下加热 1 h，再缓慢地加

---

[1] 根据 McElvain, S. M. ; Goese, M. A. , J. Am. Chem. Soc. 1943, 65:2233.

[2] 所描述的合成方法与反应的工艺流程相似。

热到 45 ℃。为了使反应进行得彻底，先将反应混合物[1]的一部分（大约 50 mL）于沸水浴上加热，然后将剩余部分在不停搅拌下以适当的速度添加到预先加热了的溶液中。添加速度以没有很强的泡沫、没有含氮气体产生为适当。随后再继续在沸水浴上加热 2 h，然后小心地加入 500 mL 水并在冰浴中冷却。产生的晶体吸滤后用冷水仔细冲洗并用稀释的酒精（1 体积的酒精对 2 体积的水）重结晶。m. p. 122 ℃；收率为按理论计算的 90%。

这一方法适合半微量制备。

许多芳香族磺酸很有实际应用意义。烷基的碳原子数为 12～15 的长链烷基苯磺酸盐被用作合成洗涤剂（见表 D. 5. 43）。碳链短一些的烷基萘磺酸盐，特别是丁基化合物，则是用途广泛的表面活性剂、乳化剂和浮选剂（Nekale）。因为磺酸与氢氧化钠熔融后，磺酸基可以被羟基取代（见 D. 5. 2. 2），所以通过磺酸可以获得相应的化合物，如苯酚、雷琐酚、萘酚、茜素等。磺胺酸和许多磺化了的萘酚和萘胺是水溶性偶氮染料的重要中间体。交联聚苯乙烯的磺化生成强酸性的阳离子交换树脂。

氯磺化在工业上用途也很广，例如用来生产医药和杀虫剂行业所需的磺酸氯化合物（磺胺，磺酰脲，见 D. 8. 5）和邻甲苯磺酰氯（用于糖精，见 D. 6. 2. 1）。

在分析化学中，氯磺化反应被用来鉴别烷基化的和卤化的芳香族化合物。另外，实验室中将磺酰氯作为制备亚磺酸、苯硫酚等的起始原料，有时还用来鉴别羟基化合物和氨基化合物（参见 D. 8. 5 和 E. 2. 1. 1. 2）。

D. 5. 1. 5　卤化反应

作为卤化试剂，首选的是分子卤素，其中氟做卤化试剂时还会进攻 C—C 键使化合物的芳香性受到破坏。所以有些氟代芳香烃不能通过直接氟化的方法得到。

在非极性溶剂中，氯、溴和碘反应得都很缓慢。通过强极性溶剂的影响或者通过所谓的“卤素转换剂”（Lewis 酸如三氯化铝和三氯化铁，还有金属铁）可以使卤素极化，从而获得 Lewis 酸的性质（参见 D. 4. 1. 1），使亲电取代反应变得非常容易：

$$C_6H_6 + Cl—Cl + FeCl_3 \longrightarrow [C_6H_6Cl]^+ + Cl\cdots FeCl_3 \longrightarrow C_6H_5Cl + HCl + FeCl_3 \qquad (D.\ 5.\ 26)$$

这类卤化反应的极大的负活化熵说明，催化剂——像在式(D. 5. 26）中描述的那样——特别是在过渡态时起作用。卤素的反应性从碘到氯递增。

卤化剂中的卤素如果被正极性化甚至是以阳离子形式存在，能够大大降低卤化反应所需的能量。因此，即使是像间二硝基苯那样难反应的芳香烃在浓硫酸和二溴异氰尿酸（DIB）中在室温下短时间内就能被溴化[2]。下面比较一下此类反应的几个制备实例。这里作为溴化试剂的是 DIB 的质子化了的形式：

$$2\ C_6H_4(NO_2)_2 + \text{DIB} \xrightarrow[\text{rt, 45 min}]{\text{浓硫酸}} 2\ BrC_6H_3(NO_2)_2 + \text{氰尿酸} \qquad (D.\ 5.\ 27)$$

[1] 采用这种操作方法，即使反应物量较大的反应也不会有危险。对于 0.2 mol 和小于 0.2 mol 的小量反应，可以直接将整个反应混合物小心地放到水浴上加热。

[2] GOTTARDI, W., Monatsh. Chem. 1968, 99: 815.

同一个反应，在浓硫酸中 Ag_2SO_4 存在下以溴为溴化试剂，在 100 ℃下反应 11 h 得到的收率为 52%❶。这里参加反应的应是溴的正离子形态：

$$2\,Br_2 + Ag_2SO_4 \longrightarrow 2Br^{\oplus} + 2\,AgBr + SO_4^{2\ominus} \qquad (D.5.28)$$

卤素正离子还可以从次卤酸在酸性介质中产生：

$$H^{\oplus} + HO—Br \rightleftharpoons H_2\overset{\oplus}{O}—Br \rightleftharpoons H_2O + Br^{\oplus} \qquad (D.5.29)$$

能生成次卤酸的反应很多，例如卤素与水反应（写出转化式!）。比例适当的氯胺 T 在酸溶液中也可以是次氯酸的来源：

$$H_3C—C_6H_4—SO_2—\overset{\ominus}{N}(Na^{\oplus})—Cl + HCl + H_2O \longrightarrow H_3C—C_6H_4—SO_2—NH_2 + HOCl + NaCl \qquad (D.5.30)$$

对于芳香取代反应来说，元素碘的反应性很弱，所以它只可能直接取代苯酚和芳胺。不过，通过添加促使碘正离子形成的氧化剂，如浓硫酸或硝酸或者将放出的碘化氢吸收的氧化汞，也能将惰性芳香烃直接碘化。

大多数芳香烃的卤化产物是不同位置异构体的混合物，这些异构体又常常很难分离，因此卤化反应的应用价值受到很大限制。

另外，卤化烷基芳香烃时要考虑到侧链上的自由基取代反应作为竞争反应（参见 D.1.4）。下面的经验方法说明了反应条件有利于苯环上的卤化还是有利于侧链上的卤化：

沸点温度，阳光→侧链卤化

低温，催化剂→苯环卤化

没有卤素转换剂时，在促进自由基反应的条件下，卤化反应优先发生在侧链上。

溴化反应在实验室中是最容易实现的。选择卤化条件时如何考虑到芳香烃❷的不同反应性，可以从下边给出的、以溴化反应为例的一般实验方法中看出。例如，反应性较强的芳香烃（苯酚，苯酚醚，芳胺），要想获得单溴取代产品就只能在稀溶液中、低温下溴化。这种情况下比较适宜的加溴方法是：用气流将溴从洗瓶中带到反应混合物中。

【例】 用分子溴来溴化芳香烃的一般实验方法（表 D.5.31）

注意！使用溴要小心（参考试剂附录）！滴液漏斗要盖紧（溴的密度为 3.14 g/cm^3）！

若要溴化 0.5 mol 的芳香烃，需要一个 250 mL 的三颈烧瓶。三颈烧瓶上装搅拌器，回流冷凝器，内置温度计和滴液漏斗。产生的溴化氢导入水中，使生成恒沸的氢溴酸（参见 D.1.4.2）。

溴最好用与浓硫酸一起振荡萃取的方法干燥。

A. 不易起反应的芳香烃　0.6 mol 的芳香烃与 4 g 铁粉（最好是“还原铁粉”）在搅拌下加热到 100～150 ℃（见表 D.5.31），并在这一温度下迅速加入 0.35 mol 的溴，加溴的速度要尽可能快以减少漏出。另外，为了限制溴损失，将滴液漏斗的滴管尽可能接近液体表面。溴加完之后，在上面所给温度下继续搅拌 1 h，然后再以同样的方法加入 4 g 还原铁和 0.35 mol 溴。在 150 ℃下搅拌 2 h之后，用水蒸气将反应产物蒸馏出来

---

❶ DERBZSHIRE, D. H.; WATERS, W. A., J. Chem. Soc. 1950: 573.

❷ 例如氟苯和苯甲醚的氯化反应速率相差 10^7 倍。

（至少 2 L 馏出液），用二氯甲烷或者氯仿萃取，小心地用10%的苛性钠和水洗涤并将溶剂蒸馏除去。最后将蒸馏剩余物再蒸馏或者重结晶。

B. 中度反应性的芳香烃　在室温和充分搅拌下，向 0.5 mol 的芳香烃和 1 g 铁粉的体系中滴加 0.5 mol 的溴。如果加了少量的溴后过了一定诱导期之后还没有溴化氢产生，可以小心地将温度升到 30～40 ℃。反应启动之后就可以在室温下继续操作。反应体系放置过夜，分出有机相并用亚硫酸氢钠的水溶液，10%的苛性钠，再用水反复洗涤，最后真空蒸馏。

C. 高活性芳香烃　将 0.5 mol 芳香烃溶解于 200 mL 四氯化碳中，冷却到 0 ℃。在充分搅拌下将 0.4 mol 溴（若需引入多个溴原子，则溴相应过量）滴加到 50 mL 四氯化碳中，滴加速度要缓慢，以使温度能始终保持在 0～5 ℃范围内（冰-盐混合物）。溴加完之后继续在 0～5 ℃下搅拌 2 h 以使反应彻底完成。处理方法同 B。

这个反应可以半微量进行，尤其是在没有难分离的异构体生成而且反应产物是固体的情况下。

表 D. 5. 31　用元素溴溴化芳香烃

产物	起始反应物	方法	沸点(熔点)/℃ n_D^{20}	收率/%	备　注
1-溴-3-硝基苯	硝基苯	A	$138_{2.4(18)}$,(熔点 56)(稀乙醇)	60	操作温度 145～150 ℃
2-溴-4-硝基甲苯	4-硝基甲苯	A	(熔点 77)(稀乙醇)	80	反应温度 120～130 ℃
3-溴苯甲酸	苯甲酸	A	(熔点 155)(水)	70	①
溴苯(和 1,4-二溴苯)	苯	B	156,$54_{2.7(20)}$ 1.5598	65	②
4-溴叔丁基苯	叔丁基苯	B	$105_{1.9(14)}$ 1.5309	75	
溴荚	1,3,5-三甲基苯(荚)	B	$105_{2.1(16)}$ 1.5527	40	③
1-溴-2-甲基萘	2-甲基萘	B	$155_{1.9(14)}$ 1.6487	80	
4-溴苯甲醚	苯甲醚	C	$108_{2.7(20)}$ 1.5605	75	
4-溴苯甲酚④	苯酚	C	$122_{2.0(15)}$,(熔点 63)(氯仿)	60	常常是在用 CO_2-甲醇冷却时才结晶
2,4-二溴苯酚	苯酚	C	$154_{1.5(11)}$,(熔点 40)	70	

① 操作温度 145～150 ℃；150 ℃下加热 2 h 之后再在 260 ℃搅拌 3 h；不要进行水蒸气蒸馏；反应产物溶于苏打水，过滤，用稀盐酸析出。

② 过 30 cm 韦氏分馏柱蒸馏；剩余物由 1,4-二溴苯组成；m. p. 89（乙醇）。

③ 用 0.6 mol 溴，在暗处操作。粗产物中含可水解的溴（在侧链上）。因此，洗净后用 100 mL 含 10%乙醇的苛性钾加热回流 3 h，转移到 400 mL 水中，分离，中性洗涤并蒸馏。

④ 小心！在处理过程中，反应混合物不要用苛性钠洗涤。化合物具有难闻的、不易去除的气味。

氯化铝存在下溴化苯乙酮：Pearson, D. E.; Pope, H. W.; Hargrove, W. W., Org. Syth. 1960, 40: 7.

【例】 酚类的溴化（定性分析方法）

7.5 g 溴化钾溶于 50 mL 水中，再加 5 g 溴。一边晃动一边将上述溶液滴加到含 0.5 g 苯酚的水、二氧杂环己烷或者乙醇溶液中，直到出现淡淡的黄色且不再消失。加入 20 mL 水之后，将溴化产物吸滤出来，用稀释的亚硫酸氢钠溶液洗涤，最后从乙醇或者乙醇-水中重结晶。

【例】 用二溴异氰尿酸溴化钝化芳香烃的一般实验方法（表 D.5.32）

(1) 二溴异氰尿酸（DIB）的制备❶

注意！使用溴要小心！参考试剂附录！戴防护眼镜！

在 20 ℃条件下向 0.2 mol 氢氧化锂、0.1 mol 研细的氰尿酸和 1 L 水组成的溶液中一次性加入 0.4 mol(20 mL) 溴❷。通过强烈振荡使溴在溶液中混匀，然后放到冰箱中慢慢冷却。让反应混合物在冰箱中反应 24 h，期间时不时振荡一下。随后吸滤出 DIB，用少量冰冷的溴水洗涤并压紧抽干转移到陶瓷样品盘中，在真空干燥器中先用 KOH 干燥一天，然后再经 P_2O_5 干燥 24 h。m. p. 307～309 ℃（分解）；收率 90%。

这一产品不需要进一步纯化就可以用于溴化反应。

(2) 以 DIB 为溴化剂的溴化反应❸

注意！使用浓硫酸要小心！戴防护眼镜！

量取 16 mL 浓硫酸于烧杯中；取 15 mmol 芳香烃（如果是乙酰苯酮就取 30 mmol），在室温下将其溶于浓硫酸中。在磁力搅拌下将 DIB 滴加到芳香烃-浓硫酸体系中，每 15 mmol 芳香烃用 7.5 mmol 的 DIB；事先在微热条件下将 DIB 溶于 24 mL 浓硫酸中。这一反应体系先在室温下放置 45 min，然后浇到冰上。固体产物如果不溶于碱，可将其与稀释的苛性钠共煮以除去氰尿酸，再用水冲洗并重结晶。如果产物溶于碱或者呈油状，就将反应混合物倒到冰上，用二氯甲烷萃取（氰尿酸不溶于二氯甲烷），萃取液用水洗并经过 Na_2SO_4 干燥。将溶剂蒸出后将产品重结晶或者真空蒸馏。

表 D.5.32 二溴异氰尿酸溴化钝化芳香烃

产物	起始反应物	沸点(熔点)/℃	收率/%
1-溴-3-硝基苯	硝基苯	51(乙醇)	70
6-溴-2,4-二硝基甲苯	2,4-二硝基甲苯	55(乙醇)	80
1-溴-3,5-二硝基苯	1,3-二硝基苯	72(乙醇)	80
3-溴苯甲酸	苯甲酸	150(甲醇-水)	75
3-溴乙酰苯酮	乙酰苯酮	$131_{2.1(16)}$,(熔点 8)	50

注：n_D^{20} 为 1.5755。

2,6-二溴-4-硝基苯胺：Meyer, R.; Meyer, W.; Taeger, K., Ber. Deut. Chem. Ges. 1920, 53: 2034.

工业上主要以氯为卤化剂，尤其是生产大量的氯苯和一定量的氯代苯酚。

氯苯可用来制备如苯胺和 DDT（见 D.5.1.8.5）等取代芳香烃。过去广泛流行的

❶ GOTTARDI, W., Monatsh. Chem. 1967, 98: 507.

❷ 为了使氰尿酸溶解，必要时可加热。加溴之前将溶液冷却到 20 ℃。

❸ GOTTARDI, W., Monatsh. Chem. 1968, 99: 815.

由氯代苯合成苯酚的方法，如今大多被工业上经济实用的 Hock 方法取代（参见 D. 9. 1. 3）。在苯的氯化过程中同时生成的对二氯苯可用做杀虫剂（主要抗蛾类）。氯代苯酚和氯代甲酚可作为消毒剂。

2,4-二氯苯酚和 2,4,5-三氯苯酚是制备相应的氯代苯氧基乙酸的原料（参见 D. 2. 6. 2），氯代苯氧基乙酸类化合物被用作选择性除草剂。

此外，单氯苯和多氯苯还是染料和医药工业的中间体。多溴化和过溴化的芳香烃（聚三溴苯乙烯，五溴甲苯，溴化二苯基醚等）是很好的阻燃剂，多碘取代的芳香烃被用来作为 X 射线的造影剂。

D. 5. 1. 6　硫氰化反应

用拟卤二硫氰（二氰二硫烷）$(SCN)_2$ 在室温甚至低于室温的温度下就可以将硫氰基（—SCN）直接导入到活泼芳环上。由于二硫氰容易发生聚合反应，所以只能在反应体系中由碱金属硫氰酸盐或者硫氰酸铵和溴或氯反应现制现用：

$$2\ SCN^{\ominus} + Br_2 \longrightarrow (SCN)_2 + 2\ Br^{\ominus} \qquad (D.\ 5.\ 33)$$

硫氰化反应仅限于苯酚类、芳胺、蒽类稠环芳烃、个别杂环和 CH 酸类化合物。只要供电子取代基的邻位或对位中的一个是空的，钝化基如—NO_2、—X（卤）、—COOH、—COOR，就不影响已活化了的苯环上的反应。硫氰基优先占据供电子基的对位，如果对位已经被占就会发生邻位取代。当然，对于对位已有取代基的苯胺就很容易发生成环反应，生成 2-氨基苯并噻唑：

$$\text{R-C}_6\text{H}_4\text{-NH}_2 + (SCN)_2 \longrightarrow \text{R-C}_6\text{H}_3(\text{NH}_2)(\text{SCN}) + HSCN \longrightarrow \text{R-C}_6\text{H}_3\text{(N=C(NH}_2\text{)S)} \qquad (D.\ 5.\ 34)$$

冰醋酸、甲酸，NaBr 或 NaCl 饱和的甲醇或者乙酸甲酯适合作为溶剂。通过与强碱一起水解（碱熔融），不仅能从硫氰代芳香烃，而且还可以从 2-氨基苯并噻唑制备苯硫酚（参见 D. 8. 5）。

【例】 导入硫氰基的一般实验方法（表 D. 5. 35）

没氧化的硫氰酸在副反应中会生成氢氰酸。操作务必在通风橱里进行！

取 0.1 mol 的芳香烃和 0.22 mol 的碱金属硫氰酸盐或者硫氰酸铵置于烧杯中与 75 mL 冰醋酸一起冷却到 10～20 ℃。在机械搅拌条件下向其中滴加溶于 20 mL 冰醋酸中的 0.1 mol 的溴，整个滴加过程中温度要保持在 20 ℃以下。加完溴之后，将反应混合物在室温下放置 3 h，然后倒到体积相当于反应混合物 6～8 倍的水中，在冷却条件下用浓氨水中和，使产物结晶并用抽滤法分离，再通过重结晶纯化。

表 D. 5. 35　硫氰基的导入

产物	起始反应物	熔点/℃	收率/%
4-氨基苯基硫氰酸酯	苯胺	58(乙醇-水，环己烷)	60
4-二甲氨基苯基硫氰酸酯	*N*,*N*-二甲基苯胺	74(轻石油，沸点 90～100)	65
4-羟基苯基硫氰酸酯	苯酚	58(甲醇-水)	
2-氨基-6-乙氧基苯并噻唑	对氨基苯乙醚	174(乙醇-水)	80
N-(2-氨基苯并噻唑-6-基)乙酰胺	4-氨基乙酰苯胺	192(乙醇-水)	90
2-氨基-6-氯苯并噻唑	4-氯苯胺	198(乙醇-水)	75
2-氨基-6-甲氧基苯并噻唑	对邻甲氧基苯胺	165(甲醇)	
2-氨基-6-甲基苯并噻唑	对甲苯胺	130(乙醇-水)	85

D. 5. 1. 7　傅-克烷基化反应

与卤素类似，烷基卤也能通过 Lewis 酸，如氯化铝、氯化锌、三氟化硼等极化后，在苯环上发生亲电取代反应：

$$R-Cl + AlCl_3 \rightleftharpoons \underset{\text{I}}{\overset{\delta^+}{R}\cdots Cl\cdots \overset{\delta^-}{AlCl_3}} \rightleftharpoons \underset{\text{II}}{R^{\oplus}\ AlCl_4^{\ominus}} \quad (D.5.36)$$

请读者自己列出烷基化反应的反应过程！

如式(D. 5. 36) 所示的那样，R—X 键通过与催化剂形成配合物而被极化，其极化程度从一级到三级烷基卤逐级增加❶（为什么?)。因此烷基卤的亲电性也按这一顺序递增。从烷基氟到烷基碘反应性能逐渐减小（再参见傅-克酰基化反应，D. 5. 1. 8. 1)，因为随着卤素原子的增大，与催化剂形成配合物的难度也增大了。除了烷基卤以外，甲苯磺酸烷基酯、醇类，尤其是烯烃类化合物作为烷基化试剂也是很常见的：

$$R-OH + H-X \rightleftharpoons \overset{\delta^+}{R}\cdots \underset{H}{O}\cdots H\cdots \overset{\delta^-}{X} \rightleftharpoons R^{\oplus} + H_2O + X^{\ominus} \quad (D.5.37)$$

$$R-CH=CH_2 + H_2SO_4 \rightleftharpoons R-\overset{\oplus}{C}H-CH_3 + HSO_4^{\ominus} \quad (D.5.38)$$

烯烃作为烷基化试剂的反应机理符合马氏（Markovnikov）规则。

对于烯烃和醇类作为烷基化试剂发生烷基化反应，大多采用质子酸作为催化剂。它们的催化活性如下：

$$H_2F_2 > H_2SO_4 > (P_4O_{10}) > H_3PO_4 \quad (D.5.39)$$

Lewis 酸的催化效果也不尽相同：

$$AlCl_3 > FeCl_3 > SbCl_5 > BF_3 > TiCl_4 > ZnCl_2 \quad (D.5.40)$$

有水、醇或者卤化氢存在的情况下，Lewis 酸像下面反应式所表示的那样，只是作为质子酸起作用：

$$HX + BF_3 \longrightarrow H^{\oplus} + XBF_3^{\ominus} \quad (D.5.41)$$

上面列出的催化效果的顺序也不是绝对的，因为反应条件和反应物也能影响催化剂的活性。

醇类化合物需要至少等物质的量（mol）的 Lewis 酸作为催化剂，因为反应过程中生成的水会使与它等物质的量（mol）的催化剂结合使活性降低。当烷基卤和烯烃作为烷基化试剂时，催化量的 Lewis 酸就足够了。

傅-克烷基化反应在实验室中的意义有限，因为多数情况下生成的产物不单一，原因有如下几点：

① 所生成的烷基芳香烃的亲电反应活性比起始芳香烃要强，因此会被优先继续烷基化。要想得到单烷基化的产物，就必须始终保持反应物芳香烃远远过量，可这样一来又大大提高了分离成本。

② 傅-克烷基化反应与磺化反应一样，是可逆反应。

因此，只有当烷基化反应在动力学控制（见 C. 3. 2）下进行时才遵循通常的取代规则。就是说必须准时将反应中断，而这一点只有反应低速进行时，换句话说只有当反应

---

❶ 烷基卤与活化的傅-克催化剂所形成的配合物通常以离子对［式(D. 5. 36)，Ⅱ］的形式存在，就像通过形成重排的烷基化产物所得到的那样。

在温和条件下（低温和少量催化剂）进行时，才能实现（参考实验方法部分!）。相反，在热力学控制下，换句话说在高温、长的反应时间和大的催化剂用量的条件下，已取代芳香烃的烷基化常常优先生成间位取代产物。

例如氯化铝催化甲基氯和甲苯甲基化的反应，间二甲苯的收率在 0 ℃下是 27%，55 ℃下是 87%，106 ℃下是 98%。

除此之外，尤其是在使用强催化剂的情况下，还会发生轻微的去烷基化和烷基交换作用。例如用氯化铝处理对二甲苯除了可以得到邻二甲苯和间二甲苯外，还可以得到苯、甲苯、三甲苯等。而在使用硫酸、氢氟酸、三氟化硼或者其它温和催化剂的情况下，生成这些副产物的量就很少。

③ 在温和反应条件下，一级或者二级卤代烷多数情况下生成较多二级或者三级卤代芳香烃，甚至主要生成二级或者三级卤代芳香烃。当反应条件近似于 S_N1 反应❶的条件时这一点就不难理解了［参见式(D.2.6)］。这些情况下，如果采用低反应温度常常可以很大程度地避免重排现象。

同样用正烯烃作为烷基化试剂生成的是二级芳基烷烃的混合物，因为中间体碳正离子被相应地［式(D.4.17)］异构化了。已经位于苯环上的取代基也可以发生烷基基团的重排。不过这一反应只在剧烈的反应条件下才会发生。

由于前面提到的困难，下面只谈苯的烷基化。苯酚和苯酚醚也能较好地反应，但像硝基苯和吡啶之类碱性弱的芳香烃就很难烷基化。

【例】 苯的傅-克烷基化的一般实验方法（表 D.5.42）

反应器皿是一个带搅拌器、内置温度计、滴液漏斗和一个回流冷凝器的、容积为 1 L 的三颈烧瓶。回流冷凝器上带一个氯化钙管，连着一根伸到 Erlenmeyer 锥形瓶里的胶管，锥形瓶里装半瓶水，胶管不要插进水里，而是接近水面（用通风橱!）。反应烧瓶里装：

A. 以卤代烷为烷基化试剂：5 mol 不含噻吩的、干燥的苯❷，0.1 mol 无水氯化铝❸。

B. 以醇类为烷基化试剂：5 mol 不含噻吩的苯❹，1 mol 无水氯化铝❺。

C. 以烯烃为烷基化试剂：5 mol 干燥的苯，1 mol 浓硫酸。

在搅拌条件下，向装有反应物的烧瓶中滴加 1 mol 烷基化试剂。烷基化试剂的滴加分两步：首先在没有冷却的情况下加几毫升，直到反应开始进行；然后将剩余试剂在冰水冷却下滴加完，滴加速度以反应体系内的温度保持在 20 ℃以下为宜。反应体系常常呈两相。搅拌过夜或者到不再生成氯化氢为止，将反应混合物浇到冰上。有机相用水-苏打溶液，然后再用水中和洗涤并通过硫酸镁干燥。蒸馏出溶剂，将剩余物重结晶或者过 20 cm Vigreux 柱精馏。

---

❶ 烷基卤在苯环上的亲电芳香取代反应也可以看做是芳香烃作为亲核试剂在卤代烷上的亲核取代反应（参见表 D.2.4）。

❷ 参见试剂附录。

❸ 参见试剂附录。

❹ 参见试剂附录。

❺ 参见试剂附录。

表 D.5.42 苯的傅-克烷基化

产物	烷基化试剂	方法	沸点(熔点)/℃	n_D^{20}	收率/%
异丙基苯(枯烯)	丙基氯	A	152	1.4915	80
	丙基溴				
	异丙基氯				
	异丙基溴				
	异丙基醇	B			50
	丙烯②	C			75
叔丁基苯	叔丁基氯	A	169	1.4926	60
	叔丁基溴				
	叔丁基醇	B			80
	异丁烯②	C			60
仲丁基苯①	丁基氯	A	173	1.4901	60
	丁基溴				
	仲丁基氯				
	仲丁基溴				
	2-丁醇	B			60
环己基苯	环己烯	C	$110_{1.3(10)}$,(熔点 8)	1.5260	65

① 用正烷基卤的情况下会同时生成一些正烷基苯。

② 这一烯烃为气态。因此反应容器上接滴液漏斗的地方要接一个导气管。气体剂量参考 A.1.6。

依化学计量比而定，用四氯化碳可以将苯烷基化成氯代三苯基甲烷（三苯基甲基氯）或者二氯二苯基甲烷。如果操作迅速并且在低温下，还可以分离出这些卤化物，否则的话它们会水解（参见 D.2.6.1）成三苯基醇或者二苯甲酮。

【例】 三苯甲基氯的制备

在一个容积为 1 L 带搅拌器、滴液漏斗和一个带氯化钙管的冷凝器的三颈烧瓶中，0.6 mol 高纯度氯化铝❶悬浮在 6 mol 干燥、不含噻吩的苯❶中。向其中滴加 0.4 mol 高度干燥的四氯化碳❶。一直搅拌，到不再有氯化氢生成为止。然后搅拌着将反应混合物倒入 300 g 冰和 300 mL 浓盐酸的混合物中，整个过程中温度应该始终保持在 0 ℃。将有机相分离出来，用冰冷的稀盐酸洗三次，最后再用冰水洗一次。只要三苯基氯与水有接触，操作就要迅速，以此来控制三苯甲醇（三苯基醇）的生成。用氯化钙干燥之后，将溶剂蒸馏出去，蒸馏剩余物，用添加了乙酰氯或者亚硫酰氯的石油醚（b.p. 90～100 ℃）重结晶。真空蒸馏下可得到纯制备物。b.p. $_{0.05(0.4)}$ 170 ℃；m.p. 114 ℃；收率 75%。

【例】 二苯甲酮的制备

如前面制备三苯甲基氯时所描述的设备中加 1.5 mol 干燥的四氯化碳❶和 0.3 mol 高纯度氯化铝❶。冷却到 10～15 ℃后，从总量为 0.7 mol 的苯中取出 2 mL❷，一次性加

❶ 参见试剂附录。

❷ 反应物的量大时也不要多取！

到上述体系中使反应启动。然后将体系冷却到5～10 ℃，再在这一温度下滴加其余的苯(严格按此操作!)。加完苯之后，在10 ℃下再搅拌3 h，接下来在室温下放置一夜。

改为蒸馏装置，然后通过滴液漏斗小心地加入250 mL水，这里不需要冷却，因为卤代烃反正也需要水解。剩余的四氯化碳用蒸馏法除去，接下来为了将二卤化物水解，向溶液中通水蒸气30 min。冷却下来之后将有机相分离出来，并用甲苯将水相溶液再萃取一次。萃取液合并到前面分出的有机相后用水洗一下，再通过硫酸镁干燥。将溶剂蒸出之后再做真空精馏。b. p.$_{2.0(15)}$ 190 ℃；m. p. 48 ℃；收率65%。

在芳香烃的亲电取代反应中，也可以借助傅-克烷基化反应进行可逆占位。在这里，先向苯环上引入一个叔丁基，由于叔丁基的体积庞大，所以它的两个邻位也被保护起来而不能发生取代。反应完成后叔丁基可以以异丁烯的形式或者通过烷基交换反应离去。

在Octafining工艺上，利用二甲苯的异构化可以生产对二甲苯。这里常用的催化剂为镀铂的硅酸-黏土化合物。二甲苯的收率还可以通过在甲苯-三甲基苯或者四甲基苯体系中的烷基交换反应来改善。傅-克烷基化反应，尤其是以烯烃为烷基化试剂的反应，在工艺上很有意义。重要的产物列在表D. 5. 43中。

表 D. 5. 43　工艺上重要的傅-克烷基化反应产物

产物	用途
乙基苯	→苯乙烯→聚苯乙烯，丁苯橡胶
异丙基苯	→α-过氧羟基异丙基苯→苯酚(参见D. 1. 5)
烷基苯类化合物(C_{10}～C_{14})	→烷基苯磺酸酯类化合物(表面活性剂)①
2,4-二叔丁基苯酚和2,6-二叔丁基-4-甲基苯酚	→抗氧化剂
烷基苯酚类化合物(C_4～C_8)	→杀菌剂，抗氧化剂 →酚醛树脂
烷基苯酚类化合物(C_{12}～C_{15})	→烷基苯基聚乙二醇醚(参见表D. 4. 34)
丁基萘	→丁基萘磺酸酯(参见D. 5. 1. 4)

① 由于其容易生物降解的特性，带直链或者较少支链的烷基苯磺酸酯类化合物比多支链的化合物在生态学上更有优势。

α-生育酚（维生素E）的工艺全合成利用的是异绿醇对2,3,5-三甲基对苯二酚的傅-克烷基化：

$$\text{2,3,5-三甲基对苯二酚} + \text{异绿醇} \xrightarrow[-H_2O]{\text{酸}} \alpha\text{-生育酚} \quad \text{(D. 5. 43a)}$$

D. 5. 1. 8　羰基化合物对苯环的亲电取代反应

羰基化合物（像醛、酮、羧酸以及它们的衍生物）和类似羰基化合物（如羧酸的酰亚胺氯）由于其羰基的极性，都是Lewis酸（参见D. 7），因此在原则上都能与芳香族化合物发生亲电取代反应：

$$R-\overset{\delta^+}{C}(=O^{\delta^-})-X \tag{D. 5. 44}$$

不过这类化合物的亲电活性比较弱，一般需要通过 Lewis 酸或者质子酸催化。在醛和酮的情况下，酸性催化剂 E 进攻羰基化合物中的氧原子（或者类羰基含氮化合物的氮原子），通过吸电子使相邻碳原子上的正电性增大：

$$R-\overset{\delta^+}{C}(=O\cdots E^{\delta^-})-X \quad X=H,R' \tag{D. 5. 45}$$

对于酰氯，催化剂既可以进攻氧原子也可以进攻卤素，参见式(D. 5. 47)。

作为催化剂，可以用那些在傅-克烷基化中已经提到的化合物［见式(D. 5. 39) 和式(D. 5. 40)］，也可以参考那里所给出的活性顺序。

羰基化合物的反应活性按下列顺序增大［有关这一点再参见式(D. 7. 3)］：

$$CO_2 < -C(=O)NR_2 < -C(=O)OAr^{❶} < -C(=O)R < -C(=O)H < -C(=O)X \text{, X=卤素、酸性基团} \tag{D. 5. 46}$$

并不是所有的芳香烃都能与羰基化合物发生亲电取代反应：带有强致钝取代基，如—NO_2、—COR 和—CN 的芳香烃不反应，除非这些基团的致钝作用被其它致活基团，如羟基、烷基、氨基等的作用抵消。

反应能力最强的羰基化合物酰基氯，根据傅-克理论在高效氯化铝的作用下甚至能将不易起反应的卤代苯转化；而甲醛在氯化氢和氯化锌作用下的氯甲基化反应却要求芳香烃具有至少相当于苯的反应性。相比之下，酰胺根据 Vilsmeier 理论在磷酰氯存在下的甲酰化反应只与稠环芳烃、苯酚、酚醚和芳胺才能顺利进行。通常非常不易起反应的二氧化碳只能与反应性最强的芳香烃——酚——反应。

D. 5. 1. 8. 1　傅-克酰基化反应

芳香族化合物的傅-克酰基化反应是芳香酮和芳基-脂肪基酮的最重要的合成方法。用来作为酰基化试剂的有酰基卤（多数情况下是酰基氯）、酸酐甚至羧酸。

通过两可的酰基氯与傅-克催化剂的相互作用，可以形成实质上亲电的试剂Ⅰ、试剂Ⅱ和碳正离子Ⅲ：

$$\underset{\text{I}}{R-\overset{\delta^+}{C}(=O\cdots \overset{\delta^-}{AlCl_3})-Cl} \rightleftharpoons \underset{\text{II}}{R-\overset{\delta^+}{C}(=O)-Cl\cdots \overset{\delta^-}{AlCl_3}} \rightleftharpoons \underset{\text{III}}{R-\overset{\oplus}{C{\equiv}O}} + AlCl_4^{\ominus} \tag{D. 5. 47}$$

这一平衡状态取决于反应物和溶剂的类型。介电常数较高的溶剂有利于Ⅲ的形成。

请写出一种芳香烃与亲电试剂Ⅰ和Ⅱ的酰基化反应的总反应式！

因为一般情况下作为中间体出现的配合物［式(D. 5. 47)，Ⅰ或者Ⅱ］的体积很庞大，所以在实践中单取代基苯的傅-克酰基化反应只生成对位产物。由于高度的区域选

❶ 烷基酯起烷基化作用。

择性，酰基化反应在有机合成中具有重要意义。

催化剂的选择要视芳香烃的反应性而定。多数情况下选择氯化铝，在非常容易反应的体系（如噻吩）中也可以用氯化锌、硫酸等。

与酰基化试剂形成配合物一样，三卤化铝也能与产物羰基化合物形成在通常反应条件下稳定的配合物。因此用酰基卤的傅-克反应要求催化剂的量至少是摩尔量级的。以酸酐为酰基化试剂的反应，生成的羧酸还要再消耗 1 mol 的催化剂，所以需要催化剂的总量至少是 2 mol。不管哪种情况，反应结束后由酮和氯化铝形成的配合物必须用水解法（用冰和盐酸）分解掉。

比苯活泼的芳香烃和杂环化合物的傅-克酰基化反应，催化剂量的傅-克催化剂（大多用 $FeCl_3$，I_2，$ZnCl_2$ 或者 Fe）常常也可以使反应完成。一般认为，羰基化合物和催化剂形成的配合物在该反应体系所需的高温下会解离。之后催化剂还会再生。

三氟甲磺酸能催化以酰基氯为酰基化试剂的傅-克酰基化反应。这中间很可能由羧酸和磺酸生成了酸酐：

$$O_2N{-}C_6H_4{-}COCl + C_6H_6 \xrightarrow[80\ ℃,4\ h]{1\%\ HOSO_2CF_3} O_2N{-}C_6H_4{-}CO{-}C_6H_5\ (82\%) + HCl \qquad (D.\ 5.\ 48)$$

傅-克酰基化反应适用于芳香烃（包括稠环芳烃）、卤代烃和容易发生反应的杂环（如噻吩、呋喃）。芳香胺与催化剂形成配合物而不能被酰基化。如果通过乙酰化把氨基保护起来，芳香胺也能发生酰基化反应。

苯酚反应的反应条件不同时可以有不同的结果。对于制备酚的芳酮，相对于直接酰基化而言，苯酚在氯化铝存在下酚酯分子间重排的方法（Fries 迁移）更受欢迎：

$$3\text{-}H_3C{-}C_6H_4{-}OCOCH_3 \xrightarrow{AlCl_3,\ 163℃} \text{2-OH-4-}H_3C{-}C_6H_3{-}COCH_3$$
$$3\text{-}H_3C{-}C_6H_4{-}OCOCH_3 \xrightarrow{AlCl_3,\ 20℃} \text{4-OH-2-}H_3C{-}C_6H_3{-}COCH_3 \qquad (D.\ 5.\ 49)$$

带有强钝化取代基如硝基、氰基和羰基的芳香烃，按照傅-克理论是不能被酰基化的。因此，在酰基化反应中不必担心发生二取代或多取代反应。

除了用简单的酰基氯和酸酐的傅-克反应外，主要是以二酸酐为酰基化试剂的反应在合成上有意义。这里先生成氧代羧酸，氧代羧酸再进一步转化成醌，例如：

$$\text{邻苯二甲酸酐} + C_6H_6 \xrightarrow{AlCl_3} 2\text{-}(C_6H_5CO){-}C_6H_4{-}CO_2H \xrightarrow{H_2SO_4} \text{蒽醌} \qquad (D.\ 5.\ 50)$$

芳基苯甲酸可以用来鉴定烷基和卤代衍生物（参见 E 部分）。请写出制备 1,4-二羟基蒽醌的转化式！

在傅-克酰基化反应中芳香烃本身就可以作为溶剂（一定要过量）。不过还是常用二硫化碳，因为它不会损害氯化铝的反应活性。然而生成的由芳香酮与氯化铝形成的配合物是不溶的，大量使用只能使操作和后处理困难。除此之外，二硫化碳有毒而且非常易燃（在 100 ℃的物体表面就有燃烧的危险，见 A.1.7.2）。在硝基苯或者卤代烃（二氯乙烷或三氯乙烯）中，由于配合物的形成，催化剂的反应活性或多或少会有所下降，这一点使得傅-克酰基化反应在这些溶剂中能平稳地进行。卤代烃只能在 50 ℃以下应用，否则的话它自身会参加反应。

萘在弱极性溶剂 1,2-二氯乙烷（亚乙基氯）中产生 α-芳酮，反过来，在强极性介质（硝基苯）中产生 β-芳酮（见下文）。

【例】 用酰基氯的傅-克酰基化反应的一般实验方法（表 D.5.51）

注意！会产生氯化氢。反应要在通风橱中进行！

在一个容积为 1 L，带搅拌器、滴液漏斗和氯化钙管回流冷凝器的三颈烧瓶中加 400 mL 1,2-二氯乙烷和 1.2 mol 研成细粉的氯化铝，在搅拌和冰水冷却的条件下向其中滴加 1.05 mol 酰基氯。紧接着在用水冷却的条件下通过滴液漏斗加入 1 mol 芳香烃。芳香烃的加入速度以体系内温度始终保持在 20 ℃上下为宜。继续搅拌 1 h 后放置过夜。如果反应物是卤代苯，要在 50 ℃下加热 5 h 并以芳香烃自身作为溶剂（溶剂和反应物的总量不变）。

为了使酮-氯化铝配合物分解，将反应混合物小心地浇到大约 500 mL 冰上，并将可能析出的氢氧化铝用少量浓盐酸溶解。然后用分液漏斗将有机相同水相分开。分出来的水相再用二氯乙烷萃取两次，将萃取液合并到有机相中，小心地依次用水、2%的苛性钠和水洗涤。通过碳酸钾干燥后用真空蒸馏先蒸出溶剂再蒸出酮。

以上介绍的实验方法也适合半微量制备。

表 D.5.51 傅-克酰基化反应制备酮

产物	反应物	酰基化剂	沸点(熔点)/℃ n_D^{20}	收率/%
苯乙酮	苯	乙酰氯	$94_{2.7(20)}$,(熔点 20) 1.5340	70
苯丙酮	苯	丙酰氯	$92_{1.5(11)}$,(熔点 21) 1.5270	70
苯丁酮	苯	丁酰氯	$105_{1.5(11)}$,(熔点 12) 1.5202	70
4-苯基苯乙酮	联苯	乙酰氯	195～$210_{2.4(18)}$,(熔点 120)(乙醇)	60
4-甲基苯乙酮	甲苯	乙酰氯	$110_{1.9(14)}$	70
2,4-二甲基苯乙酮	间二甲苯	乙酰氯	$93_{0.7(5)}$	75
甲基-α-萘基酮①	萘	乙酰氯	$166_{1.6(12)}$② 1.5340	60
4-甲氧基苯乙酮	苯甲醚	乙酰氯	$139_{2.0(15)}$,(熔点 39)	60
3,4-二甲氧基苯乙酮	3,4-二甲氧基苯	乙酰氯	$155_{1.2(9)}$	60
4-氯苯乙酮	氯苯	乙酰氯	$118_{2.7(20)}$,(熔点 21)	80
4-溴苯乙酮	溴苯	乙酰氯	$130_{2.0(15)}$,(熔点 50)	80

① 将萘滴到溶剂的主体部分中，加 1.2 mol 乙酰氯，反应温度不低于 20 ℃不高于 30 ℃。

② 产物含大约 5%的甲基-β-萘基酮；纯净产物的 n_D^{20} 为 1.6285。

在硝基苯中通过萘的乙酰化制备甲基-β-萘基酮：Bassilios，H. F.；Makar，S. M.；Salem，A. Y.，Bull. Soc. Chim. France，1958：1430.

从苯和3-硝基苯甲酰氯制备3-硝基二苯甲酮：Oelschläger，H.，Arch. Pharmaz. Ber. Deut. Pharmaz. Ges. 1957，290：587.

通过苯和丁二酸酐制备β-苯甲酰丙酸：Sommerville，L. F.；Allen，C. F. H.，Org. Synth.，1943，Coll. Vol. Ⅱ：81.

通过苯和马来酸酐制备β-苯甲酰丙烯酸：Grummitt，O.；Becker，E. J.；Miesse，C.，Org. Synth.，1955，Coll. Vol. Ⅲ：109.

通过苯和γ-丁内酯制备α-四氢萘酮：Olson，C. E.；Bader，A. R.，Org. Synth.，1963，Coll. Vol. Ⅳ：898. 通过γ-苯基丁酸制备α-四氢萘酮：Martin，E. L.；Fieser，L. F.，Org. Synth.，1943，Coll. Vol. Ⅱ：569.

甲基（噻吩-2-基）酮和苯基（噻吩-2-基）酮：Hartough，H. D. E.；Kosak，A. I.，J. Am. Chem. Soc. 1946，68：2639.

在多磷酸存在下用羧酸对芳香烃进行傅-克酰基化：Klemm，L. H.；Bower，G. M.，J. Org. Chem. 1958，23：344-348.

傅-克酰基化反应用催化剂剂量的Lewis酸制备4，4'-二甲氧基二苯甲酮和苯基（噻吩-2-基）酮：Pearson，D. E.；Bühler，C. A.，Synthesis，1972：533.

以三氟甲磺酸为催化剂用羧酸氯傅-克酰基化芳香烃：Effenberger，F.；Epple，G.，Angew. Chem. 1972，84：295.

【例】 用邻苯二甲酸酐酰基化芳香烃

（一般定性分析方法）

在冰冷却下向由0.5 g芳烃、0.6 g邻苯二甲酸酐和2～3 mL干燥的二氯甲烷组成的混合物中加2.5 g研成细粉的氯化铝。然后根据反应的激烈程度，在室温下放置或者回流加热，直到不再有氯化氢生成为止（大约0.5 h)。冷却，用5 mL由浓盐酸和冰组成的混合物分解，固体剩余物用抽滤法分离后水洗。为了进一步净化产品，在加热条件下将其溶于5 mL浓苏打溶液中，加少量活性炭煮5 min后趁热过滤，在冷却下用盐酸酸化并用刚果红检测。析出的芳酰基苯再用乙醇水溶液或者甲苯-石油醚重结晶。

通过傅-克反应制备的酮类化合物在工艺上是生产药品的重要中间体，例如，苯丙酮用于制麻黄素；二苯酮制美沙酮（一种比吗啡还强的止痛剂，是在戒毒程序中被用来替代海洛因的药物）。关于这种化合物的结构，请参考教科书。取代二苯酮，如米氏酮等，可作为起始物来制备三苯甲烷染料。羟基取代的二苯酮可用作紫外线吸收剂（塑料的光稳定剂，防晒剂）。

D. 5. 1. 8. 2 Gattermann反应

通过傅-克酰基化反应，用甲酰氟可以制备的芳香醛也可以用甲酸卤实现（写出转化式！）。对于不稳定的甲酰氯，可以在催化剂三氯化铝和氯化亚铜存在下用一氧化碳和氯化氢的混合物代替（Gattermann-Koch合成）。

氯化亚铜的催化功能可能在于，它能吸附一氧化碳与其形成松散配合物。如果反应在高压下进行，可以省去氯化亚铜。

对甲基苯甲醛的合成：Coleman，G. H.；Craig，D.，Org. Synth.，1943，Coll. Vol. Ⅱ：583.

根据 Gattermann 理论，很多用 Gattermann-Koch 反应不能合成的苯酚醛和酚醚醛都可以在三氯化铝或二氯化锌存在下用氢氰酸和氯化氢顺利制得：

$$H-C\equiv N + HCl \rightleftharpoons H-C(=NH)Cl \xrightleftharpoons{+AlCl_3} H-C(Cl)=\overset{\delta^+}{N}H\cdots\overset{\delta^-}{A}lCl_3 \quad (D.5.52)$$

实际上的亲电试剂是催化剂和氯甲亚胺形成的配合物。按照这一机理，合成中生成的是醛亚胺的盐酸盐。醛亚胺的盐酸盐在加热情况下很容易被稀酸或碱水解成醛：

$$ArH + HCN + HCl \xrightarrow{AlCl_3} ArCH{=}\overset{\oplus}{N}H_2Cl^{\ominus} \xrightarrow{水解} ArCHO \quad (D.5.53)$$

与此类似，Houben-Hoesch 酮合成法不用氢氰酸而是用腈。

Adams 改进了 Gattermann 合成反应，不直接使用无水氢氰酸，而是在反应过程中由氰化锌在氯化氢作用下释放出来。同时生成了氯化锌，氯化锌活性在转化易反应的酚类时是足以作为催化剂的。其它情况下必须再加催化剂三氯化铝。

除了苯酚和苯酚醚以外，个别烃类以及杂环化合物，如呋喃、吡咯和吲哚的衍生物（没有取代的化合物不能反应）和噻吩也可以发生 Gattermann 反应。芳环带有钝化取代基时不能反应。对于芳胺，不能用这一反应（为什么?）。

醛基总是以很高的位置选择性进入活化取代基的对位，只有当对位已经被占据时才进入邻位。

D. 5. 1. 8. 3　Vilsmeier 合成反应

在 Vilsmeier 合成反应中，甲酰胺被用来作为甲酰化试剂。最常用的是二甲基甲酰胺和 *N*-甲基苯酰甲胺。*N*-甲基苯酰甲胺的反应性比廉价的二甲基甲酰胺要强。磷酰氯多数情况下可以作为傅-克催化剂，它与酰胺形成配合物，在使用 *N*-甲基苯甲酰胺的情况下这一配合物可以分离出来：

$$(CH_3)_2N-CH{=}O + POCl_3 \longrightarrow (CH_3)_2\overset{\oplus}{N}{=}CH-O-\overset{\ominus}{P}(O)Cl_3 \rightleftharpoons (CH_3)_2\overset{\oplus}{N}{=}CH-O-P(O)Cl_2\ Cl^{\ominus}$$

$$R_2N-C_6H_5 + (CH_3)_2\overset{\oplus}{N}{=}CH-OPOCl_2\ Cl^{\ominus} \longrightarrow R_2N-C_6H_4-CH(N(CH_3)_2)(OPOCl_2) \xrightarrow{H_2O} R_2N-C_6H_4-CHO \quad (D.5.54)$$

尤其在工艺上，还可以碳酰氯代替磷酰氯。

反应性强的芳香烃，特别是多环、酚、酚醚和活泼的含氧、硫和氮的杂环化合物可以发生 Vilsmeier 反应。与 Gattermann 反应、Gattermann-Koch 反应和 Gattermann-Adams 反应相反，二级和三级芳胺也能顺利进行 Vilsmeier 反应。

用插烯[1]酰胺通过 Vilsmeier 反应成功地合成了不饱和醛，因此 Vilsmeier 反应的应用范围被显著扩大，例如：

---

[1] 插烯原理见 C. 5. 1 和 D. 7. 4。

$$R_2N-C_6H_4-H + R'_2N-CH=CH-CHO \xrightarrow[-NHR'_2]{POCl_3} R_2N-C_6H_4-CH=CH-CHO \quad (D.5.55)$$

Vilsmeier 反应的常用溶剂是苯、氯代苯、邻二氯苯或者过量的二甲基甲酰胺。

用 *N*-甲基苯甲酰胺时，反应温度不能超过 70 ℃，否则的话会重排成对甲氨基苯甲醛。

【例】 Vilsmeier 甲酰化的一般实验方法（表 D.5.56）

注意！磷酰氯有强腐蚀性！通风橱中操作！戴防护眼镜！

反应在一个 250 mL、带搅拌器、氯化钙管回流冷凝器、内置温度计和滴液漏斗的三颈烧瓶中进行。

在冰水冷却和搅拌的条件下，将磷酰氯滴加到由芳香烃和 *N*-甲基-*N*-苯基甲酰胺或者二甲基甲酰胺组成的混合物中。磷酰氯的滴加速度以体系内温度不超过 20 ℃为宜。然后在 20 ℃下再搅拌 1 h，最后如在每个方法中或者表 D.5.56 中给出的那样，搅拌加热。

根据所用芳香烃的反应活性，选择不同的酰胺并改变甲酰化配合物的量。

方法 A：0.2 mol 芳香烃，0.3 mol *N*-甲基苯甲酰胺，0.3 mol 磷酰氯，加热 3 h，温度见表 D.5.56。

表 D.5.56 通过 Vilsmeier 反应制备醛

产物	反应物	方法	沸点(熔点)/℃ n_D^{20}	收率/%	备注
对甲氧基苯甲醛	苯甲醚	A	$135_{2.1(16)}$	30	60 ℃；通过酸性亚硫酸化合物净化
4-乙氧基苯甲醛	苯乙醚	A	$140_{2.7(20)}$，(熔点 39)	30	60 ℃；通过酸性亚硫酸化合物净化
2-甲氧基萘-1-甲醛	2-甲氧基萘	A	$205_{2.4(18)}$，(熔点 84)(乙醇)	65	①
4-甲氧基萘-1-甲醛	1-甲氧基萘	A	$210_{1.3(10)}$，(熔点 34)(乙醇)	80	80 ℃
2,4-二甲氧基苯甲醛	雷琐酚二甲酯	B	$110_{0.01(0.1)}$，(熔点 70)(稀乙醇或石油醚)	85	沸点$_{1.3(10)}$=165 ℃
3,4-二甲氧基苯甲醛	邻二甲氧基苯	B	$169_{2.8(21)}$，(熔点 45)(环己烷)	40	通过酸性亚硫酸化合物净化
4-二甲氨基苯甲醛	*N*,*N*-二甲基苯胺	C	$166_{2.3(17)}$，(熔点 73)(稀乙醇)	80	
4-二乙氨基苯甲醛	*N*,*N*-二乙基苯胺	C	$124_{0.3(2)}$，(熔点 41)(稀乙醇)	80	
2,4-二羟基苯甲醛	雷琐酚	C	(熔点 136)(水)	40	②
噻吩-2-甲醛	噻吩	C	198 1.5888	75	
吲哚-3-甲醛	吲哚	C	(熔点 192)(乙醇)	90	35 ℃下，1.5 h
桂皮醛	苯乙烯	C	$129_{2.7(20)}$ 1.6195	30	80 ℃下，1 h

① 50 mL 甲苯；80 ℃；粗产品溶于乙醇，与活性炭一起煮 5 min，过滤；通过向母液中加水能分离出更多的醛。

② 只加 0.2 mol 二甲基甲酰胺，否则相对易溶于水的醛会很难分离。切勿加热！

方法B：0.2 mol 芳香烃，0.2 mol *N*-甲基-*N*-苯甲酰胺，0.2 mol 磷酰氯；60 ℃加热 2 h。

方法C：0.2 mol 芳香烃，0.6 mol 二甲基甲酰胺（其中的 0.4 mol 作为溶剂），0.2 mol 磷酰氯；除特别容易反应或者敏感化合物等特殊情况外（见表 D.5.56），水浴加热 3 h。

为了解离反应产物，在冷却条件下向反应混合物中加 200 mL 冰并且通过加 5 $mol \cdot L^{-1}$ 的苛性钠使 pH 值达到 6。用醚振荡萃取法，产物为固体形态的可用抽滤法，分离产物。将醚萃取液合并后用碳酸氢盐水溶液去酸化再通过硫酸钠干燥。蒸馏除醚，剩余物通过蒸馏或者结晶法净化。

对于一些收率不高的酚醚醛，最好用亚硫酸螯合物净化（见表 D.5.56）。在这种情况下，醚萃取液与 40％的亚硫酸氢钠溶液（“亚硫酸溶液”）一起振荡，抽滤分离析出的亚硫酸化合物，并用醚洗。最后将亚硫酸螯合物与 1 mol/L 硫酸一起加热，直到不再有二氧化硫生成为止，醚振荡萃取—去酸—干燥—蒸馏。

对于收率较高的产物，也可以以半微量方式制备。

蒽-9-醛的制备：Campaigne，E.；Archer，W. L.，J. Am. Chem. Soc. 1953，75：989.

用二甲基甲酰胺和二溴三苯基膦甲酰化芳香烃：Bestmann，H. J. 等，Liebigs Ann. Chem. 1968，718：24.

除了看似衍生物的甲酰胺外，二氯甲基烷基醚也可以作为甲酰化试剂。以 $TiCl_4$ 或者 $SnCl_4$ 为 Lewis 酸可以得到强的甲酰化试剂。

用二氯甲基甲醚 甲酰化芳香烃和杂原子芳香烃：Gross，H.；Rieche，A.；Höft，E.；Beyer，E.；Org. Synth.，1973，Coll. Vol. Ⅴ：365.

D.5.1.8.4 甲醛对芳环的亲电取代反应

不仅是由于其体积小，而且还由于其反应活性，甲醛相对容易发生芳香性亲电取代反应。与最活泼的芳香烃（酚盐类）在没有酸催化剂的情况下也能反应；通过羟甲基发生邻位和对位取代（羟甲基化）：

$$C_6H_5O^{\ominus} + H_2C{=}O \rightleftharpoons O{=}C_6H_5(H)CH_2O^{\ominus} \rightleftharpoons {}^{\ominus}O{-}C_6H_4{-}CH_2OH \quad (D.5.57)$$

很难让反应停留在这个阶段；一般会生成多羟甲基取代的产物，有些情况下甚至是高缩合的产物［酚醛树脂，见式(D.5.61)］。

在个别情况下确实能控制缩合，使其生成高收率的成环产物，即所谓的杯芳烃。尤其是对叔丁基苯酚与甲醛反应，根据所选的反应条件（温度、溶剂、碱的类型和浓度）可以生成带 4 个、6 个或者 8 个芳香单位的环式缩合产物——对叔丁基杯[*n*]芳烃。

$$\text{4-R-C}_6H_4OH \xrightarrow{(CH_2O)_x/OH^{\ominus}} \text{对叔丁基杯}[n]\text{芳烃} \quad (D.5.57a)$$

R=叔烷基　　*n*-3　*n*=4,6,8

对叔丁基杯[n]芳烃的制备：$n=4$：Gutsche, C. D.; Iqbal, M., Org. Synth., 1993, Coll. Vol. Ⅷ: 75-77；$n=6$：Gutsche, C. D.; Dhawan, B.; Leonis, M.; Stewart, D., Org. Synth., 1993, Coll. Vol. Ⅷ: 77-79；$n=8$：Munch, S. H.; Gutsche, C. D., Org. Synth., 1993, Coll. Vol. Ⅷ: 80-81.

特别容易反应的芳香烃，例如苯酚和几个杂环芳烃，通过与甲醛和二级胺的反应可以氨甲基化（参见 Mannich 反应，D. 7. 2. 1. 5）。

用1，3，5-三烷基六氢三嗪氨甲基化酚：Reynolds, D. D.; Cossar, B. C., J. Heterocycl. Chem. 1971, 8: 597, 605.

芳香烃的氨甲基化：Zaugg, H. E., Synthesis, 1970: 49.

在酸性催化剂存在下甲醛也能与活性较低的芳香烃反应，例如苯。卤代苯只有在特别强的条件下才反应，收率也不理想。反应通常按下述常见机理进行：

$$H_2C{=}O + H^{\oplus} \rightleftharpoons H_2C\overset{\oplus}{=}OH$$

$$C_6H_6 + H_2C\overset{\oplus}{=}OH \longrightarrow [C_6H_6(CH_2OH)]^{\oplus} \xrightarrow{-H^{\oplus}} C_6H_5CH_2OH \qquad (D. 5. 58)$$

可是在这样的反应条件下（酸催化剂），反应不是停留在生成苯甲醇的程度，而是通过尚未反应的芳烃的傅-克烷基化反应生成二芳基甲烷［见式(D. 5. 59) Ⅰ］。相反，如果是在氯化氢存在下芳香烃与甲醛反应，由中间体苯甲醇通过亲核取代可生成相应的苯甲基氯［式(D. 5. 59) Ⅱ］，氯甲基化，Blanc 反应：

$$Ar-CH_2OH \underset{-H^{\ominus}}{\overset{+H^{\oplus}}{\rightleftharpoons}} Ar-CH_2-\overset{\oplus}{O}H_2 \rightleftharpoons Ar-\overset{\oplus}{C}H_2 + H_2O$$

$$Ar-\overset{\oplus}{C}H_2 \xrightarrow{+ArH} Ar-CH_2-Ar + H^{\oplus} \quad \text{I}$$

$$Ar-\overset{\oplus}{C}H_2 \xrightarrow{+Cl^{\ominus}} Ar-CH_2-Cl \quad \text{II} \qquad (D. 5. 59)$$

在氯甲基化的条件下也不能抑制二芳基甲烷按式(D. 5. 59) Ⅰ的途径生成，尤其是在所用的芳香烃反应活性较强的情况下。因此对苯酚和酚醚的反应要很小心（用惰性溶剂稀释）。

对于容易反应的芳香烃，氯化氢的催化作用足以使反应完成；不容易反应的芳香烃需要额外的催化剂（硫酸、磷酸、二氯化锌）才能迅速反应。氯代二甲醚[1]也可以作为氯甲基化试剂使用。

在有痕量酸存在下，氯甲基芳香烃很容易转化成二芳基甲烷的衍生物。因此蒸馏时要适当地添加一些固体的碳酸氢钠（如何解释?）。

【例】 芳香烃氯甲基化反应的一般实验方法（表 D. 5. 60）

注意！所生成的中间体羟甲基阳离子有致癌作用。必须严格避免接触反应混合物！

许多氯甲基芳香烃是强的皮肤和眼睛刺激物。在通风橱里操作！戴防护眼镜！戴胶皮手套！如果发生意外，受腐蚀的部位用酒精洗，事先不要涂任何软膏，因为软膏有可

[1] 注意！α-卤代醚是强致癌物（还可参见 Org. React. 1972, 19: 422）。

表 D. 5. 60　芳香烃的氯甲基化反应

产物	反应物	方法	沸点(熔点)/℃ n_D	收率/%
苯甲基氯	苯	A①	70 $_{2.0(15)}$ n_D^{20} 1.5390	75
4-甲基苄基氯②	甲苯	A	90 $_{2.7(20)}$	80
2,4-二甲基苄基氯	间二甲苯	B	103 $_{1.6(12)}$ n_D^{25} 1.5371	65
2,5-二甲基苄基氯	对二甲苯	B	103 $_{1.6(12)}$ n_D^{25} 1.5368	60
2,4,6-三甲基苄基氯	2,4,6-三甲基苯	B	115 $_{1.3(10)}$,(熔点 37)	55
3,4-二甲氧基苄基氯(藜芦基氯)	3,4-二甲氧基苯	C	103 $_{0.1(1)}$,(熔点 55)(石油醚)	65

① 加 30 g 二氯化锌。

② 含大约 35%的邻甲基苄基氯；纯产物的 n_D^{20} 为 1.5342。

能促进再吸收；还可以参见 D. 1. 4. 2。

A. 苯和单烷基芳烃　在一个带搅拌器、带导气管和氯化钙管的回流冷凝器、加热到 60 ℃的三颈烧瓶中，加 4 mol 用于反应的芳香烃（其中 3 mol 起溶剂的作用），1 mol 多聚甲醛和 60 g 新熔融的细粉二氯化锌；同时在充分搅拌的条件下向体系中导入较强的氯化氢❶气流。加热，直到体系不再吸收氯化氢（大约 20 min）并且大部分多聚甲醛被反应掉为止。冷却后将有机相小心地用冰水和冰冷的碳酸氢钠水溶液洗，再用碳酸钾彻底干燥并经碳酸氢钠真空蒸馏。

初馏物是作为溶剂的那部分芳香烃。

B. 二烷基和多烷基芳烃　在一个带搅拌器、带导气管的回流冷凝器的三颈烧瓶中，加 1 mol 碳氢化合物和重量 5 倍于它的浓盐酸，再加入 1.3 mol 多聚甲醛或者相应量的 40%的福尔马林溶液，在 60～70 ℃下加热 7 h，同时导入较强的氯化氢气流。将析出的油状物用甲苯吸收并如同在方法 A 中一样继续处理。

C. 酚醚　于带搅拌器、内置温度计、导气管和氯化钙管的三颈烧瓶中，将 1 mol 酚醚溶于 600 mL 氯苯，在搅拌和冷却（冰浴）条件下，温度为 5～10 ℃时通干燥的氯化氢使溶液饱和。然后在继续强力搅拌和通氯化氢的条件下加 1.3 mol 多聚甲醛。这时的温度不允许超过 20 ℃。继续搅拌和通氯化氢 1 h 之后，将剩余沉淀物转移到另一个容器中，像在方法 A 中一样洗涤氯苯溶液，最后加一点点碳酸氢钠真空蒸馏。

如果氯甲基化反应产物中有相应的腈生成（参见 D. 2. 6. 9），就使用真空蒸出氯苯后剩下的粗产品。

4-甲氧基苄基氯（茴香氯）：Müller, A.; Mézáros, M.; Lempert-Sréter, M.; Szára, I., J. Org. Chem. 1951, 16: 1013.

1-氯甲基萘：Grummit, O.; Buck, A., Org. Synth., 1955, Coll. Vol. Ⅲ: 195.

2-氯甲基噻吩❷：Wiberg, K. B.; Mcshane, H. F., Org. Synth., 1955, Coll. Vol.

---

❶ 关于制备请参见试剂目录。

❷ 2-氯甲基噻吩不可存放，因为这一化合物即使在阴凉的条件下也会发生爆炸性分解，放出氯化氢。

Ⅲ:197.

2-氯甲基-4-硝基苯酚（应用氯代二甲醚[1]）作为甲醛的来源：Buehler,C. A.;Kirchner,F. K.;Deebel,G. F.,Org. Synth.,1955,Coll. Vol. Ⅲ:468.

通过氯甲基化反应制备的苄基卤反应性很强（参见 D.2.6.1），很容易转化成相应的醇、醚、腈、酸及其衍生物、胺和醛（Sommelet 反应）。此外—CH_2Cl 基团可以被降解成甲基。由于氯甲基化反应具有高选择性，所以通过这一反应比通过傅-克烷基化反应容易得到单纯的甲基芳烃。

溴甲基化反应（用溴化氢）也能像氯甲基化一样顺利进行。甲醛的同系物（乙醛、丙醛、丁醛），由于它们较弱的反应性，大多受限仅用于卤代烷基化反应。

工业上广泛应用酸催化的甲醛与苯胺的缩合反应按式(D.5.59) Ⅰ生产 p,p'-亚甲基二苯胺（MDA），再与碳酰氯作用转化成 p,p'-亚甲基二(苯基异氰酸酯)(MDI)(参见 D.7.1.6)，MDI 是一种生产聚氨基甲酸乙酯的原料。

甲醛与苯酚的缩合反应在工艺上大量用来制备塑料（酚醛树脂）。基本上按照两种不同的方法进行。采用过量的甲醛在碱性介质（苏打、氨水、苛性钠）中与苯酚反应的方法，生成多羟甲基取代的苯酚［见式(D.5.57)］，然后多羟甲基苯酚线型缩聚成带自由羟甲基的缩聚体：

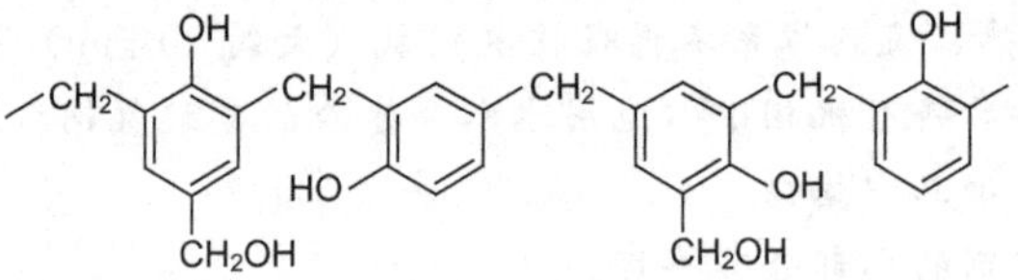

OH CH₂ CH₂ CH₂ CH₂ OH HO OH CH₂OH CH₂OH (D.5.61)

这种结构在加热（“固化”）时引起链的三维交联，如此生成的产品不溶于任何溶剂，也不会熔融（热固性塑料）。

相反，少量的甲醛在酸性介质中与苯酚反应，生成不带自由羟甲基因此能熔融不能固化（热固）的缩聚物（所谓的线型热塑性酚醛树脂）。不过，这种线型树脂如果与六亚甲基胺一起加热（这样一来就分解成甲醛和氨）也能被固化。

酚醛树脂是最早的工艺制造的塑料（酚醛塑料），至今在塑料制品中还占很大一部分。主要用做成型（与装填材料如木屑、纺织品、纸等一起）、浇铸材料，合成漆的原料和胶水。

D.5.1.8.5 芳香烃与其它醛和酮的酸催化反应

如甲醛一样，其它醛和酮在酸性催化剂作用下也能与芳香烃发生反应，也是首先生成相应取代的苄基醇，取代苄基醇在反应条件下类似于式(D.5.59) Ⅰ继续转化成取代的二苯基甲烷衍生物。

由三氯乙醛和氯苯制备 1,1,1-三氯-2,2-二(4-氯苯基)乙烷（DDT）是其中的一个反应实例：

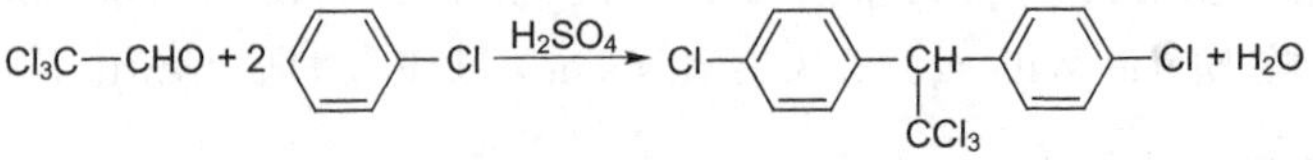

$$Cl_3C—CHO + 2\ C_6H_5Cl \xrightarrow{H_2SO_4} Cl—C_6H_4—CH(CCl_3)—C_6H_4—Cl + H_2O \quad (D.5.62)$$

---

[1] 注意！α-卤代醚是强致癌物（还可参见 Org. React. 1972,19:422）。

DDT是一种有效的杀虫剂，由于它的难降解性并且容易在动物和人的脂肪组织中富集，在欧洲已被禁止使用。不过在其它一些国家还在生产并主要用于杀传播疟疾的疟蚊。用类似方法从三氯乙醛和甲氧基苯（茴香醚）制备的1,1,1-三氯-2,2-二(4-甲氧基苯基)乙烷（甲氧氯），虽然杀虫效果没有DDT强，却不会被生物富集，还是最安全的杀虫剂之一。

同理，丙酮和苯酚在硫酸存在下生成2,2-二(4-羟基苯基)丙烷（即“Dian”，双酚A），这一化合物对于塑料（环氧树脂，聚碳酸酯，酚醛树脂）生产具有重要意义。

苯甲醛与芳香烃反应生成三苯基甲烷，例如：

$$C_6H_5CHO + 2\ C_6H_5NMe_2 \xrightarrow{ZnCl_2} Me_2N-C_6H_4-CH(C_6H_5)-C_6H_4-NMe_2 + H_2O \qquad (D.5.63)$$

式中Me=甲基。

米氏酮类的二芳基酮作为羰基组分应该类似于取代四苯基甲烷那样反应。不过，首先形成的碳正离子［式(D.5.64) Ⅰ］在酸性和中性溶剂中以固态存在并且比较稳定：

$$(Me_2N-C_6H_4)_2C=O + C_6H_5NMe_2 \xrightarrow{POCl_3} (Me_2N-C_6H_4)_2C(OH)-C_6H_4-NMe_2$$

$$\xrightarrow[-H_2O]{H^{\oplus}} \left[(Me_2N-C_6H_4)_2C^{\oplus}-C_6H_4-NMe_2 \rightleftharpoons (Me_2N-C_6H_4)_2C=C_6H_4=\overset{\oplus}{N}Me_2 \right] \qquad (D.5.64)$$

Ⅰ　　Ⅱ

式中Me=甲基。

碳正离子的这一高稳定性的原因是正电荷被分散到分子的很大区域上［“碳—亚氨—离子”式(D.5.64) Ⅰ和Ⅱ］。由于π电子的离域，这些离子都带颜色（“染料盐”，碱性三苯基甲烷染料）。对此，请比较一下A.3.5.1中的讨论！

同理，米氏酮和二甲基苯胺在酸性催化剂作用下生成结晶紫［式(D.5.64)］，结晶紫除了其它用途外作为颜料应用于信号笔和复写纸生产领域。

请查阅有关三苯基甲烷染料的其它制备方法的信息。

【例】 1,1,1-三氯-2,2-二(4-氯苯基)乙烷（DDT）的制备

一个带搅拌器、内置温度计、滴液漏斗和回流冷凝器的三颈烧瓶中装有0.3 mol无水三氯乙醛[1]、0.5 mol氯苯和70 mL浓硫酸组成的混合物。在20～25 ℃的温度下0.5 h的时间内向上述混合物中滴加50 mL 20%的发烟硫酸（戴防护眼镜!）。在30 ℃下再搅拌4 h，然后小心地倒到大约500 g冰上，这样反应产物先以油状分离出来，短时间

[1] 相应质量的三氯乙醛水合物于分液漏斗中与质量4倍于它的热的浓硫酸一起振荡，用沉淀出来的三氯乙醛。

放置后就凝固了。抽滤分离，用水仔细洗涤后放到瓷钵中，通过反复浇沸水和倾析的方法去酸洗涤，再用醇重结晶。m. p. 180 ℃；收率 65%。

【例】 结晶紫的制备

0.02 mol 二甲基苯胺、0.004 mol 4,4′-二(二甲氨基)苯甲酮（米氏酮）和 0.01 mol 磷酰氯于试管中在沸水浴中加热 3 h。蓝色熔融物倒到 50 mL 水中，用 2 mol/L 的苛性钠碱性化，剩余的二甲基苯胺用水蒸气蒸馏除掉。"醇碱"冷却后抽滤分离，用水洗，在研钵中研细再用 50 mL 0.4%的盐酸彻底煮沸。趁热过滤，用研成细粉的食盐将颜料盐析出来再用水重结晶，得到粗粒青铜光泽的棱晶；收率是定量的。

D. 5. 1. 8. 6 羧化反应

酚盐与亲电性很弱的二氧化碳就能发生取代反应生成相应的酚基甲酸化合物。只不过单酚的反应需要很高温度，要想得到好的收率还需要高压。

这一反应可以用工艺上也很重要的合成水杨酸的反应实例表示：

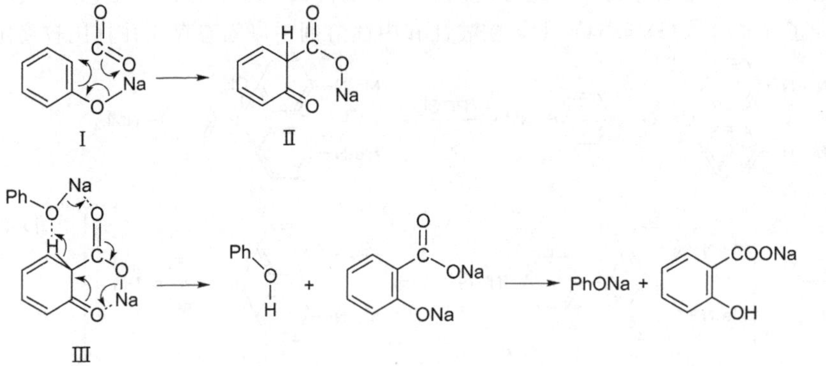

I　　II

(D. 5. 65)

PhONa +

III

在这一螯合机理中，钠离子在一定程度上起了亲电的、使碳氧双键极性增大的催化剂的作用（Ⅰ→Ⅱ）。另一个酚盐离子也是通过螯合作用从Ⅱ上夺走质子（Ⅲ）。这样一来就生成了水杨酸的二钠盐，这是常压 Kolbe 合成的终产物。相反，如果反应在加压下进行（Kolbe-Schmitt 合成），就会像上式表示的那样继续进行，生成一钠盐。不加压的情况下，收率最高能达到多少？

羧基在苯环上的导入位置取决于形成酚盐所用的碱金属和反应温度。形成螯化物的程度按照锂、钠、钾的顺序——也就是离子半径逐渐增大的顺序——减小。采用酚钠盐时邻位定向优先的原因是由于螯合时反应放热。如果金属的离子半径太大而不易螯合，那么很容易极化因此很容易反应的对位就会被羧酸化。

在邻位或者间位的第二个羟基使苯酚的反应性大大增强，以至于这类酚在碱性水溶液中就可能被羧基化。相反，间位氨基或者对位羟基的活化作用就没有那么突出。

杂环芳烃也能发生羧基化反应：吡咯（类似于苯酚）生成吡咯-2-羧酸，咔唑生成咔唑-1-羧酸。

对于不易反应的酚类，羧基化反应要使用绝对无水的酚盐：水比二氧化碳更容易与苯酚螯合，另外水还是体系中最强的酸，因此能使酚从酚盐中游离出来。此外潮湿的作用会使酚盐粘在一起，这样一来二氧化碳的反应就只能局限于表面上进行。

【例】 **酚羧酸化反应的一般实验方法（表 D.5.66）**

A. 容易反应的酚　1 mol 酚与 5 mol 碳酸氢钾于 1 L 水中回流加热 2 h。冷却后将生成的酸用浓盐酸析出，冷却到 0 ℃后抽滤分离并在添加活性炭的条件下从水中重结晶。

B. 中等反应性的酚　1 mol 相关的酚与 2.5 mol 新烧灼过的碳酸钾均匀混合。将上述混合物转入高压釜中，将二氧化碳以 2.5～4 MPa（25～40 atm）压入体系中，并在 130 ℃下加热 6 h。冷却、降压后溶于水中再像 A 中一样处理。

C. 不容易反应的酚　如果要制备的是邻羟基苯甲酸，将 1 mol 相关的酚加到 1.05 mol 苛性钠和 100 mL 水组成的溶液中。如果要对位羧酸化，就用同样质量的苛性钾代替苛性钠。真空条件下使水蒸发直至干燥，再在油浴或者金属浴中保持 150 ℃ 4 h。剩余物捣成细粉放到高压釜中再以 0.5 MPa（5 atm）压入二氧化碳。然后在 190 ℃下加热 24 h 或者 12 h（见表 D.5.66），在这个过程中时常压入些碳酸以确保压力大致恒定。冷却、降压后按前面的方法处理。

表 D.5.66　芳香烃的羧酸化反应（Kolbe-Schmitt 合成）

产物	起始反应物	方法	熔点/℃	收率/%	备　注
2,4-二羟基苯甲酸(β-间二羟苯基酸)	间苯二酚	A	213(分解)	50	
2,4,6-三羟基苯甲酸	间苯三酚	A	60 ℃ 开始分解①	30	②
2,5-二羟基对苯二甲酸	对苯二酚	B	197	50	
4-氨基水杨酸	间氨基苯酚	B	151	70	③
			氢氯化物 222		
水杨酸	苯酚	C	159	70	用钠盐;加热 24 h
4-羟基苯甲酸	苯酚	C	214	70	用钾盐;加热 12 h
3-羟基萘-2-甲酸④	β-萘酚	C	216	60	用钠盐;加热 24 h

① 脱羧，这样一来最终得到的是间苯三酚的熔点：219 ℃（升华）。

② 这种酸在与水一同加热时就开始脱 CO_2，所以不要重结晶，而是先溶于碳酸氢钾再用盐酸将其析出。最后用水洗至中性。

③ 碱性溶液用浓 HCl 只酸化到刚果红指示剂变色。（如果酸化到 pH＝1，就会有盐酸盐的晶体析出）可以通过从碳酸氢钠溶液中沉淀的方法净化。

④ 热力学控制的产物。

除了被广泛再加工成药品（乙酰基水杨酸，阿司匹林）和染料的水杨酸外，在工艺上 4-氨基-2-羟基苯甲酸（*p*-氨基水杨酸，PAS，一种治疗肺结核的药），3-羟基-2-萘甲酸（用于制备萘酚-AS-染料）以及其它酸也是通过羧酸化反应由相应的酚制得的。

D.5.1.9　亚硝化反应

亚硝化反应是在亚硝酸作用下亚硝基在苯环上的亲电取代反应。

这一反应与硝酸作用下苯环上的硝化反应类似：像硝化反应中的硝基正离子一样，亲电试剂是体系中形成的亚硝基正离子 $NO^{\oplus}$：

$$H^{\oplus} + HO{-}N{=}O \rightleftharpoons H_2\overset{\oplus}{O}{-}N{=}O \rightleftharpoons H_2O + \overset{\oplus}{N}{=}O \quad (D.5.67)$$

由于 $NO^{\oplus}$ 的反应性比 $NO_2^{\oplus}$ 弱，所以只有反应活性强的芳香烃（酚，三级芳胺）才能发生亚硝化反应。亚硝化反应优先生成对位取代产物。*p*-亚硝基苯酚与苯醌一肟是互变异构体：

$$\text{HO-C}_6\text{H}_5 \longrightarrow \text{HO-C}_6\text{H}_4\text{-N=O} \rightleftharpoons \text{O=C}_6\text{H}_4\text{=NOH} \quad (D.5.68)$$

一级和二级芳胺上氮能与亚硝酸发生反应（一级芳胺生成重氮盐，二级芳胺生成 *N*-亚硝基胺，见 D. 8. 2. 1）。*N*-亚硝基胺在无机酸作用下能重排成 *C*-亚硝基化合物。

【例】 *N*,*N*-二甲基-*p*-亚硝基苯胺的制备

在一支 25 mL 的烧杯中，将 10 mmol 的二甲基苯胺溶于 4 mL、加了 10 g 冰的浓盐酸中。在冰浴和搅拌的条件下慢慢地向上述体系中加入由 12 mmol 亚硝酸钠和 3 mL 水组成的溶液，体系温度在这个过程中必须始终保持在 5 ℃以下。不要有二氧化氮生成。在冰浴中继续冷却 15 min 后，抽滤或者离心分离出黄色的盐酸盐沉淀[1]，用冰冷的稀盐酸洗过后再用醇洗。熔点 177 ℃（分解）。

若要制备游离的碱式产物，就要将湿的盐酸盐在搅拌下慢慢地加到表面被醚覆盖的、稀的苏打溶液中。待盐酸盐完全溶解后分去醚层，再用醚萃取一次，醚萃取液合并后用 Na_2SO_4 干燥再进行蒸馏。熔点 88 ℃（石油醚）；呈鲜绿色；收率 95%。

二烷基化胺的亚硝化反应对于制备单一的二级脂肪族胺（芳香族亲核取代反应，见下文）具有重要意义：

$$\text{ON-C}_6\text{H}_4\text{-NRR'} + \text{OH}^{\ominus} \longrightarrow \text{ON-C}_6\text{H}_4\text{-O}^{\ominus} + \text{HNRR'} \quad (D.5.69)$$

显然，这是联苯亚硝酸胺的水解（有关插烯和联苯的原理参见 C. 5. 1 和 D. 7. 4）。

由于亚硝基是一个强的发色基团，所以亚硝基化合物在自由单体状态呈蓝色或者绿色（参见 A. 3. 5. 1）。

D. 5. 2 芳香亲核取代反应

基于其共轭双键体系，芳香族化合物是 Lewis 碱。因此，一般来说亲核取代（例如羟基或者氨基取代）比亲电取代难：

$$\text{C}_6\text{H}_5\text{X} + \text{Nu}^{\ominus} \longrightarrow \text{C}_6\text{H}_5\text{Nu} + \text{X}^{\ominus} \quad (D.5.70)$$

反应过程中取代基 X 带着一对键电子离开。所以它本质上能形成一个低能量的阴离子或者不带电荷的分子。因此，主要是卤族取代基（→卤族阴离子）、磺酸基（→亚硫酸离子）、重氮基（→氮分子）等的亲核取代相对容易一些。相比之下，氢原子的取代很困难，一般来说只有当强碱性、高活性的氢化物被不断地从体系中除去，例如通过氧化法，取代反应才能实现。

重氮基的取代将在 D. 8. 3 中讨论。

D. 5. 2. 1 活化芳烃上的亲核取代反应

$-I$ 取代基和 $-M$ 取代基使芳香烃的碱性降低，由此使亲电取代（参见 D. 5. 1. 2）变得困难，却有利于亲核进攻。

---

[1] 二级和三级芳胺的对亚硝基化合物与无机酸构成醌式结构从而形成中性的、可以反应的盐：

$$\left[\text{R}_2\overset{\oplus}{\text{N}}\text{=C}_6\text{H}_4\text{=NOH}\right]\text{Cl}^{\ominus}$$

被活化了的芳香烃上的亲核取代反应的机理相当于加成-消除机理。这一机理可以以工艺上很重要的1-氯-4-硝基苯的水解反应为例来探讨：

$$HO^{\ominus} + Cl\text{-}C_6H_4\text{-}NO_2 \ (\text{I}) \rightleftharpoons [\text{II}] \longrightarrow Cl^{\ominus} + HO\text{-}C_6H_4\text{-}NO_2 \ (\text{III}) \quad (D.5.71)$$

活化苯环上的亲核取代反应形式上与脂肪烃的双分子亲核取代反应（S_N2）相近。它们通常也是经历以阴离子［式(D.5.71) Ⅱ］的形成为决速步骤的双分子过程。然而Ⅱ与S_N2反应相反，却与芳香亲电反应中的σ配合物类似，它不是过渡态而是一个真实的中间产物。

这种机理的先决条件是，反应中心的正电性增大；阴离子［式(D.5.71) Ⅱ］上的负电荷能通过共轭效应被很好地分散。这两个条件在$-M$取代基位于反应中心的邻位和对位的情况下都可以满足。取代基的活化作用按照它们吸电子的能力以下列顺序逐渐减小：

$$-\overset{\oplus}{N}\equiv N > -NO > -NO_2 > -CN > -CHO > -COCH_3 > -N{=}N-C_6H_5 > -Cl$$

同样的原因，亲核取代反应也很容易在如吡啶（类似于硝基苯）和喹啉的贫π电子的杂环化合物上发生。

此外，如果反应中心离去基团［式(D.5.71) 中Cl］离去能力较强，也有利于取代反应的发生。因此被活化了的芳环上卤素取代基容易被取代的顺序一般是I＜Br＜Cl≪F。这一顺序与S_N2反应中所发现的顺序（I＞Br＞Cl≫F）完全不同。S_N2反应中卤素的离去和亲核试剂进入是同步进行的，这个反应中却不是。不过，活化芳烃上亲核取代反应的速度不仅仅取决于芳烃内部电子的移动情况，还取决于亲核反应物的电子的驱动力。在此，亲核试剂的反应性随着它们碱性的增大而增强。

所以活化芳烃上的卤素、氢及其它取代基在温和的反应条件下就能被羟基、烷氧基、巯基和其它基团取代（参见制备实例）。以二甲基亚砜的阴离子（$^{\ominus}CH_2-SO-CH_3$）或者甲基化二甲基氧代锍的阴离子［$^{\ominus}CH_2-\overset{\oplus}{S}O-(CH_3)_2$］为亲核试剂，可以将喹啉、异喹啉、吖啶及硝基苯等化合物甲基化。离去基团是甲基亚磺酸或者二甲基亚砜的阴离子。写出喹啉4-位甲基化的转化式！以氯苯为例，它只有在很剧烈的条件下才能水解生成苯酚（参见D.5.2.2），而1-氯-2-硝基苯或者1-氯-4-硝基苯上的卤素在130 ℃下用碳酸钠就能成功取代掉。间三硝基氯苯（1-氯-2,4,6-三硝基苯）的反应活性实际上与酰基氯的相当。

制备和工艺上特别重要的是活化的芳基卤化物上亲核取代反应。请写出下列反应例子的转化式：

1-氯-2,4-二硝基苯 $\xrightarrow{NaOH}$ 2,4-二硝基苯酚 $\xrightarrow{HNO_3}$ 苦味酸

1-氯-2,4-二硝基苯 $\xrightarrow{N_2H_4}$ 2,4-二硝基苯肼

N,*N*-二烷基-*p*-亚硝基苯胺 ⟶ 二烷基胺+ *p*-亚硝基苯酚［参见式(D.5.69)］

合成抗生素环丙沙星（一种促旋酶抑制剂）的最后步骤中同时包含了两个芳香亲核取代反应：

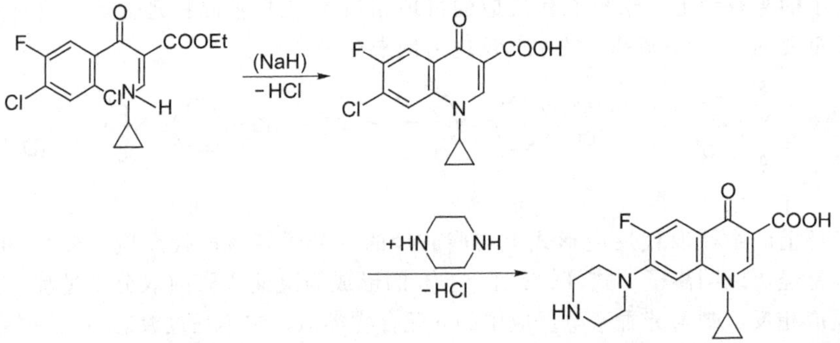

(D. 5. 72)

1-氟-2,4-二硝基苯、1-氯-2,4-二硝基苯与胺、醇和硫醇的反应可以用来鉴别这些物质。肽链上末端氨基酸的确定具有特别意义。在这里肽先与1-氟-2,4-二硝基苯反应然后马上水解。这样一来，末端的氨基酸就以2,4-二硝基苯基衍生物（DNP衍生物）的形式存在，并很容易从其它氨基酸上脱离和进行鉴定（F. Sanger）：

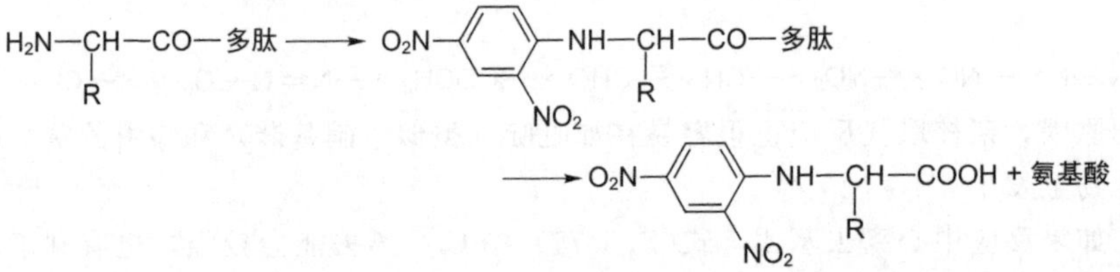

(D. 5. 73)

芳烃上氢原子被取代的亲核取代反应中，最有意义的是2-或4-氨基吡啶或喹啉在氨基钠作用下的Chichibabin合成。在这一反应中生成的氢化钠再与氨基吡啶上的活泼氢反应：

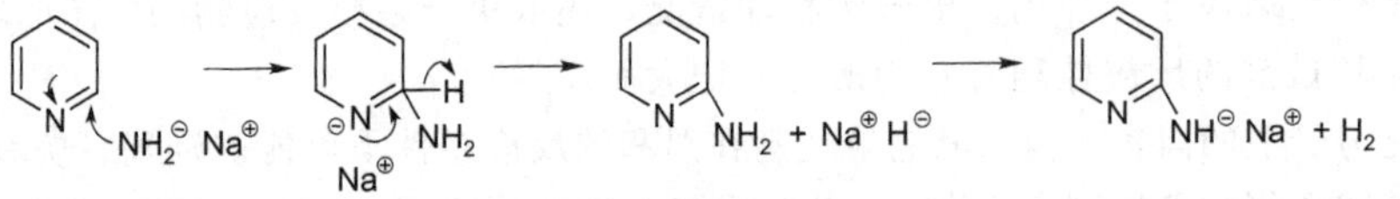

(D. 5. 74)

吡啶或者喹啉被烷基锂烷基化或者被芳基锂芳基化的反应机理与上述反应类似。这类反应的中间产物Ⅰ在低温下甚至可以俘获到：

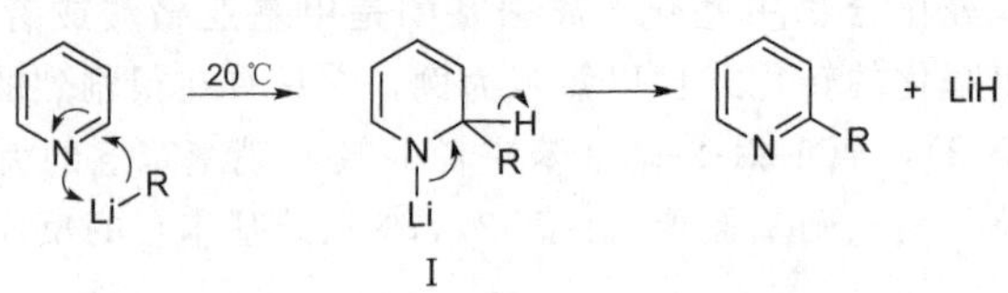

(D. 5. 75)

加热时生成的氢化锂从溶液中沉淀出来从而被从平衡体系中移去。另外还可以用水分解中间产物Ⅰ使其生成1,2-二氢产物，再经氧化成吡啶。

N-烷基吡啶盐的羟基化反应也很容易进行。通过加入氧化剂将最初形成的二氢产物Ⅰ氧化成*N*-烷基吡啶酮Ⅱ：

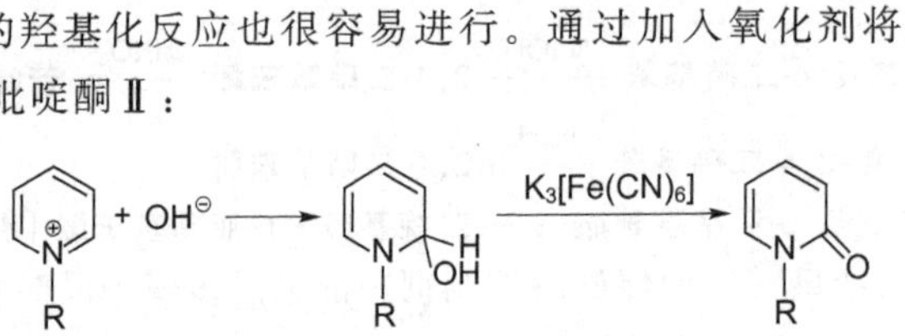

(D. 5. 76)

1-甲基吡啶-2-酮：Prill,E. A.；McElvain,S. M.，Org. Synth.，1943,Coll. Vol. Ⅱ:419.

芳香硝基化合物的羟基化也容易进行。硝基苯在固体氢氧化钾的表面就能转化成邻硝基苯酚；所产生的氢化物离子可以将剩余的硝基苯还原成偶氮化合物［红色染料，参见式(D. 8. 9)］。这就是硝基化合物不能用苛性钾干燥的原因。

用来制备染料和染料中间体的蒽醌上的亲核取代反应在工艺上很有意义。例如在熔融的碱中在220 ℃和氧化剂（氯酸钾或者硝酸钠）存在的条件下，从2-氨基蒽醌能得到重要的瓮染染料靛蒽醌（阴丹士林蓝RS）：

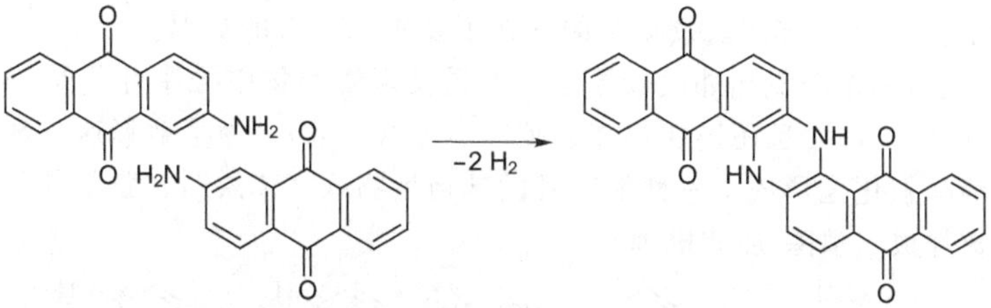

$$2\ \text{2-氨基蒽醌} \xrightarrow{-2\,H_2} \text{靛蒽醌} \qquad (D.\ 5.\ 77)$$

在这里，添加的氧化剂将所生成的氢化物离子清除掉了。

【例】 芳基-和烷基-2,4-二硝基苯基硫化物的制备（定性分析方法）

5 mmol相关的硫醇或者苯硫酚和5 mmol 1-氯-2,4-二硝基苯溶于15 mL醇中，加入由5 mmol氢氧化钠和2 mL醇组成的溶液，回流加热此混合物10 min。趁热将析出的盐过滤掉。硫化物会在冷却的过程中结晶出来。硫化物结晶可以用醇重结晶。

【例】 2,4-二硝基苯肼的制备

于一个500 mL、带内置温度计、搅拌器和回流冷凝器的三口烧瓶中，将0.25 mol纯的1-氯-2,4-二硝基苯（熔点51～52 ℃）溶于125 mL热的二乙二醇中。在15～20 ℃、搅拌和冷却的条件下向烧瓶中滴加0.3 mol水合肼（60%～65%的水溶液）。放热反应结束后，在沸水浴中将反应混合物与50 mL甲醇一起搅拌20 min以除去未反应的1-氯-2,4-二硝基苯。待体系冷却下来后抽滤分离出2,4-二硝基苯肼，用少量甲醇洗涤并重结晶。熔点200 ℃（正丁醇或二氧杂环己烷）；收率80%。

【例】 2-氨基吡啶的制备

注意！氨基钠遇水会发生爆炸性分解！遇空气、二氧化碳和潮湿生成特别容易爆炸的黄色产物。切勿使用这样变色了的产品！戴防护眼镜和防护手套！

氨基钠的质量是制备成功的先决条件。

于一个500 mL、带高效搅拌器、滴液漏斗和碱石灰干燥管回流冷凝器的三口烧瓶中，将0.5 mol捣碎了的氨基钠❶悬浮于75 mL经苛性钾彻底干燥并蒸馏过的二甲基苯胺中。在搅拌下滴入0.4 mol经氢氧化钾粉末或氢氧化钡粉末彻底干燥并蒸馏过的吡啶，将滴液漏斗换成内置温度计并在105～110 ℃下加热10 h（氢气的生成结束）。此时反应混合物变成棕至黑色，过一会儿会凝固（停止搅拌!）。冷却后慢慢加入80 mL稀释的氢氧化钠使其分解，再倒入300 mL水中。为了使钠盐彻底水解，加一些固体的氢

---

❶ 参见试剂附录。

氧化钠来使溶液饱和，将有机相分离出来，用氢氧化钾干燥，通过一根 40 cm 的 Vigreux 柱真空蒸馏。二甲苯胺［熔点 $81\sim82_{1.7(13)}$ ℃］之后在 b. p. $_{1.7(13)}$ 95～96 ℃下通过的是2-氨基吡啶。熔点 56 ℃（石油醚）。通过添加石油醚可以从 b. p. $_{1.7(13)}$ 82～95 ℃的中间馏分中再获得些 2-氨基吡啶。收率 60%。

D. 5. 2. 2　未活化芳烃上的亲核取代反应

与芳环相连、没有通过 $-I$ 或者 $-M$ 效应活化的卤素基团，一般来说在 S_N 反应（参见 D. 2）中所描述的温和条件下不能用羟基、氨基或者氰基取代。氯苯中氯水解所需要的条件是在 10%～15%氢氧化钠的存在下要求 350 ℃的高温。

用 ^{14}C 标记氯苯中与氯相邻的碳原子，结果发现终产物中羟基并不是仅连在原先氯所连的碳上（58%），而且还连在相邻的碳原子上（42%）。为了解释这一现象，假设反应的第一步消除氯化氢形成了一种带三键的苯衍生物（"苯炔"，"脱氢苯"），最后水与三键发生亲核加成（消除-加成机理）：

$$\text{C}_6\text{H}_4(\overset{*}{\text{C}}\text{-Cl})(\text{H}) \xrightarrow{-\text{HCl}} \text{苯炔}^{*} \xrightarrow{+\text{HOH;OH}^{\ominus}} \overset{*}{\text{C}}\text{-H},\ \text{OH} \ \text{和}\ \overset{*}{\text{C}}\text{-OH},\ \text{H} \qquad (\text{D. 5. 78})$$

这种反应机理在取代卤苯的亲核取代反应中，可以通过异构化作用识别。例如，对氯甲苯与氨基钠在液氨中反应的产物是邻甲苯胺和对甲苯胺（62∶38）的混合物。

然而，在许多情况下没被活化的芳烃上的亲核取代反应不仅通过苯炔，而且还按式（D. 5. 71）描述的机理进行。因此人们只在极少的例外情况下观察到重排现象或者根本观察不到重排，就像在碱熔 α-或者 β-萘磺酸中，产物全部是 α-或者 β-萘酚。还有，在金属氰化物的作用下芳香族磺酸绝大多数生成相应的没有重排的腈。

【例】 β-萘酚的制备❶

注意！戴防护眼镜！戴防护手套！

0. 75 mol 氢氧化钠和 3 mL 水在镍坩埚（容积约 75 mL）加热到 270 ℃，再慢慢地加入 0. 044 mol 研成细粉的 β-萘磺酸钠❷。这期间用一支插在密封的灌满石蜡的镍套管中的温度计搅拌。然后缓慢地将内部温度升高到 315 ℃（需约 20 min）并保持在这一温度 3 min。熔液浇到表面是瓷砖的实验台上，捣碎，放到烧杯中用水溶解，在冷却的条件下用浓盐酸使其强酸化。放置过夜，滤出固体，用水洗，干燥，再从水中重结晶。熔点 122～123 ℃；收率 80%。

此外，还有一类未活化芳烃上的取代反应也是众所周知的，这类反应是通过单电子传递所引起的，因此按自由基历程、常常还是自由基链反应历程进行。这种 $S_{NR}1$ 反应所产生的结果与离子式亲核取代反应一样。

在 S_{NR} 反应的第一步，一个电子从适当的低氧化势的电子授体（自身也可以是亲核试剂）或电化学的阴极迁移到反应基质 Ar—X 上。

按式(D. 5. 79) a 形成的反应基质的自由基阴离子Ⅰ分解，随后活泼的芳基自由基与亲核试剂结合形成一个新的阴离子自由基Ⅱ，在链传递反应中重新生成Ⅰ：

---

❶ 根据 May, C. E. , J. Am. Chem. Soc. 1922, 44: 650.

❷ 使用不含碳酸盐、完全溶于水的 β-萘磺酸钠，否则熔融物会发太多泡。

$$\begin{array}{lll} Ar-X \xrightarrow[\text{solv指溶剂}]{e^{\ominus}_{solv};Y} \underset{\text{I}}{Ar-X^{\ominus\cdot}} & \text{起始反应} & a \\ Ar-X^{\ominus\cdot} \longrightarrow Ar\cdot + X^{\ominus} & \text{链增长反应} & b \\ Ar\cdot + Nu^{\ominus} \longrightarrow \underset{\text{II}}{Ar-Nu^{\ominus\cdot}} & & c \\ Ar-Nu^{\ominus\cdot} + Ar-X \longrightarrow Ar-Nu + Ar-X^{\ominus\cdot} & \text{链传递反应} & d \end{array} \tag{D. 5. 79}$$

尤其是苯环和杂环上的卤素、$-SPh$、$-\overset{\oplus}{N}Me_3$、$-OPO(OEt)_2$ 和$-\overset{\oplus}{N_2}$[1] 基能按 $S_{NR}1$ 机理被亲核取代。作为亲核试剂的主要是强碱性胺、醇盐、硫醇盐、亚磺酸盐、酸性含硝基盐以及乙酰腈的负离子。通过这类反应也可以在苯环或者杂环与碳负离子之间形成 C—C 键（用式子表示下面所给的制备实例!）。

苯环上的 S_{NR}反应的典型特点是，在质子性溶剂存在下生成还原产物，如还原的芳烃：

$$Ar\cdot + H-R \longrightarrow Ar-H + R\cdot \tag{D. 5. 80}$$

因此，如果不在液氨-碱金属体系中进行，像二甲亚砜和二甲基甲酰胺那样的非质子性溶剂适合作为反应介质。由于在光激发过程中物质的氧化势和还原势都提高了光激发的能量，所以 $S_{NR}1$ 反应常常可以光化学引发。

制备苯基丙酮：Rossi, R. A.; Bunett, J. F., J. Org. Chem. 1973, 38: 1407.

苯基膦酸二乙基酯：Bunnett, J. F.; Weiss, R. H., Org. Synth. 1978, 58: 134.

氯苯的水解反应和芳族磺酸的碱熔融对制备酚类化合物在工艺上很有意义。最重要的产物有间苯二酚（从苯-1,3-二磺酸制备），3-氨基苯酚（从 3-氨基苯磺酸制备；用途见 D. 5. 1. 8. 6），β-和 α-萘酚及其衍生物（从相应的苯磺酸制备，见 D. 5. 1. 4 和表 D. 8. 35）以及儿茶酚和 2,4,5-三氯苯酚（从邻氯苯酚或者 1,2,4,5-四氯苯制备，见 D. 5. 1. 5）。

不同的羟基蒽醌和氨基蒽醌可以氯蒽醌和蒽醌磺酸为原料来生产。由它们可以合成非常重要的染料和染料中间体。

D. 5. 3 金属引起的芳环上的取代反应

不能或者很难进行亲核取代反应的芳族化合物，例如没有被活化的卤代芳烃 ArX（参见 D. 5. 2），常常容易与某些金属、金属配合物和金属有机化合物反应而将 X 基取代。在这些反应中芳基卤化物的表现也像其它有机卤化物一样，参见 D. 7. 2. 2 部分。

与金属，如锂或者镁，生成相应的金属芳烃：

$$Ar-X + 2\,Li \longrightarrow Ar-Li + LiX \tag{D. 5. 81a}$$

$$Ar-X + Mg \longrightarrow Ar-Mg-X \tag{D. 5. 81b}$$

卤素与金属的置换也可以用活泼金属的金属有机化合物来实现，例如烷基锂化合物：

$$Ar-X + Li-R \longrightarrow Ar-Li + R-X \tag{D. 5. 82}$$

用烷基锂甚至可以将芳环上的 C—H 键金属化：

$$Ar-H + Li-R \longrightarrow Ar-Li + R-H \tag{D. 5. 83}$$

由于其碳-金属键的极性，所得到的芳基金属化合物具有很强的亲核性，容易与亲电试剂发生多种反应。其中较重要的反应将在下面的 D. 5. 3. 1 以及 D. 7. 2. 2 中讨论。

---

[1] 参见 $I^{\ominus}$对$-\overset{\ominus}{N_2}$ 按 Sandmeyer，D. 8. 3. 2 进行的取代反应。

芳基卤化物、磺酸芳基酯和其它带易离去基团的取代芳烃，与低价键的过渡金属配合物特别是钯（0）和镍（0）发生金属原子上的氧化加成反应（参见 D. 4. 5. 1）：

$$Ar—X + Pd^0L_2 \longrightarrow \begin{matrix}Ar \\ X\end{matrix}\rangle Pd^{II}L_2 \qquad L(配体)=PR_3等 \tag{D. 5. 84}$$

这里也生成了一个可以发生多种反应的芳基金属化合物。芳基金属化合物的反应尤其是在过渡金属催化的芳香取代反应中起重要作用，见下文以及 D. 5. 3. 2。

芳基卤化物、磺酸芳基酯和其它芳香烃也能与有机金属化合物直接或在过渡金属催化下发生 C—C 键连接的反应：

$$Ar—X + M—R \longrightarrow Ar—R + MX \qquad M=Cu,MgX,ZnR,BR'_2,SnR'_3等 \tag{D. 5. 85}$$

制备上比较重要的主要是与铜、镁、锌、硼和锡有机化合物的反应，这些反应将在 D. 5. 3. 2 和 D. 7. 2. 2 中讨论。

所有提到的这些反应，除了用芳基化合物以外，也可以用相应的烯烃化合物来进行，这样也大大扩展了烯烃化合物的合成潜力。

D. 5. 3. 1　芳烃的金属化

芳烃的金属化，可以从卤代芳烃 Ar—X 出发按式(D. 5. 81) 和式(D. 5. 82) 通过卤素-金属交换或者从 Ar—H 出发按式(D. 5. 83) 通过氢-金属交换来实现。

芳基卤化物与碱金属按式(D. 5. 81) 的反应——这其中与锂和与镁的反应在制备上很重要——将在 D. 7. 2. 2 部分详细讨论。

芳基锂化合物也适合从卤代芳烃和烷基锂按式(D. 5. 82) 通过卤素-金属交换制备。

卤素-金属的交换按照反应式中所指示的方向进行，因为烷基金属化物的碱性比芳基金属化物的强（由于芳烃的酸性高于烷烃的，参见表 C. 50)。

芳基卤化物的反应性随着芳-卤键离解能的增大从芳基碘经芳基溴到芳基氯化物逐渐减小。芳基氟化物不能反应。碘代和溴代芳香烃与正丁基或者叔丁基锂在醚溶液（二乙基醚，四氢呋喃）中在 −60～−100 ℃下就能以足够的速度反应。在如此低的温度下，芳环上那些在常温下容易与烷基锂反应的取代基，如酯基、氨基、环氧基、氰基和硝基，也能较稳定存在。

这类反应的限制因素是纯的卤代芳烃目前不容易获得，用芳香烃直接卤化的方法常常得到的是各种异构体的混合物，分离工作费时费力（见 D. 5. 1. 5)；采用单一异构体合成法又需要特殊的操作程序（参见如 D. 8. 3. 2，Sandmeyer 反应）。

这些困难可以通过用烷基锂按式(D. 5. 82) 将芳烃的 C—H 键直接金属化的方法解决。这一反应也能按照反应式中所指示的方向进行，因为芳香烃的 CH 酸性比烷烃的高。与卤素-金属交换反应相比，直接金属化法要求的温度要高些（−30～40 ℃)，不过添加二胺——如 *N*,*N*,*N*′,*N*′-四甲基亚乙二胺（TMEDA）——或/和叔丁醇钾能大大提高反应速率。

在这些条件下苯（还有乙烯）也能被锂化。二胺与烷基锂中的锂原子形成螯合物打破了其结合，从而提高了它的反应性。

采用烷基锂和叔丁醇钾的混合物（这一混合物也被称为“超碱”）时，金属化是经过介质中形成的比烷基锂反应性强的烷基钾完成的：

$$\text{R—Li} + t\text{-BuOK} \rightleftharpoons \text{R—K} + t\text{-BuOLi}$$
$$\text{Ar—H} + \text{R—K} \longrightarrow \text{Ar—K} + \text{R—H} \quad \text{(D. 5. 86)}$$

带自由电子对、能与金属原子发生配位作用的取代基对金属化反应的速度和位置具有很大影响。这类基团（directing metalation groups，英语中用 DMG′s 表示）提高了芳香烃的反应性并将金属定位在取代基的邻位（定位邻位金属化“DoM”）：

$$\text{C}_6\text{H}_5\text{Y} + \text{Li—R} \longrightarrow o\text{-Y-C}_6\text{H}_4\text{Li} + \text{R—H} \quad \text{(D. 5. 87)}$$

Y = OR′, SR′, NR'_2, CH_2OR', $CONR'_2$, $OCONR'_2$, 4,4-二甲基-2-噁唑啉基❶, SOR′, SO_2R'

同样的原因芳香杂环化合物一般在杂原子的邻位金属化。

通过定向的邻位金属化和接下来的与亲电试剂的反应［式(D. 5. 88)］，取代基可以在温和的条件下区域选择性地进入活化基团的邻位。用这一方法获得的区域选择性不同于直接亲电取代的区域选择性，直接亲电取代得到的要么是邻位和对位取代产物的混合物，要么是间位取代产物，见 D. 5. 1. 2。杂环芳香化合物如吡啶和吲哚在 2 位取代，这也是用其它亲电取代反应不可能实现的。

通过金属化反应生成的有机锂和有机镁化合物含有一个强极性的碳-金属键，这个键中的碳原子带部分负电荷，所以有很强的碱性和亲核性。因此这类化合物很容易与亲电试剂反应将金属原子取代：

$$\overset{\delta^+}{\text{M}}\text{—}\overset{\delta^-}{\text{Ar}} + \overset{\delta^+}{\text{E}}\text{—}\overset{\delta^-}{\text{X}} \longrightarrow \text{Ar—E} + \text{MX} \quad \text{(D. 5. 88)}$$

芳基锂和芳基镁化合物的几个重要的反应列在表 D. 5. 89 中。烷基与烯基金属化合物的反应类似。

金属有机化合物与羰基化合物的反应将在 D. 7. 2. 2 中讨论。

表 D. 5. 89　芳基金属化合物的反应

$\text{Ar—M} + \text{H—X} \longrightarrow \text{Ar—H} + \text{MX}$	与—OH、—NH、—CH 以及其它带酸性氢的化合物反应，参见 D. 7. 2. 2
$\text{Ar—M} + \text{R—X} \longrightarrow \text{Ar—R} + \text{MX}$	与烷基卤和烷基磺酸酯反应生成烷基芳烃
$\text{Ar—M} + \frac{1}{2}\text{O}_2 \longrightarrow \text{Ar—OM} \xrightarrow{+\text{HX}} \text{Ar—OH} + \text{MX}$	与氧反应生成酚
$\text{Ar—M} + \frac{1}{8}\text{S}_8 \longrightarrow \text{Ar—SM} \xrightarrow{+\text{RX}} \text{Ar—SR} + \text{MX}$; $\text{Ar—SM} \xrightarrow{+\text{HX}} \text{Ar—SH} + \text{MX}$	与硫反应生成硫醚和硫醇
$\text{Ar—M} + \text{R—S—S—R} \longrightarrow \text{Ar—SR} + \text{RSM}$	与二硫化物反应生成硫醚
$\text{Ar—M} + \text{MeO—NH}_2 \longrightarrow \text{Ar—NH}_2 + \text{MeOM}$	与甲氧基胺反应生成胺
$\text{Ar—M} + \text{I}_2 \longrightarrow \text{Ar—I} + \text{MI}$	与碘反应生成芳基碘化物
$\text{Ar—M} + \text{R}_2\text{C=O} \longrightarrow \text{Ar—CR}_2\text{—OM} \xrightarrow[-\text{MX}]{+\text{HX}} \text{Ar—CR}_2\text{—OH}$	与羰基化合物反应生成醇，见 D. 7. 2. 2
$\text{Ar—M} + \text{CO}_2 \longrightarrow \text{Ar—CO—OM} \xrightarrow[-\text{MX}]{+\text{HX}} \text{Ar—COOH}$	与二氧化碳反应生成羧酸，见 D. 7. 2. 2

❶ 二甲基-1,3-唑啉基是保护起来的—COOH 基团，参见式(D. 7. 48)。

能与水和氧反应正是金属有机化合物必须在隔离潮湿和空气的条件下操作的原因。

作为一个定位金属化制备的芳基锂的烷基化实例，下面介绍一下 3-癸基-1,2-二甲氧基苯（3-癸基藜芦醇）的制备：

$$\text{1,2-(MeO)}_2\text{C}_6\text{H}_4 \xrightarrow[-n\text{-BuH}]{+n\text{-BuLi}} \text{3-Li-1,2-(MeO)}_2\text{C}_6\text{H}_3 \xrightarrow[-\text{LiBr}]{+n\text{-C}_{10}\text{H}_{21}\text{Br}} \text{3-}n\text{-C}_{10}\text{H}_{21}\text{-1,2-(MeO)}_2\text{C}_6\text{H}_3 \qquad (\text{D. 5. 90})$$

考虑一下，如果是经 Friedel-Crafts 酰基化反应（D. 5. 1. 8. 1）再按 Wolff-Kizhner（D. 7. 3. 1. 6）将酮还原的方法，会生成什么异构体的烷基藜芦醇！

【例】 3-烷基藜芦醇[1]

注意！正丁基锂极其容易水解并且在空气中能自燃。所有使用的药品和玻璃器皿都必须绝对干燥。反应在干燥的氩气保护下进行。

带冷却浴的磁力搅拌器和一个带回流冷凝器的 500 mL 的三颈烧瓶，冷凝器配有干燥管、导气管和隔帽封口式注射开关。在 0 ℃（采用冰浴!）和搅拌条件下，用注射器在 10 min 之内向氩气冲过的并在氩气保护下的 0.25 mol（34.5 g）藜芦醇和 150 mL 干燥四氢呋喃（参见试剂附录）的溶液中，加入溶在二乙醚中的 0.17 mol 的正丁基锂（123 mL 1.36 mol/L 的正丁基锂溶液）。在 0 ℃下搅拌 1.5 h，随后再注入氩气冲过的溶在 20 mL 四氢呋喃中的 0.083 mol（18.5 g）1-溴癸烷。3 h 回流加热后在室温下放凉。小心地滴入 100 mL 10%的盐酸使其水解，将两相分离，水相用 150 mL 醚振荡萃取两次。所有有机相合并后用 20 mL 10%的苛性钠和水洗涤、硫酸镁干燥，在旋转式蒸发器上除去溶剂。剩余部分用一个短的 Vigreux 柱真空分馏。藜芦醇馏出后剩下 17 g（理论收率的 73%）无色液态的产品。b. p.$_{0.066(0.5)}$ 139～140 ℃。

通过噻吩锂化再硫化制备 2-巯基噻吩：Jones, E.; Moodie, I. M., Org. Synth. 1970, 50:104.

通过呋喃锂化后再与二苯甲酮反应制备 α,α-二苯基-2-呋喃基甲醇：Gschwend, H. W.; Rodriguez, W. R., Org. React. 1979, 26:97.

通过 *N,N*-二甲氨基-*p*-甲苯胺定位锂化后再与苯甲酮反应制备（2-二甲氨基-5-甲基苯基）二苯基甲醇：Hay, J. V.; Harris, T. M., Org. Synth., 1988, Coll. Vol. Ⅵ:478.

在制备上非常重要的反应是有机锂和有机镁化合物与其它元素的卤化物反应生成相应元素的有机化合物：

$$\text{Ar—M} + \text{M}'\text{—X} \longrightarrow \text{Ar—M}' + \text{MX} \qquad \text{M}' = \text{R}_2\text{P},\ \text{R}_2\text{P(O)},\ \text{R}_2\text{B},\ \text{R}_3\text{Si},\ \text{R}_3\text{Sn 等} \qquad (\text{D. 5. 91})$$

通过这一途径可以制备有机磷、有机硼、有机硅、有机锡和其它金属有机化合物[转换金属化作用，见式(D. 7. 201)，式(D. 7. 217)]。得到的有机金属化合物可以再用于各种取代反应（参见下面几节和 D. 7. 2. 2）。

硼上的烷氧基也可以通过有机锂和有机镁化合物取代，例如：

$$\text{Ar—M} + \text{B(OMe)}_3 \longrightarrow \text{Ar—B(OMe)}_2 + \text{MOMe} \qquad (\text{D. 5. 92})$$

从三烷基硼酸酯制得的芳基硼酸酯对其它合成是很有价值的试剂［例如见式

---

[1] 根据 NG, G. B.; Dawson, C. R., J. Org. Chem. 1978, 43:3205.

(D.5.104)]。其中，用过氧化氢在乙酸中可以将它们氧化成硼酸芳基酯，硼酸芳基酯再水解成酚：

$$Ar—B(OMe)_2 \xrightarrow[-H_2O]{+H_2O_2} Ar—O—B(OMe)_2 \xrightarrow[-HOB(OMe)_2]{+H_2O} Ar—OH \quad (D.5.93)$$

通过芳基硼化合物的系列反应可以从 Ar—H 或者 Ar—X 经 Ar—M [按式(D.5.83)或式(D.5.81)] 制备酚，且收率比用氧直接氧化金属芳烃（表 D.5.89）的方法要好。

D.5.3.2 芳基与有机金属化合物的偶联

卤代芳烃、芳基磺酸酯和其它芳香烃 Ar—X，尤其是碘代芳烃、溴代芳烃和三氟磺酸芳基酯（三氟磺酸基“triflate”）按式(D.5.85) 与金属有机化合物直接或经过渡金属催化反应，使得 X 被有机基团取代。卤代烯烃和三氟甲基磺酸烯酯的表现类似。在这种也被称作交叉偶联的反应中形成了新的 C—C 键；因此对于合成有机化合物具有重大意义。

D.5.3.2.1 与碱金属和铜有机化合物偶联

卤代芳烃与强极性、强碱性的有机碱金属化合物在没有催化剂的情况下就能反应。例如，在四氢呋喃中与烷基锂偶联成烷基芳烃 [可能是经过中间的卤素-金属交换式(D.5.85)]：

$$Ar—X + R—Li \longrightarrow Ar—Li + RX \longrightarrow Ar—R + LiX \quad (D.5.94)$$

副反应，如形成对称偶联产物和生成烯烃的消除反应，降低了这一反应的收率。

烷基金属化合物也可以从相应的卤代物和碱金属直接生产。如卤代芳烃和卤代烷烃的混合物与金属钠在醚中于室温下反应生成烷基芳烃（Wurtz-Fittig 反应）：

$$Ar—X + RX + 2\,Na \longrightarrow Ar—R + 2\,NaX \quad (D.5.95)$$

这个反应是另一形式的 Wurtz 反应。在 Wurtz 反应中有机卤化物与钠反应生成对称偶联的产物，就是说卤代芳烃转化成联芳基化合物（当然是以适当的收率）。

其它碱金属如锂也能引起这样的偶联反应。

各种情况下都是先形成中间体芳基碱金属，芳基碱金属再与卤化物反应生成偶联产物：

$$Ar—X \xrightarrow[-MX]{+2\,M} Ar—M \xrightarrow[-MX]{+ArX} Ar—Ar \quad (D.5.96)$$

由于有机碱金属与许多官能团（—COR，—CN，$—NO_2$，$—SO_2R$，—OH，$—NH_2$ 等）不相容，所以与这些化合物的偶联就受到限制。

同样不需要其它催化剂多数都能与卤代芳烃反应的有机铜化合物能够容忍这些基团；因此有机铜化合物作为偶联试剂在制备上具有更深远的意义。

能从烷基锂和铜（Ⅰ）盐制备的二烷基铜酸锂 R_2CuLi [见式(D.7.217)] 在醚或者四氢呋喃中与碘代芳烃反应，以很好的收率生成烷基芳香烃 [参见式(D.7.219)]：

$$Ar—I + R_2CuLi \longrightarrow Ar—R + RCu + LiI \quad (D.5.97)$$

炔化铜和卤代芳烃（也可以是卤代烯烃）生成芳基（或者烯基）炔（Stephens-Castro 偶联）：

$$Ar—I + CuC{\equiv}CR \longrightarrow Ar—C{\equiv}C—R + CuI \quad (D.5.98)$$

从碘代芳烃和苯基乙炔化铜（Ⅰ）制备二苯基乙炔和取代二苯基乙炔：Stephens，R. D.；Castro，C. E.，J. Org. Chem. 1963，28：3313.

从2-碘吡啶-3-醇和苯基乙炔化铜（Ⅰ）制备2-苯基呋喃并（3，2-b）吡啶：Onsley，D. C.；Castro，C. E.，Org. Synth. 1972，52：128.

在温度超过200 ℃的条件下，卤代芳烃与氰化铜（Ⅰ）反应生成苯腈（Rosenmund-von Braun反应）：

$$\text{Ar—Br} + \text{CuC}\equiv\text{N} \longrightarrow \text{Ar—C}\equiv\text{N} + \text{CuBr} \tag{D. 5. 99}$$

从α-溴基萘和CuCN制备α-萘腈：Newman，M. S.，Org. Synth.，1955，Coll. Vol. Ⅲ：631.

从9-溴基菲和CuCN制备9-菲腈：Callen，J. E.；Dornfeld，C. A.，Org. Synth.，1955，Coll. Vol. Ⅲ：212.

用铜粉在高温下（≥200 ℃）将卤代芳烃偶联成联芳烃的Ullmann反应中间也出现了有机铜化合物：

$$2\,\text{Ar—X} + 2\text{Cu} \longrightarrow \text{Ar—Ar} + 2\text{CuX} \tag{D. 5. 100}$$

反应机理很可能像式(D. 5. 96）那样，形成了中间产物芳基铜。

最合适的反应物是碘代芳烃，不过溴代和氯代芳烃也能反应。吸电子取代基如果处于邻位，如邻-NO_2和邻-CN，能明显地活化反应物。从碘代芳烃和另一个溴代或者氯代芳烃组成的混合物可以制得不对称的联芳基化合物Ar—Ar′（交叉Ullmann反应）。

在很低的温度下，卤代芳烃偶联成联芳烃的反应可以在同相中用可溶的铜（Ⅰ）盐来实现，尤其是对于三氟磺酸酯。在这种情况下镍（0）配合物也是很有效的反应试剂。

用2-氯硝基苯和铜粉制备2，2′-二硝基联苯：Fuson，R. C.；Cleveland，E. A.，Org. Synth.，1955，Coll. Vol. Ⅲ：339.

用4-溴苯腈和二(1，5-环辛二烯）镍$Ni(cod)_2$制备4，4′-二氰基联苯：Semmelhack，M. F.；Helquist，P. M.；Jones，L. D.，J. Am. Chem. Soc. 1971，93：5908.

D. 5. 3. 2. 2　过渡金属催化的交叉偶联

大多数金属有机化合物只有在催化剂量的过渡金属配合物存在的情况下才能与卤代芳烃（和卤代烯烃）偶联。特别适合作为催化剂的是钯（0）和镍（0）配合物。

起催化作用的原因是这些过渡金属配合物具有氧化加成［式(D. 5. 85)］，转金属化［式(D. 5. 88)］和还原消除［参见D. 4. 5. 1和式(D. 4. 111)］的能力。这三个步骤所包含的催化环节在式(D. 5. 101）中用钯配合物简要展示了一下，省略了配体。

$$\text{Pd}^0 \xrightarrow{+\text{Ar—X}} \text{Ar—Pd}^{\text{II}}\text{—X} \xrightarrow[-\text{MX}]{+\text{R—M}} \text{Ar—Pd}^{\text{II}}\text{—R} \xrightarrow{-\text{Ar—R}} \text{Pd}^0 \tag{D. 5. 101}$$

催化反应以卤代芳烃ArX在钯（0）配合物上氧化加成生成芳基-Pd(Ⅱ)-X配合物开始，芳基-Pd(Ⅱ)-X配合物再与金属有机试剂RM发生转金属化反应生成芳基-Pd(Ⅱ)-R配合物，从这个配合物上还原消除交叉偶联产物Ar—R，催化剂Pd(0）也得以再生。

循环的三个反应自身——根据反应物、配体和溶剂的类型——甚至也经历复杂的机理。以还原消除这一步为例，可以直接从四配位的平面方形的 Ar—PdL_2—R 配合物上还原消除一个 Ar—R，这一步只有顺式构型才可能实现，反式的配合物必须先重排成顺式，见式(D. 5. 102a)。芳基钯和烯基钯配合物可能经历这种机理。此外，消除也可以经多个步骤完成，像式(D. 5. 102b)所示的那样先脱去一个配体成为只有三个配体的配合物，再消除偶联产物。

$$\text{trans-}Ar(L)Pd(L)R \rightleftharpoons \text{cis-}Ar(R)PdL_2 \rightleftharpoons Ar{-}R + PdL_2 \qquad (D.\,5.\,102a)$$

$$\text{trans-}Ar(L)Pd(L)R \underset{+L}{\overset{-L}{\rightleftharpoons}} Ar(R)PdL \rightleftharpoons Ar{-}R + PdL \qquad (D.\,5.\,102b)$$

除卤代芳烃外，磺酸芳基酯 Ar—OSO_2R'、芳基重氮盐 Ar—$\overset{+}{N_2}X^-$ 以及其它带易离去基团的芳烃 Ar—X 也可以作为反应物用于过渡金属催化的交叉偶联反应。特别是能从酚制得的三氟磺酸酯（triflate)，是一类用途很广的化合物。这些化合物的反应性一般顺序为 Ar—I＞Ar—OTf＞Ar—Br＞Ar—Cl。亲电反应物的反应能力会由于有吸电子的取代基而提高、有给电子取代基而降低，这一规则反过来也适用于起亲核作用的金属有机试剂。

通过钯配合物加速的、在制备上很重要的一个反应是卤代芳烃（和卤代烯烃）和三氟磺酸芳基酯与炔化铜的反应式(D. 5. 95)。由于炔化铜可以现场由一个末端炔和铜(Ⅰ）盐在碱存在条件下生成，所以末端炔的芳基化（和烯基化）在碱存在的条件下可以用催化剂量的 Cu(Ⅰ）盐和钯配合物实现（Sonogashira 反应)：

$$Ar{-}X + H{-}C{\equiv}C{-}R \xrightarrow{PdL_2,\ CuI,\ R'_2NH} Ar{-}C{\equiv}C{-}R + HX \qquad (D.\,5.\,103)$$

习惯上人们常常用碘化铜（Ⅰ）和 $PdCl_2(PPh_3)_2$，$Pd(PPh_3)_4$，$Pd(OAc)_2$ 或者 $PdCl_2$ 为催化剂，烷基胺如二异丙基胺或三乙基胺为碱。

即使使用的是 Pd(Ⅱ）配合物如 $PdCl_2(PPh_3)_2$，起催化作用的也是 Pd(0）配合物，它是 Pd(Ⅱ）配合物经反应物（如胺）还原生成的。

Sonogashira 反应在室温下需要的反应条件温和，可以在多种官能团存在下进行偶联，如羟基、氨基、羰基、酯基和酰胺基。

如果炔化铜不能很快地在反应循环中被消耗掉，二炔 R—C≡C—C≡C—R 就会通过氧化还原-二聚反应作为副产物生成（参见表 D. 5. 104)。

【例】 苯乙炔 Sonogashira 芳基化的一般实验方法（表 D. 5. 104)

取一个 50 mL 带磁力搅拌器、导气管、干燥管和注射开关的三颈烧瓶。

将 1 mmol Iodaren、1%摩尔分数四(三苯基膦)钯和 2%摩尔分数碘化亚铜溶于 20 mL 二甲基甲酰胺和 5 mL 二异丙胺中，搅拌均匀并通氩气冲洗 30 min，然后经注射开关注入 1. 05 mmol 苯乙炔。保留小的氩气流（使用气泡计数器!）在室温下搅拌 2 h。然后将上述反应溶液转入大约 100 g 冰和 200 mL 0. 1 mol/L 盐酸的混合物中，于通风橱中在冰浴下放置 2～3 h，将沉淀物抽滤分离后用水洗至中性反应物，干燥后经过一个短柱在硅胶上以环己烷为流动相用色谱分离产物和丁二炔。所得馏分用薄层色谱法在硅胶（含荧光指示剂，涂在铝膜上）上以环己烷为流动相进行检测（荧光灯），内容相同的馏分合并在一起，蒸出溶剂后用甲醇-水（体积比＝19：1）重结晶。

表 D.5.104 通过苯乙炔钯催化芳基化制备二芳基乙炔

终产物	起始反应物	熔点/℃	收率/%
4-甲氧基二苯乙炔	4-碘苯甲醚	58～59	74[12]①
4-氯二苯乙炔	4-氯碘代苯	80～81	88
4-甲基二苯乙炔	4-碘甲苯	78～79	63
4-硝基二苯乙炔	4-碘硝基苯	119～120(乙醇)	65[2]①
1-(1-萘基)-2-苯基乙炔	1-碘萘	54～55(己烷)	70②
1-(2-萘基)-2-苯基乙炔③	2-溴萘	117(乙醇)	65

① 分离出的 1,4-二苯基丁二炔的收率；m. p. 88～89 ℃（95%的甲醇）。

② 如果产物不以固态析出，就将水相用 50 mL 二乙醚振荡萃取两次，萃取液合在一起用稀盐酸和水中和洗涤，干燥并于旋转蒸发仪上蒸馏掉溶剂。剩余物在硅胶上色谱分离（高 20 cm，宽 3 cm）。

③ 苯乙炔 1.25 mmol，向反应混合物中加 NaI 20mg。反应温度 130 ℃，反应时间 8 h，色谱分离如②中。一些 2-溴萘作为第一个馏分被分离出来。

在钯配合物催化和碱存在的条件下，卤代芳烃、卤代烯烃和三氟磺酸芳基酯可以继续与有机硼化合物（硼烷、硼酸和硼酸酯）偶联（Suzuki 偶联），例如：

$$\mathrm{Ar{-}X + R{-}B(OH)_2 \xrightarrow[-\,NaX]{PdL_2\,+\,NaOH} Ar{-}R + B(OH)_3} \qquad R = 芳基，烯基，烷基 \qquad (D.5.105)$$

有机硼化合物含有一个（无极性的）共价 C—B 键，因此是比极性的金属有机化合物弱得多的亲核试剂。在催化循环［式(D.5.101)］的转金属化步骤中，只有在碱存在的条件下它们才能与有机钯卤化物以足够的速度反应。另一方面，有机硼化合物与许多官能团如 OH、NH、CO、NO_2、CN 不发生反应，也不与氧和水反应，因此不需要那些在有机金属化合物反应中通常采用的防备措施，甚至还可以在水相中进行。其它优点还有，无毒、容易获得以及在偶联反应中的高选择性。

合适的催化剂主要是钯-膦配合物和钯（Ⅱ）盐加三级膦，当然也可以不加。常用的碱是碱金属的碳酸盐、磷酸盐、氢氧化物和醇盐，氟化铯铵或者氟化四丁基铵。可溶于水的醇、酮、醚和羧酸胺适合作为溶剂，当然也可以用二氧杂环己烷，二甲基甲酰胺或者芳香烃作为溶剂在悬浮液中反应。

Suzuki 反应非常适合用来制备有取代基的联芳烃（R＝Ar′）。所需的芳基硼酸可以由卤化芳基镁或芳基锂与硼酸酯按式(D.5.92)反应生成芳基硼酸酯后再水解的方法获得。

Suzuki 偶联反应能以很高的区域选择性制备不对称取代的联芳烃。与经典的铜催化卤代芳烃合成联芳烃［Ullmann 反应式(D.5.97)］的方法相比，Suzuki 偶联反应中 C—C 键的构建条件要温和得多，因此可以联结带多种取代基的芳烃。

用乙酸钯（Ⅱ）和三苯基膦由芳基硼酸和碘代或者溴代芳烃合成不对称的取代联芳烃：Huff，B. E.；Koenig，Th. M.；Mitchell，D.；Staszak，M. A.，Org. Synth. 1998，75：53-60.

应用乙酸钯（Ⅱ）或者三(二苯亚甲基丙酮)二钯/三(邻甲苯基)膦由芳基硼酸和碘代芳烃合成不对称的取代联苯：Goodson, F. E.; Wallow, Th. I.; Novak, B. M., Org. Synth. 1998, 75: 61-68.

用四(三苯基膦)钯和氢氧化铊由三甲基苯硼酸和卤代芳烃合成不对称的取代联芳烃：Anderson, J. C.; Namli, H.; Roberts, C. A., Tetrahedron, 1997, 53: 15123-15134.

钯催化的卤代烃和三氟磺酸酯与有机锡化合物的偶联（Stille 反应）

$$R'—X + R—SnR''_3 \xrightarrow{PbL_2} R'—R + XSnR''_3$$

R′, R= 芳基，烯基，炔基，苯甲基，烯丙基，酰基；R″= 烷基（甲基，丁基）　　(D. 5. 106)

是一个多样性的可以有不同组分的反应。这个反应也可以用来合成取代芳烃。

Stille 偶联反应中必需的芳香有机锡很容易从吸电子基取代的卤代芳烃通过芳香亲核取代（见 D. 5. 2）与三烷基锡酸钠反应，

$$Ar—X + Me_3SnNa \longrightarrow Ar—SnMe_3 + NaX \qquad (D. 5. 107)$$

或者经钯催化与六烷基二锡反应得到，

$$Ar—X + Me_3SnSnMe_3 \xrightarrow{PdL_2} Ar—SnMe_3 + XSnMe_3 \qquad (D. 5. 108)$$

如果是未被活化的卤代芳烃，就通过芳基锂化合物和氯化三烷基锡按式(D. 5. 91) 生成芳香有机锡化合物。

如果 Stille 反应在一氧化碳（1 bar）中进行就会发生酰基化反应，生成芳香酮和醛：

$$ArI + RSnMe_3 + CO \xrightarrow{PdL_2} Ar—C(=O)R + ISnMe_3 \qquad (D. 5. 109a)$$

$$ArI + HSnBu_3 + CO \xrightarrow{PdL_2} Ar—C(=O)H + ISnBu_3 \qquad (D. 5. 109b)$$

Stille 反应的最大缺点是所用的有机锡化合物有毒。

Stille 偶联的反应条件和依赖性在很大程度上相当于前面讨论过的钯催化的反应类型。下面几个例子描述了这个反应在制备上的几个方面。

卤代芳烃，三丁基氢化锡和一氧化碳经钯催化制备甲醛：Baillargeon, V. P.; Stille, J. K., J. Am. Chem. Soc. 1986, 108: 452-461.

重氮苯盐和四甲基锡烷经钯催化制备甲苯：Kikukawa, K.; Kono, K.; Wada, F.; Matsuda, T., J. Org. Chem. 1983, 48: 1333-1336.

对于卤代芳烃和卤代烯烃和芳基磺酸酯与有机镁（Grignard）试剂的交叉偶联反应

$$Ar—X + R—MgX \longrightarrow Ar—R + MgX_2 \qquad (D. 5. 110)$$

虽然钯和其它金属也能催化，但常用的催化剂是镍配合物，如二氯[1,2-二(二苯膦基)乙醇]镍(Ⅱ)$NiCl_2$(dppe) 和二氯[1,3-二(二苯膦基)丙烷]镍(Ⅱ)$NiCl_2$(dppp)。

这里也一样，起催化作用的是镍（Ⅱ）配合物经 Grignard 试剂还原而成的镍（0）配合物。反应所经历的是与钯催化的偶联反应一样的机理［式(D. 5. 101)］。

用镍配合物也可以将烷基上带 β-氢原子的烷基 Grignard 试剂偶联，这在钯催化的情况下是不可能的，因为烷基钯化合物非常容易发生β-氢消除而生成烯烃［参见式(D. 4. 103)］。

有机镁化合物的一个缺点是，它倾向于对称偶联并且与许多官能团（—OH，—SH，$—NH_2$，>C═O，—COOH，$—NO_2$，—C≡N 等）不能共存；优点是相比较之下容易获得，参见 D. 7. 2. 2。

从1,2-二氯苯和溴化丁基镁合成1,2-二丁基苯以及在 $NiCl_2$(dppp) 存在下 Grignard 试剂与卤代芳烃和卤代烯烃的其它交叉偶联：Kumada, M. ; Tamao, K. ; Sumitani, K., Org. Synth. 1978, 58: 127-133.

D. 5. 3. 3　Heck 反应

芳基卤化物、三氟磺酸酯和重氮盐在碱存在和钯配合物催化的条件下与烯烃反应生成烯基芳香烃（Heck 反应）：

$$\mathrm{Ar{-}X} + \mathrm{HC{=}C(R)} \xrightarrow[-\mathrm{HX}]{\mathrm{PdL_2,\ B}} \mathrm{ArC{=}C(R)} \qquad \text{(D. 5. 111)}$$

除了芳基化合物以外烯基化合物也可以在钯催化下将烯烃烯基化（还可参见 D. 4. 5）。

常用做催化剂的是带单齿或二齿配位的三级膦配体的钯（0）配合物或者是钯（Ⅱ）盐加上膦。采用钯（Ⅱ）盐加膦时，反应混合物中的还原剂（烯烃，胺）将钯（Ⅱ）还原成起催化作用的钯（0）。

Heck 反应经历的是卤代烃的钯催化反应［式(D. 5. 101)］和 D. 4. 5. 1 中讨论过的烯烃的钯催化反应［式(D. 4. 111)］相结合的反应历程。图 D. 5. 112 展示了这一催化循环过程。第一步①，ArX 和钯（0）配合物发生氧化加成反应，形成了一个σ-芳基-钯配

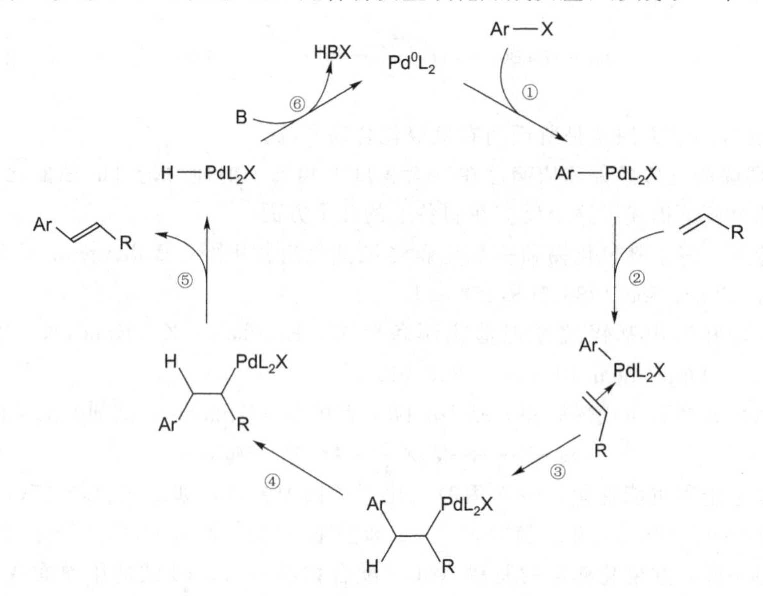

图 D. 5. 112　Heck 反应的催化循环

①氧化加成；②π配合物形成；③顺式插入；④分子内旋转；⑤顺式消除；⑥碱协助的 HX 还原消除

合物，这一配合物经 π 配合物与烯烃相互作用②。通过烯烃在 Ar—Pd 键上的插入反应（顺式插入）③生成了新的 C—C 键，这是反应的决定性步骤。绕新的 C—C 键旋转④之后，取代基氢原子和钯处于 β-消除所必需的顺式构象位置，由此生成反式的终产物⑤。在碱的协助下 HX 还原离开⑤中消除下来的钯（Ⅱ）配合物使得催化剂复原⑥。

像在其它钯催化的反应中一样，卤代芳烃的反应活性一般从氯代芳烃到溴代芳烃和碘代芳烃逐渐增加。氟代芳烃不反应。

通过改变膦配体可以使催化剂的催化效果与卤代芳烃的反应活性相匹配。对于标准反应，四(三苯基膦)钯（0）是很合适的催化剂，它在溶液中脱掉一个配体变成三(三苯基膦)钯（0），由此生成具有催化活性的二配体的钯（0）配合物 PdL_2。乙酸钯（Ⅱ）和三苯基膦的混合物也常常被用来作为催化剂。与三苯基膦相比较，空间体积较大的配体——例如三(邻甲苯基)膦——常常会减少可能的副反应。

氯代芳烃的烯基化要求钯（0）配合物带有强碱性膦——例如三(叔丁基)膦。通过选择适当的催化剂可以实现在多取代的卤代芳烃上选择性地只取代最活泼的卤素取代基。另一方面，可以在一个反应步骤中将多个相同反应活性的取代基同时取代。

Heck 反应具有很好的官能团耐受性，允许反应底物上有许多种类的官能团，其中有烷基、芳基、烷氧基、芳氧基、氨基和氰基。

端烯是比较合适的 Heck 反应试剂。它们会被定位在空间位阻小的、没有取代基的 β-位芳基化。对于不同的 1,2-取代的烯烃会得到混合产物：

$$\overset{100\%}{\downarrow}\!H_2C{=}CH{-}COOCH_3 \qquad \overset{100\%}{\downarrow}\!H_2C{=}CH{-}Ph \qquad \overset{100\%}{\downarrow}\!H_2C{=}CH{-}CN \qquad (H)(H_3C)\overset{93}{C}{=}\overset{7}{C}(H)(Ph) \tag{D. 5. 113}$$

采用环烯时是例外，这一点可以从环己烯芳基化的例子上一目了然：

$$Ar{-}X + \text{环己烯} \xrightarrow{PdL_2} \text{中间产物}(PdL_2X,\ Ar) \xrightarrow{-HPdL_2X} \text{3-芳基环己烯} + \text{1-芳基环己烯} \tag{D. 5. 114}$$

由于芳基化的中间产物上只有一个顺式的氢原子可供消除，所以只能生成一种非共轭的 3 位碳原子是手性碳的 3-芳基环己烯。如果采用手性的膦配体，这类 Heck 反应可以成为具有光学选择性的反应。

适合作为 Heck 反应溶剂的有二甲基甲酰胺、二甲基乙酰胺、乙腈、四氢呋喃、二氧杂环己烷芳香烃等。最好选择能与钯配位的偶极非质子溶剂。反应温度取决于底物的反应活性，一般从室温到 120 ℃不等。中和反应过程中产生的酸，可以用三级胺，也可以用碱金属碳酸盐之类的无机碱。为了保护催化活性的钯（0），反应常常在惰性气体（氮气，氩气）氛围和无水条件下进行。

【例】 丙烯酰胺芳基化（Heck 反应）的一般实验方法（表 D. 5. 115）

在一个三颈烧瓶上装上回流冷却器和导气管，烧瓶中装有 15 mL 干燥的二甲基甲酰胺（见试剂附录），置于硅油浴中放在带加热器的磁力搅拌器上。向烧瓶中加 0.4

mmol 碘代芳烃、0.41 mmol 丙烯酰胺和 1.5 mL 三乙基胺。向反应混合物中通氩气洗 30 min 后，加入 50mg 四(三苯基膦)钯。在保持小的氩气流（使用气泡计数器!）的条件下，在 120 ℃下搅拌加热 6 h。在室温下冷却后用多孔玻璃漏斗分离出少量的固态颗粒，将滤液转到 150 mL 冰水混合物中，于冰箱中放置过夜。然后将产物抽滤分离并用乙醇-水（1∶1）重结晶。借助 ^{1}H NMR 谱确定产物的立体化学构型（参见 A.3.6）。

表 D.5.115　丙烯酰胺芳基化（Heck 反应）

终产物	起始反应物	熔点/℃	收率/%
(*E*)-氨基肉桂酸	碘代苯	142～144	42
(*E*)-4-甲氧基氨基肉桂酸	对碘苯甲醚	193～195	45
(*E*)-4-甲基氨基肉桂酸	对碘甲苯	189～190	63
(*E*)-3-(1-萘基)丙烯酰胺	1-碘萘	176	65

在三乙基胺和乙酸钯存在下从碘代苯和甲代烯丙基醇制备 2-甲基-3-苯基丙醛：Buntin, S. A.; Heck, R. F., Org. Synth. 1983, 61: 82-84.

D.5.3.4　芳基-杂原子偶联

过渡金属催化不仅仅是形成碳-碳键而且还是形成碳-杂原子键的有效手段。合成碳-杂原子键的反应试剂可以是一级和二级胺、醇、酚、膦和硫醇。

$$\mathrm{Ar{-}X + H{-}YR \xrightarrow[-\ HX]{PdL_2,B} Ar{-}YR \qquad Y = NH, NR, O, S, PR, P(O)R} \tag{D.5.116}$$

请写出相应的反应式并指出反应产物!

反应机理与卤代芳烃和金属有机化合物偶联反应的类似［式(D.5.101)］（M—R ⟶ H—YR）。催化剂也像那些反应中一样，常用钯和镍配合物。

首先，钯催化芳基-卤化物、芳基-三氟磺酸化物或者芳基-偶氮盐与一级和二级胺反应合成芳基胺是一个很有用的反应，因为用其它方法很难选择性地联结碳-氮键以合成二级和三级胺（可参见例如 D.2）。另外，胺和酰胺的分子内和分子间芳基化反应不仅对天然产物合成而且对现代材料合成都具有重要意义。

在钯催化的氨基化反应中，胺作为亲核试剂、芳基化合物作为亲电试剂参加反应。因此反应要求胺上有给电子取代基、底物上有电子受体。为了提高其亲核能力，也可以用 *N*,*N*-二乙氨基三丁基锡将胺锡化。写出这一反应式!

空间体积较大的膦如三(邻甲苯基)膦和三叔丁基膦作为主要的催化剂配体和乙酸钯(Ⅱ)或者三(亚苄基丙酮)二钯［$Pd_2(dba)_3$］一起使用。要获得二级胺最好用二齿螯合的配体如 1,1′-二(二苯基膦)二茂铁（dppf）或者 2,2′-二(二苯基膦)-1,1′-联萘（BINAP)。写出这些化合物的结构式!

这些胺芳基化反应需要像叔丁醇化钠、碳酸钾或碳酸铯之类的强碱。溶剂与其它钯催化反应中所用的溶剂一样（见 Heck 反应）。

应用 $Pd_2(dba)_3$/三(邻甲苯基)膦和叔丁醇化钠从碘代芳烃和二级胺合成三级胺：Wolfe, J. P.; Buchwald, S. L., J. Org. Chem. 1996, 61: 1133-1135.

通过N,N'-芳基烷基氨基化合物的分子内芳基化合成苯缩五元至七元含氮杂环：Wolfe,J. P. ;Rennels,R. A. ;Buchwald,S. L. ,Tetrahedron,1996,52:7525-7546.

烷基胺在Pd(dppf)Cl_2催化下芳基化生成N-芳基-N-烷基胺：Driver,M. S. ;Hartwig,J. F. ,J. Am. Chem. Soc. 1996,118:7217-7218.

D.5.4 参考文献

亲电芳香取代反应综述

Baciocchi,E. ;Illuminati,G. ,in:Prog. Phys. Org. Chem. 1967,5:1-79.

Berliner,E. ,in:Prog. Phys. Org. Chem. 1964,2:253-321.

Effenberger,F. ,Angew,Chem. 1980,92:147-168.

Minkin,V. I. :Glaknovtsev,M. N. ;Simkin,B. Y. ;Aromaticity and Antiaromacity. John Wiley and Sons,New York,1994.

Norman,R. O. C. ;Taylor,R. ;Electrophilic Substitution in Benzenoid Compounds. Elsevier,Amsterdam,1965.

Pearson,D. E. ;Buehler,C. A. ,Synthesis,1971:455-477.

Sainsbury,M. :Aromatenchemie. VCH Verlagsgesellschaft,Weinheim,1995.

Taylor,R. ;Electrophilic Aromatic Substitution. John Wiley & Sons,Chichester,1990.

Yakobson,G. G. ;Furin,G. G. ,Synthesis,1980:345-364.

杂环芳烃上的取代反应

Askelrod,Zh. S. ;Berezovskii,V. M. ,USP. Khim. 1970,39:1337-1368.

Cook,M. J. ;Katritzky,A. R. ,in Adv. Heterocyl. Chem. 1974,17:255-356.

Goldfarb,Ya. L. ;Volkenshteiin,Yu. B. ;Belenkii,L. I. ,Angew. Chem. 1968,80:547-557.

Katritzky,A. R. ;Johnson,C. D. ,Angew. Chem. 1967,79:629-656.

Marino,G. ,in:Adv. Heterocyl. Chem. 1971,13:253-314.

芳香取代反应中的可逆占位

Tashiro,M. ,Synthesis,1979:921-936.

硝基化反应

Hartshorn,S. R. ;Schofield,K. ,in:Prog. Phys. Org. Chem. 1973,8:278.

Nitration and Aromatic Reactivity. Von J. G. Hoggett,et al. Cambridge University Press,Cambridge,1971.

Olah,G. A. ;Malhotra,R. ;Narang,S. C. :Nitration. VCH Publischers,New York,1989.

Schofield,K. :Aromatic Nitration. Cambridge University Press,Cambridge,1980.

Seidenfaden,W. ;Pawellek,D. ,in:Houben-Weyl. 1971,Vol. 10/1,479-818.

Stock,L. M. ,in:Prog. Phys. Org. Chem. 1976,12:21-47.

磺化反应

Cerfontain,H. :Mechanistic Aspects in Aromatic Sulfonation and Desulfonation. Wiley-Interscience,New York,1968.

Gilbert,E. E. :Sulfonation and Related Reactions. Interscience,New York,1965.

Muth,F. ,in:Houben-Weyl. 1955,Vol. 9,429-535.

Suter,C. M. ;Weston,A. W. ,Org. React. 1946,3:141-197.

氯磺化反应

Muth,F. ,in:Houben-Weyl. 1955,Vol. 9,572-579.

氯化;溴化;碘化反应

De La Mare P. B. D. :Electrophilic Halogenation. Cambridge University Press,Cambridge,1976.

Roedig,A.,in:Houben-Weyl. 1960,Vol. 5/4,233-331,557-594.

Stroh,R. ,in:Houben-Weyl. 1962,Vol. 5/3,651-725.

硫氰化反应

Bögemann,M. ;Petersen,S. ;Schultz,O.-E. Söli,H. ,in:Houben-Weyl. 1955,Vol. 9,859-863.

傅-克烷基化反应

Asinger,F. ;Vogel,H. H. ,in:Houben-Weyl. 1970,Vol. 5/1a,501-539.

Olah,G. A. :Friedel-Crafts Chemistry. John Wiley & Sons,New York,1973.

Price,C. C. ,Org. React. 1946,3:1-82.

Roberts,R. M. ;Khalaf,A. A. :Freidel-Crafts Alkylation Chemistry. Marcel Dekker,New York, Basel,1984.

傅-克酰基化反应

Berliner,E. ,Org. React. 1949,5:229-289.

Chevier,B. ;Weiss,R. ,Angew. Chem. 1974,86:12-21.

Gore,P. H. ,Chem. Rev. 1955,55:229-281.

Olah,G. A. :Friedel Crafts and Related Reactions. Vol. 3,Interscience,New York,1965.

Pearson,D. E. ;Buehler,C. A. ,Synthesis,1972:533-542.

Schellhammer,C.-W. ,in:Houben-Weyl. 1973,Vol. 7/2a,15-378.

Fries 反应

Blatt,A. H. ,Org. React. 1942,1:342-369.

Henecka,H. ,in:Houben-Weyl. 1973,Vol. 7/2a,379-389.

Gattermann-Koch 反应

Bayer,O. ,in:Houben-Weyl. 1954,Vol. 7/1:p. 16-20.

Crounse,N. N. ,Org. React. 1949,5:290-300.

Matsinskaya,I. V. ,Reakts. Metody Issled. Org. Soedin. 1958,7:277-306.

Gattermann 合成

Bayer,O. ,in:Houben-Weyl. 1954,Vol. 7/1:S. 20-29.

Martinskaya,I. V. ,Reakts. Metody Issled. Org. Soedin. 1958,7:307-365.

Truce,W. E. ,Org. React. 1957,9:37-72.

Hoesch 合成

Schellhammer,C.-W. ,in:Houben-Weyl. 1973,Vol. 7/2a,389-421.

Spoerri,P. E. ;Dubois,A. S. ,Org. React. 1949,5:387-412.

Zilberman,E. W. ,Usp. Khim. 1962,31:1309-1347.

Vilsmeier 合成

Bayer,O. ,in:Houben-Weyl. 1954,Vol. 7/1,29-36.

Jutz,C. ,in:Adv. Org. Chem. 1976,9:1,225-342.

Marson,C. M. ,Tetrahedron. 1992,48:3659-3726.

Marson, C. M.; Giles, P. R.: Synthesis Using Vilsmeier Reagents. CRC Press, Boca Raton, 1994.

Minkin, V. I.; Dorofeenko, G. N., Usp. Khim. 1960, 29: 1301-1335.

氯甲基化反应（Blanc反应）

Belenkii, L. I.; Volkenshteiin, Yu. B.; Karmanova, I. B., Usp. Khim. 1977, 46: 1698.

Fuson, R. C.; Mckeever, Ch. H., Org. React. 1942, 1: 63-90.

Stroh, R., in: Houben-Weyl. 1962, Vol. 5/3: 1001-1007.

羧酸化反应

Henecka, H,; Ott, E., in: Houben-Weyl. 1952, Vol. 8, 372-384.

Lindsey, A. S.; Jeskey, H., Chem. Rev. 1957, 57: 583-620.

亲核芳香取代反应

Bunnett, J. F.; Zahler, R. E., Chem. Rev. 1951, 49: 273-412.

Illuminati, G., in: Adv. Heterocyl. Chem. 1964, 3: 285-371.

Ross, S. D., in: Prog. Phys. Org. Chem. 1963, 1: 31-74.

Sauer, J.; Huisgen, R., Angew. Chem. 1960, 72: 91-108; 24-315.

经过苯炔

Heaney, H., Chem. Rev. 1962, 62: 81-97.

Hoffmann, R. W.: Dehydrobenzene and Cycloalkynes. Verlag Chemie, Weinheim; Academic Press, New York, London, 1967.

Kauffmann, Th., Angew. Chem. 1965, 77: 557-571.

Miller, J.: Aromatic Nucleophilic Substitution. Elsevier, Amsterdam, 1968.

Wittig, G., Angew. Chem. 1965, 77: 752-759.

Zoltewicz, J. A., in: Topics in Current Chemistry. Vol. 59. Springer Verlag, Berlin, Heidelberg, New York, 1975: 33-64.

$S_{RN}1$反应

Beletskaya, I. P.; Drozd, V. N., Usp. Khim. 1979, 48: 793-828.

Bunnett, J. F., Acc. Chem. Res. 1978, 11: 413.

Chanon, M.; Tobe, M. L., Angew. Chem. 1982, 94: 27-49.

Rossi, M.; Tobe, R. A., Acc. Chem. Res. 1982, 15: 164-170.

Rossi, R. A., De Rossi, R. H.: Aromatic Substitution by the $S_{RN}1$ Mechanism. American Chemical Society, Washington, 1983.

Rossi, R. A.; Pierini, A. N., Org. React. 1999, 54: 1-271.

氨基碱金属胺化杂环化合物

Möller, F., in: Houben-Weyl. 1957, Vol. 11/1: p. 9-17.

Pozharskii, A. F.; Simonov, A. M.; Doronkin, V. N., Usp. Khim. 1978, 47: 1933-1969.

芳香烃的定位金属化反应

Gschwend, H. W.; Rodriguez, H. R., Org. React. 1979, 26: 1-360.

Narasimhan, N. S.; Mali, R. S., Synthesis, 1983: 957-986.

Snieckus, V., Chem. Rev. 1990, 90: 879-933.

过渡金属催化的交叉偶联反应

Bolm, C.; Hildebrand J. P.; Muñiz, K.; Hermanns, N., Angew. Chem. 2001, 113: 3382-3407(Katlysierte asymmetrische Arylierungen).

Handbook of Organopalladium Chemistry for Organic Synthasis. Ed. : E. Negishi, A. De Meijere. Vol 1-2. Wiley -VCH, Weinheim, 2002.

Metal-catalyzed Cross-coupling Reactions. Ed. : F. Diederich; P. J. Stang. Wiley-VCH, Weinheim, 1998.

Transotion Metals for Organic Synthesis, Vol. 1. Ed. : M. Beller; C. Bolm. Wiley-VCH, Weinheim, 1998.

Tsuji, J. : Palladium Reagents and Catalysts. John Wiley & Sons, Chichester, 1995.

Heck, R. F. : Palladium Reagents in Organic Synthesis. Academic Press, New York, 1985.

Kumada, M. , Pure Appl. Chem. 1980, 52: 669-679.

Felkin, H. ; Swierczewski, G. , Tetrahedron. 1975, 31: 2735-2748(用 Grignard 试剂).

Kalinin, V. N. , Synthesis, 1992: 413-432(杂环烯).

Zapf, A. , Angew. Chem. 2003, 115: 5552-5557.

Suzuki 反应

Miyaura, N. ; Suzuki, A. , Chem. Rev. 1995, 95: 2457-2483.

Stille 反应

Farina, V. ; Krishnamurthy, V. ; Scott, W. J. , Org. React. 1997, 50: 1-652.

Farina, V. ; Krishnamurthy, V. ; Scott, W. J. : The Stille Reaction. John Wiley & Sons, New York, 1998.

Mitchell, T. N. , Synthesis, 1992: 803-815.

Stille; J. K. , Angew. Chem. 1986, 98: 504-519.

Dunction, M. A. J. ; Pattenden, G. , J. Chem. Soc. , Perkin Trans. 1999: 1235-1246(分子内 Stille 反应).

Heck 反应

Shibasaki, M. ; Boden, C. D. J. ; Kojima, A. , Tetrahedron, 1997, 53: 7371-7395.

De Meijere, A. ; Meyer, E. , Angew. Chem. 1994, 106: 2473-2506.

Jeffery, T. , Adv. Met. -Org. Chem. 1996, 5: 153-260.

Schmalz, H. -G. , Nachr. Chem. Tech. Lab. 1994, 42: 270-276.

Altenbach, H. -J. , Nachr. Chem. Tech. Lab. 1988, 36: 1324-1327.

Reißig, H. -U. , Nachr. Chem. Tech. Lab. 1986, 34: 1066-1073.

Heck, R. F. , Org. React. 1982, 27: 345-390.

Heck, R. F. : Palladium Reagents in Organic Synthesis. Academic Press, New York, 1985: p. 179-321.

芳胺和芳醚的合成

Hartwig, J. F. , Angew. Chem. 1998, 110: 2154-2177.

Baranano, D. ; Mann, G. ; Hartwig, J. F. , Curr. Org. Chem. 1997, 1: 287-305.

Modern Animation Methods. Ed. : A. Ricei. Wiley-VCH, Weinheim, 2000.

Ullmann 反应

Ley, S. V. ; Thomas, A. W. , Angew. Chem. 2003, 115: 5558-5607.

Hassan, J. ; Sévignon, M. ; Gozzi, C. ; Schulz, G. ; Lemaire, M. , Chem. Rev. 2002, 102: 1359-1469.

D.6 氧化与脱氢

D.6.1 通性

氧化反应是失电子的过程，永远是和还原联系在一起的（得到电子）。氧化剂是强吸电性的（亲电）物质。反之，化合物失电子能力（亲核性）越强，就越容易被氧化。还原剂被氧化，氧化剂被还原：

$$R_3N + Fe^{3\oplus} \longrightarrow R_3N^{\oplus}\cdot + Fe^{2\oplus} \tag{D.6.1}$$

按照这个规律，硝酸、氧气及过氧化物（过氧化氢、金属过氧化物、无机和有机过氧酸）、二氧化硫、二氧化硒、氯、溴、次氯酸、氯酸、高碘酸、高价的金属化合物[如铁（Ⅲ）化合物、二氧化锰、高锰酸钾、铬酸、三氧化铬、二氧化铅和四乙酸铅]等高亲电性物质都可以用做氧化剂。

一个物质被氧化的难易程度随其亲核性程度增加而增加，大致规律如下：

$$H^{\oplus},\ O^{2\ominus},\ OH^{\ominus},\ Hal^{\ominus},\ C{-}C,\ C{=}C,\ C{\equiv}C$$

有机反应中，也常常使用形式氧化数的概念。见表 D.6.2。

表 D.6.2 不同化合物中 C 原子的氧化数

−4	CH_4		
−3	$\cdot CH_3$	$H_3C{-}CH_3$	
−2	$^{\oplus}CH_3$，$:CH_2$	$H_2C{=}CH_2$	
	CH_3OH，CH_3Cl		
−1		$HC{\equiv}CH$，CH_3CH_2OH	
0	$H_2C{=}O$，CH_2Cl_2		$(CH_3)_2CHOH$
+1		CH_3CHO，CH_3CHCl_2	$(CH_3)_3COH$
+2	$HCOOH$，$HCCl_3$，HCN		$(CH_3)_2CO$
+3		CH_3COOH，CH_3COCl，CH_3CN	
+4	CO_2，$COCl_2$，CCl_4		

有机化合物的氧化过程就是失去氢原子或得到氧原子的过程。例如，甲苯被氧化成苯甲醛，苯甲醛进一步被氧化成苯甲酸：

$$Ar{-}CH_3 \longrightarrow Ar{-}CH_2OH \longrightarrow Ar{-}C(=O)H \longrightarrow Ar{-}C(=O)OH$$

同样原理，甲酸也可以被氧化（醛基被氧化而不是羧酸）：

$$H{-}C(=O)H \longrightarrow HO{-}C(=O)OH \longrightarrow CO_2 + H_2O$$

另一方面，叔醇不能被氧化，除非是 C—C 键的断裂：

$$R_3C{-}OH \not\longrightarrow \text{不能被氧化}$$

失去两个电子的氧化反应究竟是按自由基机理（发生两次一个电子失去）还是按离子型机理（一次失去两个电子）进行，目前还不清楚。然而，在重金属离子存在下氧分子氧化烃的反应已经证实是自由基机理。

脱氢是一个特殊的氧化反应，脱氢过程失去一个氢分子（更准确地说是 2 个电子和 2 个质子）。

在活细胞中，氢通过酶催化氧化还原反应从底物传递到氧分子，再发生偶合反应。在此过程中，有关生物学中重要的加氢-脱氢反应过程，如维生素 PP（辅酶）、维生素 B_2（黄色氧化酶）和细胞色素等的反应过程请参阅有关文献。

氧化还原反应中化合物的反应能力可以用热力学中的氧化还原势来衡量。

由此知道，标准 Gibbs 能量是发生氧化的化合物和氧化剂的标准电势的差：

$$\Delta_R G^{\ominus} = zF(E^{\ominus}_{Donor} - E^{\ominus}_{Acceptor}) \tag{D.6.3}$$

而标准电势是以标准 H 电极在 pH=1 和 25°C 参照水得到的：

$$Mn^{2\oplus} + 4H_2O \longrightarrow MnO_4^{\ominus} + 8H^{\oplus} + 5e^{\ominus} \quad E^{\ominus} = 1.51V \tag{D.6.4}$$

标准电势和氧化势见表 D.6.5。

表 D.6.5 常用无机氧化物的标准电势和一些有机物的氧化势

标准电极电势①/V		标准电极电势①/V		氧化势②/V	
F_2/HF	3.06	S/H_2S	0.14	苯	2.54
$S_2O_8^{2-}/SO_4^{2-}$	2.01	H^+/H_2	0.00	甲苯	2.23
H_2O_2/H_2O	1.77	Zn^{2+}/Zn	−0.76	对二甲苯	2.01
Ce^{4+}/Ce^{3+}	1.71	Na^+/Na	−0.27	4-甲氧基甲苯	1.82
MnO_4^-/Mn^{2+}	1.51	2,3-二氯-5,6-二氰-1,4-苯醌③/2,3-二氯-5,6-二氰氢醌	1.00	苯胺	1.80
$HOCl/Cl^-$	1.50			萘	1.78
Pb^{4+}/Pb^{2+}	1.46	四氯-1,4-苯醌(氯醌)/四氯氢醌	0.74	菲	1.74
Cl_2/Cl^-	1.36	1,4-苯醌/氢醌	0.70	4-氯反式二苯乙烯	1.74
$Cr_2O_7^{2-}/Cr^{3+}$	1.36	甲基-1,4-苯醌/甲基氢醌	0.64	反式二苯乙烯	1.72
MnO_2/Mn^{2+}	1.23	Wurst 红/*N*,*N*-二甲基对苯烯二胺	0.34	1,1-二苯基乙烯	1.70
O_2/H_2O	1.23	1,4-苯醌/氢醌(pH=7)	0.30	蒽	1.61
Br_2/Br^-	1.09	蒽醌/9,10-二羟基蒽	0.13	4-甲氧基反式二苯乙烯	1.41
HNO_3/NO	0.96			止痛(退热)剂	1.15
ClO^-/Cl^-	0.88			三乙胺	1009
Fe^{3+}/Fe^{2+}	0.77			4-甲基氨基甲苯	0.86
MnO_4^-/MnO_2	0.58				
I_2/I^-	0.54				

① 水中，25 ℃下。有时必要的质子不一起加入。

② 在 MeCN 中，参比电极为 SHE 电极。

③ DDQ（4,5-二氯-3,6-双氧代环己-1,4-二烯-1,2-二碳腈）。

一般情况下，占据的 s 轨道的能量要比 p 轨道和 n 轨道的能量低，在可比较的序列中可氧化性依次升高：

$$R—H < R—OH < R—NH_2$$

$$—\overset{|}{\underset{|}{C}}—\overset{|}{\underset{|}{C}}— < —C\equiv C— < \rangle C=C\langle$$

D.6.2 甲基与亚甲基的氧化

相对而言，无支链的饱和烃是最难被氧化的有机化合物。常用的氧化剂如高锰酸钾，在常温或较高的温度下不能与直链烷烃反应。只有在非常剧烈的条件下，如热的铬酸溶液中，氧化反应才能进行。

$$-CH_3 \longrightarrow -CH_2OH \longrightarrow -CHO \longrightarrow -COOH$$
$$\rangle CH_2 \longrightarrow \rangle CHOH \longrightarrow \rangle CO\ (\longrightarrow -COOH \text{ 且有 C—C 键断裂}) \tag{D. 6. 6}$$

氧化还原反应很可能是按自由基机理进行的，在重金属化合物（如锰盐、钴盐和五氧化二钒）存在下使用氧分子的氧化反应就是自由基机理。该反应主要按自氧化机理进行，不同的是在反应中金属阳离子被还原，氢过氧化物发生自由基分裂生成烷氧基自由基，烷氧基自由基最后转化为羟基化合物：

$$R\text{-}CH_2CH_2\text{-}R' \xrightarrow[(H_3BO_3/KMnO_4)]{+O_2} R\text{-}CH(OH)CH_2\text{-}R' + R\text{-}CH_2CH(OH)\text{-}R' \tag{D. 6. 7}$$

此外，后续反应比较复杂，以离子机理和自由基机理进行，生成酮、羧酸和其它氧化产物。随着 C—C 键进一步断裂（见石蜡的氧化）和重排（见 D. 9）反应的发生，产物的数量增加。因此，饱和烃的氧化反应一般不适用于制备特定的化合物。

然而在工业中，得到的混合产物通常是很有用的，例如，在加压下 165 ℃，乙酸钴作为催化剂用氧气氧化丁烷，生成甲基乙基酮、乙酸、乙酸甲酯和乙酸乙酯，酮、酸、酯的比例近似为 1∶15∶3。在工业生产中，在乙酸钴存在下用空气氧化环己烷得到环己醇和环己酮的混合物。

与双键 C 原子相连时，烷基的氧化能力会有所增强。例如与羰基或者芳香环相连的烷基更易被氧化。并且，反应更易进行（更有选择性），副产物更少。最常见的反应产物是羧酸，但是选择更适合的氧化剂和反应条件，也可以得到醛甚至醇。

必须注意，由烯烃双键活化的甲基或者亚甲基不能用于制备不饱和羰基化合物，因为 C═C 双键通常更容易被酸性氧化剂和高锰酸钾氧化（羟基化作用和 C—C 键裂解）。另一方面，氧气和二氧化硒更适合于这种选择性氧化反应，如在 350～400 ℃用氧化铜作为催化剂在气相中用氧气氧化丙烯制备丙烯醛。丙烯醛进一步与烯丙醇反应生成丙三醇。

在氨存在下用空气催化氧化烃的反应（例如把甲烷转化成氢氰酸的 Andrussow 反应、把甲苯及其它甲基芳烃转化为苯腈及其衍生物、尤其是把丙烯转化为丙烯腈）具有重要的意义。目前，丙烯氧化法是合成丙烯腈的最廉价的方法。见表 D. 6. 9。

在实际应用中，烃与空气在氨存在下的催化氧化更具有意义：

$$R-CH_3 \xrightarrow[-H_2O]{O_2} R-CH=O \xrightarrow[-H_2O]{NH_3} R-CH=NH \xrightarrow[-H_2O]{\frac{1}{2}O_2} R-C\equiv N \tag{D. 6. 8}$$

表 D. 6. 9　实际应用中通过氨氧化合成的腈

产物	初始物	应用
蓝酸	甲烷	用于合成,除虫剂
丙烯腈	丙烷	聚丙烯腈(PAN),丙烯胺(聚合物)
氰苯	甲苯	PAN 的来源
苯腈	邻二甲苯	酞菁染料
甲基丙烯腈	异丁烯	同甲基丙烯酸酯

D.6.2.1　烷基芳烃氧化成芳香羧酸

在实验室，经典氧化剂如铬酸（在乙酸或硫酸中）、重铬酸盐-硫酸、高锰酸盐（通常在碱性条件下）和硝酸等仍可用于将烷基芳烃氧化成芳香羧酸。

用稀硝酸（1份浓硝酸与2～3份水混合），可以选择性氧化多甲基芳香烃中的1个甲基。然而，用硝酸氧化时可能形成硝基化合物。

氧化过程中伴随着电子转移：

$$Ar—CH_3 + M^{n\oplus} \longrightarrow (Ar—CH_3)^{\oplus\cdot} + M^{(n-1)\oplus} \quad (D.6.10a)$$

$$(Ar—CH_3)^{\oplus\cdot} \longrightarrow Ar—CH_2\cdot + H^{\oplus} \quad (D.6.10b)$$

$$Ar—CH_2\cdot + M^{n\oplus} \longrightarrow Ar—CH_2^{\oplus} + M^{(n-1)\oplus} \quad (D.6.10c)$$

$$Ar—CH_2^{\oplus} + Nu—H\ (\text{或}\ Nu^{\ominus}) \longrightarrow Ar—Nu + H^{\oplus}$$

$$Nu—H = H_2O\ \text{或}\ CH_3COOH \quad (D.6.10d)$$

使用以上氧化剂时，芳香烃上的长链或支链或不饱和的侧链都被氧化成苯甲酸。含叔碳原子（如异丙基）的侧链比直链更容易被氧化，但是叔丁基（季碳原子）却不容易被氧化（为什么？）

在强氧化作用下，二烷基芳香烃可以被氧化成二羧酸。如对二甲苯或对二乙基苯→对苯二甲酸及1,2,3,4-四氢化萘→邻苯二甲酸等反应。反应过程中氨基和羟基必须被保护（为什么，如何保护？）。邻位取代基通常会发生位阻。

在分析化学中，可用上述氧化方法来鉴定烷基芳香烃，因为这能确定芳香核中烷基的位置。其中，硫酸-铬酸或碱性溶液中的高锰酸盐氧化法是最常用的方法。

高锰酸盐氧化法更适合于分析化学中，因为用铬酸法制备的羧酸更难提纯。含有不耐碱的化合物必须在酸性条件下氧化。邻二甲苯可以用高锰酸盐容易地氧化成邻苯二甲酸。

3-甲基吡啶 $+ 2\,KMnO_4 \longrightarrow$ 3-吡啶甲酸（COOH） $+ 2\,MnO_2 + 2KOH$　(D.6.11a)

$C_6H_5—CH_2—CH_3 + 4\,KMnO_4 \longrightarrow C_6H_5—COOH + CO_2 + 4\,MnO_2 + 4\,KOH$　(D.6.11b)

$O_2N—C_6H_4—CH_3 + Na_2Cr_2O_7 + 4\,H_2SO_4 \longrightarrow O_2N—C_6H_4—COOH + Cr_2(SO_4)_3 + Na_2SO_4 + 5H_2O$　(D.6.11c)

$H_3C—C_6H_4—CH_3 + \frac{3}{2}O_2 \xrightarrow{Co^{2\oplus}} H_3C—C_6H_4—COOH + H_2O$　(D.6.11d)

【例】 α-甲基吡啶氧化为吡啶甲酸的实验步骤（表D.6.12）[1]

在装有搅拌器、冷凝管、内置温度计的1 L三颈烧瓶中加入0.5 mol甲基吡啶和500 mL水，加热到70 ℃。剧烈搅拌下，将1.3 mol高锰酸钾粉末分10次加入到溶液中，当前一次加入的高锰酸钾颜色消失时，再继续加入。前5次加入时，反应温

[1] Blak G., Depp E., Corson B. B., J. Org. Chem. 1949, 14: 14.

度维持在 70 ℃左右；后 5 次加入时反应混合物在水浴中加热。所有的高锰酸钾反应完后，将混合物热过滤，沉淀用 4 份 100 mL 的热水洗涤。合并的滤液在真空下蒸发到约 600 mL，溶液用浓盐酸（约 60 mL）调至吡啶甲酸的等电点。然后在沸水浴中加热，再冷却。溶液放在冰箱中过夜，然后过滤产物，并用 50mL 冷水洗涤，得到晶形产物。

表 D.6.12　由 α-甲基吡啶制备吡啶甲酸

产物	原料	熔点/℃	等电点(pH 值)	产率/%
吡啶-2-甲酸	α-甲基吡啶	138(乙醇)	3.2	65
吡啶-3-甲酸(烟酸)	β-甲基吡啶	235(水)	3.4	73
吡啶-4-甲酸(异烟酸)	γ-甲基吡啶	311(封闭的毛细管)(水)	3.6	69

由于吡啶-2-甲酸（吡啶甲酸）极易溶于水（9 ℃时 100 mL 水能溶解 90 g），在调至等电点前应该先将溶液浓缩到约 200 mL。然后，在装有搅拌器和分水器的 2 L 三口烧瓶中加入 1 mL 苯和水共沸蒸馏，热苯溶液通过热水漏斗过滤，再在水浴中于真空下蒸干。烧瓶中残余的盐用回收的苯煮沸提取约 2 h，溶液再次蒸发，所得固体和主要的吡啶甲酸合并。

工业上从甲基苯制备相应的芳香羧酸，氧化剂为五氧化二钒或钴盐＋空气或硝酸。

【例】　取代甲苯自动氧化成取代苯甲酸的实验步骤（表 D.6.13）

在装有搅拌器（必须用纯石蜡油润滑）、气体入口管［如图 A.13(a)所示］、带冷凝器的分水器的 500 mL 三颈烧瓶❶中，加入 0.5 mol 蒸馏过的甲苯衍生物，70mL 氯苯和 0.3～0.5 g 硬脂酸钴。二甲苯和 1,3,5-三甲苯氧化时，用量为 1 mol，不能用氯苯作为溶剂。氧气（约 30 $L \cdot h^{-1}$）通过安全管、流量计、碱性高锰酸钾溶液和氢氧化钾干燥塔流经沸腾混合物。通过继电器调节加热浴的温度以使回流持续进行。反应过程中温度会轻微上升。

至少 2 h 后氧化反应开始❷，总平均反应时间约为 6～10 h。二甲苯的氧化反应，当分离出约 5 mL 水后即可停止反应。而其它反应物的氧化反应必须进行至没有水分离出来为止。如果产物的结晶阻碍气体的导入，则停止反应，待混合物冷却，过滤后，滤液继续反应。

反应结束后，混合物置于冰箱中过夜，然后过滤，残渣结晶，滤液蒸馏。产率（相对于消耗的甲苯）约为 50%。使用甲苯重结晶会提高产率。

表 D.6.14 列出了通过烷基芳烃氧化法制备的重要羧酸及其用途。在类似的条件下，以锰或铬为催化剂，在液相中使用空气可以将烷基苯氧化为芳基烷基酮，例如乙基苯氧化为苯乙酮。

---

❶ 不要用润滑脂润滑接头，以防抑制反应进行。

❷ 可以加入 0.1 g 偶氮二异丁腈诱导反应发生。

表 D.6.13 自动氧化合成取代苯甲酸

终产物	最初化合物	熔点/℃
邻甲基苯甲酸	邻二甲苯	105(水)
间甲基苯甲酸	间二甲苯	111(水)
对甲基苯甲酸	对二甲苯	180(稀乙醇)
3,5-二甲基苯甲酸	均三甲苯	170 升华(乙醇)
对氯苯甲酸	对氯甲苯	240(丙醇)
对苯二甲酸单甲酯	对甲基苯甲酸甲酯	230 升华(水)

表 D.6.14 甲基芳香烃氧化制备的重要羧酸及其用途

羧酸	主要用途
苯甲酸	防腐剂
	→酯(杀虫剂、香水)
邻苯二甲酸(酸酐)	→辛基、丁基和乙基酯(增塑剂)
	→聚酯树脂(醇酸树脂)
	→蒽醌(染料)
间苯二甲酸	→醇酸树脂
	→增塑剂
对苯二甲酸	→对苯二甲酸-乙二醇聚酯(人造纤维:涤纶、Grisuten、特雷维拉、的确良、Diolen)
对硝基苯甲酸	→对氨基苯甲酸→药物(普鲁卡因[奴佛卡因、Jencain];Anaesthesin)
烟酸	→烟碱(维生素)
异烟酸	→异烟酸酰肼(INH,Neoteben,异烟肼,雷米封;安痨药)

【例】 烷基芳烃氧化成芳香羧酸(定性分析的实验步骤)

(1) 高锰酸钾-碳酸钠氧化法

将 1 g 烃加入到含有 3 g 高锰酸钾和 1 g 碳酸钠的 75 mL 水溶液中,混合物加热回流到高锰酸钾的颜色消失(0.25～4 h)。溶液冷却后,用 50%的硫酸酸化,加入亚硫酸或草酸,二氧化锰慢慢溶解,羧酸沉淀析出,过滤,用少量冷水洗涤,得晶形产物。

(2) 重铬酸钠-硫酸氧化法

搅动下,将 1.5 g 烃加入到含有 6 g 重铬酸钠的 20 mL 50%硫酸中。加热(必须用回流冷凝管),若反应很剧烈,则应用冷水浴冷却控制。反应完成后,再将混合物回流 2～3 h,然后加入 30 mL 水中,冷却。过滤,沉淀用 15 mL 50%硫酸煮沸除去铬盐。冷却,羧酸沉淀析出,过滤后溶于 15 mL 5%氢氧化钠溶液,溶液再次过滤。剧烈振荡下,滤液倾入 20 mL 10%的硫酸。过滤沉淀,用少量冷水洗涤,得晶形产物。

由邻甲基苯磺酰胺制备糖精:

$$\text{邻-}CH_3C_6H_4SO_2NH_2 \xrightarrow{KMnO_4} \text{邻-}HOOCC_6H_4SO_2NH_2 \xrightarrow{-H_2O} C_6H_4(CO)(SO_2)NH \qquad (D.6.15)$$

使用方法(1)制备:0.1 mol 磺酰胺和 0.25 mol 高锰酸钾反应后,酸化得到糖精,产率 50%,熔点为 228 ℃(水中)。

D.6.2.2 甲基芳烃氧化生成芳香醛

甲基芳烃氧化生成醛的反应较难控制,因为生成的醛比甲基更容易氧化。因此,必须将生成的醛连续不断地从反应混合物中转移出来，常用的方法是将其转化为更稳定的衍生物。乙酸酐的铬酸溶液是一种适合的氧化剂，反应中醛与乙酸酐反应生成二乙酸酯：

$$Ar—CH_3 \xrightarrow[(CH_3CO)_2O]{CrO_3} Ar—CH(OCOCH_3)_2 \qquad (D.6.16)$$

在定量控制实验中，软锰矿的硫酸溶液也能氧化甲基芳烃成芳醛。但是，这种过程不能大范围使用。

如果芳烃上的甲基足够活泼，二氧化硒也可以被用做选择性的氧化剂。该反应特别适合于甲基芳杂环的氧化。因此，2-甲基苯并噻唑、2-甲基吡啶、甲基喹啉和2-甲基萘能被氧化成相应的醛。

Ce的硝酸盐也可以作为其它的选择性氧化试剂：

$$H_3C—C_6H_4—CH_3 + 4Ce^{4\oplus} + H_2O \longrightarrow H_3C—C_6H_4—CH{=}O + 4Ce^{3\oplus} + 4H^{\oplus} \qquad (D.6.17)$$

甲基芳烃氯化成氯化苄，进一步水解转化成芳香醛，是甲基芳烃制备芳香醛的另一种方法。

【例】 2-萘甲醛的制备[1]（二氧化硒氧化法）

注意：在反应中能产生少量剧毒的硒化氢，反应须在通风橱中进行。

向装有搅拌器和冷凝管的500 mL三口烧瓶中，加入0.2 mol 2-甲基萘和80 g萘，加热使其溶解。在220 ℃搅拌下于35 min内分多次加入0.2 mol二氧化硒。冷却后，加入250 mL乙醚，搅拌，过滤，用乙醚洗涤剩余的硒。乙醚溶液与150 mL新制备的饱和亚硫酸盐溶液充分混合搅拌3 h。分离出亚硫酸盐化合物（无机相），残余物用乙醚洗涤两次，分离，过滤，在空气中干燥。将亚硫酸盐化合物倒入200 mL热浓的碳酸钠溶液中，然后用200 mL冷水稀释，醛结晶析出，过滤（通常先得到油状产物，慢慢结晶）。水蒸气蒸馏纯化。m. p. 60 ℃，产率50%。

硒重新转化成二氧化硒。

同样，可由4-甲基喹啉制备奎诺酊-4-醛；见McDonald S. F.，J. Am. Chem. Soc.，1947，69：1219.

在乙酸酐存在下由三氧化铬氧化甲基芳烃，产生的二乙酸酯皂化制备邻硝基苯甲醛、对硝基苯甲醛、对溴基苯甲醛和对氰基苯甲醛的芳香醛的反应，参见下列文献：Nishmura T.，Org. Syntheses，1956，36：58；Tsang S. M.，Wood E. H.，and Johnson J. R.，Org. Synth.，1944，24：75；Lieberman S. V. and Connor R.，Org. Syntheses 1943，Coll. Vol. Ⅱ：441.

许多化合物可以选择性氧化成为酮：

$$3\ (2\text{-}NO_2C_6H_4)—CH_2—CH_3 + 4\ KMnO_4 \xrightarrow[(MgSO_4)]{60\ ℃} 3\ (2\text{-}NO_2C_6H_4)—C(=O)—CH_3 + 4\ MnO_2 + 4\ KOH + H_2O \qquad (D.6.18)$$

---

[1] Sultanov A. S.，Rodionov V. M.，and Shemyakin M. M.，Zhurnal Obshchsi Khimii，1946，16：2073.

D. 6. 2. 3　羰基化合物中活化甲基和亚甲基的氧化

D. 6. 2. 3. 1　二氧化硒氧化法

羰基邻位的甲基和亚甲基可以被二氧化硒选择性地氧化成羰基，生成 α-二酮或 α-醛酮：

$$CH_3—CHO \longrightarrow OHC—CHO\ (\text{乙二醛})$$

$$CH_3—CH_2—CO—CH_3 \longrightarrow \underset{17\%}{CH_3—CH_2—CO—CHO} + \underset{1\%}{CH_3—CO—CO—CH_3} \qquad (D.\ 6.\ 19)$$

二甲苯、乙醇和二噁烷都可以用作溶剂。在大多数情况下，少量的水能增加产率。

通过肟酮来制备二羰基化合物。

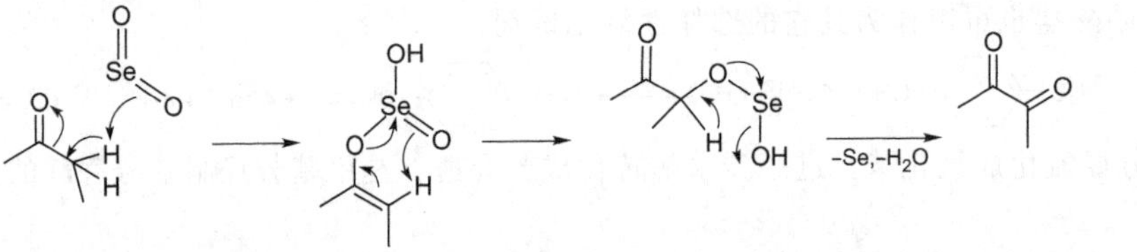

$$\xrightarrow{-Se,-H_2O} \qquad (D.\ 6.\ 20)$$

【例】　二氧化硒法氧化活化甲基和亚甲基戊酮的实验步骤（表 D. 6. 21）

在装有搅拌器、回流冷凝管和温度计的 500 mL 三颈烧瓶中，加入 0. 25 mol 原料酮，慢慢滴加含 0. 25 mol 二氧化硒的 180 mL 二噁烷和 12 mL 水的混合液，通过滴加速度控制温度不超过 20 ℃（必要时，要用水浴冷却）。滴加完毕，混合物加热搅拌 6 h，趁热过滤（不抽滤）析出的硒，并用二噁烷洗涤，然后真空蒸馏除去溶剂，用短的韦氏分馏柱分馏，收集 20～30 ℃之间的馏分，再次分馏得产物。

邻位芳基活化的亚甲基也可以选择性地被氧化成酮，例如对硝基乙基苯→对硝基乙酰苯（不能通过硝化反应得到）四氢化萘→α-四氢萘酮和芴→芴酮等。使用的氧化剂和反应条件取决于最终产物的稳定性。

表 D. 6. 21　用 SeO_2 氧化制备 α-二羰基化合物

产物	原料	沸点(熔点)/℃	产率/%
苯甲酰甲醛	苯乙酮	$95\sim97_{3.3(25)}$，水合物熔点 91	65
1-苯基-丙烷-1,2-二酮	苯丙酮	$103_{1.6(12)}$，n_D^{20} 1. 5334	35
环己烷-1,2-二酮	环己酮	$78_{2.1(16)}$，熔点 34 ℃	25
4-溴-苯甲酰甲醛	4-溴-苯乙酮	$135\sim142_{2.3(17)}$，水合物熔点 132～134	50
4-乙基-苯甲酰甲醛	4-乙基-苯乙酮	$110\sim114_{2.7(20)}$，水合物熔点 93～95	45
2,4,6-三甲基苯甲酰甲醛	2,4,6-三甲基苯乙酮	$106_{0.5(4)}$，n_D^{19} 1. 5520	60

由芴来制备芴酮的方法，参见，Huntress E. H.，Hershberg E. B.，and Cliff I. S.，J. Am. Chem. Soc. 1931，53：2720.

D. 6. 2. 3. 2　Willgerodt 反应

在多硫化铵溶液（通常要加压）中，将烷基芳基酮氧化成具有相同碳原子的 ω-芳基烷基羧酸的反应，称为 Willgerodt 反应。

$$Ar—\underset{\underset{O}{\|}}{C}—(CH_2)_n—CH_3 + (NH_4)_2S_x + H_2O \longrightarrow Ar\text{—}(CH_2)_{n+1}—COOH \qquad (D.\ 6.\ 22)$$

因此，酮中的羰基被还原成亚甲基，甲基被氧化成羧基。

最初的产物是硫代酰胺，再通过皂化反应生成羧酸。Kindler 对该反应进行了进一步的改进，使用硫和仲胺（通常为吗啉）取代多硫化物溶液。

$$Ar-C(=O)-CH_3 \xrightarrow[-H_2O]{+S,+NHR_2} Ar-CH_2-C(=S)-NR_2$$
$$Ar-CH_2-C(=S)-NR_2 + 2H_2O \longrightarrow Ar-CH_2-C(=O)-OH + H_2S + NHR_2 \qquad (D.6.23)$$

这种方法非常重要，特别适合于芳基甲基酮制备芳基乙酸，因为芳基甲基酮可以很容易地通过 Friedel-Crafts 酰化反应制备（见 D. 5. 1. 8. 1）。

相关的机理可以如下表示：

$$Ar(O=)C-CH_3 \xrightarrow[-H_2O]{+R_2NH} (R_2N)(Ar)C{=}CH_2 \xrightarrow{+S} (R_2N)(Ar)C{=}C(SH)H \longrightarrow (R_2N)(Ar)(H)C-C(=S)H$$
$$\longrightarrow \text{[aziridinium: } Ar(H)C-C(H)(S^{\ominus}) \text{ bridged by } N^{\oplus}R_2] \longrightarrow (Ar)(H)C{=}C(NR_2)(SH) \rightleftharpoons Ar-CH_2-C(=S)NR_2 \qquad (D.6.24)$$

【例】 Willgerodt-Kindler 反应的实验步骤（表 D. 6. 25）

注意：H_2S 易挥发，须在通风橱中操作。

将 0.1 mol 烷基芳基酮、0.2 mol 硫和 0.2 mol 吗啉加入到 100 mL 圆底烧瓶中，于 135 ℃加热 6 h。然后将此热溶液倒入 40 mL 热的乙醇中。用玻璃棒搅拌直至出现硫酰吗啉结晶，混合物放入冰箱中静置一夜，过滤硫酰吗啉，并用冷乙醇洗涤。

水解：将 0.1 mol 粗硫酰吗啉、80 g 50%氢氧化钾和 140 mL 乙醇的混合物加热回流 6 h。蒸出乙醇，残余物用水稀释后，用浓盐酸酸化（有硫化氢放出），冷却、过滤沉淀出酸。如果酸能溶于水或呈油状，用 100 mL 乙醚萃取三次，滤液合并，用硫酸镁干燥，蒸馏除去溶剂，用水重结晶，必要时可添加一些活性炭。

进一步萃取母液可增加产率。

表 D. 6. 25 Willgerodt-Kindler 反应

酸	酮	硫酰吗啉的熔点/℃	酸的熔点/℃	产率/%	备注
对甲基苯乙酸	对甲基苯乙酮	103(甲醇)	92(水)	50	
2,4-二甲基苯乙酸	2,4-二甲基苯乙酮	83(甲醇)	105(水)	45	
对氯苯乙酸	对氯苯乙酮	①	104(水)	25	水浴温度 160 ℃
对溴苯乙酸	对溴苯乙酮	①	115(水)	25	水浴温度 160 ℃
对甲氧基苯乙酸	对甲氧基苯乙酮	71(甲醇)	85(水)	50	
高藜芦酸	藜芦乙酮	90(乙醇)	96(无水) 68(水合)	50	
氢化肉桂酸	苯乙酮	①	47(粗汽油或水)	45	蒸馏粗酸
α-萘乙酸	α-萘基甲基酮	141(水)	131(水)	50	
β-萘乙酸	β-萘基甲基酮	108(乙醇)	140(水)	60	

① 不能分离出硫酰吗啉，可将反应混合物直接用于水解。

【例】 巯基羧酸 *N*-酰基吗啉的皂化（参见表 D.6.26）

小心！生成硫化氢；通风橱中操作。

在 0.1 mol 的粗巯基 *N*-酰基吗啉中加入由 80 g 50%的苛性钾和 140 mL 乙醇得到的溶液，在回流的情况下加热 6 h。接着继续分馏乙醇，残留物用水稀释，过滤和用浓盐酸调成强酸性（生成硫化氢!）。冷却后，提取析出的酸。如果它是水溶的以及油的形式出现，每次用 100 mL 醚提取三次，合并的提取液用硫酸镁干燥，将溶剂蒸馏除去。酸由水中结晶出来，有时还要在加活性炭的情况下重结晶。

产率可以通过（继续）对母液进行提取予以提高。

表 D.6.26 芳基乙酸

产物	初始物	熔点/℃	产率/%
对甲苯基乙酸	对甲苯基乙酸 *N*-酰基吗啉	92	80
2,4-二甲基苯乙酸	(2,4-二甲基苯基)巯基乙酸 *N*-酰基吗啉	105	80
对甲氧基苯乙酸	(对甲氧基苯基)巯基乙酸 *N*-酰基吗啉	85	75
3,4-二甲氧基苯乙酸	硫代-3,4-二甲氧基苯乙酸 *N*-酰基吗啉	68(氢氧化物)①	60
1-石脑油乙酸	1-石脑油乙酸 *N*-酰基吗啉	131	85
2-石脑油乙酸	2-石脑油乙酸 *N*-酰基吗啉	140	85
β-苯基丙酸	*β*-苯基丙酸 *N*-酰基吗啉(作为原始混合物)	47②(轻石油)	40

① 无水：m.p. 96 ℃。

② 原酸被蒸馏：b.p. $_{3.7(28)}$ 169～170 ℃。

酮和硫及氨反应生成 Δ^3-二氢噻唑（Asinger 反应）：

$$2\ R(R'CH_2)C{=}O + NH_3 \xrightarrow[-2\,H_2O]{+S} \text{2-R-2-}CH_2R'\text{-4-R-5-}R'\text{-}\Delta^3\text{-二氢噻唑} \tag{D. 6. 27}$$

羰基化合物与 CH 酸腈及硫反应生成 2-氨基硫代苯（Gewald 反应），在此期间首先通过 Knoevenagel 缩合生成的 *α*-烃基化腈接受硫：

$$R(R'CH_2)C{=}O + H_2C(COOEt)(CN) \xrightarrow[-H_2O]{\text{胺}} \left[R'CH_2\text{–}C(R){=}C(COOEt)CN \xrightarrow{+S} R'CH(SH)\text{–}C(R){=}C(COOEt)CN \right] \longrightarrow \text{2-}NH_2\text{-3-COOEt-4-R-5-}R'\text{-噻吩} \tag{D. 6. 28}$$

【例】 2-氨基噻吩-3-羧酸衍生物的制备（参见表 D.6.29）

表 D.6.29 2-氨基噻吩-3-羧酸衍生物

产物	初始物	熔点/℃	产率/%
2-氨基-4,5-四亚甲基噻吩-3-碳酸乙酯	环己酮,氰酸乙酯	115	80
2-氨基-4,5-四亚甲基噻吩-3-碳腈	环己酮,马龙腈	147～148	78
2-氨基-4,5-四亚甲基噻吩-3-碳酸甲酯	乙基甲基酮,氰乙酸甲酯	120～122	50
2-氨基-4-甲基噻吩-3,5-二碳酸二乙酯	氰乙酸甲酯,乙酰乙酸乙酯	108～109	55
2-氨基-4-苯基噻吩-3-碳酸乙酯	*α*-氰肉桂酸乙酯	95～96	60
5-乙酰基-4-氨基-4-甲基噻吩-3-碳酸乙酯	乙酰丙酮,氰乙酸乙酯	156～158	55
2-氨基-3-氰基-4-甲基噻吩-5-碳酸乙酯	乙酰乙酸乙酯,马龙腈	210～212	45

由 30 mL 乙醇（对甲酯而言用甲醇）、0.1 mol 磨成粉状的硫、0.1 mol 羰基化合物和 0.1 mol 腈（或者用 0.1 mol 的腈叶立德代替后两个列出的化合物）构成的混合物，搅拌下在 10～15 min 内滴加 8 mL 的吗啉（或二乙胺），60 ℃下继续搅拌 1.5 h。在室温下不再额外加热，用环己酮处理。少量不溶的硫在必要的情况下热过滤。然后，放置 1～2 h 直至结晶过程结束，最后置于冰水中。对出现的结晶进行抽滤，用一些冷的乙醇进行洗涤并由少量的乙醇或硝基甲烷中重结晶出产物。如果产率过低，将母液拌入水中，进行后续处理。

D.6.3 伯醇、仲醇及醛的氧化

伯醇和仲醇在更加温和的条件下也能与上述氧化甲基和亚甲基的氧化剂发生氧化还原反应，而叔醇很难被氧化而且氧化时发生 C—C 键的断裂。

$$\begin{gathered} -CH_2OH \longrightarrow -CHO \longrightarrow -COOH \\ \rangle CHOH \longrightarrow \rangle CO \end{gathered} \qquad (D.6.30)$$

D.6.3.1 伯醇氧化生成醛，仲醇氧化生成酮

铬酸、重铬酸盐、硫酸、硝酸、软锰矿和二氧化硒都是合适的氧化剂。

在铬酸的氧化反应中，醇与铬酸发生亲核加成反应，再消除水生成铬酸酯[1]。

在第二步反应中，可能通过一个环状过渡态，醇上的 α-氢转移到铬酸盐上，金属由六价转变为四价。

$$RR'CH-OH + O{=}Cr(=O)(OH)H \rightleftharpoons RR'CH-\overset{\oplus}{O}(H)-Cr(O^{\ominus})(OH)(=O)(OH) \qquad (D.6.31)$$

$$\xrightleftharpoons{-H_2O} RR'CH-O-Cr(=O)(=O)(OH) \longrightarrow RR'C{=}O + O{=}Cr(OH)_2$$

四价的铬再被醇还原成三价，反应方程式如下：

$$3\,R_2CHOH + Na_2Cr_2O_7 + 4\,H_2SO_4 \longrightarrow 3\,R_2CO + Cr_2(SO_4)_3 + Na_2SO_4 + 7\,H_2O \qquad (D.6.32)$$

1-苯基乙醇的几种取代衍生物的氧化顺序如下：

$$p\text{-}CH_3O\text{—} > p\text{-}t\text{-}C_4H_9\text{—} > p\text{-}CH_3\text{—} > p\text{-}Cl\text{—} > p\text{-}NO_2\text{—}$$

在伯醇的氧化反应中，生成的醛必须被保护以防进一步被氧化成为羧酸。因为醛的沸点比醇的沸点低，所以可以通过蒸馏反应混合物的方法分离出醛。然而，通过重铬酸盐氧化而制得的醛的产率不会高于 60%。在合适的反应条件下，C—C 多重键几乎不会被破坏。

使用叔丁基铬酸酯（在石油醚、苯或四氯乙烷溶液中）或二氧化锰（在丙酮、石油醚、四氯乙烷或稀硫酸溶液中）可以将伯醇氧化成醛且产率很高。甚至不饱和醛和芳香醛也能以好的产率获得。

---

[1] 这步与羧酸转化成酯的反应类似，见 D.7.1.4.1。

仲醇氧化成酮的反应要比伯醇氧化成醛的反应容易，且产率较高。原因是，一方面仲醇的活性高于伯醇，另一方面生成的酮相对于氧化剂来说比醛更稳定。在DMF中使用铬酸-嘧啶配合物和三氧化铬可以很有效地将萜类和甾类化合物中的仲醇氧化成酮。

下面的反应是一个两相反应，生成的酮通过有机溶剂从氧化混合物中分离出来，从而防止了进一步被氧化。

【例】 仲醇氧化成酮的实验步骤（表D.6.33）❶

在有搅拌器、滴液漏斗、温度计和回流冷凝管的500 mL三颈烧瓶中，加入0.067 mol重铬酸钠❷、15 mL硫酸和100 mL水的溶液，搅拌下加入含有0.2 mol醇的100 mL乙醚溶液，15 min加完，于25 ℃下继续搅拌2 h。分出醚层，水层用50 mL乙醚萃取两次，合并萃取液，分别用饱和碳酸氢钠溶液和水洗涤，用硫酸镁或硫酸钠干燥，除去醚后，产物用韦氏分馏柱分馏。

这种方法非常适用于半微量实验（使用磁力搅拌器搅拌），也非常适用于仲醇的分析表征，即仲醇先转换为酮，再转换为其它衍生物。

表D.6.33 仲醇成酮

产物	原料	沸点/℃	性质 n_D^{20}	产率/%
环己酮	环己醇	155	1.4503	65
2-甲基环己酮	2-甲基环己醇	$65_{3.1(23)}$	1.4490	62
(−)-薄荷酮	(−)-薄荷醇	$67_{0.5(4)}$	1.4536	70
顺式-2-萘烷酮	顺式-2-萘烷醇	$110_{1.3(10)}$	1.4927	60
乙基异丙基甲酮	乙基异丙基甲醇	112	1.3975	60
乙基苯基甲酮	乙基苯基甲醇	$93_{1.5(11)}$ 熔点21 ℃	1.5270	65

铬化合物的缺点是它的毒性。

可以在两相体系（水-二氯甲烷）中，在稳定的自由基、KBr和$NaHCO_3$作为缓冲存在的条件下，进行反应。

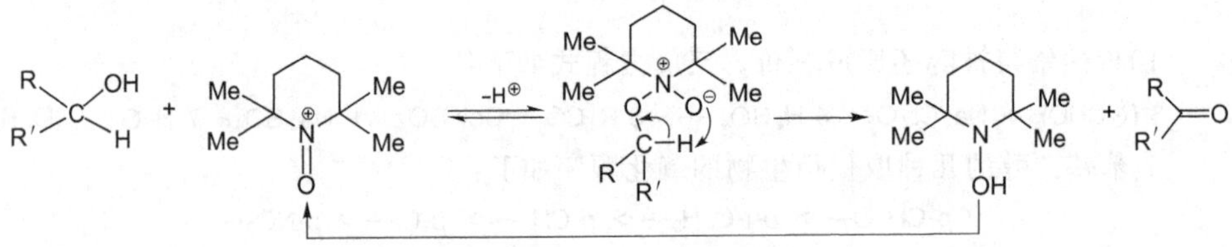

(D.6.34)

同样，可以用次氯酸钠来将醇和醛氧化，参见表D.6.35。

【例】 用次氯酸钠将醇和醛氧化的一般步骤（参见表D.6.35）

A. 醇和醛的制备

在装有高效的机械搅拌器、带有压力平衡的滴液漏斗和内部温度计的250 mL的三颈瓶中，对由0.1 mol的相应的醇和0.16 g (1 mmol) 的2,2,6,6-四甲基-1-氧哌啶溶于

---

❶ Brown H. C. and Garg C. P.，J. Am. Chem. Soc. 1961，83：2952.

❷ 必须考虑结晶水。

40 mL 的二氯甲烷中，以及由 1.2 g（0.01mmol）的 KBr 加到 5 mL 的水中所共同组成的混合物，在冰盐浴中很好搅拌下冷却到－10 ℃，10～15 min 内控制滴加 pH 值为 9.5 的 1 mol/L NaOCl 溶液 110 mL，以保持内部温度不超过 15 ℃。再搅拌 5 min，在此还应证明有 HOCl（KI 淀粉试纸变蓝）。分离有机相，水相用 10 mL 二氯甲烷提取。为去除催化剂，将合并的有机相用 20 mL 含量为 10％的盐酸洗涤，其中已经加入了 0.32 g（2 mmol）的 KI，然后用硫代硫酸钠含量为 10％的水溶液洗，接着用 10 mL 含量为 10％的碳氢酸钠溶液及用同体积的水洗。在用硫酸镁干燥后，将二氯甲烷和产物经 15 cm 的韦氏分馏柱（偶尔真空下）分馏。产物的纯度用色谱法检验。固体产物在蒸馏二氯甲烷后重结晶处理。

B. 羧酸的制备

一级醇和醛的氧化可以按照方法 A 进行，在初始混合物中额外要加入于 10 mL 水中溶有 1.4 g（5 mmol）的季铵氯化物 336。对醇而言，次氯酸盐的体积要加倍。在加入氧化剂后做后续搅拌 45 min。将两相反应混合物用 2 mol/L 苛性钠摇匀，直到水相表明其 pH 值为 12 为止。分离出的水相用 6 mol/L 的盐酸酸化以得到羧酸。固体产物抽滤和重结晶处理，液体则用每次 20 mL 二氯甲烷提取三次，合并的有机相用硫酸镁干燥及经 Vigreux 柱真空蒸馏。

次氯酸钠的氧化也可以微量进行，其中将二氯甲烷的量变成 3 倍。

漂白液的次氯酸钠含量确定

1 mL 漂白液在量瓶中用蒸馏水稀释成 10 mL。从这一溶液中取 2 mL，在滴定容器中用 40 mL 蒸馏水稀释，用 0.1 mol/L 的亚硝酸钠滴定直至 KI 淀粉试纸变蓝为止，这可以通过斑点确定。

[NaOCl]＝($NaNO_2$ 体积－溶液体积)/(NaOCl 体积－溶液体积)×0.05 mol/L

制备亚硝酸盐溶液时，用 0.345 g 的亚硝酸钠（分析纯）和 2 g 的碳氢酸钠在 100 mL 的量瓶中用蒸馏水溶解。

表 D.6.35 用次氯酸钠氧化醇和醛

产物	初始物	沸点(熔点)/℃	n_D^{20}	产率/％
庚醛	庚醇	152	1.4279	65
辛醛	辛醇	$72_{2.7(20)}$	1.4217	72
壬醛	壬醇	$81_{1.7(13)}$	1.4242	71
癸醛	癸醇	$91_{1.7(13)}$	1.4280	68
十一醛	十一醇	$116_{2.4(18)}$	1.4520	65
苯甲醛	苯甲醇	$64_{1.7(13)}$	1.5446	61
4-硝基苯甲醛	4-硝基苯甲醇	(熔点 106)(Et_2O-石油醚)		65
环己酮	环己醇	155	1.4503	73
2-乙基-1-羟基-3-己酮	2-乙基己基-1,3-二醇	$118_{1.6(12)}$		64
庚酸	庚醛	$114_{1.7(13)}$	1.4216	95
十一酸	十一醛	$168_{1.5(11)}$		55

在温和的条件下，可以将一级和二级醇脱羟基，使用二甲基硫氧化物 DMSO 在亲电试剂存在的情况下发生 Swern 氧化：

$$(H_3C)_2S{=}O + ClCOCOCl \longrightarrow (CH_3)_2\overset{\oplus}{S}{-}O{-}\overset{O}{\overset{\|}{C}}{-}\overset{O}{\overset{\|}{C}}{-}Cl \xrightarrow[-CO_2,-CO]{} (CH_3)_2\overset{\oplus}{S}{-}Cl\ Cl^{\ominus} \qquad (D.6.36)$$

$$RR'CH{-}OH + Cl{-}\overset{\oplus}{S}(CH_3)_2 \xrightarrow[-HCl]{} RR'CH{-}O{-}\overset{\oplus}{S}(CH_3){-}CH_3 \xrightarrow[-H^{\oplus}]{碱} RR'C(H){-}O{-}\overset{\oplus}{S}(CH_3){-}\overset{\ominus}{C}H_2$$

Swern 氧化反应相关的化合物列于表 D. 6. 37。

【例】 醇与二甲基亚砜-乙二酰氯化物的氧化反应（Swern 氧化反应）（参见表 D. 6. 37）

小心！在通风良好的通风橱中操作，反应结束后清洗产生的溶液和设备，将生成的二甲基硫化物通过碱性锰酸钾溶液振摇和冲洗使其氧化。

所有设备和试剂必须很好干燥。

100 mL 的圆底烧瓶装有磁力搅拌和三通转换接口，1.3 kPa（10Torr）下抽空，用热空气吹风机烘。在冷却后，充入干燥保护气（氮气或氩气），抽空和充气 2 次。接着用注射器通过三通接口将由溶于 25 mL 二氯甲烷的 1.0 mL(11.0 mmol) 乙二酰二氯化物溶液注入该烧瓶中。调成缓慢气流，使三通接口的套管入口处，保护气恰好溢出。在丙酮和干冰浴中冷却，几分钟后（内部温度应该达到 −60 ℃）在搅拌下再次用注射器，将溶于 5 mL 二氯甲烷的 1.7 mL(22 mmol) 二甲基亚砜溶液注入。在短暂的反应时间之后，接着在 5 min 之内将 10 mmol 要被氧化的醇分份加入到 10 mL 的二氯甲烷中。继续等 15 min 后，用 7 mL(50 mmol) 的三乙胺进行反应，再搅拌 5 min，接着缓慢加热到室温。除去三通接口后，加 50 mL 水中反应混合物中，分离有机相，用 50 mL 二氯甲烷提取。合并的有机相先后用 100 mL 饱和食盐溶液、50 mL 的 1% 硫酸、50 mL 水，最后用 50 mL 的 5% 碳酸氢钠溶液洗涤，用硫酸镁干燥。在降低压力下除去溶剂，得到的羰基化合物原则上对于后续的反应已经足够纯了（可以用 IR 和 NMR 谱进行检验！）。

继续纯化可以采用蒸馏或重结晶方法。

表 D. 6. 37 Swern 方式进行的醇的氧化

产物	初始物	沸点(熔点)/℃	n_D^{20}	产率/%	粗产率/%
十一醛	十一醇	$116_{2.4(18)}$	1.4520	85	100
(S)-(−)-2-(N,N-二苯基氨基)丙醛	(S)-(+)-2-(N,N-二苯基氨基)丙醇	油，室温时外消旋化	$[\alpha]_D^{20}$ −41.0°（氯仿中）		98
苯甲醛	苯甲醇	179, $64_{1.7(13)}$	1.5450	85	100
肉桂醛	肉桂醇	129	1.6219	80	97
环戊酮	环戊醇	130	1.4359	80	99
环已酮	环已醇	156	1.4503	90	97
降樟脑	降冰片	（熔点 95）		90	97
(R)-(+)-樟脑	冰片	（熔点 180）	$[\alpha]_D^{20}$ +43.5°（乙醇中）	95	99
二苯基乙二酮①	安息香胶	（熔点 95）		90	95
苯乙酮	1-苯基乙醇	$94_{2.7(20)}$,（熔点 20）	1.5340	85	98
苯甲酮	二苯基甲醇	$190_{2.0(15)}$,（熔点 48）		95	98
频哪酮	(±)频哪乙醇	106	1.3956	75	100

① 取一半所给量，将安息香胶溶于二氯乙烷中。

用碘化物可以在温和条件下反应，I(Ⅴ）被还原成I(Ⅲ)：

$$\ce{>CH(OH) + 2-[I(OAc)3]C6H4COCH3 -> >C=O + 1-acetoxy-1,2-benziodoxol-3(1H)-one + 2AcOH} \quad (D.6.38)$$

伯醇和仲醇催化脱氢制备醛和酮是非常重要的反应，尤其在工业生产中更具有重要的地位。

$$R{-}CH_2{-}OH \underset{}{\overset{(Cu)}{\rightleftharpoons}} R{-}CH{=}O + H_2$$

$$RR'CH{-}OH \overset{(Ag)}{\rightleftharpoons} RR'C{=}O + H_2 \quad (D.6.39)$$

合适的催化剂有金属铜、银、铜-铬氧化物和锌的氧化物。

在高温下，反应（D.6.39）能很快地向生成脱氢产物的一边进行，后期反应可通过淬火消除。

因为脱氢反应为吸热反应，所以催化剂必须持续加热，由于氢能与通入的空气燃烧，且能提供所需的热量，在大量生产中，必须进行冷却，否则体系温度会超过400～450 ℃（最合适的温度)。

D.6.3.2 伯醇和醛氧化成羧酸

所有能把伯醇氧化成醛的氧化剂也都能用于氧化醇（经过醛）和醛来制备羧酸。

在用铬酸氧化醛的过程中，可能会形成铬酸酯中间体，这点很像醇的氧化反应，而醇氧化过程中的中间体为铬酸酯水合物。接着一个氢原子转移到铬酸上：

$$R{-}CH{=}O + O{=}Cr(=O)(OH){-}OH \rightleftharpoons R{-}CH(O^{\ominus}){-}O{-}Cr^{\oplus}(=O)(OH){-}OH$$

$$\longrightarrow R{-}C(H)(OH){-}O{-}Cr(=O)_2{-}OH \longrightarrow R{-}C(=O){-}OH + O{=}Cr(=O)(OH){-}OH$$

与醇氧化反应相反，取代苯甲醛的氧化速率按下列顺序依次增加：

p-CH_3O < p-CH_3 < H < p-Cl < m-CH_3O < m-Cl < m-NO_2 < p-NO_2

在酸性溶液中氧化伯醇时，中间体醛很容易被缩醛化，而生成的酸能被酯化，因此部分醇没有被氧化。所以，伯醇最好在碱性条件下使用高锰酸钾氧化。

$$3\,R{-}CH_2{-}OH + 4\,KMnO_4 \longrightarrow 3\,R{-}COOH + 4\,MnO_2 + 4\,KOH + H_2O \quad (D.6.40)$$

【例】 由伯醇和烯烃在相转移催化剂下制备羧酸（参见表D.6.41）

于装有搅拌器和温度计的1 L三颈瓶中，加入由0.1 mol醇或烯烃、150 mL CH_2Cl_2、250 mL水和4 mL季铵氯化物336的混合物，在强力搅拌的情况下分次加入0.2 mol（如是烯烃加入0.25 mol）的$KMnO_4$。通过冰水冷却将温度分别保持在15 ℃（醇）和10 ℃（烯烃）。是长反应时间约为3 h。在高锰酸盐褪色后，将二氧化锰用亚硫酸溶液溶解。接着，用稀硫酸酸化，分离有机层。将其用少量的Na_2SO_4干燥并蒸馏。最好在除去CH_2Cl_2后，在旋转蒸发器中进行。

表 D.6.41 羧酸

产物	初始物	沸点/℃	产率/%
己酸	己醇	206～208	60
辛酸	辛醇	239～240；129～130$_{2.1(16)}$	75
癸酸	癸醇	148～150$_{1.2(9)}$	55
庚酸	庚醇	220～222；115～116$_{1.5(11)}$	45
壬酸	壬醇	142～143$_{2.1(16)}$	45

由于醛基比羟基更容易被氧化，所以在温和条件下可选择性地氧化醛基——例如，醛糖的氧化。通过这种方法，碱性碘液可将D-葡萄糖氧化为葡萄糖酸：

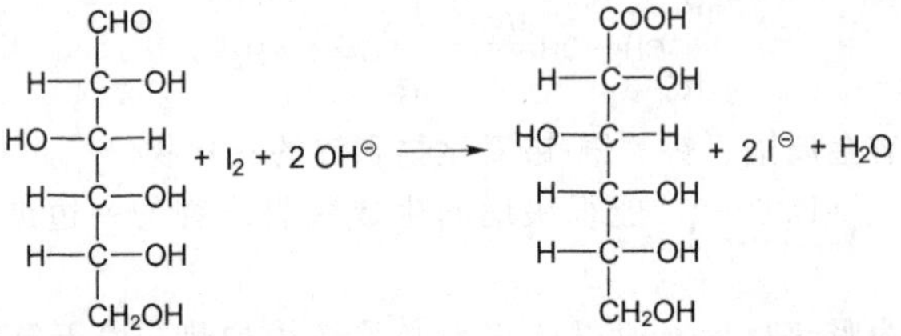

$$\text{HOCH}_2\text{-[CH(OH)]}_4\text{-CHO} + I_2 + 2\,OH^{\ominus} \longrightarrow \text{HOCH}_2\text{-[CH(OH)]}_4\text{-COOH} + 2\,I^{\ominus} + H_2O \quad (D.6.42)$$

这个反应可用于碘量法测定糖。

在碱性介质中通过银离子（氨配合物：Tollen试剂）和铜（Ⅱ）离子（酒石酸配合物：Fehling试剂）可将醛选择性地氧化成酸。反应中两种金属离子被分别还原成金属银和红色氧化亚铜。因此硝酸银铵和Fehling试剂可用于测定醛，但是二者不能氧化醇和酮。当然，必须记住酮糖还原Fehling试剂的反应与醛糖相同，因为在碱性介质中，酮糖很容易被氧化成醛糖或部分降解为低醛糖。

硝酸既能氧化醛糖中的醛基也能氧化伯羟基生成羟基二羧酸。例如半乳糖氧化成半乳糖二酸。

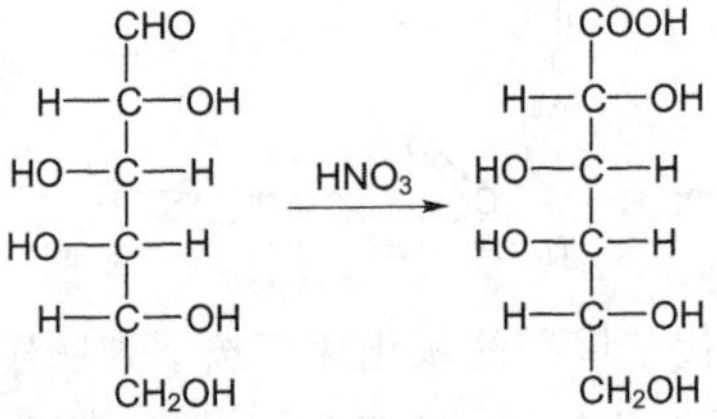

$$\text{HOCH}_2\text{-[CH(OH)]}_4\text{-CHO} \xrightarrow{HNO_3} \text{HOOC-[CH(OH)]}_4\text{-COOH} \quad (D.6.43)$$

【例】 由半乳糖制备半乳糖二酸（硝酸氧化法）

注意：二氧化氮；在通风橱中操作。

将0.03 mol半乳糖和120 mL 25%的硝酸（$D=1.15$）混合后用水浴加热蒸发至20 mL，加入30 mL水稀释（生成的糖酸也溶于水）。混合物放置几天后，过滤，残渣用冷水洗涤。产率30%～40%。提纯方法：产物溶于等量的碱，用计算量的酸再次沉淀。m.p. 213 ℃（分解）。

【例】 由三氯乙醛制备三氯乙酸（硝酸氧化法）

注意：三氯乙酸腐蚀皮肤；操作时需戴橡皮手套。

将0.24 mol三氯乙醛在250 mL烧瓶中熔化，小心地逐滴加入17 mL发烟硝酸（$D=1.5$）（在通风橱中进行）。氮的氧化物减少时，加热混合物将其彻底除去，产物最后真空蒸馏。b. p.$_{2.7(20)}$ 102 ℃；m. p. 57℃；产率 55%。

以铂作为催化剂多羟基化合物能被选择性地氧化。在此条件下伯羟基被氧化——氧化生成醛还是羰基化合物取决于反应条件。这个反应很重要，尤其是在糖及其衍生物的选择性氧化中，例如，糖醛酸的制备。

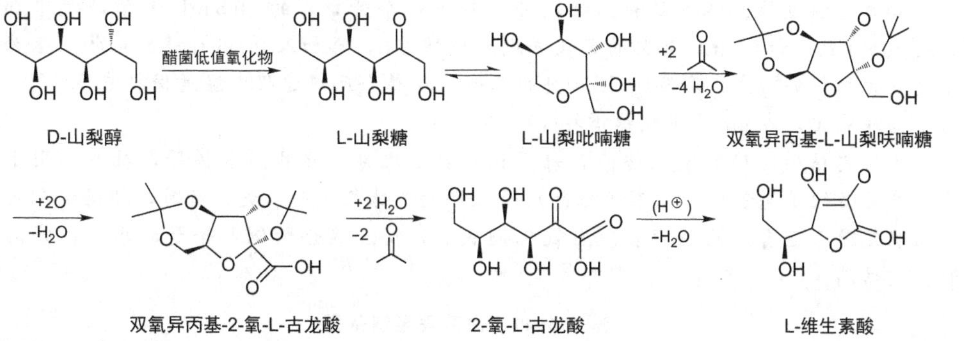

醋菌低值氧化物

D-山梨醇　L-山梨糖　L-山梨吡喃糖　双氧异丙基-L-山梨呋喃糖

+2 (丙酮), $-4\ H_2O$

$+2O$, $-H_2O$　$+2\ H_2O$, -2 (丙酮)　$(H^{\oplus})$, $-H_2O$

双氧异丙基-2-氧-L-古龙酸　2-氧-L-古龙酸　L-维生素酸

(D. 6. 43a)

D. 6. 4 氧化制备醌

D. 6. 4. 1 芳烃氧化制备醌

在特殊条件下，一些芳烃能够被氧化成邻醌或对醌。

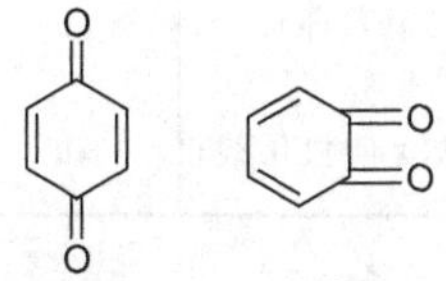

对苯醌　邻苯醌

(D. 6. 44)

当羰基 α,β-位的双键被烷基尤其是芳基所稳定时，烃很容易被氧化成醌。只有在非常特殊的条件下苯才能被直接氧化成对苯醌，而且反应非常困难（通过过氧化银），而蒽氧化成蒽醌和菲氧化成菲醌的反应很容易进行；萘氧化成萘醌的反应介于二者之间。铬酸、H_2O_2 或 V_2O_5-空气都可用做此反应的氧化剂。使用铬酸为氧化剂时，在同样的条件下，得到产物的产率分别为：

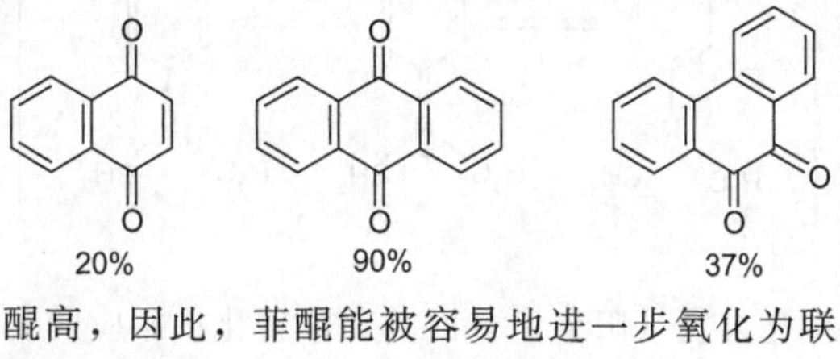

20%　90%　37%

(D. 6. 45)

邻醌的能量比对醌高，因此，菲醌能被容易地进一步氧化为联苯二甲酸。

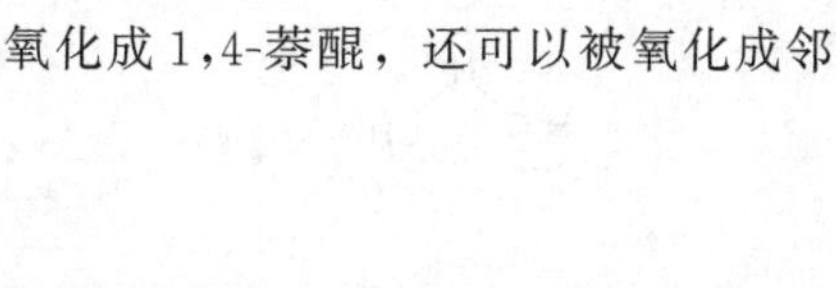

COOH　COOH

(D. 6. 46)

同样，萘不仅可以被氧化成 1,4-萘醌，还可以被氧化成邻苯二甲酸酐（参见邻苯二甲酸酐的工业合成）。

在下面的氧化烃制备醌的过程中，使用了过量的铬酸，否则未反应的剩余反应物会使最后的纯化非常复杂。然而，在这种反应中，为避免进一步的氧化，反应必须尽可能在烃消耗完的时候立刻终止。

【例】 用 CrO_3 氧化烃制备醌的实验步骤（表 D. 6. 47）

向带有温度计、搅拌器和滴液漏斗（剩下一个开口）的 500 mL 三颈烧瓶中加入 0.25 mol CrO_3 和 50 mL 60%的乙酸并剧烈搅拌 1 h，再加入 0.05 mol 反应物（若为固体则需为很细的粉末）和 90 mL 90%的乙酸，在整个反应过程中温度保持在 5～20 ℃。为了彻底氧化，在 40 ℃下继续搅拌 40～60 min。

为了更精确地确定反应终点，每 5 min 取一次样，样品用水稀释，抽滤，用水洗涤。产品必须是亮黄色（而不是绿色）而且烃的气味须完全消失。有时，须迅速测定熔点以确定是否还有反应物存在。当氧化彻底后，反应混合物倒入等量的水中，产品过滤、重结晶。

表 D. 6. 47 由芳香烃制备醌

醌	烃	熔点/℃	产率/%	备注
1,4-萘醌	萘	124(己烷)	35	
2-甲基-1,4-萘醌	2-甲基萘	106(甲醇)	45	避光保存;易聚合
菲醌	菲	207(乙醇或冰醋酸)	60	用 Na_2CO_3 溶液洗涤粗醌以除去酸(什么酸?)
蒽醌	蒽	285(二氧六环)	80	不能确定终点。加入 CrO_3 后回流 4h
二氢苊醌	二氢苊	261(1,2,3,4-四氢化萘)	50	用 1,2,3,4-四氢化萘煮沸粗产物,热过滤

D. 6. 4. 2 取代芳烃氧化制备醌

制备醌最常用的方法是邻苯二酚或对苯二酚、氨基苯酚和芳基二胺的氧化反应，这些氧化反应的机理是自由基机理。失去一个电子形成的自由基由于互变异构而非常稳定，生成所谓的半醌。最著名的反应是溴氧化对二甲氨基苯胺，生成 Wurster 红的反应：

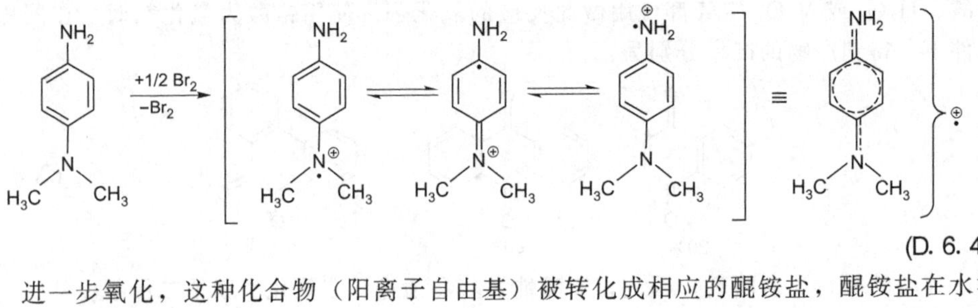

$$\xrightarrow[-Br_2]{+1/2\,Br_2} \qquad (D.6.48)$$

进一步氧化，这种化合物（阳离子自由基）被转化成相应的醌铵盐，醌铵盐在水溶液中迅速水解生成对苯醌：

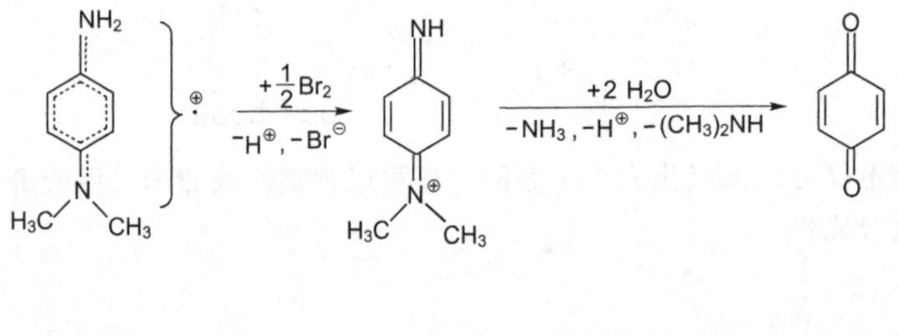

$$\xrightarrow[-H^{\oplus},\,-Br^{\ominus}]{+\frac{1}{2}Br_2} \quad \xrightarrow[-NH_3,\,-H^{\oplus},\,-(CH_3)_2NH]{+2\,H_2O} \qquad (D.6.49)$$

类似的，氢醌也可经过半醌（在碱性溶液中能够检测到其存在）转化生成对苯醌[1]。这是个自氧化反应（空气氧-V_2O_5），产率很高。

OH, OH + ·O—O· ⟶ [Ȯ, OH ⇌ O, ·, OH] + H—O—O· ⟶ O, O + H_2O_2 (D. 6. 50)

利用这一反应原理，工业上，用2-乙基或2-叔丁基氢醌来制备 H_2O_2。蒽醌的生产是二次氢化。得到2个电子，醌很容易再次转变成芳烃。

O, O + $2e^{\ominus}$ + $2H^{\oplus}$ ⇌ OH, OH (D. 6. 51)

因此醌是一种氧化剂，能被还原成相应的氢醌（甚至能被 SO_2 的酸性溶液还原）。当分子中含有吸电子取代基时，醌的氧化能力进一步提高，例如四氢苯醌就是一种强氧化剂（见D. 6. 6）。

【例】 1,2-萘醌的制备[2]

（1）由β-萘酚橙的还原裂解制备1-氨基-2-萘酚盐酸盐　于40～50 ℃下，向50 mL的水中先后加入0.01 mol萘酚橙和0.02 mol $Na_2S_2O_4 \cdot 2H_2O$。混合物不断振荡直至红色消失，得到淡黄色-桃红色的沉淀1-氨基-2-萘酚。加热直至起泡，使其凝结，冰水浴中冷却，过滤沉淀物，用水洗涤，不停振荡下加入1 mL浓盐酸、20 mL水和大约50 mg氯化锡（Ⅱ）（作为抗氧化剂）。缓慢加热混合物直到所有的固体溶解，接着用含有一薄层活性炭的漏斗抽滤，加入4 mL浓盐酸。加热溶解生成的1-氨基-2萘酚盐酸盐沉淀，溶液在冰水浴中冷却，滤去沉淀并且用1 mL浓盐酸和4 mL冷水洗涤。浓盐酸易挥发，操作时要迅速。

（2）氧化制备1,2-萘醌　加热使0.02 mol $FeCl_3 \cdot 6H_2O$ 溶解于2 mL浓盐酸和10 mL水中，溶液冷却至室温、过滤。在35 ℃时搅拌使1-氨基-2-萘酚盐酸盐溶于少量水中，继续搅拌下加入 $FeCl_3$ 溶液。过滤得到沉淀物并且用蒸馏水洗涤。m. p. 145～147 ℃（分解），产率75%。

用同样的方法可由1,4-氨基萘酚制备1,4-萘醌：Conant J. B. and Freeman S. A., Org. Syntheses 1941, Coll. Vol Ⅰ:383; Fieser L. F., Org. Syntheses. 1943, Coll. Vol. Ⅱ:39.

由氢醌制备对苯醌：使用氯酸钠-V_2O_5，Underwood H. W. and Walsh W. L., Org. Syntheses. 1943, Coll. Vol. Ⅱ:553; 使用重铬酸钠-硫酸，Vliet E. B., Org. Syntheses. 1951, Coll. Vol. Ⅰ:482.

---

[1] 半醌和对苯醌都不耐碱，因此氧化反应必须在酸性溶液中进行并且要经过醌氢醌。醌氢醌是醌和氢醌强烈着色的分子化合物，一般摩尔比为1∶1。醌氢醌的制备非常容易，但是它只有在固体状态下才能稳定存在。因此，可以得到醌氢醌电极的许多重要信息。

[2] Fieser F., Experiments in Organic Chemistry, D. C. Heath & Co; Bostom, 1957: 208.

对苯醌（由苯胺氧化得到）、萘醌，尤其蒽醌是制备染料的重要中间体。例如氢醌是由对苯醌还原制备的。

醌广泛存在于自然界中，它是真菌和高等植物（例如，维生素 K）的代谢物，醌也存在于动物体中，是由羟苯基氨基酸氧化得到的。要了解更多信息，读者应该学习由酪氨酸或肾上腺素制备棕色到黑色的皮肤色素（黑色素）的有关知识。

醌作为乙烯基羰基化合物的反应，见 D. 7. 4，其作为二烯合成中的亲二烯体的反应见表 D. 4. 99。

D. 6. 4. 3　氧化偶联制备醌

用铬酸盐可以发生式（D. 6. 48）的自由基反应，而下列反应步骤稳定产物，形成 N-C 键：

$Me_2N-C_6H_4-NH_2 + C_6H_5-NMe_2 \xrightarrow{-H^{\oplus}, -2e^{\ominus}} Me_2N-C_6H_4-NH-C_6H_4-NMe_2$

$\underset{+H^{\oplus}, +2e^{\ominus}}{\overset{-H^{\oplus}, -2e^{\ominus}}{\rightleftharpoons}} Me_2N-C_6H_4-N{=}C_6H_4{=}\overset{\oplus}{N}Me_2$　(D. 6. 52)

Bindschedler绿

Bindschedler 绿源于化合物 Ⅰ，并可以追溯到 Ⅱ：

$H_2N-C_6H_4-N{=}C_6H_4{=}NH$　　$HO-C_6H_4-N{=}C_6H_4{=}O$　(D. 6. 53)

Ⅰ　　　　Ⅱ

其它和织物染料相关的化合物及反应如下：

$Et_2N-C_6H_4-NH_2$ + 2-R-1-萘酚(OH) $\xrightarrow[-4Ag^{\oplus}, -4HBr]{+4AgBr}$ $Et_2N-C_6H_4-N{=}$(2-R-萘醌)$=O$　(D. 6. 54)

苯胺可以氧化偶联，不生成单一的产物。用铬酸在冷的条件下生成“低聚吲达胺”的混合物。其中，可以有八个苯胺分子线型连接在一起：

$C_6H_5-N{=}C_6H_4{=}N-C_6H_4-N{=}C_6H_4{=}N-C_6H_4-NH_2$　(D. 6. 55)

腙是由杂环氧化物得到的，具有脒腙的结构，可以与芳香胺、苯酚及 CH 酸化合物偶联：

(3-CH_3-苯并噻唑-2-亚基)$=N-NH_2$ + $C_6H_5-NR_2$ $\xrightarrow[-4H]{+H^{\oplus}}$ (3-CH_3-苯并噻唑-2-亚基)$=N-N{=}C_6H_4{=}\overset{\oplus}{N}R_2$　(D. 6. 56)

【例】 用氧化偶联的方法制备偶氮染料（参见表 D. 6. 57）

方法 A：苯酚和 CH 酸化合物

在 0. 05 mol 的 *N*-甲基噻唑-2-酮腙、0. 05 mol 偶联组分和 30 mL 的水于 70 mL 甲醇构成的溶液中，搅拌和在 25～30 ℃冷却下，在 2～5 min 内加入一溶液，该溶液由溶于

50 mL 水中的 0.022 mol 的六氰酸铁（Ⅲ）钾、50 mL 甲醇及 20 mL 的 25%的氨溶液组成。在 15 min 后，用 250 mL 水稀释，抽滤，用水洗，干燥后重结晶。

方法 B：芳香胺

在 0.05 mol 的 *N*-甲基噻唑-2-酮腙以及 0.05 mol 偶联组分溶于 20 mL 的冰醋酸中，加入一勺尖的 $CuSO_4$，然后在搅拌下加入 0.012 mol 的过氧化氢（30%）。在 30 min 后，加入溶于少量水中的 2 g 四氟硼酸钠，将溶液蒸发到一半。冷却后抽滤，产物用约 7 mL 水短暂煮一下，在冷却后重新抽滤，由乙酸酯重结晶。

表 D. 6. 57　氧化偶联

产物	初始物	方法	沸点/℃	λ_{max}(lgε)①	产率/%
N′-(3-甲基苯基噻唑-2-叶立德)-萘-1,2-醌-1-单腙	*β*-萘酚	A	242～244（氯苯）	490(4.42)（DMF）	75
N′-(3-甲基苯基噻唑-2-叶立德)-萘醌-5,8-二酮-5-腙	8-羟基醌	A	253（乙二醇单甲醚）	495(4.55)（DMF）	80
N′-(3-甲基苯基噻唑-2-叶立德)-(3-甲基-1-苯基吡唑-4,5-二酮-4-腙)	3-甲基-1-苯基吡唑啉-5-酮	A	258（DMF）	435(4.46)（DMF）	75
3-甲基-2-(4-二甲基氨基苯基偶氮)苯噻唑四氟硼酸盐	*N*,*N*-二甲基苯胺	B	208（分解）	600(4.80)（EtOH）	63
2-(4-二乙基氨基苯基偶氮)-3-甲基苯偶氮噻唑四氟硼酸盐	*N*,*N*-二甲基苯胺	B	199～200（分解）	595(4.80)（EtOH）	55
3-甲基-2-(4-苯基氨基苯基偶氮)苯噻唑四氟硼酸盐	二苯基胺	B	182～183	610(4.11)（AcOH）	60

① λ_{max}为长波吸收（nm）；ε 为摩尔消光系数（l mol^{-1} · cm^{-1}）。

D. 6. 5　有 C—C 键断裂的氧化反应

通常，在较苛刻的条件（高温、长时间反应、过量氧化剂）下，有机化合物氧化断裂生成羧酸。如果是彻底的氧化降解（燃烧），最终产物为二氧化碳和水。

在 105～120 ℃，以锰作为催化剂用空气氧化烷烃，通过常见的自氧化机理形成中间体氢过氧化物，氢过氧化物经过酮进一步氧化成氢过氧化酮：

$$R\text{-}CH(OOH)\text{-}CH_2\text{-}R' \xrightarrow{-H_2O} R\text{-}CO\text{-}CH_2\text{-}R' \xrightarrow{+O_2} R\text{-}CO\text{-}CH(OOH)\text{-}R' \longrightarrow RCOOH + R'CHO \; \left(\xrightarrow{+O_2} R'COOH\right) \quad (D.\ 6.\ 58)$$

这些氢过氧化酮再次被分解为羧酸和醛，后者进一步氧化生成羧酸。

高级烷烃（C_{20}～C_{25}）的氧化已经达到了工业规模（石蜡的氧化）。因为分子中所有亚甲基被氧化的概率相等，所以氧化后得到各种链长的脂肪酸混合物。另外，还得到二羧酸、醇、酮、酯等副产物。但是，未取代的环烷烃在剧烈氧化过程中，只能得到一种二羧酸，例如，环己烷氧化生成己二酸，分子中哪个键断裂尚不清楚。

$$C_6H_{12} \xrightarrow[-H_2O]{+2\,O_2} HOOC(CH_2)_4COOH \quad (D.\ 6.\ 59)$$

但是，在这个合成反应中（该反应也用于工业生产），进一步氧化也常得到降解产物，例如，戊二酸、丁二酸。

若官能团（C═C 双键、—OH 和羰基）能为氧化剂创造一个更好的攻击点，分子中 C—C 键将在特定的位置断裂，这类反应在合成上具有重要的意义。

D. 6. 5. 1　C—C 多重键的氧化

C—C 多重键对铬酸、硝酸和高锰酸钾是非常敏感的。首先，会添加两个—OH（邻羟基化）。一般情况下，这样形成的 1,2-二醇会经过 C—C 键的断裂被进一步氧化生成羧酸或酮：

$$H_2C{=}CH_2 + 2\ AcOH \xrightarrow[-H_2O]{+O_2} AcOCH_2CH_2OAc \xrightarrow{+2\ H_2O} HOCH_2CH_2OH + 2\ AcOH \qquad (D.6.60)$$

作为中间产物 1,2-二醇，其最后生成物的结构取决于烯烃酸或酮的结构：

$$>C{=}C<^{H} \longrightarrow -\underset{|}{\overset{HO}{\overset{|}{C}}}-\underset{|}{\overset{OH}{\overset{|}{C}}}-H \longrightarrow \overset{O}{\overset{\|}{C}}< + \overset{O}{\overset{\|}{C}}\diagdown OH \qquad (D.6.61)$$

这个反应对于特定羧酸的制备是很重要的，例如，由环己烯制备己二酸或由油酸制备壬酸和壬二酸（在工业上后一种氧化产物有时通过蓖麻油的氧化生产）：

$$CH_3(CH_2)_7CH{=}CH(CH_2)_7COOH \xrightarrow{HNO_3} CH_3(CH_2)_7COOH + HOOC(CH_2)_7COOH \qquad (D.6.62)$$

这个反应也可用于检测双键（使碱性高锰酸钾溶液褪色——Baeyer 试验，或高锰酸钾的丙酮溶液褪色——Ipatieff 试验）和确定双键的位置，但该性质的应用有一定的局限性，因为在实验条件下可能会发生双键的迁移。臭氧氧化使双键断裂的反应更适合于醛、羧酸和酮的生产制备。

在更剧烈的条件下，甚至芳环——尤其是多环芳香化合物——也能被氧化使 C—C 键断裂。例如，工业上在 350～380 ℃，以五氧化二钒为催化剂用空气氧化萘制备邻苯二甲酸酐，但是在更高的温度（400～500 ℃，为什么？）由苯制备马来酸酐。邻苯二甲酸酐的用途见表 D. 6. 14。马来酸酐用于大规模制备聚酯类树脂。

用高锰酸钾氧化喹啉得到喹啉酸，喹啉酸进一步脱羧生成烟酸（见表 D. 6. 14）。

$$\text{quinoline} \longrightarrow \text{pyridine-2,3-dicarboxylic acid (COOH, COOH)} \longrightarrow \text{pyridine-3-carboxylic acid (COOH)} \qquad (D.6.63)$$

【例】　由蓖麻油制备壬二酸（高锰酸盐氧化法）[1]

A. 蓖麻油的水解（蓖麻酸）

100 g 蓖麻油与 20 g 氢氧化钾溶于 250 mL 95%的乙醇中，加热回流 3 h。然后，将溶液倒入 600 mL 水中，用稀硫酸（60 mL 水和 20 mL 浓硫酸）酸化，蓖麻酸沉淀用温水洗涤两次，加入 20 g 无水硫酸镁不停的振荡约 1 h，滤去硫酸镁。粗产物的产量约为 90 g。制备的酸必须立即使用，因为放置会有聚合反应发生。

B. 壬二酸的氧化

向带有搅拌器和温度计的 3 L 三颈烧瓶中加入 0. 9 mol 高锰酸钾和 2 L 水，加热使

---

[1] Hill J. and McEwen W.，Org. Syntheses. 1953，Coll. Vol. Ⅱ：53.

其溶解。溶液冷却至 35 ℃，剧烈搅拌下一次性加入含有 0.2 mol 粗蓖麻酸的 400 mL 4% KOH 溶液。升温至 75 ℃，继续搅拌直到用水稀释时不再显示高锰酸根的颜色（大约 0.5 h），倒入一只 5 L 的漏斗中，用稀硫酸（150 mL 水和 50 g 浓硫酸）缓慢冲洗（此过程中会有二氧化碳气泡产生）。为了使二氧化锰析出，在水浴上加热 15 min，之后尽快抽滤。为了溶解被吸附的壬二酸，在 500 mL 水中煮沸残余的二氧化锰，过滤悬浮液，滤液与主滤液合并。蒸发溶液至大约 1 L，在冰箱中冷却，过滤壬二酸，用少量的冷水洗涤，干燥。用热水（大约每克粗酸 15 mL 水）重结晶。产率 35%，m. p. 104～106 ℃。

D. 6. 5. 2　乙二醇的氧化断裂

1,2-乙二醇能够用特定的氧化剂选择性地氧化断裂生成醛或酮。

对于这个反应，非常有效的氧化剂是高碘酸和四乙酸铅。例如：

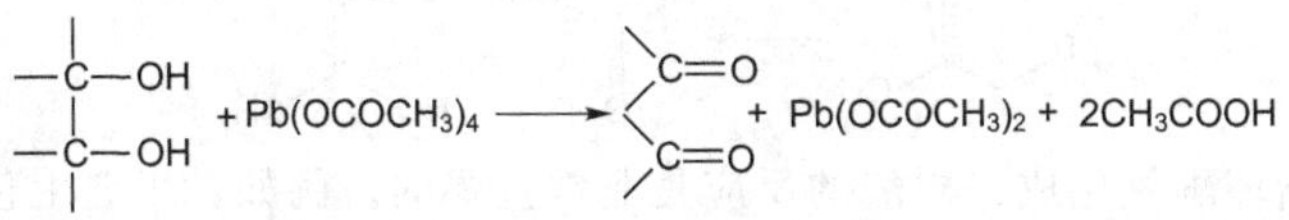

$$\begin{matrix} -\overset{|}{C}-OH \\ -\underset{|}{C}-OH \end{matrix} + Pb(OCOCH_3)_4 \longrightarrow \begin{matrix} >C=O \\ >C=O \end{matrix} + Pb(OCOCH_3)_2 + 2CH_3COOH \qquad (D.\ 6.\ 64)$$

此反应的机理目前尚不清楚。在使用四乙酸铅的反应中，乙二醇和氧化剂形成的酯很可能是离子键断裂。一般情况下，顺式乙二醇比反式乙二醇的氧化断裂快得多。

【例】 使用四乙酸铅由酒石酸二乙酯制备乙醛酸半缩醛[1]

在剧烈搅拌和冰水浴冷却下，把 1 mol 四乙酸铅加入到含 1 mol 酒石酸二乙酯的 1 L 苯溶液中，约 1 h 加完。在室温下继续搅拌 12 h，然后过滤混合物，用一只 50 cm 的韦氏分馏柱减压蒸出大约 2/3 的苯[2]。加入 800 mL 绝对乙醇，混合物放置过夜然后过滤，固体残渣用少量乙醇洗涤，用同一个分馏柱真空蒸馏出大部分的醇。移去分馏柱，残液真空下快速蒸馏直至没有馏出液馏出，合并的馏出液最后用分馏柱分馏 b. p. 55～59_{22} ℃，产率 65%。

与四乙酸铅相反，高碘酸是水溶性的，因此能够用于糖分子中乙二醇的氧化断裂。这种酸也用于苷环大小的确定。例如，当己醛糖苷氧化断裂时，吡喃糖苷的氧化产物是甲酸，而呋喃糖的氧化产物是甲醛：

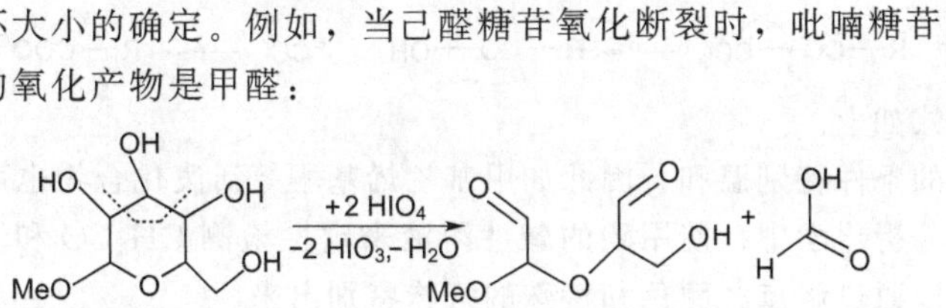

$$\xrightarrow[-2\,HIO_3,\,-H_2O]{+2\,HIO_4} \qquad (D.\ 6.\ 65)$$

α-甲基吡喃甘露糖苷甲酯

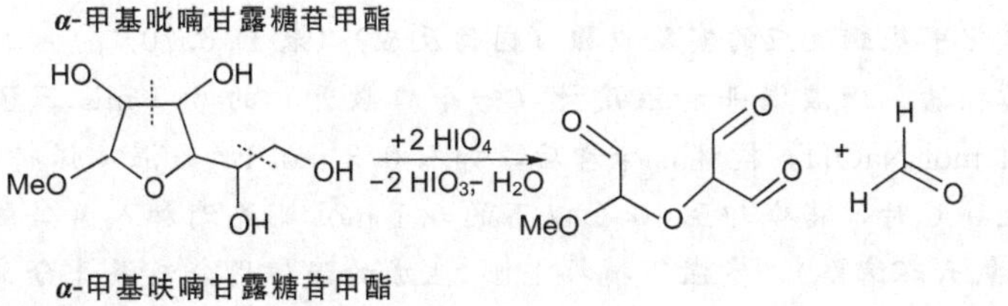

$$\xrightarrow[-2\,HIO_3,\,-H_2O]{+2\,HIO_4} \qquad (D.\ 6.\ 66)$$

α-甲基呋喃甘露糖苷甲酯

---

[1] 羟乙氧基乙酸乙酯；其半羧醛的稳定性见 D. 7. 1. 2。参见 Stedehouder P. L., Rec. Trav. Chim. Pay-Bas, 1952, 71: 831.

[2] 若蒸馏出的试样加浓氨呈现明显的红色，停止蒸馏（此时一些最终产物已经被蒸出）。

由此可见，该反应中的大部分苷都包含一个六元环。

乙二醇的氧化断裂是一种把烯烃转化为醛和酮的很好的方法。制备乙二醇作为中间体的反应参见 D. 4. 1. 6。

D. 6. 5. 3 仲醇和酮的氧化断裂

在铬酸-硫酸和硝酸作用下，脂肪酮和仲醇被氧化生成脂肪酸：

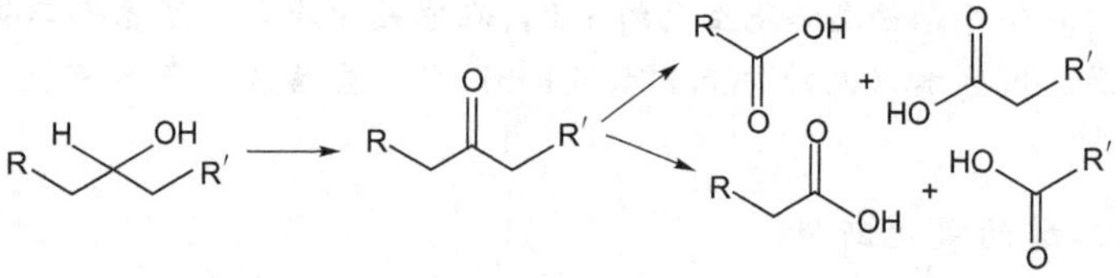

(D. 6. 67)

甲基酮发生该反应时，CH_3—CO 基团断裂生成羧酸。

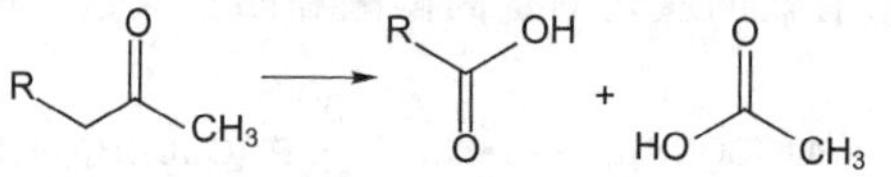

(D. 6. 68)

脂环醇和脂环酮氧化成二羧酸的反应是非常重要的。例如，工业上使用该反应以环己酮为原料合成己二酸。

在碱性条件下，含有 CH_3—CHOH 基团的甲基酮或甲基醇与次卤酸或卤素反应，生成少一个碳原子的羧酸，该反应称为卤仿反应（Einhorn 反应）。在这个反应过程中，第一步反应是醇被氧化成羰基化合物，然后活化的甲基被全卤代。生成的三卤甲基羰基化合物很活泼，在碱性条件下极易水解生成相应的羧酸和三氯甲烷或甲酸：

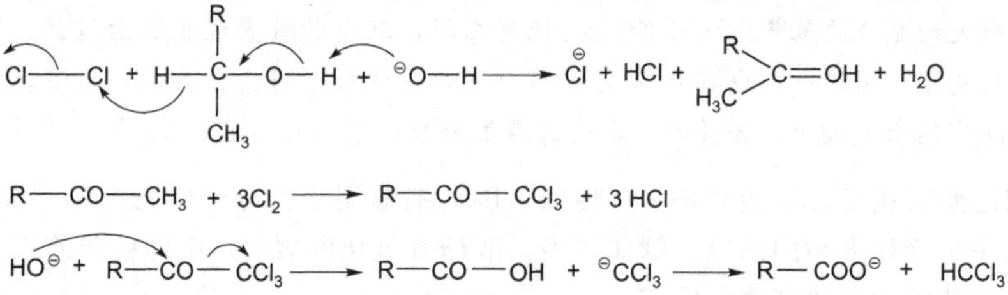

$$Cl—Cl + H—C(R)(CH_3)—O—H + {}^{\ominus}O—H \longrightarrow Cl^{\ominus} + HCl + R(H_3C)C{=}OH + H_2O$$

(D. 6. 69)

$$R—CO—CH_3 + 3Cl_2 \longrightarrow R—CO—CCl_3 + 3\,HCl$$

$$HO^{\ominus} + R—CO—CCl_3 \longrightarrow R—CO—OH + {}^{\ominus}CCl_3 \longrightarrow R—COO^{\ominus} + HCCl_3$$

总的反应方程式如上。

卤仿反应的条件特别温和，因此如甲基乙烯基酮等活泼化合物也可以发生此反应生成丙烯酸。在分析化学中，使用碘的碱性溶液来定性检测 CH_3CO 和 CH_3CHOH 基团，得到的碘仿可以通过熔点、颜色和特殊的气味鉴别出来。

【例】 用溴氧化甲基酮反应的实验步骤（卤仿反应）（表 D. 6. 70）

向装有搅拌器、滴液漏斗和温度计（一个口敞开）的 500 mL 三颈烧瓶中，加入 200 mL 水、1 mol NaOH，搅拌，冷却后，加入 0. 3 mol Br_2，温度保持 10 ℃以下。溶液的温度降至 0 ℃时，将冷却至 10 ℃以下的 0. 1 mol 酮逐滴加入（若酮为固体，预先用 100 mL 二氧六环溶解），室温下搅拌 1 h。生成的溴仿用分液漏斗分离或水蒸气蒸馏除去，碱液用含 10 g $Na_2S_2O_4$ 的 150 mL 水溶液处理后，再用浓盐酸酸化（有 SO_2 气体放出，必须在通风橱中进行）。

后处理：

a. 分离出的酸先过滤再重结晶。

表 D.6.70 由甲基酮得到的羧酸

产物	原料	沸点(熔点)/℃	后处理方法	产率/%
三甲基乙酸	频哪酮	77_{20},(熔点 35)	b	60
β,β-二甲基丙烯酸	异亚丙基丙酮	104_{20},(熔点 67)	b	40
对甲氧基苯甲酸	对甲氧基苯乙酮	(熔点 184)(水)	a	80
藜芦酸	3,4-二甲氧基苯乙酮	(熔点 181)(水)	a	75
对氯苯甲酸	对氯苯乙酮	(熔点 239)(乙醇)	a	80
对溴苯甲酸	对溴苯乙酮	(熔点 254)(水)	a	90
α-萘酸	α-萘基甲基酮	(熔点 163)(稀乙醇)	a	70
β-萘酸	β-萘基甲基酮	(熔点 181)(轻石油)	a	80
噻吩-2-甲酸	2-乙酰基噻吩	(熔点 126)(水)	a	90

b. 用食盐饱和酸溶液，在渗滤器中用乙醚萃取 8h，得到的醚溶液用硫酸镁干燥，蒸出溶剂，蒸馏剩余物。

【例】 碘仿试验（定性分析的实验步骤）

用 5 mL 二氧六环溶解 0.1 g 被测物，逐滴加入 1 mL 10%的氢氧化钠和 I_2-KI 溶液（由 1 g I_2 和 2 g KI 溶于 10 mL 水制得），直到摇动时呈现暗色，将混合物置于 60 ℃水浴中加热 2 min。若 I_2 完全反应，补加少许 I_2，再加热片刻。用几滴 10%氢氧化钠溶液除去过量的 I_2。试管中加入水，放置 15 min。最后将产物过滤，干燥，以甲醇为溶剂重结晶。得到黄色晶体，m.p. 121 ℃。

【例】 由环已醇制备已二酸

注意：反应中有 N_2 放出，在通风橱中进行！

在烧杯中加入 0.032 mol 50% HNO_3（D=1.32）和 0.1 g 钒酸铵，加热至 90 ℃。搅拌，先加入几滴环已醇直到反应开始，降温至 60 ℃，将剩下的环已醇（共 0.01 mol）全部加入。反应 1 h 后，混合物冷却至 0 ℃，过滤，剩余物用冰水洗涤，干燥。产物的粗产率为 58%～60%，m.p. 141～145 ℃。先后用浓硝酸和水重结晶提纯。m.p. 151～152 ℃。

D.6.6 烃和氢化芳烃的脱氢

在隔绝空气的条件下加热至 500 ℃以上，饱和烃发生脱氢反应或裂解反应如下：

$$H_3C—CH_2—CH_3 \xrightarrow{约650\ ℃} H_2C=CH—CH_3 + H_2 + 110\ kJ/mol \quad 加热\ 55\% \quad 催化\ 99\% \qquad (D.6.71a)$$

$$H_3C—CH_2—CH_3 \xrightarrow{约650\ ℃} H_2C=CH_2 + CH_4 + 65\ kJ/mol \quad 加热\ 45\% \quad 催化\ 1\% \qquad (D.6.71b)$$

虽然裂解反应式(D.6.71b) 是不可逆的，但脱氢反应式(D.6.71a) 是可逆的。因此，氢化反应的催化剂如：Ni、Pt、Pd（参见 D.4.5.2）也能催化脱氢反应。氢化反应在相对较低的温度下发生，而脱氢反应在高温下易进行。脱氢反应在催化剂表面上进行，像氢化反应一样，具体机理目前尚不清楚。

因为高温下常发生 C—C 键裂解，所以无催化剂的高温脱氢反应无合成价值，工业上很少使用（850～900 ℃由乙烷制乙烯）。

然而，通过使用上述催化剂能抑制 C—C 键裂解并获得相当高产率的脱氢产物。

通常，烷烃的脱氢作用难易程度依次为：环烯烃<环烷烃<烯烃<烷烃。

烷烃的催化脱氢在550～600 ℃才能够达到满意的效果，而氢化芳烃通常在300～350 ℃即可定量脱氢。

含杂原子的脱氢和芳香化：

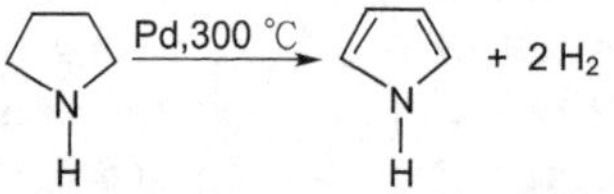

$$\text{吡咯烷} \xrightarrow{\text{Pd},300\ ℃} \text{吡咯} + 2H_2 \qquad (D.6.72)$$

尽管高沸点的化合物可以在液相时脱氢，但一般的化合物都在气相中发生催化脱氢反应。催化脱氢的一个缺点是贵金属催化剂易中毒，但是使用非敏感催化剂如钼-镍硫化物可以克服这一难题。

通过催化脱氢和在反应平衡中加入脱氢剂两种方法都能够除去反应过程中的氢，常用的脱氢剂有S（$\rightarrow H_2S$）、Se（$\rightarrow H_2Se$）、醌（→氢醌），和其它温和氧化剂如$FeCl_3$、硝基苯。

S或Se法脱氢非常简单，通过加热，混合物很容易完成脱氢（必要时在密封管中进行），并可以制备H_2S或H_2Se。S法脱氢反应的温度为220～270 ℃，其缺点是很容易产生含硫的副产物（尤其是在高温和过量硫存在的情况下），例如连三硫酸或噻吩的衍生物。

一些重要的硫杂环，如硫染料和吩噻嗪就是通过环化脱氢法制备的。

Se法脱氢反应需要较长的时间和较高的温度（300～330 ℃），同时会产生少量的含硒副产物。

最好使用能够在温和条件下反应的脱氢剂。如四氯苯醌，70～120 ℃时与惰性溶剂一起加热即可脱氢。四氯苯醌在杂环系列中用途很广，不过在很高的温度下，除了脱氢反应外四氯苯醌也会发生氯代反应。

在脱氢反应中四氯苯醌转变成相应的对苯二酚。实验室中常用此法将氢化芳烃（包括杂环化合物）转化为芳烃。分子中双键数目越多，脱氢反应越容易进行。

脱氢反应可以用于阐明萜烯、甾族化合物或其它氢化芳烃化合物的形成（如果脱氢后得到已知芳烃化合物）。例如：

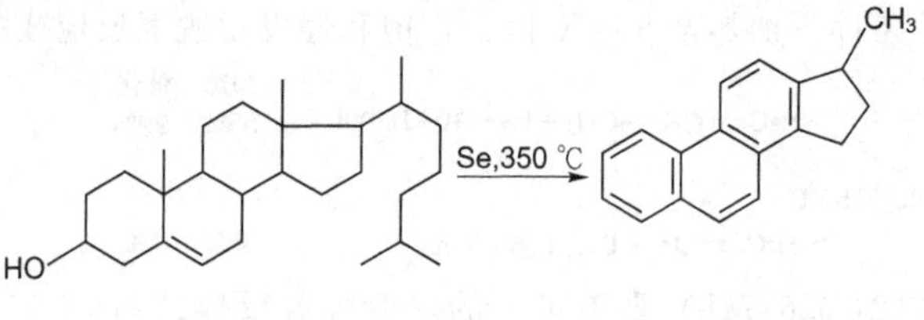

$$\text{胆固醇} \xrightarrow{\text{Se},350\ ℃} \text{甲基环戊菲} \qquad (D.6.73)$$

$$\text{松香酸} \xrightarrow{\text{S},230\ ℃} \text{惹烯} \qquad (D.6.74)$$

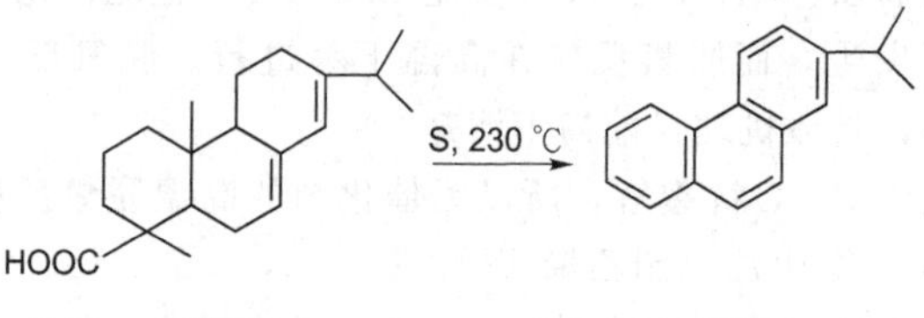

然而，环状化合物可以拓环或缩环生成六元芳环，且侧链还可以形成新环，复杂结构可以被拆分。因此甾族化合物，例如上面提到的胆固醇，反应后生成䓛和芘的混合物。

在此类脱氢反应中，会发生碳骨架和官能团的改变。因此，脱氢反应不能用于制备单一产物。许多杂环可由其相应二氢化合物制得，例如：

(D. 6. 75)

在 Skraup 法合成喹啉的反应过程中，先生成二氢喹啉，再由硝基苯脱氢得产物。关于喹啉合成的知识请参阅教科书并阐明该反应。

【例】 硫法脱氢反应实验步骤（表 D. 6. 76）

将 0.03 mol 原料和计算量硫的混合物在水浴中加热回流，直到有 H_2S 生成（大约 150 ℃），逐渐升温至 250 ℃，保温，使 H_2S 全部放出。冷却后，产物重结晶（加少许活性炭）或蒸馏。

表 D. 6. 76 硫法脱氢

产物	原料	沸点(熔点)/℃	产率/%	备注
蒽	9,10-二氢化蒽	(熔点 217)(乙醇)	60	① 升华纯化；
咔唑	1,2,3,4-四氢咔唑	(熔点 245)(二甲苯)①	60	② 反应在 180～190 ℃ 进行，加入 1% I_2；蒸馏产物
1-苯基萘	1-苯基-3,4-二氢化萘	$189_{1.6(12)}$	80	
吩噻嗪②	二苯胺	$260_{1.9(14)}$ 熔点 183(乙醇)	80	

用同样的方法，3(5)-二氢吡唑脱氢生成吡唑：Grandberg I. I. and Kost A. N., Zhurnal obshchei Khimii, 1985, 28: 3071. 3-二氢噻唑脱氢生成噻唑：Asinger F. and Thiel M., Angew. Chem. 1958, 70: 675.

在温和条件下：

(D. 6. 77)

D. 6. 7 参考文献

氧化反应通性

Haines A. H.: Methods for the Oxidation of Organic Compounds. Alkanes, Alkenes, Alkynes, and Arenes. Academic Press, London 1985.

Haines A. H.: Methods for the Oxidation of Organic Compounds. Alcohols, Alcohol Derivatives, Alkyl.

Halides, Nitroalkanes, Alkyl Azides, Carbonyl Compounds, Hydroxyarenes, and Aminoarenes. Academic Press,London 1988.

Hudlicky M. : Oxidations in Organic chemistry. American Chemical Society. Washington, DC,1990.

氧化制备醛

Bayer O. in Houben-Weyl,Vol. VII/1,1954,135-191,332-361.

Offermann H. ,Prescher G. ,Bornowski H. in:Houben-Weyl. 1983,Vol. E3,231-349.

Larock R. C. :Comprehensive Organic Transformation:A Guide to Fundamental Group Preparation. //Aldehydes and Ketones. 2. Oxidation,VCH publishers 1989.

氧化制备酮

Kabbe H. J. in:Houben-Weyl. 1973,Vol. 712a,677-788.

氧化制备羧酸

Henecka H. and Ott W. in Houben-Weyl,1952,Vol. 8,384-418.

Sustmann R. ,Korth H. G. in:Houben-Weyl,1985,Vol. E 511. 199-216.

Willgerodt 反应

Brown E. V. ,Synthesis,1975,358-375.

Mayer R. ,in:Organic Chemistry of Sulfur. Plenum Press,New York,London,1977,33-70.

苯醌

Bayer O. ,in:Houben-Weyl. 1979,Vol. 7/3c,11-46(蒽醌).

Grundmann,Ch. ,in:Houben-Weyl. 1979,Vol. 7/3b,3-89(邻苯醌).

Ulrich H. ,Richter R. ,in:Houben-Weyl. 1977,Vol. 7/3a,14-647(对苯醌).

氧化制备苯醌亚胺

P. Grünanger,in:Houben-Weyl,Vol. 7/3b,1979,235-267.

脱氢反应

Schiller G. ,in Houben-Weyl,1955,Vol. 4/2 333-347.

Wimmer K. ,in:Houben-Weyl,1955,Vol. 4/2 192-205.

Stechl. H. H. ,in:Houben-Weyl,1975,Vol. 4/1b,873-899(苯醌氢脱氢).

Golser L. ,in:Houben-Weyl,1975,Vol. 4/1b,963-987(硝基化合物氢化).

四乙酸铅氧化法

Criege R. ,in Neuere Methoden,1949,Vol. 1,21-38; 1960,Vol. 2,252-267.

Mihailovic,M. L. ,Cekovic Z. ,Lorenc L. ,in:Organic Synthesis by Oxidation with Metal Compounds Plenum Press,New York,1986,741-816.

过酸氧化法

Criegee R. ,in Neuere Methoden,1949,Vol. 1,21-38.

Jackson E. L. ,Org. Reactions 1944,2:341-375.

Fatiadi A. J. ,Synthesis,1974,229-272.

Milewich L. ,Axelrod L. R. ,Org. Synth. Coll. 1988,Vol. 6,690-691. ($KMnO_4/NaIO_4$).

Pappe R. ,Allen D. S. ,lemieux R. U. ,Johnson,W. S. ,J. Org. chem. ,1956,21,478-479(OsO_4/KIO_4).

贵金属的选择性催化氧化

Heyns K. and Paulsen H. ,in:Neuere Methoden,1960,Vol. 2,208-230.

烯烃的双羟基化

Schröder M. ,Chem. Rev. 1980,80,187-213.

Ray R. ,Matteson D. S. ,Tetrahedron Lett. 1980,21,449-450.

Van Rheenen V. ,Cho D. Y. ,Hartley W. M. ,Synth. 1988,Coll. Vol. 6,342-348.

二甲亚砜氧化

Epstein W. W. ,Sweat F. W. ,Chem. Rev. ,1967,67,247-260.

Martin D. ,Hauthal H. G. :Dimethylsulfoxid. Akademie-Verlag. Berlin 1971.

Mancuso A. J. ,Swern D. ,Synthesis,1981,165-185.

Tidwell T. T. ,Synthesis,1990,857-870.

Tidwell T. T. ,Org. React. 1990,39,297-572.

高碘化物氧化

Moriarty R. M. ,Pakrash O. ,Org. React. ,1999,54,273-418.

Speicher A. ,Bomm V. ,Eicher T. ,J. Prakt. Chem. 1996,338,588-590(Dess-Martin).

Stang P. J. ,Zhdankin V. ,Chem. Rev. ,1996,96,1123.

Varvoglis A. :Hypervalent Iodine in Organic Syntheis. Academic Press,San Diego. 1997.

Virth T. ,Hirt U. H. ,Synthesis,1999,1277-1287.

Cer(Ⅳ)化合物氧化

Matthias G. ,in:Houben-Weyl. 1975,Vol. 4/1b,149-166.

Ho T. L. ,Synthesis,1973,347-354.

Dudfield P. J. ,in: Comprehensive Organic Synthesis. Pergamon Oxford,1991,345.

Rück K. ,Kunz H. ,J. Prakt. Chem. 1994,336,470-471.

Fischer K. ,Henderson G. N. ,Synthesis,1985,641-643.

Broadhurst M. J. Hasall C. H. ,Tholmas G. J. ,J. Chem. Soc. ,Perkin Trans. I 1982,2239.

D.7 羰基化合物的反应

羰基化合物是一类重要的有机化合物，因为它们易于制备且具有很高的反应活性，所以能进行很多反应。

典型的羰基化合物有醛、酮、羧酸、羧酸酯、酰胺、酰卤、酸酐以及二氧化碳，以下讨论这些羰基化合物以及其它化合物的共性。

羰基的反应活性源于氧原子吸电子诱导效应造成的极性和羰基的易极化性：

$$\overset{\delta^-}{O}=\overset{\delta^+}{C}< \qquad (D.7.1)$$

也就是说，羰基的碳原子具有亲电性（或者说酸性），氧原子具有亲核性（或者说碱性）。首先是具有亲电性的碳原子与亲核试剂的反应，因为一般来说只有这类反应生成稳定的终产物：

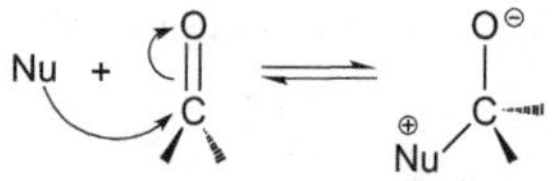

(D. 7. 2)

Nu是具有孤对电子的亲核试剂，它可以是中性的或者是带负电荷的。加成产物在后续的反应步骤中稳定存在，导致生成最终产物。

亲核试剂Nu的亲核性越强，羰基碳原子的亲电性越强，式(D. 7. 2)的反应速度就越快。

各种羰基化合物的反应活性按下列顺序递增：

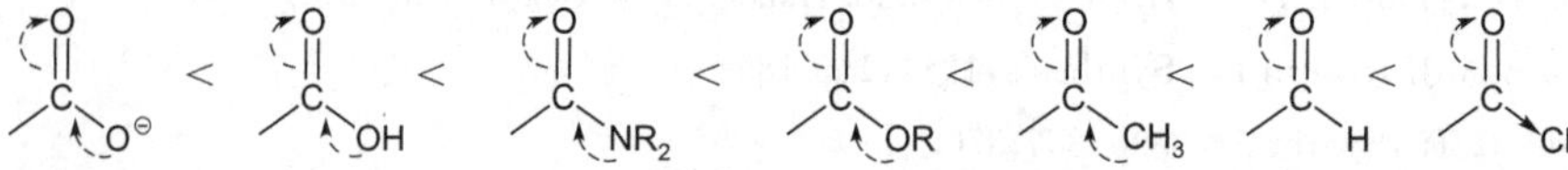

(D. 7. 3)

由于羰基的吸电子性，所连的取代基或多或少会对羰基碳上的正电荷有所补偿。上述取代基[❶]的补偿能力逐渐减小。羧酸负离子的羰基碳得到的补偿最大，所以它只能与很强的亲核试剂反应，例如与烷基锂反应被烷基化成酮，参见式(D. 7. 215)。相反，酰卤和醛是最活泼的化合物。在有些反应中，由于空间位阻的不同，它们的活性顺序不同于上面给出的。

羰基上烃基的影响也可以预计：诱导和共轭吸电子的基团提高羰基对亲核试剂的反应活性并降低羰基氧的碱性；诱导和共轭给电子的取代基降低羰基碳的反应活性提高羰基氧的碱性。

因此，羧酸的酸性按下列顺序降低：三氯乙酸＞二氯乙酸＞一氯乙酸＞甲酸＞乙酸＞异丁酸＞三甲基乙酸（新戊酸)。

对于芳香系列，有可能借助Hammett方程［参见式(C. 69)］来描述取代基对羰基的影响，例如对于苯甲酰氯和苯甲酸酯的水解或者醇解反应，对于苯甲醛的氰醇化以及许多其它反应。

此外，羰基上的加成反应速率随亲核试剂亲核性的增强，易于靠近羰基，随碱性的增大而增加。正是这个原因，酯、酰胺等许多化合物在碱性介质中比在水中容易水解；醛与一级或二级胺的反应要比与醇的反应激烈得多。

羰基反应在多数情况下能被催化剂大大加速。所有酸性催化剂会增大羰基的极性，因为它们能与碱性的羰基氧反应，也可比较式(D. 5. 45)和式(D. 5. 47)：

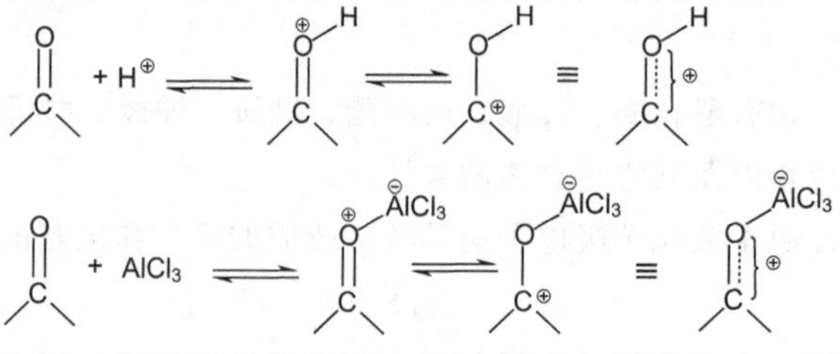

(D. 7. 4)

这种与催化剂的相互作用当然提高了亲核试剂吸电子的能力。下面的表达式清楚地

❶ 酰胺和酯中分别只给出了已确定的共轭效应，酰氯中只给出了超过给电子共轭效应的较强的诱导效应。

描述了这一点（箭头表示的并不一定是同一时间进行的电子转移）：

$$\mathrm{Nu} + {>}C{=}O + H^{\oplus} \rightleftharpoons {\overset{\oplus}{\mathrm{Nu}}}{-}C{-}O{-}H \qquad \text{(D. 7. 5)}$$

另一方面，亲电的催化剂也能与亲核试剂 Nu 相互作用从而影响其亲核性；关于这一点还可以参见 D. 7. 1。这种情况在芳香亲电取代反应中也已述及（芳胺在三氯化铝存在下的傅-克酰基化反应除外，参见 D. 5. 1. 8. 1）。

与羰基密切相关的是一系列“杂原子类羰基”，在这些化合物中羰基氧被杂原子取代（硫代羰基，亚氨基，氰基）：

$$\overset{\delta^-}{O}{=}\overset{\delta^+}{C}{<} \qquad \overset{\delta^-}{S}{=}\overset{\delta^+}{C}{<} \qquad R{-}\overset{\delta^-}{N}{=}\overset{\delta^+}{C}{<} \qquad \overset{\delta^-}{N}{\equiv}\overset{\delta^+}{C}{-} \qquad \text{(D. 7. 6)}$$

杂原子取代碳原子所得到的杂原子类羰基化合物的反应将在 D. 8 中讨论。

在杂原子类羰基化合物中，与羰基的反应最类似的是亚氨基。不过由于氮的电负性小于氧的，在中性或者碱性介质中亚氨基的反应活性要小于羰基。相反，在酸性环境中碳原子上的正电荷由于质子化氮原子的吸电子诱导效应（$-I$）而显著增大。

与亚氨基类似，氰基也相对难反应。此外，三键发生反应的能力一般低于双键。所以氰基的“羰基反应”一般需要强的反应条件和强催化剂。

根据亲核试剂的类型，或者说根据起亲核作用的电子对在相关试剂上的存在方式或被提供的方式，可以将羰基反应中的亲核反应分成三类：与含杂原子亲核试剂的反应；与含碳原子亲核试剂的反应；羰基化合物的还原（含 H 原子亲核试剂的反应）。

D. 7. 1 羰基化合物与杂原子亲核试剂的反应

最容易被忽视的是羰基化合物与那些杂原子上有一对孤对电子的亲核试剂（Lewis 碱）的反应，如水、醇、胺及其衍生物、硫化氢、硫醇等［见式(D. 7. 8) 和式 (D. 7. 9)］中的 H—Nu，Nu 为亲核取代基。

表 D. 7. 7 列出了羰基化合物与这些杂原子亲核试剂的重要反应。

表 D. 7. 7 羰基化合物与杂原子亲核试剂的重要反应

反应	产物
${>}C{=}O + H{-}O{-}H \rightleftharpoons {>}C(OH)_2$ 醛，酮	羟基化合物
${>}C{=}O + H{-}O{-}R \rightleftharpoons {>}C(OH)(OR) \xrightarrow[-H_2O]{+ROH(H^{\oplus})} {>}C(OR)_2$ 半缩醛	缩醛
类似的反应： $+ H{-}S{-}R \rightleftharpoons {>}C(SR)_2$	巯缩醛

续表

反应	名称
$\rangle C{=}O + H_2N{-}R \rightleftharpoons \rangle C(OH)(NHR)$（半缩胺）$\xrightarrow{-H_2O} \rangle C{=}NR$	亚胺（希夫碱）
类似的反应:	
$+ H_2N{-}OH \longrightarrow \rangle C{=}NOH$	肟
$+ H_2N{-}NH{-}R \longrightarrow \rangle C{=}N{-}NHR$	(取代的)腙
$+ H_2N{-}NH{-}CO{-}NH_2 \longrightarrow \rangle C{=}N{-}NH{-}CO{-}NH_2$	缩氨基脲
$\rangle CH{-}C{=}O + H{-}NR_2 \rightleftharpoons \rangle CH{-}C(OH)(NR_2) \xrightarrow{-H_2O} \rangle C{=}C(NR_2)$	烯胺
$\rangle C{=}O + HO{-}S(=O){-}ONa \rightleftharpoons \rangle C(OH)(SO_3Na)$	磺酸盐加成化合物
$R{-}C(=O){-}X + H{-}O{-}H \xrightarrow{-HX} R{-}C(=O){-}OH$ X= 卤素,酰氧基	酰卤和酸酐的水解
类似的反应:	
$+ HOR' \longrightarrow R{-}C(=O){-}OR'$	酯的醇解
$+ HNR'_2 \longrightarrow R{-}C(=O){-}NR'_2$ (R′也可以是H)	酰胺胺解
$+ H_2NOH \longrightarrow R{-}C(=O){-}NHOH \rightleftharpoons R{-}C(OH){=}NOH$	羟肟酸的形成
$+ H_2N{-}NH_2 \longrightarrow R{-}C(=O){-}NH{-}NH_2$	酰肼的制备
$+ (Na)O{-}C(=O){-}R' \longrightarrow R{-}CO{-}O{-}COR'$	(混合)酸酐的制备

$Cl-C(=O)-Cl + HOR \xrightarrow{-HCl} Cl-C(=O)-OR$	碳酰氯部分醇解成氯碳酸(氯甲酸)酯
$\xrightarrow[-HCl]{+HOR} RO-C(=O)-OR$	碳酰氯醇解成碳酸酯
$+ HNR_2$ (R也可以是H) $\xrightarrow{-HCl} Cl-C(=O)-NR_2$	碳酰氯胺解成氨基甲酸氯
$\xrightarrow[-HCl]{+HNR_2} R_2N-C(=O)-NR_2$	碳酰氯胺解成氨基尿素
$+ H_2NR \xrightarrow{-HCl} R-N=C=O$	消除 HCl 生成异氰酸酯
$R-C(=O)-OR' + H-O-H \xrightarrow{-R'OH} R-C(=O)-OH$ 类似的反应:	酯的水解
$+ HOR'' \longrightarrow R-C(=O)-OR''$	醇解(部分的酯化)
$+ HNR''_2$ (R″也可以是H) $\longrightarrow R-C(=O)-NR''_2$	胺解成酰胺
$+ H_2N-NH_2 \longrightarrow R-C(=O)-NH-NH_2$	胺解成酰肼
$+ H_2NOH \longrightarrow R-C(=O)-NHOH$	胺解成羟氨酸
$R-C(=O)-OR' + R''-C(=O)-OH \longrightarrow R-C(=O)-OH + R''-C(=O)-OR'$	酯的酸解(醇部分的酯化)

续表

反应	说明
$R-C(=O)NR'_2 + H-O-H \xrightarrow{-NHR'_2} R-C(=O)OH$ (R′也可以是H)	酰胺水解
$R-C(=O)OH + HOR' \xrightarrow{-H_2O} R-C(=O)OR'$	酸酯化
类似的反应: $+ HNR'_2 \longrightarrow R-C(=O)NR'_2$ （R′也可以是H）	由羧酸制酰胺
$R-C\equiv N + H-O-H \rightleftharpoons R-C(=NH)OH \rightleftharpoons R-C(=O)NH_2$	由腈合成酰胺
类似的反应: $+ HOR' \overset{+HCl}{\rightleftharpoons} R-C(=\overset{\oplus}{N}H_2)OR' \quad Cl^{\ominus}$	通过醇加成腈合成亚氨基酯

含杂原子的亲核试剂在所有羰基化合物——包括含杂原子的类羰基化合物（腈，亚胺）——上的加成都按同样的机理生成同一类中间产物［见式(D.7.8) 和式(D.7.9) 中的Ⅰ］：

$$HNu + \rangle C=O \rightleftharpoons \underset{\text{I}}{H-\overset{\oplus}{N}u-\overset{|}{\underset{|}{C}}-O^{\ominus}} \rightleftharpoons \underset{\text{II}}{Nu-\overset{|}{\underset{|}{C}}-OH} \qquad (D.7.8)$$

能量高的两性离子Ⅰ自身可以通过“内部”中和生成Ⅱ得以稳定。

在加成这一步，平面三角形的羰基化合物生成了四面体结构的加合物（Ⅰ或Ⅱ），这样一来取代基就彼此靠近。所以，取代基越大加成越难。

如前所述，酸能加快加成反应速率：

$$HNu + \rangle C=O + H^{\oplus} \rightleftharpoons \underset{\text{I}}{H\overset{\oplus}{N}u-\overset{|}{\underset{|}{C}}-OH} \rightleftharpoons \underset{\text{II}}{Nu-\overset{|}{\underset{|}{C}}-OH} + H^{\oplus} \qquad (D.7.9)$$

亲核试剂的亲核性越弱就越需要酸的催化作用。例如，碱性较强的含氮化合物（氨、胺、羟胺、肼等）不需要其它条件，在中性甚至碱性范围内就能与醛和酮反应。而醇和碱性较弱的含氮化合物如2,4-二硝基苯肼，则常常需要强酸的辅助。

式(D.7.8) 和式(D.7.9) 中的加合物Ⅱ相对来说是能量较高的物质，多数情况下不稳定，很容易脱去原子团再回到不饱和体系（缩合）。

醛和酮的加合物遵循下列一般的反应模式：

$$\underset{\text{Ⅱ}}{\mathrm{Nu{-}\overset{|}{\underset{|}{C}}{-}OH}} + H^{\oplus} \rightleftharpoons \underset{\text{Ⅲ}}{\mathrm{Nu{-}\overset{|}{\underset{|}{C}}{-}\overset{\oplus}{O}H_2}} \underset{+H_2O}{\overset{-H_2O}{\rightleftharpoons}} \mathrm{Nu{-}C^{\oplus}} \rightleftharpoons \mathrm{\overset{\oplus}{Nu}{=}C} \equiv \underset{\text{Ⅳ}}{[\mathrm{Nu{\cdots}C}]^{\oplus}} \qquad \text{(D. 7. 10)}$$

加合物Ⅱ被溶液中的酸（有时通过溶剂）质子化。分子中有两个极性中心。Nu 的质子化导致逆反应［见式(D. 7. 9)］，因此在此处没有意义。而羟基氧的质子化产生的是氧𬭩离子Ⅲ，Ⅲ经脱水（可逆）生成带离域正电荷[1]的碳正离子Ⅳ而稳定。

由此，就像通常那样（见 D. 2 和 D. 3），通过脱去一个质子或者与溶液中尚存的亲核试剂加成就生成终产物。各种可能反应将在后续相关部分［如式(D. 7. 11)，式(D. 7. 13) 和式(D. 7. 14)］提及。

对于羧酸衍生物的反应，缩合步骤与上述反类相同，某些特殊性将在后面详细讨论。

一个羰基反应的总反应速率可以由加成步骤式(D. 7. 8) 也可以由缩合步骤式(D. 7. 10) 决定。与强的亲核试剂（氨、脂肪族胺、羟胺）反应时，在中性和碱性介质中加成［式(D. 7. 8)］一般进行得很快，脱水反应［式(D. 7. 10)］是决速步骤。由于这一步反应总是酸催化的，所以加酸能加快反应。不过，催化剂酸也会对亲核试剂有影响，它会通过成盐反应或多或少地阻碍亲核试剂的加成。参加反应的亲核试剂的碱性越强，发生这一相互作用所需要的酸的浓度就越低。成盐能使加成［式(D. 7. 8)］速度降低到成为决速步骤的程度。因此，有时一个羰基反应在某一 pH 值下反应速率比在强酸或者强碱条件下快得多。在这一最佳 pH 值下会发生决速步骤的转换：一方面脱水反应步骤式(D. 7. 10) 已经被大大加快，而另一方面还存在足够高浓度的自由的没被质子化的亲核组分。一般是 pH 值亲核试剂的 pK_A 时的情况。

所以酚（$pK_A=10.0$）与甲醛（参见 D. 5. 1. 8. 4）反应的反应速率在 pH＝10 时最大，提高或降低 pH 值反应速率都会明显降低。极其类似的情况还有，氨基脲（$pK_A=3.6$）与呋喃和丙酮反应的反应速率在 pH≈4 时最大。因此向缩氨基脲上引入羰基化合物时，用氨基脲-盐酸和乙酸钠比较合适，单纯盐酸的酸度太高。相反，对于碱性弱得多的 2,4-二硝基苯肼，乙酸（$pK_A=4.76$）的催化作用很弱，而无机酸的催化作用就强很多。

D. 7. 1. 1　醛和酮与胺的反应

醛和酮很容易与各种含氮的碱反应（见表 D. 7. 7）。

与最强的亲核试剂，例如与一级、二级胺的反应一般不需要加酸就能进行（亲核试剂的 pK_A 值在 9～11 之间）。其加合物式(D. 7. 11)Ⅱ基于前述缘故很不稳定，一般不能分离出来，在接下来的反应过程中转化成碳-亚胺正离子Ⅳ，Ⅳ再根据氮原子上是否有质子而形成不同的稳定的终产物［参见式(D. 7. 11)］。

---

[1] 电子离域使得这类阳离子的能量相对较低并在所有羰基反应中占据中心位置，还可以参见 Mannich 反应，D. 7. 2. 1. 7.

由一级胺形成甲亚胺或者席夫碱，由二级胺则生成烯胺。为什么由三级胺不能生成稳定的产物呢？

一般来说从Ⅳ的氮原子上脱去一个质子要比从β-碳原子上容易得多（为什么？）。所以从一级胺一般不会生成烯胺。如果从碳原子上消除确实有利，比如会生成共轭双键体系，那么由氨和一级胺也能得到烯胺，例如从氨和乙酰乙酸酯生成了氨基巴豆酸酯［参见式(D.7.12)］。

$$\rangle NH + \rangle C{=}O \rightleftharpoons -\underset{H}{\overset{|}{N^{\oplus}}}-\overset{|}{\underset{|}{C}}-O^{\ominus} \;(\mathrm{I}) \rightleftharpoons \rangle N-\overset{|}{\underset{|}{C}}-OH \;(\mathrm{II}) \qquad (D.7.11a)$$

一级胺：

$$R-NH-\overset{|}{\underset{|}{C}}-OH\;(\mathrm{II}) + H^{\oplus}\text{❶} \rightleftharpoons R-NH-\overset{|}{\underset{|}{C}}-\overset{\oplus}{O}H_2\;(\mathrm{III}) \underset{+H_2O}{\overset{-H_2O}{\rightleftharpoons}} [R-N{=}C\langle]^{\oplus}\;(\mathrm{IV}) \rightleftharpoons \underset{\text{席夫碱}}{R-N{=}C\langle} + H^{\oplus} \qquad (D.7.11b)$$

二级胺：

$$R_2N-\overset{|}{\underset{|}{C}}(-\overset{|}{C}H)-OH\;(\mathrm{II}) \underset{+H_2O,\,-H^{\oplus}}{\overset{+H^{\oplus},\,-H_2O}{\rightleftharpoons}} [R_2N{=}C\langle(-\overset{|}{C}-H)]^{\oplus}\;(\mathrm{IV}) \rightleftharpoons \underset{\text{烯胺}}{R_2N\rangle C{=}C\langle} + H^{\oplus} \qquad (D.7.11c)$$

$$H_3C-\overset{O}{\overset{\|}{C}}-CH_2-COOC_2H_5 + NH_3 \longrightarrow H_3C-\overset{NH_2}{\overset{|}{C}}{=}CH-COOC_2H_5 + H_2O \qquad (D.7.12)$$

二级胺与苯甲醛或甲醛类的醛反应时，两种可能的质子消除都不会发生。在该情况下，另外 1 mol 胺加成到碳-亚胺正离子上生成所谓的“缩胺”（氨基乙缩醛），例如：

$$Ph-\overset{O}{\overset{\|}{C}}-H + NHR_2 \rightleftharpoons Ph-CH(OH)(NR_2) \underset{+H_2O,-H^{\oplus}}{\overset{+H^{\oplus},-H_2O}{\rightleftharpoons}} Ph-\overset{\oplus}{C}H{=}NR_2 \xrightarrow[-H^{\oplus}]{+NHR_2} Ph-CH(NR_2)_2 \qquad (D.7.13)$$

随着温度的升高，由醛生成的α-位带有氢原子的缩胺会脱去 1 mol 胺转化成烯胺。

由醛和苯胺或者由苯甲醛和一级胺生成的亚胺、肟、苯腙、缩氨基脲（参见表 D.7.7）、吖嗪❷等可以用来分离、纯化和鉴别羰基化合物。写出生成这些化合物的转化式！为什么 p-硝基和 2,4-二硝基苯腙的形成需要加酸？

由醛和氨生成的亚胺和由脂肪醛与一级脂肪胺生成的亚胺很容易发生聚合作用或者生成羟醛缩合产物（参见 D.7.2.1.3）。例如，乙醛的亚胺以环式三分子缩合物的形式存在：

---

❶ 一开始出现的氮原子上的质子化会使反应退回到起始组分［参见式（D.7.9)］。

❷ $\rangle C{=}N-N{=}C\langle$，由 1 mol 肼和 2 mol 羰基化合物合成。

$$H_3C-CHO + NH_3 \longrightarrow H_3C-CH(OH)NH_2 \longrightarrow H_3C-CH{=}NH$$

$$3\,H_3C-CH{=}NH \longrightarrow \text{(2,4,6-三甲基六氢-1,3,5-三嗪)} \qquad \text{(D. 7. 14)}$$

如是甲醛，这一反应会继续进行，其三聚体的氨基会与醛和氨继续反应生成六亚甲基四胺（乌洛托品）：

$$\text{(六氢-1,3,5-三嗪)} + 3\ HCHO \longrightarrow \text{(1,3,5-三(羟甲基)六氢-1,3,5-三嗪)} \xrightarrow[-3\,H_2O]{+NH_3} \text{(六亚甲基四胺)} \qquad \text{(D. 7. 15)}$$

【例】 制备烯胺的一般实验方法（表 D. 7. 16）

将 1 mol 羰基化合物加到 1. 2 mol 胺、0. 2 g *p*-甲苯磺酸（如果是*β*-二羰基化合物就加 1 mL 85%的甲酸作为催化剂）和 200 mL 甲苯中在脱水器上回流加热。对于气态的胺，往往采用快速冷却器冷凝回流物，并从烧瓶的侧口将胺导入反应体系。不再有反应水分离出来时，待甲苯溶液冷却下来后，用少量的水振荡萃取两次以除去甲苯磺酸❶，经硫酸镁干燥，减压蒸馏蒸出溶剂，得产物。

这一方法也适合半微量制备。如果有必要，采用刻度更细的分水器（容积 1～2 mL）测量反应生成水的量或不测。携带剂的量与所带出水的比会容易因此而增大。

表 D. 7. 16 烯胺

终产物	起始反应物	沸点(熔点)/℃	n_D^{20}	产率/%
1-吡咯基环戊-1-烯	环戊酮，吡咯	$85_{1.3(10)}$	1. 5150	75
1-吗啉基环戊-1-烯	环戊酮，吗啉	$107_{1.6(12)}$	1. 5121	75
1-吡咯基环己-1-烯	环己酮，吡咯	$112_{1.6(12)}$	1. 5234	75
1-吗啉基环己-1-烯	环己酮，吗啉	$119_{1.3(10)}$	1. 5132	70
1-哌啶基环己-1-烯	环己酮，哌啶	$113_{1.5(11)}$	1. 5144	75
β-氨基巴豆酸乙酯	乙酰乙酸乙酯，氨	$105_{2.0(15)}$，熔点 18(*Z*)，32(*E*)①		85
β-甲氨基巴豆酸乙酯	乙酰乙酸乙酯，甲胺	$106_{2.1(16)}$	1. 5071	85
β-二甲氨基巴豆酸乙酯	乙酰乙酸乙酯，二甲胺	$122_{1.3(10)}$	1. 5227	70
β-苯氨基巴豆酸乙酯	乙酰乙酸乙酯，苯胺	$99_{0.01(0.1)}$	1. 5822	80
β-苯甲氨基巴豆酸乙酯	乙酰乙酸乙酯，苯甲胺	$140_{0.07(0.5)}$		80
4-氨基戊-3-烯-2-酮	乙酰乙酮，氨	$114_{2.0(15)}$，(熔点 39)		70
4-苯甲氨基-3-戊烯-2-酮	乙酰乙酮，苯甲胺	$183_{2.3(17)}$，(熔点 24)		80

① 蒸馏过程中生成低熔点的变异体，放置后会转变成高熔点的形态。

由醛合成烯胺：Dulou，R.；Elkik，E.；Veillard，A.，Bull. Soc. Chim. France，1960:967.

❶ 加的甲酸不需要洗出去。

亚胺和烯胺的制备在有机合成中扮演着重要的角色。主要是常常可以按这里描述的方法合成出含有亚胺或者烯胺基团的含氮杂环化合物，如下：

$$R-CO-CO-R + C_6H_4(NH_2)_2 \xrightarrow{-2\,H_2O} \text{喹啉} \qquad (D7.17a)$$

$$R-CO-CH_2-CO-R + Ph-NH-NH_2 \xrightarrow{-2\,H_2O} \text{1-苯基-2-吡唑} \qquad (D7.17b)$$

$$R-CO-CH_2-CH_2-CO-R + NH_3 \xrightarrow{-2\,H_2O} \text{吡咯} \qquad (D7.17c)$$

这些反应也可以用来识别和区分1,2-、1,3-和1,4-二羰基化合物。自己设计实验从硫代甲酰胺和α-卤代醛按Hantzsch方法合成噻唑！

醛和氨或者一级胺的缩合物，尤其是六亚甲基四胺，作为硫化加速剂，对酚醛树脂的生产（参见D.5.1.8.4）在工艺上具有意义。六亚甲基四胺还对合成高熔点炸药（黑索今-环三亚甲基三硝基胺，奥克托今-环四亚甲基四硝胺）非常重要。此外，比较重要的还有甲醛与脲或者蜜胺反应生成的塑料（氨基塑料）。在这类反应中，首先经羟甲基化合物［如羟甲基脲式(D.7.18) Ⅰ］形成链状多聚体（Ⅲ），这一链状多聚体再与甲醛缩合成三维网状高聚物（Ⅳ），例如：

$$H_2N-CO-NH_2 \longrightarrow \underset{\text{I}}{H_2N-CO-NH-CH_2OH} \longrightarrow \underset{\text{II}}{H_2N-CO-NH-CH_2-NH-CO-NH_2}$$

$$\longrightarrow \underset{\text{III}}{(-NH-CO-NH-CH_2-)_x} \longrightarrow \underset{\text{IV}}{(-NH-CO-N(CH_2OH)-CH_2-)_x} \longrightarrow \underset{\text{V}}{(-NH-CO-N-CH_2-)_x \text{ 经 } CH_2 \text{ 与 } (-NH-CO-N-CH_2-)_x \text{ 相连}}$$

(D.7.18)

缩氨基脲、各种取代的苯腙、苯胺和许多肟都是容易结晶、很多又难溶于水的化合物，因此主要用于定性分析和分离醛和酮。

【例】 缩氨基脲的制备（一般定性分析方法）

① 乙酸氨基脲[1]的醇溶液：将1 g盐酸氨基脲和1 g无水乙酸钠在研钵中研成细粉，转到烧瓶中，与10 mL无水乙醇一起煮沸并趁热过滤。

② 向滤液中加大约0.2 g所需的羰基化合物，在水浴上加热30～60 min后向反应混合物中加水直到刚好出现浑浊为止，然后让其慢慢冷却，缩氨基脲就结晶出来。可以用乙醇（或者含水乙醇）重结晶处理来纯化。

---

[1] 为什么要用乙酸氨基脲而不直接用盐酸氨基脲？

【例】 2,4-二硝基苯腙的制备（一般定性分析方法）

向 0.4 g 2,4-二硝基苯肼中加入 2 mL 浓硫酸，紧接着在充分搅拌或振荡的条件下滴加 3 mL 水，然后加入 10 mL 95%的乙醇，不断搅拌，加入 1 mL 10%～20%羰基化合物的乙醇溶液。正常情况下，5～10 min 之后腙会析出（少数情况下必须放置过夜）。将析出的 2,4-二硝基苯腙抽滤分离，水洗，经乙酸乙酯、二氧杂环己烷或者二氧杂环己烷-水或醇重结晶，纯化。

对于二硝基苯腙，有时会有立体异构体，因此有可能得到不同的熔点，查阅有关文献时要注意。

苯腙是费舍尔吲哚合成［参见式(D. 9. 44)］的中间产物。这类化合物也可以由重氮苯盐制得［参见式(D. 8. 34)］。

一般是先使带 α-羟基的醛和酮在低温下与苯肼反应生成苯腙，再加热使其转变成脎：

$$\begin{array}{c} \diagdown C{=}O \\ | \\ H{-}C{-}OH \end{array} + 3\,H_2NNHPh \longrightarrow \begin{array}{c} \diagdown C{=}NNHPh \\ | \\ \diagup C{=}NNHPh \end{array} + H_2NPh + NH_3 + H_2O \qquad (D.\,7.\,19)$$

脎类化合物主要用来分离和鉴别糖类。为什么葡萄糖、甘露糖还有果糖都生成同样的脎？

【例】 脎的制备（一般定性分析方法）

将 0.5 mL 苯肼与 0.5 mL 冰醋酸一起于 2 mL 水中振荡至呈溶液澄清，使之生成乙酸盐。然后向溶液中加入 0.2 g，溶于 1 mL 水的糖，并在沸水浴上加热 30 min。短时间之后单糖的脎就开始析出，而双糖的脎形成得要慢一些。最后使其缓慢地冷却，过滤，再用水或醇重结晶。

大多数糖脎的熔点处在很窄的范围之内，所以很难区分。为了区分脎，可以取一滴反应溶液放到显微镜下观察其所形成晶体的形状。

Hassid, W. Z.; McGready, R. M., Ind. Engng. Chem., Anal. Edit. 1942, 14: 683-686 中有脎的典型晶型的显微照片。

肟的熔点较低所以很少用来鉴定羰基化合物。不过它们是 Beckmann 重排的重要初始物（参见 D. 9. 1. 2. 4）。通过滴定肟生成反应中所生成的氯化氢来定量测定醛和酮的量：

$$\gt C{=}O + H_3\overset{\oplus}{N}OH\ \overset{\ominus}{Cl} \longrightarrow \gt C{=}NOH + H_2O + HCl \qquad (D.\,7.\,20)$$

【例】 制备苯甲醛-*E*-肟的一般实验方法（表 D. 7. 21）

在搅拌条件下向 0.5 mol 醛、125 mL 水、25 mL 乙醇、大约 200 g 冰和 0.55 mol 盐酸羟胺组成的混合物中，快速滴加 1.25 mol NaOH 的 50%水溶液，这个过程中通过加冰使温度保持在 25～30 ℃。搅拌 1 h 之后，用 150 mL 醚振荡萃取两次，水相用浓盐酸在 25～30 ℃下调到 pH=6，并用醚或二氯甲烷每次 400 mL 萃取两次，将所有萃取液合并后用 $CaCl_2$ 干燥并在真空中蒸发浓缩。剩下的油状物结晶或者真空蒸馏。从乙醇-水中重结晶。

表 D.7.21 苯甲醛-E-肟

终产物	起始反应物	熔点(沸点)/℃	产率/%
苯甲醛肟	苯甲醛	35,沸点($118_{1.9(14)}$)	85
3-氯苯甲醛肟	3-氯苯甲醛	62～64	65
4-氯苯甲醛肟	4-氯苯甲醛	106～108	86
3-硝基苯甲醛肟	3-硝基苯甲醛	119～120	83
2-甲氧基苯甲醛肟	2-甲氧基苯甲醛	91～93	84
4-三氟甲基苯甲醛肟	4-三氟甲基苯甲醛	100～101	67
2,5,6-三甲基苯甲醛肟	2,5,6-三甲基苯甲醛	125～127	40

【例】 具反应性的醛和酮的定量分析（肟滴定）[1]

① 试液的准备：17.5 g 盐酸羟胺溶于 50 mL 水中再加 200 mL 丙醇。加入 2 mL 0.1%的溴酚蓝的 20%乙醇溶液为指示剂。向所得到的黄色溶液中滴加 20%的苛性钾水溶液直到颜色变成蓝绿色为止。20 mL 这样的溶液，当加入一滴 0.5 mol/L 的盐酸变成绿黄色，当加入一滴 0.5 mol/L 的苛性钠变成蓝色。

② 滴定方法：将含大约 0.02～0.03 mol 羰基化合物的试剂样品溶解到 50 mL 试剂溶液中，封闭放置 30 min。出现黄色。紧接着用 1 mol/L 的苛性钠水溶液滴定，直到颜色变成蓝红色。

这一颜色变化常常不是特别明显，因此需要做空白滴定：取 50 mL 试剂溶液，添加大约相当于苛性钠用量的水，然后用 1 mol/L 的苛性钠滴定到上面滴定所达到的颜色。所用的苛性钠的量即为空白值，应该从总滴定值中扣除。

③ 计算

羰基化合物的含量$=nM/(10a)$

n 为总试验和空白试验所用 1 mol/L 苛性钠的体积数之差值，mL；M 为羰基化合物的摩尔质量；a 为净重，g。

从上面的式子可以看出，这一方法同样可以用来确定摩尔质量。

亚胺、肟、腙、烯胺等与形成时相反，通过酸性水溶液又可以水解［参见式(D.7.11)］。这种水解也可以看成是水分子在含杂原子羰基化合物上的酸催化加成：

$$HOH + \rangle C{=}NR + H^{\oplus} \rightleftharpoons \underset{\text{I}}{\rangle C(NHR)(\overset{\oplus}{O}H_2)} \rightleftharpoons \underset{\text{II}}{\rangle C(NHR)(OH)} + H^{\oplus} \quad (D.7.22)$$

式(D.7.22) Ⅱ 与式(D.7.11a) Ⅱ 相同

环己酮肟在合成己内酰胺时非常重要（参见 D.9.1.2.4）。环十二酮肟对于制造聚酰胺纤维工艺具有重要意义。一些肟是杀虫剂或者是药物。

D.7.1.2 醛酮与水和醇的反应

醛和酮与水的反应中，一级加成产物（“水合物”）不稳定，易分解成原料：

$$\rangle C{=}O + HOH \rightleftharpoons \rangle C(OH)_2 \quad (D.7.23)$$

[1] 参见 Houben-Weyl，1953：Vol 2，458.

这一平衡一般大大偏向反应物一侧，而且羰基化合物的反应性越弱，即羰基碳上的正电荷越小，平衡越偏向左侧。因此，醛不像酮那样在水溶液中只部分水合，尤其是反应性很强的甲醛几乎全部变成水合物。不过偕二醇就像羟胺化合物一样［式(D. 7. 11) Ⅱ］，原则上不能分离出来。

诱导/共轭吸电子基团能提高羰基化合物的反应活性，从而有利于形成一级加成产物，且较稳定，有时可以分离出来例如三氯乙二醇、乙醛酸、中草酸、水合茚三酮。自己讨论这些例子！水合茚三酮中哪些酮羰基水合了？

此规律也适用于羟胺化合物和半缩醛（见下文）的稳定性。众所周知由三氯乙醛和氨加合可以形成不稳定的半缩醛胺；乙醛酸酯和三氯乙醛也能形成稳定的半缩醛。

醛和酮与醇常常不需要外加酸性催化剂就能按照一般的加成规律形成半缩醛［式(D. 7. 24) Ⅰ］。在强酸存在下反应继续进行生成缩醛：

$$>C{=}O + ROH \rightleftharpoons \underset{\text{I}}{>C(OH)(OR)} \underset{+H_2O,\,-H^{\oplus}}{\overset{+H^{\oplus},\,-H_2O}{\rightleftharpoons}} \underset{\text{II}}{>\overset{\oplus}{C}{\cdots}OR} \underset{-ROH}{\overset{+ROH}{\rightleftharpoons}} >C(OR)(\overset{\oplus}{O}HR) \rightleftharpoons \underset{\text{III}}{>C(OR)_2} + H^{\oplus} \quad (D.\ 7.\ 24)$$

这个反应与缩醛胺的形成［式(D. 7. 13)］类似。

不能按照烯胺的形成［式(D. 7. 11c)］规律，推断碳-氯鎓离子会稳定化成烯醇醚，不足以从羰基的β-碳原子上消除一个质子❶。

羰基化合物与一元醇在无水无机酸存在下的缩醛反应，只有是醛时才能顺利进行，因为醛反应时，平衡偏向右边。酮的转化率很低或者根本不转化（解释一下这种情况!)。要想使平衡移动就必须添加亲水试剂。为了合成二乙缩醛，人们通常采用自身就是非常容易水解的原甲酸三乙酯（一种羧酸酯）制备缩醛：

$$H{-}C(OEt)_3 + H_2O \rightleftharpoons H{-}C({=}O){-}OEt + 2\,EtOH \quad (D.\ 7.\ 25)$$

对于二甲缩醛的制备，可以用亚硫酸二甲酯作为亲水剂。该酯对水敏感，在水解过程中生成气态的二氧化硫溢出体系，使得亚硫酸二甲酯不能重新产生。

α,β-不饱和羰基化合物的缩醛反应需要特殊的反应条件，否则醇很容易加成到反应性高的双键上形成β-烷氧基化合物的缩醛。

【例】 制备二乙缩醛的一般实验方法（表 D. 7. 26）

向 1 g 硝酸铵和 0. 2 mol 无水乙醇的热溶液中加入 0. 2 mol 相关的醛或酮及 0. 2 mol 原甲酸三乙酯，充分混匀后隔潮放置。如果是醛反应时间为 6～8 h。如果是酮，要用 0. 1 mol 浓盐酸代替硝酸铵并放置反应 16 h。然后将生成的盐过滤，用哌啶或吡咯碱化后经蒸馏柱蒸馏。所形成的甲酸酯随初馏物馏出。如果缩醛的沸点与乙醇的沸点相似，则必须在蒸馏之前用稀的碳酸钠溶液洗涤并用碳酸钾干燥。

---

❶ 相反烯醇醚可以通过从醛酸性脱醇（参见表 D. 3. 32）以及通过醇在炔上的加成（参见表 D. 4. 50）获得。

表 D. 7. 26　借助原甲酸三乙酯合成的二乙缩醛

终产物	起始反应物	沸点/℃	n_D^{20}	产率/%
乙醛二乙缩醛①	乙醛	102	1.3808	65
丙醛二乙缩醛①	丙醛	123	1.3897	70
丁醛二乙缩醛	丁醛	114	1.3965	75
苯甲醛二乙缩醛	苯甲醛	$97_{1.6(12)}$	1.4800	95
丙烯醛二乙缩醛	丙烯醛	123	1.4012	75
巴豆醛二乙缩醛	巴豆醛	146	1.4097	65
2,3-二甲基丙烯醛二乙缩醛	2,3-二甲基丙烯醛(惕各醛)	159	1.4233	79
2-己酮二乙缩醛	2-己酮	$69_{2.4(18)}$	1.4109	75
苯乙酮二乙缩醛	苯乙酮	$112_{1.6(12)}$	1.4805	90
环己酮二乙缩醛	环己酮	$73_{1.7(13)}$	1.4440	95

① 将醇洗出去（见实验方法）。

由于在平衡状态中同一催化剂总是既加速正反应又加速逆反应，所以缩醛在稀酸作用下或多或少又分解回反应物［式(D. 7. 24)，逆反应］。难形成的缩醛特别容易水解，它们对水特别敏感以至于可以在化学反应中用来作为除水剂。与此相反，甲醛缩醛不易水解。

烯醇醚也容易被酸催化水解。参考式(D. 7. 11)，也可以参考式(D. 4. 51) 列出反应的方程式。环状烯醇醚 3,4-二氢-2*H*-吡喃［参见式(D. 9. 20)］和 2-烷氧基-3,4-二氢-2*H*-吡喃（参见表 D. 4. 99）水解生成 δ-羟基戊醛或戊二醛：

$$\text{2-EtO-3,4-二氢-2}H\text{-吡喃} + H_2O \xrightarrow{H^{\oplus}} EtOH + OHC-CH_2CH_2CH_2-CHO \qquad (D. 7. 27)$$

相反，缩醛在碱性介质中很稳定（为什么?）。它们对碱性和氧化性试剂的稳定性远远高于羰基化合物，因此人们常常用形成缩醛的方法临时保护羰基。对此，乙缩醛比较合适：

$$>C=O + HO-CH_2-CH_2-OH \rightleftharpoons >C<(O-CH_2-CH_2-O) + H_2O \qquad (D. 7. 28)$$

因为像这样形成环状缩醛的缩醛反应平衡比羰基化合物与一元醇反应时更有利。另外，对水解的高稳定性也证明乙缩醛比较合适。

另一方面，与适当的羰基化合物缩醛化也可以用来保护羟基。这种用法的一个重要实例是利用 D-葡萄糖或者 L-山梨糖多步合成 L-抗坏血酸（维生素 C），这一合成法在氧化步骤前先将四个羟基通过与丙酮缩醛化保护起来［参见式(D. 6. 43a)］。

上面谈到的乙缩醛多数情况下是通过共沸混合物除去反应水获得的。含氧酸或含氧酸酯、氨基酮（以盐酸盐的形式）、羟基酮以及 α-卤代酮也能像简单的酮一样发生反应。

水分携带剂的选择主要取决于实际的反应温度以及需要缩醛化的物质的沸点。如果用二氯甲烷作带水剂，丙酮也可以被转化成二氧杂环戊烷，只是在这种情况下分水器和反应烧瓶之间要额外装一个蒸馏柱。

【例】 制备乙缩醛的一般实验方法（二氧杂环戊烷，表 D. 7. 29）

1 mol 醛或酮与 1. 2 mol 纯的乙二醇和 0. 1 g 对甲苯磺酸或者 85%的磷酸于 150 mL 甲苯或者二甲苯、氯仿、三氯乙烷或二氯甲烷中，在水分离器上回流沸腾，直到不再生成反应水为止。然后冷却，用稀释的碱液和水洗，用碳酸钾干燥再蒸馏。

这一方法也适合半微量制备（还可以参见 D. 7. 1. 1，烯胺的制备）。

表 D. 7. 29 乙缩醛（二氧杂环戊烷）

终产物	起始反应物	沸点/℃	n_D^{20}	产率/%
苯甲醛乙缩醛	苯甲醛	$110_{1.9(14)}$	1. 5267	90
3-硝基苯甲醛乙缩醛[①]	3-硝基苯甲醛	（熔点 58）（乙醇）		95
环戊酮乙缩醛	环戊酮	$57_{2.4(18)}$	1. 4481	90
环己酮乙缩醛	环己酮	$73_{1.7(13)}$	1. 4583	90
胆甾-5-烯-3-酮乙缩醛	胆甾-4-烯-3-酮	（熔点 135） $[\alpha]_D^{30}$ − 31. 4°（氯仿中）		80
甲基乙基酮乙缩醛[②]	甲基乙基酮	116	1. 4097	90
3,3-二甲基-2-丁酮乙缩醛	3,3-二甲基-2-丁酮(频哪酮)	147	1. 4236	90
异丙基丙酮乙缩醛	异丙基丙酮	156	1. 4396	85
乙酰乙酸乙酯乙缩醛	乙酰乙酸乙酯	$100_{2.3(17)}$	1. 4326	87

① 二甲苯作为携带剂；冷却到 0 ℃直接从洗过的浓缩液中结晶。

② 二氯甲烷作为携带剂。

缩醛在自然界中非常普遍。单糖以分子内半缩醛的形式存在，根据缩醛化所形成的环的大小被称为吡喃糖或者呋喃糖（参见 D. 6. 5. 2）。通过形成缩醛，C-1 变成了手性碳，所以有两种异构体❶❷，例如：

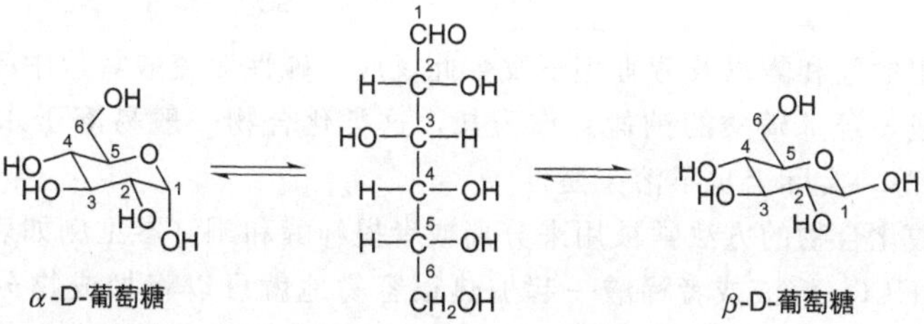

α-D-葡萄糖 ⇌ β-D-葡萄糖 (D. 7. 30)

C-1 上羟基的位置可以借助硼酸酯来确定［参见式(D. 2. 56)］。

单糖与醇在酸存在的条件下反应生成被称为糖苷的缩醛，例如：

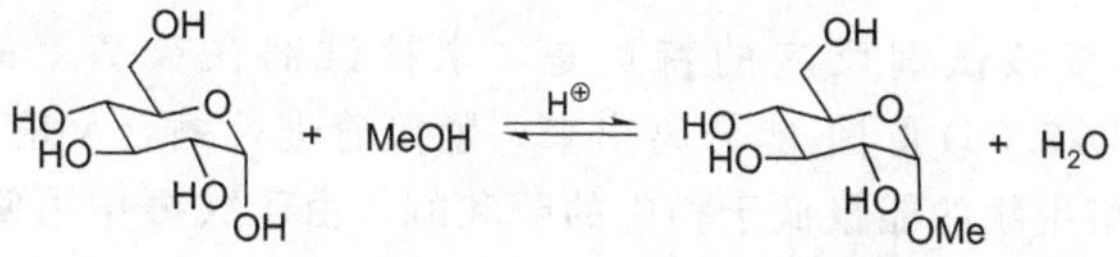

$+ MeOH \xrightleftharpoons{H^{\oplus}} + H_2O$ (D. 7. 31)

α-D-甲基糖苷

❶ 在葡萄糖的构象中，所有的大基团（OH,CH_2OH）都处于 C-2 到 C-5 环的横轴方向；α-葡萄糖的 C-1 羟基处于纵轴方向，β-葡萄糖的 C-1 羟基处于横轴方向。

❷ 由此了解一下变旋现象！

如果用来合成缩醛的醇自身是一种糖，那么就生成二糖、三糖或者多糖。自己了解一下蔗糖和乳糖的结构！为什么蔗糖是非还原糖并且不发生羰基的反应？再了解一下如何通过淀粉或者纤维素慢慢水解形成麦芽糖和纤维二糖，以及如何从淀粉获得葡萄糖以及“木材糖化”的实现！

低级醛的缩醛（二甲氧基乙烷）可以用作纤维素的溶剂。不饱和醛（丙烯醛）的缩醛是杀真菌剂和杀微生物剂。重要的是合成塑料的多元醇的缩醛。安全玻璃的中间层是由丁醛和聚乙烯醇形成的缩醛。高级醛的缩醛由于其耐碱性被用作香皂的香料。甲醛二甲缩醛可以作为溶剂用于Grignard反应，（见D.7.2.2)，可以用于润滑剂生产中的矿物油去石蜡，也是从天然产物中提取香料的萃取剂。部分芳香醛的缩醛可以用作香料，如苯乙醛二甲缩醛是玫瑰香的香料。

D.7.1.3　醛和酮生成缩硫醛和亚硫酸加成物的反应

与缩醛的形成类似，醛和酮与硫醇反应形成缩硫醛 $>C(SR)_2$。由于硫醇的亲核性较强（参见D.2.2.2)，比醇易进行加成反应，而水解则不容易进行。例如，与1,2-乙二硫醇反应不需要共沸蒸馏就能生成乙缩硫醛（二硫戊环）。

二硫戊环经雷尼镍（吸附氢）催化可以转化成烷烃，所以这个反应对在温和条件下将酮还原成烷烃很有意义：

$$>C{=}O \xrightarrow[-H_2O]{+HS-CH_2-CH_2-SH} >C\langle{}^{S-CH_2}_{S-CH_2} \xrightarrow{Ni,\ H_2} >CH_2 \qquad (D.7.32)$$

醛和部分酮与浓的亚硫酸氢钠水溶液产生所谓的亚硫加成物，例如：

$$>C{=}O + {}^{\ominus}O_2S{-}O^{\ominus} \xrightarrow{+H^{\oplus}} >C(OH)(SO_3^{\ominus}) \qquad (D.7.33)$$

有空间位阻的醛和酮以及芳香酮不发生此反应。碱性亚硫酸氢盐中硫原子的亲核性最大，因此生成α-羟基磺酸的钠盐。作为盐，这类化合物一般易溶于水却难溶于浓的“亚硫酸钠”和醇，实际上也不溶于醚。

生成亚硫酸化合物的方法常被用来分离或者提纯醛和酮（参见例如表D.5.56)。

通过与$NaHCO_3$溶液或者稀酸一起加热很容易地就可以将加成物分解。不过必须考虑到有些羰基化合物可能对酸或碱敏感，因此，可将生成的醛及时通过水蒸气蒸馏从溶液中蒸馏出来。

D.7.1.4　羧酸和羧酸衍生物与含杂原子亲核试剂的反应

羧基衍生物与亲核试剂反应的特点是，亲核试剂在羰基上的最初加成物［式(D.7.34)Ⅱ，式（D.7.35)Ⅱ］不能分离出来，紧接着进行缩合反应再生成一种酸衍生物。这是由于羧基衍生物的能量低于相应的醛和酮，由于共振作用使酸衍生物更稳定[1]［参见式(D.7.3)］。通过亲核加成生成的四面体结构的中间产物也因此比醛和酮的情况下更倾向于形成能量低的终产物。

羧酸衍生物的反应可以按照式(D.7.8)～式(D.7.10）的通式用下面的式子表述：

---

[1] 这里还源于其较低的反应性（羧酸卤除外)，参见式(D.7.3)。

$$HNu + R{-}C(=O)X \rightleftharpoons \underset{\text{I}}{R{-}C(O^{\ominus})(X)({}^{\oplus}NuH)} \underset{+H^{\oplus}}{\overset{-H^{\oplus}}{\rightleftharpoons}} \underset{\text{II}}{R{-}C(O^{\ominus})(X)(Nu)} \underset{+X^{\ominus}}{\overset{-X^{\ominus}}{\rightleftharpoons}} \underset{\text{III}}{R{-}C(=O)Nu} \qquad (D.7.34)$$

经加酸催化的反应经历类似的中间产物：

$$HNu + R{-}C(=O)X + H^{\oplus} \rightleftharpoons R{-}C(OH)(X)({}^{\oplus}NuH) \underset{+H^{\oplus}}{\overset{-H^{\oplus}}{\rightleftharpoons}} R{-}C(O{-}H)(X)(Nu) \underset{+HX}{\overset{-HX}{\rightleftharpoons}} R{-}C(=O)Nu \qquad (D.7.35)$$

转化式(D. 7. 34) 和式(D. 7. 35) 没有给出有关缩合步骤Ⅱ→Ⅲ机理的详细信息。首先，如果是强碱性取代基 X＝NH_2，OH，OR，在这里［对应于式(D. 7. 9)］也是先发生Ⅱ的质子化，然后脱去 HX 形成碳-氧鎓离子：

$$R{-}C(OH)(X)(Nu) \underset{-H^{\oplus}}{\overset{+H^{\oplus}}{\rightleftharpoons}} R{-}C(OH)({}^{\oplus}XH)(Nu) \underset{+HX}{\overset{-HX}{\rightleftharpoons}} R{-}C(={}^{\oplus}OH)Nu \rightleftharpoons R{-}C(=O)Nu + H^{\oplus} \qquad (D.7.35a)$$

另一方面，如果是弱碱性的卤离子（X＝卤素），不需要事先的质子化就能消除［还可参见式(D. 2. 3)］。

碱（如氢氧根离子）也能加速羧基衍生物的转化，它们首先将试剂 HNu 转化成反应性更强的阴离子 Nu^-［如醇转化成醇氧负离子，参见式(D. 2. 65)］：

$$HO^{\ominus} + HNu \rightleftharpoons H_2O + Nu^{\ominus} \qquad (D.7.36)$$

纯粹的羧酸不可能进行这种碱催化的反应，因为碱会立刻将羧酸转化成羰基活性更弱的羧酸离子［参见式(D. 7. 3)］：

$$R{-}C(=O)OH + {}^{\ominus}OH \longrightarrow \left[R{-}C(\overset{\cdots}{=}O)_2\right]^{\ominus} + H_2O \qquad (D.7.37)$$

四面体结构的中间产物式(D. 7. 34) Ⅰ或式(D. 7. 35) Ⅰ上的 HNu 也可以再脱掉，相当于逆反应。所以羧基衍生物的反应是典型的可逆反应。反应取决于两个竞争反应［式(D. 7. 38)，Ⅱ→Ⅰ或Ⅱ→Ⅲ］以什么样的速度进行：

$$\underset{\text{I}}{R{-}C(=O)X} + HNu \rightleftharpoons \underset{\text{II}}{R{-}C(OH)(X){-}Nu} \rightleftharpoons \underset{\text{III}}{R{-}C(=O)Nu} + HX \qquad (D.7.38)$$

可以预计，能量低的即处于反应活性顺序式(D. 7. 3) 最左侧的羧基衍生物会优先生成。

所以一般来说，羧酸酯与胺能生成酰胺，而酰胺与醇却很难反应。

特别活泼的能量高的酰氯和酸酐与水、醇和胺反应时，反应平衡远远移向右侧以至于在正常反应条件下观察不到逆反应。因此，将酰氯转化成酯既容易实现产率又好，反过来却不能使一个酯或者酰胺与氯化氢反应生成酰氯。

如果反应物［式(D. 7. 38) Ⅰ］和终产物［式(D. 7. 38) Ⅲ］的活性差别较小，比如像酯、酰胺与羧酸之间，那么平衡就不会特别明显地偏向某一方。这时可以采取一些常用的方法来提高想要获得的羧基衍生物的产率，例如用移除一个反应产物的方法，或者采取过量反应试剂的方法。

D. 7. 1. 4. 1　羧酸和羧酸衍生物醇解成酯

制备羧酸酯最重要的方法是羧酸的直接酯化（羧酸的醇解）。由于碳酰基的活性较弱，羧酸与醇的反应通常非常缓慢。添加强酸（硫酸、无水氯化氢、磺酸、酸性离子交换剂）可以明显加速酯化反应：

$$R'-O-H + R-C(=O)OH + H^{\oplus} \rightleftharpoons R-C(OH)(OH)-O^{\oplus}(H)R' \underset{+H^{\oplus},+H_2O}{\overset{-H^{\oplus},-H_2O}{\rightleftharpoons}} R-C(=O)OR' \qquad (D.7.39)$$

为什么碱不可能发生催化反应?

羰基碳上的正电荷越大羧酸的酯化速度就越快，或者说羧酸的酸性越强其酯化速度就越快。因此甲酸、草酸、丙酮酸没有催化剂也能很快地反应。

空间效应对酯化反应有很大影响。酯化反应速率随着与羧基相连的烷基体积的增大及醇体积的增大而降低。出于这个原因，α-位上带支链的脂肪族羧酸和邻位上有取代基的芳香族羧酸酯化的速度很慢而且产率很低。醇也一样，从一级到三级反应越来越难；而且在反应条件下（强酸介质）从醇生成醚或者烯的趋势越来越大（参见 D. 2. 5 和 D. 3. 1. 1. 1）。因此，通过直接酯化的方法制备三级醇的酯产率均极低。

按照上面的介绍不难理解，酯化反应平衡式［式(D. 7. 39)］一开始并不是特别有利。要想使反应平衡向右移动，就要在反应时加 5～10 倍过量的反应物——多数情况下是较便宜的醇过量——或者从反应混合物中不停地移去反应产物水或酯。

最简单的情况是所加的催化剂酸（硫酸、盐酸）将生成的水吸收。采用共沸蒸馏的方法除水，尤其是对敏感化合物非常有益，因为这样就可以使用少量而且较温和的催化剂。水分携带剂的选择取决于沸点最低的有机组分的沸点。制备乙酯和丙酯可以用氯仿或者四氯化碳[1]。丁醇以上的高级醇能与水形成共沸物，因此不需要额外加携带剂。

在萃取酯化过程中，生成的酯被疏水性溶剂选择性地从反应混合物中提取出来。这一方法特别适合于多数情况下用简单试剂共沸酯化不能制备的羧酸甲基酯[2]的制备（甲醇随携水剂蒸馏的量很大，以至于在分水器中通常不能分离）。

【例】　羧酸酯化的一般实验方法（表 D. 7. 40）

A. 通过携水剂凝结反应水　将 1 mol 羧酸（如果是二酸就用 0.5 mol）和 5 mol 相应的醇[3]加到 0.2 mol 浓硫酸中，在回流和防潮的条件下沸腾 5 h。如果是敏感的二级醇，最好不用硫酸作为催化剂，而是向沸腾的混合物中导入氯化氢直到饱和并将反应时间延长至 10 h。然后将过量的醇通过一根 20 cm 的 Vigreux 柱蒸馏出去（注意，剩余物不要过热!），并将蒸馏剩余物转到 5 倍于它的冰水中。分出有机层再用醚萃取三次。合并有机相，用浓的碳酸钠溶液中和酸，用水洗涤至中性，通过氯化钙干燥，再蒸馏。

这一方法也适合半微量制备。

---

[1] 苯也可以。不过其高毒性加上水和一同带出的醇的不适当的比例（参见表 A. 82）限制了它的应用。

[2] 用重氮甲烷制备甲基酯参见表 D. 8. 40。

[3] 如果醇比酸贵，就将比例颠倒过来或者最好按方法 B 做。

表 D.7.40 羧酸的酯化

产物	方法	沸点(熔点)/℃	n_D^{20}	产率/%
乙酸丙酯	B	101	1.3843	70
乙酸异丙酯	B	88	1.3775	70
乙酸丁酯	B①	126	1.3961	85
乙酸异丁酯	B①	118	1.3900	75
氯代乙酸乙酯	A,B	144	1.4227	90
β-溴丙酸乙酯	A,B	$67_{1.6(12)}$	1.4539	85
异丁酸丙酯	B	110	1.3869	70
巴豆酸甲酯	C	120	1.4239	70
巴豆酸乙酯	B	139	1.4246	70
乳酸乙酯	B②	154	1.4125	75
丙酮酸甲酯③	C	$65_{2.7(20)}$	1.4068	30
酒石酸二乙酯	B②	$138_{0.5(4)}$	1.4476	80
辛酸乙酯	B	$91_{2.0(15)}$	1.4176	90
癸酸乙酯	B	$125_{2.4(18)}$	1.4256	90
月桂酸乙酯	B	$155_{2.0(15)}$	1.4311	75
十四烷酸乙酯(肉豆蔻酸乙酯)	B	$185_{2.7(20)}$	1.4365	95
乙二酸二乙酯④	B	$74_{1.5(11)}$	1.4100	70
丁二酸二乙酯	A,B	$103_{1.9(14)}$	1.4201	90
马来酸二乙酯	B	$108_{1.6(12)}$	1.4413	90
富马酸二乙酯	B	$95_{1.3(10)}$,(熔点 0.6)	1.4408	90
己二酸二乙酯	A,B	$138_{2.7(20)}$	1.4275	90
己二酸二甲酯	C	$115_{1.7(13)}$	1.4297	90
癸二酸二乙酯	B	$177_{1.6(12)}$	1.4368	75
苯甲酸甲酯	A,C	$83_{1.5(11)}$	1.5165	90
苯甲酸乙酯	A,B	$95_{2.3(17)}$	1.5057	90
水杨酸甲酯	A,C	$115_{2.7(20)}$	1.5369	80
水杨酸乙酯	A	$105_{1.5(11)}$	1.5226	60
邻苯二甲酸二乙酯⑤	A	$163_{1.6(12)}$	1.5019	80
对甲基苯甲酸甲酯	A	$108_{2.3(17)}$,(熔点 33)		80

① 反应剩余的丁醇会与酯形成共沸物，这使得产品的纯化变得复杂。因此实用的方法是将醇和酸的摩尔比反过来，这样醇就会全部反应掉。

② 采用离子交换剂；不要用水洗。

③ 分出水相后直接蒸馏，因为丙酮酸酯非常容易水解。

④ 可以用带结晶水的草酸［采用图 A.83(c) 所示的分水器特别合适］，不需要加催化剂。

⑤ 也可以用邻苯二甲酸酐作为起始反应物。

B. 共沸酯化　将 1 mol 羧酸（如果是二酸就用 0.5 mol）与 1.75 mol 的醇（不必是无水的），5 g 浓硫酸，甲基苯磺酸，萘磺酸或者 5 g 新用氢离子负载的酸性离子交换剂❶（例如合成阴离子交换树脂 IRA-118）和 100 mL 氯仿或四氯化碳，在分水器上回流加热，直到没有水分出为止。

如果是酯化羟基酸、α,β-不饱和酸或者是用二级醇进行酯化，最好不用硫酸作为催化剂，以便抑制副反应的发生（哪些副反应?）。在采用离子交换剂的情况下要用机械搅

❶ 参见试剂附录。

拌，否则液体会溅出。

反应结束后，让体系冷却，过滤出离子交换剂，或以 $NaHCO_3$ 水溶液中和酸性催化剂，水洗至中性。然后蒸馏出水分携带剂，同时残留的清洗水也被带走了。将剩余物重结晶或蒸馏。

这一方法也适合半微量和微量制备。

C. 萃取法酯化　1 mol 羧酸，按每一羧基加入 3 mol 醇比例加入醇，300 mL 四氯化碳，1,2-二氯乙烷或三氯乙烯和 5 mL 浓硫酸，若为敏感化合物时，则加入 5 g 甲基苯磺酸或离子交换剂（见共沸酯化部分），在回流和防潮的条件下加热 10 h。如果是芳香族羧酸就要加 3 倍量的催化剂。多数情况下反应体系会分成两层，量少的一层含反应水。

冷却后将两相分离，有机相用水、碳酸氢钠水溶液洗涤后再用水洗。蒸馏除去萃取溶剂，剩余物重结晶或蒸馏。

用 N,N'-二环己基碳二亚胺（DCC）作为缩合剂、4-（N,N-二甲氨基）吡啶（DMAP）作为酰基化催化剂，羧酸和醇的直接酯化反应可以在温和的条件下顺利进行，而且产率很好。除其它用途外 DCC 还用于从羧酸和胺合成酰胺［参见式(D. 7. 52)］。其它碳二亚胺也可以用于酯的制备。

由富马酸单乙酯和叔丁醇合成富马酸叔丁基乙基酯：Neises, B.；Steglich, W., Org. Synth., 1985, 63: 183-187.

制备酯也可以采用相应酸的酯与其它醇反应的方法。这种羧酸酯醇解（酯交换）反应与酯化反应相反，它既可以被酸也可以被碱催化。自己列一下转化式！此处也是典型的平衡反应。

如果要制备一个羧酸的多羰基酯，最好采用这个酸的甲酯，然后将脱下的甲醇从平衡中蒸馏出去（参见表 D. 7. 42，聚酯纤维）。除了极少数情况之外，可以采用醇过量的方法得到想要的酯。表 D. 7. 177 中是酯交换的制备实例（其中有从 2-苯乙酰基-乙酰乙酸乙酯制备 4-苯基-乙酰乙酸甲酯，写出这个反应式!）。

由于羰基的反应活性大大增加，酰氯或者酸酐的醇解要比羧酸和酯的容易得多。尽管如此，酰氯或者酸酐的醇解还能被酸或碱再加速。催化作用对反应性稍弱的酸酐更为明显。下面的实验可以证明这一点：

将 1 mol 乙酸酐溶于 1 mol 无水乙醇并检查混合物的温度。然后用玻璃棒蘸取浓硫酸加很小的一滴，再观察发生了什么变化。

三级醇和苯酚的酯不能通过羧酸酯化的方法制备，却很容易通过酰氯或者酸酐的转化获得。反应活性顺序在这里也是一级醇 ＞二级醇 ＞三级醇。这就是为什么，在由如乙酸酐和叔丁醇制备乙酸叔丁酯时必须额外添加氯化锌（参见表 D. 7. 41）的缘故。

【例】 由乙酸酐制备乙酸酯的一般实验方法（表 D. 7. 41）

在一个 500 mL 带回流冷凝器和氯化钙管的圆底烧瓶中加 1 mol 新蒸馏的乙酸酐和 1 mol 的无水醇，滴加 10 滴浓硫酸。放热反应放缓后，立即在沸水浴上再加热 2 h。冷却后将反应混合物倒入 300 mL 冰水中。如果是固态的酯，抽滤分离后重结晶。如果是液态酯，分液后将水相用二氯甲烷或醚再萃取两次。将有机相合并在一起用 Na_2CO_3 溶液中和，用水洗，经硫酸钠干燥。最后蒸出溶剂，通过蒸馏或者结晶法将酯纯化。

对于制备量很小或者所用的醇价格较贵而且对酸敏感的情况下，可以采用下面的方法（碱催化法）：

10 mmol新蒸馏的乙酸酐、10 mmol无水醇和12 mmol干燥的吡啶一起回流加热3 h，倒入冰水中并像上面描述的那样分离。反应液要先用10%的盐酸酸化或者萃取液用10%的盐酸洗，以除净吡啶。

表 D.7.41 由乙酸酐制备乙酸酯

产物	起始反应物	沸点(熔点)/℃	n_D^{20}	产率 /%
乙酸己酯	己醇	$62_{1.6(12)}$	1.4104	80
乙酸庚酯	庚醇	$93_{1.9(14)}$	1.4153	80
乙酸辛酯	辛醇	$98_{2.0(15)}$	1.4204	80
乙酸环己酯	环己醇	$64_{1.7(13)}$	1.4429	80
乙酸-(－)-蓋基酯	(－)-蓋醇	$113_{2.5(19)}$ $[\alpha]_D^{20}-79.4°$	1.4456	80
乙酸叔丁酯①	叔丁醇	96	1.3862	55
O-乙酰基乳腈②	氰基羟基乙醛	$64_{1.5(11)}$	1.4027	75
乙酸苯酯	苯酚	$75_{1.1(8)}$	1.5088	75
乙酸间甲苯酯	间甲酚	$99_{1.7(13)}$	1.5004	75
乙酰水杨酸③	水杨酸	(熔点136) (二噁烷：水＝1：1)		85
胆甾醇乳酸酯	胆甾醇	(熔点115)		80
五乙酰基-α-D-葡萄糖④	葡萄糖	(熔点114)(乙醇) $[\alpha]_D^{20}+101.6°$(氯仿中)		50
五乙酰基-β-D-葡萄糖⑤	葡萄糖	(熔点135)(乙醇) $[\alpha]_D^{20}+5.5°$(氯仿中)		55

① 0.3 g无水$ZnCl_2$代替硫酸作为催化剂；蒸馏前加一小勺尖的$KHCO_3$。

② 不能用吡啶！

③ 每摩尔水杨酸用1.2 mol乙酸酐；产品中三氯化铁反应必须呈阴性。

④ 0.1 mol一水合葡萄糖与0.8 mol乙酸酐于1.5 mol吡啶中在0 ℃下搅拌20 h，浇到冰上。

⑤ 不能用吡啶！用一水合葡萄糖；7 mol乙酸酐；仅加5滴浓硫酸，与10 mL乙酸酐混合，边搅拌边滴入。如果内部温度超过100 ℃要立刻冷却！

邻苯二甲酸酐或者取代邻苯二甲酸酐与醇一起加热可以生成邻苯二甲酸的单（氢）酯，邻苯二甲酸酯通常很容易结晶，所以在定性分析中可以用来鉴别醇（参见E.2.5）。三级醇不反应或者反应生成烯烃。

用氢氧化钠滴定酸性的邻苯二甲酸单酯很容易确定相应的醇的摩尔质量。

特别有意思的是外消旋二级醇的邻苯二甲酸单酯，由于它还有一个羧基所以能与光学活性的碱（马钱子碱，奎宁等）反应，生成溶解性及其它物理性质不同的一对非对映体，因而很容易分离，通过水解可以获得相应的对映体的醇。

【例】 通过3-硝基邻苯二甲酸单（氢）酯确定醇的摩尔量质量（一般定性分析方法）

（1）酯的制备　0.3 mol的醇，0.3 g 3-硝基邻苯二甲酸酐和0.5 mL吡啶在沸水浴上加热2 h。然后将反应液浇到冰上，用浓盐酸酸化，再把酯过滤出来或者用氯仿萃取出来。用Na_2CO_3溶液将酯从有机相中溶出来，通过酸化再沉淀出来。

(2) 醇摩尔质量的确定　准确称取 0.2～0.25 g 纯的氢酯，在低温下（温度高了可能水解!）溶于过量的 0.1 mol/L 的氢氧化钠溶液中。马上用 0.1 mol/L 的盐酸滴定过剩的碱，计算：

$$\text{摩尔质量(醇)} = \frac{\text{称量质量克数} \cdot 1000}{\text{氢氧化钠溶液的体积(mL)} \cdot \text{浓度}} - 193$$

酰基氯的醇解有时能在水溶液中进行，这对于分析来说是很重要的，这样醇就可以以羧酸衍生物的形式从水溶液中沉淀出来（Schotten-Baumann 反应）。这一反应仅用于难溶于水的酰基卤化物在水溶液中反应。此时酰基氯将醇从水相中提出来，与它在均相中反应。另一方面作为竞争反应的酰基氯和水或者缚酸剂氢氧根离子之间的反应只发生在相界面处，因此非常缓慢。为了避免所生成酯的皂化反应，体系必须始终保持接近中性，也就是说碱溶液要逐滴按照消耗适量添加。如果采用干燥的醇以吡啶为缚酸剂（Einhorn 反应）就完全可以避免酯的皂化反应。

用于醇的分析定性，除了已经讨论过的邻苯二甲酸单酯外，还有苯甲酸酯、对硝基苯甲酸酯和 3,5-二硝基苯甲酸酯。

【例】 由苯甲酰氯醇解制备苯甲酸酯（Schotten-Baumann 方法，一般定性分析方法）

于试管中，将 0.5 g 醇溶解或悬浮于 5 mL 水中，加一滴甲基红的丙酮溶液和 1 mL 新蒸馏的苯甲酰氯。再一滴一滴地加入 5 mol/L 氢氧化钾溶液。将试管密闭并强烈振荡直到溶液的颜色由黄色开始变成红色。反复滴加氢氧化钾并振荡，直到黄色不再变化，同时苯甲酰氯的气味消失。将生成的酯抽滤分离，用少量的水冲洗再重结晶。如果是液态的酯就用醚提取，提取液用硫酸钠干燥再精馏。不过液态酯不适合被用来表征醇。

酰胺也可用同样的方法制备，不过也可以将胺直接加到 10～15 mL 2 mol/L 氢氧化钾溶液中，再振荡，并加入过量苯甲酰氯。

【例】 由酰基氯醇解制备羧酸酯（Einhorn 方法，一般定性分析方法）

将约 2 g 酰基氯（苯甲酰氯，对硝基苯甲酰氯和 3,5-二硝基苯甲酰氯）小心地在冰浴条件下加到 0.5 g 醇和 3 mL 吡啶中。然后封闭防潮在水浴上加热，一级醇和二级醇 10 min，三级醇 30 min。在室温下放置过夜的效果也同样好。紧接着将反应液倒到冰水中，小心地用浓盐酸酸化。一般呈油状析出的酯，用碳酸氢钠水溶液洗涤。最后，抽滤分离固体产物并重结晶。

羧酸酯是下列重要反应的反应物：胺解，酯缩合（参见 D. 7. 2. 1. 8），Grignard 反应（参见 D. 7. 2. 2），还原成醇（参见 D. 7. 3），酯热解（参见 D. 3. 2）。

在化学工业中，酯也是很重要的化合物。表 D. 7. 42 列出了几个具有代表性的例子。自己了解一下最后列举的几个化合物的合成方法！酯是自然界中广泛存在的一类化合物：油脂和油的意义见 D. 7. 1. 4. 3。

蜡主要是长链酸和长链醇的酯。重要的代表有蜂蜡，巴西棕榈蜡，鲸油和加州希蒙得木油。除其它用途外，它们常常用在美容化妆业和用作特殊润滑油。

表 D.7.42 酯的应用

酯	用途
乙酸甲酯	纤维素酯(漆)的溶剂
乙酸乙酯	漆和树脂的溶剂
乙酸丁酯,乙酸戊酯	硝化纤维和树脂的溶剂,提取青霉素的溶剂
乙酸苯甲酯	香料
乙酸肉桂酯	香料
多种溶剂混合物(C_6～C_7 醇的乙酸酯和丙酸酯的混合物)	酚提取剂(污水处理的苯酚溶剂方法)
丙烯酸酯,甲基丙烯酸酯	聚合物
邻苯二甲酸二乙酯,邻苯二甲酸二丁酯	软化剂
二(2-乙基己基)苯二甲酸酯	PVC 的标准软化剂
聚对苯二甲酸乙二醇酯(通过对苯二甲酸二甲酯和乙二醇的酯交换反应,聚合缩合)	人造纤维(聚酯)
乙酸乙烯酯(聚乙酸乙烯酯)	合成材料
醇酸树脂[由邻苯二甲酸酐、马来酸酐和二醇(乙二醇,丙三醇)合成的聚酯]	合成材料,制漆原料
乙酰纤维素(由纤维素和乙酸酐-乙酸合成)	合成材料(如安全膜),化学纤维(乙酸丝)
由 C_8,C_9 和 C_{10} 醇合成的 2,4-二氯和 2,4,5-三氯苯氧基乙酸酯	除草剂
取代的环丙羧酸酯,其中有拟除虫菊酯	杀虫剂[如氯氰菊酯,溴氰菊酯式(D.7.113a)]
抗坏血酸[由 2-氧-L-古龙酸合成的 γ-内酯式(D.6.43a)]	维生素 C
乙酰水杨酸	止痛剂,解热剂(阿司匹林,ASS,阿舍沙耳)
对氨基苯甲酸乙酯	局部麻醉药(苯坐卡因)
对氨基苯甲酸(β-二乙氨基乙基)酯	局部麻醉药(普鲁卡因),防光药

D.7.1.4.2　羧酸及其衍生物的氨解制备酰胺

氨作为相对强的碱很容易与酸反应生成盐：

$$R-C(=O)OH + NH_3 \rightleftharpoons [R-C(\cdots O)_2]^{\ominus}\ NH_4^{\oplus} \tag{D.7.43}$$

$$R-C(=O)OH + NH_3 \rightleftharpoons R-C(=O)NH_2 + H_2O \tag{D.7.44}$$

对于羧酸的氨解反应来说，相当于平衡［式(D.7.43)］中的自由氨和自由酸的浓度很低。因此反应进行得相对来说比较难，而且必须不停地将反应水排出平衡体系，例如通过将酸的铵盐加热到较高的温度等方法。

也可以用脲代替氨，脲在高温下分解成氨和异氰酸，而异氰酸又可以结合反应水生成氨和二氧化碳。列出反应式并了解一下双缩脲反应！

在吸水剂（五氧化二磷，磷酰氯）的影响下，酰胺特别容易在高温下继续脱水转化成腈。

羧酸在一级和二级胺中胺解时生成相应的单取代和二取代的酰胺，在三级胺中不生成酰胺（为什么?）上面的讨论相应地也成立。

下述由甲酸和 *N*-甲基苯胺制备 *N*-甲基甲酰苯胺的方法，介绍了一个特别简单的情况，即通过共沸蒸馏蒸出反应生成的水，使反应能够进行的例子。

【例】 *N*-甲基甲酰苯胺的制备

在一个 1 L 的圆底烧瓶中将 1 mol *N*-甲基苯胺、1.2 mol 配成 80％～90％溶液的甲酸和 300 mL 甲苯混合。加热回流，将水由分水器分出，到不再有水分出现时，将甲苯蒸出，然后将剩余物真空精馏。b. p. $_{1.7(13)}$ 125 ℃；n_D^{20} 1.5589；产率 95％。

酰胺一般而言，易结晶、容易纯化。因此它们不仅可以用来分析鉴定一级和二级胺（最好是以乙酰胺和苯甲酰胺的形式，由相应的酸酐或者酰氯生成）还可以用来鉴别羧酸（以无取代基的酰胺、酰苯胺、苄基酰胺的形式）。较实用的方法是，采用酰氯（参见 D.7.1.4.4）用氨或者苯胺使其转化成酰胺。不过，在定性分析过程中羧酸是在水溶液中。在这种情况下，最好是按下面介绍的方法制成酰苯胺。

【例】 由羧酸和苯胺制备酰苯胺（一般定性分析方法）

用稀的氢氧化钠溶液将羧酸的水溶液中和，蒸出水分，在 105 ℃下干燥剩余物。大约 0.5 g 研碎的、干燥的羧酸钠盐与 0.5 mL 苯胺和 0.2 mL 浓盐酸（或对应量的盐酸苯胺化合物）一起在 150～160 ℃下加热 45 min。冷却下来后加水，过滤，最后从水或稀释的乙醇或二氧杂环己烷中重结晶。

羧酸胺解在实验室规模上意义不大；制备酰胺比较有利的途径是酰氯、酸酐和酯的胺解。

羧酸酯的氨解、胺解或者肼解（写出转化式!）在相对温和的条件下就能进行，因为式(D.7.43）成盐反应的发生，胺较高的反应活性（与醇相比）可以全部得以发挥，另外酯羰基比羧酸羰基更容易反应。

在氨解或胺解中，亲核成分的反应活性随着碱性的增大而增大，另一方面又随着胺体积的增大而减小，因此反应活性最大的应该是直链的一级胺。请考虑一下，在胺解反应中是苯胺还是苯甲胺更容易反应!

酯对氨或胺的反应活性与对水的相仿（参见 D.7.1.4.3）。所以苯基酯比甲基酯、甲基酯又比乙基酯容易氨解，而叔丁基酯等根本就不与胺反应。实践中一般采用容易得到的甲基酯或者乙基酯。

羰基活性被吸电子基团活化了的酯（例如氰基乙酸酯、氯代乙酸酯）特别容易发生反应。当然，*β*-氧代羧酸酯常常生成酰胺和 *β*-氨基巴豆酸酯的混合物，在这个混合物中 *β*-氨基巴豆酸酯通常占多数[参见式(D.7.12)]。另外，酯中醇部分的吸电子诱导(−*I*)效应也能明显地提高酯的反应活性。这类被活化了的酯，如氰甲基苯基酯和对硝基苯基酯，可用于肽合成。

酯在肼解时能顺利地生成羧酸肼，例如由异尼古丁酸酯生成重要的作为安痨药使用的异尼古丁酸肼（异烟肼）。

β-氧代羧酸酯与苯肼缩合成环，生成吡唑啉酮［参见式(D.7.59)］。参照下面介绍的一般实验方法，可以由亚氨基马来酸酯制备 3-氨基吡唑啉-5-酮：

NH; O—Et; O; Et; HN—NH₂; Ar ⟶ NH₂; O; N; N; Ar + 2 EtOH (D. 7. 45)

【例】 制备3-氨基-1-芳基吡唑-5-酮[1]的一般实验方法（表D.7.46）

注意！芳肼有剧毒并能引起严重皮疹！反应要在通风橱里进行！

在一个500 mL带回流冷凝器（带氯化钙管）、滴液漏斗和KPG搅拌器的三口烧瓶中加入100 mL无水甲醇、0.1 mol芳基肼和0.11 mol亚氨基马来酸二乙酯的混合物，向混合物中加0.5 mL乙酸并放置2 h。这期间用150 mL无水甲醇和2.5 g钠制备一份甲醇钠溶液（制备方法见试剂附录!）。趁热在搅拌条件下将甲醇钠溶液滴加到反应混合物中。接着回流加热15 min，冷却后在旋转式蒸发器上浓缩。将浓缩物溶于400 mL水中，过滤后在搅拌条件下用冰醋酸将pH值调到7。将析出的产物抽滤分离、干燥、再用乙腈重结晶。平均产率为80%。

表D.7.46 由肼和亚氨基马来酸二乙酯制备3-氨基-1-芳基-Δ^2-吡唑-5-酮

吡唑啉酮	原料	熔点/℃
3-氨基-1-苯基-Δ^2-吡唑-5-酮	苯肼	219(A)
3-氨基-1-(4-甲基苯基)-Δ^2-吡唑-5-酮	对甲苯肼	182
3-氨基-1-(3-甲氧苯基)-Δ^2-吡唑-5-酮	间甲氧基苯肼	173
3-氨基-1-(4-氯苯基)-Δ^2-吡唑-5-酮	对氯苯肼	163
3-氨基-1-(3-氯苯基)-Δ^2-吡唑-5-酮	间氯苯肼	190
3-氨基-1-(2-氯苯基)-Δ^2-吡唑-5-酮	邻氯苯肼	154
3-氨基-1-(4-溴苯基)-Δ^2-吡唑-5-酮	对溴苯肼	152

【例】 氰基乙酰胺和氯代乙酰胺的制备[2]

在一个1 L带机械搅拌器的烧杯中加入1 mol氰基乙酸乙酯或氰基乙酸甲酯，在冷却和搅拌的条件下缓慢地加入1.5 mol浓氨水（D=0.9），在这个过程中通过冰水冷却将温度控制在30～35 ℃。然后在这一温度下继续搅拌30 min再冷却到0 ℃，这时氰基乙酰胺就会结晶析出。抽滤分离，用少量冰冷的乙醇或醚洗，从醇或水中重结晶。m.p.118 ℃；产率80%。

用同样的方法可以将氯代乙酸乙酯转化成氯代乙酰胺。这时为了防止卤原子被取代，要在0 ℃下操作。m.p.116 ℃（水）；产率80%。

富马酸二酰胺：Mowry,D.T.；Butler,J.M.,Org.Synth.,1963,Coll.Vol.Ⅳ:496.

【例】 由羧酸酯胺解制备羧酸-N-苯甲酰胺（一般定性分析方法）

0.5 g相关的甲基或者乙基酯与1.5 mL苯甲酰胺和0.05 g氯化铵一起回流加热1 h，冷却后先用水最后再用少量稀盐酸洗，这时苯甲酰胺大多会以固态析出。用乙醇-水或者丙酮-水重结晶。

高级醇的酯要先与3 mL无水甲醇和0.05 g钠一起回流加热30 min以转化成甲酯。将醇蒸馏出去后再按上述方法操作。

2,3,4,6-四乙酰基-D-葡萄糖可以通过五乙酰基-D-葡萄糖部分胺解获得。

[1] IUPAC名称：3-氨基-1-芳基-4，5-二氢-吡唑-5-酮，也叫3-氨基-1-芳基-Δ^2-吡唑啉-5-酮。

[2] 根据Corson，B.B.；Scott，R.W.；Vose，C.E.，Org.Synth.，1941 Coll. Vol.Ⅰ：179.

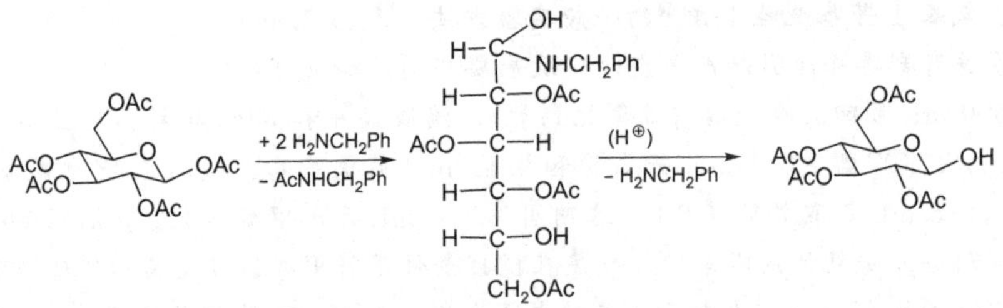

$$\text{I} \xrightarrow[-\ AcNHCH_2Ph]{+\ 2\ H_2NCH_2Ph} \text{II} \xrightarrow[-\ H_2NCH_2Ph]{(H^{\oplus})} \text{III} \qquad (D.\ 7.\ 47)$$

【例】 通过五乙酰基-D-葡萄糖胺解制备2,3,4,6-四乙酰基-D-葡萄糖[1]

在水冷却条件下向0.1 mol五乙酰基-α-(或β-)D-葡萄糖（Ⅰ）中加0.3 mol苯甲胺并强烈搅拌10 min。体系先变成液态，短时间之后析出晶体。马上拌进75 mL无水乙醚，将晶体抽滤分离并用无水乙醚冲洗两次，每次用50 mL。

晶体是2,3,4,6-四乙酰基-D-葡萄糖与苯甲胺的加合物（Ⅱ），而*N*-苯甲基乙酰胺和剩余的苯甲胺都存在于醚滤液中。

纯化时先将晶体溶于100 mL干燥的氯仿中，过滤后再加250 mL无水乙醚。m. p. 140 ℃（分解）。

为了获得四乙酰基葡萄糖（Ⅲ），可以直接从未经处理的加合物开始，将其溶于500 mL氯仿中，过滤，再用每次100 mL 5 mol/L盐酸萃取两次。然后用少量碳酸氢盐水溶液洗，经氯化钙干燥，最后在真空中蒸发浓缩（接近尾声时起很强的泡沫）。所剩下的糖浆状物于真空干燥器中在五氧化二磷之上保存24 h之后，与100 mL乙醚混合，此时获得第一部分晶状物质。将母液浓缩，重新干燥后再与醚混合。如此反复多次可获得85%的β-化合物。m. p. 132 ℃（丙酮-乙醚）。

对于D. 7. 3. 2中描述的（R,S)-α-苯乙基胺对映异构体的分离方法，可直接用蒸除氯仿后所剩的糖浆状物。

酰氯和酸酐的胺解大多很容易进行，是最常用也是最可行的制备羧酸酰胺的方法。用反应式将反应表示出来！如果所用缚酸剂不是吡啶，或其它三级胺，或者碱金属氢氧化物，那么释放出的氯化氢或者羧酸会消耗1 mol胺。

定性分析中用这一反应来鉴别羧酸。

【例】 由酰氯胺解制备酰胺（一般定性分析方法）

将0.5 g酰氯溶于10 mL无水二氧杂环己烷中（如果是难溶的酰氯可以用大量的二氧杂环己烷）。逐滴加入由2 g一级或者二级胺与10 mL二氧杂环己烷混合后的溶液并剧烈振荡。

如果是制备无取代基的酰胺，就加过量的浓氨水溶液。

10 min之后将反应混合物倒入100 mL冰水中，用稀盐酸稍微酸化，抽滤分离后用水洗至中性。产物用乙醇重结晶。

---

[1] 参见Helferich, B.; Portz, W., Chem. Ber, 1953, 86: 604.

如果是合成水溶性的低级脂肪族酰胺，就向二氧杂环己烷溶液中通气态的氨，在真空中将溶剂蒸发，剩余物从无水乙醇中重结晶。

可以用羧酸酐代替酰氯在同样条件下进行反应。

由癸二酰氯和六亚甲基二胺合成聚酰胺（尼龙类）：Sorenson，W. R.，J. Chem. Educ. 1965，42：8.

生成酰胺的反应也可以用来鉴别胺类化合物。在这种情况下按 D. 7. 1. 4. 1 中介绍的 Schotten-Bauman 或者 Einhorn 方法操作。由于酰胺难水解，采用 Schotten-Bauman 方法时，反应可以从一开始就在过量的碱中进行。

就像酰氯一样，叠氮化物胺解时也生成酰胺。叠氮酸可以由肼和亚硝酸反应制备，也可以由酰氯和叠氮化钠反应制备。

酰胺也有可能胺解，既所谓的“转酰胺化”，参见例如式(D. 7. 56)。

酰胺衍生物的胺解和氨解在实验室及工业生产上意义重大。前面已经讨论过了通过转化成酰胺的方法来保护氨基不被氧化（参见 D. 5. 1. 3 和 D. 6. 2. 1）和鉴定胺化合物。

以胺解反应为基础可以合成一系列含氮杂环化合物，参见式(D. 7. 45)，式(D. 7. 56) 和式(D. 7. 59)。

1,3-噁唑啉（4,5-二氢氧氮杂茂）可以从羧酸或者其衍生物和 β-氨基醇氨解反应合成，例如：

$$R{-}COOH + H_2N{-}C(CH_3)_2{-}CH_2OH \rightleftharpoons \text{2-R-4,4-dimethyl-2-oxazoline} + 2\,H_2O \qquad \text{(D. 7. 48)}$$

由于容易开环，其可用来作为其它合成的基础化合物，也可以用作羧酸的保护基团，通过酸性水解可返回到羧酸（参见 C. 8. 2）。

与此类似，羧酸或者其衍生物与 1,2-二胺反应生成咪唑啉，与邻苯二胺反应生成苯并咪唑：

$$C_6H_4(NH_2)_2 + HO{-}CO{-}R \longrightarrow \text{2-R-benzimidazole} + 2\,H_2O \qquad \text{(D. 7. 49)}$$

还可以参见式(D. 7. 57)。

这里所描述的方法对于肽的合成有特别意义。合成肽时，使一个氨基酸的具有反应活性的衍生物，如其酰氯，与另一个氨基酸或其酯，或者与一个肽发生反应。为了将反应控制在单一反应方向上，要将作为酰基成分起作用的氨基酸的氨基，及另一个氨基酸的羧基保护起来：

$$Z{-}NH{-}CH(R){-}C(=O){-}X + H_2N{-}CH(R'){-}C(=O){-}OR'' \xrightarrow{-HX} Z{-}NH{-}CH(R){-}C(=O){-}NH{-}CH(R'){-}C(=O){-}OR'' \qquad \text{(D. 7. 50)}$$

适合作为式(D. 7. 50) 中保护基团 Z 和 R″的是那些在肽合成后不需分裂肽键就能离去的取代基。

乙酰基或苯（甲）酰基等取代基不太适合作为氨基的保护基团。有些基团比如说苯甲氧基羰基（通常缩写成 Z）和叔丁氧基羰基是特别合适的保护基。Z 通过酰基化反应用氯代碳酸苯甲酯（参见 D. 7. 1. 6）导入：

$$\underbrace{Ph-CH_2-O-\overset{O}{\overset{\|}{C}}-Cl}_{Z} + H_2N-\underset{R}{\underset{|}{CH}}-\overset{O}{\overset{\|}{C}}\diagdown \xrightarrow{-HCl} Z-NH-\underset{R}{\underset{|}{CH}}-\overset{O}{\overset{\|}{C}}\diagdown \quad (D.\ 7.\ 51a)$$

从所生成的氨基甲酸酯上，苯甲氧基羰基像所有 *O*-和 *N*-苯甲基一样很容易还原（如通过催化氢化）再脱掉，生成甲苯和二氧化碳：

$$Ph-CH_2-O-\overset{O}{\overset{\|}{C}}-NH-\underset{R}{\underset{|}{CH}}-\overset{O}{\overset{\|}{C}}\diagdown + H_2 \xrightarrow{Pd} Ph-CH_3 + CO_2 + H_2N-\underset{R}{\underset{|}{CH}}-\overset{O}{\overset{\|}{C}}\diagdown \quad (D.\ 7.\ 51b)$$

常用的叔丁氧基羰基 $(CH_3)_3C-O-CO-$ 在非常温和的条件下就可以酸性水解离去。

作为酰基部分的酰卤［式(D. 7. 50) 中 X=Cl］还可以用叠氮化物（$X=N_3$）或者含碳酸单酯的混合酸酐代替，这一混合酸酐可以由氨基酸和氯代碳酸酯在三级胺碱存在的条件下制备，见式(D. 7. 73)。活化了的酯，如对硝基苯酚或者 *N*-羟基琥珀酰亚胺，也可以用来替代酰卤［式(D. 7. 50) 中 X=对硝基苯氧基］。

其实在碳二亚胺——例如二环己基碳二亚胺（DCC）——存在下羧酸（X=OH）的直接转化很简单：

$$Z-NH-\underset{R}{\underset{|}{CH}}-COOH + H_2N-\underset{R'}{\underset{|}{CH}}-COOR'' + C_6H_{11}-N{=}C{=}N-C_6H_{11}$$
$$\longrightarrow Z-NH-\underset{R}{\underset{|}{CH}}-CO-NH-\underset{R'}{\underset{|}{CH}}-COOR'' + C_6H_{11}-NH-CO-NH-C_6H_{11} \quad (D.\ 7.\ 52)$$

这类反应在工艺上也常用，例如用于一种重要的抗高血压的药物依那普利的中间产物 L-丙氨酰-L-脯氨酸及其苯甲基酯的合成：

N-叔丁氧基羰基-L-丙氨酸 + L-脯氨酸苯甲酯 —(DCC), $-H_2O$→ Boc-Ala-Pro-$COOCH_2Ph$ —(CF_3COOH)→ H_2N-Ala-Pro-$COOCH_2Ph$ —$+H_2O$ ($H^{\oplus}$或$HO^{\ominus}$)→ L-丙氨酸-L-脯氨酸 → → 依那普利(Enalapril)

(D. 7. 53)

L-天冬酰-L-苯丙氨酸甲酯用做增甜剂阿斯巴甜。

许多半合成法获得的青霉素是通过酰基化反应从羰基被保护起来了的 6-氨基青霉素酸生产的，如羟氨苄青霉素［阿莫西林，6 -(氨基 -(4-羟基苯基)-乙酰胺)-青霉素酸］：

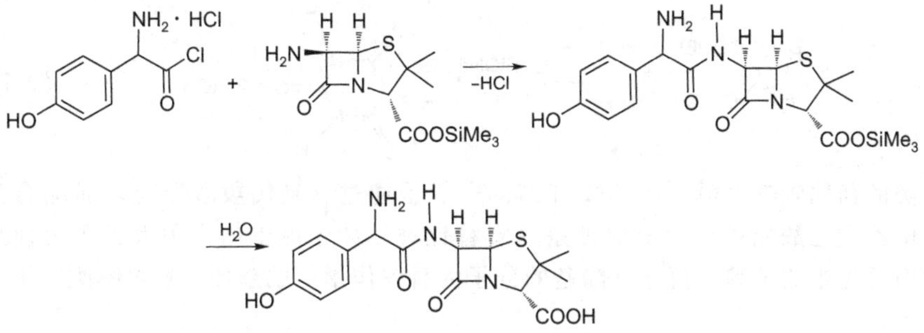

(D. 7. 54)

羟氨苄青霉素

还有一系列其它的羧酸酰胺化合物也是很重要的药物。

扑热息痛（4-羟基乙酰苯胺，由 4-氨基苯酚和乙酸酐合成）是一种大量生产的止痛退热药。

工艺上既可以由尼古丁酸和氨反应制备又可以通过 3-氰基吡啶部分水解（参见 D. 7. 1. 5）制备的尼古丁酰胺是抗糙皮病药的有效成分（维生素）。

泛酸（维生素 B_5）可以从 α-羟基-β-二甲基丁酸内酯（见 D. 7. 2. 1. 3）和 β-丙氨酸合成：

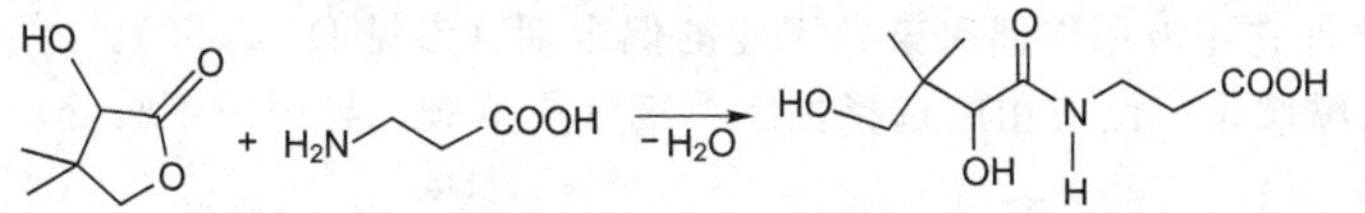

(D. 7. 55)

甲酰胺与丙氨酸乙酯反应可以得到丙氨酸乙酯的 *N*-甲酰基衍生物，进一步与 P_4O_{10} 作用脱水成环转化成相应的 1,3-氧氮杂茂：

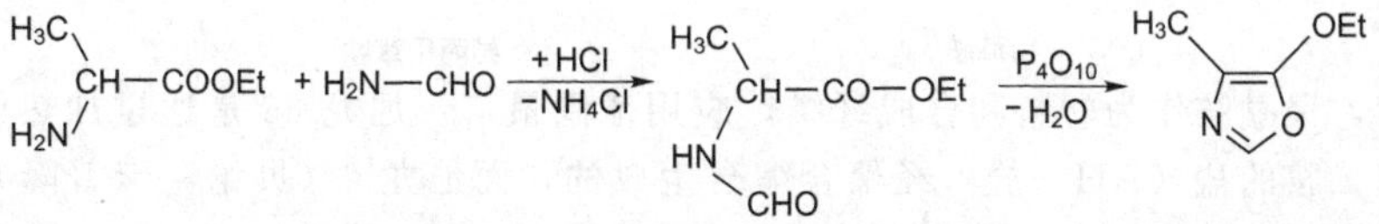

(D. 7. 56)

这一系列反应在工艺上被用来合成吡哆辛（维生素 B_6），吡哆辛由氧氮杂茂经扩环生成，参见式(D. 4. 101)。

2-巯基苯并咪唑可以通过黄原酸碱金属盐［参见式(D. 7. 92)］与邻苯二胺的反应合成，其中，下面的 5-甲氧基衍生物

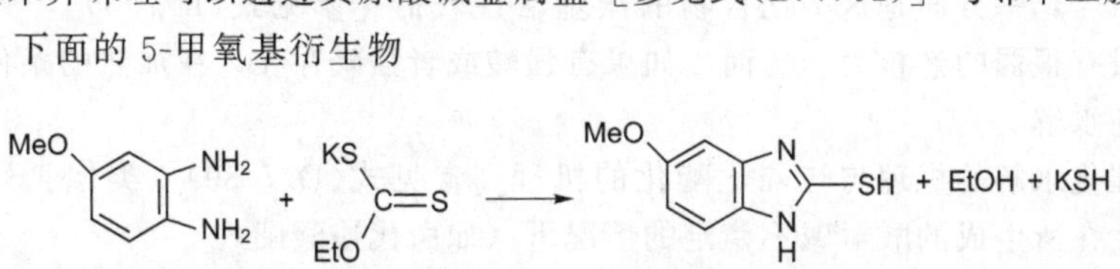

(D. 7. 57)

是合成奥咪拉唑——一种治疗溃疡的药物——的原料（见 D. 8. 5）。

酰胺——这一用尿素胺解时形成的化合物（所谓的酰脲）——同样在药物中占有一席之地。镇静安眠剂苯巴比妥（R＝苯基，R′＝乙基）和环己烯巴比妥（R＝1-环己烯基，R′＝甲基，NH═N—CH_3）属于巴比妥酸酯，是从丙二酸衍生物的环酰脲而衍生出来的。

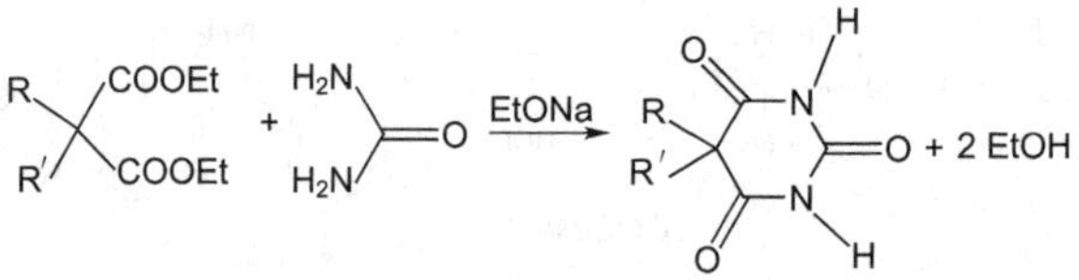

(D. 7. 58)

另一类的药物吡唑啉酮［参见式(D. 7. 45)］是通过β-氧代羧酸酯与苯肼缩合生产的，例如由乙酰乙酸酯可以生成非那宗（安替比林，如今由于副作用大已不再使用）。转化过程中首先生成苯腙，再通过酯基的分子内肼解作用形成杂环。吡唑啉酮的甲基化生成非那宗：

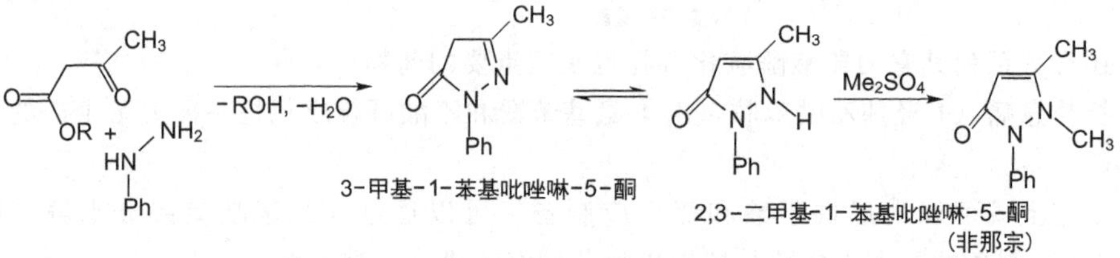

3-甲基-1-苯基吡唑啉-5-酮

2,3-二甲基-1-苯基吡唑啉-5-酮（非那宗）

(D. 7. 59)

非那宗的一个衍生物［4 位上带取代基 $(CH_3)_2CH—$］是镇痛剂异丙安替比林。

取代的 1-芳基吡唑啉-5-酮也是彩色印刷业中“紫铅”最重要的成分（参见 D. 6. 4. 3)；此外它还被用作偶氮染料工业的偶合剂（参见 D. 8. 3. 3)。

氯乙酸的酰胺是广泛应用的选择性除草剂（甲草胺、异丙甲草胺等）。

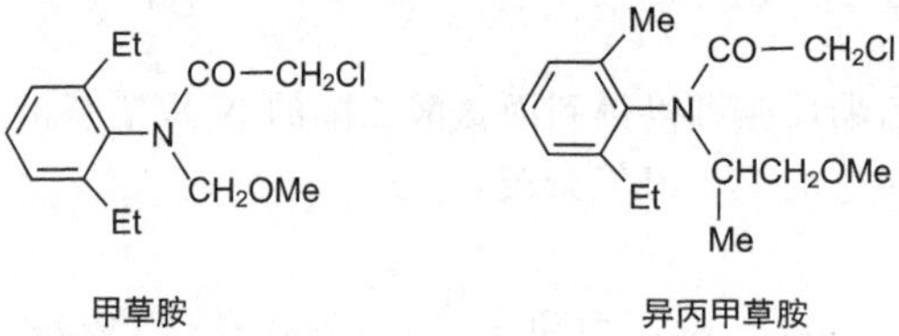

(D. 7. 60)

甲草胺　　异丙甲草胺

最后，聚酰胺作为塑料和合成纤维，应用范围最广。尼龙 66 是通过加热己二酸的六亚甲基二胺的盐（AH—盐）经聚合缩合生成的，而尼龙 6（贝纶，卡普隆）则是由ε-己内酰胺（见 D. 9. 1. 2. 4）生成的。

D. 7. 1. 4. 3　羧酸衍生物的水解

一般来说，羧酸酯和酰胺的水解反应，在只有水的情况下即使加热反应进行得也很慢，究其原因，一方面是这类化合物的羰基活性较低［参见式(D. 7. 3)］，另一方面也是因为水只有很弱的亲核力。然而，如果有强酸或者强碱存在，在加热的条件下酯和酰胺都能顺利水解。

酯酸催化水解的机理与酸催化酯化的机理［参见式(D. 7. 39)］类似。只不过酸性水解只发生在所生成的酸对碱不稳定的情况下（如卤代羧酸酯)。

比较常用的是由羟基促成的水解（皂化反应)，因为它比酸催化水解进行得快。首先羟基离子作为强亲核性、小体积的碱起作用，因此加合到酯上要比水容易得多：

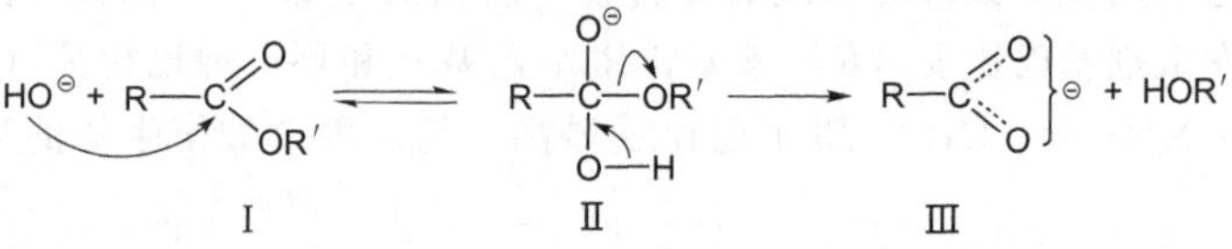

(D. 7. 61)

Ⅰ　Ⅱ　Ⅲ

而且反应的最后一步（Ⅱ→Ⅲ）是不可逆的（为什么?），因此在碱性介质中皂化反应平衡始终向着对水解有利的方向移动。同时从式(D.7.61）可以看出，反应至少需要等摩尔量的碱。

一般来说，越容易形成的酯就越容易皂化，也就是说皂化与酯化反应一样强烈依赖于羰基的亲电活性（一个衡量标准是所生成酸的酸性，为什么?）和空间因素。因此皂化反应速率按下列顺序递减：

$$H_3C-COOR > H_3C-CH_2-COOR > (H_3C)_2CH-COOR > H_3C-C(CH_3)_2-COOR$$

$$R-COOCH_3 > R-COOCH_2CH_3 > R-COOCH(CH_3)_2 > R-COOC(CH_3)_2-CH_3 \qquad (D.7.62)$$

如此说来，最容易水解的是强酸的甲基酯，比如草酸二甲酯，在室温下就能被水分解。

而三级醇的酯却很难皂化，其酸催化的水解反倒容易些。这时质子化了的酯生成羧酸和一个能量低的叔烷基阳离子，这个烷基阳离子会继续反应，根据反应条件生成三级醇（S_N1 历程）或/和异烯烃（E1 历程）（参见 D.2 和 D.3），例如：

$$R-C(=O)-O-C(CH_3)_2-CH_3 \xrightarrow{+H^{\oplus}} R-C(=O)-\overset{\oplus}{O}(H)-C(CH_3)_2-CH_3 \longrightarrow$$

$$R-C(=O)-OH + (H_3C)_2\overset{\oplus}{C}-CH_3 \xrightarrow{+H_2O} H_3C-C(CH_3)_2-OH + H^{\oplus} \qquad (D.7.63)$$

丙二酸酯[1]水解时可以观察到，第一个酯基的水解要比第二个容易得多（为什么?）。所以丙二酸单烷基酯很容易制备，关于这一点，下文中给出了参考文献。对于有取代基的丙二酸酯这一差别更加突出，有些时候第二个酯基确实非常难水解。

【例】 取代丙二酸二乙酯水解的一般实验方法（表 D.7.64）

表 D.7.64 水解取代的丙二酸二乙酯

产物	反应物	熔点/℃
乙基丙二酸	乙基丙二酸二乙酯	111
丙基丙二酸	丙基丙二酸二乙酯	96
丁基丙二酸	丁基丙二酸二乙酯	101
异丁基丙二酸	异丁基丙二酸二乙酯	108
戊基丙二酸	戊基丙二酸二乙酯	82
己基丙二酸	己基丙二酸二乙酯	106
烯丙基丙二酸	烯丙基丙二酸二乙酯	105(PhMe)
二乙基丙二酸	二乙基丙二酸二乙酯	127
1,1-环丙二酸	1,1-环丙二酸二乙酯	141(氯仿)
1,1-环丁二酸	1,1-环丁二酸二乙酯	158(AcOEt)

[1] 有关其制备请参考 D.7.2.1.8～D.7.2.1.10。

在一个1 L的带回流冷凝器的圆底烧瓶中，加入1 mol相关的酯，溶于250 mL H_2O的3.5 mol氢氧化钾，500 mL乙醇，加热回流4 h。然后在低真空下将大部分醇蒸除。蒸馏剩余物（钾盐）用正好足够的水溶解，在冰冷却的条件下用浓盐酸调节pH值为1。随后用醚萃取5次。份额较小时，萃取最好在渗滤器（参见图A.91）中进行。合并醚萃取液，用少量不饱和食盐溶液洗涤，再用硫酸镁干燥。蒸除醚后剩下的化合物丙二酸用丙酮、乙酸或者甲醇重结晶。产率为70%～80%。

丙二酸单甲酯和丙二酸单乙酯的制备：Breslow, D. S.; Baumgarten, E.; Hauser, C. R., J. Am. Chem. Soc. 1944, 66: 1286.

与取代丙二酸单烷基酯的制备类似，取代的氰基乙酸酯也能水解成相应的氰基乙酸。

丙二酸酯和β-氧代羧酸酯的水解为制备提供了多种可能性，因为在这里生成的丙二酸或者β-氧代羧酸很容易脱羧[1]，从而可以产生大量的酮或者羧酸，例如：

$$H_3C-CO-\underset{R}{\underset{|}{CH}}-COOR' \xrightarrow{\text{水解}} H_3C-CO-\underset{R}{\underset{|}{CH}}-COOH \xrightarrow[-CO_2]{} H_3C-CO-CH_2-R \quad (D.7.65a)$$

$$R-CH(COOR')_2 \xrightarrow{\text{水解}} R-CH(COOH)(COOR') \longrightarrow R-CH(COOH)_2 \xrightarrow[-CO_2]{} R-CH_2-COOH \quad (D.7.65b)$$

β-氧代羧酸酯的水解通常在弱碱或者弱酸性溶液中进行。在强碱范围内，会出现前面所谓的酸分裂反应（参见D.7.2.1.9）与其竞争。相反，丙二酸酯能在碱性条件下水解，没有其它副反应发生（参见表D.7.64）。

这些酸的脱羧机理在式(D.3.52）中已经探讨过了。乙酰乙酸大多在室温下低于其熔点（常常在100 ℃以下）时就脱去二氧化碳。相比之下丙二酸和氰基乙酸比较稳定，不需要特别措施就可以分离出来，而且是在温度高于其熔点后才脱羧。

脱羧反应能通过酸和弱碱（苯胺，吡啶）催化加速。在强碱介质中，不易进行脱羧，因为此时所有的酸都会以阴离子的形式存在。稳定的阴离子也能通过脱羧反应在强碱区域形成。

【例】β-氧代羧酸酯酮解反应的一般实验方法（表D.7.66）

A. 在碱中裂解　在一个2 L的带搅拌器和回流冷凝器的三口烧瓶中，加入1 mol相关的酯和1.5 mol 5%的氢氧化钠水溶液，室温下搅拌4 h，在这个过程中酯被皂化，酸已经部分脱羧。为了使二氧化碳完全脱离，再回流加热6 h，然后冷却，用醚多次萃取。醚萃取液用水洗，经氯化钙干燥，蒸馏除去醚，剩余物经蒸馏纯化。

B. 在酸中裂解　在一个500 mL带回流冷凝器的圆底烧瓶中装0.1 mol β-氧代羧酸酯和200 mL 20%的盐酸，加热回流，采样。用稀释的氢氧化钠溶液将样品的pH值调到2～3，用氯化铁反应检测β-氧代羧酸酯，反应不再呈阳性时（3～6 h）停止加热。冷却，用醚多次萃取。醚萃取液用水洗，经氯化钙干燥，蒸除醚后再蒸馏纯化酮。

如果表D.7.66中没特别指定，就意味着两种方法一样可行。产率为70%。

两种方法都适合半微量制备和定性分析中指示β-氧代羧酸酯。

---

[1] β-氧代酸酯的水解和脱羧反应也被称为酮解反应。

表 D.7.66 β-氧代羧酸酯分裂成酮

产物	起始反应物	沸点/℃	n_D^{20}
甲基丙基酮	2-乙酰基丁酸乙酯	102	1.3902
异丁基甲基酮	2-乙酰基-3-甲基丁酸乙酯	119	1.3956
甲基戊基酮	2-乙酰基己酸乙酯	151	1.4086
甲基异戊基酮	2-乙酰基-4-甲基戊酸乙酯	142	1.4078
二乙酮	2-甲基-3-氧代-戊酸乙酯	102	1.3922
4-苯基-2-丁酮	2-苯基-3-氧代-丁酸乙酯	$116_{2.0(15)}$	1.5130
5-己烯-2-酮	2-乙酰基-4-戊烯酸乙酯	139	1.4388
DL-*p*-薄荷-1-烯-3-酮(薄荷酮)①	2-乙酰基-2-异丙基-5-氧代-己酸乙酯	$116_{2.7(20)}$	1.4848

① 采用方法 A，用 2 mol 碱。首先发生羟醛缩合生成相应的环己酮衍生物（写出转化式；参见 D.7.2.1.3）。

从 2,2-二甲基-4,5-二氧环己烷羧酸乙酯制备 2,2-二甲基-1,3-环己二酮（双甲酮）：Shriner, R. L.；Todd, H. R., Org. Synth., 1943, Coll. Vol. Ⅱ: 200.

从 3-氧-2-苯基丁腈（制备参见表 D.7.169）通过裂解成酮反应合成苯基丙酮（苯甲基甲基酮）：Julian, P. L.；Oliver, J. J., Org. Synth., 1943, Coll. Vol. Ⅱ: 391.

从苯基乙酰基丙二酸乙酯合成苯基丙酮：Walker, H. G.；Hauser, C. R., J. Am. Chem. Soc. 1946, 68: 1386.

【例】 取代丙二酸脱羧的一般实验方法（表 D.7.67）

取代丙二酸（制备参见表 D.7.64，也可以直接用粗产品）于蒸馏装置中，使用 160～170 ℃热浴，此时产生强烈二氧化碳。用适当的真空（4～7 kPa 或 30～50 Torr）以使反应进行到底，再将所有的物质一起真空蒸馏。随后再蒸馏一次。产率 80 %～85%。

表 D.7.67 取代丙二酸的脱羧反应

产物	起始反应物	沸点/℃	n_D^{20}
丁酸	乙基丙二酸	162	1.3980
戊酸	丙基丙二酸	$96_{3.1(23)}$	1.4080
己酸	丁基丙二酸	$102_{2.0(15)}$	1.4164
4-甲基戊酸	异丁基丙二酸	$101_{1.7(13)}$	1.4140
庚酸	戊基丙二酸	$114_{1.7(13)}$	1.4236
辛酸	已基丙二酸	$129_{2.1(16)}$	1.4280
环丁羧酸①	1,1-环丁二酸	$96_{2.0(15)}$	1.4430
3-丁烯-1-酸	烯丙基丙二酸	$91_{2.1(16)}$	1.4283

① 环丙羧酸不能用相应的反应从环丙烷二酸制备，因为环丙烷环具有与烯烃双键类似的性质，这个二酸脱羧时优先转化成丁内酰胺。

这一反应在制备上的意义远不止简单酮和羧酸的制备。在复杂的合成方法中，取代的 β-氧代羧酸酯和丙二酸酯的皂化和脱羧反应也常常是一个重要的反应步骤。自己写出表 D.7.67 中最后两个例子的转化式！

从 C-烷基化的 *N*-酰基氨基丙二酸酯（D.8.2.3）可以制得 α-氨基酸，例如从乙酰氨基（2-氰乙基）丙二酸二乙酯合成谷氨酸（参见表 D.7.285）以及从 2-乙酰氨基-2-斯卡基丙二酸二乙酯［式(D.7.68) Ⅰ，Ⅰ的合成参见式(D.7.157)］合成色氨酸（Ⅱ）：

$$\text{I} \xrightarrow[-CO_2]{+H_2O} \text{II} \qquad (D.7.68)$$

(I: 3-indolyl-CH_2—C(COOR)(COOR)(NHAc); II: 3-indolyl-CH_2—CH(NH_2)—COOR)

色氨酸：Snyder，H. R.；Smith，C. W.，J. Am. Chem. Soc. 1944，66：350；Howe，E. E.；Zambito，A. J.；Snyder，H. R.；Tishler，M.，J. Am. Chem. Soc. 1945，67：38.

谷氨酸：Albertson，N. F.；Archer，S.，J. Am. Chem. Soc. 1945，67：2043.

酯的碱皂化反应还可以用来确定酯的当量或者皂化值（例如在脂肪定量分析中）。皂化值是水解 1 g 脂肪或酯所需要的氢氧化钾的毫克数。

【例】 酯当量的测定

（1）试剂的准备 趁热（不要超过 130 ℃）将 3 g 氢氧化钾溶于 15 mL 纯的二甘醇中，待溶液冷却下来后用 35 mL 二甘醇稀释。这个溶液大约是 1 moL/L。为了确定其含量，用移液管取 5 mL 溶液，加 10 mL 蒸馏水，以酚酞作为指示剂用 0.1 mol/L 的盐酸滴定。

（2）皂化 准确移取 10 mL 前面配制的碱溶液，放到 Schliff-Erlenmeyer 烧瓶中，加 0.4～0.6 g 酯（用分析天平称!）和一粒沸石，并装上回流冷却器（干燥管里装 NaOH 颗粒以排除 CO_2!）。

转动着先混匀，然后在 120～130 ℃范围内加热 15 min。冷却到 80 ℃以下，用少量蒸馏水冲冷却器，再用 15 mL 水稀释溶液。剩余的碱以酚酞作为指示剂用 0.1 mol/L 的盐酸返滴定[1]。

同样的方法不加酯做空白实验。空白实验的结果要从所确定的酯皂化的耗碱量中扣除。计算

$$x=\frac{E \cdot 1000}{nN}$$

式中，x 为酯的当量；E 为称取的重量（单位是克）；n 为所用的试剂溶液（单位是毫升）；N 为碱的浓度。

酯水解的方法对脂肪和油的皂化具有工艺意义。

天然的脂肪和油是高级脂肪酸和甘油的酯，大多是三分子酸与一分子甘油形成的酯（甘油三酸酯）。存在量最大最广泛的酸是单不饱和油酸。其次，动物脂肪的主要成分是棕榈酸和硬脂酸，植物油（大豆油，花生油等）的主要成分是双重不饱和的亚油酸。另外，对油彩和漆生产很重要的所谓的干燥油类（参见 D.1.5）（如亚麻子油，中国木油）中甚至含三重不饱和的酸（亚麻酸和桐酸精酸）。甘油三酸酯的水解要么在加压的条件下（只用水或者加碱性催化剂），要么在不加压但酸催化——如所谓的具有 Twitchell 反应性[2]的酸催化——的条件下进行。用碱金属的碱溶液进行的皂化反应只用来制作肥

---

[1] 为了估计所用的反应时间之后酯是否已经完全皂化，人们常做双倍时间的平行试验。如果试验结果彼此一致，说明皂化完全；否则的话就要延长反应时间直到两个平行试验的结果彼此一样。

[2] 是一种由硫酸和一个用油酸（在一个傅-克酰基化反应中）酰基化了的苯磺酸或者萘磺酸的混合物。磺酸起乳化剂的作用。

皂——脂肪酸的碱金属盐。水解时产生的甘油具有广泛的用途，这在前面已经讨论过了（参见 D. 4. 1. 6）。

脂肪酸或者脂肪酸酯可以被还原成相应的、可再加工成洗涤剂的脂肪醇（参见 D. 7. 3. 2）。脂肪醇还可以通过鲸油的皂化获得，鲸油是由不饱和脂肪酸与十六烷基醇和油醇的酯组成的。

水解酰胺所要求的条件一般比水解相应的酯所需要的条件苛刻（为什么?），例如需要与浓酸水溶液或浓碱一起加热几个小时。酰胺水解的情况大约与腈的一样，所以表 D. 7. 80 中的腈可以用相应的酰胺代替。

酸酐和酰卤相对容易水解。尤其是低碳原子数的酰氯，其水解反应速度快，而且强烈放热，而水溶性差的多碳和芳香族酰氯只能缓慢地水解。酸酐也遵循这一规律。在所有情况下，碱或者催化剂量的无机酸都可以大大加速水解反应。

不过这类反应没有多大应用价值，因为酸酐和酰卤本身就是由酸制备的。一个特例是由过氧化氢制备过氧酸，下面介绍了一个反应实例。

【例】 过氧苯甲酸的制备[1]

在一个带搅拌器、内置温度计和滴液漏斗的 1 L 的三口烧瓶中，加入 1 mol 氢氧化钠和 175 mL 水组成的溶液，冷却到 8 ℃。在强力搅拌的条件下，在 8～10 ℃的温度下先后加入 0. 5 moL 30%的过氧化氢和 185 mL 96%的乙醇，在 3～5 ℃下逐滴加入 37 mL 苯甲酰氯。用多孔玻璃漏斗将反应混合物抽滤后，滤液倒入盛有 100 mL 乙醚和约150 g 碎冰的 1. 5 L 的分液漏斗中。以甲基橙为指示剂，用 10%的硫酸酸化并加水直到析出的硫酸钠几乎全部溶解为止。此时将水相分出并用每次 50 mL 乙醚振荡萃取两次。在多孔玻璃漏斗上抽滤出的固体用 500 mL 冰水溶解，过滤，滤液按前面滤液的处理方法处理。将所有的乙醚溶液合在一起，用水洗，然后再用每次 60 mL 40%的硫酸铵溶液洗三次，经硫酸钠干燥后放在冰箱中保存。

过氧化物含量的测定方法：取 2 mL 过氧苯甲酸溶液，加 10 mL 20%的碘化钾溶液，酸化，10 min 后用 0. 05 moL/L 的硫代硫酸盐溶液滴定。

乙醚层溶液可以直接用于环氧化作用（参见 D. 4. 1. 6）。

D. 7. 1. 4. 4 羧酸及其衍生物的酸解

羧酸也有可能作为亲核试剂与羰基衍生物反应，只不过它的亲核性很弱。

因此羰基通常在温和的反应条件下不与羧酸反应。不过，高温能使反应进行，例如将乙酸加热到 700～900 ℃会生成乙酸酐，然而在这样的条件下乙酸酐会迅速转化成乙烯酮［参见式(D. 3. 55)］：

$$\mathrm{MeC(O)OH} + \mathrm{HOC(O)Me} \rightleftharpoons \mathrm{Me{-}C(O^{\ominus})(OH){-}\overset{\oplus}{O}H{-}C(O)Me} \rightleftharpoons \mathrm{Me{-}C(O^{\ominus})(\overset{\oplus}{O}H_2){-}O{-}C(O)Me} \underset{+H_2O}{\overset{-H_2O}{\rightleftharpoons}} \mathrm{MeC(O){-}O{-}C(O)Me} \qquad (D.\,7.\,69)$$

从相应的二酸形成 5 元和 6 元环式酸酐要容易得多。如邻苯二甲酸加热到 120 ℃就

[1] Kergomard, A.; Philibert-Bigou, J., Bull. Soc. Chim. France, 1958: 334.

转化成酸酐。写出马来酸、琥珀酸和戊二酸类似反应的反应式！考虑为什么富马酸不能转化成它的酸酐？

苯二甲酸酐和马来酸酐是工艺上重要的中间产品（参见 D. 6. 5. 1）。

在羧酸与氢卤酸的反应中，相当于式(D. 7. 69) 中的反应平衡远远偏向于反应物一侧，因此不能用这一方法制备酰卤。

羧酸酯的酸解有时相对容易一些，尤其是在使用强酸的情况下。因此丙烯酸甲酯和甲酸在痕量硫酸存在下能转化成甲酸甲酯和丙烯酸（Rehberg，C. E.，Org. Synth.，1955，Coll. Vol. Ⅲ：33）：

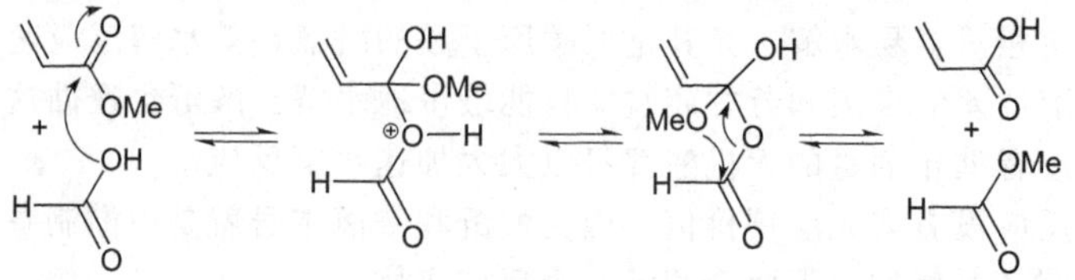

(D. 7. 70)

有一个类似反应在定性分析中用途很大：将一个羧酸酯和 3,5-二硝基苯甲酸在催化剂量的硫酸存在下加热，会得到 3,5-二硝基苯甲酸酯。

【例】 通过羧酸酯酸解制备 3,5-二硝基苯甲酸酯（一般定性分析方法）

大约 0.5 mL 相关的酯与 0.5 g 研成细粉的 3,5-二硝基苯甲酸混合，加一小滴浓硫酸，在回流的条件下在热浴上加热 30 min，如果是高沸点的酯就加热到 150 ℃。冷却后将反应混合物溶于 30 mL 醚，通过两次与过量的 Na_2CO_3 溶液一起振荡，中和酸（注意！激烈地生成二氧化碳，有泡沫！）并用水洗。蒸除醚后的剩余物溶解于尽可能少量的热乙醇中，过滤，直到出现浑浊时加水。冷却时二硝基苯甲酸酯会结晶出来。

根据化合物的性质，酰卤和酸酐是最容易酸解的。

羧酸和酸酐的反应能形成下列平衡：

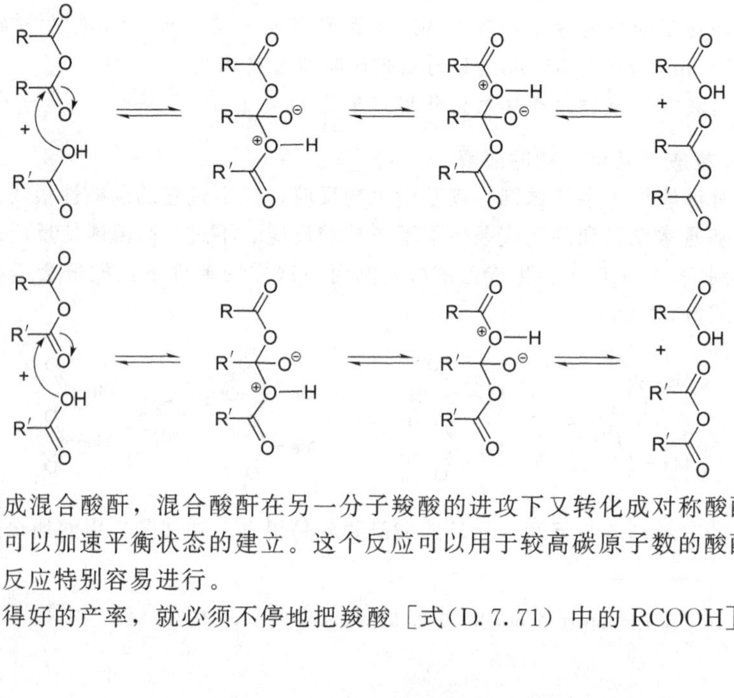

(D. 7. 71)

首先形成混合酸酐，混合酸酐在另一分子羧酸的进攻下又转化成对称酸酐。催化剂量的无机酸可以加速平衡状态的建立。这个反应可以用于较高碳原子数的酸酐或者二酸酐的制备，反应特别容易进行。

要想获得好的产率，就必须不停地把羧酸［式(D. 7. 71) 中的 RCOOH］从平衡体系中蒸馏出去。因此羧酸的沸点应该尽可能多地低于所生成的酸酐的沸点。因此，人们常用便宜的乙酸酐作为携水剂。

【例】 3-硝基苯二甲酸酐的制备[1]

在一个带回流冷却器的圆底烧瓶中加 1 moL 3-硝基苯二甲酸和 2 mol 乙酸酐，回流加热直到酸溶解为止。将溶液倒入烧杯中，冷却后与 150 mL 无醇乙醚混合。抽滤分离出晶体并重结晶。产率 80%；m. p. 169 ℃（丙酮）。

酰卤与羧酸反应同样可以生成酸酐［还可以参见式(D. 7. 75）和式(D. 7. 76)］：

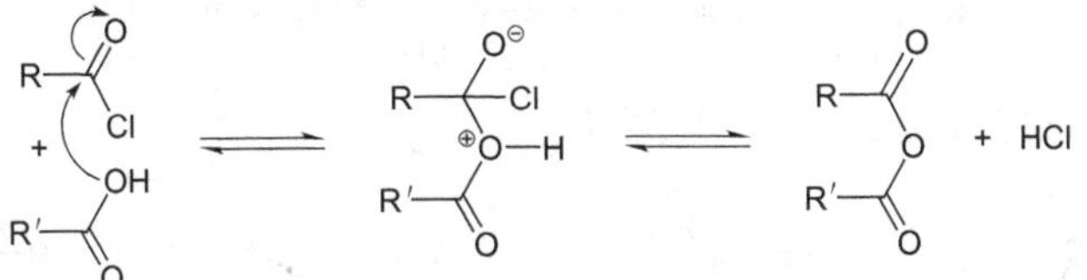

I　　II

(D. 7. 72)

这里也是先形成混合酸酐［式(D. 7. 72) Ⅱ］在反应条件下按式(D. 7. 71b）转化成对称的酸酐。如果要获得好的产率，就必须把生成的氯化氢从平衡体系中转移出去。一个常用的试剂是乙酰氯，例如它可以将琥珀酸在回流加热的条件下转化成酸酐。

如果有吡啶或者其它三级胺碱存在——这个三级胺碱或者能吸收卤化氢或者能将羧酸变成羧酸根形式，酸和酰卤在温和的条件下就能反应。用这一方法也有可能得到混合酸酐[2]。

前面已经提到过，氨基酸与碳酸的混合酸酐对于合成肽有意义（参见 D. 7. 1. 4. 2)：

$$\mathrm{Ac{-}NH{-}CH(R){-}COOH + Cl{-}CO{-}OR + NR_3 \longrightarrow Ac{-}NH{-}CH(R){-}CO{-}O{-}CO{-}OR + H\overset{\oplus}{N}R_3\ Cl^{\ominus}} \quad \text{(D. 7. 73)}$$

酰氯也可以与羧酸发生交换酰氯官能团的反应，很可能如下进行：

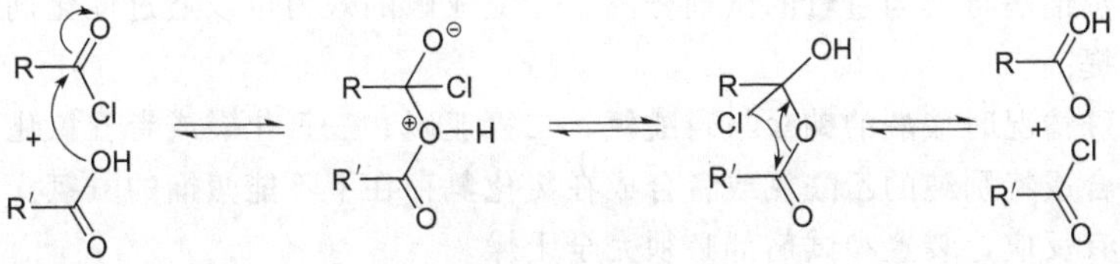

(D. 7. 74)

如果生成的酰氯（R′COCl）比开始时投入的酰氯（RCOCl）容易挥发从而能不断地被蒸出平衡体系［式(D. 7. 74)］，这一反应就比式(D. 7. 72）所示的反应优先发生。因此在苯甲酰氯辅助下制备低碳酰氯。

要将敏感的羧酸转化成酰氯，可以使其与乙二酰氯（m. p. 63～64 ℃）反应，反应过程中乙二酰氯转化成了 CO_2、CO 和 HCl（写出这个反应式!）。这一方法的一个应用实例是制备甾族系列的碳酰氯而不产生外消旋体，环氧、酮和酯羰基等官能团以及像卟啉中的大环局部结构一般不会受到进攻。

然而，酰氯最重要和最常用的制备方法还是羧酸与无机酸氯的反应，如与三氯化

---

[1] 根据 Nicolet，B. H.；Bender，J. A.，Org. Synth.，1956，Coll. Vol. Ⅰ：410.

[2] 另外一个制备 $H_3C{-}CO{-}O{-}CO{-}R$ 型混合酸酐的方法是将羧酸加成到烯酮上（参见 D. 7. 1. 6)。这种混合酸酐很容易歧化成两种对称酸酐，多数情况下即使小心蒸馏也会发生。

磷、五氯化磷和氯化亚砜的反应：

$$R-COOH + PCl_5 \longrightarrow R-COCl + POCl_3 + HCl \qquad (D.7.75a)$$

$$3\,R-COOH + PCl_3 \longrightarrow 3\,R-COCl + H_3PO_3 \qquad (D.7.75b)$$

$$R-COOH + SOCl_2 \longrightarrow R-COCl + HCl + SO_2 \qquad (D.7.75c)$$

与 $SOCl_2$ 的反应与式(D.7.7.4）类似：

$$R-COOH + Cl-SO-Cl \rightleftharpoons \underset{\text{I}}{R-C(=O)-\overset{\oplus}{O}H-S(Cl)_2-O^{\ominus}} \underset{+HCl}{\overset{-HCl}{\rightleftharpoons}} \underset{\text{II}}{R-C(=O)-O-S(=O)-Cl} \rightleftharpoons R-COCl + SO_2 \qquad (D.7.76)$$

五氯化磷是最强的氯化试剂，然而只有一个氯参与反应。一般情况下只有当某一酸无法用三氯化磷或氯化亚砜转化成氯化物时才采用五氯化磷。

三氯化磷不仅仅按式(D.7.75b) 反应，因为总是有一些混合酸酐生成，同时生成盐酸。只要过量的三氯化磷（b.p.75 ℃）与生成的酰氯容易通过蒸馏分离，在实际工作中可以适当过量使用三氯化磷。

二氯亚砜（b.p.79 ℃）是最不活泼的，在反应中总是过量。它不适合用来制备容易挥发的酰氯（如乙酰氯），因为易挥发的酰氯容易被放出的二氧化硫和氯化氢带走，从而很难用蒸馏法将其与过量的试剂分离。二氯亚砜的效力可以通过催化剂量的二甲基甲酰胺得以提高。

只有特殊情况时羧酸的钠盐与磷酰氯、二氯亚砜、三氯化磷或者五氯化磷的反应才有意义，如合成特别纯的乙酰氯或者合成在氯化氢存在下不能蒸馏的酰氯。

上述所有反应，装置和试剂都必须完全干燥。

【例】 制备酰氯的一般实验方法（表 D.7.77)

注意！反应中依试剂的用量会生成 HCl、CO 和/或 SO_2。在通风橱中操作！

A. 应用三氯化磷　1 mol 羧酸置于一个圆底烧瓶中，按每摩尔羧基 0.4 mol 的三氯化磷的比例加入三氯化磷，多次振荡，然后在隔潮的条件下放置过夜。也可以在 50 ℃水浴中加热回流 3 h。磷酸以沉积物的形式析出，将上层液体滗出后分馏。如果是沸点在 150 ℃以下的酰氯，也可以直接从磷酸中蒸馏出来（当然要用真空)。

这一方法也可以用于半微量制备。

B. 应用亚硫酰氯　1 moL 羧酸，按每摩尔羧基 1.5 mol 的二氯亚砜的比例加入 $SOCl_2$，混合后在回流和隔潮的条件下煮沸，直到不再有气体生成。然后在水浴上蒸馏除去过量的二氯亚砜；回收的二氯亚砜还可以再使用。最后将剩余物蒸馏，有必要的话用真空蒸馏。如果所生成的酰氯不蒸馏就继续使用，可以通过真空（大约 2 kPa）水浴加热的方法除去残余的二氯亚砜。这里需要注意，不要加热过高，否则的话酰氯会蒸发掉。

这一方法也可以用于半微量制备。

C. 应用乙二酰二氯（草酰氯） 0.05 mol相关的酸溶解于或者悬浮于大约100 mL干燥的甲苯或者乙醚中，与0.06 mol乙二酰二氯及一滴二甲基甲酰胺（DMF）一起在室温下搅拌30 min（若二酸1～2 h）。随后用旋转式蒸发器蒸除溶剂（浴温大约35 ℃）。最后重结晶或者蒸馏。

表 D.7.77 酰氯

产品	方法	沸点(熔点)/℃	n_D^{20}	产率/%
乙酰氯①	A	51	1.3898	65
三氯代乙酰氯②	B	118	1.4685	80
丙酰氯①	A	80	1.4051	80
丁酰氯	A,B	102	1.4126	87
异丁酰氯③	A	92	1.4079	80
硬脂酰氯	B	$165_{0.05(0.4)}$,(熔点24)		80
己二酰二氯	A,B,C	$128_{2.4(18)}$		85
癸二酰氯	B	$166_{1.5(11)}$		80
E-2,3-二甲基丙烯酰氯(巴豆酰氯)	C④	$61_{20(150)}$	1.4029	75
苯基乙酰氯②	A,B	$96_{1.9(14)}$	1.5336	90
肉桂酰氯	B,C	$147_{2.1(16)}$,(熔点36)		80
苯甲酰氯	A,B	$71_{1.2(9)}$	1.5537	80
对甲氧基苯甲酰氯	A,B	$140_{1.9(14)}$		80
对甲苯甲酰氯	A,B,C	$95_{1.3(10)}$		80
对氯苯甲酰氯	A,B,C	$110_{2.0(15)}$,(熔点16)		80
间氯苯甲酰氯	A,B	$110_{2.0(15)}$		80
对溴苯甲酰氯	A,B	$120_{2.0(15)}$,(熔点42)		80
间溴苯甲酰氯	A,B	$123_{2.0(15)}$		80
对硝基苯甲酰氯	A,B,C	$154_{2.0(15)}$,(熔点72)		70
间硝基苯甲酰氯	A,B	$155_{2.4(18)}$,(熔点35)		80
3,5-二硝基苯甲酰氯	B	$196_{1.6(12)}$,(熔点67)		70
α-萘酰氯	A,B	$163_{1.3(10)}$,(熔点26)		70

① 只用三氯化磷理论用量的90%！(为什么?)

② 加几滴二甲基甲酰胺或吡啶作为催化剂。

③ 处理时用有效柱蒸馏。

④ 用乙醚作为溶剂。

由邻苯二甲酸酐和五氯化磷合成邻苯二甲酰二氯：Ott, E., Org. Synth., 1957, Coll. Vol. Ⅱ:528.

D.7.1.5 腈的亲核加成

腈是含氮的类羰基化合物，能与亲核试剂发生加成反应生成含氮的类羧基衍生物：

$$\mathrm{HNu} + \mathrm{R{-}C{\equiv}N} \longrightarrow \mathrm{R{-}C({=}N^{\ominus})(NuH^{\oplus})} \longrightarrow \mathrm{R{-}C({=}NH)(Nu)} \qquad \text{(D.7.78)}$$

按照这种方式水解时（HNu＝HOH）首先生成酰亚胺酸，酰亚胺酸很快转化成酰胺［式(D.7.79) Ⅰ→Ⅱ］。由于氰基的碳酰活性很低［参见式(D.7.6)］，所以水解只能在高浓度的强酸（如浓盐酸，20%～70%的硫酸）或者10%～50%的苛性碱中进行：

$$\mathrm{HOH + R{-}C{\equiv}N + H^{\oplus} \rightleftharpoons R{-}C(=NH){-}\overset{\oplus}{O}H_2 \xrightarrow{-H^{\oplus}} \underset{\text{I}}{R{-}C(=NH){-}OH} \rightleftharpoons \underset{\text{II}}{R{-}C(=O){-}NH_2}}$$

$$\mathrm{HO^{\ominus} + R{-}C{\equiv}N \rightleftharpoons R{-}C(=N^{\ominus}){-}OH \xrightarrow[-OH^{\ominus}]{+H_2O} \underset{\text{I}}{R{-}C(=NH){-}OH}} \tag{D.7.79}$$

在通常的腈水解的反应条件下，所生成的酰胺一般会继续水解成羧酸（参见D.7.1.4.3）。不过，特定的条件，如室温下96%的硫酸，也可以将水解控制在酰胺阶段。

水解的容易程度从三级腈到一级腈逐渐提高。邻位有大取代基的芳香族腈很难水解（为什么?）。对于在强烈条件下也很难水解的腈，可采取间接的方法，即用亲核作用很强的硫化氢代替亲核性很弱的水。这样生成的硫代酰胺大多既可以酸式又可以碱式水解。写出这些反应式!

腈水解最常见的是在酸性介质中进行。但是鉴于其反应条件强烈依赖于酸的浓度，这里只给出碱性皂化反应的一般实验方法。

【例】 腈水解的一般实验方法（表D.7.80）

表D.7.80 腈水解生成的酸

产物	反应物①	方法	熔点(沸点)/℃	n_D^{20}
戊酸	戊腈	A	沸点 $87_{2.0(15)}$	1.3952
己酸	己腈	A	沸点 $101_{2.1(16)}$	1.4150
庚酸	庚腈	A	沸点 $115_{1.5(11)}$	1.4236
十三烷酸	十三烷腈	A	43(水-乙醇)	
琥珀酸	琥珀腈	A	185(水)	
戊二酸	戊二腈	A	98,(沸点 $196_{1.3(10)}$)	
己二酸	己二腈	A	152(乙酸),(沸点 $205_{1.3(10)}$)	
苯基乙酸	苯甲基腈	A	78(水),(沸点 $144_{1.6(12)}$)	
4-甲氧基苯乙酸	4-甲氧基苯甲基腈	A	86	
3,4-二甲氧基苯乙酸(同藜芦酸)	3,4-二甲氧基苯甲基腈	A	68(水合物),98(干)	
2,5-二甲氧基苯乙酸	2,5-二甲氧基苯甲基腈	B	124(水)	
2-氯苯乙酸	2-氯苯甲基腈	B	96(水)	
3-氯苯乙酸	3-氯苯甲基腈	A	78(水)	
4-氯苯乙酸	4-氯苯甲基腈	A	106(水)	
2-溴苯乙酸	2-溴苯甲基腈	B	104(乙酸)	
3-溴苯乙酸	3-溴苯甲基腈	A	100(水)	
4-溴苯乙酸	4-溴苯甲基腈	A	116(水)	
2,4-二甲基苯乙酸	2,4-二甲基苯甲基腈	B	106(水)	
2,5-二甲基苯乙酸	2,5-二甲基苯甲基腈	B	128(水)	
2,4,6-三甲基苯乙酸	2,4,6-三甲基苯甲基腈	B	168(乙醇或石油醚)	
1-萘基乙酸	1-萘乙腈	B	133(水)	

① 用对应的羧酸酰胺作为反应物也可以得到同样的结果。

A. 易水解的腈　1 mol 腈与 2 mol 25%的氢氧化钠水溶液一起加热回流，直到不再产生氨为止（4～10 h。用通风橱!）。为了避免在冷却器中结晶，对固态的能随水蒸气蒸发的腈，要加 80 mL 乙醇，反应结束后再蒸馏掉。

B. 难水解的腈　1 mol 腈和 2 mol 溶于 400 mL 一、二或者三亚乙基二醇中的 KOH 混合，加热回流，直到不再有氨产生为止（大约 5 h）。随后用 2 倍体积的水稀释。

处理：上述水溶液在冷却条件下用 20%的硫酸酸化，析出的羧酸抽滤分离，水洗，再重结晶。如果是液态或者易溶于水的酸，就多次用乙醚萃取。用氯化钙干燥后将醚蒸出，剩余物重结晶或者蒸馏。产率 70%～95%。

这一方法也可以用于半微量制备。

α-羟基腈只能酸性水解，如苯乙醇腈水解成苦杏仁酸（苯基乙醇酸）：Corson, B. B. ,等,Org. Synth. ,1956,Coll. Vol. Ⅰ:336.

在碱性离子交换剂的帮助下腈的部分水解：

从吡啶-3-腈制备尼古丁酸酰胺：Galat,A. ,J. Am. Chem. Soc. 1948,70:349.

从氯代乙酸经氰基乙酸制备丙二酸：Weiner, N. , Org. Synth. , 1957, Coll. Vol. Ⅱ:376.

腈很容易借助 Kolbe 合成法（参见 D. 2. 6. 9）通过氰乙基化、氰乙酸酯化以及类似的反应［参见式(D. 7. 136) 和式(D. 7. 284)］制备。腈的水解一般发生在这些反应之后，因此在制备上和工艺上对羧酸的合成具有重大意义。同样方法经氰醇（参见 D. 7. 2. 1. 1）或者按 Strecker 合成法［参见式(D. 7. 109)］也很容易合成羟基酸和氨基酸。引用的文献中有一些重要的实例。

在无水氯化氢存在的条件下，醇加成到腈上生成亚氨基酯（“亚氨基醚”）的盐酸化物：

$$R'{-}O{-}H + R{-}C{\equiv}N + H{-}Cl \longrightarrow R{-}C(=NH){-}\overset{\oplus}{O}(H){-}R' \quad Cl^{\ominus} \longrightarrow \left[R{-}C(\cdots NH_2)(\cdots OR')\right]^{\oplus} Cl^{\ominus} \qquad (D.7.81)$$

【例】 亚氨基丙二酸二乙酯的制备

在一个 1 L 带搅拌器、氯化钙管回流冷却器、温度计和滴液漏斗的四口烧瓶中，加入 0.85 mol 氰基乙酸乙酯、50 mL 醚、12.5 mL 水和 50 mL 96%乙醇，将混合物冷却到 5 ℃。在 0～5 ℃和不停搅拌的条件下向混合物中滴加 0.8 mol 二氯亚砜（产生 SO_2! 在通风橱中操作!）。随后，10 ℃下反应 2 h，室温下继续搅拌 4 h。在冰箱中放置过夜，用干冰-甲醇将其冷却到−20 ℃，将沉淀物抽滤分离后用醚洗。

为了使亚氨基酯游离出来，将所得到的亚氨基酯的盐酸化物分成几份，在强力搅拌的条件下一份一份地加到 2 L 的烧杯中，烧杯中有 300 mL 水、100 g 冰和 50 g 碳酸氢钠组成的混合物。将析出的粗产物抽滤分离再溶于 100 mL 甲苯中。过滤，经硫酸镁干燥，真空下将溶剂蒸出后高真空分馏剩余物。b. p. $_{0.3(2)}$ 80 ℃；m. p. 36 ℃（石油醚）；产率 80%。

亚氨基酯在水中非常容易水解成羧酸酯。胺解则生成脒：

$$R-C(=NH)-OR' \xrightarrow[-R'OH]{H_2N-R''} R-C(=NH)-NHR'' \xrightarrow[-NH_3]{H_2N-R''} R-C(=NR'')-NHR'' \qquad (D. 7. 82)$$

在一些特殊情况下脒也可以直接由适当的取代酰胺脱去一分子水生成，例如：

$$\text{N-(3-氨丙基)-}\varepsilon\text{-己内酰胺} \xrightarrow[-H_2O]{H^{\oplus}} \text{DBU} \qquad (D. 7. 83)$$

【例】 1,8-二氮二环(5.4.0)十一-7-烯［DBU 式(D. 7. 83)］的制备

0.5 mol *N*-(3-氨-丙基)-ε-己内酰胺与 100 mL 二甲苯和 1 g 对甲苯磺酸在分水器上回流加热，一直到不再形成反应水为止（大约 24 h）。用旋转式蒸发器除去溶剂，不必事先洗去催化剂酸，紧接着真空蒸馏。b. p. $_{1.9(14)}$ 128 ℃；产率 85%。

由乙腈合成盐酸乙脒：Dox, A. W., Org. Synth., 1956, Coll. Vol. Ⅰ:5.

有些脒可以作为植物保护剂，如双虫脒［*N*-甲基双(2,4-二甲基苯基亚氨基甲基）胺］。

亚氨基酯醇解生成原碳酸酯。例如，通过这一方法可以合成原甲酸三乙酯：

$$H-C(=\overset{\oplus}{N}H_2)-OEt\ Cl^{\ominus} + 2\,EtOH \longrightarrow H-C(OEt)_3 + NH_4Cl \qquad (D. 7. 84)$$

D. 7. 1. 6 特殊羰基化合物上的亲核加成

碳酸的二氯化物——光气原则上与简单羧酸卤化物的反应一样。不过由于两个氯原子直接与羰基碳原子相连，与碱的反应产物常常又是活泼的羰基化合物。

醇解经氯代碳酸（氯代甲酸）酯式(D. 7. 85) Ⅰ 生成碳酸二酯式 (D. 7. 85) Ⅱ：

$$Cl_2C=O + R-OH \xrightarrow{-HCl} \underset{\text{I}}{Cl-C(=O)-OR} \xrightarrow[-HCl]{R-OH} \underset{\text{II}}{(RO)_2C=O} \qquad (D. 7. 85)$$

一个应用实例：在肽合成中利用氯代碳酸苯甲基酯［参见式(D. 7. 51a,b)］合成 *N*-保护的氨基酸。

氯代或者溴代腈作为含杂原子的类光气是氰酸的酰卤化合物，醇解时生成氰酸酯：

$$Ar-OH + Br-C\equiv N \xrightarrow[-[HN(C_2H_5)_3]^{\oplus}Br^{\ominus}]{+N(C_2H_5)_3} Ar-O-C\equiv N \qquad (D. 7. 86)$$

此反应适用于大多数的酚和个别的醇。

光气的氨解根据试验条件经中间产物氨基甲酰氯式(D. 7. 87) Ⅰ 生成脲 Ⅱ 或者从式(D. 7. 87) Ⅰ 上消去 HCl 生成异氰酸酯 Ⅲ：

$$Cl_2C=O \xrightarrow[-HCl]{R-NH_2} \left[\underset{\text{I}}{R-NH-C(=O)-Cl}\right] \begin{cases} \xrightarrow[-HCl]{+R-NH_2} \underset{\text{II}}{(R-NH)_2C=O} \\ \xrightarrow{-HCl} \underset{\text{III}}{R-N=C=O} \end{cases} \qquad (D. 7. 87)$$

异氰酸酯的制备大多从胺的盐酸盐出发，加热使其光气化。用这一方法可以广泛抑制脲的产生从而相对提高产品的产率。不过另外一个方法在制备上更简单易行，即在冷却的条件下将游离的胺加到过量的碳酰氯和适当溶剂（甲苯，二甲苯，氯苯，α-氯萘等）的溶液中。这样，就形成一个由氨基甲酰氯和胺的盐酸盐组成的混合物。接下来在较高的温度下光气化作用继续进行，直到完全转化。

二异氰酸酯类化合物，二苯基甲基-4,4′-二异氰酸酯（MDI）、2,4-和 2,6-二异氰酸甲苯酯（TDI）和六亚甲基二异氰酸酯（HDI）在工艺上都是大规模地通过相应二胺的光气化作用生产的，然后又继续加工成聚氨酯类（见下文）。

原则上，用同样的方法也可以由硫光气制备异硫氰酸酯（芥末油）。由于与同类含氧物相比异硫氰酸酯对水非常稳定，所以人们常常以水为溶剂进行反应。

【例】 制备异氰酸酯类化合物的一般实验方法（表 D. 7. 88）

注意！光气有剧毒！只能在合乎规格的实验室的通风橱中操作！从冷却器中逸出的气体按下面所示经过四个洗瓶导出：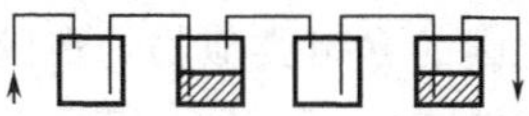。第二个洗瓶里装 10% 的 KOH，第四个洗瓶里装半浓的氨水！

将 1 mol 干燥的光气溶解于 400 mL 事先冷却到 −7 ℃的干燥的溶剂中（导入，重量增加到计算值时为止）。接下来，先在继续冷却的条件下滴加含 0.75 mol 一级胺（或者 0.4 mol 二胺）的少量溶剂的溶液，滴加速度以不引起明显的温度上升为宜。加完胺后撤掉冷却装置，继续缓慢地通干燥的光气。不再产生热时，在继续通干燥光气的条件下加热到 100 ℃。待不生成 HCl 时停止导入光气，过量的光气用导入干燥氮气的方法除去。

当溶剂的沸点比反应产物沸点低时，用真空蒸馏除去溶剂，蒸馏剩余物再精馏或者从甲苯中重结晶。

如果溶剂的沸点比异氰酸酯的高，就让其留在反应烧瓶中，而是将产物真空蒸馏出来，然后再精馏。

表 D. 7. 88 通过胺的光气化作用产生异氰酸酯

产物	反应物	溶剂(沸点/℃)	沸点(熔点)/℃	产率/%
苯基异氰酸酯	苯胺	α-氯萘(260)	165	80
4-氯苯基异氰酸酯	4-氯苯胺	甲苯(111)	$81_{1.3(10)}$	70
4-硝基苯基异氰酸酯	对硝基苯胺	甲苯(111)	(熔点 112)(苯)	50
α-萘-1-异氰酸酯	1-氨基萘	氯苯(132)	$145_{2.0(15)}$	70

由 4-氯苯胺硫光气作用制备 4-氯苯基异氰酸酯：Dyson, G. M., Org. Synth., 1956, Coll. Vol. Ⅰ:165. Asmus, R. 的德语翻译版, 158。

由溴代腈和苯酚合成苯基异氰酸酯：Martin, D.; Bauer, M., Org. Synth. 1983, 61:35.

带累积双键的羰基化合物与亲核试剂加成生成羧基衍生物：

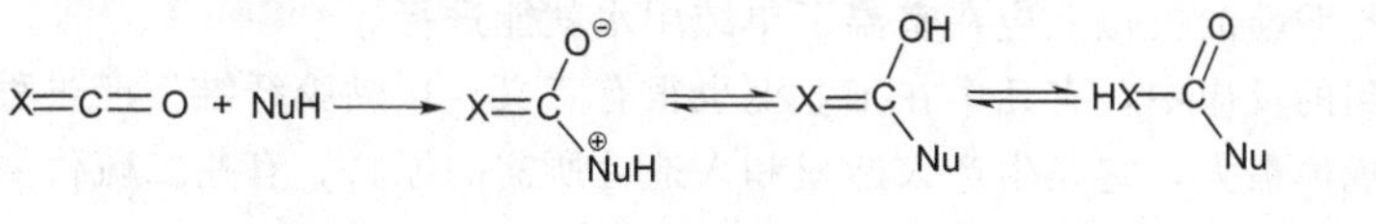

(D. 7. 89)

这样，二氧化碳与烷基氢氧化物反应生成碳酸氢盐，碳酸氢盐继续与过量的试剂反应转化成碳酸盐：

$$O{=}C{=}O + {}^{\ominus}O{-}H \rightleftharpoons O{=}C(OH)(O^{\ominus}) \underset{+H_2O,\ -OH^{\ominus}}{\overset{+OH^{\ominus},\ -H_2O}{\rightleftharpoons}} O{=}C(O^{\ominus})(O^{\ominus}) \qquad (D.7.90)$$

与此类似，二氧化碳与氨反应生成不稳定的氨基甲酸［式(D.7.91)Ⅱ］，氨基甲酸再与过量的氨反应转化成其铵盐（Ⅲ）：

$$O{=}C{=}O + NH_3 \rightleftharpoons \underset{\text{I}}{O{=}C(\overset{\oplus}{N}H_3)(O^{\ominus})} \rightleftharpoons \underset{\text{II}}{O{=}C(NH_2)(OH)} \underset{-NH_3}{\overset{+NH_3}{\rightleftharpoons}} \underset{\text{III}}{O{=}C(NH_2)(O^{\ominus})\ NH_4^{\oplus}} \qquad (D.7.91)$$

由氨基甲酸的铵盐按照羧酸铵盐合成酰胺的方法［见式(D.7.44)］在 150 ℃和 3.5 MPa（35 atm）、氨存在的条件下生产尿素。这一方法在工业上被广泛采用。

二硫化碳，作为二氧化碳的含硫类似物，在碱性介质中相对容易被醇和胺加成生成二硫代碳酸的酯盐［黄原酸盐式(D.7.92)］或者二硫代氨基甲酸盐［式(D.7.93)］：

$$S{=}C{=}S + HOR \xrightleftharpoons{NaOH} S{=}C(S^{\ominus})(OR)\ Na^{\oplus} \quad \text{O-烷基二硫代碳酸钠（“黄原酸盐”）} \qquad (D.7.92)$$

$$S{=}C{=}S + H_2NR \xrightleftharpoons{NaOH} S{=}C(S^{\ominus})(NHR)\ Na^{\oplus} \quad \text{N-烷基二硫代氨基甲酸钠} \qquad (D.7.93)$$

自己解释一下反应历程和碱的作用！氧原子上有取代基的二硫代碳酸盐（黄原酸盐）类化合物是 Chugaev 酯热解反应（参见 D.3.2）的原料。二硫代氨基甲酸盐能用来合成异硫代氰酸酯（芥末油，R—N═C═S）。请阅读教材了解相关知识！

异硫代氰酸酯和与它结构一样的异氰酸酯（R—N═C═O）及烯酮（R—CH═C═O）都是活泼的羰基化合物，容易与水、醇、胺以及其它亲核试剂发生加成反应。按式(D.7.89）的方法写出下列重要反应的转化式：

异氰酸	＋	氨	⟶	脲(Wöhler 法)
异氰酸酯	＋	水	⟶	N-取代的氨基甲酸[参见式(D.9.27)]
			⟶	二氧化碳＋胺
异氰酸酯	＋	醇	⟶	氨基甲酸酯
异氰酸酯	＋	氨(胺)	⟶	N-取代的脲
异硫代氰酸酯	＋	氨(胺)	⟶	N-取代的硫脲
烯酮	＋	醇	⟶	乙酸酯
烯酮	＋	氨(胺)	⟶	乙酰胺
烯酮	＋	乙酸	⟶	乙酸酐

烯酮和异氰酸酯的反应常常很剧烈，而异硫代氰酸酯多少有些惰性。例如，异硫代氰酸酯水解成一级胺、二氧化碳和硫化氢的反应只有在与盐酸一起加热的条件下才能实现，而异氰酸酯的类似反应在室温下单纯用水就能进行。

在提到的反应中，有几个在工业上也很有意义。按黏胶纤维生产过程生产纤维素黄原酸酯的规模最大，它是生产人造丝和人造毛所需的原料。有些二硫代氨基甲酸酯是重要的橡胶硫化催化剂，而且还是杀菌剂，如从二甲胺和二硫化碳生成的 *N*，*N*-二甲基二硫代氨基甲酸锌（福美锌）。从福美锌经氧化得到的二硫化物即所谓的二硫化四甲基秋兰姆（福美双）具有同样的用途。硫脲衍生物也是重要的治疗麻风病的药物，例如双苯硫脲（*N*-对丁氧基苯基-*N′*-对二甲基苯氨基硫脲）。

多元醇（如 1,4-丁二醇或者带自由羟基的聚醚和聚酯）在二异氰酸酯（如 MDI、TDI 和 HDI，见上文）上加成所生成的聚氨酯类被用来作塑料和泡沫塑料。通过乙酸热解［参见 D. 7. 1. 4. 4 和式(D. 3. 55)］或丙酮热解产生的烯酮与乙酸加成是生产乙酸酐的一个重要的方法。

氨基甲酸酯、脲和硫脲一般来说是很好的结晶化合物，因此常常被用来分析鉴别醇和胺。

【例】 通过醇和异氰酸苯酯的加成制备 *N*-苯基氨基甲酸酯（一般定性分析方法）

向 0.5 g 异氰酸苯酯和 10 mL 干燥石油醚的体系（b. p. 80～100 ℃）中添加溶于 5 mL同样溶剂中的 0.3～0.5 g 的醇（事先认真干燥!）。反应结束后再在沸水浴上加热 1～3 h，趁热过滤，再放凉。沉淀物用冷的石油醚洗，从石油醚或者四氯化碳中重结晶。

α-萘基氨基甲酸酯可以用类似方法从 α-萘基异氰酸酯制备。

【例】 通过一级和二级胺在异硫代氰酸苯酯上的加成制备有取代基的硫脲（一般定性分析方法）

0.2 g 胺溶于 5 mL 醇中，添加 0.2 g 异硫代氰酸类酯溶于 5mL 醇中的溶液。如果在室温下没出现反应就加热 1～2 min。如果冷却甚至摩擦的时候没有晶体（芳胺）析出，就再加热 10 min，或一开始就不加溶剂，反应结束后用 50%的醇水溶液使其析出。从醇中重结晶硫脲。

D. 7. 1. 7 羰基化合物的硫化

羰基化合物在吡啶或碳酸氢钠等碱存在下能与五硫化二磷（P_4S_{10}）反应转化成硫代羰基化合物：

$$R-C(=O)-R' \longrightarrow R-C(=S)-R' \quad R'=\text{烷基, 芳基, OR, NH}_2\text{, NHR, NR}_2 \qquad (D.7.94)$$

用这一方法可以从酮，羧酸酯和酰胺制备芳香性的硫酮、硫代羧酸酯和硫代酰胺。

最近报道的由五硫化二磷和苯甲醚合成 2,4-二硫化-2,2-二（4-甲氧基苯基）-1,3,2,4-二硫二磷环丁烷［式(D. 7. 95)］（也称劳氏试剂）的反应，易发生，且产率高，劳氏试剂是十分有用的从羰基化合物制备硫代羰基化合物的试剂。它比 P_4S_{10} 的反应性强，而且高温时在有机溶剂中的溶解度也足够大，所以反应可以在均相中进行。

$$4\ PhOMe + P_4S_{10} \longrightarrow 2\ MeO-C_6H_4-P(=S)(\mu\text{-}S)_2P(=S)-C_6H_4-OMe \qquad (D.7.95)$$

劳氏试剂与羰基化合物反应的反应机理可能是：

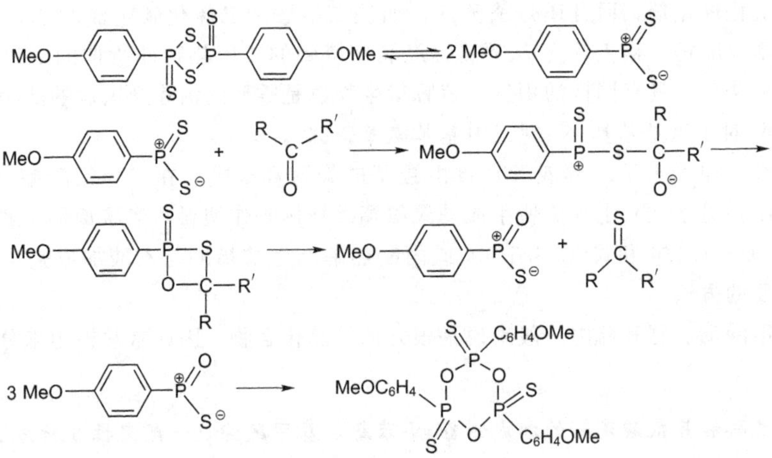

(D. 7. 96)

【例】 制备硫代酰胺的一般实验方法（表 D. 7. 97）

A. 2,4-二硫化-2,2-二(4-甲氧基苯基)-1,3,2,4-二硫二磷环丁烷（劳氏试剂）

注意！生成硫化氢。在通风橱中操作！

1 mol 苯甲醚和 0. 1 mol P_4S_{10} 置于带回流冷却器和氯化钙管的 250 mL 圆底烧瓶中，在 155 ℃浴温下加热 6 h，这样所有物质都形成溶液。冷却到室温时，结晶析出的是产品。抽滤分离，用醚-二氯甲烷（1∶1）洗，再在真空中通过五氧化二磷干燥。产率 80%。m. p. 227～229 ℃，一部分在 214 ℃就开始熔化。在真空干燥器中通过五氧化二磷干燥，室温下该产品可以保存大约 10 天。

B. 硫代酰胺的制备　在一个 100 mL 的圆底烧瓶中将 0. 01 mol 酰胺和 0. 005 mol 2,4-二硫化-2,2-二(4-甲氧基苯基)-1,3,2,4-二硫二磷环丁烷溶于 15 mL 乙二醇二甲醚中，加热到所规定的时间，对于二级和三级酰胺浴温为 100 ℃；对于一级酰胺浴温为 80 ℃。待反应体系冷却下来后将其搅拌到 50 mL 水中并多次用 25 mL 醚振荡萃取。将所有醚溶液合并后通过 $MgSO_4$ 干燥，紧接着在旋转式蒸发器上浓缩。重结晶后如果熔点与所给的值不同，说明产物需要再纯化。纯化方法是：将产品溶于醚-丙酮（1∶1），再过硅胶柱。

表 D. 7. 97　硫代酰胺

产物	反应物	反应时间/h	熔点(沸点)/℃	产率/%
硫代甲酰苯胺	甲酰苯胺	1	138～140(无水乙醇)	70
硫代苯甲酰胺	苯甲酰胺	1	115～116(乙醇-水)	68
硫代苯甲酰苯胺	苯甲酰苯胺	8	97～98(乙醇-水或乙酸酯)	72
硫代乙酰-4-氯苯胺	乙酰-4-氯苯胺	2	141～143(乙醇)	82
硫代尼古丁酸酰胺	尼古丁酸酰胺	15	188～190(丙醇)	68
N,*N*-二甲基硫代甲酰胺	*N*,*N*-二甲基甲酰胺	3	(沸点 $95\sim97_{1.3(10)}$)	80

硫代羰基化合物尤其是硫代酰胺作为药品、植物保护剂、硫化催化剂、防腐剂以及润滑油添加剂在工业上有着广泛的用途。

在生物合成脂肪酸和萜烯以及在柠檬酸循环中起决定性作用的乙酰辅酶 A 含有一个活泼的硫代酯基［参见式(D. 7. 174)］。

硫代羰基化合物是合成杂环化合物的重要原料。写出硫代乙酰胺与氯代丙酮反应生成2,4-二甲基噻唑的反应式！

D. 7. 2 羰基化合物与含碳亲核试剂的反应

羰基化合物与碳原子亲核试剂反应形成一个新的C—C键。因此这类反应对于有机化合物的合成具有特殊意义。

作为含碳亲核试剂的化合物有：

① 有机金属化合物：$\overset{\delta-}{R}—\overset{\delta+}{M}$

由于金属原子的给电子诱导效应（$+I$），有机金属化合物的C—M键是极性的，碳原子带部分负电荷。

② 氰阴离子和炔阴离子：$^{\ominus}C\equiv N$ ，$^{\ominus}C\equiv CR$

③ 磷（$X=PR_3$）和硫（$X=SR_2$，SOR_2）的内鎓盐 $>\overset{\ominus}{C}-X^{\oplus}$（$\rightleftharpoons$ $>C=X$）

④ 醛、酮、酯、酰胺及它们的含氮类似物［烯酰胺（参见D. 7. 4. 2. 1），α-氰基和α-硝基碳负离子］的烯醇化物 $>C=C(-O^{\ominus})<$ $\rightleftharpoons$ $>\overset{\ominus}{C}-C(=O)<$

⑤ 烯醇、烯醚、烯胺：$>C=C(-X)<$ $\rightleftharpoons$ $>\overset{\ominus}{C}-C(=X^{\oplus})<$

参见D. 7. 4. 2。

②～④类化合物是由相应的CH酸化物失去一个质子形成的。它们也可以直接由这些CH酸母体在碱的作用下在线生成。

表D. 7. 98列出了最重要的羰基化合物与含碳亲核试剂的反应。

表 D. 7. 98 羰基化合物与含碳亲核试剂的反应

反应	
$>C=O$（醛，酮）$+ H-C\equiv N \rightleftharpoons -\overset{OH}{\underset{\vert}{C}}-C\equiv N$	氰醇类化合物的合成
$>C=O + H-C\equiv C-H \rightleftharpoons -\overset{OH}{\underset{\vert}{C}}-C\equiv C-H$	乙炔化
$>C=O + -CH_2-C(=O)- \rightleftharpoons -\overset{OH}{\underset{\vert}{C}}-\underset{\vert}{CH}-C(=O)- \xrightarrow{-H_2O} >C=C<C=O$	羟醛加成 羟醛缩合反应
$ArCHO + (H_3C-CO)_2O \xrightarrow{-CH_3COOH} Ar(H)C=CH-COOH$	Perkin 反应
$ArCHO + H_2C(NHCOPh)-COOH \xrightarrow{-2\,H_2O}$ 4-(Ar-亚甲基)-2-Ph-噁唑-5-酮（$H(Ar)C=C$，C=O，O，N，Ph）	Erlenmeyer 反应

续表

反应	名称
$>C{=}O + H_2C(Cl){-}COOR \xrightarrow{-HCl}$ 环氧化物（$-C(O)C(H)(COOR)-$）	Darzens 缩水甘油酸酯合成
$>C{=}O + H_2C(X)(Y) \xrightarrow{-H_2O} >C{=}C(X)(Y)$ (X,Y = COR, COOR, COOH, CN, NO_2)	Knoevenagel 缩合
$R_2NH + HCHO + {-}CH_2{-}C(=O){-} \longrightarrow R_2N{-}CH_2{-}CH{-}C(=O){-}$	Mannich 反应
$2\ ArCHO \xrightarrow{(CN^{\ominus})} Ar{-}CH(OH){-}C(=O){-}Ar$	酮醇缩合反应
$>C{=}O + Ph_3P{=}C(R')(R) \xrightarrow{-Ph_3P=O} >C{=}C(R)(R')$	Wittig 反应
${-}C(=O){-}OR' + {-}CH_2{-}C(=O){-}OR' \underset{+R'OH}{\overset{-R'OH}{\rightleftharpoons}} {-}C(=O){-}CH{-}C(=O){-}OR'$	酯缩合反应
${-}C(=O){-}Cl + H_2C(X)(Y) \xrightarrow{-HCl} {-}C(=O){-}CH(X)(Y)$ (X,Y = COR, COOR, CN)	CH 酸化合物的酰基化反应
${-}C(=O){-}Cl + H{-}C{=}C{-}NR'_2 \xrightarrow{-HCl} {-}C(=O){-}C{=}C{-}NR'_2$	烯胺的酰基化反应（参见 D. 7. 4. 2. 3）
${-}C(=O){-}X + H{-}Ar \xrightarrow{-HX} {-}C(=O){-}Ar$ (X=Cl,OCOR)	Friedel-Crafts 酰基化反应（参见 D. 5. 1. 8. 1）
$>C{=}O + R{-}M \longrightarrow {-}C(OM){-}R \xrightarrow[-MOH]{(+H_2O)} {-}C(OH){-}R$ M = MgX,Li 等	与有机金属化合物的反应（M = MgX，Grignard 反应）
${-}C(=O){-}OR' + 2\ R{-}MgX \xrightarrow[-XMgOR',\ -XMgOH]{(+H_2O)} {-}C(OH)(R){-}R$	
${-}C(=O){-}X + R{-}M \xrightarrow{-MX} {-}C(=O){-}R$ (X=OH,OR′,Cl,OCOR′;M=Li,LiCuR,CdR等)	

几种羰基化合物与芳香族亲核试剂的反应已经在D.5讨论过了（Friedel-Crafts酰基化反应，氯甲基化及有关反应）。

D.7.2.1 羰基化合物与CH酸类化合物的反应

一系列CH酸类化合物（官能团的α位有氢原子的醛、酮、酯、酰胺、腈和硝基化合物以及氢氰酸和乙炔）能够在羰基上加成。这些化合物开始并不显示亲核性，而在羰基反应之前的平衡中，在强碱的作用下转化成阴离子，这些阴离子的亲核性较大，可以在羰基上加成。

这一平衡的状态取决于催化剂碱和CH酸化合物阴离子之间的碱性对比（表D.7.99）。

表 D.7.99 水中 25 ℃时的 pK_A 值

化合物	pK_A	化合物	pK_A	化合物	pK_A
甲烷	约 48	丙酮	约 20	氰基乙酸乙酯	10.5
苯	约 43	乙醇	16	硝基甲烷	10.2
氨	约 38	甲醇	15.5	苯酚	10.0
氢	约 35	水	15.74	氢氰酸	9.2
三苯甲烷	约 32	丙二酸二乙酯	12.9	铵离子	9.24
乙炔	约 25	丙二腈	11.2	乙酰丙酮	9.0
乙腈	约 25	哌啶离子	11.1	丙二醛	5.0
乙酸甲酯	约 24	乙酰乙酸乙酯	10.8	乙酸	4.8

对于羰基化合物，催化剂碱夺取一个位于羰基α位的质子：

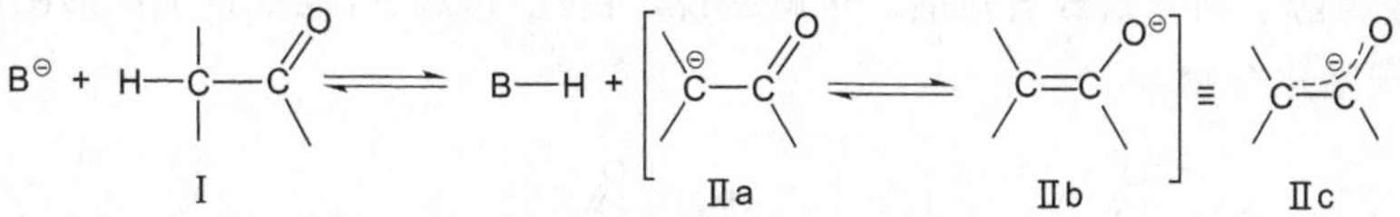

$$B^{\ominus} + H-\overset{|}{\underset{|}{C}}-C(=O)- \rightleftharpoons B-H + \left[>\overset{\ominus}{C}-C(=O)- \rightleftharpoons >C=C(-O^{\ominus})- \right] \equiv >C\overset{\ominus}{=}C(=O)- \quad (D.7.100)$$

I　　Ⅱa　　Ⅱb　　Ⅱc

羰基及其类似物对其相邻烷基酸化作用的原因是，它们的吸电子诱导效应使C—H键的极性增大。另外，质子离去所留下的电子对能与C═O基共轭。这样，阴离子［式(D.7.100)Ⅱ］被稳定化。

从以上描述的原因也不难理解，为什么只有α位的氢原子易失去。例如，如果是丙醛的β-甲基失去一个氢，则不会与羰基共轭。同样，醛羰基上的氢原子也不能作为质子被碱夺去，因为如果那样共轭体系就得不到延长［相反却有可能作为自由基或者阴离子离去，参见式(D.1.46)和式(D.7.238)。

在β-二羰基化合物（丙二酸二乙酯、乙酰乙酸乙酯、乙酰丙酮等）中，不论是羰基对相邻C—H键的诱导效应还是阴离子上自由电子对的离域性都非常显著。因此，它们具有与苯酚或者羧酸差不多的酸性。

按式(D.7.100)所示形成的CH酸化合物的阴离子Ⅱ，与前面讲过的含杂原子的亲核试剂❶［参见式(D.7.8)］一样可以与羰基化合物加成：

❶ 羰基化合物的阴离子（烯醇化物），就像式（D.7.100）表明的那样，其氧原子也具有亲核性。只是在这个位置的反应产物不稳定，所生成的半缩醛式的产物易分解成各组成部分。

$$\text{IIc} + \text{III} \rightleftharpoons \text{IV}$$

$$\text{IV} + HB \rightleftharpoons \text{V} + B^{\ominus} \qquad (D.7.101)$$

由此生成的醇化物［式(D.7.101)Ⅳ］再从式(D.7.100）中第一步所生成的质子化碱 HB（也可以从溶剂分子）获得一个质子转化成不带电荷的羟基化合物Ⅴ，同时催化剂 B^- 得以复原。因此，整个反应用催化剂量的碱就能进行。

最后一步反应（Ⅳ→Ⅴ）的条件是，醇化物Ⅳ的碱性大于 B^- 的碱性。例如氢氧根离子作为辅助碱（$pK_A=15.7$）就能满足这一条件，因为Ⅳ类的醇化物是很强的碱（$pK_A \gg 17\sim19$）。“中和步骤”不能发生的实例将在后面讨论。在这类情况下，必须添加摩尔级数量的碱性缩合剂。

转化式(D.7.101）是所有羟醛反应和同类的碱催化反应的通式。由于各级反应都是平衡反应，所生成的加合物原则上又可以通过碱分解。

式(D.7.101）的反应接下来常常会失去一分子水，生成 α,β-不饱和化合物（羟醛缩合）。因为可以形成共轭双键，所以这一失水过程非常容易进行，对此还可以参见 D.3.1.4。如果与 CH 酸的阴离子反应的羰基组分是羧酸衍生物（酯，酰卤，酸酐），就会发生缩合，脱掉醇、卤化氢或者羧酸。也就是说，由此可以获得能量特别低的阴离子（烯醇化）β-二羰基化合物：

$$\text{X=OR，卤素，OCOR} \qquad (D.7.102)$$

β-二羰基化合物阴离子的碱性很弱，一般不会被质子化的催化剂辅助碱（如醇化物）再转化回游离状态。这就是上面所提到的情况中的一种，需要加入摩尔级量辅助碱的情况。另外式(D.7.102）中 X＝卤素，OCOR 的情况下还需要额外加 1 mol 的缩合剂。

不仅仅是碱性催化剂，酸和 Lewis 酸也能催化加速 CH 酸式羰基化合物与羰基化合物的反应。已知酸性催化剂是通过提高羰基的活性而起作用，而且还可以催化 CH 酸组分的烯醇化作用：

$$H-\overset{|}{\underset{|}{C}}-C(=O)- + H^{\oplus} \rightleftharpoons H-\overset{|}{\underset{|}{C}}-C(=\overset{\oplus}{O}H)- \rightleftharpoons H^{\oplus} + {>}C{=}C(OH)- \qquad (D.7.103)$$

阅读教材了解有关酮-烯醇互变现象！再对照 D.7.2.1.8。

式(D.7.103）中的烯醇由于其 C═C 双键的碱性（参见 D.4）会加成到羰基上：

$$\mathrm{HO{-}C{=}C} + \mathrm{C{=}O} + \mathrm{H^{\oplus}} \rightleftharpoons \mathrm{HO{=}C^{\oplus}{-}C{-}C{-}OH} \underset{+H^{\oplus}}{\overset{-H^{\oplus}}{\rightleftharpoons}} \mathrm{O{=}C{-}C{-}C{-}OH} \tag{D. 7. 104}$$

因此会生成与碱催化反应式(D. 7. 101）一样的产物。不过，羟醛在酸性反应条件下很快会发生脱水反应（见上文）：

$$\mathrm{O{=}C{-}C(H){-}C{-}OH} \underset{-H^{\oplus}}{\overset{+H^{\oplus}}{\rightleftharpoons}} \mathrm{O{=}C{-}C(H){-}C{-}\overset{\oplus}{O}H_2} \underset{+H_2O,+H^{\oplus}}{\overset{-H_2O,-H^{\oplus}}{\rightleftharpoons}} \mathrm{O{=}C{-}C{=}C} \tag{D. 7. 105}$$

这些酸催化的反应不如碱催化的有意义。

D. 7. 2. 1. 1　氢氰酸在醛酮上的加成

氢氰酸在醛或者酮上加成，产生 α-羟基腈（氰醇）：

$$\mathrm{R{-}C(=O){-}R'} + \mathrm{H{-}C{\equiv}N} \rightleftharpoons \mathrm{R{-}C(OH)(R'){-}C{\equiv}N} \tag{D. 7. 106}$$

在这里可以作为碱性催化剂的有碱金属氰化物、碱金属碳酸盐、氨、胺等。自己了解一下该反应的机理！

这个反应是可逆的。所以，碱又可以使 α-羟基腈分解。平衡状态与羰基化合物的结构密切相关，电子效应及空间效应均起很大作用。由醛生成的氰醇比由酮生成的稳定。羰基邻位的吸电子诱导基团有利于氰醇的生成。用脂肪族酮反应产率低，而单纯的芳香酮不发生反应。由于空间因素，由环己酮和环戊酮生成的氰醇比开链酮生成的氰醇稳定。

【例】 α-羟基腈（氰醇）的制备方法（表 D. 7. 107）

注意！反应中生成氢氰酸，在通风橱中操作，戴防毒面具！氰醇也有剧毒（为什么?)。多数氰醇对热不稳定。因此蒸馏前加入 1%～2% 浓磷酸、硫酸或者氯乙酸，使其稳定。否则，会发生爆炸式分解。如果需要储存氰醇，也同样要做稳定化处理！

在一个带搅拌器、回流冷凝器、滴液漏斗和内置温度计的三颈烧瓶中［参考图 A. 4 (d)］边搅拌边将 1 mol 磨成细粉的氰化钠溶于 120 mL 水中，再加 1. 2 mol 羰基化合物。将这一体系冷却到 0 ℃，在强烈搅拌的条件下滴入 0. 85 mol 35% 的硫酸，滴速要缓慢以保证内部温度不超过 5 ℃。滴完后继续搅拌 15 min，接下来马上将生成的硫酸氢钠抽滤分离（小心！有氢氰酸）。分出氰醇层，用每次 100 mL 醚将分离出的盐洗两次，再用这些醚萃取水相。将醚萃取液与氰醇合并，用无水硫酸钠干燥，添加 1 g 氯乙酸，蒸馏除去醚，将所得的氰醇通过一根小的 Vigreux 柱真空蒸馏（通风橱中!）。

表 D. 7. 107　由醛和酮合成 α-羟基腈（氰醇）

产物	反应物	沸点(熔点)/℃	n_D^{20}	产率/%
丙酮氰醇	丙酮	$81_{2(15)}$	1. 4013	60
甲基乙基酮氰醇	甲基乙基酮	$91_{2.7(20)}$	1. 4151	50
二乙酮氰醇	二乙酮	$88_{1.1(8)}$	1. 4251	50
乙醛氰醇	乙醛	$95_{2.7(20)}$	1. 4052	70
苯甲醛氰醇①	苯甲醛	(熔点 20)		70
环已酮氰醇	环已酮	$126_{2.4(18)}$,(熔点 29)		60

① 苯甲醛氰醇不稳定，必须马上作为原料进行下一步反应（参见 D. 7. 1. 5)！

羟基乙腈（甲醛氰醇）的制备：Gaudry，R.，Org. Synth.，1955，Coll. Vol. Ⅲ：436.

氰醇的羟基可以酰基化和烷基化（也可以参考 D. 7. 2. 1. 6）。

由醛、氰化钾和烯丙基溴在相转移条件下合成氰醇烯丙基醚：Mcintosh，J. H.，Canad. J. Chem. 1977，55：4200.

氰醇可用来制备 α-羟基羧酸，这其中氰基被酸性（为什么不是碱性）水解（也可以参考 D. 7. 1. 5，苦杏仁酸，乳酸）。

醛糖降解成下一级糖（Wohl 降解）正是利用了氰醇在碱性条件下分解成醛的反应，例如：

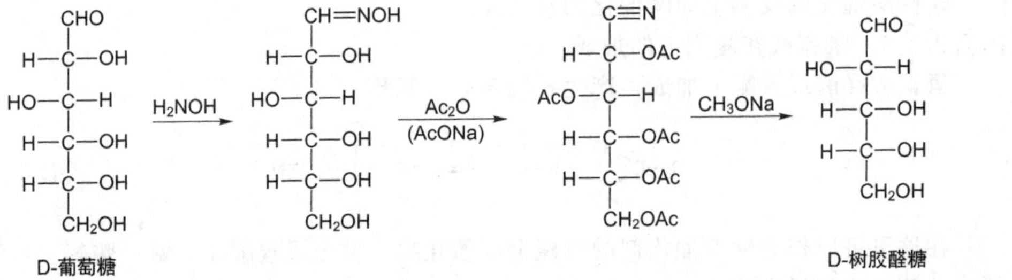

D-葡萄糖 $\xrightarrow{H_2NOH}$ 肟 $\xrightarrow[(AcONa)]{Ac_2O}$ 乙酰化氰醇 $\xrightarrow{CH_3ONa}$ D-树胶醛糖

(D. 7. 108)

醛和氢氰酸在等物质的量的氨（也可以是一级和二级胺）存在下反应，氢氰酸就加成到最先形成的亚胺化合物上，生成胺基腈，胺基腈酸性水解产生 α-胺基羧酸（Strecker 合成法）：

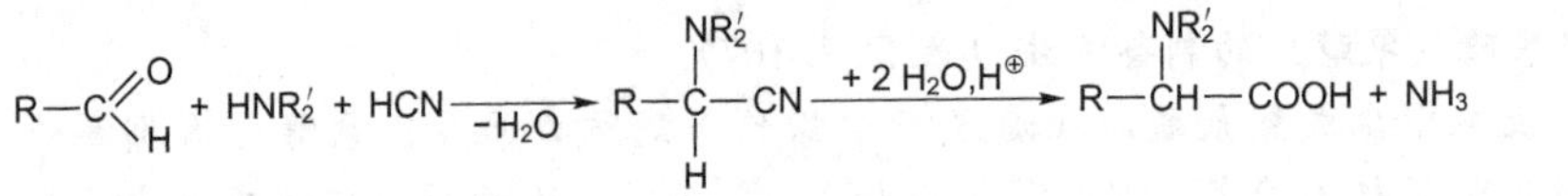

$$R-CHO + HNR'_2 + HCN \xrightarrow{-H_2O} R-CH(NR'_2)-CN \xrightarrow{+2\,H_2O,H^{\oplus}} R-CH(NR'_2)-COOH + NH_3 \qquad (D.\ 7.\ 109)$$

用甲醛可以实现一级和二级胺的氰甲基化。

N-甲基氨基乙腈（肌氨酸腈）的制备：Cook，A. H.；Cox，S. F.，J. Chem. Soc. 1949：2334.

工业上生产次氮基三乙酸［NTA，特里纶 A，$N(CH_2COOH)_3$］和乙二胺四乙酸（EDTA，特里纶 B，螯合物）采用的也是这一方法。用反应式描述这些合成！NTA 能复合 Ca 离子和 Mg 离子，因此在洗涤剂中可以广泛代替磷酸盐。

氨基酸合成中的一个难点是氨基酸与无机盐的分离（溶解性相同）。氨基酸的溶解度在等电点最低。因此，可以通过调 pH 值至等电点将一些难溶于水的氨基酸从粗产物盐溶液中沉淀出来（参见表 D. 6. 12）。不过，多数情况下只能将氨基酸以盐酸化物的形式从盐的混合物中萃取出来，比如用无水醇。再在适当的溶剂中，用碱或者离子交换剂使氨基酸从其盐酸化物中游离出来。在下面所讲的实验方法中，是将盐酸化物的醇溶液与二乙胺或者三丁胺混合，这样一来这些碱性较强的化合物的盐酸化物溶于醇中而将氨基酸析出。

DL-甲硫氨酸，一种重要的氨基酸和饲料添加剂，如家禽饲养添加剂，在工业上是通过 Bucherer 合成法由 β-甲硫丙醛（D. 7. 4. 1. 2）制备的：

$$\text{Me-S-CH}_2\text{CH}_2\text{CHO} + \text{NaCN} + (\text{NH}_4)\text{HCO}_3 \longrightarrow \text{(5-(2-methylthioethyl)hydantoin)} + H_2O + NaOH$$

$$\xrightarrow[\text{2.}H_2SO_4]{\text{1.NaOH}} \text{Me-S-CH}_2\text{CH}_2\text{CH(NH}_2\text{)COOH} + CO_2 + NH_3 \quad \text{(D. 7. 110)}$$

用类似的方法可以从5-氧代戊腈以氢化为中间步骤获得赖氨酸。

【例】 按 Strecker 方法制备 α-氨基酸的实验方法（表 D. 7. 111）

使用氰化物要小心！酸化反应溶液时会产生氢氰酸。必须在通风橱中操作！压力瓶只充到其容积的1/3，反应期间用布裹起来，打开之前要先冷却！戴防护眼镜！

向一只压力瓶中加0.55 mol氯化铵的冷的饱和溶液、100 mL浓氨溶液、0.55 mol氰化钠和50 mL水的溶液。然后在冰水中冷却，边振荡边逐滴加入0.5 mol相关的醛或酮。如果是芳香族羰基化合物，还要再加100 mL甲醇，以提高羰基化合物的溶解度。将压力瓶封好后在室温下机械振荡5 h。如果反应物是酮，就在50 ℃水浴上加热5 h，加热期间要时常振荡。

然后小心地将冷却了的压力瓶打开，将反应物转到真空蒸馏器中，在30～40 ℃浴温的条件下真空（约2 kPa）蒸出氨和部分水。然后加300 mL浓盐酸（小心！会产生氢氰酸，在通风橱中操作！），加热回流3 h以使氨腈水解。沸水浴真空蒸馏出水，再将热的剩余物用甲醇萃取两次，每次用甲醇100 mL。滤液合在一起冷却时会析出部分氯化铵，需要再过滤一次。然后添加二乙胺或者三丁胺直到出现微弱的碱性为止，这样氨基酸就会被释放出来。将这一体系放在冰箱中过夜后，将析出的氨基酸过滤，用甲醇和醚洗。有必要的话，可以从乙醇水溶液中重结晶。

表 D. 7. 111 Strecker 法合成 α-氨基酸

产物	反应物	熔点/℃	产率/%
DL-丙氨酸	乙醛①	295	50
DL-α-氨基丁酸	丙醛	307(分解)	60
DL-正缬氨酸	丁醛	303②(分解)	65
DL-缬氨酸	异丁醛	298②(分解)	14
DL-蛋氨酸	β-甲基硫丙醛	281(分解)	60
DL-苯基甘氨酸③	苯甲醛	256	50
DL-α-甲基丙氨酸	丙酮	316(分解)	55

① 溶于100 mL醚中，处理时醚会被蒸出。

② 在密封小管中。

③ 反应混合物水解后，加浓氨水至出现弱碱性反应，抽滤分离析出的酸。进一步纯化可参考 Steiger, R. E., Org. Synth., 1955, Coll. Vol. Ⅲ: 84.

用相应的方法从环己酮或者丙酮、硫酸肼和氰化钠制备 α,α′-氢化偶氮二环己腈和 α,α′-氢化偶氮二异丁腈：Overberger, C. G.; Huang, P.; Berenbaum, M. B., Org. Synth., 1963, Coll. Vol. Ⅳ: 274.

3-氨基戊烷-3-羧酸：Steiger, R. E., Org. Synth., 1955, Coll. Vol. Ⅲ: 66.

借助 Ritter 反应［式(D. 7. 112) 的第一步］可以从全氰醇得到 α-羰基羧酸：

$$R-\underset{|}{\overset{OH}{C}}H-CN \xrightarrow[(H_2SO_4)]{t\text{-}BuOH} R-\underset{|}{\overset{OH}{C}}H-\overset{O}{\overset{\|}{C}}-NH-t\text{-}Bu \xrightarrow{CrO_3} R-\overset{O}{\overset{\|}{C}}-\overset{O}{\overset{\|}{C}}-NH-t\text{-}Bu \xrightarrow[-H_2N-t\text{-}Bu]{H_2O} R-\overset{O}{\overset{\|}{C}}-COOH \quad (D.7.112)$$

工业上用丙酮氰醇生产聚甲基丙烯酸甲酯（树脂玻璃）：

$$H_3C-\underset{CH_3}{\overset{OH}{C}}-CN \xrightarrow{H_2SO_4} H_2C=\underset{CH_3}{C}-C(=O)NH_2 \xrightarrow[-NH_3]{CH_3OH} H_2C=\underset{CH_3}{C}-COOCH_3 \longrightarrow \text{聚合物} \quad (D.7.113a)$$

用甲醛氰醇生产氨基乙酸，用乙醛氰醇生产乳酸。利用新生成的氰醇——在酰氯或者酸酐存在下反应生成酯——可以合成拟除虫菊酯类杀虫剂，如氯氰菊酯（X＝Cl）和溴氰菊酯（X＝Br）：

$$X_2C=CH-(2,2\text{-dimethylcyclopropyl})-COCl + OHC-C_6H_4-O-C_6H_5 \xrightarrow[-NaCl]{+NaCN} X_2C=CH-(2,2\text{-dimethylcyclopropyl})-C(=O)-O-CH(CN)-C_6H_4-O-C_6H_5 \quad (D.7.113b)$$

这些与天然除虫菊酯类似的化合物用量很少就可以产生很高的杀虫效果［还可以参考式(D.4.83)］。

D.7.2.1.2　羰基化合物的乙炔化反应

醛和酮与乙炔反应生成丙炔醇。酮的乙炔化反应大多在液氨及氨基钠存在下进行，氨基钠的用量必须是摩尔数量级（为什么?）：

$$NH_2^{\ominus} + H-C\equiv CH \longrightarrow \overset{\ominus}{C}\equiv CH + NH_3$$

$$R-C(=O)R' + \overset{\ominus}{C}\equiv CH \longrightarrow \underset{\text{I}}{R-\underset{R'}{\overset{O^{\ominus}}{C}}-C\equiv CH} \xrightarrow{+H^{\oplus}} \underset{\text{II}}{R-\underset{R'}{\overset{OH}{C}}-C\equiv CH} \quad (D.7.114)$$

用水分解反应混合物时，Ⅰ转化成Ⅱ。

脂肪族酮用氢氧化钾作为催化剂就能发生乙炔化反应。醛的转化最好用乙炔化铜，因为前面提到的碱性催化剂会引起副反应（Adol 反应）。

低碳原子数的醛和酮反应时，可以生成一元和二元加成的化合物。也就是说，乙炔和甲醛既可以转化成丙炔醇又可以转化成1,4-丁炔二醇。可以通过改变反应物的摩尔比（乙炔浓度）来控制反应。

【例】　酮乙炔化的一般实验方法（表 D.7.115）

注意！用液氨（b.p. －34 ℃）必须始终在通风橱中操作。为安全起见准备好防毒面罩，戴防护眼镜！有些炔醇在蒸馏时能发生爆炸式分解，尤其是有碱性化合物存在时。因此，要避免使用碳酸钾之类的碱性干燥剂，在蒸馏体系中加小量丁二酸并在防护板后面蒸馏。

所有仪器和试剂都必须绝对干燥（再参考试剂附录）。

在一个1 L的三颈烧瓶上安装强力搅拌器、导气管、温度计和一个用苛性钠填充的干燥管通向通风橱。烧瓶至瓶颈浸于甲醇-干冰混合物中，向其中快速导入氨气直到有

350～400 mL NH_3 凝聚为止。在接下来的操作中要始终将温度保持在－35 ℃到－40 ℃之间（烧瓶只有少部分浸在冷却混合物中）。

在强烈搅拌下加入 0.1 g 三硝酸铁并导入强气流的乙炔，为了除去丙酮蒸气❶，乙炔气在进入烧瓶前先经过两个装有浓硫酸的洗瓶。如果第二个洗瓶中的硫酸颜色也变深了，必须马上更换新硫酸。另外，在洗瓶和反应烧瓶之间按图 A.11 所示安装一个超压防护装置。

0.5 mol 的钠剪成小细条（在干燥的甲苯中保存），每当溶液开始时的蓝色❷消失时就加一条钠。所有的钠都加完后，溶液或者悬浊液呈无色至浅灰色时，马上停止通乙炔。

在 30 min 内将 0.5 mol 干燥的酮和 75 mL 干燥醚组成的溶液滴加到上述溶液中，撤去冷浴继续搅拌 2 h。然后等氨挥发，最后过夜。将剩余物小心地用水分解，再用 50% 的硫酸稍微酸化。紧接着用醚萃取多次，合在一起的萃取液用食盐溶液洗，经硫酸镁干燥，最后在添加少量丁二酸的条件下蒸馏。

表 D.7.115 酮乙炔化

产物	反应物	沸点(熔点)/℃	n_D^{20}	产率/%
2-甲基-3-丁烯-2-醇	丙酮	106	1.4207	60
3-甲基-1-戊烯-3-醇	甲基乙基酮	121	1.4317	60
1-乙炔基环己醇	环己酮	$78_{2(15)}$，(熔点 30)	1.4805 ①	80
1-乙炔基环戊醇	环戊酮	$79_{2.4(18)}$，(熔点 27)		40
2-苯基-3-丁烯-2-醇	苯乙酮	$107_{1.9(14)}$，(熔点 51)		70
3-苯基-1-戊烯-3-醇	苯丙酮	$107_{1.3(10)}$，(熔点 34)	1.5302 ①	80

① 冷却的熔融液体。

乙炔化反应对于合成不饱和化合物——尤其是萜烯、类胡萝卜素和类固醇——具有重大意义。例如，用这一方法可以合成多种萜烯醇（芳樟醇，香叶醇，植醇）。

工业上通过乙炔化反应从甲醛生产 2-丙烯-1-醇（炔丙醇）和 2-丁烯-1,4-二醇。后者水解成 1,4-丁二醇（参见表 D.4.126）后可以作为合成四氢呋喃（参见表 D.2.61）和 γ-丁内酯的原料，还可以作为聚酯和聚氨酯的醇成分（参见 D.7.1.6）。

经 2-甲基-3-丁烯-2-醇（表 D.7.115）可以合成构成生橡胶和天然萜烯的异戊二烯，并且能继续加工成 1，4-顺异戊二烯。

$$H_3C-C(=O)-CH_3 + HC\equiv CH \longrightarrow H_3C-C(OH)(CH_3)-C\equiv CH \xrightarrow{+H_2} H_3C-C(OH)(CH_3)-CH=CH_2 \xrightarrow{-H_2O} H_2C=C(CH_3)-CH=CH_2 \quad (D.7.116)$$

3-甲基-1-戊烯-3-醇（甲戊炔醇，表 D.7.115）和 1-乙炔基环己基氨基甲酸酯（炔己蚁胺）是镇静剂。由雌素酮经过乙炔化反应得到的乙炔基雌二醇是一种高效的合成雌激素：

❶ 在钢（弹）罐中乙炔是溶解在丙酮中的，同时参见试剂附录。

❷ 蓝色是由溶解于液氨的钠引起的。通过铁盐催化转化成（无色的）氨基钠。乙炔化钠形成很快。也可以先制备氨基钠溶液，然后通乙炔气体。

$$\text{(雌酮)} + HC\equiv CH \xrightarrow[(\text{液}NH_3)]{K\text{或}Na} \text{(17-乙炔基-17-羟基产物)} \qquad (D.7.117)$$

D. 7. 2. 1. 3　羟醛缩合反应

羟醛缩合是醛和酮（羰基）自身或者与作为 CH 酸化合物的其它醛和酮（亚甲基）之间的反应[1]。碱催化的羟醛缩合反应机理已经在式(D. 7. 101) 中给出了（用反应式表示丙醛的羟醛缩合反应!)。这里的碱最好是碱金属和碱土金属的氢氧化物。式(D. 7. 104) 描述的酸催化的反应没有太大意义。

如果反应是在较低温度下进行的，生成的简单的羟醛一般不难分离。然而由芳香醛生成的羟醛特别容易发生脱水反应，而使共轭体系扩大。酸催化的羟醛缩合反应总是生成缩合产物。

醛以羰基参加反应时，反应特别容易进行，平衡式(D. 7. 101) 远远偏向产物方向。

对于不同醛的反应活性，前面讲过的规则还成立。因此甲醛的反应性最强（为什么?)。它与活泼的以亚甲基参加反应的化合物（如 1,3-环己二酮，参见 D. 7. 4. 1. 3）反应，甚至不需要催化剂在水溶液中就能进行。与其它醛相反，它还可以转化成加合物，取代以亚甲基参加反应的化合物中 α-碳原子上的所有氢原子，例如：

$$3\,HCHO + H_3C{-}CHO \longrightarrow HOCH_2{-}C(CH_2OH)_2{-}CH{=}O \qquad (D.7.118)$$

这种羟甲基化合物非常容易发生交叉 Cannizaro 反应，转化成季戊四醇，参见 D. 7. 3. 1. 3。芳香族醛最不容易反应。

酮由于其羰基活性较弱，在与醛的羟醛缩合反应中总是充当反应的亚甲基成分 (Claisen-Schmidt 反应)。没有活泼 α-氢的酮（如苯甲酮）也不能与带活泼亚甲基的醛反应，在这种情况下只能是醛自身发生羟醛缩合反应。

当然也可以使醛作为亚甲基成分参与反应：通过席夫碱的反应先将醛羰基的活性降低［参见式(D. 7. 6)］，随后使其与如二异丙基氨基锂之类的化合物形成阴离子：

$$R{-}CH_2{-}CH{=}NR' \longrightarrow R{-}CH{=\!=}CH{=\!=}NR'^{\ominus}\ Li^{\oplus} \qquad (D.7.119)$$

这一阴离子与其它醛或酮的羰基反应生成含 N 的类羟醛，含 N 类羟醛在草酸存在下经水蒸气蒸馏可以转化成 α,β-不饱和醛。

$$R{-}CH{=}CH{-}N^{\ominus}R'\ Li^{\oplus} + C{=}O \longrightarrow R'N{=}CH{-}CHR{-}C{-}O^{\ominus}\ Li^{\oplus} \xrightarrow[-R'NH_2,\,-LiOH]{+H_2O} OHC{-}CR{=}C\!< \qquad (D.7.120)$$

---

[1] 广义上常常将醛和酮与其它 CH 酸化合物的反应也称为羟醛缩合反应。这一分类其实也合理，因为这些反应的机理原则上是一样的。

如果某一酮具有两个活性位点，如丙酮或者丁酮，那么通常的羟醛缩合反应会产生单羟醛缩合和双羟醛缩合产物。要想得到单加合物，以亚甲基参加反应的组分就必须是2～3倍（物质的量，mol）的量。如果参加反应的酮是不对称的，就有可能产生两种不同的产物：

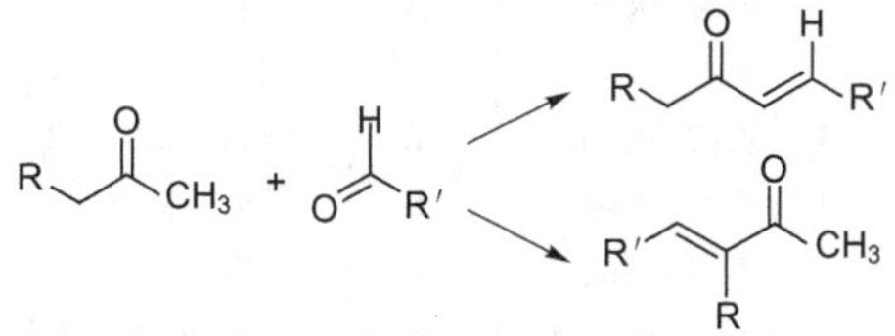

(D.7.121a)

(D.7.121b)

酸催化的芳香醛的反应一般会在亚甲基上缩合［式(D.7.121b)］，而在碱性介质中亚甲基容易被进攻［式(D.7.121a)］。不带支链的脂肪醛不论在什么介质中大多在亚甲基上反应。

以弱的CH酸作为亚甲基组分，有时能使碱催化的羟醛缩合反应在两相体系中进行（参见相转移催化，D.2.4.2）。这方面的一个实例是表D.7.123的一般实验方法中E所给出的乙腈与芳香醛的缩合；参考式(D.7.131)。

酮自身或者与另外一个酮羟醛缩合时的平衡状态对反应不利，因此只有将生成的羟醛抽出平衡体系才可以达到适当的产率，例如由丙酮通过羟醛缩合反应生成双丙酮醇（4-羟基-4-甲基-2-戊酮）的反应。

在强酸存在的条件下丙酮同样能自身缩合（缩合使平衡向所希望的方向移动）。不过，除了4-甲基-3-戊烯-2-酮（异亚丙基丙酮）之外，还生成了高缩合产物2,6-二甲基-2,5-庚二烯-4-酮（佛尔酮）和1,3,5-三甲基苯（苯）。

质子化的羰基不仅仅能像式(D.7.104）描述的那样接收烯醇的电子对，而且还能与没被活化的烯烃反应（Prins反应）。加合产物能通过不同的途径稳定下来。主产物要么是1,3-二氧杂环衍生物，要么是β, γ-不饱和醇：

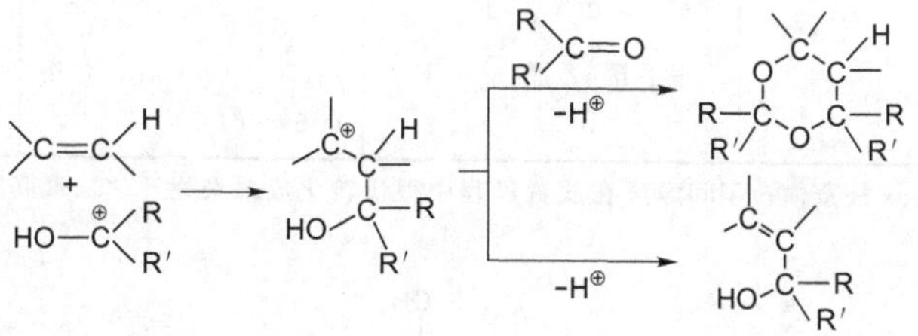

(D.7.122)

Prins反应在工业上得以应用：异丁烯经过两次甲醛加成生成4,4-二甲基-1,3-二氧杂环，这一产物经磷酸钙催化热解生成异戊二烯（77%）、甲醛和水。

【例】 羟醛缩合反应的一般实验方法（表D.7.123）

A. 脂肪醛的羟醛缩合反应　在一个250 mL、带搅拌器、滴液漏斗和内置温度计的三颈烧瓶中将1 mol相关的醛[1]添加到75 mL醚中，再在水冷却的条件下非常缓慢地添加0.02 mol苛性钾的15%甲醇溶液，此刻，体系的温度保持在10～15 ℃。接下来在室温下继续搅拌1.5h。小心地用等摩尔的冰醋酸中和，将乙酸钾分离出去，用Na_2SO_4干燥一夜后在尽可能低的温度下蒸馏。

[1] 醛要用新蒸馏的。

表 D. 7. 123 羟醛缩合反应

产物	反应物	方法	沸点(熔点)/℃	n_D^{20}	产率/%
3-羟基丁醛[①](丁间醇醛)	乙醛	A	$83_{2.6(20)}$	1.4238[②]	60
3-羟基-2-甲基戊醛(丙缩醛)	丙醛	A	$85_{1.5(11)}$	1.4373[②]	60
2-甲基巴豆醛[③]	乙醛,丙醛	A	118	1.4475	30
2-乙基-3-羟基己醛(丁缩醛)	丁醛	A	$100_{1.3(10)}$	1.4409[②]	70
4-羟基-2-戊酮	乙醛,丙酮	B	$60_{1.3(10)}$	1.4265	60
4-羟基-3-甲基-2-戊酮	乙醛,丁酮	B	$76_{1.3(10)}$	1.4350	70
4-羟基-2-庚酮	丁醛,丙酮	B	$92_{1.6(12)}$	1.4360	70
2-羟甲基-2-甲基丙醛	甲醛,异丁醛	C	(熔点 86)(甲苯-石油醚)		80
3-羟甲基-2-丁酮	甲醛,丁酮	C	$80_{1.3(10)}$	1.4340	50
肉桂醛[④]	苯甲醛,乙醛	D	$124_{2.1(16)}$	1.6195	60
亚苄基丙酮	苯甲醛,丙酮	D	$140_{2.1(16)}$,(熔点 41)		60
二亚苄基丙酮	苯甲醛,丙酮	D	(熔点 111)(丙酮,−15 ℃)		70
ω-硝基苯乙烯[⑤]	苯甲醛,硝基甲烷	D	(熔点 58)(乙醇)		80
亚苄基乙酰苯[⑥](卡茄酮)	苯甲醛,茴香醛,丙酮	D	(熔点 57)(乙醇)		75
p-甲氧基亚苄基丙酮	茴香醛,丙酮	D	$185_{2.4(18)}$,(熔点 74)		80
4-二甲氨基肉桂腈	4-二甲氨基苯甲醛,乙腈	E	(熔点 164～166)		55
4-二乙氨基肉桂腈	4-二乙氨基苯甲醛,乙腈	E	(熔点 97～99)		48
4-甲氧基肉桂腈	茴香醛,乙腈	E	$170\sim190_{2.4(18)}$,(熔点 59～61)		30

① 经 20cm Vigreux 柱蒸馏；丁间醇醛在放置过程中很快转化成二聚物［“二聚间羟丁醛”：m. p. 79 ℃(乙醚)］,

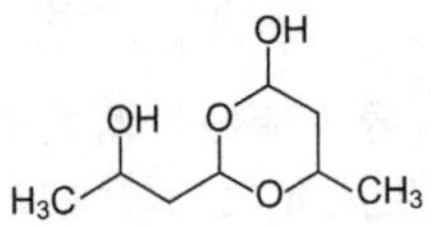

这期间液体的黏度逐渐增大，最后析出晶体。添加一点点水会延缓/阻碍这一反应。在真空蒸馏（大约 2kPa）过程中，二聚间羟丁醛会恢复成单体羟醛。

② 这一折射率测自于新制备的化合物。

③ 每种醛 0.5 mol；在氮气保护下进行。蒸馏后分离出反应水，用氯化钙干燥后再精馏。

④ 用水代替甲醇；在氮气保护下进行。加 2 mol 苯甲醛和 0.1 mol 氢氧化钾；滴加 30%的乙醛水溶液，溶液滴到一半时，再添加溶在 30 mL 水中的 0.05 mol 氢氧化钾。

⑤原料的摩尔比为 1∶1；加等物质的量的碱在＋5 ℃下反应；15 min 后缓慢地浇到过量的、冰冷的盐酸中。

⑥ 甲醇的量增加 2 倍；搅拌 8 h。

B. 脂肪醛（甲醛除外）与酮的羟醛缩合反应　将酮❶放在一个500 mL、带搅拌器、滴液漏斗和内置温度计的三颈烧瓶中，加入0.03 mol苛性钾的15%甲醇溶液。如果要制备1∶1的产物，只含一个适合反应的亚甲基或者甲基的酮取1 mol，其它情况取3 mol。

在充分搅拌和水浴冷却的条件下，将1 mol新蒸馏的相关脂肪醛和75 mL醚组成的溶液极其缓慢地（需要4～6 h）滴加到反应体系中，体系的温度始终保持在10～15 ℃，然后，在室温下搅拌1.5 h。用冰醋酸中和，Na_2SO_4干燥，再蒸馏。

C. 甲醛的反应　对于一个1∶1加合的反应，取1 mol多聚甲醛，使其悬浮于作为亚甲基参加反应的化合物中，这一化合物如果具有多个活性位点，就取5 mol，如果只有一个就取1 mol。

将上述混合物置于一个500 mL、带搅拌器、回流冷却器和内置温度计的三颈烧瓶中，向其中添加15%苛性钾的醇溶液，至pH值达到10～11，在40～45 ℃的温度下搅拌加热0.5～1 h。在此期间要时常检测pH值，如果有必要再添加些许碱。然后用冰醋酸中和，将析出的固态产物过滤出来用水洗，或者是分出有机相并蒸馏。

如果适当地改变计量比，也可以用这一方法合成α,α-二(羟甲基)化合物或者α,α,α-三(羟甲基)化合物。

这些制备都可以半微量进行，但要换成磁力搅拌器。

D. 芳香醛与酮的反应

注意！α,β-不饱和酮常常是强烈的皮肤和黏膜刺激物。如果不小心沾上，立即用稀释的乙醇洗。

在一个1 L、带搅拌器、滴液漏斗和内置温度计的三颈烧瓶中，将1 mol醛和酮❷加到200 mL甲醇中。酮的用量取决于其结构和所要得到的产物，具有两个以上活性亚甲基或者甲基的酮，如果要得到单缩合产物就取3 mol，相反，要想制备2∶1的产物只能取0.5 mol。在20～25 ℃充分搅拌的条件下向上述溶液中滴加0.05 mol 15%的苛性钾。然后再搅拌3 h，用冰醋酸中和。以固态析出的产物用抽滤法分离出来，再用水洗。其它情况下，用水稀释，再过滤或者醚萃取。醚萃取液用水洗后经硫酸钠干燥最后再蒸馏。

如果是制备硝基苯乙烯，要用1 mol碱，并且30 min后要把反应混合物倒到2倍物质的量（mol）的20%的盐酸中。

E. 甲醛的反应（两相反应❸）　在一个200 mL、带搅拌器、回流冷却器和滴液漏斗的三颈烧瓶中，加热由6.6 g（0.1 mol）固体研成粉的85%的氢氧化钾、80 mL纯化的乙腈（参考试剂附录）和2 mL季铵盐氯化物Aliquat 336（参见D.2.4.2）组成的混合物。出现回流时，在强烈搅拌下加入由0.1 mol醛和15 mL纯化的乙腈组成的溶液。接着继续加热回流10 min，然后放置冷却，再将此反应混合物浇到200 g碎冰上。

随后用二氯甲烷振荡萃取2次，将有机相用少量水洗，经Na_2SO_4干燥，再在真空中将溶剂蒸发；残留物用乙醇重结晶或者真空蒸馏。产物属于E-型还是Z-型要通过其在$CDCl_3$中的^1H NMR谱来确定。

---

❶ 酮要用新蒸馏的。

❷ 醛和酮要用新蒸馏的。

❸ 参见 Gokel，G. W.；Dibiase，S. A.；Lipisko，B. A.，Tetrahedron Lett. 1976：3495.

【例】 双丙酮醇（4-羟基-4-甲基-2-戊酮）[1]**的制备**

在一个 250 mL、带 Soxhlet 头（参见图 A. 88）和高效回流冷却器的圆底烧瓶中加 1 mol丙酮，水浴加热，维持强回流条件。抽提管用氧化钡填充至一半，用一点棉絮盖上。如果在沸腾的水浴上液体不再沸腾（大约 30 h后），说明反应已经结束。接下来进行真空分馏。b. p. $_{3.1(23)}$ 73 ℃；n_D^{20} 1. 4235；产率 70％。

从柠檬醛和丙酮制备假性紫罗兰酮：Russel，A.；Kenyon，R. L.，Org. Synth.，1955，Coll. Vol. Ⅲ：747.

由 1-(3-O-丁基)-2-环己酮-1-酸乙酯合成 3-O-$\Delta^{4,10}$-八氢萘-9-酸乙酯：Dreiding，A. S.；Tamasewski，A. J.，J. Am. Chem. Soc. 1955，77：411.

由 2-甲基-2-(3-O-丁基)-1，3-环己二酮合成 10-甲基-$\Delta^{1,9}$-八氢萘-2，5-二酮：Nayarov，I. N.，等，Zh. Obshch. Khim. 1956，26(88)：441.

相转移催化条件下由胡椒醛和巴豆酸哌啶盐合成哌啶：Schulze，A.；Oediger，H.，Liebigs Ann. Chem. 1981：1725.

原手性底物，如一个醛和一个不对称酮，其羟醛缩合反应产生带两个不对称碳原子的产物，这一产物可能出现四种形式的立体异构体（两种非对映异构体，每个异构体又有一组对映异构体）（参见 C. 7. 3. 2）。人们分别用顺式或赤式 以及 反式或苏式来称呼所形成的非对映异构体的酮醇：

顺式酮醇（赤式）
syn(erythro)

(D. 7. 124)

反式酮醇（苏式）
anti(threo)

非手性反应物会以同样的比例生成每个非对映异构体的两个对映结构，也就是外消旋混合物。

不过两个非对映异构体酮醇的生成量并不相同，其中之一优先生成。至于哪一种优先，主要取决于 R、R′和 R″基团的大小以及反应条件。

反应的非对映选择性可以理解为，亚甲基组分被碱（MB）夺去质子后形成的烯醇化物能够以两种立体异构体的形式作为（*E*)-和（*Z*)-化合物出现。（*E*)-和（*Z*)-化合物再与羰基组分经过一个六元椅式环状过渡态反应，在这一过渡态中金属离子 M^+ 与烯醇氧和羰基氧处在同一平面上。

如果反应是热力学控制的（参见 C. 3. 2），也就是说（*E*)-和（*Z*)-烯醇化物彼此处于较平衡状态，那么优先生成热力学上稳定的（*E*)-烯醇化物。这种情况主要发生在高温和反应时间较长的条件下。能量最低、空间位阻最小的过渡态是羰基化合物的 R 基团处于横轴的状态。产生反式(苏式）酮醇：

---

[1] 根据 Amus，R. 的“Oranische Synthesen（有机合成）”中的 Conant，J. B.；Tuttle，N. 方法，Vieweg & Sohn，Braunschweig，1937：第 192 页.

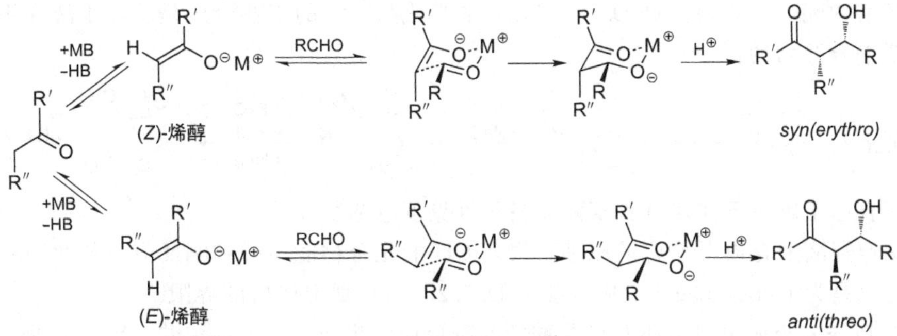

(Z)-烯醇　　syn(erythro)

(E)-烯醇　　anti(threo)

(D. 7. 125)

动力学控制的反应，即烯醇化物的生成不可逆时，则容易产生（Z）-烯醇化物，它与羰基组分反应生成顺式(赤式）酮醇。这种情况发生在采用如二异丙氨基锂（LDA）之类的强碱以及低温和短反应时间的条件下。

两种情况下都是，R、R′和 R″基团越大非对映选择性越明显。例如苯甲醛（R″=C_6H_5）与烷基甲基酮（R′=CH_3）在由 LDA 制备的烯醇化锂的作用下反应时，产物中顺式酮醇的比例按烷基 R=CH_3CH_2＜$(CH_3)_2CH$＜$(CH_3)_3C$ 的顺序从 64%经 82%增加到 98%。

由苯甲醛和烷基甲基酮合成 3-烷基-2-甲基-3-羰基-1-苯基丙醇：Heathcock, C. H.; Buse, C. T.; Kleschick, W. A.; Pirrung, M. C.; Sohn, J. E.; Lampe, J., J. Org. Chem. 1980, 45:1066.

如果从手性反应物出发，可以使羟醛缩合反应对映体选择性地进行，也就是说选择性地生成四个立体异构体中的某一个。为了达到对映体选择的目的，可以采用预先手性化了的（E)-或（Z)-烯醇化物，例如采用带手性配体的硼配合物，或者用硅烯醇醚（参见 D. 7. 4. 2）之类预先形成的烯醇化物在手性 Lewis 酸-催化剂（如带有手性配体的钛配合物）作用下反应。

乙醛的羟醛缩合反应还在工业上得到应用。由缩合产物丁间醇醛，氢化可得到 1,3-丁二醇（参见 D. 7. 3. 2）；脱水则得到巴豆醛（参见表 D. 3. 37）。同样丁醛的羟醛缩合产物也在工业上大规模生产，并且被进一步氢化成 2-乙基己醇（参见 D. 7. 3. 2）。2-羟甲基-2-甲基丙醛（表 D. 7. 123）被氢化成聚酯的组成成分 2,2-二甲基-1,3-丙二醇。通过 Cannizzaro 反应制备三羟甲基丙烷和季戊四醇的方法请参见 D. 7. 3. 1. 3。

工业上通过氢化异丙烯亚基丙酮来生产漆溶剂异丁基甲基酮和 4-甲基-2-戊醇。

抗生素氯霉素的首次合成过程中也用到了羟醛缩合反应（1949）：

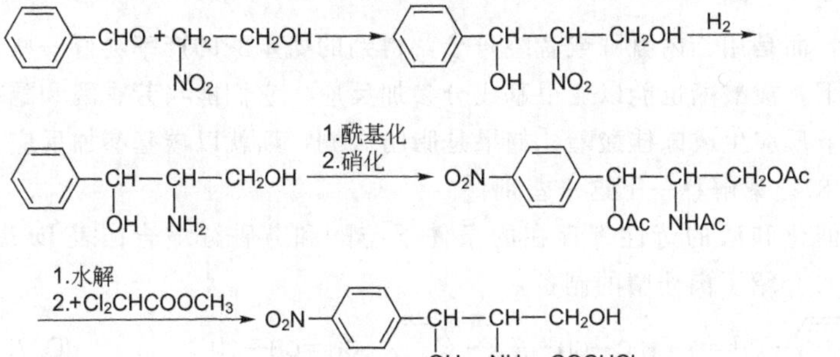

1.酰基化 2.硝化

1.水解 2.+$Cl_2CHCOOCH_3$

(D. 7. 126)

泛酸内酯——泛酸（见 D. 7. 1. 4. 2）的半成品——的工业合成是从异丁醛在甲醛上的羟醛缩合开始的：

$$H_2CO + \text{(CH}_3)_2\text{CH–CHO} \longrightarrow \text{HO–CH}_2\text{–C(CH}_3)_2\text{–CHO} \xrightarrow{+NaCN} \text{HO–CH}_2\text{–C(CH}_3)_2\text{–CH(OH)–CN} \xrightarrow[+NH_4Cl]{+H_2O,\ +HCl} \text{泛酸内酯} \qquad (D.\ 7.\ 127)$$

请自己了解一下如何从柠檬醛制备假性紫罗兰酮！

按照羟醛加合或者缩合的原理，很多 CH 酸化合物能与醛和酮反应。与此同时，没有必要总是为 Knoevenagel 反应（参见 D. 7. 2. 1. 4）划定严格的界限。

在 Perkin 合成中醛与脂肪族羧酸的酸酐反应，生成 α,β-不饱和酸。羧酸的碱金属盐或者三元碱（吡啶）作为碱性缩合试剂。此类反应的典型实例是用芳香醛生成肉桂酸，例如：

$$Ph-CHO + (H_3C-CO)_2O \xrightarrow{-H_2O} Ph-CH{=}CH-CO-O-CO-CH_3 \xrightarrow{+H_2O} Ph-CH{=}CH-COOH + H_3C-COOH \qquad (D.\ 7.\ 128)$$

苯甲酰胺乙酸（马尿酸）也以同样的方式缩合。在反应条件下首先形成吖内酯，吖内酯再与羰基化合物反应：

$$\text{PhCO–NH–CH}_2\text{–COOH} \xrightarrow{-H_2O} \text{吖内酯} \xrightarrow[-H_2O]{+R-CHO} \text{不饱和吖内酯} \qquad (D.\ 7.\ 129)$$

所生成的不饱和吖内酯可以水解成 α-羰基羧酸，或者氢化后再水解成 α-氨基酸（Erlenmeyer 氨基酸合成法）：

$$\text{不饱和吖内酯} \xrightarrow{+3\,H_2O} R-CH_2-CO-COOH + NH_3 + Ph-COOH$$

$$\text{不饱和吖内酯} \xrightarrow{H_2} \text{饱和吖内酯} \xrightarrow{+2\,H_2O} R-CH_2-CH(NH_2)-COOH + Ph-COOH \qquad (D.\ 7.\ 130)$$

如果不用马尿酸，而是用乙内酰脲或者绕丹宁，得到的氨基酸的产率会好一些。

在强的反应条件下，羧酸酯也能以亚甲基成分参加反应。它们能与芳香醛和酮在碱金属醇化物催化作用下反应生成肉桂酸酯［如果是脂肪族酮，酯就以羰基参加反应（酯缩合，参见 D. 7. 2. 1. 8）。请解释一下这一差别！］。

乙腈能在相转移催化和浓的苛性钾存在的条件下与酮和芳香醛缩合；表 D. 7. 123 的实验规则中的方法 E 介绍了肉桂腈的制备：

$$C_6H_5-CH{=}O + H_3C-CN \xrightarrow{-H_2O} C_6H_5-CH{=}CH-CN \qquad (D.\ 7.\ 131)$$

酸性较强的α-氯羧酸酯的亚甲基成分既能与醛又能与酮反应。在这里首先生成的是氯醇，氯醇在反应条件下立刻脱去氯化氢（Darzens-Claisen 反应）：

$$\rangle C{=}O + \underset{Cl}{CH_2}{-}COOR \rightleftharpoons -\overset{OH}{\underset{|}{C}}-\underset{Cl}{CH}-COOR \xrightarrow[-HCl]{} -\overset{O}{C-CH}-COOR \qquad (D.7.132)$$

酯缩合的实验方法部分（参见 D.7.2.1.8）给出了几个制备实例。

用这一方法合成的 2,3-环氧酯（缩水甘油酸酯）水解时脱羧并重排成醛：

$$-\overset{O}{C-CH}-COOR \longrightarrow -\overset{O}{C-CH}-COOH \xrightarrow[-CO_2]{} \rangle CH-CHO \qquad (D.7.133)$$

在相转移催化条件下，可以用氯乙腈类似于式(D.7.132）的方法，在苛性钠存在下制备 2，3-环氧丙腈（参见 D.2.4.2）。

【例】 制备2,3-环氧丙腈的一般实验方法（表 D.7.134）

在 15～20 ℃强烈搅拌下缓慢地将 0.2 mol 氯乙腈滴加到 0.22 mol 醛或酮、40 mL 50%的苛性钠、50 mL 二氯甲烷和 1 g 氯化苯甲基三乙基铵（BTEAC）或者 1.5 mL 季铵氯化物 Aliquat 336 组成的混合物中。然后在同样的温度下再搅拌 40 min，用 30 mL 水稀释后将有机相分离出来。用少量的水洗两次，经 Na_2SO_4 干燥并蒸馏。

如果反应中用的是酮，最好不要用二氯甲烷，而是在反应结束后添加 80 mL 醚。

表 D.7.134　2,3-环氧丙腈（环氧乙烷甲腈）①

产物	反应物	沸点/℃	产率/%
3-苯基环氧乙烷-2-腈	苯甲醛	$130\sim135_{1.9(14)}$	45
3,3-五亚甲基环氧乙烷-2-腈	环己酮	$104\sim108_{1.9(14)}$	50
3-甲基-3-苯基环氧乙烷-2-腈	苯乙酮	$115\sim121_{0.8(6)}$	50
3-(4-甲氧基苯基)环氧乙烷-2-腈	对甲氧基苯甲醛	$160\sim165_{1.9(14)}$	60

① 根据 Jonczyk，A.；Fedorynski，M.；Makosza，M.，Tetrahedron Lett. 1972：2395.

还有其它一些 CH 酸化合物能以亚甲基成分与醛反应，例如α-和γ-皮考啉及环戊二烯。请解释这些化合物的 CH 酸性！

为了便于理解，这里再描述一下毒芹碱的合成，毒芹碱是由 Ladenburg 在 1886 年合成出来的第一个生物碱：

$$\text{2-甲基吡啶} + OHC{-}CH_3 \xrightarrow[-H_2O]{} \text{2-}(CH{=}CHCH_3)\text{吡啶} \xrightarrow{+4\,H_2} \text{2-}(CH_2CH_2CH_3)\text{哌啶} \qquad (D.7.135)$$

工业上用 2-甲基吡啶和甲醛经过 2-(2-羟乙基)吡啶中间步骤生产共聚用单体 2-乙烯基吡啶。

烷基吡啶的工业合成法中也包括中间的羟醛缩合反应，及与亚氨基化和脱氢相结合。乙醛和氨在乙酸铵催化作用下，在水相大约 250 ℃、100～200 bar 压力的条件下反应，主要生成 5-乙基-2-甲基吡啶，这一化合物可以继续反应生成尼古丁酸，参见 D.6.2.1，表 D.6.14。同样的反应物如果是在气相中经 Al_2O_3 催化，在大约 450 ℃时生成α-和γ-皮考啉的混合物，在甲醛存在下则生成吡啶和β-皮考啉。

如上所述，羟醛缩合反应能产生多种多样的 C—C 键，对于有机合成具有特别重要的意义。

D. 7. 2. 1. 4 Knoevenagel 反应

Knoevenagel 缩合从狭义上讲是羟醛缩合的一种特殊情况，此时以亚甲基成分参加反应的是 CH 酸性特别强的酸。它们是亚甲基被两个基团活化了的化合物，如丙二酸、丙二酸一酯、丙二酸酯、氰乙酸及其酯、丙二腈和 β-二酮。由于双键有可能与 β-二羰基体系共轭，反应总是通过失去一分子水而生成相应的不饱和的交叉共轭化合物，例如：

$$>C{=}O + H_2C(CN)(COOR) \longrightarrow >C{=}C(CN)(COOR) + H_2O \qquad (D.\ 7.\ 136)$$

很显然，这一产物与在羟醛缩合条件下得到的单一共轭的不饱和化合物（表 D. 7. 123 的一般实验方法 D 和 E）类似。因此从广义上用 Knoevenagel 反应也可以解释所有碱催化的羟醛缩合反应。

用活泼的、前面提到的亚甲基化合物，特别是氰乙酸及其酯和丙二腈，不论用醛还是用酮作为羰基成分反应的产率都很好，而反应性较弱的亚甲基成分常常只能与芳香醛顺利反应。在冰醋酸存在下，哌啶、乙酸铵、β-丙氨酸及其它含氮碱都可以充当催化剂。

一些不容易反应的反应物，例如丙二酸酯和酮，需要在四氢呋喃-吡啶中用四氯化钛使其反应，同时四氯化钛被消耗：

烃基丙二酸酯的制备：Lehnert, W. , Tetrahedron Lett. 1970：4723；Tetrahedron. 1973,29:635.

在实践中主要应用这一反应的两个变体。经过 Cope 提出的变化方式，反应水被共沸蒸馏出反应体系。丙二酸及其单酯很难用这种方法反应，它们只适合用 Knoevenagel-Doebner 改变的方法（参见实验方法部分）。在这里，缩合产物发生脱羧，因此可以直接获得 α，β-不饱和的一元羧酸。这种方法常常比经典的 Perkin 合成法简单得多。此外还有其它优点：这个反应还可以应用于脂肪醛，生成有取代基的丙烯酸（关于这一点请参考相转移催化羟醛缩合反应制备肉桂腈，表 D. 7. 123，方法 E）。请考虑如何按照 Knoevenagel-Doebner 方法制备肉桂腈？

【例】 Knoevenagel 反应的一般实验方法（表 D. 7. 137）

A. Cope 方法　在一个 500 mL、带分水器和回流冷却器的圆底烧瓶中，将 0. 5 mol 含亚甲基的化合物（氰乙酸酯、丙二酸酯、氰乙酸、丙二腈）、0. 5 mol 有关的醛和酮❶、0. 01～0. 05 mol 催化剂和 0. 1 mol 乙酸溶于 150 mL 甲苯中，加热回流，不再有水分分离出来时，说明反应已经结束（2～6 h）。待反应混合物冷却后用少量半饱和的食盐溶液洗甲苯层四次，经硫酸钠干燥并蒸馏出甲苯。剩余物重结晶或者蒸馏。

B. Knoevenagel-Doebner 方法　在一个 500 mL 的圆底烧瓶中将 1. 2 mol 丙二酸溶于 180 mL 干燥的吡啶中，在弱的放热反应之后添加 1. 0 mol 相关的醛和 0. 1 mol 哌啶。然后在水浴上加热回流直到不再生成二氧化碳为止。冷却后浇到冰-浓盐酸上以洗去吡啶和哌啶。

---

❶ 如果是低级脂肪族醛和酮（直至戊酮）最好加 0. 6 mol 羰基化合物。液态反应物要用新蒸馏的。

表 D.7.137 Knoevenagel 缩合

产物	反应物	方法	催化剂①	沸点(熔点)/℃	n_D^{20}	产率/%
亚异丙基氰乙酸	氰乙酸,丙酮	A	A1	(熔点 134)(乙醇-水)		90
亚异丙基丙二腈	丙二腈,丙酮	A	A1	$101_{2.1(16)}$	1.4262	90
2-氰基-3-甲基-2-戊烯酸乙酯	氰乙酸乙酯,丁酮	A	A1	$117_{1.5(11)}$	1.4650	85
环己烯氰乙酸乙酯	氰乙酸乙酯,环己酮	A	A	$151_{1.2(9)}$	1.4950	80
环己烯氰乙酸②	氰乙酸,环己酮	A	A	(熔点 110)($MeNO_2$)		70
环己烯乙腈③	氰乙酸,环己酮	A	A	$93_{1.3(10)}$	1.4769	75
α-氰基-*β*-甲基肉桂酸乙酯	氰乙酸乙酯,苯乙酮	A	A	$120_{0.3(2)}$	1.5468	70
亚丁基丙二酸二乙酯	丙二酸二乙酯,丁醛	A	P	$144_{3.3(25)}$	1.4425	55
亚异丁基丙二酸二乙酯	丙二酸二乙酯,异丁醛	A	P	$136_{3.6(27)}$	1.4398	90
苯亚甲基丙二酸二乙酯	丙二酸二乙酯,苯甲醛	A	P	$186_{2.4(18)}$,(熔点 32)	1.5347④	70
香豆素-3-羧酸乙酯	丙二酸二乙酯,水杨醛	A⑤	P	(熔点 94)(乙醇-水)		75
p-二甲氨基肉桂酸⑥	丙二酸,*p*-二甲氨基苯甲醛	B		(熔点 216)(Z)(乙醇)		75
山梨酸	丙二酸,巴豆醛	B		(熔点 134)(水)		30
p-甲氧基肉桂酸	丙二酸,茴香醛	B		(熔点 172)(乙醇-水)		50
肉桂酸	丙二酸,苯甲醛	B		(熔点 136)(乙醇-水=3∶1)		85
4-羟基-3-甲氧基肉桂酸(阿魏酸)	丙二酸,香草醛	B		(熔点 173)(水)		80
m-硝基肉桂酸	丙二酸,*m*-硝基苯甲醛	B		(熔点 203)(乙醇)		85
3-(呋喃-2-基)丙烯酸	丙二酸,呋喃醛	B		(熔点 140)(己烷)		85
苯亚甲基丙二腈	丙二腈,苯甲醛	C		(熔点 86)		85
α-氰基-*p*-甲氧基肉桂酸甲酯	氰乙酸甲酯,茴香醛	C		(熔点 96)		85
亚肉桂基丙二腈	丙二腈,肉桂醛	C		(熔点 127)		80
α-氰基肉桂酸甲酯	氰乙酸甲酯,苯甲醛	C		(熔点 86)		82
亚肉桂基氰乙酸甲酯	氰乙酸甲酯,肉桂醛	C		(熔点 143)		80
亚糠基丙二腈	丙二腈,呋喃醛	C		(熔点 225～228)(硝基甲烷)		80

① 催化剂 A=0.05 mol 乙酸铵,A1=0.01 mol *β*-丙氨酸,P=0.02 mol 吡啶。

② 将洗过、干燥过的反应溶液浓缩,析出的晶体过滤后用冷的汽油洗。

③ 洗涤、干燥过的反应溶液直接进行真空蒸馏(0.5～0.7 MPa)。在这种压力下 130 ℃时环己烯氰乙酸脱羧生成环己烯乙腈。馏出液用甲苯接收后,像通常一样中和,再一次真空蒸馏。

④ 过冷融化液。

⑤ 只用 0.01 mol 乙酸。

⑥ 通过添加氨水溶液使产物从处理过程中生成的盐酸溶液中离析出来。

如果羧酸能以固体析出，就将反应混合物置于冰箱中若干小时以使结晶完全，然后抽滤分离。液态产物要用醚或者甲苯萃取。羧酸以固体析出的情况下，再萃取母液常常也能提高产率。醚或者甲苯萃取液用硫酸钠干燥后将溶剂蒸馏出去，剩余物蒸馏或者重结晶。

与丙二酸一样，丙二酸单烷基酯也能反应。得到相应的不饱和羧酸酯。

这两个制备都可以在半微量条件下进行。只是 Cope 方法要用 30～50 mL 携带剂和一个带 1～3 mL 填充物的水分离器。

C. 芳香醛与 CH 酸腈的反应

注意！亚苄基丙二腈尤其是其环上有取代基的衍生物是皮肤刺激物！其蒸气刺激黏膜！

在一个 100 mL 的 Erlenmeyer 烧瓶中将 0.1 mol 醛和 0.1 mol 腈溶于 30 mL 70％的甲醇中，加入 1.5～2 mol（丙二腈的情况下只用 1 mol）哌啶。片刻之后开始放热反应。放置 2 h 待结晶结束，抽滤分离，用少量冰冷的甲醇洗，最后用少量的乙醇重结晶。

根据 Knoevenagel 反应的类型，吡咯合成按 Knorr 机理进行。这时 α-氨基酮类化合物（最好是 α-氨基-β-酮酯或二酮）与 β-二羰基化合物反应，例如：

$$H_3C{-}CO{-}CH(NH_2){-}COOR + CH_3{-}CO{-}CH_2{-}COOR \xrightarrow{-2\,H_2O} \text{ROOC, }H_3C\text{, COOR, }CH_3\text{-取代吡咯 (N–H)} \qquad (D.7.138)$$

除了 Knoevenagel 反应之外，这里还有一个酮与氨基缩合成环的反应。由 α-氨基酮类化合物通过还原反应可以得到异亚硝基酮（参见 D.8.2.3）。

通过原甲酸三乙酯与 CH 酸腈的反应可以得到的 α-烷氧基乙烯基腈，能与脒反应生成嘧啶类化合物，例如：

$$HC(OEt)_3 + H_2C(CN)_2 \xrightarrow{-2\,EtOH} EtO{-}CH{=}C(CN)_2 \xrightarrow[-\,EtOH]{H_3C{-}C(=NH){-}NH_2} \text{2-甲基-4-氨基-5-氰基嘧啶} \qquad (D.7.139)$$

2-甲基-4-氨基-5-氰基嘧啶

(D. 7. 139)

这一化合物是工业上合成硫胺（维生素 B_1）的原料。结合 Knoevenagel 和 Willgerodt 反应，由 α-亚烷基腈和硫酸合成 2-氨基噻吩的方法请参见 D.6.2.3.2。

D.7.2.1.5 Mannich 反应

Mannich 反应描述的是醛（多数情况下是甲醛）与伯胺或仲胺及 CH 酸化合物的反应。这一反应大多在酸性条件下进行。反应机理是：首先水解平衡式(D.7.140）中的游离胺按常规与甲醛反应：

$$R_2\overset{\oplus}{N}H_2 \rightleftharpoons R_2NH + \overset{\oplus}{H} \qquad (D.7.140)$$

$$H_2C{=}O + HNR_2 \rightleftharpoons H_2C(OH)(NR_2) \underset{+H_2O,\,-H^{\oplus}}{\overset{+H^{\oplus},\,-H_2O}{\rightleftharpoons}} [H_2C{=}NR_2]^{\oplus} \qquad (D.7.141)$$

所产生的带离域正电荷的阳离子是一个含氮原子的类似甲醛结构的化合物，这一化合物再像正常的酸催化羟醛缩合反应一样按式(D.7.104）与 CH 酸成分的烯醇反应：

$$\mathrm{O{=}C(\text{—})\text{—}CH} \overset{H^{\oplus}}{\rightleftharpoons} \mathrm{HO\text{—}C{=}C}$$

$$\mathrm{HO\text{—}C{=}C} + \mathrm{H_2C\overset{\oplus}{=\!=}NR_2} \rightleftharpoons \mathrm{HO\overset{\oplus}{=}C\text{—}C\text{—}CH_2\text{—}NR_2} \rightleftharpoons \mathrm{O{=}C\text{—}C\text{—}CH_2\text{—}\overset{\oplus}{N}HR_2} \tag{D. 7. 142}$$

Mannich 碱的盐

反应的结果是作为CH酸参加反应的化合物被“胺甲基化”。请写出反应的总的方程式!

正常情况下，只有当胺的亲核性比CH酸化合物的亲核性强时才能得到Mannich碱。否则的话，在羟醛缩合反应中甲醛会优先与亚甲基成分反应。例如，由丙二酸酯、甲醛和二烷基胺不能制备Mannich碱。

因为CH酸成分的亲核性与胺的亲核性对pH值的依赖性不同，所以反应状况受介质酸性的影响非常大。每个Mannich反应都有一个最佳的pH值。多数情况下，人们采用胺的盐酸化物或者其它酸的盐的形式来达到最佳条件。在极弱CH酸化合物的情况下，如酚或吲哚，人们往往采用游离的碱，或者以乙酸为介质进行反应。

只有用仲胺产生的产物才是单一的。氨和伯胺可以继续反应，使得氮原子上的所有氢原子都被取代。请将苯乙酮、甲醛和氨之间的可能的反应用反应式表示出来!

只要以亚甲基成分参加反应的化合物上适合反应的甲基或亚甲基数多于一个（例如丙酮、环己酮），其用量就要是过量的（4倍摩尔比），以抑制双Mannich碱的形成。就像在酸催化的羟醛型反应［式(D. 7. 104)］中那样，酮上的亚甲基比甲基活泼——例如丁醛的情况——所以普遍生成带支链的Mannich碱。

酮、醛、脂肪族硝基化合物、氰酸和乙炔可以作为CH酸化合物参加反应。另外，很容易发生亲电取代反应的芳香族化合物（参见表D. 5. 2），像苯酚和杂环（噻吩，吡咯，吲哚），也可以按照Mannich方法发生胺烷基化。如此，可以从吲哚合成禾草碱：

$$\text{吲哚} + \mathrm{HCHO} + \mathrm{NH(CH_3)_2} \xrightarrow{-\mathrm{H_2O}} \text{3-}\mathrm{CH_2N(CH_3)_2}\text{-吲哚} \tag{D. 7. 143}$$

【例】 Mannich反应的一般实验方法（表D. 7. 144）

A. 脂肪酮　将1.5 mol酮、35%的福尔马林形式的0.3 mol甲醛和0.3 mol胺的盐酸盐混合均匀，加热回流12 h。接着，真空浓缩并通过重结晶纯化盐酸化物。要得到游离的碱，必须在搅拌和冰冷却的条件下将盐酸化物添加到浓的苛性钾中（这个过程中，温度不要超过+5 ℃），将碱分离出来用少量固体苛性钾干燥再蒸馏（在使用环己酮的情况下，相应的Mannich碱上的氨基很容易被消除，因此，最好是分离其盐酸化物）。

B. 混合脂肪-芳香酮　将0.3 mol酮、0.5 mol研成粉的多聚甲醛和0.3 mol胺的盐酸盐与50 mL无水乙醇一起加热至沸腾。大约1 h后添加0.5 mL浓盐酸，这样余下的多聚甲醛也溶到溶液中。将反应混合物趁热过滤，放置冷却，分离析出盐酸化物。接下来，将母液真空浓缩，残余物用丙酮收集，将所有粗产品合并后重结晶，或者像方法A所描述的那样将产物用碱释放出来。

表 D.7.144 通过 Mannich 反应合成 α-二烷基胺甲基酮

产物(盐酸化物形式)①	反应物	方法	沸点(熔点)/℃	产率/%
1-苯基-3-哌啶基-1-丙酮	苯乙酮,盐酸化哌啶	B	(熔点 193)(乙醇-丙酮)	75
3-二甲氨基-1-苯基-1-丙酮	苯乙酮,盐酸化二甲基胺	B	(熔点 156)(乙醇-丙酮)	85
3-二甲氨基-1-(4-甲氧基苯基)-1-丙酮	*p*-甲氧基苯乙酮,盐酸化二甲基胺	B	(熔点 181)(乙醇)	70
3-二甲氨基-2-甲基-1-苯基-1-丙酮	苯丙酮,盐酸化二甲基胺	B	(熔点 155)(丙酮)	60
1-苯基-5-哌啶基-1-戊烯-3-酮	亚苄基丙酮,盐酸化哌啶	B	(熔点 186)(异丙醇)	75
4-哌啶基-2-丁酮	丙酮,盐酸化哌啶	A	(熔点 167)(乙醇-丙酮)游离碱:$101_{2.7(20)}$	60
4-吗啉基-2-丁酮	丙酮,盐酸化吗啉	A	(熔点 149)(丙酮)游离碱:$116_{2.7(20)}$	60
4-二甲氨基-3-苯基-2-丁酮	苯基丙酮,盐酸化二甲基胺	A	(熔点 156)(丙酮)	80
2-二甲氨基甲基环己酮	环己酮,盐酸化二甲基胺	A	(熔点 158)(乙醇-丙酮)	90
4-二甲氨基-2-丁酮	丙酮,盐酸化二甲基胺	A	(熔点 126)(丙酮)游离碱:$51_{1.7(13)}$	60
4-二乙基-2-丁酮	丙酮,二乙胺,浓盐酸②	A	(熔点 77)(丙酮)游离碱:$74_{2.0(15)}$	70
4-二甲氨基-3-甲基-2-丁酮③	丁酮,盐酸化二甲基胺	A	游离碱:$58_{2.0(15)}$	50

① 最好将 Mannich 碱以其盐的形式分离。

② 物质的量相等。

③ 其盐酸化物极易潮解,所以最好将产物以游离碱的形式分离。

【例】 禾草碱的制备❶

将冰镇的 0.05 mol 二甲胺(40%～50%的水溶液)、7 g 冰醋酸和 0.05 mol 甲醛(以水溶液的形式)的混合物一次加到 0.049 mol 吲哚中。这一体系在加热的条件下形成清澈的溶液,在室温下放置几个小时。然后用稀释的苛性钠碱化,抽滤分离出碱,用水洗,在干燥器中经苛性钾干燥。产率 98%(理论上);m.p. 134 ℃(丙酮或己烷)。

由预先被水解生成戊二醛的 2-乙氧基-2,3-二氢吡喃、甲胺和丙酮二酸合成假石榴碱:Cope, A. C.; Dryden, H. L.; Howell, C. F., Org. Synth., 1963, Coll. Vol. Ⅳ:816.

由 1-己炔合成 1-二乙氨基-2-庚炔:Jones, E.; Marszak, J.; Bader, H., J. Chem. Soc. 1947:1578.

Mannich 反应首先被用来合成 *N*-取代基的 β-氨基酮。

Mannich 反应在生物碱的合成中起着很重要的作用。例如阿托品合成的初级产品——托品酮就是由丁二醛、甲胺和丙酮二酸经两个 Mannich 反应生成的:

❶ Kühn, H.; Stein, O., Ber. Deut. Chem. Ges. 1937, 70: 567.

$$\text{HOOCCH}_2\text{COCH}_2\text{COOH} + \text{OHC(CH}_2)_2\text{CHO} + \text{H}_2\text{N—CH}_3 \xrightarrow{-\text{H}_2\text{O}} \text{(二羧基托品酮)} \xrightarrow{-2\,\text{CO}_2} \text{托品酮} \tag{D. 7. 145}$$

这一反应可以在“生理条件”下（室温，缓冲溶液）进行。

此外，Mannich 碱可用于 α,β-不饱和酮的制备（参见 D. 3. 1. 6）和 β-二羰基化合物的烷基化。作为这类反应的实例，这里给出用禾草碱和乙酰胺丙二酸酯合成 2-乙酰氨基-2-skatyl-丙二酸烷基酯的反应式：

$$\text{Indolyl—CH}_2\text{—N(CH}_3)_2 + \text{H—C(COOR)}_2\text{—NHCOCH}_3 \xrightarrow[-\text{HN(CH}_3)_2]{\text{KOH}} \text{Indolyl—CH}_2\text{—C(COOR)}_2\text{—NHCOCH}_3 \tag{D. 7. 146}$$

由此经过水解和脱羧可以获得色氨酸［参见式(D. 7. 68)］。

一种重要的溃疡治疗剂——雷尼替丁（组胺-H_2-受体阻断剂）的工业合成也是从 Mannich 反应开始的：

$$(\text{CH}_3)_2\text{NH} + (\text{H}_2\text{CO})_x + \text{2-furyl—CH}_2\text{OH} \longrightarrow (\text{CH}_3)_2\text{NCH}_2\text{—furyl—CH}_2\text{OH}$$

$$\rightleftharpoons (\text{CH}_3)_2\text{NCH}_2\text{—furyl—CH}_2\text{SCH}_2\text{CH}_2\text{NHC(=CHNO}_2)\text{NHCH}_3 \tag{D. 7. 147}$$

雷尼替丁

D. 7. 2. 1. 6　酮醇缩合及其逆反应

将氰醇合成［式(D. 7. 106)］与羟醛缩合反应相结合可以制备苯偶联缩合物，也就是制备酮醇缩合物，其实质是两个分子的芳香醛在催化剂氰化钾（10%～20%）的作用下彼此反应。预计副反应会是 Cannizzaro 反应。苯偶联缩合反应是可逆的：

$$\text{Ar—CHO} + \text{CN}^{\ominus} \rightleftharpoons \left[\text{Ar—CH(O}^{\ominus})\text{—CN} \rightleftharpoons \underset{\text{I}}{\text{Ar—C}^{\ominus}\text{(OH)—CN}}\right] \underset{-\text{Ar—CHO}}{\overset{+\text{Ar—CHO}}{\rightleftharpoons}} \text{Ar—C(OH)(CN)—CH(O}^{\ominus})\text{—Ar}$$

$$\rightleftharpoons \text{Ar—CO—CH(OH)—Ar} + \text{CN}^{\ominus} \tag{D. 7. 148}$$

【例】　芳香醛的酮醇缩合反应的一般实验方法（表 D. 7. 149）

注意！碱金属氰化物有剧毒！见试剂附录。

将 0. 1 mol 醛和 2 g 氰化钾溶于 30 mL 60%的乙醇，加热回流。如果所采用的是苯甲醛，反应在 15 min 后结束，如果是糠醛，1 h 后结束。其它醛要加热 2 h；1 h 后要再添加 1 g 氰化钾。如果冷却后仍然没有晶体出现，就将反应混合物在冰箱中放置过夜，必要时可晃动，直到出现晶体。抽滤分离，用水洗，从乙醇中重结晶。

表 D. 7. 149　酮醇

产物	反应物	熔点/℃	产率/%
苯偶姻	苯甲醛	134	85
2,2′-糠偶姻	糠醛	134～136	60
4,4′-二甲基苯偶姻	对甲基苯甲醛	87～88	55
对羟基茴香醛	茴香醛	111～112	38

式(D. 7. 148) Ⅰ 所表示的中间体碳负离子不能被其它亲电试剂捕获，而是用于C—C键的偶联反应。式(D. 7. 148) Ⅰ 与插烯羰基化合物的反应（参见 D. 7. 4. 1. 3，Michael 反应）是一个例外。用三甲基硅烷基氰化物（参见 D. 2. 7）代替氢氰酸与醛加成，就会生成弱的CH 酸 α-三甲基硅氧基腈［式(D. 7. 150) Ⅰ］。这一化合物能在二乙基氨锂的作用下脱去一个质子，生成极易与亲电试剂反应的碳负离子［式(D. 7. 150) Ⅱ］。最后，反应中心通过水解反应又重新转化成羰基。如果采用醛和酮，生成的是酮醇［式(D. 7. 150) Ⅳa］；如果采用的是能被亲核取代的卤代烃，则生成具目标结构的酮［式(D. 7. 150) Ⅳb］：

$$\mathrm{Ar{-}CHO} \xrightarrow{+\mathrm{Me_3SiCN}} \underset{\text{Ⅰ}}{\mathrm{Ar{-}CH(OSiMe_3)(CN)}} \xrightarrow[-\mathrm{H^{\oplus}}]{(\mathrm{LiNEt_2})} \underset{\text{Ⅱ}}{\mathrm{Ar{-}C^{\ominus}(OSiMe_3)(CN)}}$$

$$\underset{\text{Ⅱ}}{\mathrm{Ar{-}C^{\ominus}(OSiMe_3)(CN)}} \xrightarrow{+\mathrm{R^1{-}CO{-}R^2}} \underset{\text{Ⅲ}}{\mathrm{Ar{-}C(Me_3SiO)(NC){-}C(O^{\ominus})(R^1){-}R^2}} \xrightarrow[-\mathrm{CN^{\ominus}},\ -\mathrm{Me_3SiOH}]{+\mathrm{H_2O}} \underset{\text{Ⅳa}}{\mathrm{Ar{-}CO{-}CH(OH)(R^1){-}R^2}} \qquad \text{(D. 7. 150)}$$

$$\underset{\text{Ⅱ}}{\mathrm{Ar{-}C^{\ominus}(OSiMe_3)(CN)}} \xrightarrow[-\mathrm{Br^{\ominus}}]{+\mathrm{Br{-}R}} \underset{\text{Ⅲ}}{\mathrm{Ar{-}C(OSiMe_3)(CN){-}R}} \xrightarrow[-\mathrm{CN^{\ominus}},\ -\mathrm{Me_3SiOH}]{+\mathrm{OH^{\ominus}}} \underset{\text{Ⅳb}}{\mathrm{Ar{-}CO{-}R}}$$

同时，通过特殊的保护方法可以将羰基唯一的亲电中心暂时转变成亲核中心。这种过程被称为极性转换，一般理解为反应中心的极性的可逆转换（参见 C. 8. 1）。

除了甲基硅烷基化合物以外，酰化的氰醇（见表 D. 7. 41）或者氰醇在乙烯醚上的加成产物也可以用于这类合成。

在三甲基硅烷基氰化物的协助下，从芳香醛和烷基卤化物合成酮：Deuchert, K.；Hertenstein, U.；Hünig, S.；Wehner, G., Chem. Ber. 1979, 112: 2045.

在新的醛烷基化生成酮的方法中，采用容易获得的苯并三唑来替代高毒性并且价格昂贵的三甲基硅烷基氰化物和本章结尾引用的气味强烈的1,3-丙二硫醇（1,3-二噻烷的形成，参见 D. 7. 1. 3）：Katritzky, A. R.；Lang, H.；Wang, Z.；Zhang, Z.；Song, H., J. Org. Chem. 1995, 60: 7619.

较简单的合成方法是用催化剂量（0. 05～0. 1 mol/L）的 3-烷基-1,3-噻唑盐，在碱存在下，与脂肪族和芳香族的醛反应。在这里首先是噻唑盐在 N_2 氛围中被脱去质子转化成内鎓盐［叶立德，3-烷基噻唑-2-碳负离子，式(D. 7. 151) Ⅰ］——起催化剂作用。叶立德Ⅰ亲核加成到醛上，使其发生极性转换。这样一来，加成产物［式(D. 7. 151) Ⅱ］（表示成取代的噻唑-2-甲烷化物）就可以与另一分子醛反应生成偶姻［这种脂肪族偶联方法要比酯还原偶合方法容易。参见式(D. 7. 262)］。如果有 α,β-不饱和羰基化合物存在，会优先发生 Michael 加成（参见 D. 7. 4. 1. 3），生成 1,4-二羰基化合物（γ-二酮，4-羰基脱羧酯 以及 4-羰基腈）：

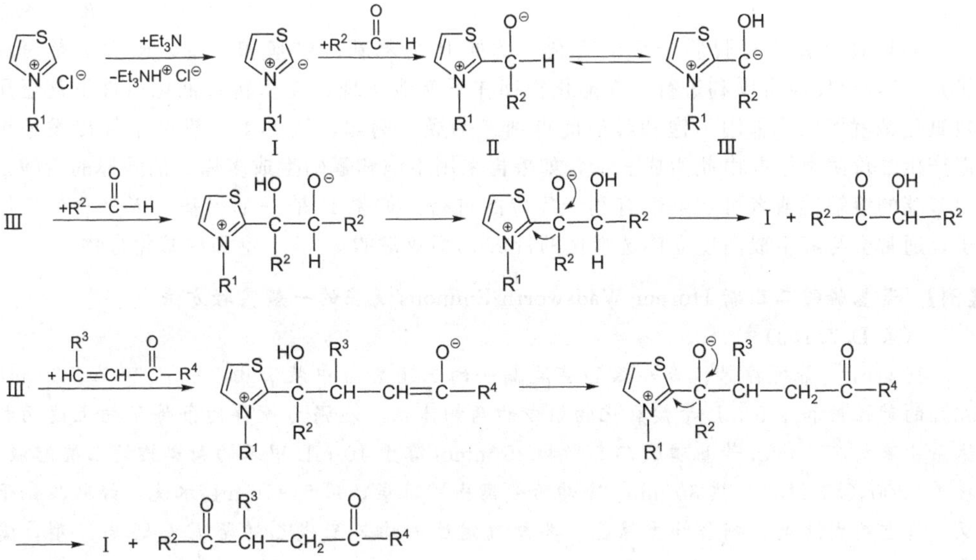

(D. 7. 151)

通过脂肪醛以及呋喃醛在氯化 3-苄基-5-(2-羟乙基)-4-甲基-1,3-噻唑存在下缩合的方法制备酰偶：Stetter, H.; Kuhlmann, H., Org. Synth. 1984, 62: 170.

在溴化 3-乙基-1,3-噻唑存在下与甲醛交叉偶联缩合的方法制备羟甲基酮：Matsumoto, T.; Ohishi, M.; Inoue, Sh., J. Org. Chem. 1985, 50: 603.

醛上的极性转换也可以经过二硫代乙缩醛（参见 D. 7. 1. 3）实现。用反应式表示 1,2-二羰基化合物经下列步骤的合成方法：由苯甲醛和 1,3-丙二硫醇形成 2-苯基-1,3-二噻烷，用丁基锂脱质子，用酰氯酰基化并水解。

D. 7. 2. 1. 7　醛和酮与烷基膦酸酯和亚烷基膦的反应

D. 7. 2. 1. 7. 1　Horner-Wadsworth-Emmons 反应（HWE 反应）

可通过 Michaelis-Arbuzov 反应（参见 D. 2. 6. 5. 2）生成或者由亚磷酸二乙酯和卤代烃反应制得的烷基膦酸二乙酯，也是能够与强碱发生脱氢反应的 CH 酸化合物。

然而由于磷对氧的强亲和性，所生成的碳负离子［式(D. 7. 152) Ⅰ］在羰基化合物上发生羟醛加成反应后紧接着消除一个磷酸二乙酯［式(D. 7. 152) Ⅱ］，生成烯烃（Horner-Wadsworth-Emmons 反应）：

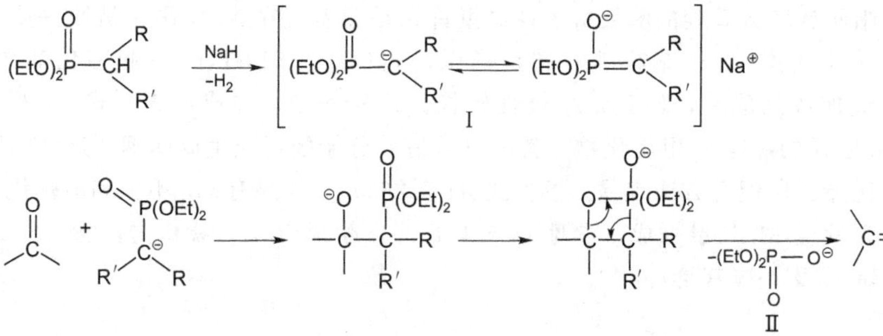

(D. 7. 152)

如果取代基R对脱质子反应有利（例如R是苯基、羰基和氰基，R′大多是氢原子），烯烃化反应会顺利进行。在醇化物存在下就能实现，在相转移催化条件下甚至用氢氧化钠就可以。采用不饱和醛还能得到二烯烃。例如，从1,4-二氯-2-丁烯出发还可以产生二价阴离子并由此生成三烯，如果再采用不饱和醛则生成多烯。消除掉的磷酸二烷基酯的溶解性或者可水解性有利于反应的进行。如果R是一个羰基，R′是一个氢原子，通常会与醛生成高度立体选择性的带*E*构型双键的*α*，*β*-不饱和羰基化合物。

【例】 苄基膦酸二乙酯Horner-Wadsworth-Emmons反应的一般实验方法（表D. 7. 153）[1]

100 mL、带搅拌器、冷却器和滴液漏斗的三颈烧瓶中装有由20 mL甲苯、20 mL 50%的苛性钠和1.5 mL季铵氯化物组成的两相体系。在强力搅拌的条件下向上述两相体系中滴加25 mmol苄基膦酸二乙酯和25 mmol溶于10 mL甲苯的新蒸馏的乙醛溶液。接着在90 ℃下搅拌加热30 min。冷却后分离出甲苯层，用5～10 mL水洗，经硫酸钠干燥并真空蒸发溶剂。剩余物重结晶。要想确定这一均二苯代乙烯是*E*型还是*Z*型，需要测定其熔点和NMR谱（于$CDCl_3$中）。

表D. 7. 153 均二苯代乙烯和1,4-二苯基-1,3-丁二烯（Horner-Wadsworth-Emmons反应）

产物	反应物	熔点/℃	产率/%
均二苯代乙烯	苯甲醛	122～124(乙醇)	70
4-甲基均二苯代乙烯	对甲基苯甲醛	117(乙醇)	65
4-氯均二苯代乙烯	对氯苯甲醛	129(乙醇)	65
4-甲氧基均二苯代乙烯	对甲氧基苯甲醛	136(乙醇)	75
1,4-二苯基-1,3-丁二烯	肉桂醛	150～151(乙醇)	60
1-(对二甲氨基苯基)-4-苯基-1,3-丁二烯	对二甲基氨基肉桂醛①	168～170(丙醇)	50

① 溶在30 mL甲苯中。

D. 7. 2. 1. 7. 2 Wittig反应

Wittig反应需要烷基三苯基鏻盐（参见D. 2. 6. 5. 1）。烷基三苯基鏻盐与氢化钠或

[1] 根据Piechuchi，C.，Synthesis，1976：187.

者烷基锂发生脱氢反应形成磷叶立德[1]［式(D. 7. 154) Ⅰ，"亚烷基膦"的称呼在Ⅱ上体现得更清楚些］。非离子状态时，叶立德在碳原子上具有一个很强的亲核中心，能够与羰基化合物反应。在羰基上加成后又消去一个氧化三苯基膦，生成烯烃：

$$Ph_3\overset{\oplus}{P}-CHRR' \xrightarrow{-H^{\oplus}} Ph_3\overset{\oplus}{P}-\overset{\ominus}{C}RR' \rightleftharpoons Ph_3P=CRR'$$

Ⅰ　　Ⅱ

$$R_2C=O + Ph_3P=CRR' \longrightarrow \text{Ⅲ (O–PPh}_3\text{ 四元环)} \xrightarrow{-Ph_3P=O} R_2C=CRR'$$

(D. 7. 154)

在这个反应中，C═C 双键只在原来羰基的位置产生，异构化只作为特殊情况出现在几种环酮的反应中。Wittig 反应［式(D. 7. 154)］和 Horner-Wadsworth-Emmons 反应是定位合成 C═C 双键的重要方法。其总反应都是由羰基化合物和卤代烃合成烯烃。与此相反，羟醛缩合和 Knoevenagel 缩合方法只能合成带受电子取代基的烯烃。

磷叶立德的反应活性主要取决于叶立德碳原子上的取代基，而与磷原子上的取代基关系不大。未取代的亚甲基三苯基膦及其烷基取代衍生物具有特别强的亲核性并且不稳定，被称为不稳定叶立德。吸电子取代基 R 或者 R′，如苯酰甲基鏻盐，虽然有利于脱去质子生成叶立德，却也降低了其叶立德的亲核性。酰基亚烷基三苯基膦（R ═ RCO）—— 此化合物很容易通过亚烷基三苯基膦与酰氯的酰基化反应经相应的鏻盐获得(写出反应式!)，在低温下不发生水解反应，而且只与像苯甲醛那样非常活泼的羰基化合物反应。这种情况是稳定的叶立德。

磷叶立德与醛反应的立体选择性主要取决于参加反应的叶立德是稳定的还是不稳定的。

醛与亚烷基三苯基膦反应的第一步——［2+2］环加成——是形成一个氧杂磷烷。这一［2+2］环加成反应可以生成两个非对映异构体，但是经常表现出高的立体选择性。一般情况下不稳定叶立德（R′═烷基）生成顺氧杂磷烷［式(D. 7. 155)］，而稳定叶立德（带 M 取代基，例如 R′═酰基）主要生成热力学稳定的反氧杂磷烷［式(D. 7. 156)］。氧杂磷烷在第二步的裂环反应中分解成三苯基膦和烯烃。这一分解是立体专一的：顺二取代的氧杂磷烷只生成 *Z*-烯烃，反二取代的氧杂磷烷只生成 *E*-烯烃：

RCHO + Ph_3P=CHR′ → 顺式氧杂磷烷 $\xrightarrow{-Ph_3PO}$ *Z*-烯烃　(D. 7. 155)

RCHO + Ph_3P=CHR′ → 反式氧杂磷烷 $\xrightarrow{-Ph_3PO}$ *E*-烯烃　(D. 7. 156)

[1] 叶立德（Ylid）是带负电荷的碳直接与一个带正电荷的杂原子（P，N，S）相连的一类化合物。杂原子和碳原子不仅通过一个原子键（yl）而且还通过一个离子键（id）联结在一起。铵叶立德只有这一种形态，而在磷的情况下，有可能超过 8 隅（d 轨道参与）。因此在这个反应中，除了"Ylid"形式［式(D. 7. 154) Ⅰ］还可以表示成"Ylen"形式Ⅱ的极限式。

高度的立体选择性只能是在无锂离子（“无盐”）的条件下出现，因此人们大多采用含钠的碱，如氨基钠，用来为烷基三苯基鏻盐脱质子。锂离子存在时，即使是立体单一的氧杂磷烷也会生成非对映异构体的两性离子 Ⅰa 和 Ⅰb［参见式(D. 7. 157)］的混合物，最后分离出 *E*-和 *Z*-烯烃的混合物。

从不稳定叶立德生成 *E*-烯烃，可以通过 Wittig 反应的 Schlosser 变化在锂离子存在下以高的立体选择性实现。这个反应中间经过锂氧-两性离子 Ⅰ。从这一两性离子经过苯基锂脱氢反应又产生一个叶立德 Ⅱ。用等当量的 HCl 质子化叶立德 Ⅱ 会立体专一地生成锂氧-两性离子 Ⅰa。加入叔丁醇钾，Ⅰa 中的锂与钾交换后生成反氧杂磷烷 Ⅲ，紧接着 Ⅲ 分解成 *E*-烯烃和氧化三苯基膦。

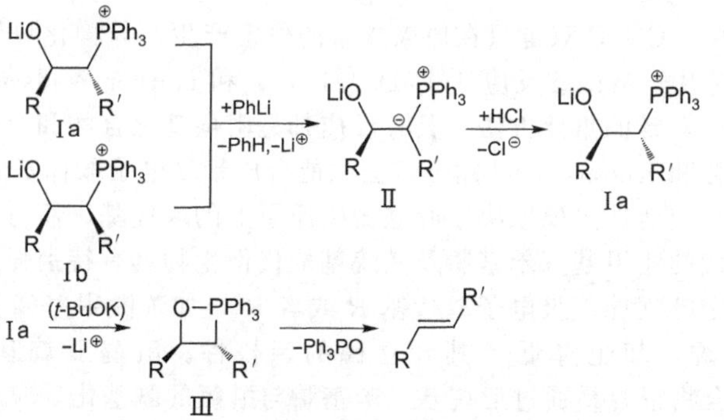

(D. 7. 157)

【例】 用 Wittig 反应制备烯烃的一般实验方法（表 D. 7. 158）

表 D. 7. 158 通过 Wittig 反应制备烯烃

产物	反应物①	沸点(熔点)/℃	产率/%	反应条件
亚甲基环己烷	环己烷，溴化甲基三苯基膦	(熔点 103) n_D^{20} 1.4516	85	30 min 室温
α-甲基苯乙烯	苯乙酮，溴化甲基三苯基膦	(熔点 162) n_D^{20} 1.5360	75	1 h，65 ℃
1-苯基-1,3-丁二烯②	肉桂醛，溴化甲基三苯基膦	$78_{1.5(11)}$	60	室温 1 h，60 ℃ 2 h
1,1-二苯基乙烯	苯甲酮，溴化甲基三苯基膦	$100_{0.2(1.3)}$，(熔点 6)	80	室温 1 h
1,1-二(4-二甲氨基苯基)乙烯	米氏酮，溴化甲基三苯基膦	(熔点 122)(乙醇)	70	65 ℃ 3 h
9-乙烯基蒽	9-甲醛蒽，溴化甲基三苯基膦	(熔点 67)(石油醚)	70	65 ℃ 10 h
2-亚甲基硼烷	(+)桧脑(Campher)，溴化甲基三苯基膦	(熔点 70)(升华)	70	50 ℃ 15 h③④
1,1-二苯基-1-丙烯	苯甲酮，溴化乙基三苯基膦	(熔点 49)	95	室温 3 h，60 ℃ 2 h③

① 溴化膦也可以用相应的碘化物代替，参见表 D. 2. 87。

② 蒸馏和储存时添加氢醌。

③ 处理完后将戊烷溶液经 Al_2O_3 柱（活性等级为 1）过滤，用戊烷洗提。

④ 起初升华的复合物及时用戊烷冲回。

A. 磷叶立德溶液　用环己烷安定组分将 0.2 mol 氢化钠淹析到一个三颈烧瓶中，用正戊烷洗涤多次。在这一三颈烧瓶上安装回流冷却器、KPG 搅拌器（量少时磁力搅拌器比较合适）、带压力平衡装置的滴液漏斗和带龙头开关的导气管。安装好的烧瓶排空后再用纯化的干燥氮气充满（用本生阀!），反复多次。冷却器与一个用二甲亚砜填充的气泡计数器相连；将氮气流调至每分钟 20～30 个气泡。接下来在搅拌的条件下从滴液漏斗加入 100 mL 彻底干燥的二甲亚砜并在 80 ℃下浴热，直到不再有氢气生成为止（大约 45 min）。然后在冰浴中冷却并加入溶在 200 mL 二甲亚砜中的 0.2 mol 干燥的卤化磷。在室温下搅拌 10 min 后溶液就可以使用了。

B. 与羰基化合物缩合　向新制备的叶立德溶液中添加等物质的量的纯化的羰基化合物，固体反应物要先加热溶解在少量的二甲亚砜中。接下来在搅拌和所需温度（见表 D.7.158）下将反应进行完全。然后处理：将反应混合物倒入 300 mL 水中，用正戊烷萃取多次，戊烷相水洗两次，用硫酸钠干燥，蒸馏出溶剂，用重结晶、升华、蒸馏或者色谱法纯化。

Wittig 反应，尤其是它的变体 Horner-Wadsworth-Emmons 反应在工业上被用来生产维生素 A、维生素 A 酸、β-胡罗卜素和均二苯代乙烯（→ 光学增亮剂）。

D.7.2.1.8　酯缩合

酯缩合同样是羟醛缩合类反应的一种。在酯缩合反应中主要是羧酸酯以羰基成分与下列 CH 酸化合物反应，生成 β-二羰基化合物：

① 与酯反应生成 β-羰基酯：

$$2\ R-CH_2-COOR' \rightleftharpoons R-CH_2-\overset{\displaystyle O}{\overset{\|}{C}}-\underset{\displaystyle R}{\underset{|}{CH}}-COOR' + R'OH \qquad (D.7.159)$$

② 与酮反应生成 β-二酮：

$$R^1-\overset{\displaystyle O}{\overset{\|}{C}}-OR' + R^2-CH_2-\overset{\displaystyle O}{\overset{\|}{C}}-R^3 \rightleftharpoons R^1-\overset{\displaystyle O}{\overset{\|}{C}}-\underset{\displaystyle R^2}{\underset{|}{CH}}-\overset{\displaystyle O}{\overset{\|}{C}}-R^3 + R'OH \qquad (D.7.160)$$

③ 与腈反应生成 β-羰基腈：

$$R^1-\overset{\displaystyle O}{\overset{\|}{C}}-OR' + R^2-CH_2-CN \rightleftharpoons R^1-\overset{\displaystyle O}{\overset{\|}{C}}-\underset{\displaystyle R^2}{\underset{|}{CH}}-CN + R'OH \qquad (D.7.161)$$

由于酯的反应活性相对较低［参见式(D.7.3)］，缩合剂必须用强碱，通常是碱金属的醇化物。反应机理就与式(D.7.100) 和式(D.7.102) 描述的一样，例如：

$$\underset{\text{II}}{RO^{\ominus} + H_3C-COOR} \rightleftharpoons \underset{\text{III}}{ROH} + \underset{\text{IV}}{H_2C{=}\overset{\overset{\ominus}{O}}{C}{-}OR} \qquad (D.7.162)$$

$$H_3C-\overset{O}{\overset{\|}{C}}-OR + H_2\overset{\ominus}{C}-\overset{O}{\overset{\|}{C}}-OR \rightleftharpoons H_3C-\overset{O^{\ominus}}{\overset{|}{\underset{OR}{\underset{|}{C}}}}-CH_2-\overset{O}{\overset{\|}{C}}-OR \quad (\text{V}) \tag{D. 7. 163}$$

$$H_3C-\overset{O^{\ominus}}{\overset{|}{\underset{OR}{\underset{|}{C}}}}-CH_2-\overset{O}{\overset{\|}{C}}-OR \;(\text{V}) \rightleftharpoons H_3C-\overset{O^{\ominus}}{\overset{|}{C}}=CH-\overset{O}{\overset{\|}{C}}-OR \;(\text{VI}) + ROH \tag{D. 7. 164}$$

因为第一步［式(D.7.162)］中生成的阴离子Ⅳ是一个很强的碱，所以反应平衡强烈地偏向左侧。尽管如此，后面的反应式(D.7.163）和式(D.7.164）也能继续进行，因为终产物是共轭不饱和体系Ⅵ（烯醇），其能量相对较低。

因此，以亚甲基成分参加反应的化合物只有在能生成可烯醇化的终产物的情况下，也就是说它的 α-碳原子上至少有两个氢原子的情况下，以醇化物为碱的酯缩合反应才能顺利进行。因此，在 Claisen 条件下❶异丁酸酯不能缩合成相应的 β-羰基酯。

反应最后一步所生成的烯醇的酸性比醇的强（参见表 D.7.99)。作为缩合剂使用的碱金属醇化物会因此被中和掉，在应用中必须始终保证其最低含量。

由于反应的每一步都涉及到平衡问题，所以，如果不用过量的醇作为溶剂而是在无醇的醇化物中操作（见实验方法中的方法 A）会提高产率。另一个有效的方法是，将反应中生成的醇排出平衡体系，例如用蒸馏法（有必要的话用真空蒸馏）或者使缩合反应在碱金属❷和痕量醇存在下进行（实验方法中的方法 C)。

可以采用将总反应在某种程度上从最后一步“拉过来”提高产率，也可以通过采用不可逆反应的方法将其从第一步开始“推过来”。这一点可以通过采用能量高于碱金属醇化物的缩合试剂来达到，如采用氨基钠❸、氢化钠、三苯基甲基钠和溴化三甲苯基镁。

这些缩合剂同样必须以等物质的量使用，由于其特别大的碱性（参见表 D.7.99 中的 pK_A 值）实际上是将以亚甲基成分参加反应的化合物，整体转化成阴离子形式，例如：

$$R-H + Na^{\oplus}\overset{\ominus}{N}H_2 \longrightarrow R^{\ominus}Na^{\oplus} + NH_3$$

$$R-H + Na^{\oplus}\overset{\ominus}{C}Ph_3 \longrightarrow R^{\ominus}Na^{\oplus} + H-CPh_3$$

$$R-H + H_3C-C_6H_2(CH_3)_2-MgBr \longrightarrow R^{\ominus}MgBr^{\oplus} + H_3C-C_6H_3(CH_3)_2 \tag{D. 7. 165}$$

对于某些 CH 酸化合物，不可能通过形成共轭不饱和体系Ⅵ使反应式(D.7.164)进行，而这样的 CH 酸化合物却可以用上述缩合剂实现酯缩合。请用反应式表示出用三

❶ 用醇化钠（钾）进行的酯缩合反应被称为 Claisen 缩合。

❷ 不过，金属钠存在下的反应结果不一定总是好的，因为很多副反应有可能发生［还原过程，生成 α-二酮和 α-羰基醇（羟酮，参见 D.7.3.3)］。

❸ 作为副反应有可能形成酰胺。

苯基甲基钠酯缩合两分子异丁酸酯的反应!

根据式(D. 7. 162)～式(D. 7. 164)，在碱金属醇化物中的阳离子对 Claisen 缩合应该没有影响。事实却不是这样，碱金属阳离子的作用按 Li＜ Na＜ K＜ Rb＜ Cs 的顺序逐渐增大。这一点说明，对许多 Claisen 缩合反应来说式(D. 7. 162)～式(D. 7. 164) 中的反应机理几乎一样，碱金属阳离子是反应对的配位中心，以形成特别有利于反应的构型。首先在式(D. 7. 162) 中生成的不是碳负离子Ⅳ，而是其在溶液中不导电的碱金属化合物，即以共价或者离子对的形式存在于溶液中。除此之外，以羰基成分参加反应的化合物的羰基也排列在金属阳离子上，其极性也由此被强化。其它的电子转移就在环式配合物中进行：

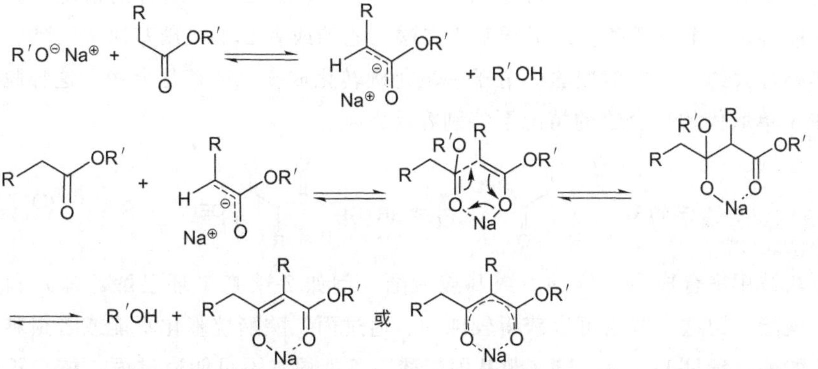

(D. 7. 166)

两分子相同的酯之间的酯缩合反应是合成 β-羰基酯的一种重要的方法[1]。两种不同酯之间的酯缩合在制备上意义不大，因为一般会生成不同产物的混合物（还可以参考下面的草酸酯和甲酸酯的反应）。自己了解一下丙酸酯和乙酸乙酯反应时有可能生成的产物!

相比之下，酯与酮［式(D .7. 160)］或腈［式(D. 7. 161)］的反应是毫无疑问的。在这些情况下，酯始终以羰基成分参加反应［与此相反，参考氯代乙酸酯和醛之间的 Darzen-Claisen 反应式(D. 7. 132)，在这个反应中，酯以亚甲基成分参与反应］。

如果烯醇盐是通过二取代乙酸的芳香酯与环己酮反应生成的，那么就可能以高产率生成 β-内酯（用反应式表示后续反应!)。

通过异丁酸苯基酯和环己酮合成 3,3-二甲基-1-氧-螺(3,5)-2-壬酮：Wedler,C.；Schick,H.,Org. Syntheses,1998,75:116.

这个反应与通过 α-卤代羧酸酯合成 β-羟基羧酸烷基酯的 Reformatsky 合成［参见式(D. 7. 222)］很相近。然而，前者中的酚盐是极易离去的基团，因此有利于所生成的醇盐在酯羰基碳原子上的分子内进攻。

酯缩合反应在制备上有几种重要反应：

Dieckmann 缩合　Dieckmann 缩合是指二元羧酸酯分子内缩合生成环式酮酯的反应。请用反应式表示下面表 D. 7. 169 中方法 C 的 Dieckmann 成环反应和通过庚二酸酯

[1] 另一种方法是在 D. 7. 2. 1. 9 中介绍的 α-酰基-β-羰基羧酸酯的脱酯反应。

制备 2-环己酮-1-羧酸酯的反应！

这类反应的最好产率是五元环和六元环的情况。更长链的二元羧酸只能得到很低的产率。丁二酸酯通常先发生分子间酯缩合，第二步通过分子内缩合生成 2，5-环己二酮-1,4-二羧酸酯（写出反应式！）。

草酸酯和甲酸酯参与的酯缩合反应　这类酯不具有 α-亚甲基，却有很高的羰基活性(为什么?)。因此，它们在混合酯缩合中容易与其它酯发生反应。请用反应式表示草酸二乙酯与丙酮的反应、苯基乙酸二乙酯的反应、2 mol 苄基腈与 1 mol 草酸乙酯的缩合以及 2 mol 草酸乙酯与丙酮的反应（所列反应中，最后一个的产物在酸存在下脱去水分子转化成白屈菜酸酯——一种 γ-吡喃酮衍生物）。在用草酸二乙酯缩合的情况下，酯或者酮的 α 位被引入一个草酰基。生成羰基丁二酸二乙酯或者 2,4-二羰基羧酸乙酯。这一产物在加热超过大约 120 ℃时脱去一分子一氧化碳转化成 β-二羰基化合物。这种脱羰基反应一般在 3-单取代的化合物的情况下特别容易发生：

(R′O)R′–CO–CH(R)–CO–COOEt →(−CO) (R′O)R′–CO–CH(R)–COOEt　(D. 7. 167)

这一方法被用来合成脂环族的 β-羰基羧酸酯（例如 2-羰基-1-环己酸乙酯）和单取代基的丙二酸酯。用这一方法可以获得较纯的、通过丙二酸酯烷基化不能或者很难得到的取代丙二酸酯，参见 D. 7. 4. 2. 1。苯基丙二酸二乙酯根本不可能通过丙二酸二乙酯苯基化的方法合成。

甲酸酯与酯或者酮缩合时生成的酯基醛或者羰基醛极易烯醇化，以 α-羟基亚甲基的形式存在，例如：

H–CO–OR″ + R–CH₂–CO–R′ → H–C(OH)=C(R)–CO–R′ + R″OH　(D. 7. 168)

α 位没有取代基（R＝H）的 α-羟基亚甲基羰基化合物特别容易三聚成苯的衍生物(甲酰基乙酸酯形成苯-1,3,5-三羧酸酯)。因此只能以其钠盐的形式得到这些化合物。

碳酸酯能与酮缩合生成 β-羰基羧酸酯、与腈反应生成氰基乙酸酯（请用反应式表示苯基乙酸乙酯与碳酸二乙酯的反应！）。

【例】 Darzens 酯缩合和缩水甘油酸酯合成的一般实验方法（表 D. 7. 169）

小心使用钠（参考试剂附录）！

A. 采用无醇醇化物的反应　在一个装有回流冷却器和氯化钙管、滴液漏斗和 Hershberg 搅拌器［参见图 A. 6(g)］的 500 mL 三颈烧瓶中，将 0.5 mol 切成粗块、去掉氧化层的金属钠浸到大约 250 mL 干燥的甲苯中加热，不搅拌热浴至微沸。然后将带高速搅拌发动机的搅拌器迅速调到最高转速进行搅拌，直到钠被粉碎成灰白色悬浮液，在这个过程中继续轻微加热。一生成钠悬浮液就可以关掉搅拌器，放凉。绝不要搅拌到钠颗粒凝结，因为凝结了的钠颗粒会被再击打成较大的球。

表 D. 7. 169　酯缩合和 Darzens 反应

产物	反应物	方法	沸点(熔点)/℃	n_D^{20}	产率/%
乙酰乙酸乙酯	乙酸乙酯	A,B	$71_{1.6(12)}$	1.4198	75
乙酰乙酸丙酯	乙酸丙酯	A,B	$78_{1.5(11)}$	1.4240	75
乙酰乙酸异丙酯	乙酸异丙酯	B	$69_{1.5(11)}$	1.4179	50
2-甲基-3-羰基戊酸乙酯	丙酸乙酯	B	$89_{1.6(12)}$	1.4228	50
2-乙基-3-羰基己酸乙酯	丁酸乙酯	B	$104_{1.6(12)}$	1.4271	55
2,2,4-三甲基-3-羰基戊酸乙酯	异丁酸乙酯	B①	$96_{1.6(12)}$	1.4212	25
α,γ-二苯基乙酰乙酸乙酯	苯基乙酸乙酯	A,B	(熔点 77)(乙醇)		70
3-甲基-2-羰基丁二酸二乙酯	丙酸乙酯,草酸二乙酯	A,B	$115_{1.3(10)}$	1.4303	50,75
2-羰基-3-苯基丁二酸二乙酯	苯基乙酸乙酯,草酸二乙酯	A,D	②		85
二苯甲酰甲烷	苯乙酮,苯甲酸乙酯	A,B	$220_{2.4(18)}$,(熔点 78)		50,80
乙酰丙酮	丙酮,乙酸乙酯	A,B	136	1.4465	55
苯甲酰丙酮	苯乙酮,乙酸乙酯	A,B	$129_{1.3(10)}$,(熔点 61)		50,65
2-羟亚甲基环己酮	环己酮,甲酸乙酯或甲酯	A,B③	$84_{1.6(12)}$	1.5124	55
2-羰基环戊-1-羧酸乙酯	己二酸二乙酯	C	$103_{1.7(13)}$	1.4519	75
1-甲基-4-羰基吡啶-3-羧酸乙酯	4-甲基-4-氮庚二酸二乙酯	C④	$115_{0.5(4)}$,盐酸化物:(熔点 128)	1.4802	70
2,4,6-三羰基-1,7-庚二酸二乙酯	丙酮,草酸二乙酯	D⑤	(熔点 103)(石油醚)		80
3-氰基-3-苯基丙酮酸乙酯	苯甲基腈,草酸二乙酯	D	(熔点 126)		80
3-羰基-2-苯基丁腈	苯甲基腈,乙酸乙酯	D⑥	(熔点 90)(水-乙醇)		65
3-苯基缩水甘油酸甲酯	苯甲醛,氯代乙酸乙酯	D⑦	$130_{0.7(5)}$		90
3-(4-甲氧基苯基)缩水甘油酸甲酯	对甲氧基苯甲醛,氯代乙酸乙酯	D⑦	$145_{0.08(0.7)}$ (熔点 62)		90
3-甲基-3-苯基缩水甘油酸甲酯	苯乙酮,氯代乙酸乙酯	D⑦	$142_{1.5(11)}$	1.513	70

① 加热 5 h。

② 脱羰基的原因不能蒸馏。蒸出溶剂后将粗产物分离再继续处理。

③ 用 NaH 只在乙二醇浴中 40 ℃下加热 1.5 h。

④ 还原时间 30 min；处理时水相用碳酸钾碱化，醚萃取两次，用硫酸钠干燥并导入氯化氢。

⑤ 开始时只用 0.15 mol 酮和 0.3 mol 酯与一半的醇化物溶液反应；回流加热 30 min 后再加入另一半的醇化物溶液。处理前在 110 ℃浴温下将醇蒸出。得到的是单和双烯醇的混合物。

⑥ 沸水浴 2 h；后处理时如果蒸出溶剂后反应产物不是固态，就在大约 2 kPa 的真空中 130 ℃下加热。然后可以在 10^{-5} kPa（10^{-4} Torr）和 100 ℃的条件下升华。

⑦ 采用甲基钠在甲醇中反应，这样会生成未酯化的产物。甲基酯特别容易继续反应（酯化）。

在充分搅拌、有必要的话冷却的条件下，向放凉了的钠悬浮液中缓慢地滴加 0.5 mol无水的醇❶，在这个过程中体系内部温度不要超过 85 ℃，这样钠不至于熔化也

❶ 采用酯中所含有的醇。购买的醇要干燥，参见试剂附录。

就不会再粘在一起。接下来在大约 100 ℃下再加热 1 h，然后边搅拌边滴入反应同伴的混合物：

① 制备β-羰基羧酸酯，加入 1.5 mol 相关的、经五氧化二磷干燥的、蒸馏的酯，在沸水浴上加热 15 h。

② 制备β-二酮，在水冷却的条件下加入 0.5 mol 酮和 1 mol 酯组成的混合物（二者均经五氧化二磷干燥并蒸馏过）接着在沸水浴上再加热 4 h。

③ 制备羰基丁二酸酯和α-甲酰基羧酸酯（α-羟基亚甲基羧酸酯），添加 0.5 mol 草酸二乙酯或 0.5 mol 甲酸和 0.5 mol 羧酸酯组成的混合物，在室温下放置过夜。

反应结束后，将沸点低于 100 ℃的组分从反应混合物中蒸馏出去（热浴温度至 120 ℃），将冷却了的剩余物倒入 0.6 mol 冰醋酸和冰（大约 33%的乙酸）中。分离出有机相，水相用醚萃取多次；将萃取液合并后小心地用水洗，用硫酸钠干燥。蒸出溶剂后的剩余物用蒸馏或者重结晶法纯化。

B. 采用氢化钠的反应　在一个装有搅拌器、滴液漏斗和带导气管的回流冷却器的 1L 三颈烧瓶中，搅拌的条件下将反应试剂的混合物按 A 中所给的量滴加到 0.5 mol 氢化钠的环己烷[1]悬浮液中。然后加热[2]回流 3 h，放凉后按 A 所示方法处理。

C. 采用钠粉的 Dieckmann 成环反应　按 A 中描述的方法制备 0.5 mol 钠的 500 mL 甲苯悬浮液。向强烈搅拌的、尚热的混合物中滴加溶有 1 mol 纯的二羧酸酯的无水乙醇。第一次剧烈反应过后再加热回流 6 h，冷却后将反应混合物小心地倒入 200 g 冰和 0.5 mol 浓盐酸组成的混合物中。随后，分离出有机相，再用乙醚振荡萃取水相两次；用少量水洗合并在一起的萃取液多次，用硫酸钠干燥并蒸出溶剂。剩余物用蒸馏法纯化。

D. 在醇化物醇溶液中的反应

在一个装有回流冷却器和氯化钙管、滴液漏斗和搅拌器的 500 mL 的三颈烧瓶中，用 0.3 mol 钠和 300 mL 无水醇[3]制备醇化物溶液（见试剂附录）。当钠完全溶解后，在搅拌和冰水冷却的条件下滴加 0.3 mol 相关的反应物。

要制备缩水甘油酸酯，加由 0.2 mol 羰基成分化合物和 0.3 mol 氯代乙酸乙酯组成的混合物（其中一部分因转化成烷氧基乙酸酯而被消耗），在−10 ℃下反应。然后在室温下放置过夜，用等物质的量的冰醋酸中和后倒入 1 L 的冰水中。用醚萃取多次或者抽滤分离。将醚萃取液合并后用水洗，再经硫酸钠干燥。蒸出溶剂后的剩余物用蒸馏或者重结晶法纯化。

通过异丁基甲基酮和碳酸二乙酯制备 5-甲基-3-羰基己酸乙酯 以及通过苯乙酮和碳酸二乙酯制备苄基乙酸乙酯：Brändström, A., Acta Chem. Scand. 1950, 4: 1315.

通过苄基腈和碳酸二乙酯制备α-氰基苯基乙酸乙酯：Wallingford, V. H.; Jones,

---

[1] 参见试剂附录。

[2] 不要用水浴，最好采用红外辐射。

[3] 买来的无水乙醇要经过干燥，参见试剂附录。

D. M.; Homeyer, A. H., J. Am. Chem. Soc. 1942, 64: 576.

【例】 羰基丁二酸酯和2,4-二羰基羧酸酯脱羰反应的一般实验方法（表D.7.170）

在一个真空蒸馏装置中将有关的α-乙氧草酰基羧酸酯（也可以直接应用粗产物）与少量铁粉和少量硼酸混合，随后在大约6 kPa(40～50 Torr)❶ 的真空条件下用热浴缓慢加热到反应开始（浴温140～170 ℃）。从压力的升高可以看出有一氧化碳分解出来。同时蒸馏出部分脱羰的酯。当气体的产生放缓后，将热浴温度缓慢地升高，最多升到180 ℃，并将剩余的产物蒸馏出来，有必要的话可以降低压力。粗产物再真空蒸馏一次。

表D.7.170 羰基丁二酸酯和2,4-二羰基羧酸酯的脱羰反应

产物	反应物	沸点(熔点)/℃	n_D^{20}	产率/%
2-羰基环己-1-羧酸乙酯	(2-羰基-1-环己基)乙醛酸乙酯	$107_{1.6(12)}$	1.4794	80
苯基丙二酸二乙酯	2-羰基-3-苯基丁二酸二乙酯	$151_{1.3(10)}$	1.4977	67
甲基丙二酸二乙酯	3-甲基-2-羰基丁二酸二乙酯	$83_{1.7(13)}$	1.4126	95

按照Knoevenagel缩合（参见D.7.2.1.4），酯羰基与活泼亚甲基化合物根本不可能发生缩合反应。不过，从原碳酸酯出发，能发生此缩合，生成烷氧基亚甲基化合物，例如：

$$\mathrm{EtO{-}CH(OEt)_2} + \mathrm{H_2C(COOEt)_2} \xrightarrow[-2\mathrm{EtOH}]{(\mathrm{Ac_2O})} \mathrm{(EtO)HC{=}C(COOEt)_2} \qquad \text{(D. 7. 171)}$$

这类反应的先决条件是，以亚甲基成分参加反应的酸的酸性要相对强，而且还要在无水的弱酸介质中（为什么？将原酸酯与缩醛做比较！）。反应一开始，质子化了的原酸酯消除一分子醇。

【例】 原甲酸三乙酯与活性亚甲基化合物缩合反应的一般实验方法（表D.7.172）

在一个连在带短蒸馏柱的蒸馏装置上的500 mL的烧瓶中，在140 ℃下加热由0.75 mol原甲酸三乙酯、0.5 mol活性亚甲基化合物和1 mol乙酸酐组成的混合物1 h，然后再在150 ℃热浴1 h，这样乙酸酯就被蒸馏出来了。接下来除去蒸馏柱进行真空蒸馏。

表D.7.172 原酸酯缩合生成α-乙氧亚甲基-羧酸酯

产物	反应物	沸点(熔点)/℃	产率/%
2-氰基-3-乙氧基-2-丙烯酸乙酯	氰基乙酸乙酯	$173～174_{2(15)}$	82
α-乙氧亚甲基乙酰乙酸乙酯	乙酰乙酸乙酯	$149～151_{2(15)}$	75
乙氧亚甲基丙二腈	丙二腈	$162～163_{2(15)}$ (熔点63～65)	85
乙氧亚甲基丙二酸二乙酯②	丙二酸二乙酯①	$159～162_{1.5(11)}$, n_D^{20} 1.4620	55
乙氧亚甲基氨腈③	氨腈	$57～63_{(0.15)}$	75

① 加2 g $ZnCl_2$。

② 重蒸馏。

③ 不能长期保存。

❶ 调整压力和温度，使得脱羰反应在尽可能低的温度下进行，而反应物不至于被蒸馏出去。

乙氧基既可以酸性水解（烯醇化）成醛基，也很容易与含 N 和 C 的碱发生交换反应（参见 D. 7. 4. 1. 5）。对于这类合成，人们常常使用反应性较低的二甲基氨基亚甲基化合物，这种物质不用原酸酯，用二甲基甲酰胺在乙酸酐、磷酰或硫酰氯存在下就能合成（参见 Vilsmeier 反应，D. 5. 1. 8. 3）。

简单的醛和酮实际上完全以羰基的形式存在（例如丙酮 99. 9998%），而 β-羰基羧酸酯和 β-二酮则有部分烯醇式形式。例如在室温下乙酰乙酸乙酯含 7. 5%、乙酰丙酮含 80% 的烯醇形式。酮-烯醇平衡与溶剂有关。互变异构体的浓度比就如它们在某种溶剂中的溶解度一样。乙酰乙酸酯和乙酰丙酮通过分子内氢键形成顺烯醇化物。因此它们的烯醇成分，在非极性溶剂中要大于在极性溶剂中（乙酰丙酮的烯醇形式在己烷中为 95%，在丙酮腈中为 62%），而不能形成分子内氢键的烯醇与此相反。

β-二羰基化合物的烯醇与三氯化铁以螯合物的形式形成有颜色的盐：

$$\left[\text{Fe chelate of enol: } C{=}C{-}C{=}O \cdots Fe{-}O\right]^{2\oplus}\ 2Cl^{\ominus} \quad (D.\ 7.\ 173)$$

铁螯合物的形成可用来鉴别 β-二羰基化合物（参见 E. 1. 2. 5. 2）。当化合物中烯醇成分占 1%～2%时，这一反应就能发生。由于丙二酸酯及其衍生物烯醇式成分较少，所以不发生氯化铁反应。真正的铁螯合物的颜色只有在醇溶液中才观察得到。水溶液中只存在简单盐的颜色。因此，苯酚不具有能形成螯合物的基团，只有在水溶液中与三氯化铁因形成碱式盐才显现出颜色。

酯缩合反应在本章所述的 C-C 键的合成方法中占有特殊地位，因为这一方法所生成的 β-二羰基化合物及类似化合物具有三个官能团。因此，这些化合物既可以通过酮官能团的变化[还原反应，参见 D. 7. 3，生成烯胺，参见（D. 7. 11c）]也可以通过亚甲基（Michael 加成，参见 D. 7. 4. 1. 3，酰基化，参见 D. 7. 2. 10，烷基化，卤化，参见 D. 7. 4. 2. 1 和 D. 7. 4. 2. 2）和羧基[水解，脱酮，参见式（D. 7. 64），生成酰胺，参见 D. 7. 1. 4. 2]上的反应转化成许多其它化合物。

β-二羰基化合物也常常作为合成杂环化合物的原料。

工业上有意义的主要是乙酰乙酸酯，特别是通过它合成的化合物（例如吡唑啉酮）可用于偶氮染料（参见表 D. 8. 35）的合成。

苯基丙二酸酯可以用来合成催眠药乙基苯基巴比妥酸（苯巴比妥，参见 D. 7. 1. 4. 2）。

在生物体内也有类似酯缩合的反应进行（脂肪酸循环、柠檬酸循环）。例如，生物合成脂肪酸时是一个连在酰基载体蛋白（ACP）上的乙酸硫酯与一个以亚甲基成分参加反应的丙二酸硫酯反应，生成乙酰乙酸硫酯：

$$\underset{\text{乙酰基-ACP}}{H_3C-\overset{O}{\overset{\|}{C}}-S-ACP} + \underset{\text{丙二酰基-ACP}}{H_2\underset{COOH}{\underset{|}{C}}-\overset{O}{\overset{\|}{C}}-S-ACP} \xrightarrow[-CO_2]{-HS-ACP} \underset{\text{乙酰乙酰-ACP}}{H_3C-\overset{O}{\overset{\|}{C}}-CH_2-\overset{O}{\overset{\|}{C}}-S-ACP} \quad (D.\ 7.\ 174)$$

D. 7. 2. 1. 9　β-二羰基化合物的酯分裂和酸分裂

由于 Claisen 缩合式(D. 7. 162)～式(D. 7. 164) 或者式(D. 7. 166) 的所有反应步骤

都是可逆反应，所以β-羰基羧酸酯和β-二酮可以再通过醇化物的醇溶液分解（“酯分裂”），例如：

$$R-\overset{O}{\overset{\|}{C}}-CH=\overset{HO}{\overset{|}{C}}-R' \xrightarrow{+RO^{\ominus}} R-\overset{O^{\ominus}}{\overset{|}{\underset{OR}{\underset{|}{C}}}}-CH=\overset{HO}{\overset{|}{C}}-R' \rightleftharpoons R-\overset{O}{\overset{\|}{C}}-OR + H_2\overset{\ominus}{C}-\overset{O}{\overset{\|}{C}}-R' \quad (\mathrm{I})$$

$$H_2\overset{\ominus}{C}-\overset{O}{\overset{\|}{C}}-R' + ROH \underset{+RO^{\ominus}}{\overset{-RO^{\ominus}}{\rightleftharpoons}} H_3C-\overset{O}{\overset{\|}{C}}-R' \quad (\mathrm{II}) \qquad (D.7.175)$$

中间产物Ⅰ相当于式（D.7.163）Ⅴ。

正如式(D.7.175）所示，醇化物可以与不能烯醇化的羰基反应，实验也证实了这一点。因此，在实践中能与醇化物完全反应而转化成烯醇化物的β-羰基羧酸酯明显地比β-二酮难分解，而β-二酮作为烯醇化物时仍具有一个适合反应的酮羰基。如果向β-二酮方向的烯醇化占上风就会形成唯一的反应产物。

如果与β-二酮或者β-羰基羧酸酯反应的不是醇化物而是苛性碱，那么对应于式(D.7.175）生成的是一个羧酸阴离子和一个酮或者酯（立刻被皂化）。由于羧酸阴离子没有羰基的反应活性，所以不会再反过来生成β-羰基化合物，反应就会进行到底（“酸分裂”，参见表D.7.178）。

β-羰基羧酸酯分裂的副反应中，出现得非常多的是“酮分裂”［参见式(D.7.64)］。酮分裂是通过β-羰基羧酸酯在皂化和脱羧过程中向羧基进攻而实现的。因此β-羰基羧酸酯的酸分裂在制备上意义不大。相应的酸大多通过取代丙二酸酯合成［参见式(D.7.65)］。

β-二羰基化合物的碱性可分解性从α-无取代基到α-单取代基再到α，α-二取代基化合物显著增大。由于α，α-二取代的二羰基化合物不可能再烯醇化，不再因竞争反应而消耗碱，所以用催化剂量的碱就能实现酯分裂。它是β-羰基羧酸酯、β-二酮和丙二酸酯二烷基化反应的一个副反应（参见D.7.4.2.1）。

通过β-羰基羧酸酯的酰基化生成的α-酰基-β-羰基羧酸酯中，同时存在一个β-二酮和一个β-羰基羧酸酯。根据前面的讨论，此处的酸或者酯分解始终发生在β-二酮结构上。采用醇-醇化物（或者苛性钾）会生成β-羰基羧酸酯，这一产物在低温下很稳定，因此很容易获得：

$$H_3C-\overset{O}{\overset{\|}{C}}-\underset{COOR}{\underset{|}{CH}}-\overset{O}{\overset{\|}{C}}-R \xrightarrow[-H^{\oplus}]{} H_3C-\overset{O}{\overset{\|}{C}}-\underset{COOR}{\underset{|}{\overset{\ominus}{C}}}=\overset{O}{\overset{\|}{C}}-R \xrightarrow[\text{1.+ROH; 2.+H}^{\oplus}]{\text{酯分解}}$$

$$H_3C-\overset{O}{\overset{\|}{C}}-OR + R-\overset{O}{\overset{\|}{C}}-CH_2-COOR \qquad (D.7.176)$$

根据式(D.7.175)，那个羰基总是转化回到烯醇化的酮（β-羰基羧酸酯），所以从α-酰基-β-羰基羧酸酯总是得到两种可能的、易形成烯醇式的β-羰基羧酸酯，尤其是带有较大酰基的化合物。因此乙酰乙酸酯先α-酰基化紧接着酯分解，是从乙酰乙酸酯合成较大的β-羰基酯的一种重要途径，例如苯甲酰基乙酸酯（为什么不通过酯缩合来制备这种化合物?)。

【例】 酰基乙酰乙酸酯酯式分解的一般实验方法（表 D.7.177）

1 mol 酰基乙酰乙酸酯❶与 1.05 mol 苛性钾一起，于 500 mL 乙醇或甲醇❷中放置过夜。然后将上述反应混合物倒入 3 L 冰和 27 mL 浓硫酸中，并用 200 mL 醚萃取四次。将合并在一起的萃取液用水洗至中性。经硫酸镁干燥，在真空中蒸发溶剂。剩余物经一根 25 cm Vigreux 柱真空蒸馏。

表 D.7.177 酰基乙酰乙酸酯的酯分解

产物	反应物	沸点/℃	n_D^{20}	产率/%
苯甲酰基乙酸乙酯	2-苯甲酰基-3-羰基丁酸乙酯	$137_{0.5(4)}$	1.5254	70
苯甲酰基乙酸甲酯	2-苯甲酰基-3-羰基丁酸乙酯	$122_{0.33(2.5)}$	1.5372	70
4-苯基乙酰乙酸甲酯	2-乙酰基-3-羰基-4-苯基丁酸乙酯	$125_{0.4(3)}$	1.5158	85
4-苯基乙酰乙酸乙酯	2-乙酰基-3-羰基-4-苯基丁酸乙酯	$120_{0.08(0.6)}$	1.5011	75
3-羰基己酸乙酯	2-乙酰基-3-羰基己酸乙酯	$94_{2(15)}$		90
4-甲基-3-羰基戊酸乙酯	2-乙酰基-4-甲基-3-羰基戊酸乙酯	$85_{2.1(16)}$	1.4245	40

α-酰基环烷酮的酸式分解在制备上对羧酸链的增长很有意义，因为所生成的羰基脂肪酸可以按照 Wolef-Kizhner 反应还原（参见 D.7.3.1.6）。请了解一下表 D.7.178 给出的几个实例！

【例】 α-酰基酮❸酸式分解的一般实验方法（表 D.7.178）

在 100 ℃、搅拌的条件下向 0.1 mol α-酰基环己酮❹中添加 3 倍（摩尔比）的 60% 的热苛性钾，并将这一温度保持 15 min。混合物冷却凝结后用 300 mL 水溶解并向此溶液中滴加浓硫酸，浓硫酸的添加量以刚好还能碱式反应为好。随后用醚振荡萃取，水相用盐酸强酸化后用氯仿萃取。去掉溶剂后采用高真空度蒸馏。

如果是分解 α-酰基环戊酮，最好与 100 mL 5% 的苛性钠一起煮 3 h，然后按照上面描述的方法处理。

表 D.7.178 α-酰基酮的酸式分解

产物	反应物	沸点(熔点)/℃	产率/%
6-羰基庚酸	2-乙酰基环戊酮	$123_{0.1(1)}$，(熔点 35)	55
7-羰基辛酸	2-乙酰基环己酮	$161_{0.5(4)}$，(熔点 29)	50
6-羰基辛酸	2-丙酰基环戊酮	$136_{0.19(1.5)}$，(熔点 52)	50
7-羰基壬酸	2-丙酰基环己酮	$152_{0.3(2)}$，(熔点 42)	70
6-羰基壬酸	2-丁酰基环戊酮	$133_{0.07(0.5)}$，(熔点 35)	70
7-羰基癸酸	2-丁酰基环己酮	$157_{0.3(2)}$	40

❶ 制备请参考表 D.7.182；可以用未经蒸馏的粗产物。

❷ 在乙醇中得到乙基酯，在甲醇中由于酯转化作用生成甲基酯。

❸ 根据 Hünig, S.，等，Chem. Ber. 1958，91：129；1960，93：913.

❹ 反应中可以使用未经纯化的产物。

D. 7. 2. 1. 10　酰氯与β-二羰基化合物的反应

与羧酸酯一样，在碱性缩合试剂存在下酰氯和酸酐也能与CH酸化合物反应。反应机理与酯缩合类似。简单的酯或酮的反应意义不大，因为β-二羰基化合物通常是用酯缩合方法合成的（可以参考酮经过烯胺的酰基化反应，D. 7. 4. 2. 3）。β-二羰基化合物的酰基化在制备上是一个很重要的反应，在这个反应中通常是相应的金属烯醇化物与酰氯反应。产物是三羰基化合物，其酸性大于所采用的二羰基化合物（为什么?），因此其烯醇化物可将阳离子夺走：

$$2\,R{-}\overset{O^{\ominus}\ Na^{\oplus}}{C}{=}CH{-}COOR + R'{-}\overset{O}{\overset{\|}{C}}{-}Cl \longrightarrow R{-}\overset{O^{\ominus}\ Na^{\oplus}}{C}{=}\underset{R'-C=O}{C}{-}COOR + R{-}\overset{O}{\overset{\|}{C}}{-}CH_2{-}COOR + NaCl \qquad (D.\ 7.\ 179)$$

为此必须采用2倍（摩尔比）的碱（大多是醇化钠或者醇化镁❶）。请写出丙酰氯与乙酰乙酸酯或者丙二酸酯的反应式！

一定条件下，在一个β-二羰基化合物的两可离子（参见D. 2. 3）上除了可进行C-酰基化反应外，还可以在烯醇化的氧原子上发生取代反应（O-酰基化）：

$$R{-}\overset{O^{\ominus}\ Na^{\oplus}}{C}{=}CH{-}COOR + R'COCl \xrightarrow{-NaCl} \begin{cases} R{-}\overset{O}{\overset{\|}{C}}{-}\underset{COR'}{CH}{-}COOR & C\text{-酰基化} \\ R{-}\overset{O-COR'}{C}{=}CH{-}COOR & O\text{-酰基化} \end{cases} \qquad (D.\ 7.\ 180)$$

O-取代和C-取代的比例既取决于酰基化试剂和β-二羰基化合物的结构，又取决于反应介质。

游离的β-二羰基化合物与酰氯在吡啶中的酰基化反应，生成O-酰基化产物。这里被酰基化的是中间产物酰基吡啶盐Ⅰ：

$$\text{I} + H(COOR)C{=}C(OH)CH_3 \underset{+H^{\oplus}}{\overset{-H^{\oplus}}{\rightleftharpoons}} \text{[加成中间体]} \rightleftharpoons \text{吡啶} + R{-}\overset{O}{\overset{\|}{C}}{-}O{-}C(CH_3){=}CH{-}COOR \qquad (D.\ 7.\ 181)$$

乙酰乙酸酯在Ⅰ上的加成相当于Mannich反应，或者说是酸催化下的含氮类羰基 $\rangle N^{\oplus}{=}C\langle$ 上的羟醛加成反应。第一步反应就将整个反应定位于O-酰基化。请写出反应的总方程式！

以醇为溶剂时，如果将反应温度控制在0 ℃左右，可以大幅度避免可能的酰基氯醇解副反应。对于较难皂化的酰氯甚至可以在苛性钠水溶液中进行酰基化。

从苯甲酰基乙酸乙酯和苯甲酰氯合成二苯甲酰基乙酸乙酯：Wright, P. E.; Mcew-

❶ 由于α-二羰基化合物的镁盐比钠盐容易溶解，人们常常采用醇化镁。

en, W. E., J. Am. Chem. Soc. 1954, 76: 4540-4542.

从乙酰乙酸乙酯和苯甲酰氯在水溶液中（酰基化紧接着酯分解反应）合成苯甲酰基乙酸乙酯：Straley, J. M.; Adams, C. A., Org. Synth., 1963, Coll. Vol. Ⅳ: 415.

【例】 β-二羰基化合物酰基化的一般实验方法（表 D. 7. 182）

在一个带搅拌器［最好对应于图 A. 6（g）］、氯化钙管、强力冷却器和滴液漏斗的 2 L 的三颈烧瓶中，加入 1 mol 镁屑和 50 mL 无水乙醇，再加入 5 mL 干燥的四氯化碳使开始反应生成乙醇化镁。反应开始后，在强烈搅拌下滴入由 1 mol β-二羰基化合物、100 mL无水乙醇和 400 mL 无水乙醚组成的混合物，滴加速度以能使混合物剧烈沸腾为宜。实际上几个小时之后所有的镁就都溶解了，生成无色的镁化合物。此时在用冰水充分冷却的条件下，向体系中滴加 1 mol 溶在 100 mL 无水醚中的新蒸馏的酰氯，在冷却条件下继续搅拌 1 h，然后放置过夜。随后在用冰冷却的条件下，向其中加入 400 mL 冰和 25 mL 浓硫酸的混合物，分离出醚层后，再用醚萃取两次。合并醚层，用水洗至大约中性，用硫酸钠干燥，并用一根 20 cm Vigreux 柱真空分馏。

表 D. 7. 182 β-二羰基化合物的酰基化

产物	反应物	沸点/℃	n_D^{20}	产率/%
2-苯甲酰基-3-羰基丁酸乙酯	乙酰乙酸乙酯,苯甲酰氯	$175_{1.6(12)}$	1.5390	75
2-乙酰基-3-羰基己酸乙酯	乙酰乙酸乙酯,丁酰氯	$112_{2.1(16)}$	1.4703	75
2-乙酰基-4-甲基-3-羰基戊酸乙酯	乙酰乙酸乙酯,异丁酰氯	$114_{2.0(15)}$	1.4678	50
2-乙酰基-3-羰基-4-苯基丁酸乙酯	乙酰乙酸乙酯,苯乙酰氯	$156_{0.7(5)}$	1.5134	85
乙酰基丙二酸二乙酯	丙二酸二乙酯,乙酰氯	$120_{1.5(11)}$	1.4374	90
苯甲酰基丙二酸二乙酯	丙二酸二乙酯,苯甲酰氯	$148_{0.1(0.8)}$	1.5066	80
苯乙酰基丙二酸二乙酯	丙二酸二乙酯,苯乙酰氯	$162_{0.4(3)}$		90

乙酰乙酸酯的 C-酰基化合物是合成长链 β-羰基酯的原料，所经历的反应为酯分解反应（参见 D. 7. 2. 1. 9）。在此，乙酰基乙酰乙酸酯的纯化很必要。

D. 7. 2. 1. 11 CH 酸式化合物在杂原子累积双键烃上的加成

二氧化碳（Ⅰ）及其含杂原子的类似物二硫化碳（Ⅱ）、异硫氰酸酯（Ⅲ）、碳化二亚胺（Ⅳ）和异氰酸酯（Ⅴ）（合成方法参见 D. 7. 1. 6）被统称为杂原子累积烯烃。它们与亲核试剂（参见 D. 7. 1. 6）的反应能力通常如式(D. 7. 183）所示；另外还与碱的类型有关。芳基取代的杂原子累积双键烃（Ⅲ～Ⅴ）比相应的烷基化合物更容易反应：

$$\underset{\text{I}}{O{=}C{=}O} < \underset{\text{II}}{S{=}C{=}S} < \underset{\text{III}}{R{-}N{=}C{=}S} < \underset{\text{IV}}{R{-}N{=}C{=}N{-}R} < \underset{\text{V}}{R{-}N{=}C{=}O} \quad \text{(D. 7. 183)}$$

CO_2 上只有强的 C-碱——如有机金属化合物（参见 D. 7. 2. 2）——能够加成。个别的酮在取代酚化锂的作用下也可以被碳化。采用甲基碳酸镁可以使一系列的酮和硝基烷烃间接碳化：

$$RCOCH_2R' + MeOCOO{-}Mg{-}OCOOMe \xrightarrow[-MeOH]{-CO_2} \text{Mg-chelate of } RC(O^-){=}C(R')COO^- \xrightarrow[-Mg(OH)_2]{2\,H_2O(H^{\oplus})} RCOCH(R')COOH \quad \text{(D. 7. 184)}$$

随着时间的流逝，大部分天然的碳源都被转化成了CO_2。与自然界相反，在人工合成上除了Kolbe-Schmidt合成（D. 5. 18. 6）和尿素的合成以外，迄今为止还没有什么方法能将CO_2作为原料使用，即使是局部的也没有。

与二氧化碳相比，式(D. 7. 184）中的杂原子累积烯烃Ⅱ、Ⅲ和Ⅴ与强的CH酸性亚甲基化合物在乙醇钠存在下就能反应，乙醇钠不仅起夺质子的作用而且还可以成盐(弱一些的CH酸性化合物如酮等，需要用氢化钠或者氨基钠)。这里给出与氰基乙酸酯反应的反应式：

$$\underset{\text{I}}{R{-}N{=}C{=}X} + \underset{\text{II}}{H_2C(COOEt)(CN)} \xrightarrow[-\,EtOH]{+\,EtO^{\ominus}} \underset{\text{III}}{(R{-}NH)({}^{\ominus}X)C{=}C(COOEt)(CN)} \xrightarrow{+\,H^{\oplus}} \underset{\text{IV}}{(R{-}NH)(X{=})C{-}CH(COOEt)(CN)} \quad X{=}O,S \qquad \text{(D. 7. 185)}$$

$$\underset{\text{I}}{S{=}C{=}S} + \underset{\text{II}}{H_2C(COOEt)(CN)} \xrightarrow[-\,2\,EtOH]{+\,2\,EtO^{\ominus}} \underset{\text{III}}{({}^{\ominus}S)_2C{=}C(COOEt)(CN)} \xrightarrow[-\,2\,MeSO_4^{\ominus}]{+\,2\,Me_2SO_4} \underset{\text{IV}}{(MeS)_2C{=}C(COOEt)(CN)} \qquad \text{(D. 7. 186)}$$

在这个反应中，异氰酸酯和异硫氰酸酯［式(D. 7. 185) Ⅰ］生成了可以盐的形式分离出来的α位上带吸电子取代基的酰胺和硫代酰胺［式(D. 7. 185) Ⅳ］。然而从二硫化碳生成的二硫代烯酯［式(D. 7. 186) Ⅲ］不可能得到二硫代羧酸，因为二硫代羧酸不稳定。不过可以将二硫代烯酯两次烷基化，使之生成带吸电子基的烯酮而使其二硫代乙缩醛代［式(D. 7. 186) Ⅳ］，这一化合物的甲硫基可以用一级胺和其它碱取代（为什么?）。

【例】 杂原子累积烯烃加成亚甲基活性化合物的一般实验方法（表D. 7. 187）

表D. 7. 187 杂原子累积双键烃加成CH酸式化合物

产物	反应物	沸点(熔点)/℃	产率/%
α-乙酰基乙酰乙酸苯胺	乙酰基丙酮，苯基异氰酸酯	64～66(乙醇)	60
3-羰基-2-苯基氨基甲酰丁酸乙酯	乙酰乙酸乙酯，苯基异氰酸酯	55～67(甲醇)	55
二氰基乙酸苯胺	丙二腈，苯基异氰酸酯	170～172(乙酸)	68
2-氰基-2-苯基硫代氨基甲酰乙酸乙酯	氰基乙酸乙酯，苯基异氰酸酯	114～116(乙醇)	78
2-氨基甲酰基-2-氰基硫代乙酸苯胺	氰基乙酰胺，苯基异氰酸酯	163～165(乙醇)	84
(酰甲苯氨基)丙二酸二乙酯	丙二酸二甲酯，二硫化碳	87～91(乙醇)	68
2-氰基-3,3-二(甲硫基)-2-丙烯酸甲酯	氰基乙酸甲酯，二硫化碳	87(甲醇)	75
二(甲硫基)亚甲基丙二腈	丙二腈，二硫化碳	81(乙醇)	75

注意！硫酸二甲酯有剧毒！在通风橱中戴防护手套操作！

在一只250 mL、带搅拌器和滴液漏斗的三颈烧瓶中将0.1 mol的钠溶于70 mL无水乙醇中，如果所用反应物是二硫化碳则钠和无水乙醇的用量分别为0.2 mol和140 mL(如果是甲基酯则要用甲醇!)。在搅拌条件下，向上述体系中缓慢地滴入由0.1 mol杂原子累积双键烃和0.1 mol丙二酸衍生物组成的混合物；固态化合物要事先用10 mL丙酮溶解。然后室温下搅拌45 min，有时会有固态盐析出。

如果所用的是CS_2，要缓慢地滴加0.2 mol硫酸二甲酯。随后放置0.5 h，将反应产物搅拌混合到4倍体积的水中，使之结晶析出，结晶结束后抽滤分离。滤出物用水洗后重结晶。

其它情况下，将反应混合物搅拌到4倍体积的水中，用半浓的盐酸酸化，抽滤分离后用水洗。取一点样品溶于0.5 mol/L的苛性钠中，如果得到澄清的溶液就可以重结晶纯化。否则，将粗产物悬浮到足够多的稀的苛性钠溶液中，过滤并将滤液酸化。抽滤分离，水洗，重结晶。

所合成的是多功能化合物，例如可用来合成杂环化合物。烯胺在杂原子累积双键烃上的加成反应请参见D.7.4.2.3。

D.7.2.1.12　多次甲基缩合

结构如式(D.7.188) Ⅰ 的亚铵盐很容易脱质子转化成Ⅱ：

$$\underset{\text{I}}{>C=\overset{\oplus}{N}(R)<\ \text{—}CH_3} \underset{+H^{\oplus}}{\overset{-H^{\oplus}}{\rightleftharpoons}} >C=\overset{\oplus}{N}(R)<\ \text{—}CH_2^{\ominus} \rightleftharpoons \underset{\text{II}}{>N(R)\text{—}C(=CH_2)<} \tag{D. 7. 188}$$

这也将2位和4位上的亚甲基与作为杂原子芳香体系一部分的四价氮原子联系起来了。所生成的强亲核试剂亚甲基化合物（烯胺结构，参见D.7.1.1和D.7.4.2.3）可以进行羟醛缩合型的反应。如果采用羰基被挡在缩醛结构后面的原甲酸三烷基酯，会首先如式(D.7.171) 那样生成烷氧基亚甲基化合物，这一化合物能与另一分子的亚甲基化合物继续缩合生成所谓的三次甲基菁[1] [式(D.7.189)，n=1]，例如：

$$2\ \underset{\text{I}}{\text{(3-甲基苯并噻唑鎓-2-基)}\text{—}CH_3} + EtO\text{—}CH(OEt)_2 \xrightarrow{-3\,EtOH,\,-H^{\oplus}} \underset{\text{II}\ (n=1)}{\text{苯并噻唑啉}(N\text{-}CH_3)=CH\text{—}(CH=CH)_n\text{—苯并噻唑鎓}(N^{\oplus}\text{-}CH_3)}$$

$$\text{I} + (EtO)_2CH\text{—}CH_2\text{—}CH(OEt)_2 \longrightarrow \text{II}\ (n=2) \tag{D. 7. 189}$$

$$\text{I} + Ph\text{—}NH\text{—}CH=CH\text{—}CH=CH\text{—}CH=N\text{—}Ph \longrightarrow \text{II}\ (n=3)$$

按照这一方法，从丙二醛能得到戊次甲基菁，用戊烯二醛能得到庚次甲基菁。在反应中并不是直接使用不稳定的游离醛作为原料，而是使用专门合成的价格便宜的缩醛或者缩苯胺。通过变化亚甲基化合物可以合成许多、包括不对称的多次甲基的化合物。其结构最好用内消旋的共振式来表示。给出式(D.7.189) 中花青苷的另一个共振式(还可以参考表A.126)，以溴化1-乙基-2-甲基喹啉或者溴化1-乙基-4-甲基喹啉为例，写出前面所示的次甲基形成反应的反应式！

在多次甲基中，电荷交替分散在分子链上。总的电荷数由杂原子决定；也可以像多次甲基酮一样呈电负性，参见表A.126Ⅲ。

式(D.7.190) Ⅰ 给出了能从3-甲基-1-苯基吡唑啉-5-酮 [参见式(D.7.59)] 和原甲酸三乙酯合成次甲基酮的结构式：

---

[1] 按照从杂原子到杂原子的计数方法，三、五或者七次甲基菁 [参见式(D.7.189)] 是1,5-、1,7-或者1,9-二取代的戊、庚或者壬次甲基菁。因此，单甲羟酮 [式(D.7.190) Ⅰ] 也可以被理解成五次甲基体系。

Ph, O, H, $O^{\ominus}$, Ph, N, N, N, N, Me Me　　I

$$\rangle N—(CH)_n=\overset{\oplus}{N}\langle \rightleftharpoons \rangle\overset{\oplus}{N}=(CH)_n—N\langle \equiv \rangle\overbrace{N\cdots(CH)_n\cdots N}^{\oplus}\langle$$

次甲基氰化物

$$^{\ominus}O—(CH)_n=\overset{\oplus}{N}\langle \rightleftharpoons O=(CH)_n—N\langle \equiv O\cdots(CH)_n\cdots N\langle$$

次甲基部花青

$$^{\ominus}O—(CH)_n=O \rightleftharpoons O=(CH)_n—O^{\ominus} \equiv \overbrace{O\cdots(CH)_n\cdots O}^{\ominus}$$

次甲基酮

$$\overbrace{X\cdots(CH)_n\cdots X'}^{(n+3)\pi}\qquad \text{II}$$

n=1,3,5...

例如(—CH=)，也可是(—CR=),(—N=)

(D. 7. 190)

多次甲基的常用表达式(D. 7. 190) Ⅱ 除了表示芳香性和聚合性外，还表示出了π电子共轭状态。再比较一下表 A. 126 中的紫外光吸收剂以及 D. 5. 1. 8. 5 中的结晶紫❶。根据 D. 6. 4. 3 合成的阳离子偶氮染料可以理解成是氮杂多次甲基化合物。

【例】 三和五次甲基菁的实验合成方法（表 D. 7. 191）

注意！硫酸二甲酯有剧毒！在通风橱中戴防护手套操作！

在一个 100 mL 的烧瓶中，将 20 mmol 的甲基杂原子芳香烃与 25 mmol 硫酸二甲酯一起在 140 ℃下（热浴温度）保持 30 min。冷却后向其中添加 40 mL 干燥的吡啶和 40 mmol 原甲酸三乙酯或者 30 mmol 丙二醛四乙缩醛（或者盐酸-丙二醛二缩苯胺）并加热回流 40 min。将尚热的反应混合物搅到 4 g 碘化钾和 20 mL 水配成的溶液中，使多次甲基以碘化物的形式析出。抽滤分离，用冷的乙酸酯洗净后重结晶。

产物的纯度用薄层色谱法检测，例如，用硅胶（Silufol）作为固定相，丁醇：冰醋酸：水＝4：1：5 的混合物作为流动相。

表 D. 7. 191　三次甲基菁和五次甲基菁

产物	反应物	沸点/℃	DMF 中 $\lambda_{max}(\lg\varepsilon)$①	产率/%
碘化 1,3-二(3-甲基苯并噻唑-2-基)三次甲基菁	2-甲基苯并噻唑，原甲酸三乙酯	290～293(DMF)	569(5.13)	70
碘化 1,3-二(1-甲基对苯二酚-2-基)三次甲基菁	2-甲基喹啉，原甲酸三乙酯	310～312(DMF：水＝1：1)	614(5.20)	55
碘化 1,3-二(3-甲基苯并噁唑-2-基)三次甲基菁	2-甲基-苯并噁唑，原甲酸三乙酯	285～288(丙醇：水＝2：1)	491(5.15)	65
碘化 1,5-二(3-甲基苯并噻唑-2-基)五次甲基菁	2-甲基苯并噻唑，丙二醛四乙缩醛	282～284(丙醇)	662(5.13)	50
碘化 1,5-二(1-甲基对苯二酚-2-基)五次甲基菁②	2-甲基喹啉，丙二醛四乙缩醛	240～242(丙醇)	720(5.11)	30

① λ_{max}最大吸收波长，nm；ε摩尔消光系数。

② KI 溶在 80 mL 水中。

❶ 结晶紫是次亚乙烯基同族体的（参见 C. 5. 1 和 D. 7. 4）非次甲基菁，请解释一下！

由于它们一般比较容易褪色，只有很少的多次甲基适合作为纺织品的染料。不过这类化合物在染料激光器以及在卤化银摄影感光剂的应用上（还可以参考 D. 1. 1）还是非常重要的。未感光的 AgBr 对波长在 500 nm 以上的光几乎不敏感。照相底片感光层的卤化银吸收次甲基不仅在可见光范围，而且还可用于红外线摄影。它们一般在其自身吸收波长范围内感光。

D. 7. 2. 2　羰基化合物与有机金属化合物的反应

除了上述所讨论的亲核试剂以外，还有其它化合物能与羰基反应，这些化合物的烷基或者芳基带着它们的成键电子（以“阴离子”的形式）转移。这些碱性特别强的阴离子在反应过程中一般不以自由离子的形式出现，因为化合物分子不容易像式(D. 7. 192)那样离子化成自由的烷基或芳基阴离子。

$$M—R \longrightarrow M^{\oplus} + R^{\ominus} \qquad (D. 7. 192)$$

在这类离子中的负电荷不能自身稳定化。更确切地说，M—R 键只能在与羰基反应的同时断裂，这期间经历了一个类似 S_N2 反应的过渡态：

$$M—R + \rangle C{=}O \longrightarrow \overset{\delta^+}{M}\cdots R\cdots \overset{|}{\underset{|}{C}}\overset{\delta^-}{=}O \longrightarrow M^{\oplus} + R—\overset{|}{\underset{|}{C}}—O^{\ominus} \qquad (D. 7. 193)$$

由此可见，M—R 键断裂时并不像羰基与 CH 酸性化合物的反应那样，之前先存在一个反应平衡。

以这种方式反应的，是一些有机金属化合物，其烷基由于金属原子的给电子诱导效应（$+I$）而呈电负性。

重要的与羰基反应的有机金属化合物是由镁生成的，被称为 Grignard 试剂的化合物。

合成 Grignard 试剂最重要的方法是卤代烷烃或者芳烃（RX）与金属镁的反应，通常用下列反应式表示：

$$R—X + Mg \longrightarrow R—Mg—X \qquad (D. 7. 194)$$

这一反应一般在无水乙醚中进行，其它不含活泼氢的亲核性溶剂，例如高级醚（二丁基醚、茴香醚、四氢呋喃），也适合作为其溶剂。

式(D. 7. 194) 是一个发生在金属表面的非均相反应。电子从金属原子向反应基质 RX 的转移使反应开始；所生成的自由基阴离子由于其碳-卤键较弱而分解成一个自由基 R・和一个 X^-。然后自由基再与镁反应生成 Grignard 试剂：

$$R—X + Mg \longrightarrow R—X^{\ominus\cdot} + Mg^{\oplus\cdot} \longrightarrow R\cdot + X^{\ominus} + Mg^{\oplus\cdot} \longrightarrow R—Mg—X \qquad (D. 7. 194a)$$

Grignard 试剂的结构至今还不是十分清楚，主要取决于浓度和溶剂。其中所谓的 Schlenk 平衡起着至关重要的作用：

$$\underset{\text{I}}{2\,RMgX} \rightleftharpoons \underset{\text{II}}{R—Mg\langle{}^{X}_{X}\rangle Mg—R} \rightleftharpoons \underset{\text{III}}{R_2Mg + MgX_2} \rightleftharpoons \underset{\text{IV}}{R—Mg\langle{}^{R}_{X}\rangle MgX} \qquad (D. 7. 195)$$

亲核性溶剂与镁原子配位相连：

$$(R')_2O\cdots \overset{R}{\underset{X}{Mg}} \cdots O(R')_2 \qquad (D. 7. 196)$$

在低浓度的醚溶液中［式(D. 7. 195)］中，Ⅰ占优势。在碱性较强的四氢呋喃中Ⅱ为主要部分，而在三乙胺中则完全形成Ⅲ的形式。以二氧杂环己烷为溶剂时，由于不溶于溶剂的卤化镁从溶液中析出，溶液中最终只剩下二烷基镁。

为了简化，在以后的叙述中 Grignard 试剂都用结构式Ⅰ表示。

对于烷基卤来说，式(D. 7. 194) 的反应速率从碘代烷烃到氯代烷烃逐渐降低；不过，采用氯代烷会得到比溴代和碘代烷好的产率。芳香性卤代烃中，一般只有溴代烃和碘代烃能反应。

碳-镁键具有很强的极性，碳原子带部分负电荷（为什么?）。因此，Grignard 试剂扮演着亲核试剂的角色，很容易与亲电的底物反应。其中最重要的是：a）与含活泼氢的化合物；b）与卤代烷烃；c）与金属卤化物；d）与带极性双键的化合物（例如羰基化合物）。下面分别介绍。

a) Grignard 试剂与含活泼氢的化合物（水、醇、苯酚、碳酸、硫醇、一级和二级胺、乙炔以及其它 CH 酸化合物）反应，生成烷烃。

$$R—Mg—Y + H—X \longrightarrow X—Mg—Y \qquad (D. 7. 197)$$

这一反应可以用来定量测定活泼氢，具体做法是：以碘化甲基镁为 Grignard 试剂，测量所生成的甲烷的体积（Zerevitinov 法）。也可以用来合成一些正常情况下用式(D. 7. 194) 方法很难或者不能得到的 Grignard 试剂（吡咯、乙炔等）：

$$HC{\equiv}C—H + H_3C—MgX \longrightarrow HC{\equiv}C—MgX + CH_4 \qquad (D. 7. 198)$$

苯基乙酸与氯化异丙基镁生成 Iwanow 试剂的反应也属于这个类型：

$$C_6H_5—CH_2—COOH + 2\,(CH_3)_2CH—MgCl \longrightarrow C_6H_5—CH(MgCl)—C(=O)OMgCl + 2\ C_3H_8 \qquad (D. 7. 199)$$

b）与 Wurtzsch 合成类似，Grignard 试剂与卤代烃反应生成烃类化合物：

$$R—Mg—X + X—R' \longrightarrow R—R' + MgX_2 \qquad (D. 7. 200)$$

特别容易进行这个反应的是叔烷基卤化物、烯丙基卤化物和苯甲基卤化物（为什么?）。在按式(D. 7. 194) 反应合成 Grignard 试剂时，此反应作为副反应干扰主反应。

c) Grignard 试剂与原子数比镁高的金属卤化物反应，生成卤原子与烷基换位的产物，例如：

$$2\ RMgX + CdCl_2 \longrightarrow R_2Cd + MgX_2 + MgCl_2 \qquad (D. 7. 201)$$

用卤化银和卤化铜（Ⅱ）时，反应过程有所不同，沉淀出金属银或者铜，同时生成烃：

$$2\ RMgX + AgBr \longrightarrow R—R + MgX_2 + MgBr_2 + 2\ Ag \qquad (D. 7. 202)$$

反应式(D. 7. 201) 对于合成其它金属化合物很有意义。工业上可以利用这一反应由四氯化硅和烷基氯代硅烷获得合成硅树脂的原料。

d) Grignard 试剂与羰基化合物的反应　作为亲核试剂，Grignard 试剂能在亲电的羰基上发生加成反应：

$$R—Mg—X + {>}C{=}O \longrightarrow R—\overset{|}{\underset{|}{C}}—O—Mg—X \qquad (D. 7. 203)$$

常常是 2 mol 试剂和 1 mol 酮参加反应。到目前为止，反应机理还不是十分清楚，最清楚的一点是，通过一个环状过渡态复合物来描述反应过程。在这一理论中，环状复合物中的有机镁化合物的亲核力通过第二个分子的 Grignard 试剂得以提高：

$$\ce{>C(-R)(=O) ... Mg(-X)(X) ... Mg-R(X)} \longrightarrow \ce{>C(-R)-O-Mg-R(X) + MgX_2} \qquad (D.7.204)$$

I　　　　Ⅱ

结构式Ⅰ和Ⅱ中括号里的X意味着，除了RMgX外过渡态复合物中也可以包括MgX_2。这样一来，反应速率降低了，不过式(D.7.209)和式(D.7.210)所示的逆反应得到了抑制。

紧接着，将所生成的醇化镁与水发生水解反应分解掉：

$$\begin{aligned} &\mathrm{R{-}O{-}MgX} \xrightarrow{+\,H_2O} \mathrm{ROH + X\,MgOH} \\ &\mathrm{R{-}O{-}Mg{-}O{-}R} \xrightarrow{+\,H_2O} \mathrm{ROH + Mg(OH)_2} \\ &\mathrm{R{-}O{-}Mg{-}R'} \xrightarrow{+\,H_2O} \mathrm{ROH + R'H + Mg(OH)_2} \end{aligned} \qquad (D.7.205)$$

用这种方法可以从甲醛制备一级醇，从其它醛制备二级醇，从酮制备三级醇，从二氧化碳制备羧酸。

请写出这些反应的反应式！

羧酸衍生物（酯、酸酐和卤化物）首先发生类似式(D.7.204)那样的反应：

$$\mathrm{R{-}C(=O){-}OR''} + 2\,\mathrm{R'MgX} \longrightarrow \text{I} \longrightarrow \mathrm{R{-}C(OR'')(R')(OMgX)} + \mathrm{R'MgX} \qquad (D.7.206)$$

I　　　　Ⅱ

加合物Ⅱ是一个半缩醛的盐，它不稳定（为什么?），分解成一个酮和一个醇化物分子：

$$\mathrm{R{-}C(OR'')(R')(OMgX)} \longrightarrow \mathrm{R{-}C(=O){-}R'} + \mathrm{R''OMgX} \qquad (D.7.207)$$

生成的酮又按式(D.7.204)与另一分子的Grignard试剂反应生成三级醇。

甲酸酯反应的终产物是什么?

根据羰基的活性顺序式(D.7.3)，酮与Grignard试剂的反应速率要比酯快。因此不可能将作为中间产物的酮分离出来。

相比之下，如果用酰氯作为羰基成分，在特殊条件下可以将酮分离出来（为什么?）。在这种酮合成法中采用有机镉化合物结果较好，因为它的反应活性只够用来进攻酰氯，不影响酮：

$$\mathrm{R'_2Cd} + 2\,\mathrm{R{-}C(=O){-}Cl} \longrightarrow 2\,\mathrm{R{-}C(=O){-}R'} + \mathrm{CdCl_2} \qquad (D.7.208)$$

与和羰基的反应类似，Grignard试剂还能与其它极性多重键反应，例如与—C≡N、>C=N、>C=S、—N=O反应。请写出反应产物的结构式！C=C双键只有被与其共轭的羰基极化后才能反应（1,2-和 1,4-加成）。

Grignard 反应中，副反应主要出现在由于空间位阻效应不能形成环状过渡态［式(D. 7. 204）中的Ⅰ］的情况下。如果羰基化合物或者 Grignard 试剂带有体积庞大的取代基，环状复合物上就只剩下一个位置给一分子的有机镁化合物。此时，常常是（小的）氢离子而不是烷基被转移到羰基上，羰基被还原，Grignard 化合物转化成烯烃（Grignard 还原）：

(D. 7. 209)

如果空间位阻大的 Grignard 试剂的反应是在溴化镁存在下进行的，由于溴化镁的体积很小，有助于式(D. 7. 204）中环式过渡态的形成，可以极大地抑制式(D. 7. 209）反应的发生。

如果空间位阻大的 Grignard 试剂 β 位没有氢原子，就不可能发生式(D. 7. 209）的还原反应。如果羰基化合物中存在一个酸性氢，在空间受阻的 Grignard 转化中会形成羰基化合物的烯醇化镁：

$$X—Mg—R + H—\overset{|}{\underset{|}{C}}—C(=O)— \longrightarrow R—H + \gt C \overset{\ominus}{=} C—O^{\oplus}MgX \quad (D. 7. 210)$$

因此这类 Grignard 试剂可以作为强碱性缩合剂用于酯缩合反应中［参见式(D. 7. 165)］。

如何进行 Grignard 反应的几点提示

水和醇严重妨碍 Grignard 反应（为什么?）。所以必须注意，作为溶剂使用的醚不仅要无水，而且还要无醇；反应开始时速度较慢，尤其是采用低烷基卤时，此时向溶液中加几滴溴或者四氯化碳，有必要时轻微地加热以促使反应发生。另外，用一点碘腐蚀一下镁（碘颗粒和金属屑一起在火上短暂加热）或者添加一点无水溴化镁都是不错的方法。

Grignard 试剂对氧很敏感。不过溶液上方的醚蒸气“垫”，在一般情况下足以保护溶液不被氧化。有必要的话必须在惰性气体氛围中反应。为什么不能用二氧化碳?

【例】 通过 Grignard 试剂制备醇和酸的一般实验方法（表 D. 7. 211）

A. Grignard 试剂的制备　在一个带搅拌器、氯化钙管冷却器和滴液漏斗的 1 L 的三颈烧瓶中加入 0.5 mol 镁屑，向其上浇 50 mL 的无水醚，再在搅拌的条件下将总量为 0.5 mol 的卤代烷烃或者芳烃中的大约 1/20 添加进去。溶液变混，醚变热指示反应已经开始。如果反应不开始，就向反应混合物中添加 0.5 mL 溴或者几滴四氯化碳并轻微加热。反应开始后，在继续搅拌下将剩下的、溶在 125 mL 无水醚中的卤代烷烃或者芳烃滴加进去，滴加速度以醚微沸为宜。如果反应太激烈，就用水冷却烧瓶。快滴完时，在水浴上加热至微沸，直到所有的镁都溶解掉（大约 30 min）。

B. Grignard 试剂与醛和酮或者酯的反应　向 Grignard 试剂的 0.5 mol 卤化物溶液中，边搅拌边滴加溶于同样体积无水醚的 0.4 mol 羰基化合物（如果是酯就只加 0.2 mol，为什么?)。滴完后再在水浴上加热搅拌 2 h，冷却，加 50 g 捣碎的冰使其水解，紧接着向其中加半浓的盐酸，至所生成的沉淀物刚好溶解为止。制备三级醇时，要考虑到脱水问题，可用饱和的氯化铵水溶液代替盐酸。分出醚层后，水相再用醚萃取两次。合并萃取液，用饱和的亚硫酸氢钠溶液、碳酸氢钠溶液和水洗涤。经硫酸钠干燥后蒸馏除去醚，剩余物分馏或重结晶。

C. Grignard 试剂与二氧化碳的反应　向冷却到 −5 ℃的 Grignard 试剂溶液中导入干燥的二氧化碳强气流，导入速度以溶液温度不高于 0 ℃为宜。放热反应结束后继续导入二氧化碳 1 h，然后像 B 中一样用冰和盐酸分解，用硫酸镁干燥分出的醚相并除去溶剂。剩余物在真空中蒸馏或者从热水中重结晶，必要时加一些盐酸。

表 D.7.211　通过 Grignard 试剂制备醇和酸

产物	反应物	沸点(熔点)/℃	n_D^{20}	产率/%
2-戊醇	乙醛,溴化丙基镁	119	1.4053	35
2-辛醇	乙醛,溴化己基镁	$74_{1.3(10)}$	1.4245	45
2-甲基-3-戊醇	异丁醛,溴化乙基镁	127	1.4175	68
3-甲基-1-苯基-2-丁醇	异丁醛,氯化苯甲基镁	$118_{2.0(15)}$	1.5091⑦	75
2,2,2-三氯-1-苯基乙醇	三氯乙醛①,溴化苯基镁	$145_{1.6(12)}$,(熔点 37)		70
1-苯基-1-丙醇	苯甲醛,溴化乙基镁	$107_{2.0(15)}$	1.5257	78
2-甲基-2-丁醇②	丙酮,溴化乙基镁	102	1.4042	60
2,3-二甲基-2-丁醇	丙酮,氯化或者溴化异丙基镁	118	1.4176	70
3-甲基-3-戊醇②	甲基乙基酮,溴化乙基镁	122	1.4186	67
1,1-二苯基-1-乙醇③	苯乙酮,溴化苯基镁	$155_{1.6(12)}$,(熔点 90)(乙醚)		80
1-苯基-3,4-二氢萘④	α-四氢萘酮,溴化苯基镁	$178_{2.4(18)}$	1.6297	60
3-乙基-3-戊醇⑤	碳酸二乙酯,溴化乙基镁	136	1.4216	80
3-甲基-3-戊醇	乙酸乙酯,溴化乙基镁	122	1.4186	67
4-甲基-4-庚醇	丙酸乙酯,溴化丙基镁	$77_{2.3(17)}$	1.4439	58
3-乙基-3-己醇	丁酸乙酯,溴化乙基镁	$80_{5.4(40)}$	1.4300	61
三苯基甲醇	苯甲酸乙酯,溴化苯基镁	(熔点 162)(苯)		75
三甲基乙酸(戊酸)	二氧化碳,氯化叔丁基镁	$78_{2.7(20)}$,(熔点 35)		63
苯乙酸⑥	二氧化碳,氯化苯甲基镁	$144_{1.6(12)}$,(熔点 76)		79
苯甲酸	二氧化碳,溴化苯基镁	(熔点 122)(水)		90
α-萘甲酸	二氧化碳,1-溴化萘基镁	(熔点 160)(30%乙酸)		80

① 参见试剂附录。

② 不要洗醚溶液，用碳酸钙干燥。

③ 蒸馏时作为主产物生成的是 1,1-二苯基乙烯；参见表 D.3.34。

④ 蒸出醚后，剩余物与 20 mL 乙酸酐一起在水浴上加热 20 min 并蒸馏。

⑤ 0.75 mol Grignard 试剂加到 0.2 mol 酯上。

⑥ 在 −20 ℃时导入二氧化碳。

⑦ n_D^{25}。

从 Iwanow 试剂［式(D. 7. 199)］和多聚甲醛制备金莲酸（写出反应式!）：Blicke, F. F.；Raffelson, H.；Barna, B., J. Am. Chem. Soc. 1952, 74: 253。

除了 Grignard 试剂以外，含锂有机化合物也越来越受重视。与 Grignard 试剂的制备类似，含锂有机化合物可以从烷基卤或者芳基卤加金属锂制备：

$$R—X + 2\,Li \longrightarrow R—Li + Li—X \qquad (D. 7. 212)$$

然而，多数情况下是用从式(D. 7. 212）方法获得的丁基或苯基锂与卤代烃按式(D. 7. 213）或者与 C—H 酸性化合物按式(D. 7. 214）进行交换反应，以合成含锂有机化合物：

$$R'—X + R—Li \longrightarrow R'—Li + R—X \qquad (D. 7. 213)$$

$$R'—H + R—Li \longrightarrow R'—Li + R—H \qquad (D. 7. 214)$$

卤素-金属的交换反应式(D. 7. 213）对于合成取代的芳基和烯基锂化合物非常重要。这一反应可以在很低的温度（－60～－120 ℃）下进行，此时，硝基或氰基之类的取代基就不会受到进攻，而直接用锂或镁金属化时会被进攻。

采用式(D. 7. 214)，很弱的 CH 酸性化合物也可以脱氢，如烯丙基和苯甲基化合物、1,3-二噻烷（参见 D. 7. 2. 1. 6）、季铵盐和鏻盐［类似于式(D. 7. 154)］以及通过吸电子（－*I*）取代基被活化的烯烃和芳香烃。

强电正性锂的化合物比 Grignard 试剂的反应性强。因此含锂有机化合物不如 Grignard 试剂容易操作。必须在惰性气体（最好是氩气）保护下操作，要严格避免湿气、氧和二氧化碳。

有机锂化合物的反应基本上与 Grignard 试剂的［见前面的 a）到 d)］类似。它与羰基化合物的反应一般只有当反应基质的反应性较弱时才被采用。例如 2-羰基-1,1-二苯基苊不能与溴化苯基镁反应，却能与苯基锂反应生成 2-羟基-1,1,2-三苯基苊。采用锂试剂还可以避免不需要的 Grignard 反应［式(D. 7. 209)］。例如，用这一方法可以从二叔丁基酮和叔丁基锂得到 3-叔丁基-2,2,4,4,-四甲基-3-戊醇。

此外，可以通过羧酸与有机锂化合物的反应来合成酮类化合物（Gilman-Van-Ess 合成），因为中间体［式(D. 7. 215) Ⅲ］在反应条件下比较稳定，只有经水解才转化成酮：

$$\underset{\text{I}}{R'—C(=O)OH} \xrightarrow[-RH]{+RLi} \underset{\text{II}}{R'—C(=O)OLi} \xrightarrow{+RLi} \underset{\text{III}}{RR'C(OLi)_2} \xrightarrow[-2\,LiOH]{+H_2O} \underset{\text{IV}}{RR'C{=}} \qquad (D. 7. 215)$$

与 Grignard 试剂反应生成羧酸的二氧化碳也可以与有机锂化合物反应生成酮：

$$RLi + CO_2 \longrightarrow R—C(=O)OLi \xrightarrow{1.\ RLi \quad 2.\ H_2O} R_2C{=}O \qquad (D. 7. 216)$$

由 4-甲基-2-戊酮和烯丙基锂合成 4,6-二甲基-1-庚烯-4-醇：Seyfferth, D.；Weiner, M. A., Org. Synth., 1973, Coll. Vol. Ⅴ: 452.

由环己烷甲酸和甲基锂合成环己基甲基酮：Bare, T. M.；House, H. O., Org. Synth. 1969, 49: 81.

由 2-吡啶基甲基锂和二氧化碳合成 2-吡啶基乙酸：Woodward, R. B.；Kornfeld, E. C., Org. Synth., 1955, Coll. Vol. Ⅲ: 413.

镁试剂和锂试剂的反应性和选择性常常可以通过添加铜（I）盐来提高。在类似于式（D. 7. 201）的金属交换反应中形成了中间体有机铜化合物，如烷基铜或者二烷基铜盐

$$\begin{aligned} RM + CuX &\longrightarrow RCu + MX \\ 2\,RM + CuX &\longrightarrow R_2CuM + MX \end{aligned} \tag{D. 7. 217}$$

也可以用这一方法制备化合物。

特别是由 2 mol 锂化合物和 1 mol 碘化铜（Ⅰ）生成的烷基铜锂是很有价值的试剂。例如，它们能与 α,β-不饱和羰基化合物发生 1,4-加成反应，而 Grignard 试剂和有机锂化合物大多生成 1,2-加成产物：

$$\text{3-methylcyclohex-2-enone} \xrightarrow[-\,H_3CCu]{+\,(H_3C)_2CuLi} \text{(OLi enolate, 3,3-}(CH_3)_2) \xrightarrow[-\,LiOH]{+\,H_2O} \text{(OH enol, 3,3-}(CH_3)_2) \tag{D. 7. 218}$$

烷基铜锂与烷基、烯基和芳基的溴、碘和硫酸化物发生类似于式(D. 7. 200）的反应，生成相应的烃：

$$R'X + R_2CuLi \longrightarrow R'R + RCu + LiX \tag{D. 7. 219}$$

酰氯可以用这一方法转化成酮：

$$R'COCl + R_2CuLi \longrightarrow R'COR + RCu + LiX \tag{D. 7. 220}$$

由 3-甲基-2-环己烯酮和甲基铜锂合成 3,3-二甲基环己酮：House, H. O.；Wilkins, J. M., J. Org. Chem. 1976, 41: 4031.

由苯甲酰氯及叔丁基苯硫酚基铜锂合成叔丁基苯基酮：Posner, G. H.；Whitten, C. E., Org. Synth., 1976, 55: 122。

与烷基铜锂类似的烷基铜镁化合物，即所谓的 Normant 试剂，可以由 Grignard 试剂和 CuBr 制备。它们可以在炔上（顺式立体专一）加成，所得到的烷烯基铜化合物可以继续发生其它反应：

$$RMgBr + CuBr \longrightarrow RCuMgBr_2$$

$$RCuMgBr_2 + R'C{\equiv}CH \longrightarrow (R)(R')C{=}C(H)(CuMgBr) \longrightarrow \begin{cases} \xrightarrow{+\,H_2O} R'CR{=}CH_2 \\ \xrightarrow{+\,I_2} R'CR{=}CHI \\ \xrightarrow{+\,R''X} R'CR{=}CHR'' \\ \xrightarrow{+\,HC\equiv CR''} R'CR{=}CHCH{=}CHR'' \end{cases} \tag{D. 7. 221}$$

上述许多反应也可以用 Grignard 试剂在催化剂量的铜（Ⅰ）盐如 CuCl、CuBr、CuCN 存在下进行。

从异丙炔基丙二酸乙酯和 MeMgI-CuCl 合成叔丁基丙二酸二乙酯：Eliel, E. L.；Hutchins, R. O.；Knoeber, M., Org. Synth., 1970, 50: 38.

在 CuCl 存在下从丙烯酸乙酯和溴化环己基镁合成 β-环己基丙酸乙酯：Liu, S.-H., J. Org. Chem. 1977, 42: 3209.

与 Grignard 反应类似的还有 Reformatsky 合成，是 α-卤代酯与酮或醛在金属锌作用下发生反应：

$$>C{=}O + Br{-}CH_2{-}COOR \xrightarrow{Zn} {-}\underset{O-ZnBr}{\overset{|}{C}}{-}CH_2{-}COOR \xrightarrow{H_2O} {-}\underset{OH}{\overset{|}{C}}{-}CH_2{-}COOR \tag{D. 7. 222}$$

中间所形成的有机锌化合物的反应能力远远小于同类的镁化合物，更小于锂化合物。它不能与惰性的酯羰基反应，而只能与醛或者酮羰基反应。

Reformatsky 反应的主要目的是合成容易通过 β-羟基羧酸酯脱水反应生成的 α，β-不饱和羧酸酯。

从溴代乙酸乙酯和苯甲醛合成 β-羟基-β-苯基丙酸乙酯：Hauser, Ch. R.；Breslow, D. S., Org. Synth., 1955, Coll. Vol. Ⅲ: 408.

从溴代乙酸乙酯和脂肪醛合成 β-烷基-β-羟基丙酸乙酯：Frankenfeld, J. W.；Werner, J. J., J. Org. Chem. 1969, 34: 3689.

D. 7. 3 羰基化合物的还原

羰基化合物可以经过各种不同的方法还原。其中最主要的是：

- 通过 H 亲核试剂转让氢离子；
- 用氢气进行催化氢化；
- 通过单电子给体转让电子。

适合作为氢转移的试剂有氢化铝、氢化硼以及一些特殊的有机化合物，如金属醇化物和有机金属化合物，见 D. 7. 3. 1。

羰基化合物的催化氢化与烯烃的催化氢化（参见 D. 4. 5. 2 和 D. 4. 5. 1）非常相似，可以用相同的方法进行，见 D. 7. 3. 2。

作为单电子给体起作用的还原剂是非贵金属和低价的金属化合物，见 D. 7. 3. 3。

表 D. 7. 223 列出了将羰基化合物还原的重要反应。

表 D. 7. 223 羰基化合物的还原反应

$\text{>C=O} + \text{HM} \xrightarrow[-\text{MOH}]{(+H_2O)} \text{>HC—OH}$ 醛，酮 $M=AlH_3Li, BH_3Na$ 等	羰基化合物通过金属氢化物还原
$\text{—C(=O)X} + 2\,\text{HM} \xrightarrow[-\text{MX},\ -\text{MOH}]{(+H_2O)} \text{—CH}_2\text{—OH}$ (X=Cl,OR)	生成醇
$\text{—C(=O)X} + \text{HM} \xrightarrow{-\text{MX}} \text{—C(=O)H}$ ($X=Cl,OR,NR_2,O^{\ominus}$; $M=Al(O—t\text{-}Bu)_3Li$ 等)	生成醛
$\text{—C(=O)NR}_2 + 2\text{HM} \xrightarrow[-2\text{MOH}]{(+H_2O)} \text{—CH}_2\text{—NR}_2$ ($M=AlH_3Li, BH_3Na$ 等)	生成胺
$\text{>C=O} + \text{R}_2\text{HC—OH} \underset{}{\overset{[Al(OR')_3]}{\rightleftharpoons}} \text{>HC—OH} + \text{R}_2\text{C=O}$	Meerwein-Ponndorf 还原（Oppenauer 氧化）
$\text{—C(=O)H} + \text{—C(=O)H} + H_2O \xrightarrow{(HO^{\ominus})} \text{—C(=O)OH} + \text{—CH}_2\text{—OH}$	Cannizzaro 反应
$\text{—C(=O)H} + \text{—C(=O)H} \xrightarrow{[Al(OR)_3]} \text{—C(=O)O—CH}_2\text{—}$	Claisen-Tishchenko 反应

续表

反应式	名称
$>C{=}O + HN< + HCOOH \longrightarrow >HC{-}N< + CO_2 + H_2O$	Leuckart-Wallach 反应
$>C{=}O + H_2N{-}NH_2 \xrightarrow{(RO^{\ominus})} >CH_2 + H_2O + N_2$	Wolff-Kizhner 还原
$>C{=}O + H_2 \xrightarrow{(催化剂)} >HC{-}OH$	催化氢化生成醇
$>C{=}NR + H_2 \xrightarrow{(催化剂)} >HC{-}NHR$	生成胺
$-C{\equiv}N + 2\,H_2 \xrightarrow{(催化剂)} -CH_2{-}NH_2$	腈还原成胺
$-C(=O)Cl + H_2 \xrightarrow[-HCl]{(Pd)} -C(=O)H$	Rosenmund 还原
$2\,>C{=}O + Mg \xrightarrow[-Mg^{2\oplus}]{+2H^{\oplus}} HO{-}C(<){-}C(<){-}OH$	还原成频哪醇
$-C(=O)OR + 4\,Na \xrightarrow[-RONa,\ -3R'ONa]{+3R'OH} -CH_2{-}OH$	Bouveault-Blance 还原
$2\,-C(=O)OR + 4\,Na \xrightarrow[-2\,RONa,\ -2\,Na^{\oplus}]{(+2\,H^{\oplus})} HO{-}HC{-}C(=O)$	形成偶联
$>C{=}O + 2\,Zn + 4\,H^{\oplus} \longrightarrow >CH_2 + 2\,Zn^{2\oplus} + H_2O$	Clemmensen 还原
$2\,>C{=}O + Ti \longrightarrow >C{=}C< + TiO_2$	McMurry 反应

D. 7. 3. 1 羰基化合物通过 H 亲核试剂还原

D. 7. 3. 1. 1 羰基化合物通过氢化铝和氢化硼还原

有机金属化合物（C 亲核试剂）能将有机基团与其成键电子对一起转移到羰基化合物上［参见式(D. 7. 193)］，与此类似，有些金属氢化物 H—M 能够以 H 亲核试剂起作用，将氢原子与其成键电子一起以氢离子的形式转移给羰基的碳原子。在这里氢离子不能以自由离子的形式出现，而是 M—H 键的断裂和 C—H 键的形成同时发生：

$$M{-}H + >C{=}O \longrightarrow M^{\oplus} + H{-}\overset{|}{\underset{|}{C}}{-}O^{\ominus} \qquad (D.\ 7.\ 224)$$

用这一方法，可将醛和酮转化成醇化物。

适合作为还原剂的金属氢化物有氢化铝锂 $LiAlH_4$ 和硼氢化钠 $NaBH_4$，例如：

$$Li^{\oplus}\ H{-}\overset{H}{\underset{H}{Al^{\ominus}}}{-}H + >C{=}O \longrightarrow AlH_3 + H{-}\overset{|}{\underset{|}{C}}{-}O^{\ominus}\,Li^{\oplus} \longrightarrow H{-}\overset{|}{\underset{|}{C}}{-}O{-}\overset{H}{\underset{H}{Al^{\ominus}}}{-}H\ Li^{\oplus} \qquad (D.\ 7.\ 225a)$$

以同样的方法氢化物中所有氢原子先后参加反应：

$$LiAlH_4 + 4 \; \rangle C{=}O \longrightarrow Li^{\oplus}\left[\overset{\ominus}{Al}(O{-}\underset{|}{\overset{|}{C}}{-}H)_4\right] \qquad (D.7.225b)$$

由此生成的复合物醇化铝锂接下来水解分解：

$$Li^{\oplus}\left[\overset{\ominus}{Al}(O{-}\underset{|}{\overset{|}{C}}{-}H)_4\right] + 2\,H_2O \longrightarrow 4\,H{-}\underset{|}{\overset{|}{C}}{-}OH + LiAlO_2 \qquad (D.7.226)$$

如果底物分子上存在“活泼”氢，会首先被氢化铝锂进攻从而生成氢分子：

$$4\,HX + LiAlH_4 \longrightarrow LiAlX_4 + 4\,H_2 \qquad (D.7.227)$$

因此，氢化铝锂的反应必须在无水的介质中进行。所以，这一试剂不能用来还原在惰性有机溶剂中不能溶解的化合物，如糖类。此时 $NaBH_4$ 比较好，因为它在水中只能慢慢分解。

采用复合氢化物的还原反应与其它方法相比有几个优点：它们一般在很温和的条件下进行，而且产率很高，因此特别适合用来转化昂贵和少量的化合物。另外，它们能与不易发生反应的羧羰基化合物（羧酸、酰胺、酯）反应。

正常情况下，羧酸、酯和酰卤生成一级醇，酰胺和腈生成相应的胺。在特殊条件下酰卤、酰胺或者腈也可以得到醛。表 D. 7. 228 给出了各种还原反应所需要的氢化铝锂的量。请想一想，这些用量是怎么得出的！

表 D. 7. 228 用氢化铝锂还原羰基化合物

羰基化合物	反应产物	$LiAlH_4$ 加入量/mol
酮，醛	醇	0.25
酯，酰氯	醇	0.50
羧酸	醇	0.75
酰胺（$RCONH_2$）	一级胺	1.00
酰胺（$RCONHR$）	二级胺	0.75
酰胺（$RCONR_2$）	三级胺	0.50
腈	一级胺	0.50

通过采用不同的氢化物和溶剂可以达到高选择性还原的目的。表 D. 7. 229 显示了，哪些组合能发生反应（+）、哪些不能（—）。

表 D. 7. 229 用氢化铝和氢化硼还原的选择性

化合物	$LiAlH_4$ 在乙醚中	DIBAL-H① 在己烷中	$LiAlH[OC(CH_3)_3]_3$ 在四氢呋喃中	二仲异戊基硼烷② 在四氢呋喃中	$NaBH_4$ + LiCl 于二甘醇中	$NaBH_4$ 乙醇中
R—COCl	+	+	+	—	+	+
R—CHO，R—COR′	+	+	+	+	+	+
R—COOR′	+	+	±	—	+	—
R—CONR₂′	+	+	—	+	—	—
R—C≡N	+	+	—	—	—	—
$R{-}NO_2$	+	+	—	—	—	—
R—CH=CHR′	—	—	—	+	—	—

① 氢化二异丁基铝。

② 二(3-甲基-2-丁基)硼烷。

在 Lewis 酸存在下的反应特性会发生变化。所以，在 BF_3-醚化物存在下 $LiAlH_4$ 和 $NaBH_4$ 将酯和内酯还原成醚。

对于使用氢化铝锂的还原反应，大多采用无水环状醚-四氢呋喃作为溶剂。需要注意，这类还原反应进行的过程中会放出很多热量。在特殊情况下吡啶和 *N*-烷基吗啉也适合作为溶剂。有的时候商业上常用的氢化铝锂在醚中不能完全溶解。那么使其在醚的悬浮液中反应也能获得同样的结果。

还原难溶化合物可以在萃取后进行。将要还原的化合物装在连续工作的提取器的提取管中（或者按照索氏提取法）用醚萃取。蒸馏瓶中装着氢化铝锂。

氢化二异丁基铝（DIBAL-H）不仅能在四氢呋喃中使用，在以烷烃和环烷烃以及甲苯为溶剂的情况下也能使用。它还能将 C≡C 键选择性地还原成 C═C 键。

用氢化硼钠的还原反应可以在水、含水的醇、异丙醇、乙腈，及类似的溶剂中进行。

【例】 用氢化铝锂还原的一般实验方法（表 D.7.230）

表 D.7.230 用氢化铝锂的还原反应

产物	反应物	沸点(熔点)/℃	n_D^{25}	产率/%
2,2,2-三氯乙醇	三氯乙醛[1]	$56_{1.7(13)}$,(熔点 17)		50
4-苯基-3-丁烯-2-醇	苯亚甲基丙酮	$144_{2.8(21)}$,(熔点 34)		95
α-苯基乙醇	苯乙酮	$95_{1.6(12)}$,(熔点 20)	1.5224	90
(−)-薄荷醇 和(+)-新薄荷醇[2]	(-)-薄荷酮	$95\sim105_{2.1(16)}$		80
顺-顺-β-萘烷酮		(熔点 105)(石油醚)		80
外消旋异莰醇	外消旋-2-莰酮	(熔点 212)(封闭管中)		85
2-羟基苄基醇[3]	水杨酸甲基酯	(熔点 86)(水)		60
1,2-二(羟甲基)苯	邻苯二甲酸酐[4]	(熔点 64)		80
β-苯基乙胺	苄基腈	$83_{1.9(14)}$	1.5299	80
1,6-己二醇	己二酸二甲基或者二乙基酯	$134_{1.3(10)}$,(熔点 43)		80
(*S*)-(+)-2-*N*,*N*-二苄基氨基-1-丙醇[5]	(*S*)-*N*,*N*-二苄基丙胺酸苄基酯	(熔点 41),$[\alpha]_D^{20}+92.8°$(氯仿中)		75(甲醇)
N-乙基苯胺	乙酰苯胺[4]	$98_{2.4(18)}$	1.5519	60
4-叔丁基环己醇	4-叔丁基环己酮	(熔点 82)		80

① 参考试剂附录。

② 大约 75% 的（−）-薄荷醇和 25% 的（+）-新薄荷脑醇的混合物。通过比旋光度分析：（−）-薄荷醇 $[\alpha]_D^{20}-48.2°$；（+）-新薄荷脑醇 $[\alpha]_D^{20}+17.9°$。

③ 如对胺那样处理；不过，氢氧化铝沉淀要用石油醚蒸出。

④ 溶在干燥的四氢呋喃中滴加进去。

⑤ 于四氢呋喃中，在 60 ℃下操作；重结晶之前在 2Pa（0.015 Torr）、60 ℃下加热 1 h。

注意！使用氢化铝锂要小心！反应物量大时，要使用带水轮机或者防爆马达的搅拌器以防止氢氧爆炸。用水分解时要小心！大块捣碎时要小心！

在一个带磁力搅拌器、双颈接口、滴液漏斗和氯化钙管回流冷却器的 200 mL Erlenmeyer 烧瓶中加还原反应所需要量的氢化铝锂（参见表 D.7.230），氢化铝锂要 10%

过量而且溶在 50 mL 无水醚中。在不停搅拌下向其中滴加 0.05 mol 要还原的化合物和 20 mL 无水醚组成的溶液，滴加速度以反应可以控制而醚又剧烈沸腾为宜。溶液滴完后再继续搅拌 4 h 或者回流沸腾 1 h[1]。

然后用冰水将烧瓶冷却下来，在搅拌条件下十分小心地（一滴一滴地）向其中滴加冰水，一直加到不再有氢气生成为止，随后添加 10% 的硫酸，添加量以生成的氢氧化铝沉淀刚好完全溶解为宜。用分液漏斗分离，再用醚萃取三次。有机相合并后用饱和的食盐溶液洗涤，经硫酸钠干燥，再蒸馏。

如果制备的是胺类化合物，就只需要用正好适量的水使其水解。将氢氧化铝抽滤分离出来后，再一次用醚悬浮，然后再抽滤，将醚溶液用氢氧化钠干燥后蒸馏。

【例】 用硼氢化钠还原 4-叔丁基环己酮

在室温下边搅拌边将 0.1 mol 酮分批加到 120 mL 异丙基醇和 0.04 mol 硼氢化钠组成的溶液中。放置过夜使反应彻底完成。然后向反应混合物中小心地添加稀盐酸，直到不再有氢生成为止。所得溶液用醚萃取五次，萃取液用硫酸钠干燥后蒸馏除去溶剂。剩余物按照类似于 3-硝基邻苯二甲酸酯制备中所描述的方法（参见 D.7.1.4.1）与邻苯二甲酸酐反应，所得的酯用乙酸乙酯-戊烷重结晶后再通过水蒸气蒸馏法从 20% 的氢氧化钠溶液中分离出来。馏出物用乙醚萃取，再蒸馏除去醚。产物是顺式和反式 4-叔丁基环己醇的混合物。

异构体的分离可以通过色谱法在活化的氧化铝上实现。每克环己醇混合物需要 30 g Al_2O_3。先用 1 L 戊烷、然后用 300 mL 含 10% 乙醚的戊烷洗脱。洗脱液的第一部分（大约 600～700 mL）含绝大部分顺式醇，随后是中间部分（大约 300 mL）；最后部分的洗脱液溶解的都是反式醇。

顺式 4-叔丁基环己醇：m. p. 80～81 ℃；反式 4-叔丁基-环己醇 m. p. 81～82 ℃。

在二甘醇二甲醚中用氢化三(叔丁氧基)铝锂将酰氯还原成醛，例如：4-硝基苯甲酰氯还原成 4-硝基苯甲醛，见文献 Brown, H. C.; Subba Rao, B. C., J. Am. Chem. Soc. 1958, 80:5377。

在前面的合成方法中，如果用甲醇代替异丙基醇作为溶剂就要投入大约 4 倍的还原剂，因为甲醇能与硼氢化钠反应，生成了中间产物三甲氧基硼氢化钠，它作为体积庞大的还原剂，能高度立体选择性地还原酮。

非对称性酮是前手性的，还原会生成不对称的 C 原子，参见 C.7.3.2。无手性的反应物会生成比例相等的两个对映异构体的混合物。如果酮已经含有一个手性基团，其中的一个就会优先生成，得到非对映体还原产物，例如：

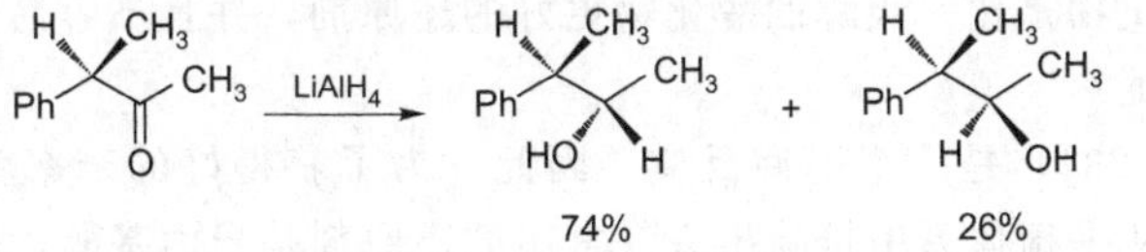

$$\xrightarrow{LiAlH_4} \quad 74\% \quad + \quad 26\% \qquad (D.\ 7.\ 231)$$

这一结果可以用 Felkin-Anh 模型解释，参见式(C.99) 和式(C.100)。

---

[1] 有些情况下，此时如果再加所计算的氢化铝锂量的 10%，并且再搅拌加热 1 h，产率还会提高。

非手性酮可以用手性试剂对映体选择性地还原，手性试剂中研究较多的是带手性基团的铝化合物和硼氢化物。还可以用非手性试剂在手性催化剂存在下还原。如手性的(S)-噁唑硼烷Ⅰ作为催化剂时，硼烷将酮还原生成手性的二级醇：

$$\text{PhC(O)CH}_3 \xrightarrow[\text{或 BH}_3\cdot\text{Me}_2\text{S},\ ee>96\%]{\text{I}+\text{BH}_3\cdot\text{THF}} \text{Ph(HO)CH–CH}_3 \qquad \text{I} \tag{D. 7. 232}$$

氰基硼氢化钠由于带有吸电子的氰基，比硼氢化钠的亲核性低，所以不能用来还原pH值大于5的酮和醛。而碱性较强的亚胺在弱酸环境中就能被还原。这就有可能使羰基化合物通过亚铵离子的选择性拦截直接还原胺化：

$$\rangle C{=}O + H_2NR \xrightarrow{-H_2O} \rangle C{=}NR \xrightarrow{+H^{\oplus}} \rangle C{=}\overset{\oplus}{N}(H)R \xrightarrow{(NaBH_3CN)} HC{-}N(H)R \tag{D. 7. 233}$$

由2-乙酰氨基-2-乙氧碳酰-6-羰基己酸乙酯和组胺二氢氯合成2-乙酰氨基-2-乙氧碳酰-9-(4-咪唑基)-7-氮杂壬酸乙酯：Mori, K.; Sugai, T.; Maeda, Y.; Okazaki, T.; Noguchi, T.; Naito, H., Tetrahedron. 1985, 41: 5307.

D. 7. 3. 1. 2 Meerwein-Ponndorf-Verley 还原和 Oppenauer 氧化

醛和酮在镁或者锂的醇化物作用下可以还原成醇，而醇化物则被氧化成相应的羰基化合物［式(D. 7. 225)，Meerwein-Ponndorf-Verley 还原法］。在催化剂量的醇化物存在下，以游离醇作为还原剂这一反应也能进行，因为醇化物与醇呈平衡状态。

醇化铝［式(D. 7. 234)Ⅱ］中的铝原子作为Lewis酸提高了羰基的亲电活性。同时，在复合物中被电负性化了的铝原子将一组电子转给了离它而去的键。于是，醇化物中α位的氢原子带着一对成键电子转移到被电正性化了的羰基碳原子上：

$$\underset{\text{I}}{R_2C{=}O} + \underset{\text{II}}{H{-}CR'_2{-}O{-}Al/3} \rightleftharpoons \underset{\text{III}}{[R_2C{=}O\cdots H\cdots CR'_2O{-}Al/3]} \rightleftharpoons \underset{\text{IV}}{R_2CH{-}O{-}Al/3} + R'_2C{=}O \tag{D. 7. 234}$$

与醇化钠相反，醇化铝能够溶于有机溶剂并且可以被蒸馏而不发生分解。从这一性质可以确定Al和OR之间的键已经具有共价键的特征。因此，醇化铝一般不能将烷氧基以自由阴离子的形式提供出来参加反应，它的碱性较低而且它通常情况下不能将羰基化合物转化成烯醇化物，即它一般不能催化羟醛加成反应，如果能，也仅仅起很次要的作用。正因为这样，再加上它相对强的螯合趋势，铝的醇化物特别适用于Meerwein-Ponndorf-Verley还原反应。

二级醇的醇化物是比一级醇的醇化物更好的还原剂，并且不容易发生副反应。为什么不能用三级醇呢？

反应式(D. 7. 234)是一个平衡反应。因此，为了获得好的产率就必须不停地将生成的羰基化合物从平衡体系中排除出去。常用的还原剂是异丙基醇，因为由此生成的酮（丙酮）易挥发，可以用蒸馏法将其从体系中排出。如果用乙醇作为还原醇，最好用氮气流将所生成的乙醛从反应混合物中驱逐出去。

这一还原反应的主要意义在于，可以保留双键（与羰基共轭的双键一样），硝基和卤基也不会受到进攻。

工业上如何从丙烯醛生产烯丙基醇?

β-二羰基化合物大多不能发生 Meerwein-Ponndorf-Verley 还原，因为铝的醇化物与这些相对强酸性物质反应析出，从而离开反应体系。

【例】 按照 Meerwein-Ponndorf-Verley 反应还原酮和醛的一般实验方法（表 D. 7. 235）

在一个带有 60 cm Vigreux 柱或者特别合适的分馏头（参见图 A. 77）的蒸馏装置中，用热浴加热 0. 2 mol 羰基化合物和 0. 2 mol 的异丙醇铝溶液（异丙醇铝溶于无水异丙醇中配成 1 mol/L 溶液❶）。浴温调到每分钟能馏出大约 5 滴异丙醇-丙酮混合物。分馏头中填充乙醇。跟踪反应：反应几小时后，取几滴蒸馏物与 5 mL 2,4-二硝基苯肼的盐酸水溶液（2 mol/L HCl 中加 0. 1 g 苯肼）一起振荡，如果有丙酮存在会立即出现浑浊或者沉淀。如果测试结果呈阴性，就在完全回流的条件下加热 15 min 后再测试一次。如果还是没出现浑浊现象，就在轻微真空中将大部分异丙醇蒸馏出去，将蒸馏剩余物倒入冰中，冰的用量按每摩尔异丙醇铝 500 g 冰，再用 550 mL 冰冷的 3 mol/L 硫酸或者 6 mol/L 盐酸水解。用醚萃取，用水洗一次，用硫酸钠干燥，蒸发掉溶剂后将剩余物重结晶或者蒸馏纯化。

如果是不饱和的羰基化合物，就不用前面提到的方法溶解，而是每 0. 1 mol 酮用 100 mL 无水异丙醇溶解并且在 6 h 之内将其滴加到沸腾的异丙醇化物溶液中，同样的方法蒸馏出丙酮-异丙醇混合物。加完羰基化合物大约 1 h 之后，丙酮试验大多呈阴性。

这一制备方法也适合用来还原半微量级的酮。这时要用 3 倍（摩尔比）的异丙醇铝；此外，还原反应大多在 1 h 之内结束。

表 D. 7. 235 Meerwein-Ponndorf-Verley 还原反应合成醇

产物	反应物	沸点(熔点)/℃	产率/%
2,2,2-三氯乙醇	三氯乙醛①	$56_{1.7(13)}$,(熔点 17)	80
2,2,2-三溴乙醇	三溴乙醛	$93_{1.3(10)}$,(熔点 80)(石油醚)	75
肉桂醇	肉桂醛	$139_{1.9(14)}$,(熔点 34)	75
邻硝基苯甲醇	邻硝基苯甲醛	$168_{2.7(20)}$,(熔点 74)	90
对硝基苯甲醇	对硝基苯甲醛	$185_{1.6(12)}$,(熔点 93)	90
间硝基苯甲醇	间硝基苯甲醛	$178_{0.4(3)}$,(熔点 27)	70
1-(间硝基苯基)-1-乙醇	间硝基苯乙酮	(熔点 62)(乙醇)	60
4-苯基-3-丁烯-2-醇	苯亚甲基丙酮	$125_{0.4(3)}$,(熔点 39)	90
(—)-薄荷醇 和(+)-新薄荷醇②	(—)-薄荷酮	$96_{1.7(13)}$	70
4-叔丁基环己醇③	4-叔丁基环己酮	(熔点 82～83)	

① 参见试剂附录。

② 反应时间 24 h；从比旋光度确定组成百分比；(—)-薄荷醇 $[\alpha]_D^{20}$ −48. 2°，(+)-新薄荷脑醇 $[\alpha]_D^{20}$ +17. 9°（在乙醇中）。

③ 异构体混合物。

由巴豆醛制备巴豆醇（2-丁烯-1-醇）：Yong，W. G.；Hartung，W. H.；Crossley，F. S. ，J. Am. Chem. Soc. 1936，58：100。

---

❶ 参见试剂附录。

由异亚丙基丙酮制备4-甲基-3-戊烯-2-醇：Rouvè, A.；Stoll, M., Helv. Chim. Acta. 1947, 30:2216.

反应式(D.7.234）的可逆性使醇也可能在酮或者醛的作用下被氧化成相应的羰基化合物（Oppenauer氧化）。

不过，在Oppenauer氧化中不可能用蒸馏出所生成醇的方法使反应平衡向产物方向移动，因为醇的沸点要高于生成它的羰基化合物的沸点。所以采用适当过量的氧化剂，或者选择适当的反应同伴，使想要获得的羰基化合物为反应混合物中沸点最低的组分，以便不断地将其蒸馏出来。

在Oppenauer氧化反应中最常使用的脱氢试剂是环己酮，有时也用肉桂醛或者茴香醛。要氧化的醇一般不直接加到醇化铝中，而是先与不参加此反应的醇的醇化物构成平衡体系：

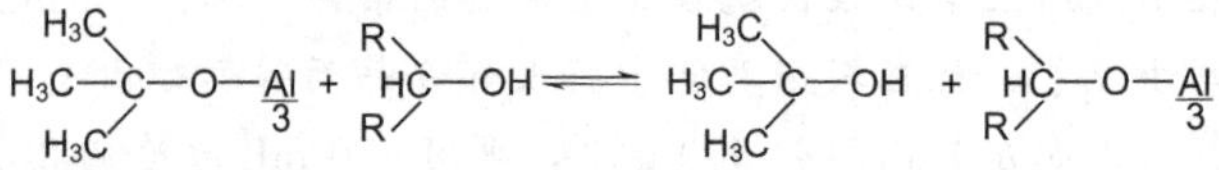

$$(H_3C)_3C-O-\frac{Al}{3} + R_2HC-OH \rightleftharpoons (H_3C)_3C-OH + R_2HC-O-\frac{Al}{3} \quad (D.7.236)$$

常用的是叔丁醇铝或者酚化铝（为什么?）。

Oppenauer氧化主要用来氧化天然产物。

与Meerwein-Ponndorf-Verley还原一样，在Oppenauer氧化中双键也不会受到进攻，不过会发生生成α，β-不饱和羰基化合物的异构化，如由胆固醇制备Δ^4-胆甾烯-3-酮：

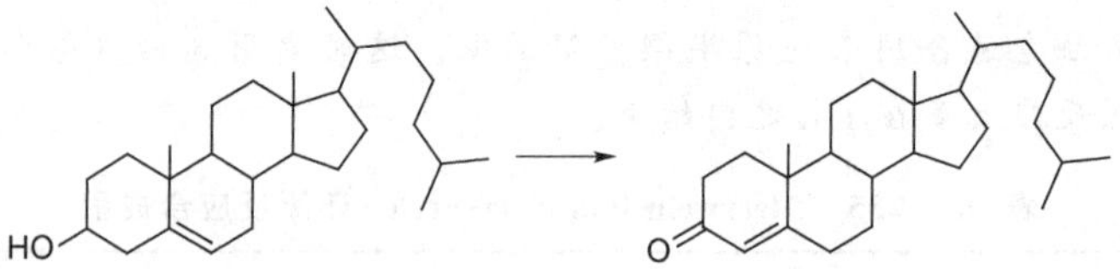

(D. 7. 237)

【例】 由胆固醇制备Δ^4-胆甾烯-3-酮［式(D.7.237)］

在一个带回流冷凝器和氯化钙管的1 L烧瓶中将0.03 mol胆固醇溶于2 mol热的、经高锰酸钾然后再经氢氧化钾蒸馏过的丙酮中，添加溶解在300 mL甲苯中的0.05 mol叔丁醇铝。加热回流10 h，放凉，用稀硫酸振荡萃取多次以分离出铝盐。甲苯层用水洗直到洗出液呈中性，用硫酸钠干燥，去除溶剂后的剩余物用甲醇重结晶。m.p. 80 ℃；产率85%理论值。

按Oppenauer方法用环己酮制备Δ^4-胆甾烯-3-酮：Eastham, J. F.；Teranishi, R., Org. Synth., 1963, Coll. Vol. Ⅳ:192.

D.7.3.1.3 按Cannizzaro和Claisen-Tishchenko进行的反应

芳香醛和不能烯醇化的脂肪醛在碱性催化剂（碱金属和碱土金属的氢氧化物）的作用下能歧化成羧酸和醇（Cannizzaro反应）。与此相反，能够烯醇化的醛只能进行羟醛反应，因为这一反应的反应速率比Cannizzaro反应的快。

Cannizzaro反应的反应机理与Meerwein-Ponndorf还原的机理一样：在一个由两分子醛、羟基和碱金属离子参与的过渡态中，氢原子带着它的一对成键电子由一个醛分子转移到另一个醛分子上。首先生成一分子醇化物和一分子羧酸，它们再继续反应生成醇和羧酸盐：

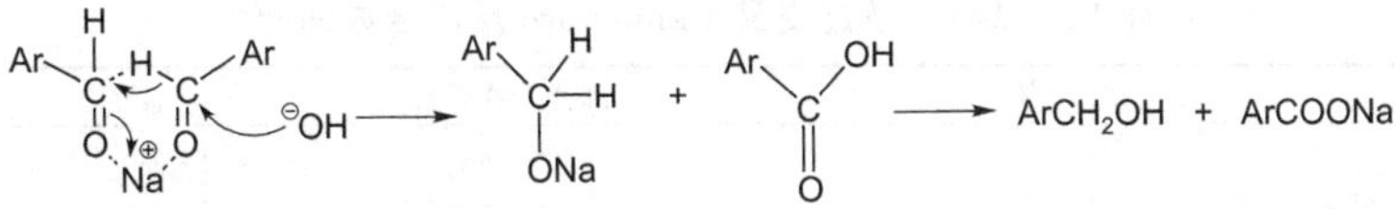

$$ArCH_2OH + ArCOONa \quad (D.7.238)$$

请写出由氧化苯基乙醛（苯基乙二醛）通过分子内Cannizzaro反应形成α-羟基苯基乙酸（苦杏仁酸）的反应式！

在醛和甲醛混合物的Cannizzaro反应中甲醛始终起氢提供者的作用而被氧化成甲酸（“交叉”Cannizzaro反应）：

$$R—CHO + H_2CO \longrightarrow R—CH_2OH + HCOOH \quad (D.7.239)$$

如果式(D.7.239)中的醛R—CHO还含有α氢，首先发生羟醛反应。只有当所有的α氢都被取代后，醛才与其它甲醛发生Cannizzaro反应，如在用乙醛和甲醛合成季戊四醇的反应中：

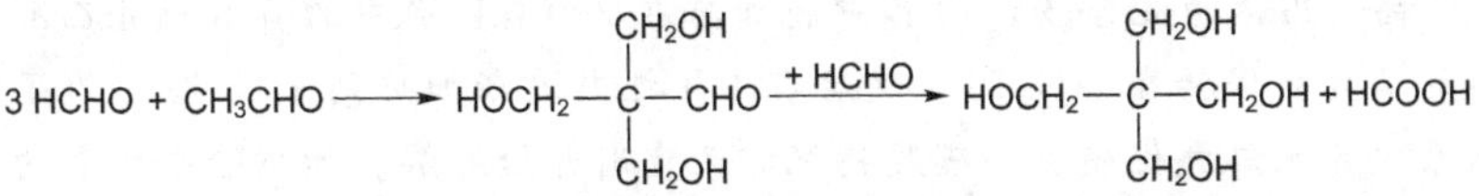

$$3\,HCHO + CH_3CHO \longrightarrow HOCH_2—C(CH_2OH)_2—CHO \xrightarrow{+HCHO} HOCH_2—C(CH_2OH)_2—CH_2OH + HCOOH \quad (D.7.240)$$

与Cannizzaro反应类似的是二苯基乙醇酸的重排，在这里苯基（不是氢原子）带着键电子转移了：

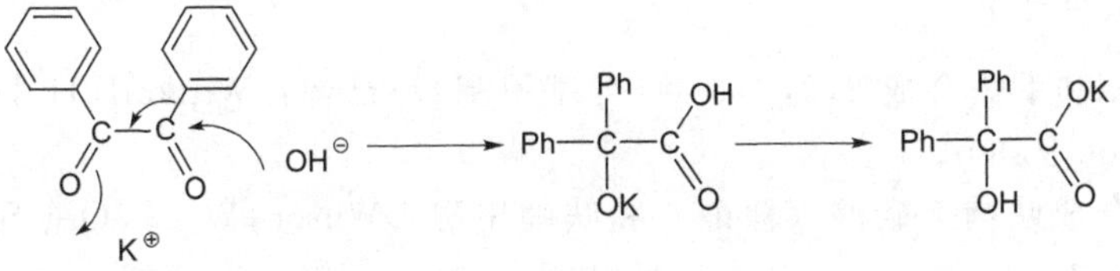

(D.7.241)

以不足以催化羟醛反应的弱碱性的醇化铝作为催化剂时，可烯醇化的脂肪族醛也能发生类似于Cannizzaro反应的反应（Claisen-Tishchenko反应）。只是必须在无水无醇的条件下进行（为什么?）。这个反应的产物是直接从两分子醛生成的一分子酯，例如由乙醛生成乙酸乙酯：

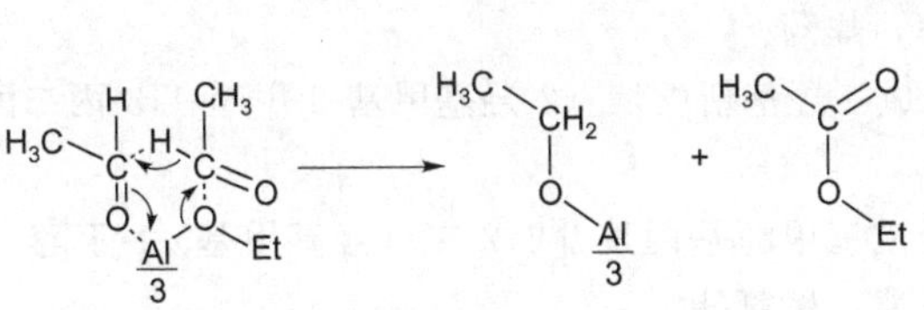

(D.7.242)

【例】 交叉Cannizzaro反应的一般实验方法（表D.7.243）

在一个带搅拌器、内置温度计、回流冷凝器和滴液漏斗的三颈烧瓶中将0.2 mol芳香醛、60 mL甲醇和0.26 mol甲醛（30%的水溶液）的混合物加热到65 ℃。然后在搅拌的条件下滴入溶在25 mL水中的0.6 mol氢氧化钾溶液，滴加速度要快，以使整个过程在外部水流冷却的条件下体系内部温度仍可以保持在65～75 ℃。滴完后在70 ℃下再加热40 min，紧接着再回流加热20 min。然后冷却，加入100 mL水，用醚将析出的油状物收起。有机相用水洗后用硫酸钠干燥。蒸馏除去醚后，用蒸馏或者重结晶方法将产物纯化。

表 D.7.243 通过交叉 Cannizzaro 反应合成的醇

产物	反应物	沸点(熔点)/℃	n_D^{20}	产率/%
苯甲醇	苯甲醛	$98_{1.9(14)}$	1.5403	90
对甲氧基苯甲醇	茴香醛	$136_{1.6(12)}$,(熔点 23)		90
胡椒醇	胡椒醛	$157_{2.1(16)}$,(熔点 56)(水)		80
邻氯苯甲醇	邻氯苯甲醛	(熔点 69)(乙醇)		90
间氯苯甲醇	间氯苯甲醛	$105_{1.7(13)}$	1.5535	70
对氯苯甲醇	对氯苯甲醛	(熔点 72)(水)		90
对甲基苯甲醇	对甲基苯甲醛	$118_{2.7(20)}$,(熔点 60)(石油醚)		75
呋喃甲醇①	糠醛	$83_{3.3(25)}$	1.4828	60

① 不要沸腾！用醚萃取前将溶液用氢氧化钾饱和，醚溶液用少量的食盐饱和溶液洗。

【例】 季戊四醇的制备

在一个带搅拌器、内置温度计、回流冷凝器和滴液漏斗的三颈烧瓶中装 18.5 g 氧化钙和 2.3 mol 福尔马林的混合物，向其中滴加溶在 300 mL 水中的 0.5 mol 乙醛，滴加过程中体系的温度要保持在+15 ℃。然后在 1 h 之内逐渐加热到+45 ℃。为了除去催化剂，向体系中导入二氧化碳直到碳酸钙沉淀又重新开始溶解。加热除去过量的二氧化碳，放置冷却后抽滤分离。滤液真空蒸发浓缩至干，残留物用 200 mL 热的乙醇吸收，将所得的溶液冷却，季戊四醇就会结晶析出。产率 75%；纯的季戊四醇在 260 ℃时熔化（高真空升华）。

从环己酮和甲醛合成 2,2,6,6-四(羟基甲基)环己醇：Wittkoff, H., Org. Synth., 1963, Coll. Vol. Ⅳ:907.

从糠醛合成呋喃-2-碳酸（糠酸）和呋喃甲醇：Wilson, W. C., Org. Synth., 1937, Coll. Vol. Ⅰ:270.

Cannizzaro 反应对于工业合成下列产品很重要：

从乙醛和甲醛合成季戊四醇［2,2-二(羟基甲基)-1,3-丙二醇］；

→醇酸树脂；

→四硝季戊四醇，炸药。

从丙醛和甲醛合成三羟基新戊烷（2-羟基甲基-2-甲基-1,3-丙二醇，别名“metriol”）；

→酯（软化剂）。

从丁醛和甲醛合成三甲醇基丙烷［2,2-二（羟基甲基)-1-丁醇］；

→醇酸树脂，聚酯，聚氨酯。

从异丁醛和甲醛合成新戊基乙二醇（2,2-二甲基-1,3-丙二醇）；

→聚酯，软化剂。

工业上根据 Claisen-Tishchenko 反应从乙醛合成乙酸乙酯。

一些应用在 Cannizzaro 反应中的反应也出现在生物反应中。一些发酵酶能将醛转化成醇和酸。例如在乳酸的酿造过程中，在乙二醛酶的作用下由甲基乙二醛生成乳酸：

$$H_3C-CO-CHO \xrightarrow{+H_2O} H_3C-CH(OH)-COOH \quad (D.7.244)$$

D. 7. 3. 1. 4　Leuckart-Wallach 反应

根据 Leuckart-Wallach 的理论，用醛或者酮和甲酸作为还原剂可以将胺还原性地烷基化。通常情况下，羰基化合物首先按式(D. 7. 11a）与胺反应。碳-亚铵正离子［式(D. 7. 245）中的Ⅰ］再由甲酸经过一个环状过渡态Ⅱ还原成胺：

+HCOOH　　Ⅰ　　Ⅱ　　Ⅲ　　(D. 7. 245)

与催化还原氨基化作用［式(D. 7. 256)］相比，Leuckart-Wallach 反应的优点是，对氢化催化剂有毒化作用的化合物也能被转化。

最好是用 Leuckart-Wallach 反应合成三级胺。制备一级和二级胺时，副产物烷基化的胺的比例较高。特别是采用很容易反应的甲醛时，大多生成完全甲基化的胺。

作为还原剂使用的甲酸要始终过量（每摩尔羰基化合物用 2～4 mol)。通过甲醛烷基化时可以在水溶液中进行（福尔马林溶液和 85％的甲酸)；当反应物为不易反应的高级醛和更难反应的酮时，水的存在会使产率降低。因此酮的氨基化通常要在 150～180 ℃的高温下进行。这样一来，水就会被蒸出去。

甲酸和胺生成了相对应的甲酸铵或者甲酰胺。也可以直接采用甲酸铵或者甲酰胺进行反应。

因为甲酸很容易起甲酰化作用（参见 D. 7. 1. 4. 2)，所以在合成二级胺时尤其是在较高温度下会得到相应胺的甲酰基衍生物。在进一步的反应中，必须将产生的 *N*-二取代的甲酰胺水解。

【例】 醛 Leuckart-Wallach 反应的一般实验方法（表 D. 7. 246)

在一个带回流冷却器的 2 L 圆底烧瓶中放 1 mol 相应的胺，通过冷却器在冰冷却的条件下向其中加 5 mol 甲酸（与甲醛反应时加 85％的甲酸，其它醛或者酮时加 98％的甲酸)。

然后加入相应的醛（甲醛用福尔马林溶液)，每个要引入的烷基用 1.2 mol 醛，水浴加热至不再生成二氧化碳（8～12 h)。

用浓盐酸酸化反应混合物至刚果红试纸变蓝，然后在真空中（大约 2 kPa）蒸发至干。残留物用少量的冷水溶解，用 25％氢氧化钠将碱释放出来，用醚萃取三次。随后经氢氧化钾干燥醚萃取液，将醚蒸发后经过一个 20 cm 的 Vigreux 柱蒸馏或者重结晶。

表 D. 7. 246　通过 Leuckart-Wallach 反应合成的胺

产物	反应物	沸点/℃	n_D^{20}	产率/％
N,*N*-二甲基丁基胺	丁胺，甲醛	94	n_D^{25} 1.3954	80
N,*N*-二甲基苯甲基胺	苯甲胺，甲醛	$78_{3.5(26)}$	n_D^{25} 1.4986	80
N-甲基二环己基胺①	二环己胺，甲醛	$153_{3.2(24)}$	1.4895	65
N-甲基哌啶	哌啶，甲醛	106	1.4464	70
N-丁基哌啶	哌啶，丁醛	$68_{2.7(20)}$	1.4461	40
N-苯甲基哌啶	哌啶，苯甲醛	$119_{1.7(13)}$	1.5252	40
N,*N*-二乙基糠基胺	二乙胺，糠醛	$74_{3.2(24)}$	1.4630	45

① 这一产物在蒸馏时会强烈发泡，所以要在常温下不用柱蒸馏；b. p. 268 ℃。

从苯乙酮和甲酸铵合成 α-苯基乙胺（外消旋物）：Ingersoll, A. W., Org. Synth., 1943, Coll. Vol. Ⅱ: 503.

安非他明［$C_6H_5—CH_2—CH(NH_2)—CH_3$］及其衍生物是通过 Leuckart-Wallach 合成法从苯乙酮生产的。这类药物能够刺激交感神经系统，但是容易上瘾，所以被列为毒品，禁止用来作为麻醉药。

D. 7. 3. 1. 5　酶还原

有酶存在时羰基（通过氢转移）可以在温和的条件下被还原。这类反应的氧化还原酶是由一个辅蛋白和一个辅酶（低分子量的官能团）构成的手性催化剂。NADH（氢化的尼古丁酰胺-腺嘌呤-二核苷酸）或其磷化形式(NADPH）就是这类氧化还原酶中的一种辅酶。它的分子中起氢传载作用的是吡啶 N 原子与核糖配醣连接的还原性尼古丁酰胺［式(D. 7. 247)］。生成的 NAD^+ 又经生物化学反应链，或者通过添加的糖，还原成 NADH：

$$\text{(1,4-dihydropyridine, } CONH_2\text{, N–R)} + R\text{–CO–}R' \underset{-H^{\oplus}}{\overset{+H^{\oplus}}{\rightleftharpoons}} H\text{–C(OH)(}R\text{)(}R'\text{)} + \text{(pyridinium } CONH_2\text{, }\overset{\oplus}{N}\text{–R)} \qquad \text{(D. 7. 247)}$$

手性酶进攻作为前手性体系的三角形羰基（$R \neq R'$）时，优先从能生成热力学稳定（非对映体的）过渡态的方向进攻。因此，主要（特殊情况例外）生成醇的一个对映体。

还原 β-羰基羧酸酯，可以用价格低廉的酵母（1 mol 化合物 1～1.5 kg）代替游离的昂贵的酶。用同样的方法，其它 β-或者 α-羰基羧酸酯、α-羰基酮以及类似化合物，也可以以很高的对映体选择性被还原（还可以参考下面所列的文献）。

用酵母还原乙酰乙酸乙酯制备 (S)-(－)-3-羟基丁酸乙酯：Seebach, D.; Weber, R. H.; Zueger, M. F., Org. Synth. 1985, 63: 1.

还可以参考：Wipf, B.; Kupfer, E.; Bertazzi, R.; Leuenberger, H. G. W., Helv. Chim. Acta 1983, 66: 485.

D. 7. 3. 1. 6　Wolff-Kizhner 还原

将醛和酮转化成相应的烃的一个重要方法是 Wolff-Kizhner 还原法。高压釜中在钠或者钠的醇化物存在下，将醛或者酮的腙加热到 200 ℃，就会发生脱氮使羰基化合物转化成烃类化合物：

$$>C=N-NH_2 \longrightarrow >CH_2 + N_2 \qquad \text{(D. 7. 248)}$$

$$>C=N-NH_2 \rightleftharpoons >CH-N=NH \underset{-ROH}{\overset{+RO^{\ominus}}{\longrightarrow}} >CH-N=N^{\ominus} \xrightarrow{-N_2} >CH^{\ominus} \underset{-RO^{\ominus}}{\overset{+ROH}{\longrightarrow}} >CH_2 \qquad \text{(D. 7. 249)}$$

缩氨基脲的分解与此类似，生成碳氢化合物。

Huang-Minlon 反应是对上述反应的一个变换，也就是在高沸点溶剂（二甘醇或者三甘醇）中由羰基化合物和肼生成腙，随后不加分离立即加热到 195 ℃，这样一来反应可以在不加压的条件下进行。由于可以将水从反应体系中蒸出去，所以可以用价格便宜的 85%的水合肼溶液代替昂贵的水合肼，用氢氧化钠或者氢氧化钾代替钠或醇代钠。

酮和羰基羧酸的反应很容易进行，反应产率也很高。β-羰基羧酸酯由于会生成吡唑啉酮［参见式(D. 7. 59)］而不能用这种方法还原。烃基上的双键会被异构化和部分氢化［硝基的还原参见式(D. 8. 9)］。

用醛反应时有可能生成吖嗪。因此，最好采用过量的水合肼（6～10 mol）反应。

Huang-Minlon 方法的主要优点是，容易实现大物质量的反应。因此，Huang-Minlon 方法往往优于 Clemmensen 还原。

【例】 酮 Wolff-Kizhner 还原的一般实验方法（表 D. 7. 250）

注意！醚萃取强碱溶液时要小心！戴防护眼镜！

将 1 mol 相关的酮与 3 mol 85%的水合肼溶液❶、4 mol 研成细粉的氢氧化钾（如果是羰基羧酸就用 5 mol）和 1000 mL 三缩二乙二醇一起加热回流 2 h。随后给烧瓶装上朝下倾斜的冷却器，缓慢地将肼水混合物蒸馏出去，直到反应混合物的温度达到 195 ℃❷，然后保持这一温度，直到不再产生氮气（大约 4 h）❸。容易挥发的烃的大部分已经在馏出物中了。如果还原的是羰基羧酸，冷却后用等体积的水稀释后再用浓盐酸酸化。然后多次用醚萃取，萃取液与还原过程中蒸出的产物合并后用稀盐酸和水洗，经氯化钙干燥。接着蒸馏除去醚，剩余物用蒸馏或者结晶法纯化，产率 80～95%。

表 D. 7. 250 Wolff-Kizhner 还原

产物	反应物	沸点(熔点)/℃	n_D^{20}
乙基苯	苯乙酮	136	1.4959
丙基苯	苯丙酮	$57_{2.7(20)}$	1.4920
丁基苯	苯丁酮	$78_{1.3(10)}$	1.4898
1-溴-4-乙基苯	4-溴苯乙酮	$94_{2.0(15)}$	1.5488
1-氯-4-乙基苯	4-氯苯乙酮	$80_{2.0(15)}$	1.5190
1-乙基-3,4-二甲氧基苯	3,4-二甲氧基苯乙酮	$112_{1.2(9)}$	
1-乙基-4-甲氧基苯	4-甲氧基苯乙酮	$90_{2.8(21)}$	1.5038
1-乙基-4-甲基苯	4-甲基苯乙酮	162	1.4950
4-苯基丁酸	3-苯甲酰基丙酸	(熔点 50)	
十一烷-1,11-二酸	亚甲基二(二氢间苯二酚)①	(熔点 112)(乙酸酯)	
庚酸	6-羰基庚酸	$119_{1.3(10)}$,(熔点 −8)	
辛酸	6(或者 7)-羰基辛酸	$132_{2.1(16)}$,(熔点 16)	
壬酸	6(或者 7)-羰基壬酸	$142_{1.3(10)}$,(熔点 1.5 或 15)②	
癸酸	7-羰基癸酸	$146_{1.1(8)}$,(熔点 31)	

① 环在肼进攻前先被碱断开（酸分解，参见 D. 7. 2. 1. 9）生成了 4,8-二羰基十一烷-1,11-二酸。注意化学计量比！

② 同质多形物改性。

---

❶ 可以使用高浓缩的肼水合物。高含水量溶液的浓缩以及浓度的确定请参考试剂附录。

❷ 内置温度计必须装在金属套中（为什么?）。采用金属浴，烧瓶浸在其中，足够的温度测量。

❸ 经常从蒸馏口引一支管子到装水的气瓶中以查看是否还有气体生成（注意，检查装置的密封性及受热均匀性不要使水因体系冷却而倒流到烧瓶中）。

由 3-(2-羰基-1-环己基)丙腈的对甲苯磺酰腙合成 3-(1-环己烯-1-基)丙腈：Wittekind,R. R.；Weissman,C.；Farber,S.；Meltyer,R. I.,J. Heterocycl. Chem. 1967,4:143.

Bamford-Stevens 还原是一个与 Wolff-Kizhner-Huang-Minlon 还原类似的反应，在这个反应中人们将带吸电子取代基的单取代腙，在乙二醇等溶剂中，醇化物存在下加热。对甲苯磺酰腙尤其适合进行这一反应。在质子性溶剂中，腙和其偶氮形式之间建立起式(D. 7. 251）中所描述的平衡。亚磺酸根和分子氮脱去后剩下一个可以进行多种反应的碳正离子（参见如 D. 3 和 D. 4）。通过脱去相邻碳原子上的一个质子可以形成烯烃；如果相邻碳原子上没有质子就有可能发生重排反应（参见 D. 9）：

$$R'-C-C(=N-NHTs)-R \underset{}{\overset{(H^{\oplus})}{\rightleftharpoons}} R'-C-CH(-N=N-Ts)-R \xrightarrow{-N_2,-Ts^{\ominus}}$$

$$R'-C-\overset{\oplus}{C}H-R \begin{cases} \xrightarrow[-H^{\oplus}]{R'=H} >C=CH-R \\ \xrightarrow{R'\neq H} >\overset{\oplus}{C}-C(R')(R)-H \xrightarrow{-H^{\oplus}} >C=C(R')-R \end{cases}$$

(D. 7. 251)

在像乙二醇二烷基醚这样的非质子性溶剂中，腙式和偶氮式之间的互变平衡受到阻碍。碱性分子从氮原子上脱去一个质子，紧接着又消去一分子氮和亚磺酸根形成一个卡宾，卡宾的衍生物有时候能以很高的产率分离出来（参见 D. 3. 3）：

$$R'-C(=N-NHTs)-R \xrightarrow{-H^{\oplus}} \left[R'-C(=N-\overset{\ominus}{N}-Ts)-R \rightleftharpoons R'-\overset{\ominus}{C}(-N=N-Ts)-R \right] \xrightarrow{-N_2,-Ts^{\ominus}} R'-\ddot{C}-R \longrightarrow \text{后续产物}$$

(D. 7. 252)

有关这一反应，请参考本章后面所列的相关文献！

D. 7. 3. 2　羰基化合物的催化氢化

含杂原子的 C ═O 基的催化氢化机理与 C ═C 双键的催化机理（D. 4. 5. 2）类似。氢化学吸附在催化剂表面，形成氢络合物并以这种形式与同样吸附在催化剂表面的羰基化合物反应。这样，醛和酮就被氢化成醇：

$$>C=O + H_2 \xrightarrow{(\text{催化剂})} HC-OH \qquad (D. 7. 253)$$

催化氢化羰基和类羰基化合物，原则上可以用与氢化 C ═C 双键（参见 D. 4. 5. 2）一样的催化剂。在实验室中主要是兰尼镍、铂和钯比较常用。

像其它羰基反应一样，氢化反应也能被酸催化。因此贵金属在酸性介质中的催化效率要比在中性或者碱性介质中高。与此相反，采用兰尼镍时强碱性触媒（例如按 Urushibara 方法）所得到的结果最好。

根据式(D. 7. 3）所列的羰基化合物的反应活性顺序，醛和酮特别容易被氢化。不过，例如在没有其它选择性还原的条件下，要想将 α,β-不饱和酮还原成饱和酮（参见表

D. 4. 124)，铂和钯的催化活性就相对太弱了，倒可以用无碱的、通过酸或甲基碘钝化了的兰尼镍催化剂来实现。与此相反，含碱的兰尼镍很容易进攻羰基，因此所例举的不饱和酮会被一同还原成饱和醇。

以铂和钯作为催化剂很容易将腈、甲亚胺、肟氢化，用兰尼镍通常则需要温度达到100 ℃。在氢化腈时，二级和三级胺常常会作为副产物生成。这些副反应是通过中间生成的醛亚胺［式(D. 7. 254) Ⅱ］发生的，醛亚胺与已经生成的伯胺（Ⅲ）一起形成甲亚胺：

$$\begin{array}{c} \underset{\text{I}}{R-C\equiv N} \xrightarrow{+H_2} \underset{\text{II}}{R-CH=NH} \xrightarrow{+H_2} \underset{\text{III}}{R-CH_2-NH_2} \\ \downarrow {\scriptstyle -NH_3 \mid +\text{III}} \\ \underset{\text{IV}}{R-CH=N-CH_2-R} \xrightarrow{+H_2} \underset{\text{V}}{(RCH_2)_2NH} \end{array} \qquad (D. 7. 254)$$

氢化 Schiff 碱时会产生什么样的副产物呢？这些竞争反应可以通过使用强碱性的兰尼镍或者通过氨存在下的氢化避免。

在催化氢化硫醇、硫醚和硫醛时，其中的硫以硫化氢的形式裂解下来。一个很重要的从酮基经二噻茂烷转化成亚甲基的反应［参见式(D. 7. 32)］就是基于这类反应。在一定条件下，卤基也能被氢原子取代。

从羰基化合物的反应活性顺序［式(D. 7. 3)］判断，酰氯也很容易被催化氢化。事实上在部分中毒的钯催化剂的作用下酰氯确实被还原成了醛，也就是说部分中毒的钯催化剂能氢化酰氯，却不会进攻所生成的醛（Rosenmund 还原）。

与此相反，在那些能使醛、酮、腈、席夫碱等氢化的条件下，自由酸、酯和酰胺却不受影响。例如从乙酰乙酸乙酯很容易制备 β-羟基丁酸酯。

催化氢化羧酸和酯最好使用铬酸铜催化剂在高温（100～300 ℃）高压［20～30 MPa（200～300 atm)］下反应。这一方法主要是在工业生产上有意义，而实验室中还原酯还是其它方法［Bouveault-Blanc 还原，见式(D. 7. 261)，用络合氢化物的还原，参见 D. 7. 3. 1. 1］比较简单易行。

【例】 酮、醛、腈、肟和甲亚胺催化氢化的一般实验方法（表 D. 7. 255)

有关催化氢化的一般操作方法和安全注意事项请参考 D. 4. 5. 2 和 A. 1. 8. 2!

1 mol 相关的羰基化合物溶于两倍体积的甲醇中，再加 30 g Raney-Urushibara 镍[❶]合金（30%的镍）在搅拌或者振荡高压釜中，在大约 10 MPa（100 atm）下氢化。简单的含支链少的醛和酮可以在室温下操作，α-三级醛、酮和腈要在 90 ℃下反应。

高压釜冷却减压后，将催化剂过滤出去并蒸馏除去溶剂。剩余物用蒸馏或者结晶法纯化。产率 80%～90%。

反应物的量很小时，也可以在上面所给的温度条件下在常压下进行。不过催化剂的量要适当增加。

---

❶ 碱式兰尼镍，参考试剂附录。

表 D. 7. 255 羰基和类羰基化合物的催化氢化

产物	反应物	沸点(熔点)/℃	n_D^{20}
庚醇	庚醛	$78_{1.3(10)}$	1.4235
四氢呋喃醇	糠醛	$82_{2.7(20)}$	1.4498
2-丁醇	丁酮	100	1.3971
环戊醇	环戊酮	140	1.4530
β-羟基丁酸乙酯	乙酰乙酸乙酯	$74_{1.5(11)}$	1.4182
α-苯基乙醇	苯乙酮	$94_{1.6(12)}$	1.5211
二苯基甲醇	二苯甲酮	$176_{1.7(13)}$(熔点 68)(石油醚)	
4-苯基-2-丁醇	苯亚甲基丙酮	$115_{1.7(13)}$	1.5165
1,2-二苯基乙二醇(氢化苯偶联)	安息香	(熔点 139)(水)	
3,3-二甲基-2-丁醇	频哪酮	120	1.4148
薄荷醇	*p*-萜-1-烯-3-酮	$98_{1.3(10)}$,(熔点 36)	
4-羟基-1-甲基哌啶-3-羧酸乙酯	1-甲基哌啶-4-酮-3-羧酸乙酯	$123_{0.5(4)}$	1.3742
D-山梨醇①	D-葡萄糖	(熔点大约 100)	
苯甲基苯胺②	苯亚甲基苯胺	$173_{1.3(10)}$,(熔点 39)	
六亚甲基二胺	己二腈	$88_{1.5(11)}$,(熔点 40)	
β-苯基乙胺	苯甲基腈	$83_{1.9(14)}$	1.5321
3-乙酰氨基哌啶-2-酮-3-羧酸乙酯③	1-乙酰氨基-3-氰基-1,1-丙二酸二乙酯	(熔点 138)(乙醇)	
N-(3-氨基丙基)-ε-己内酰胺④	*N*-(2-氰基乙基)-ε-己内酰胺	$110\sim120_{0.3(2)}$	

① 氢化在含水乙醇中 70 ℃下进行；蒸馏出溶剂后所剩的浆状物要在装有氯化钙的保干器中保存；很难结晶，实际上只在播下晶种后才能结晶。

② 氢化在乙酸乙酯中 20 ℃下进行。

③ 用乙醇作为溶剂！氢化后自发的成环反应是哪种反应类型？用盐酸皂化会生成鸟氨酸（请写出反应式!）：Albertson，N. F.；Archer，S.，J. Am. Chem. Soc. 1945，67：2043.

④ 产率 50%；如果用氨饱和的甲醇作为溶剂，会提高产率。

所述及的氢化反应在制备上和工业上对于合成醇和胺具有很显著的意义。例如工业上用这一方法从巴豆醛生产丁醇以及从 2-乙基-3-羟基己醛生产 2-乙基己醇。这两种醇被广泛地继续加工成酯（溶剂、软化剂，参见表 D. 7. 42）。最大规模进行的是一氧化碳的氢化：在氧化锌-氧化铬表面 300～400 ℃和高压［20 MPa（200 atm）］下生成甲醇。甲醇主要用来生产甲醛（参见表 D. 6. 40）、甲胺，用来作为溶剂和防冻剂。

将温度提高大约 40 ℃同时再与碱接触，除了甲醇以外还会生成较高的异醇（最高至 C_7），这其中主要是异丁基醇（“异丁基油合成”）。这些醇也主要用来生产酯。

脂肪酸和脂肪酸酯（来自天然脂肪和石蜡氧化产物，参见 D. 6. 5）的还原为洗涤剂的合成（磺酸脂肪醇酯）提供了所需的高级脂肪醇。用石蜡氧化所得的脂肪酸合成的低级醇（C_4～C_9）是酯（见上文）合成的原料。还原己二腈可以得到六亚甲基二胺，它被作为胺成分用于聚酰胺（尼龙，参见 D. 7. 1. 4. 2）的合成。

在氨、伯胺或者仲胺存在下氢化醛和酮，所得到的不是醇，而是相应的伯、仲或者叔胺（还原胺化）：

$$\rangle C{=}O + NHR_2 \xrightarrow[-H_2O]{+H_2} \rangle CH{-}NR_2 \quad R=H,烷基,芳基 \tag{D. 7. 256}$$

反应可能经过了中间体甲亚胺或者烯胺。在这里也要考虑到腈氢化中所提到的副反应。为此，通常的做法是采用过量的胺。

脂肪族醛中，只有碳链长度超过 5 的能被顺利地催化还原成胺，低级醛很容易产生其它（例如羟醛式）缩合产物。相比较之下，脂肪族和芳香族的酮以及芳香醛都能顺利反应。

【例】 酮和醛催化还原胺化的一般实验方法（表 D. 7. 257）

注意！高压釜不能有任何铜部件接触到氨溶液（很多压力表带有含铜部件!）。

有关催化氢化的一般安全防护措施请参考 A. 1. 8. 2 和 D. 4. 5. 2。

A. 伯胺的制备　将 1 mol 羰基化合物溶于 500 mL 在 10 ℃下用氨饱和了的甲醇（大约 5. 5 mol）。加入 30 g 合金的兰尼镍后于搅拌或者振荡高压釜中，在 90 ℃和 10 MPa（100 atm）下氢化。

氢吸收结束后，减压，过滤出催化剂并将剩余的氨与溶剂一起蒸馏除去。剩余物用 20％的盐酸酸化至刚果红变色，用醚萃取除去非碱性杂质，水相在充分冷却的条件下用 40％的氢氧化钠碱化再用醚萃取多次。醚萃取液经苛性钾干燥。蒸发掉溶剂后再经 20cm 的 Vigreux 柱蒸馏。

B. 仲胺的制备　向 1 mol 相关伯胺的 200 mL 甲醇溶液中加入 1 mol 羰基化合物，然后按方法 A 中所描述的方法氢化和后处理。

表 D. 7. 257　醛和酮的催化还原胺化

产物	反应物	沸点(熔点)/℃	n_D^{20}	产率/%
苯甲胺	苯甲醛,氨	$75_{1.1(8)}$	1.5424	80
N-苯甲基甲胺	苯甲醛,甲胺	$82_{1.6(12)}$	1.5222	90
N-苯甲基苯胺	苯甲醛,苯胺	$172_{1.3(10)}$,(熔点 39)		90
N-苯甲基-β-苯基乙胺	苯甲醛,β-苯基乙胺	$170_{1.2(9)}$,氯化氢:(熔点 261)		70
糠胺	糠醛,氨	145	1.4886	50
外消旋-α-苯基乙胺	苯乙酮,氨	$70_{1.3(10)}$	1.5282	80
外消旋-2-氨基-1-苯基丙烷①	苯基丙酮,氨	$92_{1.6(12)}$,氯化氢:(熔点 152)	1.5190	90
外消旋-2-甲基氨基-1-苯基丙烷①	苯基丙酮,甲胺	$93_{2.0(15)}$,氯化氢:(熔点 140)	1.5123	80
环己胺	环己酮,氨	134	1.4372	80
二环己胺	环己酮,环己胺	$120_{2.3(17)}$,(熔点 20)	1.4852	70

① 这种胺最好以盐酸化物的形式保存：在冷却条件下将其溶于过量的氯化氢饱和的无水醇（测量确定 HCl 含量!）中，对于盐的析出加无水醚。小心，有毒!

手性化合物在通常的化学合成中生成两种可能的对映异构体（D，L；*R*，*S*）的 1∶1混合物。而在自然界中却生成几乎纯的对映异构体。一种物质的两种对映异构体往往具有完全不同的生物功能，如在气味、味道、生理和药理上。

获得纯对映异构体的一种可能性是分离合成所得的外消旋混合物❶。例如酸性的外

❶ 另外一种可能性是不对称合成，参见 C. 7. 3. 3. 2 。

消旋产物可以用天然产物碱（—)-马钱子碱和（—)-奎宁转化成非对映体的盐，非对映体盐因为其不同的物理和化学性质而可以分离，参见 C. 7. 3. 3. 1。

这类外消旋分离方法中一个特别简单易行的例子是前面合成的外消旋-α-苯基乙胺的分离。也就是说，两个对映异构体中只有（*R*)-(＋)-形式的与 2,3,4,6,-四乙酰基-D-葡萄糖形成结晶加合物。

α-苯基乙胺的纯对映体常常可以用来替代前面提到的天然产物碱用于其它的外消旋分离。

【例】 外消旋-α-苯基乙胺对映异构体的分离[1]

将溶在 100 mL 醚中的 0. 15 mol 四乙酰基-D-葡萄糖（β-型或者含 α-和 β-型混合物的浆状物）与溶在 20 mL 醚中的外消旋-α-苯基乙胺混合。过一会，（*R*)-(＋)-α-苯基乙胺与四乙酰基-D-葡萄糖的加合物就开始结晶。在－78 ℃下继续保存 3 h 后迅速抽滤分离，用冷的醚洗两次，每次 40 mL。产率 98％。

为了得到游离的（*R*)-(＋)-碱，将产品溶于 100 mL 氯仿中，所得溶液用 4 mol/L 盐酸萃取两次，每次 100 mL。为了除去剩余的四乙酰基-D-葡萄糖，将盐酸溶液用氯仿再萃取两次，然后在充分冷却的条件下用 40％的苛性钠碱化。最后，用醚萃取，经苛性钾干燥并蒸馏。b. p.$_{1.3(10)}$ 70 ℃；$[\alpha]_D^{19}$ ＋35. 9°（苯）[2]。

四乙酰基-D-葡萄糖的回收：再次用盐酸萃取氯仿溶液，用氯化钙干燥，氯仿蒸发后剩下的是浆状的四乙酰基-D-葡萄糖，它可以重新用于对映体的分离。

（*S*)-(—)-α-苯基乙胺可以从（*R*)-(＋)-加合物晶体的醚母液中提取，具体做法是用盐酸萃取醚母液（按前面为（*R*)-(＋)-碱描述方法处理)，蒸馏得到产物。b. p.$_{1.3(10)}$ 70 ℃；$[\alpha]_D^{19}$ —34. 6°（苯）[3]。

用酒石酸分离 α-苯基乙胺的对映异构体：Theilacker, W.；Winkler, H. G.，Chem. Ber. 1954, 87: 690.

D. 7. 3. 3 非贵金属和低化合价金属化合物对羰基化合物的还原

金属的价电子可以自由移动（“电子气”），所以可以以“亲核试剂”的形式加成到羰基上：

$$e^{\ominus} + \rangle C{=}O \longrightarrow \cdot\overset{|}{C}{-}O^{\ominus}\ (\mathrm{I}) \xrightarrow{+\cdot C-O^{\ominus}} {-}\overset{|}{C}{-}O^{\ominus} / {-}\overset{|}{C}{-}O^{\ominus}\ (\mathrm{II}) \xrightarrow{+2H^{\oplus}} {-}\overset{|}{C}{-}OH / {-}\overset{|}{C}{-}OH\ (\mathrm{III}) \qquad (D. 7. 258)$$

$$2e^{\ominus} + \rangle C{=}O \longrightarrow \rangle\overset{\ominus}{C}{-}O^{\ominus}\ (\mathrm{IV}) \xrightarrow{+2H^{\oplus}} H{-}\overset{|}{\underset{|}{C}}{-}OH\ (\mathrm{V}) \qquad (D. 7. 259)$$

反应结果是羰基化合物被还原。反应一开始，羰基有两种可能性：要么因吸收一个电子而转化成游离基负离子Ⅰ；要么吸收 2 个电子生成双负离子Ⅳ。游离基负离子Ⅰ可

[1] Helferrich, B.；Porty, W., Chem. Ber. 1953, 86: 1034.

[2] 由于对映异构体不十分纯，所以得到不同的旋光度！

[3] 由于对映异构体不十分纯，所以得到不同的旋光度！

二聚成1,2-二醇Ⅲ，用金属镁还原酮时就是这种情况；而作为强碱的双负离子Ⅳ则从溶剂分子上夺得两个氢离子转化成醇Ⅴ。

当然，这些氧化还原过程只能在金属表面发生。在这里会发生羰基或多或少结合到金属表面的现象（化学吸附作用）。电子转移结束后，被化学吸附的分子又被解吸。电子被夺走后相应的金属原子就变成阳离子进入溶液：

$$(\boxed{Zn} \longrightarrow Zn^{2\oplus} + 2e^{\ominus}) + \rangle C{=}O + H^{\oplus} \longrightarrow \rangle \overset{\ominus}{C}{-}O{-}H \xrightarrow{+H^{\oplus}} H{-}\overset{|}{\underset{|}{C}}{-}OH \qquad (D.7.260)$$

根据各金属在电化学电动势序列中的位置，只有碱金属能发生这样的还原反应。碱金属还能还原不易起反应的羰基化合物（如羧酸酯），而镁和铝只能与醛和酮反应。锌和铁则只有在酸性溶液中才能发生这类反应（还可以参考羰基化合物的催化氢化，D.7.3.2）。

碱金属如（汞齐化的）镁或者铝、铁、锌等还原羰基化合物的反应既可以生成相当于式(D.7.258）的还原产物，也可以生成式(D.7.259）那样的产物。究竟哪种途径优先，一方面取决于羰基化合物的类型，另一方面还取决于反应条件（金属、溶剂等)。前面列举的金属在含有活泼氢的溶剂（如水、稀的酸和碱、醇）中将醛和酮首选还原成醇，甲亚胺还原成胺[1]。用镁或者铝汞齐在不含活泼氢的溶剂（如甲苯）中，酮则主要生成1,2-二醇（频哪醇)[2]。请写出根据下文所描述的方法由丙酮生成频哪醇的反应式［式(D.7.258）中的Ⅱ在这里相当于频哪醇化镁!]，并讨论还原产物对溶剂的依赖关系!

【例】 2,3-二甲基-2,3-丁二醇（频哪醇）的合成

在一只干燥的、带滴液漏斗和氯化钙管强化冷却器的1 L的双颈烧瓶中，装1 mol干燥的镁屑和200 mL干燥的甲苯。通过滴液漏斗向上述体系中加大约25 mL由0.1 mol二氯化汞和2 mol特别干燥的丙酮组成的溶液。如果反应在几分钟之内还不开始，就在水浴上加热到溶液能自身继续沸腾。然后撤掉热浴，以冷却器的冷却能力所允许的最大滴速将丙酮-氯化汞溶液滴加进去。最后再添加由1 mol干燥的丙酮和60 mL干燥的甲苯组成的溶液，在水浴上加热，直到镁完全消失。所生成的频哪醇化镁强烈泡胀充满整个烧瓶，因此在整个过程中必须移开冷却器1～2次并猛力振荡封紧的烧瓶（戴防护眼镜!），以便可以继续回流加热。

为了使镁盐水解，反应结束后通过冷却器向体系中添加60 mL水再继续加热1 h。然后冷却到50 ℃，将氢氧化镁抽滤分离后与150 mL甲苯一起煮沸，再一次过滤。将甲苯滤液与第一次的滤液合并。将此溶液蒸馏浓缩至一半，添加70 mL水，搅拌下在冰浴上冷却，这时频哪醇的六水合物就开始析出。1 h后将固体产物过滤出来，用甲苯洗涤。在空气中干燥得产物，其纯度对于再加工已经足够了。可以用水重结晶。m.p.46 ℃；产率40%。

无水频哪醇可以通过与甲苯共沸排水再真空蒸馏的方法获得。b.p.$_{1.7(13)}$ 75 ℃；m.p.43 ℃。

---

[1] 也可以将酮还原胺化，例如用铝汞剂。

[2] 这些化合物通常被称为频哪酮。这里所用的频哪醇这个名字能更好地表达这些化合物的醇的特性。

钠在醇存在下还原羧酸酯或者酰氯（Bouveault-Blanc 还原）反应的第一步也与此类似。按照一般还原模式［式(D.7.259)］，这一反应的随后过程为：

$$2\,Na\cdot + R-C(=O)-OR\ (\text{I}) \xrightarrow{-2\,Na^{\oplus}} R-\overset{\ominus}{C}(-O^{\ominus})-OR\ (\text{II}) \xrightarrow[-R'O^{\ominus}]{+R'OH} R-CH(-O^{\ominus})-OR\ (\text{III})$$

$$\xrightarrow{-R'O^{\ominus}} R-CH=O \xrightarrow[-2\,Na^{\oplus}]{+2\,Na\cdot} R-\overset{\ominus}{C}H-O^{\ominus} \xrightarrow[-R'O^{\ominus}]{+R'OH} R-CH_2-O^{\ominus} \qquad (D.7.261)$$

其中，醛的半缩醛-钠盐（Ⅲ）立刻分解成醇盐和醛，醛又以同样的反式被还原，最后生成一个一级醇的钠盐。

由此可以看出，每摩尔酯需要 4 mol 钠和 2 mol 醇。请写出这一反应的总反应式！

在没有醇的情况下，也就是说，酯或者酰氯单独与金属钠反应时，反应不能按这种形式进行。而是首先按式(D.7.258) 生成产物［式(D.7.262) Ⅰ］，Ⅰ再经过二酮Ⅱ被还原成酮醇：

$$2\,Na\cdot + 2\,R-C(=O)-OR \xrightarrow{-2\,Na^{\oplus}} 2\,R-\dot{C}(-O^{\ominus})-OR \longrightarrow R-C(O^{\ominus})(OR)-C(O^{\ominus})(OR)-R\ (\text{I}) \xrightarrow{-2\,RO^{\ominus}} R-C(=O)-C(=O)-R\ (\text{II})$$

$$2\,Na\cdot + R-C(=O)-C(=O)-R\ (\text{II}) \longrightarrow \left[R-\overset{\ominus}{C}(-O^{\ominus})-C(=O)-R \rightleftharpoons R-C(-O^{\ominus})=C(-O^{\ominus})-R\ (\text{III})\right] + 2\,Na^{\oplus}$$

酮醇的二钠盐 (D.7.262)

请解释从二聚产物Ⅰ形成二酮［式(D.7.262)Ⅱ］以及随后还原成酮醇的二钠盐的原因！

酸化可以使醇酮的盐Ⅲ转化成游离的醇酮：

$$R-C(-O^{\ominus})=C(-O^{\ominus})-R\ (\text{III}) \xrightarrow{+2\,H^{\oplus}} R-C(OH)=C(OH)-R \rightleftharpoons R-C(=O)-CH(OH)-R\ (\text{醇酮}) \qquad (D.7.263)$$

Bouveault-Blanc 还原中，所用的醇最好不容易与钠反应，否则的话会无谓地消耗太多的钠而且生成大量的对酯的还原丝毫不起作用的氢气。

最合适的是二级醇，如甲基环己醇三个同分异构体的混合物，这一混合物在工业上可以廉价地从甲酚三个异构体的混合物制得。

腈的 Bouveault-Blanc 还原的结果也非常好。产物是伯胺。

【例】 酯和腈的 Bouveault-Blanc 还原的一般实验方法（表 D.7.264）

注意！使用钠和浓碱时要戴防护眼镜！分解反应混合物时要特别小心。只有在所有的钠都消失之后才能加水。

装置的各个部位以及试剂都必须绝对干燥。醇最好用镁法干燥❶，二甲苯经钠、酯

---

❶ 参考试剂附录。

或腈真空蒸馏法干燥。

在一个带 Hershberg 搅拌器［参见图 A.6（g）］、氯化钙管强力冷却器和滴液漏斗的 2 L 的三颈烧瓶中，将置于 800 mL（如果是二羧酸酯，每 0.5 mol 酯 1000 mL）二甲苯中的 4.5 mol 钠和一勺尖硬脂酸（作为乳化剂）加热至熔化。然后移去热源、启动搅拌。猛力搅拌，直到所有的钠都被切成细的灰色颗粒分散在体系中，随后在没有搅拌的情况下让体系冷却到钠的熔点之下。此时再在强力搅拌下通过滴液漏斗向体系中滴加 1 mol（如果是二羧酸酯则为 0.5 mol）羧酸酯或腈和 3.5 mol 异丙醇的混合物，滴加速度取冷却器的冷却能力所允许的最大值。

如果还原的是腈，必须间或地加热以使钠颗粒悬浮在溶液中。

再搅拌 15～20 min，然后添加甲醇，甲醇的添加量要足以使所有剩余的钠分解掉。最后小心地加 800 mL 水。

冷却后分液，分出的水相用醚萃取（小心乳化!），如果是二醇就在射孔器中放 5 天。将萃取液与分出的有机相合并，用硫酸钠干燥并经过一个 40cm 的 Vigreux 柱蒸馏。

表 D.7.264　酯和腈的 Bouveault-Blanc 还原

产物	反应物	沸点(熔点)/℃	n_D^{20}(n_D^{40})	产率/%
1-辛醇[1]	辛酸乙酯	$100_{2.7(20)}$	1.4300	60
1-癸醇	癸酸乙酯	$112_{1.5(11)}$	1.4367	70
十二烷-1-醇(月桂醇)	十二烷酸乙酯	$139_{1.6(12)}$	1.5259	80
十四烷-1-醇	十四烷酸乙酯(肉豆蔻酸乙酯)	$172_{2.1(16)}$,(熔点 38)		85
β-苯基乙醇	苯基乙酸乙酯	$100_{1.3(10)}$	1.5315	80
4-羟基-2-丁酮乙二醇二乙酸酯	乙酰乙酸乙酯-乙二醇二乙酸酯	$87_{1.5(11)}$	1.4448	60
1,10-二羟基十九烷	癸二酸二乙酯	(熔点 74)[2]		75
壬胺[3]	壬腈	202	1.4352	70
十一胺	十一腈	$115_{1.7(13)}$	1.4403	80
十二胺	十二腈	$131_{2.0(15)}$,(熔点 28)	(1.4309)	75
十三胺	十三腈	$160_{1.9(14)}$,(熔点 27)	(1.4338)	70
十四胺	十四腈	$177_{1.9(14)}$,(熔点 40)	(1.4382)	75

① 用甲苯作为溶剂。

② 蒸馏除去溶剂后从水-乙醇中重结晶。

③ 为了顺利分离二甲苯，将合并在一起的萃取液用 10%的盐酸萃取。胺的盐酸溶液再一次用醚振荡萃取，用稀碱碱化，由此游离出来的胺用醚萃取，用 K_2CO_3 干燥后蒸馏。

其它例子见 Manske，R. H.，Org. Synth.，1957，Coll. Vol. Ⅱ：154.

以同样的方法可以还原任意一种脂。为了计算用量，必须先确定脂的皂化数。

在最后的蒸馏中，不需要先舍弃任何馏分，直接收集 b. p. $70_{1.9(14)}$℃ 的馏出物（相当于大约 C_6-醇）。将馏分溶于醇，用气相色谱法分离（图 D.7.266）。

锌汞齐和浓盐酸作用于醛和酮时，能把它们一直还原到烷烃（Clemmensen 还原）：

$$>C{=}O + 2Zn + 4H^{\oplus} \longrightarrow >CH_2 + 2Zn^{2\oplus} + H_2O \quad (D.7.265)$$

这个反应常常产生可观规模的副产物，如频哪醇和醇（按照通常的反应模式）以及烯烃和大分子的烷烃。此外，这个反应还需要很长的反应时间，而且部分羰基化合物还

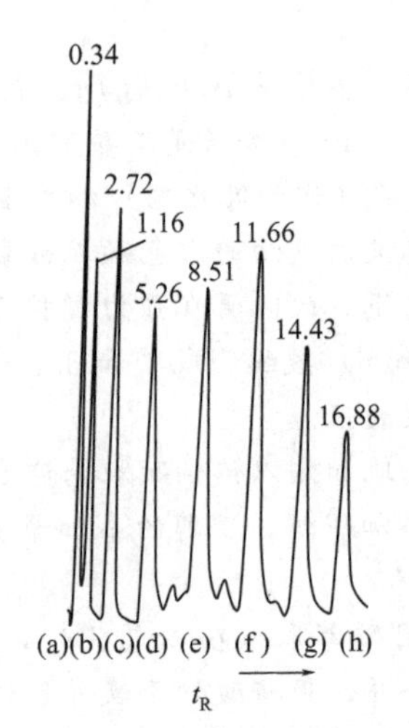

图 D. 7. 266　气相色谱分离溶在乙醇中的偶数碳 C_6～C_{18} 醇

柱：3%聚硅氧烷 OV225 涂于 Chromosorb W-AW-DMCS，2 m，直径 3 mm；
程序升温：110～240 ℃，8 ℃/min，2min 等温；检测器灵
敏度（FID）：30 × 10^9 Ω；载气流速：2.5 L/h（N_2）
（a）乙醇；（b）己醇；（c）辛醇；（d）癸醇；（e）十二烷醇；
（f）十四烷醇；（g）十六烷醇；（h）十八烷醇

会原样复得。

不管怎样，这一方法还是在一系列情况下以很好的产率生成了烷烃，例如还原许多醛和脂肪或芳脂酮的情况，而一般来说二芳基酮的反应比较糟糕。

α-羰基羧酸常常只生成相应的 α-羟基羧酸，还原 β-羰基羧酸酯可能得到中等产率，还原 γ-羰基羧酸会产生很好的产率。对于特别难溶的酮（如类固醇类），可以添加乙醇或者冰醋酸（1∶1）来提高溶解度。但是酮在水中有太高的溶解度反而不好。

除了非贵金属以外还有一些低化合价金属化合物能还原羰基化合物。

从 $TiCl_3$ 和 $LiAlH_4$ 或者钾在例如四氢呋喃中产生的低价钛——可能是 Ti（0）——与羰基化合物的反应就是一例，反应很可能先形成了过渡态［式(D. 7. 267) Ⅰ］，Ⅰ 再经水解生成二醇 Ⅱ。在加热的情况下 Ⅰ 脱去 TiO_2 被还原成烯烃 Ⅲ（McMurry 偶联）。

$$2\ {>}C{=}O + Ti \longrightarrow \underset{\text{I}}{\text{(Ti–O–C–C–O 环)}} \begin{cases} \xrightarrow{+H_2O} \underset{\text{II}}{HO{-}C{-}C{-}OH} \\ \xrightarrow[-TiO_2]{\triangle} \underset{\text{III}}{{>}C{=}C{<}} \end{cases} \qquad (D. 7. 267)$$

这一反应对于用羰基化合物合成烯烃很有意义。如果两个羰基位于同一个分子上就可以成环。在这种情况下产率几乎与环的大小无关（分子内 McMurry 偶联）。

用 $TiCl_3$-$LiAlH_4$ 通过还原反应从二甲基二苯甲酰甲烷合成 3,3-二甲基-1,2-二苯基环丙烯和其它环烯烃：Baumstark，A. L.；McCloskey，C. J.；Witt，K. E.，J. Org. Chem. 1978，43：3609.

D. 7. 4　插烯羰基化合物及其它插烯体系的反应

如果羰基（或者也可以是其它 $-M$ 效应取代基）的双键与一个 C═C 双键共轭，

那么羰基碳原子的亲电性就会向β-碳原子转移❶。所以一般情况下亲核试剂优先进攻这个位置。这一现象的原因是π电子离域到整个不饱和体系上，正如式(D.7.268)中给出的共振极限结构所表示的那样：

$$\left[\begin{array}{c} \diagdown C{=}C \diagup \\ C{=}O \end{array} \rightleftharpoons \begin{array}{c} \overset{\oplus}{C}{-}C \\ C{-}O^{\ominus} \end{array} \right] \equiv \begin{array}{c} \overset{\delta^+}{C}{\cdots}C \\ C{\cdots}\overset{\delta^-}{O} \end{array} \qquad (D.7.268)$$

同样的道理，$+M$效应取代基（—NR_2，—OR）上的孤对电子也能与C═C双键形成共轭体系，在这种情况下，$+M$取代基的亲核性向其β位的碳原子转移❷；结果亲电试剂首选进攻这里（β位）。这一特性可以用式(D.7.269)描述：

$$\left[C{=}C{-}X \rightleftharpoons \overset{\ominus}{C}{-}C{=}X^{\oplus} \right] \equiv \overset{\delta^-}{C}{\cdots}C{\cdots}X^{\delta^+} \qquad (D.7.269)$$

$$—X = —O^{\ominus}, —OH, —OR, —NR_2$$

式(D.7.269)提出的结构是羰基的烯醇式，换句话说，就像烯醇酯、烯醇醚及烯胺一样是烯醇的衍生物。请写出一级和二级脂肪族硝基化合物类似的烯醇式！有关烯醇的反应已在酸催化的羟醛缩合反应和Mannich反应中涉及过。

如果吸电子（或者给电子）取代基连在共轭链的端碳上，电正化（或者电负化）作用会一直传到链另一端的端碳原子上。通常将这种极性在共轭体系内传递的现象，或者说通过共轭双键相连的两个基团之间的相互影响与它们直接相连时相同的现象，称为插烯作用，相关的化合物被称为插烯物或者相应被插化合物（如醛、羧酸酯、胺等）的插烯同系物。关于这一点还可以参见C.5.1。

插烯羰基化合物及其它插烯体系上的重要反应列于表D.7.270。

表 D.7.270 插烯羰基化合物及其它插烯体系上的反应

$Y{-}H + {>}C{=}C{<}^{X} \longrightarrow Y{-}\overset{\mid}{\underset{\mid}{C}}{-}\overset{\mid}{\underset{\mid}{C}}{-}X$ X=—COR, —COOR, —CN等 Y=R_2N—, RCONR′—, RO—, RS—, 卤素—	氨基、羟基、磺胺基化合物与卤化氢的加成反应
$X'{-}\overset{\mid}{\underset{\mid}{C}}{-}H + {>}C{=}C{<}^{X} \longrightarrow X'{-}\overset{\mid}{\underset{\mid}{C}}{-}\overset{H}{\underset{\mid}{C}}{-}X$　X′同X	Michael加成
$R{-}Z + H{-}\overset{\mid}{\underset{\mid}{C}}{-}C(=O){-} \xrightarrow{-HZ} R{-}\overset{\mid}{\underset{\mid}{C}}{-}C(=O){-}$　Z=卤素，SO_2R'	羰基化合物的烷基化

❶ 吸电子基取代的烯烃，参见D.4。

❷ 给电子基取代的烯烃，参见D.4。

反应	名称
$X_2 + H-\overset{\vert}{\underset{\vert}{C}}-C(=O)- \xrightarrow{-HX} X-\overset{\vert}{\underset{\vert}{C}}-C(=O)-$	羰基化合物的卤化
$R-Z + \rangle C=C(OSiMe_3)- \xrightarrow[-Me_3SiZ]{} R-\overset{\vert}{\underset{\vert}{C}}-C(=O)-$	硅烯醇醚的烷基化
$R-C(=O)-R'(H) + \rangle C=C(OSiMe_3)- \longrightarrow R-C(OSiMe_3)(R')-\overset{\vert}{\underset{\vert}{C}}-C(=O)- \xrightarrow[-Me_3SiZ]{+H_2O} R-C(OH)(R')-\overset{\vert}{\underset{\vert}{C}}-C(=O)-$	Mukaiyama 羟醛反应
$R-C(=O)Cl + \rangle C=C(NR'_2)- \xrightarrow[-Cl^{\ominus}]{} O=C-\overset{\vert}{\underset{\vert}{C}}-C(=\overset{\oplus}{N}R'_2)- \xrightarrow[-R'_2NH_2^{\oplus}]{+H_2O} O=C-\overset{\vert}{\underset{\vert}{C}}-C(=O)-$	烯胺的酰基化
$R-Z + \rangle C=C(NR'_2)- \xrightarrow[-Z^{\ominus}]{} R-\overset{\vert}{\underset{\vert}{C}}-\overset{\vert}{\underset{\vert}{C}}-C(=\overset{\oplus}{N}R'_2)- \xrightarrow[-R'_2NH_2^{\oplus}]{+H_2O} R-\overset{\vert}{\underset{\vert}{C}}-\overset{\vert}{\underset{\vert}{C}}-C(=O)-$	烯胺的烷基化

D. 7. 4. 1 插烯接受电子化合物——α,β-不饱和羰基化合物的反应

插烯羰基化合物末端的碳原子由于其电正性作用，能像羰基碳一样反应：

$$HNu + \rangle \overset{\delta^+}{C}=C-C(=O^{\delta^-})- \rightleftharpoons H\overset{\oplus}{N}u-\overset{\vert}{C}-C=C-O^{\ominus} \rightleftharpoons Nu-\overset{\vert}{C}-C=C-OH \rightleftharpoons Nu-\overset{\vert}{C}-CH-C(=O)- \quad (D.7.271)$$

在此，亲核的反应伙伴区域选择性地加成到 C═C 双键上［还可以参考式(D. 4. 98)］。

插烯接受电子化合物的反应性大概按下列顺序逐渐降低：α,β-不饱和醛＞α,β-不饱和酮＞α,β-不饱和腈＞α,β-不饱和酯＞α,β-不饱和酰胺。

这类化合物中比较重要的代表物有：丙烯醛、甲基乙烯基酮、丙烯腈[1]和丙烯酸酯。这些化合物带有烷基或者芳基取代基后，其反应性总是降低（请将这一点与醛、酮和羧酸的类似情况做一下比较!）。

像羰基化合物的情况一样，能加成的不仅是那些带自由电子对的物质（如氨、胺、醇、酚、硫醇、一些无机酸）而且还有 CH 酸化合物（氢氰酸、醛、酮、β-二羰基化合物及其类似物）。酯基的反应不仅能通过碱催化、而且还能通过酸催化（插烯羰基化合物的活化）。

[1] 在丙烯腈上的加成也称为氰乙基化反应。

· 碱催化：

$$B^{\ominus} + H—Nu + >C=C<—C(=O)— \underset{+HB}{\overset{-HB}{\rightleftharpoons}} Nu—C—C=C—O^{\ominus} \underset{-H^{\oplus}}{\overset{+H^{\oplus}}{\rightleftharpoons}} Nu—C—C=C—OH \rightleftharpoons Nu—C—CH—C(=O)—$$

(D. 7. 272)

· 酸催化：

$$HNu + >C=C<—C(=O)— + H^{\oplus} \rightleftharpoons H\overset{\oplus}{N}u—C—C=C—OH \underset{+H^{\oplus}}{\overset{-H^{\oplus}}{\rightleftharpoons}} Nu—C—C=C—OH \rightleftharpoons Nu—C—CH—C(=O)—$$

(D. 7. 273)

CH 酸必须在真正的加成反应之前脱去质子，转化成能加成的阴离子。因此其加成反应一般是碱催化的［式(D. 7. 272)］。

常用的碱催化剂是碱金属氢氧化物、碱金属醇化物、氢氧化苯甲基三甲基铵［别名四氢铵化氢氧（Triton B)］，对于容易反应的体系也可以用三乙胺。对于酸催化反应，可以用硫酸、冰醋酸、三氟化硼等作为催化剂。

D. 7. 4. 1. 1　胺在插烯羰基化合物上的加成

胺相对来说容易在 α,β-不饱和羰基化合物和腈上发生加成反应，例如：

$$R_2NH + H_2C=CH—COOR' \longrightarrow R_2N—CH_2—CH_2—COOR' \quad (D. 7. 274)$$

氨和脂肪族胺的碱性足以在温和的、没有催化剂的条件下进行加成。与此相反，芳香胺需要 100 ℃以上的高温，除此之外还常常需要借助酸性催化剂的作用。脂肪族伯胺根据化学计量比及相应反应温度，既可以生成一元加合物也可以生成二元加合物。请写出这些反应的反应式！相反，氨只能在特定条件下以可用的产率生成一元加合物。

【例】　胺在插烯羰基化合物上加成的一般实验方法（表 D. 7. 275）

表 D. 7. 275　胺在插烯羰基化合物上的加成

产品	反应物	方法	沸点(熔点)/℃	n_D^{20}	产率/%
3-甲氨基丙酸乙酯	甲胺,丙烯酸乙酯	A	$65_{2.3(17)}$	1.4218①	42
4-甲基-4-氮杂庚二酸二乙酯	甲胺,丙烯酸乙酯	A	$122_{0.4(3)}$	1.4411	80
3-甲氨基丙腈	甲胺,丙烯腈	A	$74_{2.1(16)}$	1.4342②	75
4-甲基-4-氮杂庚二腈	甲胺,丙烯腈	A	$138_{0.7(5)}$	1.4606	80
3-哌啶基丙酸乙酯	哌啶,丙烯酸乙酯	A	$116_{2.3(17)}$	1.4548	80
3-哌啶基丙腈	哌啶,丙烯腈	A	$115_{2.4(18)}$	1.4697	90
3-苯甲氨基丙酸乙酯	苯基甲胺,丙烯酸乙酯	A	$134_{0.3(2)}$	1.5060	85
4-苯甲基-4-氮杂庚二酸二乙酯	苯甲胺,丙烯酸乙酯	A	$170_{0.1(1)}$	1.4941③	80
3-二乙氨基丙腈	二乙胺,丙烯腈	A	$82_{1.7(13)}$	1.4353	85
4-哌啶基-2-丁酮	哌啶,甲基乙烯基酮	A	$101_{1.5(11)}$	1.4630	80
3-苯氨基丙酸乙酯	苯胺,丙烯酸乙酯	B	$146_{0.3(2)}$	1.5313	50
3-(*p*-苯甲酰基)丙酸甲酯	*p*-苯甲酸,丙烯酸甲酯	B	$158_{0.8(6)}$，(熔点 60)(苯-石油醚)		50
3-苯氨基丙腈	苯胺,丙烯腈	B	$160_{0.8(6)}$，(熔点 49)(乙醇-水)		80
3-(*p*-甲氧基苯氨基)丙腈	*p*-甲氧基苯胺,丙烯腈	B	$221_{2.8(21)}$，(熔点 64)(乙醇-水)		70

① n_D^{22}。

② n_D^{15}。

③ n_D^{23}。

小心！多数插烯羰基化合物有毒或者有催泪作用。在通风橱中操作！戴防护眼镜！

A. 脂肪胺　在一个带搅拌器、滴液漏斗、回流冷却器和内置温度计的 500 mL 的三颈烧瓶中，将 1.1 mol 相关的胺溶于 150 mL 乙醇中。搅拌下向上述溶液中滴加 1 mol 新蒸馏的 α,β-不饱和羰基化合物，滴加过程中体系内部温度要保持在 30 ℃以下。如果是从伯胺合成二元加合物，就要加 2.5 mol 羰基成分化合物。

将反应体系放置一定时间，如果是在丙烯腈或者甲基乙烯基酮上一次加成，放置过夜，如果是在丙烯酸酯上一次加成，放置 24 h。对于二元加合物的合成，放置时间要增加一倍。然后真空蒸馏。

B. 芳香胺　在一个带回流冷却器的圆底烧瓶中将 0.5 mol 芳香胺、0.5 mol 新蒸馏的 α,β-不饱和羰基化合物和 20 mL 冰醋酸在回流条件下加热 12 h，然后真空蒸馏。

酸催化的芳香胺在 α，β-不饱和醛或酮上的加成也可以用来合成喹啉，Skraup［式(D. 7. 276)］或者 Doebner-Miller 方法使这一点得以实现。α，β-不饱和羰基化合物常常不是直接以起始物投入，而是在反应的过程中才生成（例如：从丙三醇生成丙烯醛，从三聚乙醛生成巴豆醛）。胺加成的时候，醛基的酸催化反应将其与芳环连在一起（参见 D. 5. 1. 8. 5），转化成 1,2-二氢喹啉：

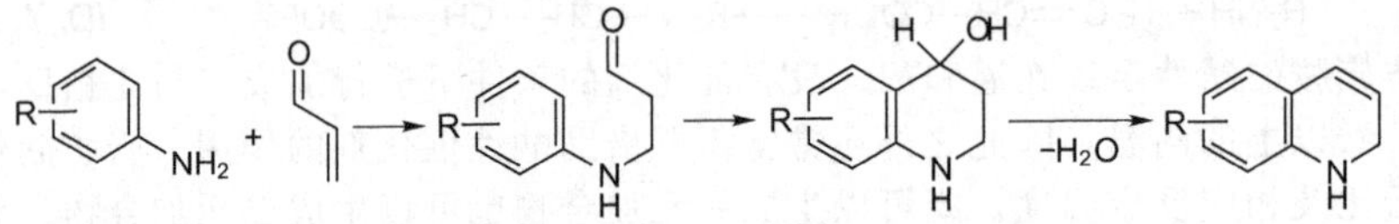

(D. 7. 276)

最后 1,2-二氢喹啉脱氢（Skraup 法）生成喹啉，或者歧化成四氢喹啉和喹啉的衍生物（Doebner-Miller 法，写出反应式！）

Skraup 合成时为了将脱氢喹啉氧化，对于所用的胺大多采用硝基苯。不过，五氧化砷、三氯化铁等也适合作为脱氢试剂。

请写出合成 8-羟基喹啉（防腐杀菌剂）和 2-和 4-甲基喹啉（→聚次甲基染料，参见 D. 7. 2. 1. 12）的反应式！

【例】 Skraup 法制备喹啉的一般实验方法（表 D. 7. 277）

在一个带搅拌器、滴液漏斗、回流冷却器和内置温度计的 500 mL 的三颈烧瓶中，在搅拌条件下将 0.4 mol 芳香胺、1.3 mol 无水甘油和 0.47 mol 五氧化砷加热到大约 140 ℃。然后经滴液漏斗加入总量为 110 g 的浓硫酸，前面大约一半要大份额地加，剩下的部分一滴一滴地加，在这之后，开始时形成的沉淀物就溶解了。这一混合物再在 150～155 ℃下保持 4 h，冷却后倒入 1 L 水中放置过夜。过滤，酸溶液在充分搅拌的条件下用苛性钠碱化，要一滴一滴地缓慢滴加。产物为液态时，所得的碱性混合物用水蒸气法蒸馏，馏出物用醚萃取多次经氢氧化钾干燥，蒸发掉醚，再经一个 20 cm 的 Vigreux 柱真空蒸馏。

产物为固态时，先抽滤分离，将粗产物在真空保干器中干燥，然后通过向粗产物碱的丙酮溶液中导入氯化氢气体的方法引入氯化氢。抽滤分离后溶于水，与炭一起加热，再过滤，按前面介绍的方法将碱释放出来并抽滤分离。最后从水-醇中重结晶。

表 D. 7. 277 Skraup 法合成喹啉

产品	反应物	沸点(熔点)/℃	n_D^{20}	产率/%
喹啉①	乙酰苯胺②	$112_{1.9(14)}$	1.6218	50
6-硝基喹啉	对硝基苯胺	(熔点 151)(乙醇-水)		50
3-甲氨基丙腈	甲胺,丙烯腈	(熔点 93)(石油醚)		50
1-氮菲	β-萘基胺			

① 用 0.25 mol 硝基苯代替 As_2O_5 作为氧化剂。

② 在反应过程中被水解成苯胺。

D. 7. 4. 1. 2 水、卤化氢、硫化氢、醇和硫醇在插烯羰基化合物上的加成

醇在接受电子取代基取代的烯烃上的加成可以在酸或者碱（更常见些）催化下实现：

$$ROH + H_2C{=}CH{-}COOR' \longrightarrow RO{-}CH_2{-}CH_2{-}COOR' \quad (D.7.278)$$

水也可以以同样的方式加成，结果要么生成β-羟基化合物，要么生成相应的β,β'-二取代的二乙醚。请写出反应式！

乙二醇或丙三醇与丙烯腈反应时，能生成在气相色谱做分离相使用的加合物。氰乙基化的纤维被用作特殊纤维。

硫化氢和硫醇的加成反应要比水和醇的容易，因为含硫化合物的亲核性更强。因此甲硫醇与丙烯醛的反应没有催化剂也能进行（二乙酸铜起阻聚剂的作用）。

卤化氢的加成生成β-卤代羰基化合物，这类反应不遵循 Markovniko 规则。请解释这一现象！

【例】 甲硫醇加成丙烯醛制备β-甲硫基丙醛❶

注意！请注意 D. 2. 6. 6 中给出的有关硫醇操作的注意事项！丙烯醛有毒并有催泪作用！

在一个带导气管和带排气管的回流冷却器的 500 mL 的两颈烧瓶中，在缓慢通氮气流的条件下小心地加热 0.28 mol S-甲基硫脲硫酸盐❷和 110mL 5 mol/L 的苛性钠。所释放的气态甲硫醇按下面的图示通过两个洗瓶（第二个洗瓶中装稀硫酸：1 体积浓硫酸，2 体积水）和一个氯化钙干燥塔导入到一个带导气管、搅拌器、内置温度计和排气管的回流冷却器的四颈烧瓶中：

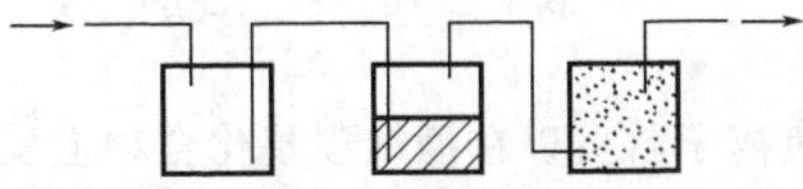

这个烧瓶中装有 0.5 mol 新蒸馏的丙烯醛和 0.25 g 乙酸铜（Ⅱ）。反应温度应该在 35～40 ℃（冰浴中冷却）。大约 90 min 之后所有的硫脲硫酸盐都分解了，反应结束。用一根短的 Vigreux 柱真空分馏。b. p. $_{1.5(11)}$ 53 ℃；n_D^{20} 1.4850；产率 60%。

【例】 卤化氢在插烯羰基化合物上加成的一般实验方法（表 D. 7. 279）

在隔潮的条件下，将干燥的卤化氢气体（见试剂附录）导入在冰-食盐混合物中冷

---

❶ Pierson，E.，等，J. Am. Chem. Soc. 1948，70：1450。

❷ 制备参见 Org. Synth.，1943，Coll. Vol. Ⅱ：411.

表 D. 7. 279　卤化氢在插烯羰基化合物上的加成

产品	反应物	沸点(熔点)/℃	n_D^{20}	产率/%
3-氯丙腈	氯化氢,丙烯腈	$87_{2.7(20)}$	1.4360	95
3-溴丙腈	溴化氢,丙烯腈	$92_{3.3(25)}$	1.4789①	90
3-氯丙酸乙酯	氯化氢,丙烯酸乙酯	$80_{3.9(29)}$	1.4254	80
3-溴丙酸甲酯	溴化氢,丙烯酸甲酯	$65_{2.4(18)}$	1.4542	80
3-溴丙酸乙酯	溴化氢,丙烯酸乙酯	$78_{2.5(19)}$	1.4569②	90
3-溴异丁酸甲酯	溴化氢,甲基丙烯酸甲酯	$76_{2.9(22)}$	1.4551	80

① n_D^{25}。

② n_D^{18}。

却到－10 ℃的 0.2 mol 新蒸馏的插烯羰基化合物中，导入速度以烧瓶中温度不高于－5 ℃为宜。吸收了理论气体量之后（质量检查!）将烧瓶封闭在 0 ℃下放置过夜。反应混合物依次用水、10%的碳酸氢钠溶液、再用水洗，经硫酸镁干燥后蒸馏。

D. 7. 4. 1. 3　CH 酸化合物在插烯羰基化合物上的加成（Michael 加成）

CH 酸化合物在碱性催化剂作用下在插烯羰基化合物上的加成反应，在制备上具有特殊的意义。采用 β-二羰基化合物时，这一反应进行得尤其顺利（为什么?），当然用酮和苄基腈之类的腈也不错。这些反应通常被称为 Michael 加成。请根据式(D. 7. 272) 写出在醇钠存在下丙二酸二乙酯与丙烯酸乙酯加成的反应式!

如果所用的 CH 酸具有多个能反应的氢原子，那么除了一元加合物外还会生成多重加合物。当 CH 酸过量时或者被溶剂稀释后，一元加合物会以很好的产率产出。

有意思的是醛在插烯羰基化合物上的加成反应。由于醛的氢原子不是 CH 酸，羰基碳是亲电中心，所以其反应必须首先经过极性转换。在芳香醛和氰离子的偶联缩合过程中所发生的正是这种情况：

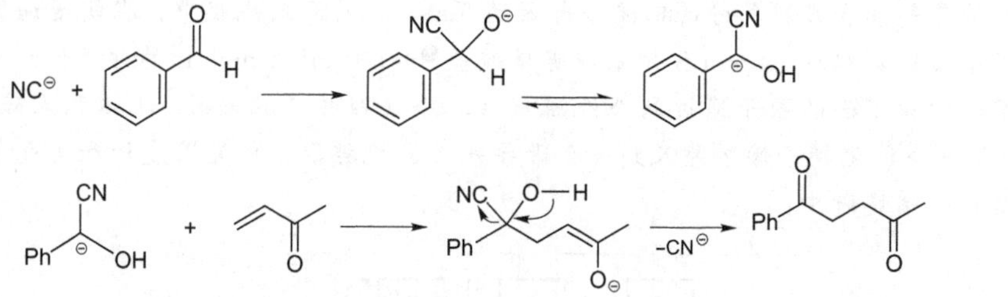

(D. 7. 280)

那么中间所形成的碳负离子就可以在插烯羰基化合物上发生加成反应，再生催化剂（CN^-）之后生成 γ-二羰基化合物。

对于可烯醇化的醛，强碱性的氰化物催化羟醛缩合反应。最好用从杂环季盐尤其是 1，3-噻唑形成的杂环双离子代替氰化物。这个过程已经在式(D. 7. 151) 中详细地描述过了。请参考一般实验方法后面所列的原始文献。

对于 Michael 加成，还可以不用插烯羰基化合物而是直接采用 Mannich 碱（参见 D. 7. 2. 1. 5）。反应历程是经过插烯同系的羰基——或者类羰基化合物的消除——加成机理；例如芦竹碱［参见式(D. 7. 143)］和苯甲醛以前面描述的方式在 CN^- 的催化下生成 ω-(吲哚-3-基)苯乙酮：

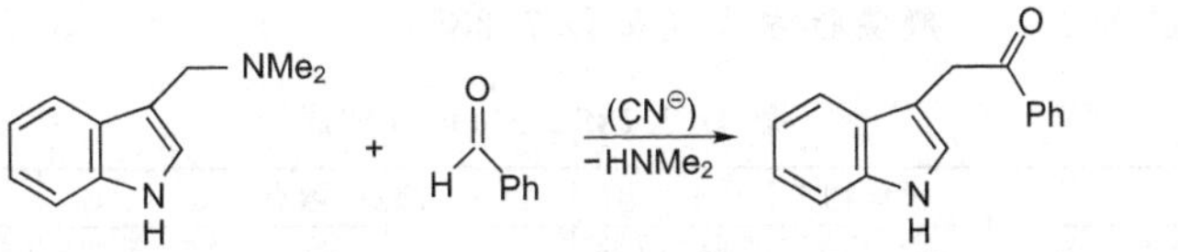

(D. 7. 281)

加成反应有可能与羟醛缩合或者 Claisen 缩合反应连在一起，也常常使 Michael 反应变得复杂。丙二酸酯与亚异丙基丙酮在等物质的量的醇钠存在下的反应就是这种情况。这一反应是获得 1,3-环己二酮的重要途径：

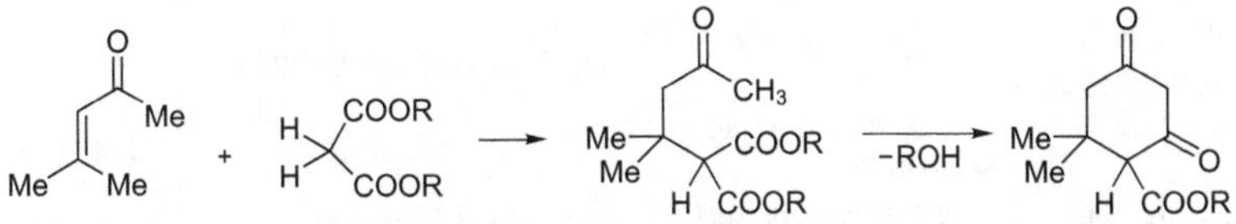

(D. 7. 282)

另一方面，Michael 加成也常常是羟醛缩合时的后续反应。这方面的一个实例是：由 β-二羰基化合物和醛在 Knoevenagel 反应（D. 7. 2. 1. 4）条件下产生的 α,β-不饱和产物常常与另一分子的 β-二羰基化合物发生 Michael 加成反应，生成次烷基二（β-二羰基）化合物，例如：

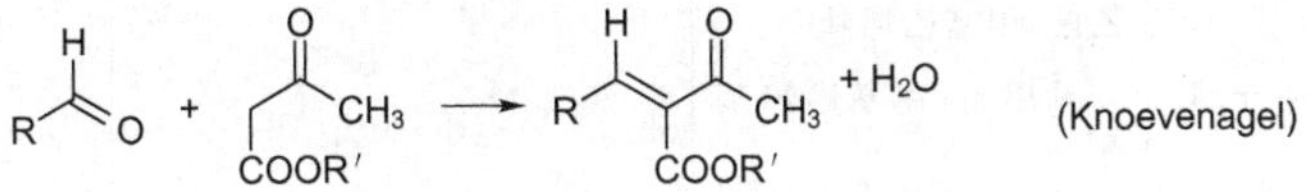

(Knoevenagel) (D. 7. 283a)

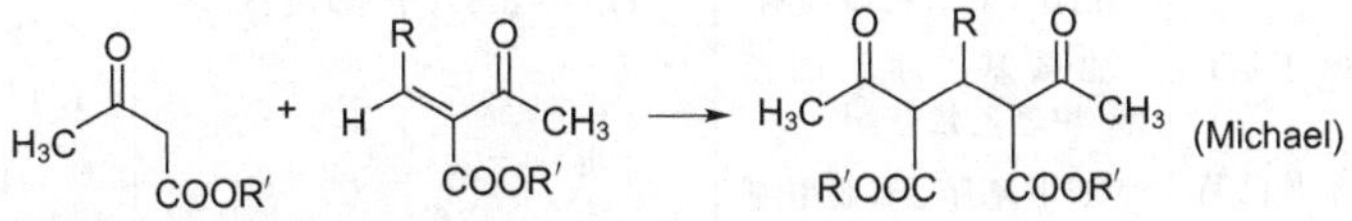

(Michael) (D. 7. 283b)

这一现象尤其在采用甲醛时比较普遍。

在醛和酮的反应中，如果用相应的烯胺（参见 D. 7. 1. 1）代替 CH 酸，就可以避免那些由碱性催化剂引起的副反应。

由醛胺类化合物大多能生成稳定的、可以无分解蒸馏的环丁烷衍生物，而从酮胺和亲电烯烃产生的环丁烷类化合物，一开始可以得到，可随着温度的提高又返回到反应物，最终生成热力学上有利的非环化合物（热力学控制），参见式(D. 7. 284)。极性质子性溶剂也有利于开环产物的形成（参见 C. 3. 3)；请认真考虑一下反应介质的这一影响！

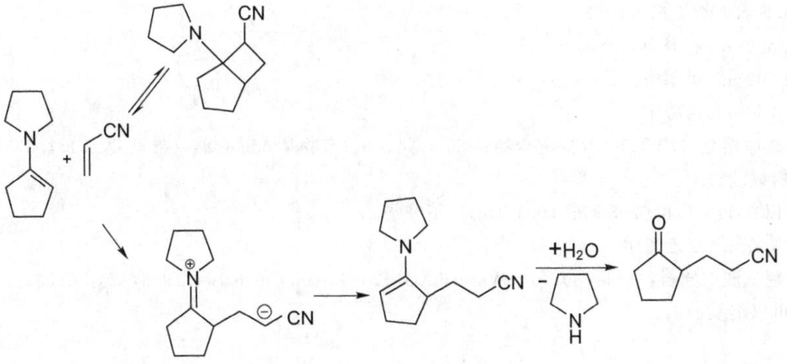

(D. 7. 284)

【例】 Michael加成的一般实验方法（表D.7.285）

表D.7.285 Michael加成

产物	反应物	沸点(熔点)/℃	n_D^{20}	产率/%
二(2-氰乙基)丙二酸二乙酯	丙二酸二乙酯,丙烯腈	(熔点62)(乙醇)		90
乙酰氨基(2-氰乙基)丙二酸二乙酯①	乙酰氨基丙二酸二乙酯②,丙烯腈	(熔点94)(乙醇)		70
2-(2-氰乙基)乙酰乙酸乙酯	乙酰乙酸乙酯,丙烯腈	$121_{0.3(2)}$	1.4446⑨	60
3,3′,3″,3‴-(1-羰基环戊-2,2,5,5-四基)四丙腈	环戊酮③,丙烯腈	(熔点176)(二甲基甲酰胺)		95
1-(2-氰乙基)-2-羰基-1-环己酸乙酯	2-羰基-1-环己酸乙酯,丙烯腈	$142_{0.04(0.3)}$	1.4700⑨	85
3-苯基-1,3,5-戊三腈	苯甲基腈④,丙烯腈	(熔点70)(乙醇)		80
N-(2-氰乙基)-ε-己内酰胺⑤	ε-己内酰胺,丙烯腈	$130_{0.01(0.1)}$		55
5-乙酰基-2,8-二羰基-5-壬酸酯	乙酰乙酸乙酯,甲基乙烯基酮	$160_{0.1(1)}$		80
3-异丙基-2,6-二羰基-3-庚酸乙酯	2-乙酰基-3-甲基丁酸乙酯,甲基乙烯基酮	$130_{0.1(1)}$	1.4825⑩	65
α-(3-羰基丁基)苯甲腈	苯甲腈,甲基乙烯基酮	$155_{0.3(2)}$		60
9-羟基-2-萘酮	环己酮,甲基乙烯基酮	(熔点148)(甲基环己烷)⑥		30
2-羰基-1(3-羰基丁基)-1-环己酸乙酯	2-羰基-1-环己酸乙酯,甲基乙烯基酮	$140_{0.06(0.5)}$	1.4730⑨	70
5-羰基-2,3-二苯基己腈	苯甲基腈,苯亚甲基丙酮⑦	$184_{0.1(1)}$		80
1-乙酰氨基-4-羰基-1,1-丁二酸乙酯⑧	乙酰氨基丙二酸二乙酯②,丙烯醛	不需纯化继续加工		85
2-羰基-6-苯基-3-环己烯-1-羧酸乙酯	乙酰乙酸乙酯,肉桂醛	$162_{0.7(5)}$	1.5635	50
2-乙酰基戊二酸二乙酯	乙酰乙酸乙酯,丙烯酸乙酯	$135_{0.5(4)}$	1.4416	65
1,3,3-庚三酸三乙酯	丁基丙二酸二乙酯,丙烯酸乙酯	$112_{0.01(0.1)}$	1.4398⑨	80

① 皂化法制备谷酰胺和氢化后皂化法制备鸟氨酸的原料：Albertson，N. F.；Archer，S.，J. Am. Chem. Soc. 1945，67：2043.

② 溶在500 mL乙醇中。

③ 溶在200 mL甲苯中。

④ 溶在250 mL乙醇中。

⑤ 己内酰胺熔化（70 ℃）；反应混合物在80 ℃共3 h。产物是ödiger碱（参见D.3.1.1.2）的初级阶段，可以作为原料继续加工。

⑥ 也可以在115 ℃和0.05 kPa（0.4 Torr）下升华。

⑦ 溶在100 mL二乙醚中。

⑧ 合成色氨酸的原料：Moe，O. A.；Warner，D. T.，J. Am. Chem. Soc. 1948，70：2763，2765；产物不需要纯化就可以继续加工。

⑨ n_D^{25}。

⑩ n_D^{18}。

小心！许多α,β-不饱和羰基化合物有毒或者有催泪作用。在通风橱中操作！

一个1 L的带搅拌器、内置温度计、滴液漏斗和回流冷却器的三颈烧瓶中装1 mol CH酸。加溶于10 mL乙醇的0.5 g钠或者1 g氢氧化钾的催化剂溶液，在充分搅拌的条件下向其中滴加1.1 mol新蒸馏的α，β-不饱和羰基化合物，滴加速度以体系内部温度保持在30 ℃至40 ℃之间为宜。要制备二、三或者四重加合物，就要相应地每摩尔CH酸分别加2 mol、3 mol或者4 mol α，β-不饱和羰基化合物。如果CH酸化合物上有多于一个的酸性氢原子而且是要合成一元加合物，那么每摩尔α,β-不饱和羰基化合物就要加2 mol CH酸化合物。一定要注意，反应在很小一部分插烯化合物滴入后就开始了(温度升高)。否则的话就要多加催化剂。加完之后，停止搅拌，将反应体系放置过夜。对于直接从反应溶液中沉淀出来的固体产物，抽滤分离，用水洗并重结晶。其它情况下，加大约等体积的二氯甲烷或者二乙醚，用等物质的量（mol）的冰醋酸中和再用水洗。经硫酸镁干燥后蒸馏。如果用的是可溶于水的溶剂（参见表D.7.285）要在上述处理步骤前将其蒸馏掉。

从氰酸和丙烯腈合成丁二腈：Terentev，A. P.；Kost，A. N.，Zh. Obshch. Khim. 1951，21：1867.

从吲哚和丙烯腈合成3-(吲哚-3-基)丙腈：Terentev，A. P.；KOST，A. N.；Smit. V. A.，Zh. Obshch. Khim. 1956，26：557.

从环己酮和丙烯腈合成3-(2-羰基-1-环己基)丙腈：Bruson，H. A.；Reiner，T. W.，J. Am. Chem. Soc. 1942，64：2850.

从苯甲醛和甲基乙烯基酮合成1-苯基-1,4-戊二酮：Stetter，H.；Schreckenberg，M.，Chem. Ber. 1974，107：2453；Stetter，H.，Angew. Chem. 1976，88：695.

在氯化3-苄基-5-(2-羟基乙基)-4-甲基-1,3-噻唑存在下从3-丁烯-2-酮（甲基乙烯基酮）和庚醛合成十一烷-2,5-二酮：Stetter，H.；Kuhlmann，H.；Hasse，W.，Org. Synth. 1987，65：26.

从吡啶-3-甲醛和丙烯腈合成4-羰基-4（吡啶-3-基）丁腈：Stetter，H.；Kuhlmann，H.；Lorenz，G.，Org. Synth. 1980，59：53.

【例】 2,2-亚甲基二(1,3-二氧环己烷)的制备[1]

将0.15 mol 1,3-环己二酮溶于300 mL水中，加0.12 mol甲醛的水溶液，小心地加热到变浑浊。然后在室温下放置过夜，再过滤并用水洗。产率定量；m. p. 132 ℃。

采用5,5-二甲基-1,3-环己二酮（别名双甲酮）的类似反应，在定性和定量分析中可以用来鉴别或者定量甲醛和其它醛。

双甲酮可以用反应式(D.7.282) 所得的产物经酮分解获得：Shriner，R. L.；Todd，H. R.，Org. Synth.，1943，Coll. Vol. Ⅱ：200.

由于Michael加成可以一次将一个化合物的碳链延长多个碳原子，所以在制备上具有特殊的意义。

下式是一个有代表性的反应：

---

[1] Stetter. H.，Angew. Chem. 1955，67：769.

$$\text{甲基乙烯基酮} + \text{2-甲基-1-环己酮} \xrightarrow{RO^{\ominus}} \text{加成产物} \xrightarrow{-H_2O} \text{I} \qquad \text{II} \tag{D. 7. 286}$$

甲基乙烯基酮在2-甲基-1-环己酮上加成后通过羟醛缩合反应成环，生成了带角甲基的八氢萘酮［式(D. 7. 286) Ⅰ］。不难看出，这个化合物含有类固醇的环A和环B（参见Ⅱ）。此外，由于Michael加成是高度立体选择性的，而且上式所描述的Michael加成类型包含于所有常见的类固醇中，所以对类固醇的合成具有重大意义。

如果按照Hantzsch方法将乙酰乙酸酯与氨或伯胺和醛一起处理，就会得到1,4-二氢吡啶系列化合物。

此时，一方面生成β-氨基巴豆酸乙酯或者β-烷基氨基巴豆酸乙酯［式(D. 7. 12)］，另一方面在Knoevenagel反应中生成链烃基乙酰乙酸乙酯或者芳烃链烃基乙酰乙酸乙酯［式(D. 7. 283a)］。这两个组分再在Michael加成［式(D. 7. 287a)］中反应，接下来成环生成1,4-二氢吡啶-3,5-二酸酯，只要采用的是氨，这个化合物就很容易（例如通过二氧化氮）脱氢生成相应的吡啶二酸酯［式(D. 7. 287b)］。

也可以先合成所给出的中间产物，然后将其转化成终产物。这一成环原则对于合成吡啶衍生物特别有效。

$$R'OOC\text{-}CH{=}C(CH_3)NH_2 + RCH{=}C(COOR')COCH_3 \longrightarrow R'OOC\text{-}C(=C(CH_3)NH_2)\text{-}CH(R)\text{-}CH(COOR')COCH_3 \tag{D. 7. 287a}$$

$$\xrightarrow{-H_2O} \text{2,6-二甲基-4-R-1,4-二氢吡啶-3,5-二(COOR')} \xrightarrow{\text{氧化}} \text{2,6-二甲基-4-R-吡啶-3,5-二(COOR')} \tag{D. 7. 287b}$$

Hantzsch合成在工业生产上得以应用，例如用来合成2,6-二甲基-4-(2-硝基苯基)-1,4-二氢吡啶-3,5-二酸二乙酯（弥心平），一种重要的冠心病治疗药。

烯胺在对苯醌上的［式(D. 7. 287a)］Micheal加成（Nenitzescu反应）生成了生理学上有利的5-羟基吲哚类化合物。其中的一个实例是，N-单取代的氨基富马（或者马来）酸酯和对苯醌在三氟化硼存在下大多以很好的产率生成5-羟基吲哚-2，3-二酸酯：

$$\text{对苯醌} + EtOOC\text{-}CH{=}C(COOEt)\text{-}NHR \xrightarrow{(BF_3)} \text{HO-吲哚-2,3-(COOEt)}_2\text{, N-R} \tag{D. 7. 288}$$

【例】 制备N-取代的5-羟基吲哚-2,3-二酸二甲酯的一般实验方法（表D. 7. 289）

将0.02 mol N-取代的氨基富马酸二甲酯溶于50 mL无水乙醚中，在充分搅拌的条件下向其中滴加由0.02 mol对苯醌、0.02 mol三氟化硼醚合物和100 mL无水乙醚组成的混合物。放置过夜。将析出的固体产物抽滤分离，用水洗，再用甲醇溶解，将溶液浓缩后再一次抽滤分离，然后重结晶。如果反应过程中不发生结晶，就将醚相用 50 mL 水洗，将水相用醚再萃取两次，将合并在一起的萃取液大致浓缩后经干燥的氧化铝（活度为 1 级）过滤。用二氧杂环己烷冲洗，在水浴上真空蒸发掉溶剂后重结晶。

表 D.7.289　通过对苯醌上的 Micheal 加成合成的 5-羟基吲哚

终产物	起始反应物	熔点/℃	产率/%
5-羟基-1-甲基吲哚-2,3-二酸二甲酯	*N*-甲基氨基富马酸二甲酯	158(CH_2Cl_2-CCl_4＝1∶1)	80
1-叔丁基-5-羟基吲哚-2,3-二酸二甲酯	*N*-叔丁基氨基富马酸二甲酯	246(甲苯)	20
1-苄甲基-5-羟基吲哚-2,3-二酸二甲酯	*N*-苄甲基氨基富马酸二甲酯	159(甲醇)	90
5-羟基-1-苯基吲哚-2,3-二酸二甲酯	*N*-苯基氨基富马酸二甲酯	208(二氯乙烷)	60

从 β-氨基巴豆酸酯和对苯醌合成 5-羟基-2-甲基吲哚-3-羧酸烷基酯：Patrick, J. B.; Saunders, E. K., Tetrahedron Lett. 1979, (42): 4009.

D.7.4.1.4　酰胺在插烯羰基化合物上的加成

不带取代基或者带一个取代基的酰胺也可以与 α，β-不饱和羰基化合物和腈发生加成反应。这个反应必须始终用碱催化。特别适合这类反应的有酰亚胺，如邻苯二甲酰亚胺和琥珀酰亚胺，以及磺酰胺，这些酰胺化合物在催化剂作用下很容易转化成适于加成的碱式形式［参见式(D.8.49)］。

由于通过酰胺基的皂化反应可以得到 β-氨基乙基化合物，所以这一加成反应的产物很有意义。β-氨基乙基化合物不容易通过氨或者单烷基胺的直接加成法合成，以实验室中合成 β-丙氨酸为例，采用下面介绍的方法比较合适。

【例】 β-丙氨酸的制备

(1) 通过邻苯二甲酰亚胺的氰乙基化反应制备 β-邻苯二甲酰亚胺基丙腈

在一个 1 L 的带搅拌器、回流冷却器和温度计的三颈烧瓶中，将 2 mol 邻苯二甲酰亚胺、130 mL 二甲基甲酰胺和 2.5 mol 丙烯腈在水浴上加热到 60 ℃。然后，在搅拌条件下一次加入 4 mL 50%的苛性钾，这时反应通常会立即开始。如果几分钟后仍未有温度升高的现象，就再多加些苛性钾。所需的碱量取决于邻苯二甲酰亚胺的质量，它应该尽可能地不含邻苯二甲酰胺酸。反应体系内的温度迅速升到 120 ℃。清澈、浅黄色的溶液在 120 ℃再保持 20～30 min，然后使其冷却，在不停搅拌的条件下倒入大约 2 L 的冷水中。这一步骤必须赶在烧瓶中发生结晶之前。将无色的晶体抽滤分离，用冷水洗。m.p. 154 ℃（乙醇）；产率 95%。

(2) β-邻苯二甲酰亚胺基丙腈水解成 β-丙氨酸

在一个 3 L 的圆底烧瓶中，将 2 mol β-邻苯二甲酰亚胺基丙腈（粗产物）与 900 mL 20%的盐酸一起回流加热 5 h。所生成的邻苯二甲酸 4 h 后突然析出并引起强烈碰撞（烧瓶要固定好）。趁热将反应混合物倒入烧杯中，在不断搅动下使其冷却。然后将沉淀出的邻苯二甲酸抽滤分离，小心地用水洗。将合并在一起的滤液在沸水浴上在真空中蒸干，在同样条件下再干燥 1 h。趁热向蒸干了的余物中加 150 mL 甲醇并很好地晃动，之后抽滤分离。过滤所得的固体再用同样的方法处理两次，每次用 100 mL 甲醇。合并在一起的甲醇萃取液冷却后再过滤一次，加三丁基胺或二乙基胺至弱碱性，这样被调到等电点的氨基酸就沉淀出来了。过滤并用甲醇洗。m.p. 200 ℃；产率 80%（用邻苯二甲酰亚胺时的结果）。

D. 7. 4. 1. 5　插烯羰基化合物上的取代反应

插烯羰基化合物β位上的离去基团，如$Cl > OCH_3 > SCH_3 \gg NR_2$[1]，可以通过碱或者CH酸化合物经加成-消除机理取代。其中的一个反应实例是从β-氯乙烯基醛和酮（请解释一下，为什么这类化合物可以被理解成插烯酰氯）可以合成（β-氨基乙烯基）羰基化合物：

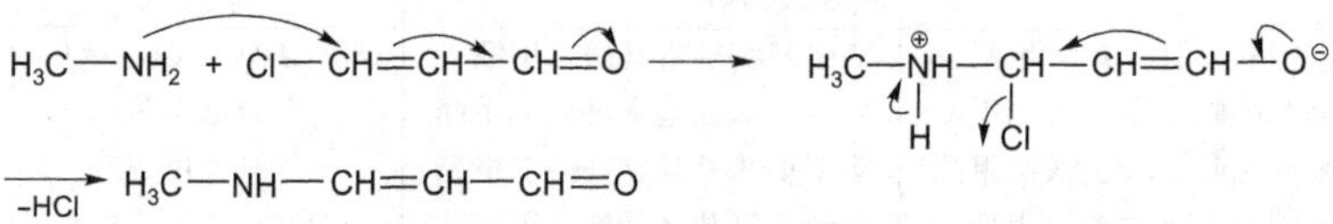

$$H_3C{-}NH_2 + Cl{-}CH{=}CH{-}CH{=}O \longrightarrow H_3C{-}\overset{\oplus}{N}H(H){-}CH(Cl){-}CH{=}CH{-}O^{\ominus} \xrightarrow{-HCl} H_3C{-}NH{-}CH{=}CH{-}CH{=}O \quad (D.\ 7.\ 290)$$

在这类反应中，多数情况下羰基也同时发生反应；人们利用这类反应进行多级环缩合。例如，通过β-氯肉桂醛与硫代乙二醇酯的反应可以得到取代的噻吩：

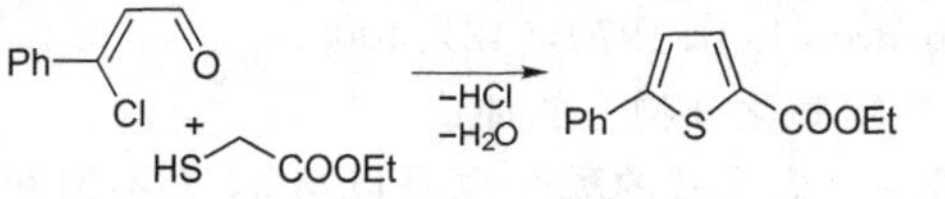

(D. 7. 291)

请写出β-氯丙烯醛与肼反应生成吡唑的反应式！

另一个例子是β-氯乙烯基酮与烯胺（插烯供电子化合物，参见D. 7. 4. 2）反应生成吡喃盐：

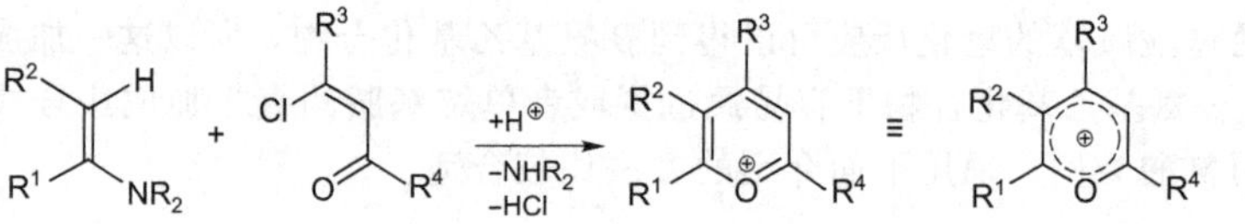

(D. 7. 292)

插烯杂原子类羰基结构，如氨卡宾化合物$\left(R{-}C{=}C{-}C{=}\overset{\oplus}{N}R_2\right)$和$\beta$位带有合适的离去基团的腈，也能发生类似的反应。在这类反应中腈经分子内加成生成杂原子芳香胺，例如乙氧基亚甲基氰基乙酸酯（参见表D. 7. 172）与水合肼反应生成3(5)-氨基吡唑-4-酸酯：

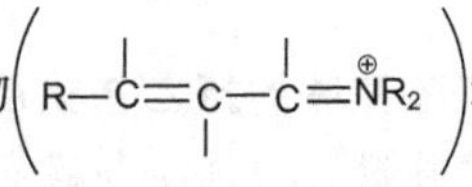

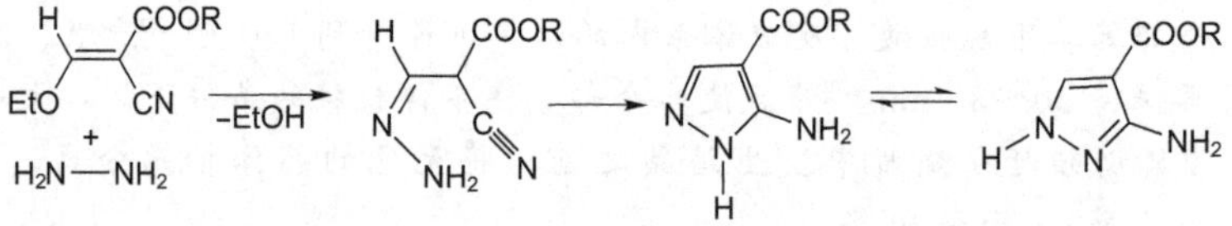

(D. 7. 293)

这个化合物可以与甲酰胺缩合成4,5-二氢-4*H*-吡唑(3,4)嘧啶-4-酮，这是一种重要的治疗关节炎的药。

【例】　制备3(5)-氨基吡唑-4-羧酸衍生物的一般实验方法（表D. 7. 294）

在一只100 mL的烧瓶中，加由20 mmol腈和20 mL与肼成比例（5 mL乙醇中30 mmol 80%的水合肼或者20 mmol苯肼）的乙醇组成的混合物。在回流条件下在水浴上加热1 h，放凉，取样用水稀释。摩擦时如果有产物析出就将所有反应混合物倒入2倍体积的水中，24 h后抽滤分离。否则的话，就在水浴上浓缩至干，蒸干了的剩余物与水混合后抽滤分离。接下来重结晶纯化。

[1] 按照这个顺序，离去趋势逐渐减小。

表 D.7.294　3(5)-氨基吡唑-4-羧酸衍生物

产物	反应物	熔点/℃	产率/%
3(5)-氨基吡唑-4-羧酸乙酯	2-氰-3-乙氧基-2-丙烯酸甲酯,水合肼	103(少量水)	75
3(5)-氨基吡唑-4-腈	乙氧基亚甲基丙二腈,水合肼	175(水)	85
5-氨基-1-苯基吡唑-4-羧酸乙酯①	乙氧基亚甲基氰乙酸乙酯,苯肼	100(乙酸酯)	70
5-氨基-1-苯基吡唑-4-腈	乙氧基亚甲基丙二腈,苯肼	138(水)	85
5-氨基-3-甲硫基-1-苯基吡唑-4-羧酸甲基酯②③	2-氰-3,3-二(甲硫基)-2-丙烯酸甲基酯,苯肼	114(石油醚)	90
3-氨基-5-甲硫基吡唑-4-腈	二(甲硫基)亚甲基丙二腈,水合肼	151(水)	90

① 蒸发过程中附带产生的油状物由少量的甲苯除去。

② 用甲醇作为溶剂。

③ 会产生甲硫醇，在通风橱中操作！

D.7.4.2　插烯供电子化合物——烯醇化物、烯醇、烯醇醚、烯胺——的反应

烯醇式羰基化合物可以派生出插烯供电子化合物：

$$H-\overset{|}{\underset{|}{C}}-C(=O) \underset{}{\overset{(H^{\oplus})}{\rightleftharpoons}} >C=C(OH)< \qquad (D.7.295)$$

其反应性与多数亲电试剂相比，大致相当于式(D.7.296) 所列的顺序：

$$\underset{I}{>C=C(OH)<} \approx \underset{II}{>C=C(OR)<} \approx \underset{III}{>C=C(OSiR_3)<} < \underset{IV}{>C=C(NR_2)<} < \underset{V}{>C=C(O^{\ominus})<} \qquad (D.7.296)$$

插烯供电子化合物末端的碳原子，由于其电负性原则上与给电子基团一样反应，也就是说，亲电试剂优先进攻这个碳原子。式(D.7.297) 中以烯胺（Ⅳ）为例，列出了这种情况的反应式：

$$E^{\oplus} + (H)>C=C(NR_2)< \longrightarrow E-\overset{H}{\underset{|}{C}}-C(=\overset{\oplus}{N}R_2)< \xrightarrow{-H^{\oplus}} (E)>C=C(NR_2)< \qquad (D.7.297)$$

羰基化合物可以与亲电试剂经过中间体烯醇反应。

在简单的醛和酮的情况下，酮-醇平衡［式(D.7.295)］大大偏向于羰基化合物一侧，其烯醇含量极低（参见 D.7.2.1.8）。与此相反，β-羰基羧酸酯和β-二酮很强地烯醇化。酮-醇平衡的建立可以通过质子催化。

与式(D.7.297) 类似，亲电试剂 E^+ 进攻羰基 α 位的碳原子：

$$-\overset{H}{\underset{|}{C}}-C(=O)< + H^{\oplus} \underset{+H^{\oplus},-E^{\oplus}}{\overset{-H^{\oplus},+E^{\oplus}}{\rightleftharpoons}} E^{\oplus} + >C=C(O-H)< \xrightarrow{-H^{\oplus}} E-\overset{|}{\underset{|}{C}}-C(=O)< \qquad (D.7.298)$$

烯醇式通过与亲电试剂的反应被不停地从平衡中夺走，这样一来，即使很少量烯醇化的羰基化合物也能很好地反应［参见如酸催化的羟醛缩合反应式(D.7.104)、卤化反应式(D.7.308) 以及 CH 酸化合物与亚硝酸（D.8.2.3)、与偶氮盐的反应（D.8.3.3）和式(D.9.45)］。

烯醇醚［式(D.7.296)Ⅱ］对于制备化学的意义相对较小。已经提到的有酸催化水合作用或者醇加成反应以及聚合作用，例如在重要的环式烯醇醚 3,4-二氢-2H-吡喃

［参见式(D. 7. 26) 和式(D. 9. 21)］ 的情况下。

比较重要的是硅烷基烯醇醚［式(D. 7. 296)Ⅲ］，这类化合物除了其它合成法外，可以通过烯醇化物的硅烷化反应从羰基化合物和三甲基氯代甲硅烷获得。它们也能在 β 位与亲电试剂反应。比如说，硅烷基烯醇醚可以用 S_N1 活性的烷基卤化物在 Lewis 酸（如 $TiCl_4$）存在下烷基化，这一方法还允许醛、酮和羧酸在 α 位发生叔烷基化，当然这些叔烷基化作用不可能通过碱的作用实现（为什么?）。

$$\mathrm{H{-}\overset{|}{\underset{|}{C}}{-}C({=}O)} \xrightarrow[\text{2. } Me_3SiCl]{\text{1. 碱}} \mathrm{{>}C{=}C{<}O{-}SiMe_3} \xrightarrow[-Me_3SiCl]{+RCl(TiCl_4)} \mathrm{R{-}\overset{|}{\underset{|}{C}}{-}C({=}O)} \qquad (D.\ 7.\ 299)$$

在 Lewis 酸如 $TiCl_4$ 作用下，硅烷基烯醇醚能与醛和酮反应生成加成产物，加成产物水解后产生羟醛：

$$\mathrm{R{-}C({=}O)} + \mathrm{{>}C{=}C{<}OSiMe_3} \xrightarrow{(TiCl_4)} \mathrm{R{-}\overset{Me_3SiO}{\overset{|}{\underset{|}{C}}}{-}\overset{|}{\underset{|}{C}}{-}C({=}O)} \xrightarrow[-Me_3SiOH]{+H_2O(H^{\oplus})} \mathrm{R{-}\overset{OH}{\overset{|}{\underset{|}{C}}}{-}\overset{|}{\underset{|}{C}}{-}C({=}O)} \qquad (D.\ 7.\ 300)$$

这一反应是羟醛反应的 Mukaiyama 变式。

从丙酮和 *O*-三甲基硅烷化了的烯醇式的苯乙酮合成 3-羟基-3-甲基-1-苯基-1-丁酮：Mukaiyama, T.; Narasaka, K., Org. Synth., 1986, 65: 6.

在式(D. 7. 296) 的序列中，亲核反应性最强的是烯醇化物。正如已经多次谈到的那样，烯醇化物可以通过羰基化合物与碱的脱质子化作用得到，参见式(D. 7. 100)。它们与各种亲电试剂，既可以原位生成，也可以以预先制备好的钠、锂或者镁衍生物的形式反应，参见 D. 7. 2 及下面段落。

D. 7. 4. 2. 1　羰基化合物的烷基化反应

α 位带有活性氢的羰基化合物以及其它 CH 酸化合物的阴离子（烯醇盐）可以与卤代烃、硫酸烷基酯或者苯磺酸烷基酯发生反应，从而使其烷基化。这里实际上发生的是卤代烃上的亲核取代反应，CH 酸化合物的阴离子起的是亲核试剂的作用（参见表 D. 2. 4)。

特别容易进行的是那些已经被碱金属醇化物完全转化成烯醇阴离子（参见表 D. 7. 99）的 β-二羰基化合物的烷基化反应，例如：

$$\mathrm{R{-}X} + \left[\begin{matrix}\mathrm{H_3C{-}\overset{O}{\overset{\|}{C}}{-}\overset{\ominus}{C}H{-}COOR'} \\ \rightleftharpoons \\ \mathrm{H_3C{-}\overset{O^{\ominus}}{\overset{|}{C}}{=}CH{-}COOR'}\end{matrix}\right] \xrightarrow{-X^{\ominus}} \begin{matrix}\mathrm{H_3C{-}\overset{O}{\overset{\|}{C}}{-}\underset{R}{\underset{|}{C}H}{-}COOR'} \\ \mathrm{H_3C{-}\overset{O{-}R}{\overset{|}{C}}{=}CH{-}COOR'}\end{matrix} \qquad (D.\ 7.\ 301)$$

从两可阴离子（参见 D. 2. 3）还可以生成 *O*-烷基化产物，不过，在针对表 D. 7. 302 所给出的一般操作条件下，只能产生很少的这类产物。非质子极性介质、低的两可阴离子浓度和体积庞大的反离子以及低亲核性带有难离去基团的烷基化试剂等条件，均有利于 *O*-烷基化产物的形成。因此，仲卤代烃时，*O*-烷基化的比例，从碘到氯增大，溶剂则按下列顺序逐渐增大：乙醇≈丙酮 ＜ 乙腈 ＜ 二甲亚砜≈二甲基甲酰胺。底物中的阳离子影响不大，一般来说钠盐有利于 *C*-烷基化（有些 *O*-烷基化产物很容易被分子间转烷基化，也就是说将它们的烷基转移到一个碳负离子的碳上）。

中性或者弱酸性介质可以使 *O*-烷基化发生。此时，不能再用卤代烃（为什么?）而要用偶氮烷烃、原酸酯和醇酸盐作为烷基化试剂。

烷基化试剂的反应活性随着卤素或者羧基活性的降低按下列顺序减小：烯丙基卤＞苄基卤＞α-卤代酮＞硫酸二烷基酯＞对甲苯磺酸烷基酯＞烷基卤。烷基卤的反应活性随着烷基空间体积的增大而减小，也就是说从甲基卤到叔丁基卤反应活性降低。通常是将 β-二羰基化合物在醇钠作用下转化成钠的衍生物。此外，烷基化试剂在副反应中还会生成醚和烯烃（请写出反应式!）。这些反应特别是在带支链的卤代烃（参见 D. 2 和 D. 3）时容易发生。基于这个原因，采用这类烷基化试剂的反应产率明显降低，采用叔丁基卤甚至不能达到可用的产率。

β-二羰基化合物单烷基化时，即使只使用等物质的量的烷基化试剂，也常常生成二烷基化的产物：在这种情况下，等量的羰基化合物未被烷基化。最重要的一点是，烷基化产物较少时，很难分离反应混合物中存在的三种物质（反应物、单烷基化产物和二烷基化产物）。为了获得纯的单烷基化产物，有时不得不采取迂回的办法［参见经 2-羰基琥珀酸酯制备单烷基丙二酸酯式(D. 7. 167) 和 经过烯胺烷基化式(D. 7. 319) 的实例］。

β-二羰基化合物的完全二烷基化大多很难，因为单烷基-β-二羰基化合物的酸性低于没有取代的底物的酸性，而且在烷基化反应的条件下（碱金属醇化物的醇溶液），二烷基-β-二羰基产物很容易发生溶剂分解［参见酯分解式(D. 7. 175)］。请写出二取代的丙二酸酯分解成碳酸酯和二烷基乙酸酯的反应式！在这类情况下，可逆的工作方法比较有效，即将醇盐滴到事先准备好的 β-二羰基化合物中，要控制好滴加速度以使体系中永远不会有高的醇盐浓度。

【例】 β-二羰基化合物烷基化的一般实验方法（表 D. 7. 302）

注意！使用钠要小心（参见试剂附录）！

在一个带搅拌器、滴液漏斗、回流冷却器和氯化钙管的 1 L 的三颈烧瓶中，用 1 mol钠和 500 mL 无水醇（如果不打算酯转化，这个醇应该与酯中所含的醇一致）制备醇钠溶液（参见试剂附录）。在搅拌条件下向尚热的醇化物溶液中滴加 1 mol β-二羰基化合物，紧接着滴加 1.05 mol 烷基化试剂，控制滴加速度以保持溶液在滴加过程中剧烈沸腾。然后边搅拌边加热，直到溶液显示中性反应为止（2～16 h）。接着在低真空中边搅拌边将大部分醇蒸馏出去（否则的话，混合物因析出的盐而强烈振荡。在旋转式蒸发器上浓缩也可以）。这些醇由于无水完全可以在同样的制备中再次使用。冷却后加冰水至析出的盐刚好溶解，用分液漏斗将有机相分出，再醚萃取两次。合并有机相，用硫酸钠干燥，蒸馏出溶剂，剩余物用 30 cm 长的 Vigreux 柱分馏。

如果要二烷基化，将未取代的 β-二羰基化合物与充裕的 2 mol 烷基化试剂混合好，在防潮的条件下边搅拌边向其中加已制备好的醇钠（2 倍，摩尔比）。也可以用已经一烷基取代的产物和稍稍过量的烷基化试剂，再滴入 1 mol 醇钠。❶

---

❶ 这一方法可以合成非对称的二烷基取代的 β-二羰基化合物。

表 D. 7. 302 β-二羰基化合物的烷基化

产物	反应物	沸点(熔点)/℃	n_D^{20}	产率/%
乙基丙二酸二乙酯①	丙二酸二乙酯,溴乙烷	$96_{1.3(10)}$	1.4163	85
二乙基丙二酸二乙酯②	丙二酸二乙酯,溴乙烷	$100_{1.6(12)}$	1.4245	75
丙基丙二酸二乙酯	丙二酸二乙酯,溴丙烷	$108_{1.7(13)}$	1.4197	85
异丁基丙二酸二乙酯	丙二酸二乙酯,异丁基溴	$113_{1.6(12)}$	1.4282	80
丁基丙二酸二乙酯	丙二酸二乙酯,丁基溴	$132_{2.3(17)}$	1.4225	80
戊基丙二酸二乙酯	丙二酸二乙酯,戊基溴	$135_{1.9(14)}$	1.4259	80
己基丙二酸二乙酯	丙二酸二乙酯,己基溴	$145_{1.6(12)}$	1.4281	80
烯丙基丙二酸二乙酯	丙二酸二乙酯,烯丙基溴	$102_{1.3(10)}$	1.4338	85
环丙烷-1,1-二羧酸二乙酯③	丙二酸二乙酯,1,2-二溴乙烷	$106_{2.7(20)}$	1.4335	45
环丁烷-1,1-二羧酸二乙酯③	丙二酸二乙酯,1,3-二溴丙烷 或 1-溴-3-氯丙烷	$104_{1.6(12)}$	1.4360	45
乙烷-1,1,2-三酸三乙酯	丙二酸二乙酯,氯代乙酸乙酯	$158_{2.0(15)}$	1.4315	70
2-乙酰基丁酸乙酯①	乙酰乙酸乙酯,溴乙烷	$80_{1.3(10)}$	1.4194	75
2-乙酰基-3-甲基丁酸乙酯①	乙酰乙酸乙酯,异丙基碘	$94_{2.4(18)}$	1.4234	75
2-乙酰基己酸乙酯	乙酰乙酸乙酯,丁基溴	$116_{2.1(16)}$	1.4246	65
2-乙酰基-4-甲基戊酸乙酯①	乙酰乙酸乙酯,异丁基碘	$120_{2.1(16)}$	1.4242	80
2-乙酰基-4-戊烯酸乙酯	乙酰乙酸乙酯,烯丙基溴	$102_{1.6(12)}$	1.4381	85
2-苄基-3-羰基丁酸乙酯	乙酰乙酸乙酯,苄基氯	$157_{1.9(14)}$	1.4998	80
2-甲基-1,3-环己二酮	1,3-环己二酮,硫酸二甲酯	(熔点 120)(乙醇)		70

① 只有使用有效柱才能得到纯的产物。

② 采用反向程序(滴加醇盐,参见实验方法)。

③ 反向操作(醇盐在 2 h 内滴到 70 ℃的热溶液中);处理时,蒸出醇后用水蒸气处理;馏出物用醚萃取,萃取液按前面的方法处理。1,2-二溴乙烷用 1.1 mol,1,3-二溴丙烷用 1.05 mol。

乙酰乙酸乙酯在三氟化硼存在下烷基化制备 α-异丙基乙酰乙酸乙酯:Adams,J. T.;Levine,R.;Hauser,C. R.,Org. Synth.,1955,Coll. Vol. Ⅲ:405.

从乙酰乙酸乙酯和原甲酸三乙酯合成 β-乙氧基-*E*-巴豆酸乙酯:Smissman,E. E.;Voldeng,A. N.,J. Org. Chem. 1964,29:3164.

与 β-二羰基化合物类似,单酮、酯、羧酸离子和腈也可以烷基化。由于这些化合物的酸性较弱,醇盐只能将它们部分转化成阴离子(参见表 D. 7. 99)。因此在反应混合物中还存在游离的羰基化合物和醇盐。由此发生生成醚和烯的副反应以及羟醛缩合反应。要想避免这些不必要的反应,就必须使用强的、空间位阻尽可能大的碱。常用的有二异丙基氨基锂(LDA)、叔丁醇钾、氨基钠和氢化钾。

这些试剂与不对称的酮反应生成不同的产物。例如,用碘甲烷烷基化 2-甲基环己酮,如果用 LDA 会生成 2,6-二甲基环己酮,而用叔丁醇钾则生成 2,2-异构体。

(D. 7. 303)

这一定位性的原因是,碱性特别强的 LDA 动力学控制甲基环己酮上空间位阻较小的 6 位氢原子离去,而碱性较弱的叔丁醇钾则热力学控制酸性较强的 2 位氢原子离去。

用强碱性的酰胺也可以将羰基化合物的含氮类似物亚胺（席夫碱）和肼转化成烯酰胺离子［参见式(D. 7. 119)］并烷基化。这类反应除了其它用途外，还被用来将醛在 α 位烷基化，直接烷基化由于容易形成羟醛所以很困难。我们先用胺将醛转化成亚胺，再将亚胺烷基化：

$$R'CH_2-CH=NR'' \xrightarrow[-i\text{-}Pr_2NH]{+LDA} R'CH=CH-N^{\ominus}R''\ Li^{\oplus} \xrightarrow[-LiX]{+RX} R'(R)HC-CH=NR'' \quad (D.7.304)$$

从 α-烷基亚胺上通过水解再将氨脱去。

通过酰胺金属化合物也可以将一个带有前手性 α-亚甲基的羰基化合物对映选择性地烷基化。具体做法是，先用胺或肼的一个纯对映体，如（*S*)-1-氨基-2-甲氧基甲基吡咯烷（SAMP）或其对映异构体（RAMP），将羰基化合物转化成手性亚胺或腙。前手性的 α-亚甲基通过与手性助剂（辅助性的）反应变成了非对映体[1]，与 LDA 反应后能够被非对映选择性地 烷基化。这时从烷基化产物上将手性助剂分解掉（参见 D. 7. 3. 2），通常可以得到某一对映体过量的烷基化了的羰基化合物。

SAMP（CH_2OCH_3，NH_2）+ 环己酮（前手性（对映）、前手性（对映））→ 腙（前手性（非对映）、前手性（非对映））$\xrightarrow{1.\ -H^{\oplus},[(i\text{-}Pr)_2NLi]\quad 2.\ Me_2SO_4\quad 3.\ H^{\oplus}\text{-}H_2O}$ 2-甲基环己酮（CH_3）

99% 对映过量　　(D. 7. 305)

通过 SAMP/RAMP 肼方法合成（*S*)-(＋)-4-甲基-3-庚酮：Eenders, D.；Kippgardt, H.；Fey, P.，Org. Synth.，1987, 65：183（其中包括其它可能借助 SAMP/RAMP 方法进行的对称合成一览）[2]。

在相转移催化（参见 D. 2. 4. 2）条件下，一系列弱的 CH 酸也有可能被烷基化，这一途径不需要其它方法中所要求的比较昂贵的金属化作用。不过，单烷基化时作为副产物常常不可避免地出现二烷基化产物。

【例】 相转移条件下烷基化苄基腈的一般实验方法[3]（表 D. 7. 306）

在一个带回流冷却器、搅拌器、滴液漏斗和内置温度计的四颈烧瓶中，将 30 g 苛性钠和 30 mL 水的溶液调到 35 ℃（水浴，反应过程中起冷却作用），并在整个反应过

---

[1] 如果不加限制而是由外形决定，也就是说如果分子内具有不同的化学环境，就会发生异位取代。在带前手性基团的无手性体系中就是对映性的，在手性体系中前手性取代基是非对映性的。用其它取代基取代对映性取代基时，生成一个对映异构体，取代非对映性取代基时生成一个非对映异构体。非对映取代基可以用物理和化学方法区分，而对映取代基则只能在手性条件下（手性试剂、手性溶剂、圆偏振光）区分（对此还可以参考 C. 7. 3. 1 和 C. 7. 3. 2）。

[2] SAMP 或者 RAMP 可以从天然的（*S*)-脯氨酸或者相对容易得到的（*R*)-谷氨酸制得，参见如 Enders, D.；Fey, P.；Kippgardt, H.，Org. Synth.，1987，65：173.

[3] 根据 Makosza, M.；Jonczyk, A.，Org. Synth.，1976，55：91.

程中保持在这一温度。先向其中加 0.5 g 氯化苄基三乙基铵[1]和 0.2 mol 苄基腈，然后在搅拌条件下在 30 min 之内逐滴加入 0.2 mol 卤代烃。接下来继续搅拌，35 ℃下 2 h，40 ℃下 0.5 h。如果采用的是没有取代基的苄基腈，就要将没有反应的剩余部分转化成挥发性较低的 α-苯基肉桂腈，以使其容易与反应产物分离。出于这一目的，要加 2 g 苯甲醛，在 25～30 ℃ 下继续搅拌 1 h，加 25 mL 甲苯（或者二氯甲烷），将有机相分离出来，水相再用甲苯（或者二氯甲烷）萃取，合并在一起的有机相依次用 25 mL 水、稀盐酸、再用水洗。蒸出溶剂后精馏。

表 D.7.306　在相转移条件下烷基化的苄基腈

产物	反应物	沸点(熔点)/℃	n_D^{20}	产率/%
α-苯基丁腈	苄基腈，溴代乙烷	$103_{0.9(7)}$	1.5086	75
α-苯基戊腈	苄基腈，溴代丙烷	$126_{1.6(12)}$	1.5063	75
α-苯基异戊腈	苄基腈，溴代异丙烷	$110_{0.9(7)}$	1.5059	50
1-苯基-3-丁烯腈	苄基腈，烯丙基溴	$131_{2.0(15)}$	1.5201	60
α-苯甲基-α-苯基丁腈	α-苯基丁腈，苄基氯	$190_{1.6(12)}$	1.5593	85

在丁基锂的作用下碱金属脂肪族羧酸盐的 α-单烷基化：Creger，P. L.，J. Am. Chem. Soc. 1970，92：1397.

烷基化的丙二酸酯在工业上主要用来生产巴比妥酸（催眠药、治疗癫痫药、麻醉剂）（参见 D.7.1.4.2，D.7.2.1.8）。苄基腈的烷基化在合成派替啶时有用，派替啶具有与吗啡类似的作用，被用作止痛剂：

Ph CN + Cl Cl N CH₃ —(−2 HCl)→ Ph CN N CH₃ —(H_2SO_4,EtOH)→ Ph COOEt N CH₃　(D.7.307)

D.7.4.2.2　羰基化合物的卤化反应

相对强的 CH 酸化合物，如 β-二羰基化合物以及醛和酮，很容易在羰基的 α 碳原子上被卤化。例如，在通过卤化氢催化的反应中，烯醇受到卤素的亲电进攻：

Cl—Cl + H(R′)C=C(OH)R (I) —(−HCl)→ R′—CH(Cl)—C(=O)R (II)　(D.7.308)

这一反应也可以通过弱碱（如乙酸钠）催化。虽然羰基化合物与烯醇盐之间的平衡在这一情况下偏向于羰基化合物一侧，但是，由于类似于式(D.7.308）那样进行的卤化反应不断地将醇盐从平衡中提走，反应有可能进行到底。请写出这一反应的反应式！

正常情况下羧酸不会发生烯醇化。因此人们通过添加催化剂（红磷、三氯化磷等）来使羧基能先反应生成酰氯。酰氯就可以经过烯醇中间体在 α 位被卤化：

[1] 制备参考 Souto-Bachiller，et al Org. Synth.，1976，55：97.

$$3X_2 + 2P \longrightarrow 2PX_3$$

$$3R-CH_2-C(=O)OH \xrightarrow[-P(OH)_3]{PX_3} 3\left[R-CH_2-C(=O)X \underset{}{\overset{(H^{\oplus})}{\rightleftharpoons}} R-CH=C(OH)X\right]$$

$$R-CH=C(OH)X + X_2 \longrightarrow R-CHX-C(=O)X + HX \quad (D.7.309)$$

$$R-CHX-C(=O)X + R-CH_2-COOH \longrightarrow R-CHX-C(=O)OH + R-CH_2-C(=O)X \text{ 等}$$

作为副产物羧酸的氯化反应也产生β-卤衍生物，这可能是在自由基反应中产生的（参见 D. 1）。

【例】 制备α-溴代羧酸的一般实验方法（表 D. 7. 310）

所有操作都要在高效通风橱中进行！使用溴时的注意事项请参考试剂附录。

在一个相当于图 A. 4（d）（滴液漏斗的出口应该浸在液体中）的三颈烧瓶中，在搅拌条件下向 0.5 mol 相关的羧酸和 0.15 mol 红磷的混合物中滴加 0.5 mol 无水的溴，滴加速度以在冷却器中看不到黄色溴蒸气为宜。反应温度不应该高于 40～50 ℃。溴滴加完之后，再快速加入 0.5 mol 干燥的溴，接下来在搅拌条件下在水浴中 40 ℃下加热 48 h。处理时先加 0.5 mol 水，在 120～140 ℃下回流加热 5～10 min，紧接着直接进行真空蒸馏。反应过程中逸出的溴化氢被吸收在水里（参见 D. 1. 4. 2）。

表 D. 7. 310 α-溴代羧酸

产物	反应物	沸点(熔点)/℃	产率/%
溴代乙酸	乙酸	$117_{2(15)}$，(熔点 49)	70
α-溴代丙酸	丙酸	$95_{1.6(12)}$，(熔点 25)	70
α-溴代丁酸	丁酸	$127_{3.3(25)}$	80
α-溴代异丁酸	异丁酸	$115_{3.2(24)}$，(熔点 46)(石油醚)	75
α-溴代戊酸	戊酸	$118_{1.6(12)}$	80
2-溴代己酸	己酸	$137_{2.4(18)}$	75
2-溴-4-甲基戊酸	4-甲基戊酸	$129_{1.6(12)}$	75

【例】 制备苯甲酰溴的一般实验方法（表 D. 7. 311）

注意！使用溴要小心。苯甲酰溴对皮肤和眼睛有刺激作用！

在一个带搅拌器、滴液漏斗和氯化钙干燥管的 500 mL 的三颈烧瓶中，加入 0.5 mol 苯乙酮的 100 mL 冰醋酸溶液，再加几滴溴化氢-冰醋酸，此时向其中滴加 0.5 mol 溴，控制滴加速度以使温度保持在大约 20 ℃（首先要使反应开始！）。滴完后在冰水中冷却。如果不出现结晶，就将反应混合物倒入冰水中。将固体化合物抽滤分离出来，用 50%的乙醇洗至呈无色。用少量乙醇重结晶。

表 D. 7. 311 苯甲酰溴

产物	反应物	沸点/℃	产率/%
苯甲酰溴	苯乙酮	51①	60
对溴苯甲酰溴	对溴苯乙酮	109	70
对苯基苯甲酰溴	对苯基苯乙酮②	125	80

① b. p. $_{1.3(10)}$ 128 ℃。

② 用 2 倍的冰醋酸。

通过三聚乙醛在正丁醇中溴化合成溴代乙醛二丁基乙缩醛：Baganz，H.；Vitz，C.，Chem. Ber. 1953，86：395.

从丙酮和溴在冰醋酸中合成溴代丙酮：Levene，P. A.，Org. Synth.，1943，Coll. Vol. Ⅱ：88.

从丙二酸二乙酯合成溴代丙二酸二乙酯：Palmer，C. S.；Mcwherter，P. W.，Org. Synth.，1941，Coll. Vol. Ⅰ：245.

从 γ-丁内酯、溴和红磷经 α,γ-二溴丁酰溴和 α,γ-二溴丁酸 合成 α-溴-γ-丁内酯：Plieninger，H.，Chem. Ber. 1950，83：265.

通过环己酮在水中氯化合成 2-氯环己酮：Newman，M. S.；Farbman，M. D.；Hipsher，H.，Org. Synth.，1955，Coll. Vol. Ⅲ：188.

从乙酰乙酸乙酯和磺酰氯合成 α-氯乙酰乙酸乙酯：Boehme，W. R.：Org. Synth.，1963，Coll. Vol. Ⅳ：592.

α-卤代酸或者它们的酯，尤其是氯代乙酸，是一系列合成的中间产物，例如 Darzens 法［参见式(D. 7. 132)］合成缩水甘油、Fischer 法（参见表 D. 2. 85）制备 α-氨基酸、Kolbe 法（参见表 D. 2. 6. 8）制备硝基甲烷以及经氰乙酸制备丙二酸二乙酯。α-卤代酮和醛还被用来按 Hantzsch 方法合成噻唑。

一些 α-氯代羰基化合物在工业上也有很大用途。其中最重要的是氯代乙酸（这个化合物也可以由三氯乙烯制备，参见表 D. 4. 26）和三氯乙醛（氯醛）。氯代乙酸的用途众多，其中有除草剂 2,4-二氯苯氧乙酸（2,4-D）的生产（参见 D. 2. 6. 2），丙二酸酯（用途参见 D. 7. 1. 4. 3）、羧甲基纤维素（参见 D. 2. 6. 2）、染料的生产，而三氯乙醛则主要被加工成 DDT 和其它杀虫剂［参见式(D. 5. 62)］。工业上用 1，3-二溴丙酮生产 1,2,3-三氰-2-丙醇，再从它合成柠檬酸。

D. 7. 4. 2. 3　烯胺的酰基化和烷基化反应

烯胺的制备方法已在 D. 7. 1. 1 中进行了介绍，许多烯胺能与芳香族酰氯按照式(D. 7. 297) 反应以很好的产率生成酰基化的烯胺，在此，既生成了具有共轭双键的化合物［式(D. 7. 312) **Ⅱa**］也生成了非共轭体系 **Ⅱb**。两种产物水解时都生成 β-二羰基化合物［式(D. 7. 312) Ⅲ］：

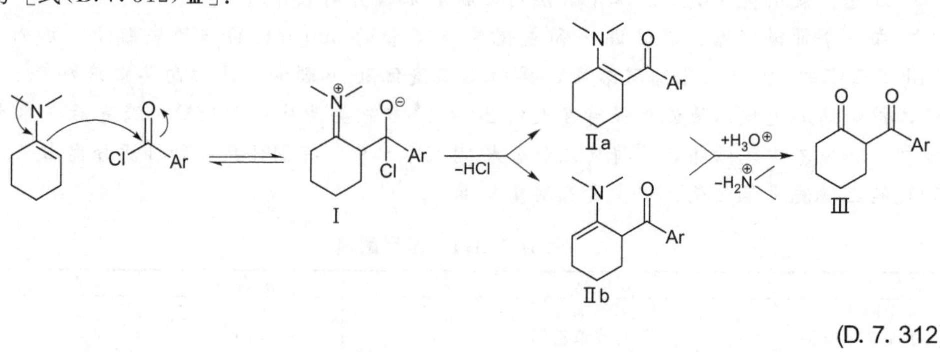

Ⅰ　Ⅱa　Ⅱb　Ⅲ

(D. 7. 312)

反应中生成的盐酸一般用辅助碱——例如无水三乙基胺——吸收，否则所投入烯胺的 50% 会与其结合成盐（为什么这里的盐酸不会与酰基化了的烯胺结合?）。

在有些情况下，例如用氯代甲酸酯酰基化时，这一方法不奏效，采用烯胺过量的方法比较好。

α 碳原子上有可离去的氢原子的脂肪族酰氯，与烯胺或辅助碱反应首先生成烯酮❶：

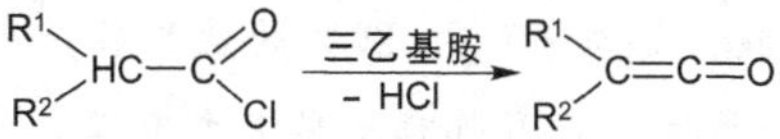

$$R^1R^2CH-C(=O)Cl \xrightarrow[-\ HCl]{\text{三乙基胺}} R^1R^2C=C=O \qquad (D.7.313)$$

接着由烯胺和烯酮再生成一个环丁酮的衍生物：

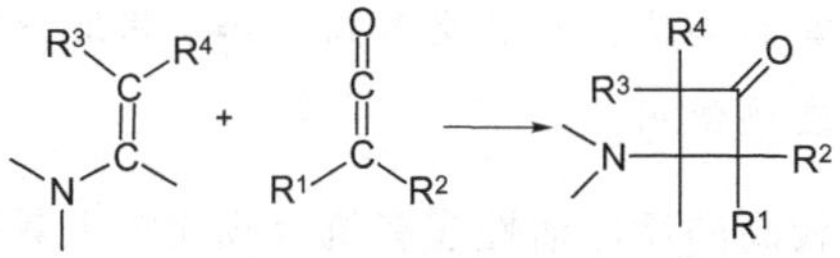

(D. 7. 314)

如果 R^2 和 R^4 都同样是 H，那么这个环丁酮环就是热力学不稳定的，在蒸馏时就会裂开，生成两种可能的分裂产物：

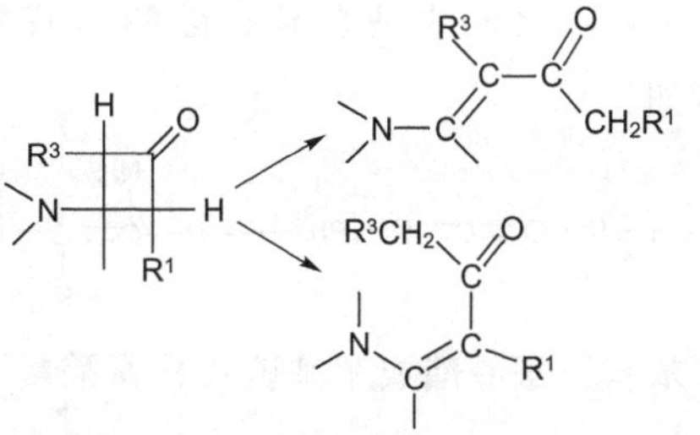

(D. 7. 315)

请列出只有 R^2 或者只有 R^4 同是 H 时的反应式！

在环酮烯胺的情况下，环丁酮碱的裂开方式取决于酮环的大小。9 元以下环酮构成的烯胺开环生成酰基化化合物，大于 9 元的环则主要发生扩环：

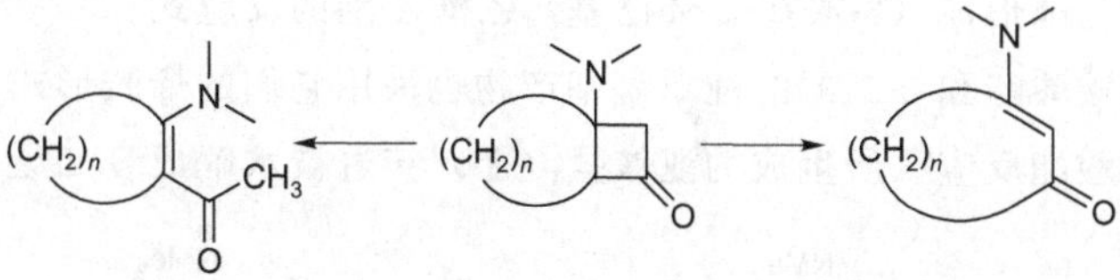

(D. 7. 316)

【例】 通过烯胺酰基化反应制备 β-二酮的一般实验方法（表 D. 7. 317）

表 D. 7. 317 通过烯胺酰基化制备的 β-二酮

产物	反应物	沸点/℃	产率/%
2-乙酰基环己酮	1-吗啉基环己烯，乙酰氯	$112_{2.4(18)}$	50
2-丙酰基环己酮	1-吗啉基环己烯，丙酰氯	$144_{1.6(12)}$	60
2-丁酰基环己酮	1-吗啉基环己烯，丁酰氯	$125_{2.0(15)}$	55
2-乙酰基环戊酮	1-吗啉基环戊烯，乙酰氯	$78_{1.1(8)}$	60
2-丙酰基环戊酮	1-吗啉基环戊烯，丙酰氯	$108_{2.0(15)}$	60
2-丁酰基环戊酮	1-吗啉基环戊烯，丁酰氯	$112_{2.0(15)}$	65

❶ 参见 D. 3. 1. 5 与此类似脂肪族磺酰氯反应生成硫醛：$R_2C=SO_2$ 。

在一个带滴液漏斗、回流冷却器和搅拌器的 250 mL 的三颈烧瓶中，将 0.1 mol 烯胺和 0.12 mol 经钠蒸馏过的三乙基胺溶于 150 mL 干燥的甲苯中。上述溶液在水浴上加热到 25 ℃，并在这一温度下缓慢地向其中滴加 0.12 mol 酰氯。然后在 35 ℃下继续搅拌 1 h，再在室温下放置过夜。添加 50 mL 20%的盐酸后，在搅拌和回流的条件下加热沸腾 30 min。此时将水相分离出来，有机相用水洗至中性。通过添加稀的苛性钠溶液将分出的水相调到 pH 值为 5～6，然后再用甲苯萃取两次。合并在一起的甲苯萃取液经硫酸钠干燥。蒸出溶剂后在宽的沸腾极限真空蒸馏。如果用酸分解，所得到的酰基化的酮可以不经进一步的纯化而直接使用。

烯胺类化合物由于其较高的反应活性在有机合成化学上具有重大意义。

同样，酰基化反应也可以用分离出来的烯酮进行；用脂肪族酰氯的酰基化反应与用脂肪族磺酰氯和三乙基胺（亚磺酸的形成）的反应差不多。请写出这个反应的反应式！

烯胺酰基化反应的一个变化形式是在异氰酸酯和硫代异氰酸酯（D. 7. 1. 6 和 D. 7. 2. 1. 11）上加成，例如：

$$R-C(NR_2)=CH-R' + O=C=N-Ph \longrightarrow R-C(NR_2)=C(R')-C(=O)-NHPh \quad \text{(D. 7. 318)}$$

由 1-吗啉基环己烯和苯基异氰酸酯或苯基硫代异氰酸酯合成 2-吗啉基-1-环己烯碳酰苯胺：Huenig, S.；Huebner, K.；Benzing, E., Chem. Ber. 1962, 95: 926.

用卤代烃对烯胺进行烷基化，按照一般反应式(D. 7. 297) 优先生成单烷基化的烯胺，这一烯胺能够通过水解转化成 α-单烷基化的羰基化合物。请写出由 1-吡咯基-1-环己烯和溴代乙酸乙酯形成（2-羰基-1-环己基）乙酸乙酯的反应式！

制备 β-羰基羧酸酯和 β-二酮的纯单烷基产物也采用它们的烯胺形式——使烯胺与烷基卤或者烷基硫酸酯反应。所生成的亚铵盐（Ⅱ）接着被水解成 β-二羰基化合物（Ⅲ）：

$$MeOSO_2-O-Me + H_3C-C(NMe_2)=CH-COOEt\ (\text{I}) \xrightarrow{-MeOSO_3^{\ominus}} H_3C-C(=\overset{\oplus}{N}Me_2)-CH(Me)-COOEt\ (\text{II}) \quad \text{(D. 7. 319)}$$

$$\xrightarrow[-Me_2NH_2^{\oplus}]{+H_2O} H_3C-C(=O)-CH(Me)-COOEt\ (\text{III})$$

烯胺与亲电的烯烃和乙炔的烷基化反应在制备上也很重要，在这里作为反应产物可能生成环丁烷衍生物［参见式(D. 7. 284)，再对照一下烯胺与作为插烯羰基化合物的对苯醌的反应式(D. 7. 288)］。

通过二甲基硫酸酯烷基化 β-二甲基氨基巴豆酸乙酯制备 α-甲基乙酰乙酸乙酯：Mistryukov, E. A., Izvest. Akad. Nauk SSSR, Ser. Khim. 1961: 1512.

D.7.5 参考文献

乙缩醛、硫代乙缩醛、亚胺、肟、肼和亚硫酸氢盐加合物的制备

Bayer,O.,in:Houben-Weyl. 1954,7/1:413-488.

Dumi,M.; Korunlev,D.; Kovalevi,K.: Polak,L.,in: Houben-Weyl. 1990,E14b/1:434-639(腙);640-730(吖嗪).

Klausner,A., et al.,in:Houben-Weyl. 1991,E14a/1:1-783(乙缩醛).

Layer,R. W.,Chem. Rev. 1963,63:489-510(亚胺的制备和反应).

Meerwein,H.,in:Houben-Weyl. 1965,6/3:204-270.

Meskens,A. J.,Synthesis,1981:501-522(乙缩醛).

Pawlenko,S.,in:Houben-Weyl. 1990,E14b/1:222-286(亚胺).

Rasshofer,W.,in:Houben-Weyl. 1991,E14a/2:1-819(*O*,*N*-缩醛).

Unterhalt,B.,in:Houben-Weyl. 1990,E14b/1:287-433(肟).

Wimmer,P.,in:Houben-Weyl. 1990,E14a/1:785-836(*O*,*S*-缩醛).

羧酸、羧酸酯、酰氯、酸酐、酰胺、碳酰肼的制备

Bodanszky, M., in: Peptide Chemistry; A Practical Textbook. Springer-Verlag, New York,1988.

Döpp,D.; Döpp,H.,in:Houben-Weyl. 1985,E5/2:934-1183.

Henecka,H.,et al.,in:Houben-Weyl. 1952,8:389-680.

Sustmann,R.; Korth,H.-G.,et al.,in:Houben-Weyl. 1985,E5/1:p. 193-773.

原甲酸酯的制备

Meerwein,H.,in:Houben-Weyl. 1965,6/3:295-324.

Simchen,G.,in:Houben-Weyl. 1985,E5/1:105-122.

De Wolfe,R. H.,Synthesis,1974:153-172.

烯酮的制备和反应

Lacey,R. N.,Adv. Org. Chem. 1960,2:213-263.

Quadbeck,G.,in:Neuere Methoden. 1960,2:88-107; Angew. Chem. 1956,68:361-370.

Schaumann,E.; Scheiblich,S.,in:Houben-Weyl. 1993,E15/2:2353-2530.

Tidwell,T. T.:Ketenes. John Wiley & Sons,New York,1994.

氰酸酯和异氰酸酯的制备和反应

Blagonravova,A. A.; Levkovich,G. A.,Usp. Khim. 1955,24:93-119.

Findeisen,K.,et al.,in:Houben-Weyl. Bd. 1983,E4:p. 738-834.

Martin, D.; Bacaloglu, R., Organische Synthesen mit Cyansäureestern. Akademie-Verlag. Berlin,1980.

Ozaki,S.,Chem. Rev. 1972,72:457-496.

Petersen,et al.,in:Houben-Weyl. 1952,8:119-137.

Saunders,J. H.; Slocombe,R. J.,Chem. Rev. 1948,43:203-218.

氰醇的制备和反应;Strecker 合成

Kuritz,P.,in:Houben-Weyl. 1952,8:274-285; Nachr. Chem.,Tech. Lab. 1981,29:445-447.

羟醛反应

Bayer,O.,in:Houben-Weyl. 1954,7/1:p. 76-92.

Evans, D. A.; Nelson, J. V.; Taber, T. R., in: Topics in Stereochemistry. Vol 13. Ed.: Allinger,N. L.; Eliel,E. L.; Wilen. S. H. Wiley,New York,1982:1-115.

Heathcock, C. H. , in: Modern Synthetic Methods. 6. Ed. : R. Scheffold. VCHA, Basel, 1992: 1-102.

Heathcock, C. H. , in: Asymmetric Synthesis. 3. Ed. : J. D. Morrison. Academic Press, New York,1984:111-212.

Mukaiyama,T. ,Org. React. 1982,28:302-331; Nachr. Chem. Tech. Lab,1981,29:555-559.

Nielsen,A. T. ; Houlihan,W. J. ,Org. React. 1968,16:1-438.

Wittig,G. ,in:Topics in Current Chemistry. Vol 67. Springer-Verlag,Berlin,Heidelberg,New York,1976:1-14.

与硝基甲烷的反应

Lichtenthaler,F. W. ,in:Neuere Methoden. Vol 1966,4:140-172; Angew. Chem. 1964,76:84.

Azlacton 合成

Baltazzi,E. ,Quart. Rev. 1955,9:150-173.

Carter,H. E. ,Org. React. 1946,3:198-239.

Perkin 反应

Henecka,H. ; Ott,E. ,in:Houben-Weyl. 1952,8:442-450.

Johnson,J. R. ,Org. React. 1942,1:210-265.

Darzens 法合成缩水甘油

Bayer,O. ,in:Houben-Weyl. 1954,7/1:326-329.

Newman,M. S. ; Magerlein,B. J. ,Org. React. 1949,5:413-440.

Prins 反应

Adams,D. R. ; Bhatnagar,S. P. ,Synthesis,1977:661-672.

Isagulyanz, V. I. ; Chaimova, T. G. ; Melikyan, V. R. ; Pokrovskaya, S. V. , Usp. Khim. 1968, 37:61-77.

Knoevenagel 缩合反应

Jones,G. ,Org. React. 1967,15:204-599.

丙二腈的反应

Fatiadi,A. J. ,Synthesis,1978:165-204; 241-282.

Mannich 反应

Arend,M. ; Westermann,B. ; Risch,N. ,Angew. Chem. 1998,110:1096-1122.

Blicke,F. F. ,Org. React. 1942,1:303-341.

Helmann,H. ,in:Neuere Methoden. 1960,29:190-207; Angew. Chem. 1957,69:463-471.

Helmann,H. ; Opitz,G. :α-Aminoalkylierung. Verlag Chemie,Weinheim/Bergstr,1960.

Schrötte,R. ,in:Houben-Weyl. 1957,11/1:731-795.

Tramontini,M. ,Synthesis,1973:703-775.

Tramontini,M. ; Angiolini,L. ,Tetrahedron,1990:1791-1837.

Tramontini, M. , Angiolini, L. : Mannich Bases: Chemistry and Uses. CRC Press, Boca Raton,1994.

Benzoin 缩合

Herlinger,H. ,in:Houben-Weyl. 1973,7/2a:653-671.

Ide,W. S. ; Buck,J. S. ,Org. React. 1948,4:269-304.

Wittig 反应

Bergelson, L. D. ; Shemyakin, M. M. , in: Neuere Methoden. 1967, 5: 135-155; Angew.

Chem. 1964,76:113-123.

Bestmann, H. J. ; Klein, O. , in: Houben-Weyl. 1972, 5/1b: 383-418.

Cadogan, J. I. G. , Organophosphorus Reagents in Organic Synthesis. Academic Press, New York, 1966.

Johnson, A. W. : Ylide Chemistry. -Academic Press, New York, 1966.

Maercker, A. , Org. React. 1965, 14: 270-490.

Maryanoff, B. E. ; Reitz, A. B. , Chem. Rev. 1989, 89: 863-927.

Schöllkoff, U. , in: Neuere Methoden. 1961, 3: 72-97; Angew. Chem. 1959, 71: 260-273.

Trippett, S. , Adv. Org. Chem. 1960, 1: 83-102; Quart. Rev. 1963, 17: 406.

Wadsworth Jr. , W. S. , Org. React. 1977, 25: 73-253.

链烃基磷化物的反应

Bestmann, H. J. , in: Neuere Methoden. 1967, 5: 1-52; Angew. Chem. 1965, 77: 609, 651, 850.

Bestmann, H. J. ; Zimmermann, R. , Forthschr. Chem. Forsch. 1971, 20: 1-141.

Bestmann, H. J. ; Zimmermann, R. , in: Houben-Weyl. 1982, E1: 616-751.

Elitsch, W. ; Schindler, S. R. , Synthesis, 1975: 685-700.

Johnson, A. W. : Ylides and Imines of Phosphorus. John Wiley & Sons, New York, 1993.

Kolodiazhnyi, O. I. : Phosphorus Ylides. Wiley-VCH, Weinheim, 1999.

Sasse, K. , in: Houben-Weyl. 1963, 12/1: 112-124.

Zbiral, E. , Synthesis, 1974: 775-797.

酯缩合反应

Hauser, C. R. ; Hudson Jr. , B. E. , Org. React. 1942, 1: 266-302.

Henecka, H. , in: Houben-Weyl. 1952, 8: 560-589.

Dieckman 缩合

Schaefer, J. P. ; Bloomfield, J. J. , Org. React. 1967, 15: 1-203.

用酰氯酰基化羰基化合物

Hauser, C. R. , et al. , Org. React. 1954, 8: 58-196.

Henecka, H. , in: Houben-Weyl. 1952, 8: 610-612.

多次甲基

Berlin, L. ; Riester, O. , in: Houben-Weyl. Bd. 1972, 5/1d: p. 227-299.

Grignard 反应

Coates, G. E. ; Wade, K. : Organometallic Compounds. Vol. 1. Methuen, London, 1967.

Ioffe, S. T. ; Nesmeyanov, A. N. : The Organic Compounds of Magnesium, Beryllium, Calcium, Strontium and Barium. — North Holland Publishing Comp. , Amsterdam, 1967.

Nützel, K. , in: Houben-Weyl. 1973, 13/2a: 47-527.

Wakefield, B. J. : Organometal. Chem. Rev. 1966, 1: 131; Usp. Khim. 1968, 37: 36-60.

Wakefield, B. J. : Organmagnesium Methods in Organic Synthesis. Academic Press, London San Diego, 1995.

Grignard Reagents. Ed. : H. G. Richey, J. Wiley & Sons, Chichester, 2000.

采用有机锂化合物的合成

Gschwend, H. W. ; Rodriguez, H. R. , Org. React. 1979, 26: 1-360.

Jorgenson, M. J. , Org. React. 1970, 18: 1-97.

Mallan, J. M. ; Bebb, R. L. , Chem. Rev. 1969, 96: 693-755.

Schöllkopf, U. , in: Houben-Weyl. 1970, 13/1: 87-253.

Wakefield, B. J. : Organolithium Methods. Academic Press, London, 1988.

有机铜化合物

Bähr, G. ; Burba, P. , in: Houben-Weyl. 1970, 13/1: 731-761.

House, H. O. , Acc. Chem. Res. 1976, 9: 59-67.

Liscutz, B. H. ; Sengupta, S. , Org. React. 1992, 41: 135-631.

Normant, J. F. ; Alexakis, A. , Synthesis, 1981: 841-870.

Organocopper Reagents. Ed. : R. J. K. Tayler. Oxford University Press, Oxford, 1994.

Posner, H. G. , Org. React. 1972, 19: 1-113; 1975, 22: 253-400.

Posner, H. G. : An Introduction to Synthesis Using Organocopper Reagents. — Jonh Wiley & Sons, New York, 1980.

Taylor, R. J. K. : Organocopper Reagents. Oxford University Press, Oxford, 1994.

有机锌化合物

Erdik, E. : Organozinc Reagents in Organic Synthesis. CRC Press, Boca Raton, 1996.

Knochel, P. ; Petra, J. J. A. , Tetrahedron. 1998, 54: 8275-8319.

Knochel, P. ; Jones, P. : Organozinc Reagents. Oxford University Press, Oxford, 1999.

Nützel, K. , in: Houben-Weyl. 1973, 13/2a: 553-858.

Reformatsky 合成

Fürstner, A. , Synthesis, 1989: 571-590.

Nützel, K. , in: Houben-Weyl. Bd. 1973, 13/2a: p. 809-838.

Rathke, M. W. , Org. React. 1975, 22: 423-460.

从酰氯或羧酸与有机金属化合物制备酮

Jorgenson, M. J. , Org. React. 1970, 18: 1-97.

Shirley, D. A. , Org. React. 1954, 8: 28-58.

Wingler, F. , in: Houben-Weyl. Bd. 1973, 7/2a: p. 558-603.

用复合氢化物的还原反应

Brown, W. G. , Org. React. 1951, 6: 469-509.

Gayload, N. G. : Reduction with Complex Metal Hydrides. Interscience, New York, London, 1956.

Hajos, A. : Komplexe Hydride. Deutscher Verlag der Wissenschaften, Berlin, 1966.

Hajos, A. , in: Houben-Weyl. 1981, 4/1d: 1-486.

Hörmann, H. , in: Neuere Methoden. 1960, 2: 145-154; Angew. Chem. 1956, 68: 601-604.

Itsuno, S. , Org. React. 1998, 52: 395-576(酮的立体选择还原).

Malek, J. , Org. React. 1985, 34: 1-317; 1988, 36: 1-173.

Roginskaya, E. V. , Usp. Khin. 1952, 21: 3-39.

Schenker, E. , in: Neuere Methoden. Bd. 1966, 4: 173-293; Angew. Chem. 1961, 73: 81-107.

Seyden-Penne, J. : Reductions by the Alumino-and Borohydrides in Organic Synthesis. VCH, New York, 1991.

羰基化合物的催化氢化

Adkins, H. , Org. React. 1954, 8: 1-27.

Bogoslowski, B. M. ; Kasakowa, S. S. : Skelettkatalysatoren in der organischen Chemie. Deutscher Verlag der Wissenschaften, Berlin, 1960.

Schiller, G. , in: Houben-Weyl. 1955, 4/2: 302-312, 318-328.
Tinapp, P. , in: Houben-Weyl. 1981, 4/1d: 1-486.

胺的还原烷基化

Emerson, W. S. , Org. React. 1948, 4: 174-255.
Kiyuev, M. B. ; Knidekel, M. L. , Usp. Khim. 1980, 49: 28-53.
Möller, F. ; Schröter, R. , in: Houben-Weyl. 1957, 11/1: 602-648.

Leuckart-Wallach 反应

Bogoslovskii, B. M. , Reakts. Metody Issled. Org. Soedin. 1954, 3: 253-314.
Möller, F. ; Schröter, R. , in: Houben-Weyl. 1957, 11/1: 648-664.
Moore, M. L. , Org. React. 1949, 5: 301-331.

Meerwein-Ponndorf-Verley 还原

Bersin, T. , in: Neuere Methoden, 1949, 1: 137-154.
Wilds, A. L. , Org. React. 1944, 2: 178-223.

Oppenauer 氧化

Bersin, T. , in: Neuere Methoden, 1949, 1: 137-154.
Djerassi, C. , Org. React. 1951, 6: 207-272.
Lehmann, in: Houben-Weyl. 1975, 4/1b: 905-933.

Cannizzaro 反应

Geismann, T. A. , Org. React. 1944, 2: 94-113.
Henecka, H. ; Ott, E. , in: Houben-Weyl. 1952, 8: 455-456.

Wolff-Kizhner 还原

Asinger, F. ; Vogel, H. H. , in: Houben-Weyl. 1970, 5/1a: 251-267, 456-465.
Rodonov, V. M. ; Yartseva, N. G. , Reakts. Metody Issled. Org. Soedin. 1951, 1: 7-98.
Shapiro, R. H. , Org. React. 1976, 23: 405-507(Bamford-Stevens 反应).
Todd, D. , Org. React. 1948, 4: 378-422.

用非贵金属还原羰基化合物

Bloomfield, J. J. ; Owsley, D. C. ; Nelke, J. M. , Org. React. 1976, 23: 259-403.
Muth, H. ; Sauerbier, M. , in: Houben-Weyl. 1980, 4/1c: 645-654.

Clemmensen 反应

Asinger, F. ; Vogel, H. H. , in: Houben-Weyl. 1970, 4/1a: 244-250, 450-456.
Martin, E. L. , Org. React. 1942, 1: 155-209.
Vedejs, E. , Org. React. 1975, 22: 401-422.

用低价键钛还原羰基化合物

McMurry, J. E. , Chem. Rev. 1989, 89: 1513-1524.
Lenoir, D. , Synthesis, 1989: 883-897.
Fürstner, A. ; Bognanovic, B. , Angew. Chem. 1996, 108: 2582-2609.

氨和胺在 α,β-不饱和羰基化合物上的加成

Cromwell, N. H. , Chem. Rev. 1946, 38: 83-137.
Möller, F. , in: Houben-Weyl. 1957, 11/1: 272-289.
Suminov, S. I. ; Kost, A. N. , Usp. Khim. 1969, 38: 1933-1963.

Skraup 喹啉合成

Manske, R. H. F. ; Kulka, M. , Org. React. 1953, 7: 59-98.

Michael 反应

Allen Jr. ,G. R. ; Org. React. 1973,20:337-454(烯胺加成反应,Nenitzescu 反应).

Bergmann,E. D. ,et al. ,Org. React. 1959,10:179-555.

Henecka,H. ,in:Houben-Weyl. 1952,8:590-598.

Little,R. D. ; Masjedizadeh, M. R. ; Wallquist, O. ; McLoughlin, J. I. , Org. React. 1995, 47: 315-552(分子内 Michael 反应).

Nagata,W. ; Yoshioka,M. ,Org. React. 1977,25:255-476(蓝酸加成).

Stetter,H. ,Angew. Chem. 1976,88:695-704(醛的加成).

氰乙基化反应

Bruson,H. A. ,Org. React. 1949,5:79-135.

Kurtz,P. ,in:Houben-Weyl. 1952,8:340-344.

Nesmeyanov,A. N. ,et al. ,Usp. Khim. 1967,36:1089.

Terentev,A. P. ; Kost,A. N. ,Reakts. Metody Issled. Org. Soedin. 1952,2:47-208.

羰基化合物的烷基化反应

Cope,A. C. ,et al. ,Org. React. 1957,9:107-331.

Harris,T. M. ; Harris,C. M. ,Org. React. 1969,17:155-211.

Henecka,H. ,in:Houben-Weyl. Bd. 1952,8:p. 600-610.

Petragnani,N. ; Yonashiro,M. ,Synthesis,1982:521-578.

与胺和铵盐的反应

Brewster,J. H. ; Eliel,E. L. ,Org. React. 1953,7:99-197.

Hellmann,H. ,Angew. Chem. 1953,65:473.

羰基化合物的氯化和溴化反应

Roedig,A. ,in:Houben-Weyl. 1960,5/4:164-210.

Stroh,R. ,in:Houben-Weyl. 1962,5/3:611-636.

金属油酸盐的制备和反应

Klar,G. ; Kramolowsky,R. ,in:Houben-Weyl. 1993,15/1:563-597.

烯醇醚的制备和反应

Effnberger,F. ,Angew. Chem. 1969,81:374-391.

Frauenrath,H. ,in:Houben-Weyl. 1993,15/1:1-349.

由硅烯醇

Brownbridge,P. ,Synthesis,1983:1-28,85-104.

Pawlenko,S. ,in:Houben-Weyl. 1993,15/1:404-462.

Rasmussen,J. K. ,Synthesis,1977:91-110.

烯胺的制备和反应

Enamines-Synthesis,Structure and Reactions. Ed. :A. G. Cook. Marcel Dekker,New York,London,1969.

Hickmott,P. W. ,Tetrahedron 1982,38:1975-2050; 3363-3446.

Hünig,S. ; Hoch,H. ,Fortschr. chem. Forsch. 1970,14:235-293(烯胺的烷基化).

Rademacher,P. ,in:Houben-Weyl. 1993,15/1:598-717.

Szmuskovicz,J. ,Adv. Org. Chem. 1963,4:1-113.

D.8 其它杂原子羰基化合物的反应

羰基基团中不仅氧原子能被其它杂原子（氮原子、硫原子）所取代，而且碳原子也能被杂原子所取代。碳原子被取代后生成 N═O 和 S═O，这两种基团与 C═O 键不仅具有类似的结构，而且能够发生类似的反应。这类杂原子羰基化合物中，最典型的包括亚硝基、硝基、S═O 基羰基化合物及其衍生物。

以下的反应表明，亚硝基的羰基性质与醛基类似：

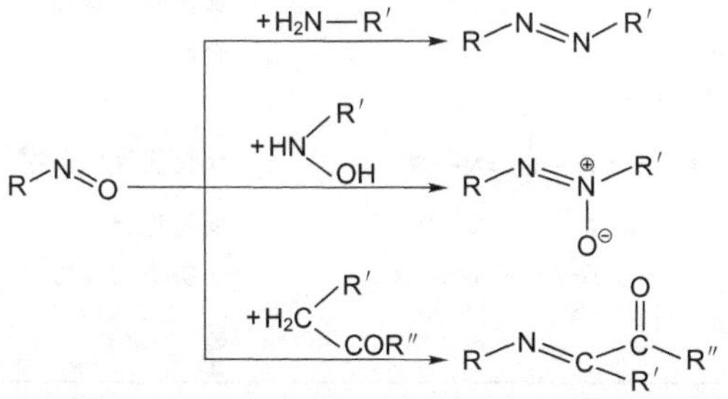

$$R{-}N{=}O \xrightarrow{+H_2N{-}R'} R{-}N{=}N{-}R' \tag{D. 8. 1a}$$

$$R{-}N{=}O \xrightarrow{+HN(R')OH} R{-}N{=}\overset{\oplus}{N}(O^{\ominus}){-}R' \tag{D. 8. 1b}$$

$$R{-}N{=}O \xrightarrow{+H_2C(R')COR''} R{-}N{=}C(R'){-}C(=O){-}R'' \tag{D. 8. 1c}$$

（醛的哪种反应与此相似?）

硝基比亚硝基的“羰基反应性”低，是因为硝基发生中介现象的可能性更高，几乎与羧基或者羧酸阴离子差不多。硝基具有较高的还原性，其“羰基反应性”大概介于酮和羧酸之间。

磺酸基团与羧基类似。因为中介现象的可能性很高，所以“羰基反应性”较低：

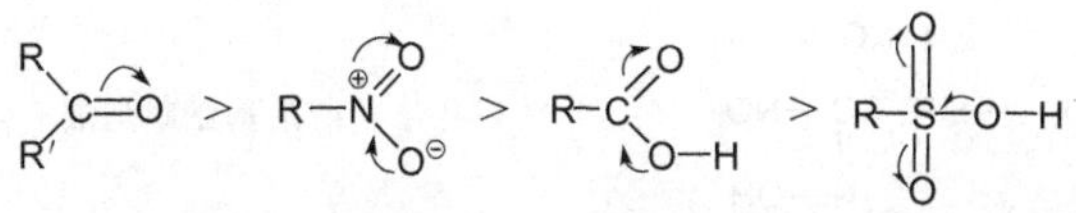

$$R(R')C{=}O > R{-}\overset{\oplus}{N}(=O)O^{\ominus} > R{-}C(=O){-}O{-}H > R{-}S(=O)_2{-}O{-}H \tag{D. 8. 2}$$

“羰基反应性”本质上决定于中介现象，而 α 氢原子的酸化效应取决于杂原子羰基化合物的诱导效应。

α 位有氢原子的脂肪族亚硝基化合物能够自发地发生异构化生成异亚硝基化合物（肟），因此可以认为亚硝基对邻位的氢原子具有很强的酸化效应。

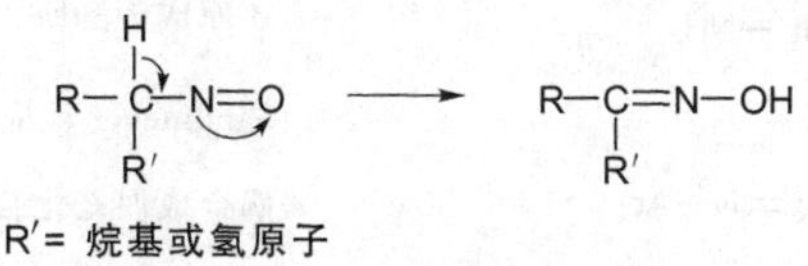

$$R{-}CH(R'){-}N{=}O \longrightarrow R{-}C(R'){=}N{-}OH \tag{D. 8. 3}$$

R′= 烷基或氢原子

（醛的哪种反应与此相似？为什么反向进行?）

硝基的酸化效应低于亚硝基，但是比醛或酮要高。因此，在与醛进行的醇醛缩合反应中，硝基化合物总是作为亚甲基组分发生作用。与肟一样，伯、仲硝基化合物易溶于碱性溶液生成盐。

简单的醛没有自由的烯醇式，另一方面，α 位具有氢原子的亚硝基化合物只能以肟的形式稳定存在，而 α 位具有氢原子的硝基化合物却能够以烯醇和酮两种形式稳定存在。关于脂肪族硝基化合物异构化的信息可以从有关书籍中查到。

磺酸基及其衍生物对邻位氢原子的酸化效应比羧基更强。C—H 酸性遵循以下的顺序：

$$H-\overset{|}{\underset{|}{C}}-N{=}O > H-\overset{|}{\underset{|}{C}}-\overset{\oplus}{N}(=O)-O^{\ominus} > H-\overset{|}{\underset{|}{C}}-C(=O)R > H-\overset{|}{\underset{|}{C}}-S(=O)_2OR > H-\overset{|}{\underset{|}{C}}-C(=O)OR \quad (D.8.4)$$

重要的类似羰基的杂环化合物的反应总结在表 D.8.5 中。

表 D.8.5 重要的类羰基杂环化合物的反应

反应	说明
$R-NO_2 \xrightarrow{H^{\oplus},e^{\ominus}} R-NO$	硝基化合物还原成亚硝基化合物
$\xrightarrow{H^{\oplus},e^{\ominus}} R-NHOH$	羟胺
$\longrightarrow R-\overset{\oplus}{N}(O^{\ominus})=N-R$	氧化偶氮化合物
$\longrightarrow R-N=N-R$	偶氮化合物
$\longrightarrow R-NH-NH-R$	亚肼基化合物
$\xrightarrow{H^{\oplus},e^{\ominus}} R-NH_2$	胺
$HO-NO + Ar-NH_2 \longrightarrow Ar-\overset{\oplus}{N}{\equiv}NX^{\ominus}$	亚硝酸反应得到重氮盐
$+ R-NH_2 \longrightarrow R-OH$	醇
$+ R_2NH \longrightarrow R_2N-NO$	亚硝胺
$+ R-OH \longrightarrow RO-NO$	亚硝酸酯
$+ R_2CH-C(=O)- \longrightarrow R_2C(NO)-C(=O)-$	α-亚硝基羰基化合物
$+ R-CH_2-NO_2 \longrightarrow R-C(=N-OH)-NO_2$	偕硝基亚硝基酸
$+ R_2CH-NO_2 \longrightarrow R_2C(NO)-NO_2$	賸偕硝基亚硝基酸
$Ar-\overset{\oplus}{N}{\equiv}N \xrightarrow{H_2O} Ar-OH$	重氮盐反应，"煮成"酚
$\xrightarrow{H^{\oplus},e^{\ominus}} Ar-NH-NH_2$	还原成芳基肼
$\xrightarrow{X^{\ominus},Cu^{\oplus}} Ar-X$	Sandmeyer 反应成卤代或賸卤代化合物
$\xrightarrow{Ar-H} Ar-N=N-Ar$	偶合成偶氮化合物
$\xrightarrow{R_2CH_2} Ar-NH-N=CR_2$	偶合成腙
$H_2\overset{\ominus}{C}-\overset{\oplus}{N}{\equiv}N \xrightarrow[-N_2]{+H^{\oplus}} \overset{\oplus}{C}H_3 \xrightarrow{Ar-OH} Ar-O-CH_3$	偶氮甲烷反应，酚醚化
$R-C(=O)OH \longrightarrow R-C(=O)OCH_3$	羧酸酯化

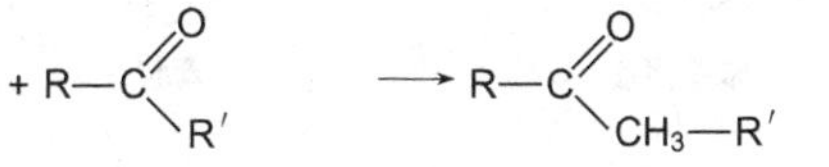 $+\ R-C(=O)-R' \longrightarrow R-C(=O)-CH_3-R'$	羰基化合物的碳链延长
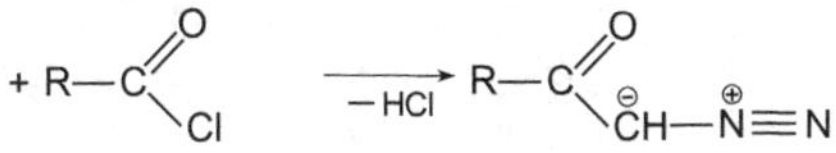 $+\ R-C(=O)-Cl \xrightarrow{-HCl} R-C(=O)-\overset{\ominus}{C}H-\overset{\oplus}{N}\equiv N$	羧酸卤代物的偶氮酮
 $+\ >C=C< \longrightarrow$ (吡唑啉：$H_2C-N=N$ 环)	1,3-偶极加成
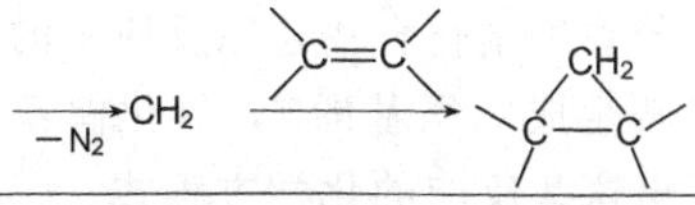 $\xrightarrow{-N_2} CH_2 \xrightarrow{>C=C<}$ (环丙烷：CH_2 桥连 $C-C$)	卡宾的形成及后续反应
$R-SO_2Cl \xrightarrow{H^{\oplus},e^{\ominus}} R-SO_2H \xrightarrow{H^{\oplus},e^{\ominus}} R-SH$	磺酸衍生物的反应，得到亚磺酸和硫醇
$\xrightarrow{R'-OH} R-SO_2OR'$	形成磺酸烷基酯
$\xrightarrow{R'NH_2} R-SO_2NHR'$	形成磺酸胺化物

D. 8. 1　硝基和亚硝基的还原

非贵重金属（最好在酸溶液中）、催化氢化、电解和其它一些还原剂都可以还原硝基化合物。

利用金属还原或者氢分子催化氢化的反应机理与羰基化合物的还原类似。

硝基化合物首先被还原为亚硝基化合物：

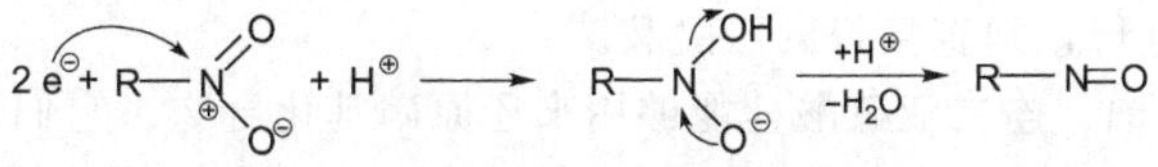

$$2e^{\ominus} + R-\overset{\oplus}{N}(=O)-O^{\ominus} + H^{\oplus} \longrightarrow R-N(OH)-O^{\ominus} \xrightarrow[-H_2O]{+H^{\oplus}} R-N=O \qquad (D.\ 8.\ 6)$$

取代羟胺的反应也是如此。因为具有较高的羰基活性，亚硝基化合物比硝基化合物氢化速度快，两者无法分离。在酸性条件下发生的金属还原反应，最后一步生成的是伯胺。

在中性或弱酸性溶液中，例如在氯化铵水溶液中利用锌粉处理硝基化合物，羟胺的还原反应进行得非常慢，因此可以用这种方法合成羟胺［这一现象可以用式(D. 8. 8)来解释］。

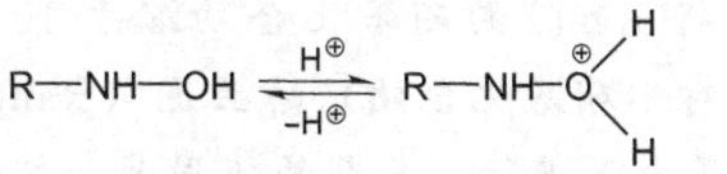

$$R-NH-OH \underset{-H^{\oplus}}{\overset{H^{\oplus}}{\rightleftharpoons}} R-NH-\overset{\oplus}{O}H_2 \qquad (D.\ 8.\ 7)$$

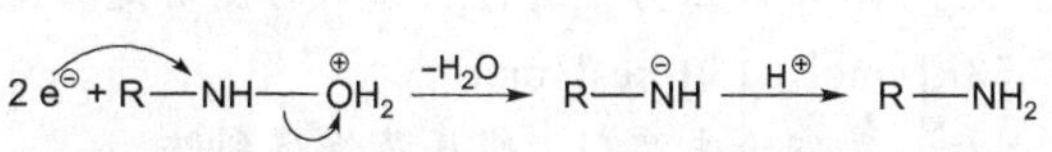

$$2e^{\ominus} + R-NH-\overset{\oplus}{O}H_2 \xrightarrow{-H_2O} R-\overset{\ominus}{N}H \xrightarrow{H^{\oplus}} R-NH_2 \qquad (D.\ 8.\ 8)$$

在碱性介质中，芳香硝基化合物还原为亚硝基化合物或者羟胺的反应同时进行，二者为竞争反应：

自由的芳香羟胺具有高亲核性，因此可以与芳香亚硝基衍生物反应。与 Schiff 碱的形成类似，这一反应生成氧化偶氮苯化合物，它可以进一步被还原为偶氮苯，而且最终成为氢化偶氮苯。式(D. 8. 9) 列出的是芳香硝基化合物在不同条件下发生还原反应优先生成的产物。

$C_6H_5NO_2$ → C_6H_5NO → C_6H_5NHOH $\xrightarrow{(H^{\oplus})}$ $C_6H_5NH_2$

硝基苯　亚硝基苯　苯基羟胺　苯胺

$(HO^{\ominus})$　$(H^{\oplus})$　(D. 8. 9)

氧化偶氮苯　偶氮苯　氢化偶氮苯

除了亚硝基苯和稳定的偶氮苯之外，所有芳香硝基化合物还原反应中的中间产物都能够在强酸的影响下发生重排。因此，苯基羟胺生成对氨基酚[1]，氧化偶氮苯生成对羟基偶氮苯，氢化偶氮苯转化为对联苯胺。试写出这些反应的化学方程式。

芳香硝基化合物的催化还原反应比较容易发生，一般得到伯胺。肼可以用于代替氢分子，脱氢后生成氮。

使用肼的反应具有很好的选择性：羰基是不受影响的。在高温碱性条件下，这种选择性消失（Wolff-Kishner 还原，见 D. 7. 3. 1. 6）；例如间硝基苯甲醛被还原为间甲苯胺。

在盐酸中利用铁进行的 Béchamp 还原是工业上非常重要的反应（金属廉价，酸低消耗，生成的氧化铁可作为颜料）。

$$4\ C_6H_5NO_2 + 9\ Fe + 4\ H_2O \xrightarrow{(HCl)} 4\ C_6H_5NH_2 + 3\ Fe_3O_4 \qquad (D.\ 8.\ 10)$$

在盐酸中利用锌进行的还原反应比较容易，这在定性分析上非常重要。如果反应在冰醋酸-醋酸酐中进行，则直接得到乙酰胺。

硫化铵、硫化钠、连二亚硫酸盐能够用来还原硝基化合物。它们对于部分还原多硝基化合物特别有效（例如还原二硝基苯为硝基苯胺）。

【例】 芳香硝基化合物催化还原反应的通用实验方法（表 D. 8. 11）

A. 利用氢分子加氢　关于催化氢化的一般过程及安全预防知识可以从 D. 4. 5. 2 和 A. 1. 8 获得。

芳香胺是有毒的。它们能够通过呼吸器官和皮肤被吸收。

在搅拌或者摇晃的高压釜中，将 1 mol 的硝基化合物溶于 10 倍量的溶剂中（水、乙醇、二噁烷、烷烃），用 10%（相对于硝基化合物）的兰尼（Raney）镍处理。加氢反应能够在室温 10MPa(100 atm) 的压力下进行。溶剂的使用是必需的，因为它可以带走反应所产生的热量（553kJ/mol，130 kcal/mol）。

处理：除去催化剂后，蒸发除去溶剂，减压蒸馏得到胺。

B. 利用肼作为氢源的还原反应　在一个带有回流冷凝器的双颈烧瓶（或者带有 Anschütz 头的圆底烧瓶）中，将 1 mol 的硝基化合物（或者 0.5 mol 的二硝基化合物）溶解于 10 倍量的乙醇中，加入 2.5 mol 的水合肼（80%～100%）[2]。溶液加热到

---

[1] 对氨基酚（rodinal）及其衍生物是重要的显影剂（还原作用的原因是什么?）。

[2] 如何浓缩稀的水合肼溶液以及确定其浓度，见试剂附录。

30～40 ℃，然后加入少量兰尼镍的乙醇悬浊液❶。氮气冒出，说明反应开始了。直到氮气不再逸出再加入少量催化剂。当补加催化剂不再产生氮气后，混合溶液再回流 1h，过滤除去催化剂，用活性炭脱色，然后真空减压蒸馏或者重结晶得到胺。

这种方法也适用于半微量合成或者定性分析。

表 D.8.11 芳香硝基化合物还原为伯胺

胺	反应物	方法	沸点(熔点)/℃	n_D^{20}	产率/%
苯胺	硝基苯	A,B	$69_{1.3(10)}$	1.5863	90
3-溴苯胺	3-硝基溴苯	A,B	$130_{1.6(12)}$,(熔点 18)		50
4-氨基苯乙醚	4-硝基苯乙醚	A,B	$127_{1.1(8)}$,(熔点−2)		85
α-萘胺	α-硝基萘	A,B	$160_{1.6(12)}$,(熔点 90)		90
4-氯苯胺	4-硝基氯苯	A,B	$130_{2.7(20)}$,(熔点 71)(乙醇)		95
2-氯苯胺	2-硝基氯苯	A,B	$115_{2.7(20)}$	1.5895	95
邻甲苯胺	邻硝基甲苯	A,B	$121_{10.7(80)}$	1.5728	70
对甲苯胺	对硝基甲苯	A,B	$84_{1.7(13)}$,(熔点 45)		70
3-氯苯胺	3-硝基氯苯	A	$113_{2.4(18)}$	1.5930	70
2,4-二氨基甲苯	2,4-二硝基甲苯	A,B	$149_{1.1(8)}$,(熔点 99)		80
3-氨基二苯甲酮	3-硝基二苯甲酮	B	(熔点 87)(乙醇)		70
3-氨基苯甲醛亚乙基缩醛	3-硝基苯甲醛亚乙基缩醛	B	$123_{0.05(0.5)}$	1.5740	80

间二硝基苯被还原为间硝基苯胺参见：Hodgson H. H.，E. R. Ward，J. Chem. Soc. (London)，1949：1316.

【例】 利用锡和盐酸将芳香硝基化合物还原为伯胺（定性分析的通用实验方法）

0.5 g 硝基化合物与 1.5 g 颗粒状锡，8 mL 1∶1 的浓盐酸一起煮沸 1 h。冷却后，除去未溶解的金属并用 5 mL 水稀释，用乙醚除去未反应的反应物和副产物。水相迅速倒入过量的氢氧化钠溶液中，胺用乙醚提取，提取液利用固体氢氧化钠干燥，除去乙醚。如果用乙醚提取时受β-锡酸沉淀的阻碍，可以用水蒸气蒸馏法除去胺。粗胺可以用于表征。在酸性硝基化合物的还原反应（例如硝基苯甲酸）中，用醚无法从氢氧化钠溶液中分离出还原产物；然而氨基酸类或氨基酚类化合物在碱性溶液中直接发生苯甲酰化反应。

【例】 利用高氯酸滴定确定胺的物质的量❷

准确称取 0.5～1 g 待测物溶解于 10 mL 无水冰醋酸。滴入几滴指示剂后，用 0.1 mol/L 高氯酸的冰醋酸溶液进行滴定。如果用结晶紫为指示剂，终点时颜色从蓝变绿；若用α-萘酰胺为指示剂，则终点时颜色为从黄变绿。

合成芳香伯胺最常用的方法是还原芳香硝基化合物，因为芳香伯胺基本上不能够从卤代芳烃得到（见 D.2.2.1）。脂肪胺类化合物不容易利用硝基化合物来合成；然而脂肪胺能够从醇或者卤代烃和氨合成（见 D.2.6.4），也可以通过催化氢化腈合成（见

❶ 兰尼镍的使用量大约相当于硝基化合物的 5%。而二硝基化合物大约需要两倍的兰尼镍。

❷ 见 Houben-Weyl，1953，Vol. Ⅱ：661.

D. 7. 3. 2)。

芳香胺的工业化合成也是通过硝基化合物的还原实现的。反应的过程包括催化（铜催化剂）和Bechamp还原法。到目前为止最重要的产品是苯胺，它可以用来合成染料、药品（乙酰苯胺、磺胺类药物），硫化促进剂（如巯基苯并噻唑）和抗氧化剂。

与硝基化合物类似，亚硝基和异亚硝基化合物（肟）也能够被还原为胺。因为乙酰氨基丙二酸酯的合成具有特殊重要性，现将乙酰氨基丙二酸酯的合成叙述如下。

【例】 乙酰氨基丙二酸二乙酯的合成[1]

在一个装有搅拌器、回流冷凝器和内部温度计的带Anschütz头的三颈烧瓶中，将0.15 mol的异亚硝基丙二酸二乙酯和乙酸钠溶于200 mL冰醋酸和300 mL醋酸酐，于80 ℃加入80 g锌粉，控制温度保持在110～115 ℃。加入锌粉后，在此温度下再加热30 min。溶液趁热过滤，最好使用电加热的烧结玻璃过滤器，滤渣用70 mL沸腾的冰醋酸洗涤两次（通风橱里进行）。

真空除去溶剂（最后利用热水浴），残渣用二氯甲烷煮沸。提取物依次用饱和氯化钠溶液和碳酸氢钠溶液洗涤，然后用硫酸镁干燥并蒸发溶剂。得到的粗酯利用异丙醇重结晶提纯。产物的m. p. 97 ℃；产率80%。

乙酰氨基丙二酸二乙酯催化氢化：Vignau M. ,Bull. Soc. Chim. France,1952:638.

D. 8. 2 亚硝酸的反应

亚硝酸是最重要的亚硝基化合物，与其相似的羰基化合物是羧酸。由于亚硝基的氮原子所带部分正电荷被羟基的$+M$效应充分补偿，亚硝酸的“羰基活性”较低（比较D. 7）。用酸作为催化剂能让反应快速进行。

在化合物［式(D. 8. 12)］Ⅱ、Ⅲ、Ⅳ的反应中，亲核进攻的活性得到了加强。下面将给予解释。

$$\underset{\text{I}}{H{-}O{-}N{=}O} + H^{\oplus} \rightleftharpoons \underset{\text{II}}{H{-}\overset{H}{\underset{\oplus}{O}}{-}N{=}O} \quad \begin{cases} \xrightleftharpoons{+NO_2^{\ominus}} H_2O + \underset{\text{IV}}{O{=}N{-}O{-}N{=}O} \\ \rightleftharpoons H_2O + \underset{\text{III}}{\overset{\oplus}{N}{=}O} \end{cases} \tag{D. 8. 12}$$

在此条件下，亚硝酸的反应活性比羧酸高。例如，亚硝酸能够与酸性化合物的C—H发生反应生成异亚硝基化合物（见D. 8. 2. 3），但是羧酸却不能发生类似的反应。

下面将简单阐述在亚硝酰阳离子的辅助下发生的亚硝酸的酸催化反应[式(D. 8. 12) Ⅲ]。

产物（Ⅱ、Ⅲ、Ⅳ）能否作为亚硝化剂取决于溶液中酸的浓度（重氮化机理见参考文献）。

D. 8. 2. 1 亚硝酸与氨基化合物的反应

脂肪叔胺与亚硝酸不能发生羰基反应（为什么?）。只能够得到不稳定的铵盐。

叔芳胺中的芳香核能发生亚硝基化反应（亲电芳香取代）。

亚硝酸与仲胺反应可生成亚硝胺。

[1] 见Shaw K.，Nolan C.，J. Org. Chem. 1957，22：1670.

相应的，N-单取代的（仲）酰胺反应生成亚硝基酰胺。这一过程可以用N-甲脲的合成来阐述。(为什么甲基取代的氨基与亚硝酸的反应性比未取代的氨基高?)。

N-亚硝基烷基酰胺在重氮烷的合成中非常重要。

【例】 亚硝基甲脲的合成

警告：亚硝基甲脲在有光和热的条件下遇火就爆炸，应该在黑瓶中冷藏保存。有毒，应避免与皮肤接触。

1.5 mol 盐酸甲胺和 5 mol 尿素溶于 400 mL 水中，溶液加热回流 3 h。加入 1.6 mol 亚硝酸钠后，溶液冷至−10 ℃，然后在搅拌下加入到用冰盐混合物冷却的 600 g 冰和 110 g 浓硫酸的混合溶液中。亚硝基化合物过滤分离后用冰水洗涤。产物 m. p. 124 ℃（分解）；产率 80%。用甲醇重结晶。所得产物不需纯化就可以用于合成重氮甲烷。

甲胺和尿素合成甲脲的反应属于哪种反应？解释尿素大量过量的原因。

亚硝基甲基甲苯磺胺的合成：Th. J. de Boer and H. J. Backer，Org. Syntheses，1954，34：96.

伯胺和亚硝酸的反应与仲胺和亚硝酸发生的第一步反应相似。化合物Ⅲ的胺氮基团上还有一个氢原子能够发生反应［式(D. 8. 13) Ⅲ］，转化为Ⅳ(见亚硝基-异亚硝基互变异构现象)。

$$\underset{\text{I}}{R{-}NH_2 + \overset{\oplus}{N}{=}O} \longrightarrow \underset{\text{II}}{R{-}\overset{\oplus}{N}H_2{-}N{=}O} \xrightarrow[-H^{\oplus}]{} \underset{\text{III}}{R{-}NH{-}N{=}O}$$

$$\longrightarrow \underset{\text{IV}}{R{-}N{=}N{-}OH} \underset{-H^{\oplus}}{\overset{+H^{\oplus}}{\rightleftharpoons}} \underset{\text{V}}{R{-}N{=}N{-}\overset{\oplus}{O}H_2} \underset{+H_2O}{\overset{-H_2O}{\rightleftharpoons}} \underset{\text{VI}}{R{-}N{\equiv}N} \quad (D. 8. 13)$$

在必要的酸性条件下，重氮氢氧化物Ⅳ在质子加入后脱去一分子水生成重氮阳离子Ⅵ。这一过程中形成氮分子结构。接下来，如果重氮基团不与中介系统共轭，或者重氮阳离子不能转化为类似的系统，重氮盐将脱去氮分子。

因此，亚硝酸与伯胺化合物的反应中都能生成重氮离子，然后会发生不同的后反应：在脂肪伯胺反应中（R＝烷基），即使在 0 ℃都能发生氮分子的消除。剩余的碳正离子以通常的方式保持稳定性，例如碳正离子能与溶剂（通常是水）发生亲核取代反应［式(D. 8. 14)］，有时也会脱去质子形成烯烃。碳正离子也可能提前异构化变成更低能量的离子，例如正丙胺反应主要生成异丙醇：

$$H_3C{-}CH_2{-}CH_2{-}\overset{\ominus}{N}{\equiv}N \longrightarrow H_3C{-}CH_2{-}\overset{\oplus}{C}H_2 \rightleftharpoons H_3C{-}\underset{\oplus}{C}H{-}CH_3$$

$$\xrightarrow[-H^{\oplus}]{+H_2O} H_3C{-}CH_2{-}CH_2{-}OH; \quad \xrightarrow[-H^{\oplus}]{+H_2O} H_3C{-}CH(OH){-}CH_3; \quad \xrightarrow[-H^{\oplus}]{} H_2C{=}CH{-}CH_3 \quad (D. 8. 14)$$

伯酰胺以极其类似的方式与亚硝酸反应脱去氨基生成羧酸（酰胺的温和皂化反应）。

虽然 α-氨基酯和 α-氨基酮在低温下不发生脱氨基反应，但是质子能够从被羰基活化的 α 位脱去，生成 α-重氮酯和 α-重氮酮。

以甘氨酸酯的合成为例来阐述这一类反应：

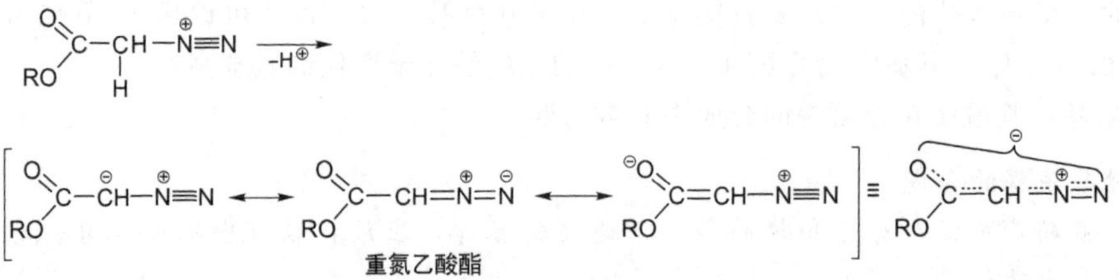

$$\mathrm{RO{-}C({=}O){-}CH(H){-}\overset{\oplus}{N}{\equiv}N} \xrightarrow{-H^{\oplus}}$$

$$\left[\mathrm{RO{-}C({=}O){-}\overset{\ominus}{C}H{-}\overset{\oplus}{N}{\equiv}N} \longleftrightarrow \mathrm{RO{-}C({=}O){-}CH{=}\overset{\oplus}{N}{=}\overset{\ominus}{N}} \longleftrightarrow \mathrm{RO{-}C(\overset{\ominus}{O}){=}CH{-}\overset{\oplus}{N}{\equiv}N}\right] \equiv \mathrm{RO{-}C(O){\cdots}CH{\cdots}\overset{\oplus}{N}{\equiv}N}\ (\ominus) \qquad \text{(D. 8. 15)}$$

重氮乙酸酯

因为整个分子中充满了电子离域的共轭体系，重氮化合物是较稳定的。

α-重氮酮和重氮丙二酸酯［式(D. 8. 16)］比α-重氮羧酸酯稳定（为什么?）。

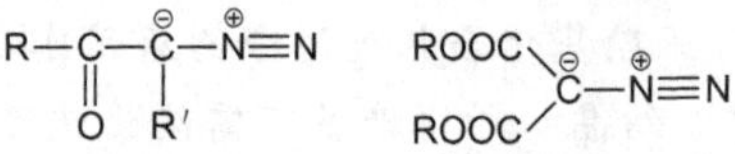

$$\mathrm{R{-}C({=}O){-}\overset{\ominus}{C}(R'){-}\overset{\oplus}{N}{\equiv}N} \qquad \mathrm{(ROOC)_2\overset{\ominus}{C}{-}\overset{\oplus}{N}{\equiv}N} \qquad \text{(D. 8. 16)}$$

重氮酮　　重氮丙二酸酯

重氮酮也能够用另一种方法合成（利用酰氯和重氮甲烷反应合成）。

由于重氮基团与芳香核能产生共轭效应，因此伯芳香胺和亚硝酸（重氮化作用）合成的重氮盐很稳定。加热时，重氮盐只按一种分解方式生成烷基重氮离子。

大部分的重氮化反应在水溶液中进行；亚硝酸是由亚硝酸钠和无机酸反应生成的。生成的重氮盐通常不需要分离，在溶液中就可以直接用于下一步反应。

因为芳香胺的碱性一般比脂肪胺低，因此由无机酸合成的亚硝酸的活性在重氮化反应中就显得特别重要了。另外，为了阻止生成的重氮盐和未转化的游离胺（三氮烯的合成）的结合，酸必须是过量的。但是在水解平衡中只有游离胺能与亚硝酸结合。酸的浓度由胺的碱性决定。每1 mol的胺和亚硝酸钠需要2.5～3 mol的无机酸，如果胺的碱性更弱则需要更高浓度的酸。例如，2,4,6-三硝基苯胺的碱性仅相当于酰胺的碱性，因此需要用高浓度的硫酸，磷酸或者冰醋酸。在等摩尔的硫酸亚铁存在下，这类胺的重氮化反应利用浓硝酸就可进行，无须使用亚硝酸钠（首先发生哪一步反应?）。

亚硝酸酯在无水溶液（冰醋酸、二噁烷、无水乙醇的饱和盐酸溶液）中发生重氮化反应，利用醚沉淀后能够生成固体重氮盐。这类盐在干燥情况下易爆炸，对撞击和热敏感。

【例】 重氮化芳香胺溶液合成的通用实验方法

在烧瓶或者烧杯中，将1 mol芳香伯胺溶解于2.5～3 mol 1：1的浓盐酸、氢溴酸或者1：1的硫酸❶，保持低温（用冰和盐）在－5 ℃搅拌，缓慢倒入与胺等量❶的2.5 mol亚硝酸钠水溶液，保持温度不能超过5 ℃。在加入亚硝酸钠的后期，利用淀粉碘化钾试纸测定是否有游离的亚硝酸生成（点，蓝色）。当亚硝酸钠加入5 min后仍然测到有亚硝酸时就停止加入。过量的亚硝酸会影响下一步的反应，所以应该用尿素或者硫酸除去。如果胺不能溶解于无机酸，则重氮化反应应该在悬浊液中搅拌进行。搅拌条件下，将盐溶解于热溶液然后快速冷却，这样生成的晶体比较好。异相反应发生得较慢，必须剧烈搅拌且缓慢加入亚硝酸盐。

这一过程适用于半微量合成。

---

❶ 在多胺的重氮化反应中，酸的用量由氨基的数目决定。

在分析化学中，利用亚硝酸与胺的反应来鉴别脂肪伯胺和芳香伯胺，而由于芳香伯胺发生重氮化后能够被偶合反应检测到。亚硝酸也可用于分离和定量检测伯胺、仲胺和叔胺混合物中的仲胺。反应进行时，伯胺脱去氨基，叔胺不发生任何反应；而仲胺生成的黄色亚硝胺可以蒸馏出来并溶于乙醚。

$$R_2N{-}H + \overset{\oplus}{N}{=}O \longrightarrow R_2\overset{\oplus}{N}H{-}N{=}O \longrightarrow R_2N{-}N{=}O + H^{\oplus} \quad (D.8.17)$$

在酸中对其加热，重新转化成亚硝酸和仲胺。芳香亚硝胺容易发生重排生成对亚硝基芳胺。伯胺、仲胺和叔胺的分离通常利用 Hinsberg 方法进行。

伯胺和亚硝酸反应脱去氨基的过程中会释放出氮气，氮气的体积是可测的。这是利用 van Slky 方法对具有伯胺基团的混合物（脂肪胺、芳香胺、氨基酸、伯酰胺）进行定量测定的基础。

D. 8. 2. 2　亚硝酸和醇的反应（酯化反应）

与仲胺的反应类似，醇和亚硝酸发生反应生成亚硝酸酯：

$$R{-}O{-}H + \overset{\oplus}{N}{=}O \rightleftharpoons R{-}\overset{\oplus}{O}H{-}N{=}O \underset{+H^{\oplus}}{\overset{-H^{\oplus}}{\rightleftharpoons}} \underset{\text{亚硝酸酯}}{R{-}O{-}N{=}O} \quad (D.8.18)$$

亚硝酸的酯化反应速率比羧酸的快，和酯的水解反应速率差不多。

当亚硝化反应不能在水溶液中进行（参见固体重氮盐的合成），或者反应必须在碱性条件下进行（见下面，CH 酸性化合物的亚硝基化）时，常使用亚硝酸酯而不能使用游离酸。

【例】　亚硝酸异戊酯的合成

注意！吸入亚硝酸酯的蒸气会导致周围血管的明显膨胀（脑充血）。

在烧杯中，将 1 mol 异戊醇和 1.1 mol 的亚硝酸钠溶于 140 mL 水，混合物在搅拌下冷却到 0 ℃(冰盐混合物)。在剧烈搅拌下从滴液漏斗中缓慢滴加 90 mL 浓盐酸；整个过程温度保持在 5 ℃以下。反应完成后溶液倒入 1 L 的分液漏斗中，加入 400 mL 水后摇晃；弃去水层后有机相用稀碳酸钠溶液洗涤，然后用水洗涤数次。分离得到的产物用氯化钙干燥后，真空蒸馏到低温接收器中。b. p. 30 ℃；产率 75%，黄色油状物。

D. 8. 2. 3　亚硝酸和 CH 酸性化合物的反应

CH 酸性化合物也能够与亚硝酸反应。这类反应与酸催化的羟醛缩合反应属同一类型。该反应只限于活性较高的亚甲基化合物（α 位至少有一个酮基或者硝基，或者具有两个羧基或酯基）：

$$\text{O}{=}\text{C}{-}\text{C}{-}\text{H} \underset{(H^{\oplus})}{\overset{(H^{\oplus})}{\rightleftharpoons}} \text{HO}{-}\text{C}{=}\text{C} + \overset{\oplus}{N}{=}O \longrightarrow \text{HO}{=}\text{C}{-}\text{C}{-}N{=}O \xrightarrow{-H^{\oplus}} \text{O}{=}\text{C}{-}\text{C}{-}N{=}O \quad (D.8.19)$$

当邻近亚硝基的碳原子上还有一个氢原子时，亚硝基迅速转变为相应的异亚硝基化合物［式(D. 8. 3)］。

由于亚甲基的活性较低，反应必须要强碱的促进才能进行（碱金属醇盐）。亚硝酸不能用于发生这类反应（为什么），必须用它的酯代替进行。这类反应与 Claisen 酯缩合类似（试写出这些反应的化学方程式）。

【例】 异亚硝基丙二酸乙酯的合成[1]

0 ℃强烈搅拌下，250 mL 含 3 mol 亚硝酸钠的水溶液逐滴滴加到 170 mL 含 1 mol 新蒸馏的丙二酸乙酯中，共用时 3～4 h。然后混合物在室温下继续搅拌超过 10 h。生成的异亚硝基丙二酸乙酯先用 400 mL 二氯甲烷萃取，然后用 100 mL 二氯甲烷萃取三次。所有的萃取液用硫酸镁干燥，然后与 10 g 碳酸氢钠一起摇晃（注意，有二氧化碳放出）。等气体释放完毕后过滤溶液，然后加入 20 g 无水乙酸钠煮沸 10 min。滤液浓缩至一半体积，用无水石油醚稀释至出现浑浊，然后放入冰箱中过夜使其结晶。3（异亚硝基丙二酸乙酯）乙酸钠的产率是 75%，m. p. 88 ℃。

CH 酸性化合物的亚硝基化反应用于合成 α-氨甲酰基化合物（通过还原）和 α-二羰基化合物（通过单肟的水解）。

上述合成的异亚硝基丙二酸酯被还原生成氨基化合物，接着发生酰化反应生成乙酰氨基丙二酸酯或者甲酰氨基丙二酸酯，这一反应在这类反应中非常重要（写出方程式。怎样从甲基乙基酮合成丁二酮？你还知道有什么其它方法可以合成 α-二酮?）。

CH 酸性化合物和亚硝酸的反应可用于分析或分离脂肪族伯硝基化合物和仲硝基化合物：脂肪族伯硝基化合物与亚硝酸反应生成硝肟酸，无色的硝肟酸与碱反应形成深红色盐；仲硝基化合物与亚硝酸反应生成假硝醇，而蓝绿色假硝醇不形成盐。

$$R-CH_2-NO_2 + HNO_2 \longrightarrow R-C(=N-OH)-NO_2 + H_2O \quad \text{(D. 8. 20)}$$

硝肟酸

$$R_2CH-NO_2 + HNO_2 \longrightarrow R_2C(N=O)-NO_2 + H_2O \quad \text{(D. 8. 21)}$$

假硝醇

D. 8. 3 重氮盐的反应

芳香伯胺发生重氮化形成的重氮盐可以进一步发生化学反应，反应中 N═N 基团或者失去或者保留。

D. 8. 3. 1 煮沸和还原

在加热的条件下，芳香重氮盐失去氮分子生成苯基阳离子[2]，它可以与亲核溶剂反应。反应是单分子的 S_N1 反应，其特征是生成具有高电负性（电子密度）的产物。所以反应在水溶液中进行时水优先反应。甲醇和乙醇的反应相似。卤素中只有氟阴离子能够顺利发生反应（通过重氮四氟硼酸盐——Schiemann 反应），氯反应度很小，而溴不发生反应（关于碘的反应见下面）。

在醇特别是在乙醇中煮沸时，存在一个竞争反应，醇与反应物发生相互的还原/氧化反应生成醛和苯。重氮盐的这种还原反应同样也可以在环醚（二氧六环，四氢呋喃）

---

[1] 与 1/3 mol 乙酸钠合成的加成产物，见 Shaw K. and Nolan C.，J. Org. Chem. 1957，22：1668.

[2] 此反应与脂肪重氮离子的分解类似，但是由于芳香重氮离子的高稳定性，这一反应不能在室温下自然发生。

中进行。下面的方程式中一个氢离子转移到苯基上：

$$C_6H_5-\overset{\oplus}{N}\equiv N\ Cl^{\ominus} \xrightarrow{-N_2} \begin{cases} \xrightarrow{+H_2O} C_6H_5-OH + H^{\oplus} + Cl^{\ominus} \\ \xrightarrow{+CH_3OH} C_6H_5-OCH_3 + H^{\oplus} + Cl^{\ominus} \\ \xrightarrow{+BF_4^{\ominus}} C_6H_5-F + BF_3 + Cl^{\ominus} \end{cases} \quad (D.8.22)$$

$$C_6H_5-\overset{\oplus}{N}\equiv N + e^{\ominus} \longrightarrow C_6H_5\cdot + N_2 \quad (D.8.23a)$$

$$C_6H_5\cdot + \text{(cyclic ether)}CH_2-O \longrightarrow C_6H_5-H + \text{(cyclic ether)}\dot{C}H-O \quad (D.8.23b)$$

$$\text{(cyclic ether)}\dot{C}H-O + C_6H_5-\overset{\oplus}{N}\equiv N \longrightarrow C_6H_5\cdot + N_2 + \text{(cyclic)}CH=O^{\oplus} \quad (D.8.23c)$$

与这个反应相比，原来利用碱性亚锡酸溶液将重氮盐转化为相应的芳香烃的方法较差。

【例】 煮沸重氮盐合成酚的通用实验方法（表 D.8.24）

如前所述利用 0.5 mol 胺制得的重氮盐溶液，在水中煮沸直到氮气释放完毕。生成的酚进行蒸馏，直到蒸馏物不与三氯化铁反应为止。蒸馏产物用氯化钠饱和，然后用乙醚萃取酚。用硫酸镁干燥后，真空蒸馏，得到产物酚。

这一过程可用于半微量合成。

表 D.8.24 煮沸重氮盐溶液合成酚

酚	胺	沸点(熔点)/℃	产率/%
苯酚	苯胺	$74_{1.3(10)}$,(熔点 43)	60
间甲基苯酚	间甲基苯胺	$86_{2.0(15)}$,(n_D^{20} 1.5364)	60
邻甲基苯酚	邻甲基苯胺	$93_{3.1(23)}$,(熔点 31)	60
对甲基苯酚	对甲基苯胺	$96_{2.0(15)}$,(熔点 36)	60
间氯苯酚	间氯苯胺	$55_{0.4(3)}$,(熔点 32)	65
对氯苯酚	对氯苯胺	$88_{0.7(5)}$,(熔点 42)	60
间羟基苯甲醛①	间氨基苯甲醛	$168_{2.3(17)}$,(熔点 108)(水)	55
邻甲氧基苯酚②	邻甲氧基苯胺	$105_{3.3(25)}$,(熔点 30)	50

① 重氮盐溶液热过滤，沉淀用水煮沸，用醚将非挥发性醛从混合液中萃取出来。

② 重氮盐溶液用 300 mL 冷的浓硫酸处理，在金属浴中加热到内部温度 125～130 ℃。邻甲氧基苯酚在此温度下蒸馏出来

利用重氮盐煮沸合成酚的产率比较低。当需要合成无异构体的酚或者利用其它方法无法合成时，主要利用这种方法合成酚。

重氮盐除了可被还原为烃外，其分子中的氮也能被还原。这类反应中氢加入 N═N 键上生成苯肼；可用的还原剂有亚硫酸钠、冰醋酸中的锌，氯化氢中的氯化亚锡（利用亚锡酸溶液还原为烃的方法见上）。

氯化重氮苯还原为苯肼的反应阐述如下：

$$[C_6H_5-\overset{\oplus}{N}\equiv N]Cl^{\ominus} + Na_2SO_3 \xrightarrow{-NaCl} [C_6H_5-\overset{\oplus}{N}\equiv N]SO_3Na^{\ominus} \longrightarrow$$

$$C_6H_5-\overset{\oplus}{N}=N-SO_3Na \xrightarrow{+H_2SO_3} C_6H_5-N(SO_3H)-N(H)-SO_3Na \xrightarrow{+2H_2O}$$

$$C_6H_5-NH-NH_2 + H_2SO_4 + NaHSO_4 \qquad (D.8.25)$$

【例】 苯肼的合成（表 D. 8. 26）

表 D. 8. 26 重盐的还原制备芳基肼

肼	原料	方 法	沸点(熔点)/℃
苯肼	苯胺	A,B	$120_{1.6(12)}$,(熔点 19),n_D^{20} 1.6084
对甲基苯肼	对甲苯胺	A,B	(熔点 54)
邻甲基苯肼	邻甲苯胺	A,B	$96_{0.3(2)}$
3-甲氧基苯肼	对茴香胺	A,B	$105_{0.1(1)}$
4-氯苯肼	4-氯苯胺	A,B	(熔点 84.5)
3-氯苯肼	3-氯苯胺	A,B	$95_{0.1(1)}$
2-氯苯肼	2-氯苯胺	A,B	(熔点 102)
4-溴苯肼	4-溴苯胺	A,B	

警告！反应物毒性很强，能够引起痛苦的皮疹。

方法 A

(1) 亚硫酸钠溶液的合成。在冷却搅拌下，将二氧化硫通入含 2 mol 氢氧化钠的 600 mL 溶液中，直到使酚酞变色为止。

(2) 氯化重氮苯的还原。在一个带有搅拌器和滴液漏斗的 2 L 三颈烧瓶中，亚硫酸钠溶液冷却到 3 ℃，并且用 50 g 冰保持温度。在不断搅拌下，迅速倒入 0.4 mol 苯胺生成的重氮盐溶液。混合物在 20 ℃下保持 10 min，然后加热到 70 ℃保持 30 min(溶液变成深红色)。热溶液利用浓盐酸酸化至石蕊试纸变色，然后在 70 ℃下再加热 6 h。

热溶液中加入 1/3 体积的浓盐酸，然后用冰盐的混合物降温到−5 ℃。粉红色盐酸苯肼微晶体被分离出来。利用 100 mL 25%的氢氧化钠处理氯化物就可以得到游离碱。产物用苯（2×50 mL）萃取。苯萃取液用氢氧化钠干燥，蒸发溶剂后，再分馏制得苯肼。b. p. 120 ℃；m. p. 19 ℃；n_D^{20} 1.6084；产率 60%。

方法 B

在 500 mL 三颈瓶上，装有搅拌器，分液漏斗和温度计，用 70 mL 盐酸（分析纯）中含 0.3 mol 锌（Ⅱ）氯化物的二水合物的混合液冷却到−10～−15 ℃(丙酮-干冰)。该温度搅拌情况下，滴加由 0.1 mol 胺用盐酸（分析纯）时生成的重盐氯化物溶液。

为使反应完全，冰箱中过夜保存。然后，将析出的锌的重盐抽滤，溶解及悬浮于 70 mL 的水中加浓苛性钠致发生强碱性反应。

肼用 40 mL 醚提取四次，在用镁的硫酸盐将合并的醚的提取液干燥后，将溶剂蒸馏，剩余物在真空中分馏及由石油醚中重结晶出来。产率大约为 70%。

苯肼是非常重要的用于分析醛、酮和糖的试剂，而且也是 Fischer 吲哚合成的重要试剂。肼可用于大规模工业化合成药物吡唑酮衍生物以及染料。

D. 8. 3. 2　Sandmeyer 反应

有些反应不能够通过简单的煮沸重氮盐的方法就将取代基如溴引入到芳香环上，需要加入铜粉或者亚铜盐来促进反应（Sandmeyer）。

$$\begin{aligned} C_6H_5-\overset{\oplus}{N}\equiv N + Cu^{\oplus} &\longrightarrow C_6H_5\cdot + N\equiv N + Cu^{2\oplus} \\ C_6H_5\cdot + Cl^{\ominus} &\longrightarrow C_6H_5-Cl + e^{\ominus} \\ e^{\ominus} + Cu^{2\oplus} &\longrightarrow Cu^{\oplus} \end{aligned} \qquad \text{(D. 8. 27)}$$

副产物中有联苯类衍生物说明反应是自由基机理[1]（比较：氧化还原过程中自由基的生成）。

铜离子仅仅是电子供体或者受体，因此当取代基易氧化或者能发生可逆氧化时就不需要真正的 Sandmeyer 催化剂，例如碘离子，这就是所谓的形成了自催化剂。当利用亚砷酸基团进行反应时，发生的是氧化而不是还原反应，生成砷酸。下面是几种可能的反应：

$$R-C_6H_4-\overset{\oplus}{N}\equiv N + \begin{cases} \xrightarrow{Cl^{\ominus}(Cu^{\oplus})} R-C_6H_4-Cl \\ \xrightarrow{Br^{\ominus}(Cu^{\oplus})} R-C_6H_4-Br \\ \xrightarrow{I^{\ominus}} R-C_6H_4-I \\ \xrightarrow{CN^{\ominus}(Cu^{\oplus})} R-C_6H_4-C\equiv N \\ \xrightarrow{AsO_2^{\ominus}} R-C_6H_4-AsO_3H_2 \\ \xrightarrow{SO_2(Cu)} R-C_6H_4-SO_2H \end{cases} \qquad \text{(D. 8. 28)}$$

这类反应之所以重要是因为它能够经过硝基引入取代基，而其它方法不能引入或者不能在指定位置直接引入。而竞争反应能够生成酚、联芳烃和偶氮（试写出这些副反应的化学方程式）。

【例】 通过 Sandmeyer 反应合成氯代芳烃、溴代芳烃和芳腈的通用实验方法（表 D. 8. 29）

注意：在合成腈的过程中，会释放出氢氰酸。反应应该在通风橱中进行并且要戴防毒面具（Atemfilter G，见试剂附录）。

(1) 铜催化剂的合成。在一个圆底烧瓶中，1 mol[2] 硫酸铜加热溶于 800 mL 水中，

---

[1] 重氮盐能够与碱发生反应转变为重氮酐（Ar—N═N—O—N═N—Ar）产物会在芳香溶剂中分解并被萃取。芳香自由基与芳香溶剂发生取代反应（Gomberg-Bachmann 芳香化作用生成联苯）。

[2] 应该考虑到结晶水。

表 D. 8. 29 Sandmeyer 反应

产物	反应物	沸点(熔点)/℃	n_D^{20}	产率/%
邻氯甲苯	邻甲苯胺	158	1.5247	80
间氯甲苯	间甲苯胺	$47_{2.3(17)}$	1.5214	80
对氯甲苯	对甲苯胺	$44_{1.3(10)}$	1.5221	80
邻溴甲苯	邻甲苯胺	$78_{2.7(20)}$	1.5565	60
间溴甲苯	间甲苯胺	$71_{2.0(15)}$	1.5528	60
对溴甲苯	对甲苯胺	$82_{4.7(35)}$，(熔点 26)		60
邻硝基氯苯	邻硝基苯胺	(熔点 33)(乙醇)		90
间硝基氯苯	间硝基苯胺	(熔点 45)(乙醇)		90
间硝基溴苯	间硝基苯胺	(熔点 55)(乙醇)		90
对硝基溴苯	对硝基苯胺	(熔点 125) (乙醇)		90
苯腈	苯胺	$70_{1.3(10)}$		60
对甲基苯腈	对甲苯胺	$91_{1.5(11)}$，(熔点 29)	1.5289	60
邻氯苯腈	邻氯苯胺	(熔点 43) (乙醇-水)		70
对氯苯腈	对氯苯胺	(熔点 90) (乙醇-水)		80
对硝基苯腈	对硝基苯胺	(熔点 146) (乙醇-水)		75
对氯碘苯	对氯苯胺	(熔点 56) (乙醇)		65
碘苯	苯胺	$64_{1.3(10)}$		65
对甲基碘苯	对甲基苯胺	$133_{3.3(25)}$，(熔点 35)(乙醇)		80
对溴碘苯	对溴苯胺	(熔点 92) (乙醇)		65
对甲氧基碘苯	对甲氧基苯胺	(熔点 52) (乙醇)		70
对硝基碘苯	对硝基苯胺	(熔点 174) (乙醇)		75

加入 1.5 mol 的氯化钠（制氯化物）或溴化钠（制溴化物）。然后在搅拌下缓慢加入含 0.5 mol 亚硫酸钠的 200 mL 水溶液。混合物降温，所得到的沉淀用水洗涤后溶于 400 mL 浓盐酸或者浓氢溴酸中。铜盐对空气敏感，所以催化剂在用之前要密封。

氰化亚铜可以用类似的方法合成。但是首先要发生还原反应，然后才能加入氰化钠。用水洗涤后，沉淀溶于含 4.5 mol 氰化钠的 600 mL 水溶液中。

(2) Sandmeyer 反应。合成卤代芳烃的反应需要在能够直接蒸馏的仪器中进行。合成腈的反应在大烧杯中进行（强烈的泡沫），而且必须在水浴中加热 10min 后，混合物才能转到长颈瓶中进行蒸馏。

0.75 mol 合适的胺与盐酸（为合成氯化物）、氢溴酸（合成溴化物）或者硫酸（合成腈）通过 D. 8. 2. 1 所述过程发生重氮反应。溶液在搅拌下迅速加入到准备好的 0 ℃食盐水中。然后混合物在沸水浴中加热，直到氮气释放完毕，分离出 Sandmeyer 产物，进行蒸馏。利用乙醚将蒸馏物中的液体产物萃取出来，萃取物首先用 2 mol·L^{-1} 氢氧化钠溶液洗涤（除去副产物酚），再用水洗涤，然后干燥蒸馏。固体产物过滤后进行结晶纯化。

利用氨基苯甲酸合成硫代水杨酸：Allan C. F. H. and McKay D. P.，Org. Syntheses，1957，Coll. Vol. Ⅱ. 580. 这一过程包括二硫化物的还原和 Sandmeyer 反应（参见 D. 8. 5）。

利用 2,4-二氨基甲苯合成 2,4-二氯甲苯：Hodgson H. H. and Walker, J. J. Chem. Soc. (London), 1935: 530.

D. 8. 3. 3 偶氮与偶氮染料

重氮离子末端的氮原子[❶]具有亲电性（缺电子），阐述如下：

(D. 8. 30)

可以用亲电取代基（偶氮）进攻芳香核，发生的反应与典型的芳香亲电取代反应类似（硝化、卤化、磺化等）。

$-H^{\oplus}$

(D. 8. 31)

σ 配合物　　偶氮化合物

由于正电荷离域，重氮离子不是活泼的亲电试剂，只有较强的芳香核能够与其发生取代反应。因此，偶氮与芳香胺（氨基的强 $+M$ 作用）和酚［实际参加反应的苯酚离子中氧的强 $+M/+I$ 作用（见 D. 5. 1. 2)］的反应受到阻止。只能与多酚醚和多烷基芳烃发生反应（见下面)。

重氮离子反应活性低，所以选择性高（见 D. 5. 1. 2)，反应主要生成对位取代的偶氮苯（除一小部分邻位取代产物外)。

与理论预测一致，重氮离子的 $-I$ 和 $-M$ 取代基增加了芳香核的反应活性，但是 $+I$ 和 $+M$ 取代基则降低其反应活性。

重氮苯离子只能与间苯三酚三甲基醚反应，但是对硝基重氮苯离子能够与间苯二酚二甲基醚发生反应。2,4-二硝基重氮苯盐能够与苯甲醚发生反应，而 2,4,6-三硝酸重氮苯离子能够与三甲苯发生反应。

每个偶联反应都有其最适宜的 pH 值。在酸性较高的介质中，重氮离子与芳香胺和酚都不能发生反应。这类反应体系中，由于盐的生成使游离胺的浓度非常低（为什么重氮离子不能进攻铵盐?)。同样，酸性溶液中酚的分解受到很大抑制，所以苯氧离子的浓度特别低。在碱性介质中，胺的亲电取代能力较弱。由于盐的生成酚的亲电能力有所提高，但是由于生成了不能发生偶联反应的重氮酸盐[❷]［式(D. 8. 32) Ⅲ］，此时溶液中重氮离子的浓度又非常低。

$$\mathrm{C_6H_5{-}\overset{\oplus}{N}{\equiv}N \underset{H^{\oplus}}{\overset{OH^{\ominus}}{\rightleftharpoons}} C_6H_5{-}N{=}N{-}OH \underset{H^{\oplus}}{\overset{OH^{\ominus}}{\rightleftharpoons}} C_6H_5{-}N{=}N{-}O^{\ominus}} \quad (D.\ 8.\ 32)$$

Ⅰ　　Ⅱ　　Ⅲ

当胺作为偶氮组分进行反应时，重氮偶联反应的最佳条件是弱酸环境，当酚作为偶氮组分进行反应时最佳条件是弱碱环境。

在中性或弱酸性溶液中，重氮盐与伯胺、仲胺的偶联反应优先发生在具有最高电负性的胺氮上，生成 1,3-二取代的三氮烯。当用于苯胺的重氮化反应的酸过少时，也能够

---

❶ 亲电子性质不是由电荷决定，而是由缺电子性质决定的。

❷ 与重氮盐不同，重氮酸盐是稳定的化合物。重氮化合物能够通过酸化重氮酸盐溶液得到。重氮酸盐有两种存在方式［顺式重氮酸盐（通常方式）或反式重氮酸盐（等同方式)］。这方面的信息可查阅相关书籍。

生成三氮烯（淡黄色沉淀）。

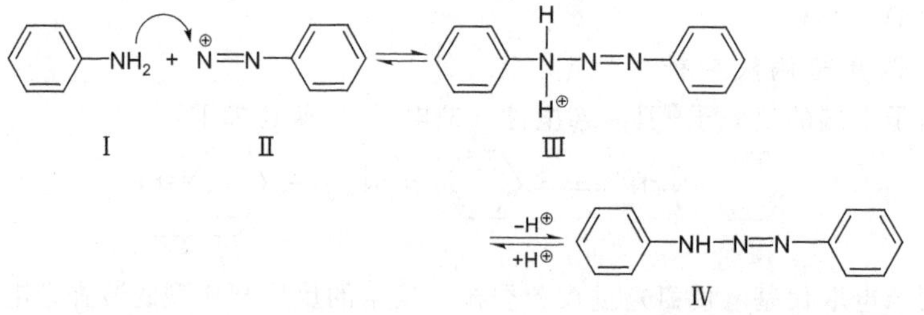

Ⅰ　Ⅱ　Ⅲ

(D. 8. 33)

Ⅳ

1,3-二苯基三氮烯(重氮氨基苯)

然而，这个反应是可逆的，即使在酸溶液中也不能完全阻止对位偶联反应的发生。在合适 pH 值的溶液中，三氮烯接着会异构化为氨基偶氮；然后重氮氨基化合物生成的碎片［式(D. 8. 33) Ⅰ和Ⅱ］就发生重组。

重氮化合物也能够与活性脂肪亚甲基基团发生偶联，例如 β-酮酯和 β-二酮反应生成苯腙：

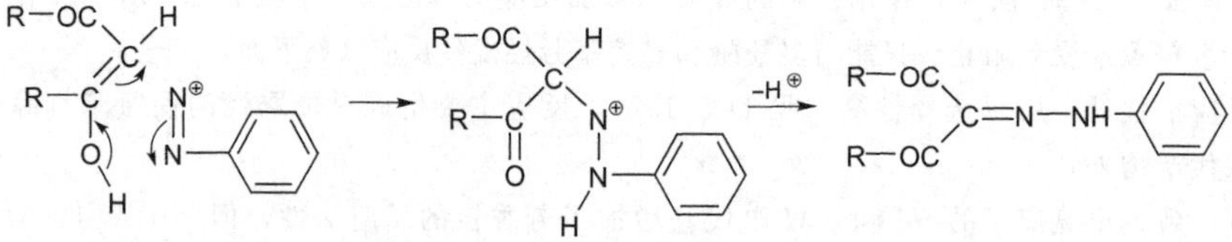

(D. 8. 34)

【例】 偶氮偶联的通用实验方法（表 D. 8. 35）

A. 弱酸中的偶联反应（与胺） 0.1 mol 胺合成的重氮盐溶液（合成见 D. 8. 2. 1）冷却搅拌下加入含 0.1 mol 偶氮组分的溶液中，此溶液含等物质的量的无机酸或氨基酸，等物质的量的氢氧化钠，温度保持在 5～10 ℃。用碳酸钠对溶液进行中和后，用氯化钠可以将染料从酸性染料溶液中以盐的形式分离出来。根据其溶解度，染料可利用水或水-乙醇混合液进行重结晶。

B. 酸溶液中的偶联反应（与胺） 0.01 mol 偶合组分溶于 10 mL 的 10% 硫酸溶液中，搅拌下向其中慢慢导入用 0.01 mol 胺经亚硝酰基硫酸重氮化生成的高黏性的、褐色重盐溶液。温度通过加冰保持在 0 ℃。马上发生偶合，在大约 8h 后结束。如果需要的话，将溶液稀释以分离染料。

C. 碱溶液中的偶联反应（与酚） 0.1 mol 的重氮胺溶液（合成见 D. 8. 2. 1）搅拌下加入含 0.1 mol 酚和 0.2 mol 氢氧化钠的溶液中（偶氮组分中每一个酸性基团都必须加入等量的碱），溶液温度保持在 5～10 ℃。用试纸检测溶液的 pH 值，为让溶液保持碱性有时需加入过量碱。用氯化钠将染料盐析沉淀出来，然后用冰水洗涤纯化。

D. 在乙酸盐缓冲溶液中的偶联反应（与 CH 酸类化合物） 分别将 0.1 mol 的 CH 酸类组分溶于 150 mL 的乙醇中（对于氨基腈来说要用 300 mL 的乙醇），0.15 mol 乙酸盐溶于 120 mL 50% 的乙醇中。两者的混合液在搅拌下慢慢滴加 0～5 ℃的 0.1 mol 的重氮化的胺的溶液。可以放置结晶。有时要小心地用少剂量的水，以使得染料固化而不是油状析出。产物用水洗和重结晶。

表 D. 8. 35　偶氮染料

产物	含氮组分偶联组分	方法	物理常数溶液颜色	产率/%
对二甲氨苯基偶氮苯胺-4-磺酸钠(甲基橙)	对氨基苯磺酸,*N*,*N*-二甲基苯胺	A	酸:红色 碱:黄色	80
2-(对二甲氨基苯基偶氮)苯甲酸钠(甲基红)	邻氨基苯甲酸,*N*,*N*-二甲基苯胺	A	酸:红色 碱:黄色	80
4′-氨基-5′-甲氧基-2′-甲基-4-硝基偶氮苯	对硝基苯胺,1-氨基-2-甲氧基-5-甲基苯	A	熔点 254,红色	85
2-(2,6-二溴-4-硝基苯基偶氮)-5-二乙基氨基乙酰苯胺	2,6-二溴-4-硝基苯胺,3-二乙基氨基乙酰苯胺	B	λ_{max}①:507(4.40)($CHCl_3$),熔点 168～172(DMF)	93
2′-溴-4-二乙氨基-4′,6′-二硝基偶氮苯	2-溴-4,6-二硝基苯胺,*N*,*N*-二乙基苯胺	B	λ_{max}:552(4.40)($CHCl_3$),熔点 190～192(DMF)	88
5-二(2-乙酰基乙基)氨基-2-(2-溴-4,6-二硝基苯基偶氮)4-甲氧基乙酰苯胺	2-溴-4,6-二硝基苯胺,3-二(2-乙酰基乙基)氨基-4-甲氧基乙酰苯胺	B	λ_{max}:594(4.54)($CHCl_3$),熔点 146～149(DMF)	93
2-羟基-1-萘基偶氮苯-*p*-磺酸钠(*β*-萘酚橙,橙黄Ⅱ)	对氨基苯磺酸,*β*-萘酚	C	橙色	80
1-(对硝基苯基偶氮)-2-萘酚(对位红)	对硝基苯胺,*β*-萘酚	C	熔点 246(PhMe),红色	80
5-对硝基苯基偶氮水杨酸②	对硝基苯胺,水杨酸	C	熔点 258(AcOH);酸:磺酸;碱:褐色	80
1-苯基偶氮-2-萘酚	苯胺,*β*-萘酚	C	熔点 130(H_2O-EtOH),红色	80
3-甲基-4-(2,4-二甲基苯基偶氮)-1-苯基-Δ^2-5-吡唑烷酮	3-甲基-1-苯基-Δ^2-5-吡唑烷酮		熔点 167,黄色	90
3-苯基亚联氨基-2,4-戊二酮	苯胺,乙酰丙酮	D	熔点 89(EtOH)	85
3-羰基-2-苯基亚联氨基丁酸乙酯	苯胺,乙酸乙酯	D	熔点 70(EtOH)	95
对甲氧基苯基亚联氨基氰酸乙酯	对甲氧基苯胺,氰酸乙酯	D	熔点 78(EtOH)	75
对甲氧基苯基亚联氨基氰乙酰胺	对甲氧基苯胺,氰乙酰胺	D	熔点 239～240(EtOH)	66

① 重氮联苯胺的盐酸溶液。

② 产物首先以碱金属盐的溶液得到，然后与盐酸生成沉淀。

利用相应的硝基化合物进行还原反应，所有的偶氮化合物都能够转化为伯胺：

$$C_6H_5-N=N-C_6H_4-N(CH_3)_2 \xrightarrow{H_2} C_6H_5-NH-NH-C_6H_4-N(CH_3)_2 \xrightarrow{H_2} C_6H_5-NH_2 + H_2N-C_6H_4-N(CH_3)_2 \quad (D.8.36)$$

伯胺基团能够通过偶氮反应与偶氮组分结合。用这种方法能得到邻和对二胺或其它方法很难合成的氨基酚。

偶氮反应可用于工业化合成偶氮染料。使用这种方法合成了占总产量大约一半的染料。相当多的偶氮染料是由芳香胺的重氮盐（取代苯胺、萘胺、对二氨基联苯等）与偶联组分（胺、酚、萘胺、萘酚、吡唑啉酮、磺酸及其取代物）反应生成的。

橙黄Ⅱ是用于染动物纤维（羊毛、棉花）的主要酸性染料（见表 D.8.35）。带取代基的偶氮染料和酸性染料都必须是水溶性的，因此它们都含有酸性基团作为亲水基。所谓的偶氮染料其实是非水溶性的，是由偶联组分与纤维直接发生偶联合成的，其中包括对位红（见表 D.8.35）和色酚 AS 染料，在这些染料的合成中 3-羟基-2-萘酸的 *N*-酰苯胺为偶联组分。

苯醌单亚胺和苯醌二亚胺的盐能与芳香胺和酚发生反应生成靛酚和吲达胺的无色化合物，这些无色化合物通过氧化反应转化为染料。

苯醌衍生物通常是由脱氢反应生成的，例如相应的二胺和氨基酚与重铬酸钠反应，这类反应叫“氧化偶联”。

靛酚和吲达胺对酸敏感（醌亚胺的水解）而不适于作为纺织品染料，但是它们是合成其它染料特别是硫化染料的重要中间体，与多硫化碱金属加热即转化成硫化染料。

吲哚酚是彩色胶片发展过程中开发出的一种染料，它是对苯二胺衍生物的氧化产物与萘酚发生偶联反应形成的，涂在胶片的底层。

D.8.4 脂肪族重氮化合物的反应

D.8.4.1 重氮烷的合成

重氮烷不能通过烷基伯胺的重氮化合成，因为它们的分子中 α 位带没有活性的氢，因此必须使重氮氢氧化物脱水（加温、加酸），才能消除氮气。因此它们的合成路线较复杂，酰化烷基伯胺亚硝基化，再用碱断开酰基亚硝基烷基胺［式(D.8.37)]：

$$R^2-C(=O)-N(-CH_2-R^1)(-N=O) \xrightarrow[-H_2O]{2OH^\ominus} R^2-C(=O)O^\ominus + {}^\ominus O-N=N-CH_2-R^1 \xrightarrow{-OH^\ominus}$$
$$R^2-C(=O)O^\ominus + R^1-\overset{\ominus}{C}H-\overset{\oplus}{N}\equiv N \rightleftharpoons R^1-CH=\overset{\oplus}{N}=\overset{\ominus}{N} \equiv R^1-\underbrace{CH\cdots\overset{\oplus}{N}\cdots}_{\ominus}N \qquad (D.8.37)$$

中间产物重氮酸盐发生分解反应生成重氮烷。

许多亚硝酰胺已经被用于合成重氮烷，特别是亚硝基烷基脲、亚硝基烷基聚氨酯和亚硝基烷基甲苯磺胺。

目前为止最重要的重氮烷是重氮甲烷。利用亚硝酰胺合成它的过程应予阐述。

只有链长较短的重氮烷能够较好地通过反应式(D.8.37) 合成，因为随着烷基链长度的增长重氮烷的产率明显下降。

【例】 亚硝基甲脲合成重氮甲烷

亚硝基甲脲的反应见 D.8.2.1。

警告。重氮甲烷（b.p. −24 ℃）易爆炸且有毒。它只能在溶液中合成。即使在冷的溶液中也只能保存几天，最好是用之前合成。装重氮甲烷溶液的容器必须密闭保存（为什么?)。

所有合成过程都需要保护装置，并且要在通风橱内进行（见 Org. Synth.，1960，40 的附录）。

锥形瓶中 35 mL 冷的 40％氢氧化钾上面有 100 mL 的乙醚层，在不断的涡旋下，将 0.1 mol 的亚硝基甲脲中的一小部分加入其中，保持温度不超过 5 ℃。剩余部分的亚硝基甲脲加入 10 min 后，上层的重氮甲烷溶液倒出，然后用稍过量的氢氧化钾干燥 3 h。

这一反应可用于半微量合成。

用亚硝基甲基甲苯磺胺合成重氮甲烷：de Boer Th. J. and Backer H. J. ,Org. Syntheses,1956,36:16.

这种合成方法是实验室中利用亚硝基甲脲合成重氮甲烷的最好方法。

D. 8. 4. 2　脂肪重氮化合物的反应

从式(D. 8. 15) 和式(D. 8. 37) 可知脂肪重氮化合物具有偶极特性，因此 C 原子可以作为亲核中心。

D. 8. 4. 2. 1　脂肪重氮化合物与质子酸的反应

重氮基团邻位的碳原子形成一个能够接受酸攻击的碱性中心（为什么?）。加入质子后重氮基团与分子剩余部分不再有共轭作用。中间产物的能量很高，立刻发生不可逆的消除氮气反应，生成的碳正离子在加入亲核试剂后变得稳定。重氮烷（除了重氮甲烷）的合成过程中也能生成烯烃。

写出合成重氮甲烷、重氮酮和重氮乙酸乙酯的化学反应方程式。

脂肪重氮化合物和质子酸能否发生反应取决于前者的碱性。按重氮甲烷（或重氮烷)、重氮乙酸乙酯、重氮酮和 α-重氮二羰基化合物的顺序反应活性依次降低。α-重氮二羰基化合物对水合氢离子是稳定的。因为脂肪重氮化合物与质子酸的反应速率和反应介质的 pH 值成正比，所以通过测定重氮乙酸乙酯中释放出的氮气体积可测定 pH。

按照式(D. 8. 38) 的过程由重氮甲烷与羧酸或酚制备甲基羧酸酯和茴香醚的反应在合成和分析上都很重要。反应在特定的温和条件下定量进行，因此即使敏感的天然材料也能发生甲基化。由于甲基正离子在酯化过程中无空间位阻要求，所以有空间位阻的羧酸也能与重氮甲烷发生反应。

$$R_2C^{\ominus}-N^{\oplus}\equiv N + H^{\oplus} \longrightarrow R_2CH-N^{\oplus}\equiv N \longrightarrow N\equiv N + R_2C^{\oplus}-H \quad \text{(D. 8. 38a)}$$

$$R_2C^{\oplus}-H \xrightarrow{+HOH} R_2CH-O^{\oplus}H_2 \longrightarrow R_2CH-OH + H^{\oplus}$$

$$R_2C^{\oplus}-H \xrightarrow{+Cl^{\ominus}} R_2CH-Cl$$

$$R_2C^{\oplus}-H \xrightarrow{+R'-C(=O)O^{\ominus}} R_2CH-O-C(=O)-R' \quad \text{(D. 8. 38b)}$$

$$R_2C^{\oplus}-H \xrightarrow{+ArO^{\ominus}} R_2CH-O-Ar$$

R= H, 烷基, R—CO—, RO—CO—

醇的酸性不足以与重氮甲烷反应得到甲基醚，但是加入催化量的三氟化硼，醇就会反应生成醚。

$$R-O-H + BF_3 \longrightarrow \left[R-O-B^{\ominus}F_3\right]H^{\oplus} \xrightarrow[-N_2,-BF_3]{+CH_2N_2} R-O-CH_3 \quad \text{(D. 8. 39)}$$

【例】 **羧酸和酚与重氮甲烷发生甲基化反应的通用实验方法**（表 D. 8. 40）

警告。重氮甲烷有毒且易爆炸。实验要在通风橱内的保护屏后进行，见 D. 8. 4. 1。

0. 1 mol 准备烷基化的化合物溶于甲醇-水（10∶1）溶液中，保持室温，在烧瓶或烧杯中涡旋条件下加入等量的重氮甲烷的乙醚溶液，生成淡黄色物质，加入过量的重氮甲烷不会再放出氮气（注意：缓慢滴加防止起泡）。溶剂真空蒸发，残渣用乙醚萃取。萃取物用稀氢氧化钠和水洗涤，然后用硫酸镁干燥。蒸发溶剂后，酯或苯酚醚通过结晶或真空蒸馏提纯。

这一过程非常适合半微量合成和定性分析。

表 D. 8. 40　重氮甲烷的甲基化合成甲基酯和甲基醚

酯或醚	反应物	熔点/℃	产率/%
对苯二甲酸二甲酯	对苯二甲酸	142(乙醇)	80
茴香酸甲酯	茴香酸	49(乙醇)	70
对溴苯甲酸甲酯	对溴苯甲酸	81(乙醇-水)	80
对氨基苯甲酸甲酯	对氨基苯甲酸	112(乙醇-水)	50
α-萘甲醚	α-萘酚	$144_{2.0(15)}$，n_D^{20} 1. 6225	50
β-萘甲醚	β-萘酚	72(乙醇-水)	50
对硝基苯甲醚	对硝基苯酚	54(乙醇)	65

D. 8. 4. 2. 2　脂肪重氮化合物与羰基化合物的反应

由于其亲核性，脂肪重氮化合物也能与羰基发生反应。这类反应仅局限于具有最高反应活性的羰基化合物。

重氮甲烷与醛、酮、酰卤和酸酐的反应，是这类反应中最重要的，但是重氮乙酸乙酯只能与醛而不能与酮发生反应。

重氮甲烷与醛和酮发生的加成反应如下[1]：

式(D. 8. 41)Ⅲ或者Ⅳ生成的产物通常会发生重排。因此，这一反应可用于酮的链增长（或扩展环酮），见 D. 9. 1. 1. 3，后面将会对重排的机理进行讨论。

$$N{\equiv}\overset{\oplus}{N}{-}\overset{\ominus}{C}H_2 + \underset{R'}{\overset{R}{>}}C{=}O \longrightarrow \underset{\text{I}}{N{\equiv}\overset{\oplus}{N}{-}CH_2{-}C(R)(R'){-}O^{\ominus}} \xrightarrow{-N_2} \underset{\text{II}}{H_2\overset{\oplus}{C}{-}C(R)(R'){-}O^{\ominus}} \quad (D.\ 8.\ 41a)$$

$$H_2C{-}C(R)(R'){-}O^{\ominus} \xrightarrow{\sim R[1]} R{-}CH_2{-}\overset{\oplus}{C}(O^-){-}R' \longleftrightarrow \underset{\text{III}}{R{-}CH_2{-}C({=}O){-}R'}$$

$$H_2C{-}C(R)(R'){-}O^{\ominus} \xrightarrow{\sim R[1]} R'{-}CH_2{-}\overset{\oplus}{C}(R){-}O^{\ominus} \longrightarrow \underset{\text{IV}}{R'{-}CH_2{-}C({=}O){-}R} \quad (D.\ 8.\ 41b)$$

$$H_2C{-}C(R)(R'){-}O^{\ominus} \xrightarrow{\text{内}S_N\text{反应}} \underset{\text{V}}{RR'C(O)CH_2}$$

重氮甲烷与盐酸和酸酐的反应有所不同，这是由于生成的第一个加成产物（Ⅰ）优先发生的反应不是氮气的消除，而是氢卤酸被消除，形成相应的稳定 α-重氮酮（见 D. 8. 2. 1）。

---

[1] ～R 指产物中的 R 基团要发生转移。

$$N\equiv\overset{\oplus}{N}-\overset{\ominus}{C}H_2 + \underset{Cl}{\overset{R}{>}}C=O \longrightarrow \underset{\text{I}}{N\equiv\overset{\oplus}{N}-CH_2-\underset{Cl}{\overset{R}{C}}-O^{\ominus}} \qquad \text{(D. 8. 42a)}$$

$$N\equiv\overset{\oplus}{N}-\underset{H}{\overset{H}{C}}-\underset{Cl}{\overset{R}{C}}-O^{\ominus} \longrightarrow \underset{\text{II}}{N\equiv\overset{\oplus}{N}-\overset{\ominus}{C}H-C\underset{O}{\overset{R}{<}}} + HCl \qquad \text{(D. 8. 42b)}$$

该反应在碱性介质（三乙胺）中不能发生，而发生氯化氢的消除反应，或者羧酸和另 1 mol 的重氮化合物以式(D. 8. 38) 所述方式反应生成氯甲烷或甲酯。

α-重氮酮是非常重要的中间体，能被还原为甲基酮或 α-氨基酮。α-重氮酮与氢卤酸反应生成 α-卤代酮（写出该反应的化学方程式）。

在水、醇和氨水的存在下，重氮酮发生重排反应分别生成羧酸、酯和氨基化合物。这类反应详见 D. 9。

【例】 重氮酮的合成及其转化成卤代酮的通用实验方法（表 D. 8. 43）

表 D. 8. 43 重氮酮和卤代酮的合成

产物	反应物	熔点(沸点)/℃	产率/%
苄基重氮甲基酮	苯乙酰氯	油	80
苯基重氮甲基酮	苯甲酰氯	49(易爆炸)	70
十七烷基重氮甲基酮	硬脂酰氯	69	80
α-萘基重氮甲基酮	α-萘酰氯	56	80
对甲氧基苯基重氮甲基酮	茴香酰氯	84	80
亚辛基双重氮甲基酮	癸二酰氯	91	80
苄基氯甲基酮	苄基重氮甲基酮	(沸点 $134_{2.5(19)}$)	80
苯溴甲基酮	苯重氮甲基酮	50(石油醚),(沸点 $135_{2.4(18)}$)	80
苯氯甲基酮	苯重氮甲基酮	59(石油醚),(沸点 $140_{1.9(14)}$)	70

警告。重氮甲烷易爆炸且有毒（见 D. 8. 4. 1）。玻璃间的摩擦会导致重氮甲烷爆炸，因此搅拌器必须很润滑。

加热时重氮酮会发生爆炸性分解。实验要在通风橱中且在保护屏后进行。重氮酮应该在合成后不进行纯化立刻用于下一步反应。

α-卤代酮是催泪物质。

A. 重氮酮 0.4 mol 亚硝基甲脲按照 D. 8. 2. 1 所述方法制成重氮甲烷的乙醚溶液，然后转入带有搅拌器、滴液漏斗和温度计的三颈烧瓶中。搅拌下，滴加 100 mL 含 0.1 mol酰氯的乙醚溶液，温度保持在 0 ℃。反应进行得很快并有气体放出。酰氯滴加完毕后，混合物在室温下保持 1 h。

由于极性较强，重氮酮在乙醚中溶解度较小，因此降温到 −20 ℃时就可以从溶液中沉淀并过滤出来。液体重氮酮可以不加热利用真空浓缩溶液得到。测定熔点时只需要从乙醚中结晶出少量样品。重氮酮不需分离可直接用于合成 α-卤代酮。

B. 卤代酮 100 mL 浓氢氯酸或氢溴酸搅拌加入方法 A 合成的重氮酮的溶液中。反应进行过程中有氮气放出。加入酸后，混合物水浴回流 1 h。混合物冷却后，用水稀释至其原体积的3倍，用乙醚萃取，分离出的醚相用碳酸氢钠溶液洗涤，硫酸镁干燥。真空蒸馏即得到卤代酮。

D. 8. 5　磺酸衍生物的反应

磺酸及其衍生物含有硫杂羰基，这类化合物的反应更像硫酸和其它无机酸而不像羧酸。磺酸烷基酯发生水解反应时 *O*-烷基断裂（不像大部分的羧酸），可用于烷基化反应（见表 D. 2. 4）。

磺酸衍生物和羧酸一样，都难以发生还原反应。相对于它们，酰氯（磺酰氯）容易被还原，利用这一反应可以合成亚磺酸、硫醇或苯硫酚：

$$RSO_2Cl + 2H \longrightarrow RSO_2H + HCl \tag{D. 8. 44a}$$

$$2\ RSO_2H \xrightarrow{还原} [R—SO_2—S—R \xrightarrow{还原} R—S—S—R] \xrightarrow{还原} 2\ RSH \tag{D. 8. 44b}$$

在合适的条件下，还原反应能够在亚磺酸步骤终止。这是合成亚磺酸的最重要的一种方法［另一种方法见式(D. 8. 28)］。

与还原反应不同，亚磺酸很容易被氧化为磺酸。式(D. 8. 45) 概述了这些氧化还原反应，并且将它们与类似的无机含硫化合物做了比较。

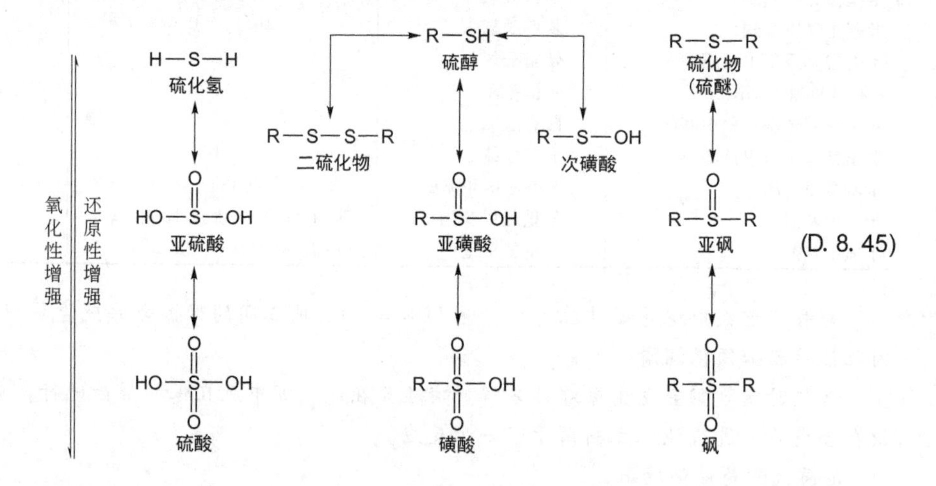

(D. 8. 45)

非贵重金属（如锌粉）的酸性溶液可以用作合成硫醇的还原剂。硫醇会使催化剂中毒，所以其催化还原反应不是很令人满意。硫醇也能够通过卤化物的取代反应合成，而苯硫酚不能通过这一反应合成。

硫醇和苯硫酚对氧化剂很敏感，能被氧化成二硫化物。与空气中的氧接触时这一反应就能够发生，所以硫醇和苯硫酚的合成通常在惰性气体（氮气、氢气）中进行。从硫醇（或苯硫酚）到二硫化物的转化是可逆的：二硫化物与温和的还原剂发生反应，重新分解为硫醇或苯硫酚（这一反应在生物学上具有重要的意义，如半胱氨酸/胱氨酸）。

与磺酸类似，砜是一类非常稳定的化合物，只有在很特殊的情况下才能被还原。将砜还原为亚砜再还原为硫化物的反应很容易进行，但是这一反应在合成上没有意义。这一反应的逆反应——氧化硫化物为亚砜——是合成亚砜最重要的方法。

含硫化合物大部分是液体而砜大多是晶体，因此经常用于鉴定。

常常利用硫醚的氧化来制质亚砜如下所示：

$$\text{MeO-苯并咪唑-2-基-S-CH}_2\text{-(2-Me-3-OMe-4-Me-苯基)} \xrightarrow{m\text{-ClC}_6\text{H}_4\text{CO}_3\text{H}} \text{MeO-苯并咪唑-2-基-S(=O)-CH}_2\text{-(2-Me-3-OMe-4-Me-苯基)} \quad (D.\ 8.\ 46)$$

【例】 苯硫酚合成的通用实验方法（表 D. 8. 47）

表 D. 8. 47　由磺酰氯合成苯硫酚

产物	反应物	物理常数	产率/%
苯硫酚	苯磺酰氯	b. p. $_{12}$55 ℃	80
4-巯基甲苯	对甲苯磺酰氯	m. p. 43 ℃(稀乙醇)	80
2-巯基甲苯	邻甲苯磺酰氯	b. p. $_{48}$104 ℃，m. p. 15 ℃	50
4-氯苯硫酚	对氯苯磺酰氯	m. p. 54 ℃(乙醇)	80
4-甲氧基苯硫酚	对甲氧基苯磺酰氯	b. p. $_{15}$ 110 ℃，n_D^{25} 1. 5822	85

注意。苯硫酚具有强烈的臭味，可引起皮肤湿疹。实验要在通风橱中进行，最好用专用房间。使用过的仪器要用高锰酸钾溶液清洗，清理时要戴橡胶手套。

向带有回流冷凝器、滴液漏斗和搅拌器的三颈烧瓶中加入 40 g 颗粒状锡、100 mL 浓盐酸和 0. 1 mol 苯磺酰氯。混合物搅拌下水浴加热 4 h。生成的苯硫酚蒸馏后用乙醚萃取，萃取液用硫酸钠干燥，真空蒸馏或重结晶得产物。

磺酰氯醇解和氨解生成磺酸酯和磺酰胺的反应与羧酸酰卤相应的反应类似。但是磺酰氯的反应活性一般比羧酸酰卤低（为什么？见 D. 8）。它们在冷水中分解的速度很慢，因此有些磺酰氯可以用水重结晶。

醇解反应最好在缚酸剂如氢氧化钠或嘧啶存在下进行（见 D. 7. 1. 4. 1 羧酸酰氯的醇解）。

【例】 对甲苯磺酸烷基酯合成的通用实验方法（表 D. 8. 48）

向带有搅拌器和温度计的三颈烧瓶中加入 0. 5 mol 乙醇和 2 mol 嘧啶，用冰冷却到 10 ℃，加入 0. 55mol 的对甲苯磺酰氯，反应温度保持在 10～15 ℃。混合物在 20 ℃下继续搅拌 3 h，然后倒入 750 g 冰和 250 mL 浓盐酸中。分离出油状产物，水溶液用苯萃取两次。

所有的有机相用少量 2 mol/L 盐酸洗涤两次，然后用碳酸钠溶液中和。经碳酸钾干燥后，真空蒸馏除去苯，加入碳酸氢钠后，残渣利用金属浴在 0. 1～0. 3 mmHg 的真空下分馏。产物固体酯进行重结晶。

磺酰氯的氨解与羧酸酰卤的反应类似。

作为高结晶度化合物，磺胺化合物适合用于分析鉴定。

表 D.8.48　对甲苯磺酰氯代物与醇合成对甲苯磺酸烷基酯

酯	醇	沸点(熔点)/℃	n_D^{20}	产率/%
对甲苯磺酰酯①	甲醇	$160_{1.7(13)}$,(熔点 29)		70
对甲苯磺酰乙酯	乙醇	$173_{2.0(15)}$,(熔点 33)		60
对甲苯磺酰正丙酯	正丙醇	$140_{0.3(2)}$	1.4998	70
对甲苯磺酰正丁酯	正丁醇	$128_{0.03(0.2)}$	1.5044	70
对甲苯磺酰正戊酯	正戊醇	$135_{0.04(0.3)}$	1.5012	70
对甲苯磺酰正己酯	正己醇	$138_{0.02(0.15)}$	1.4990	70
对甲苯磺酰正庚酯	正庚醇	$150_{0.02(0.15)}$	1.4966	70
对甲苯磺酰正辛酯	正辛醇	$149_{0.01(0.1)}$	1.4950	70
对甲苯磺酰-(－)-薄荷酯	(－)-薄荷醇	(熔点 93)(石油醚),$[\alpha]_D^{20}-64$ (在氯仿中)		60

① 嘧啶用 200 mL 氯仿稀释，搅拌 30 min 后就可使用。

磺胺化合物能用于鉴别胺是因为它们可以将伯胺、仲胺和叔胺的混合物分离(Hinsberg分离)。由伯胺形成的磺胺能溶于碱性水溶液形成盐，但仲胺形成的磺胺没有这种性质。与羧酸酰氯类似，磺酰氯与叔胺不发生反应。

伯磺胺化合物的氨基的酸性不是很高。

吸电子基团会降低氮原子的碱性。氨水是相对的强碱，简单的羧酸酰胺只能与高浓度的强酸生成盐，而且这些盐在水中立刻发生水解。

在水溶液中它们发生中性反应。在酰亚胺如酞嗪中，两个羰基对NH的酸性影响非常大，使它们能够溶于氢氧化钠中形成盐。一个磺酰基的活性相当于两个羰基。糖精化合物与羧酸的酸性差不多：

NH_3;　$R-C(=O)-NH_2$;　$R-C(=O)-N(H)-C(=O)-R \approx R-SO_2-NH_2$;　（糖精） (D.8.49)

酸性溶液中成盐　水溶液中为中性　氢氧化钠溶液中成盐　碳酸钠溶液中成盐

← N 原子的碱性增加

NH 的酸性增加 →

(写出与碱形成的盐的结构式)

磺胺化合物也能用于表征磺酸和芳香烃。为了这一目的，磺酸衍生物水解生成的游离磺酸或者它们的碱金属盐首先转化为磺酰氯。这种转化最好使用五氯化磷或氯化亚砜且在二甲基甲酰胺存在下进行，二甲基甲酰胺会加强氯化亚砜的反应活性。与其它适合于合成羧酸酰氯的试剂一样，单独的氯化亚砜和磺酸的反应效果很差。

由芳香烃通过氯磺化作用可合成磺酰氯(见 D.5.1.4)。

【例】　用磺酸或其碱金属盐合成磺酰氯(用于定性分析的通用实验方法)

1g 无水磺酸或碱金属磺酸盐与 2 g 五氯化磷在一个 25 mL 的圆底烧瓶中混合均匀。烧瓶带有回流冷凝器和氯化钙管，混合物在金属浴中于 120 ℃加热 30 min。混合液冷却后加入 20 mL 苯，然后将其煮沸，冷却并过滤。在水浴中将苯和三氯氧磷真空蒸发后，经过滤得到磺酰氯。剩余的磺酸残渣可进一步转化为磺胺。

【例】 磺胺化合物合成的通用实验方法（表 D. 8. 50）

在带有滴液漏斗、搅拌器、回流冷凝器和温度计的 1 L 三颈烧瓶中，在 60 ℃下将 1 mol磺酰氯逐滴或分几次加入 500 mL 浓氨水中。混合物水浴加热并强烈搅拌直到从烧瓶中取出的样品完全溶解于稀氢氧化钠溶液中，并且磺酰氯的气味消失。

表 D. 8. 50 磺胺类化合物

产物	反应物	熔点/℃
间硝基苯磺酰胺	间硝基苯磺酰氯	167
苯磺酰胺	苯磺酰氯	153
对甲苯磺酰胺	对甲苯磺酰氯	137
邻甲苯磺酰胺	邻甲苯磺酰氯	156
对乙酰氨基苯磺酰胺	对乙酰氨基苯磺酰氯	218
对氯苯磺酰胺	对氯苯磺酰氯	144
对甲氧基苯磺酰胺	对甲氧基苯磺酰氯	113

冷却后，过滤出磺胺，然后用水或 1∶1 的稀乙醇溶液进行重结晶纯化，产率约为 80%。

这一过程适用于半微量合成和分析。磺酰氯与过量氨水加热沸腾几分钟这一反应就能够完成，混合物用水稀释并过滤。

【例】 利用磺胺分离胺的混合物（Hinsberg 分离）（定性分析的通用实验方法）

向 2 g 胺的混合物中加入 40 mL 10%的氢氧化钠溶液，再将 4 g(3 mL) 苯磺酰氯或 4 g 对甲基苯磺酰氯分几次加入。混合物水浴加热直到磺酰氯的气味消失为止。用稀盐酸酸化碱溶液，过滤出沉淀并用少量冷水洗涤，叔胺在滤液中形成盐酸盐。干的过滤残渣与 2 g 钠和 40 mL 无水乙醇制成的乙醇钠一起煮沸 30 min，二磺胺即转化为单磺胺。溶液再用少量水稀释，蒸发掉乙醇。过滤得到仲胺的磺酰胺；滤液用稀盐酸酸化，过滤得到伯胺的磺酰胺。在稀乙醇溶液中重结晶即可得到衍生物。第一次酸化滤液中的叔胺用乙醚萃取，能够被作为苦味酸盐鉴别出来。

一些对氨基苯磺酰胺是重要的治疗细菌感染的化学药剂（“磺胺类药”）。它们的合成一般是，对乙酰氨基苯磺酰氯（见 D. 5. 1. 4）与特定的氨基化合物反应生成对乙酰氨基苯磺酰胺，接着通过水解除去氨基上的乙酰保护基。典型的代表性化合物如下：

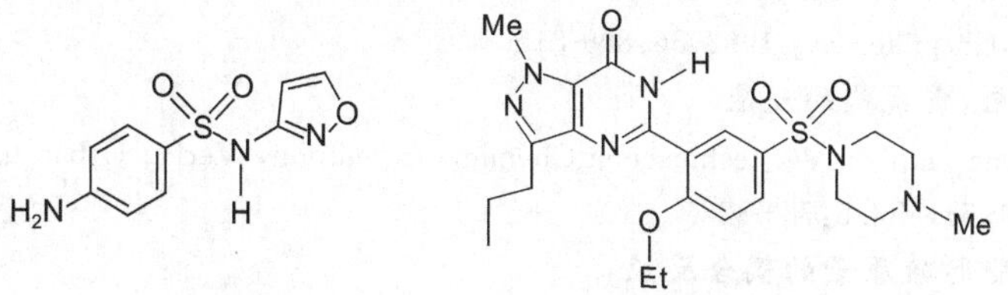

(D. 8. 51)

磺胺甲噁唑　　西地那非(Sildenafil)

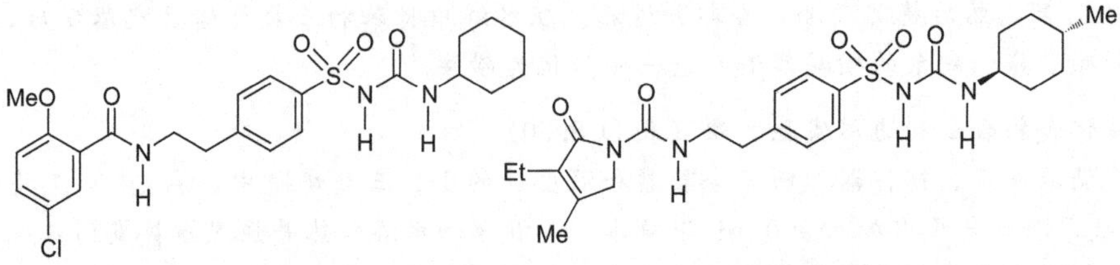

(D. 8. 52)

氯磺环己脲 (又名达安宁，Glibenclamide)　　　格列美脲 (Glimepiride)

一些由对甲苯磺酰氯合成的对甲苯磺酰胺也很重要，例如 *N*-氯酰胺的钠盐（氯胺T）可做消毒剂，*N*-对甲苯磺酰基-*N*′-丁脲可作为治疗糖尿病的口服药物（甲糖宁，Orabet）。

作为除草剂具有重要经济意义的如氯磺隆及其衍生物：

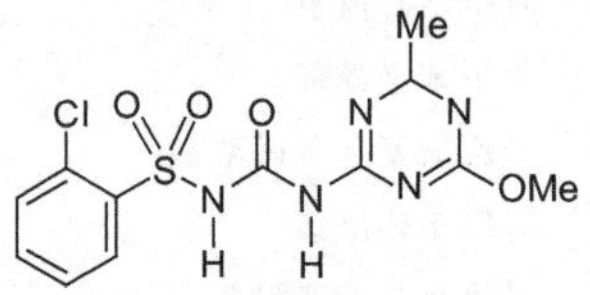

(D. 8. 53)

D. 8. 6 参考文献

硝基和亚硝基化合物

Behnisch R. ,et al. in Houben-Weyl,Vol. 16d,1992,142-405.

Buncel E. ,Norris A. R. ,Russell. K. E. Quart. Rev. 1968,22:123-146.

Cadogan J. I. G. Quart. Rev. ,1968,22:222-251.

Collins C. J. Acc. Chem. Res. ,1971,4:315-322.

Döpp D. O. Fortsch. Chem. Forsch. 1975,55:49-85.

Urbanski T. ,Synthesis,1974:613-632.

硝基和亚硝基化合物的还原

Schröter R. ,in Houben-Weyl,1957,Vol. Ⅺ/1:360-515.

Porter H. K. Org. React. ,1973,20:455-481.

Barin P. M. G. Org. Synth. ,Coll. Vol. 5,1973,S. 30.

肼的还原

Furst A. ,Berlo R. C. ,and Hooton S. ,Chem. Rev. 1965,65:51-68.

Hünig S. ,Müller H. R. ,and Thier W. ,Angew. Chem. 1965,77:368-377.

脂肪碳原子的亚硝基化

Touster O. ,Org. Reactions,1953,7:327-377.

重氮化反应机理

Ridd J. H. ,Quart. Rev. 1961,15:418-441.

Schmid H. ,Chemiker-Ztg. 1962,86:809-815.

重氮化反应：重氮盐的反应

Ullmanns Dncyclopädie der technischen Chemie，3rd edition，Verlag Urban u. Schwarzenberg，Munich-Berlin，1954,Vol. 5:783-822.

重氮盐与脂肪碳原子的偶合反应

Parmerter S. M. ,Org. Reactions,1959,10:1-142.

重氮基团被氢取代反应

Kornblum N. ,Org. Reactions,1944,2:262-340.

Sandmeyer 反应

Pferl E. ,Angew. Chem. 1953,65:155-158.

Hodgson H. H. ,Chem. Rev. 1947,40:251-277.

利用重氮盐合成氟代芳香烃

Roe A. ,Org. Reactions 1949,5:193-228.

Forche E. ,in Houben-Weyl,1962,5/3:212～245.

利用脂肪重氮化合物进行的合成反应

Huisgen R. ,Angew,Chem. 1955,67:439-463.

Eistert B. ,in Neuere Methoden,1949,1:359-412.

Gutsche C. D. ,Org. Reactions,1954,8:363-430.

Weygand F. and Bestmann H. J. ,in Neuere Methoden,1961,3:280-317;Angew. Chem. 1960,72:535-554.

含硫化物的合成与反应

Houben-Weyl,1955,Vol. Ⅸ,3-773.

D.9 重排反应

一个取代基或基团迁移到另一个原子上的反应被称为重排。重排反应可以按重排的形式分类，具体做法是，从断开的键出发分别将两侧的原子从 1 开始依次编号，用在产物中彼此成键的两个原子的号码表示重排的类别。根据这一方法可以得到以下的重排种类：

(1,2)-重排

(D. 9. 1a)

(1,2-H)-重排

(D. 9. 1b)

(1,3)-重排

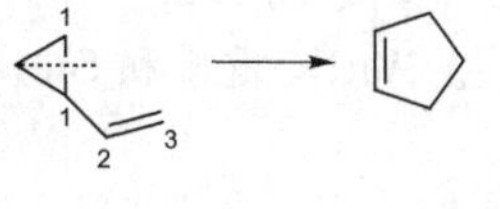

乙烯基环丙烷-环戊烯重排 (D. 9. 2)

(1,3-H)-重排

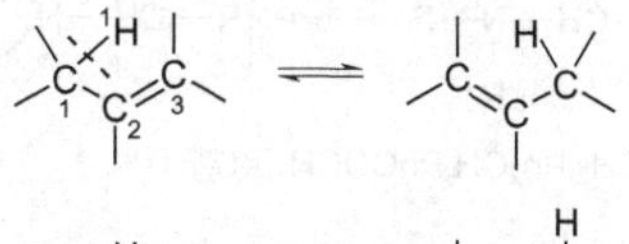

烯丙基重排 (D. 9. 3a)

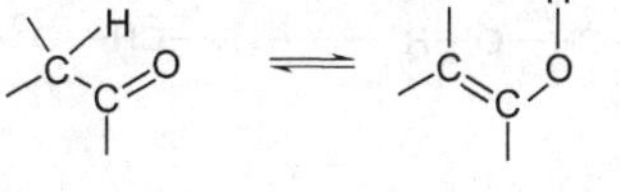

酮-烯醇重排 (D. 9. 3b)

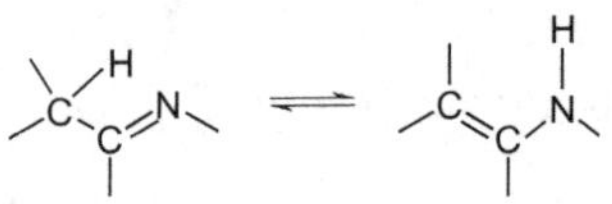

氮次甲基-烯胺重排 (D. 9. 3c)

氮-肼重排 (D. 9. 3d)

(1,5-H)-重排

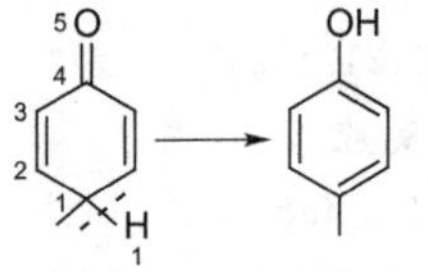

二烯酮-酚重排 (D. 9. 4)

(2,3)-重排

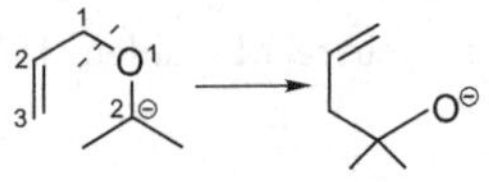

(2,3)-Wittig重排 (D. 9. 5)

(3,3)-重排

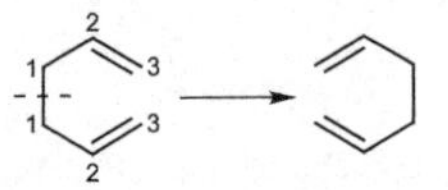

CoPe重排 (D. 9. 6a)

Ciaisen重排 (D. 9. 6b)

上面这些式子所列的重排反应中，都是一个σ键断裂，迁移基团与一个π中心反应再形成一个σ键。因此这类反应也叫做σ迁移。

这个π中心可以含有0、1或2个电子，也就是说，电中性的化合物（如烯、卡宾、氮宾的π中心）、阳离子（如卡宾离子）、自由基或者阴离子（例如碳负离子）都有可能发生重排。

将重排的基团考虑成一种内部试剂时，向富电子中心的迁移就可以说是亲电重排，向缺电子中心的迁移则可以称为亲核重排。

D. 9. 1 (1,2)-重排

对于所有的电荷类型来说（1,2)-重排都很常见；不过自由基的（1,2)-重排的重要性相对较低，因为此时大多有利于其它类型的反应，参见D. 1. 2。在亲电的（1,2)-重排中最重要的是那些发生在叶立德（参见D. 7. 2. 1. 7）中的重排如Stevens重排以及机理类似的Wittig重排［式(D. 9. 8)］。Wittig重排和Stevens重排经历的都是自由基中间体（自由基对）：

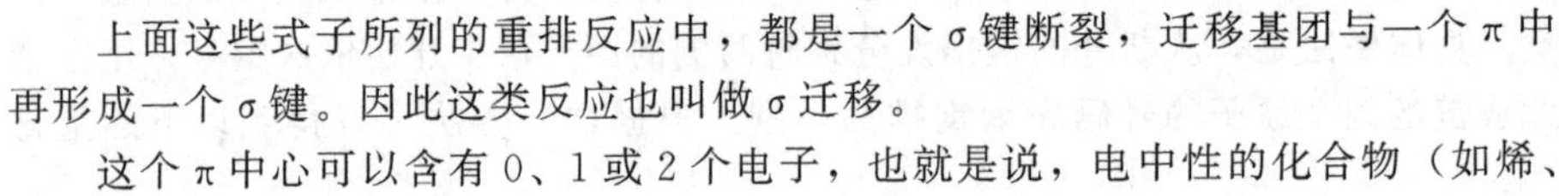

$$R-CH_2-\overset{\oplus}{N}R'_3X^{\ominus} \xrightarrow[-NH_3,\,-NaX]{+NaNH_2} R-\overset{\ominus}{C}H-\overset{\oplus}{N}R'_3 \longrightarrow \left[R-\dot{C}H-NR'_2 \cdot R'\right] \longrightarrow R'(R)CH-NR'_2 \qquad (D.\,9.\,7)$$

R=RCO,ROOC,Ph;R′=烯丙基,$PhCH_2$,Ph_2CH,$PhCOCH_2$,甲基

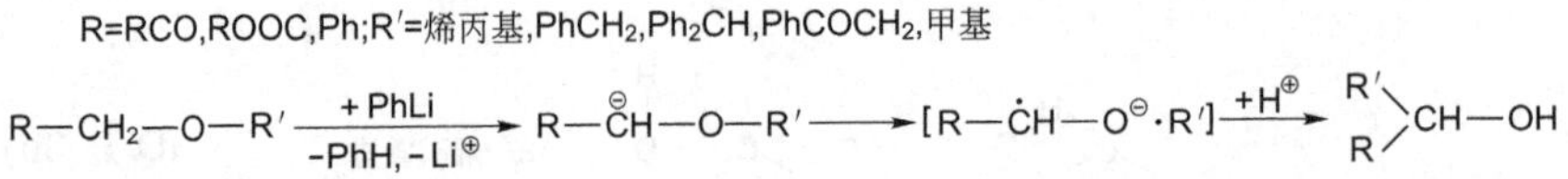

$$R-CH_2-O-R' \xrightarrow[-PhH,\,-Li^{\oplus}]{+PhLi} R-\overset{\ominus}{C}H-O-R' \longrightarrow [R-\dot{C}H-O^{\ominus}\cdot R'] \xrightarrow{+H^{\oplus}} R'(R)CH-OH \qquad (D.\,9.\,8)$$

R,R′=烯丙基,芳基,乙烯基

亲核的（1,2)-重排反应很常见，对于有机合成也很重要。当反应中出现一个只带六个电子（六隅体电子）的碳原子或者氮原子时，总会出现亲核的（1,2)-重排。此时电子六隅体带电荷和不带电荷都一样。例如，对于一个在溶剂解反应中生成的一级碳正离子来说，存在以下几种反应可能性：

最初形成的带六隅体电子的中间产物［式(D.9.9)Ⅰ］的能量很高，因此能够相对无选择地通过各种竞争反应得以稳定。消除一个质子（完成一个 E1 反应）生成Ⅲa 或加上一个亲核试剂（结束一个 S_N1 反应）形成Ⅴ的反应都不能发生重排。然而，也有可能发生下列情况：β-原子上的一个取代基（上述实例中的 H 或 R）带着成键电子迁移到带六隅体电子的原子上，形成一个新的带六隅体电子的中间产物（Ⅱa 或Ⅱb)，新的中间体再消除一个质子 H^+ 或加上一个亲核试剂 Y^- 从而最终稳定下来。

$$R_2C{=}CH_2\ (\text{IIIa}) \xleftarrow{-H^{\oplus}\ (E)} R_2CH{-}\overset{\oplus}{C}H_2\ (\text{I}) \xrightarrow{+Y^{\ominus}\ (S_N)} R_2CH{-}CH_2{-}Y\ (\text{V})$$

$$\text{I} \xrightarrow{\sim R} R_2\overset{\oplus}{C}{-}CH_3\ (\text{IIa});\quad \text{IIa} \xrightarrow{-H^{\oplus}} R_2C{=}CH_2\ (\text{IIIa});\quad \text{IIa} \xrightarrow{+Y^{\ominus}} R_2C(Y){-}CH_3\ (\text{IVa})$$

$$\text{I} \xrightarrow{\sim R} (H)(R)\overset{\oplus}{C}{-}CH_2{-}R\ (\text{IIb});\quad \text{IIb} \xrightarrow{+Y^{\ominus}} R{-}C(Y)(R){-}CH_2{-}R\ (\text{IVb});\quad \text{IIb} \xrightarrow{-H^{\oplus}} (H)(R)C{=}CH{-}R\ (\text{IIIb}) \tag{D. 9. 9}$$

重排反应的驱动力一般来说是来自一个能量较高的中间体形成一个能量较低的中间体，如从一级碳正离子［式(D.9.9)Ⅰ］形成二级碳正离子［式(D.9.9)Ⅱ］。也有可能发生“退化的”重排反应，例如 $CH_3{-}CH_2^{\oplus} \rightleftharpoons {}^{\oplus}CH_2{-}CH_3$，不过这种变化在宏观上只有通过特殊的实验手段（同位素示踪）才能看出来。

多数情况下，迁移基团并不完全脱离原来的分子，而是保留在它的作用范围之内（例如以 π 络合物的形式、以类似于 S_N2 过渡态的形式、以一对相互限制的离子对或自由基对的形式）。与此相对应，形成［式(D.9.9)Ⅱ］时，基团的迁移与一级中间产物Ⅰ的形成大多同步进行，这样一来，类似于离子消除反应（参见 D.3.1）中的“四中心原则”成立，形成有利于 β-原子上三个取代基中的一个向 α-原子迁移的构象：

从式(D.9.10）可以看出，迁移基团就其自身而言受到了“迎面进攻”；这相当于构象停留在迁移中心，在实验中也确实经常测到这一构象。

(D. 9. 10)

a　b

只要反应物或者一级中间产物［式(D.9.9)Ⅰ］的构象不是固定的，而是相对可变的，那么由于构象的高速变化，三个取代基都可能转到适于重排的平面上［参见式(D. 9. 10a)］。在这种情况下，亲核性最强的基团优先迁移，总体的迁移基团的迁移活泼性顺序如下：

$$-H < -CH_3 < -CH_2CH_3 < -CH(CH_3)_2 < -C(CH_3)_3 < -Ph \qquad (D.9.11a)$$

带苯基取代基的迁移活泼性顺序为：

$$p\text{-}NO_2- < p\text{-}Cl- < H- < p\text{-}Ph- < p\text{-}CH_3- < p\text{-}CH_3O \qquad (D.9.11b)$$

另外，一般空间效应也有影响：中间产物［式(D. 9. 9) Ⅰ］β-原子上的取代基体积越大，生成式(D. 9. 9) Ⅴ的亲核取代反应就越空间受阻，同时重排反应就越容易进行，例如体积庞大的叔丁基由于其相当于式(D. 9. 11a) 的高的迁移活性，特别容易发生重排。

同样，亲核重排反应也能发生在带六隅体电子化合物的杂原子上：

$$R_3C-Y \xrightarrow{\sim R} R_2C^{\oplus}-\overset{\ominus}{Y}-R \rightleftharpoons R_2C=Y-R \qquad (D.9.12)$$

具体实例将在 D. 9. 1. 2 和 D. 9. 1. 3 中讨论。

D. 9. 1. 1 碳原子上的亲核 (1,2)-重排

D. 9. 1. 1. 1 频哪醇重排

1,2-二醇化合物（α-乙二醇）［式(D. 9. 13) 中的Ⅰ］在酸性催化剂作用下发生脱水反应，几乎总是生成羰基化合物，只在极稀少的情况下生成共轭二烯：

$$\underset{\text{I}}{R^2-C(R^1)(OH)-C(R^3)(OH)-R^4} \underset{-H^{\oplus}}{\overset{+H^{\oplus}}{\rightleftharpoons}} \underset{\text{II}^{\oplus}}{R^2-C(R^1)(OH)-C(R^3)(OH_2^{\oplus})-R^4} \underset{+H_2O}{\overset{-H_2O}{\rightleftharpoons}} \underset{\text{III}}{R^2-C(R^1)(OH)-C^{\oplus}(R^3)R^4}$$

$$\overset{\sim R^1}{\rightleftharpoons} \underset{\text{IV}}{(R^2)(HO)C^{\oplus}-C(R^1)(R^3)(R^4)} \underset{+H^{\oplus}}{\overset{-H^{\oplus}}{\rightleftharpoons}} \underset{\text{V}}{(R^2)(O=)C-C(R^1)(R^3)(R^4)} \qquad (D.9.13)$$

首先一个羟基质子化，接下来一个水分子离去形成碳正离子Ⅲ。这一阳离子通过基团 R^1 的迁移转化成更稳定的碳正离子Ⅳ，Ⅳ再脱去羟基上的质子生成羰基化合物Ⅴ。如果 R^1、R^2、R^3 和 R^4 是不同的基团，质子化了的羟基离去时会尽可能形成稳定的阳离子。离去趋势按下列顺序增大：

$$-CH_2OH < R-\overset{H}{\underset{|}{\overset{|}{C}}}-OH < Ar-\overset{H}{\underset{|}{\overset{|}{C}}}-OH < R-\overset{R}{\underset{|}{\overset{|}{C}}}-OH < Ar-\overset{Ar}{\underset{|}{\overset{|}{C}}}-OH \qquad (D.9.14)$$

（关于阳离子的稳定性请参考 D. 3. 1. 4）

基团 R^1～R^4 的迁移活泼性可以按式(9. 11a) 和式(9. 11b) 的顺序分级。

乙二醇、丙三醇和 2,3-二甲基-2,3-丁二醇（频哪醇）脱水时分别生成什么产物？

【例】 **频哪醇重排的一般实验方法（表 D. 9. 15）**

在一个水蒸气蒸馏装置（参见 A. 2. 3. 4）中，将 1 mol 乙二醇和 500 mL 12％的硫酸混合后进行水蒸气蒸馏。蒸馏过的水-醛或者水-酮混合物用食盐饱和，羰基混合物用醚萃取出来。醚相用硫酸镁或者硫酸钠干燥后立即分馏或者从乙醇重结晶。

表 D. 9. 15　通过频哪醇重排制备的醛和酮

产物	反应物	沸点(熔点)/℃	n_D^{20}	产率/%
异丁醛	2-甲基-1,2-二醇	64	1.3730	80
环戊烷甲醛	反式环己烷-1,2-二醇	137	1.4423	70
3,3-二甲基-2-丁酮(频哪酮)	2,3-二甲基-2,3-丁二醇(频哪醇)	106	1.3956	70
苯基乙醛	1-苯基-1,2-二醇	$78_{1.3(10)}$	1.5254	40
3,3-二(对苯甲基)-2-丁酮	2-甲基-1,2-乙二醇	(熔点 47)(乙醇)		85

在亲核的（1,2)-重排中缺电子中心是如何产生的不起决定作用。因此伯胺在用亚硝酸脱氨时也出现重排；所以从 α-氨基醇生成醛或酮（Tiffeneau 重排）：

这个重排反应在制备化学上被用来同系化环酮（Tiffeneau-Demanov 重排）。做法是，先用硝基甲烷将 n 个原子的环酮转化成羟醛产物，这一产物的硝基被还原成氨基之后再按式（D. 9. 16）发生扩环转化成（$n+1$）个原子的环酮。请写出这个反应的反应式！

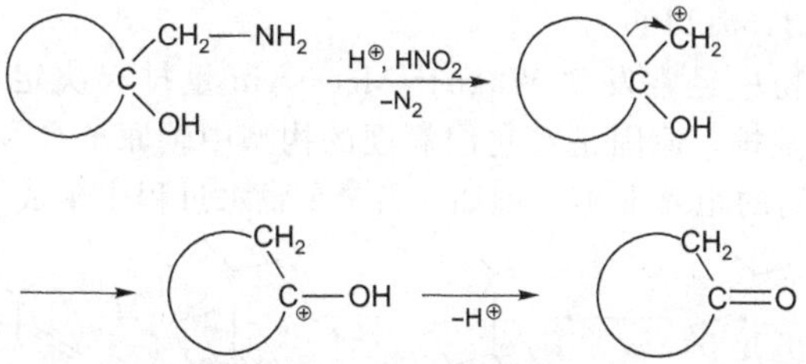

$$\text{(环)C(OH)}-CH_2-NH_2 \xrightarrow[-N_2]{H^{\oplus},\ HNO_2} \text{(环)C(OH)}-\overset{\oplus}{C}H_2 \longrightarrow \text{(扩环)}CH_2-\overset{\oplus}{C}-OH \xrightarrow{-H^{\oplus}} \text{(扩环)}CH_2-C{=}O \qquad (D.\ 9.\ 16)$$

这一方法的产率要高于采用偶氮甲烷的同系化反应（参见 D. 9. 1. 3)。

环氧乙烷也有类似的反应，其三元环在 Lewis 酸作用下开环形成一个缺电子中心，引起重排反应生成羰基化合物：

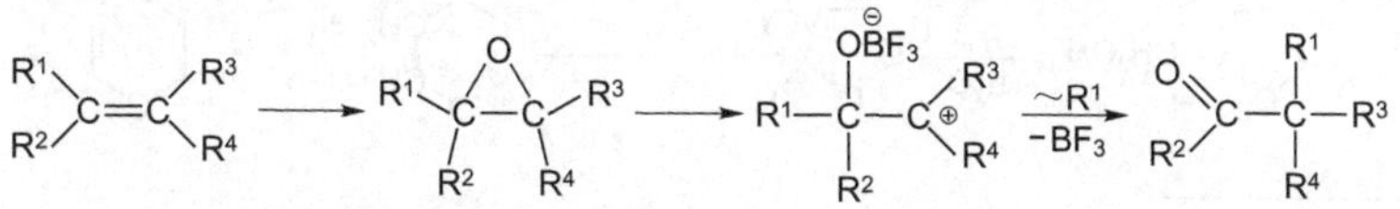

$$R^1R^2C{=}CR^3R^4 \longrightarrow R^1R^2C\overset{O}{-}CR^3R^4 \longrightarrow R^1-\underset{R^2}{\overset{O\overset{\ominus}{B}F_3}{C}}-\overset{\oplus}{C}R^3R^4 \xrightarrow[-BF_3]{\sim R^1} (R^2)C(=O)-\underset{R^4}{\overset{R^1}{C}}-R^3 \qquad (D.\ 9.\ 17)$$

为了避免环氧乙烷的溶剂解开环，最好采用非极性溶剂。环氧乙烷在 Lewis 酸作用下开环与 1,2-二醇脱去一个羟基的原理一样（频哪醇重排)。

在分析化学上用环氧乙烷的重排反应来鉴别烯烃，因为所生成的醛或酮很容易通过其衍生物来鉴别。

请结合式(D. 9. 11a）和式(D. 9. 14）的活性顺序考虑，哪些烯烃能重排成单一的羰基化合物从而被明确地鉴别出来！

【例】 **烯烃的环氧化和环氧化物重排成羰基化合物**[1] **（一般定性分析方法）**

将1 g烯烃溶于5 mL醚，在室温下向其中添加3 mL含5%乙酸钠的40%的过乙酸。放置20 h，然后倒入饱和的碳酸钾水溶液中，将醚层分出，水相用少量醚萃取多次。合并在一起的醚萃取液（大约20 mL）经硫酸钠干燥2 h。然后加2 mL三氟化硼乙醚溶液，振荡5 min。接下来用2 mL水洗，分离出醚层，蒸出溶剂。蒸馏剩余物用2 mol/L甲醇盐酸溶解，加二硝基苯肼溶液后加热沸腾。将析出的二硝基苯腙抽滤分离后重结晶（参见D. 7. 1. 1）。

从α-环氧蒎烷合成龙脑醛：Royals, E. E.; Harrell, L. L., J. Am. Chem. Soc. 1955, 77: 3405.

D. 9. 1. 1. 2 Wagner-Meerwein重排

与频哪醇重排相近的是Wagner-Meerwein重排。

这个反应的特点是，重排了的碳正离子上有一个可以离去的质子而且优先发生生成烯烃的稳定化反应：

$$R^2-C(R^1)(R^3)-CH(X)-R^4 \xrightarrow{-X^{\ominus}} R^2-C(R^1)(R^3)-\overset{\oplus}{C}H-R^4 \xrightarrow{\sim R^1} (R^1)(R^2)\overset{\oplus}{C}-CH(R^4)(R^3) \xrightarrow{-H^{\oplus}} (R^1)(R^2)C=C(R^4)(R^3) \quad (D.\ 9.\ 18)$$

X= 卤素、OTos、OH (+ H$^{\oplus}$)

由于在这一重排反应中得到了频哪醇重排的反应物碳骨架，所以Wagner-Meerwein重排也被称为反频哪醇重排。

从3,3-二甲基-2-丁醇合成2,3-二甲基-2-丁烯：Whithmore, F. C.; Rothrock, H. S., J. Am. Chem. Soc. 1933, 55: 1109。

主要在萜烯化合物中经常发现Wagner-Meerwein重排起决定性作用的反应。这类化合物特别容易发生重排，原因是在它们僵硬的构型中碳原子C^{-2}和C^{-6}或者C^{-3}和C^{-5}（参见表D. 4. 99）之间的距离很小。例如冰片[2]在脱水过程中生成了莰烯：

$$\text{冰片} \underset{+H_2O,-H^{\oplus}}{\overset{+H^{\oplus},-H_2O}{\rightleftharpoons}} \text{碳正离子} \xrightarrow{\sim} \text{碳正离子} \xrightarrow{-H^{\oplus}} \text{莰烯} \quad (D.\ 9.\ 19)$$

请自己了解一下樟脑的合成方法！

四氢糠醇脱水生成二氢吡喃的反应中也发生了Wagner-Meerwein重排：

$$\text{四氢糠醇}(CH_2OH) \xrightarrow[-H_2O]{+H^{\oplus}} \overset{\oplus}{C}H_2 \xrightarrow{\sim} \overset{\oplus}{C}H \xrightarrow{-H^{\oplus}} \text{二氢吡喃} \quad (D.\ 9.\ 20)$$

---

[1] Sharefkin, I. G.; Shwerz, H. E., Analyt. Chem. 1961, 33: 635.

[2] 在这些双环体系中取代基的空间位置用前缀*exo*-(外）或*endo*-(内）表示。在用结构式表示的冰片中羟基位于内部（轴向），氢原子位于外部（横向）。异冰片中羟基位于外部。

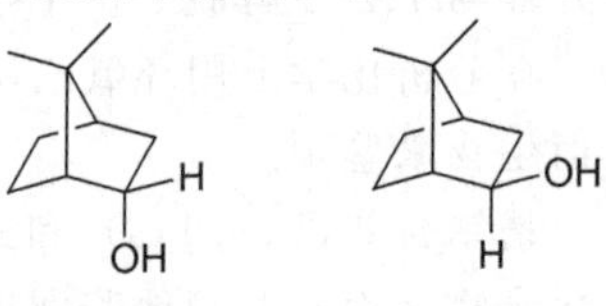

(内型)冰片　(外型)异冰片

本书的老版本中有糠醇催化脱水法制备3,4-二氢-2*H*-吡喃的实验方法。

作为环式烯醇醚3,4-二氢-2*H*-吡喃可以与醇加合成缩醛（参见D.4.2.2）：

$$\text{3,4-二氢-2}H\text{-吡喃} + HOR \underset{}{\overset{H^{\oplus}}{\rightleftharpoons}} \text{2-OR-四氢吡喃} \qquad (D.9.21)$$

因此这个反应可以被用来可逆性地保护醇。

D.9.1.1.3　Wolff重排

偶氮酮在加热或者用紫外光照射时会脱去氮，形成一个带六个电子的没有电荷的碳原子（卡宾）。这个反应可以通过银催化剂得以加速。

卡宾可以通过取代基R（Wolff重排）或者氢原子的迁移稳定化，由此生成一个烯酮Ⅰ或者一个α,β-不饱和酮（Ⅱ）：

$$R-CO-\overset{\ominus}{C}(CH_2R')-N^{\oplus}\equiv N \xrightarrow{-N_2} R-CO-\ddot{C}-CH_2R' \begin{cases} \xrightarrow{\sim R} O=\overset{\oplus}{C}-\overset{\ominus}{C}(R)-CH_2R' \rightleftharpoons O=C=C(R)-CH_2R' & \text{I} \\ \xrightarrow{\sim H} R-CO-\overset{\ominus}{C}H-\overset{\oplus}{C}H-R \rightleftharpoons R-CO-CH=CH-R & \text{II} \end{cases} \qquad (D.9.22)$$

烯酮在水溶液中立刻与水加成生成酸［式(D.9.23) Ⅰ］，与醇生成酯（Ⅱ），与氨生成酰胺（Ⅲ）。

$$R-CH=C=O \begin{cases} \xrightarrow{+H_2O} R-CH_2-COOH & \text{I} \\ \xrightarrow{+HOR'} R-CH_2-COOR' & \text{II} \\ \xrightarrow{+NH_3} R-CH_2-CONH_2 & \text{III} \end{cases} \qquad (D.9.23)$$

式(D.9.22)中反应产物的比例取决于反应温度：温度较低时优先生成α，β-不饱和酮，温度较高（超过50℃）时主要生成羧酸衍生物。只有那些在CHN_2基团旁边没有CH_2基团的偶氮酮，例如那些在酰氯与偶氮甲烷反应中（参见D.8.4.2.2）生成的偶氮酮，反应时总是生成羧酸或其衍生物。

Arndt和Eistert利用Wolff-重排来延长羧酸的碳链：用偶氮甲烷将酰氯转化成偶氮酮，偶氮酮经过去偶氮/重排就生成延长了一个甲基的羧酸（你们还知道什么方法能将羧酸的碳链延长?）。

醛和酮也能以类似的方式与偶氮甲烷反应，脱去氮重排生成相应的、多了一个CH_2基团的羰基化合物（还可以参考D.8.4.2.2）。这一方法主要对环酮扩环有意义，因为此时能生成唯一的重排产物：

$$\text{环己酮} + H_2CN_2 \longrightarrow \text{1-}O^{\ominus}\text{-1-}(CH_2-\overset{\oplus}{N}\equiv N)\text{环己烷} \xrightarrow{-N_2} \text{环庚酮} \qquad (D.9.24)$$

请将这一反应与Tiffeneau反应［式(D.9.16)］做一比较。

【例】 通过偶氮酮经Wolff重排制备羧酸酯的一般实验方法（表D.9.25）

（1）氧化银催化剂的制备　向50 mL 10%硝酸银溶液中加稀释的苛性钠，直到不再有Ag_2O析出为止。将沉淀物反复在水中漂洗、滗析，直到洗出的水呈中性。然后过滤，在保干器中干燥。产率大约3g。

(2) Wolff 重排 将0.1 mol偶氮酮（制备参见D.8.4.2.2，可以直接应用粗产物）溶于300 mL无水醇中。用一只带有回流冷却器、滴液漏斗和搅拌器的三颈烧瓶，将上述溶液加热到55～60 ℃，在搅拌条件下向其中滴加3 g氧化银和60 mL无水醇的悬浮液。接着继续搅拌加热2 h，加一点活性炭（大约0.5 g），再一次加热至沸腾，然后趁热过滤。如果冷却时析出固体酯，就将其抽滤分离后再从醇重结晶。如果是液态的酯或者固态酯但在冷却时不析出，就要在真空中蒸发醇，然后蒸馏酯。

表 D.9.25 通过 Wolff 重排制备的酯

产物	反应物	沸点(熔点)/℃	n_D	产率/%
十七烷酸乙酯(珠光脂酸乙酯)	偶氮甲基十五烷基酮	$185_{0.7(5)}$,(熔点 28)		60
十九烷酸乙酯	偶氮甲基十七烷基酮	$167_{0.03(0.3)}$,(熔点 37)		55
癸烷-1,10-二酸二乙酯	1,10-二(偶氮甲基)癸烷-1,10-二酮	$193_{2(15)}$,(熔点 15)		45
苯基乙酸乙酯	偶氮甲基苯基酮	$100_{1.3(10)}$	n_D^{18} 1.4492	35
对甲氧基苯基乙酸乙酯	偶氮甲基(对甲氧基苯基)酮	$154_{2.3(17)}$		40
1-萘基乙酸乙酯	偶氮甲基-α-萘基酮	$179_{1.5(11)}$		35
二氢肉桂酸乙酯	苄基偶氮甲基酮	$123_{2.1(16)}$	n_D^{20} 1.4911	35

【例】 环庚酮（软木酮）的制备[1]

在一个带搅拌器、内置温度计、滴液漏斗和一个供反应中产生的氮气逸出的出口的三颈烧瓶中，将0.5 mol环己酮、0.6 mol *N*-甲基-*N*-亚硝基甲苯磺酰胺和150 mL醇与10 mL水混合。为了避免反应过程中发泡，向烧瓶中加一点硅消泡剂。在搅拌和用冰-盐水混合物冷却的条件下向上述混合物中滴加溶在50 mL 50%的醇中的15 g氢氧化钾溶液，滴加速度以烧瓶内的温度为10～20 ℃为宜。碱的加入使亚硝酰胺生成偶氮甲烷，偶氮甲烷立即与环己酮反应。所有的碱都滴完后继续搅拌30 min，然后在继续搅拌的条件下加2 mol·L^{-1}的盐酸至弱酸性，接着加300 mL饱和的工业用亚硫酸氢钠溶液。几分钟之后软木酮的亚硫酸氢盐加合物开始沉淀出来。继续搅拌10 h，将沉淀物抽滤分离，用醚彻底洗。在热的125 g苏打（$Na_2CO_3 \cdot 10H_2O$）和150 mL水的溶液中，将亚硫酸氢盐化合物分解，分离酮层，水相用50 mL醚萃取四次。合并在一起的有机相用硫酸镁干燥，蒸出醚后在真空中经一只40 cm的Vigreux柱分馏。第一批馏出物是没有反应的环己酮，1.6 kPa (12Torr) 和65 ℃下的馏出物是环庚酮。剩余物中还有更高环的酮（环辛酮等）。产率33%；n_D^{25} 1.4600。通过精馏可以得到特别纯的产品（回流比10∶1）。

D.9.1.2 氮原子上的重排

在Hofmann、Curtius和Lossen酸分解以及Schmidt和Beckmann反应中，都发生

---

[1] 根据Deboer，Th. J.；Backer，H，J.，Org. Synth.，1963，Coll. Vol. Ⅳ：225.

了通过氮原子上电子六隅体的重排。式(D. 9. 26) Ⅰ 和式(D. 9. 26) Ⅱ 具有氮宾或氮宾阳离子的特点，它们通常不能以自由的形式存在：

$$\begin{array}{ll} \text{Hofmann:} & R-C(=O)-NH_2 \\ \text{Lossen:} & R-C(=O)-NH-OH \\ \text{Curtius:} & R-C(=O)-N^{\ominus}-N^{\oplus}\equiv N \end{array} \longrightarrow \underset{\text{I}}{R-C(=O)-\ddot{N}} \xrightarrow{\sim R} O=C=N-R$$

$$\begin{array}{ll} \text{Schmidt:} & R'(R)C=N-N^{\oplus}\equiv N \\ \text{Beckmann:} & R'(R)C=N-OH \end{array} \longrightarrow \underset{\text{II}}{R'(R)C=N^{\oplus}} \xrightarrow{\sim R} R'-C^{\oplus}=N-R \xrightarrow[-H^{\oplus}]{+H_2O} R'-C(=O)-NH-R \qquad \text{(D. 9. 26)}$$

D. 9. 1. 2. 1 Hofmann 降解

在 Hofmann 酰胺降解中，通过次卤酸盐对酰胺的作用可以得到比反应物少一个 C 原子的伯胺❶。这里形成了在一定条件下可以分离出来的中间产物卤代酰胺[式(D. 9. 27) Ⅰ]，从这个中间体经分解掉卤化氢和重排生成一个立即与水加合的异氰酸酯Ⅲ。氨基甲酸Ⅳ不稳定，分解成二氧化碳和胺：

$$R-C(=O)-NH_2 \xrightarrow[-H_2O]{+Br^{\oplus},\ +OH^{\ominus}} \underset{\text{I}}{R-C(=O)-NHBr} \xrightarrow[-Br^{\ominus},\ -H_2O]{+OH^{\ominus}} \underset{\text{II}}{R-C(=O)-\ddot{N}} \xrightarrow{\sim R}$$

$$\underset{\text{III}}{O=C=N-R} \xrightarrow{+H_2O} \underset{\text{IV}}{HO-C(=O)-NH-R} \longrightarrow CO_2 + RNH_2 \qquad \text{(D. 9. 27)}$$

异氰酸酯是 Wolff 重排中烯酮的含氮类似物。

如果使 Hofmann 酰胺降解反应在醇溶液中进行，就会生成氨基甲酸酯。

工业上由邻苯二甲酰亚胺通过 Hofmann 降解生产染料工业上重要的中间产品邻氨基苯甲酸。

【例】 酰胺 Hofmann 降解成胺的一般实验方法（表 D. 9. 28）

(1) 次溴酸盐溶液的制备❷ 在 0 ℃下将 1. 2 mol 溴滴加到 6 mol 氢氧化钠和 2 L 水的溶液中。

(2) 次氯酸盐溶液的制备 30 g 氢氧化钾溶于 400 mL 水中，冷却到 0 ℃并与 1. 5 kg 碎冰混合；然后迅速导入 85 g 氯。

(3) Hofmann 降解实验方法 －5 ℃下边搅拌边向新制备的次卤酸盐溶液中加 1 mol

---

❶ 不要将这个反应与 Hofmann 胺降解混淆，参见 D. 3. 1. 6。

❷ Hofmann 降解时，采用次溴酸盐溶液的优点是容易处理，而采用次氯酸盐溶液则大多可以达到较好的产率。

表 D. 9. 28　通过 Hofmann 降解制备的胺

产物	反应物	方法	熔点(沸点)/℃	产率/%
甲基胺-盐酸化物	乙酰胺	NaOBr(a)	227(乙醇)	70
乙基胺-盐酸化物	丙酰胺	NaOBr(a)	108(乙醇-水)(吸湿的)	70
苄基胺	苯基乙酰胺	NaOBr(b)	(沸点 184)	80
3,4-二甲氧基苯胺	3,4-二甲氧基苯甲酰胺	NaOCl(b)	(沸点 $173_{3.2(24)}$) 87(乙醇)	80
邻氨基苯甲酸	邻苯二甲酰亚胺	NaOBr①	145(乙醇)	60

① 反应液用盐酸以刚果红作为指示剂中和，析出的产物在加活性炭的条件下从水中重结晶。

酰胺❶。如果内部温度超过+40 ℃，需要冷却。搅拌过夜后加 20 g 亚硫酸钠，在冷却条件下酸化到 pH 值等于 2，继续搅拌 15 min 后再一次用 50%的苛性钾水溶液碱化。

(4) 后处理

(a) 对于能与水蒸气一起蒸出的胺，采用水蒸气蒸馏法，馏出物用碳酸钾饱和，用醚萃取，用硫酸钠干燥后分馏。对于易挥发的胺，将接收器用半浓的盐酸处理，蒸出馏出物后从乙醇中重结晶盐酸化物。

(b) 对于不能与水蒸气一起蒸出的胺，将反应溶液用碳酸钾饱和，抽滤分离，醚萃取，醚相经硫酸钠干燥，接着分馏。

尤其是易挥发的胺，也可以用这一方法［方法 (a)］半微量合成。

从琥珀酰亚胺制备 β-丙氨酸：Clarke，H. T.；Behr，L. D.，Org. Synth.，1943，Coll. Vol. 2：19.

D. 9. 1. 2. 2　Curtius 降解

Curtius 降解就是酰基叠氮化合物的热解：

$$R-C(=O)-\overset{\ominus}{N}-\overset{\oplus}{N}\equiv N \xrightarrow[-N_2]{} R-C(=O)-N \xrightarrow{\sim R} O=C=N-R \qquad (D.\,9.\,29)$$

与 Hofmann 降解相反，反应如果在惰性溶剂（如甲苯）中进行就可以避免异氰酸酯的进一步反应，可以将其分离出来。

如何解释叠氮化物分解时，如果做不到绝对无水会出现二取代的脲？如果 Curtius 降解在醇溶液中进行会得到什么产物？

在下面介绍的 Curtius 降解实验方法中，在水-丙酮溶液中叠氮化钠作用于羧酸和碳酸半酯的混合酸酐生成了酰胺；混合酸酐是在相关的羧酸和氯代甲酸酯的反应混合物中形成的（参见 D. 7. 1. 4. 4）。由相应的酰氯和叠氮化钠或者由酰肼和亚硝酸也可以制备叠氮化物。

如果相关的酰基叠氮化物在室温或者更低的温度下就明显分解，就不能通过 Curtius 方法制备异氰酸酯。也就是说，这种情况下脱氮反应在叠氮形成的条件下就已经发生了，异氰酸酯立即与溶剂（水）发生反应。

【例】 从羧酸通过 Curtius 降解制备异氰酸酯的一般实验方法（表 D. 9. 30）

小心！迅速加热或者与硫酸接触时叠氮化物很容易发生爆炸。因此，不能将其分离

❶ 根据 D. 7. 1. 4. 2 中的实验方法从相应的氯化物合成。

出来！戴防护眼镜！蒸馏异氰酸酯时留下一点！分解叠氮化物时始终采用水浴加热。异氰酸酯有毒并刺激泪腺！在通风橱中操作！

（1）酰基叠氮化物的制备[1] 在一个带滴液漏斗、搅拌器和内置温度计的500 mL的三颈烧瓶中，将0.085 mol羧酸溶于150 mL丙酮中。此溶液用冰-食盐混合物冷却到0 ℃。在这一温度下缓慢地向其中滴加溶于40 mL丙酮的0.1 mol三乙胺，随后加入溶于40 mL丙酮中的0.11 mol的氯代甲酸乙酯，搅拌30 min。然后在0 ℃下滴加0.13 mol、溶在30 mL水中的叠氮化钠。再搅拌1 h，将反应混合物倒入400 mL冰水中，每次用70 mL冰冷的甲苯萃取所生成的叠氮化物，萃取3次。所得的甲苯溶液先用煅烧过的硫酸镁接着再用五氧化二磷在冰箱或冰-食盐水浴中干燥。

（2）异氰酸酯的制备 向一个置于沸水浴上的带沸石、回流冷却器（带氯化钙管）和滴液漏斗的三颈烧瓶中，慢慢滴加前面制备的叠氮化物溶液。重排反应开始，剧烈地生成氮气。溶液全部滴完后继续加热一小时，在真空中先除去溶剂再蒸馏异氰酸酯。

表 D.9.30 通过 Curtius 降解制备的异氰酸酯

产物	反应物	熔点(熔点)/ ℃	产率/%
苯基异氰酸酯	苯甲酸	$60_{2.7(20)}$	65
α-萘基异氰酸酯	α-萘甲酸	$145_{2.0(15)}$	60
β-萘基异氰酸酯	β-萘甲酸	$137_{1.5(11)}$，(熔点 56)	70

D.9.1.2.3 Schmidt 反应

Schmidt 发现，在强酸存在下羰基化合物与叠氮酸反应，发生了一个烷基的迁移生成酰胺。其实在重排前发生了正常的羰基反应（叠氮酸的加成和水的离去）。以酮为例，反应过程如下：

$$\mathrm{RR'C{=}O} + \mathrm{H{-}\overset{\ominus}{N}{-}\overset{\oplus}{N}{\equiv}N} \xrightarrow{+H^{\oplus}} \underset{\text{I}}{\mathrm{R{-}C(R')(OH){-}NH{-}\overset{\oplus}{N}{\equiv}N}} \xrightarrow{-H_2O} \underset{\text{II}}{\mathrm{RR'C{=}N{-}\overset{\oplus}{N}{\equiv}N}}$$

$$\xrightarrow{-N_2} \underset{\text{III}}{\mathrm{RR'C{=}\overset{\oplus}{N}}} \xrightarrow{\sim R} \underset{\text{IV}}{\mathrm{R'{-}\overset{\oplus}{C}{=}N{-}R}} \qquad \text{(D. 9. 31)}$$

这样产生的碳正离子Ⅳ与溶剂水反应生成酰胺，与过量的叠氮酸反应生成四唑（四氮杂茂）：

$$\mathrm{R'{-}\overset{\oplus}{C}{=}N{-}R} \xrightarrow[-H^{\oplus}]{+H_2O} \mathrm{R'{-}C(OH){=}N{-}R} \rightleftharpoons \underset{\text{V}}{\mathrm{R'{-}C({=}O){-}NH{-}R}}$$

$$\mathrm{R'{-}\overset{\oplus}{C}{=}N{-}R} \xrightarrow{+HN_3} \mathrm{R'{-}C(NH{-}\overset{\oplus}{N}{\equiv}N){=}N{-}R} \xrightarrow{-H^{\oplus}} \underset{\text{VI}}{\text{R'-(1-R-四唑-5-基)}} \qquad \text{(D. 9. 32)}$$

---

[1] 根据 Weinstock, J., J. Org. Chem. 1961, 26: 3511.

也许没有生成中间体氮宾阳离子［式(D. 9. 31) Ⅲ］，而是在脱氮的同时发生 R 迁移。根据式(D. 9. 10) 估计，处于偶氮离子反-（E）位的取代基重排：

$$\begin{matrix} & \nearrow^{-N_2} & R'-\overset{\oplus}{C}=N-R \longrightarrow \text{产物} \\ \underset{R}{\overset{R'}{>}}C=N-\overset{\oplus}{N}\equiv N & & \\ & \not\searrow & R-\overset{\oplus}{C}=N-R' \end{matrix} \qquad (D. 9. 33)$$

水分子从式(D. 9. 31) Ⅰ上的离去一般会产生体积大的 R 和偶氮离子基处于反向的Ⅱ的 E,Z-异构体。因此，不对称酮的 Schmidt 反应具有下列与式(D. 9. 11a) 所给顺序不同的取代基迁移活性顺序：

$$\text{叔丁基} > C_6H_5 \approx \text{异丙基} > C_2H_5 > CH_3 \qquad (D. 9. 34)$$

在 Schmidt 反应的条件下，羧酸式［式(D. 9. 31) 中 R'═OH］生成少一个碳原子的胺（将这一反应与 Curtius 降解做一比较）。相当于式(D. 9. 32) 中Ⅴ的 N-取代基氨基甲酸——与 Hofmann 降解时一样的产物——立刻分解成二氧化碳和胺。因为只有一个羧基受到进攻，所以通过这一途径从丙二酸可以制备 α-氨基羧酸（请写出反应式!）。

【例】 Schmidt 反应的一般实验方法（表 D. 9. 35）

注意！反应生成有剧毒和易爆炸的叠氮酸。因此要用高效通风橱和防护板，戴防护眼镜！参考试剂附录！

表 D. 9. 35 通过 Schmidt 反应制备的胺和酰胺

产物	反应物	方法	沸点(熔点)/℃	n_D^{20}	产率/%
戊胺	己酸	(a)	104	1.4115	70
1,4-二氨基丁烷(腐胺)	己二酸	(a)	158,(熔点 27),盐酸化物:(熔点 315)(Z)		70
丁胺	戊酸	a	78,盐酸化物:(熔点 195)	1.4010	70
苯胺	苯甲酸	(a)①	184	1.5863	60
α-哌啶酮(δ-戊内酰胺)	环戊酮	(b)	$137_{1.9(14)}$,(熔点 40)		60
ε-己内酰胺	环己酮	(b)	$140_{1.6(12)}$,(熔点 68)		80
乙酰苯胺	苯乙酮	(b)	(熔点 114)(乙醇)		97
丙酰苯胺	苯丙酮	(b)	(熔点 105)(乙醇-水)		65
丁酰苯胺	苯丁酮	(b)	(熔点 96)(乙醇-水)		65
苯甲酰苯胺	苯甲苯酮	(b)	(熔点 161)(乙醇)		80
N-(萘-1-基)乙酰胺	甲基-α-萘基酮	(b)	(熔点 160)(乙醇)		50
1,3,4,5-四氢-1-苯并氮杂䓬-2-酮②	α-四氢萘酮	(b)	(熔点 141)(乙醇-水)		70
菲酮③	芴酮	(b)	(熔点 294)(乙醇)		90

① 水蒸气蒸馏时不加盐酸，馏出物用醚萃取。

② ③

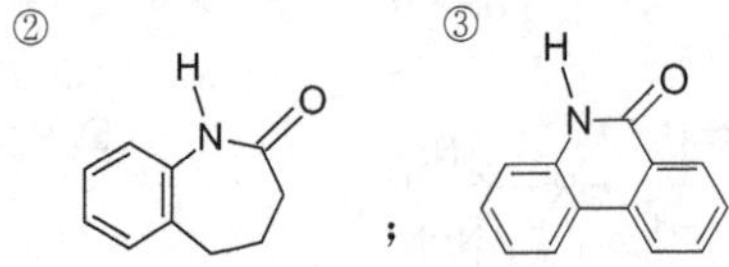

在一个 500 mL、带搅拌器和有排气口的回流冷却器的三颈烧瓶中，装 0.1 mol 羰基化合物、50 mL 浓硫酸和 150 mL 氯仿，在室温和剧烈搅拌的条件下，向上述混合物中一小份一小份地加 0.12 mol 叠氮化钠，控制添加份额和频率，以使反应不至于太剧烈。所有叠氮化物都加完后，在继续搅拌的条件下在水浴上于 50 ℃继续加热 6 h。冷却

后，将反应混合物浇到 400 g 碎冰上，搅拌均匀，小心地将氯仿层分离。

处理

(a) 胺类：在冷却条件下将水相用浓的苛性钠强碱化，用水蒸气蒸馏法将胺蒸馏到一个事先用稀盐酸处理过的接收器中。从中可以通过真空中蒸发浓缩的方法得到盐酸化物。若要制备游离的胺，将盐酸化物溶于少量的水，在冷却条件下用固体的氢氧化钠将碱释放出来。用醚将胺吸收，醚溶液用氢氧化钠干燥，然后经一根 30 cm 的 Vigreux 柱分馏。

(b) 酰胺类：在冷却条件下用浓氨水将水相中和以使酰胺析出。固态酰胺先抽滤分离再重结晶，液态的用氯仿萃取。合在一起的氯仿萃取液用硫酸镁干燥，蒸出溶剂后的剩余物在真空中分馏。

从反应混合物中分出的氯仿层蒸发掉溶剂之后还可以获得一点酰胺。

从环戊-2-酮酸酯制备鸟氨酸以及从环己-2-酮酸酯制备赖氨酸：Adamson, D. W., J. Chem. Soc. 1939:1564.

从环己酮制备环戊四唑（戊四氮）：Organikum. 15Aufl: 706.

D. 9. 1. 2. 4 Beckmann 重排

如果用酸或者 Lewis 酸（硫酸，五氯化磷）处理酮或者醛的肟，首先生成的是与 Schmidt 反应中一样的中间产物［式(D. 9. 31) 中的Ⅲ］，终产物是酰胺（Beckmann 重排）：

$$\underset{\text{I}}{\mathrm{RR'C{=}N{-}OH}} \xrightarrow[-H_2O]{+H^{\oplus}} \underset{\text{II}}{\mathrm{RR'C{=}N^{\oplus}}} \xrightarrow{\sim R} \underset{\text{III}}{\mathrm{R'{-}\overset{\oplus}{C}{=}N{-}R}} \xrightarrow[-H^{\oplus}]{+H_2O} \mathrm{R'{-}C({=}O){-}NH{-}R} \qquad (D.9.36)$$

在这里阳离子Ⅱ也不单独出现，而是反式状态上（质子化了的）羟基的离去和取代基 R 的重排同时发生。反应中，中间状态Ⅱ和Ⅲ以离子对的形式存在。从理论上来说，这个反应中取代基的迁移活性与在 Schmidt 反应中的一样（参见 D. 9. 1. 2. 3）。因此，由芳基甲基酮主要生成乙酸-*N*-芳基酰胺。

Beckmann 反应对于工业生产 ε-已内酰胺十分重要，由 ε-已内酰胺通过聚合反应可以生产聚酰胺纤维和聚酰胺塑料。

【例】 由环己酮肟制备 ε-已内酰胺

(1) 环己酮肟 在一个 1 L 的带搅拌器和分液漏斗的三颈烧瓶中，将 1.5 mol 盐酸羟胺和 1.2 mol 晶体乙酸钠溶于 400 mL 水中，在水浴上加热到 60 ℃。此时在搅拌的条件下，向其中滴加 1 mol 环己酮，在这一温度下再继续搅拌 0.5 h，冷却到 0 ℃，将析出的肟抽滤分离。水相再用醚萃取三次。固体肟在真空保干器中干燥，醚溶液经硫酸钠干燥。然后将醚蒸馏出去，将固体肟加到蒸馏剩余物中后一起真空蒸馏。b. p.$_{1.6(12)}$ 104 ℃；m. p. 90 ℃；产率 70%。

(2) ε-已内酰胺 在一个 400 mL 的烧杯中，在 20 ℃、搅拌和冷却的条件下将 2 mol 浓硫酸与 1 mol 环己酮肟混合。将上述溶液在 120 ℃滴加到装在一个带内置温度计、搅拌器、滴液漏斗和回流冷却器的三颈烧瓶中的 1.5 mol 浓硫酸中（强烈放热反应!）。如果温度降至 115 ℃以下，就要立即停止滴加肟，直到额外加热使烧瓶内温度回到120 ℃才可以继续滴（温度较低时反应会放慢，没有反应的肟在接下来的加热中会发生爆炸式重排）。

肟溶液完全滴完后，在 125～130 ℃范围内再加热 20 min 后冷却。将冷却下来的反应混合物浇到 0.5 kg 碎冰上，然后在冷却条件下以酚酞作为指示剂用含浓氨水的冰-食盐混合物中和。在中和过程中，溶液的温度不允许超过 20 ℃。通过与氯仿一起振荡（四次，每次 150 mL）将ε-已内酰胺萃取出来。氯仿溶液水洗后用氯化钙干燥。最后真空蒸馏。b. p. $_{1.6(12)}$ 140 ℃；m. p. 68 ℃；产率 80%。

【例】 ε-已内酰胺聚合

在一支厚壁试管中将 3 g 纯的、加了一滴浓盐酸的ε-已内酰胺在水浴上熔化。接下来在煤气灯上将试管的上半部分拉成毛细管，要使混合物上方的空间尽可能小。排除安培管中的空气（用带玻璃管的橡皮塞将其与真空泵连接）并在真空条件下将其熔断。在 250 ℃的金属浴上加热 4 h进行聚合反应。冷却后安培管的内容物凝结成脆的、类似象牙的块。

由脂环族的酮合成内酰胺：Olah，G. A.；Fung，A. P.，Synthesis，1979：537.

D. 9. 1. 3　氧原子上的重排

氧原子上具有电子六隅体的化合物 RO^+（氧宾阳离子）在形式上与卡宾和氮宾相当。根据C、N和O在元素周期表中的位置，能量从卡宾到氧宾阳离子逐渐增加，所以至今还没有发现氧宾阳离子作为独立中间体存在的例子。

氧原子上的重排同步进行。通常，过氧化物的酸催化分解引起氧原子上缺电子。最众所周知的例子是 Hock 法合成苯酚：

$$H_3C-C(C_6H_5)(CH_3)-O-O-H + H^{\oplus} \longrightarrow H_2O + (H_3C)_2C^{\oplus}-O-C_6H_5 \xrightarrow{-H^{\oplus}} HO-C(CH_3)_2-O-C_6H_5 \longrightarrow O=C(CH_3)_2 + HO-C_6H_5 \quad (D.\ 9.\ 37)$$

这个反应在工业上是苯酚和丙酮的石油化学生产的标准方法，到目前为止也仅限于此。过氧氢化物的重排对于实验室应用意义也不大，主要是因为其生产和使用上的问题。

从 α,α-二甲基苄基过氧化氢制备苯酚：Organikum，15Aufl，710.

应用越来越多的是 Baeyer-Villiger 反应，反应中生成，酮或醛的过氧化物和过氧酸（有时也可以是 H_2O_2），而且原位发生重排：

$$RR'C=O + R''-C(=O)-O-O-H \longrightarrow HO-CRR'-O-O-C(=O)R''$$
$$HO-CRR'-O-O-C(=O)R'' + H^{\oplus} \xrightarrow{-R''-COOH} H-O-C^{\oplus}(R')-O-R \longrightarrow H^{\oplus} + O=C(R')-O-R \quad (D.\ 9.\ 38)$$

通过这一反应，开链的酮生成羧酸酯，环烷酮生成内酯。取代基的迁移活性相当于式(D. 9. 11a) 和式(D. 9. 11b) 中所列的顺序。α,β-不饱和酮也同样反应，多数情况下生成 R 或者不饱和基团迁移产生的两种产物。醛反应时也一样，R 和 H 都发生迁移。请写出这一反应式！

【例】 ε-己内酯的制备[1]

将0.2 mol环己酮与0.25 mol过氧苯甲酸[2]加到大约500～600 mL潮湿的氯仿中，在22～25 ℃下于暗处放置。过一段时间之后，像D.7.1.4.3中介绍的那样用滴定法检查过氧苯甲酸的含量。大约12 h之后反应结束，过氧苯甲酸的消耗突然中断。生成的苯甲酸和剩余的过氧酸用稀释的$NaHCO_3$溶液提取。氯仿混合物再一次用水洗，经硫酸钠干燥，再蒸馏。b. p.$_{0.9(7)}$ 145～146 ℃；n_D^{25} 1.4352；产率78%。

已经在D.4.1.8中讲过的，用过氧化氢在醇中氧化三烷基硼烷（由烯烃和硼烷生成）而发生的重排反应（反Markovnikov水合）也属于氧原子上缺电子的（1,2)-重排类型：

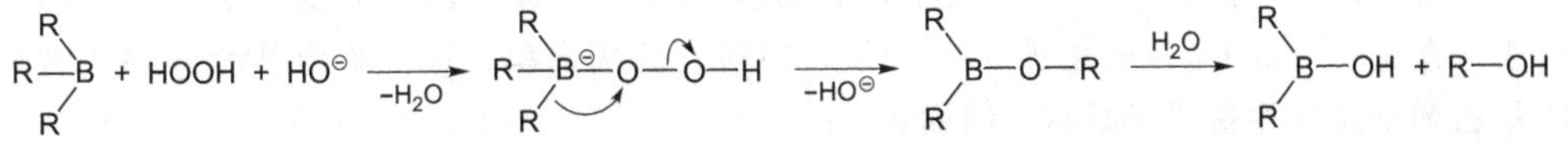

$$R_3B + HOOH + HO^{\ominus} \xrightarrow{-H_2O} R_3B^{\ominus}\text{—}O\text{—}O\text{—}H \xrightarrow{-HO^{\ominus}} R_2B\text{—}O\text{—}R \xrightarrow{H_2O} R_2B\text{—}OH + R\text{—}OH \quad (D.9.39)$$

D.9.2 (3,3)-重排

由于天然产物和药物合成中对专一立体化学过程的较高要求，使得同步进行的(3,3)-重排近年来受到越来越多的重视。比较典型的例子是Cope重排：

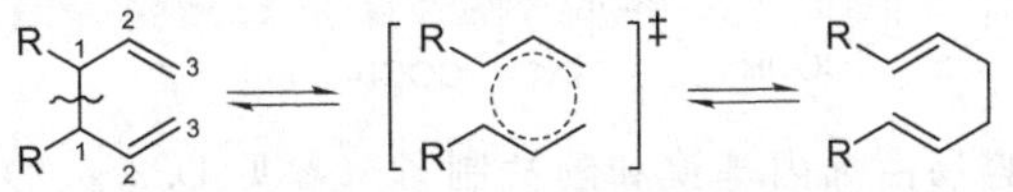

(D.9.40)

在这里，杂原子可以代替一个或多个碳原子（杂原子Cope重排）。

这类反应通常经过一个周环准芳香性过渡态，也就是说反应的任何阶段都没有出现分离的分子碎片。这就保证了高度的立体和位置选择性，使得这类反应对于合成化学有极高价值。正如下面的实验结果所显示的那样，过渡态相当于一个椅式构象，因为这样可以使1,1-二轴的相互作用最小：

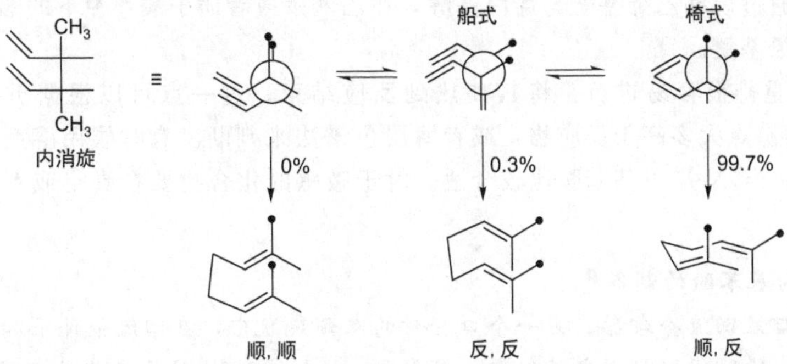

CH_3 CH_3 内消旋 ≡ 船式 椅式 0% 0.3% 99.7% 顺,顺 反,反 顺,反 (D.9.41)

（黑点表示甲基）

---

[1] 根据Fries, S. L., J. Am. Chem. Soc. (1949), 71: 2571.

[2] 制备按照D.7.1.4.3段落进行。但不用给出的醚，而是用氯仿来萃取，湿糊的氯仿溶液直接继续应用。也可以使用过苯甲酸的二乙醚溶液于上述制备中；不过，产率较低。

与此相应，类似的D,L-化合物主要以大体积的甲基处于横向的船式构型（构成90%的*trans*,*trans*-2,6-辛二烯和只有9%的*cis*,*cis*-2,6-辛二烯）反应。请用反应式表示这一重排！

在变种的Cope重排时观察到很有意思的波动结构。NMR检测表明3,4-双环辛二烯［二环（5.1.0）-2,5-辛二烯］能快速进行Cope重排（180 ℃时$k>10^3\ s^{-1}$），参见式（D.9.42）。在室温下这一反应的反应速率降低了很多，而在－50 ℃时重排反应完全停止。这一现象也被称为键互变异构。

(D. 9. 42)

因为只需要加热，所以Cope重排反应在实验上很简单。问题大多在于初级产物的合成。在这一方面Claisen重排（Oxa-Cope重排）特别简单，这是烯丙基芳基醚或者烯丙基乙烯基醚发生重排的反应，例如：

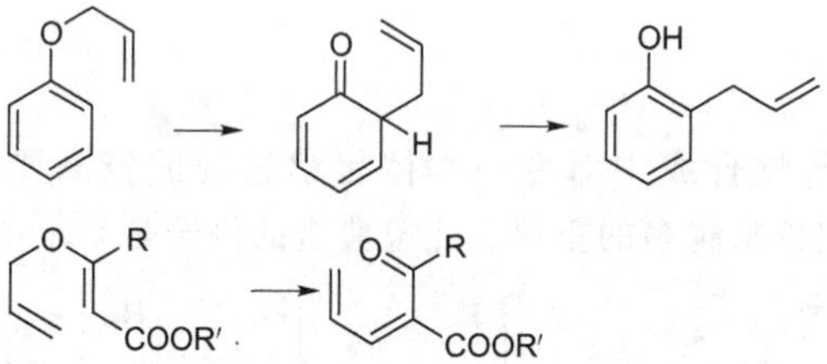

OH
O
H
O R
O R
COOR′
COOR′

(D. 9. 43)

烯丙基芳基醚很容易由烯丙基溴和酚盐制备（参见D.2.6.2）。烯丙基乙烯基醚可以通过二烯丙基乙缩醛脱去烯丙基醇，或者从混合物烷基烯丙基乙缩醛脱去醇的方法制备，参见D.3.1.4；这一消除反应和Claisen重排可以作为一锅式反应进行。与此类似，原甲酸酯和酰胺基缩醛分别生成（*α*-烷氧基乙烯基）烯丙基醚（烯酮缩醛）和烯丙基（*α*-氨基乙烯基）醚（烯酮氨基缩醛），再经Claisen反应重排成*γ*,*δ*-不饱和的酯和酰胺。请写出这些反应的反应式！

也可以通过烷基乙烯基醚与烯丙基醇，在乙酸汞或者质子酸存在下的酯转化反应生产烯丙基乙烯基醚。

Claisen重排很容易进行：将其加热到反应结束；这一点可以根据折射率、沸点（重排产物的沸点大多高于反应物）或者薄层色谱法来判断。有时候用溶剂作为内部加热源比较好；*N*,*N*-二甲基苯胺比较合适。对于敏感的化合物要在真空或者保护气体中进行反应。

【例】 2-烯丙基苯酚的制备[1]

在一个口装回流冷却器、另一个口密封的双颈烧瓶中，在回流条件下加热烯丙基苯基醚。每隔一段时间取样测定折射率。折射率n_D^{25}达到1.54时反应就结束了（大约5～6 h）。冷却，将产品溶于2倍体积的20%的NaOH溶液中，通过两次石油醚（b.p. 30～60 ℃）萃取将少量生成的2-甲基-2,3-二氢苯并呋喃分离出来。将碱溶液酸化，用

[1] 按Tarbell,D.S.,Org. React.(1944),2:1.

二乙基醚萃取。用氯化钙干燥后蒸馏。b. p. $_{2.5(19)}$ 103～105 ℃；n_D^{24} 1. 5445；产率 73%。

从石油醚萃取液中可以蒸馏得到 2-甲基-2，3-二氢苯并呋喃。b. p. $_{2.5(19)}$ 86～88 ℃；n_D^{22} 1. 5307。

从丁酮、3-戊酮、环戊酮和环己酮的二烯丙基乙缩醛分别制备 3-甲基-5-己烯-2-酮、4-甲基-6-庚烯-2-酮、2-烯丙基环戊酮和 2-烯丙基环己酮：Lorette，N. B.；Howard，W. L.，J. Org. Chem. 1961，26：3112.

众所周知的还有与 Claisen 重排类似的 Aza-Cope 重排。其中特别有意义的是醛或酮的芳基腙的（3，3）-重排，是获得吲哚的简便方法（Fischer 吲哚合成法）：

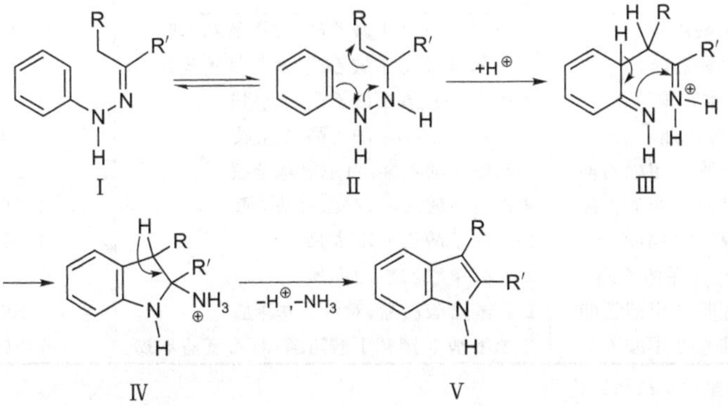

(D. 9. 44)

容易发生重排的化合物是烯胺Ⅱ。[15]N 同位素示踪实验显示，在（3，3）-重排产物Ⅲ的成环反应中离苯环远的那个氮原子被脱掉。

芳腙Ⅰ很容易从芳肼和醛或酮制得。生产 2-乙氧羰基吲哚所需的芳腙取代的丙酮酸特别容易通过 Japp-Klingemann 反应获得；在这里，所产生的偶氮化合物经碱催化偶合和酸分解直接生成芳腙：

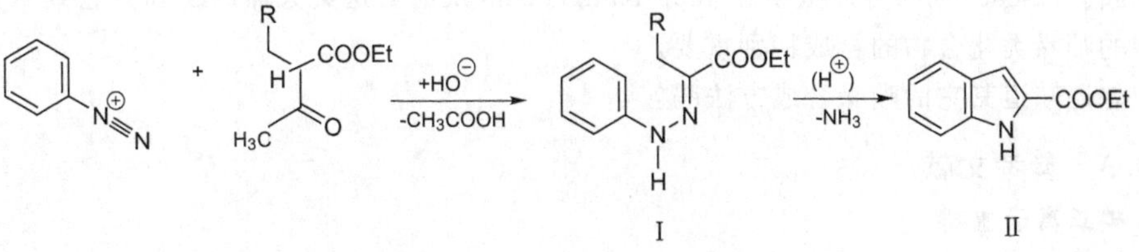

(D. 9. 45)

芳腙［式(D. 9. 44)，Ⅰ］异构化成烯胺Ⅱ和吲哚消除氨生成环的反应都是酸催化的。Fischer 吲哚合成法成功与否在很大程度上取决于酸的种类和强度。到目前为止，还没有一个普遍适用的规则。一系列实例证明了多磷酸很有效。对于一个在相对温和的条件下将芳肼-盐酸化物、酮和吡啶直接转化成吲哚衍生物的一锅法，很显然是中间生成的吡啶-盐酸化物为最佳催化剂，参见下面所列的原始文献。

【例】 Fischer 吲哚合成的一般实验方法（Japp-Klingemann 苯腙制备方法）（表 D. 9. 46）

注意！芳胺对健康有害，萘胺致癌。工作时注意清洁卫生！戴防护手套，在通风橱中操作！

将0.1 mol冰镇的带α-取代基的乙酰乙酸酯溶液，与35 mL冰镇的50%的苛性钾水溶液混合。接着将这一混合物用200 mL冰水稀释，在搅拌条件下再迅速加入由0.1 mol胺制备的重氮盐溶液（参见D.8.2.1）。然后继续搅拌5 min，将以红色油状物析出的苯腙分离出来，水溶液用醚萃取。合并在一起的有机相用硫酸钠干燥后蒸馏除去溶剂。将粗产物腙溶于无水醇，向其中通干燥的氯化氢直到开始出现氯化铵沉淀（30～180 min）。放置过夜后浇到冰水中，抽滤分离或者醚萃取。蒸馏除去溶剂后重结晶。产率大约为50%。

表 D.9.46 Fischer 法制备吲哚

产物	反应物	熔点/℃
5-甲氧基吲哚-2-甲酸乙酯	2-甲基-3-羰基丁酸乙酯,对甲氧基苯胺	153(乙醇)
5-乙氧基吲哚-2-甲酸乙酯	2-甲基-3-羰基丁酸乙酯,对乙氧基苯胺	156(乙醇)
苯并(*g*)吲哚-2-甲酸乙酯	2-甲基-3-羰基丁酸乙酯,α-萘胺	170(乙醇-兽炭)
苯并(*e*)吲哚-2-甲酸乙酯	2-甲基-3-羰基丁酸乙酯,β-萘胺	161(石油醚)
5-甲氧基-3-甲基吲哚-2-甲酸乙酯	2-乙酰丁酸乙酯,对甲氧基苯胺	147(乙醇)①
5-乙氧基-3-甲基吲哚-2-甲酸乙酯	2-乙酰丁酸乙酯,对乙氧基苯胺	167(乙醇-兽炭)
3-甲基苯并(*g*)吲哚-2-甲酸乙酯	2-乙酰丁酸乙酯,α-萘胺	176(乙醇-兽炭)
3-甲基苯并(*e*)吲哚-2-甲酸乙酯	2-乙酰丁酸乙酯,β-萘胺	170(乙醇-兽炭)
5-甲氧基-3-丙基吲哚-2-甲酸乙酯	2-乙酰己酸乙酯,对甲氧基苯胺	106(乙醇)①
5-乙氧基-3-苯基吲哚-2-甲酸乙酯	2-苯甲基-3-羰基丁酸乙酯,对乙氧基苯胺	148(乙醇-兽炭)

① 事先从石油醚中重结晶纯化。

由环己酮和相应的芳肼-盐酸化物在吡啶中制备2,3-四亚甲基吲哚、5-氯-2,3-四亚甲基吲哚、5-甲氧基-2,3-四亚甲基吲哚：Welch,W. M. ,Synthesis,1977：645.

由2-(2-氰乙基）乙酰乙酸乙酯和苯胺制备吲哚乙酸（吲哚-3-乙酸）：Feofilaktov, V. V. ;Semenova,N. K. ,Sint. Org. Soedin. (1952),2:63.

吲哚衍生物是重要的天然产物，尤其是构成蛋白质的色氨酸和含于血液中的荷尔蒙复合胺。Fischer吲哚合成法结合Japp-Klingemann反应对这类天然产物和其它具有生物功能的吲哚类化合物的合成特别重要。

您还知道其它的吲哚合成方法吗?

D.9.3 参考文献

碳正离子重排

Brouwer,D. M. ;Hogeveen,N. ,Prog. Phys. Org. Chim. (1972),9:179-240.

Kirmse,W. ,in：Topics in Current Chemistry. Vol. 80. Springer-Verlag Berlin,Heidelberg,New York 1979:125-311.

Harwood,L. M. ：Polare Umlagerungen. VCH,Weinheim,1995.

Olah,G. ;Schleyer,P. v. R. ：Carbonium Ions. Vol. 2. Interscience,New York,1970.

Shubin,V. G. ,in：Topics in Current Chemistry. Vol. 117. Springer-Verlag, New York, 1984：3269-3341.

Wagner-Meerwein 重排

Streitwieser,A. ,Chem. Rev. 1956,56:698.

Demjanov 重排,Tiffeneau 反应

Smith,P. A. S. ;Baer,D. R. ,Org. React. 1960,11: 157-188.

频哪醇重排

Collins,C. J. ,Quart. Rev. 1960,14:357.

Wolff 重排,Arndt-Eistert 反应

Bachmann,W. E. ;Struve,W. S. ,Org. React. 1942,1:38-62.

Henecka,H. ,in: Houben-Weyl. Vol. 8. 1952,456-458,556,668-669.

Meier,H. ,Zeller,K. -P. ,Angew. Chem. 1975,87:52.

Ried,W. ;Mengler,M. ,Fortschr. Chem. Forsch. 1965,5:1-88.

Rodina, L. L. ; Korobitsyna, I. K. , Usp. Khim. 1967, 36: 611-635; 英文翻译: Russ. Chem. Rev. 1967,36:260.

Stevens 重排

Pine,S. H. ,Org. React. 1970,18:403-464.

Stevens, T. S. ; Watts, W. E. : Selected Molecular Rearrangements. Van Nostrand Reinhold, London,New York,1973:81-116.

Wittig 重排

Brückner,R. ,Nachr. Chem. Tech. Lab. 1990,38:1506.

Nakay,T. ;Mikami,K. ,Chem. Rev. 1986,86:885.

Nakay,T. ;Mikami,Org. React. 1994,46:105.

Schöllkopf,U. ,Angew. Chem. 1970,82:795.

有机碱金属化合物的亲电重排

Grovenstein,E. ,Angew. Chem. 1978,90:317.

酰胺的 Hofmann 降解

Kovacic,P. ;Lowery,M. K. ,Chem. Rev. 1970,70:639-665.

Möller,F. ,in: Houben-Weyl. 1957,11/1:854-862.

Wallis,E. S. ;Lane,J. F. ,Org. React. 1946,3:267-306.

Curtius 降解

Lwowski,W. ,Angew. Chem. 1967,79:922.

Möller,F. ,in: Houben-Weyl. 1957,11/1:862-872.

Smith,P. A. S. ,Org. React. 1946,3:337-450.

Lossen 反应

Bauer,L. ;Exner,O. ,Angew. Chem. 1974,86:419-428.

Yale,H. L. ,Chem. Rev. 1943,33:209.

Schmidt 反应

Koldibskii,G. J. ,et al,Usp. Khim. 1971,40:1790-1813;1978,47:2044-2064.

Wolff,H. ,Org. React. 1946,3:307-336.

Beckmann 重排

Donaruma,G. ;Hertz,W. Z. ,Org. React. 1960,1:1-156.

Gawley,E. E. ,Org. React. 1988,35:1-420.

Knunyants,J. L. ;Fabritsnyi,B. P. ,Reakts. Metody Issled. Org. Soedin. 1954,3: 137-251.

Möller,F. ,in: Houben-Weyl. 1957,11/1:892-899.

Vinnik,M. I. ;Zacharani,N. G. ,Usp. Khim. 1967,36:167-198.

Hock 反应，Baeyer-Villige 氧化

Hassall, C. H., Org. React. 1957, 9: 73-106.

Hock, H.; Kropf, H., Angew. Chem. 1957, 69: 313-321.

Kropf, H., in: Houben-Weyl, 1988, E13: 1085-1094.

Wedemeyer, K.-F., in: Houben-Weyl, 1976, 6/1c: 117-139.

Cope 和 Claisen 重排

Bartlett, P. D., Tetrahedron, 1980, 36: 2-72.

Bennett, G. B., Synthesis, 1977: 589.

Blechert, S., Synthesis, 1989: 71-81.

Enders, D.; Knopp, M.; Schiffers, R., Asymmetric [3,3]-Sigmatropic Rearrangements in Organic Synthesis, Tetrahedron. Asymmetry, 1996, 7: 184-1882.

Rhoads, S. J.; Raulins, N. R., Org. React. 1975, 22: 1-252.

Smith, G. G.; Kelly, F. W., Prog. Phys. Org. Chem. 1971, 8: 75-234.

Tarbell, D. S., Org. React. 1994, 2: 1-48.

Wehrli, R.; Bellus, D.; Hansen, H.-J.; Schmid, H., Chima, 1976, 30: 416.

Winterfeld, E., Fortschr. Chem. Forsch. 1970, 16: 75.

E. Fischer 的吲哚合成

Döpp, H.; Döpp, D.; Langer, U.; Gerding, B., in: Houben-Weyl, 1994, E6b1/2a: 709-753.

Grandberg, I. I.; Sorokin, V. I., Usp. Khim. 1974, 43: 266-293.

Kitaev, J. P., Usp. Khim. 1959, 28: 336-368.

Robinson, B., Chem. Rev. 1963, 63: 373-401; 1969, 69: 227-250.

Robinson, B.: The Fischer Indole Synthesis. John Wiley & Sons, New York, 1983.

The Chemistry of Indole. -Academic Press, New York, London, 1970.

E. 有机化合物的鉴别

E.1 官能团的初步试验和检验

通过化学反应鉴别有机化合物只需要简单的试剂、不用借助昂贵的仪器设备就可以得到被检测化合物组成成分的信息。由于不可能将数目众多的有机化合物编排到一个简明的图表中，所以有机化合物的鉴别没有一个像无机定性分析中那样的严格成型的分析步骤可以依赖。

分析开始时首先要搞清楚分析的对象是纯物质还是混合物。这个测试最好借助色谱法实施，如薄层色谱法（见 A. 2. 7. 1）、气相色谱法（GC 见 A. 2. 7. 4）和高效液相色谱法（HPLC 见 A. 2. 7. 3）。对于一个混合物，要先尝试用物理方法（分馏，结晶）进行分离。前面提到的色谱法在制备上也可以用来分离混合物。尽管如此，也应该尝试化学法分离，尤其是当这一方法不需要很高消耗就可以实现的时候。关于这一方面，请留意 E. 3 中的提示。

纯物质、在特殊情况下混合物也可以做光谱分析。光谱分析结合下面要讲到的初步试验就基本给出了有关化合物结构特征的重要信息，在理想情况下依靠这些信息就可以绘出化合物的结构。

本章 E. 2 绘出了几类重要的有机化合物的典型 IR 谱和核磁共振谱。这些谱图，特别是与表 A. 135、A. 145、A. 148 和 A. 153 相结合，有助于光谱分析。

此外，E. 1. 2 介绍了化学检测官能团的方法。所给出的初步试验和衍生物的制备（参见 E. 2）可以锻炼有机化学中少量物质的制备技术。

通过目的明确的反应来鉴别未知物与其它试验不同，由于其多种多样的组合可能性，可以培养化学理念和有关化合物的知识，从而增强有机化学合成方面的能力。

在这一分析程序中首先要鉴别未知分子的官能团，然后用合适的试剂将其转化成晶体衍生物。可以水解的化合物在分析之前先分解成要分析的组分。

将未知化合物的 2～3 个衍生物的熔点与熔点表中的值（参见 E. 2）进行比较，一般情况下足以看出它究竟是什么化合物。分子质量或物质的量的确定可以为化合物定性提供额外的证据。为了保证结果的正确性，人们常常还要根据文献进行化合物的特征反应。

将试样的 IR 光谱与真正的谱图做比较可以更清楚地看出，这个试样与对照物是否是同一化合物。

其它提示：

(a) 试样的分配　应用后面将要介绍的分析方法最多需要 5 g 试样。其中大约 1～2 g用于官能团的初步试验和检验。2 g 用于鉴别试验，其余的留着以备必要的重复试验。因此，分析时要节约使用试样，尤其是在初步试验的时候。检验官能团时要注意，这个阶段的许多反应已经产生了适于鉴别的衍生物。

(b) 空白试验的意义　对于新手来说，通过空白试验了解和掌握所用的分析方法显得尤其重要，也就是说，要进行两方面的空白试验。一是在所给的条件下不加分析试样进行反应，以了解溶剂或试剂中的杂质所带来的实际干扰（例如丙酮溶液中的颜色反应或者高锰酸钾氧化反应，参见 E.1.2.1.2)。第二个空白试验是，对于试样显现阴性的反应，添加一种已知会呈阳性反应的化合物来检查一下，是否遵守了反应条件（例如，对于羰基化合物阴性的反应，添加一点丙酮。如果此时有沉淀出现，说明反应条件正常。)。

(c) 试样的准备　要进行分析的试样一定要纯。因此，液体试样可能的话要分馏提纯，尽可能在真空中进行。分馏物的纯度用气相色谱法检查。如果试样是固体，按可溶性试验（参见 E.1.1.5）及熔点温度常数重结晶，用薄层色谱法检查其纯度。

进行各种分析之前一定要先阅读本书的 F 和 G 部分以了解所用化学品的危险性，请记住将要分析的化合物也是危险的。至少要按安全建议 23～25 操作。

E.1.1　初步试验

E.1.1.1　试样的外观

(a) 颜色　许多纯的化合物没有颜色。对于有颜色的试样要注意观察其颜色在重结晶或者蒸馏后是否保持不变，如果有变化说明这个颜色来自于杂质。

下列重要的化合物有颜色：硝基化合物和亚硝基化合物（只有单体)、叠氮化合物、醌。芳胺和苯酚，尤其是多功能化了的，大多因氧化而表现为黄色至棕色。不过这并不妨碍要进行的反应，所以不必进行深度纯化。

(b) 气味　一些物种具有特殊气味：萜烯烃类（莰烯、蒈烯、蒎烯）以及环己酮、频哪酮、叔丁醇（萜烯气味)、低级醇；低级脂肪酸（甲酸和乙酸酸涩，丙酸以上有难闻的汗酸味)；低级酮；醛；卤代烃（麻醉性的甜味)；酚（“石碳酸”味)；酚醚（茴芹、茴香味)；芳香性硝基化合物（苦杏仁味)；脂肪醇的酯（果味)：异氰化物（不愉快的甜味)；硫醇，硫化物等（不愉快的类似硫化氢的味)。

(c) 味道　品尝化合物的味道是无论如何也不提倡的，因为大多数有机物即使很小量也有生物活性。

E.1.1.2　物理常数的确定

在 A.3 中已经讨论过了物理常数如熔点、沸点、折射率等的测定和含义。通过热分析方法可以确定化合物的晶型和熔点，同时还可以测出升华温度和结晶水等。

E.1.1.3　燃烧和焰色试验

在一个小烧管中加热几滴或者几粒晶体化合物，观察并记录颜色、气味的变化及何时开始熔化。

如果化合物是可燃的，那么暗淡的、几乎呈蓝色的火焰意味是含氧化合物（醇、醚等)；而碳多的不饱和体系（芳烃、炔烃等）会出现亮黄色、多数情况下伴有黑烟的火焰。

如果加热后还有剩余物，就灼烧至含碳成分完全氧化，然后分析所剩下的无机成分。如果发现有金属氧化物或碳酸盐，说明试样是某种酸（羧酸、酚等）的盐。如果出现硫化物、亚硫酸盐或硫酸盐，意味着试样可能是醛或酮的酸性亚硫酸化合物、硫酸或磺酸盐，或者可能是硫醇化物。

E. 1. 1. 4 元素分析

Beilstein 实验（卤素存在的证明）：将一根干净的铜丝的一端在本生灯上灼烧后，蘸上待测化合物再在灯上烧。含卤素的化合物在灼烧过程中产生易挥发的卤化铜使火焰呈绿至蓝绿色。

很敏感的实验！只能直接证明不存在卤素！没有卤素的情况下有机氮化合物常常也能呈阳性。

有机化合物除了含有典型的碳、氢和氧以外，还常常含有氮、硫和卤素。为了能证明这些元素的存在，将待测物用金属钠分解从而将存在的元素转化成可溶于水的形式：

$$C, H, O, N, S, X \xrightarrow{Na} Na_2S, NaCN, NaX, NaSCN \tag{E. 1}$$

【例】 钠熔法分解有机化合物

小心！硝基链烷烃、有机叠氮化物、重氮酯、重氮盐化合物和个别脂肪族多卤化物的反应有爆炸性。分解反应要在封闭的通风橱中进行，并且要戴防护眼镜！

在一个小试管中加 5～20 g 待分解的试样。然后倾斜着试管，将长度大约为 4 mm 的干净的钠块插到其中试样的近上方。用小火将钠熔融使其热着[1]滴到试样上。继续加热至暗赤热（常常强烈炭化），然后将炽热的试管放入盛在小烧杯中的 5 mL 蒸馏水中。试管爆裂，将钠盐的水溶液过滤出来留作杂原子分析。

如果试样在与钠混合或加热时发生爆炸式反应，可以采取以下措施：将 0.1 g 试样溶于 1～2 mL 冰醋酸；加 0.1 g 锌粉。加热使其微沸，直至所有的锌都进入溶液。此时将溶液蒸发至干，将残余物按前面描述的方法分解。

如果下面的鉴定反应呈阴性，为了安全起见，再用多点试样重复分解 1～2 次。

氮的鉴别（Lassaigne 试验）：取 1 mL 上述滤液，加 0.5 mL 硫酸铁水溶液，加热 1～2 min，加 2 滴三氯化铁溶液，再次加热，冷却后酸化至呈弱酸性。所测试样中如果含有氮，此时应该出现普鲁士蓝沉淀（偶尔只是绿蓝色），取几滴混合均匀的溶液滴到滤纸上时，颜色更容易识别。

如果试样中含有硫，有时会使氮的鉴别变得困难。在这种情况下，用双倍量的钠重复钠熔试验，然后用较大量的硫酸铁进行氮鉴别试验（为什么?）。

硫的鉴别：1～2 mL 钠熔试验的溶液用乙酸酸化，加几滴乙酸铅溶液。出现黑色沉淀，证明有硫。更灵敏的鉴别方法是，向 0.5 mL 碱性的钠熔溶液中加 2 滴五氰基亚硝酰基铁（Ⅲ）二钠（硝普钠）的水溶液。如果有硫，会出现紫色。

卤素的鉴别：钠熔试验的溶液用硝酸酸化后，像通常那样用硝酸银鉴别卤离子。有氮存在的情况下，必须将生成的氢氰酸在用硝酸银沉淀前在沸水浴上预先蒸煮。

不同卤素的鉴别可以按照无机分析方法进行。此外，与氯和碘相比溴还可以通过特殊的、非常灵敏的伊红试验鉴别：将 0.5 mL 钠熔试验的溶液用几滴浓硫酸酸化至呈酸

---

[1] 液体试样最好在凉的时候用钠处理。有氢生成的反应证明是酸性化合物：羧酸、醇、CH 酸化合物等。

性反应，再加3～5滴浓的高锰酸钾溶液。将烧杯用一张蘸荧光素溶液的纸盖上，加热到40～50℃。15 min之后，将盖纸移到氨气中。如果试样中有溴，此时纸的颜色会变成粉红色。

氟的鉴别，将1 mL钠熔试验的溶液浓缩至干，加0.5 mL浓硫酸和少许重铬酸钾，然后剧烈振荡。试管壁变湿润。小心地加热并不断振荡，有氟存在时，玻璃壁不再湿润。

还可以通过锆盐茜素比色法鉴别氟：将1 mL钠熔试验的溶液用乙酸酸化后加热至沸腾；从中取1～2滴滴到锆盐茜素纸上。氟会使比色纸褪色或变成黄色。

E.1.1.5　溶解度的测定

溶解度的测定非常重要，因为从中可以得到有关分子极性和官能团的信息。此外，溶解试验还可以显示，一个固体化合物如何纯化（重结晶的溶剂）或者一个化合物是否可以以此分离。

推荐用下列试剂（按照这个顺序）试验：

- 水
- 醚
- 5%的苛性钠
- 5%的碳酸氢钠溶液
- 5%的盐酸
- 浓硫酸
- 醇、甲苯、冰醋酸、石油醚（用于重结晶和分离混合物）

向0.01～0.1 g试样中，分批添加共计3 mL的溶剂并充分搅拌。如果试样不溶于水，再测其在稀的苛性钠、碳酸氢盐溶液和盐酸中的溶解度。认真仔细地振荡，在混合物的情况下将不溶解的物质分离，任何情况下都要将水溶液中和。中和时要注意观察，看溶解了的物质会不会再析出来。对于所规定的试样量，中和滤液时一滴变浑浊就足以看作是试样的碱性或者酸性阳性反应。碳酸氢盐溶液的情况下，要注意观察二氧化碳的生成！

如果在室温下不能形成溶液，要短暂地加热至沸腾。有一点无论如何必须确定——尤其是与酸或碱一起加热的时候——试样是否不会通过水解或者类似反应发生不可逆转的变化（将试样再分离出来，测定熔融或者沸腾温度!）。

从溶解性得出的结论

（1）在水和醚中的溶解性　根据其在水和醚中的不同溶解性，可以将有机化合物分成以下几组：

Ⅰ溶于水、不溶于醚；Ⅱ溶于醚、不溶于水；Ⅲ溶于水和醚；Ⅳ不溶于水和醚。

Ⅰ组化合物　极性基团占主要部分：盐、多元醇、糖、氨基醇、羟基羧酸、二元和多元酸、低级酰胺、脂肪族氨基酸、磺酸。

Ⅱ组化合物　非极性基团占主要部分：烃、卤代烃、醚、多于五个碳原子的醇、高级酮和醛、高级肟、中级和高级羧酸、芳香族羧酸、酸酐、内酯、酯、高级腈和酰胺、酚、硫酚、高级胺、醌、偶氮化合物。

Ⅲ组化合物　极性基团和非极性基团的影响互相平衡：低级脂肪醇、低级脂肪酮和醛、低级脂肪腈、酰胺和肟、低级环醚（四氢呋喃、1,4-二氧杂环己烷）、低级和中级的羧酸、羟基酸和羰基酸、二羧酸、多元酚、脂肪族胺、吡啶及其同系物、氨基苯酚。

Ⅳ组化合物　高级缩合烃类、高级酰胺、蒽醌、嘌呤衍生物、个别氨基酸（胱氨酸、酪氨酸）、对氨基苯磺酸、高级胺和磺酰胺、大分子化合物。

(2) 在碱和酸中的溶解性　在这个试验中，要始终检查化合物有没有发生变化。这些变化对于溶解性属于Ⅱ和Ⅳ组的试样特别容易看出来，因为原则上这些物质会通过生成盐变成水溶性的。对于溶解性属于Ⅰ和Ⅲ组的试样，也就是说那些本来就是水溶性的化合物，要事先用试纸测一下 pH 值。

在稀盐酸中可溶的是脂肪族和芳香族的胺（溶解度随着芳基数量的增加而急剧降低。二苯基胺微溶，三苯基胺根本不溶。）

可溶于苛性钠和碳酸氢钠溶液的是强酸性化合物，如羧酸、磺酸和亚磺酸、个别强酸性的酚（硝基苯酚、4-羟基香豆素）等。只能溶于苛性钠的是：苯酚、几种烯醇、酰亚胺、一级脂肪族硝基化合物、氮原子上没有取代基或者只有一个取代基的芳基磺酰胺、肟、硫酚、硫醇。

与碱反应时，有机碱会从其盐的形式中游离出来。它们要么结晶析出，要么以油状浮出或者因其气味可以觉察出来。含碳原子数 12 以上的脂肪酸不再清晰地溶于碱，而是发生皂化，形成乳白色液体。

能与苛性钾的醇溶液立即反应生成盐的 β-二羰基化合物，不能用 5% 的苛性钠中和。

有些化合物既能溶于碱又能溶于酸（两性化合物）。属于这类的化合物有：氨基酸、氨基酚、氨基磺酸和氨基亚磺酸等。

(3) 在浓硫酸中的溶解性　在硫酸中的溶解常常与反应联系在一起，发热、产生气体等现象可以说明这一点。因此，硫酸试验不能得出适合于前面提到的化合物分组的一般结论，而是常常给出如下启示：不饱和化合物会转化成溶于水的硫酸酯；当有机基团含有不多于 9～12 个碳原子时，含氧化合物大多形成氧鎓盐而溶解；醇被酯化或者脱水；烯烃有可能发生聚合；个别烃会被磺化；三苯基甲醇、酚酞及类似化合物会发蓝显示卤色（加酸所显色）；含碘化合物分解析出碘。

E.1.2　官能团的鉴别

通过测定溶解度、杂原子、物理化学参数（熔点、沸点、分子量等）以及观察物质的颜色已经掌握了许多待分析化合物的信息。要想进一步确定究竟是哪一类化合物，还要借助光谱分析。

另一种可能性是采用能在短时间内完成、有特别变化的反应。所谓的特别变化是指沉淀、变色、生成有特殊气味的化合物、或者溶解度发生变化。

许多有机物可能在同一个分子上含有多个官能团，从而使鉴别工作变得困难。尽管如此，在实践中如果能考虑到分子中的所有官能团对特殊鉴定反应的影响，还是有可能将这些化合物识别出来的（参见 E.4，E.1.1～E.1.5）。

关于这一点还需要注意，不要过高估计文献介绍的单个化合物的特征颜色反应，因为在许多情况下，其它化合物也显示类似的反应。

E.1.2.1 不饱和化合物的鉴别

不饱和化合物的鉴别原则上可以通过 D.4 中讲过的加成反应来实现。在上述情况下，采用溴在四氯化碳中的加成或者使高锰酸盐褪色的反应。有关不饱和化合物的进一步信息可以从 IR 谱得到。^{1}H 核磁共振谱显示典型的 HCR═ 、HC≡ 和 HAr 的化学位移。

E.1.2.1.1 与溴的反应

实验方法见 D.4.1.4。

用四氯化碳作为溶剂的优点是，它不溶解 HBr，因此那些以生成 HBr 为特征的取代反应也很容易被识别。

应用范围和局限性：并不是所有烯烃都与溴加成！双键 C 原子上的诱导和共轭吸电子基能使反应放慢或者完全阻止反应发生。有空间位阻的烯烃常常只能在冰醋酸或水中与溴加成。脂肪族和芳香族的胺可能被误以为是烯烃，因为它们也能使溶液褪色。

生成 HBr 的取代反应使反应的说服力降低。尤其是在烯醇、酚、甲基酮和丙二酸酯的情况下。如硫醇等易氧化的化合物会产生干扰。

E.1.2.1.2 与高锰酸盐的反应

这个反应要始终以溴加成反应为补充！

将 0.1 g 试样溶于 2 mL 水或者 2 mL 丙酮❶中，逐滴加入 2%的高锰酸盐水溶液。如果不超过 3 滴溶液褪色，说明是阴性反应。

应用的局限性：这一氧化反应（参见 D.6.2.1）是溴加成方法的一个比较受欢迎的补充。例如，与溴较难反应的高度共轭的烯烃可以与高锰酸盐反应。此外，许多容易氧化的化合物的结果自然呈阳性，如烯醇、酚、硫醇、硫醚、胺、醛、甲酸酯、醇。常常会得出错误结论，因为容易氧化的杂质被误以为是试样易氧化。

E.1.2.2 芳香化合物的鉴别

原则上多数在 D.5 中讲到的取代反应都适合用来证明芳香化合物。除此之外，光谱也能给出有价值的信息。

E.1.2.2.1 与硝酸的反应

小心！反应非常剧烈。参见 D.5.1.3。

在持续振荡的条件下，向 0.1 g 试样中缓慢加入 3 mL 混酸（1 份发烟硝酸，1 份浓硫酸）。在通风橱中于水浴上在 45～50 ℃下加热 5 min，然后浇到 10 g 捣碎的冰上，将产生的油状物或者固体分离。

检查是否存在硝基，可以通过用锌和氯化铵还原的方法。还原反应中生成的苯基羟基胺可以将银氨溶液（Tollens 试剂）中的氧化银还原成金属银。

向溶解在 10 mL 50%的乙醇中的 0.3 g 待测试样中加 0.5 g 氯化铵和 0.5 g 锌粉。将这一混合物振荡并加热 2 min 至沸腾。冷却后过滤，然后添加 Tollens 试剂❷。如果有金属银析出，说明待测物中含有硝基或者亚硝基。

应用的局限性：见 D.5.1.3。

---

❶ 这里的丙酮必须对高锰酸盐稳定，否则的话要首先向其中加高锰酸盐，直到颜色不再变化为止。

❷ 参见试剂附录。

E. 1. 2. 2. 2　与氯仿和氯化铵的反应

向 2 mL 氯仿中，加 0.1 g 待测试样。然后小心地添加 0.5 g 无水氯化铵，添加时注意，玻璃壁上要保留一块空余。所留的玻璃壁上呈现多种颜色，说明待测试样是一个芳烃。❶

E. 1. 2. 3　强还原性化合物的鉴别（与银氨溶液的反应）

强还原性的化合物能使银氨溶液生成金属银沉淀：

向一只干净的试管（事先用热的浓硝酸清洁处理）中加入 0.05 g 待测试样，再添加 2～3 mL 新制备的银氨溶液❷。如果在凉的条件下不出现银镜，就在 60～70 ℃下短暂加热。

阳性反应意味着未知物可能是醛、还原糖、*α*-二酮、*α*-酮醇、多元酚、*α*-萘酚、氨基酚、肼、羟基胺、*α*-烷氧基酮和 *α*-二烷基氨基酮等。一些芳胺如 *p*-亚苯基二胺也显阳性。

E. 1. 2. 4　醛和酮的鉴别

醛和酮可以从红外光谱中的特征吸收峰识别出来（参见表 A. 135）；在^{1}H NMR 谱中，醛的氢原子的共振吸收强烈向低场位移；在^{13}C 核磁共振谱中羰基碳原子的共振吸收很容易识别。

E. 1. 2. 4. 1　与二硝基苯肼的反应

醛和酮可以通过 2,4-二硝基苯腙的沉淀析出得以证明。

实验方法见 D. 7. 1. 1。

应用范围和局限性：大多数缩醛、缩酮、肟和甲亚胺会通过酸性试剂溶液水解，所生成的羰基化合物会以 2,4-二硝基苯腙的形式沉淀出来。羟基酮（偶联）不反应。

为了进一步区分醛和酮，可以利用醛易氧化的性质。

E. 1. 2. 4. 2　与费林溶液的反应

0.05 g 待测试样与 2～3 mL 费林溶液❸一起在沸水浴上加热 5 min。

有黄色或红色氧化铜沉淀析出，反应呈阳性。

应用范围和局限性：一般条件下费林试剂不能氧化芳香醛。其它强还原性基团有干扰（参见 E. 1. 2. 3）。

E. 1. 2. 4. 3　与希夫试剂的反应

向 2 滴或者 0.05 g 待测试样中加 2 mL 席夫试剂❹，然后充分振荡。

溶液变成粉红至紫色则是阳性反应。

应用范围和局限性：乙二醛和糖、芳香羟基醛和 *α*, *β*-不饱和醛不发生此反应。容易吸收 SO_2 的化合物有可能出现假阳性。

E. 1. 2. 5　醇、酚、烯醇的鉴别

观察一下这类化合物在红外光谱上的典型频率，参见表 A. 135！

---

❶ 还有很多试验方法和应用范围，参见：Talsky, G. Z., Analyt. Chem. 1962, 188: 416; 1962, 191: 191; 1963, 195: 171.

❷ 参见试剂附录。

❸ 参见试剂附录。

❹ 参见试剂附录。

含羟基的化合物与硝酸铈铵形成带颜色的复合物。用三氯化铁可以将烯醇和酚与醇区分开。

E.1.2.5.1　与硝酸铈铵试剂的反应[1]

可溶于水的试样：将0.5 mL试剂用3 mL蒸馏水稀释，向其中加5滴待测试样的浓的水溶液。

不可溶于水的试样：将0.5 mL试剂用3 mL二氧杂环己烷稀释，逐滴地向其中加水，直到溶液变得清澈，向其中加5滴浓的待测试样的二氧杂环己烷溶液。

醇使试剂变红。酚在水溶液中产生绿棕至棕色的沉淀，而在二氧杂环己烷中则变成深红至棕色。

应用范围和局限性：对于含碳原子数不超过10个的化合物，这一反应现象很明显，对于分子再大些的化合物，颜色太浅（不易识别）。多元醇也可以用这个方法鉴别，不过其溶液因氧化而很快褪色。另外，很多胺和容易氧化成有色物质的化合物也呈阳性反应。

E.1.2.5.2　与三氯化铁的反应

将1滴待测试样用5mL醇溶解，向其中滴加1～2滴1%的三氯化铁水溶液。

颜色变化显示反应呈阳性（脂肪族烯醇产生血红至浅蓝色，如果是酚则呈蓝至紫色）。

应用范围和局限性：不明显的阳性证明是酚和烯醇。大多数肟和羟基羧酸变红色，喹啉和吡啶的羟基衍生物呈红棕色、蓝色或绿色。具有芳香性的五元杂环化合物的羟基衍生物也生成红色。氨基酸和乙酸酯产生棕色至红色，二苯基胺呈绿色。很多酚不发生这一颜色反应。

E.1.2.5.3　与铜（Ⅱ）盐的反应

多元醇与铜（Ⅱ）离子尤其是在碱性介质中形成配合物。

将5～6滴待测化合物溶于稀释的苛性钠中，再加几滴很稀的硫酸铜溶液。

如果没有氧化铜沉淀析出，说明有可能有多元醇。

E.1.2.5.4　与氯化锌-盐酸（Lukas试剂）的反应

要区分一级、二级和三级醇，可以利用氯离子取代羟基时的不同的反应速率（参见D.2.5.1）。

向1 mL待测试样中迅速加6 mLLukas试剂[2]。接着将这一混合物充分振荡，放置5 min再观察。

至5个碳原子的一级醇会溶解，溶液颜色发暗但清澈。

二级醇一开始能清晰地溶解，但溶液很快变浑，最后有小液滴的氯化物析出。

三级醇很快形成两相，其中一相是氯化物。

应用范围和局限性：由于Lukas试验取决于不溶性烷基氯化物的出现，所以这个试验只能应用于那些能清晰地溶于Lukas试剂的醇。烯丙基醇的表现与二级醇一样（为什么?）。

---

[1] 参见试剂附录。

[2] 参见试剂附录。

E. 1. 2. 5. 5　与 Deniges 试剂的反应

三级和部分二级醇很容易被浓硫酸脱水。所产生的烯烃与汞离子生成黄色至红色的沉淀物。

将 3 mL Deniges 试剂[1]与几滴待测化合物一起加热沸腾 1～3 min。

三级醇会生成黄色至红色的沉淀物。一级尤其是二级醇偶尔也生成沉淀物，但大多是无色的。三级醇的酯可能被试剂水解从而也同样呈阳性反应。噻吩会以复合物的形式析出。

E. 1. 2. 6　碘仿试验（与次碘酸钠的反应）

实验方法见 D. 6. 5. 3。

应用：下列类型的化合物碘仿试验呈阳性：

$$\begin{array}{l} H_3C—CO—R \\ R—CO—CH_2—CO—R \\ H_3C—CH(OH)—R \\ R—CH(OH)—CH_2—CH(OH)—R \qquad R═H,烷基,芳基 \end{array} \tag{E.2}$$

不能发生碘仿反应的有：

$$H_3C—CO—CH_2—X \qquad X═CN,NO_2(COOR) \tag{E.3}$$

E. 1. 2. 7　可碱性水解的化合物的鉴别

E. 1. 2. 7. 1　与苛性钠水溶液的反应（Rojahn 试验）

将 0. 1 g 待测化合物溶于 3 mL 醇；加 3 滴酚酞的醇溶液和同样量的 0. 1 mol/L 的苛性钠醇溶液，溶液呈红色。然后将其在水浴上 40 ℃下加热 5 min。

如果红色消失，反应是阳性。为了保证准确性，用同一份试样重新加入苛性钠再试验几次。

呈阳性反应的有酯、内酯、酸酐，易水解的卤化物、酰胺和腈。

应用范围和局限性：游离酸必须在进行试验前中和。如果是可分解的二酮（参见 D. 7. 2. 1. 9）以及容易树脂化或歧化的化合物（参见 D. 7. 3. 1. 5），可能会有干扰。

E. 1. 2. 7. 2　与羟基胺的反应（羟肟酸试验）

羟肟酸试验的基本原理是羧酸衍生物通过羟盐酸羟胺发生氨解（参见表 D. 7. 7）。

向 0. 05 g 试样中加 1 mL0. 5 mol/L 盐酸羟胺的醇溶液和 0. 2 mL6 mol/L 的苛性钠。将这一混合物加热至沸腾，然后再冷却，向其中滴加 2 mL1 mol/L 的盐酸。如果混合物变浑浊，再添加 2 mL 醇。加 1～2 滴 5%的三氯化铁水溶液时，如果是阳性反应会出现深红至紫的颜色。如果颜色不稳定，需要多加三氯化铁溶液。

E. 1. 2. 7. 1 中所列种类的化合物在这个试验中呈阳性，卤化物中只有酰卤和偕三卤代烃呈阳性。

应用范围和局限性：甲酸、乳酸和脂肪族硝基化合物呈阳性反应。碳酸酯、氨基甲酸酯、氯代甲酸酯、磺酸酯和无机酸的酯不能进行羟肟酸试验。酚类不干扰反应。羧酸可以用类似方法证明：

向一个羧酸的样品中加 1 mL 亚硫酰氯，在水浴上加热 10 min，在真空中蒸发亚硫

[1] 参见试剂附录。

酰氯，剩余物如前面描述的那样与羟基胺反应。

应用范围和局限性：生成易挥发酰氯的羧酸不能用这种方法。

E.1.2.7.3　与浓苛性钾的反应

一般来说酰胺和腈不能进行 Rojahn 试验。

在一支试管中将试样与浓的苛性钾混合，然后认真清洁试管边缘使其不带碱，用棉球松散地将试管口堵上，随后将混合物加热至沸腾（放沸石!）。棉球中湿润的红色石蕊条变蓝说明腈和简单的酰胺的存在。

应用范围和局限性：挥发性胺的盐以及亚酰胺、酰肼等显示阳性反应。

E.1.2.8　胺的鉴别

胺通过其溶解性和含氮的特点在初步试验阶段就已经能看出来了。伯胺可以通过异氰化物试验（“异腈试验”）鉴别。脂肪族伯胺和芳香胺可以通过叠氮化和偶合反应来区分。伯、仲和叔胺可以经磺酰胺分离（Hinsberg 反应，参见 D.8.5）。

注意观察红外光谱中 NH 键的振动频率（参见表 A.135）。

E.1.2.8.1　与氯仿的反应（异氰化物试验）

注意！异氰化物有剧毒！反应在通风橱中进行，随后用浓盐酸分解！

将 2～3 滴待测化合物（如果是固体则取一勺尖），溶于 1 mL 乙醇。向其中加 2 mL 稀的苛性钠和几滴氯仿，然后短暂加热至沸腾。

若有强烈的难闻气味（对比空白试验）则说明有异氰化物生成。请写出反应过程！

应用范围和局限性：这个反应非常敏感，痕量的胺就能引起反应。高沸点的胺形成蒸气压低的异氰化物，因此很难注意到。

E.1.2.8.2　与亚硝酸的反应

注意！亚硝基胺有剧毒而且致癌（参见 D.8.2.1），切勿接触皮肤！反应要在通风橱中进行！

实验方法见 D.8.2.1。

芳香伯胺产生的重氮盐溶液能与 β-萘酚偶合（参见 D.8.3.3），橘黄至橘红色的沉淀证明试样是芳香伯胺。

在上面描述的反应中，仲胺与亚硝酸大多形成不溶于水的黄色的亚硝基胺。而低级脂肪仲胺生成的亚硝基胺则特别容易溶于水。叔胺不反应（参见 D.8.2.1）。

N,*N*-二烷基苯胺生成对亚硝基化合物，关于这一点还可以参见 D.5.1.9，这种化合物在碱化时因其绿色而很容易鉴别。脂肪族伯胺生成醇，碳链较长的醇会以油状析出。碳链较短的脂肪醇在用氢氧化钾中和之后，可以通过用碳酸钾饱和使其盐析出来。

E.1.2.8.3　与茚三酮的反应

1～2 滴试样与少量水和 4～5 滴 1% 的茚三酮水溶液一起短暂加热沸腾。

有氨基酸存在的情况下，溶液的颜色变成深紫色。

局限性：氨、伯胺及其盐有干扰，因为它们显示的颜色与此类似。

E.1.2.9　硝基和亚硝基化合物的鉴别

E.1.2.9.1　与锌和氯化铵的反应

实验方法见 E.1.2.2.1。

这个反应的基础是能与 Tollens 试剂反应生成金属银沉淀的羟基胺的生成。

局限性：自身能将 Tollens 试剂还原的化合物（见 E. 1. 2. 3）不适合这个试验。

脂肪族的一级和二级硝基化合物按照下面的方法区分：

E. 1. 2. 9. 2　与三氯化铁的酸式反应

将试样与浓的苛性钠一起振荡。将生成的钠盐烧结，溶于少量水并在其上覆盖一层醚。然后逐滴向其中添加三氯化铁水溶液。振荡时，醚层变成红色至红棕色。

E. 1. 2. 9. 3　与亚硝酸的酸式反应

向未知样品中加亚硝酸钠和 10 mol/L 苛性钠组成的溶液。所形成的沉淀物通过逐滴加入的水又溶回溶液中。此时在冷却条件下，小心地向其中滴加浓硫酸。

如果有一级硝基化合物存在，在弱碱性区域会出现血红颜色，在酸性范围内这一颜色又会消失。二级硝基化合物在酸化时形成较强的蓝到绿色的、能用氯仿萃取出来的假硝醇（再参见 D. 8. 2. 3）。

E. 1. 2. 10　可水解卤化物的鉴别

向几滴含卤素化合物的水或者醇溶液中加 2 mL2％的硝酸银醇溶液。如果在室温下放置 5 min 后仍未出现沉淀，就将其加热至沸腾。如果有沉淀生成，加 2 滴硝酸后，沉淀物必须继续存在。

按照其溶解性，将考虑到的化合物分成下面几类。

Ⅰ溶于水的化合物　在室温下出现沉淀：胺和氢卤酸的盐，低级脂肪族酰卤。

Ⅱ不溶于水的化合物

(a) 在室温下出现沉淀：酰卤、叔烷基卤化物，脂肪族偕二溴代烃、α-卤代醚、烯丙基卤、烷基碘。

(b) 在温度升高后出现沉淀：一级和二级烷基卤、偶二溴代烃、二硝基氯苯。

(c) 没有沉淀：卤代芳烃、卤代烯烃、四氯化碳等。

E. 1. 2. 11　硫醇和噻吩的鉴别

几乎所有的这类化合物通过其难闻的刺激性气味就可以辨认出来。

要证明是这类化合物，可以进行重金属盐溶液反应或者颜色反应。

E. 1. 2. 11. 1　与重金属盐的反应

将未知试样溶于少量醇中。向其中加重金属盐（如二乙酸铅、二氯化汞、氯化铜）的浓的水溶液。

有硫醇存在的情况下，会形成特征沉淀物，这些沉淀物中的大多数在加热条件下可以溶于有关的硫化物中。硫醇化铅和硫醇化铜呈黄色，二硫醇化汞无色。

E. 1. 2. 11. 2　与亚硝酸的反应

将未知试样溶于乙醇，并添加固体的亚硝酸钠。然后小心地添加稀硫酸。

一级和二级硫醇显红色。三级硫醇和噻吩开始时呈绿色，接着也变成红色。

局限性：硫氰酸和硫氰酸酯以及黄原酸酯化合物也有同样的反应。巯基酸所显的颜色不明显。巯基苯乙烯酸不发生此反应。

E. 1. 2. 11. 3　与五氰合亚硝酰铁酸二钠的反应

将未知试样溶于水、醇或者二氧杂环己烷，然后加 5 滴 2 mol/・L 的苛性钠和 5 滴亚硝酰铁氰化钠水溶液。紫色证明有硫醇。

经过这些试验之后，可能大多数化合物都被划分到了某一化合物种类中，有些甚至得到了鉴定中可能用到的衍生物。

E.2 衍生物和光谱

鉴别一个未知化合物可以采用不同的方法：

(1) 制备固态的可熔融衍生物并将其熔点与某已知物的相比较（混合熔点试验!），或者与相应表格中所列的熔点值对照。

要想准确定性，除了在初步试验中获得的信息之外，还要制备至少三种不同的衍生物，将它们的熔点与已知物的相比较。

(2) 通过皂化当量或者中和当量确定未知化合物的分子量，测定卤化银和其它沉淀物的量或者按照常用方法直接测定化合物的分子量（参考物理化学实验教材）。

(3) 制备衍生物并测定其分解当量。这一方法是表格熔点比较法的很有价值的补充。

(4) 如果一个未知化合物的红外光谱与某一已知物的相同（“指纹区”，参见 A.3.5.2)，也可以将其明确地定性。确定结构异构体，既可以用红外光谱法也可以用核磁共振波谱法（参见 A.3.5.2 和 A.3.5.3)。

E.2.1 氨基化合物的鉴定

伯胺和仲胺可以通过酰基化反应、叔胺可以通过季铵化反应来定性。几乎所有的胺都形成盐酸化物，不过最好还是用叔胺。

E.2.1.1 伯胺和仲胺（见表 E.4)

E.2.1.1.1 苯甲酰胺的制备

试验方法见 D.7.1.4.2 (那里所介绍的试验方法也适用于胺)。

局限性：同一个反应生成醇、硫醇、酚。所得到的衍生物要做含氮测试!

E.2.1.1.2 苯磺酰胺和甲苯磺酰胺的制备及 Hinsberg 分离

试验方法见 D.8.5。

局限性：这一分离反应只有对链长不超过 6 个碳原子的胺可以确凿无疑地使用。所得到的磺酰胺是非常稳定的化合物，很难水解。因此要想重新获得胺，必须与浓盐酸一起回流加热，伯胺的磺酰胺要加热 24～36 h，仲胺的磺酰胺要 10～12 h。一个比较适用的方法是，用 48% 或者 30%的氢溴酸在冰醋酸和酚中的分解❶。

另一个合适的水解方法是用 $ZnCl_2$-HCl 在冰醋酸中进行❷。

E.2.1.1.3 苦味酸盐、苦酮酸盐和收敛酸盐的制备

将 0.2 g 胺溶于 5 mL 95%的乙醇，向其中加苦味酸（苦酮酸、收敛酸）在 95%的乙醇中的饱和溶液并加热沸腾。将在慢慢冷却过程中析出的晶体抽滤分离，再从乙醇中重结晶。

局限性：在这一条件下有些芳烃也形成苦味酸盐，不过常常不能重结晶（参见 E.2.6.2.4)。注意! 苦味酸盐在加热条件下有可能发生爆炸。苦味酸盐、苦酮酸盐和收

---

❶ 参见 Snyder, H. R., u, a. J. Am. Chem. Soc. (1952), 74: 4864.

❷ Klamann, D.; Hofbauer, G.; Liebigs Ann. Chem. (1953), 581: 182-197.

敛酸盐见 Beilstein 第6卷和第24卷。

E.2.1.1.4 苯基硫脲的制备

试验方法见 D.7.1.6。

可溶于水的、小分子的胺与苯基异硫氰酸酯在水中也能发生同样的反应（放置过夜)。

E.2.1.1.5 当量测定

试验方法见 D.8.1。

局限性：pK_B 值大约14的胺可以用这一方法测定。pK_B 范围为9～11的胺（如吡啶和苯胺）也可以用0.1 mol·L的 HCl 水溶液以甲基黄作为指示剂滴定。

表 E.4 伯胺和仲胺的鉴别 单位:℃

胺	沸点	熔点	苯甲酰胺	苯甲磺酰胺	对甲苯磺酰胺	苦味酸盐	苯基硫脲
甲胺	−6		82	30	79	211	113
二甲胺	7		43	52	80	161	133
乙胺	16		71	58	63	170	101
异丙胺	33			26	50	150	102
叔丁胺	46		134			198	120
丙胺	49		82	36	52	138	64
二乙胺	56		液态	42	60	74	34
烯丙胺	56			39	64	140	99
仲丁胺	63		92	70	62	130	101
异丁胺	68		57	53	78	151	82
丁基胺	78		41	液态	48	145	65
二异丙基胺	84					147	
吡咯	89		89		123	112 黄 164 红	
异戊基胺	96				液态	137	103
戊基胺	104		液态	液态	液态	138	69
吡啶	106		48	94	96	152	101
二丙基胺	109		液态	51		97	69
亚乙基二胺	117		249	168	360	233 二聚	187 二聚
1,2-丙胺	119		192		103	237 二聚	
吗啉	130		75	118	147	146	136
己基胺	130		40	17	62	126	110
环己基胺	134		149	89		154	150
二异丁基胺	139			56	100	121	113
二丁基胺	159			液态	液态	64	86
1,5-戊二胺	180		135	119		237 二聚	148
甲基苯胺	184		105	88	118	194	156
苯胺	184		165	112	103	175(分解)	154
α-苯基乙基胺	187		120				
二异戊基胺	187					94	72
N-甲基苯胺	196		63	79	94	145	87
β-苯基乙基胺	198		116	69		169	135
邻甲苯胺	200		146	123	108	213	138
间甲苯胺	203		125	97	114	200	109

续表

胺	沸点	熔点	苯甲酰胺	苯甲磺酰胺	对甲苯磺酰胺	苦味酸盐	苯基硫脲
二苯基胺	203						72
N-乙基苯胺	205		60		87	138	89
邻氯苯胺	209		99	130	102	134	156
2,5-二甲基苯胺	215	16	140	138	233	171	148
2,4-二甲基苯胺	217		192	130	181	209	152
邻甲氧基苯胺	225	5	66	89	127	200	136
邻乙氧基苯胺	229		104	102	164		145
间氯苯胺	230		120	120	135	177	124
苯肼	243	19	168	154	154(分解)		172
间乙氧基苯胺	248		103		157	158	138
对乙氧基苯胺	248	2	174	143	106	69	148
间甲氧基苯胺	251				68	169	
间溴苯胺	251	18	120			180	143
二苯甲基胺	300		112	68	81		145
1,3-丁二胺	159	27	177			151(分解) 二聚	
邻溴苯胺	229	32	116		90	129	146
对甲苯胺	200	45	158	120	119	182	141
α-萘胺	300	49	160	167	157	163①	165
吲哚	254	52	68			187	
二苯基胺	302	54	180	124	142	182	152
2-氨基吡啶		56	165				
对甲氧基苯胺	240	58	158	95	114	164	146
2,4-二氯苯胺	245	63	117	128		106	
间亚苯基二胺	284	63	240 二聚 125 单体	194	172	184	160 二聚
对溴苯胺		66	204	134	101	180	161
邻硝基苯胺		71	94	102	113	73	188
对氯苯胺	232	72	192	122	94②		158(分解)
氨基脲		96	225				200
2,4-二氨基甲苯	292	99	242	191	192		
邻亚苯基二胺	256	102	301 二聚	185	260 二聚	208(分解)	290(分解)二聚
哌嗪	140	104	196	282	173	280	
β-萘基胺	306	112	162	102	133	195	129
间硝基苯胺		114	155	136	138	143	156
间氨基苯酚		122	174		157		156
对二氨基联苯		128	352 二聚 203 单体	232 二聚	243 二聚		304 二聚
对亚苯基二胺	267	147	300 二聚 128 单体	247 二聚	266 二聚	210(分解)	230(分解)二聚
对硝基苯胺		147	199	139	191	100	145
邻氨基苯酚		175	182 二聚	141	146		146
对氨基苯酚		185(分解)	234 二聚	125	143		164
对氨基苯甲酸		187	278	212			

① 185 ℃升华后分解。

② 二聚体，其它晶型 m. p. 119 ℃。

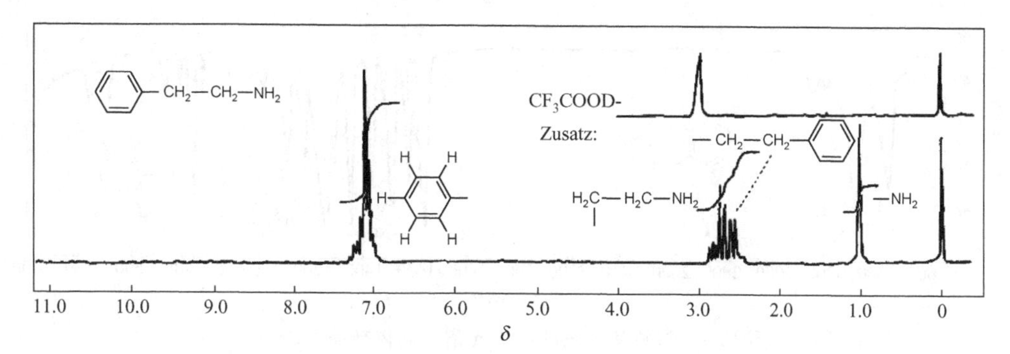

图 E.5　2-苯基乙基胺在 CCl_4 中的[1]H 核磁共振谱

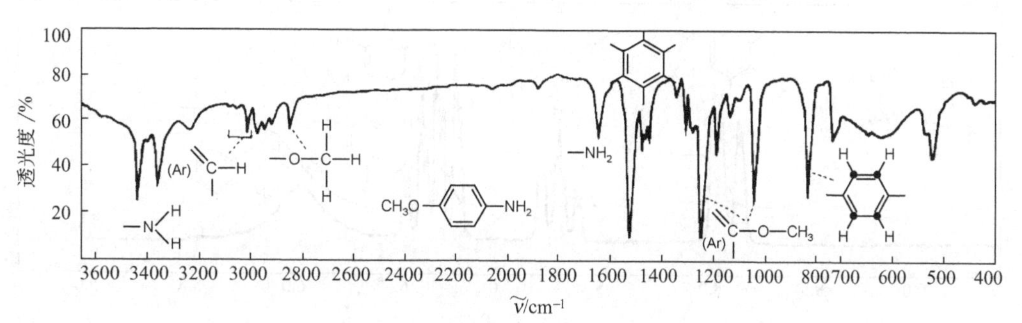

图 E.6　对甲氧基苯胺的红外光谱，固体样品 KBr 法

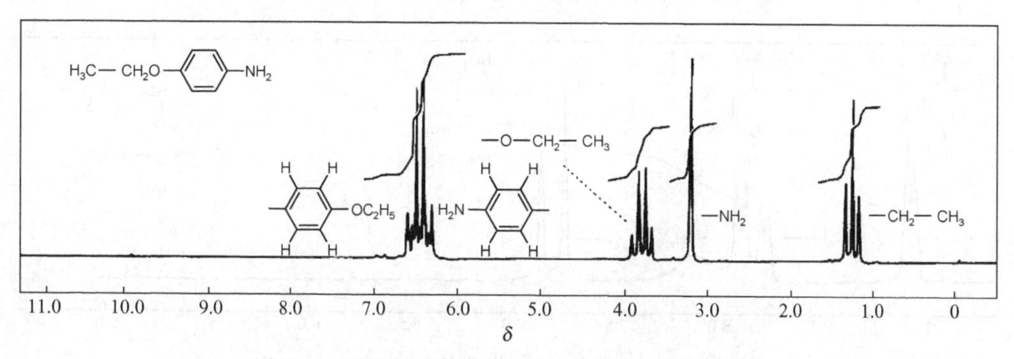

图 E.7　对乙氧基苯胺在 CCl_4 中的[1]H 核磁共振谱

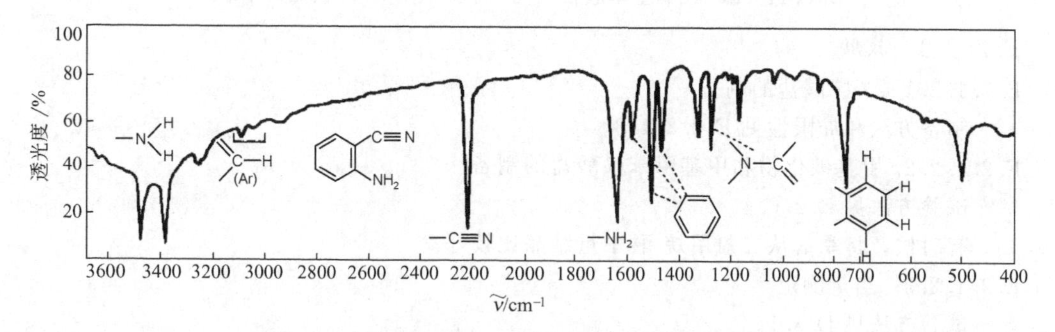

图 E.8　邻氨基苯甲腈的红外光谱，固体样品 KBr 法

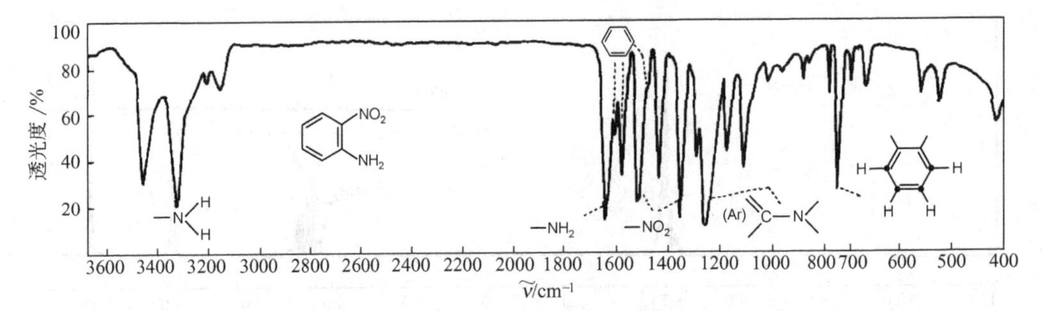

图 E.9 邻硝基苯胺的红外光谱，固体样品 KBr 法

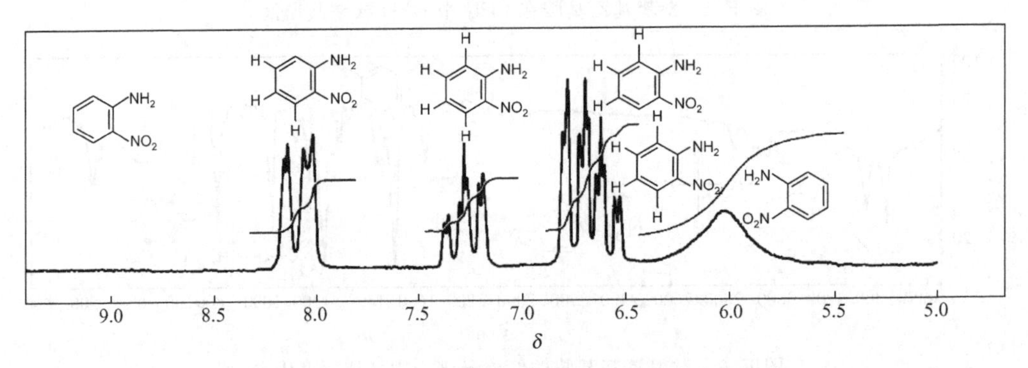

图 E.10 邻硝基苯胺在氘代丙酮中的[1]H 核磁共振谱

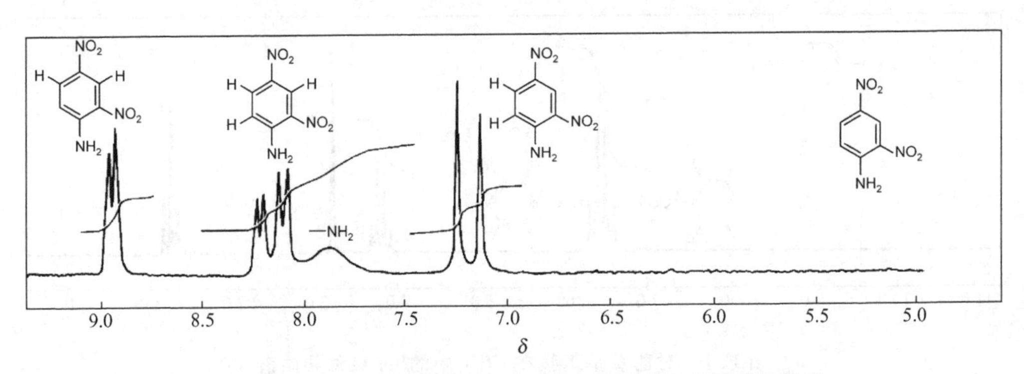

图 E.11 2,4-二硝基苯胺在氘代二甲亚砜中的[1]H 核磁共振谱

E.2.1.2 叔胺

E.2.1.2.1 苦味酸盐的制备

制备方法和局限性见 E.2.2.1.3。

E.2.1.2.2. 甲基碘化物和甲基甲苯磺酸盐的制备

试验方法见 D.2.6.4。

有时候，将季盐从二氯甲烷-醚中重结晶比较好。

E.2.1.2.3 当量测定

试验方法见 D.8.1。

局限性：见 E.2.1.1.5。

表 E. 12　叔胺的鉴别　　单位：℃

胺	沸点	熔点	苦味酸盐	甲基碘化物	甲基甲苯磺酸盐
三甲基胺	4		223	＞355	
三乙基胺	89		173	＞230	
吡啶	116		167	117	139
α-甲基吡啶	129		170	230	150
2,4-二甲基吡啶	144		168	233	
β-甲基吡啶	144		150		
γ-甲基吡啶	145		167		
三甲基吡啶	171	155			
N,N-二甲基苯胺	194	2	163	231	161
N,N-二甲基对甲基苯胺	209		130	205	85
N,N-二乙基苯胺	217		142	102	
喹啉	237		203	72①,133②	126
异喹啉	243		195	195	134
喹哪啶	247		195	195	134
嘧啶	124	21	156		
8-羟基喹啉	267	76③	204	143	
三苯甲基胺	380	95	190	184	
吖啶	345	110	208	224	
六亚甲基四胺		280(分解)	179	190	205

① 水合物。

② 无水。

③ 与其它 3 种晶型一起。

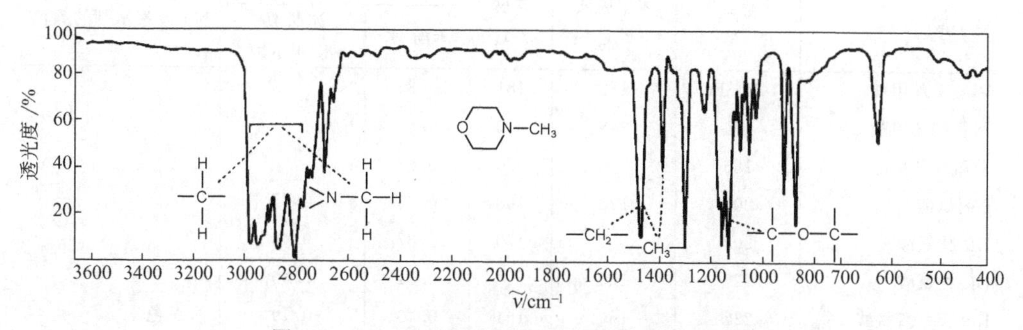

图 E. 13　N-甲基吗啉在四氯化碳中的红外光谱

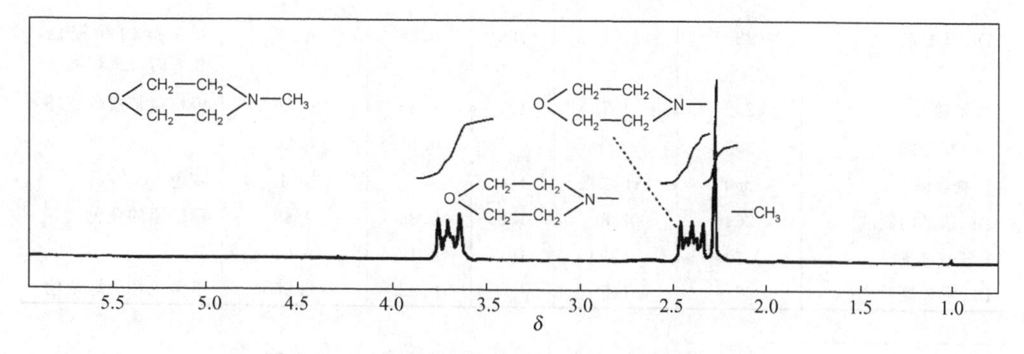

图 E. 14　N-甲基吗啉在 $CDCl_3$ 中 ^1H 核磁共振谱

E. 2. 1. 3　氨基酸

氨基酸可以用与胺和酸一样的方法鉴别（见表 E. 15），在这些方法中氨基上的反应一般生成适于分析的衍生物。氨基酸没有熔点，只有分解温度。

E. 2. 1. 3. 1　苯甲酰胺的制备

将 3 g 碳酸氢钠、1 g 氨基酸溶于 25 mL 水，再加 1. 5 mL 苯甲酰氯。振荡，直到反应结束。然后过滤并酸化。析出的沉淀用少量冷的醚洗涤以除去苯甲酸，残余物用水或者稀醇溶液重结晶。

E. 2. 1. 3. 2　苯脲的制备

向 0. 2 g 氨基酸和 10 mL 2 mol/L 的苛性钠组成的溶液中加 0. 5 g 异氰酸苯基酯，振荡 2～3 min 后放置 45 min。将水解生成的不可溶的二苯基脲抽滤分离，滤液用稀盐酸酸化。

E. 2. 1. 3. 3　纸色谱

采用上升法（参见 A. 2. 5. 4. 1），可以用水饱和的苯酚或者正丁醇-冰醋酸-水（4∶1∶1）作为溶剂。

展开之后，先将色谱纸在 104～110 ℃的温度下干燥 5 min，喷上 N-CN 指示剂[1]后再在 105 ℃下加热 1～2 min。由此显现出的斑点呈各种氨基酸所特有的颜色。

表 E. 15　氨基酸的鉴别

氨基酸	分解温度 / ℃	苯甲酰胺 / ℃	苯脲 / ℃	R_F值		N-CN 指示剂的颜色
				苯酚-水	冰醋酸-水-正丁醇	
邻氨基苯甲酸	145～147	182	181	0. 85		
间氨基苯甲酸	174	248	270	0. 86		
对氨基苯甲酸	186	278	300	0. 81		
β-丙氨酸	200	120	168	0. 66	0. 37	
DL-脯氨酸	203		170	0. 87	0. 43	
DL-谷氨酸	227	156		0. 31	0. 30	
L-β-天冬酰氨酸	227	189	164	0. 40	0. 19	金黄色
DL-苏氨酸	227	145	178	0. 50	0. 35	稍带绿的棕色，放置后变成紫棕色
DL-丝氨酸	228	171	169	0. 36	0. 27	稍带绿的绿棕色，放置时出现红圈
甘氨酸	232	187	197	0. 40	0. 26	橙棕色带橙色宽环
DL-精氨酸	238	230①		0. 87	0. 20	
L-胱氨酸	260	181 二聚	160		0. 1	灰色
DL-苯基丙氨酸	264	188	182	0. 85	0. 68	稍带绿的黄色
L-天冬氨酸	270	185	162	0. 19	0. 24	
DL-甲硫氨酸	281	145		0. 82	0. 55	带黄色环的绿紫色

[1] 参见试剂附录。

续表

氨基酸	分解温度 / ℃	苯甲酰胺 / ℃	苯脲 / ℃	R_F值		N-CN指示剂的颜色
				苯酚-水	冰醋酸-水-正丁醇	
DL-色氨酸	283	193		0.76	0.5	带蓝色宽环的棕色（环很快消失）
DL-异亮氨酸	292	118	120	0.82	0.72	淡蓝色
DL-丙氨酸	295	166	190	0.55	0.38	深紫色
DL-正亮氨酸	297			0.88	0.74	
DL-缬氨酸	298	132	164	0.78	0.60	紫色
DL-α-氨基丁酸	307	147	170	0.69	0.45	
DL-酪氨酸	340	197	104	0.59	0.45	淡蓝色
DL-亮氨酸	332	141	165	0.84	0.73	淡紫色带黄圈
DL-赖氨酸		249单体	196	0.81	0.14	红棕色，放置出现玫瑰色环
L-半胱氨酸				0.57		灰色

① 二聚体，无水。

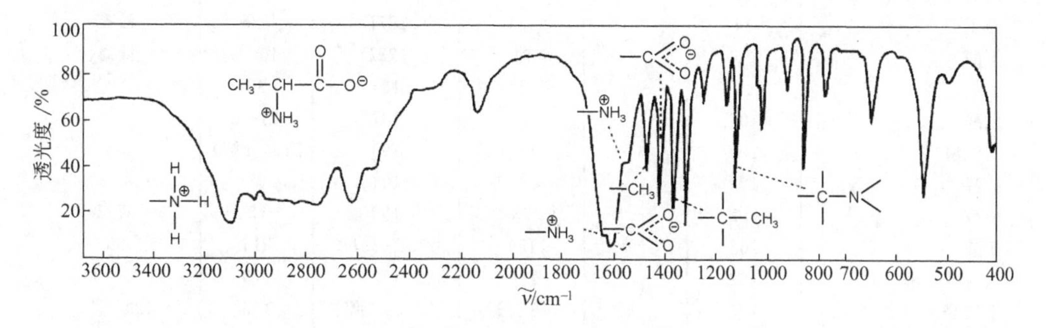

图 E.16　丙氨酸的红外光谱，固体样品 KBr 法

E.2.2　羰基化合物的鉴别

E.2.2.1　醛和酮

最常用的衍生物是苯腙、对硝基苯腙和2,4-二硝基苯腙以及缩氨基脲和肟（见表E.17，表E.18）。多数醛和个别酮在与40%的亚硫酸氢碱一起振荡时生成容易分离的晶体的加合物（参见D.5.1.8.3，D.6.2.2，D.9.1.1.3）。

E.2.2.1.1　苯腙的制备

试验方法见D.7.1.1。

制备苯腙和对硝基苯腙时不用硫酸而是用50%的乙酸作为溶剂。

一般情况下2,4-二硝基苯腙是黄色至橙色、容易结晶的化合物；从α，β-不饱和羰基化合物可以生成深红色的产物。

局限性：与2,4-二硝基苯腙相反，苯腙——尤其是低级醛或酮的苯腙——常常是液态的，因此不太适合做表征。缩醛以及肟和其类似物在所给的试验条件下也生成相应的腙。

E. 2. 2. 1. 2　缩氨基脲的制备

试验方法见 D. 7. 1. 1。

所有的缩氨基脲都是固态，而且几乎获得可以用来测熔点的纯度。

局限性：缩氨基脲生成时的反应速率特别低。

E. 2. 2. 1. 3　地麦冬衍生物的制备❶

局限性：地麦冬衍生物特别适合于低级醛。酮在 100 ℃以上的温度下在乙酸中可以反应。

E. 2. 2. 1. 4　肟滴定法测定当量质量

试验方法见 D. 7. 1. 1。

表 E. 17　醛的鉴别　　单位：℃

醛	沸点[①]	熔点	对硝基苯腙	2,4-二硝基苯腙	缩氨基脲	苯腙
甲醛	−19		181	166	169[②]	32
乙醛	20		128	164	176	100 *Z*[③]
丙醛	48		124	155	98	液态
乙二醛	50		311 二聚	327 二聚	273 二聚	180 二聚
丙烯醛	53		151	166	171	51[④]
异丁醛	64		131	187*E*	125	液态
丁醛	75		91	122*E*	106[⑤]	液态
三氯乙醛	98		131	131	90	
戊醛	102		74	107	肟 52	
巴豆醛	102		184	195	215(分解)	56
己醛	128			104	98	
庚醛	152		73	108	73	液态
糠醛	162		154	212*Z*,231*E*	214	96
六氢苯甲醛	162			172	173	
丁二醛	170		178 二聚	143 二聚	188	124 二聚
癸醛	170		80	106	101	
苯甲醛	179		191	238	222	158
5-甲基糠醛	187		130	210	210	147
苯基乙醛	194		151	125	158	60
水杨醛	195		225	258	234	142
噻吩-2-甲醛	198		95	242	216(分解)	139
间甲基苯甲醛	198		157	207	233(分解)	93
3-羟基丁醛	$60_{1.3(10)}$		113	95	194	
邻甲基苯甲醛	200		222	194	217	111
对甲基苯甲醛	204		200	234	234	121
邻氯苯甲醛	212	12	249	213	225	86
对甲氧基苯甲醛	247		161	252	216(分解)	120
肉桂醛	$129_{2.7(20)}$		195	253*E*	215	168
α-萘甲醛	292		237	254	228	82
5-羟甲基糠醛	$120_{0.07(0.5)}$	34	185	184	196	138
邻甲氧基苯甲醛	246	39	208	253	219	94

❶ Horning, E. C; Horning, M. G., . J. Org. Chem. 1946, 11: 95.

续表

醛	沸点①	熔点	对硝基苯腙	2,4-二硝基苯腙	缩氨基脲	苯腙
邻硝基苯甲醛		44	250	250(分解)	256(分解)	152
3,4-二甲氧基苯甲醛	280	45		263	183	121
对氯苯甲醛	215	48	224	270	227	127
邻苯二甲醛	$84_{0.11(0.8)}$	56	244(分解)	182	240 二聚	191 二聚
间硝基苯甲醛		57	250	293(分解)	246	120
β-萘甲醛	$150_{2.0(15)}$	60	230	270	245	215
对二甲基氨基苯甲醛		74	186(分解)	325	224(分解)	148
香草醛	284	82	225	270	229	104
对硝基苯甲醛		107	246	320	220	159
对苯二甲醛	245	116	281 二聚		＞410⑥	154 单体,278 二聚
蒽-9-甲醛		105		265	291	207

① kPa（Torr）表示的压力。

② 无水 m.p.112 ℃。

③ 其它晶型 m.p.57 ℃，*E*。

④ 用苯肼在醚中生成的苯基吡唑啉。

⑤ 还有其它晶型。

⑥ 肟 200 ℃。

表 E.18　酮的鉴别　　单位:℃

酮	沸点	熔点	对硝基苯腙	2,4-二硝基苯腙	苯腙	缩氨基脲
丙酮	56		156	126	26	192
甲基乙基酮	80		126	117	液态	143
甲基乙烯基酮	81					141
丁二酮	89		330 二聚，230 单体	346 二聚	261 二聚，134 单体	278(*Z*) 二聚，235 单体
甲基异丙基酮	94		108	123		116
甲基丙基酮	102		117	143		113
二乙基酮	102		139	156	液态	140
频哪酮	106			126	液态	156
氯丙酮	119			125		147
二异丙基酮	125			88	液态	160
甲基丁基酮	128		88	108	液态	125
异亚丙基丙酮	130		133	203	142	164
环戊酮	130		154	146	55	205
乙酰基丙酮	139		二肟 149	209 单体	170 单体	185 单体,209 二聚
二丙基酮	144			75	液态	135
环己酮	156		146	162	76	166
2-甲基环己酮	164		132	136	45	192
3-甲基环己酮	167		119	135	94	183①
4-甲基环己酮	170		128	134	110	196
2,5-己二酮	191		210 二聚	257 二聚	120 二聚	224 二聚
对甲基苯乙酮	226		192	258	96	209
苯丁酮	229	13	162	194	200	191

续表

酮	沸点	熔点	对硝基苯腙	2,4-二硝基苯腙	苯腙	缩氨基脲
苯丙酮	215	19		192	147	180
苯乙酮	200	20	184	248	105	199
苯基丙酮	213	27	143	156	85	199(分解)
佛尔酮	198	28		118		186
对甲氧基苯乙酮	258	38	195	232	142	198
苯亚甲基丙酮	262	41	166	229	158	186(反式)
茚-1-酮	244(分解)	42	235	265	135	247
二苯甲酮	306	48	154	232	137	168
苯甲酰甲基溴		50	肟 97[3]	221		146
对溴苯乙酮	256	54		232	126	208
甲基-β-萘基酮	301	54		262(分解)	176	223(分解)
苯亚甲基苯乙酮	345	58		245	120	170
苯甲酰甲基氯	244	59	肟 89	219		157
苯甲基苯基酮	321	60	163	204	116	148
间硝基苯乙酮		81	肟 132	228	127	257
芴酮	341	85	269	300	152	245
联苯酰	347	95	192 单体，290 二聚	189 单体	135 单体，224 二聚	244(分解)二聚
间溴苯甲酰甲基溴		110	肟 115			
苯偶姻	343	137		234	158,108[2]	206(分解)
氧杂蒽酮	350	174	肟 161		152	
DL-莰酮	升华	178	217	164	233	232(分解)

① (±)-3-甲基环己酮缩氨基脲给出的最高值：m. p. 198 ℃。

② 两种晶型。

③ Z 型；E 型：m. p. 114 ℃。

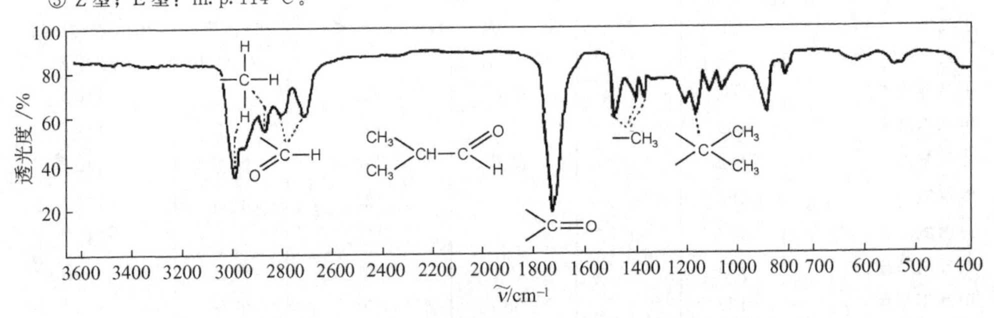

图 E. 19　异丁醛的红外光谱，液体样品

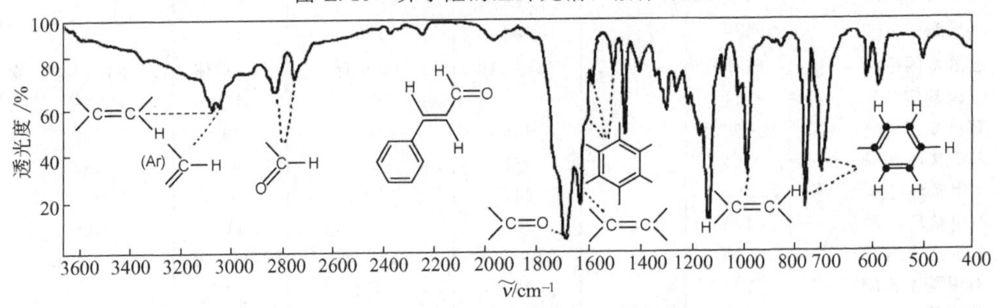

图 E. 20　肉桂醛的红外光谱，液体样品

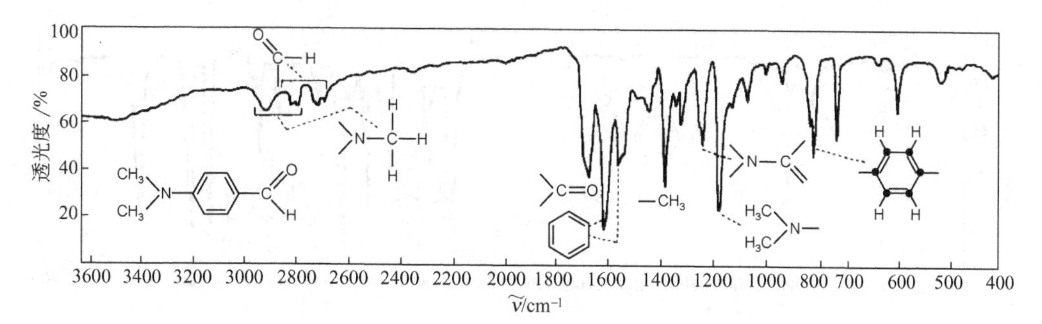

图 E. 21　对二甲氨基苯甲醛的红外光谱，固体样品 KBr 法

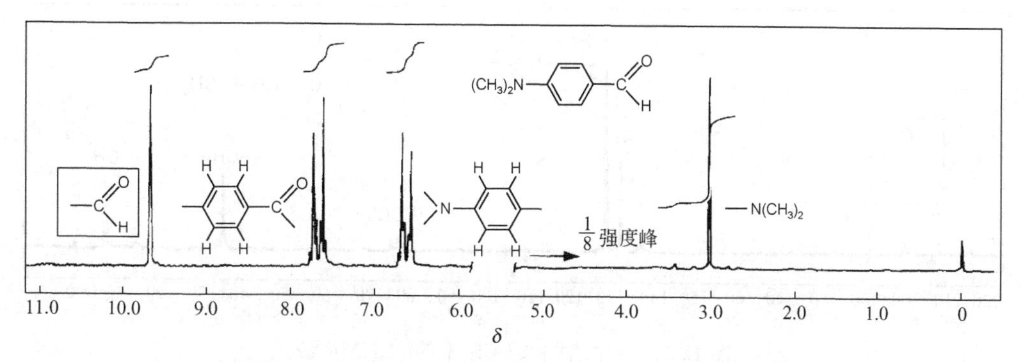

图 E. 22　对二甲氨基苯甲醛在 $CDCl_3$ 中的 ^1H 核磁共振谱

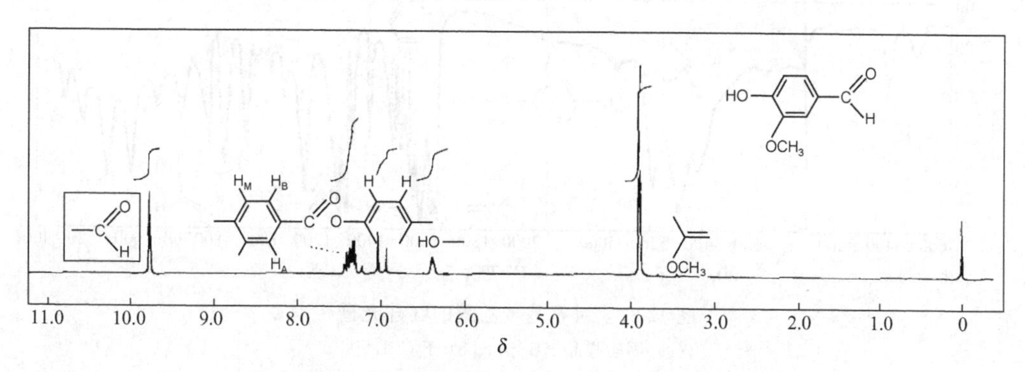

图 E. 23　香草醛在 $CDCl_3$ 中的 ^1H 核磁共振谱

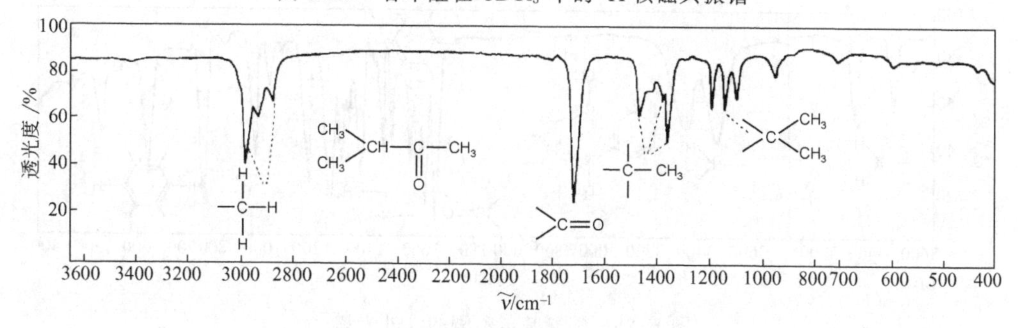

图 E. 24　甲基异丙基酮的红外光谱，液态样品

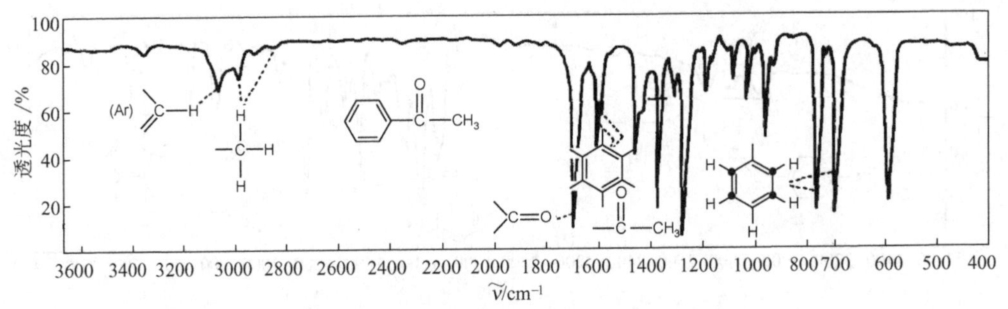

图 E. 25 苯乙酮的红外光谱，液态样品

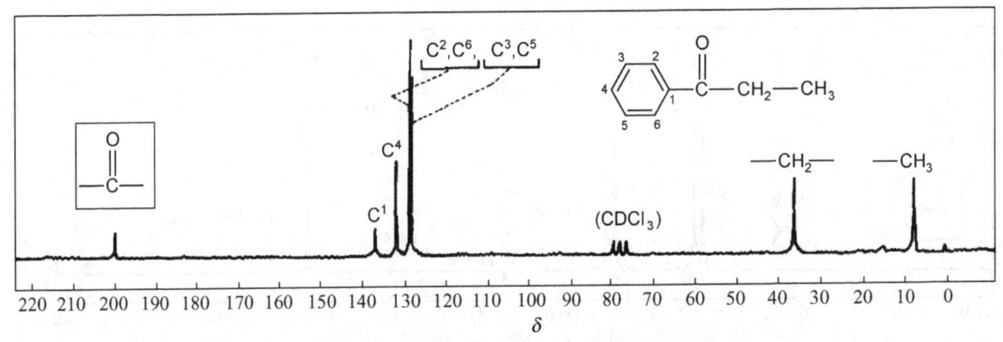

图 E. 26 苯丙酮在 $CDCl_3$ 中的 ^{13}CNMR 谱

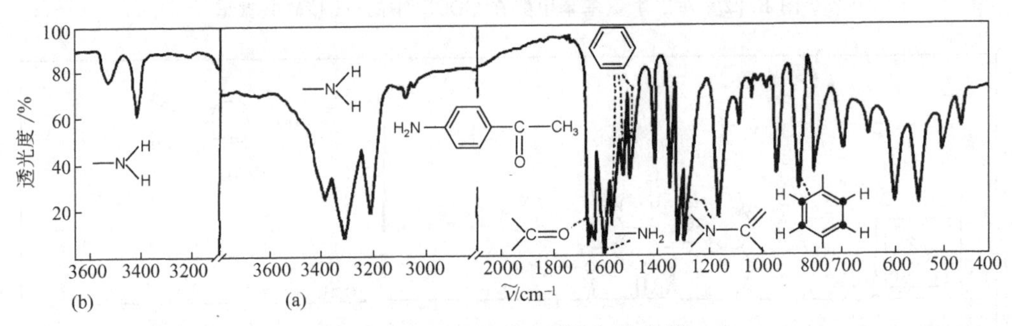

图 E. 27 对氨基苯乙酮的红外光谱

(a) 固态样品 KBr 法；(b) 于 CCl_4 中

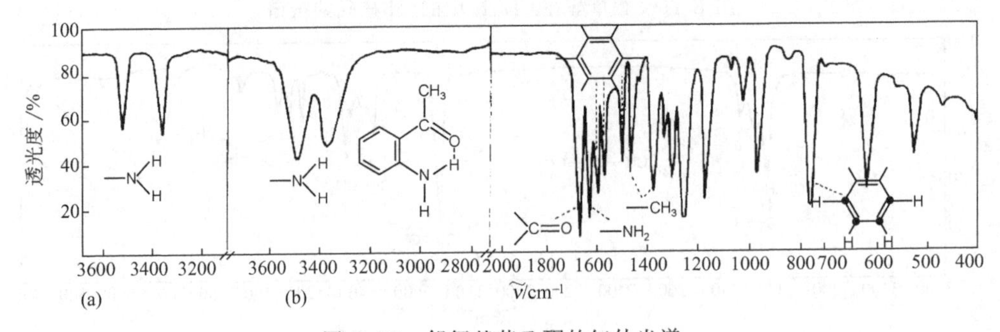

图 E. 28 邻氨基苯乙酮的红外光谱

(a) 固态样品 KBr 法；(b) 于 CCl_4 中

E. 2. 2. 2　醌

大多数醌类化合物从其颜色和对碱的敏感性（变色）上就能辨别出来。醌与浓硫酸生成颜色很浓的鎓类化合物，在还原条件下生成无色的氢醌。在还原过程中常常出现绿色的醌氢醌中间体。

以缩氨基脲和氢醌二乙酸酯来定性醌。

E. 2. 2. 2. 1　缩氨基脲的制备

将 0.2 g 醌和 0.2 g 盐酸氨基脲与少量水一起加热。生成的黄色沉淀物再从水中重结晶。

E. 2. 2. 2. 2　氢醌二乙酸酯的制备

将 0.5 g 醌悬浮于 2.5 mL 乙酸酐中，加 0.5 g 锌粉和 0.1 g 研成粉的无水乙酸钠，小心地加热到醌的颜色消失，接着再继续加热 1 min。添加 2 mL 冰醋酸后再短暂加热一会，将残余物趁热滗析，再用 3～4 mL 热的冰醋酸洗。向合并在一起的乙酸溶液中加少量水并冷却。可以用稀的醇或者石油醚重结晶。

表 E. 29　醌的鉴别　　单位：℃

醌	熔点	缩氨基脲	氢醌二乙酸酯
2-氯-1,4-苯醌	57	185①	70
2-甲基-1,4-苯醌	69	179①	52
1,4-苯醌	116	243 二聚	123
1,4-萘醌	125	247②	128
2,6-二溴-1,4-苯醌	131	225①	116
1,2-萘醌	146	184②	105
1,4-二羟基蒽醌	201		200③
9,10-菲醌	206	220 单体	183
苊醌	261	193 单体,271 二聚	130
3-溴-9,10-菲醌	268	242	
9,10-蒽醌	286	肟 224	260
四氯化对苯醌	290④		245
茜素	290		182

① 4-单取代衍生物。
② 1-单取代衍生物。
③ 通过与乙酸酐和一点硫酸一起加热生成的 1,4-二羟基蒽醌二乙酸酯。
④ 封闭管；还原：四氢醌 m. p. 134 ℃。

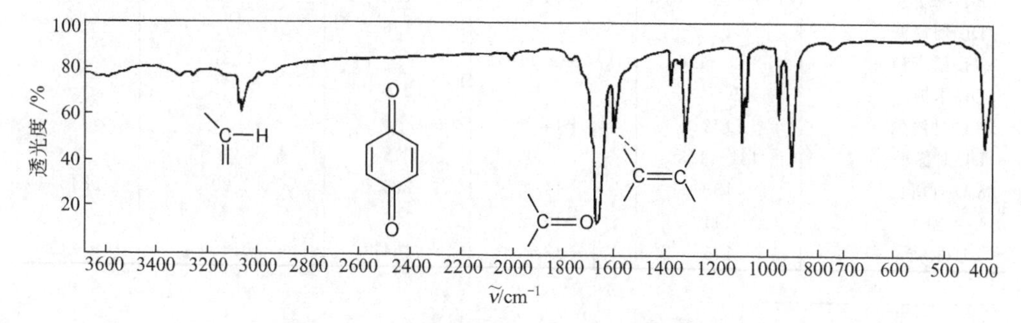

图 E. 30　对苯醌的红外光谱，固态样品 KBr 法

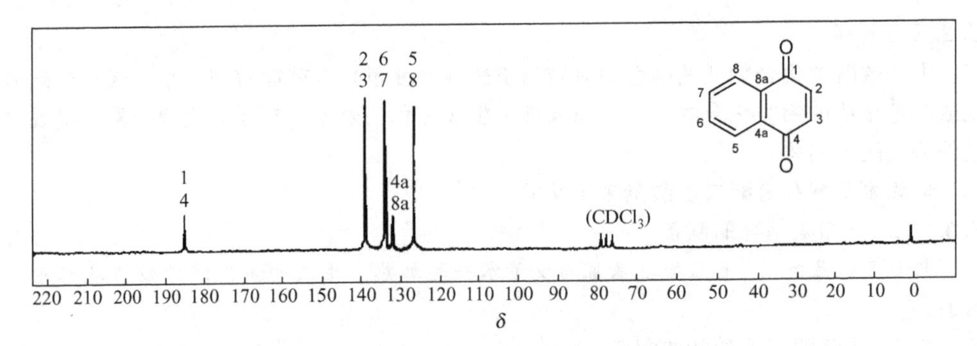

图 E.31　1,4-萘醌在 $CDCl_3$ 中的 ^{13}C 核磁共振谱

E.2.2.3　单糖

单糖的鉴别衍生物是脎。

E.2.2.3.1　脎的制备

试验方法见 D.7.1.1。

局限性：脎类化合物的熔点相差不大，因此不适合通过熔点定性。比较合适的方法是纸色谱或者薄层色谱（参见 A.2.5.4.1 和 A.2.6.3）。流动相最好用丁醇、冰醋酸和水的混合物（4∶1∶1）或者水饱和的苯酚（溶剂一定要事先蒸馏，对试验化合物并行试验!）。用苯氨基邻苯二甲酰胺[1]喷后在 105 ℃下加热（10 min）就可以看出还原了的糖。未被还原的糖可以用 0.2%的间萘二酚醇溶液和等量的 2%的三氯乙酸溶液组成的混合物处理后，在 100 ℃下加热使其显色。

表 E.32　糖的鉴别

糖	分解温度/℃	$[\alpha]_D^{20}$	脎/℃	R_f 值	
				丁醇-冰醋酸-水	苯酚-水
蜜三糖	80(119)	+105.2		0.05	0.27
D-核糖	87(95)	−21.5(−23.5)	166	0.31	0.59
α-D-葡萄糖	90(146)	+52.7	205	0.18	0.39
2-脱羟-D-核糖	90	+2.13			0.73
β-麦芽糖	103(160～165)	+130.4	206	0.11	0.36
D-果糖	104	−92.4	205	0.23	0.51
D-阿洛糖	105	+32.6			
α-L-鼠李糖	105(93)	+8.2	190	0.37	0.59
α-D-来苏糖	106～107(101)	−14.0	163		0.45
DL-葡萄糖	112		156		
β-L-鼠李糖	122～126	+9.1		0.37	
DL-木糖	129～131		210		
β-D-甘露糖	132	+14.2			
DL-甘露糖	132～133		218		
α-D-甘露糖	133	+14.2	205	0.20	0.45
L-木糖	144	−18.6	160		
α-D-木糖	145	+18.8	164	0.28	0.44

[1] 参见试剂附录。

续表

糖	分解温度/℃	$[\alpha]_D^{20}$	脎/℃	R_f 值	
				丁醇-冰醋酸-水	苯酚-水
L-海藻糖	145	−75.9	178	0.27	0.63
β-D-葡萄糖	148～150	+52.7	210		
β-D-树胶醛醣	158			0.31	0.54
β-L-树胶醛醣	160	+104.5	166		
DL-海藻糖	161		187		
DL-山梨糖	162～163		170	0.20	
DL-半乳糖	163(144)		206		
DL-树胶醛醣	164		169		
L-山梨糖	165(159)	−43.4	162	0.20	0.42
α-D-半乳糖	167	+80.2	201	0.16	0.44
蔗糖	169～170(185)	+66.5	205	0.14	0.39
L-抗坏血酸	190	−49.0		0.38	0.24
龙胆二糖	190～195(86)	+8.7	162		
乳糖	201(223)	+55.3	200	0.09	0.38
β-纤维二糖	225	+34.6	198		

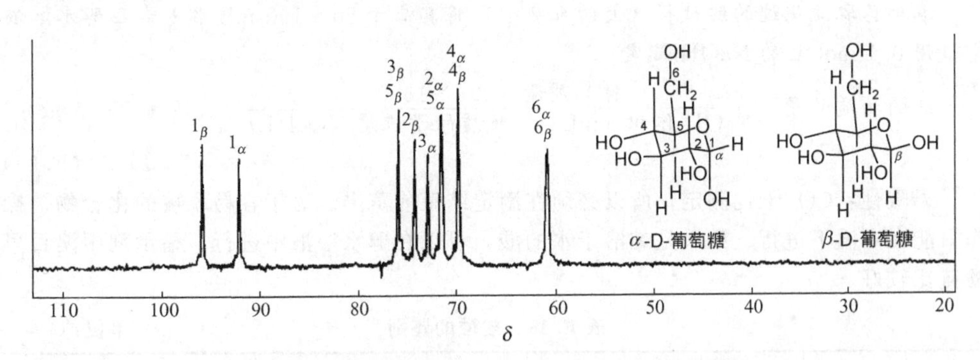

图 E. 33　D-葡萄糖在 D_2O 中的 ^{13}C 核磁共振谱

E. 2. 2. 4　缩醛

鉴别缩醛和缩酮的方法是，先将它们酸式水解，然后分析相应的羰基化合物和醇(参见 E. 2. 5)。

小分子的缩醛能很快水解（在1%～2%的盐酸中回流只需 3～5 min），大分子缩醛需要 30～60 min。对于不溶于水的化合物，可添加二氧杂环己烷。

E. 2. 2. 5　羧酸

E. 2. 2. 5. 1　对溴和对苯基苯乙酮酯的制备

试验方法见 D. 2. 6. 3。

局限性：在合成酯的过程中，反应溶液不能呈碱性。由于难溶的对溴苯酰甲基氯(m. p. 117 ℃）会从溶液中析出，所以过多的氯离子会干扰反应。比较困难的是相应的氨基酸衍生物以及个别二酸和羟基酸衍生物的制备。

E. 2. 2. 5. 2　酰胺的制备

1 g 羧酸与 5 mL 亚硫酰氯和 1 滴二甲基甲酰胺在回流条件下（要带氯化钙干燥

管!）加热 15～30 min。将冷却后的反应混合物倒入 15 mL 冰冷的浓氨水中，将产生的沉淀物抽滤分离并用水或者稀醇重结晶。

局限性：甲酸不能用这种方法定性（为什么?）；对于低沸点的酰氯要考虑到特别高的挥发性。在这种情况下，比较好的方法是将反应体系在室温下放置几小时使反应进行。易溶于水的酰胺较难分离。在所有这些情况下，最好用偶氮甲烷将羧酸转化成甲基酯（参见 D. 8. 4. 2. 1），然后再用浓氨氨解。

E. 2. 2. 5. 3　*N*-苯甲基酰胺的制备

试验方法见 D. 7. 1. 4. 2；酰氯的制备见 E. 2. 2. 5. 2 和 D. 7. 1. 4. 4。

对于多余的亚硫酰氯，除了蒸馏法外，还可以通过缓慢滴加无水甲酸的方法来使其分解，生成的酰氯留作后处理 。

局限性：见 E. 2. 2. 5. 2 。

酸酐也可以用这一方法鉴别，所以可以用相应的酸酐代替酰氯。

E. 2. 2. 5. 4　酰苯胺的制备

试验方法见 D. 7. 1. 4. 2。

E. 2. 2. 5. 5　物质的量的测定

准确称取纯化过的酸试样（大约 0. 2 g），将其溶于 50～100 mL 水或者乙醇水溶液中。用 0. 1 mol/L 的 NaOH 滴定。

$$\text{酸的物质的量}=\frac{\text{样品质量 (g)}\times 1000}{\text{NaOH 体积 (mL)}\times\text{物质的量浓度 (mol/L)}}\quad\text{（适用于一元酸）}\qquad(E.34)$$

局限性：CO_2 干扰测定，所以必须在滴定结束前蒸出。对于容易脱羧的化合物，操作只能在室温下进行。如果是难溶于水的酸，可以在醇水溶液中进行。指示剂用溴百里酚蓝比较好。

表 E. 35　羧酸的鉴别　　单位：℃

酸	沸点①	熔点	酰胺	酰苯胺	对溴苯乙酮酯	对苯基苯乙酮酯	*N*-苯甲基酰胺
甲酸	101	8	3	48	140	74	60
乙酸	118	17	82	114	86	111	61
丙烯酸	141	13	85	106		165	70
丙酸	141		79	103	63	101	52
异丁酸	155		129	104	55	90	87
丁酸	163		115	93	63	97	37
丙酮酸	165	14	127	104			
异戊酸	176		136	111	68	76	53
戊酸	186		106	63	75	69	42
二氯乙酸	194	13	99	72			
己酸	205		101	95	72	71	
乳酸	$119_{1.6(12)}$	53	79		113	145	
油酸	$223_{1.3(10)}$	14	76	45		183	226
癸酸	269	31	100	69	67	77	
乙酰丙酸	246	37	108	63	84	94	
月桂酸	298	45	103	77	59	86	89

续表

酸	沸点①	熔点	酰胺	酰苯胺	对溴苯乙酮酯	对苯基苯乙酮酯	N-苯甲基酰胺
溴代乙酸	208	50	90	162			89②
肉豆蔻酸	$193_{1.3(10)}$	54	105	84	81	90	89
三氯乙酸	197	57	142	94			93
氯代乙酸	187	63	116	134	104	116	94
棕榈酸	$222_{2.1(1.6)}$	63	141	91	81	94	95
惕各酸	199	65	78	91	68	106	
硬脂酸		70	109	95	78	97	98
巴豆酸	189	71	161	118	95		113
苯基乙酸	227	78	161	118	89		122
羟基乙酸		79	120	96	138		103
戊二酸		99	94	128 单体，223 二聚	137	152	170 二聚
L-苹果酸		100	149 二聚	197 二聚	179 二聚	204	
柠檬酸（$+1H_2O$）		100	138	164	150 三聚	146	170
草酸（$+2H_2O$）		100	214 单体，350(分解) 二聚	149 单体，252 二聚	244(分解) 二聚	166(分解)	128 单体，223 二聚
邻甲氧基苯甲酸	200	101	128	74	113	131	132
苯氧基乙酸	285	101	101	49			85
庚二酸		106	175 二聚	155 二聚	137 二聚	146	153 二聚
邻甲基苯甲酸		107	141	128	57	94	91②
壬二酸		107	175 二聚	184 二聚	131 二聚	145	44②
间甲基苯甲酸		114	94	126	108	136	75
扁桃酸		120	134	150			
苯甲酸		122	127	165	119	105	105
癸二酸		134	127 单体，210 二聚	122 单体，201 二聚	147 二聚	140	166 二聚
肉桂酸(*E*)	300	133	149	154	146	183	106②
丙二酸		134	121 单体，172 二聚	132 单体，229 二聚		175	142 二聚
马来酸		137	178 单体，181 二聚④	201	168 二聚	128③	206
乙酰基水杨酸		143	113⑤	137		105③	102
间硝基苯甲酸		142	143	155	134	153	100
邻氯苯甲酸		142	140	114	106	123,83③	99
邻硝基苯甲酸		147	176	156	100	140	156
二苯乙醇酸		148	155	177	152	122	86
己二酸		153	226 二聚	240 二聚	154	148,8③	189 二聚
间溴苯甲酸		156	155	137	126	155	105②
间氯苯甲酸		156	134	125	117	154	107②
水杨酸		159	139	136	140	148	136
α-萘甲酸		162	202	164	136		
酒石酸（内消旋）		166	189 二聚	194 单体	204		93②

续表

酸	沸点①	熔点	酰胺	酰苯胺	对溴苯乙酮酯	对苯基苯乙酮酯	N-苯甲基酰胺
2,4-二硝基苯甲酸		180	203	196	158		142②
对甲基苯甲酸	275	182	167	145	153	165	133
β-萘甲酸		183	192	167			
茴香酸		184	167	169	152	160	132
琥珀酸		188	157 单体，268 二聚	228	211 二聚	208	138 单体，206 二聚
3-羟基苯甲酸		203	170	157	176	146③	142
3,5-二硝基苯甲酸		206	180	239	159	154	157②
酒石酸(外消旋)(无水)		218	212 单体，240 二聚	182 单体，235 二聚	205		148② 二聚
4-羟基苯甲酸		216	161	195	191	240,178③	182②
3-硝基邻苯二甲酸		219	174	181 单体，233 二聚	149		
邻苯二甲酸		227	148 单体	170 单体，253 二聚	153 二聚	169 二聚	178
尼古丁酸		229	121	132			
联苯甲酸		232	190 单体	181 单体			185② 二聚
对硝基苯甲酸		241	201	218	134	182	141
对氯苯甲酸		242	180	194	126	160	129②
没食子酸		258	243	207	134	195(分解)	141②
对苯二酸		300⑥	309	238 单体，303 二聚		198③	314
异尼古丁酸		300(升华)	332 二聚	313 单体，336 二聚	225 二聚	192③ 二聚	265
异苯二酸		348(升华)	280	280	179 二聚	191③ 二聚	202②

① 压力单位是 kPa (Torr)。
② 对硝基苯甲基酯。
③ 苯乙酮酯。
④ 制备时有可能重排成富马酸二酰胺。
⑤ 不清楚，重排成 N-乙酰基水杨酸酰胺。
⑥ 封闭杯管中。

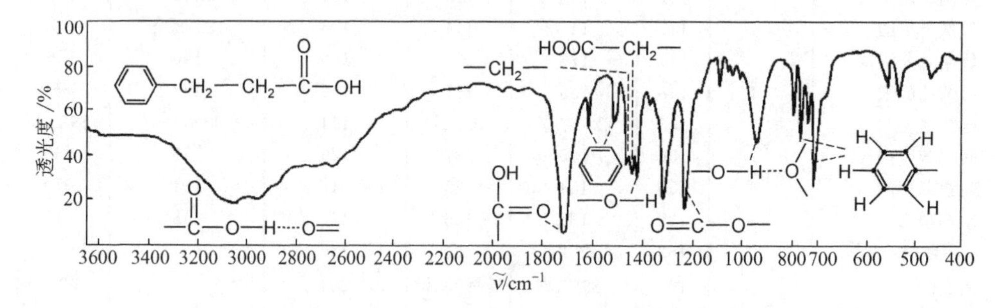

图 E.36　3-苯基丙酸的红外光谱，固态样品 KBr 法

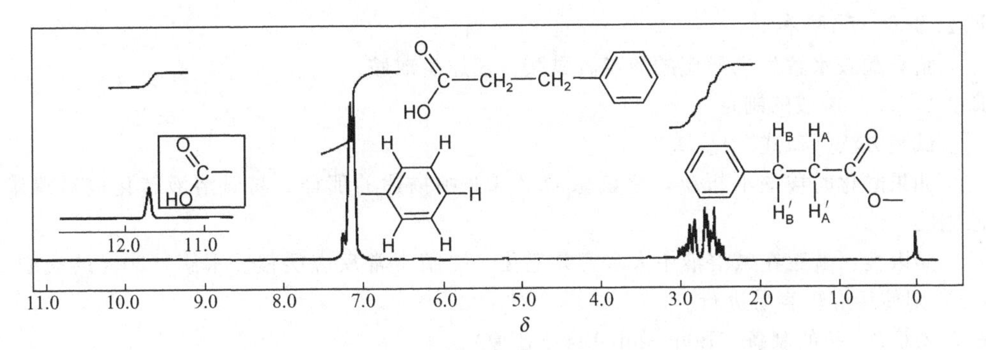

图 E. 37　3-苯基丙酸在 $CDCl_3$ 中的 ^{1}H 核磁共振谱

（—CH_2—CH_2—部分高级谱图：AA′BB′型）

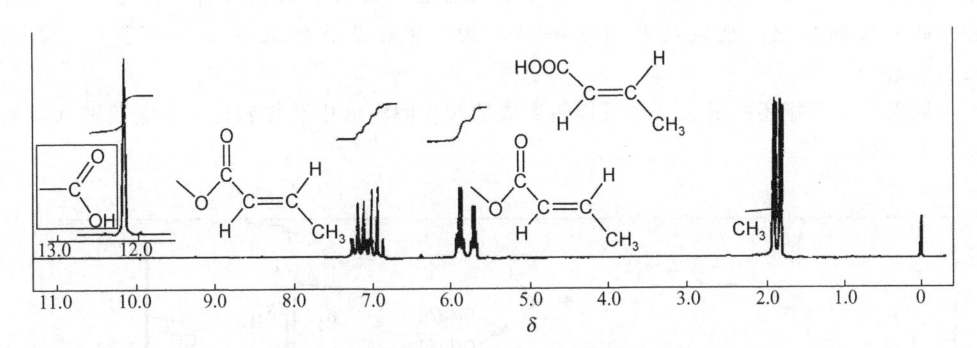

图 E. 38　巴豆酸在 $CDCl_3$ 中的 ^{1}H 核磁共振谱

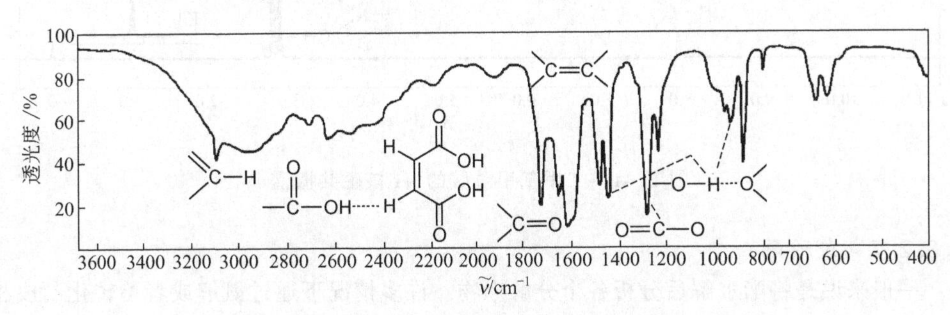

图 E. 39　马来酸的红外光谱，固态样品 KBr 法

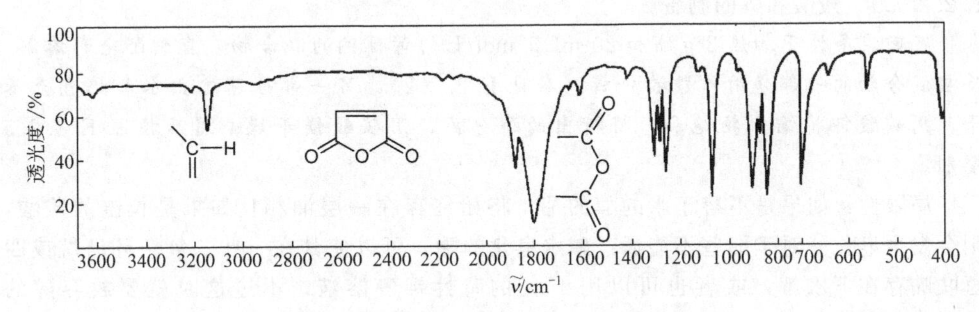

图 E. 40　马来酸酐的红外光谱，固态样品 KBr 法

E. 2. 2. 6 酰胺和腈

腈和酰胺水解生成相应的酸或者酰胺。还原生成胺。

E. 2. 2. 6. 1 羧酸的制备

试验方法（碱式）见 D. 7. 1. 5。

如果酸化时羧酸不析出，建议像 D. 2. 6. 3 中描述的那样，将碱溶液转化成对溴苯乙酮酯。

局限性：酰胺在碱溶液中大多容易皂化，二腈常常反应缓慢。水解（20%的盐酸，2 h）则使反应更容易进行。

E. 2. 2. 6. 2 胺的制备（Bouveault-Blanc 还原）

在 50～60 ℃的温度下，一点一点地将 1.5 g 钠加到 1 g 腈和 20 mL 无水醇的混合物中以使腈还原。冷却后小心地加入 10 mL 浓盐酸，然后将醇蒸馏掉。蒸馏剩余物用 50%的苛性钠碱化，生成的胺与水一起蒸馏。最好是将胺在水溶液中鉴别（参见 E. 2. 1. 1. 1）。

局限性：不能还原酰胺。也可以将生成的胺在醇溶液中直接转化成苯基硫脲（参见 E. 2. 1. 1. 4）。

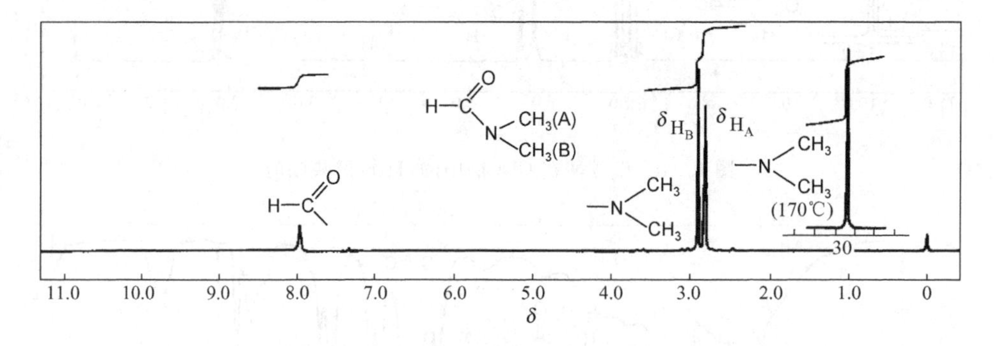

图 E. 41 二甲基甲酰胺的^{1}H 核磁共振谱

E. 2. 2. 7 羧酸酯

一般来说是将酯水解后分析各个分解产物。许多情况下通过氨解或者酯转化制成相应的衍生物。

E. 2. 2. 7. 1 羧酸和醇的制备

在回流条件下加热 2 g 酯和 20 mL 1 mol/L 的苛性钠的混合物，直到酯全部溶解。反应混合物的一部分用作羧酸分析（参见 E. 2. 7. 2），另一部分蒸馏出水和醇直至蒸干，用碳酸钾将馏出物饱和，将析出的醇分离，用硫酸镁干燥，然后按照 E. 2. 2. 5 鉴别。

局限性：如果是不溶于水的醇的酯，将始终存在一层油相！如果是长链的羧酸，则会发生皂化。对于那些不能通过碱水皂化的酯，可以使其在一些二氧杂环己烷或四氢呋喃存在下水解，或者也可以用 10%的苛性钾醇溶液，不过这时就要放弃醇的鉴定。

皂化当量见 D. 7. 1. 4. 3。

局限性：多元酚的酯很难测定，原因是在水解的过程中发生了酚的氧化（注意变色处和碱的用量!）。有严重空间位阻的酯不能碱式皂化。

E. 2. 2. 7. 2　3,5-二硝基苯甲酸酯的制备

试验方法见 D. 7. 1. 4. 4。

局限性：这一方法可用于许多简单的酯，对于那些其醇（例如叔醇、容易树脂化的烯烃醇）能与浓硫酸反应的酯这个方法行不通。大分子的酯只能很慢地反应，或者根本不反应。

E. 2. 2. 7. 3　酰胺的制备

试验方法见 D. 7. 1. 4. 2。

局限性：这一反应只能用甲基酯或者最好是乙基酯顺利进行（例外的是那些所谓的活化了的酯，见 D. 2. 2. 1）。高级醇的酯必须事先经过甲醇解：

将 0.6～1 g 酯与事先溶了 0.1 g 钠的无水甲醇一起在回流条件下加热 30 min。然后将多余的甲醇蒸发掉，剩下的产物直接进行氨解。

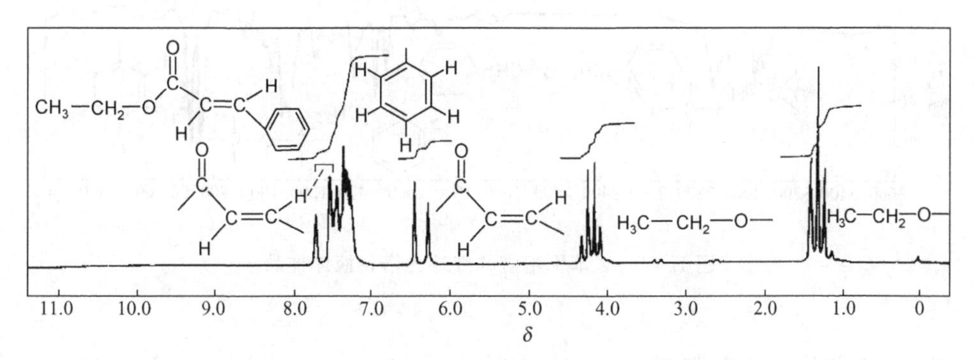

图 E. 42　肉桂酸乙酯在 CCl_4 中的 ^{1}H 核磁共振谱

E. 2. 3　醚的鉴别

一般来说醚是很稳定的化合物，大多数脂肪族醚能溶于浓盐酸形成鎓盐。用水稀释时，这些盐就分解（从混合物中分离的方法）。芳香脂肪族醚只能与浓硫酸生成鎓盐，其中芳环发生了部分磺化反应。

E. 2. 3. 1　用氢碘酸或者氢溴酸分解醚

试验方法见 D. 2. 5. 2。

蒸馏分离出来的烷基碘或者烷基溴以 S-烷基硫脲苦味酸盐的形式被鉴别出来（见 D. 2. 6. 6）。

E. 2. 3. 2　用氯化锌-3,5-二硝基苯甲酰氯分解醚

将 1 g 试样、0.15 g 无水氯化锌和 0.5 g 3,5-二硝基苯甲酰氯在回流条件下加热 1 h。冷却后向其中加 10 mL 2 mol/L 的苏打溶液，在水浴上加热到 90 ℃。放置时析出二硝基苯甲酸酯，将其过滤，用苏打溶液和水洗后用 10 mL 四氯化碳溶解。如果溶液不清澈，进行热过滤。冷却后如果没有晶体析出，需要浓缩一下溶剂。

局限性：这一试验方法只适用于对称的脂肪族醚（为什么?）。醇、胺等化合物可能产生干扰，所以试验前要将其分离。

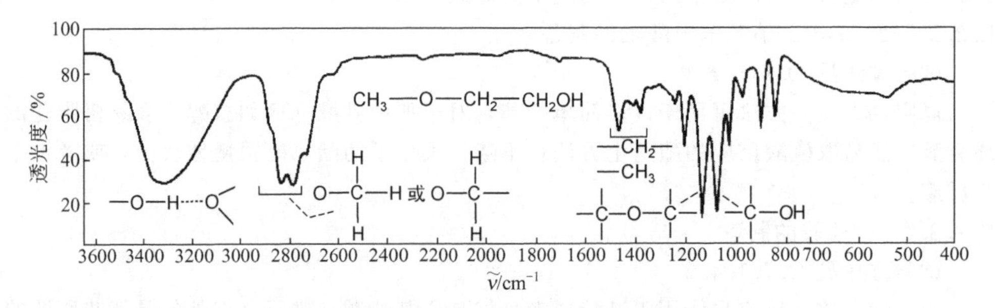

图 E. 43　乙二醇一甲酯的红外光谱，液体样品

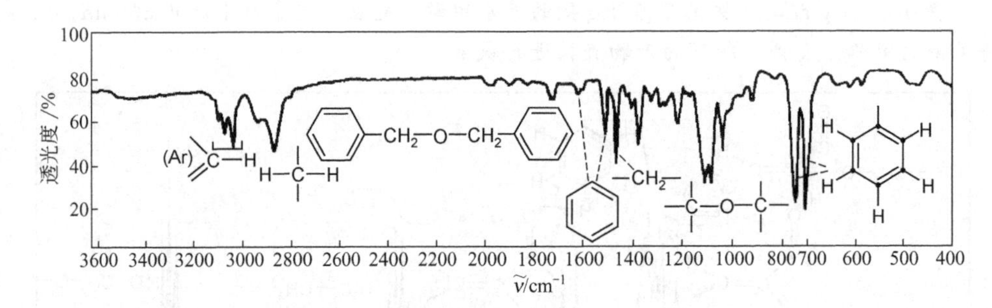

图 E. 44　二苯甲基醚的红外光谱，液体样品

E. 2. 4　含卤化合物的鉴别

从 E. 1. 2. 10 已经知道了有哪些种类的含卤化合物。

偕二卤和三卤化物（除了甲烷的衍生物以外）的分析方法是，先水解（参见 D. 2. 6. 1)，再按照通常的方法分析所产生的醛或者羧酸。芳香族氟化物和氯化物可以通过硝化或者磺酰氯化反应，转化成相应的衍生物（参见 E. 2. 6)。

E. 2. 4. 1　酰苯胺的制备

向 0. 4 g 用碘活化了的镁屑中加 1. 2 g 溶在 5 mL 无水醚中的含卤化合物。反应结束后，将醚溶液滗析。添加 3～4 g 固态的二氧化碳（→碳酸）或者 4. 5 mL 10%的异氰酸苯基酯醚溶液（→ 苯胺化物)。10 min 后再加 20 g 捣碎的冰和 1 mL 浓盐酸，搅拌，将醚相分离、干燥，将醚蒸发掉。

几乎所有的烷基卤化物以及芳基溴化物和碘化物（参见 D. 7. 2. 2）都反应。通过格林试剂与二甲基甲酰胺的反应，卤代烃也能转化成醛，醛可以以 2,4-二硝基苯腙的形式被鉴别[Sharefekin, J. G.; Forschirm, A., Analyt. Chem. 1963, 35: 1616.]。

E. 2. 4. 2　S-烷基硫脲苦味酸盐的制备

试验方法和物质的量的确定见 D. 2. 6. 6。

局限性：这一方法只适用于脂肪族的卤代烃。

表 E.45　烷基卤化物的鉴别　　单位：℃

卤化物	氯化物沸点①	溴化物沸点	碘化物沸点①	硫脲苦味酸盐	苯胺化物
甲基卤	−24	5	43	224	114
乙烯基卤	−14	16	56	104	104
乙基卤	12	38	72	188	104
异丙基卤	36	60	89	196	103
丙基卤	46	71	102	177	92
烯丙基卤	46	71	103	155	114
叔丁基卤	51	72	98	160	128
仲丁基卤	67	90	119	166	108
异丁基卤	68	91	120	167	109
丁基卤	77	100	130	180	63
叔戊基卤	86	108	128		92
异戊基卤	100	118	148	173	108
戊基卤	107	129	156	154	96
己基卤	134	157	180	157	69
环己基卤	142	165	179	174	146
庚基卤	159	180	204	142	57
苯甲基卤	179	198	熔点 24	188	117
辛基卤	184	204	225	134	57
β-苯基乙基卤	190	218	$116_{1.6(12)}$		97
对氯苯甲基卤	214	熔点 51		194	166
邻溴苯甲基卤	$110_{2.0(15)}$	熔点 31	熔点 47	222	
间溴苯甲基卤	熔点 23	熔点 41	熔点 42	205	
对溴苯甲基卤	熔点 50	熔点 62	熔点 73	219	
对硝基苯甲基卤	熔点 71	熔点 99			

① 压力单位是 kPa (Torr)。

表 E.46　芳香卤代烃的鉴别

卤代烃	沸点/℃	熔点/℃	磺酰胺		硝化产物	
			位置	熔点/℃	位置	熔点/℃
氟代苯	85		4	125		
氯代苯	132		4	143	2,4	52
溴代苯	156		4	162	2,4	75
2-氯甲基苯	159		5	126	3,5	64
3-氯甲基苯	162		6	185	4,6	91
4-氯甲基苯	162	7	2	143	2	38
1,3-二氯苯	173		6	180	4,6	103
1,2-二氯苯	180		4	135	4,5	110
2-溴甲基苯	181		5	146	3,5	82
3-溴甲基苯	183		6	168	4,6	103
2-氯-1,4-二甲基苯	185		5	155	5	77
碘代苯	188				4	174
4-氯-1,2-二甲基苯	195		5	207	5	63
4-氯-1,3-二甲基苯	192		6	195	6	42
1,3-二溴苯	219		6	190	4	61
1,2-二溴苯	219		4	176	4,5	114

续表

卤代烃	沸点/℃	熔点/℃	磺酰胺		硝化产物	
			位置	熔点/℃	位置	熔点/℃
1-氯萘	259		4	186	4,5	180
1-溴萘	281		4	193	4	85
4-溴甲基苯	185	28	2	165	2	47
1,4-二氯苯	174	53	2	180	2	54
2-溴萘	281	59	8	208		
2-氯萘	265	61	8	126	1,8	175
1,4-二氯萘	290	68	6	244	8	92
1,4-二溴苯	219	89	2	195	2,5	84
1,5-二氯萘		107	3	204	8	142

表 E. 47 多卤代烃的鉴别

卤代烃	沸点/℃	n_D^{20}	D_4^{20}
二氯甲烷	41	1.4237	1.336
E-1,2-二氯乙烯	48	1.4454	1.257
Z-1,2-二氯乙烯	60	1.4486	1.284
氯仿	61	1.4462	1.489
2,2-二氯丙烷	70	1.4093	1.093
四氯化碳	77	1.4630	1.595
1,2-二氯乙烷	84	1.4443	1.256
三氯乙烯	87	1.4773	1.464
二溴甲烷	97	1.5419	2.492
四氯乙烯	121	1.5055	1.623
1,2-二溴乙烷	132	1.5379	2.179
1,2-二溴丙烷	142	1.5203	1.933
1,1,2,2-四氯乙烷	147	1.4944	1.595
溴仿	151	1.5977	2.887
五氯乙烷	161	1.5028	1.679
1,3-二溴丙烷	167	1.5233	1.982
二碘甲烷	180	1.7405	3.321
苯亚甲基二氯	207	1.5515	1.254
(三氯甲基)苯	221	1.5579	1.374
苯乙烯基二溴	熔点 74		
六氯乙烷	熔点 186		

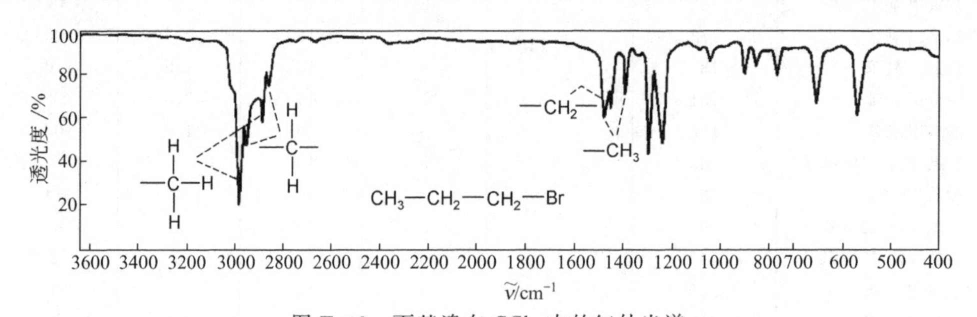

图 E. 48 丙基溴在 CCl_4 中的红外光谱

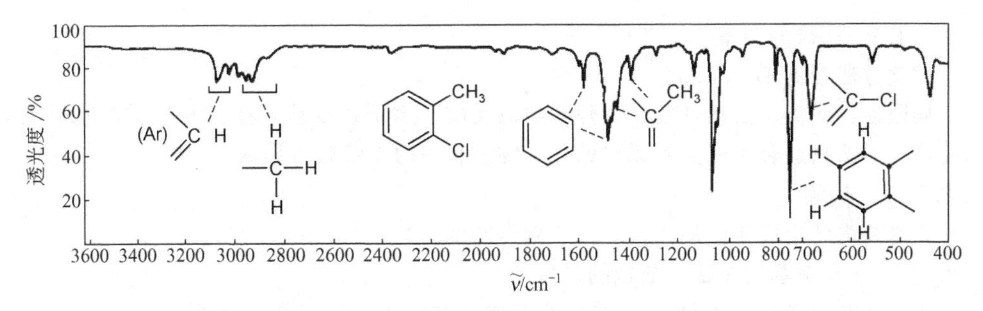

图 E.49 邻氯甲苯的红外光谱，液体样品

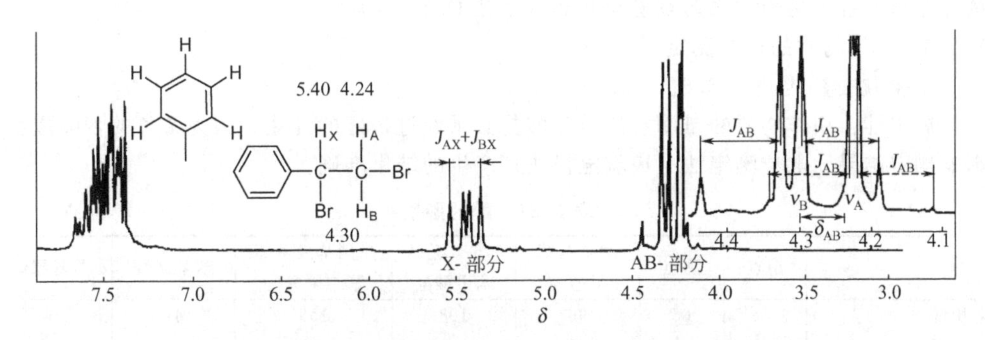

图 E.50 苯乙烯基二溴在氘代丙酮中的^{1}H 核磁共振谱

H_A 和 H_B 在化学上是不等价的。有一个较高级的峰，没有其它信息仅从 δ_{AB}（0.06）及 J_{AX}（6.09Hz）和 J_{BX}（9.89Hz）无法解释

E.2.5 羟基化合物的鉴别

醇类化合物可以通过它们与3,5-二硝基苯甲酸和4硝基苯甲酸以及3-硝基邻苯二甲酸或者苯基尿烷或萘基尿烷所生成的酯来鉴别。同样，酚类也可以通过与酰氯和异氰酸酯的反应鉴别出来。许多酚能生成易结晶的三溴苯酚。

E.2.5.1 伯和仲醇

E.2.5.1.1 硝基苯甲酸酯的制备

试验方法见 D.7.1.4.1。

局限性：酚、伯和仲胺以及硫醇也反应。这一酯的制备方法特别适合于那些常常含有水分的水溶性醇（参见有关尿烷的部分）。对于乙二醇和多羟基化合物来说，乙酸酯特别是苯甲酸酯更适合（参见 D.7.1.4.1)。用这一方法鉴别叔醇比较困难。

E.2.5.1.2 3-硝基邻苯二甲酸的半酯的制备

试验方法和物质的量的确定参见 D.7.1.4.1。

局限性：叔醇的反应大多会生成烯烃。如果事先用乙基溴化镁将叔醇转化成相应的醇化物，从醇化物出发用3-硝基邻苯二甲酸酐就能得到相应的半酯❶。酚类、伯和仲胺反应生成相应的衍生物。

---

❶ 参见 Fessler，W.A.；Shriner，R.L.，J. Am. Chem. Soc 1936，58：1384.

E.2.5.1.3 尿烷的制备

试验方法参见 D.7.1.6。

局限性：酚类、伯和仲胺、硫醇有类似反应。水干扰反应，生成相应的二取代脲，因此这一方法只适合用来鉴别无水的化合物。叔醇的尿烷较难形成。

E.2.5.2 叔醇

叔醇要先转化成相应的卤代烃，然后再鉴别。

E.2.5.2.1 S-烷基硫脲苦味酸盐的制备

将叔醇与相当于它体积5～6倍的浓盐酸一起振荡。将有机相分离，然后经S-烷基硫脲苦味酸盐来鉴别相应的烷基卤化物（参见 D.2.6.6）。

E.2.5.2.2 物质的量的测定

试验方法参见 D.2.6.6。

局限性：用作物质的量滴定的苦味酸盐必须经过很好的纯化，因为游离的苦味酸会影响测定结果。电位滴定法（玻璃电极法）产生的结果准确。

表 E.51 醇的鉴别 单位：℃

醇	熔点	沸点	对硝基苯甲酸酯	3,5-二硝基苯甲酸酯	3-硝基羟基邻苯二甲酸酯	苯基尿烷	α-萘基尿烷
甲醇		65	96	108	153	47	124
乙醇		78	57	93	157	52	80
异丙醇		82	108	122	153	90	105
叔丁醇	25	82	116	142		136	
丙醇		97	35	40	142	52	80
烯丙醇		97	30	50	124	70	
2-丁醇		99	25	76	131	64	
异丁基醇		108	69	86	179	86	
2-甲基-2-丁醇		116	85	118		44	
3-戊醇		116	17	101	121	49	72
1-丁醇		118	36	63	147	63	72
2-戊醇		120	17	61	103		75
乙二醇一甲基酯		124	61		129		113
1-氯-2-丙醇		127					
2-氯乙醇		129	56			51	101
异戊醇		132	21	62	166	55	67
乙二醇一乙基酯		135			118[①]		67
1-戊醇		138	11	46	136	46	68
2-己醇		140		38			46
环戊醇		141	62			132	
2-溴乙醇		150		53	172	76	87
2,2,2-三氯乙醇	17	151	71	143		87	120
1-己醇		158	7	60	124	42	59
2-庚醇		160	液态			81	54
环己醇		161	52	113	160	82	129
3-甲基环己醇（反式）		168	63	111			118
糠醇		171		81		46	130

续表

醇	熔点	沸点	对硝基苯甲酸酯	3,5-二硝基苯甲酸酯	3-硝基羟基邻苯二甲酸酯	苯基尿烷	α-萘基尿烷
4-甲基环己醇(反式)		171	65	142	183	124	160
4-甲基环己醇(顺式)		171	96	107		104	107
2,3-二甲基-2,3-丁二醇(频哪醇)	43②	172				215	
3-甲基环己醇(顺式)		173	48	99		88	129
1,3-二氯-2-丙醇		176	58	129		73	
1-庚醇		177	10	47	127	60	59
2-辛醇		180	28	32		114	63
2-乙基己醇		183					59
亚丙基二醇		188	127 二聚			150 二聚	
1-辛醇		195	17	61	128	74	66
乙二醇		198	145 二聚	169 二聚		160 二聚	176 二聚
苯甲醇		205	84		176③	77	134
1,3-丁二醇		208	102			123(二聚)	153 二聚
1-壬醇		213	19	51	125	60	65
1,3-丙二醇		214	119	178			
2-苯基乙醇		219	62		123	81	121
1,4-丁二醇	20	229	175			183	
1-癸醇	7	229	30	57	123	61	73
香叶醇		230	35	63		81(二聚)	
二乙二醇		245		151(二聚)		117(二聚)	142 二聚
丙三醇	18	290	188(二聚)	192(三聚)		182	192
月桂醇	24	264	29		123	78	80
肉桂醇(反式)	34	257	78	122		91	114
L-薄荷醇	43	216	62	153	162	112	126
新戊醇	55	113				144	100
硬脂醇	58		64	74	119	80	
二苯基甲醇	69	298	132			140	136
山梨醇	92		216④				
安息香醇	138		123			163	140
胆固醇	149		145⑤			168	160
三苯基甲醇	164	380					
甘露醇	168		150④			303	
D-冰片醇	205			154		139	127
季戊四醇	260		100⑥				

① 无水；水合物 m. p. 94 ℃。

② 无水；水合物 m. p. 30 ℃。

③ 除 3-硝基邻苯二甲酸-2-苄基酯外，还有 3-硝基邻苯二甲酸-1-苄基酯，m. p. 151 ℃。

④ 六苯甲酸酯。

⑤ 苯甲酸酯。

⑥ 四苯甲酸酯。

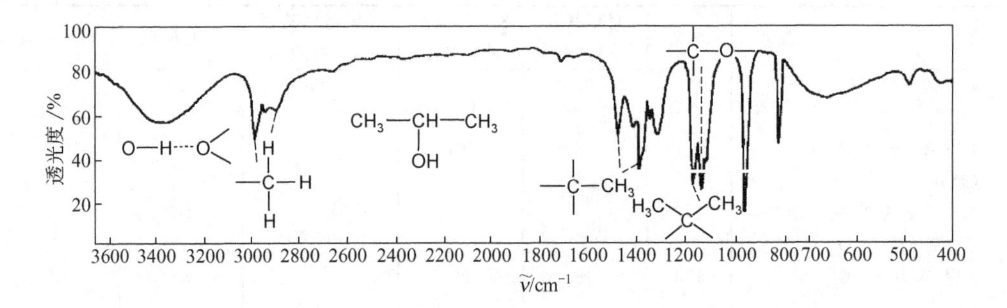

图 E.52　异丙醇的红外光谱，液体样品

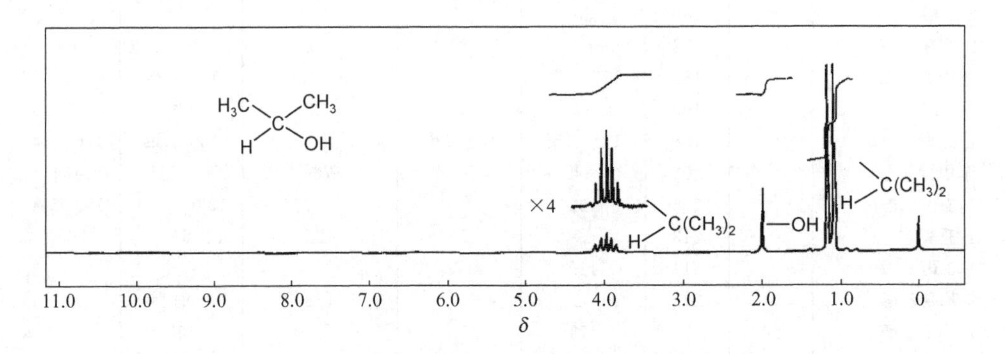

图 E.53　异丙醇在 $CDCl_3$ 中的 ^1H 核磁共振谱

E.2.5.3　酚

E.2.5.3.1　苯甲酸酯的制备

试验方法参见 D.7.1.4.1。

局限性：醇、硫醇和胺也同样反应。

E.2.5.3.2　尿烷的制备

试验方法参见 D.7.1.4.1。

局限性：另见 E.2.5.1.3。大多数情况下 α-萘基尿烷比苯基尿烷容易形成。几滴干燥的吡啶能催化反应。

E.2.5.3.3　溴代酚的制备

试验方法参见 D.5.1.5。

E.2.5.3.4　芳氧基乙酸的制备

将 1 g 酚溶解于 4 mL 10 mol/L 的苛性钠中，再加 1.25 g 一氯乙酸和 1～2 mL 水以便形成均匀的溶液。将上述溶液在水浴上加热 1 h 后冷却，用 10～15 mL 水稀释，以刚果红作为指示剂用盐酸酸化。用 50 mL 醚萃取并将醚相用 10 mL 水洗涤，接下来再用 25 mL 5%的碳酸钠溶液振荡。碳酸盐溶液用稀盐酸酸化（小心发泡!），将生成的沉淀物过滤出来后再从水中重结晶。

局限性：苯环上的亲电取代基对反应有干扰。

表 E.54　酚的鉴别　　　　单位:℃

酚	熔点	沸点①	苯甲酸酯	苯基脲烷	α-萘基脲烷	溴代衍生物	芳氧基乙酸
异丁香酚		267	103	118② 152④	150	94③	94
雷索酚甲基醚	−17.5	243	133	124	129	104⑤	118
丁香酚	−9.1	253	69	101	122	118⑥	100
香芹酚	1	237	83⑦	137	104	46	149
水杨酸乙酯	1	234	87	98			
邻溴苯酚	5	194	86		129	95⑤	143
间甲酚	12	202	56	124	128	84⑤	102
2,4-二甲基苯酚	27	211	165⑦	103	135	179⑤	142
邻甲酚	31	192	138⑦	145	142	56③	154
间溴苯酚	32	236	88				108
对甲酚	36	200	71	115	146	108⑤	136
2,4-二溴苯酚	36	238	98			95⑤	153
苯酚	42	182	71	126	133	95⑤	101
2,4-二氯苯酚	43	209	97			68	141
对氯苯酚	43	217	93	148	166	90③	156
水杨酸苯酯	42	$173_{1.6(12)}$	80	111			
邻硝基苯酚	45	216	59		113	117③	158
2,6-二甲基苯酚	49	203	41	133	176	79	
麝香草酚	51	233	103⑦	107	160	55	149
对苯二酚一甲基醚	55	244	87			145⑤	111
对溴苯酚	64	236	102	144	168	95③	154
2,4,6-三氯苯酚	67		75				177
2,4,5-三甲基苯酚	71	232	63	110		35	132
2,5-二甲基苯酚	75	212	61	166	173	79③	118
2,3-二甲基苯酚	75		58	173			187
香草醛	80	285	78⑤	116		160	189
α-萘酚	94	280	257⑦	178	152	105③	192
2,4,6-三溴苯酚	95		81	168	153		
间硝基苯酚	97	$194_{9.3(70)}$	95	129	167	91③	155
焦儿茶酚	105	245	84③	169		192⑥	131
氯代对苯二酚	106	263	130③				
5-甲基间苯二酚	107	290	88③	154③	160	104⑤	
间苯二酚	110	276	117③	164③		117③	194
溴代对苯二酚	110					186③	
对硝基苯酚	114		142	148	151	142	186
2,4-二硝基苯酚	114		132	121		118	148

续表

酚	熔点	沸点①	苯甲酸酯	苯基尿烷	α-萘基尿烷	溴代衍生物	芳氧基乙酸
对羟基苯甲醛	115		72	136		181③	198
苦味酸	122		163				
β-萘酚	123	285	107	158	157	84	155
2,5-二羟基甲苯	125		120③				
邻苯三酚	133	293	89⑤	173⑤		158③	198
对苯二酚	169	286	204③	224③		186③	
间苯三酚	218		173⑤	190⑤		151⑤	

① 压力单位是 kPa（Torr）。
② 顺式。
③ 二聚体衍生物。
④ 反式。
⑤ 三聚体衍生物。
⑥ 四聚体衍生物。
⑦ 二硝基苯甲酸酯。

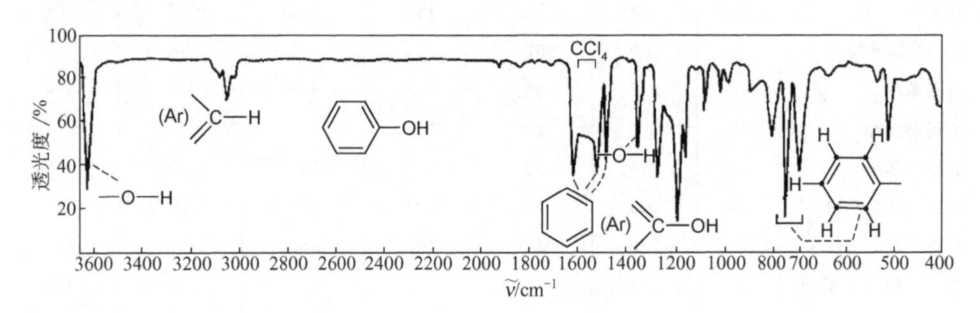

图 E.55　苯酚溶液的红外光谱（在 CS_2 中和 CCl_4 中光谱的组合）

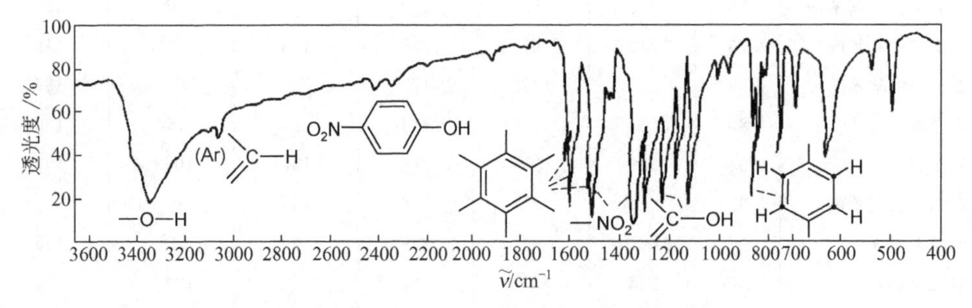

图 E.56　对硝基苯酚的红外光谱，固态样品 KBr 法

E.2.6　烃类化合物的鉴别

E.2.6.1　烷烃和环烷烃

饱和的烃类化合物可以通过其对实验室常用试剂的惰性或者低反应性得以鉴别。在简单的情况下可以通过物理常数（熔点、沸点、折射率、密度、摩尔分数）的测定来定性。

表 E.57　烷烃和环烷烃的鉴别

烃	沸点/℃	n_D^{20}	D_4^{20}
异戊烷	28	1.3536	0.6196
戊烷	36	1.3537	0.6260
环戊烷	50	1.4093	0.7450
2,3-二甲基丁烷	58	1.3750	0.6615
己烷	69	1.3750	0.6593
环己烷	80	1.4263	0.7786
庚烷	98	1.3878	0.6837
2,2,4-三甲基戊烷	99	1.3914	0.6919
甲基环己烷	101	1.4231	0.7694
2,5-二甲基己烷	109	1.3924	0.6942
辛烷	125	1.3890	0.7028
壬烷	151	1.4054	0.7176
反式对盖烷	170	1.4368	0.7928
顺式对盖烷	171	1.4431	0.8002
癸烷	174	1.4120	0.7300
反式萘烷	187	1.4695	0.8699
顺式萘烷	195	1.4810	0.8965

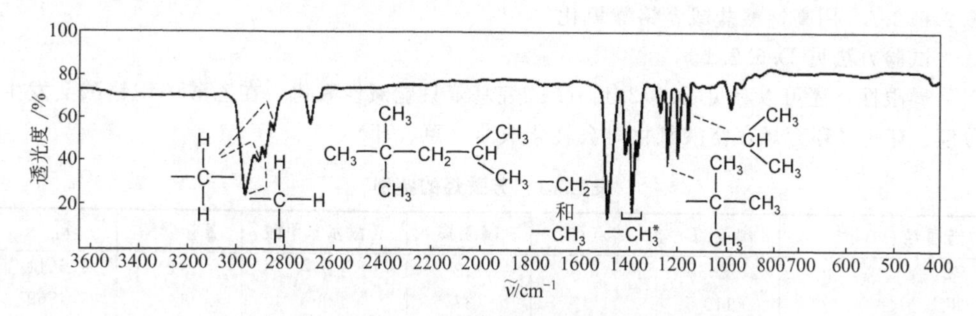

图 E.58　2,2,4-三甲基戊烷的红外光谱，液态样品

* 表示叔丁基和异丙基时的典型裂分

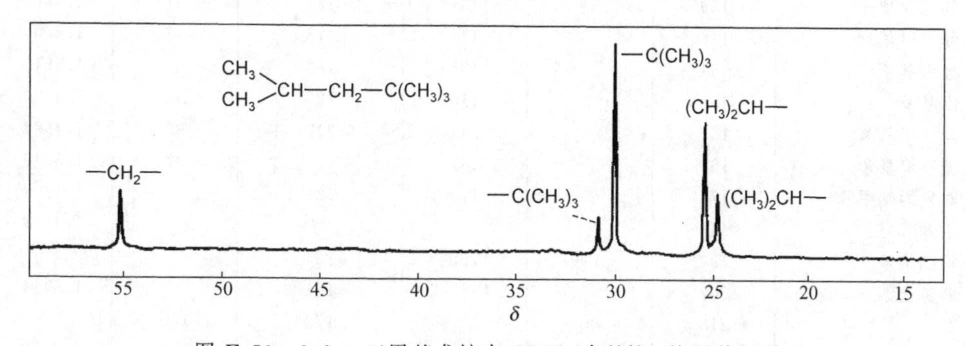

图 E.59　2,2,4-三甲基戊烷在 $CDCl_3$ 中的^{13}C 核磁共振谱

E.2.6.2　芳香烃

芳香烃可以通过其芳环上的取代反应，或者通过所含侧链的氧化反应得以鉴别。有时候可以制备成苦味酸盐。

E.2.6.2.1　磺酰胺的制备

试验方法见 D.5.1.4 和 D.8.5，注意事项参考 E.2.9.2。

局限性：卤代甲苯在磺酰氯化过程中必须在 50 ℃下加热 10 min。多卤代苯需要很高的反应条件（100 ℃，1 h，无溶剂）。这一反应也可以用于芳香醚。

E.2.6.2.2　*O*-芳酰基苯甲酸的制备

试验方法见 D.5.1.8.1。

用这一方法，也可以鉴别芳基卤化物。如果芳酰基苯甲酸不立即结晶就要放置过夜。

芳酰基苯甲酸的当量的确定方法见 E.2.2.5.5；未知芳烃摩尔质量的换算：

$$\text{摩尔质量(芳烃)} = \text{当量质量(芳酰基苯甲酸)} - 148.1 \qquad (E.60)$$

E.2.6.2.3　硝基衍生物的制备

试验方法见 E.1.2.2.1。

所得到的硝基化合物按 E.2.7 的方法鉴定。

E.2.6.2.4　苦味酸加合物的合成

等量的苦味酸和待测未知物在水浴上加热至熔融。冷却后将加合物研成粉并重结晶。如果重结晶时发生分解，就用醚洗 1～2 次，然后干燥。

同样的方法还可以制备收敛酸酯和苦酮酸酯。

E.2.6.2.5　用高锰酸盐或者铬酸氧化

试验方法见 D.6.2.1。

局限性：还可以参见 D.6.2.1。*O*-二烷基苯只能碱性氧化，在乙酸中用铬酸会发生分解。有些多环芳烃在铬酸氧化时会转化成醌（蒽、菲）。

表 E.61　芳香烃的鉴别

芳香烃	沸点/℃	熔点/℃	磺酰胺	芳酰基苯甲酸	苦味酸酯	n_D^{20}
苯	80	5	148	128①	84	1.5011
甲苯	110		137	138①	88	1.4969
乙基苯	135		109	122	97	1.4959
对二甲苯	138	13	147	132	90	1.4958
间二甲苯	139		137	126	91	1.4972
邻二甲苯	144		144	178	88	1.5054
异丙基苯	151		107	133		1.4915
丙基苯	158		110	126	103	1.4920
均三甲基苯	164		141	212	97	1.4994
偏三甲基苯	169		181		97	1.5049
对异丙基甲苯	177		115	124		1.4909
丁基苯	182			97		1.4898
均四甲苯	193	79	155	264		
四氢化萘	207			154		1.5414
萘	218	80		173	150	
α-甲基萘	241			168	141	1.6182

续表

芳香烃	沸点/℃	熔点/℃	磺酰胺	芳酰基苯甲酸	苦味酸酯	n_D^{20}
β-甲基萘	241	34		190	115	
联苯	255	70		226		
苊	278	95		198	162	
芴	294	114		228	84(79)	
菲	340	100			143	
蒽	351	216			138	

① 只有在真空中 100 ℃下除去结晶水才可以达到。

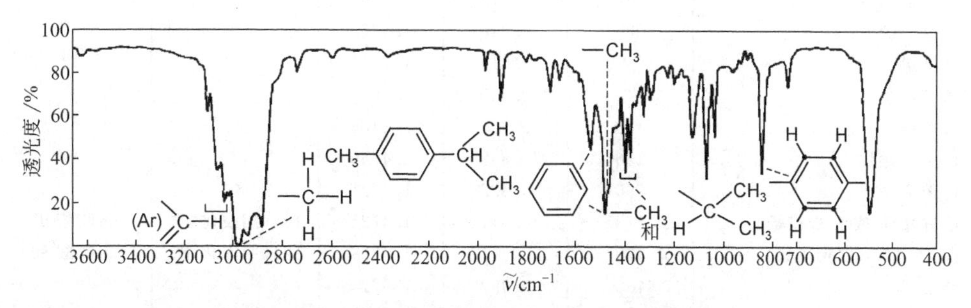

图 E. 62 对异丙基甲苯的红外光谱，液态样品

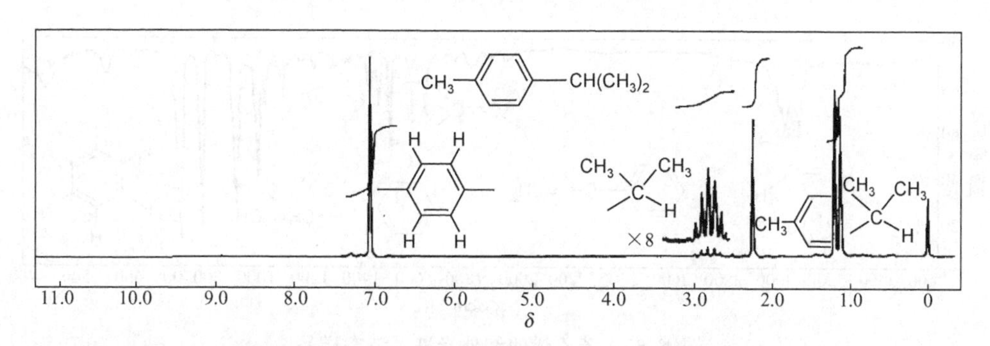

图 E. 63 对异丙基甲苯在 $CDCl_3$ 中的[1]H 核磁共振谱

E. 2. 6. 3 烯烃和炔烃

在许多情况下，烯烃和炔烃的鉴别可以通过溴加成（参见 D. 4. 1. 4）、高锰酸钾氧化双键（参见 D. 6. 5. 1）、臭氧处理和转化成醛（参见 D. 4. 1. 7）以及环氧化和重排成酮或醛（参见 D. 4. 1. 6）来实现。臭氧化和氢化反应（参见 D. 4. 5）可用来定量分析烯烃。

E. 2. 6. 3. 1 转化成羰基化合物

一般试验方法见 D. 9. 1. 1. 1 和 D. 7. 1. 1。

环氧化物的制备也可用 40％的过氧乙酸来实现❶。

局限性：α,β-不饱和羧酸不能反应。非端烯有可能生成异构体的酮。

E. 2. 6. 3. 2 乙炔衍生物的水合作用

试验方法见 D. 4. 1. 3。

❶ Sharefkin，J. G.；Shwerz，H. E.，Analyt. Chem. 1961，33：635；还可以参见 D. 4. 1. 6。

所生成的酮以 2,4-二硝基苯腙的形式得以鉴定❶。

表 E. 64 烯烃和炔烃的鉴定

烃	沸点/℃	D_4^{20}	n_D^{20}	二溴衍生物	其它衍生物
2-戊烯	36	0.651	1.3789		
1-戊炔	40	0.688	1.4079		
环戊二烯	42	0.805	1.4470		
环戊烯	46	0.774	1.4223		
己二烯	59	0.690	1.4010		
1-己炔	70	0.712	1.3989		
环己二烯	80	0.840	1.4756		
环己烯	84	0.810	1.4465		己二酸 152
苯基乙炔	140	0.930	1.5524		
苯乙烯	146	0.925	1.5485	73	
(±)-α-蒎烯	156	0.859	1.4656	170	
L-莰烯	160	0.822	1.4621	89	
D-柠檬烯 或 L-柠檬烯	178	0.841	1.4721	104(四溴化物)	苦味酸 98
DL-柠檬烯(二聚戊烯)	178	0.841	1.4728	124(四溴化物)	苦味酸 94
茚	180	0.992	1.5710		
均二苯乙烯(*E*)熔点 125	306			237	

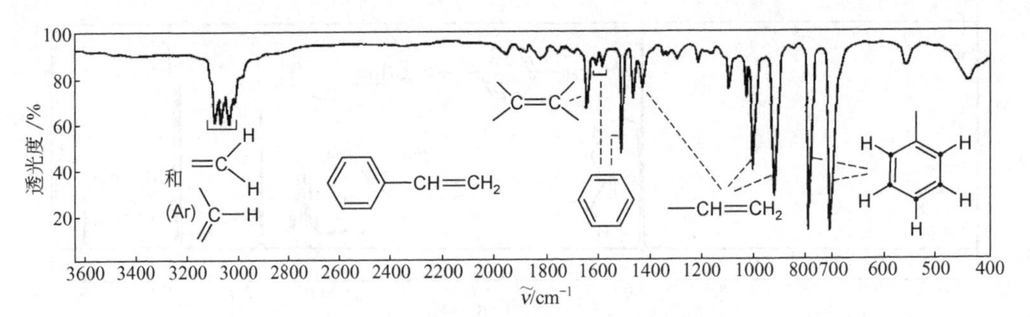

图 E. 65 苯乙烯的红外光谱，液态样品

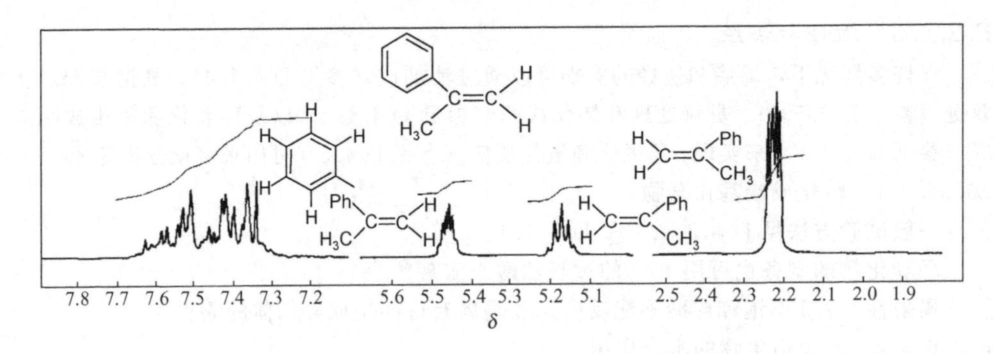

图 E. 66 α-甲基苯乙烯在 $CDCl_3$ 中的^{1}H 核磁共振谱

❶ 关于这一点可以参见 Sharefkin，J. G.；Boghosian，E. M.，Analyt. Chem. 1961，33：640.

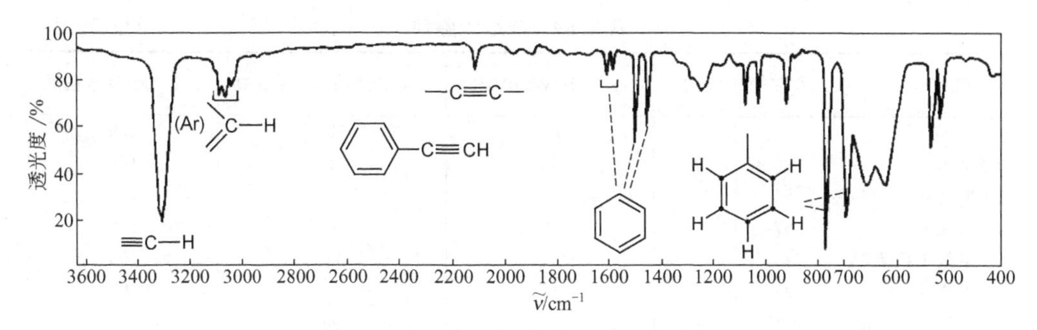

图 E. 67 苯基乙炔的红外光谱，液态样品

E. 2. 7 硝基和亚硝基化合物的鉴定

硝基和亚硝基化合物通常是先在酸性溶液中转化成相应的胺，然后再按 E. 2. 1 的方法鉴别。

E. 2. 7. 1 用锡-盐酸制备胺

试验方法见 D. 8. 1。

局限性：用锡和盐酸还原后，在碱化时常常会析出能够吸附所生成的胺的锡酸。因此人们往往采用水蒸气将胺洗出来。氧化偶氮化合物、偶氮化合物和氢偶氮化合物也生成相应的胺。

E. 2. 7. 2 用水合肼-兰尼镍制备胺

试验方法见 D. 8. 1。

E. 2. 8 磺胺化合物的鉴别

将硫醇和苯硫酚转化成其衍生物的方法与转化它们的含氧类似物的方法一样。

E. 2. 8. 1 3,5-二硝基硫代苯甲酸酯的制备

试验方法见 D. 7. 1. 4. 1。

E. 2. 8. 2 硫化 2,5-二硝基苯的制备以及转化成砜的氧化反应

试验方法见 D. 5. 2. 1。

氧化成砜的方法如下：

将 1 g 硫化物溶于所需量的乙酸中，逐滴加入 4 mL 30% 的过氧化氢，接着，用所装的回流冷却器在水浴上加热 30 min。放置过夜后，加 20 mL 冰水，抽滤分离，从庚烷中重结晶。

E. 2. 8. 3 物质的量的测定[1]

准确称取大约 0.2 g 相应的硫醇，将其溶于 50～100 mL 20% 的乙醇水溶液中，用 0.1 N 的碘的碘化钾溶液滴定，以淀粉作为指示剂（要做空白试验!）

$$物质的量=\frac{样品质量(g)\times 1000}{碘溶液的体积(mL)\times 物质的量浓度(mol/L)} \quad (E. 68)$$

局限性：黄原酸的钾或钠盐也包括在内。

[1] 络合滴定硫醇，参见 Oelsner，W.，Heubner，G.，Chem. Tech. 1964，16：432.

表 E. 69　硫酚的鉴别　　单位：℃

硫酚	沸点[①]	熔点	3,5-二硝基苯甲酸酯	2,4-二硝基苯基硫化物	2,4-二硝基苯基砜
甲硫醇	6		62	128	189
乙硫醇	36		62	115	160
2-丙硫醇	56		84	94	140
1-丙硫醇	67		52	81	128
2-甲基-1-丙硫醇	88		64	76	105
1-丁硫醇	97		49	66	92
3-甲基-1-丁硫醇	117	43	59	95	
1-戊硫醇	126		40	80	83
1,2-乙二硫醇	146			248	
1-己硫醇	151			74	97
环己硫醇	159			148	172
苯硫酚	169		149	121	161
1,3-丙二硫醇	$67_{2.4(18)}$			194	
1-庚硫醇	176	53	82	101	
苯基甲硫醇	194		120	130	182
1-辛硫醇	199		78	98	
2-苯基-1-乙硫醇	199		89	134	
间甲苯硫酚	200			91	145
α-萘硫酚	209			176	
邻甲苯硫酚	194	15		101	155
对甲苯硫酚	195	43		103	190
对氯苯硫酚		53		123	170
对溴苯硫酚		74		142	190
β-萘硫酚		81		145	

① 压力，单位为 kPa（Torr）。

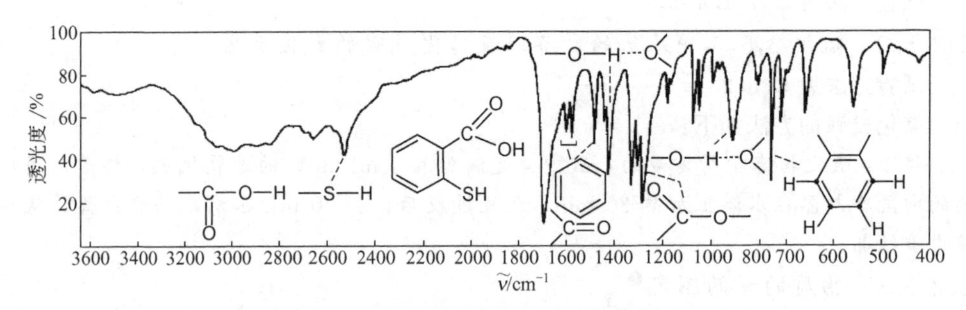

图 E. 70　*O*-巯基苯甲酸的红外光谱，固体样品 KBr 法

E. 2. 9　磺酸的鉴别

磺酸的鉴别方法基本上与羧酸的鉴别方法一样。

E. 2. 9. 1　*S*-苯甲基硫脲磺酸盐的制备

将 0.2 g 磺酸溶于 2 mL 1 mol/L 的苛性钠溶液中。加 2 滴甲基红溶液，然后再逐滴滴加 1 mol/L 的苛性钠直到指示剂变色。此时在沸腾的水浴上加热并向其中加由 0.5 g

氯化 S-苯甲基硫脲和 5 mL 水组成的热的溶液。上述混合物用冰水冷却，所期望得到的盐在这期间便结晶析出。有必要的话用玻璃棒摩擦；带亲水基的化合物用食盐盐析出来。重结晶可以用水或者稀释的醇。

E. 2. 9. 2　磺酰胺的制备[1]

制备磺酰氯的试验方法见 D. 5. 1. 4；酰胺的制备见试验方法 D. 8. 5。

为了制备酰苯胺，磺酰氯必须与过量很多的苯胺反应，以使释放出来的盐酸可以被吸收。终产物用稀盐酸沉淀出来后再重结晶。

表 E. 71　磺酸的鉴别

磺酸	熔点/℃	带 x 个结晶水		酰胺	酰苯胺	S-苯甲基硫脲磺酸盐
		x	熔点/℃			
对甲基苯磺酸	38	1	106	137	103	182
3-硝基苯磺酸	48			167	126	146
2,5-二甲基苯磺酸	48	2	86	148		184
苯磺酸	51	1	46	153	112	148
邻甲基苯磺酸	57	2	(140～150)	156	136	170
3,4-二甲基苯磺酸	64	2	55	144		208
2,4-二甲基苯磺酸	68	2	95	138	110	146
4-氯苯磺酸	68	1	67	144	104	175
1-萘磺酸		2	90	150	152	137
2-萘磺酸	91	1	124	217	132	191
4-溴苯磺酸	103			166	119	170
6-萘酚-2-磺酸	125			237	161	217
3-磺酰基苯甲酸	133	2	98	170 二聚		164
2-磺酰基苯甲酸	134	3	69		194	206
4-磺酰基苯甲酸	260	4	94	236 二聚	252 二聚	213 二聚
对氨基苯磺酸	290			165	200	185
4-羟基苯磺酸				177	141	169

E. 3　混合物的分离

将混合物分离是化学工作者经常遇到的问题。不同于传统的无机化学分析，由于有机化合物的反应类型和可能性是多种多样的，所以有机化合物的分离可以有很多条途径，因而也比较复杂。正因为如此，尽管经过了多方努力，还是没有可能建立一套通用的分离方法（还可参见参考文献部分）。

大多数多种化合物的混合物很容易经过简单的物理分离过程 [分馏蒸馏或者结晶（参见 A. 2. 3. 3 和 A. 2. 2)，水蒸气蒸馏、升华、色谱等] 得以分离。

许多情况下也可以采用化学方法进行分离。例如，用苛性钠可以将酚和羧酸与其它化合物分开，而弱碱性的酚大多不能溶于苏打和碳酸氢盐。胺可以以不溶于醚的盐的形式，与其它化合物分离。碱性相对较强的脂肪族胺可以用 CO_2 转化成碳酰胺从醚溶液

[1] 磺酰胺的分解见 E. 2. 1. 1. 2。

中沉淀出来，芳香族胺则不能。这样一来，即使两个沸点几乎相同的伯胺也容易通过化学方法彼此分离开。

另一个也不复杂的分离方法是利用有机化合物在极性和非极性溶剂，以及在酸和碱中的溶解度差别（还可以参见 E.1.1.5）。

一般来说，用这些方法已经可以将复杂的混合物在很大程度上分离开，即使不能完全分离，最后要分离的也只是 2～3 种化合物的混合物。

特别适合于这类任务的是色谱法，如薄层色谱（参见 A.2.7.2）、气相色谱（参见 A.2.7.4）和高效液相色谱法（参见 A.2.7.3）。

经色谱分离后，再用光谱法定性和鉴别混合物的各个组分。

只有在混合物很难分离，而衍生物容易分离的条件下，才将化合物在混合物中直接转化成衍生物。

当然，经衍生物的分离方法也不可能有一套通用的配方。每种情况下，要采用的方法必须由分析工作者根据初步试验的结果和官能团种类自己选择。

下面的 E.4 部分给出了一些例子，在这些例子中常常需要借助化学反应来实现分离。

E.4 有机化合物的分离和鉴别实例

1 分析下面这些化合物时需要注意什么？

1.1 氨基醛，氨基酮

1.2 氨基酸

1.3 羟基羧酸

1.4 二酸一酯

1.5 β-羰基羧酸酯

2 叙述一下如何分离和鉴别下列化合物的混合物：

2.1 丁基醇（b.p.116 ℃）和乙酸（b.p.118 ℃）

2.2 乙醇（b.p.78 ℃）和乙基甲基酮（b.p.80 ℃）

2.3 戊胺（b.p.104 ℃）和吡啶（b.p.116 ℃）

2.4 苯胺（b.p.183 ℃）和苄基胺（b.p.184 ℃）

2.5 乙醇（b.p.78 ℃）、碘乙烷（b.p.72 ℃）和乙酸乙酯（b.p.77 ℃）

2.6 丙醛（b.p.50 ℃）和二甲氧基甲烷（b.p.45 ℃）

2.7 苯甲酰氯（b.p.197 ℃）和亚苄基二氯（b.p.205 ℃）

2.8 邻苯二甲酰亚胺，蒽和水杨酸

2.9 对苯二酚一甲基酯和对苯二酚二甲基酯

2.10 苯乙烯（b.p.146 ℃）和间二甲苯（b.p.140 ℃）

2.11 硝基甲烷（b.p.101 ℃）和二丙醚（b.p.90 ℃）

2.12 α-萘酚和橙花醚

2.13 叔丁基醇（b.p.83 ℃）和乙醇（b.p.78 ℃）

2.14 苯酚、苯甲酸和苯乙醚

2.15 苯磺酰氯和苯磺酸

2.16 丁硫醇（b. p. 98 ℃）和丙醇（b. p. 98 ℃）

2.17 水杨酸甲基酯（b. p. 222 ℃）和苯甲酸乙酯（b. p. 213 ℃）

2.18 苯甲醛（b. p. 178 ℃），苄基醇（b. p. 205 ℃）和苯甲酸

2.19 二丙醚（b. p. 98 ℃）和苯（b. p. 80 ℃）

2.20 DL-苯基丙氨酸，DL-精氨酸和 β-L-天冬酰氨酸

2.21 葡萄糖、果糖和半乳糖

E. 5 参考文献

Vogel, A. I. : Practical Organic Chemistry. Longman Group, London, 1966 (mit Schmelztemperaturtabellen).

Hermann, C. K. F. ; Shriner, R. L. : The Systematic Identification of organic Compounds. Wiley-VCH, Weinheim, 2003 (mit Schmelztemperaturtabellen).

Wild, F. : Characterization of Organic Compounds. University Press, Cambridge, 1960 (mit Schmelztemperaturtabellen).

Staudinger, H. ; Kern, W. ; Kämmerer, H. : Anleitung zur organischen qualitative Analyse. Springer-Verlag, Berlin/Heidelberg/New York, 1968.

Roth, H. , u. a. , in: Houben-Weyl. 1953, Vol. 2.

Bauer, K. H. ; Moli, H. : Die organische Analyse. -Akademische Verlagsgesellschaft Geest & Portig, Leipzig, 1967.

Feigl, F. : Spot Tests in Organic Analysis. Elsevier, Amsterdam, London, New York, Princeton, 1966.

Veibel, S. : Analytik organischer Verbindungen. -Akademie-Verlag, Berlin, 1960.

Kaiser, R. : Quantitative Bestimmung organischer funktioneller Gruppen. Methoden der Analyse in der Chemie. Vol. 4. Akademische Verlagsgesellschaft, Frankfurt/M. 1966.

Untermark, W. ; Schicke, W. : Schmelzpunkttabellen organischer Verbindungen. -Akademie-Verlag, Berlin, 1963.

Frankel, M. , u. a , : Tables for Identification of Organic Compounds. The Chemical Rubber Comp. , Cleveland/Ohio, 1964.

Kemp, W. : Qualitative Organic Analysis. McGraw-Hill, London, 1979.

Frei, R. ; Lawrence, J. : Chemical Derivatization Reactions. John Wiley & Sons, New York, 1981.

F 主要试剂、溶剂及辅助试剂的性质、纯化和制备[1]（试剂附录）

Deniges 试剂

5 g 氧化汞与 20 mL 浓硫酸溶于 100 mL 水。

Fehling 溶液

制备：溶液Ⅰ为 1.73 g 的硫酸铜晶体溶于 25 mL 水形成的溶液。溶液Ⅱ为 8.5 g 四水合酒石酸钾钠、2.5 g 氢氧化钠溶于相同量的水形成的溶液。使用前，两种溶液等体积混合。

Kapsenbeng 润滑脂

这种润滑剂不含脂肪，耐乙醚。

制备：搅拌下 160 ℃将可溶性淀粉加入到甘油中，直到得到所需要的稠度，这可通过冷却的液滴判断。

Lukas（卢卡斯）试剂

制备：冷却条件下 0.5 mol 的无水氯化锌，溶解于 0.5 mol 浓盐酸中。

N-CN 指示剂

50 mL 0.2%茚三酮的乙醇溶液、10 mL 冰醋酸和 2 mL 2,4,6-可力丁混合得溶液Ⅰ。

1%三水合硝酸铜（Ⅱ）即溶液Ⅱ。

喷涂纸色谱前，将 25 份的溶液Ⅰ和 1 份溶液Ⅱ混合即可。

Raney（兰尼）镍[2]

碱性高活性兰尼镍（Urashibara 镍）的制备：在尽可能大的容器中（5 L 或更大），将 50 g 含镍 30%～50%的铝镍合金在 500 mL 水中制成浆料，以不致使混合物泡沫溢出的速度，加入固体氢氧化钠。

注意：很剧烈的反应开始前有 0.5～1 min 的诱导期。混合物剧烈沸腾，当继续加入氢氧化钠，看不到反应进行时，大约需 80 g。混合物放置 10 min，然后 70 ℃水浴保持 0.5 h，镍以海绵状沉到底部。倒掉上层水溶液层，用倾析法摇晃催化剂水洗 2～3 遍，再用氢化时要用的溶剂洗 2～3 遍。若溶剂不溶于水，可用适当的中间洗液洗涤。

尽管该催化剂可在溶剂中储存一段时间，还是要求用前现制，因为储存可引起活性显著降低。

---

[1] 关于主要实验化学品的毒性，参见 G 部分。

[2] 有关活性级别（W 型）见 Adkins H. et al., Org. Syntheses, 1949, 29: 29.

中性兰尼镍可通过将上述方法制备的催化剂彻底地洗涤得到。这导致活性大大降低（大约活性级别 W 2）。继续用 0.1%的乙酸洗涤，兰尼镍可失活，这种催化剂不再进攻羰基。

注意：干催化剂自燃，含兰尼镍的滤纸不能扔到废纸篓。

滤纸上的兰尼镍残余物要烧掉，残余氧化镍回收待用。

Schiff 试剂

制备：0.025%品红水溶液通过二氧化硫褪色。

Tollen 试剂

制备：1 g 硝酸银溶于 10 mL 水，溶液避光保存。使用前将少量的该溶液与等体积的含 1 g 氢氧化钠的 110 mL 水溶液混合，氧化银沉淀可小心加入浓氨水重新溶解。

注意：试剂残余物必须立即倒掉，否则，会形成高爆炸性的雷爆银。

氨，NH_3

b. p. −33.5 ℃。

15 ℃下饱和水溶液含量为 35%，每升含氨 308 g(D=0.882)。商品浓氨水通常为 25%，每升含氨 227 g（D=0.91）。

干燥：用碱金属氢氧化物或碱石灰干燥。更严格的要求，用钙干燥。

注意：氨的爆炸极限为 15.5%～27%（体积分数）。氨气刺激上呼吸道及眼睛。

紧急处理：被伤害的人应带到通风处，可吸水蒸气。被伤害的眼睛用水冲洗（大约 15 min），应避免化学品治疗。

氨基钠，$NaNH_2$

氨基钠最好在研钵中以干燥状态粉碎，必须进行必要的保护措施（护目眼镜、通风橱、厚石棉网手套）。

注意：氨基钠遇水爆炸。久置的氨基钠在从储存容器中移出时也会爆炸。

废弃物的处理：用苯、甲苯或汽油覆盖，然后慢慢加入乙醇。

钯活性炭

(a) 脱氢用[1]　将 2.5 g 氯化钯、25 mL 蒸馏水和 2.1 mL 浓盐酸混合，加热至澄清（大约 2 h），用冰盐混合物冷却，搅拌下，加入 25 mL 40%的福尔马林、10 g 分析纯氧化镁和 15 g 纯净活性炭（见活性炭）。然后，冷却搅拌下再加入含 25 g 氢氧化钾的 25 mL蒸馏水的溶液，这一过程中温度不能高于 50 ℃。得到的催化剂用倾析法蒸馏水洗涤 7 次，最后在一烧结的玻璃漏斗上再用热蒸馏水洗涤一次。不要完全吸干，压力下做成小圆柱状（长 3～4 mm）的模子，90 ℃干燥。

若不能加压，可如下处理：不断挤压滤饼将潮湿的催化剂填充到一细玻璃管中，用大小合适的玻璃棒压实，慢慢推出这样形成的小圆柱体，切碎，如上干燥。

(b) 氢化用[2]　将 2.5 g 氯化钯、6 mL 分析纯浓盐酸和 15 mL 蒸馏水混合，加热回

---

[1] 参见 Anderson A. G. et al., J. Am. Chem. Soc. 1953, 75: 4985.

[2] 参见 Mozingo R., Org. Syntheses, 1946, 26: 78.

流直到溶液澄清透明（大约 2 h），用 43 mL 水稀释，然后倾倒到盛有 28 g 纯净活性炭（见活性炭）的平瓷盘上，放在水浴上蒸发后，在 100 ℃干燥橱中完全干燥。粉末状产品置于密封瓶中储存。

若脱氢过程中产生的盐酸不影响有关的过程，该催化剂可直接使用。否则可如下处理：一定量的氯化钯和活性炭在所需溶剂中氢化，直到氢化完全，然后，活性炭抽滤到一烧结的玻璃漏斗中，用同种溶剂洗涤直到不含氯化氢。潮湿的催化剂即可用于氢化。

警告：制得的催化剂可燃，经常保存在溶剂中或潮湿的状态。用过的催化剂要回收。

苯，C_6H_6

b. p. 80.1 ℃，m. p. 5.5 ℃，n_D^{20} 1.5010，D_4^{20} 0.879。

20 ℃下苯溶解 0.06％的水，同温下水溶解 0.07％的苯。69.25 ℃与水形成共沸物，含苯 91.17％，与水、乙醇形成的三元共沸，见乙醇。

杂质：粗苯含大约 0.15％的噻吩。

干燥：苯可用共沸蒸馏干燥，10％的前馏分弃去。更好的办法是加钠丝除水，不断加入新鲜钠，直到不再有氢气逸出。

噻吩的除去：1 L 苯用 80 mL 浓硫酸处理，混合物室温下剧烈搅拌 30 min，深色的酸层分离除掉，重复此操作直到酸颜色很淡，然后小心分离出苯，蒸馏。

注意：苯是很强的血液毒物，也能通过皮肤吸收。危险等级 AⅠ。爆炸极限为 0.8％～8.6％（体积分数）。

苯甲醛，C_6H_5CHO

b. p. 179 ℃，b. p.$_{1.6(12)}$ 65 ℃，n_D^{20} 1.5448。

苯甲醛易挥发。

杂质：商品苯甲醛常含有苯甲酸（自氧化）。每次使用前必须在真空条件下重新蒸馏。

吡啶，C_5H_5N

b. p. 115.6 ℃，n_D^{20} 1.5100，D_4^{20} 0.982。

吡啶具有吸湿性，可任意比例溶于水、乙醇和乙醚。94 ℃与水形成共沸物，含吡啶 57％。

纯化与干燥：吡啶用氢氧化钾干燥，通过较好的柱子蒸馏，收集 114～116 ℃馏分。

氢化用吡啶的提纯：500 g 工业纯吡啶预先用氢氧化钾干燥 24 h，然后从干燥剂上倾倒出来，蒸馏。随后用 15 g 新蒸馏的苯胺处理，剧烈搅拌下缓慢加入 5 g 纯氨基钠细粉（三颈烧瓶、搅拌皿、带氯化铝干燥管的回流冷凝管）。所有氨基钠加入后，混合物在沸水浴中加热，继续搅拌直到不再有氨放出。然后，将吡啶蒸馏出来，残余固体用醇破坏。馏出液加 10 mL 无水磷酸加热煮沸 1 h，再次蒸馏。

注意：危险等级 BⅠ，吡啶的爆炸极限为 1.8％～12.85％（体积分数）。

吡啶引起皮肤湿疹，吸入吡啶蒸气引起恶心肠胃痉挛神经损害。

丙酮，CH_3COCH_3

b. p. 139.6 ℃，n_D^{20} 1.3591，D_4^{20} 0.791。

丙酮能与乙醇、乙醚和水以任意比例互溶，不能与水形成共沸物。

纯化和干燥：商品丙酮的纯度可满足大多数要求。高纯度丙酮要用五氧化二磷干燥。若要求不太严格，可用 $CaCl_2$ 干燥后蒸馏。值得注意的是用碱性干燥剂（用酸性干燥剂程度轻）会得到缩合产物。

注意：丙酮的爆炸极限为 6%～15.3%（体积分数），危险等级 BⅠ。

丙烯腈，$CH_2{=}CHCN$

b. p. 77 ℃，n_D^{20} 1.393，D_4^{20} 0.806。

丙烯腈溶于水，很易聚合，故加入 0.1%氢醌使其稳定。

纯化和干燥：丙烯腈可用 $CaCl_2$ 干燥，蒸馏。

注意：丙烯腈毒性是氢氰酸的 1/30。危险等级 AⅠ。爆炸极限为 3%～17%（体积分数）。

铂-活性炭催化剂（10%）

4.5g 纯净活性炭粉、0.5 g 铂（氯铂酸形式）和 30 mL 水混合，用碳酸氢钠溶液中和，加热到 80 ℃，搅拌下缓慢加入 30 mL 福尔马林。不断加入碳酸氢钠溶液，使溶液一直保持弱碱性，2 h 后，混合物冷却，过滤，残余物彻底洗涤，空气中干燥。

醇

干燥：参见甲醇、乙醇。干燥高级醇需甲醇镁。用镁与 10 倍量的甲醇（水含量小于 1%）与少量四氯化碳加热煮沸 2～3 h，50 mL 该溶液加到 1 L 要干燥的醇中，混合物加热沸腾 2～3 h，然后蒸馏。用这种方法干燥的醇含甲醇，对于甲醇干扰的反应，醇必须用特殊方法干燥。

醇钠

制备：将化学计量的钠加入到装有滴液漏斗、带氯化钙干燥管的回流冷凝管的三口烧瓶中，加入十倍量的醇，加入速度使溶液保持剧烈沸腾（不要将钠加入到醇中，因为这种情况下反应很容易失控）。钠在低级醇中很易溶解。对于高级醇，必须在 100 ℃下搅拌几个小时。

将所制得的醇盐溶液真空蒸发掉除去醇即得不含醇的醇盐。不过，最后的方法还是向钠的适当溶剂的悬浮液中加入等物质的量的醇。

粗汽油

烃的混合物，见石油醚。

纯化：见正己烷。

警告：危险等级 AⅠ。与空气的混合物可爆炸。

氮气，N_2

纯化：将氮气通过一盛有 2 g 联苯三酚和 6 g 氢氧化钾的 50 mL 水溶液的烧结板的洗瓶，除去少量的氧气，然后干燥（钠石灰干燥塔）。

碘化氢（氢碘酸），**HI**

氢碘酸 126.5 ℃恒沸，含碘化氢 56.7%，7.6 mol·L^{-1}(D=1.7)。

氢碘酸在大气氧的作用下见光分解，为使其稳定，每升酸中加入 1g 红磷。为制含碘的氢碘酸，加热到近沸，逐滴加入 50%的次磷酸直到混合物褪色，然后蒸馏。

警告：危险及紧急救助，见氯化氢。

叠氮酸，HN_3

b. p. 37 ℃。

叠氮酸苯溶液的制备[1]

将等质量的叠氮化钠和热水加入到带有滴液漏斗、温度计、搅拌皿和气体逸出管的三口烧瓶中。每 0.1 mol 的叠氮酸，加入 40 mL 苯，混合物冷却到 0 ℃，搅拌下，逐滴加入等量的浓硫酸，这一过程中的温度不超过 10 ℃，滴加完后混合物再次冷却到 0 ℃，分离苯溶液，用硫酸钠干燥。

浓度的确定：3 mL 溶液加 30 mL 蒸馏水摇晃，用 0.1 mol·L^{-1}苛性钠溶液滴定。

注意：纯酸具有高度爆炸性，与其溶液一样，具有难以忍受的刺激性气味，引起眩晕、头疼和皮肤刺疼。

多磷酸

制备：将 85%磷酸中的水在水泵抽真空下蒸馏除去，残余物在真空下 150 ℃加热 6 h，得到晶体状多磷酸。

二噁烷，$H_2C—CH_2$ / O O / $H_2C—CH_2$

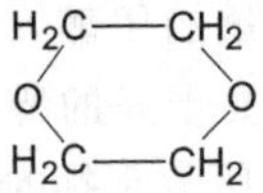

b. p. 101 ℃，m. p. 12 ℃，n_D^{20} 1.4224。

二噁烷能以任意比例与水互溶。

杂质：二噁烷含乙酸、水及乙醛缩乙二醇。关于过氧化物的形成见二乙醚。

纯化：二噁烷加入 10%的浓盐酸，将 N_2 缓慢通入液体，加热回流 3 h。分离掉水相，二噁烷加入固体氢氧化钾，摇晃过滤，用钠处理，回流 1 h，蒸馏后二噁烷加钠丝储存。

注意：危险等级 BⅠ。二噁烷的爆炸极限为 1.79%～25%(体积分数)。

二甘醇，$HO(CH_2)_2O(CH_2)_2OH$

b. p. 244.3 ℃，b. p. $130_{1.1(8)}$ ℃，n_D^{20} 1.4475。

二甘醇能与水互溶。

杂质：1,2-亚乙基二醇、三甘醇。

纯化：真空分馏。

二甘醇可用作热浴液，最好用石蜡油覆盖。

注意：毒性见亚乙基二醇。

---

[1] 参见 Brawn J. V.，Ann. 1931，490：125.

二甘醇二甲醚（二乙二醇二甲醚），**$(CH_3OCH_2CH_2)_2O$**

b. p. 161 ℃，b. p. $_{2.0(15)}$ 62～63 ℃，n_D^{20} 1. 4073，D_4^{20} 0. 937。

干燥：1 L 二甘醇二甲醚与碎小化处理的氢化钙一起搅拌 12 h，接着澄清处理，在 1. 6 kPa(12 Torr) 下真空蒸馏。

注意：对果实有害。

二甲苯

商品二甲苯是三种异构体的混合物。

b. p. 136～144 ℃。

92 ℃与水形成共沸物，含二甲苯 64. 2%。

***N*,*N*-二甲基甲酰胺**（DMF），**$(CH_3)_2NCHO$**

b. p. 153. 0 ℃，n_D^{25} 1. 4269，D_4^{20} 0. 950。

N,*N*-二甲基甲酰胺能以任意比例溶于大多数有机溶剂和水，而且能溶解很多盐。

杂质：二甲基甲酰胺经常含氨、胺、甲醛和水。

纯化与干燥：250 g 二甲基甲酰胺、30 g 苯和 12 g 水混合，分馏。首先苯、水、胺和氨馏出，然后再真空蒸馏，得无色的纯二甲基甲酰胺。二甲基甲酰胺必须避光保存，否则见光会分解成二甲胺和甲醛。

注意：二甲基甲酰胺有害健康。

二甲亚砜（DMSO），**CH_3SOCH_3**

b. p. $_{1.6(12)}$ 72 ℃，m. p. 18. 5 ℃，n_D^{20} 1. 4783，D_4^{25} 1. 101。

污染：水，硫化物，二甲基砜。

二氯甲烷，CH_2Cl_2

b. p. 40 ℃，n_D^{20} 1. 4246，D_4^{20} 1. 325。

38. 1 ℃与水形成共沸物，含二氯甲烷 98. 5%。

纯化：酸洗、碱洗、水洗，碳酸钾干燥，蒸馏。

警告：由于爆炸危险，二氯甲烷绝不能与钠接触。

二氯甲烷具有麻醉作用，对神经系统有损伤。

二氯乙烯，$ClCH_2CH_2Cl$

b. p. 83. 7 ℃，n_D^{29} 1. 4444，D_4^{20} 1. 253。

72 ℃与水形成共沸物，含二氯乙烯 81. 5%，

纯化与干燥：用浓硫酸洗，水洗，五氧化二磷干燥，蒸馏。

警告：二氯乙烯的爆炸极限为 6. 2%～15. 9%。危险等级Ⅰ。

二氯乙烯引起皮肤湿疹，蒸气影响视力；绝不能与钠接触，否则有爆炸危险。

二叔丁基过氧化物，$(CH_3)_3C—O—OC(CH_3)_3$

b. p. $_{5.5(41)}$ 30 ℃。

制备：－2～－8 ℃下，在剧烈搅拌下将 1 mol 27%过氧化氢和 4 mol 浓硫酸，逐滴

加入到 3 mol 叔丁醇与 1 mol 70%硫酸形成的混合物中，加入时间要超过 90 min。继续搅拌 3 h，分离出有机相，先用 60 mL 水洗涤，再用 60 mL 苛性钠溶液洗 3 遍，最后水洗（3×15 mL）。硫酸镁干燥后，过氧化物可直接用于引发自由基反应。

注意：涉及到的每种化合物的危险性。

二氧化铂，PtO_2

合格的二氧化铂为棕色。

制备：将 2 g 氯铂酸、7 g 水和 20 g 纯硝酸钠混合，在瓷盘上慢慢烘干，加热到 400～500 ℃（深红色）。当熔体中不再有氮氧化物放出时，冷却，熔体饼用蒸馏水萃取，过滤残余物，蒸馏水洗涤到无硝酸，置于干燥器中干燥。

二氧化硫，SO_2

b. p. －10 ℃。

20 ℃下，100 g 水可溶解 10.6 g 二氧化硫。

警告：尽管二氧化硫刺激黏膜，但仅在相对高浓度下才能危害健康。

二氧化硒，SeO_2

二氧化硒 315 ℃升华，具有吸湿性。

从硒制备：50 mL 浓硝酸于瓷盘中沙浴加热，将大约 30 g 硒小心分批加入，每次要在反应结束后再加入新的，混合物搅拌下蒸干，冷却，研成粉末。

二氧化硒的活化[1]：粗二氧化硒置于瓷盘，加入足量浓硝酸，盘上盖一漏斗，用沙浴加热，使易挥发组分先挥发，然后二氧化硒升华凝在漏斗壁上。调节升华速度，以使二氧化硒蒸气刚好不能从漏斗颈跑掉。40 g 二氧化硒大约 2.5 h 升华完。

警告：二氧化硒伤皮肤。

紧急救助：皮肤受伤处依次用水、肥皂洗涤，然后用 4%亚硫酸氢钠溶液洗涤。

发烟硫酸

发烟硫酸是 SO_3 的硫酸溶液。含 SO_3 大约 0～40%和 69%～70%的发烟硫酸是液体。

注意：发烟硫酸比大多数其它酸的腐蚀性都强，不能用水稀释。

甘油，$HOCH_2CH(OH)CH_2OH$

b. p.$_{1.6(12.5)}$ 180 ℃，m. p. 20 ℃，n_D^{20} 1.4725。

甘油具有吸湿性，可以任意比例混溶于水、乙醇，不溶于乙醚、苯和氯仿。

纯化与干燥：真空蒸馏。

高氯酸[2]，$HClO_4$

0.1 mol/L 高氯酸溶液的制备：

在冰浴的冷却并剧烈搅拌下，将足量的 70%的高氯酸水溶液缓慢加入到化学计量

---

[1] Synthesen Organischer Verbindungen（译自俄文），Vol Ⅱ，p115，VEB Verlag Technik Berlin，Porta-Verlag，Munich，1956.

[2] Honben-Weyl，1953，Vol. Ⅱ：661.

的乙酐中，从而高氯酸中的水将无水乙酐定量转化成乙酸。冷混合物用纯冰醋酸稀释到大约 0.1 mol/L。不能有过量乙酐存在。

过量乙酐的检测：取一定量溶液，加入一滴水，观察温度。如果温度升高，逐滴加水直到温度不再升高。要加到大量溶液中的水量可根据试验所用的溶液量计算得到。

如果加入一滴水温度不升高，过量的水必须用同样的方式逐滴加入乙酐检测。

当量浓度的调节：溶液的当量浓度可通过在冰醋酸中用无水分析纯碳酸钠（300 ℃下干燥）滴定确定。冰醋酸溶液中滴定时用 0.1% 的结晶紫作为指示剂，苯中滴定时用 α-naphtholbenzein 作为指示剂。然后将溶液用纯冰醋酸调节到 0.1 N。

汞

D_4^{20} 13.55，20 ℃蒸气压 0.16×10^{-3} kPa(1.22×10^{-3} Torr)。

纯化：让汞逐滴通过针尖刺过的滤纸，然后逐滴穿过稀硝酸，再多次逐滴通过水。痕量水可过滤除去。

注意：汞及其盐剧毒，汞中毒的典型症状为：口水溢流，牙龈溃疡，注意力不集中。将汞从一个容器倒入另一个容器的所有操作或可能有汞流失的操作，必须在一槽形容器中进行（如展开盘），以防散落。尽管如此，如果汞撒落到房间内，必须用汞钳收集。如果有汞残余在桌子和地板的裂缝，必须充填硫粉或碘化碳。对于微小的汞滴，可用事先经硝酸浸蚀的铜丝收集，汞与铜接触发生汞齐化反应。

紧急救助：可溶性汞化合物中毒时可用蛋白质如生鸡蛋解毒，同时催吐。

光气，$COCl_2$

b. p. 7.6 ℃。

光气易溶于苯、甲苯，几乎不溶于冷水，能被热水水解。光气具有特殊的令人窒息的气味（类似于腐烂的干草味）。

注意：光气是最毒的气体之一，毒性症状如黏膜炎、气短、咳血，经常仅在几小时后出现。在肺组织中，光气水解成二氧化碳和氯化氢，能引起肺水肿。氯化烃可热解成光气（所以使用四氯化碳灭火器必须小心）。一旦光气中毒，必须马上送医院治疗。

过量光气用 20% 苛性钠溶液吸收。

紧急救助：即使中毒很轻微，有关人员也必须保持绝对安静，可供给氧气，但不能用人工呼吸。

过氧化苯甲酰，$C_6H_5CO—OO—COC_6H_5$

m. p. 107 ℃。

纯化：过氧化苯甲酰溶解于尽可能少的冷氯仿中，用甲醇沉淀。潮湿的工业品加 P_4O_{10} 真空干燥。

小心：爆炸危险，过氧化苯甲酰绝不能在热状态下重结晶，仅在特殊情况下才测定熔点。

环氧乙烷，$H_2C—CH_2$（O 桥连）

b. p. 10.7 ℃。

环氧乙烷装在钢瓶中。

注意：环氧乙烷的爆炸极限为3%～80%（体积分数），与碱发生爆炸性聚合反应。

紧急救助：人工呼吸。

过氧化氢，H_2O_2

30%的过氧化氢水溶液称为强双氧水。

注意：过氧化氢水溶液真空浓缩可能爆炸，强双氧水可引燃易燃物（棉，毛等）。

活性炭

杂质：氯化锌，硫化物。

纯化：粉末状活性炭加入4倍量的20%的硝酸，用水浴加热2～3 h，然后用水洗净，100～110 ℃干燥。

甲苯，$C_6H_5CH_3$

b. p. 110.8 ℃，n_D^{20} 1.4969，D_4^{20} 0.867。

84.1 ℃与水形成共沸物，含甲苯87.4%。

干燥：见苯。

注意：危险等级AⅠ，甲苯的爆炸极限为1.27%～7%（体积分数）。危险组Ⅱ。

毒性症状：见苯。

甲醇，CH_3OH

b. p. 64.7 ℃，n_D^{20} 1.3286，D_4^{20} 0.792。

干燥：每升甲醇加5 g镁屑，反应停止后，将混合物煮沸回流2～3 h，蒸馏。若甲醇中水的含量高于1%，不能用镁完全除去。这种情况下，将少量镁加入纯甲醇中，待甲醇盐形成后，将混合物加入到大量甲醇中。这种方法镁的总用量稍高。

注意：危险等级BⅠ。甲醇的爆炸极限为5.5%～36.5%（体积分数）。

甲醇引起眩晕、心脏痉挛、神经损伤和失明。

甲醛，HCHO

b. p. －21 ℃。

30%～40%的水溶液被称为福尔马林，含甲醇5%～15%。

干燥气态甲醛的制备：多聚甲醛在干燥皿中用五氧化二磷真空干燥几天后，通过干燥蒸馏解聚，控制温度使30 g多聚甲醛在20 min分解。

在格利雅合成中，要用2 mol的聚甲醛，因为反应容器的管子（管子应尽可能短、粗）中痕量的水，引起一定程度的再聚合。

甲醛破坏橡胶管。

警告：福尔马林引起皮肤湿疹，刺激眼睛和呼吸道。

钾

注意：钾在空气中可自燃，必须在惰性溶剂中处理（必须戴护目眼镜）。残余物必须立即用正丁醇小心处理，处理过程中如果醇着火，用石棉网覆盖容器。钾不能与水和低级醇接触。

离子交换树脂

离子交换树脂是带有可解离的酸性或碱性官能团的不溶合成材料（硫酸或碳酸或铵化物）。通过离子作用与树脂结合的官能团可被交换，如

$$[树脂—SO_3]^{\ominus}H^{\oplus}+Na^{\oplus}\longrightarrow[树脂—SO_3]^{\ominus}Na^{\oplus}+H^{\oplus}$$

具体的类型及商品名，参见 Honben-Weyl，1958，Vol. Ⅰ/1：528.

以强酸性的酚磺酸树脂为例说明含氢离子的阳离子交换剂的填充方法：

色谱柱中先加入少量水，再加入 5 g 离子交换剂。柱子要用树脂填充至大约 3/4 的高度，让水流下到达离子交换剂表面，然后加入 150 mL 大约 1 mol/L 的盐酸。通过调节柱子下段的旋塞控制流速为大约每分钟 5 mL。盐酸流完后，用蒸馏水冲洗直到流出的液体完全呈中性。潮湿的离子交换剂可直接使用。

邻苯二甲酸苯胺溶液

0.93 g 苯胺和 1.66 g 邻苯二甲酸溶于 100 mL 水饱和的丁醇中。

硫化氢，H_2S

b. p. −0.4 ℃。

用硫化亚铁在启普发生器里制备的硫化氢含有大量氢。

通过氯化钙干燥。

注意：硫化氢的爆炸极限为 4%～46%。

少量硫化氢中毒可出现头晕、恶心、头痛，浓度较大时立即使人失去知觉。由于嗅觉神经很快会麻醉，嗅觉只能判断短时间内低浓度下硫化氢的存在。

紧急救助：患者应移到通风处并给予人工呼吸。

硫酸二甲酯，$(CH_3)_2SO_4$

b. p.$_{2.0(15)}$ 76 ℃，n_D^{20} 1.3874，D_4^{20} 1.321。

硫酸二甲酯不溶于冷水，仅慢慢水解。

纯化：真空蒸馏。

注意：硫酸二甲酯毒性很大，能被皮肤和肺吸收，引起损伤，也会引起痉挛，瘫痪。肺损伤仅在几小时后有所察觉。

紧急处理：湿皮肤用稀氨水擦，湿衣服必须立即脱掉。

氯，Cl_2

20 ℃时，100 g 水溶解 1.85 g 氯。

氯与橡胶反应，很快橡胶变脆。

干燥：用浓硫酸。

注意：氯强烈刺激肺和黏膜。

紧急处理：被氯伤害的人必须迅速带到通风处，可闻高度稀释的氨。严重情况下，用氧。病人须静卧，送医院，不需用任何呼吸仪器。

氯仿，$CHCl_3$

b. p. 61.2 ℃，n_D^{20} 1.4455，D_4^{20} 1.4985。

氯仿-水-乙醇共沸物含水3.5%、乙醇4%，55.5℃沸腾。工业氯仿含乙醇，作为稳定剂，以结合分解产生的光气。

纯化：氯仿用浓硫酸摇晃，水洗，氯化钙干燥，蒸馏。要除去相对大量的光气见光气部分。

注意：由于爆炸危险，氯仿绝不能与钠接触。

氯仿蒸气有麻醉作用。

氯化铝，$AlCl_3$

180℃以上升华制得。

氯化铝对湿气很敏感。

纯化：氯化铝升华应不剩任何残留物。制备的不纯物应在无水条件下升华纯化。

注意：氯化铝刺激皮肤，干燥氯化铝与水发生爆炸反应。

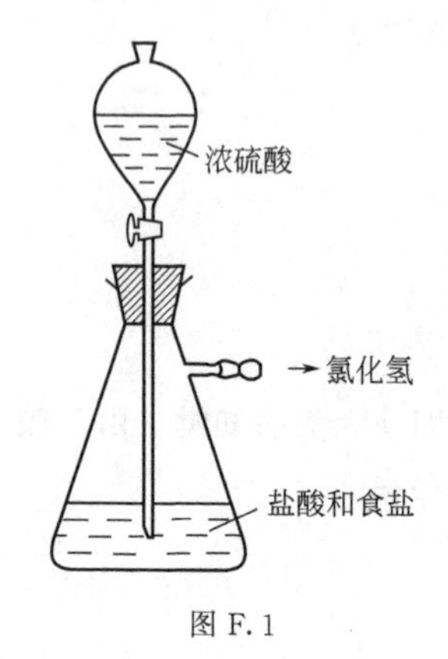

图F.1

氯化氢（氢氯酸），HCl

制备：将浓硫酸加入到装有浓盐酸和食盐的如图F.1所示的装置（滴液漏斗的颈最好拉出一个尖）中，从侧管接收氯化氢，浓硫酸干燥，氯化氢流速可通过控制硫酸加入速度控制。

注意：氯化氢损害肺及黏膜。空气中含0.05%的氯化氢可致死。

紧急救助：受伤的人应带到自由通风处，并静卧。

氯化亚砜，$SOCl_2$

b.p.79℃。

氯化亚砜很易水解。

纯化：商品氯化亚砜蒸馏后纯度可满足大多数用途。加喹啉和亚麻子油蒸馏可得无色很纯的产品。

注意：氯化亚砜刺激皮肤和黏膜，蒸气有令人窒息的气味。

氯磺酸，$ClSO_3H$

b.p.152℃。

氯磺酸很易水解。

纯化：该酸在带干燥管的仪器中蒸馏。

注意：氯磺酸与水发生爆炸反应。刺激皮肤，损害衣服，甚至比发烟硫酸更强烈。

钠

m.p.97.7℃，*D* 0.97。

钠的甲苯或二甲苯的悬浮液的制备。

注意：与钠有关的所有操作中必须戴护目镜，含金属钠的反应混合物绝不能在水浴上加热。

废物处理：钠残余物分批少量加入大量甲醇中。

钠汞齐

含1.2%钠的汞齐室温下是半固体，50 ℃下为液体。更高浓度的汞齐室温下为固体，且可被研成粉末。

2%汞齐的制备：在通风橱中，在Hess坩埚中将600 g汞加热到30～40 ℃，将13 g钠切成小方块，使用长尖玻璃棒加入到汞面上。反应开始冒烟。为防止溅失，反应容器用石棉板覆盖。汞齐固化后，氮气保护下粉碎，密封储存。

注意：钠汞齐绝不能与水接触。

四氯化碳，CCl_4

b. p. 76.8 ℃，n_D^{20} 1.4603，D_4^{20} 1.594。

66 ℃时与水形成共沸物，含四氯化碳95.9%，61.8 ℃与水（4.3%）、乙醇（9.7%）形成三元共沸物。

纯化和干燥：一般蒸馏就足够了。蒸馏时，水以共沸物的形式除去，前馏分弃去。有更严格的要求时，加五氧化二磷加热回流18 h，再蒸馏。

注意：危险等级AⅠ。四氯化碳刺激黏膜，引起头痛、失去知觉，痉挛，有时损害肝脏。

用钠干燥四氯化碳可能会引起爆炸。

氯乙醛，CCl_3CHO

b. p. 98 ℃。

由氯乙醛水合物制备：向氯乙醛水合物中加入约4倍量的热浓硫酸，摇晃，分离出氯乙醛层，蒸馏。

汽油

汽油是烃的混合物（见石油醚）。

纯化，见正己烷。

警告：危险等级AⅠ，与空气混合物具有爆炸性。汽油燃烧发出噼噼啪啪的声音。

氢化铝锂（四氢铝锂），**$LiAlH_4$**

适用溶剂有乙醚、四氢呋喃和*N*-烷基吗啉。如果氢化铝锂不能完全溶解，可用悬浮液。溶剂绝不能含过氧化物和水。

当还原反应完成后，相对少量的过量氢化铝锂用水小心分解；对于大量的过量氢化铝锂最好加入乙酸乙酯直到所有的氢化铝锂都消耗掉，然后用定量水沉淀。

警告：氢化铝锂与水剧烈反应，且能自燃。在用氢化铝锂的反应中，只能用防爆电动机搅拌，而且要尽快除去氢气。

氢化钠

注意：不能用手接触氢化钠，要防潮。

将1 mol钠和500 mL环己烷在氢气氛中高压釜内磁力搅拌下加热12 h（摇动高压釜不适用），混合物继续搅拌，冷却后产生的氢化钠悬浮液可直接使用。

氢气，H_2

纯化与干燥：钢瓶装氢气纯度可满足大多数用途。对于敏感的氢化作用，催化剂毒物可用饱和的高锰酸盐溶液洗掉。

警告：危险等级AⅠ。氢气的爆炸极限为4%～75%（体积分数）。当高压釜的压力释放，氢气必须导入室外。

氰化钾，KCN

几乎所有情况下，氰化钾可用较廉价的氰化钠替代（见氰化钠）。

警告：危险性、紧急救助、残余物的破坏，见氢氰酸。

氰化钠，NaCN

注意：用氰化钠的操作中经常产生氰化氢。危险性、紧急救助、废弃物的处理，见氰化氢（氢氰酸）。

氰化氢（氢氰酸），HCN

b. p. 25 ℃。

氰化氢经常在操作氰化物时产生。氰化氢能以任意比例溶于水、乙醇和乙醚。无水氰化氢0 ℃蒸气压为264 mmHg。

注意：氰化氢剧毒。致死量为50 mg。因为呼吸酶中的铁能与氰化氢形成配合物而失效，所以氰化氢抑制胞内呼吸。大量吸入几秒钟可致死亡。少量吸入，引起头疼，耳鸣，呼吸短促。氢氰酸也可通过皮肤吸入。

紧急救助：必须迅速采取全部措施，患者移到新鲜空气处。如果有知觉，让其吸入亚硝酸异戊酯（每2 min吸30 s）。无论如何，必须立即送医院。

废弃物的处理：用弱碱溶液和20%的硫酸亚铁长时间处理。

氰化锌，$Zn(CN)_2$

与碱金属氰化物比较，氰化锌微溶于水。

制备：1 mol不含碳酸根的氰化物溶于60 mL水。溶液用含0.55 mol氯化锌的50%乙醇饱和溶液处理，氰化锌沉淀析出，过滤，依次使用冰水、乙醇、乙醚洗涤，干燥器内干燥。

警告：危险性、紧急救助、废物处理见氰化氢（氢氰酸）。

三甘醇，$HO(CH_2)_2O(CH_2)_2O(CH_2)_2OH$

b. p. 287 ℃，b. p.$_{1.9(14)}$ 165 ℃。

见二甘醇。

三氯乙烯，$ClCH{=}CCl_2$

b. p. 87.2 ℃，n_D^{20} 1.4778，D_4^{20} 1.462。

73.6 ℃与水形成共沸物，含三氯乙烯94.6%。

杂质：由于自氧化作用，三氯乙烯中积聚有高毒性物质，如氯化氢、一氧化碳和光气。

纯化与干燥：首先用碳酸钾彻底摇晃，再用水洗，氯化钙干燥，分馏。

注意：危险组Ⅰ。具有麻醉效果，可致病，伤肺、肝，三氯乙烯不能用钠干燥，否则有爆炸危险。

石油醚

烃的低沸点混合物，见汽油、石油英。

纯化：见正己烷。

警告：危险等级AⅠ，与空气混合物具有爆炸性。

叔丁氧基铝，$[(CH_3)_3CO]_3Al$

注意：制备过程中铝丝必须总是以液体覆盖，因为它在空气中剧烈氧化。

制备：在烧杯中加入1 g铝丝、铝箔或粗粉和10%苛性钠溶液，一旦有氢开始放出，就把碱液倒掉，铝用水洗三遍，用2%氯化汞（Ⅱ）覆盖。1 min后，倒掉氯化汞溶液，生成的软泥状产物用水洗除去。然后铝用甲醇洗三遍，用绝对苯洗两遍，将铝转移到一个装有170 g叔丁醇（用钠蒸馏过）的1 L的烧瓶中加热煮沸（必须装$CaCl_2$干燥管），直到颜色变深，表示反应开始，不用加热反应持续。如果反应不开始，加入0.2 g氯化汞（Ⅱ）或2 g异丙氧铝。大约15 h后，不再有氢气放出，产物用500 mL绝对苯处理，离心，真空蒸发。为除去痕量溶剂，100 ℃下真空加热1 h，产率85%。

叔丁氧基铝必须在无水条件下使用，储存。

水合肼，$H_2NNH_2 \cdot H_2O$

b. p. 118.5 ℃。

水合肼易溶于水和乙醇，不溶于乙醚，具有吸湿性。

85%水合肼的制备：蒸馏100 g 30%水合肼和200 g二甲苯混合物，二甲苯与水的共沸混合物99 ℃馏出，85%水合肼118～119 ℃馏出。

浓度的确定：酸滴定到酚酞成单盐。

注意：水合肼侵蚀皮肤，毒害血浆，可引起痉挛，损害心脏。

紧急救助：皮肤侵蚀处用稀乙酸洗净，服葡萄糖来抵抗它的毒性。

四氢呋喃，$\overline{CH_2CH_2CH_2CH_2}$（O桥连两端）

b. p. 65.4 ℃，n_D^{20} 1.4070，D_4^{20} 0.887。

四氢呋喃可溶于水，63.2 ℃与水形成共沸物，含四氢呋喃94.6%。

纯化：见二噁烷。

加盐酸加热后，不发生相变，立即加入氢氧化钾。

注意：危险等级BⅠ，危险组Ⅰ。关于过氧化物的形成，见乙醚。

四乙酸铅，乙酸铅，$(CH_3COO)_4Pb$

制备：将850 mL冰醋酸和170 mL乙酐的混合物于2 L带搅拌器和内温度计的三口烧瓶中加热到40 ℃，剧烈搅拌下，缓慢加入0.5 mol(343 g) 红铅，使温度不能超过65 ℃。温度保持在60～65 ℃，直到得到一澄清的透明溶液。冷却，乙酸铅晶体析出，过滤，乙酸中重结晶，真空干燥器中干燥。产品约160 g。

由于乙酸铅很易水解成二氧化铅和乙酸，所以结晶和过滤过程中一定要防潮。

硝酸，HNO_3

商品浓硝酸含量65%～68%（D=1.40～1.41），所谓的“发烟硝酸”含量大约为100%（D=1.52）

警告：溅出的硝酸绝不能用易燃物如碎布、滤纸等吸收，必须用水稀释中和。硝酸的使用见亚硝酸。

硝酸具有腐蚀性。

硝酸铈铵试剂

制备：1 g 硝酸铈铵 $(NH_4)_2Ce(NO_3)_6$ 溶解于 2.5 mL 2 mol·L^{-1} 的硝酸中。可稍微加热，加速溶解，冷却试剂待用。

溴，Br_2

b. p. 58 ℃，m. p. −7.3 ℃，D_4^{20} 3.14。

干燥：用浓硫酸摇晃。

注意：溴具有很强的腐蚀性，对呼吸系统有毒，即使短暂接触，液溴也能使皮肤肿胀，产生水泡，较长时间的接触，将会产生很难愈合的很痛的伤口。

紧急处理：先用乙醇，再用水，最后用碳酸钠的稀水溶液冲洗皮肤。对呼吸器官的伤害处理同氯。

N-溴代丁二酰亚胺，NBS，

```
CH2—CO
|      \
|       N—Br
|      /
CH2—CO
```

m. p. 173 ℃。

在英文文献中，*N*-溴琥珀酰亚胺被缩写为 NBS。

制备[1]：1.62 mol(160 g) 琥珀酰亚胺溶于 1.60 mol(64 g) 氢氧化钠、300 g 碎冰与 400 mL 水的混合物中，剧烈搅拌，外部冷却下，将 85 mL 溴一次加入反应混合物中，继续搅拌 1～2 min，然后将产生的沉淀过滤，滤纸上的残留物用冰水洗涤到不含溴化物，用五氧化二磷干燥 8 h，或 0.5 mm Hg 干燥器或 40 ℃、10～20 mm 干燥枪中干燥。产率 75%～81%，产品纯度大约为 97%。

溴化氢（氢溴酸），HBr

126 ℃与水形成共沸物，含溴化氢 47.5%，8.8 mol/L(D =1.48)。

制备[2]：1,2,3,4-四氢化萘（硫酸钠干燥并蒸馏）和少量铁屑加入到图 F.2 所示的双口烧瓶中，用水冷却，逐滴加入溴，如果反应太慢，可将烧瓶于 30～40 ℃的水浴中加热，与反应瓶相连的洗瓶中装有 1,2,3,4-四氢化萘，以吸收溴蒸气。水、1,2,3,4-四氢化萘和溴残余物收集在−60 ℃的气体冷肼中。

制备溴化氢的改进装置，见 Hudlicky M.，Chem. Listy.，1962，56：1442。

若需要大量的溴化氢，使用溴和红磷的制备方法更适合[2]。危险和紧急救助，见氯化氢。

---

[1] 参见 Zieglei K. et al，Ann. 1942，551：109.

[2] Honben-Weyl，1960，Vol. V/4：18.

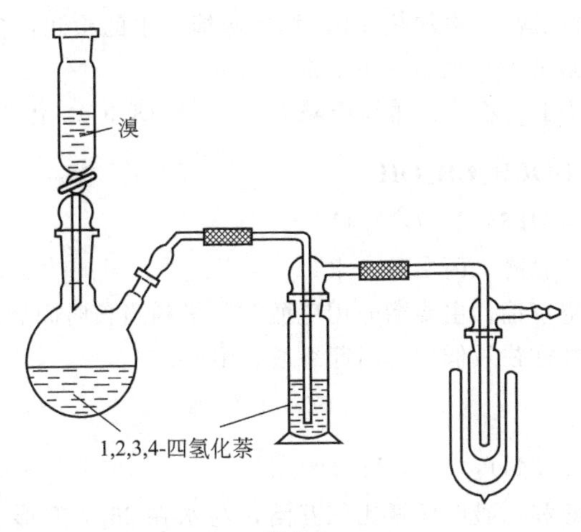

图 F.2

亚硫酸氢盐溶液

工业亚硫酸氢盐溶液是亚硫酸氢钠的饱和溶液，纯度足够制备大多数羰基化合物的亚硫酸氢盐加合物。

饱和亚硫酸氢钠溶液的制备：1 mol 苛性钠溶于 150 mL 水中，冷却条件下通入二氧化硫，直到酚酞褪色，或直到化学计量的二氧化硫被吸收。

亚硝气

亚硝气是指使用硝酸时很快产生的氮氧化物的混合物（见硝酸）。

注意：即使很少量的亚硝气毒性仍然很强，由于症状（开始呼吸困难）经常出现在几小时后，所以一旦吸入亚硝气必须马上送医院。

紧急救助：见光气。

盐酸，HCl

15 ℃时盐酸饱和溶液含 HCl 42.7%。商品浓盐酸相对密度为 1.184，含 HCl 37%（12 mol/L），与水共沸物 110 ℃沸腾，含 HCl 20.24%，6.1 mol/L。

注意：浓盐酸具有腐蚀性，特别是对眼睛和黏膜。

紧急救助：当伤到眼睛时用水流冲洗 15 min。

乙醇，C_2H_5OH

b.p. 78.33 ℃，n_D^{20} 1.3616，D_4^{20} 0.79。

乙醇能以任意比例溶于水、乙醚、氯仿和苯。78.17 ℃与水形成共沸物，含乙醇 96%。与水和苯的三元共沸物在 64.85 ℃沸腾，含乙醇 18.5%、苯 74.1%、水 7.4%。

杂质：合成的乙醇含有乙醛、丙酮，发酵乙醇含有高级醇（杂醇油）。吡啶、甲醇和汽油用作变性剂。

干燥：7 g 钠溶于 1 L 商品绝对乙醇，加入 27.5 g 邻苯二甲酸二乙酯，回流 1 h，再用一短柱蒸馏，馏出的乙醇含水少于 0.05%。商品“绝对”乙醇中的痕量水可用以下方法除去：将 50 mL“绝对乙醇”、5 g 镁和 1 mL 四氯化碳的混合物加热回流 2～3 h，再加入 950 mL“绝对乙醇”，再加热 5 h，然后蒸馏。水的检测：含水超过 0.05%的乙醇与三乙氧基铝的苯溶液产生大量白色沉淀。

注意：危险等级 BⅠ。乙醇的爆炸极限为 2.6%～18.9%（体积分数）。

1,2-乙二醇，甘醇，$HOCH_2CH_2OH$

b. p.$_{1.3(10)}$ 92 ℃，n_D^{20} 1.3406，D_4^{20} 1.113。

杂质：二甘醇、三甘醇、丙二醇、水。

纯化与干燥：真空蒸馏，主要馏分用硫酸钠干燥相当长时间后，再真空蒸馏。

警告：甘醇的毒性往往被低估，引起恶心、呕吐。

乙腈，CH_3CN

b. p. 81.5 ℃，n_D^{20} 1.3441，D_4^{20} 0.782。

乙腈能与水、乙醇和乙醚以任意比例互溶，与水在 26.7 ℃形成共沸物，其中含乙腈 84.1%。

纯化和干燥：乙腈与五氧化二磷加热煮沸反复回流，直到无色，然后蒸馏。用碳酸钾处理，再蒸馏，最后分馏。

注意：乙腈有毒，通常含游离氢氰酸，应特别注意（见氢氰酸）。危险等级 BⅠ。

乙醚，$C_2H_5OC_2H_5$

b. p. 34.6 ℃，n_D^{20} 1.3527，D_4^{15} 0.7193。

15 ℃下，乙醚可吸收 1.2%的水。20 ℃下，水可溶解 6.5%的乙醚。与水共沸物含水 1.26%，34.15 ℃沸腾。工业品含不等量的乙醇和水。

干燥：用氯化钙干燥几天，过滤，不断加入钠丝，直到它保持光亮，得到绝对乙醚。

注意：在空气中，光照作用下，乙醚很易形成爆炸性的过氧化物。因此，要求储存于氢氧化钾中，它能直接将产生的过氧化物转化为不溶性的盐，而且是一种非常合适的干燥剂。乙醚在使用前要检测过氧化物，且要在一玻璃屏后蒸馏。

注意：危险等级 AⅠ。乙醚的爆炸极限为 1.2%～51%（体积分数）。

乙醛，CH_3CHO

b. p. 20.8 ℃，n_D^{20} 1.3316。

以三聚乙醛为原料制备：在带有柱子的蒸馏装置中，向三聚乙醛中加入一滴浓硫酸，缓慢加热保持 35 ℃以下蒸出乙醛，用冰水冷却的接收器收集，或直接蒸馏到反应混合物中。

警告：乙醛的爆炸极限为 4%～57%（体积分数）。

乙醛蒸气损坏呼吸道黏膜，可引起心悸和胃功能混乱。

乙炔，$CH \equiv CH$

1.3 MPa(13 atm) 和 15 ℃时，约 30 L 乙炔能溶于 100 g 丙酮。

在 0.2 MPa(2 atm) 下，乙炔也会爆炸，所以乙炔应以丙酮溶液储存于钢瓶中，溶液可被吸附在多孔介质中（如硅藻土）。为了防止丙酮挥发，乙炔钢瓶必须竖立使用。

干燥与纯化：乙炔可用五氧化二磷干燥，痕量丙酮可用活性炭除去。

注意：乙炔的爆炸极限为1.5%～80%（体积分数）。乙炔绝不能与银或铜接触，否则会生成爆炸性的乙炔化物。由于含磷化物，钢瓶装乙炔有毒。

乙酸

b. p. 118 ℃，m. p. 16. 6 ℃，n_D^{20} 1. 3720，D_4^{20} 1. 05。

乙酸能与水互溶。

不纯，含痕量乙醛。

纯化和干燥：将乙酸冷冻即可，但不能冷却到太低的温度，否则水和其它杂质也会结晶析出。用冷却的漏斗过滤，但不能洗涤。彻底纯化可用2%～5%的高锰酸钾溶液回流2～6 h，痕量水用五氧化二磷干燥除去。

警告：危险等级BⅡ。乙酸的爆炸极限为＞4%（体积分数）。

乙酸可使皮肤起水疱。

紧急救护：用大量水冲洗。若进入眼中，用水冲洗15 min。

乙酸酐，$(CH_3CO)_2O$

b. p. 139. 6 ℃，n_D^{20} 1. 3904，D_4^{20} 1. 082。

乙酸酐在热水中水解。

杂质：乙酸。

纯化：加无水乙酸钠，回流，然后蒸馏。

警告：即使短暂接触也会使皮肤严重受伤。危险等级AⅡ。

乙酸乙酯，$CH_3COOC_2H_5$

b. p. 77. 1 ℃，n_D^{20} 1. 3701，D_4^{20} 0. 901。

杂质，商品乙酸乙酯一般含水、乙醇和乙酸。

纯化与干燥：乙酸乙酯用等体积的5%的碳酸钠洗涤，用氯化钙干燥，蒸馏。对于要求更严格的干燥，用一定比例的五氧化二磷干燥，过滤，干燥条件下蒸馏。

警告：危险等级AⅠ。乙酸乙酯的爆炸极限为2.2%～11.4%。

异丙氧基铝，$[(CH_3)_2CH—O]_3Al$

b. p. 130～$140_{0.9(7)}$ ℃，m. p. 118 ℃。

制备：在带有回流冷凝管和氯化钙干燥管的1 L烧瓶中，加入1 g铝丝或铝箔、300 mL绝对异丙醇[1]和0.5 g氯化汞（Ⅱ），回流。开始沸腾时，从冷凝管加入2 mL四氯化碳，继续加热，直到突然开始有氢释放，移去加热源。有时混合物必须冷却，当主要反应结束，继续加热沸腾，直到所有铝都溶解（大约6～12 h），除去溶剂，残余物用空气冷凝管真空蒸馏，产物一般大约1～2天后固化。

产率：90%～95%。

---

[1] 商业异丙醇用5%的钠蒸馏。

对于 Meerwein-Ponndorf-Verley 反应，通常使用 1 mol/L 的绝对异丙醇溶液。该原料可储存于带玻璃塞并用石蜡密封的瓶子中。

硬脂酸钴

60 ℃，6 g 硬脂酸溶于 20 mL 的绝对乙醇，用 2 mol/L 苛性钠（不含碳酸盐）中和至酚酞变色。加热产生的凝胶，缓慢溶解，剧烈搅拌下，加到含 2.8 g $CoCl_2 \cdot 6H_2O$ 的 20 mL 50％乙醇的热溶液中，沉淀先用水洗，再用乙醇、丙酮洗涤，挤压，100 ℃干燥，研成粉末。

正己烷，C_6H_{14}

b. p. 68.7 ℃，n_D^{20} 1.3751，D_4^{20} 0.661。

纯化与干燥：用含有低浓度的 SO_3 的发烟硫酸少量多次摇晃，直到酸层最多只是淡黄色，然后依次用浓硫酸、水、2％的氢氧化钠洗涤，再水洗。氢氧化钾干燥后，蒸馏。

警告：危险等级 AⅠ。爆炸极限为 1.1％～8％（体积分数）。

正戊烷，C_5H_{12}

b. p. 36，n_D^{20} 1.3577，D_4^{20} 0.626。

纯化：见正己烷。

警告：危险等级 AⅠ，正戊烷的爆炸极限为 1.35％～8％（体积分数）。

参考文献

试剂的合成

Fieser L. F. , Fieser. M. Reagents foe Organic Synthesis. John Wiley & Sons, NY. Vol. 1ff, 1967ff.

EEncuclopedia of Reagents for Organic Synthesis. Vol. 1-8. L. Paquette. John Wiley & Sons, NY, 1995.

Handbook of Reagents for Organic Synthesis. Vol. 1-4. Wiley-VCH, Weinheim, 1999.

有机溶剂的性质和纯化

Bunge W. , in houben-Weyl, 1959, Vol. 1/2: 765-868.

Lide D. Handbook of Organic Solvents. CRC Press, Boca Raton, 1995.

Perkin D. D. , Armarego D. R. , Perrin D. R. Purification of Laboratory Chemicals. Pergamon Press, Oxford, 1998.

Riddick J. A. , Bunger W. B. , Sakano T. K. Organic Solvents. John Wiley & Sons, NY, 1986.

Smallwood I. M. Handbook of Organic Solvent Properties. Arnold, London, 1996.

G 危险物的性质（危险物附录）

化学工作者接触的大多数物质是危险物质，它们可以是：

- 具有爆炸性
- 促进燃烧
- 可燃
- 有毒
- 具有腐蚀性
- 有刺激性
- 使人敏感（过敏）
- 致癌
- 可造成遗传变异
- 有害繁殖
- 污染环境

它们具有一些特征，按照对物质分级的危险物质防护法律（化学品法）可将其规定为具有危险性。

与危险品打交道是在化学品法和其它法律规定和技术标准特别是在危险物品规定（危险品规定）中有法律规定的。这一规定也要求对这些物质用危险标记和危险符号进行标记，并用特别的危险性（R语句）和安全建议（S语句）标记。

表G.1对毒性物质给出了敏感毒性剂量（及浓度）和最大工作场所浓度（MAC值）。不过，表格中只包含那些指针文件67/548/EWG的附件Ⅰ和TRGS900及905可以查到的危险物。这些值将由相应的组织机构进行随时更新。这里对应的是2003年4月时的状态。

关于危险物品的说明可以在化学品生产商的安全数据说明书中，以及安全数据辑和数据库中找到，要注意最新的说明。

对很多物品而言，没有或只有少量及不完整的说明，通常由化学品生产者有所区别地予以标记。表中没有列出的，并不意味着该物品不危险。

所有的在表中和化学品目录中没有出现的以及没有危险性说明的物质，都应预防性地作为危险的予以考虑。

关于化学品的危险性

毒性不是物质的绝对性质，而是取决于许多产生影响的因素。特别重要的是毒物的量，衍变类型（如吸入、吞咽、注入、通过皮肤渗入等），物理状态（如灰尘型，大颗粒，晶体，溶解的，悬浮的等），甚至是伴随物，具有的加和性或潜在影响力；最终还有毒物相关的对身体和心理状态的影响也非常重要。

当然何时知晓毒性和采用何种辅助措施，这对毒物产生的对有机质的影响也是决定性的。因此快速的和良好的处理特别重要！要注意规定的注意事项！

除了剧毒性外，化学品的后期危害潜力也扮演重要的角色。后期危害特别指那些致癌物、诱导有机体突变物质、畸胎性疾病病源，也指那些精神病理学和神经性伤害，以及逐渐增多的过敏性效应。有致癌性和诱导有机体突变影响的化合物在短时间作用后就可引发后期危害。

文献中关于物质毒性的说明是指某一特定试验动物种类的案例的多数情况，并与特定的试验条件联系在一起（如应用在水和油中溶解的毒物于静脉、皮下、腹膜时，50％试验动物在30天内的致死剂量）。将毒性说明移用到其它动物种群或人类，在多数情况下是不可能的。但是，可以用于进行危险性的估计。

由实验室和工业实践出发，通过对不同动物类别的实验研究进行对医学和临床发现的广泛比较予以补充，可以得到重要实验室试剂和工业产品有效毒性的通常数值。MAC值是工作场所空气中物质的最高许可浓度，它既按照目前所了解知识的状态，又考虑重复的和长期的情况，原则上指在40 h工作周中8 h接触一般不对健康有害的情形。

对于致癌和导致遗传变异的物质而言，MAC值没有表示出来。对这些物质来说，确定了技术指导规定浓度（TRK值），它们是按技术标准所能达到的工作场所空气中的浓度。遵守这些数值，可以避免造成对健康造成的风险和损害，但还不能完全排除它们。要顾及到，该数值被调低了。

几乎每个化学品具有的潜在毒性对专业化学工作者来说，不是害怕与化学品打交道的理由，而是小心和熟知操作的动机。特别是当要销毁化学品时更是如此（要按有关的说明如化学试剂的说明进行）。

重要实验室化学品的毒性评价

物　质	急性毒性剂量		MAC值
乙醛	老鼠，or	1930	100
	p. i.	37	
乙酸	老鼠，or	3300	25
醛酐	老鼠，or	1780	20
丙酮	老鼠，or	9750	1000
	p. i.	300	
乙酰胆碱盐酸盐	老鼠，or	2500	—
乙炔	老鼠，p. i.	947(LD_{100})	—
丙烯醛	老鼠，or	46	1.5
烯丙醇	老鼠，or	64	5
	p. i.	0.6	
氨	猫，or	250(LD_{100})	50
苯胺	猫，or	200(LD_{100})	10
三氧化二砷	老鼠，or	138	0.5
阿托品	老鼠，or	750	—
苯	老鼠，or	5700	50
	p. i.	51	
苯甲醇	老鼠，or	3100	—
正丁醇	老鼠，or	4360	200
仲正醇	老鼠，or	6480	—
叔丁醇	老鼠，or	3500	—
氯化钙	老鼠，or	4000	—
二硫化碳	老鼠，or	300	30
一氧化碳	狗，p. i.	40(LD_{100})	55
四氯化碳	老鼠，or	7500	50
	p. i.	150	
氯乙酸	老鼠，or	76	—
氯	老鼠，p. i.	1	3

续表

物　质	急性毒性剂量	MAC值
氯仿	老鼠,or　2180	200
邻甲苯酚	老鼠,or　1350	20
间甲苯酚	老鼠,or　2020	20
对甲苯酚	老鼠,or　1800	20
环己烷	兔子,or　5500	1400
环己醇	老鼠,or　2000	200
二甘醇	老鼠,or　16980	—
硫酸二乙酯	老鼠,or　880	—
二甲基甲酰胺	老鼠,or　3700	60
硫酸二甲酯	老鼠,or　440	5
2,4-二硝基苯酚	老鼠,or　30	1
二噁烷	老鼠,or　6000	200
	p. i.　20	
乙醇	老鼠,or　13660	1000
	p. i.　60	
乙醚	老鼠,p. i.　300	500
乙酸乙酯	老鼠,or　5620	1400
氯乙醇	老鼠,or　95	16
	p. i.　0.1	
乙二胺	老鼠,or　1160	30
1,2-亚乙基二醇	老鼠,or　7330	—
氟乙酸	老鼠,or　2.5	0.2
甲醛	老鼠,or　800	5
	p. i.　1	
肼	老鼠,p. i.　200	0.1
盐酸	兔子,p. i.　2～4(LD_{100})	10
硫化氢	老鼠,p. i.　1.5(LD_{100})	25
氢醌	老鼠,or　320	—
异喹啉	老鼠,or　350	
异丙醇	老鼠,or　5840	800
	p. i.　40	
汞	老鼠,or　20～100	0.1
氯化汞	老鼠,or　37	
甲醇	老鼠,or　12880	50
	p. i.　200(LD_{100})	
溴代甲烷	老鼠,p. i.　20(LD_{100})	50
α-和β-萘酚	老鼠,or　150(LD_{100})	
硝基苯	老鼠,or　500	5
苯酚	老鼠,or　530	20
对苯二胺	兔子,or　250	0.1
苯肼	兔子,or　500(LD_{100})	15
苯胺	兔子,or　20	
光气	老鼠,p. i.　0.2	0.5
磷(黄)	兔子,or　10	0.1
苯二甲酸	老鼠,or　8000	—

续表

物　质	急性毒性剂量		MAC 值
聚乙二醇	老鼠,or	29000	—
聚丙二醇	老鼠,or	2900	—
氰化钾	老鼠,or	10	
	p. i.	0.2(HCN)	5(HCN)
正丙醇	老鼠,or	1870	200
吡啶	老鼠,or	1580	10
	p. i.	12(LD_{100})	
奎宁	老鼠,or	500	—
喹啉	老鼠,or	460	—
叠氮化钠	老鼠,or	50(LD_{100})	
四氢呋喃	老鼠,p. i.	65	200

缩略语解释：or=口服（以 mg/kg 表示）；p. i. =每吸入量（以 mg/L 空气表示）。除非特别说明，口服和吸入数据指50%致死量（LD_{50}），即实验所用动物的50%在给定时间（比如12 h、30天等）死亡。MAC值以 mg/m^3表示。

参考文献

危险物品性质；化学品操作事故；急救

Rimbach K. ,Arbeitsschutz beim Umgang mit chemischen Stoffen,Dtsch. Zentralverlag,Berlin,1958.

Handbuch des Chemikers,herausgegeben von B. P. Nikolski,Vol. Ⅲ:VEB Verlag Technik,Berlin,1959:941-956.

Blumrich K. ,Schwarz H. ,and Winger A. ,in Houben-Wwyl,1959,Vol. Ⅰ/2:891-934.

Taschenbuch für Chemiker und physiker,herausgegeben von J. D' Ans and E. Lax,Springer-Verlag,Berlin-Gottingen-Heidelberg,1949:1810-1824.

Ebert E. and Rüst A. ,Unfälle beim chemischem Arbeiten,Rascherverlag,Zürich,1948.

Lohs K. H. , Synthetische Gifte, Verlag des Ministeriums für Nationale Verteidigung, Berlin,1963.

Ahrens G. ,Die Giftprüfung,J. A. Barth-Verlag,Leipzig,1959.

The origins and prevention of laboratory Accidents,Royal Institute of chemistry,1949.

Guide for Safety in the Chemical Laboratory,Van Nostrand/Macmillam,1955.

A Textbook of Practical Organic Chemistry,3rd rev. edu . (A. I. Vogel),Longmans,1957.

Laboratory Emergency Chart,Fisher Scientific Company.

Handbook of Laboratory Safety. Furr A. k. ed. The Chemical Rubber Comp. , Cleveland/Ohio 2000.